REALLEXIKON DER VORGESCHICHTE

DRITTER BAND

Reallexikon der Vorgeschichte

UNTER MITWIRKUNG
ZAHLREICHER FACHGELEHRTER

HERAUSGEGEBEN VON

MAX EBERT
ORD. PROFESSOR AN DER UNIVERSITÄT KÖNIGSBERG

DRITTER BAND
EBENALPHÖHLE—FRANKEN

MIT 154 TAFELN

Berlin 1925

VERLAG WALTER DE GRUYTER & CO.

VORMALS G. J. GÖSCHEN'SCHE VERLAGSHANDLUNG — J. GUTTENTAG, VERLAGS-BUCHHANDLUNG — GEORG REIMER — KARL J. TRÜBNER — VEIT & COMP.

REALLEXIKON DER VORGESCHICHTE

UNTER MITWIRKUNG
ZAHLREICHER FACHGELEHRTER

HERAUSGEGEBEN VON

MAX EBERT
ORD. PROFESSOR AN DER UNIVERSITÄT KÖNIGSBERG

DRITTER BAND
ZWEITE LIEFERUNG
ERBIL — FELSENZEICHNUNG
MIT 29 TAFELN, DARUNTER EINER FARBIGEN

BERLIN 1925
WALTER DE GRUYTER & CO.

Das Werk erscheint in Lieferungen mit zahlreichen Tafeln und Textabbildungen. — Der Subskriptionspreis beträgt GM. 6.— für jede Lieferung von etwa 8 Bogen nebst Tafeln und Abbildungen. Verstärkte Lieferungen werden entsprechend höher berechnet. Der Verlag behält sich das Recht vor, später für Nichtsubskribenten den Preis zu erhöhen. Das ganze Werk ist auf ca. 250 Bogen Lexikon 8° berechnet und wird in mehrere Bände geteilt.

E

Ebenalphöhle s. Schweiz A.

Ebendorf (Kr. Wolmirstedt). Steinkammer mit einem Skelett und reicher Keramik des Bernburger Typus (6 Tassen, ein gleiches Gefäß mit Schnurösen statt der Henkel, ein zylindrisches Gefäß, zwei „Trommeln", eine Feuersteinaxt). S. Bernburger Typus A.

1. Jahresbericht d. Altmärk. Vereins f. Geschichte und Industrie 1838 S. 55; ZfEthn. 25 (1893) Tf. 12 E. Krause u. O. Schoetensack.

W. Bremer

Ebenholz. A. Europa. E. kommt in vorgesch. Funden Europas nur einmal vor, ein Ring von der Größe eines Armringes aus dem Grabhügel der frühen LTZ von Asperg bei Ludwigsburg. Er ist ebenso wie die bemalte Schale dieses Fundes als Import aus dem griech. Kulturkreis anzusehen.

AuhV 3 H. 12 Tf. 4—6. Alfred Götze

B. Ägypten. (Tf. 1.) Das E., das seit der Zeit des AR einen der Haupteinfuhrartikel der Äg. aus Nubien und den weiter s. gelegenen Ländern Afrikas bildet (Erman-Ranke *Äg.* S. 593), scheint den vorgesch. Gräbern noch zu fehlen. Erst in den Gräbern der Könige der 1. u. 2. Dyn. bei Naqada (de Morgan *Origines* I 191 Abb. 696 u. 97 = Quibell *Arch. Obj.* 14107 und 08 u. Tf. 44) und bei Abydos (Petrie *Royal Tombs* I Tf. 11 u. 15, II Tf. 5, 11. 5 A, 13 = 7 A, 2. 4. 34, 33. 50. 51. 39, 48—53) tritt es vereinzelt auf, und zwar verarbeitet zu Pfeilspitzen, Sesseln, Kästchen, Siegelzylindern und zu kleinen Täfelchen, die, mit Inschriften versehen, als eine Art Etiketten verwendet wurden. Stücke eines Bettes (?) aus E. aus einem Privatgrabe der 1. Dyn. bei Abydos erwähnt Amélineau *Fouilles* 1897/98 (1904) S. 62 f. (Gr. 26) und 421 ff. Eine aus E. geschnitzte Lotosblume (wohl von einem Gerät) aus einem der Königsgräber besitzt das Berliner Museum (Inv. 18025; Amélineau *Fouilles* 1897/98 S. 419 und Tf. 6, 25). Ranke

C. Palästina-Syrien. Nur in Gezer sind Gegenstände aus E. gefunden worden, jedoch in sehr späten Schichten (Macalister *Gezer* I 344, III Tf. 98, 13 Amulett in Fischform; II 94 Abb. 284, 2 Armring; II 109 Abb. 289, 15 Perle; II 118 Abb. 295, 3 Kamm). Möglicherweise ist aber unter dem in den Amarnabriefen öfter erwähnten *ušû*-Holz E. zu verstehen, da seine Härte gerühmt und es aus Meluchcha (Nubien) bezogen wird. Das AT (Ez. 27, 15) kennt E. (hebr. *hobnîm*) als Ware, die aus dem Mittelmeergebiete (von Rhodus?) eingeführt wird. Jedenfalls kommt E. in Palästina-Syrien selbst nicht vor; auch die oben genannten Fundstücke sind äg. Erzeugnisse. Früher nahm man an, daß auch das hebr. Wort *almuggîm* (1. Kön. 10, 11 f., aus Ophir gebracht und zu Sitzbänken oder Auftritten und Musikinstrumenten verarbeitet) bezw. *algummîm* (2. Chron. 9, 10 f.; 2, 7 vom Libanon) E. bezeichne. Doch ist wohl eher Sandelholz damit gemeint, und die Angabe der Chronik (vgl. auch Abu'l-fidâ bei A. Celsius *Hierobotanicon* 1745 I 182) gewinnt dadurch an Wahrscheinlichkeit, daß heute noch Santalaceae in Palästina-Syrien vorkommen (ZdPV 34 [1911] S. 198 G. Dalman).

G. B. Winer *Biblisches Realwörterbuch*³ 1847 I 280, II 378 f.; H. Guthe *Kurzes Bibelwörterbuch* 1903 S. 135 f.; B. Meissner *Babylonien und Assyrien* I (1920) S. 54, 345, 353.

Peter Thomsen

D. Vorderasien. (Tf. 2a) Ebenazeen wachsen in Babylonien und Assyrien nicht; daß sie im Altertum am Pers. Golf vorgekommen seien, ist eine unbewiesene Behauptung Hüsings (OLZ 10 [1907] S. 127). Wahrscheinlich bezeichneten die Babylonier und Assyrer das E. mit dem Namen ušû, das schon Gudea (ca. 2600 v. C.) aus dem Lande Meluchcha = Äthiopien holen ließ (KB 3, 1 [1891] S. 36 Anm. 7 Jensen; Thureau-Dangin *Une relation de la huitième campagne de Sargon* 1912 S. 53 Anm. 6). Auch zur Perserzeit gibt Äthiopien u. a. 200 Ebenholzstämme als Tribut (Herodot III 97). B. Meissner

Eberesche. Die E., Faulesche, vom alten Gotte Phol, hat sicher früher eine große Rolle gespielt. In der Volkskunde ist kaum ein Baum, der soviel verwendet wurde, wie gerade unsere Vogelbeere. Fast immer ist die Lebensrute, mit der der Hirt seine Herde am Anfang des Frühlings segnend schlägt, von diesem Baume genommen, und ebenso kann die Wünschelrute von ihrem Holze angefertigt werden. In Irland mußte z. B. das Feuer für das Ordal, also das heilige Prüfungsfeuer, aus ihrem Holze sein (Wilde *Catal. mus. Dublin* S. 523), während es in Island nicht verbrannt werden darf, dagegen der Baum zu Weihnachten mit Lichtern besteckt wird (Maurer *Isländische Volkssagen* 1860 S. 178); und in England, das uns ja auch viel germ. Aberglauben erhalten hat, muß der Stößer des Butterfasses (churnstaff) aus diesem Holze gemacht sein (Burne *Shropshire Folk Lore* 1883 S. 246).

Die Beeren eines so hochgestellten Baumes haben natürlich auch eine Rolle gespielt, und so sind sie im Mondsee schon gefunden (MAGW 4 [1874] S. 400). Weil der Baum aber weit verbreitet ist und die Beeren auch, wenn sie Frost bekommen haben, roh gegessen werden können (Zeitschr. f. Volkskunde 2 [1901] S. 60), wie das im Baltenland, aber auch darüber hinaus geschieht, dürfen wir vielleicht auf eine größere Verwendung der Beeren in älterer Zeit rechnen, zumal auch jetzt noch Branntwein aus den gärenden Beeren gebrannt wird. Ed. Hahn

Ebersberg (bei Zürich). Eine Landansiedelung aus der Pfahlbauzeit, die in der Hauptsache der späten BZ angehört, ist 1851 und 1862 von G. v. Escher untersucht worden. Sie war anscheinend durch einen (Palissaden-?)Graben geschützt. Die Hüttenböden unter der $1^1/_2$ Fuß starken Kulturschicht bestehen aus einem Pflaster von Kieselsteinen. Zu der reich dekorierten Keramik gehören auch pyramidenförmige Webegewichte. Der bekannteste Fund von Ebersberg ist ein „Mondbild" (s. Feuerbock). An Haustieren sind nacigewiesen: Rind, Schwein, Schaf, Ziege und wohl der Hund; an Jagdtieren: Hirsch, Reh und Gemse (?). Im übrigen decken sich die Funde mit denen aus den späteren Pfahlbauten.

Mitt. Zürich 7 (1851), 14 (186) S. 162 ff. G. v. Escher; Heierli *Urgeschichte der Schweiz* 1901 S. 230; Rev. d'Anthropol. 1894 S. 36 G. de Mortillet. W. Bremer

Eberstadt (Kr. Gießen). Wie dicht die fruchtbaren Lößflächen der Weterau (s. d.) von den ackerbautreibenden Kulturen der StZ besiedelt waren, ist besonders in E. klar geworden. Sowohl w. wie ö. vom heutigen Dorfe ist je eine bandkeramische größere Siedelung nachgewieser, und nw. vom Dorfe liegt die der südwestdtsch. Stichkeramik angehörende Siedelung, die dem E. Typus ihren Namen gegeben hat (Tf. 3a). Auch Spuren einen weiteren spiralkeramischen Niederlassung und zwei der vom Michelsberg bekannten kesselförmigen Gruben mit Inventar des Michelsberger Typus (s. d.) fanden sich hier. Ebenso sind fast alle späteren Per. innerhalb der Gemarkung nachgewiesen. Ausgegraben sind bis jetzt erst drei Wohnplätze des E. Typus. Die einzelnen Wohnplätze bestehen aus völlig unregelmäßigen Komplexen von Wohn- und Abfallgruben, die bis 31 m lang sind. Im Innern dieser Gruben sind ovale, zeltförmige Hütten mit schrägen Dachstützen und Koch- und Vorratsgruben sowie erhöhten Lehmbänken im Innern von einer Länge bis zu 6 m nachgewiesen, ar die sich außerhalb kleinere Hütten und offene Wohngruben anschließen. Die Hütten waren innen sorgfältig mit Lehn verputzt und weiß gekalkt. An Nahrungstieren be gegnen Rind *(bos primigenius* und *bos taurus)*, Schwein *(sus domesticus* und *sus scrofa)*, Hirsch und Reh. Auch Muscheln *(unio batavus)* scheinen zur Nahrung gedient zu haben. Intensiver Arkerbau ist durch zahlreiche Mühlsteine erwiesen. Die kleineren Werkzeuge sind meist aus nordd. Flint hergestellt. An Werkzeuge aus Felsgestein kommen grobe, durchbahrte Hammer, Schuhleistenkeile, Hobebeile und eine Mörserkeule vor. Aus Krochen ist nur ein Schuhleistenkeil und eine kleine Pfeil-(?) Spitze hergestellt. Ungereuer reich ist das keramische Inventar. S. Eberstadter Typus.

Ebenholz B. Ägypten, Elfenbein B. Ägypten

Prunkstab. Darauf dargestellt zwei gefesselte Feinde, Asiat und Neger. Der erstere aus Elfenbein, der Neger aus Ebenholz geschnitzt. Grab des Tut-ench-Amon. 18. Dyn. Nach H. Carter und A. C. Mace.

a

b

c

Ebenholz D. Vorderasien

a. Kamm aus Ebenholz. Assyrien.

Edelmetall. Vorderasien

b. Votivfigur aus Elektron. En Susinaks Tempel, Susa. $^1/_1$ n. Gr.

Elfenbein E. Vorderasien

c.. Frauenstatuette aus Elfenbein. Susa. $^1/_1$ n. Gr. Nach O. Montelius, Die älteren Kulturperioden.

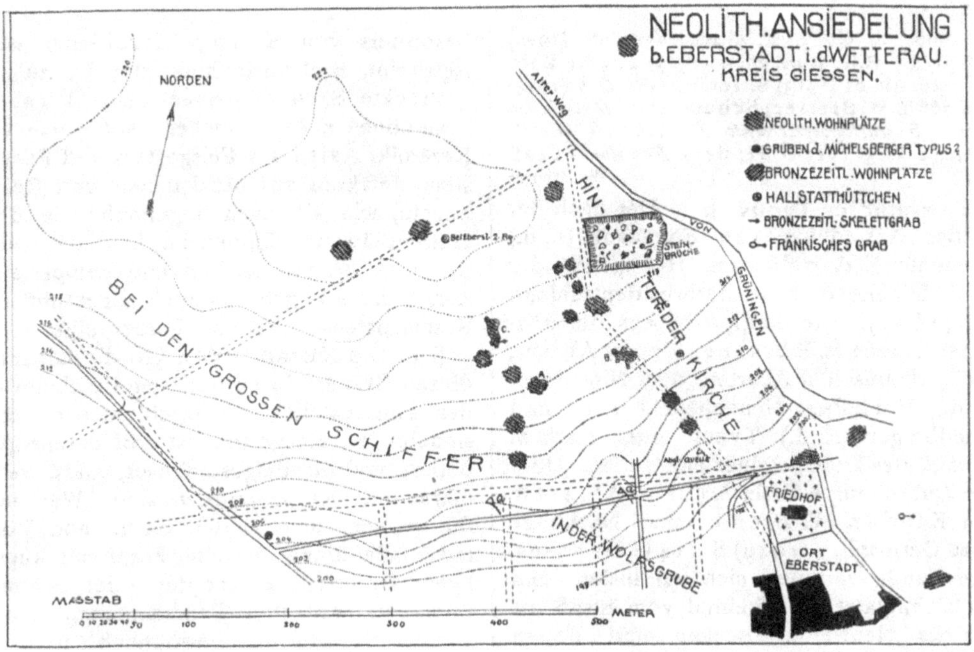

a

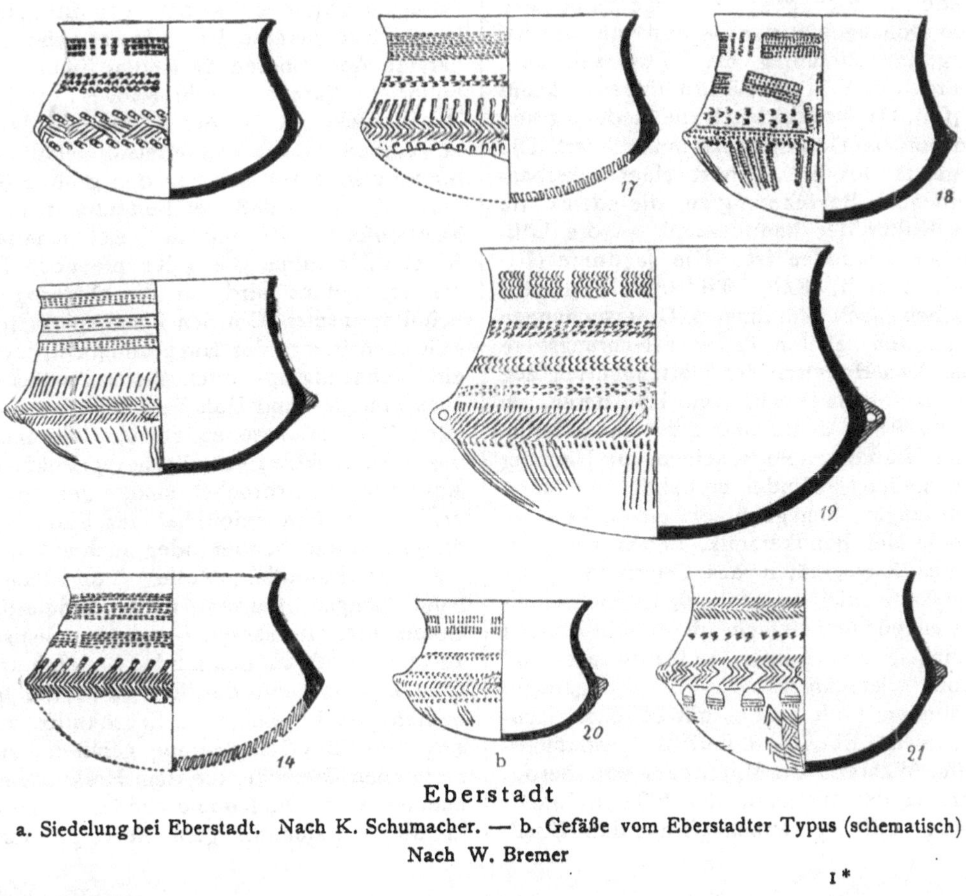

b

Eberstadt

a. Siedelung bei Eberstadt. Nach K. Schumacher. — b. Gefäße vom Eberstadter Typus (schematisch) Nach W. Bremer

Mitt. d. Oberhess. Gesch. Ver. 20 (1912) S. 67ff.; R.G. Korr.-Bl. 6 (1913) S. 4ff.; Korr. Gesch. Alt. 61 (1913) S. 106ff.; Präh. Z. 5 (1913) S. 366ff. W. Bremer; Schumacher *Materialien zur Besiedelungsgeschichte Deutschlands* (Katal. Mainz Nr. 5) 1913 S. 83; ders. *Rheinlande* I 42f.
W. Bremer

Eberstadter Typus. § 1. Der nach der großen Ansiedlung von Eberstadt (s. d.) benannte E.T. stellt den Höhepunkt der neol. Stichkeramik in Südwestdeutschland dar (Tf. 3b). Die Gruppe ist aus der Rössener Gruppe (s. Rössener Typus A), bzw. ihren rheinischen Abarten, dem Niersteiner (s. d.), Heidelberg-Neuenheimer (s. d.) und Friedberger (s. d.) Typus unter starkem Einfluß des Hinkelsteiner entstanden. Über die Verbreitung s. Präh. Z. 5 (1913) S. 419ff. mit Kärtchen W. Bremer und Nachträge dazu Germania 3 (1919) S. 114 G. Behrens. Die Funde verteilen sich auf bisher rund 60 Wohnplätze im Rheintal vom Elsaß bis in das Neuwieder Becken und dessen Seitentälern, bes. das Neckartal und die Wetterau, doch gehören einige Fundplätze dem Donaugebiet der Gegend von Regensburg und Straubing an. Vereinzelt sind Spuren des E.T. aus Westthüringen bekannt (Erfurt, Nägelstedt), auch die Siedelung von Rosdorf bei Göttingen hat ihn geliefert. Die Keramik des E.T. gehört einer ackerbautreibenden Bevölkerung an, die ebenso wie die Kultur der Bandkeramik an die Lößflächen gebunden ist. Die Jagdtiere (Urrind, Hirsch, Reh, Wildschwein, Fuchs) machen nach Staudingers Untersuchungen kaum den zehnten Teil der Nahrungstiere aus. Den Hauptteil der Fleischnahrung zog die Bevölkerung aus den Haustieren, zu denen Rind, Schaf und Schwein gehören. Auch Flußmuscheln scheinen zur Nahrung Verwendung gefunden zu haben. An Steinwerkzeugen begegnen dieselben Formen, wie in der Bandkeramik, neben den einfachen Kleingeräten aus Feuerstein große Pflugkeile, kleinere Hobelbeile und Schuhleistenkeile und einfache, durchbohrte, meist dreieckige Axthämmer. An Hausformen sind neben viereckigen, wie in Großgartach, besonders ovale Hütten mit Zeltdach nachgewiesen. Ebenso variiert die Bestattungsform. Während am Mittelrhein und besonders in der Wetterau der E.T. in Brandgräbern auftritt, kennen wir aus dem Elsaß, besonders von Erstein, Lingolsheim und Egisheim, Reihenfriedhöfe, die bis zu 40 gestreckte Skelette bergen. Die Beigaben bestanden neben reicher, stichverzierter Keramik, Äxten aus Felsgestein und Feuersteinartefakten aus Mahlsteinen und Reibkugeln, wie sie auch regelmäßig in den Hüttenplätzen gefunden werden, sowie aus Schmuck (Eberzähne, Ton- und Steinperlen). Zum Schmuck gehören auch angeschliffene Roteisensteinstücke und Farbenreibplatten.

§ 2. Die Keramik (Tf. 3b) die außer in diesen Gräbern in besonderem Reichtum in den Hüttenstellen der geschlossenen Dorfsiedelungen zutage trat, ist größtenteils gut poliert und mit eingestochener, meist weiß inkrustierter Ornamentik verziert. Während die groben, unverzierten Koch- und Vorratsgefäße immer dieselbe Form mit kugeligem Unterteil, 4 Knöpfen oder Schnurösen am weitesten Bauchumfang, eingezogener Schulter und gewöhnlich ausladendem Rand, der gelegentlich noch, wie im Rössener Typus und selbst noch im Friedberger Stil gekerbt ist, aufweisen, ist das Service der feineren, verzierten, immer gut polierten Ware ein recht reiches: 1. Die Bauchknicktasse, aus der Rössener Fußvase entstanden, ist die verbreitetste Gefäßform. Sie unterscheidet sich von den groben Gefäßen dadurch, daß der Bodenteil flacher, kalottenförmig ist und in meist scharfem Knick, der durch die 4 Knöpfe noch besonders betont wird, an die eingezogene Schulter ansetzt. Um den Bauchknick zieht sich auch immer das Hauptornament, meist ein Tannenzweig- oder Wolfszahnmuster; auch Schulter und Hals werden in horizontalen Dekorationszonen verziert, die meist durch kurze freie Intervalle in regelmäßigen Abständen unterbrochen sind. Der Rössener Doppelstich spielt bei der Einfassung dieser Schmuckbänder oder auch selbständig eine besondere Rolle. Vom Bauchband hängen fransen- und troddelartige Ornamente, die bisweilen ganz naturalistisch aufgefaßt sind, auf den runden Boden herab. Eine Besonderheit des E. T. sind die beliebten, beiderseits vom Bauchknick ausgehenden, mit Schraffierung gefüllten, ausgezogenen Dreiecke, die dem Hinkelsteiner entlehnt sind. Die Knöpfe und Ösen werden in der Ornamentik gern hervorgehoben,

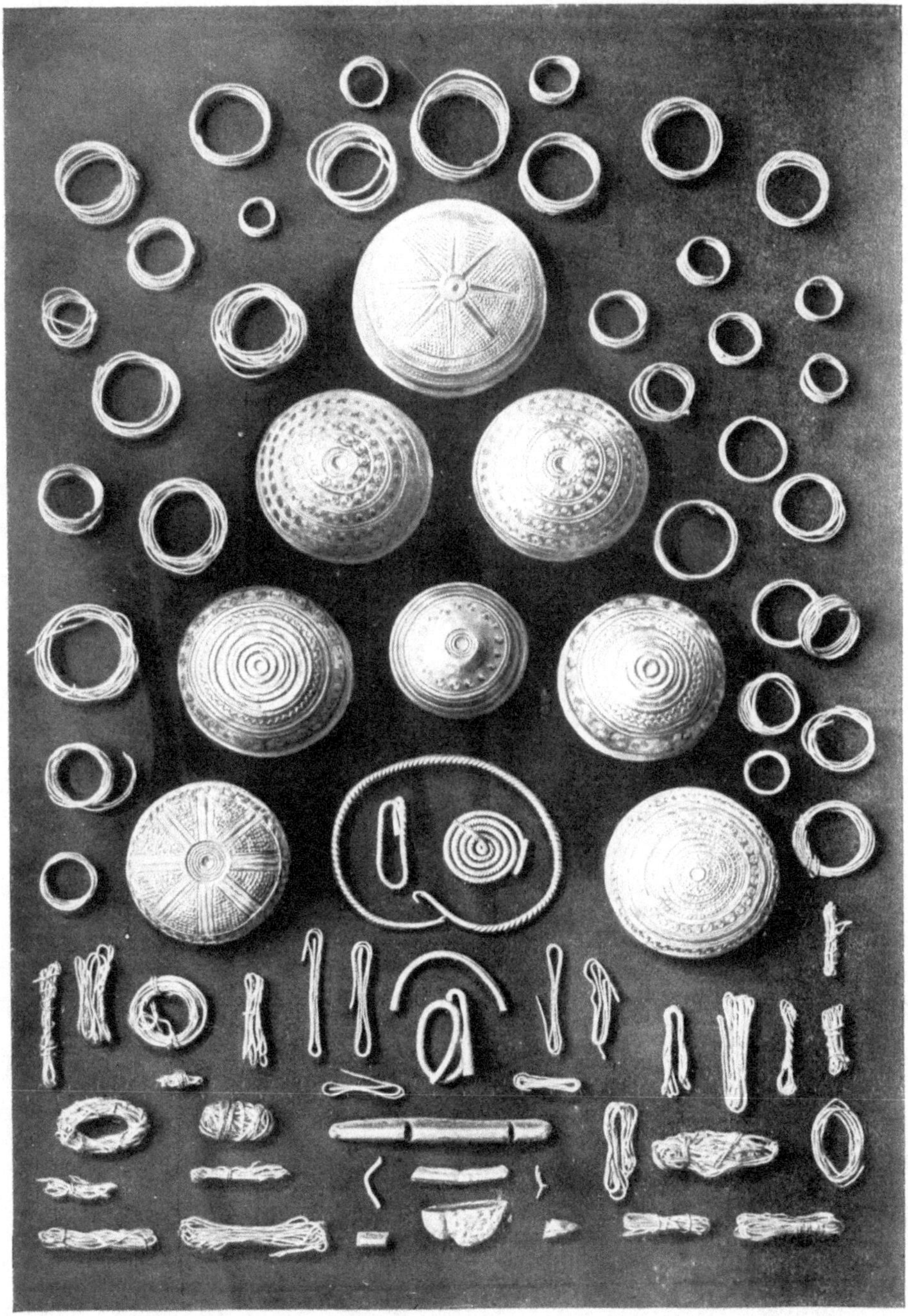

Eberswalde

Der Goldfund. Nach C. Schuchhardt.

durch kurze Winkelbänder über ihnen (wie in Rössen), oder aber sie werden naturalistisch als Tierköpfe ausgestaltet, teilweise sogar plastisch. 2. Fußbecher begegnen in derselben geradwandigen Form wie im Hinkelsteiner, meist aber sind sie niedriger mit leicht geschweifter Wandung und Fuß. Auch größere kelchartige Humpen mit Fuß gehören in diese Gruppe. Die Ornamentik entspricht der der Bauchknicktassen. 3. Kleine Schälchen mit Standring und ausladendem Rand. 4. Große, glockenförmige Gefäße mit einem Standring, wie sie schon im Friedberger Typus begegnen. 5. Zylindrische Becher mit flacher Standfläche und senkrechten Wänden, deren Heimat im N zu suchen ist. Wenn sie verziert sind, besteht die Dekoration in senkrechten oder schrägen, parallelen Ornamentbändern. 6. Flache, halbkugelige oder kalottenförmige Schalen sind dem Hinkelsteiner entnommen. 7. Ähnliche, meist unverzierte Schalen mit 4 kleinen Füßchen. 8. Vierlappige Teller (oder vielmehr Deckel?), quadratisch mit abgerundeten Ecken, flach, in jeder Ecke ein Knopf oder Schnuröse, an der Außenseite meist reich dekoriert. 9. Taschenförmige Gefäße, flach, mit zwei Ecken und zwei Schnurösen oder Knöpfen an der einen Langseite der ovalen Mündung. 10. Untersätze für Kugelböden in Form zylindrischer Tonringe mit eingeritzten Horizontalreifen. Zu den unverzierten Gefäßen gehören endlich noch halbkugelige Löffel mit seitlichem Stiel und trichterförmige Tonsiebe, die auf Käsebereitung hinweisen.

Präh. Z. 5 (1913) S. 395ff., bes. S. 431ff. W. Bremer; 8. Ber. röm.-germ. Kom. 1913/15 S. 56ff. Schumacher; Germania 3 (1919) S. 114ff. Behrens.

W. Bremer

Eberswalde. § 1. Der Goldfund vom Messingwerk bei E. ist neben dem von Vettersfelde (bei Guben) der größte vorgesch. Goldfund Deutschlands. Er kam im Mai 1913 zutage beim Ausschachten der Fundamentgrube für ein neues Arbeiterwohnhaus auf dem bekannten Kupfer- und Messingwerk der Firma Hirsch A.-G. Dadurch daß der Maurerpolier zur Stelle war, als ein Arbeiter den Topf anstach und umstieß, und daß man das herausquellende gelbe Metall für Messing hielt, ist hier einmal der Topf mit seinem ganzen Inhalt bis zum letzten Stückchen erhalten geblieben. Der eimerförmige Topf mit seiner rauhen Wandung und dem für Riemenverschluß eingerichteten Deckel ist „lausitzisch", die wichtigeren Goldsachen zeigen den Hallstattstil, können aber trotzdem sehr wohl hierzulande hergestellt sein.

§ 2. Der Topf war bis oben hin mit Gold vollgepackt (Tf. 4): Gebrauchsgegenständen, Halbfabrikaten und Rohmaterial, im ganzen 2,54 kg. Die auffallendsten Stücke sind 8 goldene Trinkschalen (Tf. 5), so groß wie eine hohle Hand. Die reiche Verzierung, mit Punzen von innen her eingedrückt, läuft in konzentrischen Bändern herum. Der Punzen hat bald einen Punkt von mehreren Kreisen umgeben, bald geriefelte Wulste, bald Zickzacklinien hergegeben. Sechs der Schalen gehören paarweise zusammen, indem immer zwei mit demselben Punzen bearbeitet sind, auch dieselbe rötliche oder gelbe Farbe haben und im Gewicht übereinstimmen. Sie sind papierdünn gearbeitet, so daß z. B. die beiden höheren nur 57 und 58 gr. wiegen.

§ 3. An Schmucksachen sind vorhanden: Ein vielgetragenes, stark abgeschliffenes, gedrehtes Halsband, in zwei Haken endigend, ein ganz frisches Halsband mit noch scharfen Drehungen, dessen Enden noch nicht zu Haken ausgeschmiedet sind (Halbfabrikat), und mehrere Bruchstücke von rundstab- oder bandförmigen Armbändern. Zahlreich vorhanden sind größere und kleinere Spiralen aus Doppeldraht, an ihren Endösen gewöhnlich durch Drehung verziert und zugleich rauh gemacht. Diese Stücke, von denen bisher durchweg die größeren als Arm-, die kleineren als Fingerspiralen bezeichnet wurden, sind dies beides nicht, denn die größeren sind immer noch zu klein für den Arm und die kleineren immer noch zu groß für den Finger. In Bronze sind dieselben Spiralen in Südeuropa öfter bei Skeletten gefunden und zwar immer an der Schläfe oder am Ohr, so besonders bei den Ausgrabungen der Gebr. Siret in Spanien (Siret *Prem. ag.*). Es sind also Haarhalter gewesen, die einen losen Schopf an der Wurzel, dicht am Kopfe zusammenhielten, so wie das bekannte Wandbild von Tiryns, eine Frau, der 5 Haarsträhnen vom Haupte herabhängen, es zeigt (Athen. Mitt. 1911 Rodenwaldt).

§ 4. Auch im Lausitzer Kreise kommen diese Spiralen in Bronze häufig vor. Sophus Müller hat ihrer in Frauenurnen immer je zwei, in Männerurnen je eine gefunden. Die Frauen pflegten also zwei Schöpfe hängen zu lassen, während bei den Männern wohl schon in dieser Frühzeit die von Tacitus (Germ. 38) für die Sueben beschriebene Art, das Haar auf dem Kopfe in einen Knoten zusammenzufassen und hier mit Schmuck zu versehen, üblich war. Im E. Schatze befinden sich über 60 Haarspiralen, davon die Hälfte wohlerhalten, die andere Hälfte zu Paketen zusammengeballt, um gelegentlich eingeschmolzen zu werden.

§ 5. An Rohmaterial ist vorhanden ein ganzer Barren, zweimal eingekerbt, der üblichen Stangenform von halbrundem Querschnitt, wie sie später noch die slav. Silberbarren haben. Er wiegt 286 gr. Dazu ein paar Bruchstücke solcher Barren und ein halber „Schmelzkönig", d. h. der im Tiegel verbliebene kuchenförmige Bodenrest.

§ 6. Die bei der Auffindung alsbald sich vordrängende landläufige Auffassung, daß es sich um ein vergrabenes Opfer handle, daß die Gefäße Opferschalen seien und ihre Verzierungen Sonnensymbole, ist zu verwerfen. Der Schatz ist genau so zusammengesetzt wie die Hausschätze von Troja II: aus den Gebrauchs- und Schmucksachen der vornehmen Familie und zurückgelegtem Material, das gelegentlich neue Stücke liefern sollte. Um die Fundstelle weit herum haben sich bei meinen Nachsuchungen auch Topfscherben derselben Zeit gefunden, die auf eine Siedlung deuten, und wenige 100 m entfernt ist schon 1882 ein Bronzeschatz zutage gekommen. Für eine Siedlung war der Platz hervorragend geeignet, denn es fließen hier in den alten Finowbach von beiden Seiten her kleine Wasser, an denen sich breite Wiesen entlangziehen, eine seltene Gelegenheit für Viehzucht in diesem sonst so sandigen Lande. Nach den Dorfnamen Steinfurth und Schöpfurth hat auch eine alte Straße hier den Finowbach überschritten. Wir dürfen uns also einen suebischen Edeling der junglausitzer Zeit, etwa des 8. Jh. v. C., hier wohnend denken, der seinen Goldbesitz wohlverpackt im Keller seines Hauses aufbewahrte, wie die homerischen Fürsten in ihren Thalamoi.

§ 7. Der Schatz ist bald nach seiner Auffindung von dem Besitzer, Herrn Aron Hirsch, S. M. dem Deutschen Kaiser zur Verfügung gestellt und von diesem dann der vorgeschichtlichen Abteilung der Staatl. Museen zu Berlin überlassen worden. S. a. Boeslunde, Lavindsgaard, Nordischer Kreis B § 14c.

C. Schuchhardt *Der Goldfund vom Messingwerk bei Eberswalde* 1914. C. Schuchhardt

Eburnéen s. Aurignacien, Kunst A § 2.

Echinit s. Donnerkeil.

Edelmetall (Vorderasien). Für die andern Gebiete s. die einzelnen Metalle, die betr. technischen Artikel, Bergbau, Geld, Handel. — Beide E., Gold und Silber, waren in Babylonien und Assyrien seit den ältesten Zeiten bekannt, trotzdem sie in dem Alluviallande natürlich nicht vorkamen. Das nächstliegende Produktionsgebiet für Gold, an ältere Gebirgsarten wie Gneis, Granit, insbesondere aber an den weißen Quarz gebunden, war namentlich das Hochland Nedschd in Zentralarabien; (vgl. M. Blankenhorn *Syrien, Arabien und Mesopotamien* in *Handbuch der Regionalen Geologie* V 4 S. 134 f). Gold war nach gewöhnlicher Auffassung ein Produkt der Unterwelt (Rawlinson *The cuneiform inscriptions of Western Asia* II (1866), S. 51, 11a), aber schon Gudea (ca. 2600 v. C.) bezog es außer von dem sonst unbekannten Gebirge Chachum bereits von dem Gebirge Meluchcha, d. h. aus Nubien (?) oder Arabien, vgl. ZfAssyr. 35 S. 217 B. Landsberger (Thureau-Dangin *Die sumerischen und akkadischen Königsinschriften* 1907 I 70, VI 39). Auch in den Amarnabriefen betteln die asiat. Könige bei den äg. Pharaonen in schamloser Weise um Gold (Knudtzon *Die El-Amarna-Tafeln* II [1915] S. 74, 36 ff.; 92, 19 ff.; 148, 52 u. ö.), das daselbst nach ihrer Meinung „wie Staub in Menge da ist". Zu dieser Ansicht kam man, weil das Gold gewöhnlich als „Staubgold" (Thureau-Dangin a. a. O. I 70, VI 33, 38) auf den Markt kam; daneben erscheint es auch in Form von Ringen, Barren, Zungen, Händen und als Hackgold (z. B.

MDOG 54, 55, 60). Meist war das Gold nicht rein, sondern wurde erst durch mehrfaches Schmelzen, bei dem es bis zu 25 % verlor, geläutert (Knudtzon a. a. O. S. 92, 18). Andererseits stellte man aus einer Vermischung von Gold mit Silber oder Kupfer, wie später die Griechen und Römer das Elektrum (Tf. 2b) und Aurichalkum, mehrere neue Legierungen her, deren genaue Zusammensetzung uns noch unbekannt ist; genannt werden ṣarîru (rotglänzend), zaḫalû und ešmarû (weißglänzend) (Delitzsch *Assyrisches Handwörterbuch* 1896 S. 146, 252, 575). Je nach der Reinheit des Goldes, aber auch nach Zeit und Ort differierte sein Preis. Aus Schulgis Zeit (ca. 2400 v. C.) haben wir Angaben, wonach das Verhältnis des Goldes zum Silber wie 10:1 und 7:1 war (Rev. d'Assyr. 17 [1920] S. 207). In der Hammurabizeit kostete einmal ein Goldsekel sogar nur 6 Silbersekel (Thureau-Dangin *Lettres et contrats* 1910 Nr. 101). In neubabyl. Zeit schwankte das Verhältnis der beiden E. zwischen 13 und 8½:1 (YOS 6 [1922] S. 106 ff., 121). — Auch das Silber war im Zweistromlande schon in den ältesten Zeiten bekannt und wurde als Wertmesser benutzt, trotzdem es von weit her bezogen werden mußte. Bereits Sargon I. und sein Sohn Rimusch (ca. 2800 v. C.) nennen das Silbergebirge als die äußerste Grenze ihres Reiches im W. Wo dieses Silbergebirge lag, zeigt eine Notiz Salmanassars III., der das Gebirge Tunni = Taurus das Silbergebirge nennt (Messerschmidt *Keilschrifttexte aus Assur historischen Inhalts* 1911 Nr. 30, III 2). Vermutlich befanden sich die antiken Bergwerke bei dem heutigen Bulgar Maden (s. d.), woselbst auch eine hettitische Inschrift gefunden ist. Vielleicht hat man Silber außerdem auch noch aus Elam bezogen (A. Schneider *Die sumerische Tempelstadt* 1921 S. 62). Die Zusatzbestandteile wie Blei und Kupfer wurden durch Waschen, Kochen und Läutern entfernt. In den Verkehr kam es in Form von Ringen, Barren, die zuweilen mit einem Provenienzstempel versehen waren, besonders aber als Hacksilber (MDOG 36 S. 22 u. ö.). Dieses letzte diente allg. beim Handel als Zahlungsmittel, indem es auf der Wage dargewogen wurde. Über das Verhältnis des Silbers zum Golde ist schon gesprochen worden. Eisen war zu Hammurabis Zeit nur 8 mal so billig wie Silber (*Cuneiform texts from Babylonian tablets* 6 [1898] 25a). In neubabyl. Zeit erhielt man für einen Silbersekel 225 Sekel Roheisen (Straßmaier *Inschriften von Nabonidus* 1889 Nr. 428, 11). An Kupfer erhielt man durchschnittlich immer 2—2⅛ Minen für 1 Sekel Silber (CT 5 [1898] 38, I u. ö).

B. Meissner

Edelpatina, Edelrost s. Konservierung von Altertumsfunden.

Edelstein. A. Europa. In der europ. Vorgeschichte fanden E. kaum Verwendung, wahrscheinlich weil man sie wegen ihrer Härte nicht zu bearbeiten verstand. Häufiger wurde nur ein dem Türkis sehr ähnlicher Stein (Callaïs; s. d.) in der späten StZ und ältesten BZ in Frankreich und Portugal zu kleinen Schmucksachen benutzt. Er verschwindet in dem Augenblick, wo der Import ähnlich gefärbter Glasperlen einsetzt. Im übrigen kommen Edelsteine erst mit der Ausbreitung der antiken Kultur nach dem N. Ihre Verarbeitung durch einheimische Goldschmiede beginnt erst in der Merowingerzeit.

Déchelette *Manuel* I 620 ff.

Alfred Götze

B. Ägypten. Zur Verfertigung von Schmucksachen haben die Äg. und Nubier sich gern seit der vorgesch. Zeit bestimmter E. und Halbedelsteine bedient. Besonders beliebt sind seit ältester Zeit der in Form größerer oder kleinerer Kiesel in der äg. Wüste sich findende Karneol und der ebenfalls rote Granat, ferner der als Nebenprodukt beim Kupferabbau auf der Sinaihalbinsel (s. d.) gewonnene grüne Malachit und der dunkelblaue Lapislazuli, der wohl schon sehr früh von Babylonien her eingeführt worden ist. Daneben finden sich gelegentlich auch Amethyst (z. B. Junker *Turah* S. 61), Serpentin, Smaragd, Türkis, Onyx und Bergkristall (z. B. Junker *Kubanieh-Süd* S. 102). Alle diese Steine wurden teils zu einfachen röhren-, scheiben-, tonnen- usw. -förmigen Kettengliedern, teils zu besonders geformten Amuletten (s. Amulett B) verarbeitet. Zur Technik vgl. Junker *Kubanieh-Süd* S. 103 f.

Ranke

C. Palästina-Syrien.

§ 1. Literar. Nachrichten: a) Amarnabriefe. — § 2. b) Das Alte Testament. — § 3. Die Funde: a) Edelsteine. — § 4—5. b) Halbedelsteine. — § 6. c) Wertvolle Mineralien. — § 7. Herkunft.

§ 1. Der Boden Palästina-Syriens enthält keine E. Trotzdem sind sie auch in diesem Gebiete seit alter Zeit viel begehrt und wegen ihrer Schönheit sowie wegen der geheimnisvollen Kraft, die man ihnen zuschrieb, hoch geschätzt worden. Schon in den Amarnabriefen werden sie wiederholt erwähnt. Der gesuchteste E. war der blauleuchtende Lasurstein (Lapislazuli, *uknû)*, den man aus Ägypten, wo er besonders beliebt war, aus Babylonien (dorthin kam er aus dem fernen O über Medien) und aus Mitanni verlangte. Eine Sorte kam auch aus dem vorderas. Lande *tefrr.t*, dessen Lage unbekannt ist (Journ. Eg. Arch. 4 [1917] S. 28 ff. A. H. Gardiner). Aus Mitanni erbitten die Briefschreiber außerdem noch den *chulâlu-* und den *chilib(p)a-*Stein. Abi-milki von Tyrus erinnert den Pharao daran, daß er ihm *me-ḳu*-Stein zum Geschenk gesandt habe. Sonst werden als E. *(abnâtu)* genannt: *abanilušamši* (Sonnenstein, eine Art Feldspat?), *achlu* (u. a. aus Askalon geliefert, vielleicht Amethyst, s. § 2), *d(t)ušû, iašpu* (Jaspis), *marchallu, mušgarru, muširru, sâmtu* (Karneol?). Verwendet wurden diese Steine zum Einsatz in goldene Schmucksachen *(abnâti ṣumuchu*, z. B. *azḳaru* 25 II 7 ff, ein Halbmond, s. Amulett C), für kostbare Gewänder und Bilder der Götter. Schon in alter Zeit verstand man alle diese Steine zu schleifen und zu schneiden.

J. A. Knudtzon *Die El-Amarna-Tafeln* 1915 S. 1019.

§ 2. Auch das AT berichtet, daß man von jeher E. gekannt und getragen habe. Die im folgenden angeführten Belegstellen sind zwar verhältnismäßig spät, auch sind die Namen nicht mit der heute üblichen Genauigkeit gegeben und zum Teil von der LXX nicht mehr verstanden worden. Immerhin erlauben sie doch Rückschlüsse auf die ältere Zeit. Genannt werden: *šâmîr* (Jer. 17,1?; Ezech. 3,9; Sach. 7,12: Diamant); *nôfek* (Exod. 28,18: Rubin); *šappîr* (Ezech. 28,13; Hiob 28,6.16; Exod. 28,18; 24,10: Sapphir); *læšem* (Exod. 28,19; 39,12: Hyazinth); *pitᵉdâ* (Ezech. 28,13; Hiob 28,19; Exod. 28,17: Topas?); *bāræḳet* (Exod. 28,17: Smaragd); *taršîš* (Ezech. 10,9; 28,13; Exod. 28,20: Türkis oder Chrysolith?); *aḥlāmā* (Exod. 28,19; 39,12: Amethyst? vgl. *achlu* oben § 1 und äg. *ḥnm* M. Burchardt *Die altkanaan. Fremdworte* 1910 II S. 38 Nr. 723); *jahᵃlôm* (Ezech. 28,13; Exod. 28,18: Jaspis); *ôdem* (Exod. 28,17; 39,10: Karneol); *šᵉbô* (Exod. 28,19; 39,12: Achat?); *jâšᵉfæ* (Ezech. 28,13; Exod. 28,20) und *šôham* (Gen. 2,12; Exod. 25,7 u. ö.: Onyx?). Salomo soll E. aus Ophir erhalten haben (1. Kön. 10,2 ff.); auch aus Arabien wurden sie eingeführt (Ezech. 27,22). Plinius (N. H. 37,40) weiß, daß Amethyst in Syrien gefunden werde. Ägypten (s. § 7) wird im AT nicht als Ursprungsland angegeben.

H. Guthe *Kurzes Bibelwörterbuch* 1903 S. 136 f.

§ 3. Begreiflicherweise ist die Zahl der bei den Ausgrabungen gefundenen E. sehr gering. Auch sind die Funde nicht immer mit wünschenswerter Zuverlässigkeit bestimmt. Sehr fraglich sind als Chrysolith ein halbzylindrisches Gewicht von 7,40 gr. (Macalister *Gezer* II 283 aus der 4. sem. Schicht) und als Smaragd ein unbearbeitetes grünes Kristallstück (II 253). Cyanit ist vielfach in Gezer gefunden worden, vor allem in Perlenform (hauptsächlich in der 3. sem. Schicht II 109), als Skarabäus (II 318 ff.), Siegel (II 330), Siegelzylinder (II 345; III Tf. 202b, 13), Amulett (II 332 Sphinx; 333 Lotos und Spendetafel vgl. III Tf. 210, 52. 65), Einlage (II 250, III Tf. 195, 67. 69; II 338, III Tf. 205b auf einem Fayencegefäß). Besonders schön ist das Köpfchen mit äg. Perücke und Loch für den Haarschmuck (II 335 Abb. 459).

§ 4. Reichlicher waren die Halbedelsteine vertreten. Aus Bergkristall (äg. *rḳbś* = *'el-gābîš* M. Burchardt *Die altkanaan. Fremdworte* 1910 II S. 7 Nr. 113) fanden sich Perlen (II 105, 111; PEF Annual 2 [1912] S. 64 Tf. 31 f.), Skarabäen (Macalister *Gezer* I 129; Sellin *Tell Taʿannek* Nachlese S. 14), Siegelzylinder (ebd. S. 14), ein Gewicht (Macalister *Gezer* II 283 sehr spät, 9, 87 gr. schwer), ein Sphinxamulett (II 332) und ein unbearbeitetes Stück, das ebenfalls als Amulett gebraucht worden war (II 450). Amethyst war in gleicher Weise zu Perlen (Bliss-

Macalister *Excavations* S. 42; Macalister *Gezer* I 337; II 105, 107, 109, 111 f.; PEF Annual 2 [1912] S. 91 Tf. 13 B, 9, 59 B, 10 f.), Skarabäen (Sellin *Tell Ta'annek* S. 32; Macalister *Gezer* I 105, 127, 296; II 99, 314, 317, 323, 325) verarbeitet. Verhältnismäßig häufig war Jaspis in Form von Perlen (ebd. I 354; II 71, 111, 114), Nadelköpfen (II 89), Knöpfen (II 92), Skarabäen (II 323, 328). Angeblich sind auch Gewichte aus Jaspis hergestellt worden (II 257, 279, 281 ff.). Die polierte Jaspisstange mit drei goldenen Anhängern (I 296) ist in einem der sogenannten Philistergräber gefunden worden, gehört also erst in das 1. Jht. (s. Grab F). Alt ist hingegen ein äg. Amulett in Herzform (II 333, III Tf. 210, 49). Besonders gern verwendete man wie noch heute den Jaspis für Siegelsteine (Schumacher *Mutesellim* S. 60 Abb. 72 d aus einem Grabe der 3. Schicht; S. 99 ff. Abb. 147 das berühmte Löwensiegel des 8. Jh.; S. 139 u. 142 zwei Siegelzylinder, ebenfalls spät). Chalcedon kam selten vor (Macalister *Gezer* II 253, 283, 302; III Tf. 201,5 ein Spielstein).

§ 5. Massenhaft fand sich Karneol als Perlen (Sellin-Watzinger *Jericho* S. 121; Bliss-Macalister *Excavations* S. 26, 42; Schumacher *Mutesellim* S. 88; Macalister *Gezer* I 108, 126, 288, 301, 337, 355, 359, 390; II 104 f., 109 ff., 263; PEF Annual 2 [1912] S. 61 Tf. 30 A, 1, 2; S. 63 Tf. 31 f.; S. 69 Tf. 38; Monuments et mémoires 25 [1922] S. 240 P. Montet), Skarabäen (Macalister *Gezer* I 127, 354; II 327; Schumacher *Mutesellim* S. 21) oder äg. Amulette (Macalister *Gezer* II 332 f.). Heute ist man der Meinung, daß er gegen Augenleiden schütze, die ja im Orient weit verbreitet sind. Ebenso beliebt war Achat, meist zu Perlen verarbeitet (ebd. I 120, 288, 295, 337, 354, 359; II 107, 110 f., 253 Abb. 281; Bliss-Macalister *Excavations* S. 42; Sellin *Tell Ta'annek* S. 62; Schumacher *Mutesellim* S. 52, 59, 74, 159) oder zu Skarabäen (Macalister *Gezer* II 315, 327). Obsidian ist anscheinend nicht als Schmuckstein, sondern nur (sehr selten) zu Geräten (ebd. II 127) verwendet worden. Das Salbengefäß aus dem Grabe zu Byblos (Syria 3 [1922] S. 291 ff. E. Naville) ist als besonders kostbares Stück echt äg. Arbeit einzig in seiner Art. Merkwürdigerweise ist Lapislazuli (s. § 1) nur einmal nachgewiesen (Schumacher *Mutesellim* S. 100 Asaphsiegel). Anscheinend haben ihn die Ägypter für das Ausland durch minderwertige Nachahmung aus Glasfluß oder Fayence (s. Vasen E) ersetzt.

§ 6. Wegen ihrer Seltenheit oder ihrer besonderen Eignung für Schmucksachen sind folgende Mineralien gelegentlich wie E. behandelt worden: Nephrit (frz. Jade) für Perlen, Amulette (Macalister *Gezer* II 253) und Skarabäen (I 296 eine unäg. Nachahmung; II 35, 320, 324); Serpentin für Amulette (II 451 axtförmig, etwa 1400 v. C.), Skarabäen (I 127; II 319, 324, III Tf. 207, 10 Nachahmungen), Gewichte (II 282 ff.) — ein schönes Gefäß aus dem großen Tunnel ist echt äg. Arbeit (I 264 Tf. 19,15); Speckstein oder Steatit, fast nur für Skarabäen benutzt (I 127 ff., 296, 304; II 315—329 unter 397 Skarabäen 141 Stück), außerdem ein Siegelzylinder (II 345 Abb. 464) und eine Pfeife (II 304 Abb. 444); Malachit (nur I 126; III Tf. 31,11 eine Perle, wie eine Meermuschel geschnitten) und Hämatit, an dem die ersten Versuche der Steinschneidekunst überhaupt gemacht worden sind (II 344, 346 Siegelzylinder aus der 2. u. 4. sem. Schicht; II 452 Amulett; II 257, 279 ff. Gewichte, zum großen Teil spindelförmig). S. auch Axt C.

§ 7. Schon aus dieser Zusammenstellung ergibt sich, daß die meisten E. und Halbedelsteine aus Ägypten, und zwar schon bearbeitet, eingeführt worden sind. Das gilt vor allem für die Steinperlen, aus denen in Ä. dicke Schnüre gebildet wurden, um mehrfach nebeneinander gereiht als Halsbänder getragen zu werden. Diese Sitte ist offenbar schon sehr früh in Palästina eingedrungen. Ebenso sind die Skarabäen zum großen Teil echt äg. Ware. Aber bald muß die Bearbeitung auch im Lande selbst erfolgt sein, wenn sie auch in den meisten Fällen minderwertiges ergab. Wenn für Gezer die meisten Funde verzeichnet werden, so erklärt sich dies einmal durch die große Genauigkeit, mit der R. A. St. Macalister auch diese kleinsten

Funde beachtet und verzeichnet hat, sodann aber durch die Nähe Ä. und die lange Verbindung mit ihm. Die übrigen Fundberichte erwähnen viel weniger Steine, und Jericho, in dem nur ein einziges Stück gemeldet wird, fällt durch diese (absichtliche?) Armut besonders auf. In NR sollen E. aus Syrien nach Ä. gebracht worden sein (Erman-Ranke *Äg.* S. 615). Dabei kann es sich aber nur um Durchgangsverkehr handeln. Außerordentlich gering ist der babyl. Einfluß in der Bearbeitung der Steine. Das wichtigste Stück in dieser Beziehung ist das Löwensiegel von Megiddo (s. § 4), das aber im Lande selbst geschnitten ist. S. Siegel.

K. E. Kluge *Handbuch der Edelsteinkunde* 1860. Peter Thomsen

D. Vorderasien. Im Zweistromlande gab es außer kleinen, vom Gebirge herabgeschwemmten Stücken keine E. oder Halbedelsteine; dieselben mußten vielmehr aus weiter Ferne bezogen werden. Unter den E. war keiner bei den Völkern des alten Orients so geschätzt wie der Lasurstein (in Babylonien *uknû* genannt). Nach assyr. Nachrichten, die durch Plinius (Hist. nat. XXXVII 9) bestätigt werden, stammt er vom Bikni-Gebirge, d. h. wohl vom Demawend her (KB 2 S. 132, IV, 10). Trotzdem ist diesen Angaben nicht unter allen Umständen zu trauen, weil die Angaben der Händler vielleicht bewußt irreführende waren. Heute wird der Lasurstein wohl ausschließlich in Badachschan n. vom Hindukusch gefunden (C. Hintze *Handbuch der Mineralogie* II [1911] S. 913ff.). Wenn das auch für das Altertum zutreffen sollte, so würde das allerdings rege Handelsbeziehungen des vorderen mit dem zentralen Asien in einer sehr frühen Zeit voraussetzen, da der Lapislazuli schon in vorsargonischer Zeit (vor 2800 v. C.) in Babylonien auftritt (Thureau-Dangin *Die sumerisch-akkadischen Königsinschriften* 1907 S. 150, 160). In der Korrespondenz der äg. und vorderas. Könige im 14. Jh. v. C. bildet der Lasurstein immer ein sehr geschätztes Tauschobjekt der Asiaten für das Gold, um das sie betteln (Knudtzon *Die El-Amarna-Tafeln* 1915 S. 84, 56f.; 98, 24f.). — Von andern Edelsteinen kennen wir noch den Jaspis, Beryll, Smaragd und wohl den Bergkristall und den Karneol mit Namen (Meissner *Babylonien und Assyrien* I [1920] S. 351). Von einer Reihe anderer kennen wir zwar ihre babyl. Namen, können sie aber noch nicht identifizieren. Von den vielfach bei den Ausgrabungen zutage gekommenen Achat, Onyx, Chalzedon, Amethyst, Rauchtopas, Serpentin, Granat und manchen anderen (vgl. MDOG 36 S. 14, 20; R. Koldewey *Die Tempel von Babylon und Borsippa* 1911 S. 46 u. ö.) kennen wir andererseits ihre babyl.-assyr. Äquivalente nicht sicher. S. a. Stein D 1 § 3. B. Meissner

Edfu. Hauptstadt des 2. Gaues von Oberägypten auf dem Westufer des Nil, äg. ḏb'. t, gesprochen Edbôjet, kopt. Atbô, arab. Edfu, griech. Apollinopolis, genannt nach Apollo, d. h. dem Stadtgott Horus. Der uralte Ortsgott von E. ist ein Sonnengott in Gestalt der geflügelten Sonnenscheibe. Er ist in vorgesch. oder spätestens in frühdyn. Zeit dem falkengestaltigen Horus gleichgesetzt worden, der als Königsgott des oberäg. Staates der Horusdiener (s. d.) in vordyn. Zeit eine bedeutungsvolle Rolle gespielt hat. Die spätere Theologie sieht als Herrn von Edfu einen Horus an, der Falke und Sonnengott, aber auch Sohn des Osiris und der Isis ist. Man bildete aus ihm und der Hathor von Dendera ein Ehepaar, dessen Kind der täglich von neuem geborene jugendliche Sonnengott ist. — Von der antiken Stadt ist fast nichts bekannt, der große Tempel des Horus bildet jedoch durch seine ungewöhnlich gute Erhaltung eins der ansehnlichsten Bauwerke des Landes. Die älteren Tempelanlagen sind nicht erhalten, der jetzige Bau ist in Sandstein unter Ptolemaios III.—XIII. errichtet und wird durch eine Ziegelmauer eingefaßt. Roeder

Edomiter. E. (hebr. *'ᵉdôm* keilschriftl. *Udûmu*) heißt eine sem. Völkerschaft, die seit den letzten Jahrhunderten des 2. Jht. v. C. am äußersten Südostrand des Kulturgebiets von Palästina festzustellen ist.

§ 1. Nach der uns erhaltenen Meldung eines äg. Offiziers der Zeit Menephtaḥs (1225—1215), er habe edom. Stämme (*'dm*) mit ihren Herden die Ostgrenze des Nildeltas überschreiten lassen (Pap. Anastasi

VI Tf. 4 Zl. 13 ff.; übersetzt von H. Ranke bei H. Greßmann *Altor. Texte u. Bilder* I [1909] S. 249 f.), scheinen Teile der E. damals noch ganz nomadenhaft bis nach Ägypten geschweift zu sein; das schließt jedoch nicht aus, daß gleichzeitig die Hauptmasse der E. schon weiter im O ihr späteres Wohngebiet besetzt hatte. Jedenfalls ergibt sich aus der glaubwürdigen Liste von 8 Königen der E. vor der Zeit Sauls und Davids (Gen. 36,31 ff.; s. König C), daß spätestens im 12. Jh. die staatl. Organisation der E. und also auch ihre Landnahme zu einem gewissen Abschluß gekommen sein muß. Der Kern ihres Reiches war der hohe Gebirgsrücken sö. des Toten Meeres zwischen der Senke der *ʿAraba* und der arab. Wüste (gegen N das tiefe *Wâdi el-Eḥsa* Grenze gegen Moab), ein wenigstens teilweise für Ackerwirtschaft brauchbares Land (vgl. Num. 20,17), sonst Weidegebiet und Wald. Dort lag ihre Hauptstadt *Boṣra*, heute *Bṣēra* (Gen. 36,33; Am. 1,12 u. ö.). Doch scheinen die E. von Anfang an auch nach W in das Bergland s. von Judäa hinübergegriffen zu haben (Ri. 1,36 nach berichtigtem Text; vgl. Jos. 15,1). Im S hatten sie Anschluß an den Seehandel, solange sie die Hafenplätze *ʿEṣjōn-Geber* und *ʾĒlat* an der Nordostspitze des Roten Meeres zu behaupten vermochten (Deut. 2,8; I. Kön. 9,26 [22,49]; II. Kön. 14,22; 16,6); daneben standen ihnen die Wüstenwege des Karawanenverkehrs nach Nordwestarabien und nach Ägypten offen (vgl. I. Kön. 11,17 f.). Als Vorbewohner des Edomiterlandes erscheinen Gen. 36,2. 20 ff.; Deut. 2,12. 22 die Choriter (s. d.). Die Kultur der E. ist uns arch. noch nicht faßbar; die Zahl ihrer fest besiedelten Ortschaften war kaum sehr groß, ihre Burgen (Jer. 49,16; Ob. 3) vielleicht nur Fluchtburgen. Ebenso ist uns die Religion der E. nahezu unbekannt; ihr nationaler Hauptgott war anscheinend *Ḳôs* (H. Zimmern in *KAT*[3] S. 472 f.), aber auch *Edôm* selbst war vielleicht zugleich Gottesname (vgl. Fr. Baethgen *Beiträge zur sem. Religionsgesch.* 1888 S. 9 ff.; M. Burchardt *Die altkanaan. Fremdworte* II [1910] S. 177; Nachr. Gött. Ges. 1916 S. 90 f. M. Lidzbarski).

§ 2. Die Vätersage des AT bezeichnet die E. als die nächsten Verwandten der Israeliten: ihr Ahnherr Esau ist der Zwillingsbruder Jakobs, des Stammvaters von Israel (Gen. 25,21 ff.; vgl. hierzu und zum folgenden Preuß. Jbb. 176 [1919] S. 339 ff. H. Gunkel). Darin drückt sich die richtige Erinnerung aus, daß beide Völker (zusammen mit den als entferntere Verwandte betrachteten Moabitern und Ammonitern; Gen. 19,30 ff.) in der Bevölkerung Palästinas eine besondere Gruppe bildeten, die erst gegen Ende des 2. Jht. v. C. in das geschichtl. Leben eintrat, als Pal. schon eine lange politische und kulturelle Entwicklung hinter sich hatte, und die besonders das politische System gründlich umgestaltete (National- an Stelle von Stadtstaaten). Wenn in der Sage Esau als der ältere Bruder erscheint, der hinterher sein Vorrecht an den jüngeren Jakob verliert (Gen. 25,29 ff.; 27), so darf man hierin eine Wiederspiegelung davon sehen, daß die E. zwar in ihren Sitzen am äußersten Rand Palästinas früher zu festem Besitz und staatlichem Eigenleben gelangen konnten als die zunächst noch auf halbnomadischer Stufe außerhalb Palästinas verharrenden Israeliten (vgl. Num. 20,14 ff.; Deut. 2,4 ff.; Ri. 11,18), daß sie aber von diesen später überholt wurden, nachdem die Israeliten in die höhere Kultur Westpalästinas eingetreten waren und größere Staaten gebildet hatten (vgl. die Charakterisierung des Tölpels Esau gegenüber dem klugen Jakob; Gen. 27). Trotzdem wirkte das Bewußtsein der Verwandtschaft mit den E. in Israel noch lange nach (vgl. z. B. Deut. 23,8 f. und dazu Acta Orientalia 1 [1922] S. 81 ff. S. Mowinckel), auch nachdem mit David (10 Jh. v. C.) die Unterjochungspolitik gegenüber den E. begonnen hatte, die das Reich Juda mit manchen Wechselfällen bis an sein Ende fortsetzte (II. Sam. 8,13 f.; I. Kön. 11,14 ff.; 22,48 f.; II. Kön. 8,20 ff.; 14,7. 22; 16,6). Erst als sich die E. bei dem Untergang des Reiches Juda (586 v. C.) das s. Judäa (bis einschl. Hebron) aneigneten, schlug die Bruderschaft in Todfeindschaft um, wie spätere Prophetensprüche (z. B. Ez. 25,12 ff.; Jer. 49,7 ff.; Ob. 1 ff.; Am. 1,6 ff.) zeigen. Für die E. bedeutete diese territoriale Verschiebung ein Abrücken von ihrem alten Kerngebiet sö. des Toten Meeres; in dieses drangen dann die Nabatäer ein, von deren hellenistisch beeinflußter Kultur (1. Jh. v. und n. C.)

noch zahlreiche Überreste im vormals edom. Lande (vor allem Petra) zeugen.

Fr. Buhl *Gesch. der Edomiter* Reformationsprogr. Leipzig 1893; H. Winckler *Gesch. Israels* I (1895) S 189ff.; *Realencykl. für prot. Theol.*[3] V (1898) S. 162ff. W. W. Graf Baudissin; Ed. Meyer *Die Israeliten u. ihre Nachbarstämme* 1906 S. 328ff. u.ö.; R. Kittel *Gesch. d. V. Israel*[6] I. II passim (s. Register). A. Alt

Eemfauna s. Diluvialfauna § 6.

Eggbühl bei Russikon (Kanton Zürich). Diese Nekropole der späten HZ hat außer Paukenfibeln, einem Gürtelblech mit Tremolierstichverzierung, einem Bronzeeimer usw. zwei interessante Bronzereifen aufzuweisen, welche medaillonartige Vertiefungen zeigen, in denen noch Reste von Email vorhanden gewesen sein sollen.

Heierli *Urgeschichte der Schweiz* 1901 S. 365. K. Schumacher

Egisheim. S. a. Frankreich A. Schädeldach von E.; gefunden in einem Flußbett bei Colmar (Elsaß) zusammen mit Knochen diluv. Tiere; die FU sind aber zweifelhaft. Das Stück gehört wahrscheinlich zu *Homo Aurignacensis* (s. d.). Die wichtigsten Maße sind: gr. L. 197 mm, gr. Br. 150 mm, L.-Br.-Index 76,1 (geschätzt), Kalottenhöhen-Index (s. d.) ca. 37,8, kleinste Stirnbreite 92.

Beitr. z. Anthrop. Elsaß-Lothringens H. 3 (1902) Schwalbe. — Archiv f. Anthr. 27 (1902) S. 365ff. Macnamara. Reche

Églises (Grotte des). Unweit Ussat (Dép. Ariège). Mit mehreren roten Malereien der Magdalénien-Zeit, darunter ein Steinbock und ein merkwürdiges tektiformes Zeichen, sowie mit mehreren feinen Gravierungen. Entdeckt 1921 von Cugulières. S. Kunst A II.

Kurze Notiz: Rev. d'Anthropol. 32 (1922) S. 234. H. Obermaier

Egtved s. Nordischer Kreis B § 3b 3.

Ehe. A. Allgemein.

§ 1. Die E. in Beziehung zu anderen Institutionen. — § 2. Eheformen. — § 3. Die E. bei niedrigen Naturvölkern. — § 4. Die E. bei höheren Naturvölkern. — § 5. Die E. bei archaischen Völkern.

§ 1. Dreierlei Quellen stehen uns zur Verfügung, wenn wir der E. in primitiven Gesellschaften nachgehen wollen: 1. die Zeugnisse antiker Schriftsteller, 2. die Berichte über Verhältnisse bei zeitgenössischen Naturvölkern, 3. Ableitungen aus anderen Anzeichen, wie z. B. aus Verwandtschaftsnamen oder aus Gebräuchen. Daß wir, namentlich den unter Punkt 1. und 2. genannten Quellen, mit vorsichtiger Kritik zu begegnen haben, ist ein Gebot, das bei einem Gegenstand besonders zu beachten ist, bei dem durch affektbetonte Stellungnahme, durch Wertungen oder persönliche Erlebnisse leicht Wunsch oder Befürchtung die Wahrnehmung trüben oder den Bericht verwirren.

Gewöhnlich steht die Frage nach der Form der E. im Vordergrund, und an diese knüpft man häufig ohne weiteres ein Werturteil über Moral- und Kulturhöhe eines Volkes. Die Form der E. allein als solchen Gradmesser zu gebrauchen, ist nicht begründet. Die Veränderungen in der Gestaltung der E. können weniger im Sinne einer Entwicklung verstanden werden, als andere Institutionen wie z. B. das Eigentum, welche auf dem Wege über die Wirtschaft durch den Stand der Technik und die Schätze des aufgehäuften Wissens stärker als die E. beeinflußt werden, obgleich natürlich ein Einfluß der Wirtschaft so wie der politischen Herrschaft auch auf die Gestaltung der E. nicht geleugnet werden kann. Viel stärker tritt er aber in Bezug auf die Familie (s. d.) hervor.

§ 2. Vielfach hatte man früher die Umstände, unter denen die E. eingegangen wurde, zur Grundlage für die Klassifizierung der E. verwendet. Abgesehen davon, daß die Gebräuche bei der Eheschließung von untergeordneter Bedeutung für die Gestaltung der Einrichtung selbst sind, kann die Entwicklungsreihe, wie sie von manchen aufgestellt wurde, auf Grund der heutigen Forschung nicht mehr anerkannt werden: die Auffassung nämlich, daß ursprünglich „Raubehe" bestand und diese dann durch „Kaufehe" abgelöst wurde usw. Außerdem dürften wir richtiger von „Raubheirat" und „Kaufheirat" sprechen, da es sich nur um Formen der Abschließung der E. handelt (s. Heirat).

Wichtiger ist die Einteilung der Eheformen nach der Zahl der in Betracht kommenden Partner: in Monogamie (einfache Dauerpaarung) und Polygamie (gleichzeitige mehrfache Dauerpaarung), bei der wieder Polygynie (Mehrweiberei) und Polyandrie (Mehrmännerei) zu unterscheiden sind (s. Polygamie). Indes trägt diese Einteilung nicht der Eigenart der vielerlei Gestaltungen genügend Rechnung. Man kann z. B. von manchen Völkern nicht ohne weiteres sagen, ob sie monogam oder polygam leben. Bei den meisten papuanischen Stämmen hat der Mann in der Regel nur eine Frau, doch oft nimmt er noch die Witwe seines verstorbenen Bruders oder im Falle der Kinderlosigkeit seiner ersten Frau noch deren Schwester oder Base zu sich. Außerdem begegnen wir nicht selten offiziell vereinbarten Unterbrechungen der E., traditionell anerkannten Ehebrüchen, die unserer juristisch-moralischen Forderung von der uneingeschränkten Dauer des Ehebandes zuwiderlaufen. Überdies tritt oft eine sukzessive E. in Erscheinung, bei der nach bestimmten Regeln erst mit Älteren, dann mit Gleichaltrigen und schließlich mit Jüngeren Dauerpaarungen eingegangen werden (s. § 3). Endlich ist für die Gestaltung der E. noch der Unterschied der Frauenfolge oder der Mannsfolge von Bedeutung: ob sich nämlich der Mann nach dem Wohnsitz der Frau und ihrer Sippe oder umgekehrt die Frau nach dem Heimatsort des Mannes begibt, um dort die E. zu verleben.

§ 3. Bei den Bergdama (Vedder S. 39, 52 ff.) wählen die weiblichen Anverwandten im Einvernehmen mit dem Rat der Männer am heiligen Feuer ein Mädchen für den Jüngling, setzen sich dann durch seines Vaters Schwester mit den Eltern und Verwandten der ins Auge gefaßten Braut ins Einvernehmen. Mitunter kommen solche Verabredungen schon innerhalb des Kindesalters der Brautleute vor, ja sogar noch vor deren Geburt (s. Verlöbnis). Weder der Jüngling noch das Mädchen werden nach der Neigung gefragt. Nach alter Sitte mußte der Jüngling, wenn die Heirat zustande kam, ein halbes oder ein ganzes Jahr in der „Werft" (= Lager) der Brauteltern bleiben, um sämtliche Jagderträgnisse dem Schwiegervater zum Unterhalt abzuliefern. Die Braut wird also durch Kauf auf dem Wege des Abverdienens erworben. In neuerer Zeit pflegt man aber von dieser Forderung abzusehen. Eine eigentliche Hochzeitsfeierlichkeit findet, wie bei den meisten niedrigen und mittleren Primitiven nicht statt (s. Hochzeit). Der Bräutigam stellt sich, geleitet von Mutter und Tante, in dem Lager des Schwiegervaters ein, und beide Familien wechseln Geschenke, welches die Freundschaft dokumentieren soll. Der Anstand gebietet, nicht auf die Menge oder die Kostbarkeit dieser Geschenke zu achten. Von den weiblichen Verwandten der Braut ist eine dürftige Hütte für das junge Paar errichtet worden, und es erfolgt eine Art Probeehe, jetzt auf 5 oder 6 Tage, die sich früher wohl auf das ganze Jahr des Abverdienens erstreckte. Dann kehrt der junge Mann zu seinen Eltern zurück und kann sich mit seiner Braut einverstanden erklären oder sie ablehnen. Im ersteren Falle führen die weiblichen Verwandten die Braut zur „Werft", zum Sippenlager des Mannes. Weist der Bräutigam jedoch die Braut zurück, so werden die Geschenke zwar nicht wieder erstattet, aber es entstehen auch keine weiteren Verpflichtungen. Weigert sich das Mädchen, so kommt es manchmal zu einer gewaltsamen Entführung. Waren schon ältere Anverwandte der Frau gegen die Verbindung, so findet die Braut bei diesen Unterstützung, und es kommt zu Zwistigkeiten.

Wer zu Wohlstand gelangt ist, pflegt sich nicht mit einem Weibe zu begnügen. Drei oder mehr Frauen bei dem Oberhaupt eines Lagers sind keine Seltenheit. Gegenseitige Geschenke und feierliche Zuführung der Nebenfrauen sind die einzigen Formalitäten, die bei der Ehelichung von Nebenfrauen beobachtet werden. Doch bleibt die erste Frau die Hauptfrau, die die „Herrschende", bei den Nama die „Großfrau" genannt wird. Die Nebenfrauen werden als die „Herzugekommenen" bezeichnet. Unverheiratete alte Jungfern gibt es unter den Bergdama nicht.

Bei den Jägern und Sammlern fällt der Frau eine wichtige wirtschaftliche Stellung dadurch zu, daß sie eine verhältnismäßig regelmäßige Ernährung durch ihre Sammeltätigkeit gewährleistet, während die schweifende Tätigkeit des Mannes als Jäger und Fänger dem schwankenden Glück des Erfolges ausgesetzt ist. Die Männer wie die Frauen haben ihre selbständige, von einander unabhängige Wirtschaftsgrundlage. Damit hängt auch eine große Selbständigkeit der Frau (s. d.) in der E. zusammen. Geradeso wie der Mann der Frau bei den Bergdama nur die ihr zustehenden Stücke der Jagdbeute an Wild abgibt, so darf auch der Mann ohne ihre Erlaubnis nicht an die Töpfe herangehen, in denen sie einen Brei aus Feldzwiebeln oder aus Erdknollen, aus Eidechsen oder aus großen Fröschen bereitet hat. Mehrere Frauen sind daher keine Last, sondern bedeuten eine Verbesserung in der Nahrungsversorgung des Familienhaupts. Allerdings wird dieser Vorteil mitunter durch Eifersüchtelei unter den Frauen aufgehoben. Die Sitte schreibt vor, daß der Mann abends der Reihe nach in die verschiedenen Hütten, deren jede eine der Frauen gehört, Einkehr hält. Nur die Hütte der stillenden Mutter meidet er.

Bei den Bergdama tritt uns auch eine Sitte entgegen, die sich in ähnlichen Formen bei niedrigen Jäger- und Fängervölkern an verschiedenen Stellen der Erde, z. B. bei vielen nordsibir. Stämmen, bei Eskimos und bei Australiern usw. wiederfindet: nämlich der freundschaftliche Frauenaustausch (s. Frauenaustausch, Freundschaft, Nebenehe). Das Einverständnis der Frau wird vorausgesetzt oder durch Geschenke erworben. Der Mann hat das Recht, sich ungehindert nachts zu der von ihm bezeichneten Frau seines Freundes zu begeben. Die Abmachung bezieht sich, wenn mehrere Frauen vorhanden sind, nur auf eine, über die man sich geeinigt hat. Der andere erwidert den Besuch gelegentlich. Die Männer tauschen unter sich Geschenke und stehen einander bei. Die Hilfe vermitteln die Frauen. Das Kind einer in einen solchen Freundschaftsbund einbezogenen Frau erhält den Namen beider als Väter in Betracht kommenden Männer. Bei einem Sohn hat der Name des Ehemannes den Vorrang, bei einer Tochter der des Freundes.

Die Schilderungen der Ehezustände bei den Bergdama wurden deshalb ausführlich wiedergegeben, weil sie nicht nur von einem langjährigen und gewissenhaften Beobachter herrühren, sondern auch weil sie als repräsentativ für die Zustände bei niedrigen Primitiven gelten können.

Wie steht es nun z. B. bei den Australiern, über deren Ehezustände in der Literatur noch immer die sonderbarsten Geschichten spuken? Vorübergehende und festliche Veranstaltungen in der Art des oben geschilderten Frauenaustausches haben zu unzulässigen Verallgemeinerungen geführt und Verwirrung angerichtet. Von den Überresten einer wirklichen Promiskuität (s. d.) kann bei den Australiern keine Rede sein (Malinowski S. 56 ff.). Man findet nirgends volle Regellosigkeit der Geschlechtsbeziehungen, sondern auch in Australien bestehen durchaus geordnete und rechtlich normierte Dauerzustände der sexuellen Beziehungen, welche von der Gemeinschaft, die einen disziplinaren Einfluß ausübt, zur Kenntnis genommen werden. Die Dinge liegen im Grunde sehr ähnlich wie bei den eben geschilderten Bergdama, sowohl was die Form der Eheschließung, wie auch die Dauerhaftigkeit des Ehebandes anbelangt. Tatsächlich ist auch bei den Australiern die (in der Regel durch Kauf geschlossene) Einehe die Grundform, obgleich sie nicht von Recht oder Moral vorgeschrieben ist, und obgleich es keinen australischen Stamm geben dürfte, bei dem nicht auch Vielweiberei vorkäme. Dennoch ist letztere nur Ausnahme und auf ältere und einflußreichere Persönlichkeiten beschränkt.

Doch kann die Form des Kaufs nicht als die einzige gelten, die man in Australien kennt. Unter den Kurnai z. B. wird die Heirat sogar gewöhnlich auf dem Wege der Entführung, manchmal auch durch Raub (Fison u. Howitt S. 343, 200 ff., 348 ff.) eingegangen. Dabei scheint die Sache nicht immer ernstlich gemeint zu sein, denn es schließt sich oft eine Art Versteckspiel an, und nur, wenn das Paar sich erwischen läßt, kommt es zu Züchtigungen. Bei anderen Stämmen hingegen, bei denen diese Art Eheschließung seltener ist, wird die Sache ernstlicher aufgefaßt, und es kommt in Fällen der Entführung oder des Frauenraubes zum Blutvergießen (Malinowski S. 36). Keinesfalls können wir sagen, daß bei niedrigen Primitiven der Frauenraub oder die Entführung vorherrscht. Wir treffen zwar diese beiden Formen an, aber sie scheinen seltener zu sein, als der Erwerb von Frauen durch Tausch oder Kauf. Spencer und Gillen (S. 554 ff.) unterscheiden bei dem zentralaustralischen Stamm Aranda: Eheschließung 1) durch Liebeszauber, 2) durch Raub, 3) durch Entführung, 4) durch Mädchentausch (*Tualcha-Mura*).

Dabei ist auch die Verteilung der Rechte zwischen Mann und Frau ähnlich wie bei den Dama, denn wir treffen dieselbe Scheidung der Tätigkeiten an: der Mann geht auf die abenteuerliche, oft anstrengende Jagd und den Fang, er schafft die großen Leckerbissen der Ernährung herbei und hält höchstens noch die Herstellung seiner Waffen und Geräte und die Vorbereitung der großen emotionsreichen Feste für „standesgemäß" (Knabenhans S. 56), während die „bodenständige" Frau für die „Häuslichkeit" des Lagers sorgt, Wasser holt, Brennholz und Früchte, Kerbtiere und Wurzeln sammeln geht und so die kleine regelmäßige Ernährung sichert. Der Mann ist der aktivere, die Frau der stetigere Teil in der Wirtschaftsführung. Von einem „Gewaltverhältnis" des Mannes über die Frau kann keine Rede sein. Jeder Willkür wird durch die Kritik der Gemeinschaft vorgebeugt. Die Frau ist dem Mann durch ihre Arbeitsleistung als Sammlerin unentbehrlich (Spencer u. Gillen S. 50; Eylmann S. 50f.). Trotz der wirtschaftlichen Selbständigkeit der Frau und der sehr verbreiteten mutterrechtlichen Verwandtschaftsbeziehungen (s. Mutterrecht), kann von einem politischen Einfluß der Frau oder gar von Gynaikokratie (s. Frauenherrschaft) nicht gesprochen werden. Im übrigen bewegt sich das eheliche Leben normalerweise im Rahmen einer zwar in ihren Äußerungen nicht sehr verfeinerten, aber keineswegs der Sympathie entbehrenden Weise (Malinowski S. 82ff.). Dieses Eheleben wird gelegentlich durch Feste unterbrochen, bei denen es, ähnlich wie bei den Bergdama, zu einer Teilhaberschaft, hauptsächlich der beiderseitigen Geschwister, an den ehelichen Beziehungen kommt (s. Nebenehe).

Gewinnen die Eheverhältnisse schon durch die erwähnten festlichen Unterbrechungen eine eigenartige Färbung, so wirkt auf die Gestaltung der E. noch weiterhin das Heiratsalter beziehungsweise der Einfluß der alten Männer (s. Altenherrschaft, Altersstufen) auf die Verteilung der jungen Mädchen in entscheidender Weise ein. „Die von den Australiern geübten Heiratsgewohnheiten führen bezüglich des Alters der Eheleute zu sehr merkwürdigen Verhältnissen", sagt Curr (I 107—110), „denn gewöhnlich findet man alte Männer im Besitz von Frauen, die noch geradezu Kinder sind, während Männer, in der Blüte ihrer Jahre, mit alten Witwen sich begnügen müssen. Unter 30 Jahren kann kein Mann eine Frau erlangen. Mit 50 oder 60 Jahren besitzt er dagegen ihrer zwei oder drei. Häufig beträgt der Altersunterschied zwischen den Gatten 20 und mehr Jahre, und manchmal ist ein Kind von 8 Jahren die Frau eines Fünfzigjährigen." Howitt (S. 183) und ebenso Strehlow (VI, I 12) begründen diese Gewohnheit mit der Ansicht der Alten, daß die jüngeren Männer warten müssen, bis ihnen ein kräftiger Bart gewachsen sei, oder bis sich das erste graue Haar zeigt. Sie würden durch die E. zu sehr in Anspruch genommen. Mathew (S. 162) berichtet, daß es gelegentlich vorkam, daß ein Kind von 12 Jahren die Frau eines sechzigjährigen Mannes wurde. Und auch Spencer und Gillen (S. 558) erzählen von den Zentralstämmen, daß die Ehemänner gewöhnlich gleichaltrig mit den Müttern ihrer jugendlichen Ehegenossinnen sind. Eine ähnliche Verteilung liegt dem komplizierten Heiratssystem der Bánaroleute von Neu-Guinea zu Grunde (Thurnwald S. 130f. und 188). Ähnliche Beobachtungen stehen auch aus Südamerika zur Verfügung: vom Paranatinga (von den Steinen S. 186) und von den brasilianischen Tupi (Quevedo S. 422). Selbst in die Sitten höherer Naturvölker hinein scheint sich diese Gewohnheit hier und da erhalten zu haben, wie z. B. auf Nauru (Hambruch S. 253). Diese Zustände bringen es hauptsächlich als eine Folge der Altenherrschaft — wie es in Australien ganz deutlich zu Tage tritt — mit sich, daß die Verbindungen, obwohl als dauernd gedacht, sich doch nicht als volle Lebensgemeinschaft darstellen und auch nicht als solche beabsichtigt sind. Allerdings dürfen wir die vielleicht hier und da durch besonders nachdrückliche Ausbildung der Altenherrschaft etwas bizarr gewordenen Zustände nicht gleich verallgemeinern und können nur feststellen, daß eine starke Tendenz zu solchen Heiraten unter Ungleichaltrigen mit dem Nebenerfolg einer sukzessiven Ehe vorhanden ist.

Dieses Moment und die schon erwähnten legalen Eheunterbrechungen modifizieren also die primitive E. in gewisser Beziehung. Bei der Erörterung der Familie (s. d.) werden wir weiterhin sehen, daß die Stellung des Vaters in der E. im wesentl. darauf hinausläuft, daß er Gatte der Mutter und Beschützer ihrer Kinder ist. Schon das starke Hereinspielen nebenehelicher Momente bringt das mit sich. Über die Ehescheidung und die Heiratsordnungen (Exogamie) wird in besonderen Artikeln gehandelt (s. d.).

Als gesichert können keine anderen Tatbestände für die niedrigsten uns bekannten Eheformen angeführt werden. Es ist darum die Frage aufzuwerfen, ob die verschiedenen manchmal außerordentlich phantastischen Nachrichten und Theorien auch mancher antiker Schriftsteller, nicht auf oberflächlichen Eindrücken beruhen (s. Gruppenehe, Nebenehe, Promiskuität). Es scheint, daß sie auf die Dauer der nüchternen und vorurteilslosen Untersuchung kaum werden Stand halten können.

Zwar wird von den alten griech. Schriftstellern, von Herodot, Plinius, Strabo, Diodor usw. über eine Zahl verschiedener ihnen zeitgenössischer „Naturvölker" berichtet, daß diese unterschiedslos die Frauen gemeinsam hätten (Wilutzki I 14 ff.), aber ähnliche Nachrichten, die früher auch von modernen Reisenden über heutige Naturvölker verbreitet wurden, mit denen sie in Berührung kamen, haben schließlich, bei genauerer Untersuchung, sich gewöhnlich als Oberflächlichkeiten oder Mißverständnisse erwiesen. Näheres ist darüber in den Artikeln „Gruppenehe", „Nebenehe" und „Promiskuität" zu sagen.

§ 4. Bei den höheren Naturvölkern erhält die E. durch die Ausbildung der politischen Herrschaft und des Eigentums, durch die rangmäßige Schichtung der unter einer Herrschaft vereinigten ethnischen Bestandteile und durch religiös-zauberische Faktoren ihr charakteristisches Gepräge. Die Gestaltungen sind hier ungleich mannigfaltiger und farbenreicher, die Sonderbahnen der Entwicklung aber abwegiger. Die Eheeinrichtungen können jedoch nie restlos aus der angedeuteten Gesellschaftsgestaltung oder aus dem zeitgemäßen Bild der diesseitigen oder jenseitigen Welt abgeleitet werden. Beeinflussungen durch Nachahmung fremder Sitten fallen oft sehr ins Gewicht.

Der Frauenkauf als Form der Ehebegründung tritt bei mittleren und höheren Naturvölkern vielleicht etwas stärker hervor. Es ist möglich, daß er an die verbreitete Sitte des Austauschs von Mädchen zur E. unter nachbarlich siedelnden Gruppen (vgl. Malinowski S. 36, 48 ff., 58 f.) anknüpfte (Thurnwald S. 200, 43 und 192 u. 1912 III 12 ff.), zumal diese Tauschhandlungen stets von Freundschaftsgaben begleitet werden. Es wäre irrtümlich von dem Frauentausch ohne weiteres einen Rückschluß auf die Stellung der Frau in der E. zu ziehen (s. Frau). Außerdem muß noch die juristische Konstruktion von der tatsächlichen Lage und Gepflogenheit unterschieden werden. Aber so wie wir die Dinge bei niedrigen Primitiven kennen gelernt haben, finden wir sie auch bei höheren Naturvölkern noch insofern ähnlich, als z. B. frühzeitige Verlöbnisse schon in den ersten Kinderjahren nicht selten sind und den in Betracht kommenden Personen die Einflußnahme auf die Wahl des Partners ganz oder wenigstens in heblichem Maße entzogen ist. Daß die Frau aber durch den Kauf Eigentum des Mannes oder der Familie oder der Sippe wird, findet sich nur da, wo die patriarchalische Stellung der Familienhäupter scharf zur Ausbildung gelangte, wie etwa bei höheren Hirtenvölkern. Zweifellos wird man sagen können, daß die Stellung der Frau dadurch ungünstiger geworden ist, daß der Mann in starkem Maße der wirtschaftlichen Arbeit sich zugewendet hat, wie bei den Hirten und später bei den Ackerbauvölkern, ganz besonders aber durch die rangmäßige Schichtung verschiedener ethnischer Gruppen und durch die Ausbildung der politischen Herrschaft.

An der Hand einiger politischer und wirtschaftlicher Typen sollen konkrete Beispiele von der Gestaltung der E. bei mittleren und höheren Naturvölkern gegeben werden.

a) Bei Hackbauern und Jägern mit loser Agglomeration der politischen Verbände. Bei den papuanischen Kaileuten in Neu-Guinea (Hinterland des Sattelbergs) wird die Braut für ein Eberzahngehänge oder ein Schwein gekauft. Diese Gegenstände nimmt der Mutterbruder in Empfang. Der Gatte erhält die Frau zugeführt, und im Falle seines Todes geht sie in den Besitz seines Bruders oder seiner Verwandten über. Sollte sie weglaufen, so kann sie von dem Gatten bestraft werden oder er kann den Brautpreis zurückfordern. Während sie in das Eigentum der Familie des Mannes übergegangen zu sein scheint, hat sie doch nicht ihre Selbständigkeit und ihre Verbindung zu ihrer Familie ganz verloren, denn wenn der Mann die Töpfe der Frau zerbricht, muß er ihre Familie entschädigen. Die Kinder folgen aber der Mutter und gehören ihrer Verwandtschaft an (s. Mutterfolge). Zum Entgelt für die wirtschaftlichen Dienste der Frau muß der Mann entsprechende Arbeit für den gemeinsamen Haushalt leisten (Kaysser S. 85 ff.).

Auf den Admiralitätsinseln herrscht im allg. Einehe. Ist der Mann aber wohlhabend genug, so nimmt er sich auch wohl noch eine zweite und dritte Frau. In der Regel aber doch nur, wenn die erste unfruchtbar ist und er mit ihr in Zwist lebt. Nicht selten heiratet ein Mann zwei Schwestern. Die mehreren Frauen leben gewöhnlich im selben Hause zusammen. Als besonders innige Verbindung zweier Familien gilt es, wenn sich Bruder und Schwester der einen mit Schwester und Bruder der anderen Sippe verehelichen. Bei der Verheiratung der Frau tritt Namenwechsel ein, wenn sie auf einen anderen Platz kommt. Der Kaufpreis besteht in Muschelgeld und Hundezähnen. Wenn die jungen Männer nicht die nötigen Mittel haben, so lassen sie sich vom Häuptling oder von ihren Verwandten das „Geld" vorstrecken. Diese geliehenen Werte müssen dann abgearbeitet werden. Die Werbung und das Aushandeln des Kaufpreises erfolgt durch Mittelspersonen: die Werbung durch alte Frauen, die Bestimmung des Kaufpreises durch Männer. Der Vater oder älteste Bruder oder Vaterbruder gibt das Weib zur E. Eine formelle Einwilligung des Mädchens ist nicht erforderlich, doch leistet sie unter Umständen Widerstand oder läuft davon. Das Kaufgeld wird dem Mann dann nicht zurückerstattet. Verlobungen im Kindesalter kommen vor. Es ereignet sich aber auch, daß ein Mädchen erst zu dem Mann läuft und erst nachher die Zahlung des Kaufpreises erfolgt. Fast während des ganzen ersten Jahres der E. versorgt der Vater der Frau das Paar mit Essen, so lange nämlich, bis die Pflanzung, welche die junge Frau erst anlegen mußte, trägt. Der Frau gehören ihre Geräte, die sie zum Pflanzen und Kochen benutzt, dagegen sind die Kokosnüsse, die Kanus und die Fischnetze Eigentum der Männer. In der Regel folgt die Frau dem Manne nach seinem Wohnsitz, aber die Verhältnisse können auch einmal das Umgekehrte herbeiführen, wenn man z. B. auf dem Platze der Frau Männer braucht oder der Mann in seinem Heimatort in Feindschaft geraten ist. Nach dem Tode des Mannes kehrt die Witwe nach Ablauf der Trauerzeit (9—10 Monate) zu ihrem Vater, Bruder oder Vaterbruder zurück. Die kleinen Kinder nimmt sie in diesem Falle mit; wenn sie herangewachsen sind, werden sie nach ihres Vaters Heimatsort zurückgeschickt (eigene Ermittlung; vgl. Thurnwald 1912 III 12 ff.)

Unter den Hidatsa von Nord-Dakota (Nord-Amerika) galt die Zahlung und Höhe des Brautpreises als Ehrensache unter den Frauen. Der Gatte hatte indessen da keineswegs unbeschränkte Herrschaft über seine Frau oder deren Kinder. Er konnte wohl die jüngere Schwester seiner Gattin heiraten, doch mußte er im Anfang der E. noch als Knecht im Haushalt seines Schwiegervaters, ähnlich wie bei den Bergdama, dienen. Der Kauf war indessen vielfach nichts weiter, als ein Austausch von Geschenken, bei denen nur die des Bräutigams etwas wertvoller waren als die, welche er von den Angehörigen der Braut empfing (Lowie S. 21).

b) Bei niedrigen Hirtenvölkern. Bei den Thonga in Südafrika besteht der Kaufpreis in Rindern oder Beilen. Hier kommt die Auffassung des Eigentums stärker zum Ausdruck: oft wird der empfangene Kaufpreis von der Familie der Braut dazu verwendet, um in dieser Familie wieder für einen erwachsenen Sohn eine Frau zu erwerben. Entläuft nun die Frau des ersten Mannes, so kann ihr Gatte den Kaufpreis zurückfordern. Da von der Familie dieser Kaufpreis aber schon verausgabt wurde, um eine weitere Frau für den Schwager zu kaufen, so kann die Familie der entlaufenen Frau, wenn sie nicht im Stande ist, den verausgabten Kaufpreis aufzubringen, gezwungen werden, die von ihr mit dem Kaufpreis erworbene Braut dem benachteiligten Ehemann auszuliefern. Aber der Ehemann kann auch die Rückgabe des Brautpreises verlangen, wenn die Frau kinderlos stirbt. Andererseits fallen, wenn der Mann nicht im Stande war, den Kaufpreis vollständig zu bezahlen, die Kinder der unbezahlt gebliebenen Frau an ihre Familie. (Junod I 102 ff., 250 ff., 480). Der Mann kauft in der Frau auch gleichzeitig die durch sie zu erwerbende Nachkommenschaft. Die Vaterfolge knüpft hier unmittelbar an die Bezahlung des Kaufpreises an.

Auch bei den meisten dieser mittleren Naturvölker findet, so wenig wie bei den niedrigen, eine eigentliche Zeremonie der Eheschliessung statt. Vielfach knüpft die Heirat mehr oder minder unmittelbar an die Jünglingsweihen, bzw. an die Weihezeremonien der Mädchen an (Thurnwald 1921 S. 204, 98). Erst bei höheren Primitiven und namentlich bei archaischen Kulturvölkern, bei denen eine Anzahl von sogenannten zauberischen Beziehungen und vermuteten Abhängigkeiten, Kausalirrtümer, aufgestellt werden, die wir heute als Aberglauben bezeichnen, wird die Eheschliessung mit einer Unzahl von Formalitäten und Zeremonien umwuchert.

c) Bei höheren Hackbauern, Jägern und Fischern mit sozialer Schichtenbildung (Mikronesier, Polynesier, Westafrikaner u. dgl. m.). Von der Karolineninsel Yap berichtet Müller-Wismar (S. 223, 228 f.), daß auch dort die Verlobungen häufig schon im frühen Kindesalter unter den Vätern verabredet werden, ohne daß allerdings damit auch ein unbedingter Zwang unter den so Versprochenen bestände. Der Vater des Knaben macht nur eine Art Anzahlung in Form von Perlmuschelgeld. Oft findet die Werbung aber erst im späteren Alter statt und zwar unmittelbar von Seite des jungen Mannes an das Mädchen, nämlich auf dem Wege des Anbietens einer Betelnuß. Die Annahme der Nuß gilt als Zustimmung. Daraufhin findet auch hier die Zahlung einer Angabe durch ein Stück Perlmutter-Muschelgeld von Seite des Vaters des Jünglings statt. Die mutterrechtlichen Zustände finden darin ihren Ausdruck, daß das junge Paar sich zunächst bei den Eltern der Frau niederläßt, wo man für sie ein kleines Häuschen errichtet hat. Der Schwiegersohn muß auch hier dem Schwiegervater Arbeitsdienste leisten. Bei einer kleinen Zusammenkunft, die nach der Heirat veranstaltet wird, bringt der Schwiegervater 10—30 kleine Stücke Steingeld *(fä)* dem Schwiegersohn. Hiervon stellt letzterer zwei Stücke für sich zurück als Entgelt für das vor der Heirat gegebene Perlmutter-Muschelgeld; den Rest gibt er an seine Verwandtschaft weiter, von der er wieder eine entsprechende Menge Perlmutter-Muschelgeld erhält. Dieses Austauschgeld, *ʿmag* genannt, schenkt der Schwiegersohn wiederum dem Schwiegervater. Es läuft also auf gegenseitige, gleichwertige Geschenke hinaus, wie wir sie schon bei den Bergdama und anderen kennen gelernt haben. Falls ein Mann mehrere Frauen hat, bringt er sie manchmal in verschiedenen Dörfern unter, manchmal wohnen sie aber auch in einem Hause zusammen. Namentlich die zweiten und dritten Frauen sind in der Regel aus einem Dorf niedrigerer Rangstufe und nur die erste Frau von gleichem Rang. Ein Mann der Sklavenkaste kann niemals eine freie Frau heiraten, diese würde von ihrer Familie in Schande verstoßen werden. Selbst, daß ein freier Mann aus höherem Rang ein Sklavenweib heiratet, ist nicht häufig und gilt als genierlich. Müller weist die Nachrichten über das schlechte Eheleben der Yaper in das Bereich der Legende, obgleich er natürlich Ausnahmen zugibt. Allerdings hatte der Mann das Recht, im Falle des Ehebruchs auf weiblicher Seite, sowohl die Frau, wie den Ehebrecher zu erschlagen oder im Hause zu verbrennen. Heute begnügt man sich mit dem Abschneiden der Haare. Im Falle dauernder Trennung fallen die Kinder der väterlichen Sippe zu, und auch einen Säugling muß die Mutter, wenn er herangewachsen ist, der väterlichen Familie ausliefern. Dasselbe gilt für das nachgeborene Kind einer Witwe. Man sieht hieraus den Einschlag patriarchalischer Gesichtspunkte in einer sonst nach Mutterrecht orientierten Gesellschaft.

Auch von den Maoris in Neuseeland hören wir (Tregear S. 285 ff.) im Grunde ähnliches. Nur spielt hier die Autorität alter Häuptlinge schon eine bedeutendere

Rolle. Namentlich in den unteren Klassen fehlt aber noch jede eigentliche Heiratszeremonie. Sie bestand im wesentl. darin, daß das Mädchen am Abend vor ihrer Heirat ihre Freundinnen zu sich bat und ihnen in kurzer Rede ankündigte, wen sie heiraten wollte. Die Zustimmung der Eltern war dazu nicht so wichtig, wie die ihrer Brüder und des Mutterbruders, und zwar hauptsächlich wegen der Ansprüche auf Grund und Boden. Aber auch gemimter Brautraub und Entführung kommen vor. Die Eheschließung wird stets von Seiten beider Familien durch Austausch von Geschenken an Nahrungsmitteln, Matten, Amuletten usw. anerkannt und befestigt. Bei den Zusammenkünften unter Adligen verkündigt man auch noch die Stammbäume beider Brautleute. Ein Mann vornehmer Abstammung hatte stets mehr als eine Frau. Jede Frau brachte ihre eigenen Wirtschaftsgeräte und Dienerinnen, und jede nahm auch besondere Landstücke in Bearbeitung. Häufig heiratete ein Mann zwei Schwestern.

Bei den *Ho*, einem Ewestamm im Innern von Togo, in Westafrika, hat der Bräutigam eine Reihe von Zahlungen und Diensten zu leisten, um in den Besitz einer Frau zu gelangen. Man beginnt oft schon bei der Geburt des Mädchens. Ja oft bespricht man sich mit einer Mutter, bevor sie geboren hat. Der Ehekandidat gibt ein vorläufiges Geschenk an seine zukünftigen Schwiegereltern und erneuert diese Gaben in Gestalt von Kaurimuscheln, die er monatlich dem kleinen Mädchen entrichtet. Außerdem leistet er den Schwiegereltern verschiedene Dienste, besonders bei der Gartenbestellung. Wenn das Mädchen herangereift ist, so wird sie dem Bräutigam übergeben. Erscheinen aber die von ihm abgetragenen Zahlungen und Dienste den Eltern als zu gering, so hält man sich nicht weiter an den Vertrag gebunden, und man kann den Bräutigam durch eine bestimmte Menge an Kaurigeld abfinden. Doch ist es gestattet, die *Ho*-Frau an einen Gläubiger zu verpfänden, und sie wird vom Bruder des Gatten geerbt. Allerdings erscheint letzteres angesichts der häufigen Sitte, daß die Witwe vom verstorbenen Bruder aufgenommen wird (s. Levirat), nicht so sehr als Ausdruck einer Versachlichung der Frau durch Eigentumsansprüche, als vielmehr das Weiterleben einer alten Sitte. In der Tat ist der Einfluß der Frauen nicht gering.

d) Bei höheren Hirtenvölkern mit Schichtenbildung (Sklaven), doch ohne staatliche Organisation. Bei den Kirgisen, einem türk. Stamm im w. Sibirien, denkt man ebenfalls schon früh daran, die Kinder zu verloben, namentlich auch, um allmählich den ziemlich hohen Brautpreis, der in 81 Rindern, Kleidern und Hausrat besteht, aufzubringen. Erst wenn ein bestimmter Teil des hohen Brautpreises entrichtet ist, wird die hier sehr zeremonielle Hochzeit gefeiert. Infolge des hohen Preises hat ein Mann selten mehr als eine Frau und schickt auch kaum seine Gattin fort. Das Weib wird hier Eigentum der Sippe des Mannes, und im Falle seines Todes zieht die Witwe zum Bruder des Gatten. Obwohl die Ehefrau formal als Eigentum des Mannes gilt, ist doch ihre Stellung bei Wanderstämmen freier als in den Städten. Übrigens kommt hier auch Schließung der E. durch Raub oder Entführung vor (Radloff S. 476ff.; Byhan S. 347, 359).

Charakteristisch für die Auffassung der E. bei den alten Arabern ist die Festrede Mohammeds bei der Abschiedswallfahrt (Sur. 4, 25; nach Wellhausen S. 174ff.): „Die Weiber stehen zu euch wie Kriegsgefangene und haben über sich selbst keine Gewalt, ihr habt sie aber nur gegen ein heiliges Versprechen empfangen und unter heiligen Formeln die E. mit ihnen vollzogen." Die Hochzeit wird mit einem Festessen gefeiert.

Eine häufige Sitte, die fast allgemein bei niedrigen und auch noch bei höheren Primitiven besteht, die auch oft noch stark in das Leben der archaischen Kulturvölker hereinragt, ist nicht nur die getrennte Lebensführung und Tätigkeit, sondern vor allem auch die Meidung gemeinsamen Essens (s. Meidung). Es ist zweifellos das Fortleben von Gewohnheiten aus früherer Jäger- und Sammlerzeit. Ja, diese Gewohnheit der Getrenntheit der Lebensführung wird hier und da so weit getrieben, daß man jeden Schein des Zusammenlebens und der Gemeinsamkeit meidet. Es verstößt auf den Fijiinseln sogar gegen die gute Sitte, wenn der Mann nachts im Hause bleibt. Und nach alter chinesischer Auffassung müssen sich die Eheleute möglichst ausweichen (Post II 3).

§ 5. Viele primitive Gewohnheiten werden noch beibehalten, wenn auch der Übergang zu höheren Staats- und Wirtschaftsformen vollzogen ist, wenn die ethnischen Agglomerationen und Schichten durch autoritäre Gewalten zur einheitlichen Organisation eines Staats zusammengeschweißt sind. Je weiter hinauf wir in der Entwicklung steigen, desto komplizierter werden die schon (§ 4) angedeuteten Faktoren, die sich in ihrer Zusammenwirkung als das darstellen, was man das hist. Schicksal eines Volkes nennt.

Hier haben wir es mit seßhaft gewordenen Völkern zu tun, bei denen aus der Zusammenwirkung von aristokratischer Schichtung (etwa Priester, Soldaten, Handwerker) mit ethnischer Agglomeration (Hirten, Ackerbauer, Schmiede, Töpfer u. dgl.) sich durch die autoritäre Gewalt (Stadtbildung um Schlösser und Tempel mit abhängigen Hörigen und Knechten) eine Tendenz zu einer beruflichen Klassenbildung geltend macht und die verschiedenen Ehetraditionen unter den einzelnen ethnischen Bestandteilen zu vereinheitlichen sich bemüht. Die entstandene Autorität unterstützt patriarchalische Gesichtspunkte. Der wachsende Anteil des Mannes an der komplizierteren Wirtschaft setzt die weibliche Fürsorge für den Haushalt herab. Andererseits herrschen aristokratische Tendenzen in der Wahl der Frauen. Dadurch, daß die adligen Frauen nicht mehr die schwere Arbeit verrichten wollen, durch die sie in primitiveren Verhältnissen eine so wichtige Rolle in der Nahrungsfürsorge spielten, und die ihnen ihre große Selbständigkeit und Unabhängigkeit gewährleistete, entsteht ein ganz neuer Typ von Ehefrauen, wie er z. B. am bekanntesten im hellenischen und röm. Altertum der aristokratischen Zeit durch die Frau der vornehmen Familie repräsentiert wird (s. Bernhöft), und den man wohl am besten als Matronatyp bezeichnet. Da es vielfach eine Ehrensache ist, mehrere Frauen zu besitzen, diese aber nur aus niedrigeren Schichten entnommen werden, wird die Stellung dieser zweiten, dritten und mehreren Frauen zu einer solchen von Kebsweibern heruntergedrückt. Namentlich nehmen auch die schon oben angedeuteten nebenehelichen Institutionen (s. Nebenehe) eine andere Gestalt an und gehen vielfach in die Prostitution über (s. d.) Aus diesen verschiedenen Rangstufen sowohl auf männlicher wie auf weiblicher Seite ist es zu verstehen, daß z. B. im alten Persien 5 Arten von Eheschließungen bestanden (West S. 142/43).

Das eheliche Güterrecht nimmt jetzt unter dem Einfluß höherer wirtschaftlicher Werte Formen an. Die Schenkungen zur Besieglung der Freundschaft der bei der Eheschließung in Betracht kommenden Familien werden, wie im mittelalterlichen dtsch. Recht, zum Gegenstand besonderer Abmachungen, und ihr Zweck erleidet eine Umdeutung. So scheint die mittelalterliche Aussteuer (vgl. Hübner S. 548) das Gut zu repräsentieren, das in primitiven Zeiten die Frau an Wirtschaftsgeräten, etwa an Töpfen, Grabstock, Wassergefäßen u. dgl. für den gemeinsamen Haushalt mitbrachte. Das Wittum dagegen *(dos)*, ist wohl zweifellos aus dem sog. Kaufpreis hervorgegangen, dem Geschenk der Familie des Mannes. Die Morgengabe, der die verschiedensten Motive untergeschoben wurden, verstehen wir am besten, wenn wir sie ihrer Wurzel nach als Gegenleistung der Sippe des Mannes deuten, etwa in der Weise, wie wir es in Yap kennen gelernt haben.

Wenn wir die vielerlei Regelungen der E. bei Völkern sehr verschiedener Kultur und Länder mit einander vergleichen, so müssen wir sagen, daß trotz mannigfaltiger formaler Ordnungen die Gestaltung in Wirklichkeit sehr viel gleichförmiger ist, als es auf den ersten Blick scheinen mag. Man kann sagen, daß nach manchmal weitgehender Schrankenlosigkeit in der Zeit der Pubertät oder nach starrer Strenge während dieser selben Zeit in den folgenden Lebensjahren es gewöhnlich zu dauernden Paarungen mit gewissen gegenseitigen Rechten und Pflichten kommt. Diese Ordnungen sind überaus vielgestaltig. Die Grundinstinkte des Menschen treten bei der E. trotz der verschiedenartigen Auffassung von schädlichen und nützlichen Verbindungen (s. Heiratsordnung, Verwandtenheirat, Vetternheirat) und der

Größe der für die Partnerwahl in Betracht kommenden Gruppen, dem Verhältnis zwischen Jung und Alt (s. Altenherrschaft) und der größeren oder geringeren Laxheit in sexuellen Dingen überhaupt (s. Moral) stets überwiegend hervor, während die Gestaltung der Familie in stärkerem Maße von wirtschaftlichen Momenten abhängig erscheint (s. Familie).

S. a. Familie, Frau, Gruppenehe, Heirat, Keuschheit, Kinder, Polygamie, Promiskuität, Nebenehe, Prostitution, Sippe, Verwandtschaft.

Bernhöft *Zur Geschichte des europ. Familienrechts* Zfvgl. RW. 8 (1889); Bridges *Mœurs et coutumes des Fuégiens* Bull. Anthrop. Paris 1884; Byhan *Mittelasien* in Buschan *Völkerk.* II (1923); Curr *Austr. Race* I (1886); Eylmann *Die Eingeb. d. Kol. Südaustralien* 1908; Fison and Howitt *Kamilaroi and Kurnai* 1880; Howitt *Native Tribes S. E. Australia* 1904; Hübner *Dtsch. Priv. R.* 1913; Keysser *A. d. Leben d. Kaileute* in Neuhauß *Dtsch. N.-Guinea* III (1911); Knabenhans *D. polit. Organ. b. d. austral. Eingeb.* 1919; Lowie *Primitive Society* 1920; Malinowski *The Family am. the Austral. Aborigines* 1913; Journ. R. Soc. N. S. Wales 32 (1899) Mathew; Müller-Wismar *Yap* 1917; Post *Ethnol. Jurisprud.* II (1895); Am. Anthr. 21 (1919) Quevedo; Radloff *Aus Sibirien* I (1893); Spencer and Gillen *Native Tribes Centr. Austral.* 1899; Spieth *Die Ewestämme* 1906; von den Steinen *Unt. d. Naturv. Zentr.-Brasiliens* 1897; Stoll *D. Geschlechtsleb. i. d. Völkerpsychologie* 1908; Strehlow *Die Aranda u. Loritjastämme i. Zentr.-Austral.* 1913; Thurnwald *Forsch. a. d. Salomoinseln* III (1912); ders. *Gemeinde d. Bánaro* 1921; Tregear *Maori Race* 1904; Vedder *Die Bergdama* 1923; Wellhausen *Reste arab. Heidentums* 1897; *Sacred Books of the East* V (1880) West; Wilutzki *Vorgesch. d. Rechts* 1903.

Thurnwald

B. Ägypten.

§ 1. Bedeutung. — § 2. Die Eheschließenden. — § 3. Heirat. — § 4. Formen der Ehe. — § 5. Kinder und Erbe.

§ 1. Unsere Kenntnis von der Bedeutung der E. beginnt mit dem Einsetzen der schriftlichen Aufzeichnungen, die das persönliche Verhältnis der Ehegatten und die Rechtslage der Eheschließenden erkennen lassen. Aber man ahnt doch etwas von dem Empfinden der vorgesch. Zeit, wenn man sieht, daß um die Königsgräber der 1. Dyn. herum die Frauen bestattet sind, kenntlich an den Grabsteinen mit ihren Namen. Es ist nicht festgestellt worden, ob die Frauengräber gleichzeitig mit der Beisetzung des Königs angelegt worden sind oder früher bzw. später. Im ersteren Falle sind die Frauen dem Herrscher ins Grab mitgegeben, d. h. an seinem Grabe geschlachtet worden, und das würde gut zu den Vorstellungen und Sitten passen, die wir sonst für die vorgesch. Zeit kennen oder zu erschließen vermögen. In jedem Falle gibt die erwähnte Bestattung jene vorgesch. Verhältnisse wieder. Auf diese spielt vielleicht sogar noch der in geschichtl. Zeit vorhandene Gebrauch an, dem verstorbenen Privatmann eine nackte weibliche Figur mit in das Grab zu legen, deren Sinn unzweifelhaft wird, wenn man bedenkt, daß die äg. Kunst Erwachsene niemals unbekleidet darstellt (von bestimmten Ausnahmen abgesehen). Diese liegenden Frauen haben oft ein Kind neben sich, womit gewiß nur die Erfüllung eines Wunsches, nicht eine gegebene Tatsache angedeutet werden soll. In der ältesten Zeit sind diese Frauenfiguren gelegentlich aus Ton und mit dicken Schenkeln und fettem Körper gebildet, fast mit den Zügen der Steatopygie (s. d.). Den Brauch des Schlachtens der Witwe am Grabe des Gatten (s. Witwentötung) hat man in späterer Zeit vergessen und mit der Beigabe der Figur wohl nur gemeint, daß dem Toten die Freuden der Liebe nicht ganz fehlen sollen.

In geschichtl. Zeit ist die feste Form der Einehe allg. gültig. Junggesellen lassen sich wohl auf einzelnen Denkmälern nachweisen, aber sie spielen in ihrer Vereinzelung keine Rolle. Im allg. wird überall das zärtliche Verhältnis der beiden Ehegatten zu einander betont, und die Reliefs und Statuen stellen sie seit dem AR fast immer neben und mit einander dar. Bücher der Lebensweisheit raten dem jungen Mann, sich ein Haus zu gründen, seine Gattin lieb zu haben und sie schön zu kleiden. Die Darstellung des Ehepaares ist zu allen Zeiten ein beliebtes Motiv der bildenden Kunst. In den Grabbildern begleitet die Gattin den Herrn in Haus und Hof, auf den Acker und auf die Jagd.

Der starke Gegensatz des Eheverhältnisses in pharaonischer gegenüber der vorgesch. Zeit wird klar beim Lesen der Klage eines Witwers, die er im Grabe seiner vor ihm gestorbenen Gattin niedergelegt hat. Er versichert ihrer „Seele", von der ihm eine Krankheit geschickt sein soll, daß er ihr durch ihr ganzes gemeinsames Leben hindurch nur Gutes erwiesen habe. Nach ihrem frühen Tode sei er nicht einmal eine andere E. eingegangen.

Der Verzicht des Witwers auf eine neue E. ist gewiß etwas Ungewöhnliches gewesen. Vorwürfe der Seele seiner Witwe wegen außerehelichen Geschlechtsverkehrs hat er wohl nicht zu fürchten gehabt; vielmehr ist dies ein Begriff, den der alte Ägypter anders auffaßt als der moderne Europäer. In den Totentexten des AR ist es dem König erlaubt, die Frauen ihren Gatten nach Belieben wegzunehmen (Sethe *Pyramidentexte* Spruch 510). Im Haushalt der Großen der späteren Zeit ist es dem Herrn nicht verwehrt, die Dienerinnen zu sich zu nehmen; im Gegenteil, deren Streben ist darauf gerichtet, ihm einen Sohn zu bringen und dadurch eine angesehene Stellung zu erlangen. Käufliche Mädchen endlich hat es aller Orten gegeben, und die Lehrbücher der Lebensklugheit warnen vor ihnen besonders, wenn ihre Verlockungen mit Wein und Bier zusammenwirken. Zu allen Zeiten scheint also dem Mann auch außerhalb der Ehe weitgehende Freiheit gelassen zu sein (s. Konkubinat).

§ 2. Das Wort, mit dem die Liebeslieder die Geliebte bezeichnen, lautet „Schwester"; die gleiche Bezeichnung erscheint gelegentlich in Inschriften sowie in Beischriften zu Darstellungen als Titel von Frauen, die aller Wahrscheinlichkeit nach Gattinnen gewesen sind oder wenigstens deren Stellung eingenommen haben. Hieraus hat man geschlossen, daß schon in pharaonischer Zeit die Geschwisterehe üblich gewesen ist. Zur Stützung verweist man auf die allerdings völlig gesicherte Tatsache, daß die meisten der ptolemäischen Könige Ä. ihre Schwester geheiratet haben, und daß das Gleiche von zwei Dritteln der Bürger einer Stadt im Fajjum zu röm. Zeit getan war (SB. Preuß. Akad. 1883 S. 903 Wilcken). Ich kann mich aber nicht zu so weitgehenden Folgerungen für die alte Zeit entschließen. Auch die E. zwischen Geschwisterkindern, die heute in Ä. häufig und für das Altertum mehrfach zu belegen ist, war vielleicht nicht so sehr die Regel, wie man es zuweilen hinstellt.

Die heute in Ä. vorhandene Sitte der Kinderheirat ist im Altertum ebenfalls schon befolgt worden. Im allg. wird man aber wohl bis zur Geschlechtsreife gewartet haben, die in das 12.—13. Lebensjahr fällt, und gerade dieses läßt sich für viele Eheschließungen feststellen.

§ 3. Die Eheschließung hat aus zwei von einander getrennten Vorgängen bestanden, die im einzelnen Falle mehr oder weniger ausgebildet waren: dem Rechtsgeschäft und den Hochzeitsgebräuchen. Über die Vollziehung des Rechtsgeschäfts sind wir durch zahlreiche Verträge aus allen Zeiten vom Ende des NR ab gut unterrichtet. Die Formel für die Eheverträge schwankt wohl während der verschiedenen Jahrhunderte und entwickelt sich, weicht auch im Delta von der oberäg. Fassung ab. Aber der wesentl. Inhalt bleibt doch der gleiche. Zunächst wird festgesetzt, daß die Frau A die Ehefrau des Mannes B wird und dafür eine Frauengabe im Werte von X erhält. Dann wird der Verbleib dieser Frauengabe bei Eintritt verschiedener Möglichkeiten vereinbart. Die gemeinsamen Kinder werden Erben des vorhandenen und zu erwerbenden Vermögens. Bei Scheidung erhält die Frau A einen Wert Y.

Der älteste Beleg für diese Eheverträge stammt aus der 22. Dyn. (Abh. Preuß. Akad. 1918 phil.-hist. Kl. Nr. 3 Möller; Gött. gel. Anz. 1918 S. 362 Sethe). Aber die einleitende Formel war schon in der 19. Dyn. in Anwendung (ÄZ 55 [1918] S. 94 Spiegelberg), und der Abschluß der Eheverträge reicht gewiß bis in die schreiblustigen älteren Epochen zurück. Aus ptolemäisch-griech. Zeit sind zahlreiche Eheverträge in demotischer (äg.) und in griech. Schrift bzw. Sprache erhalten. Die koptische Form bevorzugt die Form eines Briefes, streut Bibelstellen ein und ändert Einzelheiten; aber der sachliche Inhalt ist noch wie früher: eine Frauengabe wird sofort gezahlt, zuweilen wird eine Buße für Scheidung festgesetzt (ÄZ 55 [1918] S. 67 Möller; Proceed. Soc. Bibl. Archaeol. 34 S. 173, 296 Thompson).

Die Hochzeitsgebräuche des äg. Altertums sind uns so gut wie unbekannt. Man hat nicht mit Unrecht vermutet, daß manche der heute in Ä. üblichen alt und einheimisch sind. Man hat aus einer alltäg. Bezeichnung für „Gattin" gefolgert, daß eine heute in Nubien übliche Sitte aus dem alten Ä. stammt: die in mehrere dünne Leinentücher fest eingewickelte Braut kommt zum Bräutigam, läßt sich aber erst durch ein Geldgeschenk und die Versprechung, daß er und sein Besitz ihr gehöre, dazu bewegen, die Schleiertücher zu öffnen (ÄZ 55 [1918] S. 98 Möller). Der Mangel an volkstümlichen Texten aus dem Altertum läßt uns diese Gebräuche einstweilen nicht feststellen.

§ 4. Wir kennen verschiedene Wörter zur Bezeichnung der Frau, darunter Bedeutungen wie „Weib, Gattin, Verhüllte, Hausherrin, Schwester" usw. Man hat in einigen von ihnen rechtlich und praktisch fest umrissene Begriffe wiederfinden wollen, durch die z. T. besondere Stufen der ehelichen Verbindung benannt werden sollen. Aber hiervon ist für die ältere Zeit nichts sicher, als daß die Eheverträge sich bestimmter Bezeichnungen in juristisch festgelegtem Sinne bedienen.

Der in allen Kreisen des Volkes vorherrschende Zustand war die Einehe, die auch in Weisheitsbüchern, Märchen und Erzählungen als bestehend vorausgesetzt wird. Der Ehefrau war in ihr rechtliche Selbständigkeit bis zu einem gewissen Grade gegeben, und sie mag auch als Witwe oft genug den Besitz des Mannes weiter verwaltet haben, besonders wenn es sich um ein Landgut handelte.

In einigen Fällen läßt sich aus Genealogien auf Grabsteinen oder aus Erzählungen feststellen, daß ein Mann zwei Gattinnen hatte. Beide mögen legitim und vollgültig gewesen sein, wenn auch wohl in der Regel die eine von ihnen nicht mehr als eine gehobene Dienerin gewesen sein mag. Wie heute sind die beiden Frauen vielleicht an verschiedenen Orten untergebracht gewesen, die eine in der Stadt, die andere auf dem Lande, oder beide in verschiedenen Dörfern. Zu einem solchen Zustande hat kein besonders großes Vermögen des Mannes gehört, wenn die Frauen eigene Arbeit leisteten. Jedenfalls erkennen wir das Vorhandensein zweier Ehefrauen in allen Ständen und zu allen Zeiten; in einem Einzelfall glauben wir aus der Namengebung sogar auf ein freundliches Verhältnis zwischen den Frauen schließen zu dürfen. Die Könige gaben ein Beispiel für die Sitte der Doppelehe, und zwar scheint sie bei ihnen aus politischen Gründen geschlossen worden zu sein. Die Könige des NR heirateten asiat. Prinzessinnen aus den Dyn. der Länder, auf die sie Rücksicht zu nehmen hatten, und diese konnten sie nur mit dem Titel einer „Königsgattin" (d. h. Königin) zu sich nehmen.

Das Vorhandensein einer loseren Form der E. ist schon immer vermutet worden. Sie kann nicht mehr bezweifelt werden nach dem Wortlaut einiger Urkunden. In einem Ehevertrag außergewöhnlicher Fassung bringt die Frau ein gewisses Kapital in die E. ein und erhält vom Manne einen jährlichen Lebensunterhalt in bestimmter Höhe. Da in dem Vertrage von Kindern nicht die Rede ist, ist man geneigt anzunehmen, daß diese bei der losen Form der E. ausgeschlossen waren. Aber in einer anderen Urkunde wird eine solche „lose Ehe" in eine feste umgewandelt, nachdem die Frau dem Manne einen Sohn geboren hat. Alle diese Belege stammen aus der griech. Zeit Ä., und Rückschlüsse auf die älteren Epochen sind zunächst noch nicht erlaubt, auch wenn man die Sitte für sie annehmen möchte (Rec. trav. 28 S. 190; ÄZ 54 [1918] S. 93 Spiegelberg).

Die Bildung eines wirklichen Harems ist dem König und seinen Großen vorbehalten geblieben, schon aus pekuniären Gründen. Nur ein fürstlicher Haushalt kann in der Lage gewesen sein, ein eigenes Gebäude mit einer Reihe von Bewohnerinnen zu unterhalten, die keine Arbeit leisteten. Gerade in dem letzteren Punkte sehen wir aber nicht klar. Wenn z. B. ein Modell eines Webehauses mit Spinnerinnen und Weberinnen gefüllt ist, so wissen wir nicht, in welchem Verhältnis diese zu dem Hausherrn gestanden haben. Waren sie entlohnte Arbeiterinnen, oder sind sie Mitglieder des Harems, die einen Teil der Lebenskosten aufbringen müssen? Im Frauenhause des Königs scheint nur Spiel, Tanz und Luxus zu herrschen; Dienerinnen beeilen sich, für die Schönheit der Damen zu sorgen. Ein Teil der Bilder aus dem königlichen Harem scheint der abendländischen Vorstellung Recht zu geben, als ob es dort nur Siesta, Schmuck und Musik gäbe. Aus den Urkunden erfahren wir freilich, welche gefährlichen Verschwörungen von dem Harem und seinen männlichen Vertrauten ausgegangen sind.

§ 5. Die Erzeugung von Kindern ist der selbstverständliche Zweck der Eheschließung. Das sprechen die Eheverträge klar aus, und darauf deuten die Ermahnungen der Weisen, der oft wiederholte Wunsch nach Leibeserben sowie die zärtliche Benennung und Behandlung der Kinder. Von einer Verhütung der Schwangerschaft ist nirgends die Rede, aber sollten die Volksmittel den Äg. unbekannt geblieben sein?

Kinderlosigkeit einer Ehefrau ist für sie ungünstig, weil sie ihr Ansehen und ihre Stellung im Hause schädigt. Wo Kinder vorhanden sind, beerben sie die Eltern, und zwar gewöhnlich, wie es scheint, zu gleichen Teilen. In fürstlichen Häusern ist der Erbe des Thrones, bei ländlichen Besitzern vielleicht auch der Erbe des Hofes, nicht immer der älteste Sohn; sondern zuweilen, vielleicht als Überbleibsel eines alten Mutterrechts (s. d.), der Sohn der ältesten Tochter. In einem Falle, in dem wir leider nicht wissen, ob überhaupt Söhne vorhanden waren, erbt eine Fürstentochter den Gau des Vaters; sie heiratet einen Nachbarssohn und führt dessen Familie ihre Heimat als Besitz zu. Auch im Königshause bringt eine Erbprinzessin mehrfach dem Usurpator, den sie heiratet, den legitimen Anspruch auf Thron und Krone mit und wird dadurch zur Gründerin eines neuen Fürstengeschlechts. S. a. Familie B.

Erman-Ranke *Äg.* S. 175; Wiedemann *Äg.* S. 88. — Verträge zuletzt in: Abh. Preuß. Akad. 1918 Nr. 3 Möller mit Bibliographie.

Roeder

C. Palästina-Syrien. Nach dem AT, unserer einzigen Quelle für die ältere Zeit, ist die Kaufehe als durchaus vorherrschende Form der E. bei den Israeliten und gewiß auch bei den Nachbarvölkern anzusehen. Die Raubehe, d. h. die rechtsgiltige Aneignung von Weibern ohne Entgelt zum Zweck der Eheschließung, tritt nur in außergewöhnlichen Fällen auf, stets unter der Voraussetzung, daß ein besonderer Beschluß des Volksganzen diese Aneignung legalisiert (Ri. 21, 6 ff. 16 ff.; Deut. 20, 14). Eine größere Rolle spielt die Dienstehe, d. h. die ordnungsmäßige Erwerbung eines Weibes als Entgelt für persönliche Dienste, die seinem Vater geleistet werden (Gen. 29, 20. 27; Jos. 15, 16 f. = Ri. 1, 12 f.; I. Sam. 17, 25 18, 17. 25); sie liegt mit der Kaufehe sachlich auf einer Linie und wird geschichtlich ihre Vorstufe gewesen sein. Die Regel aber bleibt, daß der Mann (oder seine Familie für ihn) das Weib durch Zahlung einer Kaufsumme (hebr. *môhar*) an dessen Vater erwirbt (z. B. Gen. 34, 12); als durchschnittlicher Kaufpreis ergibt sich aus Deut. 22, 29 (vgl. mit Ex. 22, 15) die Summe von 50 Seqel Silber. Dieser streng vermögensrechtlich gedachte Übergang des Weibes aus der Gewalt des Vaters in die des Mannes bildet die Verlobung und begründet das Eheverhältnis schon vor der Hochzeit, die ihr unmittelbar (Gen. 29, 21) oder später (Deut. 20, 7) folgen kann (daher die Bestimmung Deut. 22, 23 ff.). Was hingegen der Vater der Tochter in die E. mitgibt (womöglich eine Sklavin; Gen. 16, 1; 24, 59; 29, 24, 29), und was der Bräutigam der Braut schenkt (Gen. 24, 53; 34, 12), hat nur als Ansatz zu einem eigenen Frauenvermögen Bedeutung; der Kaufpreis verbleibt dem Vater. Der rechtliche Hergang ist also nicht grundsätzlich anders als bei der Erwerbung einer Sklavin (die letztere konnte übrigens als Konkubine verwendet werden; Ex. 21, 7 ff.). Über die tatsächliche Stellung der Frau im Hause ist damit jedoch noch nichts entschieden; diese hängt vielmehr vor allem von dem Kindersegen ab, den die Frau dem Manne bringt (entweder selbst oder durch ihre Sklavin). Denn die Kindererzeugung und damit die Erhaltung der Familie ist der eigentliche Zweck der E. und der Grund ihrer Hochschätzung. Daher die besondere Institution der Leviratsehe für den Fall, daß ein Mann kinderlos stirbt: sein Bruder oder sonstiger Nächstverwandter ist verpflichtet, die Witwe zu heiraten; der erste Sohn aus dieser E. gilt als Sohn des Verstorbenen und setzt seine Familie fort (Deut. 25, 5 ff.; Gen. 38, 8 ff.; Ruth 4, 3 ff.). Mehrehe steht dem Manne grundsätzlich frei und wird in Form der Doppelehe zumal bei Kinderlosigkeit der ersten Frau oft vorgekommen sein (das AT bietet zahlreiche Beispiele); ein größerer Harem hingegen setzt Reichtum voraus und findet sich daher fast nur bei Königen (z. B. David: I. Sam. 18, 27; II. Sam. 3, 2 ff.; 11, 27). Das Recht der Ehescheidung steht ausschließlich dem Manne als Besitzer der Frau zu; er verzichtet einfach auf ein von ihm erworbenes Eigentum, wenn er sein Weib entläßt. Die jüngere isr. Gesetzgebung (Deut. 24, 1 ff.) ist offensichtlich bestrebt, leichtfertige Ehescheidungen zu verhindern; sie fordert u. a. die Ausstellung eines regelrechten Scheidebriefes. In älterer Zeit scheint das bloße Aussprechen einer feststehenden Scheideformel (Hos. 2, 4) genügt zu haben, um eine Ehescheidung rechtsgültig zu machen; auch bei der Eheschließung ist wohl erst verhältnismäßig spät die schriftliche Beurkundung üblich geworden (Tob. 7, 13). Weiteres s. Familie C.

W. Nowack *Lehrbuch d. hebr. Archäol.* I (1894) S. 156 ff., 341 ff.; Imm. Benzinger *Hebr. Archäol.* ² 1907 S. 102 ff., 286 ff.; S. Rauh *Hebr. Familienrecht in vorprophet. Zeit* 1907; Fr. Wilke *Das Frauenideal u. die Schätzung des Weibes im AT* 1907; M. Löhr *Die Stellung des Weibes zur Jahwe-Religion und Jahwe-Kult* 1908; P. Volz *Die bibl. Altertümer* 1914 S. 332 ff.; G. Beer *Die soziale u. religiöse Stellung der Frau im isr. Altertum* 1919; Alfr. Bertholet *Kulturgesch. Israels* 1919 S. 107 ff. Jak. Neubauer *Beiträge zur Gesch. des biblisch-talmud. Eheschließungsrechts* 1919 (abweichende Auffassung). A. Alt

D. Vorderasien.

§ 1. Rechtliche Grundlagen. — § 2. Gestaltung des Eheverhältnisses.

§ 1. Über die rechtliche Natur der altbabyl. E. herrscht in der Literatur noch immer Streit. Zwar ist man sich im wesentl. darüber einig, daß die altbabyl. E. ihren Ausgangspunkt vom Frauenkauf genommen habe, um so mehr gehen aber die Meinungen auseinander, ob der E. noch in geschichtl. Zeit, insbesondere im KH, der Charakter einer Kaufehe zukomme. Es handelt sich hierbei vor allem um die Beurteilung einer bei der Eheschließung wesentl., regelmäßig in Geld bestehenden Vermögensleistung des Bräutigams, bzw. seines Gewalthabers an den Muntwalt der Braut, der *tirḫâtu*. Sie wird, um nur die neueste Literatur zu nennen, bald angesehen als Verlobungsgeschenk (Cuq), dargebracht dem Muntwalt der Braut, weil er dem Verlöbnis zustimmte, das aber zugleich den Charakter einer arrha poenitentialis hat (Mazzarella), bald als Kaufpreis, sei es rein formaler Natur (Schupfer), sei es als effektiver Kaufpreis (Koschaker). Um Klarheit in der Fragestellung zu gewinnen, ist es notwendig, die wirtschaftliche und rechtliche Seite der Eheschließung auseinander zu halten. Wirft man die Frage auf, ob die Eheschließung wirtschaftlich als Kauf aufgefaßt wurde, ob mit anderen Worten die Frau nicht anders gekauft wurde als ein Stück Vieh, so gibt es darauf nur ein Nein als Antwort. Schon das vom Kauf völlig verschiedene Formular des Ehevertrags beweist dies; nicht minder läßt die der Braut von ihrem Muntwalt in die E. mitgegebene Mitgift (in den Urkunden *nudunnû*, im KH *šeriqtu*) es ausgeschlossen erscheinen, die *tirḫâtu* wirtschaftlich als Entgelt für die Frau zu betrachten. *Šeriqtu* und *tirḫâtu* stehen auch rechtlich zu einander in Beziehung, insofern bei kinderlosem Versterben der Frau beide wechselseitig restituiert werden müssen (§ 163, 164 KH), und in UM VIII_2 252 quittiert der die Mitgift ausfolgende Muntwalt zugleich über die *tirḫâtu*. Daraus folgt allerdings nicht, daß die *tirḫâtu* nur mehr eine formale, eine Scheinleistung war. Sie kann, wie die Urkunden ergeben, auch recht bedeutende Beträge erreichen, und der KH selbst (arg. § 138, 139) scheint bei Freigeborenen 1 Mine Silber für die *tirḫâtu* als angemessen anzusehen, also eine recht ansehnliche Summe. Anders liegt die Sache, wenn man die rechtliche Seite des Problems ins Auge faßt. Hier ist maßgebend, ob für die Eheschließung kaufrechtliche Grundsätze gelten, und diese Frage ist allerdings zu bejahen und demnach die altbabyl. E., zumindest des akkad. Rechts (s. u.), als Kaufehe zu qualifizieren. Schon das Verlöbnis, das in Gestalt des nur zur Kaufehe passenden Arrhalverlöbnisses auftritt, ist in seiner Regelung durchaus von kaufrechtlichen Grundsätzen beherrscht (s. Verlöbnis). Für die Eheschließung ist es bedeutsam, daß die Braut nur Objekt des Ehevertrags ist, der nicht mit ihr, sondern mit ihrem Muntwalt geschlossen wird. Die bei weiterer Entwicklung der Kaufehe überall eintretende Umbildung des Brautpreises in eine der Braut selbst gegebene Eheschenkung ist — anders als im assyr. Rechte der mittleren Zeit — zur Zeit Hammurapis noch nicht vollzogen. Die *tirhâtu* erhält vielmehr ausnahmslos nicht die Braut, sondern ihr Muntwalt. Der Eheschließungsakt selbst läßt noch die Züge des Kaufvertrages erkennen, insofern die Terminologie ergibt, daß er bestand in der Übergabe der Braut in die Gewalt des Bräutigams, bzw. seines Muntwalts. Der Bräutigam „nimmt" *(ahâzu)* die Braut, ihr Muntwalt „läßt sie in das Haus des Mannes eintreten" *(ana bît mutim šurubu)*. Dieser traditio puellae steht als Gegenleistung des Bräutigams die *tirhâtu* gegenüber, sofern sie nicht schon als arrha beim Verlöbnis bezahlt worden war. So fügt sich der Eheschließungsakt glatt in das System des Barkaufs ein. Ob freilich die traditio puellae noch im Rechte Hammurapis zu den Förmlichkeiten der Eheschließung gehörte, ist zweifelhaft. § 128 KH verlangt zur E. einen schriftlichen Vertrag *(riksâti)* und begnügt sich auch wohl mit diesem.

Diese Gestaltung der E. entspricht dem KH und wird durch die Urkunden des akkad. N des Landes einwandfrei bestätigt. Die Sachlage kompliziert sich aber insofern, als wir neben dieser akkad. Kaufehe anscheinend mit einer zweiten, dem sumer. Recht des S zugehörenden Eheform zu rechnen haben. Zwar zeigt die sumer. Terminologie — der Mann „nimmt" *(bantuk* entsprechend dem akkad. *ahâzu)* die Frau —, daß auch hier einmal für die Eheschließung die traditio puellae wesentlich war. Auch hat das sumer. Recht einmal ein Äquivalent für die akkad. *tirhâtu* gekannt, indem die Vokabulare die Gleichung *nig-mussa* = *tirhâtu* überliefern. Allein es ist doch auffällig, daß weder in den sumer. Urkunden aus Nippur, noch in den verhältnismäßig zahlreichen Stellen, an denen in den etwas älteren sumer. Gerichtsurkunden *(di-til-la)* aus Lagaš (Tello) Eheschließungen erwähnt werden, der „Brautpreis" vorkommt. Die letzteren erwecken vielmehr den Anschein, als ob die Protokollierung der Eheschließung zu den Gerichtsakten zur Vollziehung des Aktes genügt habe (vgl. ITT III_2 6518, 6543, V 6839 u. a. m.). Wohl aber berichten Inschriften, daß der *nig-mussa* einer Göttin als Weihgeschenk, bzw. von ihrem Göttergemahl dargebracht worden sei (vgl. außer den bei Koschaker S. 161f. zitierten Stellen noch ITT I 1125). Daraus folgt, daß der *nig-mussa* nicht mehr Brautpreis, sondern eine Gabe an die Braut (Frau) ist, somit sich bereits zur Eheschenkung umgewandelt hat. Da nun die Eheschenkung der Witwenversorgung dient und daher auch während der E. bestellt werden kann, so gewinnt es an Bedeutung, daß wir gerade aus dem sumer. Nippur Urkunden besitzen, in welchen der Ehemann die Versorgung der Frau auf seinen Todesfall regelt (HG IV 778, UM VIII_2 155). Auch das in den sumer. Urkunden begegnende Verlöbnis, ein wechselseitiges eidliches Versprechen des Muntwaltes der Braut und des Bräutigams, bzw. seines Gewalthabers, die Frau in die E. zu geben, bzw. zu nehmen, läßt jede Beziehung zu dem für die Kaufehe charakteristischen Arrhalverlöbnis vermissen. Das alles weist auf eine andere Eheform der Sumerer hin, die zwar einmal von der Kaufehe ausgegangen ist, aber entsprechend der höheren Kultur dieses Volkes schon lange vor Hammurabi dieses ältere Stadium überwunden hat, indem insbesondere der Brautpreis bereits in eine Eheschenkung umgewandelt ist, während die E. der zur Zeit der 1. babyl. Dynastie eingewanderten Semiten noch auf der primitiveren Entwicklungsstufe der Kaufehe steht.

Über die E. des altassyr. Rechts, wie es durch die kappadokischen Urkunden repräsentiert wird, ist angesichts des geringen Materials kein Urteil zu gewinnen. Vgl. TCL IV 122 ein halb zerstörter Ehevertrag und TCL IV 67, bezüglich welcher Urkunde es aber keineswegs sicher ist, daß sie, wie Lewy S. 68f. meint, ein Verlöbnis enthalte, noch weniger, daß dieses Verlöbnis ein Arrhalverlöbnis sei. Außerdem wird für diesen Urkundenkreis zu erwägen sein, ob das Recht der einheimischen Bevölkerung nicht ein anderes war als das der assyr. Kolonisten. Das mittelassyr. Recht, das uns im assyr. Rechtsbuch überliefert ist, kennt die Kaufehe, jedoch bereits mit Umbildung der *tirhâtu* zur Eheschenkung. Daneben weisen gewisse Spuren auf ein anderes Eheverhältnis hin, bei welchem die Frau nicht in die Hausgemeinschaft des Mannes trat, sondern im Hause ihrer Eltern verblieb.

§ 2. Über die Gestaltung des Eheverhältnisses Folgendes:

a) Die E. ist monogam. Damit steht natürlich nicht in Widerspruch das Vorkommen von Konkubinat und Nebenehe (s. d.). Ebensowenig § 141 KH, wonach bei liederlicher Führung der Frau der Mann, wenn er es nicht vorzieht, sie zu verstoßen, sie zur Sklavin degradieren und wieder heiraten kann, desgleichen § 148, 149 KH, die dem Mann bei Krankheit der Frau die zweite E. gestatten, wenn er die erste Frau alimentiert. Ein sumer. Vorbild zu dieser Bestimmung vielleicht in ITT III_2 6550. Denn in diesen Fällen gilt die erste E., wenngleich nicht durch Scheidung, so doch als rechtlich gelöst, was für den Fall des § 148 dadurch bestätigt wird, daß die kranke Frau die Hausgemeinschaft mit dem Manne aufheben kann (§ 149 KH). Bemerkt sei, daß der Bericht Herodots I 199, wonach die Mädchen in Babylonien vor Eintritt in die E. sich der sakralen Prostitution hingeben mußten, in den einheimischen Quellen keine Bestätigung bisher gefunden hat und wohl auf mißverstandenen Nachrichten über die Tempelprostitution beruht. Im Gegenteil, es wird auf geschlechtliche Unberührtheit des Mädchens Gewicht gelegt (vgl. HG VI 1751 und KH § 142, 143). Freilich ist die altbabyl. E. in anderer Beziehung um so weniger exklusiv, insofern man in der Eheschließung mit Sklavinnen, die dadurch wohl die Freiheit erlangten, anscheinend keine Bedenken fand. In den Urkunden ist sie mehrfach bezeugt (z. B. HG III 1, 12, IV 777), und das Gesetz betrachtet andrerseits auch die E. einer Freien wenigstens mit einem Palastsklaven als rechte E. (§ 175 f. KH).

b) Da die altbabyl. E. Kaufehe ist oder wenigstens aus ihr hervorging, so begründet sie notwendig ein Gewaltverhältnis des Mannes gegenüber der Frau, das ursprünglich vom Eigentum sich rechtlich nicht unterschieden haben mag. Wie dieses seinen sichtbaren Ausdruck im Besitze findet, so die eheherrliche Gewalt in der Hausgemeinschaft, in der die Frau mit dem Manne lebt, und mit der die E. erst beginnt. Als Ausfluß eines absoluten Gewaltrechts des Mannes kann es betrachtet werden, daß er die Ehefrau schuldenhalber verkaufen und verpfänden kann (§ 117 KH), daß sie persönlich mit ihrem Körper für Schulden des Mannes haftet (§ 151, 152 KH) und demgemäß von seinen Gläubigern gepfändet werden kann (HG IV 806, aus älterer Zeit ITT II_1 2789, III_2 5664). Äußerlich findet diese Haftung der Ehefrau auch darin Ausdruck, daß sie häufig Schulden (Darlehen, Bürgschaft) gemeinsam mit dem Manne übernimmt. Im übrigen ist in geschichtl. Zeit dieses Herrenrecht des Mannes schon stark abgeschwächt. Der altbabyl. Ehefrau kommt auch rechtlich eine wesentlich freiere Stellung zu als etwa der röm. uxor in manu. Daß dies auf den Einfluß der höheren sumer. Kultur zurückzuführen ist, ist möglich, wenngleich kaum überall nachweisbar. Vor allem besteht kein absolutes unverantwortliches Scheidungsrecht des Mannes mehr. In persönlicher Beziehung scheint die Ehefrau neben dem Manne eine Art Mitbestimmungsrecht über die Kinder gehabt zu haben. Es ist kaum Zufall, wenn bei Eheverträgen, Adoptionen, Verkauf von Kindern die Eheleute häufig als Kontrahenten auftreten, und in den sumer. Familiengesetzen ist außer der Auflehnung des Kindes gegen den Vater auch die gegen die Mutter unter Strafe gestellt. Mit dem Tode des Mannes scheint dieses mütterliche Mitbestimmungsrecht zu einer Art mütterlicher Gewalt erstarkt zu sein. § 177 KH wenigstens setzt ein Erziehungsrecht der Witwe bezüglich der unmündigen Kinder voraus, und auch sonst wohl hat die Witwe eine freiere Stellung gehabt. Endlich ist die Ehefrau im Gegensatz zur röm. uxor in manu vermögensfähig. Das gilt sicher für die Mitgift und Eheschenkung, die, wenngleich den Kindern verfangen, so doch rechtlich der Frau zustehen. Das gesetzliche Güterrechtssystem entspricht dem der deutschen Verwaltungsgemeinschaft, d. h. Frauen- und Mannesgut sind getrennt. Das erstere, bestehend aus Mitgift und — im sumer. Rechtskreis (?) — aus der Eheschenkung, unterliegt aber der Verwaltung und wohl auch der Nutznießung des Mannes. Daneben scheint es vereinzelt auch freies (Paraphernal-)Vermögen der Frau gegeben zu haben, das außerhalb der Mitgift stehend demnach der freien Verfügung der Frau unterlag. Schon diese Tatsachen sind mit voller Geschäfts-, Verfügungs- und Prozeßfähigkeit der Ehefrau kaum verträglich. Die herrschende Meinung (vgl. z. B. J. Kohler HG III S. 224 f.) ist allerdings geneigt, der altbabyl. Frau und insbesondere auch der Ehefrau im weitesten Umfange Geschäfts- und Prozeßfähigkeit zuzuschreiben, und in der Tat treten nach zahlreichen Urkunden Frauen sowohl bei Rechtsgeschäften wie in Prozessen durchaus selbständig auf. Bei näherer Betrachtung zeigt sich aber, daß es sich hier mit Sicherheit oder wenigstens großer Wahrscheinlichkeit um Priesterinnen (Hierodulen) handelt, die allerdings in ihrer Geschäftsfähigkeit eine bevorzugte Stellung einnahmen. Das Bild ändert sich vollständig, sobald man die Urkunden betrachtet, die sicher von Ehefrauen handeln. Hier zeigt es sich, daß die Ehefrau in Rechtsgeschäften und Prozessen regelmäßig mit dem Manne, oder mit ihren Söhnen auftritt (im letzteren Falle ist sie wohl Witwe). Die Fälle, in denen eine Ehefrau allein handelt, sind ganz vereinzelt, und auch hier lassen sich meistens besondere Gründe anführen, die das selbständige Handeln der Ehefrau rechtfertigen, etwa weil sie geschieden oder Witwe ist und in dieser Eigenschaft die Vormundschaft über ihre unmündigen Kinder führt. Das alles weist darauf hin, der altbabyl. Ehefrau zumindest die Verfügungs- und Prozeßfähigkeit abzusprechen und für sie eine Art Geschlechtsvormundschaft anzunehmen. Hierbei ist zu beachten, daß das altbabyl. Recht einen Unterschied zwischen Mitkontrahieren und Kontrahieren unter Zustimmung eines anderen nicht macht und gemeinsames Handeln beider Ehegatten daher durchaus auch den Fall der Verfügung über das Frauengut unter Zustimmung des Mannes decken kann, was sich vereinzelt (z. B. HG III 483, 495) auch nachweisen läßt. Schwieriger ist das ältere sumer. Material, wie es vor allem durch die Gerichts- *(di-til-la)* urkunden aus Tello (Lagaš) aus der Zeit der 3. Dyn. von Ur repräsentiert wird. Hier scheint allerdings auch die Ehefrau sowohl in Geschäften wie in Prozessen ganz selbständig zu handeln. Trotzdem dürfte Vorsicht am Platze sein. Die Sprache der *di-til-la*-Urkunden ist sehr knapp, so daß wesentliche Voraussetzungen des in ihnen behandelten Rechtsfalles erst durch Schlüsse gewonnen werden können, andrerseits fehlt es nicht an Texten, die die Abhängigkeit von Verfügungen der Ehefrau von der Zustimmung des Ehemannes oder ihrer Kinder zeigen (z. B. ITT II_2 3514, III_2 5279, 6563), oder es lassen sich besondere Gründe für ihre Selbständigkeit anführen. Kurz, ein Schluß auf eine wesentl. verschiedene Stellung der Ehefrau im älteren sumer. Recht einerseits, im akkad. Recht der Zeit der 1. babyl. Dynastie andrerseits dürfte verfrüht sein, wenngleich man zugeben mag, daß die ältere und höhere sumer. Kultur in einzelnen Beziehungen die Ehefrau freier gestellt haben mag. Gegen diese Schlußfolgerung spricht ja auch, daß die Grundlagen der E. sowohl im sumer. wie im akkad. Recht dieselben waren — beide kennen das patriarchale Eheverhältnis —, und daran wird nichts geändert, wenn die E. des sumer. S in einzelnen Beziehungen bereits auf einer höheren Entwicklungsstufe stand.

Rev. Biblique 1905 S. 350f.; Nouv. Rev. hist. 33 S. 277 f. Cuq; M. Fehr *Hammurapi und das salische Recht* S. 68 f.; C. H. W. Johns *Babylonian and Assyrian laws* 1904 S. 119f.; Koschaker *Rechtsvergleichende Studien zur Gesetzgebung Hammurapis* 1917 S. 111 f. (ebd. S. 113 auch weitere Literatur); MVAG 26, 3 S. 42 f. (assyr. Recht); ZfAssyr. 35 S. 192 f.; Lewy *Stud. zu den altassyr. Texten aus Kappadokien* 1922 S. 68 f.; Mazzarella *Gli elementi irreduttibili dei sistem giuridici* I 319f., II 257f.; Atti Acc. Linc. 1922 S. 435 f. Schupfer; Schorr *Urkunden des altbabyl. Zivil- und Prozeßrechts* (Vorderasiat. Bibl. 5) S. 1f. S. a. Ehebruch B, Eheschenkung, Konkubinat, Mitgift, Nebenehe, Verlöbnis. P. Koschaker

Ehebruch. A. Allgemein.

§ 1. E. u. Nebenehe u. Heiratsordnung. — § 2. Die Bewertung des E. — § 3. Vergeltung für E.

§ 1. Der E. wird bei fast allen Primitiven, mit nur verhältnismäßig wenigen Ausnahmen, ausschließlich auf Seite der Ehefrau, und nicht auch beim Ehemann moralisch verurteilt und bestraft. Dieses Verhalten hängt einerseits mit der sehr verbreiteten Auffassung zusammen, welche die Frau als Eigentum des Mannes ansieht (s. Ehe), andererseits damit, daß fast allg. die Mehrehe, wenn schon nicht tatsächlich durchgeführt, so doch als zulässig angesehen ist, endlich wird diese Wertung auch durch die verbreiteten nebenehelichen Gepflogenheiten beeinflußt (s. Freundschaft, Nebenehe). Verschieden ist ferner die Beurteilung, nach der man bei der traditionellen Anrechnung die Schuld entweder mehr der ehebrecherischen Frau oder ihrem Galan zuschiebt.

Was gilt nun als E.? Dort, wo legale nebeneheliche Einrichtungen, etwa eines Frauenaustausches unter Brüdern, Vettern oder Freunden bei gewissen Festen oder Besuchen bestehen, können diese Beziehungen solange nicht als Ehebruch bezeichnet werden, als sie unter allgemeiner Kenntnisnahme und Anerkennung der in Betracht kommenden Personen vor sich gehen. Häufig sind auch diejenigen Personen ausgenommen (wie z. B. bei den Batak auf Sumatra), welche im Falle der Witwenschaft Anspruch auf die betreffende Frau haben (s. Levirat).

Obwohl bei den Bergdama freundschaftlicher Frauenaustausch vorkommt, verhält man sich dem anderweitigen Ehebruch gegenüber keineswegs gleichgültig. Schöpft der Mann Verdacht, so macht er oben am Dach der Hütte ein Zeichen von Gras und anderen Gegenständen, und sieht bei seiner Rückkehr nach, ob das Zeichen noch unversehrt ist; es soll als eine Art Falle dienen. Auch ein Flammenorakel verwendet man zur Feststellung der ehelichen Treue. Wird der Ehebrecher seiner Tat überführt, so hat er eine Buße zu bezahlen, die ihm der Betrogene auferlegt. Besitzt der Schuldige Ziegen, so werden ihm in der Regel zwei Muttertiere abgenommen. Nicht selten wird er nur verprügelt. Dabei pflegt er sich bei seinem Schuldbewußtsein nicht zu wehren (Vedder S. 54).

Ganz ähnliches hören wir aus Australien, z. B. von den Kurnai: der Gatte erwartet strenge Treue von seiner Frau, doch gesteht er nicht die gleiche Verbindlichkeit von seiner Seite zu (Fison und Howitt S. 205). Dasselbe gilt auch von Stämmen, bei denen gelegentlich Frauenaustausch vorgenommen wird (Malinowski S. 92 ff.). Eine sexuelle Moral besteht auch bei den Australiern, nur unter anderen Voraussetzungen und, wie Spencer und Gillen (S. 99 f.) mitteilen, fehlt es auch nicht an Eifersucht, die indessen vermöge der sozialen Bedingungen etwas andere Bahnen geht und sich nicht mit unserem Begriff von Eifersucht deckt.

Wo Heiratsordnungen bestehen, haben diese auch gleichzeitig den Sinn von allg. Sexualordnungen. Vergehen gehen diese können daher den E. schwerer erscheinen lassen (s. Heiratsordnung).

§ 2. Die Bewertung des E. hängt natürlich sehr mit den allg. Sexualsitten zusammen. Wo, wie gerade bei vielen höheren Naturvölkern, besonders mit erhaltenen mutterrechtlichen Traditionen, eine Laxheit der Sitten Platz gegriffen hat, sind auch den Ehefrauen oft kaum Schranken auferlegt, so besonders bei westafrik. Stämmen, z. B. in Timbuktu, bei den Bambuk, Mundombe, oder bei den Hassanié-Arabern (Post *A. J.* I 467, 470 II 73 ff.). Doch werden (nach Pechuël-Lösche S. 290) bei Loangovölkern Verstöße gegen die Sittlichkeit scharf geahndet. Es ist bemerkenswert, daß im alten Island während der Sagazeit geschlechtliche Unregelmäßigkeiten wenig Stoff für Fehden gaben, daß aber in der späteren Zeit, nach Einführung des Christentums, gerade derartige Verbrechen außerordentlich zunahmen (Heusler S. 29; vgl. dazu Nansen S. 122).

Bei archaischen Völkern, bei denen eine ethnisch gestaffelte Kastenbildung den Heirats- und Sexualbeziehungen hohe Schranken auferlegt, wird bei E. vor allem die Frage erwogen, mit was für einem Manne der E. begangen wurde. In Dekkan (Indien) erfolgt nur Züchtigung oder Zwang zur Bußezahlung, wenn der Ehebrecher der gleichen Kaste angehörte, war er aber von einer niedrigen Kaste, so wird vor allem die Frau aus ihrer Kaste ausgestoßen (Kohler S. 118). Eine ähnliche Unterscheidung wird bei ostafrik. Stämmen vorgenommen, und zwar nach dem Gesichtspunkt, ob der Ehebrecher dem eigenen oder einem fremden Stamm angehört hat (Post *A. J.* II S. 81).

Namentlich unterliegen Ehebrüche mit Frauen von Häuptlingen oder Königen gewöhnlich schwerer Ahndung, doch ist der Ehebruch mit Sklavinnen keineswegs straffrei. Im letzteren Fall empfindet der Herr der Sklavin den Übergriff als eine Verletzung seines Eigentumsrechts. Das geht soweit, daß z. B. bei den mongolischen Ssaatschijn-Bitschik der Herr dem Ehebrecher alles nehmen konnte, was er hatte, und ihn nackt fortjagte. Die Sklavin blieb ungestraft (Pallas I 193). Als besonders schwer gilt überall der E. des Dieners oder Sklaven mit Frau, Tochter oder Hausangehörigen seines Herrn.

Bei archaischen Völkern, bei denen das Patriarchat zu starker Ausbildung gelangt ist, geht die Anforderung an die geschlechtliche Keuschheit der Frau so weit, daß schon geringe Freiheiten als E. aufgefaßt werden, so z. B. im alten Japan der Wechsel von Liebesbriefen (Kohler 10 S. 401) oder intimes Gespräch mit dem Nebenbuhler bei den nordostafrik. Dankali (Paulitschke S. 203).

Nur ausnahmsweise wird bei höheren Völkern vielleicht im Bann zauberischer Gedankengänge der Mann im Falle des E. zur Verantwortung gezogen, wie z. B. bei den Azteken, und zwar nur dann, wenn er mit der Ehefrau eines anderen Mannes Umgang gepflogen hatte (Kohler *R. d. Azteken* S. 89, 91).

§ 3. Vergeltung für E. — Im allg. ist ein schärferes Vorgehen zulässig, wenn die Schuldigen auf frischer Tat ertappt werden. Von Nauru berichtet Hambruch (S. 258f.), daß früher der auf frischer Tat ertappte Ehebrecher getötet werden konnte. Die Frau wurde verprügelt. Aber man ließ sich auch durch Besitzabtretung von Grundstücken versöhnen. Gehörte der Verführer einer angesehenen und mächtigen Familie an, so versuchte sich der betrogene Ehemann oft dadurch zu rächen, daß er mit List oder Gewalt die Frau des Ehebrechers verführte. Schließlich wurde einer ertappt und getötet. Aber auch den Frauen stand das Recht zu, an den Frauen Vergeltung zu üben, die ihnen ihre Männer abspenstig gemacht hatten. Die in ihrer Ehe gekränkte Frau rief ihre weiblichen Gesippen zusammen und zog mit ihnen in das Haus der Ehebrecherin, wo sie ihr mit Dolchen aus Haizähnen das Gesicht und den Körper zerkratzten, sie prügelten und mißhandelten. In dieser Weise enden dort auch heute mitunter noch Eifersüchteleien zwischen Mädchen und Frauen.

a) So wie der E. selbst in der verschiedensten Weise beurteilt wird, so ist auch der Rechtsausgleich, der dem Mann gegen seinen Nebenbuhler zugebilligt wird, verschieden und macht fast alle Stufenleitern von der schweren Blutfehde bis zur tatenlosen Hinnahme (z. B. bei den Eskimos — Nansen S. 119) durch. Wir haben gesehen, daß auch schon bei niedrigen Primitiven der E. sehr übel vermerkt werden kann und zu Totschlag, Rache und den damit zusammenhängenden Folgen, zur Blutfehde (Thurnwald III S. 73 u. Tf. 3 Anm. 2), führen kann. Manchmal steht dem gekränkten Ehemann ein Plünderungsrecht gegen den Ehebrecher zu, wie bei den Bambuk (Post *A. J.* II 77), oder es kommt zu einem geregelten Prügelkampf wie bei den Ainos auf den Kurilen (Post *E. J.* II S. 361). Häufig kann sich der Ehebrecher durch Zahlung freikaufen. Obwohl die Höhe schwankt, hält sie sich im allg. zwischen Blutgeld und Brautpreis. Auf Missoll im Sunda-Archipel erwirbt der Ehebrecher durch Zahlung der Buße auch die Frau, mit der er E. begangen hat (Kohler S. 377). Eine ähnliche Sitte herrscht auch an der Goldküste in Westafrika (Post *A. J.* I S. 469 u. *E. J.* S. 368). Bei den Pangwe feilscht man um die Summe, die für E. zu zahlen ist (Tessmann II 236), bei Stämmen in Togo machen die Männer einen Nebenverdienst aus dem Geld, das sie aus dem Ehebruch der Frauen bekommen (Asmis S. 134).

b) Das Verhalten der ehebrecherischen Frau gegenüber wird durch die Hausjustiz des Familienoberhaupts oder des Ehemanns entschieden. Oft enthält es das Recht zur Tötung. Ja, mitunter besteht sogar eine Pflicht dazu, so bei mongolischen Völkern. Wenn der Mann die ehebrecherische Frau nicht tötet, so fällt die dem Ehemann zukommende Buße an den Fürsten, und bei Stämmen des Dekkan (Indien) muß der Mann das Vergehen der Frau vor versammelter Kaste zur Anzeige bringen (Kohler S. 118). Nach den Gesetzen Solons wurde im alten Athen der Ehemann, der den Ehebruch seiner Frau verheimlichte, mit ἀτιμία bestraft. Die Züchtigung des Ehebrechers blieb dem gekränkten Gatten überlassen (Hobhouse S. 205). Häufig werden an der Frau Verstümmelungen vorgenommen, durch Verwundungen an Armen oder Schenkeln, durch Abbeißen oder Einschneiden der Nase oder der Ohren, durch Abschneiden des Haars usw. Auch der Verkauf in die

Sklaverei kommt vor (Post *E. J.* II 364ff.). Bei australischen Stämmen wird die entlaufene Frau manchmal den Häschern anheimgegeben (Malinowski S. 92, 103).

Dort, wo bei den archaischen Völkern die Autorität Gericht und Strafe geschaffen hat, finden wir eine ganz ähnliche Behandlung, wie sie bei niedrigeren politischen Formen die Sitte zugelassen hat: Todesstrafe, Verkauf in die Sklaverei, Ausstoßung oder Friedlosigkeit, die über den einen oder beide am E. schuldige Teile verhängt werden, ja auch Mithaftung der Familie. Besonderer Nachdruck wird auf Ehrenstrafen gelegt, wie Abscheren der Haare, schimpfliche Aufzüge und dergleichen. Im allg. kann man sagen, daß das Eingreifen der Autorität zunächst zu einer Verschärfung der Ahndung des E. führt, wie das ja sowohl aus den altorient., als auch aus den mittelalterlichen dtsch. Gebräuchen in dieser Beziehung hervorgeht. Den Grund dazu haben wir zweifellos in der Verstärkung der patriarchalischen Auffassung durch die Herrschaftsautorität zu suchen.

S. a. Ehe A., Ehescheidung, Heiratsordnung.

Zfvgl. RW. 26 (1911) Asmis; Fison und Howitt *Kamilaroi a. Kurnai* 1880; Hambruch *Nauru* 1914; Heusler *Strafr. d. Isländer* 1911; Hobhouse *Morals in Evolution* 1923; Zfvgl. RW. 8 (1889) Kohler; Malinowski *The Family am. Austr. Aborigines* 1913; Nansen *Eskimoleben* 1891; Pallas *Sammlg. hist. Nachr. üb. d. Mongol. Völker* I (1776); Paulitschke *Ethnogr. Nordostafrikas* 1893; Pechuël-Lösche *Loango Exped.* III 2 (1907); Post *Afrik. Jurisprud.* 1887; ders. *Ethnol. Jurisprud.* 1895; Spencer and Gillen *Native Tribes Centr. Austr.* 1899; Tessmann *Die Pangwe* 1913; Thurnwald *Forsch. a. d. Salomo-Inseln* 1912.

Thurnwald

B. Vorderasien.

§ 1. Der E. erscheint nach altbabyl. Recht als ein Delikt gegen die eheherrliche Gewalt, weshalb es nur E. der Frau und nicht des Mannes gibt. Demgemäß ist der E. Privatdelikt, dessen Verfolgung, vielleicht aber nicht mehr die Strafvollstreckung (bei in flagranti festgestelltem Ehebruch: Ertränken des ehebrecherischen Paares, § 129 KH), in den Händen des Mannes liegt. Das zeigt sich darin, daß der Mann die Ehebrecherin begnadigen kann, in welchem Falle der König — hier macht sich der Einfluß staatlicher Gerichtsbarkeit geltend — auch dem Komplizen verzeiht (§ 129 KH). Derselbe Gedanke kehrt im § 15 des assyr. Rechtsbuchs (vgl. Ehelolf *Ein altassyr. Rechtsbuch* 1922) sowie im hettitischen Recht wieder (§ 84 der hett. Gesetze in der Übersetzung von Zimmern-Friedrich in AO 23, 2 [1922] = § 198 in der Übersetzung Hroznýs *Code Hittite* 1922), die aber beide noch einen älteren Rechtszustand erkennen lassen, wonach der Mann das in flagranti ertappte Paar ohne weiteres straflos töten konnte. Im übrigen kommt es nach dem KH zu einem Anklageverfahren, in dem sich die Frau gegen die Anschuldigung des E. durch Reinigungseid zu verteidigen hat (§ 131 KH). An dessen Stelle tritt das Wasserordal, wenn durch das Verhalten der Ehefrau schon ihr Leumund gelitten hat (§ 132 KH).

§ 2. Der Wassertod scheint vom Gesetze spezifisch als Strafe des E. gedacht zu sein, da auch andere Fälle, wo er vorkommt, erkennen lassen, daß sie vom Gesetz als E. behandelt werden, so § 133b: grundlose zweite Heirat der Frau eines Verschollenen, § 155: geschlechtlicher Verkehr des Schwiegervaters mit der Schwiegertochter, die der Sohn bereits erkannt hat. Er begegnet für die Ehefrau aber auch in den sumer. Familiengesetzen (vgl. z. B. Winckler *Ges. Hammurabis* S. 84) für den Tatbestand, daß die Frau ihren Mann „haßt" und ihm erklärt „du bist nicht mein Mann", desgleichen für denselben Tatbestand (mit Varianten) in den Eheurkunden (HG III 3, 7, 8), hier manchmal (HG III 1, 2, IV 776) ersetzt durch die Strafe des Herabstürzens von einem Pfahle (Turm: *dîmtu*). Man wird daraus schließen können, daß Hammurapi die Ehebruchsstrafe dem sumer. Rechte entlehnt hat. Um so schwieriger ist es aber zu bestimmen, was mit diesem Tatbestand eigentlich gemeint ist. An eine formelle Absageerklärung der Frau ist ebenso wie in den ähnlichen Klauseln der Adoptionsurkunden (s. Adoption B) kaum zu denken, eher an ein gröblich pflichtwidriges Verhalten der Frau, das den E., aber vielleicht auch noch andere Tatbestände, z. B. Verweigerung des geschlechtlichen Verkehrs (vgl. § 142, 143 KH, wohl stark interpoliert, mit der Strafe des Wassertodes) oder bösliche Verlassung (HG IV 776) umfassen konnte. Es fehlt auch nicht an Beispielen in den Eheurkunden, in denen die Reaktion gegen dieses Verhalten der Frau eine weniger strenge ist, so UM VIII_3 252: Verkauf der Frau in die Sklaverei und besonders milde HG IV 777 (sumer.): Verlust der Mitgift und Zahlung einer Konventionalstrafe. Jedenfalls konnte der Mann die ehebrecherische Frau verstoßen, wofür ein Beispiel aus älterer Zeit (sumer.) in ITT III_2 5286 II. Man wird überhaupt die in § 129 KH angeordnete Strafe nur als Maximum ansehen dürfen, das geringeren, kraft des Hauszuchtrechts des Mannes zu verhängenden Strafen freien Spielraum ließ, und insofern die Gesetzgebung für den E. überhaupt Strafen festsetzt, was nach dem Ausgeführten wohl schon in der sumer. Zeit geschehen ist, bedeutet dies schon ein Eingreifen des Staates in das ursprünglich unbeschränkte, aus der patriarchalen Ehegewalt des Mannes sich ergebende Hauszuchtrecht.

Atti Acc. Linc. 1922 S. 426, 448 Schupfer; Fehr *Hammurapi und das römische Recht* 1910 S. 95, 106f.; C. H. W. Johns *Babyl. and Assyr. laws* 1904 S. 117f.; Mazzarella *Gli elementi irreduttibili dei sistemi giuridici* I 297f., II 195f.; Koschaker Mitt. vorderas. Ges. 26,3 S. 39f. (assyr. Recht); ZfAssyr. 35 S. 199f.

P. Koschaker

Ehenside Tarn s. Gibb Tarn.

Ehescheidung.

§ 1. Allgemeines. — § 2. E. bei Jägern u. Fischern. — § 3. Einfluß besonderer Sitten auf die E. — § 4 E. bei höheren Naturvölkern. — § 5. Die Schuldfrage. — § 6. Wiederverheiratung. — § 7. Grundzüge der E. bei archaisch-patriarchalischen Völkern. — § 8. Ehe auf Probe, auf Zeit u. auf Miete.

§ 1. Die E. hängt wesentlich mit der Auffassung der Ehe zusammen. Bei den Primitiven stellt, wie bei Erörterung der Ehe (s. d. A) ausgeführt wurde, diese einen Eigentumsanspruch des Mannes auf die Frau dar, mag die Frau nun ertauscht, gekauft, geraubt oder entführt worden sein. Daraus ergibt sich die rechtliche Grundlage, die für die E. in Betracht kommt. Gerade die niedrigen Primitiven sind indessen keine juristischen Dogmatiker und tragen den Anforderungen des Lebens mehr Rechnung als höhere Stämme, namentlich als die durch zauberische Gedankengänge und Kausalirrtümer vielfach verwirrten oder doch einseitig eingestellten archaischen Völker.

Auf Grund des Eigentumsanspruchs herrscht das Recht des Ehemanns vor, die Ehe einseitig zu lösen, die Frau zu verstoßen. Doch wird in der Regel auch auf die Frau nicht Zwang ausgeübt, wenn sie sich dem Manne entzieht oder ihm davonläuft. Indes begegnet das Recht des Ehemannes gewissen praktischen Hemmungen, vor allem dadurch, daß er entweder Gefahr läuft, ganz oder teilweise des Brautpreises verlustig zu gehen, oder damit rechnen muß, die Angehörigen der Frau zu beleidigen, außerdem aber sich selbst dadurch schädigt, daß er eine Arbeitskraft verliert. Die Frau hinwiederum muß sich das Weglaufen deshalb überlegen, weil dadurch ihre Stellung bei ihren Verwandten oft schwierig wird; wenn sie sich aber zu einem anderen Mann begibt, die Gefahr der Blutfehde unter den Nebenbuhlern auftaucht. Außerdem bildet das Vorhandensein von Kindern stets ein nicht unbedeutendes innerliches und äußerliches Erschwernis der Loslösung für beide Teile, das auch oft noch durch Gewohnheit oder Recht verstärkt wird. Dies sind natürliche, durch die Lage der Dinge überall gegebene Faktoren, welche dem Verlangen nach E. entgegentreten. Je leichter im allg. aber die Lebensbedingungen sind, oder je weniger traditionelle oder autoritäre Kräfte das Gesellschaftleben beherrschen, desto größer pflegt die Ungebundenheit zu sein.

§ 2. Vedder (S. 54 f.) berichtet von den südafrik. Bergdama: „Wenn nachweisbarer Ehebruch zur Entlassung des Weibes führt, kann man sicher sein, daß schon manches andere vorhergegangen ist, was den Unwillen des Mannes erregt hat. Nach allg. Anschauung ist der Mann berechtigt, die Frau zu entlassen, wenn sie zanksüchtig und unfriedfertig ist, wenn sie die Nahrungsmittel des Mannes nicht ordentlich zubereitet, wenn sie von den im Felde gesammelten Früchten dem Manne oder auch seinen Anverwandten nicht reichlich abgibt, und wenn das Schlaffell in der Hütte nicht gut nach Parfüm riecht. Die Frau hingegen verläßt den Mann, wenn er sie unschuldigerweise prügelt, manchmal auch, wenn sie Beweise seiner ehelichen Untreue in Händen hat. Die geschiedene kehrt zur Werft (= Lager) ihrer Eltern zurück. Will der Mann sein Anrecht auf die Kinder, die der Ehe bereits entsprossen sind, wahren, so hat er öfter Lebensmittel hinzusenden. Geschieht das nicht, so werden ihm die Kinder, wenn sie mit etwa 6 Jahren der Mutter nicht mehr so sehr bedürfen, für alle Zeiten vorenthalten." Dies bedeutet also, daß der Mann ein Anrecht auf die Kinder der Frau hat, das er aber durch Fortsetzung seiner Fürsorge auch aufrecht erhalten muß. — „Wie die Eheschließung ohne Formalitäten erfolgt," fährt Vedder (S. 55) fort, „so ist auch zur Ehescheidung keine anerkannte Autorität vorhanden. Doch wird der vorsichtige Mann sein Vorhaben stets den Alten am heiligen Feuer zur Begutachtung vorlegen, und die Frau, die ihren Mann zu verlassen gedenkt, sucht zuerst die Meinung der Verwandtschaft zu erfahren. Nicht selten kommt aber nach mehrjähriger Trennung eine Aussöhnung zustande, die immer vom Manne ausgeht. Die gewöhnliche Ursache ist die Kunde, daß irgend ein Anderer die Absicht hat, die Verstoßene zu ehelichen."

In ganz ähnlicher Weise lassen sich auch die verschiedenen Nachrichten über die E. bei den Australiern zusammenfassen. Malinowski gelangt bei seiner Übersicht über die gesamte einschlägige Literatur (S. 63—65) zu dem Ergebnis, daß die Ehe bei den Australiern in erster Linie auf eine Bindung der Frau hinausläuft. Schon aus diesem Grunde hat der Mann keine Veranlassung seine Frau fortzujagen. Im Gegenteil, er versucht auf jede Weise durch persönliche Macht und sozialen Einfluß einen Versuch von ihrer Seite, sich ihm zu entziehen, zu verhindern. Das gilt nicht nur, wenn sie jung ist, denn die ältere arbeitet um so besser in der Pflanzung und trägt zu der Versorgung mit Nahrungsmitteln bei. Dadurch wird er nicht daran gehindert, später vielleicht eine jüngere Nebenfrau zu erwerben. Es sind Beispiele vorhanden, die bei der Behandlung von älteren Ehefrauen große Zuneigung an den Tag bringen. Zweifellos dauern viele Ehebünde das Leben hindurch. Die früher verbreitete Ansicht, daß alte Frauen ohne weiteres als nutzlos von ihren Gatten verlassen würden, läßt sich nicht aufrechterhalten. Außerdem müssen wir uns erinnern, daß gewöhnlich ein großer Altersunterschied zwischen Gatte und Gattin besteht (s. Ehe A). Da Kinder oft mit reifen Männern verlobt werden, sind ihre Gatten schon alt, wenn die Mädchen erst die Reife erlangen. Sie bleiben natürlich bis zum Tode des Mannes bei ihm und fallen nachher dessen jüngerem Bruder oder einem anderen entsprechenden Verwandten zu. Wenn wir uns das alles vor Augen halten, so kann es uns nicht wundern zu vernehmen, daß Fälle von E. nicht häufig sind. Das schließt natürlich nicht aus, daß es gelegentlich, namentlich besonders reizvoller Frauen wegen, zu Kämpfen oder Entführungen kommt. Auch Curr (S. 60 u. 110) sagt: der Ehemann ist ein Autokrat. Er kann seine Frau so schlecht behandeln, als er mag, aber nur selten wird er sie gegen eine andere austauschen, wegschicken oder sich von ihr scheiden. Er tötet sie auch schon deshalb nicht, weil sonst ihre Verwandten sich an einem von seiner Sippe rächen würden (vgl. a. Westermarck S. 356 ff.).

Von den verhältnismäßig unsteten Grönländern berichtet dagegen Nansen (S. 119), daß man schnell mit der Scheidung fertig ist. Der Mann braucht sich des Abends nur zurückzuziehen und dabei kein Wort zu sprechen, wenn er sich schlafen legt. Sie merkt dann sogleich die Absicht, sammelt am nächsten Morgen ihre Kleider zusammen und kehrt in aller Stille in ihr Elternhaus zurück, indem sie gewöhnlich tut, als ginge es ihr gar nicht nahe. Besonders leicht ermöglicht sich die Scheidung, solange noch keine Kinder da sind. Hat die Frau schon ein Kind, und ist dieses gar ein Knabe, so hat das Eheverhältnis in der Regel mehr Bestand. Bei Freundschaftsverträgen zum Frauenaustausch (s. Nebenehe) kommt es bisweilen vor, daß die eingetauschte Frau vom Freund behalten wird (a. a. O. S. 124). Trotz der sanftmütigen Art der Eskimos ereignen sich indessen auch bei ihnen gelegentlich häusliche Szenen, die einen blutigen Ausgang nehmen (Holm 10 S. 102 nach Nansen S. 125).

§ 3. Während bei den erwähnten Jäger- und Fischerstämmen die Unstetheit des Lebens zweifellos auch in der Gestaltung der Ehe sich abzeichnet, haben wieder andere Einrichtungen, wie bei den Krähenindianern mit ihren eigenartigen kriegerischen Gesellschaften, einen ähnlichen Einfluß auf den Bestand der Ehen. Dabei handelt es sich hauptsächlich um festliche Vorgänge, die aber tatsächlich in eine Art Frauenaustausch zu münden scheinen (s. Nebenehe). Teils werden bei solchen Festen die Frauen von ihren Männern öffentlich weggeschickt, um damit Bravourstücke ihrer Seelenstärke zu geben, ohne Rücksicht darauf, ob die Frauen Kinder hatten oder nicht. Zwei solcher Kriegsorganisationen begannen früher im Frühling sich gegenseitig die Frauen zu stehlen, aber nur solche sollten ihnen dabei zum Opfer fallen, mit denen sie schon früher Beziehungen unterhielten. In dergleichen Fällen konnte der Ehemann nichts machen, und jeder Versuch der Gewaltanwendung würde sogar sein gesellschaftliches Ansehen in Frage gestellt haben. Doch kamen bei diesen Räubereien nur solche Frauen in Betracht, die mit einem Angehörigen des einen oder anderen der Kriegsgesellschaften verheiratet waren. Bei dem öffentlichen Wegjagen ist allerdings zu bedenken, daß in der Praxis ein Mann wohl lange zögerte, bevor er eine tugendhafte und tätige Frau entlassen hätte (Lowie 1912 S. 223, 1913 S. 169).

Eine Geschichte, die Anlässe zu Mißhelligkeiten und Streitereien unter Familien von Naturvölkern beleuchtet, berichtet Müller-Wismar von der Karolineninsel der Südsee (*Yap* S. 229f). Hier hatte der Bruder der Ehefrau versucht, der Schwester des Gatten nachzustellen. Letztere wies ihn ab und wendete sich gegen ihre Schwägerin, die nun aus Angst zu ihrem Bruder flüchtete. Ein Grundstück der Ehefrau nahm nun die beleidigte Schwägerin auch noch in Anspruch und bepflanzte es mit Taro. Trotzdem kehrte die Frau später auf Bitten ihres Gatten in sein Haus zurück. Bei einem Fest verdächtigte die Sippe des Gatten die Sippe der Frau, welche das Essen besorgt hatte, daß sie die Nahrungsmittel gestohlen hätten. Daraut verließ die Frau wieder ihren Gatten. Der Letztere war nun damit einverstanden, verlangte aber die mitgenommenen Kinder zurück. Trotz der auf Yap sonst herrschenden Mutterfolge beanspruchte doch der Mann die Kinder der Frau. Auch von der Mikronesischen Insel Kusae hören wir (Sarfert S. 308), daß im Falle der E. die Kinder der Familie des Vaters ausgeliefert werden müssen, Säuglinge dürfen nur die ersten Jahre bei der Mutter verbleiben.

Genau dasselbe wird von den Banjangi im NW-Kamerun berichtet (Staschewski S. 23). Hier hören wir auch, wie Ehemänner, denen ihre Frauen entlaufen waren, sie in drastischer Weise durch einen Trupp Dorfgenossen zurückholen und unter Getrommel, Gesang und Verhöhnung der johlenden Truppe wieder nach Hause bringen.

Bei streng mutterrechtlichen Einrichtungen stellt sich die E. anders dar, so z. B. bei den Puebloindianern. Hier lebt der Gatte im Heim seiner Frau, aber gewissermaßen ohne Heimrecht. Im Falle der E. verläßt er das Haus und kehrt zu seiner Familie zurück, nämlich zu seiner Mutter und seinen Schwestern, wo in der Tat sein Heim ist.

§ 4. Bei höheren Naturvölkern bewirken die Eigentumsansprüche und die gelegentlich der Verehelichung gemachten Geschenke eine Erschwerung der E. Bei den Herero (Steinmetz S. 305) kann der Mann, wenn die Frau ihn verläßt, das vor der Hochzeit dem Vater der Frau gegebene Vieh zurückverlangen. Und von den Diakite-Sarrakolesen des frz. Sudan hören wir, daß der Mann seine Frau verstoßen kann, wenn er ihr den Brautpreis zurückgibt. Aber auch die Erzeugnisse ihrer persönlichen Arbeit erhält sie. Die Kinder bleiben bei ihrer Mutter, die Knaben bis sie die mütterliche Pflege entbehren können, die Mädchen bis zu ihrer Heirat; aber der Vater gibt sie zur Ehe, und ihm liegt die Erziehung seiner Söhne ob (Steinmetz S. 109). Bei den Banaka und Bapuku von Batanga an der Küste von Kamerun kann der Gatte die Frau, wenn sie fortläuft, zurückfordern, weil er sie bezahlt hat. Will er sie loswerden, so muß er dem Vater und ihrer Familie entsprechende Gründe vortragen, um von ihnen den Brautpreis zurückzuerhalten. Auch hier steht dem Vater das Recht auf die Kinder zu, die bei der Mutter nur so lange gelassen werden, als sie klein sind (Steinmetz S. 37/38). Bei den ostafrik. Waschambala, Hirten und Feldbauern, kann der Mann die Frau verstoßen, und die Verstoßene geht ihrer Kinder, Hütte und Geräte, die sie vom Mann bekommen hat, verlustig. Doch die eigenen Geräte nimmt sie mit, wenn sie in ihr Vaterhaus zurückkehrt. Sie wird wieder dem Geschlecht ihrer Eltern zugerechnet. Der Preis der Frau ist bei der Scheidung dem Manne zurückzuzahlen. Die Kinder bleiben beim Ehemann. Sind aber keine Kinder da, so erhält er das als Brautpreis bezahlte Vieh mit den Jungen, also mit den Zinsen des Kaufpreises (Steinmetz S. 231). Diese Vorschrift beleuchtet in drastischer Weise, wie die Eigentumsansprüche gegen die Frau ausgelegt werden.

§ 5. Bei höheren Völkern wird zwar nicht die Zulässigkeit der Scheidung selbst in Frage gezogen, aber in bezug auf die Ordnung der wirtschaftlichen Angelegenheiten, namentlich wegen der Rückzahlung des Brautpreises, wird vielfach die Frage aufgeworfen, ob ein Grund zur Verstoßung der Frau vorlag, es wird also die Schuldfrage aufgerollt. Das Gleiche gilt auch in bezug auf das Scheidungsverlangen der Frau. Im allg. kann man sagen, daß dem Mann die Verstoßung der Frau zugestanden wird bei Untreue, Kinderlosigkeit, Verbrechen, manchmal auch schon bei körperlichen oder Charaktermängeln. Der Frau wird die Trennung erlaubt bei wiederholter Mißhandlung durch den Mann, ungenügender Versorgung mit Speise oder Kleidung oder lang dauernder Abwesenheit, sowie auch bei Verbrechen und schlechtem Lebenswandel oder Impotenz. Gewöhnlich flüchtet die Frau ins Vaterhaus. Mitunter ist die Ehe auf Grund beiderseitiger Übereinstimmung lösbar (Post *E. J.* S. 107ff.).

Die Scheidung wird gewöhnlich formlos vollzogen. Über das Schicksal der Kinder entscheidet z. T., aber nicht ausschließlich, das Verwandtschaftssystem. Wenn die kleinen Kinder in der Regel der Mutter belassen werden, so wird doch im allg. dem Vater das Recht zugestanden, wenn sie über die erste Kindheit hinaus sind, sie zu beanspruchen (s. Mutterfolge, Patriarchat, Verwandtschaft), aber auch andere Verteilungsarten kommen vor.

§ 6. Bezüglich der Wiederverheiratung gelten verschiedene Vorschriften. Schwierigkeiten ergeben sich für die Frau vor allem wegen des Kaufpreises. Bisweilen kann sie sich nur wieder verheiraten, wenn sie, wie bei den Somali, den Brautpreis zurückzahlt (Post *A. J.* S. 451). Bei den alten Persern muß die Frau aus der Gewalt *(manus)* des Mannes entlassen werden, um wieder heiraten zu können. Dies wird jedoch nur in der Form einer Witwenheirat als Nebenfrau ermöglicht, und die Hälfte der Kinder gehört dann dem ersten Mann. Entläßt er die Frau aber nicht aus seiner Gewalt, so kann sie zwar wieder heiraten, doch alle Kinder fallen ihm zu. Nur wenn der Ehemann seine Frau aus seiner Gewalt in die Gewalt eines anderen übergibt, gehören alle Kinder dem neuen Gatten. Die erstgeborenen Kinder werden bei der Vermögensverteilung jedenfalls immer bevorzugt (West S. 142f. Anm. 10). Bei diesem Verfahren kommen Gedankengänge in Betracht, in denen die von den Kindern zu erwartende Ahnenverehrung entscheidend in den Vordergrund tritt.

§ 7. Grundzüge der E. bei archaisch-patriarchalischen Völkern. — Einerseits die angedeuteten Gedankengänge, anderseits die Ausbildung des familiaren Patriarchats und der politischen Herrschaft machen die Ehe bei diesen Völkern zu einer beinahe unauflöslichen Institution von sakralem Charakter, wie bei den meisten frühen arischen Hirten-Eroberern (Vinogradoff S. 257). Das frühe röm. u. griech. Recht trägt auch durchaus den Stempel dieser Verhältnisse. Nach dem alten dtsch. Ehescheidungsrecht gab es 1. eine einseitige Scheidung von seiten des Mannes durch Verstoßung, die später eingeengt und auf die Fälle von Ehebruch und Unfruchtbarkeit beschränkt wurde. Letztere hat man später unter dem Einfluß der Kirche ebenfalls ausgeschieden. Verstieß der Mann die Frau ohne rechtmäßigen Grund, so hatte er die Fehde ihrer Verwandten zu gewärtigen und war bußpflichtig. Unter dem Einfluß des röm. Rechtes erhielt die Frau in der fränkischen Zeit die Befugnis, im Falle schwerer Mißhandlung sich einseitig vom Manne loszusagen. 2. Wurde der Mann friedlos erklärt, so wurde dadurch auch das eheliche Band zerrissen: die Frau des Friedlosen galt als Witwe. 3. Wie das älteste Recht, so kannte auch noch die fränkische Zeit eine absolute Freiheit der Ehescheidung durch gegenseitiges Übereinkommen. Der Scheidungsvertrag wurde zwischen dem Ehemann und der Sippe seiner Frau abgeschlossen; er war der Regelfall der Ehescheidung (Hübner S. 541f.).

§ 8. Einrichtungen, von denen mitunter viel Aufhebens gemacht wurde, die aber nicht auf Grund juristischer Konstruktionen, sondern im Zusammenhang mit verschiedenen Sitten zu beurteilen sind, sind Ehe auf Probe, auf Zeit und auf Miete.

Bei der sog. Ehe auf Zeit, die z. B. bei gewissen schiitischen arab. Stämmen, besonders aber in Persien üblich ist, handelte es sich teilweise um Eheschließungen für den Fall, daß dem Mann die Mittel zu einer vollgültigen Ehe nicht zur Verfügung standen oder um Verbindungen, die Reisende an verschiedenen Orten ihres Aufenthalts abschlossen. Von daher mag auch diese Sitte zu den Negerstämmen von Senegambien gedrungen sein. Es scheint sich dabei im Grunde um Einrichtungen des Heterismus (s. Nebenehe) zu handeln (Wilutzky S. 21/23). Ganz ähnlich steht es mit der Ehe auf Miete. Anders hingegen haben wir die sog. Ehe auf Probe zu beurteilen. Sie hängt vielmehr mit gewissen an die Verlobung (s. Verlöbnis) sich knüpfenden Ansprüchen zusammen, insbesondere aber mit dem Abdienen des Brautpreises durch den Bräutigam (s. Ehe A, Hochzeit) beim Schwiegervater (vgl. Wilutzky S. 33).

S. a. Ehe A, Ehebruch A, Heirat, Nebenehe.

Curr *Recollections of Squ. i. Victoria* 1883; Holm *Mitt. über Grönland* Bd. 10; Hübner *Deutsches Privatrecht* 1913; Lowie *Social Life of the Crow Indians* Anthr. Pap. Am. Mus. Nat. Hist. 9 (1912); ders. *Societies of the Crow, Hidatsa a. Mandan Ind.* Anthr. Pap. Am. Mus. Nat. Hist. 11 (1913); Malinowski *The Family am. the Austr. Aborig.* 1913; Müller-Wismar *Yap* 1917; Nansen *Eskimoleben* 1891; Post *Afr. Jurisprudenz;* ders. *Ethn. Jurisprud.* 1895; Sarfert *Kusae* 1920; Staschewski *Die Banjangi* Baessler-Archiv Beiheft 8 (1917); Steinmetz *Rechtsverh. von eingeb. Völk. in Afrika u. Ozean.* 1903; Vedder *Die Bergdama* 1923; Vinogradoff *Outlines of Hist. Jurisprudence* 1920; West *Pahlavi Texts* in *Sacred Books of the East* 5 (1880); Westermarck *The History of Human Marriage* 1901; Wilutzky *Vorgesch. d. Rechts* 1903.

Thurnwald

Eheschenkung. S. a. Ehe.

§ 1. KH § 171, 172 regelt unter dem Namen *nudunnû* eine Gabe des Mannes an die Ehefrau, die der Witwenversorgung dient. Sie wird der Frau durch Schenkung auf den Todesfall verschrieben, so daß sie erst mit dem Tode des Mannes in ihren Besitz gelangt; sie hat sie demgemäß bei Wiederverheiratung an die Kinder aus erster Ehe herauszugeben. Bei Lebzeiten des Mannes seiner Verwaltung und Nutznießung unterstehend, fällt auch mit dem Tode des Mannes der *nudunnû* der Witwe nicht zu freier Verfügung anheim. Sie ist vielmehr auf die Nutznießung des *nudunnû* beschränkt, der ihren Kindern aus der Ehe mit dem verstorbenen Manne verfangen bleibt. Der *nudunnû* ist endlich keine freie Liberalität des Mannes — auch solche Schenkungen durante matrimonio kommen vor (vgl. § 150 KH, HG III 456, 471, 482, 485, 492), sind aber vom *nudunnû* streng zu trennen —, sondern obligatorisch, insofern, wenn er nicht bestellt wurde, die Witwe als Ersatz einen Sohnesteil vom Nachlasse ihres Mannes erhält. Der *nudunnû* entspricht also in jeder Beziehung dem Wittum, der E., die in vielen anderen Rechten aus dem Brautpreis hervorgegangen ist, zu einer Zeit, da infolge Abschwächung des Kaufgedankens bei der Eheschließung der Brautpreis nicht mehr dem Muntwalte der Braut, sondern ihr selbst geleistet wurde und sich so zur E. umwandelte. Hier ergibt sich aber eine Schwierigkeit, da der KH in der *tirḫâtu* noch einen effektiven, dem Muntwalt bezahlten Brautpreis kennt und es kaum denkbar ist, daß beide Institutionen, die sonst überall zeitlich aufeinander folgen, gleichzeitig nebeneinander bestanden haben. Diese Schwierigkeit löst sich, wenn man den *nudunnû* dem sumer. Recht zuweist, das den Brautpreis *(níg-mussa)*, wenn die spärlichen Belege nicht trügen, bereits in eine E. umgebildet hatte, während das Recht der in den letzten Jh. des 3. Jht. eingewanderten sem. Bevölkerungsschicht noch den Brautpreis *tirḫâtu* kannte. Dazu stimmt auch, daß bisher in den recht zahlreichen nordbabyl. Urkunden keine Spur einer E. nachzuweisen ist, während zwei Erbverträge aus dem sumer. Nippur (HG IV 778, UM VIII_2 155) unter anderem die Sicherstellung der

Ehefrau auf den Todesfall des Mannes bezwecken und daher als Bestellung einer E. angesprochen werden können.

§ 2. Zu beachten ist endlich die Terminologie. *Nudunnû*, das für den KH die E. bedeutet, heißt in den zeitgenössischen Urkunden die Mitgift, welche die Frau von ihrem Muntwalt in die Ehe mitbekommt, und die im Gesetze als *šeriqtu* bezeichnet wird. Daß hierbei eine schon an sich höchst unwahrscheinliche Änderung des Sprachgebrauchs in der Zeit nach Ḫammurapi vorläge, wird jetzt durch HG VI 1733, 1734, YOS II 25 widerlegt, insofern diese aus der Zeit Ḫammurapis stammenden Texte bereits die Gleichung *nudunnû* = „Mitgift" kennen. Der KH hat also hier in die Terminologie willkürlich eingegriffen. Ein Grund dafür läßt sich aber ausfindig machen, wenn man erwägt, daß *tirḫâtu*, womit die Vokabulare den zur E. gewordenen sumer. *nig-mussa* übersetzen, zur Bezeichnung dieser im Gesetze unbrauchbar war, weil für den Gesetzgeber *tirḫâtu* noch den effektiven, dem Muntwalt bezahlten Brautpreis bedeutete. Es mußte also für die aus dem sumer. Rechte rezipierte E. ein neuer akkad. Name gefunden werden. Warum allerdings zu diesem Zwecke der Mitgift ihr eingebürgerter Name *nudunnû* genommen und nicht die E. *šeriqtu* genannt wurde, bleibt noch unklar.

§ 3. Die Ehe des mittelassyr. Rechts, wie sie uns aus dem assyr. Rechtsbuch bekannt geworden ist, kennt gleichfalls die E. Bezeugt ist sie merkwürdigerweise bei der Ehe ohne Hausgemeinschaft, wo sie vielleicht nicht originär ist (§ 32, 38 des Rechtsbuchs nach der Übersetzung Ehelolfs *Ein altassyr. Rechtsbuch* 1922). Um so mehr ist sie bei der patriarchalen Ehe vorauszusetzen, worauf auch die Gestaltung des Verlöbnisses hinweist. Genannt wird sie bald *tirḫâtu*, bald *nudunnû*, die letztere Bezeichnung vielleicht aus dem KH übernommen. Schon der Name *tirḫâtu* für die E. beweist, daß sie aus dem Brautpreise hervorgegangen ist. Daneben kennt § 27 des Rechtsbuchs unter dem Namen *nudunnû* bei der Ehe ohne Hausgemeinschaft Gaben des Mannes an die Frau, deren rechtliche Natur kaum zu bestimmen ist.

Revue Biblique 1905 S. 369f. Cuq; Fehr *Hammurapi und das salische Recht* 1910 S. 84f.; Koschaker *Rechtsvergl. Studien zur Gesetzgebung Hammurapis* 1917 S. 165f.; MVAG 26, 3 S. 56f.; ZfAssyr. 35 S. 192f.; D. H. Müller *Die Gesetze Hammurabis* 1903 S. 141f.; Atti Acc. Linc. 1922 S. 443f. Schupfer. S. a. Ehe D, Mitgift, Verlöbnis. P. Koschaker

Ehringsdorf. S. a. Diluvialflora § 3, Norddeutschland A § 4. Skelettreste von E. Im Jahre 1914 wurde im Kalktuff von E. bei Weimar ein Unterkiefer eines Erwachsenen, im Jahre 1916 ein Unterkiefer und Reste eines Skelettes eines etwa 10jähr. Kindes gefunden (Rippen, Wirbel, Oberarmbein, Schlüsselbein, Zähne aus dem Oberkiefer); die Stücke gehören (n. E. Werth) der letzten Zwischeneiszeit an und sind zur Neandertal-Rasse (*Homo primigenius;* s. d.) zu rechnen.

Anatom. Anz. 47 (1914) Schwalbe; ZfEthn. 46 (1914) S. 869ff., 47 (1914) S. 444ff. H. Virchow; ders. *Die menschl. Skelettreste aus dem Kämpfeschen Bruch im Travertin von Ehringsdorf bei Weimar* 1920. Reche

Ei. Es ist bisher ein ziemlich vereinzelter Fall, daß in einem Grabe der HZ in der Nähe von Freiburg in Baden eine Schüssel mit gekochten Eiern ausgegraben wurde. Gelegentlich hat man in besonderen Hohlräumen mittelalterl. Stadtmauern Eier gefunden, die offenbar einen Festigkeitszauber ausüben sollten. Ein Gänseei aus sehr alter Zeit fand sich auch in Nippur, vielleicht ein Bauopfer.

Aus dem badischen Oberland Festschrift des dtsch. Sprachvereines 1907 S. 52; Hilprecht *Exploration in Bible Lands* 1903 S. 332, 368. Ed. Hahn

Eibe. § 1. Schon Cäsar erwähnt das Gift der E. *(Taxus baccata L.)*, das, merkwürdig genug, nicht in den Beeren, sondern in den Blättern steckt und selbst in geringer Quantität stark wirkt. Man sagt den außerordentlich langdauernden Bäumen vielfach ein wohl zu hohes Alter nach. Sie sollen auch nach Cäsars Angabe früher in Gallien und Germanien sehr häufig gewesen sein, jetzt sind die Taxusbestände in mittl. u. w. Europa stark reduziert und Gegenstand der Naturdenkmalpflege.

§ 2. Das Verschwinden des Baumes hängt wohl mit dem starken Verbrauch des sehr geschätzten Holzes zusammen. In vorgesch. Zeit wurde es mit Vorliebe für Waffen (Bogen) und Geräte (Eimer) (ZfEthn. 51 [1919] S. 45; Messikomer *Pfahlbauten von Robenhausen* 1913 S. 91) verwendet. Man kennt auch äg. Sarkophage aus Eibenholz (Rec. de Trav. 18 [1896] S. 78ff.) Ed. Hahn

Eichelsbach (im Spessart, Unterfranken). Nach der von Reinecke veröffentlichten spiralkeramischen Siedelung wird der Wetterauer Typus auch als Eichelsbacher Typus bezeichnet (s. Wetterau).

Bayr. Beiträge 12 (1898) S. 11 f. u. S. 165f.; 13 (1899) S. 72 Tf. 2, 3 Reinecke; *AuhV 5* Tf. 1, 6 Schumacher. W. Bremer

Eichenzeit. E. (bot.-geol. Terminus) nennt man die postglaziale Zeit, in welcher der Eichenmischwald im N vorherrschend wird. Dieser Mischwald bestand zum überwiegenden Teil aus Sommereichen (Stieleichen, *Quercus pedunculata*), Birken, Linden, Ahorn, Ulmen, Erlen und in großen Mengen auch Haseln, aber auch die Föhre ist wenigstens während der ersten Zeit des Auftretens der Eiche als waldbildender Baum noch von Bedeutung. Diese Zeit fällt ungefähr mit dem geol. Abschnitt zusammen, den man nach Munthe die Litorinazeit (s. d.) nennt, von deren Maximum bis zum Übergang in die Limnäazeit. Das herrschende Klima während dieser Zeit war bei der Einwanderung der Eiche am Ende der Ancyluszeit (s. d.) nach Sernander u. a. warm und trocken („boreale" Zeit), um später feuchter, aber noch warm zu sein (während der „atlantischen" Zeit) und endlich während des letzten Teils der E. wieder warm und trocken zu werden („subboreale" Zeit). Das Klima wird jetzt (wie auch in der borealen Zeit) so trocken, daß die früheren Moore austrocknen, sich mit Wäldern bedecken und eine große Zahl von Binnenseen wenigstens während eines Teils des Jahres keinen Abfluß hat. Diese Stufe ist nach Sernander und seinen Schülern die klimatologisch günstigste der ganzen postglazialen Zeit (s. Kiefernzeit). Sie geht in die klimatologische Per. über, welche, die subatlantische Per. genannt, von feuchtem und bedeutend kälterem Klima ausgezeichnet ist, das nach Sernander „wie ein katastrophaler, von starker Wärmedepression und gewaltsamer Steigerung der Niederschläge ausgezeichneter Klima-Umsturz eintritt".

Eine sichere Chronologie der E. kann, da die Eiche erst allmählich allg. wurde, nicht gegeben werden, aber arch. fällt das erste Auftreten der Eiche wahrscheinlich mit der Maglemosezeit (oder vielleicht dem letzteren Teil der nächstvorhergehenden Zeit) zusammen. Vorherrschend wird der Eichenmischwald erst während der atlant. Per. Diese beginnt etwa 5500—5000 v. C. und geht während der Ganggräberzeit um 2500 v. C. in die subboreale Per. über, die gegen Ende der BZ etwa 500 v. C. ihren Abschluß findet. S. a. Nordischer Kreis A § 3b 3.

Aus der reichen Literatur sind zu nennen: *Die Veränderungen des Klimas seit dem Maximum der letzten Eiszeit* Eine Sammlung von Berichten herausgeg. v. dem Exekutivkomitee d. 11. Int. Geol. Kongr. in Stockholm 1910 (von verschiedenen Verfassern); Gams u. Nordhagen *Postglaziale Klimaänderungen und Erdkrustenbewegungen in Mitteleuropa* 1923; Sundelin *Über die spätquartäre Geschichte der Küstengegenden Östergötlands und Smålands* Bull. of the Geol. Inst. Upsala 16 (1918—19) S. 195ff., in welchen zwei letztgenannten Arbeiten ausführliche Literaturverzeichnisse zu finden sind. Hjalmar Larsen

Eichhörnchen. Daß das E. seit alten Zeiten überall, wo es in seinen zahlreichen Formen auftritt, als Spielzeug der Kinder gern gesehen wird, ist leicht verständlich. Es ist aber interessant, daß es sich als Genosse des Menschen auch auf Pfahlbauten nachweisen läßt. Im übrigen ist es in der ö. wie w. Erdhälfte auch gegessen worden und deshalb der Schädel in Küchenabfallhaufen leicht nachzuweisen. Das E. fehlt gelegentlich, so z. B. in der Krim, deshalb wäre sein Nachweis für frühere Zeiten in Gegenden, wo es jetzt fehlt, zoologisch wichtig.

MAGW 4 (1874) S. 306ff. Much; Sebizius De alimentarum facultate S. 697; Schoolcroft *Indian in his wigwam* 1848 S. 44ff. Ed. Hahn

Eid. A. Allgemein.

§ 1. Wurzeln. — § 2. Symbolik. — § 3. Eideshelfer. — § 4. Reinigungseid. — § 5. Zeugeneid. — § 6. Treueid. — § 7. Eidbruch. — § 8. Meineid.

§ 1. Der Gedanke des E. im Sinne einer moralischen Verbindlichkeit ist niedrigen Primitiven in der Regel wenig vertraut und besitzt noch ganz den Charakter eines Vorbildzaubers (s. Zauber). Der E. setzt gewisse Hypothesen über die Wirkung des gesprochenen Wortes voraus. Diese finden sich allerdings früh, und so kann man sagen, daß die Wurzeln des E. dennoch sehr tief herunterreichen (s. Name). Besonders dem im Affekt gesprochenen Wort wird stets eine große Bedeutung beigemessen, die man in mystischer Weise deutet. Daher spielt das „Beschreien" und „Besprechen" (s. Zauber) eine bedeutende Rolle (Sommer). Die Umstände werden der Ausbildung des E. besonders dann günstig, wenn man einerseits den Kausalzusammenhängen nachzugehen und Abhängigkeiten von über das Menschenmaß hinausgehenden Mächten aufzustellen beginnt, anderseits aber wenn die sozialen Beziehungen auch auf Fremde sich zu erstrecken anfangen, wenn also die Vergesellschaftung besonderer Sicherungsformen des Vertrauens bedarf. Namentlich das primitive Gerichtsverfahren klammert sich an E.

Der E. geht ursprünglich von dem Gedanken der Verfluchung aus (s. Fluch). Wellhausen (§ 192) sagt in bezug auf die alten Araber: der E. ist ein eventueller Fluch. Man stellt ihn sich in der Art eines Vertrages mit einer transzendenten Macht vor, wobei sich die Person, die den E. leistet, den „übermenschlichen Mächten" verpfändet und sich im Falle der Nichterfüllung oder der Unrichtigkeit des E. der Rache der angerufenen Macht ausliefert. Es ist nicht notwendig, daß man dabei an einen persönlichen Gott oder an persönliche Götter denkt. Mit vielen Erscheinungen verbinden sich und in vielerlei Form findet man „Offenbarungen des Heiligen". Bei den verschiedensten Dingen wird geschworen. Auch bei den Semiten ist beim E. keineswegs die Beziehung zu den Göttern erforderlich (Pedersen S. 155). Die alten Araber leisteten den E. bei den Göttern, bei ihrem Leben, beim Leben ihrer Väter und vielen anderen Dingen, auch beim Feuer, in das Priester Salz warfen, um den Schwörenden zu schrecken. Letztere Form gewinnt gleichzeitig das Verfahren wie bei einem Gottesurteil, als was ja der E. überhaupt oft angesehen wird. Gab es doch in Jaman ein „rechtsprechendes Feuer", welches den verzehrte, der im Unrecht war, und den, der im Recht war, unverletzt ließ (Wellhausen S. 189—90).

Der E. ist etwas, das über den oft sehr menschlich gedachten Göttern steht, etwas Eigengesetzliches, dem sich z. B. bei den Assyriern die Götter unterordnen (Pedersen S. 156). In der Bibel erhärtet Jahwe seine Worte selbst durch Schwören bei sich selbst (Gen. 22, 16; Ex. 32, 13; Jes. 45, 23; Am. 6, 8, 7, und bei Jer.).

Die Ahnen oder die Götter werden wie Gesippen vom Schwörenden zu Hilfe gerufen. Darum wird auch häufig auf den Gräbern der Ahnen oder des Königs, wie z. B. in Madagaskar (Steinmetz S. 389), der Eid geleistet. Aber gleichzeitig liegt in dem zeremoniellen Affekt, der mit der Eidesleistung verbunden ist, ein Zwang, dem sich auch die Ahnen oder Götter selbst fügen müssen.

§ 2. Die E. werden, wie alle bedeutungsvollen Handlungen bei höheren Naturvölkern und in archaischen Gesellschaften, mit sinnfälligen Handlungen und Zeichen umgeben (s. Bürgschaft A). Am gebräuchlichsten ist der E. auf Waffen, mit dem Nebengedanken, daß die betreffende Waffe im Falle des Falschschwörens den Eidleistenden selbst treffen soll (Riedel; Kohler 7 S. 378). In ähnlichem Sinn sind die E. zu deuten, die z. B. die Khands von Orrissa auf einem Tigerfell schwören oder die Bhujas bei einem Ameisenhaufen (Kohler 8 S. 267f.), oder die Samojeden, welche die Haut oder die Schnauze eines Bären benagen: „möge mich das Tier so benagen, wie ich es jetzt tue". Noch deutlicher kommt der Charakter des Vorbildzaubers zum Ausdruck, wenn die Samojeden einen Hund vor einem Idol schlachten mit der Verwünschung, daß der Falschredende so sterben soll wie dieser Hund (Stenin S. 190). Häufig wird in ähnlicher Weise auch getrunken, wie z. B. bei den Alfuren (Schulze S. 119, 120 u. ZfEthn. 17 S. 64 Riedel). Auch die „Eidesmedizinen" der westafrik. Kpelle sind solche Zauber (Westermann S. 104—5).

Als ein anderes Symbol ist der Handschlag (s. d., u. Bürgschaft A) zu betrachten, der zu den Riten und Gesten gehört, die z. B. in Arabien die Eidesformeln begleiten, und zwar derart wichtig ist, daß der Schwur selbst den Namen *jamin* = die Rechte führt. Eine etwas schwieriger zu deutende Zeremonie ist das Fortwerfen von Peitsche, Schuh und Bogen durch den Schwörenden, um, wie Wellhausen (S. 186) meint, die eigene Handlung zu akzentuieren und als vollendet zu bezeichnen, ähnlich wie beim Kauf. Bei einem Stamm wird zur Bekräftigung des E. ein Stück von der Fingerspitze abgehauen. Übrigens ist es auch bezeichnend, daß im alten Arabien auf den Wortlaut des Schwurs anscheinend mehr Gewicht gelegt wurde als auf den Sinn (Wellhausen S. 186).

§ 3. Häufig tritt die ganze Sippe oder die Partei und die Freunde als Mitschwörer des E. auf. Diese Eideshelfer oder „Schwurbrüder" (Heusler S. 22) sind keineswegs Zeugen einer Begebenheit, die über Gesehenes aussagen, sondern sie verstärken nur die Wucht und Emphase der Eidesbehauptung. So z. B. auch im alten Arabien, wo Kläger und Angeklagter möglichst viele Eideshelfer aufzubieten versuchten. Es war Verwandtenpflicht, zur Eideshilfe beizustehen, und keiner kann sich dieser Pflicht entziehen, außer indem er sich löst oder einen Vertreter stellt (Wellhausen S. 167 ff.). Auch im dtsch. Recht sind die Eideshelfer ursprünglich „der Umstand", die Sekundanten, vor allem nämlich die Verwandten, die mit der Stärke ihrer Macht drohen. Erst später sind aus diesen Eideshelfern Zeugen geworden, welche Aussage über die Tatsachen ablegen (Ruth S. 275), zu einer Zeit, in der die Autorität des Gerichts so weit gediehen war, daß es die Möglichkeit erlangte, unparteiisch an die Ermittlung der Sachlage zu schreiten.

§ 4. Das primitive Gerichtsverfahren (s. Gericht) steht den streitenden Parteien mit ihren einander widersprechenden Behauptungen ziemlich hilflos gegenüber. Dabei ist die Auffassung sehr verbreitet, daß nicht der Kläger beweisen muß, sondern die Anschuldigung selbst hat für die primitive Auffassung etwas mystisches, das wie etwas materiell beschmutzendes empfunden wird, von dem sich der Angeschuldigte befreien muß. Das geschieht durch einen Reinigungszauber in Form eidlicher Beteuerung.

Dabei werden, wie im germ. Mittelalter (Ruth S. 225) oder in Arabien (Pedersen S. 181 ff.) Eideshelfer herangezogen. Es wird entweder verlangt, mehr Eideshelfer als der Gegner zu stellen oder eine bestimmte vorgeschriebene Zahl von Helfern aufzubringen. Dabei kommt die Größe des persönlichen Anhangs, der „Freundschaft" zum Ausdruck. Es ist also eine Probe persönlicher Macht. Man kann sagen, daß auf diese Weise der Kampf mit Waffen gespart wird. Mit Ermittlung einer sachlich losgelösten Wahrheit hat dieses Verfahren aber nichts zu tun. Bei den abessinischen Kunama muß derjenige, welcher im Verdachte eines Mordes ist, drei Tage hintereinander, von der ganzen Mannschaft seines Dorfes begleitet, sich zum Dorfe des Ermordeten begeben, dort einen Augenblick sich hinsetzen und dann wieder nach seinem Wohnort zurückkehren. Das muß er auch am vierten Tag tun. Bleiben bei diesen wiederholten Besuchen die Landsleute des Ermordeten ruhig in ihren Häusern, so betrachtet man vom vierten Tage an den Blutverdacht für beseitigt, und die Unschuld des Beklagten wird allg. anerkannt. Glauben aber die Verwandten des Toten an seine Schuld, so gehen sie, von der Mannschaft ihres eigenen Dorfes begleitet, den anderen entgegen. Flieht nun der Beschuldigte und seine Genossen vor dem Zusammenstoß, so werden sie verfolgt, der Mörder und sein nächster Verwandter wird umgebracht, und das Blut gilt als gesühnt. Denn die Flucht wird dem bösen Gewissen des Beklagten zugeschrieben. Bleibt der Beschuldigte und seine Genossen ruhig sitzen, so hält man das für einen Beweis seiner Unschuld (Munzinger S. 499). Man ersieht hieraus eine gewisse konventionelle Psychologie, die mit dem Angeschuldigten aber ein stark auf ein Gottesurteil abgestimmtes Experiment anstellt. Bei dem Angeschuldigten tritt die Behauptung seiner Unschuld in der Form des Verhaltens, nicht in Worten, auf. Man könnte hier also von einem Reinigungseid durch eine symbolische Verhaltungsweise reden. Die Begleiter erscheinen als Urform der Eideshelfer.

Mit einem in Worten geleisteten E. war die Reinigung gegen den Verdacht der Untreue von seiten der Frauen im alten Arabertum verknüpft. Das betreffende Weib mußte auf einem Kamel zwischen zwei Säcken Mist zum Heiligtum reiten und dort siebzigmal den Eid leisten, daß der Verdacht auf Verleumdung beruht. Nach dem Koran wurde es etwas anders: bezichtigt ein Mann ein Weib der Untreue, so muß er viermal schwören, daß er die Wahrheit sagt und zuletzt sich den Fluch Gottes an den Hals wünschen, wenn er lügen sollte. Die Frau kann dem dadurch begegnen, daß sie viermal schwört, er lüge, und zuletzt den Zorn Gottes auf sich herabruft, wenn er die Wahrheit sagen sollte (Wellhausen S. 190).

§ 5. Der Zeugeneid ist, wie schon oben (§ 3) erwähnt, eine späte Erscheinung. Auch im alten Arabien ist der Anklage- und Zeugeneid verhältnismäßig selten (Wellhausen S. 190). Die vom Richter dem Ankläger auferlegte Beschwörung einer Aussage über Tatsächliches heißt im Arab. *Qasama*, ersetzt den Beweis und kann durch Eideshelfer gestützt werden, während auch der Verklagte zu seiner Reinigung schwören kann (Wellhausen S. 187).

§ 6. Der Treueid als Besiegelung eines Vertrages oder Bundes ist dagegen in den Zeiten, in denen an Stelle der Sippenverbände verschiedenartige Schutz- gegen Treuverpflichtungen unter Vasallen und Lehensleuten, unter Führern und Untergebenen (z. B. Wellhausen S. 186) eingeführt werden, sehr verbreitet (s. Vasallen). Namentlich haben die verschiedenen Formen der Huldigung symbolische Bedeutung im Sinne eines Eides (s. a. Bürgschaft A). Sie stellen Gelübde (s. d.) dar.

§ 7. Da der E., wie angedeutet, mehr oder minder ausgesprochen, für den Fall daß er gebrochen wird, einen Fluch enthält, so gilt Eidbruch von der Strafe der überirdischen Mächte bedroht, vor allem von denjenigen Mächten, die bei der Ablegung des E. feierlich angerufen wurden. Denn der E. ist eine Bindung der Person. Zu seiner Lösung bedarf es einer sinnlich zeremoniellen Aufhebung der eidlichen Verpflichtung, die z. B. bei den Arabern in der Ablegung eines Kleidungsstückes unter Aussprechung entsprechender Erklärungen vor sich geht. Wo der E. als Art Besessenheit betrachtet wird, muß seine Wirksamkeit durch Gegenbeschwörungen gebannt werden. Im Falle des Eidbruchs aber sind eine Reihe religiöser Sühnezeremonien erforderlich (Pedersen S. 175f., 211).

§ 8. Während der Eidbruch sich auf die Nichteinhaltung eines Versprechens bezieht, handelt es sich beim Meineid um eine wissentlich falsche Behauptung. Im allg. gilt von ihm dasselbe, was über den Eidbruch gesagt wurde, da die gleichen Verletzungen der heiligen Mächte vorliegen. Der Meineidige erkrankt oder stirbt, oder er muß, wie z. B. im ind. Archipel, durch Gegenzauber oder Opfer gesühnt werden (Riedel S. 157, 199, 254). Auch im alten Arabien wird der Meineid ausdrücklich als religiöses Verbrechen bezeichnet (Wellhausen S. 186). Nach den germ. Volksrechten muß eine Buße oder Komposition an den Geschädigten oder an den Friedensträger, den König, im Falle des Meineids gezahlt werden, oder es wird eine symbolische (Spiegel-) Vergeltung durch Abhauen der Hand vollzogen (Brunner S. 681f.).

S. a. Bürgschaft A, Fluch, Gelübde, Gottesurteil, Handschlag, Name, Mana, Schwur, Segen, Zauber.

Brunner *Dtsch. R.-Gesch* II (1892); Heusler *Strafrecht d. Isländer* 1911; Zfvgl. RW. 7 (1888), 8 (1889) Kohler; Lasch *Der Eid* 1906; Munzinger *Ostafrikanische Studien* 1864; Pedersen *Der Eid bei den Semiten* in Stud. z. Gesch. u. Kultur des islam. Orients 3 (1914); Ruth *Zeugen u. Eideshelfer* in den *Dtsch. Rechtsquellen d. Mittelalters* Unters. z. dtsch. Staats- u. Rgesch. 133 (1920); Globus 60 (1891) von Stenin; Riedel *Sluik- en kroesharige rassen*; Sommer *Beschreien und Besprechen b. idg. Urvolk* WuS 1921; Steinmetz *Rechtsverh. v. eingeb. Völk. i. Afr. u. Ozeanien* 1903; ZfEthn. Verh. 1877 Schulze; Wellhausen *Reste arab. Heidentums* 1897; Westermann *Die Kpelle* 1921.

Thurnwald

B. Vorderasien.

§ 1. Allgemeines. — § 2. Anwendungsfälle des E. — § 3. Inhalt des E. — § 4. Wirkungen des E.; Folgen des Eidbruches.

§ 1. Der E. weist im altbabyl. Rechte den Fluchcharakter des gemein-sem. E. auf. Zum Ausdruck kommt diese Eigentümlichkeit vor allem in den spezifisch nordbabyl. formulierten Urkunden aus Sippar, in denen es heißt: „der Fluch *(limu-un)* des Gottes A (soll den treffen), der auf seine Worte zurück kommt". Vgl. z. B. CT VI 36a [15]ff.; A. Walther *Das altbabyl. Gerichtswesen* Leipziger Semitistische Studien 6. Band Heft 4—6 (1917) S. 195; M. San Nicolò *Die Schlußklauseln der altbabyl. Kauf- u. Tauschverträge* Münchener Beiträge zur Papyrusforschung und antiken Rechtsgeschichte Heft 4 (1922) S. 48 [17], sowie in der uns wiederholt begegnenden Fassung:

„Bei *(nîš)* Gott A schworen sie: ‚(verflucht soll sein) wer auf seine Worte (Angelegenheit) zurückkommt‘ (o. ä.).“ San Nicolò a. a. O.

Ähnlich liegen die Dinge im assyr. Recht, wobei ich insbesondere auf die Schwurklausel: „Gott A u. B *bêl di-nišu:* sind seine Gegner im Rechtsstreite“ verweise, wodurch die Vertragstreue unter Setzung einer enorm hohen Konventionalstrafe sichergestellt wird. Vgl. z. B. ADD 161 [10], 163 [18], VS I 86 [18] f.; 89 [16] f.; 97 [11]; B. Meissner *Babylonien u. Assyrien* I (1920) S. 182 f.; Walther a. a. O. S. 110 [2]; 224 [2]; J. Kohler in Kohler-Ungnad *Assyrische Rechtsurkunden* 1913 S. 456. Auch beim König wird so geschworen („der Eid [*a-di-e*] beim König ist sein Gegner im Rechtsstreite;“ ADD 177 [13]; 476 [11]) und beim Kronprinzen (ADD 168 [10]: *mâr šarri*). Dasselbe Bild gewähren die §§ 5, 22 u. 47 des altassyr. Rechtsbuches. Vielfach vertritt der Fluch (vgl. ADD 641 [10] ff.) die Stelle des E., so, wenn die Partei erklärt, im Falle des Vertragsbruches ihr ältestes Kind verbrennen zu wollen, wenn dem Vertragbrecher Durchbohren der Zunge mit Stachelkraut angedroht wird, er den Inhalt einer (mit Flüchen beschriebenen oder mit Gift gefüllten) Schale trinken soll. Im selben Sinn sind wohl, wie B. Meissner a. a. O. mit Recht anführt, Pferdeopfer und die unerhört hohen Tempelmulten und Vertragsstrafen aufzufassen. Das Gleiche gilt für die in Königsurkunden regelmäßig begegnende Verfluchung des künftigen Herrschers im Falle von Vertragsbruch bei Königsschenkungen und Immunisierungen (Kohler *Assyr. Rechtsurkunden* S. 444 f.).

Pedersen *Der Eid bei den Semiten* Der Islam, 3. Beiheft; S. Mercer *The oath in Babylonian and Assyrian literature* 1912.

Die Eidesleistung im Altbabyl. wird ausgedrückt durch *nîš ilim zakârn, tamû:* „bei Gott schwören, sprechen“, wobei durch die Partikel *nîš-MU* der Eidesgestus, den wir analog dem sich wiederholt auf Skulpturen findenden Sprechgestus annehmen können, Erhebung der Hände, ausgedrückt wird. M. Schorr *Urkunden des altbabyl. Zivil- u. Prozeßrechtes* VAB 5 (1913) S. XXXIII [1]; Walther a. a. O. S. 223 [2]. Der Wortlaut des E. ist uns wiederholt überliefert und die eidliche Aussage durch den Schwurmodus (Walther a. a. O. S. 224 [2]; Subjunktiv) unter Dehnung des Endvokales erkennbar (Konstruktion mit *tamû*).

Der E. wird regelmäßig vor dem Götterbild oder dem göttlichen Wahrzeichen (Abbildungen solcher auf Grenzsteinen [Kudurru]; B. Meissner *Babylonien u. Assyrien* I [1920] S. 322), aber nicht notwendig im Tempel abgelegt (vgl. z. B. CT VI 22 a [u. § 2/11], wo das Wahrzeichen an Ort und Stelle gebracht wird), obwohl auch dies von den Urkunden bezeugt wird, ja bei Prozessen die Parteien geradezu zur Ablegung des E. in den Tempel verwiesen werden.

Walther a. a. O. S. 191 ff.; Kap. VI S. 223 ff.; J. G. Lautner, *Die richterliche Entscheidung und die Streitbeendigung im altbabylonischen Prozeßrechte* Leipziger rechtswissenschaftliche Studien Heft 3 (1922) S. 14 [43], 81 f.

Geschworen wird, soweit es sich um promissorischen E. handelt, bei Göttern, dem Könige und auch wiederholt bei der Stadt. Der südbabyl. E. ist ursprünglich reiner Königseid, während in Nordbabylonien Königseide nicht allzu häufig zu finden sind.

Schorr a. a. O. XXXIII f.; J. Kohler in Kohler-Ungnad HG III (1909) S. 223 f.; IV (1910) S. 85; V (1911) S. 117; S. Mercer *The oath in cuneiform inscriptions (of the time of the Hammurabi dynasty)* Amer. Journ. Sem. Lang. 29 S. 65 f.

Soweit sich in assyr. Urkunden der reine E. findet, wird er auch hier mit *nîš* konstruiert (ADD 647 [63]; 649 [61]; 658 [7]); geschworen wird bei den Göttern und den irdischen Größten (König, Kronprinz o. § 1). Vgl. hierzu auch § 47 des altassyr. Rechtsbuches.

§ 2. I. Im altbabyl. Vertragsrechte kommt dem E. ein überaus großes Anwendungsgebiet zu. In allen jenen Verträgen, bei welchen die Verzichtsklausel Bestandteil des Vertragformulares ist, erscheint zugleich der E. Es handelt sich hierbei vor allem um Verfügungs- und Veräußerungsgeschäfte, sowie auch um solche Verträge, in denen „bloß eine bereits bestehende Berechtigung anerkannt werden sollte“. Dieselbe Funktion hat der E. bei Abschluß des Streitbeendigungsvertrages, der in den *duppi lâ ragâmim*, den „Urkunden des Nichtklagens‘, (über diese s. Prozeß B § 4/II) schriftlich festgelegt wird; denn auch hier liegt entweder eine Verfügung über die Streitsache oder die Anerkennung der bestehenden Rechtslage durch die Streitparteien vor. Dann jedoch, wenn das Recht an einer Sache nicht vollständig aufgegeben wird, fehlt, wie die Verzichtsklausel, auch der E.; so z. B. bei Darlehens-, Miet- und Pachtverträgen.

San Nicolò a. a. O. S. 39 [1]; ebendort auch die Literatur; Lautner a. a. O. S. 7 [17]; über die Verzichtsklausel vgl. die eingehenden Ausführungen San Nicolòs a. a. O. S. 39ff., 101ff.

II. Im Prozeßrechte kommt dem E. die Rolle eines Beweismittels zu. Vor allem in Gestalt des Reinigungseides ist sein Vorkommen im Gesetzbuch Ḫammurapis und in den Prozeßurkunden sehr häufig. Aber auch der klägerische E. ist wiederholt nachweisbar. S. Prozeß B § 3 II.

M. Schorr a. a. O. S. 348; J. Kohler *Hammurabis's Gesetz* I 132; III 251; IV 98; V 124.

Der E. im Prozeß wird häufig gelegentlich des Referats über den Prozeßverlauf in den *duppi lâ ragâmim* erwähnt; doch besitzen wir auch Urkunden, die sich als Protokolle über eine Vereidigung oder eine eidliche Erklärung allein darstellen und mit dem urkundlich verbürgten Namen *duppi burti* bezeichnet werden. (Lautner a. a. O. S. 14 [43]; Walther a. a. O. S. 225f.; *ba'âru* II/1: eidlich bezeugen.) Daneben aber auch andere Eidesprotokolle wie z. B. CT VI 22a: „die Waffe (*iṣ kakku*; das Wahrzeichen) des Samaš kann aus Sippar und so und so viel Garten und Feld bestimmten (sc. eidlich; [15] *u-ki-in-nu*) A, B und C gegenüber (*ana;* Lautner a. a. O. S. 15 [43]) D ihrer Schwester. Vor der Waffe des Samaš". (Walther a. a. O. S. 223 [1].)

Vom E. zu trennen, wenn auch sakrales Beweismittel, sind die Gottesurteile und Gottesbeweise, die uns nicht nur in der Form, wie sie etwa §§ 2, 132 KḪ (vgl. §§ 17; 22; 24 altassyr. Rechtsbuch) anordnen, sondern wohl auch in der Form des Herausreißens des Wahrzeichens eines Gottes (aus dem Sockel oder der Erde; vgl. VS VIII 71 [1] ff.; angebotener Gottesbeweis nach Walther's Umschrift in CT 23a, link. Rand; Lautner a. a. O. S. 26 f.) oder des Umschreiten eines Grundstückes mit dem göttlichen Wahrzeichen zur Bezeugung des Eigentümers (Warka 48) begegnen.

Lautner a. a. O. S. 34, 101; 26; Walther a. a. O. S. 111; 192 f.; 206 f.; Kohler *Hammurabi's Gesetz* I 132; zweifelnd III 258 [5].

Als Entschädigung für die Mitwirkung der Eidesstaber bei Ablegung des E. wurde, wie uns einige Urkunden zeigen, eine Schwurtaxe erlegt, ein Umstand, der bei Fällung eines Beweisurteiles die Parteien geneigt machte, zur Ersparung dieser Taxe lieber unter Abstandnahme vom E. einen Vergleich zu schließen, und der wohl zugleich die Praxis des Urkundenbeweises gefördert haben mag.

Rev. d'Assyr. 7 S. 78 Cuq; Walther a. a. O. S. 231 ff.; Lautner a. a. O. S. 33.

Im assyr. Recht wird der E. als Bestärkungsmittel des Vertrages weit seltener verwendet, wenn wir ihn auch dort antreffen. Seine Stelle scheint die Siegelung durch den das Recht Auflassenden bzw. den Schuldner zu vertreten; zwar finden sich Siegel auch auf Urkunden über solche Verträge, die nach altbabyl. Recht nicht beschworen wurden (Verpachtungen, Verpfändungen), doch fehlt hier die bei Veräußerungen sonst stets vorkommende Verzichtklausel regelmäßig; Kohler *Assyr. Rechtsurkunden* S. 447. (Über Siegelung im altbabyl. R. vgl. P. Koschaker in HG VI zu 1655; 1733. — Die Einsichtnahme in Ham. Ges. VI, schon zur Zeit der Niederschrift des Manuskripts, verdanke ich dem gütigen Entgegenkommen von Professor Koschaker. —) Dagegen begegnen uns im assyr. Rechte feierliche E. bei königlichen Landschenkungen an verdiente Beamte, bei Immunisierungen von Landstrichen durch den König. Vgl. ADD 658 [7] f.; 807 [61]; in Fluchform 646 [62] ff., 647 [62] ff.; Kohler *Assyr. Rechtsurk.* S. 444. Ebenso als Amtseid beim Amtsantritt und in Staatsverträgen. Meissner a. a. O. S. 134, 140. Über den E. als Beweismittel im prozessualen Verfahren vgl. die oben zu § 1 angeführten Paragraphen des altassyr. Rechtsbuches.

§ 3. Der Inhalt der eidlichen Erklärung ist regelmäßig eine lapidar gefaßte sachliche Aussage. Beim promissorischen E. im Vertragsrechte erklärt die Partei, nicht auf den Vertrag zurückzukommen (*târu*, Vertragsanfechtung), nicht zu klagen (*ragâmu*) oder den Wortlaut der Urkunde (den Inhalt des Vertrages) nicht zu ändern (*nakâru* II; *enû; BAL*). — Der Inhalt des E. entspricht also dem der Verzichtsklausel in ihren verschiedenen Fassungen. San Nicolò a. a. O. S. 44 ff. Beim E. im Verlauf eines Prozeßverfahrens wird der vom Gericht oder unter Mitwirkung desselben formulierte E. sachlichen Inhaltes von der Partei nachgeschworen. Daß zuerst der E. geleistet und dann die Urkunde darüber ausgestellt wurde, ist aus VS VIII 71[35] zu erkennen, wo es heißt: „nachdem sie (sc. die Kläger) geschworen hatten, haben sie eine Urkunde nicht zu klagen ausgefertigt". Lautner a. a. O. S. 43.

§ 4. Die altbabyl. Urkunden enthalten regelmäßig keine Bestimmung darüber, was im Falle eines Eidbruches der den E. verletzenden Partei geschehen soll.

Einige Urkunden aus dem Gebiet von Ḫana (VS VII 204, LC 237; 238; Zeit des Ammiba'il, Išarlim, des Kossäers Kaštilijašu) erwähnen zwar ausdrücklich, daß im Falle des Eidbruches eine außerordentlich hohe Königsmult verfallen und dem Eidbrüchigen der Kopf asphaltiert werden sollte, stehen aber dem altbabyl. Rechtskreis in dieser Hinsicht ferne und sind eher mit den elamischen Urkunden und den Urkunden aus Kerkuk verwandt; Meissner a.a.O. S. 172 ff.; HG V 117, 122. — Daran, daß die in den assyr. Urkunden vorkommenden Fluchformeln (o. u. § 1) wörtlich zu nehmen seien, zweifelt Meissner a. a. O. 183 wohl mit Recht.

Über die Wirkungen des Eidbruches nach altbabyl. Rechte werden wir jedoch durch eine Reihe von *duppi lâ ragâmim* unterrichtet. Der promissorische E. ist, wie dargestellt, Gottes- und Königseid; Bruch des E. erscheint daher auch als Verstoß gegen die oberste weltliche Macht und läßt die Strafgewalt des Königs ohne weiteres eintreten (Pedersen a. a. O. S. 155 f., 158). Diese Strafe wird als *arnu, šertu* bezeichnet und durch das Gericht verhängt. Der Kausalzusammenhang zwischen Eidbruch bzw. Verstoß gegen eine beschworene Verzichtsklausel durch Vertragsanfechtung und Verhängung dieses *arnu*, geht aus den Urkunden wiederholt deutlich hervor. (Lautner a. a. O. S. 55 ff.; Literatur in Anm. 177). Der *arnu* selbst, in Urkunden als „die Strafe freier Männer" (*mâru awîli*) bezeichnet, kann, soweit wir sehen, in einer Geldstrafe, einer Leibesstrafe oder vor allem in Abschneiden des Stirnhaares, jenes Schmuckes der freien Leute, bestehen.

HG IV 97; V 122; P. Koschaker *Rechtsvergleichende Studien zur Gesetzgebung Ḫammurapi's, Königs von Babylon* 1917 S. 205 ff., 208 ff.; Lautner a. a. O. S. 62 f.; Schorr a. a. O. S. 350; Walther a. a. O. S. 234 ff. J. G. Lautner

Eidechse. Die E. ist im Gegensatz zur Schlange für Vorgeschichte und Völkerkunde recht belanglos, auch wenn sie im melanesischen und afrik. Gebiet eine Rolle spielt. Ed. Hahn

Eidring s. Nordischer Kreis B § 12 b.

Eigentum. A. Allgemein.

§ 1. Grundeigentum. — § 2. E. an der Beute. — § 3. E. an anderen beweglichen Sachen. — § 4. Eigentumszeichen. — § 5. Besitz.

Dem E. gegenüber, als ausschließlichem Recht an einer Sache, sind die primitiven Gesellschaften ganz anders orientiert als wir. Von entscheidender Bedeutung ist der Bau der betreffenden Gesellschaft und die Art ihres Lebensunterhalts. In erster Linie ergibt sich daraus die Stellung zum privaten Grundeigentum.

§ 1. Eine Horde von schweifenden Jägern, Fängern und Sammlern beansprucht wohl ein gemeinsames Gebiet für die Gewinnung ihres Unterhalts, aber die Einzelnen haben keine Veranlassung, großen Wert auf das ausschließliche E. eines Stückes Land zu legen. Auch bei nomadisierenden Hirten trifft dasselbe zu. Anders dagegen, wo die Bebauung des Bodens beginnt. Bei den niedrigen Hackbauern ist gewöhnlich noch so reichlich Raum vorhanden, daß trotz oft mehrjähriger Brache guter Boden für die gemeinsame Landbestellung der Sippe sich findet. Doch hier treten schon oft die Ansprüche der Sippen und selbst der Familien gegeneinander innerhalb des politischen Verbandes hervor. Entscheidend scheint aber die Zusammensetzung und Überschichtung verschiedener ethnischer Gruppen in dem gleichen Herrschaftsverbande zu werden. Denn daran schließen sich besondere Ansprüche der Lebensführung und Geltung, das Streben, sich über die anderen zu erheben. Dazu tritt die Versklavung und Unterwerfung, zunächst von Frauen und Kindern, die für die Bestellung der Gärten von Nutzen sind, und auf die persönliche, andere ausschließende Ansprüche erhoben werden.

Ein typisches Beispiel für die konkreten Zustände sind die Verhältnisse bei den Bergdama (Vedder S. 78f.): wer an einer Wasserstelle einen Garten anzulegen beabsichtigt, bespricht sich über die Art der Anlage mit dem Sippenoberhaupt. Wer ein Stückchen Land urbar macht und es bebaut, dem steht das Nutzungsrecht daran zu. Wenn er wegzieht, beansprucht der Klan, die politische Gemeinschaft, das Land. Jedes andere Mitglied des Klans kann nun dieses Stück Land bearbeiten, wenn er sich vorher mit dem Oberhaupt seiner Sippe ins Einvernehmen gesetzt hat. Offene Quellen und künstlich geöffnete Wasserlöcher gelten bei den Dama als allg. Gut. Wer aber mit einer Viehherde vorbeizieht und sie tränken will, soll vorher bei dem Sippenhäuptling sich erkundigen, ob Wasservorrat die Tränkung gestattet. Bezahlung dafür wird nicht verlangt (Vedder S. 147).

Für die amerikanischen Indianer, die bei stellenweise einseitig hochgetriebenem Garten- und Hackbau, unbeeinflußt durch höhere politische und wirtschaftliche Gestaltung, blieben, wie sie der mit Viehzucht verbundene Ackerbau mit sich brachte, gilt ganz allgemein, auch bei den Nahua- und Inka-Völkern mit ihrer komplizierten Verfassung, das Fehlen freien Privateigentums an Grund und Boden. Wenn auch das ausschließliche Recht einzelner sozialer Gruppen, von Gens, Klan, Lokalgruppe, Familie u. dgl. an gewissen Grundstücken deutlich anerkannt war, wenn auch in den hoch organisierten Verwaltungsmechanismen der alten mexikanischen oder peruanischen Staaten bestimmte Abgaben von den Grundstücken erhoben wurden, so mangelte doch völlig der Gedanke, daß Land verkauft oder sonst irgendwie übertragen werden könnte. Man kann im allgemeinen sagen, daß jährlich eine Verteilung der Felder an die einzelnen Haushaltungen der Gruppe stattfand. Daraus ergibt sich aber eine gleiche Berechtigung aller im Besitz von Land. Die Grenzen des Landes der Gruppe lagen fest, und jeder war mit Todesstrafe bedroht, der etwa daran rütteln wollte. Gewisse Striche unbebauten Landes wurden in den sozial gestaffelten Gemeinwesen der Nahua und Inka für die herrschende Schicht reserviert und das Volk zur Bearbeitung dafür nach Bedarf herangezogen. Der ganze Landbau stand unter Aufsicht von Beamten (Wissler 183ff.). Bei mikronesischen und polynesischen Stämmen finden wir eine ähnliche Beaufsichtigung der Wirtschaft. So wird auf Yap der Anbau durch den Wirtschaftshäuptling oder Dorfhäuptling geleitet, dem als zweiter ein militärischer Kriegshäuptling zur Seite steht (Müller S. 243). In ähnlicher Weise findet auf den Trobiandsinseln die Beaufsichtigung der Bebauung, allerdings in zauberische Formen gehüllt, durch eine Art von Wirtschaftspriester statt (Malinowski S. 59f). Man kann also zusammenfassend sagen, daß sowohl für Sammler und Jäger, wie auch für Hirten und Hackbauer folgendes gilt: 1) Eigentum der Sippe oder der Familie am Land ohne Recht des Verkaufs oder der Übertragung; 2) der besondere Anspruch der herrschenden Schicht am Land, sei es in der Form einer Weiterverleihung des Landes an Leute von minderem Rang (s. Lehen) oder in der Reservierung bestimmter Landstriche; 3) ständige Beaufsichtigung der Bebauung durch besondere Funktionäre.

Daß, wie z. B. in neuerer Zeit auf den Karolinen-Inseln vermöge des Einflusses der Europäer und mißverständlicher Auslegung ihrer Einrichtungen hier und da von einem Privateigentum der Eingeborenen geredet wurde, ist nicht als eine Ausnahme von dem zweifellos für alle primitiven Wirtschafts- und politischen Formen bis hinauf zum Ackerbau und zum ethnisch gestaffelten Staat geltenden Landkommunismus (s. Kommunismus) zu betrachten.

Der Gedanke eines gemeinsamen Anspruchs der gesamten Sippe auf das Land lebt auch dann noch deutlich weiter, wenn privates E. an Grund und Boden bereits Fuß gefaßt hat. Das tritt z. B. in der Eigentumsbehauptung bei den Ewestämmen in Westafrika drastisch in Erscheinung: der Mann, dem ein Stück Land bestritten wird, der es jedoch für sich in Anspruch nimmt, stellt sich vor einen Erdhügel und ruft die Namen seiner Vorfahren vor den Häuptlingen und anderen Zeugen aus. Ganze Geschlechtsregister werden dabei aufgezählt. Schließlich wirft er auf Aufforderung der Häuptlinge die Erde gegen seinen Gegner und ruft: „diese Erde möge dich töten" (Spieth S. 114).

Da der Boden hauptsächlich auf dem Wege der Bearbeitung in den Privatbesitz übergeht, tritt eine Trennung zwischen Privatland und Gemeinschaftsland (Staatsland) bei höheren Gesellschaftsformen in Erscheinung, wie wir das z. B. im islamischen Orient (Trennung zwischen Privatland = Mulk, Staatsland = Miri, und Stiftungsland der Tempel = Waqf [habu]) und auch im mittelalterlichen Deutschland (s. Mark) sehen (s. Thurnwald S. 300ff).

§ 2. Für das frühe Gesellschaftsleben ist der persönliche Anspruch auf die Beute von großer Wichtigkeit. In erster Linie erhebt eine Sippe auf ein bestimmtes Gebiet den ausschließlichen Anspruch, es zu nützen, dort zu jagen, Fallen zu stellen und zu sammeln. Übergriffe gelten unweigerlich als Verletzung der politischen „Hoheitsrechte" und ziehen in der Regel die Tötung des Verletzers der Grenzen nach sich (s. Blutrache). Was nun einer persönlich erjagt oder gefangen hat, gilt zunächst als ihm gehörig. Doch wird es als selbstverständlich betrachtet, daß der einzelne, der überdies in der Regel gesellig oder im Zusammenwirken mit den anderen der Jagd oder dem Fang nachgegangen ist, und der sich stets als ein Bestandteil seiner kleinen Gemeinschaft fühlt, ohne die er nicht existieren kann, und mit der er in bezug auf alle Lebensbedingungen verknüpft ist, die erbeuteten Nahrungsmittel mit den anderen teilt. Erhält er doch seinerseits ein andermal von der Beute eines Sippengenossen auch einen Teil. Die Nahrungsversorgung und Unterkunft, alles was auf die Erhaltung des Lebens der einzelnen Mitglieder der Gemeinschaft abzielt, gilt als gemeinsame Angelegenheit. Bei Jägervölkern, bei denen der Nahrungserwerb oft schwer ist, kommt die Beute, wie bei den Eskimos, ohne weiteres der Gesamtheit zu und es gilt als Auszeichnung, wenn einer eine gute und reiche Beute heimbringen kann, ja es herrscht darum Wettstreit (Nansen S. 96). In bezug auf die Verteilung der Beute unter die einzelnen Mitglieder der Gemeinschaft haben sich oft bestimmte Gewohnheiten herausgebildet, denen nicht selten eine magische Bedeutung beigelegt wird. Namentlich gilt das für gemeinsame Jagd- oder Fangunternehmungen, bei Raubzügen oder Schädeljagden.

Das Beuterecht ist gelegentlich genau geordnet, wie z. B. bei mongolischen Völkerschaften: wer im Gefecht einen gepanzerten Feind tötet, dem gehört der Panzer; dem der ihn zunächst unterstützte, fällt der Helm oder die Armschienen zu; der dritte Mann soll nehmen, was er bekommen kann. Das gleiche Verhältnis gilt von der Beute an einem Unbepanzerten, usw. (Pallas I 203).

Die Plünderungs- und Beuteunternehmungen haben manche Stämme, wie z. B. die malaiischen Kopfjäger, in einer derartigen Weise ausgebaut, daß sie hier und da zur Grundlage ihrer Existenz wurden. Ähnliches dürfen wir wohl zweifellos auch für die frühen Menschenzeiten, etwa für das beginnende Neol. annehmen. Jedenfalls sind dies Vorgänge, die für die Einstellung und Wertung unter den Mitgliedern einer Gesellschaft von ausschlaggebender Bedeutung sind. Die Persönlichkeit kräftiger Führer und Beutemacher tritt hervor, erhebt aber auch Anspruch, einen wesentlichen Teil der Beute für sich zu behalten. Diese Ansprüche können um so leichter durchgesetzt werden, wenn ein Zusammensiedeln mit einer friedlicheren oder schwächlicheren Bevölkerung sich einstellt. In erster Linie lösen sich die Haushaltungen und Familien der erwähnten Führer mit ihrer lebenden Beute, mit ihrem ausgezeichneten Besitz an Frauen, Kindern und Sklaven, von den anderen los und sind imstande, ihn gegenüber der übrigen Gemeinschaft zu verteidigen. Zweifellos liegt hierin ein starker Faktor, der zur Ausbildung von Familien- und Privateigentum gegenüber der Gemeinschaft geführt hat. Der Übergang zum Ackerbau (s. d.), der zweifellos mit Überlagerungsvorgängen der oben geschilderten Art zusammenhängt, war den persönlichen Ansprüchen der einzelnen besonders günstig (s. Soziale Entwicklung).

§ 3. In bezug auf die beweglichen Sachen des täglichen Gebrauchs liegen die Dinge ganz anders. Soergel (S. 147) ist allerdings der Meinung, daß sich das Eigentum nicht an den materiellen Werkzeugen und Geräten unmittelbar ausgebildet habe, sondern in geistiger Beziehung, nämlich als Eigentum an der Fertigkeit, die betreffenden Gegenstände herzustellen. Er glaubt nämlich annehmen zu müssen, daß die nomadisierenden Jäger der ä. StZ ihre Werkzeuge dort, wo sie sich niederließen, jedesmal ad hoc anfertigten; wenn sie aber weiterzogen, sie nicht mitnahmen. Offenbar mangelten ihnen geeignete Tragbehälter, und sie konnten sich nicht mit Dingen belasten, die nicht unbedingt nötig waren, wie etwa die Waffen.

Zweifellos kann man heute bei Naturvölkern feststellen, daß die Herstellung eines Gegenstandes, des Tragbeutels, den einer geknüpft hat, des Knochendolchs, den er schnitzte, oder das Pflanzen eines Baumes, kurz das Schöpferische der Arbeit, als die Quelle persönlichen Anspruchs des Urhebers dieser schaffenden oder gestaltenden Tätigkeit gilt. Übrigens kommt es bei dem E. nicht allein auf den Anspruch an, den der einzelne erhebt, sondern vielmehr auf die Anerkennung dieses Anspruchs durch alle übrigen Mitglieder der Gemeinschaft. Man wird nicht fehlgehen, wenn man diese Anerkennung persönlicher Ansprüche auf Gegenstände mit der Annahme mystischer, zauberischer Beziehungen in Verbindung bringt, welche zwischen den Objekten und ihren Verfertigern oder Besitzern angenommen werden. Sind doch die Werkzeuge in der Tat Verlängerungen und zweckmäßige Vervollkommnungen der Organe des Menschen. Die Arbeit in unserem Sinne hat man erst in späterer Zeit als E. schaffendes Moment zu betrachten gelernt.

Als Privateigentum kommen z. B. bei den Bergdama-Jägern Felle in Betracht, die aber von der Beute der Sippengenossen nur dem Häuptling oder dem sog. Speisemeister zufallen. Dagegen gelten Holzschüsseln und Töpfe als gemeinsames Sippeneigen (Vedder S. 20, 30 u. 65). Die Bergdama haben erst vor verhältnismäßig kurzer Zeit mit dem Halten von Ziegen begonnen. Fleisch und Milch der Ziegen darf von allen genossen werden. Aber ein Ziegenbesitzer kann dadurch, daß er angesichts der Werft (= Sippe) ein oder mehrere Muttertiere mit einer Nesselart schlägt, sie als Tabu, verboten, erklären. Nun darf die Milch nur der Besitzer trinken, höchstens noch einer seiner Altersgenossen von der Jünglingsweihe her. Die gleiche Beschränkung gilt für den Genuß des Fleisches der betreffenden Tiere. Die anderen, auch Weib und Kind, sind von dem Genuß ausgeschlossen. Soll das Tier verschenkt oder verkauft werden, so muß er es aber erst von dem Verbot, das er selbst verhängt hat, dadurch lösen, daß er es abermals mit Nessel schlägt, aber es nun mit einem Mund voll Wasser bespritzt (Vedder S. 36, 37).

Auch bei den Völkern der neuen Welt bestand trotz des dort herrschenden Landkommunismus persönliches E. an Häusern, Geräten, Werkzeugen und Ertrag der Nahrungsgewinnung. Daß gerade der bewegliche Besitz als E. der Frauen galt — und zwar ohne Rücksicht darauf, ob die Abstammung in weiblicher oder männlicher Linie gerechnet wurde —, ist wohl darauf zurückzuführen, daß die Frau bei den Hackbauern in erster Linie die Bestellerin der Gärten und am Feuer und Haus interessiert ist (s. Frau). Dazu kommt noch, daß die Verfassung der Familie (s. d.) darauf beruht, daß das Familieneigentum und die Verwandtschaft um die Mutter gruppiert ist. Vor allem ist auch der Bruder gleichaltrig und verbleibt, wenn die ältere Generation in der Person des Vaters wegstirbt (Vinogradoff S. 193). Aus diesen Zusammenhängen wird die Stellung des Mutterbruders (s. d.) in fast allen primitiven Gesellschaften verständlich, ohne daß man immer unter diesen Umständen an ein scharf ausgebildetes, oder ausgebildet gewesenes, Mutterrecht (s. d.) notwendig zu denken hätte.

Während bei den meisten Naturvölkern das E. Einzelner an Grund und Boden fehlt, somit, wie angedeutet, nach dieser Richtung Gemeineigentum existiert, ist doch auf einem anderen Gebiet der Anspruch der Einzelnen teilweise schärfer ausgeprägt als bei uns, und zwar in bezug auf gewisse Seiten des geistigen E. Sowohl auf den Inseln der Südsee und des malaiischen Archipels, als auch bei den Indianern Nordamerikas, namentlich z. B. bei den letzteren, ist die Vornahme von bestimmten Riten für Zeremonien, von Festgesängen, die Ausübung bestimmter Künste, ja auch der Handel das Vorrecht einzelner, das diese vielfach frei verkaufen, übertragen oder vererben können (Wissler S. 184).

§ 4. Den sinnlichen Ausdruck für den privaten Anspruch an Gegenständen bilden die verschiedenen Verbotszeichen (Tabuzeichen) und Eigentumsmarken, durch die die betreffenden Objekte aus den übrigen herausgehoben und individualisiert werden sollen. Im letzten Absatz wurde ein solches bereits erwähnt. Wir finden sie auch schon bei niedrigen Naturvölkern. Häufig läßt man z. B. auch erlegtes Wild liegen, das man später abholen will, und begnügt sich, ein Verbotszeichen in Gestalt eines Zweiges oder dergleichen hinzulegen. Solche Zeichen werden im allg. respektiert, und man nimmt an, daß dem Dieb, der sich an solchen verbotenen Dingen vergreift, ein Unheil zustößt, z. B. wie bei den Bergdama, daß ihm die Hand abfällt (Vedder S. 66). Beim Auffinden von Dingen, wie z. B. von Honig, rückt man einen Stein vor die Öffnung des Erdlochs oder legt einen Stock oder einen Zweig davor, um sein Vorrecht auf diese Gegenstände geltend zu machen. Spätere Zeiten haben diese Eigentumsmarken in vielfacher Weise ausgebildet.

§ 5. Besitz im rechtlichen Sinn setzt eine Unterscheidung des tatsächlichen Innehabens gegenüber dem rechtlichen Anspruch auf eine Sache voraus. Im Leben niedriger Primitiver fehlt eine solche Unterscheidung. Doch wo sich später Schuldverhältnisse, Pfänder, Depots, Bürgschaften, überhaupt die Anfänge des Obligationenrechts, herausbilden, drängt sich die Unterscheidung zwischen Besitz und E. auf. Zu einer vollen Durchführung kann es aber erst kommen, wo auch, wie in den archaischen Staaten, das E. zu einem streng umschriebenen Begriff wird. Der Islam und das mittelalterliche dtsch. Recht fangen bereits an, von dieser Unterscheidung Gebrauch zu machen (s. Gewere).

S. a. Diebstahl, Erbe, Kauf, Kommunismus, Reichtum.

Knabenhans *D. polit. Organ. b. d. austral. Eingeb.* 1919; Malinowski *Argonauts of the Western Pacific* 1922; Müller-Wismar *Yap* 1917; Nansen *Eskimoleben* 1891; Pallas *Sammlg. histor. Nachr. über d. mongol. Völkerschaften* I (1776); Soergel *Die Jagd der Vorzeit* 1922; Spieth *Die Ewestämme* 1906; Thurnwald *Gestaltung der Wirtschaftsentwicklung aus ihren Anfängen heraus* Erinnerungsgabe f. M. Weber I (1923) S. 273 ff.; Vetter *Die Bergdama* 1923; Vinogradoff *Outlines Histor. Jurisprudence* 1920; Wissler *The American Indian* 1922.
Thurnwald

B. Vorderasien.

§ 1. Allgemeines. — § 2. Charakteristik und Dogmatik des Eigentumsrechtes. — § 3. E. und Besitz. Dingliche Rechte an fremder Sache. — § 4. Grundbesitzverhältnisse.

§ 1. I. Der Eigentumsbegriff des altbabyl. Rechtes ist der eines bereits ziemlich entwickelten Rechtssystems. Immerhin deuten Spuren im KḪ und den Urkunden darauf hin, daß die Scheidung von Eigentumsrecht und anderen Herrschafts- und Besitzrechten noch nicht völlig durchgeführt ist. Als Terminus für den Eigentümer finden wir regelmäßig den Ausdruck *bêlum* = „Herr“, mit welchem Worte aber auch der Besitzer oder ein anderer Herrschaftsberechtigter bezeichnet werden kann (vgl. § 9 KḪ; § 129, 161 KḪ : *bêl aššatim* = Ehemann).

P. Koschaker *Rechtsvergleichende Studien zur Gesetzgebung Ḫammurapis, Königs von Babylon* 1917 S. 50f., 197f.; M. San Nicolò *Die Schlußklauseln der altbabyl. Kauf- und Tauschverträge* Münchener Beiträge zur Papyrusforschung und antiken Rechtsgesch. IV (1922) S. 19.

II. Näheren Einblick in die Natur des Eigentumsbegriffes des altbabyl. Rechtes verdanken wir neben dem KḪ der von altersher bestehenden Übung, Kaufverträge über bestimmte Sachen schriftlich zu fixieren. So gilt insbesondere für den Liegenschaftskauf Schriftform, desgleichen wird sie wiederholt bei Sklaven- und Tierkäufen, seltener (in Nippur) bei Kauf von Tempelpfründen verwendet; Verkaufsurkunden über andere bewegliche Sachen sind eine besondere Seltenheit [einmal eine Türe, einmal ein Topf (?)]. Zwar bestimmt der KḪ, daß die Gültigkeit des Kaufes jedweder beweglichen Sache von der Errichtung einer Urkunde abhängig sei (§ 7 KḪ), doch handelt es sich dabei um eine von der Praxis abgelehnte Interpolation (Einfügung) durch die Redaktoren dieses Gesetzbuches.

P. Koschaker a. a. O. S. 78ff.; Krit. Vierteljahrschr. f. Gesetzgeb. u. Rechtsw. 16 (1914) S. 414f.; San Nicolò a. a. O. S. 11ff., 190ff.

§ 2. I. Das altbabyl. Recht fußt auf dem Begriff des Sondereigentums. Eingriffe in das Privateigentum erscheinen als Delikte (vgl. z. B. § 6ff.; § 57; § 59 KH̬), allein zum freien Einzeleigentum hat sich das Rechtssystem noch nicht aufgeschwungen; allenthalben finden wir Anzeichen familienrechtlicher Gebundenheit zumindest, aber wahrscheinlich auch nur des Liegenschaftseigentums und des ihm gleichgestellten E. (o. § 1/II).

Diesen Rechtszustand zeigt die offenbar recht altertümliche stets sumer. geschriebene Verzichtklausel (über diese für das Kaufformular wesentliche Verzichterklärung vgl. San Nicolò a. a. O. S. 44ff.) aus Nippur, in der der Verkäufer eidlich beteuert, daß in Zukunft weder er noch „seine Erben, so viele ihrer sind" wegen des Kaufobjektes klagen werden. Um denselben Effekt herbeizuführen, werden einige Male, besonders in Kutalla, die Kinder des Verkäufers dem Kaufe beigezogen und so zu der Verzichterklärung verhalten; ja in LC 157, 18ff. heißt es ausdrücklich, daß der Käufer den Sohn der Verkäuferin „zum Zeugnisse" (die Kaufurkunde) habe siegeln lassen. Wie dies in der Tat geschah, ersehen wir aus VS VIII 15f., 14—22, wo die 8 Kinder des Schenkers als Zeugen verzeichnet sind.

Auch der KH̬ steht verschiedentlich auf der Grundlage des Familienbesitzes und begünstigt in einer Reihe von Fällen, deren Aufzählung zu weit führte, durch Festlegung von Verfangenschaftsrechten zugunsten der Geschwister das Entstehen von familienrechtlicher Gebundenheit des E.

II. Die Entwicklung geht zwar dahin, das alte Familieneigentum zu beschränken, die Erblosung auszuschließen; Gesetz und Urkunden heben dann die Verfügungsfreiheit des Eigentümers besonders hervor. Der Käufer sichert sich das E. des Kaufobjekts auf verschiedene oben erwähnte Weise, allein nicht nur im neubabyl. Rechte finden wir noch ähnliche Anklänge an die alten Rechtsgedanken, auch das assyr. Urkundenformular bekämpft in der diesem Rechtskreise eigenen Weise (s. Eid B § 1) die Folgeerscheinungen des Familienbesitzes. Der Verkäufer verzichtet auf Klage und Rückkehr auf den Vertrag für seine Person, namens seiner Kinder und Kindeskinder, seiner Geschwister und Geschwisterkinder usw. (vgl. z. B. ADD 361; 373).

III. Die Konsequenzen dieses Rechtszustandes sind einmal die verschiedenen Retraktsprozesse, die uns die altbabyl. Urkunden bieten, wobei der Terminus der dinglichen Klage, *baqâru* (s. Prozeß § 2 I), in technischer Bedeutung für „Retraktsklage erheben, das Retraktsrecht geltend machen", verwendet wird. Zum andern führen uns eine Anzahl von Kaufurkunden, in denen es heißt: *eqil bît abišu ipṭur:* „das Feld seines väterlichen Hauses hat er (der Näherberechtigte) eingelöst", diese Art der Erblosung deutlich vor Augen.

Nouv. Rev. Hist. 34 S. 475 E. Cuq; Rev. d'Assyr. 7 (1910) S. 133ff.; J. Kohler in HG I (1904) S. 110f.; III (1909) S. 234, 241; IV (1910) S. 87f., 93; V (1911) S. 121, 125; ders. in Kohler-Ungnad *Assyr. Rechtsurkunden* 1913 S. 455f., 467; P. Koschaker a. a. O. S. 167; ders. *Babyl.-Assyr. Bürgschaftsrecht* 1911 S. 205f.; HG VI zu Nr. 1744, 1442, 1500, 1597, S. 123; J. G. Lautner *Die richterliche Entscheidung und die Streitbeendigung im altbabyl. Rechte* Leipziger rechtswiss. Studien 3 (1922) S. 8f.; M. San Nicolò a. a. O. S. 10[4], 55f., 101[82], 155, 160; M. Schorr *Urkunden des altbabyl. Zivil- und Prozeßrechtes* VAB 5 (1913) S. 119f., 113, 116; über die Verfangenschaftsrechte zugunsten der Brüder an dem Erbteile (Ausstattung) der Priesterin-Schwester s. Frau B II; III.

VI. Zur Zersetzung des Familieneigentumbegriffes mag auch der Umstand beigetragen haben, daß die Geschwister nach dem Tode des Hausvaters dessen Nachlaß teilen und so Sondereigentum der einzelnen Erbanwärter entsteht. Zwar scheint es auch zur Zeit der ersten Dyn. von Babylon vorgekommen zu sein, daß die Geschwister die „Habe des Vaterhauses" gemeinsam ungeteilt verwalteten — Urkunden, in denen z. B. die „Kinder des X" schlechthin als Verkäufer erscheinen, dürften diese Rechtslage wiedergeben —, oder daß die Teilung eine nur teilweise war, aber ebenso konnte schon der Vater bei Lebzeiten die Teilung, unter Vorbehalt einer Unterhaltsrente für sich, vornehmen. Über den Vorgang bei diesen Teilungen des Hausvermögens — es werden in den Teilungsurkunden ausnahmsweise nicht nur Liegenschaften, Sklaven und Vieh, sondern mitunter auch andere Kostbarkeiten, wie sie Holztüren und Mühlsteine in dem holz- und steinarmen Lande vorstellen, aufgezählt —: über die Teilung durch den ältesten Bruder und dessen Vorzugserbteil *(zittum elîtum)*, über die hierbei wiederholt vorkommenden außerstreitigen Verfahren, sind wir durch die Urkunden gut unterrichtet.

Ähnlich lagen die Dinge wohl auch in Assyrien; vgl. dazu § 25 des altassyr. Rechtsbuchs, ADD 619, 634.

J. Kohler a. a. O. III 231f.; IV 87, 89f.; V 119; *Assyr. Rechtsurk.* S. 451f.; P. Koschaker HG VI zu Nr. 1425, 1434, 1437, 1439, 1445, S. 131f.; M. Schorr a. a. O. S. 228ff.; A. Walther *Das altbabyl. Gerichtswesen* Leipziger semitist. Studien 6, 4—6 S. 21[1], 190, 210; J. G. Lautner a. a. O. S. 59ff.; Rev. d'Assyr. 19 (1922) S. 52ff. E. Cuq; B. Meissner *Babylonien und Assyrien* I (1920) S. 159, 422.

V. Über die Art des Eigentumserwerbes im altbabyl. Rechte unterrichten uns die Kaufurkunden dahin, daß das E. mit Zahlung des Kaufpreises an den Käufer übergeht; es gilt also für diesen Rechtskreis das auch dem griech.-hellenist. Rechte eigentümliche Preiszahlungsprinzip; Übergabe der Sache ist für den Eigentumserwerb nicht entscheidend.

M. San Nicolò a. a. O. S. 15, 18; P. Koschaker *Quellenkritische Untersuchungen zu den „altassyr. Gesetzen"* MVAG 26/3 (1921) S. 53[1]; HG VI zu Nr. 1756.

Als Eigentumerwerbsart kommt auch Schenkung in Betracht, sei es, daß durch die Schenkungserklärung — ein obligationsbegründendes Schenkungsversprechen ist dem altbabyl. Rechte unbekannt — sofortiger, unmittelbarer Eigentumserwerb bewirkt wird, sei es, wie dies im Falle des Vorbehalts des Nießbrauchs seitens des Schenkers der Fall ist, daß das E. unmittelbar und sofort mit dem Tode des Schenkers auf den Beschenkten nach Art des *legatum per vindicationem* des römischen Rechts übergeht (P. Koschaker HG VI 122ff.). Zu erwähnen wäre noch der Eigentumserwerb aus dem Gesichtspunkte des durch § 66 KḪ allerdings verbotenen Verfallspfandes zugunsten des Gläubigers bei Nichtzahlung der fälligen Pfandschuld (J. Kohler HG III 268f.; P. Koschaker HG VI 21). Ob nach altbabyl. Rechte E. durch Ersitzung erworben werden konnte, muß dahingestellt bleiben; in einem Vindikationsprozesse (Grant 27) beruft sich zwar der Beklagte allein auf seinen langjährigen Besitz, doch scheint mir ein allgemeiner Schluß aus diesem Einzelfall zu sehr gewagt (M. San Nicolò a. a. O. S. 230; P. Koschaker HG VI zu Nr. 1755).

Eine sehr interessante Bestimmung hinsichtlich der Veräußerung von Grundstücken enthält das assyr. Rechtsbuch in § VI (2. Tf. Col. III), in dem ein Aufgebotsverfahren vorgeschrieben wird, bei dessen Anwendung nicht angemeldete Rechte dritter Personen an der Liegenschaft zugunsten des Erwerbers erlöschen.

Savigny-Ztschr. Rom. Abt. 41 (1921) S. 290ff. Koschaker; MVAG 26/3 (1921) S. 71f.; E. Cuq a. a. O. S. 53ff.

VI. Daß Miteigentum schon dem altbabyl. Rechte bekannt war, ergibt sich bereits aus dem über das Familieneigentum Gesagte; auch bei Teilungen erwähnen die Urkunden wiederholt, daß ein Vermögensteil im gemeinsamen E. der Geschwister verbleiben soll. Als besonderer Fall von Miteigentum sind die Rechtsverhältnisse an Scheidemauern, von denen uns eine Anzahl von Urkunden berichten, zu erwähnen. Doch erlaubt uns das Quellenmaterial nicht, die Natur dieses Miteigentums näher zu untersuchen. Dasselbe gilt für das assyr. Recht.

M. Schorr a. a. O. S. 234f.; J. Kohler HG III 235; IV 90; V 119f.; *Assyr. Rechtsurk.* S. 453.

§ 3. I. Eine eigene Besitzlehre hat das babyl.-assyr. Recht, wie es scheint, nicht entwickelt. Zwar begegnet uns verschiedentlich als technische Bezeichnung für Besitz, vor allem Lebensbesitz (aber auch *ṣabatu* bei Pachtbesitz KU 1189; 1724) der Ausdruck *ṣibtu*, *ṣibittu*, doch finden wir einerseits das Wort auch dort, wo wir eher „Eigentum" erwarteten (CT VIII 9a, 2; 7a, 9) und wird andererseits der bloße Besitzer *bêlu* (vgl. o. § 1/I) bezeichnet. Freilich sehen wir in einer Urkunde (VS

XIII 89 + a) sauber zwischen Besitz und E. unterschieden und sind Besitzverhältnisse sowohl auf Grund Sachpfandes als auch Personenpfandes gegeben. Der Sachbesitz spielt eine Rolle beim Anfangverfahren, wobei der unfreiwillige Besitzverlust als Klagefundament anzusehen ist. Bei der Verteilung der Parteirollen im Eigentumsprozeß wird dem Besitzer die Rolle des Beklagten eingeräumt — dies wenigstens nach dem entwickelten Rechte der Zeit der Ḫammurapidyn., wenn vordem auch zu einer Zeit überwiegender Selbsthilfe die Dinge anders lagen (s. Prozeß Vorderasien § 2/I). Gemäß § 9f. KḪ ist der beklagte Besitzer näher zum Beweise, doch scheint hier — §§ 9ff. KḪ entstammen einer alten Rechtsgeschichte — im Laufe der Entwicklung eine Wandlung eingetreten und später dem Kläger der Beweis zugeschoben worden zu sein.

M. Schorr a. a. O. S. XXIII[8]; Thureau-Dangin *Hilprecht-Annivers. Vol.* S. 156 ff.; P. Koschaker *Rechtsvergl. Stud.* S. 49ff., 63; HG VI 21; zu Nr. 1467, 1474, 1759, 1763; J. G. Lautner a. a. O. S. 10f.

Interessant ist die Trennung von E. und Besitz in den assyr. abstrakten Schuldscheinen, die regelmäßig das Schema aufweisen: „So und so viel Silber (Eigentum) des *(ša)* A im Besitz *(ina pân:* in der Hand) des B", so daß also der Gläubiger als Eigentümer, der Schuldner als Besitzer der Schuldsumme hingestellt und auf diese Weise, wie schon J. Kohler *(Assyr. Rechtsurk.* S. 458 f.) bemerkte, ein quasidingliches Verhältnis zwischen Gläubiger und Schuldner konstruiert wird.

II. Der Gegensatz von E. und dinglichen Rechten an fremder Sache *(iura in re aliena)* scheint dem altbabyl. Rechte noch nicht eigen zu sein. Wir sehen, wie die Konstruktion des juristischen Begriffes einer Servitut den Urkunden anscheinend Schwierigkeiten macht *(servitus tigni immittendi;* Ausgedinge; Wohnrecht); auch das altbabyl. Pfandrecht als dingliches Recht an einer fremden Sache schlechthin zu konstruieren, ist nicht ohne Gefahr; die Annahme „eines bloß obligatorisch wirkenden Beschlagnahmerechtes des Gläubigers" als Inhalt der altbabyl. Hypothek läßt sich sehr gut vertreten, und durch sie wird auch die Sicherung des Pfandvertrages durch Konventionalstrafvereinbarung leicht verständlich.

P. Koschaker HG VI 124, 131; Nr. 1447[4]; zu Nr. 1491.

§ 4. König und Tempel sind schon seit ältester Zeit als wichtigste Großgrundbesitzer zu nennen; der Privatbesitz war überwiegend Mittelbesitz, in archaischer Zeit vielleicht größer als zur Zeit der ersten babyl. Dyn.; Gartenbesitz (Palmenhaine) ist natürlich wesentlich kleiner als der der Feldwirtschaft gewidmete Besitz. Die Mittelbesitzwirtschaft kommt auch dadurch zum Ausdrucke, daß der einzelne Grundbesitzer seinen Boden mit seinen Hausangehörigen, wenigen Sklaven oder gemieteten Feldarbeitern bebaut. Die assyr. Rechtsurkunden geben uns dagegen ein ganz anderes Bild der privaten Bewirtschaftung. Der Mittelstand ist dort sehr zurückgegangen und die Wirtschaftsform vorwiegend Latifundienbetrieb unter Verwendung einer großen Sklavenschar. Sehr viele Urkunden erzählen vom Verkauf großer Ländereien zugleich mit ganzen Sklavenfamilien bis gegen 30 Köpfen, die als an die Scholle gebunden mitverkauft werden.

B. Meissner a. a. O. S. 188 ff., 376, 380 f.; J. Kohler *Assyr. Rechtsurk.* S. 466 f.

J. G. Lautner

Eigentumsmarke s. Kunst A I, Tonplombe.

Eileithyiaspolis. Griech. Bezeichnung einer Stadt auf dem Ostufer des 3. Gaus von Oberägypten, genannt nach Eileithyia, d. h. der geiergestaltigen Göttin Nechbet, der Schützerin von Necheb. Eileithyiaspolis ist Necheb (s. d.).

Roeder

Eimer. § 1. Traggefäße mit beweglichen Bügelhenkeln zum Transport größerer Flüssigkeitsmengen wurden wegen ihrer Größe und Benutzungsart nicht aus dem schweren nnd zerbrechlichen Ton, sondern aus Holzdauben (meist mit Metallbeschlägen) und aus Metall hergestellt. Beide verhalten sich hinsichtlich des Ursprungs, der formalen Entwicklung und der Verbreitung verschieden.

§ 2. Der Daubeneimer hat entsprechend der Geradheit der Holzfaser eine durchaus gerade Wand, die zylindrisch ist oder nach oben sich etwas verengt. Er setzt, um wasserdicht zu schließen, exakte Böttcherarbeit voraus. Zum Zusammenhalten der Dauben sind umgelegte Horizontalreifen unentbehrlich. Diese bestehen bei den aus dem Altertum erhaltenen Exemplaren aus Metall (Bronze, Eisen, Silber), und wenn man über die Holzwand überhaupt etwas weiß, verdankt man es der konservierenden Eigenschaft der Beschläge. Als Vorstufe der Metallbeschläge darf man Reifen aus halbierten Ruten annehmen, wie sie noch heute die bekannten Lichtenhainer Kännchen zusammenhalten; diese bestehen also gänzlich aus Holz und würden in der Erde restlos verschwinden. Durch einen seltenen Zufall ließ sich ein vollkommen vergangener, nach oben sich verengender Holzeimer in dem Latènegräberfeld von Börnicke (Kr. Osthavelland; s. Börnicke), dadurch nachweisen, daß er als Behälter für den Leichenbrand diente und dieser in kompakter Masse die Eimerform beibehalten hatte.

§ 3. Die Daubenarbeit ist keine primitive Technik. Die Zusammensetzung einer Gefäßwand aus Holzbrettchen kann man genetisch nur so verstehen, daß ein aus dem Vollen geschnitztes Gefäß zerplatzt und die klaffenden oder auseinandergefallenen Teile durch Umklammerung repariert werden. Da nun solche massiven Gefäße leicht rissig werden, kam man dem zuvor und setzte die Wand von vornherein aus Einzelteilen (Dauben) zusammen. Die reine Zylinderform des ältesten erhaltenen Daubeneimers aus der späten LTZ (Aylesford in Kent; Band I Tf. 26a) deutet an, daß das Urbild ein ausgehöhltes Stammstück ist. Die Böttchertechnik bewirkt, daß der E. sich später nach oben verjüngt, wie er in der Merowingerzeit begegnet.

Der Daubeneimer ist ein Kind des holzverarbeitenden N; dem S ist er wie überhaupt die Böttcherarbeit fremd geblieben. Als Werkstoff für E. bevorzugte man das Holz der Eibe (s. d.)

§ 4. Der S bildete sein großes Schöpf- und Transportgefäß aus Metall, in der Regel Bronze oder Kupfer. Im Gegensatz zum starren Holz begünstigt dieses Material einerseits bei Treibarbeit die Ausbildung bauchiger Formen und geschweifter Profile, andrerseits bei genieteten Zusammensetzungen geknickte Profile. Einer der trojanischen E. hat noch die einfache, schwach gebauchte Form. In der späten HZ spaltet er sich in die geschweifte Form und die geknickte Situla (s. d.). Die Entstehung des dritten hallstättischen Bronzeeimertypus, der Ziste (s. d.), scheint mir mit dem Daubeneimer zusammenzuhängen, denn seine „Rippen" sind ersichtlich aus Böttcherreifen hervorgegangen.

Alfred Götze

Einbaum. § 1. Wenn auch nicht die Urform des Schiffes schlechthin, so ist der E. doch zweifellos diejenige Form gewesen, die für die Entwicklung des Schiffsbaues am wichtigsten wurde. Da der ausgehöhlte Baumstamm schon an sich ein nützliches und für viele Wassergebiete auch völlig ausreichendes Beförderungsmittel darstellt, das zudem durch einfachste Mittel zu vervollkommnen ist, so hat der E. sich lange, in manchen Gegenden bis auf den heutigen Tag gehalten (Festschrift für E. Hahn 1917 S. 292ff. Brunner), und E. sind ohne datierende Begleitfunde oder ganz unzweideutige Lagerungsverhältnisse an sich zeitlos. Beim Rhoneübergang Hannibals wurden große Mengen von E. verwendet (Polyb. III 42,2 ff.; Liv. XXI 26). Noch in röm. Zeit fuhren die Germanen an der Elbmündung große Einbäume, die bis zu 30 und 40 Mann zu tragen vermochten (Plinius Nat. Hist. XVI 76,2; Tacitus Hist. V 23; vgl. auch Vell. Paterc. II 107).

§ 2. Die für E. bevorzugte Holzart ist die Eiche, doch kommen auch andere Bäume zur Verwendung. Die Verbreiterung des Stammes zur Wurzel und seine Verjüngung zur Spitze sind nicht ohne Einfluß auf die Form des E. geblieben. Die Aushöhlung geschah mit Beilen, deren Schnittspuren zuweilen noch sichtbar sind, auch die Anwendung des Feuers zum Ausbrennen ist bei einigen Stücken unverkennbar. Eine besondere Vorrichtung zur Erhöhung der Stabilität haben zwei E., die im Ried des ehemaligen Federsees im s. Württemberg ausgegraben wurden und nach ihrer Lagerung vielleicht noch dem Ausgange der j. StZ angehören; der im ganzen flache Boden ist nach innen leicht eingewölbt, wie noch heute bei Fischerkähnen auf dem Kurischen Haff. Einen Ansatz zu einem Kiel haben allein der (neol?) E. aus dem See von Chalain (Umschau 9 [1905] S. 757) und der von Valermoor (35. Bericht des Kieler Museums 1878 Handelmann). Die Auslegervorrichtung ist am E. nie zur Anwendung gekommen. Zur Verstärkung dienen sehr häufig auf der Innenseite stehengebliebene niedrige Querrippen, seltener ganze Schottwände; der E. aus dem Pfahlbau von Donja Dolina an der Save, der im wesentlichen nur eisenzeitl. Funde enthielt, hat eine Längsrippe (Globus 81 [1902] S. 380), ebenso der aus dem Pfahlbau von Mercurago im Lago Maggiore (4. Pfahlbauber. 1861 Tf. 1, 2). Die Enden sind nur an einem E. (oder Trog?) aus dem Bieler See (1. Pfahlbauber.[2] 1865 Tf. 4, 21) beiderseits glatt abgeschnitten, sonst hat regelmäßig der Vordersteven eine wenn auch stumpfe Spitze, die manchmal durchbohrt ist zur Aufnahme eines Taues. Bei dem kleineren E. von Vinelz (7. Pfahlbauber. 1876 Tf. 23, 6-7), der nach darin gefundenen Scherben der BZ angehört, greift der Vordersteven mit einem schwalbenschwanzförmigen Stück nach innen. An dem einen E. aus dem Federseeried (Ber. des Stuttg. Museums 1919 S. 6 Abb. 1) ist das hintere Ende durch ein eingesetztes Stevenbrett abgeschlossen; die gleiche Vorrichtung haben noch mehrere E.: der eben genannte von Vinelz (s. Finelz), einer aus einem ir. Crannogh (Rev. arch. 14 [1866] S. 274 G. de Mortillet) und ein solcher aus Brigg in Lincolnshire (W. Vogel bei Hoops *Reall.* I 537). Der flach und breit auslaufende Hintersteven eines anderen E. aus dem Federseeried hat eine eingelassene vierkantige Leiste als Verstärkung. Ornamentale Ausgestaltung der Steven ist sehr selten, ein E. aus Loch Arthur in Schottland (W. Vogel bei Hoops a. a. O.) hat einen tierköpfigen Vordersteven, ein solcher aus dem Pfahlbau von Cudrefin in der Schweiz (7. Pfahlbauber. 1876 Tf. 23, 8 ff.) eine schwanenhalsartige Schleife am hinteren Ende.

§ 3. Viele der E. tragen an der Bordwand halbkreisförmige oder dreieckige Einkerbungen, die eher zur Auflage von Rudersitzen als von Rudern gedient haben werden; bei dem E. aus dem Bieler See (ZfEthn. Verh. 25 [1893] S. 385 Tf. 15 V. Groß), der mit seiner Länge von 15 m der größte aller bisher gefundenen sein dürfte, fanden sich 10 kurze Rundhölzer, die zweifellos als Ruderbänke gedient haben. Einige E., die sich dadurch als ganz jung ausweisen, haben im Bordrande die Einsatzlöcher für eiserne Dollen. Ruder, ihrer Größe und Form nach weit besser zum Paddeln als zum Rojen geeignet, sind mehrfach gefunden (Antiqua 1886 Tf. 7 S. 25; 18. Bericht des Westpr. Prov.-Museums 1897 S. 35 Abb. 7; H. Conwentz *Westpr. Prov.-Museum* 1905 Tf. 76, 3). Da nachweislich in Mitteleuropa erst in frühestens röm. Zeit die Segeltechnik bekannt geworden ist, können viereckige Löcher im Boden des E. aus dem See von Chalain nicht Einsatzspuren eines Mastes sein, oder der E. stammt nicht aus neol., sondern sehr viel jüngerer Zeit; das gleiche gilt von dem E. aus Estreboeuf (G. de Mortillet a. a. O. S. 279). Die Steuerung der E. geschah in der Regel wohl mit den Rudern. In den Pfahlbauten fanden sich mehrfach langrechteckige Bretter mit anhängender Astgabel (6. Pfahlbauber. 1866 Tf. 2, 7), die man in der Regel als Kleiderhaken aus den Häusern erklärt hat, die aber ganz entsprechend als „Striehen" noch heute zur Steuerung neuzeitlicher Boote auf den schweizer Seen dienen, indem sie je nach Windrichtung über die rechte oder linke Bordseite gehängt werden (Anthr. Korr.-Bl. 1902 S. 37 Brunner).

§ 4. Einige E. zeigen antike Reparaturen. An dem aus Valermoor (ZfEthn. Verh. 13 [1881] S. 406 Handelmann; 35. Ber. des Kieler Museums S. 8 ff.), der mit einer Länge von 12,30 m und 11 Verstärkungsrippen der größte unter den dtsch. Stücken ist, wurde ein Riss durch drei schwalbenschwanzförmige Keile gedichtet. Bei der Reparatur eines besonders schön geformten Pfahlbaubootes aus Vinelz (7. Pfahlbauber. 1876 Tf. 23, 1) sind eiserne Klammern verwendet, die das Fahrzeug als verhältnismäßig jung ausweisen.

§ 5. Nicht mehr eigentl. E., aber doch Weiterentwicklungen des Grundtypus sind solche Fahrzeuge, die aus zwei Teilen zusammengelascht sind (Argo 1 [1892] S. 18 Müllner), oder die mit Überhöhung der Wandung durch einen Plankenaufsatz („Bording") eine Übergangsstellung einnehmen zwischen dem E. und dem Plankenboot. S. a. Schiff A.

E. Krause *Vorgeschichtliche Fischereigeräte;* W. Vogel bei Hoops *Reall.* unter „Einbaum"; Anthrop. Korr.-Bl. 1902 S. 36ff.; 1903 S. 1ff. Brunner; ders. in Festschr. für E. Hahn 1917 S. 292ff; Schles. Vorz. NF 6 (1912) S. 17ff.; 7 (1919) S. 127ff. M. Hellmich; 35. Bericht des Kieler Museums 1878 Handelmann; Anz. f. schweiz. AK. 1873 S. 443ff., 463ff. Hersche.

F. Behn

Eingeweideschau. Ein wichtiger Teil der Divination, besonders in Babylonien und bei den Etruskern und ihren latin.-röm. Nachfahren, war die E. (Tf. 6) Sie wurde namentlich im Dienste des Staates zur politischen Vorherschau bei wichtigen Ereignissen geübt, wie der Eröffnung eines Krieges, dem Abschluß eines Staatsvertrages usw., vorwiegend am Opfertier, nicht nachweisbar beim Menschenopfer, soweit es in europ.-vorderas. Kulturen als Kriegsopfer, Sühnopfer usw. vorkam. S. Opferschau, Leberschau.

Sudhoff

Einlage (Inkrustation, Intarsia). A. Europa. 1. Kunst. § 1. Die älteste und ursprünglichste Form der E. ist die Ausfüllung des in die Tongefäße geritzten, gestochenen, gedrückten Musters durch eine farbige, sich scharf vom Grunde abhebende Substanz. Im Neol. wird dazu ganz allg. ein weißes Material verwendet: Knochenasche, kohlensaurer (Kreide, Marmorpulver), schwefelsaurer (Gips), phosphorsaurer Kalk usw. Durch chemische Zersetzung kann die weiße Füllmasse verschwinden; es ist daher mit einer noch größeren Verbreitung zu rechnen, als jetzt festgestellt werden kann. Zu dem Gedanken, das eingetiefte Muster durch Ausstreichen mit weißer Masse stärker hervorzuheben, kann schon die zufällige Ansammlung von Staub oder Asche in den Vertiefungen geführt haben; der Gedanke der Weißinkrustation liegt übrigens so nahe, und ihre Verbreitung ist räumlich und zeitlich so allg., daß an einen gemeinsamen Ursprung kaum gedacht werden kann. Weiße Ausfüllung des mit Kardiumschalen eingedrückten Musters findet sich in der skand.-nordd. Megalithkeramik, der Bernburger und Molkenberger Keramik, der Bandkeramik (Hinkelstein) und besonders in der von dem Rössener Stil beeinflußten südwestd. Tiefstichkeramik (Rössen-Nierstein, Eberstadt, Groß-Gartach), in der Glockenbecher- und ostalpinen Keramik, in Siebenbürgen, Bosnien (Butmir), in der frz. Dolmenkeramik, in Spanien (Ciempozuelos) und Portugal (Palmella), auf Sardinien (Anghelu Ruju), Sizilien (Stentinello, Matrensa), Malta (Bahriakeramik), Kreta (Knossos vom 5. m an, Phaistos, Kephala), den Zykladen (Phylakopi-Melos, Amorgos), Zypern, in der südruss. Tripoljekultur, Kleinasien (Troja I, Yortan Kalembo), im vordyn. Ägypten, Chaldäa, vereinzelt in Susa und Mussian (Elam). Auch das Auftreten der Weißinkrustation auf schwarz poliertem Grunde ist von Ägypten, Kreta, Spanien bis Groß-Gartach, der Wetterau, Dänemark so allg., daß Zusammenhänge nicht daraus gefolgert werden können. Rote E. treten immer nur vereinzelt neben den weißen, aber gleich allg. verbreitet auf: Ägypten, Kleinasien, Zykladen, Sizilien, Sardinien, Serbien, Bulgarien, Ungarn, Slavonien (in Szarvas auch blaue Inkrustation), Böhmen, Thüringen (Gölitzschgrab b. Halle), Rheinpfalz (Osthofen). Auch in Dänemark wurde rötliche Inkrustation beobachtet (Mémoir. d. Antiq. d. Nord 1914—15 S. 95 S. Müller). Wird in der späteren StZ die Gefäßfläche teilweise durch die eng zusammengelegten Linien oder Stichpunkte oder durch ein regelloses Liniengewirr (Rössen-Nierstein) bedeckt, so bilden sich nach dem Ausstreichen mit weißer Masse zusammenhängende weiße Flächen, in denen der nackte Grund als sekundäres, negatives Muster ausgespart werden kann (s. Negatives Muster).

§ 2. Auch in der BZ finden weiße E. auf Tongefäßen vielfach Verwendung. So in der besonders reich verzierten ungar. (pannonischen) Keramik, in Serbien (u. a. Statuette von Kličevac), in Italien, auf Sizilien, auch bei den Kerbschnittgefäßen von Süddeutschland bis Frankreich ist weiße Füllung des ausgehöhlten Musters keine Seltenheit. In der früheren EZ erscheint Weißinkrustation in Oberitalien (Villanovakeramik), im Kaukasus, seltener in den südd. geschnitzten Gefäßen der ersten Hallstattstufe; zusammen mit Rotinkrustation am Niederrhein. In der polychrom verzierten südd. Keramik der III. Per. Reinecke spielt die weiße Ausfüllung — daneben auch schwarze

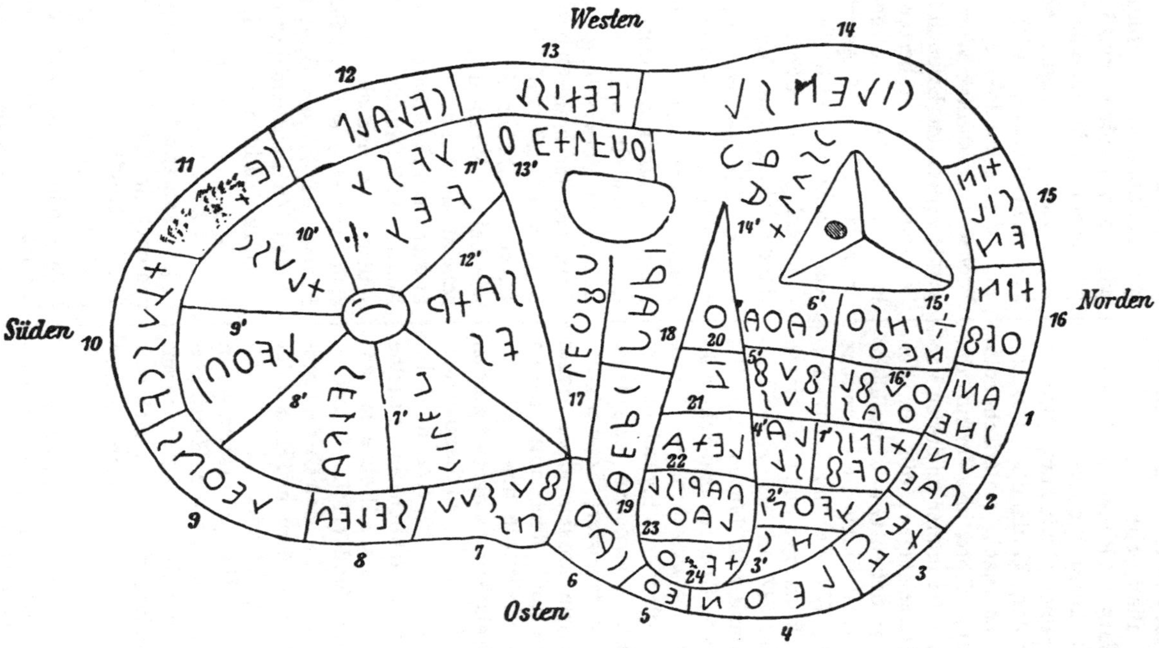

Eingeweideschau

Etruskische Bronzeleber von Piacenza. Nach W. von Bartels.

Grafitausfüllung — des eingeschnittenen Musters eine große Rolle.

M. Wosinsky *Inkrustierte Keramik der Stein- und Bronzezeit* 1904.

§ 3. Das beliebteste Material für Ziereinlagen in Bronze war in der nord. BZ der Bernstein, vor allem aber der Harzkitt (Mischung aus Harz und Birkenrinde). Schon die I. Per. Mont. kennt die Ausfüllung des eingepunzten Oraments mit Harz (Schwert vom Wreta-Kloster, Gotland). Das zunehmende Streben nach malerisch-koloristischer Wirkung führt im Verlauf der II. Per. Mont. zu einer immer reicheren Verwendung von Harzeinlagen, die nun den um das Muster vertieften Grund ausfüllen: der Metallgrund wird durch die organische Substanz ersetzt. Wie bei der Weißinkrustation des Neol. kommt es auch bei diesen Harzeinlagen der BZ oft zu einer Umkehrung von Grund und Muster: auf den runden Flächen von Knöpfen und Schmuckdosen erscheint der zwischen den Randbogen oder Randlappen eingeschlossene, vertiefte und mit Harzmasse ausgelegte Grund als ein Sternmuster; Schwertgriffe scheinen in schmale Streifen, abwechselnd aus Harzeinlagen und dem ausgesparten Metallgrund, aufgeteilt, die nun beide als Muster oder auch als Grund aufgefaßt werden können. Das Gleiche ist zu beobachten, wenn am Ausgang der früheren nord. BZ die Schwertgriffe tatsächlich in einzelne Scheiben, abwechselnd aus Bronze und aus einem organischen Stoff (Holz, Knochen, Horn) zerlegt werden. Bei den Griffzungenschwertern der III. Per. Mont. mit Holz- oder Knochenverschalung ist der Metallgrund gänzlich durch die „Einlage" ersetzt. — In der späteren nord. BZ tritt die Harzinkrustierung zurück, vermutlich weil sie sich mit der freien Entwicklung des feinen, sich verzweigenden Ranken- und Wellenbandmusters nicht vertrug.

Präh. Z. 13/14 (1921—22) S. 98ff. R. Beltz; Müller *NAK.* I 292f., 348, 354; Scheltema *Altnord. Kunst* 1923 S. 122ff.

§ 4. Neben Harz und Bernstein werden in der BZ die Metalle zur Inkrustierung herangezogen. In der II. Per. Mont. der BZ können Kupferstäbchen in die Mitte des konzentrischen Kreisornaments eingelassen werden, das Gold wird als Ziereinlage verwendet. Zinnstifte begegnen als Schmuck an Holzgefäßen der Eichenkistengräber (II. Per. Mont.), Zinnlamellen oder Zinndrähte werden als E. in Tongefäßen aus den westalpinen Pfahlbauten der späten BZ benutzt (u. a. 30 Gefäße aus dem Pfahlbau von Châtillon). Auch Bronzenägelchen werden zum Schmuck der Tongefäße verwendet, jedenfalls unter Anlehnung an nordital. Vorlagen der früheren EZ. Seit dem Bekanntwerden des Eisens wird auch dieses zur Inkrustierung der noch aus Bronze hergestellten Waffen und Schmuckgeräte verwendet: Eiseneinlagen an Ronzano-Schwertern der frühesten Hallstatt- bzw. letzten BZ-Stufe in Süddeutschland und der Schweiz, oder auf Armringen (Mörigen). Aus Dänemark sind Rasiermesser mit Eisendrahteinlagen aus der jüngeren BZ bekannt (Hadersleben, Insel Møen).

§ 5. Die Vorliebe für farbige Gegensätze und eine malerische Belebung der Flächen, die sich besonders stark in der bunten Keramik offenbart, führt in den beiden letzten Hallstattstufen zu einer immer häufigeren Verwendung von E. aus einer fremden, farbigen Substanz. Die elfenbeinernen Griffknäufe der langen Hallstattschwerter erhalten Einlagen aus Bernstein; wie bei der Weiß- und Harzinkrustation erscheint auch hier das Zickzack-Dreiecksmuster mit umkehrbarem Verhältnis zwischen Muster und Grund. In der letzten Hallstattstufe nimmt die früher seltenere Tauschierung eine wichtige Stelle ein, daneben finden sich E. aus Gold und organischen Stoffen. Zum erstenmal erscheinen Koralleneinlagen (Süddeutschland, Schweiz).

AuhV 5 S. 149 Reinecke; Déchelette *Manuel* II 2 S. 875ff.

§ 6. Während die Koralle (s. d.) als Einlegeschmuck in Süddeutschland während der Frühlatènezeit zurücktritt, gewinnt sie jetzt in Gallien eine um so höhere Bedeutung. Hier erscheint die Koralle hauptsächlich in Bronze — seltener in Eisen und Gold — und zwar an Hals- und Armringen, Fibeln, Schwertscheiden und Ortbändern, Helmen, Pferdegeschirr usw. Diese Verwendung der Koralle zur Inkrustierung beschränkte sich indessen auf die beiden früheren Latènestufen, in der III. Per. Reinecke (Mittellatènezeit) wird die Koralle durch ein, übrigens schon vorher bekanntes, rotes Email (s. d.) ersetzt, eine Erscheinung, die Déchelette dadurch erklärt, daß die Korallenfischerei im Mittelmeer dem Bedarf nicht mehr genügen konnte, als nach Alexanders Zug die Verwendung der Koralle als Schmuck sich auch im O verbreitete. Auch mit diesen Schmelzeinlagen verknüpfen sich die altbekannten, später in der röm. und germ. Granat- und Glasverzierung noch einmal sich wiederholenden Umkehrungserscheinungen zwischen Grund und Muster: besonders an späten brit. Arbeiten dehnt sich das Email auf Kosten des tragenden Metallgrundes aus, es wird selber zum Grund für das in dem Metall ausgesparte Muster (*Guide Brit. Mus. Early Iron Age* 1905 Tf. 5). Zugleich zeigen diese nach dem Beginn unserer Zeitrechnung zu datierenden Emailarbeiten eine Bereicherung durch die Verwendung eines mehrfarbigen — roten, blauen, grünen, gelben — Emails.

Déchelette *Manuel* II 3 S. 1547 ff.; *Guide Brit. Mus. Early Iron Age* 1905 S. 86 ff.; Rev. celt. 22 (1899) S. 19 ff. Reinach; Mainz. Festschr. S. 93 u. Anm. 156, 159 Reinecke; Schlemm *Wörterbuch* unter „Email"; Anthrop. Korr. Bl. 1886 S. 128 ff.; 1889 S. 194 ff; MAGW 1889 Sitzungsber. S. 162 f. Tischler.

F. A. v. Scheltema

2. Technik.

§ 1. Das Verfahren, einen Gegenstand dadurch zu verzieren, daß man eine anders gefärbte Substanz in oder auf der Oberfläche anbringt, wurde durch das ganze Altertum gern und mit Geschick angewandt. Die Inkrustationsmittel wurden entweder als weiche Masse angebracht und erhärteten dann (Harz, kalkige Pasten, Email) oder wurden in hartem, starrem Zustand befestigt (Steine, Koralle, Glas). In der Mitte stehen die Metallinkrustationen, die weder weich (geschmolzen) aufgebracht werden, noch vollkommen starr, sondern so weit plastisch sind, daß sie durch starkes Hämmern sich mit Vertiefungen und Rauhigkeiten des Grundes verklammern; sie verhalten sich also technisch ähnlich wie die weichen Inkrustationsmittel. Für diese beiden Arten erhält der Grund Vertiefungen, die mit der Masse ausgefüllt werden. Die starren Inkrustationsmittel dagegen werden durch Falze oder Niete festgehalten oder in Nuten eingelassen.

§ 2. Das Inkrustieren geht bis ins Mesol. zurück, wo in Knochen- oder Geweihgeräte eingeschnittene Ornamente mit dunkler Harzmasse ausgefüllt werden. Im Neol. wird Inkrustation in der Keramik angewandt, um die reiche Tiefornamentik zu beleben. Dunkle Harzeinlagen kommen in der nord. Keramik vor, sind aber nicht häufig. Allg. herrschen weiße E. vor, die als Pasten aus gebrannten Knochen, Gips, Anhydrit, Kalk, Kreide, Marmor und Kaliglimmer eingestrichen sind. Als starre Einlagen kommen Muschelstückchen in der nord. Keramik, Streifen aus Hornsubstanz in der Bandkeramik und pyramidenförmige Blättchen aus Birkenrinde in Moosseedorf vor; als Befestigungsmittel dienen Harz und Asphalt (s. Töpferei A § 15). In der BZ verschiebt sich die Anwendung der Inkrustation zunächst von der Keramik auf die Bronzen. Da der helle Grund dunkle E. erfordert, greift man bei den nord. Bronzen auf Harz zurück. Daneben inkrustiert man Holzgefäße mit Zinnstiften und bronzene Prunkäxte mit Bernstein. Erst im weiteren Verlaufe der BZ (Ungarn) und in der ältesten EZ Ostdeutschlands (Gruppe der Gesichtsurnen) wendet man E. wieder häufiger in der Keramik an und benutzt dann natürlich wieder weiße Pasten, nur vereinzelt in Ungarn rote und einmal blaue; im Alpengebiet treten jetzt Zinneinlagen auf (s. Zinn § 5). In der Hallstattkultur werden Tongefäße mit Bronzestiften, Fibeln und allerlei anderes Ziergerät mit Bernstein, Bernsteinperlen mit feinen Bronzeeinlagen besetzt. Am Ende der HZ erscheint an südd., schweiz. und frz. Fibeln, Ringen und Dolchen ein neues Material als Zierbesatz, die echte Koralle, die mit Stiftchen oder Nuten befestigt wird (s. Koralle); nach einigen Jahrhunderten wird sie in der mittleren LTZ durch ein ebenfalls rotes Ersatzmittel, das Blutemail, verdrängt.

Über E. von Metall in Metall in der BZ und EZ s. Niello A, Tauschierung.

Die Inkrustation mit Edelsteinen und Glas (Orfévrerie Cloisonnée; Tf. 7), die im Orient heimisch und von da schon früh in die Randländer des Mittelmeeres vorgedrungen ist, faßt n. der Alpen erst nach Beginn unserer Zeitrechnung Fuß.

ZfEthn. Verh. 15 (1883) S. 100 ff.; 27 (1895) S. 124, 241 ff., 462 ff.; 29 (1897) S. 180 ff.; 30

(1898) S. 546 Olshausen; Wosinsky *Die inkrustierte Keramik der Stein- und Bronzezeit* 1904; Mitteil. der Geschichts- und Altertumsforsch. Gesellsch. des Osterlandes 13 (1922) S. 195 Amende; Müller *NAK.* I 293f.; de Lasteyrie *Histoire de l'orfévrerie* 1875; de Linas *Les origines de l'orfévrerie cloisonnée* 1877/87.

Alfred Götze

3. Keramik.

§ 1. Der Brauch, eingetiefte Ziermuster auf Gegenständen aus den verschiedensten Stoffen durch farbige E. schärfer hervortreten zu lassen, ist über die ganze Erde verbreitet und geht jedenfalls schon in sehr frühe Zeiten zurück. Die Entstehung dieser Ziertechnik ist ja auch ohne weiteres verständlich. Kam ein Gebrauchsgerät aus Holz, Knochen, Elfenbein u. dgl., dessen Oberfläche mit natürlichen oder absichtlich angebrachten Kritzeleien bedeckt war, mit irgendwelchem farbigen Stoff, z. B. während der Bearbeitung mit der beschmutzten Hand, in Berührung, so blieb dieser Stoff in den Vertiefungen haften, die sich nun wirksam von der glatten, hellen Fläche abhoben. Bei dem ästhetischen Reiz, den ein solcher Kontrast ausübte, lag natürlich der Gedanke nahe genug, solche Linien absichtlich in dem Auge gefälligen Kombinationen einzuritzen und mit Farbe (Kohle, Ocker u. dgl.) einzureiben. Da aber diese nicht überall gleichmäßig haftete, so mußte man, um dies zu erreichen, auf ein Bindemittel sinnen, und zwar half auch hier wieder die alltägliche Erfahrung, die lehrte, daß mit Fetten in Berührung gebrachte Farben, so z. B. Ocker, den man zufällig mit fettigen Händen angegriffen hatte, besonders fest hafteten. Derartige Knochengravierungen mit roten Farbspuren sind aus paläol. Zeit in der Tat mehrfach nachgewiesen worden (Anthr. Korr.-Bl. 41 [1910] S. 48; 43 [1912] S. 7 Verworn). War einmal das Prinzip der farbigen Kontrastwirkung erkannt, so gehörte nicht mehr viel dazu, es auch bei Gegenständen mit einer dunkeln Oberfläche anzuwenden, nur mußte man dann zur farbigen Ausfüllung möglichst helle Farben benutzen. Als solche waren besonders geeignet die Kreide und der Gips, die daher von den heutigen Naturvölkern mit Vorliebe bei der Dekoration von Gefäßen und Geräten aus dunkeln Hölzern, Kürbis usw. angewendet werden.

§ 2. Nach der Erfindung der Töpferkunst lag es nahe, diese von altersher geübte Technik auch auf die keramischen Erzeugnisse zu übertragen. So entstand zunächst die weiße E., die freilich anscheinend überall erst in den späteren Abschnitten des Neol. in Aufnahme kommt. Im s. Mitteleuropa fehlt sie der reinen Spiral-Mäanderkeramik jedenfalls noch so gut wie vollständig, vielleicht weil hier in den verhältnismäßig breiten und flachen Linien und Grübchen, den Tupfen oder Strichen die Farbpaste nicht fest genug haftete oder das Ornament auch ohne farbige E. deutlich genug hervortrat. Daß sie aber auch in dieser Per. schon bekannt, wenn auch noch nicht allg. üblich war, lehren u. a. mehrere Gefäßscherben mit weißer und roter Ornamentausfüllung von Osthofen und Mölsheim in der Wormser Gegend (Wormser Festschrift 1903 S. 35 Koehl). Erst mit dem Übergang zur Stich-, Furchenstich- und Tiefstichverzierung, bei der die Eindrücke nicht nur hinlänglich tief, sondern auch möglichst kleinzellig gemacht wurden und dadurch für den Zusammenhang der Färbung die erforderliche Voraussetzung boten, setzt sie sich in dem gesamten Formenkreise durch und erzielt teilweise, wie in der Großgartacher Keramik, in der Bschanz-Münchshofer Gattung, in den ostalpinen Pfahlbauten und in Jugoslawien überraschende Effekte (vgl. die Abb. bei Hoernes *Urgesch.*[2] S. 267, 273, 277, 279, 301, 341, 343, 345 u. a.) Auch in der nord. Keramik fehlt in den älteren Abschnitten, d. h. in der Kjökkenmöddingerstufe und der Zeit der kleinen Stuben, die E., um erst in der Ganggräberper., dann aber gleich in reichem Maße, einzusetzen. Ganz ähnlich verhält es sich auch auf den brit. Inseln, in Frankreich und auf der Pyrenäenhalbinsel, wo die weiße E. zwar vereinzelt schon in den älteren Ganggfabern vorkommt, ihre Blüte aber erst in der Glockenbecherkeramik der großen Grabgrotten und Kuppelbauten der Palmella- und Los Millaresgruppe ererlebt (Wilke *Südwesteurop. Megalithkultur* 1912 S. 41 f.). Um die gleiche Zeit erscheint sie auch in den Gräbern von Anghelu Ruju, Remedello und namentlich in der Stentinellogruppe Siziliens (Stentinello, Matrensa u. a.), deren reiche Keramik

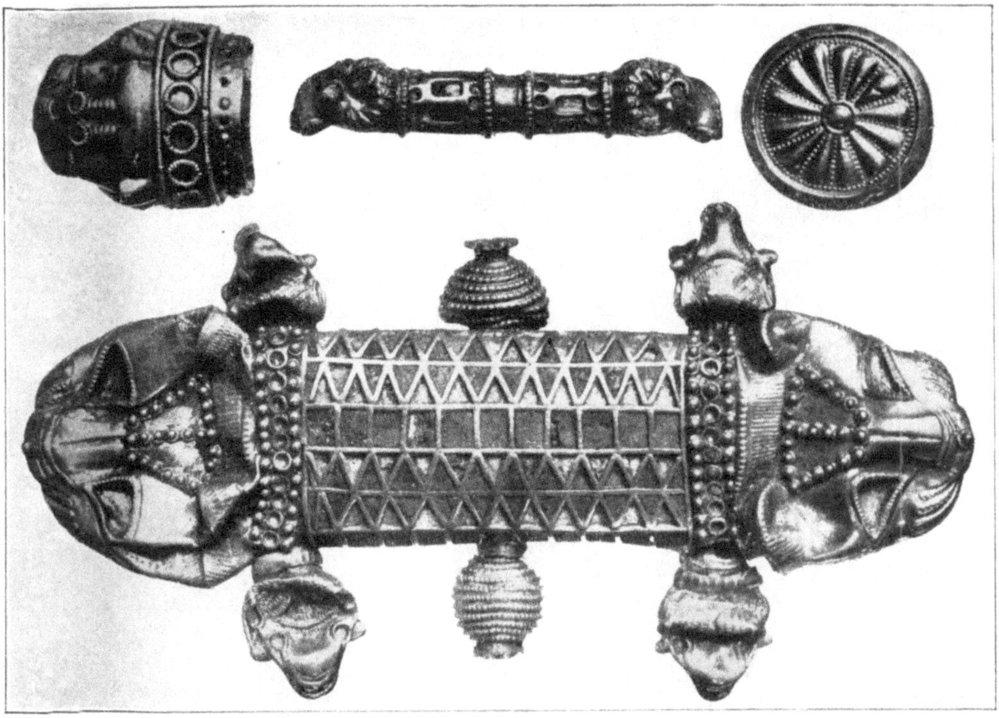

a

b

Einlage A. Europa

a. Goldschmuck mit Bernsteineinlage. Kelermes. — b. Silbervergoldete Gürtelteile mit eingelegten Steinen. Maikop. — Nach Rostovcev.

Einlage A. Europa

Weißinkrustierte Keramik. Kličevac, Serbien. Nach M. Wosinsky.

in stilistischer Hinsicht übrigens recht merkwürdige Übereinstimmungen mit der inkrustierten Tonware der Laibacher und slawonischen Gruppe aufweist (konzentr. Rauten und Quadrate usw.; Fimmen *Die kret.-myk. Kultur* 1921 S. 108 Abb. 96; Mannus 11/12 [1920/21] S. 151 Abb. 27 Wilke). Weiter ö. begegnen wir einer ausgiebigen Verwendung der weißen E. in den steinkupferzeitl. Stationen Nordgriechenlands (Sesklo, Dimini, Rahmani, Zerelia u. a.; Fimmen a. a. O. S. 74), auf Malta im Hypogäum von Saflieni, Bahria usw. (Peet Tf. 13 f.), in Troja und namentlich auch auf den Kykladen (Amorgos, Phylakopi u. a.), auf Zypern und auf Kreta (Phaistos, Knossos, Kephala), wo sie bis ins Early Minoan I nach Evans zurückreicht (Fimmen a. a. O. S. 127 Abb. 120). Endlich findet sie sich auch noch in den unteren Schichten von Anau, Mussian und Susa und namentlich in den vordyn. Gräberfeldern Ägyptens. Ob zwischen allen diesen Gebieten ein genetischer Zusammenhang besteht, ist fraglich. Zwar hat Wosinsky den Ursprung der Einlagetechnik im ägäischen Kulturkreise darzutun versucht, doch sind die von ihm angeführten Gründe nicht beweiskräftig, und nach dem unter § 1 Gesagten läßt sich ebensogut annehmen, daß es sich bei der neuen keramischen Verzierungsweise nur um eine Übertragung einer schon von altersher bekannten Technik auf den Ton handelt, die recht wohl an verschiedenen Punkten unabhängig stattgefunden hat.

Jedenfalls weist die inkrustierte Keramik Mährens, Ungarns und Siebenbürgens, wie auch Palliardi (Wien. Präh. Z. I S. 268) richtig erkannt hat, weit mehr auf nordwestd., als auf mittelländische Beziehungen, und das Gleiche gilt auch für das sw. Mitteleuropa.

§ 3. Weniger bekannt als die weiße ist die rote E. Sie findet sich in Ungarn in Boldogkö-Váralja (Kom. Abaúj-Torna), in Porács (Kom. Szepes) und Szarvas (Kom. Esseg) (Mannusbibl. I [1911] S. 61 Wilke). Aus Bulgarien kennt man sie von Světi-Kirilovo (s. d.; Präh. Z. 6 S. 80), aus Serbien von Vinča bei Belgrad und Kličevac (s. d.). In Griechenland erscheint sie in den späteren Stationen von Dimini (Tsuntas *Dimini-Sesklo* S. 205), Chäronea und Elatea in Böotien (*Γεώργιος Σωτριάδης Προϊστόρικα ἀγγεῖα Χαιρωνείας καὶ Ἐλατείας* S. 78), auf Kreta in der neol. Schicht von Knossos (JHS 1891 S. 97). Weiter begegnen wir ihr auf Naxos, in Gordion und Kyme in Kleinasien und vereinzelt auch in Ägypten (Wilke a. a. O.). Endlich ist sie auch noch mehrfach in Nord- und Mitteleuropa beobachtet, so in Dänemark (Mém. d. Antiq. d. Nord 1914/15 S. 95 S. Müller), in Smiřic in Böhmen (MAGW 1892 S. 33), in Serkowitz in Sachsen (Schnurkeram. Becher mit roter Füllung; Präh. Z. 1 [1909] S. 401), in Rosdorf bei Göttingen (Anthrop. Korr. Bl. 1913 S. 16), in Tröbsdorf a. Unstrut und in Verbindung mit Spiralmäanderverzierung in Osthofen und Mölsheim in Rheinhessen (s. o.). Außer der roten wurde bisweilen auch blaue Farbe zur Füllung der eingetieften Ornamentik verwendet; so mehrfach in Szarvas (s. d.) in Slawonien.

§ 4. In der frühen BZ, die sich fast überall — wohl infolge der Nachbildung der Bronzegefäße — durch eine auffallende Armut an Ornamenten auszeichnet, tritt die E. ganz bedeutend zurück, erlebt aber alsbald namentlich in der pannonischen Keramik (s. d.) Westungarns und Slawoniens eine Renaissance, um sich dann nicht wieder zu verlieren. Ihre besten Leistungen gehören, wenigstens in Ungarn und Süddeutschland, der mittl. und jüng. BZ an, während sie in der HZ durch die in dieser Per. in weiten Gebieten erneut aufkommende Gefäßmalerei mehr und mehr verdrängt wird.

§ 5. Als eine Übertragung der keramischen Einlagetechnik auf die Bronzekunst darf man jedenfalls die im N ungemein häufig vorkommende Ausfüllung der eingetieften Ornamente der mannigfachen Bronzegeräte auffassen. An sich mußten ja die einzelnen Elemente der Ornamentik, da ihnen die nötige Tiefe und infolge davon die zur Erzielung ausreichender optischer Wirkungen erforderliche Abwechselung zwischen Licht und Schatten fehlte, ziemlich mager erscheinen, und wenn man auch diesen Mangel durch eine gehäufte Wiederholung der Verzierungselemente (konzentrische Kreise, Spiralen usw.) einigermaßen zu beheben suchte, so wurde dieser Zweck doch nur unvollkommen erreicht. Wohl aber konnte man die Muster sehr kraftvoll gestalten, wenn man den eingetieften Grund wie in der Keramik mit einer andersfarbigen Masse, hier also im Gegensatze zu der goldenglänzenden Bronze mit einem dunkeln Stoffe ausfüllte. Es ist dies die sogenannte Harzmasse, die aus Harz und Birkenrinde, vielleicht mit einem Zusatze von Bernstein, zusammengesetzt war, und die in Form runder, dicker, in der Mitte mit einem Loch zum Aufziehen versehener Harzkuchen gebrauchsfertig aufbewahrt wurde. Diese E. ist noch an zahlreichen Altertümern vorhanden und liegt um alle größeren Ornamente, Kreise, Zickzack-, Bogen-, Dreieckmuster und Spiralreihen, die sich in dem goldenscheinenden Metall von dem dunkeln Grunde höchst wirkungsvoll abheben mußten (Müller *NAK.* I 293, 450). Diese Art der E. ist also gewissermaßen die Vorläuferin des von der westeurop. Frühlatènezeit ab aufkommenden Email champlevé, nur daß hier an Stelle des Harzes der nord. Bronzekunst die edlere, verschiedenfarbige Emailmasse zur Ausfüllung des Ornamentengrundes verwendet wird.

M. Wosinsky *Die inkrustierte Keramik der Stein- und Bronzezeit* 1904; G. Wilke *Spiralmäanderkeramik und Gefäßmalerei* 1911 S. 66ff.; Hoernes *Urgesch*². S. 280. Wilke

B. Ägypten. § 1. In Stein und Holz. Die Äg. haben die E. eines Stoffes in einen anderen in der verschiedensten Weise ausgeführt, um ihren Arbeiten lebhaftere Wirkung zu verleihen. An Bauten sind steinerne Bauglieder, besonders Türumrahmungen, mit ornamental angeordneten Platten von Fayence ausgelegt. Auch Metalleinlage, vermutlich von Kupfer oder Bronze, in Stein ist ausgeführt worden. Ferner hat man bei figürlichen Darstellungen in Relief die einzelnen Teile des Körpers in verschiedenfarbigem Stein eingelegt (Petrie *Amarna* 1894 S. 12 zu Tf. 6).

Holz hat E. von andersfarbigen oder künstlich gefärbten Hölzern erhalten, auch von Elfenbein, Knochen oder farbigen Pasten. Kästen mit farbig eingelegten Ornamenten, bei größerer Ausführung auch in Gestalt von eingelegten Fayenceplatten, können eine außerordentlich schöne Wirkung haben. Der Schrein in dem 1923 geöffneten Grabe des Königs Tut-anch-Amon (Dyn. 18), unter dem der Sarg steht, besteht aus teilweise vergoldetem Holz mit E. von blauen Fayenceplatten.

§ 2. In Metall. Die häufigsten und technisch interessantesten Einlagetechniken sind in Metall ausgeführt worden. Die beliebteste Art zeigt E. von Gold in Bronze nach dem weitverbreiteten Tauschierverfahren. Metallarbeiten haben eine Farbwirkung von besonderem Reiz erhalten durch E. von Halbedelsteinen. Als solche sind vorzugsweise verwendet worden der dunkelblaue Lapislazuli, der rote Karneol und grüne Steine (besonders Malachit, Feldspat und Türkis). Wegen ihres Wertes werden die echten Steine gern ersetzt durch Stücke gleichfarbigen Glases, das man zuschneidet und in das Metall einsetzt. Bei größeren Stücken nimmt man statt des Glases seit dem späteren NR auch kleine Stücke Fayence in der Farbe der nachzuahmenden Steine. Für das Einsetzen der farbigen Steine bzw. ihrer Ersatzstoffe gibt es zwei verschiedene Methoden, die Grubeneinlage und die Zelleneinlage.

Grubeneinlage wird gearbeitet, indem man in der Oberfläche des Metalls Gruben herstellt, die entweder schon mitgegossen sind oder nachträglich herausgehoben werden. In diese Gruben legt man die Einlagesteine hinein und kittet sie darin fest. Das älteste Beispiel für Grubeneinlage ist ein Käfer aus Goldblech (Dyn. 1), in dessen Flügel ein Stück dunkelblaue Glaspaste eingelegt ist (Reisner *Naga ed-Dêr* Tf. 6, 1). In derselben Technik sind E. an Schmucksachen des MR und NR ausgeführt. Zelleneinlagen werden so hergestellt, daß man auf die Metallplatte Blechstreifen hochkantig auflötet, sodaß sie Ornamente und Figuren in Form von nebeneinander stehenden Zellen bilden. Die einzusetzenden Steine, bzw. ihre Ersatzstoffe werden in diesen Zellen festgekittet. Die ältesten Belege für Zelleneinlagen sind Schmuckstücke des MR. Die Technik ist durch das ganze NR und die Spätzeit bis in die ptolemäische Zeit hinein ausgeübt worden.

Bull. Inst. Franç. Caire 8 (1911) S. 39 und 12 (1916) S. 36 Vernier; Marc Rosenberg *Ägyptische Einlage in Gold und Silber* 1905.

Einlage B. Ägypten

Prunkbeil des Königs Ahmose I. (18. Dyn.). Bronzeklinge mit Einlagen von Gold, Niello und bunten Halbedelsteinen. Verschnürung durch Goldblechstreifen. Museum Kairo. Nach Photographie.

§ 3. Schmelz. Seit der griech. Zeit kommt E. durch eingeschmolzenes Glas vor, das als Grubenschmelz, Zellenschmelz oder durchsichtiger Gitterschmelz ausgeführt werden kann. Das älteste nachgewiesene Stück mit Zellenschmelz ist der Anhänger von der Kette mit der Figur des widderköpfigen Gottes Harsaphis (etwa Dyn. 30), das im Kunsthandel war (*Collection de M. Guilhou* 1905 Tf. 1, 2), und ein goldener Seelenvogel im Berliner Museum (Schäfer *Ägyptische Goldschmiedearbeiten* 1910 S. 37; Berlin 17046). Eingeschmolzenes Glas ist in allen Techniken eingesetzt an Schmuckstücken der Königin von Meroë (1. Jh. n. C.) in Berlin. Weiteres s. Email B.

Blümner *Technol.* 4 (1887) S. 407; Vernier *Bijouterie et joaillerie* 1907 S. 96, 123.

Roeder.

C. Palästina-Syrien s. Elfenbein D.

D. Vorderasien s. Kunstgewerbe D.

„Einzelgrab" s. Bootaxtkultur, Finnland A, Grab A, Holland A, Nordischer Kreis A § 5c.

Eis (Kärnten). In den 50er Jahren des 19. Jh. wurden 22 Silbermünzen gefunden, davon 4 größere von Didrachmen-Format, 3 mit bartlosem Kopf nach links und Netzhaube. Revers mit Reiter und ATTA, die 4. Revers mit NEME. Die 18 kleinen Münzen von etwa 1 cm Dm z. T. mit glatten, aufgetriebenen Avers, zeigen im Revers starke lineare Prägungen. Es handelt sich um einen Münzdepotfund der LTZ Stufe D.

Archiv f. österr. Geschichtsquellen 1860 S. 281 Kenner; Carinthia 1892 S. 167f. Hauser.

G. Kyrle

Eisen. A. Europa. Allgemein.

§ 1. Allgemeines. — § 2. Gewinnung. — § 3. Luppen und Barren. — § 4. Stahl. — § 5. Andere Methoden der Härtung. — § 6. Kein Gußeisen. — § 7. Schmieden. — § 8. Fabrikmarken. — § 9. Verbände. — § 10. Treiben, Stanzen, Ziselieren. — § 11. Ätzen.

§ 1. E. kommt gediegen nur als Meteoreisen in verhältnismäßig kleinen Mengen vor, und dieses ist auch nur z. T. schmiedbar. Oxydische Eisenerze (Magneteisenstein und Brauneisenerz) finden sich in Seifen und können durch einfachen Waschprozeß gewonnen werden. Im Altertum hat man das E. in der Regel aus Eisenerzen (Roteisenstein, Brauneisenstein und Raseneisenerz) ausgeschmolzen; sie sind weit verbreitet und kommen z. B. als Raseneisenerz auch im nordd. Flachland in sumpfigen Niederungen vor. Das ziemlich einfache Verfahren und die verhältnismäßig geringe Temperatur (800° C.), die dazu nötig ist, haben dazu verführt, daß Hostmann, Lindenschmit u. a. die Verarbeitung des E. der des Kupfers und der Bronze vorangehen lassen wollten. Diese Ansicht hat sich, soweit Europa, die benachbarten Teile Asiens und Ägypten in Frage kommen, als unhaltbar erwiesen. In Ägypten kann man von einer Kultur, deren Träger das E. ist, nicht vor Mitte des 2. Jht. reden. Vom 12. Jh. ab erscheint es als blaugemaltes Metall in den Wandgemälden und zwar stets in den Händen von Negern, wodurch der afrik. Ursprung angedeutet wird. Vereinzelt werden allerdings Eisenfunde aus bedeutend älteren Zeiten gemeldet. Ihre Zuverlässigkeit wird angezweifelt, einige Stücke besitzen aber sicher ein hohes Alter, nämlich einige Perlen aus einem vordyn. Grab von El Gerzeh, die aber kaum als einheimisches Erzeugnis gelten können. Hier wie auch sonst überall beim ersten Auftreten des E. kann man beobachten, daß es zuerst nicht etwa für Waffen und Werkzeuge, sondern für Schmuck verwendet wurde. In Troja läßt sich das E. erst in nachmyk. Zeit nachweisen. Einige angeblich der II. Stadt angehörige Stücke müssen ausscheiden. So wird von einem zungenförmigen Barren die Datierung in diese Epoche bestritten, und ein in der II. Stadt gefundener Knauf besteht nicht aus metallischem E. sondern einem stark oxydierten Eisenmineral. Im ägäischen Kulturkreis und in Vorderasien scheinen alte Überlieferungen auf ein hohes Alter der Eisenbearbeitung hinzuweisen (idäische Daktylen, Chalyber, Kabiren, Kureten, Telchinen), aber greifbare Funde erscheinen auch hier erst gegen das Ende der myk. Per. In dieselbe Zeit fallen Zeugnisse der Eisengewinnung (Rest eines Schmelzofens) an der Ostküste Italiens von Manfredonia. In Mittel- und Norditalien, im Alpen- und Donaugebiet tritt das E. mit dem Beginn der HZ vom 11. Jh. ab auf. Aus der Hallstattkultur gelangen eiserne Gegenstände nach dem N, wo sie in der späten nord. BZ als vereinzelte Eindringlinge erscheinen. In größeren Mengen und in einheimischer Verarbeitung tritt es erst im 8. Jh. im Gebiet der späten Lausitzer Kultur (Billendorfer und Göritzer Typus; s.d.) und etwa gleichzeitig weiter n. bei den Germanen auf. Einen starken Aufschwung nimmt die Verwendung des E. in der LTZ. Jetzt sind vor allem die Kelten die Träger der Eisenindustrie, und von ihnen aus verbreitet sich eine bessere Technik und reichlichere Benutzung zu den Germanen.

E. Treptow *Die Mineralbenutzung in vor- und frühgeschichtl. Zeit* 1901 S. 31 ff.; Anthrop. Korr. Bl. 31 (1900) S. 142 ff.; 42 (1911) S. 153 Montelius; ZfEthn. 39 (1907) S. 334 ff. Belck, 691 ff. Olshausen; 40 (1908) S. 45 Belck; Déchelette *Manuel* II 541 ff.

§ 2. Das E. wurde im Herdfeuer Rennfeuer, Luppenfeuer) gewonnen. Über die Einrichtung der primitiven Eisenschmelzöfen ist man durch häufige Funde sowohl im Berg- wie im Flachland unterrichtet. Sie bestehen aus einem mit Lehm ausgeschlagenen Hohlraum, aus dessen unterem Teil eine Öffnung herausführt, die zunächst zur Zuführung von Luft, dann zum Abfließen der Schlacke diente. Der Raum wurde in wechselnden Lagen mit Eisenerz und Holzkohle unter Zufügung von Schmelzzuschlag (Kalk usw.) beschickt. Die zur Erzeugung der Hitze nötige Zugluft muß durch ein Gebläse erzeugt worden sein. Düsen aus Ton, die hierbei Verwendung finden konnten, sind öfter gefunden worden (s. Bronzeguß A § 3). Natürliche Zugluft, auch wenn der Schmelzofen an einem Bergabhang angelegt war, genügt keinesfalls. Durch die Hitze erweichen die metallischen Bestandteile zu einer teigartigen, zähen Masse und senken sich zum Boden des Ofens hinab, wo sie, stark mit Schlacke vermengt, die „Luppe" oder den „Wolf" bilden, der nach oben in die leichtere Schlackenmasse übergeht. Die Luppe wird dann unter wiederholtem Erhitzen stark gehämmert, um die Schlackeneinschlüsse nach und nach herauszusprengen. Im Renn- oder Luppenfeuer wurde je nach der Geschicklichkeit des Arbeiters bald schmiedbares E., bald Stahl gewonnen. Durch wiederholten Frischprozeß bzw. Umschmelzen der Luppe erzielte man jeweilig nach Wunsch E. oder Stahl. Später benutzte man stellenweise kleine Schachtöfen, welche aber niemals die alten Rennfeuer verdrängen konnten, die in Schlesien, Thüringen und Ostpreußen noch bis kurz vor 1800 n. C. zahlreich vorhanden waren. Eine der umfangreichsten Schmelzstätten liegt bei Tarxdorf (Kr. Steinau, Rgbz. Breslau); 37 dicht beieinander liegende Öfen wurden freigelegt, aber ihre Gesamtzahl an jener Stelle wird auf 30000 bis 50000 geschätzt. Sie bestehen aus einer kesselförmigen, nach oben verjüngten, etwa 60 cm br. und ebenso t. Grube, die mit einer 10 cm starken Lehmmasse ausgefüttert ist. Letztere ist durch 13—16 stehend eingeformte Holzstäbe versteift gewesen. Darüber liegen Reste einer breiten Lehmmulde, die als Schmelztiegel zur Aufnahme des Erzes, der Zuschläge und des Brennmaterials diente, und von wo aus Schlacke und erweichtes, E. sich in die Grube senkten. Die in der Mulde aufgehäufte Masse muß mit Erde, Rasenplacken u. dgl. überkleidet gewesen sein.

Eine besondere Art von Schmelzöfen hat Schliz nach zahlreichen Funden in latènezeitl. Wohn- und Werkstätten in Schwaben rekonstruiert. In einer seichten Grube wurde eine Anzahl Zylinder aus feuerfestem Ton mit trichterartig erweitertem Rand in einem Aschenbett dicht aneinander gestellt und die Zwischenräume mit Lehm ausgefüllt. Dann wurde die Grube mit Steinbrocken und Lehm ummauert, wobei man mehrere Zuglöcher für Blasebälge freiließ. Oben wurde der Ofen mit einem kuppelförmigen, sorgfältig glattgestrichenen Mantel aus feuerfestem Ton abgedeckt, der auf der Höhe ein größeres Abzugsloch, das vielleicht auch zum Nachfüllen von Erz und Brennmaterial diente, erhielt. Nach dem Trocknen wurde der Ofen durch Holzkohlenfeuer in Glut gebracht und dann mit Lagen von Eisenerz und Holzkohle beschickt. Das ablaufende Metall sammelte sich am Boden und floß in die Tonröhren, wodurch man handliche runde Eisenstäbe erhielt.

Quiquerez *Les forges primitives du Jura* 1871; Karsten *Eisenhüttenkunde* 1816; Argo 4 (1895) S. 1 ff. A. Müllner; ZfEthn. 36 (1904) S. 237 Heß v. Wichdorf; 41 (1909) S. 53 C. Giebeler, S. 60 ff. Olshausen, S. 72 ff. H. Grosse, S. 88 ff. E. Krause, S. 105 ff. Schliz; 46 (1914) S. 447 ff. Krieg u. Olshausen; BJ

79 (1885) S. 235ff. Ad. Gurlt; C. M. Mädge *Über den Ursprung der ersten Metalle, der See- und Sumpfverhüttung, der Bergwerksindustrie usw. in Schweden* 1916; Mannus 3 (1911) S. 296 E. Blume; Fundb. Schwaben 13 (1905) S. 53ff. Schliz.

§ 3. Als Luppen bezeichnet man nicht nur die beim Ausschmelzen gewonnenen rohen Eisenblöcke sondern auch die für den Handel und die weitere Verarbeitung in eine gewisse Form gebrachten Eisenbarren („Masseln"). Es sind doppelpyramidenförmige Stücke von 3—10 kg Gewicht, die in zwei Typen auftreten. Der eine ist kurz und dick, etwa $^1/_4$ m l., durchschnittlich 7 kg schwer; der andere schlank mit lang ausgezogenen Spitzen, etwa $^1/_2$ m l. und leichter. Die erste, ältere Art kommt bereits in der j. HZ vor; wann die jüngere beginnt, ist ungewiß, sie reicht bis in die späte LTZ. Nach einer Statistik Kossinnas sind insgesamt 348 Stücke bekannt, die sich folgendermaßen verteilen: Rheinprovinz 11, Nassau 2, Hessen-Darmstadt 100, Rheinpfalz 36, Baden 18, Württemberg 19, rechtsrheinisches Bayern 6, Lothringen 60, Elsaß 45, Schweiz 45, Vorarlberg 3, Wahren bei Leipzig 1, Abbeville 2. Ihr Hauptverbreitungs- und also wohl Ursprungsgebiet wäre hiernach die mittl. und obere Rheingegend. Allerdings kommen ebensolche Luppen in großer Zahl auch in den hallstätt. Funden der Byčiskálahöhle (s. d.) in Mähren und in dem riesigen Eisenmagazin des Palastes von Chorsabad (s. Dur-Sargon) vor.

Vorgesch. Luppen aus bestem Stahl in Form von kleinen Parallelepipeden wurden bei Mannsburg in Krain gefunden; ein formloses Stück E. in dem bronzezeitl. Fund von Kölpin (s. d.) in Pommern.

ZfEthn. Verh. 17 (1885) S. 521 Olshausen; Argo 6 (1898) S. 56 A. Müllner; M. Hoernes *Natur- und Urgeschichte des Menschen* II (1909) S. 222; Mannus 7 (1915) S. 117ff.; 11/12 (1919/20) S. 412f. Kossinna.

§ 4. Die Schwert- und Dolchklingen von Hallstatt haben einen weichen Kern, aber eine sehr harte Oberfläche; v. Sacken vermutet deshalb, daß man es nicht verstand, die Klingen völlig in Stahl umzuwandeln, sondern sie durch Glühen unter Kohle und Ablöschen nur oberflächlich stählte. Die kelt. Eisenindustrie der LTZ kannte außer dem Schweißeisen auch den Schweißstahl, d. h. die Anreicherung des E. mit Kohlenstoff, und verstand ihn einwandfrei zu härten, so daß das Material dem heutigem Stahl gleichwertig ist. Die Technik der Härtung wurde vollständig beherrscht, wie man daraus erkennen kann, daß Werkzeuge (Messer, Feilen) an den Arbeitsflächen gehärtet sind, an Heft und Angel dagegen nicht. Ein nachträgliches Anlassen (Erhitzen zur Milderung der Sprödigkeit) konnte bisher nicht festgestellt werden.

Die Untersuchung einer Anzahl kelt. Fundstücke von der Steinsburg ergab, daß Werkzeuge, bei denen es auf besondere Härte ankam, wie Messer, Feilen, Äxte, Pickel aus gehärtetem Stahl hergestellt wurden, während man sich für andere Geräte (Sense, Pflugschar, Feuerschürer) mit weichem E. begnügte. Auffallender Weise bestehen auch die Waffen (ein Schwert, zwei Lanzenspitzen) nicht aus Stahl sondern aus E.; hierin liegt die Bestätigung der Notiz des Polybius (II 33), daß die gall. Schwerter sich verbogen und nach jedem Hieb wieder gerade gerichtet werden mußten.

Sacken *Hallstatt* S. 118; Internat. Zeitschr. f. Metallographie 4 (1913) S. 248ff. Hanemann; Präh. Z. 13/14 (1921/22) S. 94ff. Hanemann; Verhandl. der Naturforsch. Gesellsch. in Basel 21 (1910) S. 25ff. H. Rupe; 27 (1916) S. 108ff. Rupe und Müller.

§ 5. Außer dem Stählen gibt es noch andere Möglichkeiten, das E. zu härten. So entsteht oberflächliche Härtung durch einfaches Hämmern sowohl beim E. wie beim Stahl. Man wird um so eher annehmen dürfen, daß man diese Methode anwandte, als sie schon der bronzezeitl. Technik bekannt war. Über ein anderes von den Keltiberern geübtes Verfahren berichtet Diodor (V 33): sie vergruben Eisenplatten in der Erde, bis der Rost die weichen Teile verzehrt hatte, und schmiedeten die übrigbleibenden harten zusammen. Die Zähigkeit des E. läßt sich mit der Härte des Stahls durch Damaszieren vereinigen, d. h. Zusammenschweißen weicher und harter Lamellen, eine Technik, die ihre Blüte erst in nachchristl. Zeit im Orient und im germ. N erreichte, sich aber bis in die LTZ zurückverfolgen läßt. Gall. Waffen aus Alesia (s. d.) besitzen nämlich einen Kern aus Stahl, dem die Schneiden aus weichem E. angeschmiedet sind; letztere wurden dann durch Kalthämmern gehärtet. Damastartig geschmiedete Schwertklingen befinden sich in der späten LTZ auch im Besitze der Germanen (Funde von Münsterwalde [Kr. Marienwerder], Rheinhessen, Heiligenstein bei Speyer, Mainz, Rampitz [Kr. Weststernberg]).

Rev. arch. 10 (1864) S. 337 ff. de Reffye; F. Keller *Pfahlbauten* 6. Ber. S. 296; Sitzungsber. Prussia 8 (1883) S. 11 ff. Blell; Z. f. histor. Waffenkunde 1907 Nr. 5 v. Lenz; Déchelette *Manuel* II 1116ff.; Mannusbibl. Nr. 16 (1916) S. 29 u. 104 M. Jahn.

§ 6. Gußeisen war im Altertum unbekannt. Vereinzelt tauchen zwar angeblich antike Gegenstände aus Gußeisen auf, aber entweder sind es Einzelfunde wie eine Statuette von Plittersdorf bei Bonn, deren Alter durch die FU nicht gewährleistet ist, oder sie sind als Arbeiten der Renaissance verdächtig, wie eine Faunfigur im Berliner Antiquarium. Der gußeiserne Hohlring aus der Byčiskála-Höhle, angeblich von einer hallstätt. Fundstelle, ist als apokryph anzusehen; entweder ist sein Besitzer Wankel das Opfer eines Betrugs geworden, oder der Ring ist ein ohne Fälscherabsicht zu Versuchszwecken hergestellter, moderner, eiserner Nachguß eines alten, sonst nur aus Bronze bekannten Typus. Wenn im Altertum der Eisenguß bekannt gewesen wäre, würde das Fundmaterial sich nicht auf einige wenige Stücke beschränken, die alle eine andere Deutung zulassen.

BJ 80 (1885) S. 194ff.; 81 (1886) S. 220ff. Gurlt; Blätter des Ver. für Urgeschichte und Altertumsk. in den Kreisen Siegen usw. 15 (1886) Gurlt; ZfEthn. Verh. 18 (1886) S. 374ff. Olshausen; Intern. Zeitschr. f. Metallographie 4 (1913) S. 254 Hanemann; M. Hoernes *Natur- und Urgeschichte des Menschen* II (1909) S. 226; Präh. Z. 7 (1915) S. 1ff. Olshausen.

§ 7. Das Formen des E. zu Werkzeugen, Hausgerät, Waffen und Schmuck erfolgte durch Schmieden, d. h. Hämmern des glühend gemachten Werkstücks. Das Handwerkszeug des Eisenschmiedes, Hammer, Amboß und Zange (s. diese Artikel) bestand wohl ausschließlich aus E. Ausgezeichnete Schmiede waren die Kelten in der LTZ, das Blatt ihrer Lanzenspitzen z. B. ist manchmal papierdünn ausgeschmiedet. Wenn dieser Vorgang sich auf die untere Hälfte der Lanzenspitze beschränkt, während die obere weniger stark ausgeschmiedet wird, entsteht an der Übergangsstelle eine Einschweifung der Schneide, die dann zu einem selbständigen Ziermotiv (geflammte Lanzenspitzen) ausgestaltet wird. Es ist das eines der vielen Beispiele in der vorgesch. Kunstentwicklung, wo ein technisches Moment eine Zierform hervorruft. Außerordentliche Geschicklichkeit verraten auch manche zierlich geschmiedete Fibeln sowohl kelt. wie germ. Ursprungs. Die Latèneschwerter wurden aus einem Halbfabrikat, in eine Angel auslaufenden Planken von 30—50 cm Länge ausgeschmiedet; sie kommen in Latènestationen öfter vor, u. a. ein ganzes Bündel aus der Limmat bei Zürich.

Eine besondere Art ist das Schmieden im Gesenke, wobei das E. in eine feste Form hineingehämmert wird, deren Vertiefungen am Werkstück als plastische Ornamente hervortreten. In dieser Technik sind ostgerm. Schwertscheiden der späten LTZ verziert.

Niederlaus. Mitt. 4 (1896) S. 339 Weineck; Mannusbibl. Nr. 16 (1916) S. 82, 123 M. Jahn; 18 (1919) S. 97 Kostrzewski; J. Heierli *Urgeschichte der Schweiz* 1901 S. 331 f. Abb. 320.

§ 8. Das Schmieden eignet sich nicht für den Hausbetrieb. Geht schon die Einrichtung einer Werkstätte mit dem nötigsten Handwerkszeug über den Zuschnitt des Einzelhaushaltes hinaus, so erfordert die Schmiedetechnik besondere Kraft und Geschicklichkeit, die nur durch Tradition und dauernde Übung gewonnen werden. Die Schmiedekunst muß daher schon von Anfang an handwerksmäßig betrieben worden sein, und der Schmied hob sich im Volksglauben als besonders geschickt und mit geheimnisvollen Kräften begabt aus der Menge heraus (Hephäst, Vulkan, Wieland). Das Bewußtsein einer bevorzugten Stellung und der Stolz auf das eigene Fabrikat mögen die Ursache zum Einschlagen von Fabrik- oder besser Werkstätten- oder Meistermarken gewesen sein, wie man sie an keltischen Erzeugnissen der jüngeren LTZ nicht selten antrifft. Die meisten haben die Form eines Halbmondes und lassen sich zu einer Entwicklungsreihe zusammenstellen, die von einem in einem Ring sitzenden Menschenkopf ausgeht. Außerdem kommen vor: Kleeblatt, Rad, Eber und sitzende Menschenfigur. Die meisten stammen aus kelt., einige aber auch aus germ. Gebiet. Angesichts der fortschreitenden Entwicklungsreihe handelt es sich wahrscheinlich auch bei den auf germ. Boden gefundenen Stücken um kelt. Import. Mit Ausnahme von einem, das auf einer Sichel angebracht ist, befinden sich sämtliche Zeichen auf dem oberen Teile von Schwertklingen, also an sichtbarer Stelle, während die Fabrikstempel der röm. Schwerter in der Regel auf der Griffangel sitzen, also vom Griffbelag verdeckt waren. Diese Signaturen sind nicht zu verwechseln mit ähnlichen Zeichen (Sonne und Mond) auf kelt. Schwertern der älteren LTZ, die mit Gold tauschiert sind und wohl religiöse Bedeutung hatten.

F. Keller *Pfahlbauten* 6. Ber. Tf. 10, 6 u. 7, Tf. 11, 22—31; Forrer *Reall.* S. 110, 881, Tf. 210, 7; Déchelette *Manuel* II 1117, Abb. 462; Mannusbibl. Nr. 16 (1916) S. 116f, Abb. 130, 131 M. Jahn; P. Vouga *La Tène* 1923.

§ 9. Verbände. Die einfachste Art, Eisenteile miteinander zu verbinden, ist das Nieten. Es war schon in der BZ an Bronzegegenständen üblich und konnte ohne weiteres in die Eisentechnik übernommen werden. Es hat den Nachteil, daß Nietungen beim Gebrauch sich leicht lockern, und daß genietete Gefäßwandungen ohne besondere Dichtung nicht wasserdicht sind. Anders das Schweißen, das im engsten Zusammenhang mit der Schmiedetechnik steht und gleichzeitig mit ihr entstanden sein dürfte. Ist schon an gut erhaltenen modernen Eisensachen die Fuge einer guten Schweißung schwer zu erkennen, so entzieht sie sich meist der Feststellung an den stark verrosteten Gegenständen der ältesten EZ. Man kann aber aus der Form mancher Gegenstände, z. B. der Tüllen von Lanzenspitzen und Äxten, entnehmen, daß die Kunst des Schweißens schon in der HZ ausgeübt wurde. In der LTZ mit ihren prächtig erhaltenen Wasser- und Moorfunden (La Tène; s. d.) fallen die Schweißungen besser ins Auge. Daß die Güte der Schweißung zu gewissen Zeiten und an gewissen Gegenständen wechselte, hat M. Jahn (Mannusbibl. Nr. 16 [1916] S. 169) nachgewiesen; während bei den germ. Schildbuckeln die Verschweißung sonst so gut ist, daß man die Naht nicht erkennen kann, ist sie bei den aus einem Kreissegment zusammengebogenen Buckeln des 1. Jh. n. C. flüchtig ausgeführt und sichtbar.

Eine lockere Art der Verbindung besteht im Ineinandergreifen umgefalzter Ränder, z. B. an den Blechscheiden der Latèneschwerter, wobei umgelegte Klammern nicht zu entbehren waren.

Das Löten von E. kommt für die vorgesch. Zeit nicht in Frage.

§ 10. Getriebene und gestanzte Verzierungen können nur an dünnem Blech angebracht werden, und dieses ist in der Regel dem Roste zum Opfer gefallen. Am ehesten wäre es möglich, sie an den wohlerhaltenen Schwertscheiden von La Tène zu beobachten, aber hier sind die Reliefornamente nach Keller (*Pfahlbauten* 2. Ber. S. 152) weder getrieben noch gepreßt, sondern mit dem Meißel hergestellt. Gern hat man die Punze für vertiefte Muster angewandt, eine Technik, die man schon von der BZ her völlig beherrschte. Ob die feinen und reichen Ziselierungen mancher Schwertscheiden von La Tène durch Aneinanderreihen feiner Meißelhiebe — wie in der bronzezeitl. Technik — oder durch Einritzen mit einem Stahlstichel hergestellt sind, läßt sich bei dem Erhaltungszustande des E. nicht sicher feststellen.

§ 11. Ätzen. Eine komplizierte Verzierungsweise, die man in einer primitiven Technik nicht vermutet, ist für die LTZ einwandfrei nachgewiesen. Sowohl an kelt. wie ostgerm. Schwertern und Lanzenspitzen findet man leicht erhabene Verzierungen, die durch Abätzen des Grundes hergestellt sind. Die Zeichnung wurde mit einer säurefesten Masse (Wachs) aufgebracht und das Stück in eine ätzende Flüssigkeit gelegt, welche die freibleibenden Teile abtrug. Die Muster stellen Zickzacke, Ringchen, Triquetra, Sterne, unregelmäßige Punktierungen usw. dar. Als Ätzmittel standen Obstessig und Jauche zur Verfügung. Für das Aufbringen des säurefesten Ätzgrundes kommen verschiedene Methoden in Frage. Entweder wurde das Stück in die flüssig gemachte säurefeste Masse eingetaucht und dann letztere an den zu ätzenden Stellen abgekratzt. Oder das Muster wurde mit der säurefesten Masse aufgelegt (aufgemalt oder etwa nach Art der Barbotinetechnik aufgebracht). Gewisse Sternmuster wurden aus flachgewalztem Wachs mit einer scharfkantigen Form ausgestochen, wie es jetzt der Konditor bei fassoniertem Teegebäck macht, und das so gewonnene Wachsbild aufgelegt. Die Ätzung tritt zuerst an kelt. Waffen der älteren LTZ auf, wurde im 1. Jh. v. C. von den Germanen übernommen und verschwindet mit Beginn unserer Zeitrechnung. S. a. Bergbau A § 33; Tauschierung.

F. Keller *Pfahlbauten* 2. Bericht 1858 S. 152; Anthrop. Korr.-Bl. 1885 S. 160f. Tischler; ZfEthn. 37 (1905) S. 374 ff. Kossinna; Mannusbibl. Nr. 16 (1916) S. 61 ff. M. Jahn; Schles. Vorz. 7 (1916) S. 93 ff. M. Jahn.

Für den ganzen Artikel vgl. auch L. Beck *Die Geschichte des Eisens* I. Abt.² 1890; Präh. Z. 7 (1915) S. 1 ff. Olshausen. Alfred Götze

B. Ägäischer Kreis. Das E. tritt zuerst ganz vereinzelt, als kostbares, dem Golde mindestens gleich gewertetes Metall, in myk. Gräbern des 15. Jh. auf (eiserne Fingerringe in Kuppelgräbern von Vaphio und Kakovatos, Ringe aus Gold und E. in Phaistos und Mykenai). Bis zum Ende der myk. Kultur bleibt es selten (ein vereinzeltes Eisenschwert in Mulianà auf Kreta *'Εφ. ἀρχ.* 1904 S. 22 ff.), und auch in der „geometrischen" Per. wird es keineswegs allgemein verwendet. Der homerische Gebrauch meist eherner Waffen neben eisernen Geräten beweist das langsame Eindringen des E. bis zum 6. Jh., wo es die Bronze auch für Waffen größtenteils verdrängt. — Dörpfeld rückt, seiner abweichenden Chronologie entsprechend, weitgehende Verwendung des E. ins 2. Jht. hinauf, doch sprechen die Grabungsergebnisse entschieden dagegen.

Ath. Mitt. 34 (1909) S. 272 K. Müller; 'Εφ. ἀρχ. 1889 S. 147; 1888 S. 135, 147; A. Frickenhaus — W. Müller *Tiryns* I (1912) S. 128—132; JHS 8 (1887) S. 68 ff. Paton; Ath. Mitt. 28 (1903) S. 235f. Pfuhl; Helbig *D. homer. Epos*² 1887 S. 330 ff.; B. Schweitzer *Untersuch. z. Chron. d. geom. Stile in Griech.* 1918 S. 77. G. Karo

C. Ägypten. § 1. Heute wird Eisenerz in Innerafrika gewonnen, und bei einigen Negerstämmen ist das Schmieden des E. seit langer Zeit in Übung. Es ist wahrscheinlich, daß die Kenntnis des E. und seiner technischen Behandlung den Negern durch die Äg. vermittelt worden ist, aber man darf deshalb die gleichen Verhältnisse noch nicht für die äg. Frühzeit annehmen. Im Gegenteil zeigen alle Funde aus frühägyptischer Zeit, daß man wohl gelegentlich Roheisen in die Hände bekam und aus ihm Schmuckstücke, in vereinzelten Fällen auch einmal ein Gerät anfertigte, aber man hat in älterer Zeit niemals E. zu härten verstanden und in größerem Umfange zu Waffen und Werkzeugen verwenden können.

§ 2. Die kleinen Eisenstücke als Glieder einer Halskette vorgesch. Zeit sind weiches E., das man zugehämmert hatte (Petrie *Labyrinth, Gerzeh and Mazghuneh* 1912 S. 15, Tf. 4; E. aus einem anderen vorgesch. Grabe: Petrie *Nagada and Ballas* 1896 S. 45). Das oft zitierte älteste eiserne Gerät aus der Pyramide des Cheops bei Gise scheint wirklich aus der Zeit ihrer Erbauung (Dyn. 4) zu stammen (Vyse *Pyramids of Gizeh* 1 [1840] S. 276). Aus der Folgezeit bis in den Anfang des NR hinein sind nur vereinzelt Eisenstücke oder verarbeitetes E. gefunden, und ihre Zahl ist ganz verschwindend gegenüber der Menge der erhaltenen Gegenstände aus jedem anderen Metall, obwohl doch E. weniger leicht wieder zu verwenden war als jenes. Das verwendete E. ist stets weiches Metall, das nach seiner Zusammensetzung keine Härtung verträgt und deshalb den Äg. weniger nützlich erscheinen mußte als in der ältesten Zeit das Kupfer und vom MR ab die Bronze.

§ 3. Im NR erhielten die Äg. Waffen und Gerät aus E. von den vorderas. Völkern durch ihre Handelsbeziehungen. Damals lernten sie von den Hettitern (Chatti) auch gehärtetes E. kennen, das wir als Stahl bezeichnen können. Aber immer noch treten eiserne Gegenstände in den antiken Darstellungen wie in den erhaltenen Bodenfunden nur ganz spärlich auf (Präh. Z. 4 [1912] S. 449 Burchardt). Eiserne Waffen kamen in größerer Menge erst mit den griech. Söldnern ins Niltal, die von den Pharaonen der Saitischen Zeit herangezogen wurden. Von da ab fand E. in steigendem Maße Verwendung, aber erst für die röm. Zeit kann man sagen, daß Ä. aus der BZ in die EZ übergetreten ist (Präh. Z. 4 [1912] S. 447f. Burchardt; Petrie *Hawara Biahmu and Arsinoe* 1889 S. 11).

§ 4. Vorkommen und Abbau von E. ist für einige wenige Stellen in Nubien nachgewiesen (bei Assuan: Ann. Serv. Antiqu. Égypte 17 [1917] S. 272 Bovier-Lapierre). Verarbeitung von Meteoreisen fällt bei der Seltenheit dieser Stücke praktisch nicht ins Gewicht, hat aber dem E. seinen äg. Namen bj' n p. t „Erz des Himmels" gegeben (Rec. de Trav. 26 [1904] S. 166 Spiegelberg).

§ 5. In Meroë am oberen Nil, das von den Quellen des Kupfers und Zinns weiter als Äg. entfernt war, griff man früher als am unteren Nil nach dem im Lande vorkommenden E. und verarbeitete es zu Waffen und Gerät (Liverpool Annals 4 S. 45). Hier liegt die Vermittlungsstelle für die Kenntnis des Metalls und seiner Verarbeitung zu den Negern Innerafrikas hin (ZfEthn. 1909 S. 22ff., 104 von Luschan; Proceed. Soc. Bibl. Archaeol. 33 [1911] S. 96—97). Die Frage, wie weit die Äg. das innerafrik. Eisen ausgenützt haben, und bis zu welchem Grade die äg. Eisentechnik von der afrik. abhängt, ist noch nicht genügend klargestellt.

Lepsius *Metalle* 1872 (Abh. Berl. Akad. 1871) S. 102; Ed. Meyer *G. d. A.*² 1 (1909) § 225, 258A; Vernier *Bijouterie et joaillerie égypt.*; Mém. Inst. Franç. Caire 2 (1907) S. 38ff. Gsell; Wiedemann *Äg.* 1920 S. 344; Erman-Ranke *Äg.* S. 550; Möller *Metallkunst* 1924.

Roeder

D. Palästina-Syrien.

§ 1. Beginn der EZ. — § 2. Frühere Funde. — § 3. Angaben des AT. — § 4. Herkunft.

§ 1. Das Auftreten des E. in Palästina-Syrien läßt sich nach den Funden bei den Ausgrabungen mit ziemlicher Sicherheit zeitlich bestimmen. In Lachis enthielt erstmalig die Schicht der 4. Stadt Geräte aus E., nämlich Sicheln, Meißel, Messer und Lanzenspitzen (Bliss *Tell el Hesy* S. 105, 134 Abb. 205ff.). Auf den Hügeln der Schephela kamen solche vereinzelt in spätvorisr., häufiger in der isr. Schicht zum Vorschein (Bliss-Macalister *Excavations* S. 150 vgl. Tf. 81). Das älteste Stück von Jericho, ein Messer, das ursprünglich wohl in einem Griffe aus anderem Material (Bronze oder Holz) saß, gehört in die isr. Zeit (Sellin-Watzinger *Jericho* S. 152 Nr. 8). In Gezer beginnen die Funde ganz spärlich in der 3. sem. Schicht (1200—950 v. C.): zunächst landwirtschaftliche Geräte (Macalister *Gezer* II 30, 32, 88, 269), in der 4. Schicht auch Messer, Haken, Nägel u. a. (ebd. I 315; II 271; III Tf. 199, 4 [Messer mit Bronzenieten]). Das gleiche Bild zeigt sich im N. Erst von der 3. Schicht ab finden sich in Thaanach neben Bronzesachen Hacken, Messer und Äxte aus E. (Sellin *Tell Ta'annek* S. 18, 73, 75, 82, 94; *Nachlese* S. 18, 24), ebenso in Megiddo Sicheln in der 4. Schicht (Schumacher *Mutesellim* S. 87 [in Griffen aus Knochen oder Kalkstein mit Bronzenägeln befestigt]), häufiger in der 5. Schicht, die wegen des Löwensiegels (s. Edelstein C, Siegel B) dem 8. Jh. zuzuweisen ist (ebd. S. 103, 109), am reichsten in der 6. Schicht mit ihrer Schmiedewerkstatt (ebd. S. 128, 130ff.). In Karkamisch (s. d.) tritt nach 1200 v. C. das E. anstelle der Bronze. Daraus ergibt sich, daß der Beginn der EZ um 1100 v. C. anzusetzen ist.

§ 2. Diese Zeitbestimmung wird durch eigentümliche Einzelfunde nicht umgestoßen. In der 3. Schicht von Megiddo lag ein sonderbares Werkzeug aus Knochen mit eisernem Stiel (Schumacher *Mutesellim* S. 74 Abb. 98). Grab Nr. 1 in Gezer (2. sem. Schicht, also 1600—1200 v. C.) enthielt einen eisernen Armring (Macalister *Gezer* I 301, III Tf. 63, 61); doch ist dieser offenbar später hineingefallen. Auf dem Boden des großen Tunnels lagen zwei eiserne Axtblätter (ebd. II 269 Abb. 417; s. Axt C § 7). Da der Tunnel spätestens um 1500 v. C. verlassen und vergessen wurde, muß man annehmen, daß tatsächlieh E. in seltenen Fällen doch schon vor Beginn der EZ nach Palästina gekommen ist, wie ja E. auch in Ägypten in wenigen Stücken sehr früh nachgewiesen ist (Erman-Ranke *Äg.* S. 550; W. M. Flinders-Petrie *The Arts and crafts of Ancient Egypt*² 1910 S. 104ff.) und in Babylonien vielleicht schon zu Gudeas Zeit bekannt war, sicher aber in einem Vertrage der Hammurapizeit erwähnt wird (B. Meissner *Babylonien und Assyrien* I [1920] S. 265f.).

§ 3. Die Angaben des AT lassen deutlich erkennen, daß die Israeliten erst in Palästina zum E. übergegangen sind (Exod. 20, 25 Verbot, behauene Steine zum Altarbau zu verwenden; Exod. 4, 25f.; Jos. 5, 2f.

Steinmesser für die Beschneidung). Anscheinend wurde E. (hebr. *barzel*) zunächst für Werkzeuge und landwirtschaftliche Geräte verwendet (1. Sam. 13, 19ff.; 2. Sam. 12, 31; Amos 1, 3), später für Waffen (1. Sam. 17, 7; Hiob 20, 24), Ketten, Riegel u. a. Schmelzöfen werden mehrfach genannt (1. Kön. 8, 51; Jer. 11, 4; Deut. 4, 10), aber nicht zur Bereitung von Guß-E., sondern nur von Schmiede-E. Bereits die Kanaaniter sollen eiserne Streitwagen gehabt haben (Jos. 17, 16 f.; Richt. 1, 19; 4, 3). Die Nachricht, daß diese gefährliche Waffe vor allem in der Ebene Jesreel üblich war, wird durch den Papyrus Anastasi IV (um 1200 v. C.) bestätigt, nach dem Kriegswagen und Teile von solchen aus drei Städten dieser Gegend bezogen wurden (Müller *Asien u. Eur.* S. 153; s. Wagen).

G. B. Winer *Biblisches Realwörterbuch*³ I (1847) S. 311 f.; II S. 512; H. Guthe *Kurzes Bibelwörterbuch* 1903 S. 147; I. Benzinger *Hebräische Archäologie*² 1907 S. 148 f.

§ 4. Die vor allem auf 1. Sam. 13, 19ff. gestützte Annahme, daß die Philister den Israeliten die Schmiedekunst vermittelt oder sie gar erfunden hätten, ist nicht aufrecht zu halten. In dem von ihnen bewohnten Gebiete fehlt es gänzlich an Eisenerz. Auch Palästina selbst ist arm daran (Deut. 8, 9 ist wohl eher als Basalt zu verstehen, ebenso 3, 11; s. Ammoniter). Hier und da sind Knollen von Brauneisenstein und Toneisen in mergeligen oder auch sandigen Lagen und vulkanischem Tuff der Kreide beobachtet worden, z. B. bei *umm el-faḥm* und *iǧzim* in der Nähe von Megiddo, am *wâdi el-milḥ* im s. Karmel (ZdPV 30 [1907] S. 111 M. Blanckenhorn). Größere Lager finden sich im Libanon und n. vom *wâdi ez-zerqa* im Ostjordanland (s. Bergbau D), sowie auf der Sinaihalbinsel. Dementsprechend soll E. aus dem Auslande eingeführt worden sein (Ezech. 27, 12 aus Tartessus in Spanien, 19 aus Arabien durch die Damaszener? Jerem. 15, 12 aus dem N [vom Pontus?]). Als Stammvater der Schmiede gilt Tubalqain (Gen. 4, 22), in dessen Namen der erste Teil an das Schwarze Meer weist (Gen. 10, 2; Ezech. 27, 13 u. ö., fast stets mit Mesech verbunden, vgl. *Μόσχοι* und *Τιβαρηνοί* bei Herodot; Muski und Tabal in den Keilinschriften), während die Qeniter (s. d.) im Gebiet der Sinaihalbinsel zu suchen sind. Die Funde von Boghasköj haben gezeigt, daß schon unter Ramses II. (1292—1225) die Kiṣvadna am Schwarzen Meere Eisengeräte lieferten (H. Winckler *Vorderasien im 2. Jahrtausend* [MVAG 18, 4] 1913 S. 61). Allerdings behauptet ein Zusatz der LXX (1. Kön. 2, 46 Swete = 2, 28 Lagarde), daß schon Salomo die Eisengruben auf dem Libanon ausgebeutet habe (I. Benzinger *Kurzer Handkommentar zum AT* IX [1899] S. 68). Aber alle diese Nachrichten, in denen gewiß richtige geschichtliche Erinnerungen enthalten sind, sprechen nicht gegen den oben gegebenen Ansatz für den Beginn der EZ in Palästina-Syrien.

L. Beck *Geschichte des Eisens* I² (1890) Mitt. z. Gesch. der Medizin und der Naturwiss. 6 (1907) S. 362 ff. P. Diergart, L. Beck, F. v. Luschan, M. Blanckenhorn; OLZ 18 (1915) S. 6 f. F. E. Peiser.

Peter Thomsen

E. Vorderasien s. Bergbau E, Metall D.

Eisenbarrenfunde, Britische. „Utuntur aut aere (aut nummo aureo) aut taleis ferreis (das annulis der meisten Ms. scheint verderbt zu sein) ad certum pondus examinatis pro nummo," sagt Cäsar von den Kelten des Inneren Britanniens. Solche Eisenbarren sind vielfach in Britannien gefunden worden. Es handelt sich um flache Eisenstangen mit parallelen Seiten und einem glatt oder rund abgeschnittenen Ende, während an dem anderen Ende die Seiten eingekniffen sind, so daß bisweilen eine Art Tüllengriff entsteht. Die Länge beträgt 55—80 cm. Eine Verwendung dieser Eisenstäbe als Werkzeug ist ausgeschlossen, da sie stets stumpf sind. Sie sind aus 7 engl. Grafschaften bekannt, fehlen aber völlig im SO und O Englands, wo schon in der Spätlatènezeit die Münzprägung eingesetzt hat. Aber auch in dem in Frage kommenden Gebiet fehlen sie schon in den Siedlungen der röm. Zeit, sind also offenbar auch hier mit dem Aufkommen der Münzen außer Kurs gekommen. Sie stammen teilweise von bekannten Siedelungen der Spätlatènezeit, Glastonbury (s. d.) und Ham Hill, Somerset, weiter von Hod Hill (s. d.) u. Spettisbury (s. Crawford-Castle), Dorset; von Meon Hill und Bourton-on-the-Water, Gloucestershire; von Hunsbury (s. d.) bei Northampton. Größere Exemplare stammen von Winchester, Hampshire, Ventnor, Isle of Wight und eine Anzahl aus der Themse bei Maidenhead, Berks. Der wichtigste Fund sind zwei große Depots von je ca. 150 Barren vom Osthange der Malvera-Hills, Worcestershire, die etwa 1 m tief in der Erde lagen. Das Gewicht der brit. Eisenbarren geht auf einen Standard von ca. 309 gr. zurück, der einem „keltischen Pfunde" entsprochen haben muß. Das Gewicht der brit. Eisenbarren entspricht dem einfachen, doppelten und vierfachen dieser Einheit. Die meisten Barren weisen das doppelte Gewicht der Einheit auf. Dieses „keltische Pfund", das sich mit keiner der bekannten antiken Einheiten deckt — am nächsten steht ihm die äginetische Mine mit 672 gr. — ist offenbar auch auf dem Festlande verbreitet gewesen. Ein Bleigewicht aus dem Pfahlbau von Onnens, Neuenburger See, BZ (9. *Pfahlbautenber.* 1888 Tf. 13 Abb. 11) wiegt 618 gr., und Smith zieht zwei röm. Gewichte heran, die beide die Ziffer I tragen und 309 gr. schwer sind, eins von Neath, Glamorganshire, und eins aus der Gegend von Mainz. S. a. Eisen, Geld.

Proceedings Soc. Antiq. London 20 S. 184ff.; 22 S. 342ff. R. Smith; Read-Smith *Guide to the Antiquities of the early Iron Age Brit. Mus.* S. 148ff.; Déchelette *Manuel* II 3 S. 1557ff.
W. Bremer

Eisengewinnung s. Bergbau A § 33.

Eisenrost s. Konservierung von Altertumsfunden.

Eisenstadt (Burgenland). Auf dem sog. Burgstallberge, einer verwallten Anhöhe, wurden am Osthange des Berges Kulturstraten aufgegraben, die reiche Überreste von Mondidolen und junghallstattzeitl. Gefäßreste ergaben.

Es scheint sich um eine große Ansiedelung der HZ Stufe C zu handeln, in welcher Siedelung hauptsächlich Keramik und Mondidole hergestellt wurden. Ob die Verwallungen bereits bis in die Zeit der Hallstattsiedelung zurückgehen, ist noch unbestimmt.
G. Kyrle

Eisenzeit s. Eisen, Europa § 42—46 und die verschiedenen Teilgebiete.

Eisfuchs s. Diluvialfauna § 2.

Eiszeitalter s. Diluvialgeologie.

Ekstase. § 1. E. Die visionäre Entrückung des Geistes aus der Leiblichkeit, künstlich zuerst hervorgerufen durch narkotische Mittel wie Haschisch, Opium, Alkohol usw., die die Gemeinempfindungen des Körpers aufheben und damit gleichsam die Seele befreien, ist von jeher eine geheimnisvolle Maßnahme des Medizinmannes gewesen, der vermittelst dieses Rauschzustandes eine visionäre Durchschauung von Krankheitszuständen erstrebte. Damit schien dann auch die Fähigkeit zur Abwehr drohender Gefahr, die Herbeiführung eines günstigen Ausganges unmittelbar oder wenigstens mittelbar gegeben. Im letzteren Falle greift der Seher zu dem ihm anderweit vertrauten Zauber, gleichsam in eine niedere Region zurückschreitend, im ersteren wird der ekstatische Seher vermöge seiner visionären Erfassung der Kausalität zum Wundertäter.

§ 2. Als krankhafter Zustand gehört die E. zu den hystero-hypnotischen Erscheinungsformen, nahe dem Somnambulismus und mit Übergang in die höchsten Grade der großen Hysterie, in die Besessenheit. Als solcher pathologischer Zustand dürfte die E. vermutlich so alt sein wie die Menschheit, aber auch durch Pharmaka veranlaßt sehr hohen Alters, nicht viel jünger als Folge von Autosuggestion. In der Mantik der Priesterschaft, besonders auch der Priesterinnen, ist sie von jeher ein beliebter, vielseitig verwendeter Behelf, der aber z. B. in der mehr gegenständlich gerichteten Lehre und Übung Babyloniens keine allzu große Verbreitung genoß, soweit wir bis heute die Dinge am Euphrat zu durchschauen vermögen. An die Weissagepriesterinnen von Althellas usw. braucht nicht erst erinnert zu werden.

W. Wundt *Völkerpsychologie* II 1—3 (1905—1909), bes. II 2 S. 105ff.; A. Lehmann *Aberglaube und Zauberei* 1898.
Sudhoff

Elam. A. Geschichte. § 1. Das im O an Südbabylonien *(Sumer)* angrenzende Gebiet vom Unterlauf des Tigris und dem Pers. Meerbusen *(nâr marratu)* an, die von Kercha (assyr. *Uknû*) und Karun (assyr. *Ulai*) durchflossene große Ebene nebst den im N und O anschließenden Gebirgsgegenden wurde von den Babyloniern *mât* *Elamtu*, von seinen eigenen Bewohnern *Ḫatamtu* genannt (Tf. 10a). Sein politisches Zentrum war die Stadt *Susa* (Tf. 10b) in der Landschaft *Anzan* (s. d.) oder *Anšan*. Die in Susa von frz. Gelehrten unternommenen Grabungen haben reiches Material zutage gefördert, darunter in großer Zahl Schriftdenkmäler teils in akkad., teils in elam. („anzanitischer") Sprache.

§ 2. Kulturell war E. in hohem Maße von Babylonien abhängig, zu dessen Machtbereich es in ältester Zeit lange zählte. Herrscher wie Sargon und Naram-Sin von Agade (um 2600), Gudea von Lagaš und Šulgi von Ur (um 2250) haben Kriegszüge nach E. gemacht; letzterer und mehrere seiner Nachfolger sind als Bauherrn in Susa bezeugt; die dortigen Patesis unterstanden somit ihrer Oberhoheit. Kurze Zeit darauf muß die Macht E. einen Aufschwung genommen haben. Ibi-Sin von Ur wurde 2186 entscheidend von den Elamiten geschlagen und selbst nach Anšan weggeführt; vielleicht bezieht sich auf diese Zeit eine Notiz bei Ašurbânipal, nach der Kutur-Naḫunte von E. bei einem Einfall nach Babylonien die Statue der Göttin Nanâ von Uruk nach Susa verschleppt habe. Unter elam. Herrschaft kam Babylonien 1998 v. C. Der in Emutbal residierende Elamitenfürst Kutur-Mabuk stürzte Ṣilli-Adad von Larsam und machte seinen eigenen Sohn Warad-Sin zum König; nach ihm regierte dessen Bruder Rîm-Sin rund 60 Jahre (1985—1925) in Larsam, nach der Eroberung von Isin auch im Reiche von Isin; erst 1925 gelang es Ḫammurabi, die elam. Truppen zu besiegen, Emutbal zu besetzen und Rîm-Sin gefangen zu nehmen.

§ 3. Auch in der Folge versuchte E. je und je, gegen Babylonien vorzustoßen. Ḫurbatila von E. griff den Babylonier Kurigalzu II. an, wurde aber zurückgeschlagen (um 1300); unter Šutruk-Naḫunte I. fielen um 1176 die Elamiten unter Führung des Kronprinzen Kutur-Naḫunte (II.) in Babylonien ein und schleppten unermeßliche Schätze — darunter Denkmäler wie die Ḫammurabistele von Sippar — nach Susa. Eine Folge dieses verheerenden Einfalls war die Vertreibung der Kassiten. Als Rückschlag können die erfolgreichen Züge angesehen werden, die Nebukadnezar I. (1146—1123) nach E. unternahm, bei denen u. a. eine Statue des Gottes Marduk zurückgebracht werden konnte.

§ 4. Noch einmal (um 995) vermochte für einige Jahre ein Elamit den Thron von Babylon zu besteigen; dann scheint E. für über zwei Jahrhunderte niedergebrochen zu sein. Über die weiteren Beziehungen E. zu Babylonien und Assyrien unterrichten von etwa 750 ab in der Hauptsache assyr. Königsinschriften und die sog. „Babylonische Chronik". Die elam. Politik war assyrienfeindlich; alle babyl. Aktionen gegen Assyrien fanden Rückhalt an E., wie umgekehrt Assyrien E. nach Möglichkeit Schwierigkeiten bereitete. Merodaḫbaladan II. (721—710) u. Mušêzib-Marduk (692—689) fanden Hilfe und Schutz bei den Elamitenkönigen Humbanigaš (742—717), Sutur-naḫunte (717—699), Ḫallušu (699—693) und Umman-menanu (692—689). Gegen Ḫallušu unternahm Sanherib 694 einen Feldzug zur See. Unter Asarhaddon herrschte Friede zwischen den beiden Reichen. Dann beginnt der Endkampf, für den als äußerer Anlaß das Eintreten Ašurbânipals für die von Te-umman vertriebenen Söhne des Königs Urtaku (676—665) diente, sowie der Abfall des von Ašurbânipal eingesetzten Humbanigaš zu Šamaš-šum-ukîn. Nach mehreren Feldzügen der Assyrer gegen E. und verschiedenen von den Assyrern angezettelten Revolutionen endet 640 das Reich E.: Susa wird erobert und geplündert. — An die Stelle dieses Reiches scheint ein Königreich Anšan getreten zu sein, aus dessen Herrscherfamilie Kyros seinen Ursprung herleitete.

F. Delitzsch *Wo lag das Paradies?* 1881 S. 320ff.; H. Winckler *Auszug aus der Vorderas. Geschichte* 1905 S. 47ff.; ders. *Geschichte Babyloniens u. Assyriens* 1892 S. 95ff., 277ff.; Ed. Meyer *GdA*³ I 2 (1913) s. Register M. Streck *Asurbanipal* 1916 S. CCCVIII ff. (dort auch Literatur).

Délégation en Perse. Mémoires. a) Recherches archéologiques Vol. I. VII. VIII. XII. XIII. b) Textes élamites-sémitiques Vol. II IV. VI. X. c) Textes élamites-anzanites Vol. III. V. IX. XI. — P. Cruveilhier *Les principaux résultats des nouvelles fouilles de Suse* 1921.

O. Schroeder

B. Sprache.

§ 1. Geschichtliches. — § 2. Kulturelles. — § 3. Die Denkmäler der elam. Sprache. — § 4. Entzifferung. — § 5. Laut und Schrift. — § 6—22.

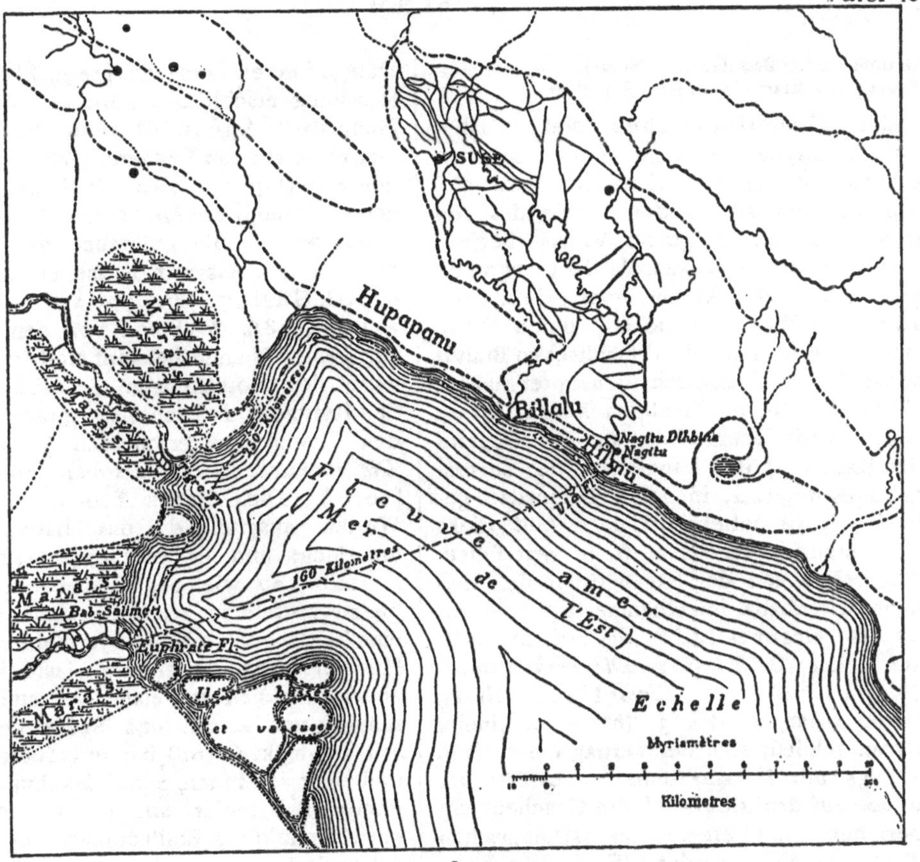

a

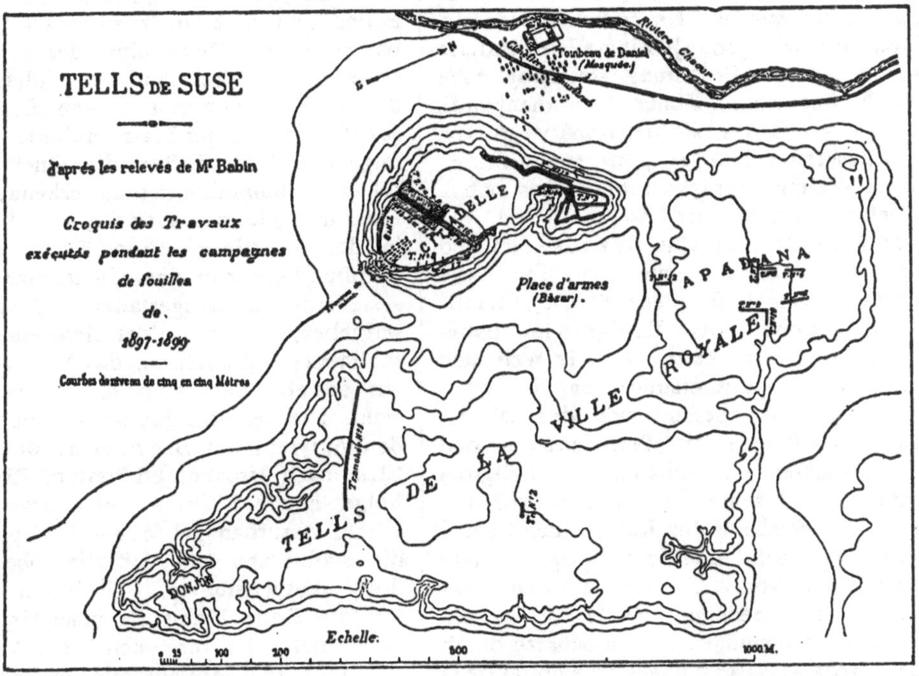

b

Travaux de l'hiver 1897-1898. Travaux de l'hiver 1898-1899.

a. Der nördlichste Teil des Persischen Meerbusens. — b. Die Ruinenhügel Susas. — Nach O. Montelius.

Grammatischer Bau der elam. Sprache. — § 23—24. Spuren des Elam. in andern Sprachen.

§ 1. Geschichtliches. Neben Babylonien, Assyrien und Ägypten tritt im Alten Oriente als vierte Großmacht Elam auf, das auf dem Boden des Hochlandes von Iran erwachsen, in grauer Vorzeit beginnt und erst zu Assurbanapals Zeit zugrunde geht. Die Urbevölkerung Irans gehört einer schwarzen Rassengruppe an, deren Reste sich heute noch in den drawidischen Brāhūī sprachlich und rassisch behauptet haben. Wann das der weißhäutigen kaukas. Rasse angehörende elam. Volk aus der Gegend des Kaukasus, den Längstälern des Zagrosgebirges folgend, in seine Wohnsitze gelangt ist, ist unbekannt; doch muß diese Wanderung in eine sehr frühe Zeit fallen. Abgesehen von der Sagengestalt des Elamiers Ḫumbaba im Gilgameš-Epos, leuchtet als „einsames Licht" die Strichinschrift aus Lijan (G. Hüsing *Die einheimischen Quellen zur Geschichte Elams* I [1916] Nr. 1), heute Bušär, in das 3. Jht. v. C. hinein. Daran schließt sich der Vertrag eines elam. Königs mit Naram-Alum (= *EN-ZU*) um 2760, auf den sich wohl die Geschehnisse beziehen, die in einem alten astrologischen Texte erwähnt werden (E. F. Weidner *Studien zur babylonischen Himmelskunde* Riv. Studi Orientali 9 [1922]). Einige Jahrhunderte später fällt die Eroberung von Babylonien durch den elam. König Kudurnanḫundi, der 2285 v. C. das Bild der Nanâ wegführte, das Assurbanapal 1635 Jahre später in den Tempel Eanna zurückbrachte. Aus babyl. Quellen erfährt man sodann, daß die Vorgänger Hammurabis, Warad-Alum und Rîm-Alum Elamier sind, die ihr Vater Ḳutur-Lahgamal (? = *MA-PU-UK*), Simti-Šilhaks Sohn, als Könige in Babylonien eingesetzt hatte. — Wie weit sich Elam nach O u. S erstreckt hat, ist unbekannt; indessen befand sich der Schwerpunkt des Reiches zu allen Zeiten in den wasserreichen Landschaften des Zagrosgebirges und seines Vorlandes im NO und SW. In der Ebene des̮ Kärcha, nicht allzuferne von Dizful und Šušter, lag die alte Hauptstadt von Südelam, Šošun, das Sousa der Griechen. Heute ist es ein 25 m h. Ruinenhügel, dessen Schätze durch de Morgans Ausgrabungen (Mémoires de la Délégation en Perse 1 ff. [1899 ff.]) der Erforschung erschlossen werden. Die zweite Hauptstadt Ančan ist wohl das heutige Därräh-i-Šahr am Seimere. Zusammen mit den Hapirti-p, wie sich die Elamier selbst nennen, waren andere kaukas. Stämme eingewandert, so die Lullu und die Kaspier, die von den Assyrern Kassē genannt werden (G. Hüsing *Der Zagros und seine Völker* AO 9 [1908]). Während von den ersteren nur wenige Namen bekannt sind, weiß man dank den Forschungen G. Hüsings von den letzteren, daß sie sich sprachlich von den Elamiern unterscheiden (G. Hüsing *Die elamische Sprachforschung* Memnon 4 [1910]). Die Kaspier haben, weit nach Westen ausgreifend, das babyl. Reich unterjocht und es von 1746—1171 beherrscht. So wie das Kaspierreich im W bis ans Mittelmeer reichte, umfaßte es im O eine Zeitlang auch Elam. Je mehr aber das Herrscherhaus verwelschte, desto kräftiger entwickelte sich das elam. Volkstum. Die Könige von Ančan und Šošun gewannen seit Ike-halki (1300) immer größere Macht, und einer von ihnen, Šutruk-Nahhunte I., eroberte Babylonien und stürzte den letzten Kaspierkönig Enlilnâdinaḫê. Der starke nationale und wirtschaftliche Aufschwung Elams gibt sich in zahlreichen Tempelbauten kund. Diese Blüte des altelamischen Reiches fand ein jähes Ende durch Nabukudrossor I. von Babylonien (1146—1123), der Elam eroberte. In der folgenden Zeit fließen die Quellen sehr schwach; immerhin ist zu erkennen, daß Elam um 900 neu erstarkt war. Wir sind in der neuelamischen Zeit. Die Inschriften werden in einer einfacheren, immer systematischer ausgestalteten Schrift geschrieben, und es bildet sich eine abgeschliffenere Sprachform, das Neuelam., heraus, das aber dem Altelam. noch sehr nahe steht. Die neuelam. Herrscher kämpfen mit den Assyrern um Babylonien; doch gerät Elam nach langem, erbittertem Ringen in Folge innerer Wirren unter assyr. Herrschaft. Assurbanapal (668—627) plünderte die Städte aus und ließ die Oberschicht des Volkes wegführen. Seit diesem Schlage war die Rolle Elams als einer Großmacht ausgespielt. Es vermochte sein Volkstum nur noch $1^1/_2$ Jahrtausende zu behaupten, während es hingegen kulturell noch weiter wirkte und wirkt.

Seit etwa 1200 begann die arische Völkerwelt in zwei getrennten Schüben in Iran Boden zu fassen. Die Inder, die seit 1500 in Bewegung waren, hatten sich nach Überschreitung des Kaukasus im Kaspierlande niedergelassen (G. Hüsing *Die Inder von Boghazköi* J. Baudouin de Courtenay-Festschrift. Krakau 1921). Unter dem Drucke der etwa nach 1000 nachfolgenden Iranier waren sie, gesättigt mit kaspischer Kultur, ostwärts abgezogen. Die Perser dagegen stießen in sö. Richtung durch die Zagrosketten vor und siedelten sich um Širāz an, während die Mader im Kaspierlande verblieben. Auch während der iran. Zeit haben sich die Elamier behauptet; wenigstens hat das über elam. Volksteile gebietende Herrscherhaus von Ančan (G. Hüsing *Die Namen der Könige von Ančan* OLZ 11 [1908]) die Vorherrschaft der Mader beseitigt, und Kuraš der Große hatte sich zum Herrn von Iran gemacht. Daher werden seit Darejāwoš I. die Inschriften der Perserkönige sowohl in iran. und babyl. als auch in elam. Sprache abgefaßt. Freilich zeigt dieser Ausläufer des Elam., besonders aber die Inschrift des Artahšasa II. aus Šošun, starke Verfallsspuren, die sich noch mehren würden, wenn wir die Sprache bis zu ihrem Tode verfolgen könnten, der etwa um 1200 n. C. eingetreten sein wird. Wir nennen das achamanidische Elam. und seine Fortsetzung das Ḫōzī. Diese Bezeichnung geht auf den Landesnamen Ḫvaja zurück, den die alten Perser für Elam verwendeten. Die letzte Erwähnung des Ḫōzī verdanken wir dem um die Mitte des 10. Jh. schreibenden arab. Geographen Iṣṭaḫri, der von den Bewohnern von Chozistan berichtet, daß sie pers., arab. und chozisch redeten (Schrift. Akad. von Ham. I 2 Hamburg 1845 S. 58).

§ 2. Kulturelles. Die elam. Kultur wurde zunächst als Ableger der babyl. angesehen, weil man die Gemeinsamkeiten, die z. T. auf die gleiche sumer. Grundlage zurückgehen, z. T. aber durch nachbarlichen Austausch bedingt sind, für Entlehnungen ansah. Diese Anschauung hat sich gewandelt, seitdem die Ausgrabungen in Šošun die Eigenart der elam. Kultur seit der frühesten Zeit durch zahllose Fundstücke belegten. Aber schon vorher war man auf kennzeichnende Verschiedenheiten der beiden Kulturen aufmerksam geworden, von denen nur weniges erwähnt sein möge: die Elamier verwendeten Lastwagen, die in Babylonien unbekannt sind. Elam hat heilige Haine, die die Semiten nicht haben. Die auf dem Matriarchat beruhende freie Stellung der Frau steht im Einklange mit der sumer. Sitte, dagegen im Gegensatze zu der sem. Auffassung, daß die Frau eine Sache sei. Die Elamier haben den ersten Versuch gemacht, über die Zeitrechnung nach Monden hinauszukommen; sie sind die Schöpfer des Venusjahres, das über Süd- und Ostasien bis nach Amerika gewandert ist (F. Röck *Kalender, Sternglaube und Weltbilder der Tolteken als Zeugen verschollener Kulturbeziehungen zur Alten Welt* MAGW 52 [1922]). Die mesopotamischen Semiten haben die elam. Art der Namenbildung in Satzform z. B. *Ramman-sum-iddin* „Ramman hat einen Namen gegeben" entlehnt. Wie tief endlich die Beziehungen Elams zur Geisteskultur der Welt gehen, dafür möge die Tatsache zeugen, daß verschiedene Sagenstoffe von dort aus nach allen Richtungen ausgestrahlt sind (G. Hüsing *Der elamische Gott Memnon* Hommelfestschrift 1916).

§ 3. Die Denkmäler der elam. Sprache sind in Keilschrift aufgezeichnet. Es sind außer einem astrologischen Texte teils Inschriften, teils Briefe (F. H. Weißbach *Susische Tontäfelchen* Beitr. z. Assyriologie 4 [1900]), teils das Schreibwerk eines Handelshauses in Šošun. Da die beiden letzten Gruppen der Entzifferung noch heute große Schwierigkeiten entgegenstellen, so treten die Inschriften in den Vordergrund. Von dem schon erwähnten Strichschriftbruchstücke aus Lijan und zwei ebenso winzigen Brocken aus etwas jüngerer Zeit abgesehen, enthalten die Inschriften den Vertrag mit Naram-Alum und 64 Bau- und Annalentexte aus der alten Zeit (1275—1135). Die neuelam. Zeit ist nur mit wenigen Inschriften vertreten, von denen die von Mal-Amir die umfangreichsten sind. Aus der Ḫōzī-Zeit endlich stammen die dreisprachigen Inschriften der Achamaniden, unter denen die Bagistana des großen Darejāwoš I. die wichtigste ist.

§ 4. Die Entzifferung des Elam. begann etwa mit der Herausgabe der zweiten Kolumne der Bagistana durch E. Norris im Journ. Asiat. Society 15 (1855), der die Sprache „skythisch" nannte, schritt über J. Opperts Buch *Le peuple et la langue des Mèdes* Paris 1879 fort zu F. H. Weißbachs *Achämenideninschriften zweiter Art* (1890). Letztere Arbeit bietet auch eine Bibliographie. Die Erkenntnis des Baues der Sprache ward auf eine neue Grundlage gestellt durch Heinrich Winklers Schrift: *Die Sprache der zweiten Kolumne der dreisprachigen Inschriften und das Altaische* Breslau o. J. (1896), die die Grundgesetze des elam. Sprachbaues aufdeckte und der Sprache ihre Stellung im kaukas. Sprachstamme mit sicherem Blicke zuwies. Der erste, der die Wichtigkeit dieser Untersuchung erkannte und sie weiter auszubauen bemüht war, war G. Hüsing. Die reifste Frucht seiner Studien sind die „*Quellen*" (s. u.), die die Funde in Šošun, soweit sie das ältere Elam. betreffen, nicht nur in bequemer Ausgabe darbieten, sondern auch in knappster Form die sprachlichen und geschichtl. Erkenntnisse, die er aus den ältesten Texten entnommen hat. Außerdem bieten sie ein bis 1915 fortgeführtes Literaturverzeichnis als Fortsetzung des Weißbachschen. Weitere Literatur ist gebucht in E. F. Weidner *Die Assyriologie 1914—22* (1922).

§ 5. Laut und Schrift. Von der ältesten Inschrift an ist das Elam. in Keilschrift aufgezeichnet, die von den Elamiern nicht erfunden, sondern entlehnt worden ist. Die Wiedergabe durch eine für andersartige Laute zugerichtete Schrift muß unvollkommen bleiben. Das Nichtzusammenstimmen von Laut und Schrift ist so erheblich, daß nach vollständiger Umstellung der Schrift, die erst in der Achamanidenzeit beendet ist, nur folgende Laute vorhanden zu sein scheinen: *a, e, i, o, u, h, k, t, p, m, n, l, r, č s, š* (G. Hüsing *Die iran. Eigennamen in den Achämenideninschriften* Diss. Königsberg 1897; ders. *Elamische Studien* I [1898]). Da das Elam. als kaukas. Sprache aber konsonantenreich gewesen sein muß, so stellt die elam. Keilschrift eine recht weit getriebene Zusammenfassung von Lauten dar, ähnlich etwa der kyprischen Silbenschrift. Die Zeichen für *k, t, p* usw. vertreten je zwei oder noch mehr gesprochene Laute. Wie leicht in dem Strudel der elam. Keilschrift Laute zusammengerührt werden können, dafür mag G. Hüsings Nachweis einer lateralen Zungenstoßlautreihe (*Quellen* S. 91f.) und die Erschließung der palatalen Spirans im Lullu-Lande (OLZ 6 [1903] S. 399 ff.) ein Beleg sein.

Die elam. Keilschrift in ihrer abgeschlossenen Gestalt verwendet, außer wenigen Einlautern wie *a, e, i, o, u,* einigen Dreilautern wie *sip, man, kaš* und Begriffszeichen (Ideogrammen) wie *GUL* „Familie", für jede der obengenannten Konsonantenreihen 3—5 Silbenbeginner und 1—4 Silbenschließer, z. B. *ka-, ke-, ki-, ko-, ku-; -ak, -ik, -uk.* Wörter wie *erenti* „Ziegel", *tallu-h* „ich schrieb", *kuši-h-š-ta* „welche gebaut hatten", *tela-k-ne* „es möge beständig bewahrt bleiben" werden geschrieben: *e-ri-en-ti, ta-al-lu-h, ku-ši-h-iš-ta, te-la-ak-ne.* Da für den Leser die Formalien der Schrift belanglos sind, so werden im folgenden unter Weglassung des Entbehrlichen die Wortbilder in zusammengezogener grammatischer Umschrift geboten.

§ 6. Die folgende grammatische Skizze geht großenteils auf G. Hüsings und Heinrich Winklers Arbeiten zurück. Ihren Anteil erwähne ich nicht, da er Gemeingut der Wissenschaft ist. Auch manches von dem, das ich hinzugetan habe, ist nicht kenntlich gemacht worden, um Raum zu sparen.

Genus und nominale Suffixe. Als kaukas. Sprache zeigt das Elam. alle wesentl. Merkmale seiner Gruppe. Es unterscheidet bei den Nomina Personen und Sachen, nicht aber Maskulina und Feminina. Die Sachen sind ohne weiteres Kollektiva und erhalten kein Pluralsuffix; *hiš* bedeutet also „der Name" und „die Namen". Sächliche Suffixe sind *-me, -t(e)* (*-ti, -ta*); *šūki-me* „Königreich", *takki-me* „Leben", *lika-me* „Reich", *pe-t, pe-me* „Kampf", *kin-ti* „Wohlergehen (?)". Gelegentlich fehlen die Suffixe, wenn sie entbehrlich erscheinen; *sijan* „Tempel", *tetin* „Fundament".

Die persönlichen Nomina erhalten das

Suffix *-k* (*-ki, -ka*) = „ich" (so Wolfgang Schultz), *-r* (*-re, -ra*) = „er"; während *-p* (*-pi, -pa*) die bestimmte Mehrzahl = „sie" ausdrückt, z. B. *ša-k* (<**šahi-k*) „(ich) Sohn", *lipa-k* „(ich) Diener", *sũki-k* „(ich) König"; *sũki-r* „der König", *tepti-r* „der Hausgott", *napi-r* „der Gott", *sũki-p* „die Könige".

Beiläufig sei bemerkt, daß die elam. Stämme fast durchweg zweisilbig sind und folgende Gestalt haben: Konsonant + Vokal + Konsonant + Vokal.

§ 7. Die Possessivverbindung wird vermittelst der Suffixe *-k, -r, -pe, -me* gebildet, und zwar steht das regierte Nomen hinter dem regierenden und erhält außer seinem Suffixe noch das des regierenden. Man nennt diese Erscheinung die Suffixaufnahme. Sie ist beobachtet worden im Sumer., Elam., Kaspischen, Mitanni, Harrischen, Chaldischen, Lykischen, Hettitischen, in der hettitischen Bilderschrift, im Etruskischen, Georgischen, Cachurischen, Thuschischen. Sie gilt als das grammatische Leitfossil des Kaukasischen. Welche Fülle von Möglichkeiten sich dabei ergeben, zumal bei Berücksichtigung der üblichen Vereinfachungen, mögen einige Belege andeuten: *sũki-k sũki-me-k* „(ich) König des Königreichs", *sũki-r sũki-me-r* „der König des Königreichs", *sũki-p sũki-me-p* „die Könige des Königreiches", *sũki-me sũki-r-me* „das Reich des Königs", *sijan Inšušinak-me* „der Tempel des Inšušinak", *nappi kiki-p ak muri-p* (=**nappi-p kiki-p ak muri-p*) „die Götter des Himmels und der Erde", (*suki-r*), *puhu sijanni-r* „(der König), der Sproß des Tempels".

In gleicher Weise können auch die persönlichen Fürwörter *u* „ich", *nu* „du", *e, i* „dieser, jener, er", *niku* „wir" (exklusiv = *ego+is, ego+ii*), *elu* „wir" (inklusiv = *ego+tu, ego+vos*) (vgl. OLZ 23 [1920] S. 158 ff.), *num* „ihr", *apie* (*appi, apu*) „sie" in Possessivverbindung angefügt werden, z. B. *sũki-p lik-u-p* (= **sũki-p lik-u-me-p*) „die Könige meines Reiches", *napi-r-u-re* „mein Gott", *tepti a-lim-elu-ra* (=**tepti-r-alim-elu-me-ra*) „der Hausgott unserer Stadt", *huti-e* „sein Platz", *puhu-e* „seine Nachkommenschaft", *hiš api-e* „ihre Namen".

Daneben gibt es leicht veränderte, selbständige Possessivpronomia, *u-meni* (*u-nena*) „mein", *nika-me* „unser", z. B. *takki-me u-meni* „mein Leben", *kin-ti nika-me* „unser Wohlergehen(?)".

Im Ḥōzī erhielt sich die alte Possessivverbindung nur in stehenden Wendungen wie *sũki Parsi-pi-kka* „(ich) König der Perser". Anders geartet ist *u atta-ta Mištašpa* „mein Vater (= ich + Vater + er) (ist) Vištāspa" und *Mištašpa att-e-ri Iršamma* „Vištāspa Vater-sein (ist) Aršama". Ganz unelam., mit Voranstellung des Possessivs, wie das altpers. Vorbild, ist *Mištašpa šak-ri* „Vištāspas Sohn" statt *šak Mištašpa-ri*.

Sonst wird im Ḥōzī durchgehends der Possessiv durch eine Art von Lokativ auf *-na* (=**-ma*) ersetzt, z. B. *sũki sũki-pi-nna* „König der Könige".

§ 8. Aus der Possessivverbindung entwickelt sich durch Verstärkung des Suffixes die Adjektivverbindung. So bedeutet *sũki-r Šušeni-rra* „der susische König", *sũki-p Ančani-ppa* „die ančanischen Könige", *tetin lan-siti-mma* „das jetzige (*lan* „jetzt", *siti* „Zeit") Fundament".

Selbständige Adjektiva wie *irša-rra* „groß", *urpu-ppa* „die früheren" zeigen die gleiche Suffixverstärkung.

§ 9. Suffixiteration. Wie weit eine solche Adjektivierung gehen kann, mag ein Beispiel aus dem Ḥōzī zeigen: *sũki murun (h)i ukku*-ra-rra. König u. Erde (*murun*) werden flexionslos nebeneinander gestellt, so daß es dem Leser überlassen bleibt, die Verbindung in Gedanken herzustellen. Doch der Schreiber kommt ihm zu Hilfe: mit dem Pronomen *(h)i* „jener" nimmt er *murun* auf, fügt daran die Postposition *-ukku* „über ... hin" und setzt das dem Regens *sũki-(r)* entstammende Suffix *-ra* doppelt dahinter und verstärkt es sogar: *-ra-rra*. Das Ganze bedeutet etwa: „der über-jene-Erde-hin-ische König". Diese Suffixiteration ist im Elamischen nicht selten. So heißt es durchweg *ša-k Šutruk-Nahhunte*-ke-k „(ich) Sohn des Šutruk-Nahhunte", *lipa-k hane-k Inšušinak-ke-k* „(ich) Diener, geliebter, des Inšušinak". — Statt *ri-ukku* „über ihn" lautet es in stehender Wendung: *hatti Hutelutuš-Inšušinak ak-e Šilhaha* ri-ukku-ri-r *tak-na* „der Fluch des Hutelutuš-Inšušinak und der des Šilhaha ihn-über-ihn-ihn möge gebracht werden" (*Quellen* 61c). Ähnlich lautet es, nur daß Götter die Fluchenden sind, in *Quellen* 16; dort geht es weiter: *hih Peltija, napi-r riša-rra,* pi-ukku-pi-p *metki-ne* „dies möge Beltija, die große Gottheit, über sie (herauf) führen!"

§ 10. Wurzeliteration. Die Suffixiteration ist ein Sonderfall der in allen erdenklichen Gestaltungen das Kaukas. durchdringenden Iteration. Die Entdeckung und Wertung derselben ist G. Hüsings Verdienst. Von verbalen Bildungen wie *hutta-hut* von *hutta* „machen" ausgehend, wies er nach, daß Gebilde wie *ra-rpa, pe-pši, ta-talu* u. a. m. Iterationen von *rappa* „befestigen", *peši* „mauern", *tallu* „schreiben" sind. Wie tief im Sprachempfinden das Gefühl für die Iteration als einer Formenkategorie begründet liegt, ersieht man daraus, daß assyr. schreibende Elamier selbst assyr. Formen wie *illik* „er ging", *likrub* „er näherte sich", *ipuš* „er tat" iterierten: *illillik, likrubub, ipupuš* (K B II S. 158 Anm. 1).

§ 11. Verbalkomposition. Die Voraussetzung der Iteration beim Verbum ist die Verbalkomposition, d. h. die Fähigkeit der Sprache, zwei verschiedene Stämme zusammenzusetzen, was im Arischen und Sem. unerhört ist. So wird aus *sima* „geben" (vgl. sumer. *sim*) u. *taha* „machen" ein Verb *sima-tah* „schenken", aus *lima* + *tela* ein Verb. *lima-tela* „beständig bewahren" gebildet; wenn nicht gar die Verbindung aus einem Gerundium *li-(ma)-n* und dem Verbum *tela* besteht.

Die so neu entstandenen Gebilde halten aber nur für den Augenblick fest zusammen. Wird nämlich ein persönliches Objekt in Gestalt eines pronominalen Objektivums der Komposition eingefügt, so tritt es in die Fuge, z. B. *lima*-nu-*tela-k-ne* „es möge dir beständig bewahrt bleiben". Oder ist zu zerlegen *li-ma-n* + u + *tela-k-ne* „es möge mir beständig erhalten bleiben"? (§ 16). Ein sächliches Objektivum dagegen tritt vor die Komposition, z. B. i-*sima-tah* „ich gab ihn (= den Tempel) zum Geschenke".

§ 12. Nominale Gruppenflexion. Trotz seiner Flexionslosigkeit vermag das Elam. die Satzteile zu verbinden, nur werden dabei keine festen Gebilde erzeugt. Wenn man z. B. längere Gruppen auf einfachere zurückführt, wird sofort die Lockerheit der Suffixe sichtbar, die einer pedantischen Formwerdung, kurz jeder Flexion, widerstreben. Fälle wie *lan-siti* „Jetztzeit", *erenti-pepšija* „Ziegelmauerwerk" weichen gedanklich kaum von dem deutschen Gegenbilde ab. Erheblicher ist es schon, daß, wie aus §§ 7—9 hervorgeht, Possessiva, Adjektiva sowie örtlich, zeitlich und modal bindende Elemente bindungslos nachgestellt werden. So bedeutet *u-pat* „unter mir", zeitlich: „*vor mir*"; es kann durch lokales *-ma* „in" verstärkt werden: *u-pati-mma.* Bei *huti-e-ma* „an seinem Orte" fällt es auf, daß nicht *huti* „Ort" ebenso mit dem Suffixe versehen wird wie *e* „er"; *huti* + *e* bilden die Gruppe, und diese ist erst ein Ganzes, das eine Art von Flexion erleiden kann. Wird die Gruppe noch mehr erweitert, fügt man noch *aktija* „alt" und *u-pat* „vor mir" hinzu, so tritt das Suffix ans Ende der neuen Gruppe: *huti-e : u-pat-aktija : ma* „an seinem früheren Orte". Solche Gruppen erscheinen noch befremdlicher, wenn sie einen Nebensatz oder eine Aufzählung enthalten, die wir durch Kommas zu zerteilen pflegen, z. B. *sijan, appa kuši-h,* -ma „in dem Tempel, welchen *(appa)* ich gebaut habe *(kuši-h)*"; *takki-me u-mine, Nahhunte-Utu-me, ak puhu-e : na-in-tikka.* Das abschließende *na-in-tikka* „um ... willen" gehört zu *takki-me* „Leben", also: „für mein Leben, für das der Nahhunte-Utu, und das ihrer Nachkommenschaft".

In den letzten Beispielen wirkt die Postposition wie eine mathematische Klammer. Mit ihrer Hilfe können erhebliche Mengen von Satzatomen zusammengefaßt werden. Das Ergebnis sind Gruppen. Gegenüber diesem Begriffe tritt das „Wort" ganz zurück; denn nur die Gruppe wird durch das Suffix zu dem Satzganzen in Beziehung gesetzt, während das Wort formlos ist. Das Elam. hat also im Gegensatz zur arischen und sem. Wortflexion eine Gruppenflexion. Wichtig ist daran der Zug, daß die Suffixe niemals mit dem Vorangehenden verschmelzen, sondern locker daran haften, stets bereit aus der Verbindung herauszugehen, wenn dem Hörer ein Mißverständnis nicht zugetraut werden darf.

Die Sprache neigt dazu, größere Gruppen zu bilden, und läßt aus diesem Grunde das das Nebeneinander der Wörter unterbrechende Suffixspiel im Innern einer größeren Gruppe einfach weg und begnügt sich mit der endständigen Postposition, z. B. *tepti -alim-elu*-ra (= * *tepti*-[r]-*alim-elu*-[me]-ra). Wie weit im einzelnen Falle gegangen wird, läßt sich nicht in Regeln fassen. So wird z. B. gelegentlich eine Präposition selbständig gemacht: *sũki-p lik-u-p, urpu-ppa*, „die Könige meines Reiches, die alten"; oder aber sie wird in die Klammer einbezogen, *sijan Kiririša, čana, Lijanlaha-k-ra*-me Tempel der Kiririsa, der Herrin *(čana)*, der Alt-Lijanischen"; *takki-me Nahhunte-Utu, rutu hane-k-u-re*-me „das Leben der Nahhunte-Utu, meiner geliebten *(hane-k)* Gattin *(rutu)*".

§ 13. Das elam. Verbum ist nur in wenigen Suffixreihen bekannt, scheint aber reicher entwickelt zu sein, als der Stoff vortäuschen möchte. In bezug auf die Suffixe geht das Neuelam. mit der älteren Sprache, während das Ḥōzī erhebliche Vereinfachungen zeigt. Die Suffixe sind teils die nominalen *-k, -r, -p*, die Partizipia wie *hutta-k + hali-k (: u-me)* „(mein) Getanes und Errichtetes" bilden, andererseits intransitiv-passivische Bildungen erzeugen wie *kuši-k* „er ist gebaut worden" *peti-p* „sie sind abgefallen". Als 2. Sg. kommen Bildungen wie *huma-k-ti kali-k-ti tu-k-ti-(ne)* in Frage.

Doch sitzt die intransitiv-passivische Bedeutung innerlich gar nicht fest. Fügt man an *hutta-k* „gemacht" die Suffixe *-k, -r, -p* an, so geht die intransitiv-passivische Bedeutung in die aktivische über, z. B. *(lik-u-me) riša-k-ka* „(mein Reich) ich vergrößernd" = Mehrer meines Reiches; *hutta-k-ra* „Macher".

Fügt man an den Stamm die verbalen Suffixe *-h, -t, -š, -hu, -hti, -hši* an, so erzeugen sie persönlich bestimmte transitive Bildungen. Aber auch diese sind es nicht ausnahmslos; so bedeutet das ḥōzische *tiri-š* „er sagte" („sie sagten"), *tiri-š-(ti)* „sie wurden genannt". Eine formelle Scheidung zwischen Aktiv und Passiv ist unkaukasisch.

Die eben behandelten nominalen und verbalen Personalsuffixe stehen entweder hinter dem reinen oder dem durch das lokale *-ma* erweiterten Stamme, oder sie folgen etwaigen Gerundivsuffixen, die sich an den reinen Stamm oder an *-ma* anlehnen.

An die Personalsuffixe schließen sich die Modusexponenten an, wie das optativische *-ne*, oder das Ähnliches bedeutende *-na*. — Hierher gehört das abschließende *-a*, das oft von einer Verdoppelung des vorangehenden Konsonanten begleitet ist. Es verbindet zwei transitive Bildungen gleicher Person und wirkt relativ- oder partizipialartig. So heißt es neben *mari-h ak pona-h* „ich nahm und opferte(?)" meist *mari-h-a pona-h* oder *sappa-h-a pona-h;* ferner *kine-ma-h-a kuto-h, tiri-šš-a na-n-ri* (Ḥōzī). Vgl. OLZ 11 (1908) S. 338f.

Der Imperativ des Transitivs geht auf die zweite Person zurück und erhält das Suffix *-t*. Letzteres wird im Ḥōzī durch š verdrängt.

Der Prohibitivus wird in der transitiven Reihe durch *ani* mit dem Gerundium oder dem Subjunktivus und in der intransitiven durch *ani* mit dem Optativus gebildet.

§ 14. Das einfache Intransitivum:

Superjunktivus

2. Sg. *huma-k-ti* du wirst in Besitz genommen
3. Sg. *hutta-k* er wird gemacht
1. Pl. *hutti-ni-n* (Ḥōzī) wir machen (?)
3. Pl. *hutta-p* sie wurden gemacht

Gerundium

pili-n

Optativus

2. Sg. *tu-k-ti-ne* du mögest ? werden
3. Sg. *hutta-k-ne* er m. gemacht werden
3. Pl. *hutta-p-ne* s. m. gemacht werden

Suffix *-na*

3. Sg. *hara-k-na* es möge ? werden ?

Prohibitivus

ani pili-n er m. nicht erlangen

Subjunktivus

1. Sg. *kulla-n-ka* ich hatte gebeten
3. Sg. *tahha-n-ra* er hatte geholfen
1. Pl. *turu-nu-n-ki* wir hatten ausgesprochen
3. Pl. *kuši-n-pa* sie hatten gebaut

Prohibitivus

1. Sg. *ani hie-n-ka* nicht darf ich ?
2. Sg. *aini kiti-n-ti* (Ḥōzī) n. darfst du erlangen
3. Sg. *ani hutta-n-ra* er möge n. machen

Der von mir so genannte Superjunktivus findet seine Stelle meistens in Hauptsätzen.

Der von mir so genannte Subjunktivus steht in Nebensätzen und bezeichnet die Unterordnung. Auf diese Weise vermeidet die ältere Sprache Konjunktionen und erreicht eine bedeutende Kürze des Ausdruckes, z. B. *Nahhunte* kulla-n-ka, *kula a ur* tupa-n-ra; *ak* turu-n-ka, hutta-n-ra: *Sijankuk, sijan-i-me, u-pat hussi-p-me kusi-h.* „Nachdem ich Nahhunte angefleht und sie mein Flehen erhört hatte; und sie, was ich ausgesprochen hatte, getan hatte: erbaute ich Sijankuk, ihren Tempel, der Vorfahren vor mir“ (*Quellen* 10). Besonders häufig steht der Subjunktivus in kondizionalen Relativsätzen, z. B. *akka tuppi-me melka-n-ra, akka his-u-me suku-n-ra* „wer (= wenn jemand) die Schrift verändern, wer meinen Namen austilgen sollte“ (*Quellen* 16).

Im Gegensatze zu der älteren Sprache hat das Ḥōzī zur Bezeichnung der Unterordnung eine Reihe von Konjunktionen entwickelt, wie *sap* „als“, *sap appo* „weil“, *sap appo anka appuka* „nachdem“, *anka* „wenn“. Diese Verschiedenheit erweist einen weitgehenden Verfall der inneren Sprachform im Ḥōzī. Da der Subjunktivus nicht mehr stark empfunden wurde, mußte ein Ersatz ausgebildet werden. Erhalten ist der Subjunktivus im Ḥōzī als Prohibitivus, in Final- und Relativsätzen, z. B. *hupi-rri ai-ni ir kanne-n-ti* „diesen sollst du nicht als Freund betrachten“, *šaparriku-mme hutti-ma-n-ra* „um eine Schlacht zu liefern“.

Im Subjunktivus hat sich das Suffix-k nur in der ersten Person festgesetzt. Ich verweise auf die analoge Beobachtung Wolfgang Schultz', daß „dein Vater“ *atta-k-nu-ke* (statt *atta-r-nu-re!*) lautet, wenn der Vater selbst zu seinem Sohne spricht (Wien. Präh. Z. 7/8 [1920/21] S. 39). Anscheinend wirkt hier das Sprachempfinden der Urbevölkerung nach, die ein mit *k* beginnendes Pronomen der 1. Sg. gehabt hat, das als *kan* im Obliquus des Brāhūī noch lebt, und vielleicht auch im verbalen Suffix *-h* des Elam. erhalten ist.

turu-nu-n-ki, das sich seiner Bildung nach nicht in das Schema einfügt, wird gestützt durch die Bildungen des Ḥōzī *hutti-ni-n (hupa)* „wir tun (+ wir befehlen)“ = wir wollen tun, und *tiri-ma-ni-n* „wir nennen uns“.

Vom Subjunktivus geht eine Reihe aus, die den Beginn einer Handlung ausdrückt, z. B. *kuši-n-ki-mar* „er hatte zu bauen begonnen“.

§ 15. Das einfache Transitivum:

	Superjunktivus (älter)	Ḥōzī
1. Sg.	*hutta-h* ich tat	(*hutta*)
2. Sg.	*hutta-t* du tatst	(*hutta-t*)
3. Sg.	*hutta-š* er tat	(*hutta-š*)
1. Pl.	*hutta-hu* wir taten	(*hutta*)
2. Pl.	*hutta-h-ti* ihr tatet	(*hutta-t*)
3. Pl.	*hutta-h-ši* sie taten	(*hutta-š*)

	Imperativ (älter)	
2. Sg.	*hutta-t* tue!	(*mite-š* zieh aus!) (*halpi-š-ne* schlage!)
2. Pl.	*hutta-h-ti* tuet!	

	Optativus
1. Sg.	*šatu-h-ne* ich will Priester sein
2. Sg.	*ru-rta-t-ne* du mögest zertrampeln
3. Sg.	*huma-š-ne* er möge in Besitz nehmen
3. Pl.	*šala-h-ši-ne* sie mögen ?

	Suffix-*na*
1. Sg.	*putta-na* ich schlug in die Flucht
3. Sg.	*sija-š-na* er ? ?
1. Pl.	*hali-hu-na* wir ? ?

Ein Vergleich der alten Sprache mit dem Ḥōzī lehrt, daß auch jene von Hause aus Singular und Plural nicht unterschieden hat. In beiden Numeri sind die Suffixe *-h*, *-t*, *-š* das Wesentliche.

Ein einigermaßen sicherer Plural des Imperativs findet sich *Quellen* 47 VI und XIII: *turu-k : u-[me hut]ta-h-ti* (?). Die in gleichem Zusammenhange stehenden *ten-ti* „seid gnädig“ und *hap-ti* „erwählet“ gehen auf **ten-h-ti* und *hap-h-ti* zurück, Bildungen, die weder schreibbar noch sprechbar sind und infolge davon der Umgestaltung unterliegen.

Im Ḥōzī ist das Imperativsuffix *-t* zuweilen erhalten, wenn das folgende Wort mit *t* beginnt; es wird dann nicht geschrieben, z. B. *mita! taššu-p* = *mita(t)! taššu-p*.

	Subjunktivus	Suffix *-na*
1. Sg.	*marri-ra* ich nahm	*u tari-ra-na* ich ? ?
3. Sg.	*šara-ra* er grollt	

Dieser Subjunktivus ist in den älteren Texten nur in der 3. Sg. in Wendungen wie *Nahhunte ir šara-ra* „indem Nahhunte ihm grollt" belegt; im Ḥōzī finden sich in einer umgrenzten Inschriftengruppe die 1. Sg. *marri-ra* „ich nahm", *tirri-ra* „ich sagte", *hane-ra* „ich liebte", *hutta-ra* „ich tat" in Relativ- und Konjunktionssätzen. Daß diese 1. Sg. nicht mit dem Suffix *-k* gebildet ist, sondern mit *-r*, erklärt sich daraus, daß etwaige Subjunktive wie *marri-ka, *tirri-ka usw. zu Verwechslungen mit der intransitiven Reihe (§ 14) Anlaß geben würden.

Die übrigen Inschriften und besonders die große Bagistana verwenden an den Stellen, wo man einen Subjunktivus auf *-ra* erwarten würde, meist die Bildung auf *-ja*, z. B. *sap appo anka appuka sunkime marri-ja* „nachdem ich das Königtum ergriffen hatte". — Die Bildung auf *-ja* wird aber auch in Hauptsätzen verwendet, wo man den Superjunktivus erwarten würde, z. B. *čomin Oramašta-na appi-n halpi-ja* „durch die Gnade Ahuramazdas schlug ich sie". Ich sehe darin eine Verfallserscheinung, insofern Superjunktivus und Subjunktivus nicht mehr auseinandergehalten werden.

§ 16. Das Suffix-*ma* dient zur Bildung einer Gruppe, die als lokales Präsens bezeichnet wird.

Superjunktivus
3. Sg. *miši-(r)-ma-k* er ist wiederhergestellt worden.
Infinitivus
miši-(r)-ma-na (ihn) wiederherzustellen.

Subjunktivus	Prohibitivus
1. Sg. *hutta-ma-n-ka* ich tue (Ḥōzī)	3. Sg. *ani pitte-ma-n-ra* er soll n. ?

1. Pl. *tiri-ma-ni-n* wir nennen uns (Ḥōzī)
3. Pl. *hutta-ma-n-pa* sie tun (Ḥōzī)

Superjunktivus
1. Sg. *sahti-ma-h* ich? *tu-ma* ich erlangte (Ḥōzī)
Subjunktivus
1. Sg. *hutta-ma-ra* ich tue.

Wie unrichtig es ist, solche Bildungen trotz ihres systematischen Aufbaues als Formen zu bezeichnen, das wird grell beleuchtet durch das Ḥōzī, das subjunktivische Suffixgruppen wie *-ma-ra*, *-ma-n-ka* frei schwebend verwendet und sie teilweise sogar das fehlende Verbum „sein" ersetzen läßt. Es können ferner zwischen Verbalstamm und Suffixen Satzteile und sogar eine ganze Satzgruppe verstaut werden. Auf diese Weise wird z. B. eine direkte Rede eingeklammert; vgl. *sūki--me u* hutta-*GUL Makištarra-na* -ma-ra „Die Königsherrschaft übte ich (als Glied) des Geschlechtes des Ḥvahštara aus"; *u Ummaniš sūki-Hapirti-p-na* -ma-ra „Ich Ummaniš (bin) König der Elamier"; *hičila ap* tiri-: *mite! taššu-p, appo peti-p, u-nena inne tiri-ma-n-pi, hupi-pe halpi-š!* -ma-n-ka „Zu ihnen sagte ich *(tiri-ma-n-ka!)*: zieh aus! die Leute *(taššu-p)*, die abgefallen sind, mein sich nicht nennen, diese *(hupi-pe)* schlage!" Eine so weit fassende Umklammerung führt schließlich zur Auflösung alles Formalen. So gibt es im Ḥōzī ähnliche Sätze, deren Klammerverben *tiri-ja . . . ma-n-ka*, *tiri-š . . . ma-n-ka* das System der Suffixreihen sprengen. Da sich nämlich das Suffix *-k* in der 1. Sg. festgesetzt hat (§ 14), in der 3. Sg. *-r*, so erscheint *tiri-š . . . ma-n-ka* und das schon ältere *pali-k-ma-n-ki* als abwegig.

§ 17. Der im Ḥōzī in weitem Maße eingetretene Ersatz des Subjunktivus durch das Suffix-*ja* ist um so seltsamer, als dieses in der alten Sprache in dieser Verwendung anscheinend nicht vorkommt. Ich halte es für einen fremden, kaspischen Einschlag. Ein solcher ist anzunehmen, da die einwandernden Inder und Jahrhunderte später die Iranier Teile des Kaspier-Volkes nach SO abgedrängt haben müssen, die auf die elam. Sprache eingewirkt haben werden. Weitere Zeugen dieses Einflusses mögen die auf elam. Boden sonderbar anmutenden Vokabeln *hiptaš* „Weideland (?)", *aš* „Viehherden (?)", *lattaš* (oder *mattaš*, *kortaš?*) „Wohnungen (?)" sein.

Das Suffix -ja hat sich in der 1. Sg. festgesetzt. Nur eine, aber wichtige Ausnahme gibt es, die 3. Pl. *tiri-ja-š* „sie nannten sich" (Bag. II 69). Das ergäbe eine Reihe *tiri-ja*, **tiri-ja-t*, *tiri-ja-s*, die vielleicht zutage treten wird, wenn sich einmal spätere Ausläufer des Ḥōzī finden werden. Daß derartiges in der Entwicklung begriffen war, ergibt sich daraus, daß von dem regelmäßig gebauten Stamme *čija* „sehen" (vgl. *čija-ša*, *čija-n-ti*, *či-ja-ma-k* [Ḥōzī] ein Imperativ *či-š* einmal belegt ist. Der Schreiber hat die Stammsilbe *-ja* mit dem Suffixe *-ja* verwechselt.

§ 18. Das possessive Relativverhältnis. Das Einklammerungsverfahren des Elam. erzeugt zuweilen eigenartige Bildungen. Wenn z. B. auf die verschiedenen Titel Šilhak-Inšušinaks die Bemerkung folgt: *lika-me Insušnak ir hane-š-ri (Quellen* 54 II), so verblüfft *hane-š-ri*. Die Aufnahme des *ir* durch das abschließende *-ri* besagt, daß sich *ir* nicht auf das Subjekt Insušinak bezieht, sondern auf den Titelträger Silhak-Inšušinak, und daß zu übersetzen ist: „dessen Herrschaft Inšušinak liebt".

§ 19. Relativsätze. Die hierzu gehörenden verbalen Bildungen mit dem Suffixe *-t* sind Einklammerungserscheinungen. *sijan Kiririša, čana, Lijanlaha-k-ra-me, Hubannumena* kušišta „der Tempel der Kiririša, der Herrin, der Alt-Lijanischen, den Hubannumena erbaut hatte" (*Quellen* 57); *sŭkir lik-u-p, urpu-ppa, sijan* kuši-h-(i)-šta, *hiš api-e erentimja-pepšija-ma tallu-h* „den alten Königen meines Reiches, welche den Tempel gebaut hatten, schrieb ich ihre Namen auf das Ziegelmauerwerk" (*Quellen* 35). In beiden Fällen sind es bestimmte (nicht bedingende oder verallgemeinernde) Relativsätze, die ein betontes Beziehungswort haben; solche stehen im Superjunktivus.

Aber nur in der 3. Person des Transitivums und im Plural des Intransitivums kommt das Suffix *-t* vor, weil eine transitive 1. Sg. **hutta-h+ti* mit der 2. Pl. des gewöhnlichen Transitivums *hutta-h-ti* (§ 15) verwechselt werden könnte und eine 3. Sg. des relativischen Intransitivums **hutta-k+ti* mit der 2. Sg. des gewöhnlichen Intransitivums *hutta-k-ti* (§ 13).

Da die Sprache aber auch in solchen Fällen die relativische Bindung bezeichnen will, so verwendet sie Gebilde auf *-ha* und *-ka*, z. B. *pissi, appa aha tallu-k-a* „die Bronzetafel (?), die hier beschrieben worden ist" (*Quellen* 45 VII).

In diesem Satze steht ein besonderes Relativum. Es gibt deren zwei, *akka* (Pl. *akka-pe*) für Personen, *appa* (Ḫōzī *appo*), das auch allgemein pluralisch ist, für Sachen. Beide sind von Hause aus Demonstrativa, wie es noch das ḫōzische *appo ... appo* „die einen . . . die andern" erweist.

In den folgenden Beispielen stehen bestimmte Relativsätze im Superjunktivus und verallgemeinernd-bedingende im Subjunktivus neben einander: *hiš umeni ak hiš, appa aha-n (?)* ta-tallu-h-a, *akka melka-n ak suku-n-ra* „meinen Namen und die Namen, die ich hier aufgeschrieben habe, wer immer sie verändern oder austilgen sollte" (*Quellen* 45 VII); *suki-r, puhu sijanni-r, ak sukki-r takni-ma huhta-h-a, melka-n-ra;* karra-h-a, *parti-n-ra:* ta-h-a *huma-š ak suku-n-ra* „der König, der Sproß des Tempels, der ? in dem ? das ich gemacht habe, wenn er es verändert; und was ich *karr*-iert habe, wenn er es *part*-iert; und was ich gemacht habe, wenn er es in Besitz nimmt und es austilgen sollte" (*Quellen* 45 IX).

Im letzten Beispiele wird eine Häufung von Subjunktiven absichtlich vermieden, und zwar wird der erste, wie es auch sonst geschieht, durch den Superjunktivus (*huma-š*) ersetzt.

Wie schon erwähnt, ging im Elam. die Entwicklung den Weg, die konjunktionale Bindung auf Kosten der inneren zu verstärken. Infolge davon sind im Ḫōzī die Relativsätze ohne Relativum selten.

§ 20. Pronominale Prae- und Infixe beim Verbum. Bildungen wie *miši-r-ma-h* „ich stellte ihn wieder her", *pe-pši-r-ma-h* „ich mauerte ihn auf" zeigen ein vor *-ma* infigiertes Pronomen *-r-* „ihn", das ein Sachnomen (*sijan* „Tempel") aufnimmt. Folgende Pronomina dieser Art sind bekannt:

1. Sg.	*u, u-r, u-n*		
2. Sg.	*nu, nu-r(?), nu-n*	2. Pl.	*numu-n*
3. Sg.	*i, i-r, i-n; -r, -n*	3. Pl.	*apu-n, -ap; -n*
3. Sg. sächl.	*-t*		

Beispiele: (*sijan kuši-h*), *Inšušinak i-n tuni-h* „dem Insusinak gab ich ihn"; *Napu lan-siti-rra i-r aha-r mur-ta-h* „das neue Napu-Bild *es* hier + *es* ich stellte auf" (zu *i*-r *aha*-r vgl. § 9 ri-*ukku*-ri-r); (*Šimut ak NIN-ali lan-siti-ppa*) *apu-n aha-n murta-h* „sie hier + sie stellte ich auf"; (*hutta-k + halik-u-me*) *Humban ak Inšušinak, Sijankuk-pa, lina numu-n-tela-k-ne* „möge Humban und Inšušinak, den (Herren) von Sijankuk, euch, von Bestand sein".

Die Pronomina *-r, -n, -t* sind die gleichen Suffixe, die am Nomen auftreten und dort als Geschlechtszeichen wirken, und zwar entspricht seiner allg. pluralischen Bedeutung nach *-n* dem sächlichen Suffix *-me*, von dem es eine schwächere Entwicklungsstufe sein dürfte. Wenn man aber dem Gebrauche von *-r* und *-n* beim Verbum nachgeht, so werden beide für Personen und Sachen unterschiedslos verwendet. Ursprünglich ist dies sicher nicht. Ein Rest der alten Grundauffassung mag es sein, daß *-n* häufig fehlt, wenn eine Sache aufgenommen wird, z. B. *i-sima-ta-h, i-tuni-h* „ihn (= den Tempel) gab ich".

Das Sachsuffix *-t* ist sehr selten, z. B. *suhter-me . . . aha-t sira-h (Quellen* 61c).

Als die Erforschung des Elam. begann, sah man in dem Suffixe *-n* das des „Akkusativ"; dazu gesellte sich *-r* als „Nominativ"-Suffix. Das ist unhaltbar, wie Belege der Art wie *i-r aha-r mur-ta-h* „ihn hier + ihn ich stellte auf" oder *peti-r-u-re ni-pat ru-rta-t-ne* „meinen Feind unter dir mögest du zertrampeln" schlagend erweisen. Sicherlich sind *-r* u. *-n* der persönliche und der sächliche Exponent. Das persönliche *-r* ist stärker und hebt schärfer hervor und setzt sich allmählich an solchen Stellen fest, die wir als Subjekt ansehen, während *-n* sich dem schwächer betonten Objekte angliedert. Trotzdem gibt es im Elam. weder Subjekt noch Objekt; eher könnte man von Exponenten der Nähe und Ferne sprechen.

Die grammatischen Kasus, Nominativ, Akkusativ, Dativ, sind im Elam. unmöglich, weil die sprachliche Grundlage dazu, ein Verb, das eine wirkliche Handlung ausdrückt, fehlt. In Folge davon sind die Ausdrucksmittel der Sprache für das, was wir Objekt nennen, so verschieden, wie einige Beispiele aus dem Ḥōzī zeigen mögen: 1. *Oramašta sunki-me* u *tuni-š* „Ahuramazda gab mir das Königtum", 2. *titikka taššu-p ap tiri-š* „Lüge Leute + sie er sagte" = er sagte den Leuten eine Lüge, 3. *mannct-me u-ne-na kuti-š* „Tribut meinen sie brachten" = sie brachten mir Tribut. Ja, in dem Beispiele *appi taijoš u-r pe-pti-p* „diese Länder fielen von mir ab" tritt *u-r* für einen Ablativ ein. Umgekehrt ist in der alten Sprache in in-*lina-tela-k-ne in* das Präfix des Subjekts.

Während das Altelam. die pronominalen Präfixe und Infixe unterschiedslos zur Bezeichnung persönlicher wie sächlicher Objekte verwendet, kennt das Ḥōzī nur die Aufnahme von Personen; es stellt also, was in der älteren Sprache verdunkelt erscheint, in vollem Umfange wieder her.

§ 21. Der Satz. Das Elam. bildete den Satz durch lose Aneinanderreihung von unflektierbaren Stämmen. An die wichtigeren gliedern sich allerlei berichtigende Elemente an, so daß innerhalb des Satzes Gruppen entstehen, die durch ein Suffix abgeschlossen werden. Selbst das Verb, das den reichsten Vorrat an Suffixen hat, ist von einer „Formen"bildung noch weit entfernt. Der urkaukas. Ausgangspunkt dieser Erscheinungen ist ein Zustand unvermittelter Anreihung, von dem im Elam. selbst bei Verwendung von Suffixen noch reichliche Spuren vorkommen, z. B. *sūki-p urpu-ppa akka-ra u-pat akti-ppa in-ri huhta-n-ra, u- huhta-h* wörtlich: „die Könige, die früheren, einer, vor mir, die alten, nicht + er, er machte (Subjunktiv), ich machte (Superjunktiv)" = da keiner der früheren Könige, meiner Vorgänger, etwas gemacht hatte, machte ich es. Das erste Wort *sūki-p* wird durch das zweite eingeschränkt und beide durch das dritte *akka-ra; u-pat akti-ppa* berichtigt wieder *urpu-ppa;* beide Gruppen haben das gleiche Suffix. — *in-ri* erweist sich durch das Suffix als zu *akka-ra* gehörig und verkehrt dessen Bedeutung in das Gegenteil. Beide zusammen verbinden sich auf gleiche Weise mit dem Verb *huhta-n-ra*, das sich als unterordnende Bildung kundgibt. Dieses Spiel der Suffixe, bald vorwärts weisend, bald zurückgreifend, ersetzt die Flexion. — Zugleich zeigt der Satz, daß die Formung des Gedankens auf der Berichtigung des zuerst hingeworfenen rohen Blockes beruht, die immer weiter getrieben wird, bis die erforderliche Klarheit und Deutlichkeit erzielt ist. Bei der einzelnen Bildung wie beim Satze geht der Weg vom Allg. zum Besonderen, zum Einzelnen. Dem entspricht die durchgängige Suffigierung.

Das betrifft aber nur die äußere Gestalt des Satzes; diese aber geht zurück auf die innere Form des elam. Verbums. Obwohl dieses persönlich gut entwickelt ist, gibt es doch keine Handlung wieder. Denn eine solche würde die Sprache zwingen, den Ausgangspunkt und das Ziel formell festzulegen, d. h. Subjekts- und Objektskasus zu erzeugen. Nichts von alledem: *u* heißt ich, mir, mich, mein usw. Das elam. Verb ist eher eine Zustandsschilderung, indem es sogar Tätigkeiten in Gestalt eines prädikativen Adjektivs bringt, bei dem erst der Zusammenhang zeigen muß, ob ein Tun oder ein Leiden gemeint ist.

So heißt *tiri-š* „er gesagt habend" oder „er genannt" = er hat gesagt oder er ist genannt worden. Dieses seinem Wesen nach neutrale Verbum vermag die Satzteile nicht zu binden. Es nimmt aber die Geschlechtssuffixe, das persönliche, schärfer hervorhebende *-r* und das sächliche, schwächere *-n* in seinen Dienst, biegt ihre Bedeutung in die der betonten Nähe und der weniger betonten Ferne um und schafft so einen Ersatz der formellen Bindung. Daneben ballen sich näher zusammengehörende Satzteile zu Gruppen zusammen, die durch Suffixe eingeklammert werden, und es entwickelt sich das eigentümliche Spiel der Suffixe, das das Verb mit Andeutungen vorangegangener Satzteile belastet, die es gelegentlich zu einem Satze im Satze machen können, z. B. *u, sũki-k, u-api-n* (so! Hüsing) — *hutta-š* (Dar. Naqš-i-Rostem a Z. 28) „ich, König, ich + sie + machend er" = er machte mich zum Könige über sie.

Andrerseits läßt das Verbum auch keine Gliederung der Handlung nach Zeitstufen entstehen; nur ein kleiner Ansatz dazu mag in dem lokalen Präsens enthalten sein, das die örtliche Nähe zu einer zeitlichen macht. Dagegen ist die modale Gliederung reicher entwickelt. Eine kleine Sprachprobe möge folgen:

§ 22. *Quellen* 35.

1. *u Šilhak-Inšušinak, šak Šutruk-Nahhunte: ke-k, lipa-k hane-k Inšušinak: ke-k.*
2. *sijan Inšušinak-me u-pati-mma kuši-k,*
ak miši-r-mana u erenti-mma kuši-h,
ak sip huti-e: u-pat aktija-ma kuši-h,
ak tetin lan-siti-mma: ma ra-rpa-h.
3. *ak takki-me u-meni, Nahhunte-Utu-me, ak puhu-e: na-in-tikka,*
ak ir kin-ti: nika-me: na Inšušinak, tepti alim-elu-rra, napi-r-u-re i sima-ta-h.
4. *ak sũki-p lik-u-p, urpu-ppa, sijan kuši-h- (i)š-ta, hiš api-e erenti-pepšija: ma tallu-h;*
ak sarra-h, aha kuši-h.
5. *e Inšušinak napi-r-u-re! hutta-h, hale-n-ka lima-nu-tela-k-ne!*

Übersetzung: 1. Ich Šilhak-Inšušinak, Sohn des Šutruk-Nahhunte, der geliebte Diener des Inšušinak. — 2. Ein Tempel des Inšušinak ist vor alters erbaut worden, — und ihn wiederherzustellen, baute ich ihn in gebrannten Ziegeln auf, — und den Torbau an seinem alten Platze erbaute ich, — und befestigte ihn an dem neuen Fundamente. — 3. und für mein Leben, das der Nahhunte-Utu, und das ihrer Nachkommenschaft, — und für unser Wohlergehen dem Inšušinak, dem Herrn unserer Stadt, meinem Gotte, weihte ich ihn. — 4. und den Königen meines Reiches, den alten, die den Tempel gebaut hatten, — ihre Namen schrieb ich auf das Mauerwerk von gebrannten Ziegeln; — und ich räumte Schutt weg, und ich baute hier. — 5. O Inšušinak, mein Gott! Ich hab's gemacht, (und) was ich errichtet, möge dir [oder: mir?] beständig bewahrt bleiben! —

§ 23. Das ausgestorbene Elam. hat Spuren in den neuen Sprachen Irans hinterlassen, so im Neupers.

Dieses hat die arische Dreigeschlechtigkeit aufgegeben und unterschied in seiner klassischen Zeit belebte Wesen und Sachen. Erstere bildeten den Plural auf *-ān*, letztere auf *-hā*, *äspān* „die Pferde", *rišhā* „die Bärte". Doch ist diese Unterscheidung jetzt verschwunden.

An den elam. Sprachgebrauch erinnert ferner die eigentümliche Lockerheit des Objektsuffixes *-rā*, das einerseits an die Pluralendung antritt, *äsp-hā-rā* „equos", andrerseits eine Gruppe einklammert, z. B. *ämbār-i-pämbä-rā* „einen Baumwolle-Speicher" = Speicher-welcher-Baumwolle + *rā*; *kūh-i-buländ-i-bärfdār-rā* „den hohen, schneebedeckten Berg" = Berg-welcher-hoch-welcher-schneebedeckt + *rā*.

Auch die schon altpers. reiche Verwendung des relativischen *hja* (np. *-i-*) hat Heinrich Winkler elam. Einflusse zugeschrieben.

§ 24. Noch bedeutsamer erscheinen die Beziehungen des Elam. zu dem drawidischen Brāhūī. Von *niku*, *elu*, *apu* abgesehen, ist das elam. Fürwort dem Brāhūī entlehnt, wie die Übersicht zeigen mag:

	Elamisch	Brāhūī
ich	*u*	*ī*
du — ihr	*nu — num*	*nī — num*

Umgekehrt scheinen die Plurale *dā-f-k*, *o-f-k*, *ē-f-k* der Demonstration *dā*, *o*, *ē* des Brāhūī ein Element *-f-* zu enthalten, das dem elam. *apu* „sie" entstammt. E. Trumpp *Grammatische Untersuchungen über die Sprache der Brāhūīs* 1881 bemerkt, daß im Brāhūī abweichend von den übrigen drawidischen Sprachen der Pronominalstamm *a* das nähere, *i (e)* das entferntere Demonstrativum bezeichnet.

Diese Vertauschung könnte elam. Herkunft sein, indem elamisches *aha* „hier", *i (e)* „jener, er" eingewirkt haben könnten.

Besondere Beachtung verdienen im Brāhūī die bisher nicht recht beachteten enklitischen Fürwörter *-ka* „mein, mir, mich", *-ne* „dein, dir, dich", *-ta* „sein, ihm, ihn" (Denys de S. Bray *The Brahui Language* I [1909]), z. B. *bāva-ta parē* „sein Vater sagte", *bāva pārē-ta* „der Vater sagte ihm", *bāva-ta pārē-ta* „ihr (sein) Vater sagte zu ihm (ihr)". Bildungen wie *bāva-ta* „sein Vater", *mār-e-ne* „deinen Sohn" fallen aus dem Rahmen, da der Possessivus sonst voransteht, z. B. *kanā hullī* „mein Pferd". Sollten sie etwa aus **dānā bāva-ta*, **nā mār-e-ne* usw. entstanden sein und mit ḥōzischem *u atta-ta* „ich + Vater + er" verglichen werden dürfen?

In diesem Zusammenhange sei erinnert an die in § 14 besprochenen Bildungen *kulla-n-ka*, *turn-nu-n-ki*, die auf drawidischem Grunde zu ruhen scheinen. Ist etwa das Infix *-nu-n-* mit *nan* „wir" des Brāhūī verwandt?

Umgekehrt dürften Imperative des Brāhūī wie *kun-ak* „tue", Pl. *kum-bo; mar-ak* „werde", Pl. *ma-bo; bar-ak* „komm", Pl. *ba-bo* die elamischen Nominalsuffixe Sg. *-k*, Pl. *-p* als Paten haben.

Sehr überraschend wirkt auch die bisher nicht herangezogene Suffixaufnahme im Brāhūī, von der ich nach Denys de S. Bray § 55 und 148 je ein Beispiel bringe: *(da huč lāyer e), kanā bāva-nā-f-k pazzor o* „(dieses Kamel mager ist), die meines Vaters fett sind". *bāva-nā* „des Vaters" —, erinnert sei daran, daß das Ḥōzī einen Possessiv auf *-na* hat! — und *(o)-f-k* = „Vaters + die"; ferner dürfte im Folgenden *numā-f-tā-k* aus *numā (= vestrūm)* + *(o)-f-tā-k* „dieser" *(= horum)* entstanden sein. *(nanā hačat-ta littik-ak affas* [so!]), *numā-f-tā-k karyo-k o* „(unserer Maultiere Schwänze sind es nicht), die der eurigen gestutzt sind".

Von neuen Vokalübereinstimmungen buche ich folgende: 1. geben, elam. *tunu* = brāh. *ting-ing;* 2. kommen, elam. *por-*, brāh. *bar;* 3. gehen, elam. *šinni*, brāh. *hin-ing;* 4. binden, elam. *rappa*, brāh. *taf-ing;* 5. Erde, elam. *muru(n)*, brāh. *miš;* 6. und elam. *ak*, brāh. *-a;* 7. Herr lautet im Brāhūī *ḫwāǰa* (Denys de S. Bray § 53), d. i. Laut für Laut der Ausdruck, mit dem die alten Perser das Land Elam bezeichneten. Da sie diesen weder aus dem Elam. entlehnt, noch selber geprägt haben können, so muß er aus einer fremden Unterschicht stammen. Als solche kommen die Brāhūī in Frage, da sie nach Ausweis der Lehnwörter ihrer Sprache, besonders der Zahlwörter, einmal in der Nachbarschaft der Perser gewohnt haben müssen. So ist es zu erklären, daß noch nach Jahrtausenden der Brāhūī für den „Herrn" die Vokabel verwendet, die den einstigen elam. Herrn bezeichnete. S. a. Kaukasische Völker B.

Literaturverzeichnis. (Zur Ergänzung von § 4.) A. Billerbeck *Susa* 1893; Denys de S. Bray *The Brahui Language* I (1909); G. Hüsing *Die iranischen Eigennamen in den Achämenideninschriften* Diss. Königsberg 1897; ders. *Elamische Studien* I (1898); ders. *Die Urbevölkerung Irans* Keleti Szemle II (1901); ders. *Die Namen der Könige von Ančan* OLZ 11 (1908); ders. *Der Zagros und seine Völker* AO 9 (1908); ders. *Die elamische Sprachforschung* Memnon 4 (1910); ders. *Die einheimischen Quellen zur Geschichte Elams* I (1916), angeführt als „Quellen"; ders. *Völkerschichten in Iran* MAGW 46 (1916); ders. *Der elamische Gott Memnon* Hommelfestschrift 1916; ders. *Die Inder von Boghazköi* J. Baudouin de Courtenay-Festschrift. Krakau (1921); L. W. King and R. C. Thompson *The Sculptures and Inscriptions of Darius the Great on the Rock of Behistun in Persia* 1907; Mémoires de la Délégation en Perse I ff. (1899 ff.); F. Röck *Kalender, Sternglaube und Weltbilder der Tolteken als Zeugen verschollener Kulturbeziehungen zur Alten Welt* MAGW 52 (1922); E. Trumpp *Grammatische Untersuchungen über die Sprache der Brāhūīs* 1881; E. F. Weidner *Die Könige von Assyrien* 1921; E. F. Weidner *Studien zur babylonischen Himmelskunde* Riv. Studi Orientali 9 (1922); F. H. Weissbach *Susische Tontäfelchen* Beitr. z. Assyriologie 4 (1900); F. H. Weissbach *Die Keilinschriften der Achämeniden* 1911.

Ferdinand Bork

C. Schrift. § 1. Die (einheimische) Schrift der altelamischen Schriftdenkmäler mit bilderähnlichen Zeichen, deren ursprüngliches Bild jedoch nicht sicher festzustellen ist. Die Zeichen sind teilweise einander sehr ähnlich, oft nur durch einen oder mehrere Striche unterschieden, wie z B.  oder auch durch Verdoppelung fortgebildet, z. B. 

Die Schriftzeichen werden eingeritzt, und zwar sowohl auf Stein als auch auf Ton. In diesem Fall nehmen die einzelnen Striche oft Keilform an, wie sie eben der leichte Druck beim Ansetzen des Schreibgriffels bewirkt.

§ 2. Denkmäler der elam. Schrift sind: 1. Steininschriften, die sich auf behauenen Steinblöcken, großen und kleinen Statuen, sowie einigen anderen Steinfragmenten finden. Im ganzen bisher nur neun Stück, z. T. Duplikate, vorhanden. 2. Tontafeln, einige Hundert an Zahl, ungebrannt und von verschiedener Größe, gelegentlich mit Siegelabdrücken versehen. Sie alle stammen aus den frz. Ausgrabungen in Susa (Ende des vorig. Jh.) und werden im Louvre aufbewahrt. Die Steininschriften sind Königsinschriften, nämlich BA-ŠA-Šušinak's (ungef. Mitte des dritten Jht.); die Tontafeln hingegen sehr wahrscheinlich kaufmännische Rechnungen oder ähnliche wirtschaftliche Aufstellungen. Die Schriftzeichen sind hier besonders mannigfaltig; viele davon können nur als Zahlzeichen angesprochen werden. Eigennamen wie auf den Steininschriften lassen sich nicht feststellen. Auch diese Tontafeln werden in die Zeit des genannten Königs gehören.

§ 3. Die Schrift, eine Silbenschrift, läuft bei den Steininschriften entweder stets von rechts nach links, oder seltener von links nach rechts; nur in einem Fall gehen beide Schreibrichtungen bei ein und derselben Inschrift durcheinander. Einige Zeichen wechseln mit der Schreibrichtung ihre Stellung; ja kommen sogar auf den Kopf gestellt vor. Nur auf den Tontafeln wird immer streng von rechts nach links geschrieben. Auch ist hier das Schriftbild — vom zufälligen Erhaltungszustand abgesehen — äußerst klar. In beiden Schriftgattungen jedoch werden die Zeichen stets nebeneinandergeschrieben. Die Zahl der Schriftzeichen auf den Steindenkmälern beträgt etwa 55 Stück verschiedenen Charakters und Lautwertes; die Tontafeln hingegen bieten ganz bedeutend mehr. Jedoch nur ganz wenige Zeichen kommen in beiden Schriftdenkmälern vor. Allerdings weisen gerade die Tontafeln soviel einander ähnliche Zeichen auf, daß man versucht ist, sie für Schreibvarianten zu halten.

§ 4. Die Schrift dient der altelamischen Sprache (s. Elam B), für die aber schon zu BA-ŠA-Sušinaks Zeit die Keilschrift in Gebrauch kommt, freilich durch einen landfremden Eroberer. Dabei bleibt es dann bis auf die Zeit der Achämeniden. Somit ist die einheimische elam. Schrift nur für die Inschriften BA-ŠA-Šušinaks und den ihnen zeitlich nahestehenden Tontafeln zu belegen, und zwar als terminus ad quem.

§ 5. Die Wörter werden bei den Steininschriften durch senkrechte Striche getrennt, nicht so auf den Tontafeln. Aber in beiden Fällen werden häufig wagrechte Linien als Zeilen gezogen. Zeilenende ist auch Wortende, wenigstens bei der ersten Schriftgattung.

Die Entzifferung der Schrift wird durch Beischriften in akkad. Keilschrift und Sprache, die auf einigen Steindenkmälern BA-ŠA-Šušinaks zu finden sind, ermöglicht. Steckt die Entzifferung auch erst in den Anfängen, so lassen sich doch, wenn man von den mit den Silben *šušen*-gebildeten Wörtern ausgeht, eine Reihe von Eigennamen feststellen. Die so bestimmten Zeichen erlauben dann weitere Wörter zu gewinnen. Auf diese Weise ist es gelungen, die Inschriften im einzelnen dem Verständnis näher zu bringen und die beiden verschiedensprachigen Aufschriften in einigermaßen richtige Beziehung zu setzen. Der Versuch, von diesen Ergebnissen aus auch über die Tontafeln etwas Licht zu verbreiten, ist freilich bisher gescheitert.

§ 6. Als Schriftprobe sei hier der Name des Gottes Inšušinak (wie auf dem Original von links nach rechts geschrieben) noch gegeben: 

d. h.: *nap In-šu-ši-na-pa.*

Lit. Für das Material: Scheil *Textes élam.-sémit.* IIIe série Mém. Délég. en Perse Bd. 6 S. 59 ff.; Zeichenliste S. 83 ff. u. 85 ff. — Für die Entzifferung: Frank *Zur Entziff. d. altelam. Inschr.* Abh. Preuss. Akad. 1912; *Altelam. Steininsch.* 1923. Vergl. noch Legrain *Empreintes de cachets élam.* (Mém. Miss. Archéol. de Perse Bd. 16) S. 3, 9, 10. C. Frank

D. Kunst s. Kunst E § 9.

El Amrah s. Amrah, El.

El Aramo s. Bergbau A, B.

Elasmotherium s. Diluvialfauna § 6.

Elba s. Toskanische Inseln.

Elbmegalithkeramik. Unter dieser Bezeichnung faßt Kossinna die an der mittl. Elbe entstandenen Gruppen der germ. Megalithkeramik, den Walternienburger (s. d.)

Elbmegalithkeramik

Molkenberger Typus. Tongefäße von Butzow. Nach Photographie der Vorgeschichtlichen Abteilung der Staatsmuseen Berlin.

und den Molkenberg-Burger Typus (s. Molkenberger Typus) zusammen (Tf. 11). Er unterscheidet ältere und jüngere E. und versteht unter ersterer den älteren Walternienburger Typus mit seinen scharf profilierten Formen, während seine jüngere E. neben den verwascheneren Gefäßen des jüngeren Walternienburger Typus auch den weiter ö., mehr im Havelland und der Uckermark beheimateten Molkenberger Typus umfaßt. Die Zusammenfassung aller dieser Gruppen unter einem Sammelnamen ist berechtigt durch die innere Verwandtschaft, die durch die gemeinsame Entstehung aus megalithkeramischer Grundlage sowie durch beiderseitigen bandkeramischen Einfluß bedingt ist, wenn auch mit Åberg die Grundlage des Walternienburger Typus in der Megalithkeramik des Nordseegebietes, die des Molkenberger Typus aber mehr in der des dän.-holstein.-mecklenburg.Kreises zu suchen ist. Der bandkeramische Einfluß, der für die Entstehung der E. maßgebend gewesen ist, läßt sich immer klarer als der jenes letzten direkten Ausläufers der donauländischen bemalten Keramik erkennen, der uns in der jüngsten bemalten Keramik Mährens, im Bschanzer (s. d.) und Münchshöfer Typus (s. d.) sowie in Thüringen besonders in den Brandgräbern des Rössener Gräberfeldes (s. Rössen) entgegentritt. Näheres s. unter Walternienburger und Molkenberger Typus.

G. Kossinna *Die deutsche Vorgeschichte*[2] S. 25 f. W. Bremer

Elch s. Diluvialfauna § 5, 6; Nordischer Kreis A.

Elche. Ortschaft der Prov. Alicante am Flusse Vinalapó, die alte Kolonie *Julia Illici Augusta.* Sie lag nach den äußerst zahlreichen und wichtigen Funden zu urteilen, die man dort gemacht hat, auf der Anhöhe La Alcudia. Neben einigen Bronze- und Marmorfiguren, Mosaikresten und anderen Denkmälern der röm. Epoche sind ganz besonders die iber. Funde hervorzuheben. Die sog. „Dame von Elche" ist die Büste einer weiblichen Figur aus Kalkstein, zart polychrom bemalt, von 53 cm H. (Tf. 12). Sie wurde 1897 gefunden und für den Betrag von 4000 Francs von Prof. Pierre Paris für das Louvremuseum erworben. Ihr Auffinden erweckte in der wissenschaftlichen Welt großes Interesse, da sie den Stempel einer starken künstlerischen Persönlichkeit trägt. Man stritt über ihre Herkunft, ihr Alter und andere Probleme, die sie bot. Pierre Paris hielt sie für ein Erzeugnis des griech.-phön. Stiles in Spanien, während andere mehr das griech. (Reinach), asiat. (Heuzey) oder (was wohl am richtigsten ist) iber. Element betonen. Die Züge der Büste haben ein durchaus iber. Gepräge, das man häufig an verwandten Stücken aus den Mittelmeergegenden Spaniens antrifft, hier ist nur der Ausdruck majestätisch und streng. Sehr charakteristisch ist der Kopfschmuck, eine Art Mitra, mit einem roten Schleier bedeckt. Auf der Stirn trägt sie ein Band mit drei Reihen kleiner Kugeln, an beiden Seiten Hängeschmuck und zwei große Scheiben, die gleichfalls reich verziert sind. Drei prächtige Halsketten und ein großer Mantel vervollständigen die Kleidung. Ein einzig dastehendes Werk, das aber doch nicht aus dem Kreis der übrigen iber. statuarischen Erzeugnisse herausfällt. So kann man im Cerro de los Santos (s. d.) Parallelen finden, an denen ebenfalls der Kopfschmuck mit den großen Disken, die „Mitra" u. a. erscheint, nur daß diese Stücke bei weitem nicht die technische Vollkommenheit der Elchebüste erreichen. Die Colliers lassen sich mit phön. Stücken aus Gades oder aus La Aliseda (s. Aliseda) vergleichen, womit nichts gegen den iber. Charakter der Büste gesagt ist, da sie als Importstücke von iber. vornehmen Frauen getragen werden konnten. Möglicherweise ist die „Dame von Elche" nur das Fragment einer ganzfigurigen Statue wie die wunderschöne opfernde Priesterin des Cerro de los Santos (s. d.). Die Zeit der Entstehung dürfte in das fortgeschrittene 5. Jh. fallen.

Das Fragment der Statue eines Kriegers mit Krummsäbel (*falcata;* s. d.) von deutlich griech. Einschlag sei gleichfalls hervorgehoben.

Die Keramik ist die für den SO der Halbinsel (s. Archena) typische. Sie zeigt großen dekorativen Reichtum mit Bevorzugung menschlicher oder tierischer Darstellungen. Erstere haben stets ein sehr primitives Gepräge, wie in der gesamten iber. Töpferei überhaupt, während die Tiere bisweilen eine wunderbar sichere Stilisierung zeigen (Carnassiers, Vögel, Pferde). Die stilisierten pflanzlichen und geometrischen Schmuckformen sind mit der in der iber. Keramik allgemeinen Leichtigkeit ausgeführt. Die Formen weichen nicht von den geläufigen ab.

Die Keramik stammt aus Probegrabungen, die von Albertini und neuerdings von Prof. Vives-Madrid unternommen wurden. Die FU der Skulpturen sind unbekannt.

P. Paris *Essai I;* Bulletin Hispanique 1906 S. 333 ff., 1907 S. 109 ff. Albertini. Über die Dame von Elche vgl. auch: P. Paris *Buste espagnol de style greco-asiatique découvert à Elche* Monuments Piot IV 2 (1898); Rev. ét. grec. 1898 S. 39—60 T. Reinach; Arch. Jahrb. 1898 S. 114 ff. Hübner. L. Pericot

El Chozam s. Chozam, El.

Eldsberga s. Nordischer Kreis B § 4 c 3.

Elefant s. Diluvialfauna § 3, 6, 7; Elfenbein; Jagdtier.

Elektron. A. Europa s. Legierung A § 9.

B. Ägypten. Das in Nubien gewonnene Gold ist nicht rein, sondern gelegentlich mit Silber stark vermischt, so daß es hell aussieht. Von den alten Äg. wurde es für ein besonderes Edelmetall gehalten und d'm (gesprochen za'm o. ä.) genannt; die Benennung asem im Anschluß an das griech. ἄσημος „ungestempelt" beruht auf einer falschen Lesung der hieroglyphischen Schreibung (ÄZ 41 [1904] S. 73 Gardiner und ebd. 44 [1907] S. 132 Sethe). Das nubische Blaßgold ist anfangs in der von der Natur gebotenen Legierung verarbeitet worden. Später scheint es gelungen zu sein, auch künstlich Legierungen herzustellen, die hauptsächlich Gold, daneben etwa 14—22% Silber enthielten. Die Äg. nennen in pharaon. Zeit das „Weißgold" stets als ein besonderes Edelmetall neben Gold und Silber, wo sie die Rohstoffe von verarbeitetem Schmuck und Gerät oder auch Metalle in Barrenform aufzählen. In griech. Zeit wird es Elektron genannt und gilt auch dann noch als besonderes Edelmetall.

Wiedemann *Äg.* 1920 S. 344; Möller *Metallkunst* 1924; Lepsius *Metalle* 1872 (Abh. Preuss. Akad. 1871) S. 43; Vernier *Bijouterie et joaillerie égypt.* Mém. Inst. Franç. Caire 2 (1907) S. 7. Roeder

C. Vorderasien s. Edelmetall.

Elementare Krankheitsursachen. § 1. Durch die Gewalt der Naturereignisse wurde der Mensch schon in frühester Urzeit auf diese Gewalten auch als Störer seines Gesundheitszustandes hingewiesen. Der herniederfahrende Blitzstrahl spaltete nicht nur den Riesen des Urwaldes, der wohl auch mit in Flammen aufging, er vernichtete zugleich auch oft das schwache Menschlein, das unter seinem Dache Schutz gesucht hatte. Mancher war sofort erschlagen, mancher kam mit schwerer Betäubung davon, aus der er allmählich nach schwerem Schlafe heil wieder erwachte oder einen länger währenden Denkzettel von Teillähmungen zurückbehielt. Wer auf weiter Wegwanderung im Freien übernachten mußte, war wohl einmal von plötzlichem Froste überrascht worden, von so bitterer Kälte, daß „Stein und Bein" zusammenfror, d. h. daß er mit Rumpf oder Extremitäten am Boden festgefroren war. Und wenn er dann auch noch die heimatliche Höhle oder die bergende Erdhütte wieder zu erreichen vermochte, hatte er doch äußere Frostschäden davongetragen, die lange nicht heilen wollten, oder eine schwere Brustkrankheit oder „Flußwerk" in Rücken, Nacken, Kreuz und Gliedern.

§ 2. Und als man gelernt hatte, durch ein Herdfeuer eine Brat-, Back- und Kochgelegenheit sich zu schaffen sowie eine Wärmestelle für den Winter, hatte doch auch dieser freundliche Hausgeselle seine schädigenden Gefahren, wie man erfuhr, wenn man sich der Wärme halber zu nahe ihm gelagert hatte und entschlummert war. Brennender Schmerz weckte jählings, und weithin sich erstreckende Brandblasenbildung war das erste Ergebnis, die lange Wochen vergehen ließen, ehe gesunde Haut sich wieder gebildet hatte, wenn nicht gar schrumpfende Narbenbildung zurückblieb, die selbst den Gebrauch der Glieder schwer beeinträchtigte.

§ 3. Wasserfluten haben nicht nur die Hütten manches Mal zerstört, sondern auch in schwerer Durchnässung daheim oder auf der Wanderung oder bei der Rast im Freien üble Krankheitszustände akuter und chronischer Natur zur Folge gehabt. Ja selbst der Wind hatte, wenn man auf

Elche

Frauenbüste aus Kalkstein. H. 53 cm. Louvre Paris. Nach P. Paris.

den Gang des Wildes regungslos paßte, sein Schadzeichen in den Körper geprägt, das oft erst nach Tagen und Wochen in voller Wirkung sich zeigte. Auch das Fahren im Kahn oder Schiffe auf Seen oder Meere bei Sturmwirkung und Nässe hat Krankheitsfolgen eingezeichnet in Knochen, Sehnen und inneren Organen.

§ 4. Alle diese und verwandte elementare Krankheitsveranlassungen hatte auch die vorgesch. Menschheit schon früher oder später erkannt und als solche gewertet, wenn auch natürlich Reifriesen, Sturmdämonen und der Donnergott dabei ihre Hand im Spiele hatten. Doch sind dies wohl erst spätere Reflexionsergebnisse und Hineinbeziehungen sinnfälliger Erlebnisse in die spielerischen Gedankengebilde des supranaturalistischen Animismus, der alle Umgebung mit feindlichen Mächten füllte, die dem Gesichtssinne sich verbargen. Diesen Offenbarungen tiefschürfender Weltanschauungsweisheit waren die einfachen Schlußfolgen der Primitiven, wenn auch nur dumpf zunächst perzipiert, vorausgegangen. „Elementar“ sich aufdrängend waren ja auch die frühesten Fremdkörpervorstellungen gewesen (s. Ätiologie), elementar fast auch die reaktiven Beseitigungsmaßnahmen gegen dieselben. Sudhoff

Eleusis. Städtchen und berühmtes Heiligtum w. von Athen. Auf der nahe an der Küste gelegenen Akropolis (H. bis 63 m) und an ihrem Südabhang Reste einer vormyk. und myk. Ansiedlung. Aschenschichten von mehrfacher Bewohnung (nicht von Leichenbrand), dazwischen Steinplattengräber und am Abhang ein kleines Kuppelgrab. Aus einem Grabe in der Nähe von E. stammt ein Inselidol (Mém. d. Ant. d. Nord 1896 S. 68). Die Keramik umfaßt Urfirnisware, Mattmalerei, Minysches, Kykladenware, Mittel- und Jungmykenisches. — Aus „geometrischer“ Zeit stammen Dipylonvasen, Goldschmuck und Elfenbeinfigürchen. Das Heiligtum reicht offenbar nicht in myk. Zeit hinauf.

RE V (1905) S. 2336ff. O. Kern; Ἐφ. ἀρχ. 1898 S. 29ff.; 1912 S. 1ff. Tf. 1–3 Skias; Fimmen *Kret.-myk. Kultur*² 1924 S. 9, 76ff., 65f.; Ath. Mitt. 43 (1918) S. 60f., 64ff. Schweitzer; Ἐφ. ἀρχ. 1885 S. 169ff. Tf. 9 Philios. G. Karo

Elfenbein. A. Europa. Allgemein. Das Material des Elephanten-Stoßzahnes ist in frischem Zustande fest und besitzt eine gewisse Elastizität, läßt sich gut schnitzen, drechseln und fein polieren. Dagegen ist das fossile E. brüchig und spröde und eignet sich nicht zur Bearbeitung. Wegen seiner vorzüglichen Eigenschaften wurde es vom paläol. Menschen, dem es frisch zur Verfügung stand, gern zur Anfertigung von Figürchen und anderen Schnitzereien benutzt und war namentlich im jüngeren Paläol. zeitweise so beliebt, daß Piette eine Per. geradezu als Eburnéen oder Eléphantien bezeichnete. Seine Verwendung war nicht auf Frankreich beschränkt, es kommt auch in den andern spätpaläol. Kulturzentren von Westeuropa bis nach Rußland vor. Mit dem Verschwinden des Elephanten aus Europa am Ende des Diluviums kommt dort in der j. StZ und BZ auch das E. außer Gebrauch, aber in den ö. Mittelmeerländern, d. h. in der Nähe des Erzeugergebietes, wird es weiter verarbeitet. In Europa, und zwar im S und von hier in das Hallstattgebiet ausstrahlend, findet es in der ä. EZ wieder Aufnahme und wird zeitweise in manchen Gegenden Träger einer blühenden und reichen Kunstindustrie (chryselephantine Arbeit in Griechenland, die mittl. etrusk. Gruppe; Tf. 13, 14). Im Hallstattgebiet fallen prächtige Schwertknäufe aus E. mit Bernsteineinlagen und kleinere Schnitzereien ins Auge.

Sacken *Hallstatt* S. 120 Tf. 5, 2–3; *AuhV* 2 H. 1 Tf. 5, 1–2; 5 S. 147 Reinecke; Déchelette *Manuel* I 115ff.; II 875f. Alfred Götze

B. Pyrenäenhalbinsel. Man kennt nur wenige elfenbeinerne Gegenstände aus der Kupferzeit der iber. Halbinsel. Sie bleiben fast ganz und gar auf kleine Funde beschränkt, die aus dem SO, aus den Stationen von Los Millares (s. Millares, Los) und Almizaraque stammen. In den Gräbern von Los Millares lagen ein Kamm und verschiedene Gegenstände zylindrischer Form mit einer Einschnürung im obersten Drittel. Der größte ist 8 cm und der kleinste 2 cm l. Siret hält sie für Idole, was zugegeben werden kann, da sie Ähnlichkeit mit anderen, die anthropomorphe Züge aufweisen, haben. Aus Almizaraque besitzen wir eine kleine Platte von 15 cm L. mit Gravierungen, Streifen, die schräg laufen und sich im rechten Winkel schneiden; weiter eine Nadel oder einen Stichel mit einer Erhöhung an der oberen

Seite. Siret meint, daß einzelne Gegenstände aus Elefantenelfenbein, andere aus Nilpferdelfenbein gefertigt sind, und will Beziehungen mit Ägypten feststellen. Tatsächlich ist es sehr schwer, irgend etwas Sicheres über die Herkunft des Materials, aus dem die Gegenstände bestehen, zu sagen, da dieses wahrscheinlich unbearbeitet eingehandelt wurde. Ein stichhaltiger Grund dafür, daß es gerade aus dem Niltale kam, liegt nicht vor, es kann auch aus Nordwestafrika gekommen sein.

L. Siret *Questions de chronologie et d'ethnographie ibériques* 1913; Siret *Religions néolithiques de l'Ibérie* Rev. préh. 1908 H. 7—8.

J. de C. Serra-Ràfols

C. Ägypten. (Tf. 1) Verglichen mit Knochen (s. d. B) und Horn (s. d. B) ist das E. des Elefanten- und Nilpferdzahns schon im ältesten Ä. das Edelmaterial, aus dem eine große Anzahl von kostbaren Geräten und Geräteteilen hergestellt und oft mit kunstvoll geschnitzten Zierraten geschmückt wird. So vor allem Armringe, Salblöffel, Kämme, Haarnadeln, Fingerringe (?), Amulette sowie kleine Nachbildungen von Ton- und besonders Steingefäßen (vgl. besonders Junker *Kubanieh-Süd* S. 84f.), vereinzelt auch Nadeln (Junker a. a. O. S. 117), Dolchgriffe (Mac Iver *Amrah* S. 40 u. Tf. 6), Kästen verschiedener Form (ebd. S. 48 [?]; Petrie *Gizeh and Rifeh* S. 6 u. Tf. 5, 19—21; *Tarkhan* II Tf. 1 u. 3,11; *Roy. Tombs* II 22 u. Tf. 5,4. 35,13), Stäbe mit Tierköpfen (Petrie *Gizeh and Rifeh* Tf. 4f.; *Roy. Tombs* II Tf. 6 A 11), Modelle einer Axt (?, Mac Iver *Amrah* S. 48 u. Tf. 12,8), eines Paars von Sandalen (Petrie *Diospolis* S. 22 u. Tf. 10,9) oder von verschiedenen Tieren (Ayrton-Loat *Mahasna* Tf. 19,2; Petrie *Roy. Tombs* II Tf. 3 A 10), Brettspielfiguren und zum Spiel verwendete Stäbe (Petrie-Quibell *Naqada* S. 14 u. Tf. 7; Petrie *Tarkhan* I Tf. 14 u. 19; *Roy. Tombs* I Tf. 12, 12f.) sowie Nachbildungen von Schminkpaletten (Junker *Turah* S. 57). Seit der 1. Dyn. finden sich auch Spiegelzylinder (Ayrton-Loat *Mahasna* S. 34 u. Tf. 27,1) und in den Königsgräbern bei Abydos auch Sessel- bzw. Bettfüße (z. B. Petrie *Roy. Tombs* I Tf. 12; II Tf. 6 A 7. 12 f.), Pfeilspitzen (ebd. I Tf. 37, 13 f), Statuetten (ebd. I Tf. 37,5; II 21 u. Tf. 3 A 8) und kleine, mit Aufschrift versehene Plättchen aus E., die als Etikette für verschiedene Behälter verwendet wurden.

Petrie-Quibell *Naqada* S. 42 u. 46f., Tf. 43 u. 61—64; Petrie *Diospolis* S. 21f.; MacIver-Mace *Amrah* S. 48; Ayrton-Loat *Mahasna* Tf. 11—13, 15—22; Petrie *Gerzeh* S. 23; *Gizeh and Rifeh* S. 6 u. Tf. 4f; ders. *Tarkhan* I Tf. 12—14, II S. 9f. u. Tf. 1—3; Junker *Turah* S. 58—60; ders. *El Kubanieh-Süd* S. 93; Petrie *Roy. Tombs* I 27f. u. Tf. 37, II 19—29 u. Tf. 2—9; *Abydos* I 24; *Prehist. Eg.* S. 40 u. 42; Reisner *Survey* 07/08 Tf. 66.

Ranke

D. Palästina-Syrien.

§ 1. Amarnabriefe, AT. — § 2. Gebrauchsgegenstände. — § 3. Kunstwerke. — § 4. Herkunft, Elefanten in Syrien.

§ 1. In Palästina-Syrien wird E. schon frühzeitig erwähnt. Die Amarnabriefe sprechen wiederholt von diesem kostbaren Stoffe, der *šin-bir-ri* (Elefantenzahn) oder kurz *šinnu* genannt wird. Das letztere Wort findet sich auch in der Zusammensetzung *išê ša šinni* (Stiele? aus E.). Sonst kommen noch in Betracht *du-ša-chu* mit der Erläuterung *ša bît šamni*, Teil eines Ölbehälters aus E., und *kurumanu*, womit ein unbekannter Gegenstand aus E. bezeichnet wird. Das AT erwähnt E. (*šenhabbîm*) selten. Salomos Thronsessel soll aus E. (richtiger aus Gold und E.) gefertigt gewesen sein (1. Kön. 10, 18), und zur Zeit der späteren Könige wurden Möbel und Zimmerwände damit eingelegt (1. Kön. 22, 39), was die Propheten als unrechte Verschwendung rügen (Amos 3, 15; 6, 4). Aus Ezech. 27, 6 könnte man schließen, daß diese Kunst von den Phönikern übernommen worden ist, aber der Text ist zweifelhaft. Als Bezugsquelle werden Ophir (1. Kön. 10, 22) und Arabien (Ezech. 27, 15) genannt.

G. B. Winer *Biblisches Realwörterbuch*[3] 1847 S. 315ff.; H. Guthe *Kurzes Bibelwörterbuch* 1903 S. 149.

§ 2. Bei den Ausgrabungen sind Erzeugnisse aus E. mehrfach gefunden worden, doch gehören die meisten in die hellenistische und christliche Zeit. Alt sind die kleinen schmalen Stückchen, oft in Gruppen, aber nie mit Metall zusammenliegend, die wahrscheinlich als Einlagen in hölzerne Kästen (Macalister *Gezer* I 90ff., III Tf. 21, 9f., 29; 23, 12; I 98; III Tf. 26, 11; I 122; III Tf. 34, 31; II 247f., 249ff.; III Tf. 195) oder hölzerne Schwertgriffe (II 124;

III Tf. 34; II 376, 430; III Tf. 218, 6) dienten und deshalb Löcher für Stifte haben. Sie treten wenig verändert in allen Schichten auf und sind mit geometrischen Linienmustern (ägäischer Einfluß? B. Schweitzer *Untersuchungen zur Chronologie der geom. Stile* I [1917] S. 18), seltener mit Punkten und Kreisen verziert. Einige erweisen sich durch eingegrabene Lotosblüten oder Federkronen (II 250, Abb. 398; II 311, Abb. 449; III Tf. 195, 67 ff.) als äg. Waren (Erman-Ranke *Äg.* S. 544). Wahrscheinlich sind auch die Streifen vom *tell zakarîa* aus E. (Bliss-Macalister *Excavations* S. 26, Tf. 76). Ab und zu finden sich Perlen (ebd. S. 27; Macalister *Gezer* II 92 ff., 113; III Tf. 132, 36. 50. 60; 137 a, 74), Knöpfe (I 265, III Tf. 19, 22; II 99, 111, III Tf. 137 a, 40), Nadelköpfe (II 87, 91, III Tf. 132) oder Nadeln (II 89 Abb. 278), Schreibgriffel (II 274 Abb. 420 von der 2. sem. Schicht an; Bliss-Macalister *Excavations* S. 146 f. Tf. 76). Die keulenförmigen Amulette mit Punktreihen sind besonders in der 4. sem. Schicht häufig (Macalister *Gezer* II 353, 452; PEF Annual 2 [1912—13] S. 62, 90, Tf. 30 B, 59 B, 5). Dieselbe Verzierung trägt das vierkantige Stück aus einem Grabe der 4. sem. Schicht (Macalister *Gezer* I 324). Auch Kämme sind spät (ebd. I 330, II 118, III Tf. 84, 24, Ende des 1. Jht.; Schumacher *Mutesellim* S. 110, Tf. 34 n, unvollendet).

§ 3. Neben diesen Gegenständen des täglichen Gebrauches stehen die Werke der Kunst. Die Skarabäen aus E. sind selten (Macalister *Gezer* II 316 [2. sem. Schicht, 12. Dyn.?], 323 [3. sem. Schicht, 18. Dyn.]; I 334, II 326 [4. sem. Schicht, 26. Dyn.]; PEF Annual 2 [1912—13] S. 61 Tf. 29 B [unhieroglyphisch, also Nachahmungen aus dem Inland]), ebenso Siegel (Macalister *Gezer* II 293). Echt äg. sind die Schminkbüchsen in Bootform (ebd. II 118 Abb. 293, 1; 342 ff. Abb. 462; Bliss-Macalister *Excavations* S. 42 Tf. 77 [dort für Knochen gehalten]) und die Reisesonnenuhr mit dem Namen des Pharao Menephtah (Macalister *Gezer* I 15, II 331 Abb. 456; s. Ägyptischer Kultureinfluß auf Palästina-Syrien § 3). Fraglich ist diese Herkunft bei den kleinen geschnitzten Figuren: Schwein (ebd. II 8, III Tf. 125, 17), Gans? (II 16, III Tf. 125, 19), Elefant (II 17, III Tf. 125, 3), während die beiden Köpfe, die oben und unten unbearbeitet sind, also wohl in Metall eingesetzt werden sollten (II 335, III Taf. 211, 8 f.), die Schildkröte und die kunstvolle Löwentatze (Schumacher *Mutesellim* S. 104, Tf. 31 e, n), der Priester mit rasiertem Kopf, die nackte Frau und die unbeholfene weibliche Figur (aus Byblos; Monuments et mém. 25 [1921—22] S. 262 Tf. 19, 1 ff. P. Montet) aus Ägypten stammen.

§ 4. Die Mehrzahl der Fundstücke hat sich demnach als äg. Erzeugnisse erwiesen. So darf man wohl annehmen, daß auch für die inländischen, ungeschickteren Nachahmungen E. aus Ägypten bezogen wurde. Zypern scheint nicht in Betracht zu kommen (PEF Annual 2 [1912—13] S. 73 Tf. 40 wird ein Knopf mit einer Rosette als kyprisch bezeichnet). Es besteht allerdings auch die Möglichkeit, daß in älterer Zeit in Syrien E. erbeutet werden konnte. Wenigstens berichtet 'Amenemḥeb von Thutmosis III., den er in allen Ländern begleitet hat, daß er bei der Stadt *Nij* 120 Elefanten gejagt habe (Sethe *Urkunden* IV 893 f.; Müller *Asien u. Eur.* S. 263 f.). Dieses *Nij* ist nicht im s. Syrien zu suchen (ZdPV 30 [1907] S. 45 f. H. Clauß), sondern sö. von Aleppo nach dem Euphrat zu (J. A. Knudtzon *Die El-Amarna-Tafeln* 1915 S. 1115 f.). Dazu stimmt, daß Tiglatpileser I. (um 1100 v. C.) und Asurnasirpal (884—860 v. C.) sich rühmen, Elefanten *(pîru)* am oberen Euphrat erlegt oder gefangen zu haben (I. Tiglatpil. VI 58 f.; B. Meißner *Assyrische Jagden* [AO 13, 2] 1911 S. 6, 14). Doch können dies nur die letzten Reste gewesen sein, mit denen der Elefant in diesem Gebiete ausstarb. Jedenfalls ist auch für die Funde des 1. Jht. in Assyrien äg. Herkunft ziemlich sicher. Früher kann aber E. auch aus Syrien nach Zypern gebracht worden sein (MVAG 16 [1911] Nr. 2 S. 12 R. Frh. von Lichtenberg), obwohl der Weg von Libyen über Zypern nach Syrien und weiterhin wahrscheinlicher ist (ZfAssyr. 10 [1895] S. 260 f. W. M. Müller).

C. W. Bishop *The Elephant in Ancient Asia* Journ. Amer. Orient Soc. 41 (1921) S. 290 ff.; D. Fimmen *Kret.-myk. Kultur*² 1924 S. 120.

Peter Thomsen

D. Vorderasien. Trotzdem Elefanten in alter Zeit auch in Syrien vorkamen, ist Babylonien und Assyrien für das E. wohl hauptsächlich auf den Import aus Ägypten und Nubien angewiesen gewesen. Es wurde von jeher viel zu kleinen Statuetten, Schmucksachen, Gebrauchsgegenständen wie Kämmen und zu Intarsien verwendet (J. Knudtzon *Die El-Amarna-Tafeln* 1915 S. 122, 75ff). Banks hat mehrere Gegenstände aus E. in den alten Ruinen von Adab (heute Bismaja; s. Adab) gefunden, und auch einige Elfenbeinplatten aus El-Hibba und anderen südbabyl. Ruinenhügeln reichen noch in die archaische Per. (2800 v. C.) hinauf (E. Banks *Bismaja* 1912 S. 54, 268f., 272, 274, 329; *Verzeichnis der Vorderasiatischen Altertümer in Berlin* 1889 S. 67 Nr. 1632, 179; S. 68 Nr. 2099). Im British Museum (*A Guide to the Babylonian and Assyrian Antiquities*[2] 1908 S. 222 Nr. 182 = *Guide*[3] 1922 Babyl. Room Nr. 15) befindet sich ein elfenbeinerner Kopf eines sumer. Beamten (? ca. 2500?), und in dieselbe Epoche wird auch eine sehr feine, aus Susa stammende Frauenstatuette aus E. gehören (Délégat. en Perse 7 Tf. 4a de Morgan); vgl. Tf. 2c. Die assyr. Könige erwähnen E. oft unter den Tributgegenständen. Die in Assyrien gefundenen, dem 9. Jh. v. C. angehörenden Gegenstände aus E. (Layard *Niniveh und Babylon*, dtsch. von Zenker o. J. S. 194ff. u. ö.) weisen einen ägyptisierenden Geschmack auf, später aber emanzipieren sich die assyr. Künstler von ihm und verwenden rein assyr. Motive.

B. Meissner

Elkab s. Nechen.

El Kubanieh s. Kubanieh, El.

Ellerbek. Bei Baggerarbeiten in der Kieler Föhrde sind 1876—1903 8,5-9 m unter dem Mittelwasser an einem unterseeischen Rücken altneol. Wohnplätze angeschnitten. Nach Untersuchung von C. A. Weber fallen dieselben in eine Zeit, wo die Eiche der herrschende Baum war (s. Eichenzeit) und die seitdem gesunkene Kieler Föhrde einen Binnensee bildete, wahrscheinlich die ältere Litorinazeit. Die Funde (Tf. 15) sind 1. Feuerstein: Äxte mit Spaltschneide, Kernäxte, Bohrer mit Spitze, Kernsteine, Schaber, Messer, Späne; 2. Horn: Äxte mit Schaftloch aus Hirschgeweih, Meißel, Harpune mit drei Widerhaken, Hacke, Dolch; 3. Tongefäß. Unter den Tierknochen: Edelhirsch, Reh, Elch, *Bos primigenius*, *Bos taurus*, unter den Mollusken: Litorina und Auster. — Die Siedlung ist gleichzeitig mit den dän. Kjökkenmöddingern (bes. Ertebølle; s. d.), wenn auch durch Lage und Anlage von ihm verschieden. Kossinna macht sie namengebend für die betreffende Kulturgruppe. S. a. Nordischer Kreis A § 3f.

43. Bericht des Museums vaterl. Altertümer in Kiel 1904 S. 8 C. A. Weber und Mestorf; Mannus 1 (1909) S. 431ff., 11/12 (1919/20) S. 255ff. Kossinna.

R. Beltz

Elsbethen (Salzburg). In einer Felsennische wurde 30—50 cm t. in einer schwachen Schicht latènezeitl. Relikte und etwa 1 m t. eine Kohlenschicht mit über 100 Feuer- und Hornsteinabspließen, ein Bohrer, zwei Klingen und drei Randscherben von einfacher Tupfenleistenkeramik gefunden. Es handelt sich um eine neol. besiedelte Felsennische, die auch vorübergehend in der LTZ aufgesucht wurde.

G. Kyrle *Urgeschichte des Kronlandes Salzburg* Österreichische Kunsttopographie 17 S. 18, 19, 100ff.

G. Kyrle

Eltern s. Familie.

Elymer s. Sikuler B § 1.

Email. A. Allgemein und Europa.

§ 1. Allgemeines. Technik. — § 2. Iran-Kaukasus. — § 3. Keltisches E. Blutemail. England. — § 4. Nordisches E. — § 5. Zusammenhänge.

§ 1. E. (= smaltum) bedeutet Schmelz und bezeichnet Glasflüsse, die auf Metall aufgeschmolzen werden. Die Färbemittel sind stets Metalloxyde. Bei den ältesten werden Bleche damit überzogen, nachdem eine Art Einfassung durch Aufbiegen oder Auflöten von Stegen geschaffen ist. Etwas verschieden davon ist eine zweite Art: In das Metall werden Gruben eingetieft, diese mit Masse gefüllt und durch Erhitzen des Gegenstandes aufgeschmolzen. Das ist die richtige, unter Grubenemail verstandene Technik. Sie findet sich am frühesten in der „schönen" german. BZ, wo die Vertiefungen, die die Ornamente hervortreten ließen, mit einer dunkeln Harzmasse ausgeschmolzen wurden. Das waren allerdings noch keine Glasflüsse, was ja mit zum Begriff des E. gehört.

Die erste Art des E. ist ganz offenbar

Elfenbein A. Europa

Frau mit Schlangen. Kreta. Elfenbein mit Gold. H. 16,1 cm. Nach H. Th. Bossert.

a

b

c

Elfenbein A. Europa

a - b. Arm. — c. Becher. Beide aus Elfenbein. Tomba Barberini. Nach F. Poulsen.

aus der Technik der Zellenverglasung entstanden. Im Gefolge dieser Technik tritt daher das E. überall auf, und zwar vom Iran bis zum Kaukasus etwa im 6.—5. Jh. und in der gotischen Kunst der Völkerwanderungszeit. Die erste Gruppe zeigt auch Harzeinlagen, nämlich Bernstein in der Technik der Zellenverglasung (Ebert *Südrußland im Altertum* 1921 S. 116ff., wo die Kelermesfunde besprochen werden).

§ 2. Schöner Grubenschmelz erscheint besonders im Kaukasus (Koban), wo Gürtelplatten mit phantastischen Tieren und auch geometr. Muster vorkommen. Diese Arbeiten haben eine andere chemische Zusammensetzung wie die späteren kelt. Ihre Zeitstellung ist sehr umstritten. Sehr früh sind sie wohl nicht. Charles de Linas suchte den Ausgangspunkt für den Zellenschmelz in Turan, Kondakoff (1892) in Persien (Strzygowsky *Altaï-Iran* 1917 S. 237). Im ganzen ist noch sehr viel neues Material nötig, um die Zusammenhänge bis in die Mitte des 1. Jht. klarzustellen.

Auch weiter n. in Asien gibt es Email (Über Sibirien s. Minns *Skythians and Greeks* 1913).

§ 3. Eine andere, im Anfang viel einfachere Entwicklung hat in dem kelt. Kreise stattgefunden. Sie erreichte in England ihre höchste Blüte im 1. Jh. n. C., wozu in Frankreich die Vorstufen liegen (Déchelette *Manuel* II 3 S. 1507, 1547, 1557ff.). Ihren Ursprung nahm sie von der Verwendung der Koralle zu Schmuckzwecken. Diese Schmucktechnik fällt in Frankreich durchaus in die frühe LTZ (Matériaux 1879 Tf. 3, 12 und 4, 21: Colliers de corail de Charvais, Marne). Nur ein Stück ist mir bekannt, von Pleurs (Marne), das später ist. Von ebenda stammt auch eine echte Frühlatènefibel, ebenfalls mit Korallenbelag (Read and Smith *Guide British Museum. Early Iron age* S. 65). Das fragliche Stück sieht aus, als ob es aus der Spätlatènezeit stammt, und steht vereinzelt da; der Bügel ist flach, langdreieckig, der Fuß wie bei spätlatènezeitl. Stücken, die Rolle in Rollenkappe. Bügel und Kappe sind allseitig mit aufgenieteten Korallenplättchen bedeckt. Nach einer Aufstellung über die bekannten Korallenfunde setzt S. Reinach das Ende der Technik in Europa zwischen 300 u. 250 v. C., was sicher irrig ist. Der von Reinach nicht aufgezählte Witham-Schild (England) hat Korallen und ist sicher jünger. Auch sonst kommen in England Korallen länger vor (Read and Smith a. a. O. S. 87). Die Schwierigkeit, dieses Material zu beziehen, muß zur Verwendung roter Glasflüsse geführt haben, die wir zuerst in einfachster Form als Blutemail auftreten sehen (I. Stufe der LTZ). Die Verwendung war die gleiche wie die der Koralle; Plättchen werden mit Stiften auf der Unterlage befestigt. Diese Technik hielt sich lange. Eigentl. Emailarbeit in Grubenschmelz aber begann erst, als man lernte, den Glasfluß auf den Gegenstand aufzuschmelzen.

Die Emailtechnik der Gallier beschreibt Philostratus zur Zeit des Septimius Severus (192—211 n. C.) Icones I, 28: Die Barbaren am Ozean gießen diese Farben (weiß, gelb, rot, schwarz) auf glühendes Kupfer; sie haften dann fest. Er spricht von den Briten damaliger Zeit. Diese echte Emailtechnik beginnt am Ende der frühen LTZ oder bei Beginn der Mittellatènezeit oder Früh-Mittellatènezeit, was Funde aus Flavigny und La Bouvandau (Marne) beweisen und Gegenstände dieser Zeit, bei denen Korallen und E. gleichzeitig verwendet wurden. Die eigentl. Zeit der Emailtechnik echter Art, bei der Rinnen in das zu verzierende Metall eingetieft und die Glasflüsse eingeschmolzen sind, ist aber das Ende der Mittellatènezeit und die Spätlatènezeit. Am häufigsten finden sich Knöpfe, Pferdegeschirr, Platten damit verziert. Auf dem Mont-Beuvray sind Werkstätten der Metall- und Emailarbeiter gefunden (s. Bibracte). Hauptfabrikat waren Knöpfe. In einfachen Holzschuppen fanden sich kleine, in den Boden eingetiefte Öfen, noch mit Metallspänen, Kohle, Schlacken, Schleif- und Poliersteinen, Zangen u. a. Werkzeugen. Viele Nägel und rundköpfige Knöpfe lagen verstreut. Auf der alten Oberfläche überall kleine rote Emailschalen, die auf der Rückseite noch die Rinne zeigten, mit der sie im Metall gesessen hatten: also abgesprungenes E. Ältere derartige Nägel mit emailverziertem Kopf sind von La Tène bekannt; sie gehören der Mittellatènezeit an und sind das früheste aufgeschmolzene, also echte E.

(Mus. Zürich und Bienne). Auf dem kleinen Gleichberg bei Römhild (s. Steinsburg) kommen sie ebenfalls vor, ebenso findet sich dort eine emaillierte Mittellatènefibel (Jacob *Die Gleichberge bei Römhild* S. 33). Die Spätlatènefunde vom Hradischt bei Stradonitz (s. d.) lieferten gleiche Nägel und Knöpfe wie Bibracte. In Frankreich sind sie häufig, z. B. in den gall. Oppida von Corent, Gergovia und Boviolles (Meuse).

Diese Knöpfe finden sich aber auch im Rheinland (Mainzer Museum) und bis n. nach England. Die Knöpfe wurden durch Einfeilen gerauht und dann ganze Kappen aufgeschmolzen. Auch Strich- und Kreuzmuster kommen vor.

Große Gürtelringe mit emaillierten großen Knöpfen, die in zwei Teilen den Leib umfaßten, fanden sich in Süddeutschland (Hessen-Starkenburg; Lindenschmidt *AuhV* 4 S. 751, 1 und 1 a), Frankreich (Aubeterre [Allier]; Déchelette *Manuel* II 3 S. 1554 f.), Oberbayern und im Elsaß.

Die besten, aber auch spätesten Arbeiten hat der engl. Kulturkreis geliefert. Stücke wie der Schild von Battersea (Tf. 16), die Pferdegeschirrplatten von Polden Hill (Somerset) und Norton (Suffolk) sind der Höhepunkt der kelt. Emailarbeit (Kemble *Horae ferales* Tf. 19, 20; Read and Smith *Guide British Museum. Early Iron age* Tf. 1 und 5). Letztere setzen sie um C. Geb. (Schild) und ins 1. Jh. n. C. (Polden Hill). Diese Datierung erscheint ziemlich spät; da aber die kelt. Ornamentik erst in den ir. Illuminationen der bekannten Handschriften (Book of Durrows, Kells, Lindisfarne, St. Gallen) mit den sog. scrolls ausstirbt, müssen späte Formen ihrer Art angenommen werden. — Zu den schönen Platten von Polden Hill und Norton ist ein Gegenstück in Deutschland gefunden bei Oberolm (Reinecke *Aus der präh. Slg. des Mainzer Alt.-Vereins* Zeitschrift des Vereins zur Erforschung der Rheinischen Geschichte 1900 S. 356).

Eine große Rolle spielte später, besonders im 2. Jh. n. C. die Emailverzierung auf belg. Fibeln. Eine der Hauptfabriken lag bei Anthée in der Nähe der bekannten Grabfelder von Flavion und Berzée. Auch hier ist die ganze Werkstatt aufgedeckt. Sie wurde 254 n. C. von einbrechenden Franken zerstört (Annales de Namur 24 [1900] Becquet). Auch Millefiori-Email kommt in dieser Zeit vor. Zum Schluß sei noch die Analyse einer Probe von Emailmasse von Tara Hill und Bibracte gegeben nach Read and Smith a. a. O. S. 89.

Tara Hill		Bibrakte	
Silizium	43,28	Silizium	42,89
Bleioxyd	32,85	Bleioxyd	28,30
Potasche u. Calziumoxyd	1,44	Zinnoxyd	2,25
		Tonerde	8,28
Aluminium u. Eisenoxyd	1,75	Aluminium	2,75
		Eisenoxyd	2,45
Kupferoxyd	9,86	Kupferoxyd	6,41
Soda	9,82	Soda	6,66
	100,—		100,—

Der Schmelzpunkt ist etwa 686 °C, die Masse schmolz zu einem dunkelgrünen Glase.

Nach der ganzen Lage dieses Befundes scheint es tatsächlich, als ob es sich bei dieser zuletzt besprochenen kelt. Entwicklung des Emails um eine selbständige Erfindung handelt. Möglich ist aber auch, daß um 400—300 v. C. die Kenntnis von der Aufschmelzbarkeit eines Glasflusses auf Metall aus der Gegend des Schwarzen Meeres — also aus dem Gebiet des iran. und skyth. Kunstgewerbes — bis in das Keltenland kam. Grade in die Zeit fallen Keltenzüge nach O, die die Kenntnis vermittelt haben könnten.

§ 4. In diesem Falle wäre eine andere, ziemlich weit ab, nämlich n. liegende Gruppe von Emailarbeiten vielleicht auch auf eine Strömung vom SO her zurückzuführen. In Schleswig und Gotland finden sich Schnallen mit emaillierten Nieten und Knöpfen (Almgren *Gotland* 1914 Tf. 5, 55, 56; Studier tillägnade Oscar Montelius 1902 S. 128 ff. Arne). Auch auf Bornholm, in Dänemark, Pommern finden sich rote Emaileinlagen in Kreuzform (Hugo Schumann *Die Waffen und Schmucksachen Pommerns z. Zt. des La-Tèneeinflusses* S. 38). Alle diese nord. Dinge gehören in die Mittel- und Spätlatènezeit. Bei der Ähnlichkeit mit dem kelt. Blutemail können sie aber die Kenntnis der Technik auch von SW haben.

§ 5. Im Ganzen können wir also zusammenfassen: Aus der sehr alten Technik der Zellenverglasung hat sich im O das E. entwickelt. Die Zusammenhänge sind noch nicht

Email A. Europa

Bronzeschild mit Emailverzierung. Aus der Themse bei Battersea. $^1/_5$ n. Gr. British Museum London. — Nach Read-Smith.

aufgeklärt. Desgleichen sind die Verbindungen von dort nach dem Kreise des kelt. E. noch undeutlich. Man ist aber vorläufig noch nicht berechtigt, diese Zusammenhänge zu leugnen, und es besteht sehr wohl die Möglichkeit, daß wir es mit einer ununterbrochenen Folge zu tun haben. Sicher ist jedenfalls, daß Griechenland und Rom nicht die Überleitung der Technik nach dem N vermittelt haben. Seine eigentl. Kunstblüte erlebt das E. in langsamem Aufstieg von der Völkerwanderungszeit bis in die romanische Per.

Bucher *Geschichte der tech. Künste* 1875ff.; Cohausen *Römischer Schmelzschmuck* 1873; Charles de Linas *Les origines de l'orfévrerie cloisonnée* 1875; Dalton *Byzantine Art and Archaeology* 1911; Archaeologia 58 (1902) Dalton; Minns *Skythians and Greeks* 1913; Virchow *Koban* 1883; Kondakoff *Antiq. Russie mérid.*; ders. *Geschichte der Denkmäler des byzantinischen Emails* 1892; Perrot-Chipiez VII; J. Strzygowsky *Altaï-Iran und Völkerwanderung* 1917; Tischler *Abriß der Geschichte des Emails* SB. Phys. Ök. Ges. 1886 S. 6; ders. *Über vorrömisches und römisches Email* Korr. Gesamtv. 1886 S. 128. — Über die frz. Funde und die Schriften von Reinach, Bulliot, Déchelette vgl. Déchelette *Manuel* II 3 S. 1507, 1547ff.

E. Rademacher

B. Ägypten. Die vielfach verbreitete Meinung, daß die Emailtechnik eine altäg. Erfindung sei, beruht auf einem Irrtum. So alt und so verbreitet in Ä. die Sitte ist, Einlagearbeiten aus den verschiedensten Stoffen herzustellen, so fehlen Einlagen aus Glasfluß im eigentl. äg. Altertum doch völlig. Sie treten vor der ptolemäischen Zeit nicht auf. Die bekanntesten Stücke mit Emaileinlagen im äg. Kulturkreise gehören dem von nub. Goldschmieden gefertigten Schatze an, der sich in der Grabpyramide einer nub. Königin gefunden hat, und dessen Stücke größtenteils um den Anfang unserer Zeitrechnung zu datieren sind.

Kisa *Das Glas im Altertume* S. 146; Marc Rosenberg *Äg. Einlage in Gold und Silber* 1905 S. 12; H. Schäfer *Äg. Goldschmiedearbeiten* 1910 S. 61, 103f. Ranke

C. Palästina-Syrien. Die Kunst, Metallgegenstände, vor allem Schmucksachen mit einer leichtflüssigen farbigen Glasmasse zu überziehen, ist in Palästina-Syrien nicht ausgeübt worden. Bei den Ausgrabungen sind bisher nur zwei kleine Stücke gefunden worden. Das eine ist ein winziges Einlagestück in echtem Zellenschmelz (*E. cloisonné*), bei dem die Trennlinien grünlichweiß, die Zwischenräume gelb, rot und blau gefärbt sind (Macalister *Gezer* II 250, III Tf. 195, 68). Das andre ist das bereits (s. Amulett C § 6) erwähnte silberne Büchschen, dessen Mitte tiefblau emailliert ist (ebd. II 263 Abb. 409). Leider fehlt bei beiden die Angabe der Schicht, die sie enthielt, bei dem ersten auch die des Grundmetalls. Was sonst in den Ausgrabungsberichten als E. bezeichnet wird, ist vielmehr Fayence (s. Vase E).

Peter Thomsen

D. Vorderasien s. Goldschmiedekunst D, Schmuck, Vase F.

Emaillierte Tonware. Emaillierte Gefäße sind in sehr alten Schichten bei Ausgrabungen in Babylonien und Assyrien zutage gekommen. Daß wir hier keine Importware vor uns haben, beweisen häufig aufgefundene Schmelztiegel und Schmelzabfälle. Auch Gefäße aus einer porzellanähnlichen Masse (s. Töpferei D) mit Glasur kommen vor (MDOG 27 S. 28). Die Emailziegeltechnik diente dazu, die Malereien, die sich in dem Klima Babyloniens und Assyriens nicht lange frisch erhielten, zu ersetzen. In früherer Zeit wurden ganze Gemälde in diesem Genre auf einer einzigen Platte hergestellt (Layard *Monuments of Niniveh* II [1853] S. 55, 6; Andrae *Assur. Farbige Keramik* 1924 S. 11 ff.), später zieht man es vor, umfangreichere Bilder durch mehrere aneinander gesetzte emaill. Ziegel zu schaffen. Nebukadnezars Künstler haben dann bei den Tierbildern deren Körper noch in Relief hervortreten lassen. Diese Technik ist vermutlich in Babylonien entstanden; die ältesten Proben, die wir besitzen, stammen aber aus Assyrien aus der Zeit Tiglatpilesers I. (ca. 1100 v. C.); Andrae a. a. O. S. 11. Ob Emailziegeldekorationen bereits von Gudea und in der Hammurapizeit inschriftlich erwähnt werden, wie M. Witzel *Der Gudeazylinder A* 1922 S. 53f., 91; M. Schorr *Urkunden des altbabylonischen Zivil- und Prozeßrechts* 1913 S. 156 annehmen, ist noch unsicher. Zur Technik der Emailziegelbereitung vgl. R. Koldewey *Das wieder erstehende Babylon* 1913 S. 28f. S. a. Fayence D. B. Meissner

Emmen. § 1. Bei E. (Prov. Drente, Holland) grub Holwerda-Leiden ein sog.

Hünenbett (holl. hunnebed) aus, das mit den Ganggräbern vom Typus Drouwen (s. d.) die Hauptformen der holl. Megalithbauten darstellt (s. Grafkelder, Drente). Das Grab von E. ist ein Typ für sich, in Holland wenigstens, in den Nachbarländern (dän. Langdolmen) ist er bekanntlich häufig genug. Das Grab (Tf. 17) zeigt zwei Grabkammern, die s. mit etwa 8×2 m, die n. mit 4×2 m Innenraum. Sie sind umgeben von einer mächtigen Mauer in Gestalt eines sehr länglichen Ovals von rund 40×8 m ursprünglicher Größe, die bei einer Wiederherstellung um die Mitte des vorigen Jh. um 6 m verlängert wurde. Wie bei Drouwen gelang durch sorgfältigste Beobachtung bei der Ausgrabung der genaue Nachweis der ursprünglichen Bauart. Die Umfassungsmauer war mit kleinen Steinen ausgewirkt gewesen und hatte eine Erdfüllung getragen, die die Grabkammer deckte. Der Eingang in diese führte von oben in eine gepflasterte Grube, von da über einen niedrigen Stein in der Kammerwand, der also als Schwelle diente, in die Grabkammer. Die beiden Grubenpflaster waren sehr deutlich zu erkennen; auch ihre Einfassung mit Böschungssteinen, die das Nachrutschen des Sandes verhinderten. Das Ganze war wie ein künstlicher Felsen mit eingetieften Grabkammern. Die Außenmauern standen nach außen frei und hatten an der Westseite, nahe der Südwestecke, einen Aufgang in Form eines flachen, schwellenartigen Steines, an den sich oben ein Pflaster anschloß. In der Erde innerhalb der Außenmauer — aber außerhalb der Grabkammern, fanden sich mehrfach Spuren von Gruben, die geringe Reste von vermoderten Knochen enthielten. Holwerda vermutet wohl mit Recht, daß in diesen Gruben die Knochen der in den Kammern beigesetzten Toten von Zeit zu Zeit begraben wurden, wenn sie sich zu sehr mehrten. Beifunde enthielten diese Gruben nicht, so daß also die Keramik ruhig in den Grabkammern blieb. Der Inhalt der Kammern ist nicht mehr vollständig vorhanden; es zeigten sich viele Spuren späterer Nachgrabungen. Die beiden Kammern ergaben nur noch Scherben von Megalithkeramik (Tf. 18), eine Steinaxt mit unfertiger Durchbohrung sowie einen schmalen Feuersteinmeißel und eine durchbohrte Versteinerung. Die Gegend von E. ist überhaupt an Steinbauten sehr reich. S. a. Drente.

Präh. Z. 6 (1914) S. 57ff. Holwerda.

E. Rademacher

Emmer. § 1. E. (*Triticum dicoccum* Schrank), die zweite Form der dem Speltgetreide nahestehenden Weizen, die sich zwischen Einkorn und Spelt einschiebt. Die wilde Form desselben ist 1906 von Aaronsohn im Ostjordanlande aufgefunden (Verhandl. der zool.-bot. Ges. Wien 1909), nachdem schon früher Kotschy am Hermon sie gesammelt hatte (ZfEthn. 23 [1891] S. 654ff. Schweinfurth). Einige Jahre vorher war bei Abydos ein ganzes Magazin voll E. gefunden und von Schweinfurth untersucht worden, der schon 1891 feststellte, daß die äg. „Bote“, das hebr. „Kussemeth“, die „Olyra“ der Septuaginta (Luthers Spelt) mit dem E. identisch sind (Schweinfurth a. a. O.; A. Schulz *Geschichte des Getreides* I [1913] S. 66ff.).

§ 2. Sehr wichtig ist die Feststellung Hroznýs (SB. Wiener Ak. 1914/173 S. 10ff.), daß der E. in Babylonien, wo er Graupen oder Grünkern sein kann und mit Sesam ein süßes Brot lieferte, auch zur Produktion des Bieres für den Gottesdienst diente. Das auch heute noch meist begrannte Getreide hat in Babylonien und Ägypten ähnliche Namen und scheint sich von hier nach allen Richtungen verbreitet zu haben.

§ 3. Schon von Heer (Mitt. Zürich 13 [1859/60] S. 111; vgl. Messikommer *Pfahlbauten von Robenhausen* S. 82) ist E. in den steinzeitl. Siedelungen der Schweiz festgestellt, er fand sich in Untergrombach und Handschuhsheim in Baden, bei Klein-Czernosek in Böhmen, im frühneol. Kökkenmödding von Ørum-Aa (Jütland) und in der neol. Station von Lindskoo (Fünen). In späteren Per. kommt er im N nicht mehr vor. Vereinzelt nachgewiesen ist er aus dem bronzezeitl. Pfahlbau von Auvernier. S. a. Ackerbau B § 2, C § 3, D § 1; Getreide A.

Hoops *Waldbäume* S. 315ff. Ed. Hahn

Empirie (ärztliche). § 1. E. ist die Grundlage der primitivsten Heilbestrebungen und erlischt auch nicht mit den animistischen und weiteren religiösen (hyperphysischen) Bestrebungen vergeschwistert und ihnen schließlich die volle Herrschaft

einräumend. E. ist die Führerin bei der Ausbildung der Heilverfahren und der Heilmittelfindung, die sagenhaft ins Tierreich zurückgeht oder in der höheren Tierwelt wirklich schon ihre umsichtig ausgebildete, empirisch-instinktive Vorläuferin hat, wie die Fremdkörperbeseitigung, die bei den Affenherden in dem sorgfältigen gegenseitigen Absuchen des gesamten Körperfells nach einer stürmischen Flucht durch Urwaldgestrüpp in umsichtigster Weise ausgebildet ist.

§ 2. Die Verwendung der Pflanzen und anderer Naturdinge für den Heilzweck baute sich auf langer Erfahrung von Generationen auf. Besonders auffallende Äußerlichkeiten, wie starker Geruch, Klebrigkeit, Aussehen usw. lenkten die Aufmerksamkeit auf Pflanzen usw. Entscheidend wurde die Suche nach Nahrungsmitteln, die ja vor allem das Pflanzenreich spendete für den Frühmenschen, der ohnehin wie die Kinder alles zum Munde führte und schon dadurch manche Wirkungen direkt oder allmählich kennen lernte. Wie manche lockende Beere, zwar nicht allzu wohlschmeckend, aber um so auffallendere Erscheinungen nach dem Genusse auslösend, wie manche fleischige Wurzel, nicht nur als wohlschmeckend und hungerstillend, sondern auch noch mit harn- oder schweißtreibender Wirkung begabt, ward so allmählig bekannt. Der Wurzelsammler im Walde, auf Rain und Steppe gelangte unversehens zu wichtig erscheinender Kenntnis, die zu weiterer Prüfung einlud und schließlich sicheres, geheimes Wissen vermittelte. Der Schluß von auffallenden oder sinnfälligen übereinstimmenden Eigenschaften verschiedener Pflanzen auf gleiche oder doch ähnliche Wirkung erwies sich durchaus nicht stets als ein Trugschluß, und auch ein solcher war, wenn durchschaut, dem grübelnden Kräutermanne kein unwesentl. Ergebnis.

§ 3. Überhaupt war die Krankheitsfrage der Generationen lang aufs engste mit der Natur zusammenlebenden Frühmenschen ein ständig wieder sich aufdrängendes Sondererlebnis. Abgrundtiefes Entsetzen und grübelndes Staunen ließen manchen nicht zur Ruhe kommen; Mitgefühl und Erbarmen mischten sich allmählig, wenn auch vielleicht spät erst, als treibende Faktoren bei. Die Vorstellung von Tod und Vernichtung als Folge von Krankheitszuständen löste den Menschen vom tierischen Gefährten bedeutungsvoll los und drängte ein Heer von Erfahrungen in langer Reihe in die harmloseren Erlebnisse des Alltags. Verblutungstod nach gewissen Verletzungen, aber auch nach Revolutionen, die aus dem Innern, äußerlich unveranlaßt, hervorbrachen, wie ein Blutsturz oder ein Blutschwall nach Kindsausstoßung in der Geburt der Weiber, der Erstickungstod nach Umschnürungen oder Zusammenpressungen des Halses, aber auch nach plötzlichen schweren Erkrankungen, die ein tückischer Halsdämon in den Schlund des Menschen gepflanzt oder gebannt hatte, waren die auffallendsten auch dem stumpfsten Sinne sich einprägenden Todesarten unter Gewalteinwirkung oder Krankheitszufall. Wie ungeheuren Eindruck mußte z. B. die in höchster Seelennot errungene Erfahrung machen, daß man durch Druck oder Umschnürung oberhalb einer heftig blutenden Wunde das weitere Fortströmen des Lebenssaftes hemmen könne. E. ist in aller Chirurgie erst recht der führende Faktor. Sudhoff

Emporion.

§ 1. Quellen. — § 2. Sage, Chronologie der Gründung, Stadtgeschichte. — § 3. Stratigraphie und Funde.

Massaliotische Kolonie an der Bucht von Rosas, die einzige griech., die bis jetzt in Spanien ausgegraben worden ist. Wichtig auch wegen ihrer Beziehungen zur einheimischen Kultur, deren Chronologie sich auf die von E. stützt. In der span. Literatur wird öfters der moderne Name zitiert: *Empuries* (katal.), *Ampurias* (kastil.), aus dem lat. *Emporiae* entstanden.

§ 1. Pseudo-Skylax § 2; Polybios III 39, 7, ibd. 76, 1; Skymnos 202 ff.; Mela; Plinius; Strabo III 4, 8; Livius (aus Cato) XXXIV 9; Ptolemaios II 6, 19; Silius III 369, XV 176; Stephan Byz. Die bedeutendsten aber, außer dem Ps. Skylax, der ältesten Quelle (4. Jh.), die E. nennen, sind Strabo, Livius und Silius. Strabo und Silius erwähnen die erste Gründung (Palaiopolis) auf einer Insel und die Neustadt (Neapolis) auf dem Festlande und sagen, daß die Kolonie durch eine Mauer von der iber. Stadt (der Indiketes; s. Iberer) getrennt war. Pseudo-Skylax und Skymnos schreiben die Gründung den Massalioten zu.

Merkwürdig ist, daß Hekataios die Stadt nicht erwähnt, da in seiner Zeit die Gründung schon bestand: doch nennt Steph. Byz. E., ohne aber seine Quelle zu erwähnen. Ob sie Hekataios war, wie Bosch gemeint hat, scheint mir fraglich.

§ 2. Die Lage von Neapolis, dicht s. des Dorfes S. Marti d'Empuries (wo die jetzt mit dem Festlande durch die Anschwemmungen des Flusses Fluviá verbundene Insel von Palaiopolis lag), ist seit langem bestimmt (durch Jaubert de Passa im J. 1823). Zwischen Neapolis und der Insel von Palaiopolis lag der Hafen, durch eine Mole, deren Reste (aus röm. Zeit) noch vorhanden sind, abgeschlossen. Die Stadt war, ausgenommen die Hafenseite, stark befestigt. W. davon, auf einem niedrigen Hügel, lag die einheimische indiketische Ansiedlung und später die röm. Kolonie. Etwas südlicher, zwischen Neapolis und dem modernen Dorf La Escala auf einer kleinen Halbinsel (Portichol) erstreckte sich die griech. Nekropole.

Aus späteren Nachrichten über E. schloß man, daß E. erst im fortgeschrittenen 5. Jh. (so C. Julian) während des neuen Aufschwunges der griech. Macht im w. Mittelmeer nach der Schlacht bei Himera (480 v. C.) begründet sei. Auch aus den Daten der emporitischen Münzen (5.—4. Jh.) wollte man das bestätigt sehen.

Die arch. Funde erweisen aber, daß die Neapolis schon am Ende des 6. Jh. oder spätestens um 500 bestand (att. schwarzfig. Keramik der untersten Schicht). Palaiopolis muß noch älter sein, und tatsächlich hat die Nekropole korinth. und chalkidische Keramik, sowie Vasen des griech. O aus der 1. Hälfte des 6. Jh. ergeben. Damit wäre die Gründung von Palaiopolis um 550 anzusetzen (Frickenhaus, Bosch). Schulten möchte wegen des Datums des alten massaliotischen Periplus in Aviens Or. Mar., der E. nicht erwähnt, und dessen Zeit er nach Alalia (535) beginnen läßt, die Gründung in das letzte Drittel des 6. Jh. herabsetzen, was die arch. Funde unmöglich machen.

Seit wann neben der griech. Kolonie auch die einheimische Siedlung bestand, ist schwer zu sagen, da oben auf dem Plateau, wo sie gelegen haben mag, die Ausgrabungen noch nicht bis in die untersten Schichten geführt sind. Sie existierte wohl schon seit der letzten vorröm. Zeit; aus Livius ist zu ersehen, daß, als Cato E. besuchte, die Siedlung schon vorhanden war.

Die bekannte Geschichte E. beginnt mit den punischen Kriegen. Cn. und Corn. Scipio sollen in E. zuerst auf span. Boden festen Fuß gefaßt haben (219 u. 209 v. C.). Cato hat E. als Operationsbasis gegen die aufständischen einheimischen Stämme benutzt (195 v. C.). Und in der Nähe soll eine große Schlacht stattgefunden haben. J. Cäsar hat nach Munda in E. eine röm. Kolonie angesiedelt. In der spätröm. Zeit ist E. allmählich entvölkert und hat unter den germ. Einwanderungen gelitten. Doch gab es dort bis 843 n. C. eine christl. Kirche, wie aus schriftl. Überlieferung und einer in E. aufgedeckten Basilika zu schließen ist.

§ 3. E. wird vom Barcelonaer Museum unter der Leitung von J. Puig y Cadafalch, M. Cazurro und E. Gandía ausgegraben. Die Funde liegen hauptsächlich im Museum Barcelona. Es gibt aber auch Funde aus E. im Arch. Museum in Gerona und in zwei kleinen Museen bei E.

Aus Palaiopolis ist wenig bekannt: eigentlich nur Mauerreste und ein Fries mit Sphinxen, wohl aus archaisch-griech. Zeit (um 500 v. C.?). Die Nekropole ist leider ausgeraubt worden; man kennt aus ihr nur Stücke ohne FU, meistens griech. Vasen aller Stilgattungen seit der 1. Hälfte des 6. Jh. v. C. In der Neustadt gehört die älteste Schicht dem 5.—4. Jh. an, die darauffolgende entspricht der hellenist. Epoche bis in das 1. Jh. v. C., die oberste Schicht der RKZ.

Aus dem 5.—4. Jh. sind wohl die Stadtmauern mit viereckigen Türmen und die ältesten Bauten von E., die später, in hellenist. Zeit, vervollständigt wurden. Vom Stadttor im S ging eine Hauptstraße zum Markt in der Mitte der Stadt, links auf einer etwas erhöhten natürlichen Terrasse lagen verschiedene Tempel, darunter einer dem Asklepios geweiht, aus großen Quadern schon im 5. Jh. erbaut. In hellenist. Zeit wurden hier neue Tempel errichtet oder ältere erweitert. In der III. Per. hat man rechts vom Stadttor und nach dem Meere zu einen Bezirk mit innerem

Portikus erbaut und in dessen Mitte einen kleinen Tempel nach der Art des Isistempels in Pompeji, der nach der in E. gefundenen Inschrift dem Serapis geweiht sein könnte, errichtet.

Der Plan der Stadt ist der hippodamische, und die Häuser haben gewöhnlich einen Innenhof mit kleinen Räumen darum. Es sind Wasserleitungen aus hellenist. Zeit und größere röm. Zisternen bekannt.

Die wichtigsten Funde sind: eine Asklepiosstatue aus Marmor, gewöhnlich als hellenist. Arbeit angesehen, neuerdings aber als ältere Arbeit der nachpheidiasischen Schule erklärt, Reste einer Aphroditestatue mit feinem Kopf praxiteleischer Tradition, ein archaischer Löwenkopf aus Bronze, Terrakotten, Keramik, Mosaikreste usw. Interessant ist der Fund des Hauptteiles einer Katapulta, nach den FU zu schließen, aus der Zeit des Cato. In der oberen röm. Stadt sind schöne Mosaiken, eins mit einer Darstellung des Opfers der Iphigenie gefunden.

Auch die einheimischen Funde verdienen besondere Erwähnung, hauptsächlich Vasen und Vasenscherben verschiedener Arten. Es findet sich grobe handgemachte Keramik mit Tupfenleisten wie die übliche iber. grobe Ware, ferner auch die feine auf der Scheibe gearbeitete und bemalte. Aus der Nekropole stammt eine schöne Vase in der Sammlung Cazurro mit einer Jagddarstellung, auf ihr wohl die besten bekannten iber. Menschenfiguren. Aus den untersten Schichten Vasen mit Vögeldarstellungen in der Art der Elche-Vasen, sonst andere mit einfacheren Ornamenten von Epheublättern und geometrischen Mustern. Interessant ist auch eine, wohl einheimische, graue Gattung aus hellenist. Zeit, z. T. mit weißer Bemalung, die vorläufig nur an der katalanischen und südfrz. Küste und an wenigen FO des n. Ebrogebiet aufgetaucht ist.

Aus Bronze Latènefibeln (aus der I. und II. Per. der LTZ) in den zwei untersten Schichten, Gürtelschließen mit drei Griffen wie in der span. und südfrz. nachhallstätt., z. T. auch in der iber. Kultur usw.

Karthagische Importstücke fehlen nicht ganz. Es sind karthagische Tongefäße, darunter eine Scherbe mit Tanitstempel und besonders Glasväschen und Collierperlen, einige in Form menschlicher Köpfe.

Um die Stadt herum lagen zahlreiche röm. Gräber, stark von den Bauern geplündert.

Eine interessante Gruppe emporitischer Altertümer bilden die in der Stadt geprägten Münzen, die ein großes Verbreitungsgebiet fanden. Die ältesten (5.—4. Jh.) werden gewöhnlich zusammen mit denjenigen der phokäischen Kolonien Italiens und Massilias gefunden. Sie sind meistenteils Nachbildungen von Drachmen. Später werden Drachmen mit ital. Typen geprägt. Merkwürdig ist auf der Vorderseite der Pegasus, dessen Kopf ein kleiner Eros bildet; auf der Rückseite ist ein Nymphen- oder Arethusakopf, von sizil. Münzen entnommen, dargestellt.

Von diesen Münzen gibt es zahlreiche Arten, auch solche mit iber. Legende: am häufigsten *Untkesken*, worunter der Stamm der Indiketen zu verstehen ist. In röm. Zeit erscheinen Bronzestücke mit Minervakopf, Pegasus und der Legende *Munic. Emporitani.*

Gründung, Stadtgeschichte, Übersichten: *Zwei topographische Probleme* BJ 118 (1909) S. 17, 33 Frickenhaus; Schulten *Ampurias, eine Griechenstadt am iber. Strande* Neue Jahrbb. 1907 S. 334–346; Puig y Cadafalch *Les excavacions d'Empuries* Anuari del Inst. 2 (1908) S. 150ff; Cazurro *Guia de Ampurias y de la costa brava catalana* 1913; Bosch *Prehistòria catalana* 1919 S. 203ff; ders. *Assaig. d'una reconstitució de la etnologia de Catalunya* 1922 S. 37 Anm. 30 (über Hekataios und Emporion); Rev. archéol. 1916 II 329—357 und 1917 I 108—123; P. Paris *Emporion.*

Ausgrabungen, Funde: Cazurro-Gandia *La estratificaciòn de la ceràmica de Ampurias y la época de sus restos* Anuari Inst. 5 (1913—14) S. 657ff.; Vorläufige Berichte der Ausgrabungen im Anuari Inst. seit 1908; Anuari Inst. 4 (1911—12) S. 303ff. Puig *Els temples d'Empuries;* ebd. 3 (1909—10) S. 281ff. Casellas *Les troballes escultòriques a les exc. d'Emp.;* ebd. 2 (1908) S. 195ff. Frickenhaus *Griechische Vasen aus E.;* ebd. 3 (1909—10) S. 296ff. Cazurro *Terra sigillata. Los vasos aretinos y sus imitaciones galo-romanas en Ampurias;* Bosch *El problema de la cerámica ibérica* 1915.

Münzen: Delgado *Nuevo método de clasificación de las medallas autónomas de España* Sevilla 1871—76; Botet y Sisó *Les monedes catalanes* I (1908). L. Pericot

Emscher Tal s. Norddeutschland A.

Enfants, Grotte des s. Italien A, Grab A.

Engis. S. a. Belgien A. — Schädel von E. Gefunden bei E. in Belgien. Erhalten ist nur die Hirnkapsel, das Gesicht fehlt. Die FU sind ganz unsicher. Die wichtigsten Maße sind (nach Schliz) Gr. 194, gr. Br. 139, L.-Br.-Index 71,28, Basion-Bregma 134, kleinste Stirnbreite 95, Horizontalumfang 530. Nach diesen Maßen und seiner gesamten Form dürfte er zum *Homo mediterraneus* gehören (s. d).

Archiv f. Anthr. NF 13 (1914) S. 175 Schliz. Reche

England s. Großbritannien.

Enki s. Oannes.

Enkomi s. Kypros.

Enlil. § 1. Der Gott E. (schon sehr früh Ellil ausgesprochen) nimmt im Pantheon des alten Babyloniens eine hervorragende Rolle ein. Seine Kultstadt ist Nippur (s. d.), das heutige Niffer, welches durch die Ausgrabungen der amer. Universität Pennsylvania bekannt geworden ist. Hier ist auch sein Haupttempel Êkur teilweise ans Tageslicht getreten. So wie der Gott hier im „Berghause" wohnt — das bedeutet der Name Êkur —, thront er im Mythos auf dem Weltberg. Man deutet seinen Namen als „Herrn des Windes", im Sinne vom „Herrn des Luftreiches". Damit steht im Einklang, daß er als Ursache des Sturmes und des befruchtenden Regens genannt wird. Sein Berg ist die „Wohnung des Sturmes". Daneben aber gilt er auch als bêl mâtâti, „Herr der Länder", im Sinne der bewohnten Erde. Es hängt das wohl damit zusammen, daß der „Wind", den er sendet, ein Wind des Lebens ist. E. ist daher auch der Schöpfergott. Seine Verehrer rühmen ferner seine kriegerischen Eigenschaften. Die Waffen, die er führt oder verleiht, sind unwiderstehlich. Darum triumphieren die Könige, die sich seiner Gunst erfreuen. Mit Anu (s. d.) zusammen bestimmt er das Geschick der Länder und erteilt Orakel.

In seiner Eigenschaft als Gott der Erdoberfläche wird er mit Anu, dem Gott des Himmels, und Ea, dem Gott der unterirdischen Gewässer zu einer Trias verbunden. (s. Eridu [= Enki]).

§ 2. Der hohen Stellung entsprechend, die der Gott im Pantheon einnahm, bevorzugt der Mythos seine Gestalt außerordentlich. Die Flut, die die Menschen vernichten soll, wird von E. ins Werk gesetzt (K B VI 1 S. 242 Jensen), die Schicksalstafeln E. sind im sog. Zûmythos der Streitgegenstand (a. a. O. S. 45 ff.). Seine heilige Zahl ist 50. In der Astrologie haftet sein Name insbesondere an dem ḫarrânn šut ᵈEnlil (= Weg des E.), nach Kopff „einem n. vom Himmelsäquator verlaufenden Parallelstreifen".

§ 3. Nachdem mit der Vorherrschaft Babylons der Gott Marduk (s. d.) in den Vordergrund getreten war, haben die babyl. Priester es sich angelegen sein lassen, die Haupteigenschaften E. auf ihren Gott zu übertragen. Der Grund dafür liegt natürlich in der Bedeutung, die der Gott von Nippur in ganz Sumer und Akkad gehabt hat. Vor allem der Titel „Herr" (en = bêlu), der früher dem alten Gott gehört hatte, fällt später ganz dem Marduk zu und ersetzt seinen Eigennamen. Auch die Schöpfung, die ursprünglich ein Werk E. war, wird jetzt im Liede Enumaeliš dem jungen Gotte Babylons zugeschrieben.

§ 4. Die Gemahlin Enlils-Bêl ist Ninlil-Bêltu. Sie ist in allem die weibliche Entsprechung zu ihrem Gatten. Wie dieser šadû rabû „großer Berg" heißt, führt sie den Namen Ninḫarsag „Herrin des Berges". Der Name Bêltu-Bêlit findet sich später im Besitze der Ištar, die auch die Eigenschaft Ninlils als Muttergöttin übernimmt.

Jastrow *Die Religion Babyloniens und Assyriens* 1903 S. 52 ff.; Deimel *Pantheon Babylonicum* 1914 s. v. Bêl; Paffrath *Zur Götterlehre in den altbabylonischen Königsinschriften* S. 112 ff.; KAT³ S. 354 ff. H. Zimmern Ebeling

Ente. Von der E. steht es fest, daß ihre Zucht erst recht spät aufgekommen ist, und daß sie ihrer Verwandten, der Gans, und ebenso dem Huhn in weitem Abstand folgt, obgleich, wie unsere Wildenten auf Parkgewässern durch eine eigentümliche Annäherung beweisen, die Art sich leicht für den Menschen gewinnen läßt. Vielleicht war sie bei den alten Griechen gelegentlich als Schoßvogel gezähmt. Entchen kommt als Zärtlichkeitsausdruck vor, wie Täubchen oder Hühnchen bei uns. Bei allen Darstellungen von Schwimmvögeln der älteren Zeit wird man aber an die Gans denken müssen. Nur aus dem Birka der

Wikinger wird eine E. aus Elenhorn als Windfahne erwähnt (Congr. intern. préh. 1874 II 625). S. a. Viehzucht. Ed. Hahn

Entlastung s. Haus, Grab.

Enzu s. Sin.

Eolithenproblem.

§ 1. Tertiär. — § 2. Tertiäre menschliche Skelettreste. — § 3. Angebliche Spuren der Tätigkeit des Tertiärmenschen an Tierknochen und Muscheln. — § 4. Ebensolche an Feuersteinen: Eolithen. — Thenay (Abbé Bourgeois). — § 5. Otta und Cantalfunde (Puy Courny). — § 6. Boncelles *(Fagnien)*. — Endtertiäre Funde (Kent u. a.). — § 7. Quartäre Eolithstufen *(Reutelien, Mafflien, Mesvinien, Strépyien)* und zusammenfassende Übersichtstabelle. — § 8. Verbreitung der E. — Eolithische Kunst („Figurensteine"). — § 9. Kritik der Eolithentheorie. Tätigkeit des fließenden Wassers: Experimentaleolithen von Mantes; Rollungseolithen von Steinheim. — § 10. Pressungseol. (FO von Belle-Assise bei Clermont). — Moräneneol. — § 11. Brandungseol. — Atmosphärische Einflüsse (Erosionseol.). — Podolithen. — § 12. Eolithen bei den heutigen Naturvölkern. — Paläontologische Bedenken. — § 13. Allgemeine Schlußfolgerungen. — § 14. Die neuesten Entdeckungen von J. R. Moir in Ostengland (Suffolk u. Norfolk): Forest-bed von Cromer und Cromer-Stufe. — Suffolk-Crag und Foxhallstufe.

§ 1. Man unterscheidet im Tertiär 4 Abteilungen, von denen die ersten beiden, das Eozän und Oligozän, als Alttertiär oder Paläogen, die beiden letzten, das Miozän und Pliozän, als Jungtertiär oder Neogen bezeichnet werden. Das Klima der Tertiärzeit war für Europa ein ausnehmend günstiges; den S unseres Kontinents bespülte während des Eozäns ein tropisches Meer, indes im milden Ostseegebiet riesige Nadelwälder üppig gediehen, deren fossiles Harz wir heute als Bernstein schätzen. In raschem Erblühen eroberten die höheren Säugetiere das Festland, auf dem sich während der ganzen Tertiärper. gewaltige Gebirge langsam aufwölbten, ein Landzuwachs, dem der Niederbruch von Festlandschollen in anderen Gebieten gegenüberstand. Mit Beginn des Neogens verschärft sich die Ausbildung der Klimata und Jahreszeiten, im Pliozän erscheint vollends eine gemäßigt-mediterrane Flora, an der sich bereits Frostwirkungen erkennen lassen. Damit war zugleich für die Hochgebirge die Geburtsstunde der Gletscher angebrochen, die in allmählicher Zunahme das langsame Nahen des Eiszeitalters ankündigten, womit wir in die Ära des Quartärs treten (s. Diluvialgeologie).

§ 2. Die Frage, ob der Mensch bereits Zeuge der Tertiärzeit gewesen, ist derzeit noch ungelöst. Am bedeutsamsten würden in dieser Hinsicht menschliche tertiäre Skelette ins Gewicht fallen, aber keiner der bisher namhaft gemachten Funde dieser Art konnte einer streng wissenschaftlichen Kritik standhalten. Das „eozäne" Skelett von Delémont (Schweiz), die Pliozänreste von Savona (Ligurien), Castenodolo und Matera (Italien) sind ebenso der verdienten Vergessenheit anheimgefallen, wie der Indianerschädel von Calaveras (Kalifornien), und was Flor. Ameghino in den letzten Jahrzehnten an „tertiären" Funden aus Südamerika unterbreitete, hat in keinem Falle die Feuerprobe eines derart hohen Alters zu bestehen vermocht (S. Amerika § 5 ff.).

§ 3. Angesichts dessen erübrigen uns bis auf weiteres nur mittelbare Belege, d. h. Spuren der Tätigkeit des tertiären Menschen, wie man sie tatsächlich vielerorts angetroffen zu haben glaubt. Es sind dies zunächst Schnitt-, Hieb- oder Feilspuren an tertiären Tierknochen, Zähnen oder Muscheln, von Pikermi (Griechenland), Pouancé und Billy (Frankreich), St. Gilles-Waes (Antwerpen, Belgien), vom Monte Aperto (Siena, Italien), aus dem n. und s. Amerika usw., welche man als von Menschenhand zergliederte Küchenabfälle oder selbst als primitive Werkzeuge ansprach. Aber es fehlen stets sichere Begleiterscheinungen, wie unzweideutige Feuerstätten u. ä., und es ist überdies nie schwer, zur zwanglosen Erklärung dieser Vorkommnisse ungleich naheliegendere Ursachen, wie Biß- und Nagespuren von Tieren, Druck und Pressung anlagernder Steine, Rollung in scharfkörnigem Sande u. dgl. heranzuziehen.

§ 4. Was speziell in den verflossenen Jahrzehnten einen großen Teil der Forscherwelt bestimmte, die Existenz des tertiären Menschen für bewiesen zu erachten, waren eigenartige Steingebilde, die vielerseits als künstlich geschlagen oder „bearbeitet" erklärt wurden. Man hat dieses Steinmaterial als Eolithen, d. i. Steingeräte aus der Zeit der „Morgenröte der Menschheit" [von ἔως Morgenröte und λίθος Stein] bezeichnet, und die weitgehenden Schlüsse und Folgerungen, welche sich an sie knüpfen, verleihen dem „Eolithenproblem" einen begreiflichen Reiz. Der erste Forscher, welcher dieses Problem, seit dem Jahre 1863, aufrollte und bis zu seinem Tode in bejahendem Sinne verfocht, war der frz. Abbé Louis Bourgeois (1819—1878), Direktor des Seminars von Pontlevoy (Loir-et-Cher). Er begegnete ebenda, bei Thenay, in Süßwasserschichten des oberen Oligozäns einer Menge von „künstlich zugeschlagenen" Feuersteinen, die zum Schneiden, Schaben oder Bohren gedient und teilweise ehedem im Feuer gelegen hätten, da sie an ihrer Außenfläche vielfach feine Risse und Sprünge aufweisen. Bourgeois trat damit für die Existenz eines menschlichen Wesens ein, das schon im Paläogen gelebt, eine ziemlich komplizierte Steinindustrie besessen und sich des Feuers bedient hätte. Die Funde fanden seitens zahlreicher Prähistoriker volle Anerkennung, und die Diskussion über dieselben flaute erst im Jahre 1901 ab, als L. Capitan und G. D'Ault du Mesnil auf die rein mechanischen Wirkungen hinwiesen, welche der Erddruck u. ä. auf den zerbrechlichen Feuerstein auszuüben vermögen, und als der Chemiker Carnot erklärte, daß rein atmosphärische Einflüsse ausreichten, jene Oberflächenrisse zu erklären, die Bourgeois als Feuerwirkung interpretierte. Persönlich sind wir der Ansicht, daß die feine Außenflächensplitterung und teilweise rötliche Färbung der Thenay-Silex in der Tat auf ehemalige Lagerung derselben im Feuer hinweist, wobei wir allerdings an zufällig entstandene Wald- oder Savannenbrände denken möchten.

§ 5. Bourgeois blieb keineswegs ohne Anhänger. Bereits im J. 1871 unterbreitete Carlos Ribeiro jungmiozäne, „bearbeitete" Silices und Quarzite aus Otta im Tajo-Tale (Portugal), und noch mehr machten, seit dem J. 1877, die Eolithen von Puy Courny, Puy-Boudieu, Belbex, unweit Aurillac, und anderen Nachbarorten im frz. Cantal von sich reden. Ebenda lagern auf Schichten der Kohlenformation oligozäne Süß- und Brackwasserbildungen, durchzogen von Feuersteinbänken, deren Hangendes Kalktuffe, Gerölle und Sande jungmiozänen Alters bilden. Mächtige Basalt-, Trachyt- und Labradoritmassen, Aschenstraten und Schlammströme sind, als Zeugen gewaltiger Ausbrüche der damaligen Cantalkrater, von diesen obermiozänen Schichten teils unter-, teils überlagert, vielerorts sind die letzteren von den ersteren direkt aufgewühlt und eingeschlossen. In diesem trefflich datierten Chaos, welches pliozäne Bildungen überdecken, finden sich, an den verschiedensten Stellen, vorab in den fluvialen Geröllmassen, die vielbesprochenen Feuersteintrümmer eingebettet, von denen, nach M. Verworn u. a., die große Mehrzahl durch die Hände menschenähnlicher Wesen gegangen wäre. Sie umfassen, nach dem eben zitierten Gewährsmann, Abschläge mit typischen Schlagerscheinungen (Schlagfläche, Schlagbeule u. dgl.), Hausteine, Schaber und Kratzer, Spitzen, Bohrer u. dgl. Fast alle Stücke sind mehr oder minder patiniert; andere zeigen verschiedenartige, d. h. sukzessive Oberflächenpatina. Die Größe der Artefakte schwankt zwischen zierlichen Kleintypen und solchen von 15—20 cm Dm. Nach Verworn würden die Cantalvorkommnisse eine „Kultur" verkörpern, welche bereits eine lange Entwicklung voraussetze. Die „Werkzeuge" fielen derart vorzüglich und bequem in unsere Hand, daß man jenen miozänen Cantalbewohnern vielleicht schon den Titel „Mensch" zuerteilen dürfe. Angesichts dessen möchte auch unser Gewährsmann alle „Kulturen" vom Miozän bis zum Altquartär als „archäolithische" Stufen bezeichnet und den Ausdruck „eolithische" Phasen, im Gegensatze zu dem allg. Sprachgebrauche, auf jene Industrien beschränkt wissen, welche der Cantalstufe vorausgehen, d. h. älter als das Jungmiozän sind.

§ 6. Tatsächlich wurde die Fachwelt bereits ein Jahr später (1907) von der Kunde der Entdeckung vormiozäner Eolithen überrascht, die A. Rutot eingehend beschrieb. Wir verdanken diesem belg. Geologen zahlreiche Arbeiten über dieses Thema, deren Wert allerdings nicht selten durch unsachliche Voreingenommenheit und ungewöhnliche Streitbarkeit herabgedrückt wurde. Rutots ältester Fundplatz ist Boncelles, unweit Lüttich, wo über dem unteren Devon eine nahezu meterdicke Schicht von Feuersteinen des verschiedensten Umfangs, angefangen von kleinen Splittern bis zu Stücken von ca. $^1/_2$ m Dm, lagern. Dies ist die „Fundschicht", in welcher die Zwischenräume von einem rötlichen, sandigen Lehm ausgefüllt sind, der, zusammen mit den Silexstücken, die Residuen früherer Kreideschichten darstellt, welche wahrscheinlich von einem seichten Meere ausgelaugt wurden. Darüber häufen sich bis zu 15 m H. marine Sande des Oligozäns. Rutot bezeichnet dementsprechend das Fundniveau als „mindestens mitteloligozänen Alters", wodurch wir über den FO Thenay zurückgelangen, von der nicht unberechtigten Annahme abgesehen, daß die Fundstrate von Boncelles sogar eozänen Alters sein könnte. Unser belg. Autor zweifelt nicht daran, daß hier eine „echte Eolith-Industrie" vorliegt, welche er, nach der Fundzone Les Hautes-Fagnes (Gegend von Boncelles; Ardennen) Fagnien nennt. Die Fagnien-Wesen bezeichnet er gelegentlich klar als oligozäne „Menschen", deren Kulturbesitz und Intelligenzspuren uns zwängen, die verschwommenen Linien der werdenden Menschheit in noch ungleich größerer Ferne zu suchen.

Wir haben noch zu erwähnen, daß auch endtertiäre Eolithen keineswegs ausstehen: Hierher gehören die Fundstraten von Saint-Prest (Eure-et-Loir), die mittelpliozänen Schichten des Kreideplateaus von Kent, die Eolithstraten des roten Crag von Suffolk und, wenigstens nach der Datierung verschiedener engl. Geologen, auch jene des Crag von Norwich (Ost-England).

§ 7. Das Ende des Eolithikums fällt in das Quartär. Rutots diluv. Stufenfolge wird durch das Reutelien eröffnet, benannt nach dem Weiler Reutel, Gemeinde Becelaere, ö. von Ypres (Ipern); darauf folgt das Mafflien, das seinen Namen nach dem Orte Maffle bei Ath (Hennegau) trägt, und des Mesvinien, welches sich auf dem FO Mesvin, unweit Mons, gründet. Den Schluß bildet das Strépyien, also benannt nach dem FO Strépy, im belg. Hainetale. Die stratigraphische Interpretation der belg. Quartärplätze ist jedoch keineswegs immer einwandfrei, wovon wir uns an Ort und Stelle überzeugten. Ihre Eolithserien weichen in keinem wesentl. Punkte von den tertiären Vorläufern ab, doch erblickt auch Rutot in den Schlußphasen bereits den Übergang zum echten Paläolithikum (s. d.) und spricht überdies sogar von neol. Eolithen, für welche er die eigene Stufe des Flénusien (benannt nach dem belg. FO Flénu, bei Mons), schuf.

Das Eolithikum im Sinne Rutots und seiner Anhänger gliedert sich demnach in die folgenden Stufen.

I. Tertiär.

Stufe von Boncelles (Fagnien) — mittleres Oligozän.

Stufe von Thenay (Thenayien) — oberes Oligozän (teilweise bestritten).

Stufe des Cantal (Cantalien) — oberes Miozän.

Stufe von Kent (Kentien) — mittleres Pliozän.

Stufe von Saint-Prest (Saint-Prestien) — oberes Pliozän.

II. Älteres Quartär.

Stufe von Reutel (Reutelien).

Stufe von Maffle (Mafflien).

Stufe von Mesvin (Mesvinien).

Stufe von Strépy (Strépyien).

Die beiden letzten Stufen sind teilweise protopaläol.

Nach unserer persönlichen Meinung ist das Strépyien noch eine rein hypothetische Stufe, das Mesvinien wahrscheinlich ein altes Moustérien.

§ 8. Eolithen wurden, außer in Westeuropa (Frankreich, Belgien, England und iber. Halbinsel), aus Deutschland, Österreich, Italien, Nord- und Südafrika, Indien, Amerika und Australien bekannt, wobei es sich zum weitaus größten Teile um Schotterfunde handelt. Zahlreiche Geologen und Archäologen erblicken in ihnen echte tertiäre oder frühquartäre Primitiv-Industrien, indes einzelne Forscher (Boucher de Perthes, Thieullen, Dharvent, R. Moir, Quesneville, W. M. Newton, Harroy u. a.) noch weiter gingen und selbst die Existenz von eol. Schmuck und eolithischer Kunst verfochten. Die Flußschotter lieferten ihnen nicht nur „geometrische Steine" von mannigfacher Gestalt und als Anhängsel getragene „durchbohrte" Kiesel, sondern sogar echte „Bildwerke". Thieullen nennt sie „Figurensteine" („pierres-figures") und versteht darunter natürliche Silexknollen, denen der Zufall bereits eine Gestalt verliehen hatte, die mehr oder minder menschliche oder tierische Formen nachahmte. Der Urmensch hätte diese Stücke durch Behauung oder Retuschierung verbessert und vervollkommnet und also relativ getreue „Statuetten" erzielt, die vielleicht als Idole oder Fetische verehrt worden wären. So entstanden menschliche Köpfe und Masken, Totenschädel und vereinzelte Körperteile, Affen-, Widder- und Hundeköpfe, Vögel und Vogelembryonen, Rinder, Kröten, Fische, Seehunde, Seepferdchen u. a. m. Man begreift, daß diese „Hunde, Pferde" usw. der miozänen Cantalkiese auf den Paläontologen Rutot nicht wenig störend wirkten, da sie einer älteren Tertiärfauna keineswegs sonderlich entsprechen. Wir begreifen seinen Widerstand gegen diese Aufstellungen, und doch waren diese Auswüchse im Grunde nur die letzten Konsequenzen seines eigenen Prinzips von der „fortwährenden Auslese der besten Stücke".

§ 9. Kritik der Eolithentheorie. Es ist begreiflich, daß bereits mit dem ersten Auftauchen des Eolithenproblems Stimmen laut wurden, die sich ablehnend gegen dasselbe verhielten. Als dieses durch Rutot und seine Schüler neuerdings aufgerollt wurde, begannen Prähistoriker, Geologen und Paläontologen das „Für" und „Wider" mit ungleich erhöhtem Interesse zu prüfen, und es muß als eine glückliche Folge dieses „Kampfes" um die Eolithen bezeichnet werden, daß derselbe wesentlich zur Verschärfung der Fragestellungen und Vertiefung der Untersuchungen beigetragen hat. Wenn tatsächlich eine Reihe von Forschern (wie d'Acy, Arcelin, Boule, Breuil, Cartailhac, Commont, Choffat, Déchelette, Evans, Hoernes, Laville, Obermaier, Oldham, Sarasin, R. R. Schmidt, Sollas, Warren, Wernert, Wiegers u. a.) sich bis auf weiteres für eine ablehnende oder doch skeptisch abwartende Haltung entschieden, so geschah dies aus gewichtigen wissenschaftlichen Erwägungen.

Es war von jeher aufgefallen, daß die große Mehrheit der Eolithen stets da gefunden werden, wo einerseits von Natur aus reiche Rohmaterialien an Feuerstein und andererseits fluviale Ablagerungen, d. h. durch Wasserkraft aufgeschüttete Bildungen, vorliegen. Nichts war daher naheliegender, als an einen ursächlichen Zusammenhang zwischen jenen leicht spaltbaren Gesteinen und der Tätigkeit des fließenden Wassers zu denken. Tatsächlich konnten A. Laville, M. Boule, E. Cartailhac und ich im J. 1905 das Verhalten des Silex in stark fließendem Wasser experimentell beobachten und zwar in den Kreideschlemmereien von Guerville bei Mantes (a. d. Seine), wo mit Silexknollen durchsetzte Kreideblöcke in Wasserbecken mit 4-Meter-Sekundengeschwindigkeit zu kreisen haben, bis die Kreide aufgelöst ist. Betrachtet man den Silexschotter, welcher als Restbestand dieses Rollungsprozesses zurückbleibt, des Genaueren, so enthält derselbe ein typisches Eolithenmaterial (*„Experimental-Eolithen"*), das mit jenem freier Flußanschwemmungen überraschend übereinstimmt. Hier wie dort trifft man ganze oder teilweise Randbearbeitung, flache oder tiefe Hohlretuschen, kratzer- oder schaberförmig abgekantete Stücke, Exemplare mit Schlagflächen, Schlagmarken, scharfkantige und teils bereits wiederum abgerollte Stücke u. a. m. (M. Boule *L'origine des éolithes* L'Anthrop. 16 [1905]; H. Obermaier *Zur Eolithenfrage* Archiv f. Anthr. NF 4 [1905]).

Wer weiß, wie sehr selbst kleine Bäche zur Zeit der Schneeschmelze, nach heftigen Gewittern u. ä. anzuschwellen pflegen, und welch gewaltige Ströme die Gletscherwelt des Eiszeitalters auslöste, wird in der Lage sein, danach die Schottereolithen des Tertiärs und Quartärs zu beurteilen, allwo ohne Zweifel ähnliche Ursachen die nämlichen Wirkungen im Gefolge haben mußten. Sehr lehrreich ist in dieser Hinsicht das von P. Wernert und R. R. Schmidt entdeckte Eolithenlager von Steinheim im Stubentale (Württemberg). Hier liegen wahrscheinlich mitteldiluv. Schotter vor, und man vermag am Platze selbst wahrzunehmen, wie die Silexbruchstücke, fortgerissen durch den Wasserstrom des Haupttales, plötzlich durch die Wirbel aufgegriffen wurden, welche die Einmündung eines seitlichen Gießbaches verursachte. Die Steine wurden ebenda einer kräftigen, aber lokalisierten und intermittierenden Umwirbelung unterworfen, welche höchst instruktive *„Rollungs-Eolithen"* schuf.

§ 10. Eine weitere Hauptursache der natürlichen Bildung von Eolithen ist, nächst dem Transporte in fließendem Wasser, der Erddruck (*„Pressungs-Eolithen"*). Darauf wies bereits A. Arcelin im J. 1885 hin, und ich selbst betonte dgl. wiederholt die Wirkung von Druck und Stoß, Zug und Pressung auf die im Erdinnern eingeschlossenen Feuersteine. Noch überzeugender erwiesen die Richtigkeit dieser Annahme die Untersuchungen von H. Breuil in Clermont (Oise). Hier liegt im Schotteraufschlusse von Belle-Assise über der Kreide eine Verwitterungsschicht von Lehm mit zahlreichen Feuersteineinschlüssen, welche die uns hier interessierende Fundstrate bilden, in die sich überdies einige Sand- und Kiesbänder einschalten. Darauf folgt eine mächtige Lage von Bracheux-Sanden, dem Thanétien, also dem Eozän angehörig, wodurch unsere tieferliegenden Silexfunde mindestens als alteozän datiert werden. Den Abschluß nach oben bilden pliozäne bzw. quartäre Kiese und moderner Humus. Untersucht man die Silexeinschlüsse der Kreideverwitterungsschicht, so entdeckt man ebenda zahlreiche Feuersteine mit allen Anzeichen „künstlicher Bearbeitung und Retuschierung". Unter ihnen finden sich Stücke mit stark gescheuerten Fazetten und guter Patina, ein Beweis dafür, daß ihre Brüche sehr alt sind; die Mehrzahl der Bruchstücke ist jedoch frisch zertrümmert, wobei sich, bei sorgsamer Bloßlegung, alle Stadien ihres natürlichen Zerfalles erkennen lassen. Oft liegen die abgepreßten großen Absplisse und kleinen Schuppen noch mit dem Mutterkern zusammen und zerfallen erst in dem Augenblicke, in welchem man das Ganze aus seiner Lagerstätte loslöst. Die Serie der hier auftretenden Typen ist überraschend gut und mannigfaltig: neben langgestreckten Knollen mit Schlagplan und feinen Nukleuskannelüren finden sich Meißel mit transversaler Schneide, Hohlkerben, Spitzen, Stichel und Bohrer. In reicher Formenfülle treten Kratzer und Schaber auf, so daß Rutot eine ihm übersandte Fundauslese, deren Alter er nicht kannte, dem Strépyien, d. i. der Aurora des echten Paläol., zuteilte (Tf. 19).

Aus dem Eozän stammen desgl. die Eolithen von Duan bei Brou (Eure-et-Loir), von Lihus bei Crèvecoeur (Oise), von Saint-Acheul und Ercheu (Somme), von denen V. Commont mit vollem Rechte schreibt, „daß es niemand einfallen wird, sie einem menschlichen Wesen zuzuschreiben". Die Fundverhältnisse von Clermont (Belle-Assise) wiederholen sich getreu in Gray (Essex, England), wo S. H. Warren, dgl. unter dem Thanétien, klassische Eolithstraten auffand.

Aber auch aus dem Lager der Anhänger der Eolithen sind ähnliche Beobachtungen hervorgegangen. M. Verworn kehrte von dem Oligozänplatze von Boncelles mit der Überzeugung zurück, daß sich unter den dortigen Aufsammlungen kein einziges Stück finde, von dem mit Sicherheit eine Entstehung durch Erddruck ausgeschlossen werden könne, und H. Hahne erklärt seinerseits, daß ihn ein eingehendes Studium der örtlichen geol. Verhältnisse im Cantal, vor allem auch des örtlichen Silexmaterials und seiner Reaktion auf Stoß und Druck, gegenüber den Puy Courny-Artefakten „zur größten Skepsis" geführt habe.

Angesichts dessen kann es uns nicht überraschen, Eolithen regelmäßig auch in Moränenschutt vorzufinden, welcher Feuerstein oder sonsthin leicht splitterbares Material führt, was besonders für das weitvereiste Nordeuropa gilt. Hier waren, neben vielfachem Wassertransport, sowohl Druck und Reibung der lockeren Erdmassen, als auch Stoß und Pressung des Eises tätig, so daß die nordd. Eolithen nicht selten typische Gletscherschrammung aufweisen („*Moränen-Eolithen*").

§ 11. An alten und neuen Küsten tritt als weiterer eolithenbildender Faktor der Wellenschlag des Meeres auf („*Brandungs-Eolithen*"). G. Steinmann macht letzteren für den größten Teil der Gebilde von Boncelles verantwortlich, und Evans, Hardy, Boule, Romain, P. Sarasin u. a. haben wiederholt auf die Pseudoartefakte hingewiesen, welche der Ozean heute noch fertigt.

Auch atmosphärische Einflüsse dürfen nicht außer Acht gelassen werden. St. Meunier ließ Silexknollen einen Winter über unberührt dem Frost ausgesetzt und fand sie alsdann auf mannigfache Art geborsten und zersprengt („*Erosions-Eolithen*"). Auf die intensive Kältewirkung des Eiszeitklimas braucht nicht eigens hingewiesen zu werden. Weniger wichtig, vielleicht ganz auszuschalten, ist für das Eolithenproblem die Wirkung der Hitze, welche z. B. in der libyschen Wüste tatsächlich den Silex häufig zum Platzen bringt, ohne daß jedoch diese losen Splitter gewöhnlich Retuschen aufweisen würden. Letztere findet man z. B. in der afrik. Wüste nur an den Wegen, wo nicht selten die natürlichen Sprengsplisse durch die darauftretenden Menschen und Tiere zu täuschenden „Artefakten" umgewandelt erscheinen. Auf diese durch Zugtiere, Fußgänger, Wagenräder u. dgl. leicht und allüberall erzeugbaren *„Podolithen"* hat P. Sarasin speziell hingewiesen, und auf sie geht ohne Zweifel größtenteils das „Flénusien" Rutots zurück.

§ 12. Soviel dürfte aus dem Vorstehenden hervorgehen, daß für die Entstehung der Eolithen eine ganze Anzahl rein natürlicher Ursachen in Betracht kommen können. Wohl stützen sich die Eolithenanhänger darauf, daß derartige Gebilde sogar noch von den heutigen Naturvölkern hergestellt und gebraucht würden. Darauf haben bereits A. de Quatrefages, Tylor und Johnston hingewiesen, und A. Rutot, H. Klaatsch, F. Nötling u. a. haben dies neuerdings überaus stark bezüglich der Tasmanier und Australier betont, deren wenige Steingeräte noch in überraschender Weise die ältesten Tertiärmanufakte wiederspiegeln würden, ja teilweise sogar unter denselben stünden. Wir möchten demgegenüber daran erinnern, daß es tatsächlich heute noch Pygmäenstämme gibt, die überhaupt keine Steinbearbeitung kennen, und möchten hervorheben, daß die vielzitierten australischen und tasmanischen Industrien ein unverkennbares „Moustérien" (teilweise mit spärlichem, späteren neol. Einschlag) darstellen, welches, typol. bewertet, einem echten Altpaläol. des europ. Quartärs entspricht. Man hat, wie P. Sarasin, M. Exsteens u. a. mit Recht bemerken, den Kulturbesitz dieser Wilden nicht ohne Voreingenommenheit herabgesetzt und nur dem Minderwertigsten an demselben Geltung gelassen, ohne zu bedenken, daß Formen von Eolithgestalt jede primitive Urindustrie zu begleiten pflegen, da sie sich naturnotwendig überall da ergeben, wo Stein vorübergehend benutzt oder roh geschlagen wird. Wollte man aber aus den heutigen Wildeneolithen folgern, daß durch sie auch deren tertiäre Namensvettern als künstliche Werkzeuge legitimiert würden, so würde dies zu dem schwindelerregenden Schluße führen, daß oligozäne, ja eozäne Menschen existierten, denn jene Tertiärgebilde sind um keinen Grad weniger „menschlich" als ihre modernen Doppelgänger und setzen identische Kulturbedürfnisse voraus. In der Tat betont Rutot für Boncelles und Verworn für die Cantalfunde, daß die dortigen Silexvorkommnisse ausgezeichnet in die „menschliche Hand" passen, als wären sie für dieselbe gemacht, und das Gleiche trifft für die Typen von Belle-Assise und Gray zu.

All dieses ist vom Standpunkte der Paläontologie aus unhaltbar. Der eozäne „Mensch" von Clermont (Oise) besäße als nächste Verwandte die Pachylemuren! Der älteste bekannte fossile Menschenaffe, der oligozäne Propliopithecus, hatte wahrscheinlich nur die Größe eines menschlichen Säuglings, u. „daß ein so kleines Wesen so große Geräte gebrauchen konnte, wie es die Eolithen sind, wird niemand im Ernst behaupten wollen. Auch für den Anthropodus ist dies sehr unwahrscheinlich, denn er dürfte kaum viel größer gewesen sein, als ein zwölfjähriger Knabe. Es würden somit auch die pliozänen Eolithen fallen" (M. Schlosser).

Ein Teil der Eolithen Norddeutschlands gehört übrigens sicher nur der letzten Glazialzeit an, und W. Deeke fand solche auf Bornholm und Rügen in postglazialen Schichten, von denen sich kein Beweis erbringen läßt, daß sie überhaupt in das Diluvium hineinreichen. Daß damals in jenen Gegenden, an der Seite von bereits hochentwickelten Jungpaläolithikern oder selbst von Neolithikern, völlig isolierte, tiefstehende Eolithiker lebten, ist eine unmögliche Annahme.

§ 13. Damit sei keineswegs behauptet, daß es überhaupt keine vorpaläol. intentionellen Steinindustrien gegeben habe, auf welche der Name „Eolithen" anwendbar ist. Die ältesten sicheren Quartärindustrien des Prächelléen und Chelléen (s. d.) setzen, im Gegenteile, Vorstufen der bloßen Benutzung und der einfachsten Zurichtung des Steines voraus, vor welche theoretisch noch primitivere Phasen gestellt werden können. Damit gelangen wir aber naturnotwendig auf ein Terrain, wo es außerordentlich schwer fallen muß, an dem einschlägigen Material an sich zu entscheiden, ob es sich um Zufallswerke der Natur oder ge-

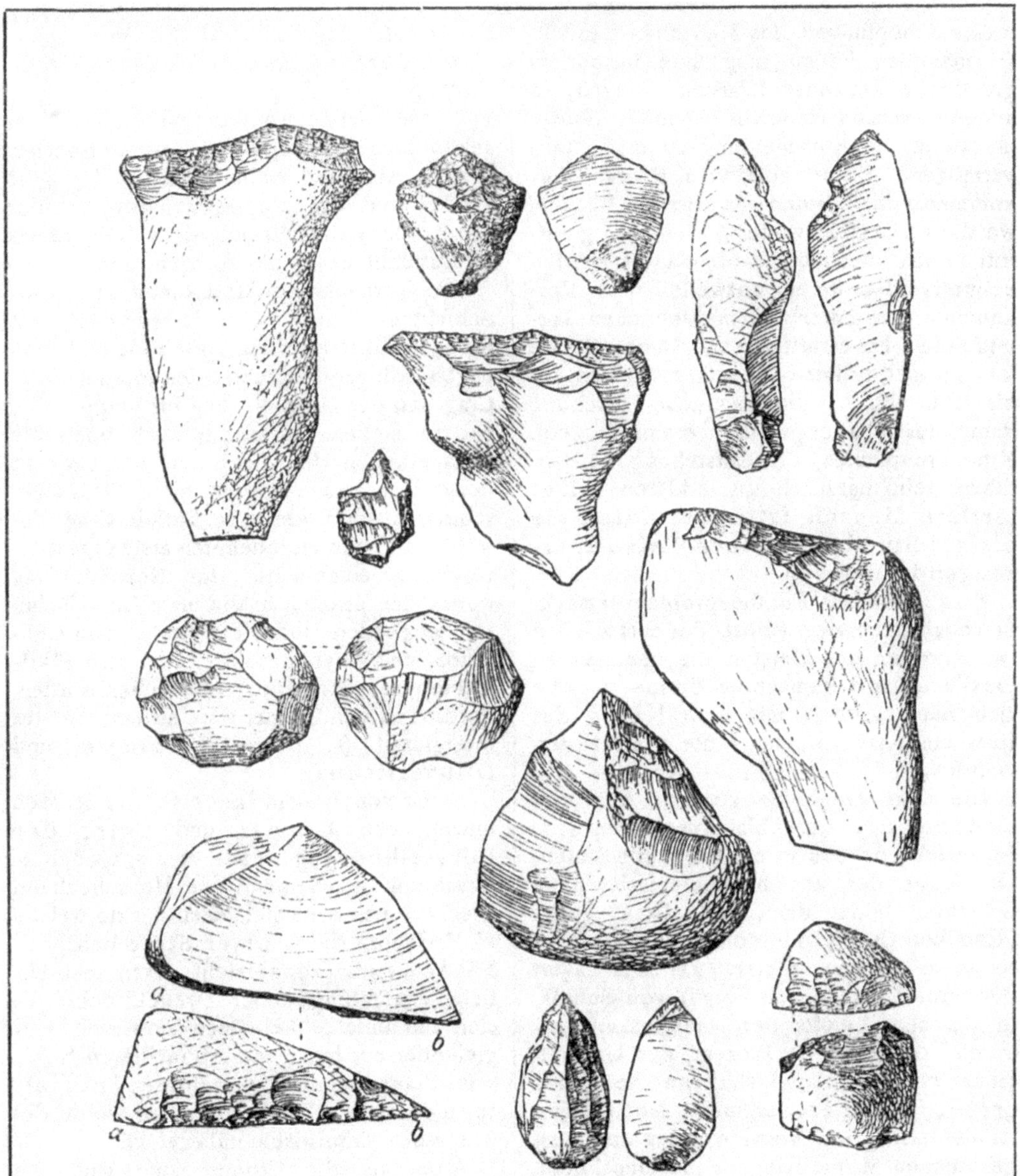

Eolithenproblem

Eozäne Eolithen von Belle-Assise bei Clermont (Oise). $^3/_4$ n. Gr.
Nach H. Breuil und J. Bouyssonie.

wollte Schöpfungen des Menschen handelt. In manchen Fällen mag eine besonders gründliche Diagnose Klarheit bringen, in anderen werden vielleicht besondere Fundumstände die Entscheidung zu erleichtern vermögen. Dahin gehörte z. B. das Vorkommen von Eolithen aus Silex an Plätzen, wo dieses Gestein weder bodenständig auftritt, noch mechanisch abgelagert werden konnte, oder deren unzweifelhaftes Vorkommen zusammen mit menschlichen Skelettfunden, Feuerstätten u. ä. Solche Funde können sich früher oder später ergeben, — bis dahin aber hat die besonnene Forschung daran festzuhalten, daß dynamisch-geol. Kräfte hinreichen, die Entstehung der Eolithen rein natürlich zu erklären. Der tertiäre Mensch ist daher durch sie bis zur Stunde in keiner Weise überzeugend erwiesen.

§ 14. Daß das Eolithenproblem tatsächlich noch keineswegs gelöst oder entschieden ist, beweisen am klarsten die neuesten in Ost-England gemachten Funde, welche sich hauptsächlich mit dem Namen des Ipswicher Archäologen J. Reid Moir verknüpfen.

Die engl. Geologen gliedern die pliozänen und quartären Ablagerungen des Suffolk und Norfolk in nachstehende Stufen: Die Basis der uns hier interessierenden Schichten bildet der „weiße Crag" (oder „Coralline Crag"), mit Mollusken von mediterranem Klimacharakter. Darüber lagert der „rote Crag" („Red Crag") von Suffolk, in welchem bereits nord. Mollusken auftraten, die etwa 10 Prozent der Gesamtfauna ausmachen und stark an die Fauna der heutigen Nordsee erinnern. Noch jünger ist der „Crag von Norwich", der eine ausgesprochen warme Säugerfauna einschließt, so vor allem *Mastodon arvernensis*, *Elephas meridionalis*, *Hippopotamus* u. dgl.

Auf diesen Ablagerungen ruhen die Sande und Mergel des „Crag von Chillesford", mit ausgesprochen nord. Mollusken, und ein ähnliches, sehr kaltes Klima verrät auch die Muschelfauna der folgenden Strate, des „Crag von Weybourn", (mit *Tellina baltica*).

Die nächstjüngeren Ablagerungen sind (an der Küste von Norfolk) jene des „Forestbed von Cromer". Ob ebenda noch *Elephas meriodionalis* vorkommt, scheint uns zweifelhaft, dagegen sind *Elephas trogontherii*, *Elephas antiquus*, *Rhinoceros etruscus*, *Hippopotamus*, *Trogontherium Cuvieri* usw. vertreten, dann und wann anscheinend in sekundärer Vermengung mit kalten Spezies.

Den Abschluß bilden die „mid glacial sands" und der jüngste „chalky boulder clay", die jedenfalls mit dem Jungquartär in Zusammenhang zu bringen sind.

Die geol.-chronol. Interpretation dieses Schichtenaufbaus stößt derzeit noch auf große Schwierigkeiten. Eine Anzahl von engl. Geologen betrachtet den roten Suffolk-Crag und den Norwich-Crag für jungpliozän, andere stellen ebendahin auch noch die Ablagerungen des Forest-bed von Cromer. Persönlich halten wir es nicht für ausgeschlossen, daß der rote Suffolk-Crag der wohl nicht sehr ausgedehnten ersten Quartärvereisung entspräche; der Norwich-Crag würde sich alsdann in die erste Interglazialzeit eingliedern, indes die Straten von Chillesford und Weybourn der zweiten, d. h. Maximalvereisung Englands entsprechen würden. Forest-bed von Cromer wäre alsdann zweites Interglazial (s. Diluvialgeologie und Diluvialfauna).

Es ist von hohem Interesse, daß R. Moir unweit von Cromer und unter den Forest-bed-Schichten eine ausgedehnte Strate von anscheinend von Menschenhand geschlagenen Feuersteinen entdeckte, welche H. F. Osborn die Cromer-Stufe benannte. Für H. Breuil (1922) steht deren menschliche Zurichtung außer Zweifel, wobei es sich um eine „Prächelléen-Industrie", vergleichbar mit jener von Abbeville in Nordwest-Frankreich handeln würde (s. Prächelléen). Diese Altersbestimmung ist, in der Tat, auch faunistisch nahegelegt.

Älter als die Cromer-Stufe sind die Feuersteine des roten Suffolk-Crags, welche in zwei Straten erscheinen, in dessen oberen Teile und an seiner detritischen Basis.

Die nicht sehr zahlreichen Funde aus der Oberschicht sind für Prof. Breuil dgl. intentionell bearbeitet. Es existieren nach der Ansicht dieses ebenso maßgebenden wie vorsichtigen Spezialisten deutliche Klingenabschläge, mit Retuschen und den dazugehörigen Splitterabfällen, Nuklei mit unverkennbaren Schlagflächen und von klarer sukzessiver Behauung, angebrannte Silexknollen u. dgl. m.

Die Silex der Detritus-Basis (des „Sub-Redcrag") bilden die Foxhall-Stufe Osborn's, welche besonders unweit Foxhall und Ipswich gut vertreten ist. J. R. Moir unterscheidet ebenda eine Reihe von Typen, (Schaber, Spitzen, Kratzer u. a.), sowie eine Anzahl im Feuer gerösteter Steine. Auch Breuil betrachtet, trotz gewisser Reserven, eine ziemliche Anzahl bestimmter Abschläge als sehr möglich von Menschenhand hergestellt. Die Feuerspuren sind nach seiner Überzeugung unbestreitbar, welchen Ursprung man ihnen immer zuschreiben mag. Dagegen verhält sich der gleiche treffliche Kenner ablehnend gegenüber den großen Kielkratzern („rostro-carinates"), die E. Ray-Lankaster und R. Moir seit 1909 vornehmlich aus dieser Strate namhaft gemacht haben.

Wie ersichtlich, ist das Problem der Eolithen in den letzten 5 Jahren in ein neues Stadium getreten. Sollten sich die jüngsten, auf engl. Boden gemachten Feststellungen endgültig bewahrheiten, so würde damit das erste Auftreten des Menschengeschlechts auf Zeitstufen zurückverlegt erscheinen, die sich bereits enge mit dem Tertiär verketten.

L. Bourgeois *Étude sur des silex taillés de Thenay* Congr. intern. préh. Paris 1867; P. Mahoudeau et L. Capitan *La question de l'homme tertiaire à Thenay* Rev. d'Anthropol. 11 (1901); M. Verworn *Die archäolithische Kultur in den Hipparionschichten von Aurillac* [Cantal-Eolithen] Abh. Gött. Ges. Mathem.-Phys. Klasse. NF 4 (1905); A. Rutot *Le Préhistorique dans l'Europe Centrale* Namur 1904; ders. *Un grave problème* [Boncelles-Eolithen] Bull. Soc. belge de Géol. Bruxelles 21 (1907); G. G. MacCurdy *The eolithic problem* Amer. Anthr. N. S. 7 (1905); J. Dharvent *La première étape de l'art préhistorique* Congr. intern. préh. Genève 1912; H. Obermaier *Der Mensch der Vorzeit* o. J. (1912) S. 381ff.; F. Wiegers *Die natürliche Entstehung der Eolithen im norddeutschen Diluvium* Monatsber. Nr. 12 der Zeitschr. d deutsch. Geol. Gesellsch. Berlin 1905; H. Breuil *Sur la présence d'éolithes à la base de l'Eocène parisien* L'Anthrop. 21 (1910); R. R. Schmidt *Über das Pseudo-Eolithenlager im Stubental* Bericht über die paläethnol. Konferenz in Tübingen 1911 (Braunschweig 1912); P. Sarasin *Über die Fehlerquellen in der Beurteilung der Eolithen* Verhandl. der naturforsch. Gesellsch. Basel 22 (1911); ders. *Über Mousteriolithen* ebd. 23 (1912); S. H. Warren *A natural eolith factory beneath the Thanet Sand* Quart. Journ. Geol. Soc. of London 86 (1921); J. Reid Moir *The geological age of the earliest palaeolithic flint implements* Geolog. Magaz. London 57 (1920); ders. *Further discoveries of humanly-fashioned flints in and beneath the Red Crag of Suffolk* Proceed. of the Prehistor. Soc. of East Anglia 3 (1920—21); ders. *On a early Chellian-Palaeolithic Workshop-Site in the Pliocene „Forest Bed" of Cromer, Norfolk* Journ. anthr. inst. 51 (1921); ders. *Of some further flint implements of Pliocene age discovered in Suffolk* Proceed. of the Prehistor. Soc. of East Anglia 4 (1923); H. F. Osborn *The Pliocene Man of Foxhall in East Anglia* Natural History New York 21 (1921); H. Breuil *Les industries pliocènes de la région d'Ipswich* Revue anthropologique Paris 23 (1923).

H. Obermaier

Eozän s. Eolithenproblem.

Epidemiologische Prognosen. Sie sind in den babyl.-assyr. Astrologenberichten und ihren gesetzmäßigen Fixierungen nicht gerade häufig, aber sie finden sich doch. So soll Westwind in der ersten Mondphase Krankheit dem Volke bringen. Merkuraufgang am 15. Monatstage oder überhaupt im Monat Tammuz bewirkt Volkssterben, desgleichen Kulmination des Merkur im gleichen Monat und Verdunkelung des Sternbildes des Krebses. Konjunktion des Merkur mit Mars im Monat Tammuz bringt eine Pferdeepidemie; Viehsterben ereignet sich, wenn Jupiter mit Mars in Konjunktion kommt oder Mars in einen Mondhof tritt. Sonnenfinsternisse können ähnliche Seuchenfolgen haben. Auf Donner am wolkenlosen Tage kann Hungersnot als Folgeerscheinung eintreten und ein bis zur Jahresdauer lastendes Sterben im Volke, wie assyr. Brontologien uns belehren. Auch besondere Windrichtungen, z. B. bei Sonnenaufgang, haben epidemiologische Bedeutung oder zur „Abendwache". Auch in anderen Kulturen hat sich die Mantik in verschiedener Form mit der Seuchenvorhersage befaßt.

Sudhoff *Iatromathematiker* 1902; ders. *Medizinisches aus babyl.-assyr. Astrologenberichten* Medizinische Woche 14. Okt. 1901 Nr. 41.

Sudhoff

Epiglazialzeit (Spätglazialzeit) s. Diluvialchronologie § 5, Diluvialgeologie § 6, 7.

Epilepsie. §1. Krampfkrankheiten haben von jeher Phantasie und Helfensdrang der Menschen stark beschäftigt, galten als besonders unheimlich und waren schon in ihrer Benennung mit Scheu umgeben. Selbst bei den Griechen galt die Fallsucht als besonders gefürchtete Dämonenplage, die man abwehrend „die heilige Krankheit“ nannte, bis ihr, für die aufgeklärte Ärztewelt wenigstens, der große Hippokrates den unheiligen Zauber fortnahm und sie unter die natürlichen Gehirnerkrankungen einreihte. Liegt doch das „Vom Dämon gepackt werden“ auch noch in der späteren Fachbezeichnung ἐπίληψις, ἐπιληψία.

§ 2. Auch in der babyl.-assyr. Krankheitsterminologie spielt das Gepacktsein von einem Überirdischen, einer Gottheit oder einem Dämon, eine große Rolle, namentlich unter den Nervenkrankheiten und bei psychischen Erkrankungen. Speziell die Fallsucht war schon zu Ende des 3. Jht. v. C. in Babel derart in ihrer Periodizität und Unheilbarkeit durchschaut, daß man sie beim Sklavenkauf ausdrücklich als rückgängiges Übel im Hammurapi-Gesetz festlegte. Wenn ein Sklave oder eine Sklavin vor Ablauf eines Monats nach dem Besitzwechsel von der *bennu*-Krankheit befallen wurde, mußte der Verkäufer ihn oder sie zurücknehmen und den Kaufschilling wieder herausgeben (§ 278). Eine ganze Reihe erhaltener Sklavenkaufakten aus der Zeit Königs Hammurapi und seiner nächsten Nachfolger zeigt genau den vierwöchigen Rückgängigkeitstermin, wie er dort im Gesetz festgelegt ist, das also die Praxis völlig beherrschte, während vor Erlaß des berühmten Gesetzes eine lebenslängliche Haftung gegen *bennu*-Krankheit ausbedungen wird. In späterer Zeit scheint man mit der vierwöchigen Garantie auch nicht mehr ausgereicht zu haben, wenigstens finden wir in zahlreichen Sklavenverkaufsurkunden aus dem 7. Jh. v. C. eine vom Verkäufer übernommene Bürgschaft auf 100 Tage gegen die *bennu*-Krankheit, der hier stets schon eine andere Krankheit beigesellt ist, die *sibtu*-Krankheit, von der unter Aussatz (s. d.) die Rede ist.

§ 3. Aus hellenist. Zeit sind aus Ägypten, wo man auch vorher schon die Fallsucht gewiß nicht übersah, zahlreiche Sklavenkaufverträge bis ins 4. Jh. n. C. erhalten, in welchen stets das Freisein von Fallsucht und Aussatz (s. d.) garantiert wird: πλὴν ἱερᾶς νόσου καὶ ἐπαφῆς. Noch in einer Urkunde aus Askalon vom Jahre 359 n. C. wird Freiheit von Fallsucht bis zu 6 Monaten gewährleistet, außerdem von andern alten Leiden oder verborgenen Körperfehlern (σίνος παλαιόν καὶ κρυπτὸν πάθος). Das wären also rund 2½ Jahrtausende, durch welche man diese Vorsichtsmaßregel beim Sklavenkauf, um sich gegen den Erwerb eines fallsüchtigen und dadurch stark entwerteten Sklaven zu decken, beobachtete. Vermutlich gehen die Anfänge solcher Vorsorgemaßnahmen noch um viele Jahrhunderte, ja Jahrtausende in der babyl. Kultur zurück.

§ 4. Dadurch gewinnt auch die aus der heutigen Volksmedizin primitiver europ. Völker entnommene Vermutung etwas größere Wahrscheinlichkeit, daß die steinzeitl. und späteren frühzeitl. Trepanationen West- und Nordeuropas wegen Epilepsie oder verwandter Krampfzustände vorgenommen sein könnten.

§ 5. Aber auch abgesehen von der dort doch nur zerstreut vorkommenden Trepanation (s. d.) hat die Fallsucht im germ. N eine gewisse Bedeutung besessen. Zwar die Gesetze und Normen, welche eine Lösbarkeit der Ehe wegen E. vorsehen, mögen unter auswärtigen Einflüssen gestanden haben; nicht ganz so wahrscheinlich ist ein Gleiches für die Anschauungen, welche die mehrwöchige Wiederkehr der Anfälle mit dem Mondeinfluß in Verbindung bringen. Ihre Herleitung von Dämonenwirkung bildet wohl auch den Anlaß dazu, daß man sie später christlichen Heiligen zueignete, wie z. B. St. Valentin. Auch im N ist der Zauberspruch das Heilmittel, das man immer wieder mit kaum versiegendem Hoffen und Vertrauen in Verwendung zog.

§ 6. Ob damit die Archäologie der (vorhippokratischen) Fallsucht erschöpft ist? Gewiß nicht, wir haben aber bisher keine weiteren festen Unterlagen für ihre vor- und frühzeitl. Geschichte in den hier zu besprechenden Kulturkreisen. Manchen klärenden Hinweis vermag auch hier die Völkerkunde zu spenden, in der die Besessenheit von einem bösen Geiste oder Dämon für Fallsucht und verwandte Krampfzustände eine Hauptrolle spielt und der Austreibungszauber zu ihrer Beseitigung und Bannung. Daneben treten ganz besonders organotherapeutische Maßnahmen gegen diese Krankheiten in die Erscheinung. Alle nur denkbaren Tierorgane und -körperteile kommen in Verwendung, namentlich auch Tierblut und selbst Menschenblut bis zum spät noch nachweisbaren Trinken des noch warmen Blutes Hingerichteter, wie bei den Römern des frischen Blutes in der Arena erschlagener Gladiatoren. Doch ist gerade bei der Fallsucht die Fülle abergläubischer Mittel und Maßnahmen fast unerschöpflich.

Sudhoff *Die Krankheiten bennu und siblu der babyl.-assyr. Rechtsurkunden* Arch. f. Gesch. d. Med. 4 (1911) S. 353ff.; ders. *Ärztliches aus griech. Papyrusurkunden* 1909 S. 142ff.; Steinmeyer *Kleine althochd. Sprachdenkmäler* 1916 S. 380ff.; Grön *Altnord. Heilkunde* Janus 13 (1908) S. 506ff.; M. Bartels *Medizin der Naturvölker* 1893 S. 212ff; Hovorka u. Kronfeld *Vergleichende Volksmedizin* 1908/9 II 209 ff. Sudhoff

Epineolithische Keramik s. Finnland C § 2.

Epipaläolithikum. Die ältere Gesamtstufe des Mesolithikums (s. d.), welche das Endcapsien, Azilien und Tardenoisien (mit der nord. Maglemose-Kultur) umfaßt, die sämtlich, eng unter sich verwandt, noch auf paläol. Traditionen fußen.

H. Obermaier

Epipaläolithische Zivilisation. Eine oft angewendete, von dem schwed. Archäologen Knut Stjerna geprägte Bezeichnung für die nord. Steinzeitkulturen, die durch die Wohnplätze von Maglemose, Dobbertin, Kunda usw. (s. d.) repräsentiert werden. Nach der vorherrschenden Stellung der Horn- und Knochengeräte, als allg. Zug, dem Auftreten von hochkantigen Flintschabern und längsschneidigen Pfeilspitzen wird diese Kultur aufgefaßt als eine auf nord. Boden gebildete Sonderentwicklung des Paläol., teilweise gleichzeitig mit dem Azilien (s. d.) Westeuropas. Bisweilen wird der Terminus auch verwandt, um die ganze Wohnplatzkultur der nord. StZ im Gegensatz zur Ackerbaukultur zu bezeichnen.

Ant. Tidskr. 19, 2 S. 15ff. Stjerna.

Gunnar Ekholm

Equiden s. Diluvialfauna.

Erbe.

§ 1. Bedingungen des Erbgangs. — § 2. Die Vererbung bei Sammlern und Jägern. — § 3. Vererbung in einer mutterrechtlichen Gesellschaft. — § 4. Das E. unter gemischt mutterrechtl. u. vaterrechtl. Einfluß. — § 6. Das E. unter dem Patriarchat.

§ 1. Der Erbgang setzt voraus, daß etwas vererbt wird, also Privateigentum von wirtschaftlicher Bedeutung vorhanden ist. Bedingt wird er im Leben der Gruppe durch das Absterben der alten und das Heranwachsen der jungen Generation. Sippen- oder Familieneigentum unterliegt natürlich nicht dem Erbgang, da die Gruppen an sich „unsterblich" sind. Da sich das E. als ein wirtschaftlicher Komplex darstellt, der sich um die Person eines Menschen schmiegt und nach seinem Tode von selbständiger Bedeutung wird, um verteilt oder als geschlossene Einheit übertragen zu werden, so hängt es von der Art und der Bewertung der in einer Gesellschaft zur Geltung gelangenden Wirtschaftsgüter ab. Deshalb kommt für die Naturvölker die Vererbung von Grundstücken (s. Eigentum A) nur wenig in Betracht, die Erbmasse besteht vorwiegend in beweglicher Habe. Ein oft nicht unbeträchtlicher Teil der Erbmasse, derjenige nämlich, der als persönlich mit dem Besitzer verwachsen gilt, teilt häufig auch das Schicksal des Toten, er wird mit ihm begraben, verbrannt, ausgesetzt oder ins Wasser versenkt usw., genau so wie die Leiche (vgl. Schreuer).

Aber auch das, was man dem Toten nicht mitgibt, scheut man gewöhnlich gleich in Besitz zu nehmen, und man wartet den Ablauf einer gewissen Zeit, gewöhnlich wenigstens von einigen Wochen, in der Regel aber von mehreren Monaten ab, bis der Besitz des Verstorbenen zur Verteilung gebracht wird. Diese Verteilung der Güter des Verstorbenen unter die Mitglieder seiner Sippe ist zweifellos das Ursprüngliche. Daß gewisse Verwandte mehr bevorzugt wurden, ist wohl das Ergebnis einer wirtschaftlichen Verselbständigung der Familie. Die Bevorzugung richtet sich nach der herrschenden Gesellschaftsordnung und der dieser entspringenden Auffassung über die Nähe der Verwandtschaft.

§ 2. Hören wir, wie sich in einem konkreten Einzelfall bei einem Jäger- und Fängervolk, bei den Bergdama von Südafrika, die Vererbung des Eigentums im Zusammenhang mit den übrigen Lebensbedingungen gestaltet. Trotz der, von unserem Standpunkt aus, wirtschaftlichen Unbedeutendheit der Gegenstände, herrschen doch feste Regeln, wie Vedder

(S. 143ff.) berichtet, über das, was vererbt wird: es sind vor allem die Jagdgeräte des Mannes, neuerdings, seit der Berührung mit den Europäern, auch Messer, Beile, Eimer, Kleidungsstücke, namentlich aber Ziegen und Hunde, und jetzt auch Rinder. Nicht zur Erbmasse gehört die Hütte. Wie so häufig, z. B. auch bei papuanischen Stämmen, läßt man sie verfallen oder bricht sie ab oder zündet sie an. Gelegentlich verwendet man wohl die Bestandteile der Hütte als Brennholz oder selbst zur Errichtung einer neuen Hütte, da der Gefahr drohende Zauber nur mit dem Ort, wo der Kranke gestorben ist, insbesondere mit dem Boden der Hütte, aber nicht mit dem Holz, aus dem sie besteht, in Zusammenhang gebracht wird. Nicht zur Erbmasse gehören auch die Ziegen, die nach altem Brauch unter alle Familien der Werft (= des Lagers) verteilt oder von ihnen zum Teil aufgegessen werden. Es ist möglich, daß diese Sitte von den Dama einer ähnlichen der Herero nachgebildet wurde. Bei den Herero liegt beim Schlachten und Verzehren der Herde des Toten der Gedanke zugrunde, den wir so häufig finden, nämlich der, den Verstorbenen im Jenseits mit einer ansehnlichen Herde zu versehen. Man wartet bei den Bergdama drei bis vier Monate nach dem Tode, bis man die Habe des Verstorbenen verteilt. Durchaus bezeichnend für die gesamten Gesellschaftszustände bei den Sammlern und Jägern (s. Eigentum A) ist die anerkannte Regel, daß Männer nur Männer und Frauen nur Frauen beerben. Der älteste Sohn gilt als alleiniger Erbe des Vaters, die Tochter als alleinige Erbin der Mutter. Ist der Sohn noch zu jung, um sein E. antreten zu können, so nimmt der Vater des Vaters das E. in Verwahrung, und damit in Gebrauch und Nutznießung. Ist auch er schon gestorben oder nicht anwesend, so treten des Vaters ältere oder jüngere Brüder für ihn ein. Fehlen auch diese, so nehmen der Reihe nach die Schwestern des Vaters, bei der Ältesten beginnend, das E. in Verwaltung. Die Gegenstände werden gebraucht und abgenutzt und ohne Ersatz für diese Verminderung an Wert nachher herausgegeben. Auch die kleine Ziegenherde braucht keineswegs vollzählig oder gar mit ihrem Nachwuchs abgeliefert zu werden. Außerdem ist der Knabe in der Regel Pflegling dessen, der die Gegenstände oder die Ziegen für ihn verwaltet, hat also schon, bevor er sein E. antritt, bei seinen Pflegern die dort für ihn bewahrten Gegenstände genützt oder genossen. Bei der erbberechtigten Tochter gestalten sich die Dinge entsprechend ebenso. Fehlen Kinder gleichen Geschlechts, so geht die Erbmasse an diejenige Person über, die sonst zum Verwalter des Nachlasses für das unmündige Kind ausersehen wäre. Die erwähnten als Erben bestimmten Personen teilen an ihre jüngeren Geschwister und zwar auch an die des anderen Geschlechts Geschenke aus, die der Erbmasse entnommen werden. Die Verteilung dieser Geschenke findet drei bis vier Monate nach dem Tode des Erblassers statt und endigt nicht selten mit Zank, Prügel und Feindschaft. Das Werftoberhaupt (= Sippenhäuptling) sucht dabei zu vermitteln; ihm steht kein Anspruch auf ein Geschenk zu. Da der Erbe viele Geschenke zu verteilen hat, bleibt ihm nicht allzu viel übrig. Seine Rolle ist also, praktisch genommen, die eines Verteilers der Erbschaft. Beim Verteilen des weiblichen E. wird in gleicher Weise verfahren, und, wie Vedder hinzusetzt, fehlt es dabei nicht an abgebissenen Daumen, zerkratzten Gesichtern u. dgl. Kleidungsstücke des Verstorbenen werden nur an alte Personen verschenkt, jüngere fürchten dadurch mit einem Todeszauber belastet zu werden. Oft finden Schenkungen unter Ehegatten statt, wenn der Mann seiner Frau bei Lebzeiten einige Ziegen sichern will, die er durch Kerbung der Ohren als persönliches Eigentum kennzeichnet. Die als persönliches Eigentum vom Verstorbenen durch Zauberzeichen herausgehobenen Ziegen (s. Eigentum A § 3, 4) muß der Erbe entzaubern. Letzte Willensbestimmungen, die von dem vorgeschriebenen Wege abweichen, werden respektiert, da man den Toten fürchtet. Der Respekt geht aber nicht so weit, daß die bevorzugte Person dem Neid der anderen entginge. Ein solcher letzter Wille muß vor einigen Personen öffentlich erklärt worden sein. Hat einer keine Zeugen dafür, so entscheidet die Faust. Über Schulden verständigt sich der Erbe dadurch, daß er entweder Geliehenes oder einen Gegenstand von gleichem Wert beschafft. Die Würde des Werftoberhaupts (= Sippenhäuptling) geht ebenfalls an den ältesten Sohn, und zwar den der Hauptfrau, über. Sind keine der oben erwähnten nächsten Verwandten vorhanden, so löst sich die Werft (= Lager) auf. Ist die Persönlichkeit des als neues Oberhaupt in Betracht kommenden Nachfolgers unbeliebt, gilt er als geizig oder unverträglich, so kann es sein, daß die Sippe ihn wegjagt und einen der übrigen Söhne des verstorbenen Häuptlings wählt; oder falls Schwierigkeiten entstehen, verständigt man sich über einen neuen, in der Nähe gelegenen Wohnplatz, errichtet dort neue Hütten und läßt den unbeliebten Mann sitzen, wo er ist.

Auch bei den amerik. Hackbauern kommt Vererbung von Landbesitz nicht in Frage, sondern nur an beweglichem Gut. Namentlich gilt auch für die Nachfolge in der Häuptlingsschaft kein unbedingt strenges Erbgesetz. Zwar folgt im allg. der Sohn dem Vater oder der Neffe dem mütterlichen Onkel, jedoch wählt man unter den betreffenden jüngeren Leuten den Nachfolger ungefähr nach dem ortsüblichen Verwandtschaftsschema so, daß eine gewisse Sicherheit vorhanden ist, einen tüchtigen Nachfolger zu bekommen. Dieses Verfahren ist besonders auch für die Inka und Nahuavölker bezeichnend und kann als Grundlage für die anderen Völker der neuen Welt ebenfalls angesehen werden (Wissler S. 185).

§ 3. Vergleichen wir damit die Schilderung aus einer streng mutterrechtlichen Gesellschaft, wie sie Malinowski (S. 177ff.) von den Trobriandinseln im O von Neu-Guinea entwirft. Mann und Frau haben besonderes Eigentum in der Ehe. Wenn der eine stirbt, erben die Verwandten des Verstorbenen. Da die Kinder nur als Verwandte der Mutter (nicht auch des Vaters) gelten, erben sie in dieser mutterrechtlichen Gesellschaft von ihr allen Besitz. Der Vater schenkt wohl den Kindern seiner Frau gelegentlich Wertsachen u. dgl., nach seinem Tode werden sie aber oft an die Kinder seiner Schwester zurückgegeben. Güter und Rangvorrechte fallen dem Mann von Seite seines mütterlichen Onkels oder älteren Bruders zu, nicht ohne daß indessen, z. B. die Kenntnis von Zauberkünsten, bei Lebzeiten von diesen Verwandten durch nicht unerhebliche Zahlungen gekauft werden müssen (S. 185).

§ 4. Auf der Karolineninsel Yap (Müller S. 251), wo das Mutterrecht patriarchalisch überlagert erscheint, erben die Söhne das väterliche Vermögen nach gleichen Teilen, doch bekommen auch die Töchter etwas. Namentlich wenn keine Söhne vorhanden sind, erbt die Tochter, nicht der Bruder. Stirbt die Frau, so erben nur die Kinder, nicht der Mann. Aus der Erbmasse scheiden die auf dem Grundstück nach dem Tode während 12 Monaten gewachsenen Früchte und Kokosnüsse aus. Die Anwartschaft darauf fällt den Verwandten zu, welche das Totenfest veranstaltet haben. Dies scheinen je nach den örtlichen Traditionen bald Vater oder Mutter, bald Bruder oder Schwester, bald auch ein Vetter zu sein. Enterbungen kommen vor, und zwar manchmal aus uns nichtig erscheinenden Gründen.

Auf der Insel Nauru (Hambruch S. 310) gilt als Regel, daß die Kinder zu gleichen Teilen erben. Sind mehrere Töchter, aber nur ein Sohn vorhanden, so fällt letzterem ein größeres Erbteil zu, als seinen Geschwistern. Haben sich Kinder einer schlechten Behandlung der Eltern schuldig gemacht, so tritt in der Regel Enterbung ein, und der Nachlaß fällt demjenigen zu, der für den Lebensunterhalt des Verstorbenen Sorge getragen hat, oder der Sippenhäuptling tritt die Erbschaft an. Häufig trifft der Erblasser vor seinem Tode Verfügungen. Bezeichnend für die Selbständigkeit der Familie bei den mikronesischen und polynesischen Stämmen ist die Sitte von Nauru, daß sowohl der Mann die Frau als auch die Frau den Mann beerbt oder doch in die Nutznießung des Vermögens des anderen Teiles eintritt. Indessen lebt dabei die Auffassung von einseitig an ein bestimmtes Geschlecht gebundenen Gütern fort: die von der Frau in die Ehe mitgebrachten Schmucksachen und Kostbarkeiten fallen bei ihrem Tode stets der ältesten Tochter zu; ist aber keine Tochter in der Familie, so werden diese Kleinodien vergraben oder außerhalb des

Riffs in das Meer versenkt. Wird dem Erben schon bei Lebzeiten des Erblassers ein Teil seines zu erwartenden Erbes ausgehändigt, so wird ihm als äußeres Abzeichen ein großer, an Haarschnüren befestigter Walzahn umgebunden, der auf die Brust herabhängt. Dabei ist auch hier vom persönlichen Eigentum das Eigentum des Gaus und der Sippe zu trennen. Gewisse Grundstücke, ferner die Fangplätze für die Fregattvögel, sowie Tanz- und Versammlungshäuser u. dgl. stehen im Besitz des Gaus. Das übrige Land gehört den Sippen, die es nach Rangklassen an ihre Angehörigen aufgeteilt haben. Persönliches Eigentum ist das Haus. Heiratet die Frau in das Haus des Mannes, dann ist er der Besitzer; hat aber, wie häufiger, der Mann in das Haus der Frau geheiratet, so ist sie Eigentümerin. Sonst regelt sich der Besitzanspruch des Hauses nach dem Landstück, auf dem es gebaut wurde. Der Hausrat an Matten, Eßschüsseln, Trinkschalen usw. ist gemeinsames Eigentum der Hauseinwohner, nur bei jetzt von Europäern erstandenen Geräten werden ausgeprägte Eigentumsansprüche von den Einzelnen gemacht. Wenn auch die Einzelpersonen auf Werkzeuge einen Eigentumsanspruch erhoben, so wird ihre Benutzung durch andere doch stillschweigend gestattet. Dagegen sind die Gebrauchsgegenstände des Sippenoberhaupts für die übrigen Familienangehörigen verboten, „*tabu*". Sie sind durch charakteristischen Schmuck ausgezeichnet. Boot- und Fischereigerät dagegen stehen im Einzelbesitz und werden nur gegen Entschädigung verliehen. Schmucksachen hinwiederum gehören der Sippe oder der Familie und dürfen nicht ohne Zustimmung des Familienoberhaupts veräußert oder verschenkt werden (S. 297). Aus dieser charakteristischen Staffellung des Eigentums geht auch hervor, wie weit eine echte Vererbung in Betracht kommt, und wie weit es sich nur um die Nutzung durch die den Toten ablösenden Familien- oder Sippenmitglieder handelt.

Ähnliche Verhältnisse finden wir nicht nur auf den Marschallinseln (Senfft bei Steinmetz S. 439), sondern auch in Afrika, z. B. im frz. Sudan, bei den Diakite-Sarrakolesen (Steinmetz S. 114) und im Kreise Kita (Steinmetz S. 165), aber auch auf Madagaskar (Steinmetz S. 379).

§ 5. In der patriarchalischen Familie ist dagegen das Erbrecht gewöhnlich ganz oder ausschließlich an die männlichen Verwandten geknüpft. Bei den Waschamba ist stets der Nächstälteste in der engeren Familie des Vaters erbberechtigt, auch die erwachsenen Söhne, nicht dagegen die Schwestersöhne. Frauen erben nicht, auch die Ehegatten beerben nicht einander, sondern Frauen und Kinder bilden zusammen mit dem Haus, den Feldern und den Waffen, mit dem Vieh und den Geräten die Erbschaftsmasse. Die Brüder des Mannes verteilen die Frauen unter sich, und jede Frau behält das Stück Land, das sie bei Lebzeiten des Mannes bestellt hatte. Die Hauptfrau bringt dem, der sie bekommt, auch das Feld des Verstorbenen mit, wenn ihre Söhne noch nicht erwachsen, d. h. noch nicht erbberechtigt sind. Hier tritt, trotz des augenscheinlich später übergelagerten, vielleicht nachgeahmten Patriarchats, doch noch deutlich die ursprüngliche Rolle der Frau als Bestellerin der Felder hervor. — Alles übrige wird ebenfalls verteilt. Sind erwachsene Kinder da, so erben diese vorzüglich die Liegenschaften und den persönlichen Besitz des Vaters. Ist kein Bruder vorhanden und kein anderer Verwandter, der die Witwe begehrt, so wird sie von ihrem Enkel heimgeführt, sodaß also in diesem Falle der Enkel die Großmutter heiratet, eine Gepflogenheit, die bei Naturvölkern keineswegs unbekannt ist (s. Heiratsordnung, Verwandtschaft). Wer die Liegenschaften, die Herde und die Waffen Verstorbener erbt, haftet auch für die Schulden des Erblassers; besonders am Erbe der Waffen hängt die Übernahme der Schulden. Letztwillige Verfügungen sind möglich, von solchen hängt es ab, wer insbesondere Liegenschaften, Herde und Waffen erbt (Steinmetz S. 237). Ähnliches erfahren wir auch von den Banaka und Bapuku an der Küste von Kamerun (Steinmetz S. 42).

Bei höheren Völkern, die durch Viehzucht und Ackerbau, und durch dynastisch überlagerte, aristokratisch geschichtete Herrschaft, sowie durch patriarchalische Familie gekennzeichnet werden, machen

REALLEXIKON DER VORGESCHICHTE

UNTER MITWIRKUNG
ZAHLREICHER FACHGELEHRTER

HERAUSGEGEBEN VON

MAX EBERT

ORD. PROFESSOR AN DER UNIVERSITÄT KÖNIGSBERG

DRITTER BAND

ZWEITE LIEFERUNG

ERBIL — FELSENZEICHNUNG

MIT 29 TAFELN, DARUNTER EINER FARBIGEN

BERLIN 1925

WALTER DE GRUYTER & CO.

Das Werk erscheint in Lieferungen mit zahlreichen Tafeln und Textabbildungen. — Der Subskriptionspreis beträgt GM. 6.— für jede Lieferung von etwa 8 Bogen nebst Texttafeln und Abbildungen. Ca. 6—8 Einschalttafeln auf Kunstdruckpapier werden als ein Bogen gerechnet. Verstärkte Lieferungen werden entsprechend höher berechnet. Der Subskriptionspreis erlischt am 1. April 1925. Er gilt dann nur noch für Abonnenten, die bis zu jenem Termin subskribiert haben. Das ganze Werk ist auf ca. 250 Bogen Lexikon 8° berechnet und wird in mehrere Bände geteilt.

sich bereits Anfänge von persönlichem Eigentum an Grund und Boden geltend. Der Erbe wird gewissermaßen Bevollmächtigter der Sippe und tritt als Fortsetzer der Existenz des Verstorbenen ein. Namentlich fällt ihm auch die Blutrache zu.

Die Schwierigkeiten, die sich bei der Verteilung eines Erbes unter verschiedene Personen, z. B. unter mehrere Söhne eines Vaters ergaben, traten in Erscheinung, wenn Grund und Boden für die Bewirtschaftung wichtiger wurde, als die Ackerbauwirtschaft sich verbreitete. Sowie nicht mehr die Felder in gewissen Zeitabschnitten unter die Mitglieder einer Sippe verteilt wurden, sondern wegen der durch die Arbeit erzielten Verbesserung des Bodens und der beginnenden Knappheit an Land infolge des Anwachsens der Bevölkerung bei den einzelnen verblieben, stellte sich die Schwierigkeit heraus, einen Wirtschaftsbetrieb unter mehrere zu verteilen, ohne die Wirtschaftsmöglichkeiten dadurch zu beeinträchtigen. Im allg. kann man sagen, daß man jetzt vor der Alternative stand, entweder die Verteilung der Wirtschaftsbestandteile nach Köpfen beizubehalten oder den Wirtschaftsbetrieb einem Einzigen zu überlassen, gegen eine entsprechende Abfindung der Anderen. Meistens wurde der letztere Weg eingeschlagen, der zu einem beschränkten Privateigentum an Grund und Boden führte. Dabei ergab sich allerdings ein Erbrecht an Grund und Boden, indem nach gewissen Auffassungen der Verwandtschaft der Komplex an bewirtschafteten Feldern nach dem Tode des Besitzers einem Erben übertragen wurde, ohne aber daß er sonst frei veräußert oder verkauft werden durfte — wie in den alten germ. Rechten und auch in der ind. Dorfgemeinde (Baden-Powell S. 29 ff.). So ist z. B. bei der norw. sog. Odalnachfolge die Einheit des Wirtschaftsbetriebes anerkannt, wenn sich ein solcher 5 Generationen hindurch im Besitze einer Verwandtschaftsgruppe befunden hat. Aber der Odalbetrieb soll nicht in die Hände von Fremden geraten. Ein Fremder kann kein Odalgut kaufen. Soll es verkauft werden, so kann es nur an Verwandte gehen. (Brandt S. 220 nach Vinogradoff S. 277).

Auch den geschichtlichen Ausgangspunkt des dtsch. Erbrechts bildet das ursprüngliche Gesamteigen der Verwandtschaft. Auch hier ist zunächst das Erbrecht am Fahrnis früher möglich geworden, als das an Liegenschaften. In ältester Zeit bildeten der Hausherr und die in seinem Haushalt unter seiner Hausgewalt vereinigten Erben, nämlich seine Söhne, eine Vermögensgemeinschaft in Bezug auf das Hausgut. Der Vater war zwar Repräsentant dieser Gemeinschaft, aber die Söhne waren insofern als mitberechtigt anerkannt, als ihnen ein Nachfolgerecht eingeräumt war. Hierin tritt noch deutlich das „Nachrücken" in Gesamtgut zutage. Die Grundsätze des Eigentums zur gesamten Hand, nicht besonders erbrechtliche Grundsätze, beherrschten die Verhältnisse des Familienguts und seine Verteilung. Darum fiel das Hausgut an die Sippe, wenn keine eigentumsfähigen Mitglieder mehr vorhanden waren. Mit dem Zerfall der Sippe stellte sich erst die Notwendigkeit eines Erbrechts ein, das später auch die Liegenschaften ergriff. Als Erinnerung an die Geschlechtsgebundenheit der Besitzgegenstände (s. oben § 2 u. § 4) haben wir die Sondererbfolge in Bezug auf das männliche Heergeräte und die Niftelgerade der Frau. Die Verhältnisse wurden dann einerseits durch die Schichtung des Volkes, andererseits durch den Hof und die Beamtenverwaltung, das Lehenrecht und die Einführung römischrechtlicher Auffassungen außerordentlich kompliziert (Hübner S. 613 ff.).

S. a. Eigentum, Erbrecht, Familie, Lehen, Recht.

Baden-Powell *The Indian Village Community* 1896; Brandt *Norsk Retshistorie* 1880; Hambruch *Nauru* I (1914); Malinowski *Argonauts Western Pacific* 1922; Müller-Wismar *Yap* 1917; Schreuer *D. Recht d. Toten* Zfvgl.Rw. 33 (1916); Steinmetz *Rechtsverh. v. eingeb. Völk. i. Afrika u. Ozeanien* 1903; Vedder *Die Bergdama* 1923; Vinogradoff *Outlines Hist. Jurisprud.* 1920; Wissler *The American Indian* 1922. Thurnwald

Erbil. § 1. Städtische Siedlung in ununterbrochener Kontinuität von sumer. Zeit bis zur Gegenwart. Assyr. *Arba-îlu*, griech. (τὰ) Ἄρβηλα. Gelegen auf 36^0 11′ n. Br. und 43^0 59′ ö. L. in fruchtbarer Ebene zwischen großem und kleinem Zab, nahe der Mosul mit Bagdad (einstmals Ninive mit Babylonien) verbindenden Karawanenstraße, die sich, dem Tigris ungefähr parallel, am Fuße der die mesopotamische Ebene im NO begrenzenden Bergketten entlangzieht. Ein anderer Verkehrsweg führt aus der Landschaft Azerbeidschan (= assyr. Mannai, Gizilbunda u. a.) über den Kelišin-Paß und Rewanduz (früher Musaṣir) nach E. und mag sich ursprünglich nach Aššur fortgesetzt haben.

§ 2. In sumer. Zeit hieß E. Urbi(l)lum, wurde im 43. Jahr Dungis und im 2. Jahr Bur-Sins von Ur (2400) zerstört und dann vom Minister Arad-Nannar, Patesi von Lagaš, verwaltet (VAB I 232 ff.). Die Gleichsetzung sichert die Stele eines Königs von Lullubi (?) in Paris (s. Fremdvölker C): AO 15 Abb. 108 = Rev. d'Assyr. 7 Tf. 5. Da die assyr. Herrscher des 14. und 13. Jh. v. C. nichts von einer Eroberung Arba-ilus berichten, dürfte die Stadt zu dem ältesten Bestande Assyriens gehört haben und mit Aššur und Ninive gleichzeitig unter Ašuruballit von Ḫanigalbat (s. d.) abgefallen sein. In der Folgezeit nahm Arba-ilu den Rang einer Provinzialhauptstadt ein. Die Provinz umfaßte einen Teil der Ebene zwischen großem und kleinem Zab und die Gehänge der nö. angrenzenden Gebirge (bis zum Kirruri-Passe, Salmanassar III. Monol. II 65). Der Statthalter hatte das Recht, nach dem der Provinz Kakzu (s. d.) das Eponymat (assyr. Titulatur: *limu* = ἄρχων ἐπόνυμος) zu bekleiden. Ein königlicher Palast zu Arba-ilu wird zwar gelegentlich erwähnt (Harper Nr. 843), doch haben sich die assyr. Herrscher, Ašurbanapal etwa ausgenommen (s. u.), kaum längere Zeit dort aufgehalten.

§ 3. Seine Bedeutung als religiösen Mittelpunkt erlangte Arba-ilu erst in spätassyr. Zeit. Über die 4 Gottheiten, denen die Stadt ihren Namen verdankt, falls nicht künstliche sem. Anpassung an den alten Namen vorliegt, wissen wir nichts; Ištar und Ašur hatten hier Tempel (ZfAssyr. 33 S. 125[6]). Ištar von Arba-ilu wird erst seit Sinacherib und zwar anfangs nur in der sog. „gruppenweisen Anrufung der assyr. Götter" genannt. Ihre Bedeutung, die sich insbesondere auf das Ansehen ihrer Prophezeiungen stützte, nimmt von da ab bis zum Niederbruch des assyr. Reiches in solchem Maße zu, daß sie unter Ašurbanapal sogar höher eingeschätzt wird als die Ištar von Ninive. Die Stadt muß hieraus bedeutende Vorteile gezogen haben, denn nunmehr kamen die assyr. Herrscher, bes. Ašurbanapal, öfter als sonst dahin, um die Göttin zu verehren (Hauptfest im Monate Ab, etwa am 12. Juli; vgl. Ašurb. Ann. B. V 16 ff.). Ihr Tempel hieß Ê-Gašankalam(m)a (sum. = sem. Bît-Bêlit-mâti, Haus der Herrin des Landes); er wurde durch Ašurbanapal einer gründlichen Renovierung unterzogen (Ašurb. Prunkinschr. L[8] Vs. 1 ff.). In ihm walteten neben den Priestern auch Priesterinnen und verkündeten die Weissagungen der Göttin. In Verbindung mit diesem Heiligtume mag das angesehene Leberschaulaboratorium der Stadt (solche sonst nur in Ninive und vielleicht in Kalaḫ nachgewiesen) gestanden haben.

§ 4. In der Kriegsgeschichte spielte die Stadt, wenn wir von der Teilnahme am Aufstande gegen Salmanassar III. (reg. 859—825 v. C.) absehen, keine Rolle. In dem furchtbaren Kriege, der mit der Vernichtung Assyriens durch die Meder endete, fiel Arba-ilu spätestens 612 v. C. (in diesem Jahre auch Ninive, Aššur schon 614; vgl. Gadd *The Fall of Niniveh* 1923 S. 25) in die Hände der Feinde. Während die anderen assyr. Städte fast ausnahmslos zerstört wurden, wahrte Arba-ilu seinen Bestand und verblieb als einzige größere Siedlung im Flußgebiete des mittl. Tigris in persischer (vgl. z. B. Bisutun-Inschr. § 33), hellenistischer, parthischer und neupers. Zeit von einiger Bedeutung. Seit der Seldschukenherrschaft trat sie hinter Moṣul zurück.

§ 5. Das moderne E. besteht aus Ober- und Unterstadt. Erstere auf oben abgeflachtem Hügel mit steilen Abhängen, der wenigstens teilweise seine Gestalt assyr. Terrassenanschüttungen (s. Ninive) verdankt und einst den Kern des alten Arba-ilu gebildet hat. Da die moderne Stadtanlage die hist. Bauschichten überdeckt, wurden bisher keine Ausgrabungen vorgenommen. Selbst Raubschürfungen der Bevölkerung hielten sich in den engsten Grenzen.

Hilprecht *Explorations in Bible Lands* S. 32; E. Forrer *Die Provinzeinteilung des assyr. Reiches* S 38, 40, 116; Jastrow *Die Religion Babyloniens und Assyriens* I 215, II 107, 159 ff.; Streck *Assurbanipal* I S. CLXXI, CLXXXVII; III 748; Lehmann-Haupt *Armenien* II (1925) S. 271 ff.

F. Schachermeyr

Erbrecht. (Vorderasien). — S. a. Erbe.

§ 1. Terminologie. — § 2. Gestaltung des E. in geschichtlicher Zeit. — § 3. Verfügungen von Todeswegen. — § 4. Entziehung des E.

§ 1. Um die erbrechtlichen Vorstellungen des altbabyl. Rechts zu erfassen, muß man vom gesetzlichen (Verwandten-) Erbrecht ausgehen, und zwar vom Begriffe des sumer. *ibila*. Das Wort bedeutet nach den Zeichen *TUR-UŠ*, mit denen es ideographisch geschrieben wird, „nachfolgeberechtigtes (*UŠ*) Kind (*TUR-dumu*)", oder richtiger „Sohn", da als Ausgangspunkt sicher der Ausschluß der Frauen (Töchter) vom E. anzunehmen ist. Noch in den Urkunden aus der Zeit der 1. babyl. Dyn. macht es Schwierigkeiten, das akkad. Äquivalent für *ibila aplum* (unsicher, ob sumer. Lehnwort, in welchem Falle man richtiger *ablum* schreiben müßte) bei Frauen anzuwenden, so daß man lieber zu Umschreibungen (z. B. *ridît warkâti* = Nachfolgerin im Nachlasse) greift, wenn man ausdrücken will, daß eine Frau Erbin sei, und in späterer Zeit wird infolge einer noch nicht aufgeklärten Entwicklung *aplu* wieder abwechselnd mit *mâru* „Sohn" gebraucht. Im übrigen hat sich in der Zeit der Ḫammurapi-Dyn. der Begriff des E. von der Kindeserbfolge bereits losgelöst und bedeutet demgemäß *aplum* (wenigstens auf Männer beschränkt) den Erben überhaupt, mag es sich auch um Seitenverwandte oder zufolge der Möglichkeit, einen gewillkürten Erben zu berufen, um personae extraneae handeln. Anders noch das Recht, wie es durch die sumer. Gerichtsurkunden (*di-til-la*) aus Tello dargestellt wird. Formeln wie: „weil A keine *ibila* (Erben) hatte, bekam das Vermögen sein Bruder" (ITT III_2 6439, V 6754) zeigen hier deutlich, daß die Vorstellung der Erbfolge auf die Kinder beschränkt ist und der Seitenverwandte in Ermangelung von Kindern zwar Nachlaßgegenstände in Besitz nimmt, aber nicht „erbt". Damit steht im Einklange die Etymologie von *ibila*, insofern das Wort wahrscheinlich den Opferspender bedeutet, mag nun dabei das Brand-(Thureau-Dangin) oder das Trankopfer (Pognon; vgl. auch HG III 24 aus der Kassitenzeit) im Vordergrunde stehen. Der Gedanke, daß das Haus, „dessen Herd erloschen ist", an dem also keine Opfer für den Verstorbenen mehr dargebracht werden können, das erbenlose Haus sei, begegnet auch sonst in dieser Zeit (vgl. HG VI 1741). Der Erbe ist also derjenige, der dem Verstorbenen die Opfer darbringt, mit anderen Worten den Ahnenkultus besorgt und in diesem Sinne Familie, Namen und Persönlichkeit des Erblassers fortsetzt. Es leuchtet ein, daß von dieser Auffassung aus nur die Söhne „erben" konnten, nicht Seitenverwandte, aber auch nicht die Töchter, deren Bestimmung es vielmehr ist, ausgestattet mit einer Mitgift, zu heiraten und in die Familie ihres Gatten überzutreten. Diese Regelung entspricht so der patriarchalen Familienverfassung, wie sie dem sumer. und akkad. Rechte zugrunde liegt. Es bedeutet eine Materialisierung dieses mehr transzendenten Erbenbegriffs, wenn später bei der Erbfolge das Schwergewicht auf die Vermögensnachfolge gelegt und demgemäß das Wort „Erbe" auf jeden Vermögensnachfolger von Todeswegen angewandt wird.

Daneben geht noch eine Sonderbedeutung von *ibila*, indem in den sumer. Urkunden aus Nippur aus der Zeit der 1. babyl. Dyn. das Wort prägnant den erstgeborenen Sohn bezeichnet, der vor den übrigen Söhnen bei der Erbfolge auch einen Vorzugsanteil (*sib-ta*, vgl. UM XIII 67) erhält, ein Sprachgebrauch, der in den gleichzeitigen Urkunden aus Nordbabylonien und insbesondere auch im KH nachwirkt (vgl. § 170 a. E.), hier auch sachlich, insofern § 165 dem Vater gestattet, dem Erstgeborenen einen Vorzugsanteil durch Schenkung auf den Todesfall zuzuwenden, wohl eine Kompromißnorm, die zwischen dem gesetzlichen Vorzugsanteil des Erstgeborenen und der Auffassung des Nordens, dem eine Privilegierung des Erstgeborenen unbekannt war, zu vermitteln suchte. Dieses Vorzugsrecht des Erstgeborenen ist aber mit Sicherheit bisher nur in Nippur nachzuweisen, nicht in den älteren Urkunden aus Tello, wo die *ibila* regelmäßig in der Mehrzahl begegnen, so daß es sich möglicherweise um eine Besonderheit des (Stadt-)Rechts von Nippur gehandelt haben könnte. Daher ist die Hypothese Koschakers HG VI S. 131 f., *ibila* habe ursprünglich den erstgeborenen Sohn bedeutet, der allein erbte, nur mit Kritik zu verwerten.

§ 2. Sind die Ausgangspunkte des Verwandtenerbrechts aus der Terminologie mit Sicherheit zu ermitteln, so ergeben sich viel größere Schwierigkeiten, wenn es gilt, seine Gestaltung in geschichtlicher Zeit zu bestimmen. Aus der oben skizzierten Auffassung des primitiven Erbrechts folgt mit Notwendigkeit:

a) Ausschluß des E. der Witwe. Sie behält ihren Witwensitz im Hause des Mannes, ihrer Versorgung dienen die Erträgnisse ihrer Mitgift, bzw. der Eheschenkung, sofern der Mann eine solche bestellt hat (§ 171, 172 KH). In Ermangelung einer Eheschenkung gewährt allerdings § 172 KH der Witwe einen Sohnesteil aus dem Nachlasse des Mannes. Doch ist dieses Surrogat für die fehlende Eheschenkung kaum als gesetzliches Erbrecht anzusprechen. Vgl. § 46 des assyr. Rechtsbuchs (Übersetzung Ehelolfs *Ein altassyr. Rechtsbuch*, ferner Koschaker MVAG 26, 3 S. 60[3]), der in diesem Falle der Witwe einen gesetzlichen Alimentationsanspruch gegen ihre Kinder gewährt. KH erwähnt nicht einmal diesen. Doch folgt er wohl aus der patriarchalen Familienorganisation und fortbestehenden Hausgemeinschaft und mochte dann praktisch werden, wenn Mitgift und Eheschenkung fehlten oder sich als unzureichend erwiesen. Auch die Urkunden ergeben keinen einzigen sicheren Beleg für ein gesetzliches E. der Witwe. Ebensowenig besteht ein E. für den überlebenden Mann. Zwar behält er die Mitgift seiner Frau, die jedoch den Kindern verfangen ist (§ 162 f. KH). Daneben kann allerdings noch freies (Paraphernal-) Vermögen der Frau bestehen (s. Mitgift). Die Belege dafür sind spärlich und über seine Schicksale nach dem Tode der Frau läßt sich Sicheres nicht aussagen. Doch ist es kaum ein Zufall, daß in Urkunden, die erbrechtliche Regulierungen des Vermögens einer Ehefrau enthalten (vgl. z. B. HG III 62, 462, VI 1434, 1444), immer nur die Kinder als erbberechtigt erwähnt werden.

b) Ausschluß des E. der Tochter. Sie ist ungeeignet, den Namen und die Familie des Vaters fortzusetzen, weil es ihre Bestimmung ist, durch Heirat in die Familie ihres Mannes überzugehen. Hierbei erhält sie vom Vater her eine Mitgift, die man aber nicht einmal als Erbabfindung bezeichnen kann, insofern darin schon die Vorstellung eines potentiellen Erbrechts der Tochter enthalten ist. Viel schwieriger ist es jedoch festzustellen, ob und in wie weit diese ursprüngliche Gestaltung des Tochtererbrechts in geschichtlicher Zeit modifiziert war. Aus sum. Zeit berichtet eine Inschrift (Statue B col. VII 44 f. Gudeas = Thureau Dangin *Sum. u. akkad. Königsinschr.* Vorderasiat. Bibl. I 73) für Tello (Lagaš) von einem Gesetz, wonach Töchter in Ermanglung von Söhnen erbten. KH § 180—182 anerkennt ferner eine volle oder geminderte Erbportion bei der zur Hierodule geweihten Tochter in dem Falle, daß der Vater ihr keine Ausstattungsschenkung *(šeriqtu)* gewährt hat. Das E. erscheint hier analog wie bei der Witwe, die keine Eheschenkung erhalten hat, als Surrogat für die fehlende Zuwendung. Das Prinzip, daß die verheiratete Tochter mit der Mitgift erbrechtlich als abgefunden gelte, sprechen § 183, 184 KH aus. Würden sich diese Paragraphen, wie man wohl geglaubt hat, auf die Tochter einer Nebenfrau *(šugîtu)* beziehen, so könnte man allerdings für die Töchter der Hauptfrau daraus ein argumentum a contrario ableiten. Allein die Worte des Gesetzes *mârtišu šugîtim* bedeuten fraglos „seine Tochter, eine *šugîtum*" (Apposition), und § 183 f. beziehen sich daher auf den Fall, daß der Vater seine Tochter als *šugîtum* (Ersatzfrau; s. Nebenehe) verheiratet. Bei dieser Auffassung können sie auch ein allgemein für alle Töchter geltendes Prinzip nur auf einen speziellen Fall exemplifizieren. Auch aus dem subsidiären E. der Tochter-Hierodule ergibt sich kein sicherer Schluß auf ein E. der übrigen Töchter, zumal jener regelmäßig die Ehe und legitime Nachkommenschaft verwehrt ist und daher ihr Erbteil ihren Brüdern verfangen bleibt (§ 180, 181 KH), somit nicht aus dem Familienvermögen herausgezogen wird wie bei der verheirateten Tochter. Diesem Bild fügen sich auch die Urkunden ein. Zwar begegnet man in ihnen bei Erbteilungen häufig Frauen, doch handelt es sich hierbei größtenteils um Hierodulen. Diese Fälle erklären sich aus § 180—182 KH ohne weiteres. Viel seltener und auch zweifelhaft sind die Urkunden, in denen für die Hierodulenеigenschaft der erbenden Tochter keine Indizien gegeben sind. Hierbei ist noch zweierlei zu erwägen. Einmal;

daß möglicherweise die Tochter in Ermanglung von Söhnen wie schon nach dem Gesetze Gudeas erbte (vgl. HG III 45, 49, Erbteilungsurkunden, in denen nur Töchter teilen), ferner daß die Gesichtspunkte, die für den Ausschluß des Tochtererbrechts sprechen, wohl bei der Erbschaft des Vaters, nicht aber in der Erbfolge nach der Mutter eine Rolle spielen mußten. Endlich verdient die Tatsache Beachtung, daß nach Ausweis der Schenkungsurkunden (es handelt sich fast ausschließlich um Ausstattungsschenkungen) Schenkungen weit überwiegend an Töchter gemacht werden. Darin steckt der Gedanke, daß der Sohn erbt, die Tochter aber durch Ausstattung abgefunden wird. Wenngleich also der Stand der altbabyl. Gesetzgebung in der Frage des Tochtererbrechts mit Sicherheit nicht ermittelt werden kann, so scheint doch die Rechtspraxis überwiegend dasselbe verneint zu haben. Die Tochter erbt höchstens in Ermanglung männlicher Deszendenz, im übrigen wird sie ausgestattet, sei es als Hierodule, sei es bei ihrer Verheiratung (Mitgift).

§ 3. Verfügungen von Todeswegen hat das altbabyl. Recht gekannt, nicht aber Testamente im Sinne des röm. und modernen Rechts, d. h. einseitige, frei widerrufliche Verfügungen von Todeswegen, durch welche sich der Erblasser den Nachfolgeberechtigten nach seinem Belieben bestimmt. Hierbei dürfte der Gegensatz weniger in dem Vertragscharakter dieser Verfügungen zu suchen sein. Denn, wenngleich der moderne Rechtsdogmatiker geneigt sein wird, die in den Quellen begegnenden Verfügungen von Todeswegen als erbrechtliche Verträge zu charakterisieren, so ist es doch sehr fraglich, ob das juristische Denken jener Zeit den Gedanken des Vertrags hier überhaupt erfaßt hat. Die Ausdrucksweise der Quellen, das Formular der Urkunden weist eher auf einseitige Bestimmung des Erblassers hin. Auch Widerruflichkeit kommt vor. Wohl aber fehlt freie Widerruflichkeit, und vor allem ist es dem Erblasser verwehrt oder nur unter sehr erheblichen Einschränkungen gestattet, die Person des Bedachten nach Willkür zu wählen. Das Prinzip der Hausgemeinschaft und der durch sie bedingten Gebundenheit des Familienvermögens zugunsten der gesetzlichen Erben ist vielmehr noch durchaus lebendig.

Im einzelnen sind folgende Verfügungen von Todeswegen zu nennen:

a) Elterliche Teilungen. Sie enthalten Verteilungen des elterlichen Vermögens unter die Söhne (Kinder), regelmäßig unter Vorbehalt einer Rente für den Verteilenden parens (vgl. HG IV 1047, VI 1425, 1437, 1444); mitunter wird auch die Versorgung der Witwe sichergestellt (HG IV 778, UM VIII_2 155). Aus dem Vorbehalt der Rente folgt wohl, daß die Kinder sofort Besitz und Verwaltung ihrer Erbteile erhalten. Insofern nähern sich diese Urkunden Ausgedingeverträgen. Doch kommt es auch vor, daß der Vater sein Vermögen in der Hand behält und nur die Anteile seiner Söhne bestimmt (HG IV 778, UM VIII_2 155). Hierher gehören auch Abschichtungen einzelner Söhne (HG III 462).

b) Halten sich die elterlichen Teilungen noch ganz im Kreise der gesetzlichen Erben (Kinder), so überschreitet ihn eine Gruppe von Verfügungen von Todeswegen, die bisher unter dem Namen *aplûtu* nur aus Nordbabylonien, vor allem aus Sippar bekannt geworden sind. Hier ist auch die Berufung von personae extraneae möglich. Formell sind sie Vergabungen des ganzen oder doch wesentlichen Teiles des Vermögens einer Person an eine andere, die als „Erbe“ *(aplu)* oder (bei Frauen) als *ridût warkâti* „Nachfolgerin des Nachlasses“ der ersteren bezeichnet wird. Als Vergabende erscheinen regelmäßig ehe- und kinderlose Hierodulen *(naṭîtu)*. Das ist nicht bloß ein Zufall der Überlieferung, insofern das Material überwiegend aus dem Šamaškloster in Sippar, dem diese Hierodulen angehörten, stammt, sondern darin steckt auch der wichtige Rechtssatz, daß die rechtsgeschäftliche Berufung eines Erben nur solchen Personen gestattet war, die keine gesetzlichen Erben im engeren Sinne, d. h. Kinder (Söhne) hatten. Die juristische Natur dieser *aplûtu* ist nicht ganz zweifellos. Am ehesten wird man sie aber doch als Adoption auf den Todesfall (adoptio in hereditatem) oder wenigstens als aus einer solchen hervorgegangen charakterisieren dürfen. Adoption unter Lebenden ist sie nicht, wie ihr völlig abweichendes Formular ergibt, andrerseits enthält sie sicher adoptionsrechtliche Elemente. Schon der Name *aplûtu* ist ein solches, da *aplu*, das akkad. Äquivalent von *ibila* ursprünglich wie dieses sicher den „Erbsohn" bedeutet, wenngleich es zur Zeit der Urkunden schon den Erben schlechthin bezeichnet. Ferner wird in den *aplûtu*-Urkunden der eingesetzte Erbe häufig als Sohn (Tochter) des Testators bezeichnet, obwohl ein leibliches Kindesverhältnis nicht vorliegt (vgl. HG III 675, 676, 678, 681, 683), und endlich enthält die in den gleichzeitigen südbabyl. Urkunden aus Nippur vorkommende *nam-ibila*, die terminologisch der *aplûtu* entspricht, so deutliche Beziehungen zur Adoption, daß man diese Beziehungen wohl auch bei der *aplûtu* wenigstens als ursprünglich vorhanden wird annehmen müssen. Da aber eine Adoption inter vivos nicht vorliegt, so bleibt nur die Annahme einer auch in anderen Rechten als Vorstufe des Testamentes wohl bezeugten adoptio in hereditatem übrig, die erst mit dem Tode des Testators ihre Wirkungen entfaltet. So hat auch das altbabyl. „Testament" seinen Ausgangspunkt genommen vom ursprünglich allein geltenden gesetzlichen Erbrecht der Söhne (Kinder), indem in Ermanglung solcher der Erblasser sich rechtsgeschäftlich (zunächst durch Adoption inter vivos, später auch auf den Todesfall) einen gesetzlichen Erben schuf.

c) Hat die *aplûtu*, weil vom Kindererbrecht ausgehend, Universalsukzession des Berufenen zur Folge, so ist Gegenstand einer dritten Verfügung von Todeswegen (der Schenkung auf den Todesfall) die Nachfolge in einen einzelnen oder eine Gruppe einzelner Vermögensgegenstände. Die Schenkung auf den Todesfall ist bei der Ausstattungsschenkung *(šeriqtu)* an die Tochter-Hierodule durch § 178 KH wohl bezeugt und kommt auch in den Urkunden häufig vor. Bei der Schenkung kann nun der Vater der Tochter die Verfügungsfreiheit, insbesondere auf den Todesfall einräumen, während ohne solche Klausel die *šeriqtu* den Brüdern der Hierodule verfangen bleibt. Hiervon macht sie, wie die Urkunden lehren, häufig durch *aplûtu* Gebrauch. Er kann aber auch — und dafür geben die Urkunden (vgl. z. B. HG III 15, 472, IV 989) Beispiele — eine fideikommissarische Substitution anordnen, indem er ihr eine andre Person als Erben (Nacherben) setzt. In diesen Rechtssätzen scheint wenigstens mittelbar doch die Anerkennung einer gewissen Testierfreiheit des Hausvorstandes zu liegen, die die Gebundenheit des Familienvermögens durchbricht. Doch ist hierbei Folgendes zu bedenken. Einmal handelt es sich bei der Ausstattungsschenkung an die Tochter im Grunde nicht um einen Erbteil, sondern um Abfindung durch ein hinter dem Erbteil regelmäßig zurückbleibendes Vermögen, das auch als Mitgift der verheirateten Tochter der Familie endgültig verloren gehen würde. Ferner ist die Hierodule rechtlich ohne legitime Erben, und wenn der Vater ihr das Testament macht, sei es, daß er ihr Verfügungsfreiheit gewährt, sei es, daß er ihr einen Nacherben setzt, so verfügt er tatsächlich als erben- d. h. sohnlose Person, der, wie wir gesehen haben, die Berufung von personae extraneae zur Erbfolge verstattet war.

§ 4. a) Ein Widerruf einer Verfügung von Todeswegen ist möglich, freilich nicht nach Willkür des Erblassers, sondern nur aus bestimmten Gründen. Denn diese Verfügungen begründen anders als ein Testament schon bei Lebzeiten des Erblassers ein festes Recht des Bedachten, aus dem er unter Umständen sogar klagen kann (vgl. HG III 713: *aplûtu*). Ein Widerrufsgrund wird mitunter in der Verfügung selbst vorbehalten, so insbesondere Nichtgewährung von Alimenten, die der Bedachte dem Erblasser zu leisten hat (HG III 677, VI 1437, 1732), oder liebloses Verhalten gegen den Testator (HG III 15). Eben weil der Widerruf ein substantiierter sein muß, unterliegt er der behördlichen Überprüfung und ist wahrscheinlich überhaupt nur mit gerichtlicher Bestätigung wirksam (vgl. HG III 738, IV 1056?, VI 1749 bezüglich der *aplûtu*).

b) Ist schon die Aufhebung einer Verfügung von Todeswegen nur unter Einschränkungen möglich, so gilt dies in um so höherem Grade von der Entziehung des gesetzlichen Erbrechts der Söhne (Kinder). Vorhandene Söhne schließen für den Vater die Einsetzung einer persona extranea als Erben aus. Dieses feste Recht auf den Nachlaß darf ihnen daher nicht willkürlich entzogen werden. Derartiges ist vielmehr nur möglich aus bestimmten Gründen im Wege der Verstoßung. Schon sumer. Gesetze (sumer. Familiengesetze, die Gesetze bei Clay YOS I Nr. 28) setzen auf grundlose Verstoßung des Sohnes empfindliche Strafen, indem sie verfügen, daß der Verstoßende Hauses und Hofes verlustig gehe, was, wenn nicht wörtlich zu nehmen, doch mindestens bedeutet, daß er die Verfügung über sein Vermögen verliert und somit die Verstoßung unwirksam ist (s. a. Adoption B). Weil an bestimmte Gründe gebunden, bedarf die Verstoßung behördlicher Genehmigung und erfolgt selbst vor einer Behörde (Gericht). Das wird durch die Quellen vollauf bestätigt. Vgl. für die ältere sumer. Zeit ITT III_2 5276 col. II 7f.; Verstoßung vor dem *sukkal-maḫ*, einem höheren königlichen Beamten, vgl. auch ITT III_2 6570 Rs. col. I, für die Zeit Ḫammurapis § 168, 169 KH, die die Verstoßung mit gerichtlicher Genehmigung nur bei schwerer Verfehlung des Sohnes und selbst dann nur — dies vielleicht eine Neuerung des Gesetzgebers — bei Rückfall gestatten.

Nouv. rev. hist. 33 (1909) S. 248ff. Cuq; Kohler HG I 125f., III 231f.; Rev. d'Assyr. 11 S. 29f.; HG VI 122f., 130f. Koschaker; Mazzarella *Gli elementi irreduttibili dei sistemi giuridici* II 53f., 305f.; D. H. Müller *Die Gesetze Ḫammurapis* S. 133f., 143f.; Rev. d'Assyr. 9 S. 128ff. Pognon; Schorr *Urk. d. altbabyl. Zivil- und Prozeßrechts* (Vorderasiat. Bibl. 5) S. 18f., 228f., 280f.; Atti Accad. Linc. 1922 S. 525f. Schupfer; Rev. d'Assyr. 10 S. 93f. Thureau-Dangin. P. Koschaker

Erbse. § 1. Über die Vorgeschichte der E. hat Hoops (*Waldbäume* 1905, *Reall.* s. v.) Ergebnisse so umfassender Studien gegeben, daß sie jetzt noch nicht erweitert werden können. Nur in einem wichtigen Gebiet sind sie durch ihm noch unbekannt gebliebene Funde überholt. Es mußte auffallen, daß die E., die schon in sehr alter Zeit in weiten Gebieten auftaucht, im N gefehlt haben sollte, wie Hoops aus dem lat. Lehnwort im ags. schloss (ae. pise von pisum).

§ 2. Hier ist nun ein Fund aus Östergötland nachzutragen, der diese Lücke für die EZ ausfüllt, aber neue Rätsel aufgibt. Es handelt sich um ein „Brot“ aus Erbsenmehl und Fichtenrinde (Präh. Z. 4 [1912] S. 167f. Schnittger). Die Fichtenrinde macht nun das Brot sehr wahrscheinlich, weil wir die Verwendung von Rinde in dieser Form aus dem N gut kennen. Die Brotform könnte täuschen, weil beim Scheiterhaufenbrand, um den es sich in diesem Falle handelt, mit dem Inhalt umgestürzte Töpfe leicht Brot vortäuschen können. Hier liegt aber doch wohl ein richtiges Mischbrot mit Erbsen vor.

§ 3. Allerdings ist mir schon früher durch die volkskundliche Bedeutung der E, die der Bohne (s. d.) völlig gleich steht, eine sehr späte Einwanderung unwahrscheinlich gewesen. Die Verbindung mit dem alten Ackerbaugott, für den wir den Namen Donar festhalten, hat für mich dafür seit langem Beweiskraft gehabt. An all seinen heiligen Tagen, selbst am gewöhnlichen Donnerstag, ist die E. die vorgeschriebene Speise, und diese Bedeutung trifft auch für England und das germ. Schottland zu. Ed. Hahn

Ercsi (Kom. Stuhlweißenburg = Fejér). Schatzfund der Per. Ic, bestehend aus Ösenhalsring, Armspiralen, Zierblech zum Aufnähen, herzförmigen Anhängseln und Anhängern mit Stiel und offenem Ring (wie von Duna-Pentele), Spiralröllchen und Resten von zwei Gürteln.

Hampel *Bronzezeit* Tf. 93; Präh. Z. 11/12 (1919/20) S. 122 Behrens. G. Wilke

Erdbeere. Vom Pfahlbau in Robenhausen wissen wir, daß hier die E. zahlreich vorkam (Mitt. Zürich 14 [1861] S. 125). Und vielleicht würde sich beim näheren Zusehen auch hier ein ähnliches Verfahren herausstellen, die leicht verderblichen Früchte aufzubewahren, wie es die Russen haben, die die Beeren auf einem Tuche zerdrücken und so die Masse trocknen lassen (Schrenk *Reise durch Sibirien* I [1848] S. 26).

Im übrigen ist es interessant, daß die Frucht, die in höheren Gebirgen sowohl in Griechenland wie in Italien vorkommt, und die daher die Hirtenknaben, die diese Gegenden besuchten, wohl gut kannten und schätzten, dem Altertum sozusagen unbekannt war. Es sind nur wenige Stellen bei Vergil und Ovid, in denen die *Montana fraga* vorkommt. Aber auch hier sind sie mit den für uns nur sehr äußerlich ähnlichen Früchten des Erdbeerbaumes *(Arbutus)* zusammen genannt (Metam. I 104). Ed. Hahn

Erdpech s. Asphalt.

Erdwohnung s. Haus, Wohngrube.

Erhaltung von Altertumsfunden s. Konservierung von Altertumsfunden.

Eridu. Im jetzigen Ruinenhügel Abu Schachrein, 46° 4′ O Gr und 30° 48′ N gelegen, ist die antike Stadt E., geschrieben *Nunki*, wiedergefunden. Er wurde 1850 von W. K. Loftus besucht, 1855 von Taylor untersucht; neuerdings machten dort C. Thompson und H. R. Hall 1918/19 Grabungen. Die Stadt lag im Altertum an der Küste des Meeres, das durch das Alluvium zurückgedrängt wurde. E. spielte keine politische Rolle, sondern war nur Kultstadt, ähnlich wie Sippar. Fürsten sind bisher nicht bekannt geworden. Nach Thompson sei die Stadt in vorsumer. Zeit von einer Rasse besiedelt gewesen, ähnlich der präh. von Susa und Mussian mit geometrischer Töpferware. Die Stadt sei dann nur in sumer. Zeit bewohnt, in spätsumer. Zeit habe sie anscheinend als Grabstätte gedient, trotzdem wurde der Tempel immer wieder erneuert. Solche Bautätigkeit melden Urkunden von Ur-Nammu, Dungi, Amar-Sin von der 3. Dyn. von Ur (2500 f.), ferner von Ischme-Dagan, Ur-Ninib von Isin, Nur-Adad von Larsa, endlich auch in spätester Zeit von König Nabonaid. Der Stadtgott war Enki (Ea), Gott der Wassertiefe, der Beschwörung und Weissagung. Sein Tempel hieß E-apsu. Mehrfach wird erwähnt die „heilige Pflanze" Giš-Ḫar, Kiškanû, deren Bedeutung noch unklar ist. Die Ausgrabungen sind noch zu spärlich. An Funden sind außer Inschriften nur präh. Steinwerkzeuge, bemalte Vasenscherben, wenige alabasterne Vasenfragmente mit Reliefs gefunden und veröffentlicht worden. E. ist die einzige Stadt Babyloniens, wo die Bauwerke in größerem Maße aus (miozänem) Kalk- und Sandstein erbaut sind, da er hier ansteht.

Journ. Asiat. Society 15 (1855) S. 404 ff. Taylor; *RE* s. v. Euphrates Weißbach; Hilprecht *Explorations in Bible Lands* 1903 S. 178 ff.; Archaeologia 70 (1920) S. 101 ff. C. Thompson; Proc. of the Soc. of Antiqu. 32 (1919) S. 22 ff. H. R. Hall; AO 11 (1910) 3/4 S. 59 f. R. Zehnpfund; Journ. Eg. Arch 9 (1923) S. 177 ff. Hall. Eckhard Unger

Erle. Da uns gerade in den Pfahlbauten besonders gutes vorgesch. Material vorliegt, so wird hier die von Südeuropa bis in den hohen N verbreitete E. den Forschern besonders oft in die Hände kommen, da E. und Weiden zu den häufigsten Bäumen der Sümpfe, Fluß- und Seeufer gehören. Zur Verfertigung von Geräten wird aber die E. nur wenig verwendet worden sein, solange besseres Holz vorhanden war, und es ist eine Ausnahme, wenn Linné in Torneo Milchgeschirre aus Erlenholz fand.

Sonst käme noch die ausgedehnte Verwendung von Erlenrinde in Frage, die aber wohl mehr als Färbemittel wie als Gerbestoff diente, wie sie ja heute noch in Schweden die gelbrote Farbe für die hausgemachten Kleider der Bauern liefert.

Ed. Hahn

Erösd (bei Kronstadt). Große, umwallte, aus drei Schichten bestehende spätneol. Siedelung am rechten Altufer auf dem Tyiszkberge n. vom Priesterhügel bei Brenndorf (s. d.) mit gleichen Geräteformen und im wesentl. gleicher bemalter Keramik wie in Brenndorf. Der Hauptunterschied zwischen beiden besteht darin, daß in E. mäandrische Motive etwas häufiger erscheinen als in Brenndorf. Ein Kulturunterschied in den drei einander überlagernden Schichten war bisher nicht festzustellen.

Mitt. präh. Kom. I (1903) S. 387 ff. Teutsch; László Ferencz *Háromszék Vármegyei praemyk. jellegü Telepek* Dolgozatok az erdélyi nemzeti múzeum érem. és Rig. 1911 S. 1 ff.

G. Wilke

Erstein. Ein dem Lingolsheimer (s. d.) ähnlicher Reihenfriedhof mit Beigaben des Eberstadter Typus (s. d.) von über 20 Gräbern ist im J. 1902 ausgegraben worden. Die Skelette sind lang gestreckt. An Beigaben fanden sich außer reichen keramischen Funden: Steinäxte, Messer und Schaber aus Feuerstein, Schmuck (Perlen aus Stein und Ton, Eberzähne), größere Kornreibsteine und kleinere für Farben sowie Rötel.

Anz. f. Elsäss. A. K. 3 (1911) S. 196 f. R. Forrer; R. Henning *Denkmäler der elsäss. Altert.-Sammlung zu Straßburg* 1912 Tf. 2; Schumacher *Rheinlande* I (1921) S. 45.

W. Bremer

Ertebølle. E. (Ksp. Strandby, Amt Aalborg, Jütland) ist der typische Repräsentant für die ältere Gruppe der Kökkenmöddinger, die der jüngsten Schicht der ä. nord. StZ angehören und an der Grenze des Maximums des Litorinameeres liegen. Dieser „Abfallhaufen“ oder „Muschelhaufen“ (dän. affaldsdynge, skaldynge), der jetzt ca. 330 m vom Limfjord entfernt liegt, ist ungefähr 150 m l., bis zu 20 m br. und hat eine Mächtigkeit bis zu 2 m (Tf. 20—22). Er besteht hauptsächlich aus Austerschalen *(Ostrea edulis)*, ziemlich reichlich sind auch Herzmuscheln *(Cardium edule)* vertreten, während Miesmuscheln *(Mytilus edulis)* und Strandschnecken *(Litorina litorea, Litorina rudis)* seltener erscheinen. Dazwischen finden sich die Knochen von Elch, Bär, Urstier, Hirsch, Reh, Wildschwein, Fuchs, Wolf, Wildkatze, Seehund, die Gräten von Flundern, Dorsch, Hering und Aal. Von Vögeln sind auch viele Arten angetroffen. Im Kulturinventar überwiegen die Geräte aus Feuerstein. Unter 7337 bearbeiteten Gegenständen aus Flint befanden sich 374 Scheibenäxte und 415 Kernäxte. Ferner seien hervorgehoben Spitzen, Meißel und Äxte aus Hirschhorn (die meisten der letzteren als Gradäxte geschäftet; s. Maglemose, Sværdborg), Bruchstücke von Gefäßen mit spitzem Boden, zwei Knochenkämme, Angelhaken. Die Geräte sind durchgehend von einfacherem Typus als in den jüngeren Kökkenmöddingern. Hier und da liegen in der Kulturschicht auch aus Steinen gesetzte Herde. Man hat in dem Kökkenmödding von E. auch zwei Skelette angetroffen, das eine von einem vollentwickelten Individuum, das andere von einem Kind. Ohne Zweifel sind es Bestattungen, obwohl alle Beigaben fehlen. Die wichtigsten zur Ertebøllegruppe gehörenden Muschelhaufen sind die von Aamølle, Havnø und Faareveile (Jütland) und Klintesø (Seeland), während zur jüngeren Stufe die von Ørum Aa, Aalborg Jütland und Leire Aa (Seeland) zu rechnen sind.

Madsen *Affaldsd.* S. 7ff.; Ymer 1902 S. 56ff. Almgren.

Karl-Alfred Gustawsson

Ertränken. (Vorderasien.) Die Strafe des E. treffen wir außer im Gesetzbuche Ḫammurapis in der Serie *ana ittišu* an. Hier (V Rawl. 24, Col. IV, 1 ff.) wird als eine dem Bereiche des Ehevertragsformulars angehörige Klausel angeführt: „Wenn die Ehefrau ihren Mann haßt“ *(i-zi-ir-ma;* in sexuellem Sinne), „mein Ehemann bist du nicht“ sagt, wird man sie in den Fluß werfen *(a-na na-a-ri i-na-ad-du-šu)*. In den uns erhaltenen altbabyl. Urkunden über Eheverträge, die Strafen für die Ehefrau in diesem Falle ebenso vorsehen, ist die Androhung der Strafe des Ertränkens m. W. nicht belegt.

Von den 5 Fällen, in denen der Kodex Ḫammurapi E. des Schuldigen als Hinrichtungsform aufstellt, behandeln drei gleichfalls Vergehen der Ehefrau. Gemäß § 129 KḪ wird mit E. die in flagranti ertappte ehebrecherische Gattin zusammen mit dem Ehebrecher bestraft, der aber frei geht, wenn der Ehemann seiner Gattin verzeiht. Dieselbe Strafe trifft nach § 133b KḪ die Gattin des Kriegsgefangenen, die im Hause ihres Gatten den Lebensunterhalt finden kann („wenn in seinem [des Kriegsgefangenen] Hause etwas zu essen vorhanden ist“), aber nichtsdestoweniger dieses verläßt und einen andern Mann heiratet *(ana bîtim [šanim] erêbu)* (dazu P. Koschaker *Rechtsvergl. Studien zur Gesetzgebung Hammurapis, Königs von Babylon* 1917 S. 117f.). Der dritte Fall schließlich, § 142f. KḪ, ist der, den wir in der Serie *ana ittîšu* vorgefunden haben: „wenn eine Frau ihren Mann haßt, ‚nicht sollst du mich besitzen‘ sagt“. Doch wird hier streng unterschieden, ob der Mann oder die Frau an der Zerrüttung des Ehelebens schuldig ist. Sagt sich eine Frau, der nichts nachgesagt werden kann, vom Manne deshalb los, weil er der schuldige Teil ist, dann darf sie straflos unter Mitnahme ihrer *šeriqtu* (dazu Koschaker a. a. O. S. 179, 193) in das Vaterhaus zurückkehren (§ 142); dann aber, wenn sie nicht fehlerfrei ist *(la na-aṣ-ra-at)*, ihre Pflichten verletzt *(wa-zi-a-at)*, ihr Haus zugrunde gerichtet *(bi-za u-za-ap-pa-aḫ)*, ihren Mann vernachlässigt hat *(mu-za u-ša-am-ṭa)*, wird sie mit dem Tode durch Ertränken bestraft (§ 143). Das Gesetz scheint sich hier m. E. gerade gegen die besprochene Klausel der Ehevertragsurkunden zu richten; nicht der äußere Tatbestand, das schließliche Verhalten der Ehefrau, soll entscheidend sein, vielmehr wird der ganze Fall auf die Lösung der Verschuldensfrage zugespitzt, so daß das nach der Urkundenstilisierung für die Bestrafung (in unserem Falle das Ertränken) der Frau maßgebende Moment, daß sie ihren Mann „haßt“, nach dem Gesetz geradezu bedeutungslos erscheint und das Verhältnis der Eheleute zueinander ausschlaggebend ist. Nach der Lage der Dinge werden wir damit rechnen müssen, daß § 142f. KH̆ einer jungen Rechtsschichte angehört, ja vielleicht als eine Neuerung Ḫ̆ammurapis angesprochen werden muß.

Um ein Sexualdelikt, das mit dem Tode durch E. bestraft wird, handelt es sich in § 155 KH̆: Geschlechtsverkehr des Schwiegervaters mit dem Weibe seines Sohnes, nachdem deren Ehe konsumiert worden ist, bei handhafter Tat.

Schließlich wird gemäß § 108 KH̆ eine Schankwirtin, die bei Verkauf von Rauschtrank Annahme des Preises in Korn verweigert und Geldzahlung „nach großem Gewichte“ *(ina abnim rabîtim)* begehrt oder (durch falsches Maß) den Wert des Getränkes verringert, mit E. bestraft.

J. Kohler in HG I (1904) S. 127f., 130; E. Koschaker a. a. O. S. 38[27], 114[11], 142f., 219f.; Meissner *Babylonien und Assyrien* I (1920) S. 165. J. G. Lautner

Ervum Ervilia. Diese für die menschliche Nahrung fast untergegangene Hülsenfrucht hat in allerletzter Zeit durch neue Funde plötzlich eine besondere Bedeutung erhalten. Sie war schon in Hissarlik gefunden (Wittmack zu Schliemann *Ilios* S. 320; ZfEthn.Verh. 9 [1879] S. 50; Präh. Z. 13/14 [1921/2] S. 176) und ist auch heute noch in Syrien und in Afghanistan verbreitet. In Italien soll sie jetzt noch eine größere Rolle spielen, während sie in Griechenland nur mehr als Futter verwertet wird. In Spanien ist ihre Kultur gänzlich untergegangen, und in Frankreich wird sie nicht mehr erwähnt. Es wäre daher sehr interessant, wenn sie, wie de Candolle dazu andeutet, aus den w. Mittelmeerländern, vielleicht aus Nordafrika herstammt (*Origine des plantes cultivées* 1885 S. 86 ff.). In Ägypten wird sie gekeimt gegessen (SB. Wiener Ak. 173 [1913] S. 27, 184 Hrozný; Schweinfurth persönl.; Langethal *Handbuch der landwirtschaftl. Pflanzenkunde* II [1874] S. 112), wie sie überhaupt zu den Nahrungsmitteln gehört, die in alter Zeit beliebt waren, aber erst nach schwierigen Zubereitungsweisen genießbar sind. Sie hat für uns neues Interesse gewonnen, weil sich herausstellte, daß sie auf der Steinsburg (s. d.) bei Römhild in der kelt. Wehrburg gefunden ist, damals also wohl angebaut wurde. (Präh. Z. 23/24 [1921/22] S. 94).

Ed. Hahn

Erz. Veraltete Bezeichnung für Bronze. S. Legierung.

Esbo s. Kyrkslätt und Esbo.

Escargotières (Abfallhaufen aus Landschnecken) s. Capsien § 2, Nördliches Afrika.

Esche. § 1. Die E., die, wie es scheint, in den Pfahlbauten nicht so viel benutzt wurde, wie wir annehmen würden, hat ohne Zweifel im Altertum eine sehr hohe Stellung in der Anschauung unserer Vorfahren eingenommen, so daß Hoops sie als Charakterbaum der Indogermanen bezeichnet. Jedenfalls ist ja auch der nord. Weltbaum Yggdrasill Askr als E. gedacht. Aus der E. wird neben dem Speer das Schiff (s. d.) gebaut, und der Name des Baumes so in alter Zeit für Speer und Schiff verwendet.

Ed. Hahn

Esel. A. Paläolithikum s. Diluvialfauna § 3.

B. Ägypten. Knochen von E. haben sich in Gräbern der vorgesch. Zeit bisher nicht gefunden, aber Darstellungen sind uns schon auf einer vordyn. Schieferpalette erhalten (Capart *Débuts* S. 228), wo eine Eselherde zwischen Rinder- und Schafherden hinschreitet. Nach Schweinfurth (ZfEthn. Verh. 29 [1897] S. 269 ff.) ist der E. aus dem afrik. Wildesel gezüchtet worden.

Eine Bestattung von E. kennen wir nur aus der Zeit der 1. Dyn. (s. Tierbestattung B; vgl. aber auch Peet *Cem.* Ab. II, 6). Der E. wurde, wie das Rind, gelegentlich zum Ausdreschen der Getreidekörner verwendet; vor allem aber ist er in Ä. seit vorgesch. Zeit das eigentliche Lasttier, das die Kornsäcke bei der Ernte, die Proviantsäcke auf Expeditionen und im Feld auf seinem geduldigen Rücken schleppt, und neben das — für die Beförderung größerer Lasten — erst in röm. Zeit das Kamel getreten ist. In der Religion galt der E., wenigstens in späterer Zeit, als Tier des Gottes Seth.

Erman *Religion*[2] S. 25 u. 249f.; Erman-Ranke *Äg.* S. 518. Ranke

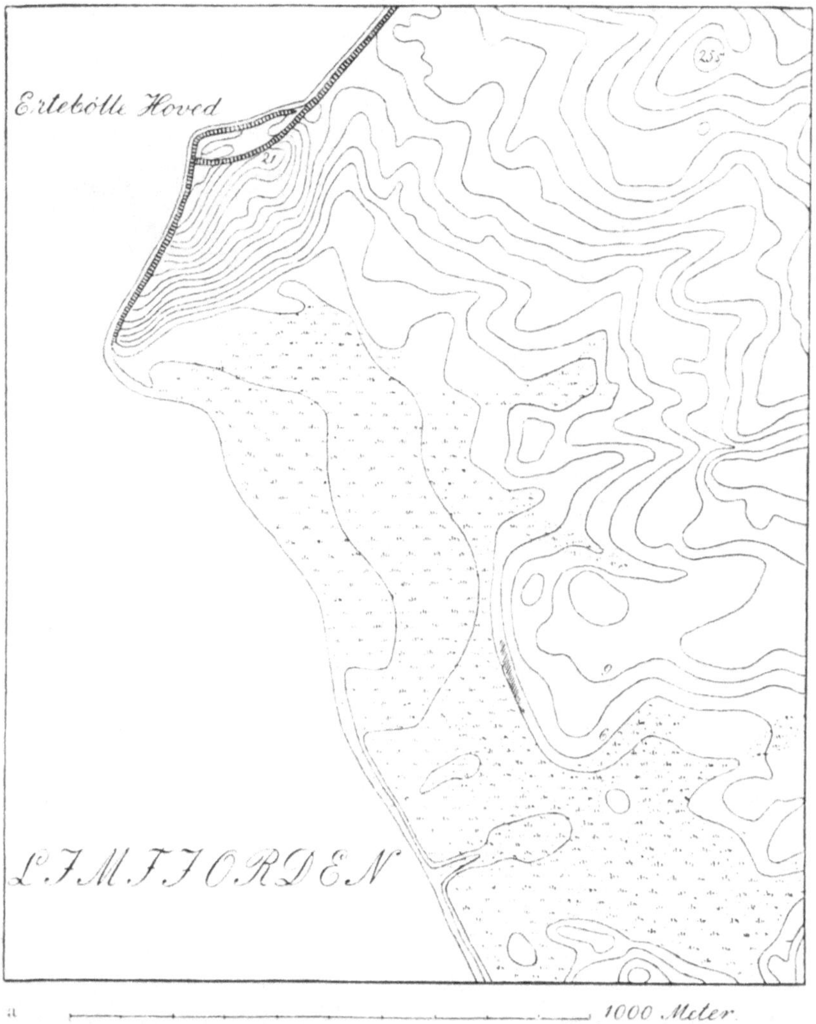

a

b

Ertebolle

a. Wohnplatz (schraffiert) mit Umgebung. Höhenkurven in Metern. Abstand zwischen den Kurven 1,50 m.
b. Aussicht über den ganzen Muschelhaufen und seine Umgebung. Standpunkt dicht nördlich vor dem Ausgrabungsfeld. Nach Madsen, Müller u. a.

Tafel 21

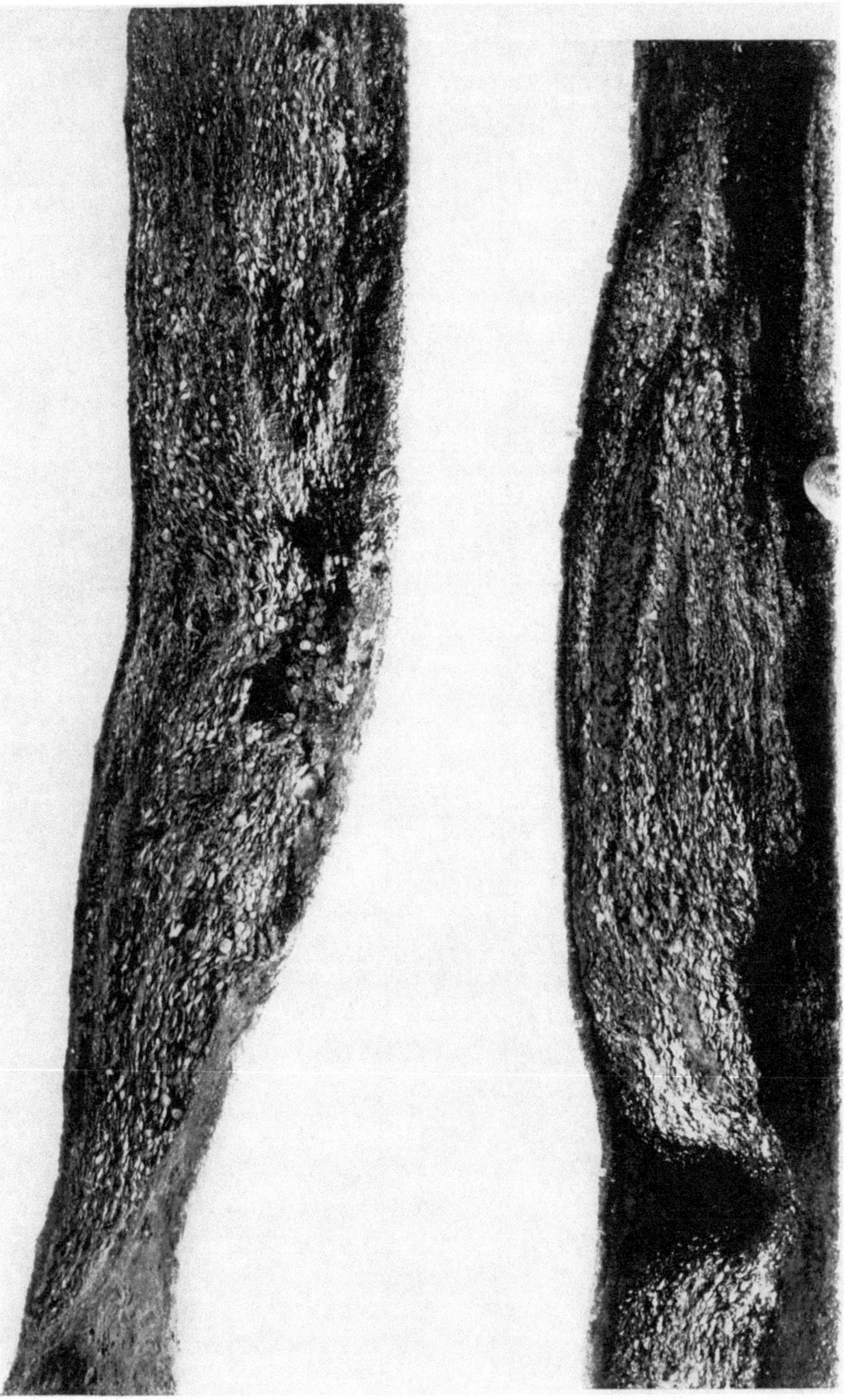

Ertebølle

C. Palästina-Syrien.

§ 1. Alte Nachrichten und Funde. — § 2. Alttestamentliche Angaben. — § 3. Wildesel.

§ 1. Bereits den neol. Bewohnern von Palästina-Syrien diente der E. als Lasttier. Er gehört freilich zu einer anderen Art als der heute in Europa verbreitete und ist viel schöner, kräftiger und williger. In Gezer fanden sich Knochen schon in den frühesten Schichten (Macalister *Gezer* II 8), auch mehrfach Nachbildungen in Ton (ebda II 8 f., III Tf. 125, 18, 27?, 126, 7; PEF Annual 2 [1912—1913] S. 49 aus *ʿain šems*). Diese zeigen auch die noch jetzt übliche Belastung des Tieres mit Säcken oder Wassergefäßen. Die 37 Begleiter des *Ibšaʾ*, des „Häuptlings des Fremdvolkes", der unter Sesostris II. (1906—1887) Augenschminke aus Syrien (oder von der Sinaihalbinsel?) nach Ägypten bringt, führen Esel mit sich (Grab des Chnem-hotep: Lepsius *Denkmäler* II 131, 133; W. Spiegelberg *Der Aufenthalt Israels in Ägypten*² 1904 S. 27 f.; H. Greßmann *Altorientalische Texte und Bilder* II [1909] S. 123 f. Abb. 249; Vincent *Canaan* 1907 S. 432 f.). Auch der „Bruder des Fürsten von *Rṯnu*", der an den Sinai-expeditionen Amenemmes III. teilnahm, ist auf einem E. reitend dargestellt (A. H. Gardiner and T. E. Peet *The Inscriptions of Sinai* I [1917] Tf. 37 Nr. 112, Tf. 39 Nr. 115). Damaskus wird keilinschriftlich als Eselstadt (*ᵃˡᵘ ša imērišu*) bezeichnet, weil es Ausgangspunkt der Gebirgskarawanen war (ZDMG 69 [1915] S. 168 ff. P. Haupt). Auch zum Ziehen des Pfluges ist der E. schon früh benutzt worden. Vgl. auch Amarnabriefe Nr. 96 (Knudtzon S. 1190 f.).

P. Karge *Rephaim* 1918 S. 210, 653 ff.; H. B. Tristram *The Fauna and Flora of Palestine* 1884 S. 2.

§ 2. Im AT wird der E. (*ḥᵃmôr*, weibl. *ātôn*) wiederholt genannt. Er gehört von altersher zum wertvollen Besitz eines Bauern oder Beduinen (Gen. 12, 16; 24, 35; 30, 43; 32, 5; 1. Sam. 8, 16). Eselinnen werden oft besonders erwähnt (1. Sam. 9, 3; 2. Kön. 4, 22; Num. 22, 21; Hiob 1, 3) und gern als Reittiere verwendet, da sie auch auf felsigem Boden einen sicheren Tritt haben. Ein Sattel wurde aber nicht benutzt, sondern nur Zaumzeug und Decke (Gen. 22, 3; Richt. 19, 10). Geschätzt wurden schön rotbraun gezeichnete (Richt. 5, 10), heute vor allem die weißen E. Die gesetzliche Vorschrift (Exod. 13, 3; 34, 20), die Erstgeburt des E. mit einem Schafe zu lösen, oder dem E. das Genick zu brechen, will offenbar einen sehr alten religiösen Brauch abstellen, dessen Sinn nicht mehr klar ist (F. C. Movers *Die Phönizier* I [1841] S. 365 f.).

G. B. Winer *Biblisches Realwörterbuch* I³ 1847 S. 346 ff.

§ 3. Außer dem gezähmten E. kennt das AT auch den Wildesel (*pære* oder *ʿārôd*). Dieser lebt in öder, wüster Gegend (Jerem. 2, 24; Jes. 32, 14; Hiob 24, 5; 39, 5), nährt sich von Kräutern (Hiob 6, 5; Jerem. 14, 6), ist unzähmbar und in seiner Wildheit ein Bild des eigensinnigen, unbändigen ismaelitischen Arabers (Gen. 16, 12). Gemeint ist damit der *Asinus onager* Pall. oder *Asinus hemihippus*, der seit frühester Zeit in der nordsyr. Steppe erwähnt wird (B. Meissner *Assyrische Jagden* [AO 13, 2] 1911 S. 7 f. Das bekannte Relief stellt doch wohl die Jagd auf Wildesel, nicht Wildpferde dar; M. Hilzheimer *Die Haustiere in Abstammung und Entwicklung* 1910 S. 41). Xenophon (Anab. I 5) erzählt von Herden in dieser Gegend, und der Ammoniterschēch Tubias liefert 257/6 v. C. dem König Ptolemaios II. Philadelphos, der ein großer Tierfreund war, ein Halbwildeselein und ein Füllen des Wildesels, beide gezähmt (Ann. d. Serv. 18 [1922] S. 231 ff. C. C. Edgar). Angeblich wechselt dieser wilde E. gelegentlich noch heute nach Nordpalästina hinüber. Von ihm stammen die besonders geschätzten weißen E., während der Stammvater der graubraunen Rasse der ostafrik. Steppen-E. ist. Maulesel werden noch heute bei *eṭ-ṭaijibe* ö. von Tyrus gezüchtet.

G. B. Winer *Biblisches Realwörterbuch* II³ (1847) S. 674; F. Hommel *Die Namen der Säugetiere bei den südsem. Völkern* 1879 S. 117 ff.; O. Keller *Die Abstammung der ältesten Haustiere* 1902 S. 97 ff; O. Keller *Die antike Tierwelt* I (1909) S. 259 ff., 271 ff.; H. B. Tristram *The Fauna and Flora of Palestine* 1884 S. 2; H. Guthe *Kurzes Bibelwörterbuch* 1903 S. 727; F. Bodenheimer *Die Tierwelt Palästinas* I (Das Land der Bibel III 3) 1920 S. 8 f.; F. P. Stegmann von Pritzwald *Die Rassengeschichte der Wirtschaftstiere* 1924 S. 238 ff.

Peter Thomsen

D. Vorderasien s. Haustier E.

Eskelhem. Im Jahre 1886 wurde im Ksp. E. auf Gotland bei Grabung in einem Pfarracker ein Fund gemacht, der sich aus zwei Trensen (Tf. 24a, d), einer großen runden durchbrochenen Scheibe mit zwei Klapperblechen an jeder Seite (Tf. 23), vier Anhängseln, von denen jedes aus einem Ring mit zwei beinahe runden Klapperscheiben besteht (Tf. 24c), ferner zwei durchbrochenen Schmuckstücken, 6 kurzen verzierten Röhren, 12 Zierbuckeln vom Pferdezaumzeug (Tf. 24b), 4 Bruchstücken eines zerbrochenen, defekten Hängegefäßes vom späten Typus, 7 größeren und zwei kleineren Bruchstücken von gehämmerten Gefäßen zusammensetzt — alles aus Bronze, mit Ausnahme der Gebißstange der einen defekten Trense, die von Eisen ist (Tf. 24a). Mehrere Stücke — die Klapperbleche und die Zierbuckel — zeigen ostdeutschen Einfluß. Der Fund ist in die VI. Per. der BZ zu datieren. Die meisten Gegenstände dürften zur Pferdeausrüstung gedient haben, und Montelius sieht in dem Fund ein Ensemble von Stücken, die zu einem Kultwagen mit Gespann gehören. Er verweist auf Tacitus' bekannte Schilderung der Nerthusprozession und auf den Wagen aus dem Dejbjerg-Moor (s. Dejbjerg). Die große runde Scheibe, von der er annimmt, daß sie am vorderen Ende der Deichselstange saß, hält er für ein Sonnenbild. Es ist wohl zweifellos, daß der Wagen bei irgendeinem religiösen Ritus verwendet wurde. Bei welchem aber ist schwer zu sagen. Im Vergleich mit dem Wagen von Trundholm (s. d.) tritt hier die Scheibe im Rahmen des Ganzen allzusehr zurück, weshalb Montelius annahm, daß auf dem Wagen ein Götterbild aufgestellt war. Die Scheibe müßte dann als das Überlebsel einer älteren Form des Ritus angesehen werden. S. a. Gotland B § 14, Nordischer Kreis B § 14c.

Månadsblad 1887 S. 145ff. Montelius; ders. *Minnen* Abb. 1450—1456r; Fornvännen 1913 S. 76.
Gösta Berg

Espe. Die E. und andere Pappeln werden auch in älterer Zeit, da sie ja den Bewohnern aller feuchten Gegenden in unserem Bezirk, mit Ausnahme Ägyptens, reichlich und leicht zu Gebote standen, wo es immer ging, zur Verwendung gekommen sein. Ed. Hahn

Espédaillac-Höhle. Im Tale des Célé-Baches bei Figeac, unweit Cabrerets (Dép. Lot) gelegen und auch unter dem Namen „Caverne de David" bekannt. Entdeckt 1922 von Abbé Lemozi. Enthält zahlreiche Malereien und Gravierungen, darunter rot oder schwarz umrahmte Händesilhuetten (s. d.), Darstellungen von Mammuts, Wildpferden, Boviden, Cerviden, Fischen und mehrere anthropomorphe Figuren. Unter den letzteren hebt sich ein männliches Wesen ab, das auf dem Rücken liegt, und drei Frauen, welche, auf allen Vieren sich bewegend, gegen die erstgenannte Figur orientiert scheinen. Unveröffentlicht. S. Kunst A II. H. Obermaier

Espenzeit. E. (bot.-geol. Terminus) wird in Dänemark nach Jap. Steenstrup die spätglaziale und postglaziale Per. genannt, in der nach der ersten Einwanderung der Espe diese hier waldbildender Baum wurde. Dieser paläofloristische Terminus wird hauptsächlich nur in Dänemark verwendet, weil die Entwicklung der Vegetationen in anderen Gebieten nicht überall dieselbe war. Auch in Dänemark scheint sie auf Grund lokaler Verhältnisse in Jütland und auf den Inseln verschieden geartet zu sein. Jedenfalls war die E. von kurzer Dauer, und statt der Espe wurde bald die Föhre vorherrschend, — die Kiefernzeit (s. d.) beginnt.

Nach A. C. Johansen herrschte in der E. noch ein subarktisches Klima mit einer durchschnittlichen Juli-Temperatur von nur etwa 12° C. Die Espenper. entspricht in Norwegen dem „Litorina"-stadium Øyens (was nicht mit der Litorinazeit [s. d.] zu verwechseln ist), in Schweden dem früheren Teil der subarktischen Klimaper. Sernanders. Sie fällt in den ersten Abschnitt der Ancyluszeit (s. d.).

Die Grenze zwischen der E. und der Kiefernzeit ist sehr unbestimmt. Wahrscheinlich gehören die bekannten Waffen aus Rentiergeweih sowie die Pfeilspitzen vom Nörre-Lyngby-Typus noch dieser Per. an (s. Lyngby-Kultur). Schon die Maglemose-Kultur fällt in die Kiefernzeit.

V. Nordmann *On Remains of Reindeer and Beaver from the commencement of the Postglacial Forest Period in Denmark* Danmarks Geol. Unders. II. Reihe Nr. 28. — Weitere Literaturnachweise s. u. Eichenzeit.
Hjalmar Larsen

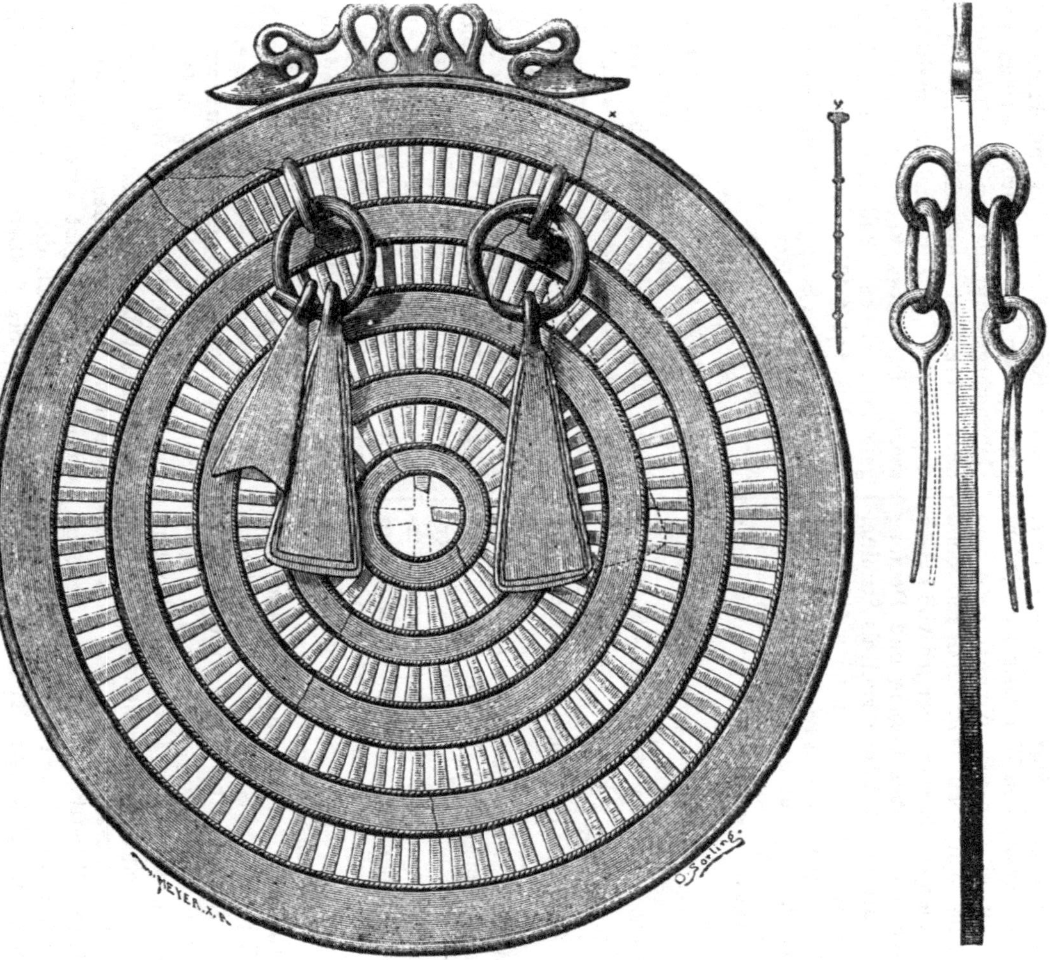

Eskelhem

a—b. Durchbrochene Bronzescheibe. $^1/_8$ n. Gr. Nach O. Montelius.

Essen s. Nahrung.

Eßgerät s. Gabel, Löffel, Messer.

Essig. Über Herstellung und technische Benutzung des E. in vorgesch. Zeit weiß man nichts Positives. Man darf wohl annehmen, daß Obst- und Beerenweine und der daraus gewonnene E. bekannt waren. Die Herstellung von Weinessig kann jedenfalls erst mit dem röm. Weinbau nach dem N gekommen sein. Hannibal soll beim Alpenübergang E. zum Sprengen von Felsen benutzt haben, aber Lesung und Deutung sind umstritten. E. kommt auch als Ätzmittel zur Herstellung von Ornamenten auf eisernen Waffen der LTZ in Frage (s. Eisen A § 11).

F. M. Feldhaus *Die Technik der Vorzeit* 1914 S 307 „Feuersetzen"; Hoops *Reall.* I 634 Fuhse. Alfred Götze

Este.

§ 1. Lage der Stadt. — § 2. Lage, Schichtung und Äußeres der Gräber. Veneter und Urbevölkerung. — § 3. Inhalt der Gräber. — § 4. Heiligtümer.

§ 1. Stadt am Südrand der Euganeen, zu einer führenden Stellung vorbestimmt durch ihre Lage am Fuß einer fruchtbaren vulkanischen Hügelgruppe, die sich je früher um so wirkungsvoller inselgleich heraushob aus der zu jenen Zeiten noch den Überschwemmungen und der Versumpfung verfallenen Poebene, damals am Hauptarm der Etsch, die bis an die Stadt noch im späteren Altertum auch für Seeschiffe fahrbar war (Bull. Paletn. Ital. 30 S. 111 Ghirardini: Literatur über die Änderung des Etschlaufs 589 n. C.; Arch. Anz. 1921 S. 41 v. Duhn), daher Ateste = die Stadt am Atesis (Schulze *Eig.* S. 8,2; *RE* II 1925 Hülsen). In frühen Zeiten der Hauptort der Bevölkerung des Veneterlandes, gab sie ihren Primat erst in röm. Zeit an Padua ab, das im Mittelalter wieder durch Venedig abgelöst wurde. Heute der Sitz des Nationalmuseums für Ethnologie, Kultur und Kunst des antiken Venetiens.

Ein schier unerschöpflicher Kranz von Gräbern und Heiligtümern umgibt ringsum die alte Stadt, deren Lage sich mit dem allerdings weiter gewordenen Kreis der heutigen im wesentl. deckt, wenigstens in den jüngeren Per. der vorröm. Zeit. Ganz früh und wieder in der röm. Zeit ist auch gelegentlich gewohnt worden, wo sich zwei bis drei Jahrhunderte später Gräberfelder ausbreiteten, über Sand- und Schlammmassen, welche die überschwemmende Etsch über die Wohnstätten gedeckt hatte. So in den Gegenden Morlongo und Canevedo s. und sö. der Stadt (Notizie 1901 S. 474 ff., 479), in Richtungen, wohin schon öfters Funde von Hüttenböden mit Herd und Abfallgruben und zahlreichen Resten von Gebrauchsgeschirr aus Ton, Knochen, Horn, Stein, vereinzelt auch Bronze (einfache Bogenfibeln, Lanzenspitzen u. a., meist der zweiten Per., etwa 800—500 v. C., angehörig), wiesen (Bull. Paletn. Ital. 13 [1887] S. 156 ff. Tf. 7—10, Notizie 1903 S. 445 und 1901 S. 223 ff.). Hierist besonders ein Formstein für Herstellung von Zieraten, wie Enten, Ringe verschiedener Größe, runde Scheibchen, palmettenförmige Schildchen, abg. S. 225, ein wertvoller Beleg für die schon damals rege Freude an feiner Metallarbeit, die für die Veneterkunst bezeichnend bleibt und bis auf den heutigen Tag geblieben ist (Schumacher *Pränestinische Cista* S. 65); in so weitgehendem Grade traditionstreu, daß sogar die Form der Gegenstände und der Werkzeuge die Zähigkeit des Handwerks nicht verleugnet (Mon. Lincei 17 S. 55 f. Orsi).

§ 2. Prosdocimi, um die ersten Aufdeckungen von Gräbern am meisten verdient, hat (Notizie 1882 S. 5 ff. Tf. 1—8) eine erste Zusammenfassung und Gliederung gegeben, deren Ergebnisse durch ungemein zahlreiche Grabungen späterer Zeiten durchweg bestätigt worden sind. Planmäßige, gut beaufsichtigte Grabungen beginnen erst um 1890. Tf. 1 zeigt die Verteilung der Gräbergruppen, soweit sie damals bekannt waren. Das Bild ist besonders nach N, der vornehmsten Seite, seitdem nur wesentl. verdichtet. Tf. 2 gibt einen lehrreichen Durchschnitt durch die 4 Per., in welche Prosdocimi die Gräberschichten einteilte, und die jetzt noch volle Gültigkeit haben, wenn auch Unterabteilungen und Übergangserscheinungen noch feiner ausgestaltet werden könnten.

Durchgehende Sitte ist die Verbrennung, welche sich von der Venetereinwanderung zu Anfang des letzten Jht. v. C. bis in die röm. Zeit in so gleichmäßiger Weise, in Ritus und allem Übrigen so ebenmäßig weiterentwickelt darstellt, daß an unge-

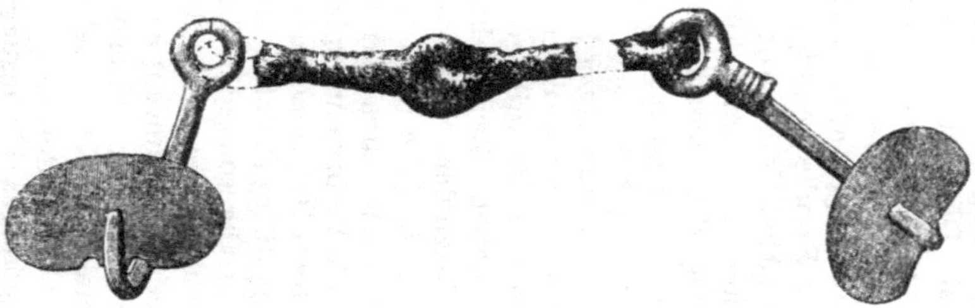

a

b

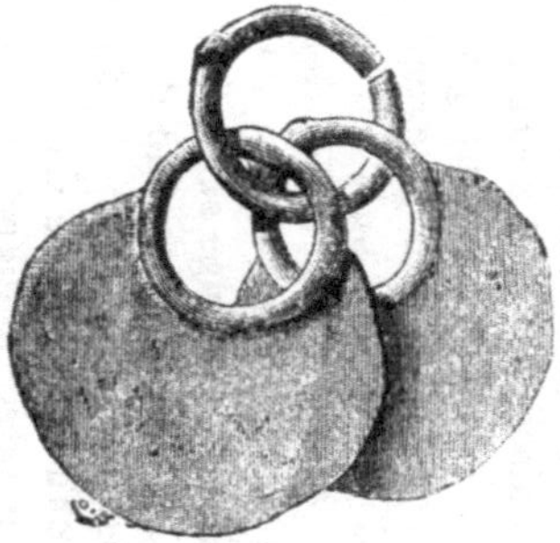

c

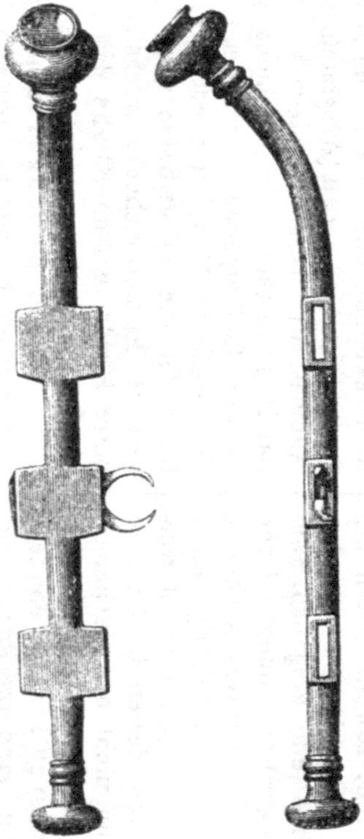

d

Eskelhem

a. Trense. Eisen und Bronze. 1/3 n. Gr. — b. Bronzener Buckel. 1/2 n. Gr. — c. Bronzene Klapperbleche. — d. Bronzene Trense. 1/2 n. Gr. — Nach O. Montelius.

störter Identität der Bevölkerung kein Zweifel sein kann. Zwischen und namentlich unter den Brandgräbern der ersten drei Per., häufiger bei den früheren, zuweilen wohl tief unter ihnen, finden sich auch vereinzelte bestattete Leichen ohne jede Beigaben, aber oft in so auffällig enger Verbindung mit den Brandleichen, besonders mit den reicheren, daß in ihnen dienende Angehörige einer vorvenetischen Völkergruppe erkannt werden müssen, die ihren Herren ins Grab zu folgen hatten. Denn nicht nur erscheinen sie mitunter mit schweren Steinen belastet, um nicht zurückkehren zu können, sondern tragen auch wohl die Brandurne ihres Herrn oder ihrer Herrin zwischen den Beinen, auf den Knien oder auf dem Rücken. Man hat sie also in ihrer heimischen Weise bestattet, ohne sie der Verbrennung zu würdigen. Da auch andere Anzeichen, wie gelegentliche Funde in und um E. von neol. Steinsachen und Gefäßscherben auf eine den „Italikern" von Arquà (s. Arquà Petrarca) vorangegangene Urbevölkerung schließen lassen, die vielleicht identisch war mit derjenigen, jetzt meist ligur. genannten, die auch in der mittl. und w. Poebene die Vorgänger der verbrennenden „Italiker" waren, ist es sehr denkbar, daß sie als Hörige der Veneter noch lange im Lande weiterlebte (v. Duhn *Ital. Gräberk.* I 19f., 23f) und selbst gezwungen wurde, grausamer Weise, dem Herrn auch über den Tod hinaus die Treue zu wahren.

Die Verbrennung fand viel gründlicher statt als z. B. bei den verbrennenden „Italikern". Die Knochen waren derartig durchgebrannt, daß sie bei dem leisesten Fingerdruck zerpulvern. Nie wurden in den Aschengefäßen Kohlenreste, Erdspuren oder Holzasche gefunden, so daß die Lagerung der Leiche auf dem Scheiterhaufen besonders sorgsam und durch lange Übung geschult vorgenommen worden sein muß. Fast jede bessere Familie scheint ihren eigenen Verbrennungsplatz innerhalb ihres Gräberbezirks gehabt zu haben. Für die Technik der Verbrennung glaubte Prosdocimi etwas zu gewinnen aus einer Einrichtung mit Luftkanälen (?), festem Erdschlag und davor abgesteintem „heiligen" Bezirk (Bull. Paletn. Ital. 13 [1887] Tf. 10, S. 188ff.): Doch mußte schon das Fehlen jeglicher Brandspuren stutzig machen. Die noch unveröffentlichte Aufdeckung einer gleichen Anlage am 27. Nov. 1913 läßt nicht zweifeln, daß es sich um Brandöfen für Ziegelsteine handelt (Ausgrabungsjournal Alfonsis; Mitt. Director Calegaris). Unhaltbar ist auch Prosdocimis Meinung, gewisse in der Gräbergegend gefundene Stücke durchlöcherter Tonplatten hätten zu Unterlagen für die zu verbrennenden Leichen gedient. Es sind vielmehr Bruchstücke tragbarer Herde, um am Grabe das Leichenmahl zu richten (Puschi in Atti e mem. d. soc. istriana di stor. patria 22 [1905] S. 26f., mit Abb. solchen Herdes aus Nesazio Abb. 5).

Eine Eigenart der Gräberfelder um E. ist die Gesamtummauerung der verschiedenen Friedhofgebiete, die vielerorts festgestellt wurde. Sogar ein von zwei sechseckigen, 1,80 m h., rohen Kalksteinsäulchen und dahinter Pfeilern eingefaßtes Eingangstor fand sich einmal. Die Mauern sind meist in gerundeten, geschwungenen Linien aufgeführt, und in ebensolchen wiederum andere im Inneren dieser abgesonderten Gebiete, welche zu einer Familie gehörige Gräber zusammenfassen (Abb. Notizie 1907 S. 155, 1922 S. 5): eine merkwürdig frühe und starke Ausbildung des Familiensinns und der Aussonderung des Eigentums der Toten vom Wohngebiet der Lebenden!

Die hervorragende Bedeutung E. gegenüber anderen Mittelpunkten altvenetischen Lebens zeigt sich in derartig geordneter Verteilung der Gräber. Zwar haben sich z. B. in der nächstgroßen Nekropole, derjenigen von S. Lucia (s. d.) bei Tolmein im Küstenlande auch durch das Gräbergebiet frei verteilte Verbrennungsplätze gefunden (Marchesetti *Scavi n. necrop. d. S. Lucia* 1893 S. 134), aber nirgends lassen sie sich zu abgesonderten Familiengruppen in jener überhaupt viel ärmlicheren Nekropole in Beziehung bringen; auch sind nirgends Spuren von Mauern gefunden, die, sei es die gesamten Grabfelder, sei es einzelne Gruppen, absonderten.

Diese so sorgfältigen Umhegungen beweisen auch, daß die Gräber zugänglich und erkennbar blieben, womit die Möglichkeit von Pflege und Kult gegeben war. In der älteren Zeit bezeichneten formlose Trachytblöcke, in der jüngeren vierseitige

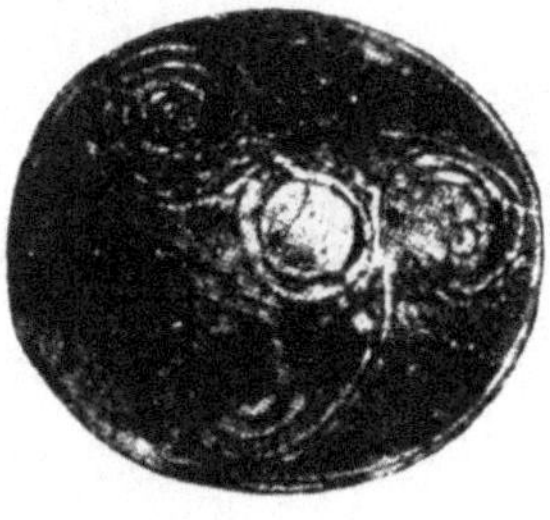

b

d

e

Este

Venetische Keramik mit figürlicher Dekoration: a. Abgerollte Zeichnung des Gefäßes e. — b—d. Ognissanti, Padua. — e. Este. 1/16 n. Gr. — Nach M. Hoernes.

pyramidal verjüngte Pfeilerchen, oft mit Aufschriften in Venetersprache und Alphabet, später auch latein., den Platz des Grabes. Zwischen den Familiengruppen liefen noch erkennbare Wege, ebenso sorgten breite Straßen durch das ganze jeweilige Friedhofsgebiet für die bequeme Zugänglichkeit, auch sind hier und da umhegte, gern runde Plätze gelassen, über deren Zweck man leicht Vermutungen aufstellen mag.

In dreierlei Formen wird die Asche geborgen, entweder steht das Gefäß in der bloßen Erde, so fast stets in Prosdocimis I. Per., also der tiefsten, regelmäßig in einer Bettung von Scheiterhaufenasche, die rituell hier wie auch später beigegeben wird. Selten wird es besonders geschützt durch Umstellung und Unterlegung mit unregelmäßigen Steinplatten. Kleinere Gefäße stehen oft, nicht immer, daneben. Diese Bestattungsart ist derjenigen der sog. ersten Villanovazeit im übrigen Oberitalien zu vergleichen, auch ist die Form der Aschengefäße sehr ähnlich, so daß Ghirardini von einer ital. Periode in E. spricht, was freilich mißverständlich ist. Auch er selbst faßt die Bezeichnung nicht ethnologisch. Also erste Jahrhunderte des letzten Jht. v. C., und wohl noch Ende des zweiten, wenn man die ältesten Wohnreste in Este (s. u.) und namentlich das Grab zu Lozzo bedenkt, das älteste keramisch noch ganz bronzezeitl., aber doch wohl venetische Brandgrab, in dem eine Steinpfeilspitze noch Waffe, nicht Amulett war (Bullet. Paletn. Ital. 30 [1904] S. 129; Notizie 1905 S. 289ff. Ghirardini; v. Duhn *Ital. Gräberk.* I 633). Bald verstärkte sich der Wunsch, dem Toten mehr Besitz mitzugeben, ihn für die Reise reichlicher auszustatten, wie denn auch ein intensiverer Totenkult sich in zahlreichen Bruchstücken von Spendegefäßen über dem Grabe bemerkbar macht (z. B. Bullet. Paletn. Ital. 38 S. 108f.). Die bessere Ausstattung machte besseren Schutz wünschenswert: daher, in der II. Per., den jüngeren Bologneser Brandperioden entsprechend, etwa bis 500, bereits vorwiegend Herstellung eines Behälters aus rohen Kalksteinplatten, in dem neben der Aschenurne auch die übrigen Beigaben, neben reichlicher Scheiterhaufenasche, die sich auch auf und um die Gräber geschüttet findet, Platz haben; häufig sind noch zu den Seiten und oben Blöcke gehäuft, um den Hohlraum noch mehr sicher zu stellen. Manche Gräber haben mit anderen gemeinsame Seitenwände, auch dienen oftmals Deckel eines Grabes zur Bodenplatte eines anderen. In solchen Fällen ist wohl meist Familienzusammenhang anzunehmen. Daneben her gehen immer noch die alten Beisetzungen in bloßer Erde, jedoch sichtlich ärmlicher, als die anderen. Die Gleichheit aller hat aufgehört, Standes- und Vermögensunterschiede machen sich bemerkbar. Eine andere Form beginnt gegen Ende dieser Per. und setzt sich in der folgenden dritten fort: die sog. Vasi-Tomba, anderswo Doliengräber (s. d.) genannt: ein großes faßartiges Gefäß nimmt die Aschenurne und alle anderen Beigaben auf. In der III. Per. nehmen die „Cassette", jene aus Platten zusammengesetzten Behälter eine immer regelmäßigere Gestalt an; die Steinplatten sind regelrecht wie feine Holzbretter hergestellt und verraten fortgeschrittene Schreiner- und Steinhauerkunst und damit vervollkommnete Werkzeuge und bessere Übung in deren Handhabung. Die jüngere Zeit dieser Per. beginnt schon, seit dem 4. Jh. starke Anklänge an gall. Formen zu zeigen, natürlich, da die gall. Wellen die Veneterinsel, den angulus Venetorum, auf allen Seiten umspülten, ohne jedoch ihrer politisch Herr zu werden. Die IV. Per. steht noch viel stärker unter dieser Einwirkung; doch behält die äußere Gestaltung der Gräber dasselbe Gepräge; nur wird alles ärmlicher unter dem Druck der Isolierung und vielfacher indirekter Abhängigkeit von einem kulturell ungleich tiefer stehenden Nachbarn. Äußeres, auch Inneres, der Gräber wird kümmerlicher, die Wandungen oft nur aus kleineren Steinen in mangelhafter Trockenmauerart aufgebaut. Der IV. Per., deren Abschluß man um 200 setzen mag, folgt die Zeit der röm. mit Freuden begrüßten Herrschaft, welche Sicherung vor den Galliern, und den Venetern als treuen Bundesgenossen manchen Vorteil brachte, sie auch vor Belegung des Landes mit röm. Kolonien schützte, so daß die Eigenart zunächst gewahrt blieb, auch in der Gräberherrichtung. An Stelle der Kalksteinplatten treten vielfach Ziegel, die auch dachförmig schützen, oder durchgeschnittene Amphoren, während die immer noch zahlreichen Gefäße in bloßer Erde, wie schon in der IV. Per. durch auf- und untergelegte Steine gesichert werden. Auch viereckige oder runde Cippi, innen mit Hohlraum, oben mit Spendevorrichtung, oft durch als Akroterien liegende Löwen bewacht, auch wohl mit Porträtbüsten in Nischen (abg. z. B. Notizie 1922 S. 32ff.), treten in der ersten Kaiserzeit auf. Und immer noch wiederholen sich die Anlagen geschlossener Bezirke, rechteckiger Umhegungen mit einem Vorraum, in dem ein Altar den Mittelpunkt bildete für kultische Begehungen zu Ehren des Toten bei und wohl auch nach der Bestattung und zu sonstigen familiären Erinnerungsfesten (vgl. z. B. Notizie 1922 S. 5 Abb. 1). Ich habe hier mit der Darstellung einen kurzen Blick in helle geschichtliche Zeit getan, weil die durch die Gunst besonderer Verhältnisse ermöglichte Fortdauer ältester Art und Sitte in der Tat einzigartig und beachtenswert ist.

§ 3. Über Per. I ist schon gesprochen. Die Keramik technisch und ornamental roh, bizarre Vorliebe für Gefäße in Tierform (Notizie 1882 Tf. 3, I; 1905 S. 294f.), einfachste Bogenfibel. In Per. II treten neue, sich allmählich zu venetischen Sonderformen ausbildende Gestaltungen auf. Die mehr oder minder verjüngte Eimerform (situla), welche sich schon im Übergang von Per. I zu II aus Metallblech genietet zu zeigen begonnen hatte (z. B. Bull. Paletn. Ital. 38 [1913] Tf. 3, 6), wird gern als Aschenurne gebraucht, auch für solche Verwendung in Ton übersetzt. Die Arbeit in getriebenem Metall übernimmt die Führung und behält sie während der III. Per. bei, so daß auch die Verzierungsweisen der Keramik starken metallischen Einschlag zeigen, der sich besonders greifbar äußert in der Überziehung der Außenflächen auch der Tonvasen mit Bronzenägeln, deren auf dunklem Grund helleuchtende Musterungen selbst dem Ton den geliebten metallischen Glanz verliehen (Tf. 25). Die Metallvasen aber erhalten neben der linearen Musterung bald auch allerlei figürlichen Schmuck, der sich in der II. Per. von griech., wohl die Adria heraufgekommenen Vorbildern der sog. korinthischen, auch ionischen Art beeinflußt zeigt, während in Per. III auch Späteres einwirkt (so z. B. auf einem als Aschengefäß benutzten Topf: Bull. Paletn. Ital. 37 S. 75 Abb. A und Tf. 3 = Hoernes *Urgesch. d. bild. Kunst*² 1915 S. 463 rotfigurige Vasen). Doch geht diese Kunst bald ihre eigenen Wege, oft sehr realistisch und für unsere Vorstellung von Leben und Kultur dieses Stammes, daher höchst wertvoll, wenn auch ästhetisch oft recht fragwürdig: die bekanntesten Stücke dieser Art sind die Situla Benvenuti in Este, die Situla Arnoaldi und diejenige der Certosa (Bologna, wohin diese Stücke als geschätzte Handelsware ebenso gelangten wie in das w. Poland und die Alpenländer), alles Material gesammelt und abg. von Ghirardini Mon. Lincei 2 (1893); 7 (1897); 10 (1900), wozu manche Nachträge in den Notizie u. Bull. Paletn. Ital. kommen. Letzte Zusammenfassungen: Hoernes *Urgesch. d. bild. Kunst*² 1915 S. 542ff. und namentlich Mem. d. R. Acc. d. sc. di Bologna Ser. II 5—7 (1920—23) S. 23—94, 7 T. Ducati, dessen Versuch, für die Situlenkunst Bologna den Primat vor Este zu erkennen, zumeist freilich wenig überzeugt. Die gleiche Kunst äußert sich auf sehr zahlreichen Metallarbeiten anderer Art: Schwertscheiden, Spiegeln, großen elliptischen oder rautenförmigen Corsagen, die als Gürtel und Unterleibschmuck der Frauen dienten, hier wie auch anderswo. Daß sie auch in, freilich seltenen, Tonreliefs sich zeigt, ist bei der Verwandtschaft beider Techniken nicht überraschend. Teile einer sehr charakteristischen und guten Faustkämpfergruppe z. B. Mitt. präh. Kom. I 3 (1893) S. 109 Abb. 49. Sehr bezeichnend wird für den dritten Kulturabschnitt Estes die ebenfalls auf metallische Anregung zurückgehende Verzierung der Tongefäße großer, aber auch kleiner verschiedenster Form mit abwechselnd hochroten und tiefschwarzen umlaufenden Streifen, welche durch Reliefbänder getrennt werden, auch dies metallisch. Die Sitte setzt sich in die IV. Per. fort, wenn auch nicht mehr so durchgehend, und mag eine Gegenwirkung auf die Kelten geübt haben bis nach Britannien hinauf, wenn man an die Gefäße von Aylesford (s. d. § 2; Band I Tf. 62) u. a. aus den Latènegebieten denkt.

Waffen finden sich selten in den Venetergräbern; die Brandgräber hatten, wollte man sie nicht zerbrechen, für sie keinen Platz. Wo auf Vollständigkeit der Ausrüstung Wert gelegt wurde, fehlen auch sie nicht, so z. B. in einem Grab für Mann und Frau, das in den Übergang von Per. I zu II gehört, wo ein schönes, vom Antennentyp beeinflußtes Schwert ganz eigenartig, gewiß in Este gearbeitet, in Stücke zerbrochen sich fand neben einer ebenfalls absichtlich zerbrochenen mächtigen Absatzaxt mit Schaftröhre, einer feinen Säge, zwei ebenfalls äußerst feinen Feilen, Bohrern aus Bronze und Eisen, Pfriemen aus Hirschhorn, einer ganzen Reihe höchst elegant geformter Messer zum Einhängen in den Gürtel, einem ganzen Arsenal z. T. sehr origineller Nadeln, vielen Bogenfibeln, einige schon mit geschwollenem Bügel, Bronzeröhren, die vergoldet waren, teils wohl als Halskettenteile dienten, einem halbrunden sog. Rasiermesser; ferner noch mehrere Metalleimer und eine Menge kleines und großes Tongeschirr, auch ein elegantes Räuchertischchen. Die Asche des Mannes war gern in der schönen Metallsitula, in Per. II. unmittelbar, in Per. III im Tongefäß, dem das bronzene als schützender Behälter diente, bestattet, die Frau mußte sich mit einem bescheidenen, aber interessant dekorierten Tontopf begnügen (Bull. Paletn. Ital. 38 [1913] S. 92ff). Ich habe den Inhalt dieses noch frühen Grabes angegeben, weil sich daraus wie aus allen anderen Grabfunden die Sitte ergibt, den Toten zunächst mit seinen Kleidern und seinem Schmuck dem Feuer auszusetzen — daher viele Brandspuren an den Gegenständen —, später aber anderes, woran er hängen mochte, oder was für seinen Stand bezeichnend war, hinzuzulegen, und zwar nach Abkühlung der Asche, da z. B. der in der II. und III. Per. häufige Bernstein keine Spur einwirkender Hitze zeigt. Da die Kleider auch im Feuer noch zusammengehalten werden sollten, waren die Fibeln meist daran geblieben: in der Per. II meist verschieden variierte Bogenfibeln und Kahnfibeln mit allmählich stärker verlängertem Fuß; in Per. III herrscht durchaus die Certosafibel, die wohl von hier ihren Weg nach den Alpenländern und Süddeutschland fand, vielleicht hier ihr Hauptfabrikationszentrum hatte und somit hier leicht ihren Übergang in die Latènefibel gefunden haben könnte, die für Per. IV und die röm. Zeit die Hauptform wird (s. Fibel B).

§ 4. Neben die Gräber treten noch zwei Heiligtümer, beide auf Terrassen oberhalb des Flußbetts, das eine bekannt unter dem Namen des Fondo Baratela, der Göttin Rehtia geweiht, im O, das andere im W ursprünglich einem die Schiffahrt schützenden Dioskurenpaar, das nach Aufhören der Schiffbarkeit der Etsch sich in ein Heilgötterpaar wandeln mußte (Arch. Anz. 1921 S. 41 f.). Eine große Menge künstlerisch freilich kümmerlicher Bronzestatuetten aus dem Bezirk der Rehtia gibt uns einen Begriff von dem weiten Abstand, der das plastische Können dortiger Handwerker trennte von ihrem rein technischen Geschick, lehrt uns aber auch manches Interessante über Äußeres, Tracht, Bewaffnung u. dgl. (s. auch das Figürchen Bull. Paletn. Ital. 41 [1916] S. 149ff. Abb. 1 a—c; Arch. Anz. 1921 S. 219f., oder die bekleidete Frau vom Monte Rua [Euganeen] im Paduaner Museum: Mitt. präh. Kom. I 3 [1893] S. 102 Abb. 19), über Kultisches, Sprachliches, das namentlich auf der gewaltigen Menge von mit Buchstaben bedeckten Votivnägeln sich ausbreitende Alphabet u. a. (Notizie 1888; 1890 S. 199ff.; 1916 S. 382ff.)

Außer dem bereits angeführten: bis 1894 Montelius *Civ. prim.* I (1895) S. 273ff. und Tf. 50—61; namentlich Rendic. Accad. Lincei 1899 S. 102ff.; Notizie 1900 S. 523ff.; Bull. Paletn. Ital. 27 (1901) S. 134ff.; Notizie 1901 S. 192—21, (Bull. Pal. Ital. 27 (1901) S. 467ff.; Atti del congresso stor. Roma 1904 S. 277ff.; Notizie 1903 S. 71ff., S. 446ff.; 1904 S. 107ff.; 1905 S. 6ff.; 1907 S. 153ff.; 1909 S. 149ff.; 1911 S. 113—120; Bull. Paletn. Ital. 37 (1912) S. 125ff.; Notizie 1916 S. 363ff., 1922 S. 3ff.; Ghirardini *Il museo nazionale Atestino* 1903.

v. Duhn

Estland s. Finno-Ugrier, Südostbaltikum.

Estrecho de Santonge. Bei Vélez Blanco (span. Prov. Almería). Nische mit zwei prächtigen Hirschköpfen (s. Kunst A III), entdeckt von Fed. de Motos.

L'Anthrop. 26 (1915) S. 332 u. Abb. 10 H. Breuil et F. de Motos. H. Obermaier

Estrich s. Fußboden.

Etagengefäß. § 1. Als Etagengefäße bezeichnet man Tongebilde, die entweder einen in vertikaler Richtung verdoppelten Bauch besitzen oder eine Verbindung von zwei aufeinandergestellten, mit einander kommunizierenden Gefäßen darstellen. Beide Formen kommen schon in der j. StZ vor, einerseits in Indien und im Orient (Ägypten, Troja), anderseits in Mitteleuropa (Ungarn und Böhmen).

§ 2. Besonders typisch sind die Etagengefäße jedoch erst für die jüngste BZ und die früheste EZ, wo sie ein charakteristisches Kennzeichen der „Lausitzer" Kultur bilden. Sie sind hier zahlreich aus Posen, Schlesien, Brandenburg, Sachsen und Böhmen (s. Tf. zu Dřevohostitzer Typus) bekannt und kommen südwärts ab und zu auch in Niederösterreich (Langenlebarn) und Steiermark (Videm), nordwärts auch im w. Hinterpommern vor (Batzlaff, Kr. Cammin und Jeseritz, Kr. Greifenhagen). Westwärts verbreitet sich diese Gefäßform, von Böhmen aus, nach der Oberpfalz (Dürn), Mittelfranken (Altensittenbach) und selbst an den Mittelrhein (Ostheim, Hanau). Während die böhm. Gefäße meist durch eine bauchige Ausweitung des ursprünglich zylindrischen Halses entstanden sind, werden andere Exemplare durch Aufeinandersetzen von zwei gleichen (seltener verschiedenen) Gefäßen gebildet. Was die Zeitstellung betrifft, so gehören die südd. und böhm. Gefäße des Per. Hallstatt A (Reinecke) an, die Funde aus Mitteldeutschland, Schlesien und Polen fallen z. T. noch in die Per. Hallstatt B (= V. Per. Mont.), z. T. erst in die j. HZ.

§ 3. Etagengefäße kommen sporadisch auch in nachchristlicher Zeit vor, z. B. in der RKZ (Bülstringen in der Altmark und Janocin, Kr. Strelno) sowie in der fränkischen Kultur Süddeutschlands (Kirchheim, Amt Heidelberg). S. a. Doppelgefäß.

ZfEthn. Verh. 8 (1876) S. 94ff. Voss; Mitt. präh. Kom. I 3 S. 87 Szombathy; Píč *Starožitnosti* I 1 S. 165 Fußnote 45; Nachr. ü. D. A. 1903 S. 42f. Brunner; Schlemm *Wörterbuch* S. 138; Kostrzewski *Wielkopolska*[2] S. 257. J. Kostrzewski

Etana s. Daônos.

Eteokreter. S. a. Kreta B § 21. Bezeichnung für die vorhellenische Bevölkerung Kretas, die von den alten Ägyptern Kefti (s. d.) genannt wurde. Nach Evans, Duckworth und anderen gehört sie zur Mittelmeerrasse *(Homo mediterraneus;* s. d.), für welche Annahme auch die Farben der Fresken des min. Palastes zu sprechen scheinen. Die dort dargestellten Menschen sind meist kleinwüchsig und haben braune Haut und schwarzes Haar, wie die Mittelmeerrasse. Die Bevölkerung ist aber trotzdem nicht reinrassig gewesen, wie schon aus der Untersuchung des Schädelmaterials hervorgeht. Nach Duckworth sind von den 78 neol. Schädeln aus der zweiten Epoche der mittelmin. Per. 63 % der Männer und 70 % der Weiber dolichokephal, 26 % der Männer und $23^1/_2$ % der Weiber mesokephal und $8^1/_2$ % der Männer und $5^1/_2$ % der Weiber brachykephal; es war also schon damals der langköpfigen Bevölkerung ein kurzköpfiges Element beigemischt, vermutlich vorderas. Rasse *(Homo dinaricus;* s. d.). Sicher war aber außerdem noch eine dritte Rasse, die nordeurop. *(Homo europaeus;* s. d.) vorhanden und bildete wohl die herrschende Schicht. Das beweisen folgende Tatsachen: unter den bildlichen Darstellungen des Palastes von Knossos finden sich auch Leute mit blondem Haar, und die altägyptischen Abbildungen der Kefti zeigen diese meist mit „griechischem Profil". Die Kefti beteiligten sich an den Angriffen der „Seevölker" (s. d.) auf das äg. Reich.

BSA 9 (1902/3) S. 350 Duckworth; Pol. Anthr. Rev. 10 (1911) S. 134 Penka; Fimmen *Die kret.-myk. Kultur*[2] 1924; C. Schuchhardt *Alteuropa* 1919; Müller *Asien und Eur.* 1893; ZfEthn. 1913 S. 307ff. v. Luschan. Reche

Etrusker. A. Archäologie.

Inhalt: § 1. Herkunft und Zeit der Einwanderung. — § 2. Etrurien vor den Etruskern. — § 3. Ausbildung des Volkstumes in Etrurien. — § 4. Entwicklung von Industrie und Handel. — § 5. Ausbreitung der Etrusker. Ihr Höhepunkt. — § 6. Der Rückgang.

§ 1. (Tf. 26) Ein nichtital. Volk, zum Sauerteig Italiens geworden und bis in die Renaissance geblieben, keinem seiner Nachbarstämme weder ethnisch, kulturell noch sprachlich gleich, nach Aussage der Alten. Die Griechen nannten sie Tyrrhener. Herodot (I 94), hierfür das älteste Zeugnis, ließ sie aus Lydien zur See nach Italien fahren. Da wir seit den amerik. Grabungen in Sardes wissen, daß das lydische Sprachgebiet bis nach Pergamon, also tief nach Mysien, hinaufreichte, und andererseits Sundwalls und Herbigs sprachliche Gleichungen uns gestatten, den Blick bis nach Lykien hinabzuwerfen, ist schon das vorauszusetzende kleinas. Herkunftsgebiet kein ganz kleines. Dazu kommen die von den Alten auf den großen Inseln des n. ägäischen Meeres, an zwei Punkten der Propontis und an der ägäischen Südküste Thraziens (Kreston, seinen Pelasgertheorien zuliebe von Hellanikos [Dionys. I, 28—30] in Kroton umgewandelt: Rendic. Accad. Lincei 1919 S. 173ff. della Seta) gut bezeugten Tyrrhener, die Rolle der tyrrhenischen Seeräuber im Dionysoskult, allerlei sprachliche Zusammenklänge, seit Entdeckung des Steins von Lemnos (zuletzt Ath. Mitt. 33 [1908] S. 47 ff.) schärfer beachtet, welche den Zusammenhang der E. mit der vorgriech. Bevölkerung des ägäischen Meeres sehr wahrscheinlich machen (s. Littmanns vorsichtige Darlegungen am Schluß seiner Ausgabe der lydischen Inschriften von Sardes *Sardis* VI [1916] und zuletzt Glotta 11 [1921] S. 211ff. Hammarström und ebd. S. 276ff. Kretschmer, sowie in Gercke-Norden *Einleitung*[3] I 6 [1923] S. 71f., 107f. [526, 556]). Schließlich muß erinnert werden an jene Turscha, welche im 13. und 12. Jh., unter Ramses II, Merenptah und Ramses III, zusammen mit andern Völkern „von den äußersten Enden des Meeres" die Küsten Ägyptens unsicher machten: ein Beweis für die Seetüchtigkeit dieses Volkes, welche es denn auch befähigte, um die Jahrtausendwende einen großen Schwarm oder mehrere an die ferne Westküste Italiens zu senden, wo sie sich zunächst sicher fühlen mochten vor Bedrückung durch die junge ägäische Seemacht der Achäer (MDOG 63 S. 1 ff.) und ihnen ein fruchtbares Land und namentlich die hochgeschätzten Metalle, Kupfer, auch einiges Zinn, besonders aber das seit der 2. Hälfte des 2. Jht. immer stärker lockende Eisen winkten, dazu manche andere Mineralien, welche das toskanische Erzgebirge von seiner vulkanischen Zone im S bis hinauf zum Horizont von Elba in damals noch reicher Fülle als wertvolle Exportartikel bot und damit eine für Rohstoffe und Industrieprodukte des O aufnahmefähige Bevölkerung heranzog und kaufkräftig machte. So waren die E. die ersten, vor ihrer festen Siedelung gewiß schon als Seeräuber und Händler, beides eng verbunden, aus dem O gekommenen Vorläufer der Phöniker und Griechen, welche daher von einer Besiedelung dieser schon besetzten Küsten Abstand nehmen und sich mit Anknüpfung von Handelsbeziehungen begnügen mußten. Daß sie tatsächlich zur See und nicht, wie auch ich früher glaubte, zu Lande eingewandert sind, ergibt die arch. zweifellos festgestellte Wahrnehmung, daß der Ausgangspunkt ihrer Bewegungen, auch noch später das Kernland ihres Volkstums, das sw. Küstenland Etruriens und die dahin geöffneten Flußgebiete gewesen sind, und daß alles, was weiter landeinwärts oder nördlicher etrusk. ist, später gesetzt werden muß (Bonner Stud. f. Kekulé 1889 S. 35 = Bull. Paletn. Ital. 16 [1890] S. 129). Die auffällige Konzentration ihres staatlichen und religiösen Lebens, auch die Durchführung der Säkularrechnung, deren Beginn spätestens im 10. Jh. einen wichtigen Faktor für die zeitliche Ansetzung ihrer Einwanderung darstellt, ist nur denkbar bei Annahme eines längeren geschlossenen Zusammenwohnens in noch geographisch engem Kreise. Erst die natürliche Volksvermehrung im Laufe eines oder zweier Jahrhunderte, gewiß stark gefördert durch Vermischung mit der bereits vorgefundenen Bevölkerung, kann sie zum Herrenvolke zunächst im sw. Etrurien gemacht haben. Es ist sehr beachtenswert, daß erst im 8. Jh., wahrscheinlich nach Maßgabe der Gräberfunde einige Jahrzehnte vor ihrer Besetzung der Ostküste Siziliens, die griech. Handelskonkurrenz sich dazu getrieben sah, mit Kyme einen Posten so nahe, wie es damals eben möglich war, an das etrusk. Gebiet heranzuschieben, und daß, vielleicht erst dadurch veranlaßt, die Etrusker selbst zur Besetzung der ganzen Küste bis hinauf nach Vetulonia geschritten sind, auch dies nicht plötzlich und mit einem Male, sondern etappenweise, wie dies die Physiognomie der Gräber in Vulci und weiter n. bis Volterra klar erweist.

§ 2. Als die Etrusker ins Land kamen, fanden sie eine dünn verteilte Urbevölkerung vor, die zum Teil noch in Höhlen gewohnt und bestattet haben mag, meist jedoch damals wohl schon in offenen Hüttendörfern wohnte (v. Duhn *Ital. Gräberk.* I 24—30), ferner die verbrennende Gruppe von „Italikern", die am Anfang der

Völkerbewegungszeit, gegen deren Schluß die Etrusker kamen, sich wahrscheinlich im wesentl. durch das umbrische Bergland aus der Poebene vorgeschoben hatten, gewiß auch vom Wunsch getrieben, dem fruchtbaren und wohnlicheren toskanischen Hügellande und den Fundstätten des ersehnten Metalls näher zu kommen. Immer noch besorgt, sich gegen Überschwemmungen sowie gegen Tier und Mensch gesicherte Wohnplätze zu schaffen, hatten sie sich gern auf Höhen gesetzt, an deren Abhängen ihre verbrannten Toten in die Erde gesenkt wurden, und sich langsam zu höheren Kulturformen durchgerungen, auch bereits begonnen, aus dem die Küsten Etruriens und Latiums erst leise berührenden Fernhandel Nutzen zu ziehen und sich neue Bedürfnisse zu schaffen, die sie mit Landeserzeugnissen, besonders wohl schon mit Metallen aus dem toskanischen Erzgebirge, bezahlten. Auch sie scheinen aus dem Inneren zuerst in das s. Etrurien vorgestoßen zu sein und sich dann von dort süd- und nordwärts ausgebreitet zu haben. Im Gegensatz zur ganz anders verteilten Urbevölkerung haben sie bereits nahezu alle Punkte besetzt, auf denen wir später auch Etrusker finden, häufig, namentlich im N und O des Landes so dicht, daß, wenn es dem etrusk. Herrenvolk auch gelang, ihnen seine politische und damit auch sprachliche Herrschaft aufzuzwingen, das doch nicht ohne harte Kämpfe abgegangen sein mag und keineswegs überall gelang, so z. B. nur vorübergehend und sehr teilweise in Latium. Als die Latiner durch die tarquinische Dyn. in Rom sich ebenfalls in ihrer Selbständigkeit bedroht sahen, kamen ihnen die Stammesgenossen aus dem N und O, durch die Sabina marschierend, zu Hilfe (Dionys. III 51, 59; Bonner Stud. S. 35 f.; v. Duhn *Ital. Gräberk.* I 207). Das durch die benachbarte Sabina und Latium gestärkte Faliskerländchen rettete sich sogar trotz der etrusk. Herrschaft seine ital. Sprache. Und daß Teile Etruriens einstmals freies ital. Land waren, erhielt sich noch in der Erinnerung z. B. für die Gegend um den trasimenischen See, wo der voretrusk. Name von Clusium „Camars" noch überliefert ist. In diesen inneren Gegenden wie auch in Vetulonia — hier wenigstens in der ersten Zeit etrusk. Herrschaft — und Volterra haben die neuen Herren zwar nicht durchweg, aber vielfach sogar die ital. Sitte der Leichenverbrennung angenommen, augenscheinlich, wie uns auch Gräber gemischten Ritus besonders klar machen, z. B. in Chiusi, durch das notgedrungene Ineinanderheiraten, während in ihrem eigentlichen Kernland sich die etrusk. Rasse reiner gehalten zu haben scheint, wie Gräberritus, Inschriften u. a., ja, noch die heutige Physiognomie der Bewohner beweisen. Für diese ital. Grundbevölkerung und ihr Verhältnis zu den Etruskern s. Alba Longa, Chiusi, Pianello, Hausurne B, Terramare B.

v. Duhn *Ital. Gräberk.* I (1924) S. 201 ff.

§ 3. So verschmolz sich idg.-ital. Ordnungssinn, staatsbildende Veranlagung und Bauerntüchtigkeit mit etrusk. Lebenskunst, nach außen gewendetem Blick, technischem Verständnis und Aufnahmefähigkeit für jede materielle oder geistige Anregung. Es entstand ein Volkstum, dessen Bedeutsamkeit für die ganze Halbinsel bis zu Dante und Giotto, Lionardo und Michelangelo wir noch ahnen und die Römer neidlos anerkannten. Hätte nicht etrusk. Hand zeitweilig über der Tiberstadt selbst gewaltet, wären nicht die eignen Stammesgenossen auf dem Boden des späteren Etrurien derartig in das Etruskertum aufgegangen, so hätte sich Rom selbst schwerlich in so vielfältiger Weise etrurischem Wesen, religiösem Gehaben, Tracht und Zeremoniell willig untergeordnet. Später Spott der Herren der Welt über die *obesi Etrusci* darf uns über solche Tatsachen nicht hinwegtäuschen. Es waren mehr immanente Eigenschaften als greifbare Realitäten, welche die ersten etrusk. Scharen aus ihrer lydisch-ägäischen Heimat mitbrachten. Trotz der merkwürdigen Übereinstimmung des lydischen Zeichens 8 mit dem gleichwertigen etrusk. für den labialen Spiranten haben die Etrusker ihre Heimat verlassen, ehe dieselbe ihr Alphabet erhalten hatte. Denn die ältesten auf uns gekommenen etrusk. Alphabete (s. Altitalische Alphabete § 2) sind vom chalkidischen Kyme's übernommen und ihrerseits wieder Mutteralphabete für das übrige Mittelitalien geworden (s. Marsiliana). Ihre Himmels- und Göttervorstellungen, Haruspicin, Extispicin und Vogelschau (Augural-

a

b

Etrusker A. Archäologie

a. Steinerne Deckelfigur eines Etruskers. Corneto. — b. Tonsarkophag. Caere. — Nach F. Weege.

wesen), Kultformen und Liturgien, ihre höchst materiellen Gedanken über Jenseits und Unterwelt, Flötenmusik und Tanzformen, sowie Spiele aller Art, Hörner und Trompeten, Äußerlichkeiten von Tracht und Zeremoniell, mögen sie mitgebracht haben, ebenso ihre Geschicklichkeit im Bauen und jeder Art von Metallarbeit, später ein bis ins Athen des 5. Jh. zurückklingender Ruhm. Aber in ihren ältesten für uns bis jetzt nachweisbaren Gräbern auf etrusk. Boden, den sog. Fossagräbern in Corneto und andern Orten der Etruria maritima, ist abgesehen von der neuen Form, welche die etrusk. Sitte der Bestattung der unverbrannten Leichen mit sich bringt, nichts, was sich nicht bereits ebenso oder ähnlich, etwa in Vorstufenform, in den ital. Brandgräbern — Tombe a pozzo — fände und in solchen noch lange neben den Etruskergräbern hergeht. Alles uns als typisch etrusk. Geläufige begegnet uns erst in jüngeren Gräbern hellerer Zeiten und ist erst herausgebildet im Gefolge des sich mehr und mehr entwickelnden Handels mit den ö. Mittelmeergebieten und den griech. und punischen Besitzungen in Italien, Sizilien, Sardinien uud Karthago, schwerlich vor dem 8. Jh. Wäre nicht die andere Bestattungsart, so würden wir ein Grab, wie die sog. Tomba del guerriero von Corneto (Mon. Ist. 10 Tf. 10—10^{d} = Montelius *Civ. prim.* Tf. 286—290) ruhig für ein Italikergrab der in Italien sog. Villanovaperiode halten können. Allerdings für eines, das schon Berührungen mit Kyme und der dort vom 9. Jh. ab auftretenden geometrischen Malerei auf hellgrundigen Gefäßen zeigt, jener ital.-geometrischen Art, die in Mittelitalien überall, neben einigen charakteristischen Metallsachen und kleinem Schmucktand aus Glas und Smalt die ersten Atemzüge des Osthandels verrät. Bald folgen dieser Art Stücke fernerer Herkunft, die uns schließlich bis nach Zypern weisen.

Mem. d. R. Acc. di archeol., lettere e belle arti di Napoli 2 (1911) S. 59ff.; Mon. Lincei 22 (1913) S. 374ff. Gabrici.

§ 4. Lange, bis tief in die geschichtlichen Zeiten hinab, haftete den Etruskern der Seeräuberruf an, mit dem sie in das Land kamen. Dennoch suchten sie engen Anschluß an die im Lande wohnenden Italiker, siedelten sich auch keineswegs hart am Meeresgestade an, sondern neben den Italikern auf den von diesen bereits besetzten sicheren Höhen, so z. B. in Caere oder Tarquinii (s. Corneto), von wo ihr Blick das Meer beherrschen konnte, aber ihr Wohnsitz selbst gegen Überfälle gesichert war. Da sie, wie schon gesagt, im wesentl. die gleichen Waffen, sonstige Gebrauchsgegenstände und persönliche Ausstattungsstücke ihren Toten mit ins Grab gaben, wie die Italiker, kann ihr eigner Kulturstand bei ihrer Ankunft in Italien nicht sehr hoch gewesen sein. Die Italiker, als reines Binnenlandvolk nach dem späteren Etrurien gekommen, waren schwerlich See- und Handelsleute. Aber das Ergebnis ihrer Arbeit werden sich die etrusk. neuen Nachbarn, aus Nachbarn wohl bald zu Herren geworden, zu Nutze gemacht haben, geradeso wie die Griechen die Arbeit der Sikuler auf der Insel und dem Festland, wie die Punier diejenige der Sarden und Iberer, die Massalioten diejenige der Ligurer. Die damit geweckten Auslandsbeziehungen gaben ihnen mit dem Reichtum auch die Macht in die Hand, und bald strömte Edelmetall an Stelle von Kupfer, Zinn, Eisen und Blei ins Land und dazu schöne Textilwaren, Elfenbein, Straußeneier, Ebenholz, Bernstein, Aromata aller Art und zahllose Werke der Kleinkunst, die wieder der heimischen, sich rasch entwickelnden Industrie als Vorbild dienten, gewiß unter Mitwirkung ins Land gerufener oder aus eigenem Antrieb eingewanderter Handwerker und Künstler, so wie von griech. Künstlern aus Sizilien und Korinth tatsächlich berichtet wird, welche in späteren Zeiten in Tarquinii und Rom tätig waren.

Ein einigermaßen gesichertes Datum für den Stand dieser Auslandbeziehungen gibt uns der Inhalt eines etrusk. Kammergrabes vom ältesten Typus dieser langsam aus dem Fossagrab sich entwickelnden Art in der Nekropole von Corneto (Notizie 1896 S. 15ff.), wo sich neben manchem Schmuckstück aus gepreßtem Goldblech mit orientalischen Motiven (Montelius *Civ. prim.* II Tf. 295 = Ath. Mitt. 45 [1920] S. 109) ein Gefäß aus ägyptischem Porzellan fand (Tf. 27, 28; s. a. Tf. zu Corneto), dessen Kartuschenbild es als ein Stück aus der kurzen Regierungszeit des einzigen Pharao aus der 24. Dyn. Bokenrenf, griech. Bocchoris, 734—728, erweist, und zwar so gut wie sicher phön. Arbeit (Mon. Lincei 8 [1898] Tf. 2—4 S. 89ff.; Montelius *Civ. prim.* II Tf. 295, 14 = *Vorklass. Chronol.* S. 120 Abb. 287; Ath. Mitt. a. a. O. zu S. 108). Es wäre durchaus unwahrscheinlich, dies Gefäß als wertvolles Handelsobjekt einer wesentl. jüngeren Zeit anzusehen. Die im selben Grab gefundenen andern Gegenstände weisen schon an sich hoch in das 7. Jh. hinauf, wenn nicht noch höher. Somit war der Grabtypus der Kammergräber bereits um 700 im Begriff sich auszubilden. In dasselbe Jahrhundert fällt schon eines der ältesten ausgemalten Gräber, die Tomba Campana bei Veji (Rumpf *Die Wandmalereien in Veii* 1915), an das sich jene lange, bis in das 3. Jh. herabreichende Folge von Grabmalereien reiht, der wir unschätzbare Anschauung von griech.-etrusk. Zeichen- und Malkunst und lebensvollste Vorführung etrusk. Diesseits- und Jenseitsvorstellungen und Lebensformen verdanken (Weege *Etruskische Malerei* 1921; Poulsen *Etruscan Tomb paintings* 1922; Pfuhl *Malerei u. Zeichnung der Griechen* 1923 S. 495ff., 795ff.; s. a. Caere, Chiusi, Corneto, Orvieto, Veji, Vulci). Beginnen die Kammergräber, — in deren Gestaltung der Gedanke, den Toten in ein Abbild des Wohnhauses zu betten, schon den Italikern geläufig (s. Hausurne B), sogleich hineinspielt, — also schon im 8. Jh., so müssen wir mit den von großer Einfachheit der Ausstattung allmählich fortschreitenden Fossagräbern beträchtlich hinaufrücken, bis in das 10. Jh. nahe dem Zeitpunkt, der für ihre Einwanderung angenommen werden mußte.

§ 5. Schon oben wurde gesagt, wie der etrusk. Gräbertypus sich weiter n. und ebenso weiter im Inneren wesentl. später zeigt, also das Vorrücken der Etrusker in diese ihrem Ausgangspunkt ferneren Gegenden langsam vor sich ging. So scheint Vetulonia erst im Laufe des 7. Jh., Populonia und Volterra noch später besetzt zu sein, wurde doch der Arno über Pisa hinaus erst im 2. Jh. überschritten und jenes Land aus ligurischem etrusk. Und ebenso gehen in Chiusi und dem ganzen Trasimener Gebiet die ital. Pozzogräber ungestört bis in das 7. Jh. hinab, in dessen 1. Hälfte die ersten Etrusker sich dem Chianatal genähert haben mögen. Und vielleicht noch später stießen sie in das umbrische Kernland um Perugia vor. Diese gleiche Bewegungsrichtung führte sie, im 6. Jh. auf den Höhepunkt ihrer politischen Macht gelangt, zum Vorstoß über den Appennin. Dort beherrschten sie von Bologna (s. d.) — Felsina — ausgehend große Teile der w. Romagna und der Emilia bis zum Po und n. des Po über Mantua hinaus noch ein beträchtliches Stück der Transpadana bis zum Fuß, ja vielleicht bis in die Täler der Tiroler Alpen hinein, wenn auch die Alten (Liv. V 33; Iust. XX 5; Plin. III 33) Recht haben mögen mit ihrer Behauptung, in die Alpentäler seien Etrusker erst ausgewichen vor den im 4. Jh. einrückenden Galliern, welche allerdings die bis dahin etrusk. Teile des transappenninischen Landes siegreich, wenn auch wohl erst allmählich (Atti e mon. d. R. Dep. d. n. p. p. l. Romagna Ser. III 26 [1908] S. 54ff. Ducati) besetzten, nur von den Venetergebieten die Hand lassen mußten. Besonders greifbar äußert sich für uns das Etruskertum in Bologna selbst (s. Bologna), der Sperrfeste Marzabotto im Renotal, da wo der Weg steil und eng wird — was der heutige Name ausdrückt — (s. Marzabotto), im venetischen Einfuhrhafen Adria (s. Adria), sodann in der Tatsache, daß mit etrusk. Buchstaben nicht nur zahlreiche Inschriften etrusk., wenn auch mitunter etwas verwilderter Sprache besonders im Bereich des Brennerpasses und benachbarter Alpengebiete geschrieben sind, sondern diese auch zum Ausdruck anderer Sprachen und Mundarten etrusk. Zeichen benutzt oder wenigstens mit herangezogen wurden, so z. B. im Venetergebiet unweit Vicenzas (Alphabet von Magrè: Notizie 1918 S. 169ff.; Arch. Anz. 1921 S. 43f.). S. Veneter B.

Und wie nach N, so breitete sich in jenem 6. Jh. Etruriens Macht nach S aus. Rom wurde durch eine etrusk. Dyn. beherrscht und mußte noch nach deren Vertreibung sich dem Gebot des Königs Porsenna von Clusium fügen, das Eisen nur für den Ackerbau zu benutzen, also nicht für Waffen. Nur durch Unterstützung der

Griechen aus Kyme gelang es den Latinern, sich durch eine siegreiche Schlacht bei Aricia frei zu halten. Aber wohl durch die Naturstraße der späteren Via Latina scheint es dem etrusk. Expansionsdrang gelungen zu sein, bis Kampanien vorzustoßen, wo nicht nur Nachrichten der Alten, sondern auch einige bescheidene Graffiti unter schwarzen Tonschalen, namentlich aber eine große Tontafel aus Capua (s. Etrusker B § 4 III) in der Tat eine vorübergehende, auf die kampanische Kultur, die schon lange unter der beherrschenden Wirkung der viel stärkeren griech. Bildung stand, einflußlos gebliebene Beherrschung einiger binnenländischer Landstriche bezeugen (Zeit und Ausdehnung: Riv. di stor. ant. 5 [1900] S. 35 ff.; Rhein. Mus. 64 [1908] S. 120ff. Herbig). Der Versuch, auch die letzten s. des Tiber noch frei gebliebenen engeren Stammesgenossen der unterworfenen ital. Bevölkerung Etruriens ebenfalls niederzuzwingen, d. h. die bis in das Volskerland vorgedrungenen „verbrennenden" Italiker (s. Alba longa), war durch den Wunsch, das eigene Land militärisch und politisch zu sichern, völlig erklärt. Der Vorstoß nach Kampanien galt den Griechen, deren sehr unbequeme Handelskonkurrenz die Karthager seit Mitte des 6. Jh. in Etrurien peinlich empfanden. Sie waren in das ursprünglich griech. Handelsgebiet Etrurien wohl schon im 7. Jh. eingedrungen, hatten namentlich das ergiebige Hinterland Caeres auszubeuten versucht (der griech. Name Caeres „Agylla" soll punisch sein; am Meere, Caere nahe, bezeugte noch den Römern der Name Punicum den Platz einer karthagischen Niederlassung) und schon um 540 in Waffengemeinschaft mit den Etruskern die phokäischen Siedler an Korsikas Ostküste bei Alalia, wohin sie natürlich nur die Nähe der etrusk. Metallgebiete gezogen hatte, vertrieben. Kyme war den Puniern ein Dorn im Auge, und gewiß war es punische Politik, welche die Etrusker zuerst zu Lande nach Kampanien trieb, dann zur See, wo ihnen freilich durch die Flotte des Königs Hieron von Syrakus vor den Mauern Kymes 474 eine blutige Lektion erteilt wurde, deren Bedeutung für die Behauptung des Griechentums sowohl gegen Punier wie gegen Etrusker aus den zeitgenössischen Versen Pindars (Pyth. I, 136 bis 146) und der Widmung tyrrhenischer Waffen an den Zeus von Olympia klarer hervorgeht, als aus der spärlichen hist. Überlieferung.

§ 6. Von da ab sank der Stern Etruriens. Rom stieg empor, zwang angeblich im selben Jahr mit der Kymeschlacht Veji einen vierzigjährigen Frieden auf, nachdem das Ringen mit Etrurien nach der Vertreibung der etrusk. Königsdyn. vorüber war, und beanspruchte ebenfalls seinen Platz an der See, als führende und schützende Vormacht Latiums, für uns noch greifbar durch den ersten römisch-karthagischen Vertrag, wahrscheinlich nur die Anpassung eines früher schon bestehenden etrusk.-karthagischen Vertrages an die neuen staatsrechtlichen Bedingnisse des frei gewordenen Latium; in der 2. Hälfte des 5. Jh. brach auch die kurze Herrschaft der Etrusker in Kampanien vor dem Ansturm der Sabeller zusammen. Und im Anfang des 4. Jh. überrannten dieselben Gallier, die sogar bis Rom vordrangen, die etrusk. Teile des Polandes und blieben dort die Herren, bis tief nach Umbrien herab, während im S Rom energisch anfing, seinen Machtbereich über den Tiber hinaus zu erweitern, was nach überjahrhundertlangem Ringen schließlich zur Unterwerfung Etruriens und damit seinem Aufgehen in Rom führte. Wie stark sich namentlich im Gefolge dieser politischen Einigung, die in letzter Linie allerdings die völlige Auflösung der Nation zur Folge hatte, Italisches und Etruskisches durchsetzte, ist durch W. Schulzes Werk *Zur Geschichte lateinischer Eigennamen* (Abh. d. Gött. Ges. d. W. 1904) lichtbringend erwiesen. Die latein. Sprache, erst in Grabschriften seit dem 2. Jh. neben die etrusk., bald an ihre Stelle getreten, — hierfür sehr lehrreich z. B. ein durch lange Zeiten hindurchgehender Familienkomplex, wie das Volumniergrab zwischen Perugia und Assisi (Abh. Gött. Ges. 12 [1909] Körte) — verdrängte die etrusk., so daß diese zu Beginn der Kaiserzeit im wesentl. ausgestorben gewesen sein wird.

Es kann hier nicht die Absicht sein, über die im vorstehenden gegebene Darstellung des Platzes der Etrusker innerhalb der ital. Geschichte hinaus an der

Hand der literarischen und der sehr reichen monumentalen Überlieferung eine ins einzelne gehende Schilderung ihres Wesens, ihrer Religion, ihrer Kultur, ihrer Kunst zu geben, um so weniger, als gute Übersichten leicht zu Händen sind und auf die Sonderartikel über Caere, Chiusi, Corneto, Marsiliana, Orvieto, Populonia, Veji, Vetulonia, Volterra, Vulci verwiesen werden darf.

C. O. Müller *Die Etrusker* bearb. v. W. Deecke 1877; Martha *L'Art étrusque* 1889; Durm *Die Baukunst der Etrusker*[2] 1905; G. Körte in *RE* VI (1906) S. 749ff. v. Duhn

B. Sprache.

Inhalt: § 1. Name. — § 2. Herkunft. Einwanderung. Urzeit. — § 3—4. Etruskische Sprachdenkmäler. — § 5 Etruskische Alphabete (s. Altitalische Alphabete). — § 6. Etruskische Sprache.

§ 1. Lat. *E-trus-cī*, *E-trūr-ia*, *Tus-cī*, altumbr. *turs-ku-m numem*, neu-umbr. *tus-co-m nome* „etruscum nomen", griech. *Τυρσανοί Τυῤῥηνοί* urspr. „Bewohner von *Τύρσα Τύῤῥα* im südl. Lydien". *Turnus* aus Ardea, der Rutuler-Stadt, weist auf ein etr. **turs-ne*, **turs-na* „der Tyrrhener". Einen andern einheimischen Namen *Rasena*, *Rasna* bringt das Zeugnis des Dionys von Halikarnass.

Zum Etrusker-Namen: *RE* unter Etrusker 730 G. Körte; P. Kretschmer bei Gercke-Norden *Einleitung*[3] I (1923) S. 557f.; Glotta 11 (1921) S. 277f.; SB. Bayer. Ak. Philos.-philol. u. hist. Kl. 1914, 2 S 31, 34 G Herbig; W. Schulze *Eig*. S. 574. Der lyd. Ortsname Τύρσα Τύῤῥα ist aus dem vorgriech. Appellativum τύρσις, τύῤῥις „Veste, Burg, Akropolis" (τύρσος . τὸ ἐν ὕψει οἰκίδημα und τύῤῥις . πύργος, ἔπαλξις, προμαχών Hesych) zum Eigennamen erstarrt; die Τυρσ-ανοί sind „die Akropolis-Bewohner, die Burgherren", sie haben sich noch in Italien als Kolonisten und Burgherren immer mehr und über den Italiker-Massen auf den beherrschenden Höhen angesiedelt. Die etr. Venus *turan* ist „die Herrin", die kleinas. ἄνασσα (Herondas 5,77 schwört Bitinna οὐ τὴν τύραννον); der etr. *maristuran* ist der Mars τύραννος. Das erst von Archilochos in die griech. Literatur eingeführte τύραννος könnte sein „Burgherr, Zwingherr" (mit *-r-* aus *-rr-* vor *-nn-*) vgl. Eigennamen wie *Turannius* (Τυίραννος: Τουῤῥώνιος) und Ardys, der Onkel des Gyges, wäre der erste τύραννος oder „Burgherr von Τύῤῥα" (Etym. Gudianum ed. Sturz p. 537, 26); von Τύρσα, Τύῤῥα aus — und das deutet auf die Wichtigkeit dieser Mutterstadt der Τυρσᾱνοί — nehmen Gyges und die Mermnaden, die lydischen Eroberer von Sardes, ihren Aufstieg. — Dionysius Hal. I 30 αὐτοὶ μέντοι σφᾶς αὐτοὺς ἀπὸ ἡγεμόνων τινὸς Ῥασέννα τὸν αὐτὸν ἐκείνῳ τρόπον ὀνομάζουσι; dazu *RE* unter Ῥασεννα G. Herbig. Phantastische Versuche, Völkernamen wie *Etrusker-Rasener-Pelasger-Urartu* auf japhetitischer (vorgriech.-kaukas.) Grundlage etymologisch zu verknüpfen bei N. Marr *K voprosu o proischoždenij plemennych nazvanij „Etruski" i „Pelazgi"* Zap. vost. otd. Russk. Archeol. Obšč. 25 u. Japhetitische Studien 2 (1923) S. 18.

§ 2. Die folgenden Ausführungen decken sich im Wesentlichen mit dem, was F. v. Duhn im vorhergehenden Abschnitt vortrug — zu erfreulicher Gewähr, daß auch in dieser heiß umstrittenen Frage Archäologen und Sprachforscher sich näher rücken. Im einzelnen stellen sich mir die Dinge, wie folgt dar: Der tyrsenische Zug nach dem W und seine folgenschwerste Neubildung, die etr. Besiedelung Mittelitaliens, sind wie die griech. Kolonisation der Ägäis und Kleinasiens oder Süditaliens und Siziliens eine langsam sich auswirkende, Jahrhunderte hindurch fortsickernde, den Zusammenhang mit dem O wahrende (Tac. ann. IV 55) Kolonisation, von verschiedenen Punkten ausgehend, an verschiedenen landend, zuerst planlos, stürmisch, aus der Not geboren, dann fast einschlafend, um zum Schluß noch einmal bewußt, handelspolitisch, kulturschaffend dem W aus dem O zu befruchten.

11. Jh. Der Abschluß der griech. Kolonisation der ägäischen Inselwelt und der kleinas. Küste, sowie die thrak.-phryg. Auswirkungen in Kleinasien drängen Schwärme von Vorgriechen, insbesondere auch uridg. Lyder, die den idg. Maioniern in Lydien weichen müssen (Herodot I 94), nach dem W bis nach Mittelitalien. Die Bearbeitung des Eisens, die am Pontus zu Hause war, und den geometrischen Stil, welcher am Ende der myk. Per. einsetzt, bringen sie mit nach Italien (Furtwängler *Ant. Gemmen* III 173ff.; B. ph. W. 1914 S. 1455ff. Herbig).

10.—8. Jh. Wenig Nachschub aus dem O. Die volle Kultur der spätmyk. und der Dipylonzeit findet in Etrurien keine Heimstätte. Vorstöße aus dem Kernland Etrurien nach Umbrien und Latium. Beginnender Einfluß des Etrusk. auf die ital. Mundarten, etrusk. Gentil- und die eng damit zusammenhängenden Ortsnamen verbreiten sich durch das notgedrungene *commercium* und *connubium* der tyrsenischen Burgherren mit der Masse der ital. Hörigen überall aus (ähnliche Erwägungen mit falschen Schlüssen bei Wilamowitz *Staat u. Gesellschaft d. Griech. u. Röm.* 1919 S. 11; Schuchhardt *Alteuropa* 1911 S. 200).

Etrusker A. Archäologie

Grabfund von Corneto mit „Bokenranfvase“ (f) (734—728 v. C.). Nach O. Montelius.

7. Jh. Verstärkte Nachschübe und Kultureinflüsse aus dem O, 687 lydische Revolution. Neugründung von Sardes durch Gyges, τύραννος von Τύῤῥα, und die national-lydische Mermnadendyn. Vorarmen. Chalder-Bronzen vom Wansee (Toprak-Kaleh seit 735; s. Tuschpa) über Lydien in etr. und latin. Dynasten-Gräbern. Orientalischer, protokorinthischer, ionischer Import in Caere, Vetulonia, Vulci, Veji, Praeneste; Bokchoris (734—728) -Gefäß in Corneto-Tarquinia. Tumulusform vornehmer etr. Gräber aus Kleinasien, die Blüte der Nekropole von Sardes und die Per. der archaischen etrusk. Fürstengräber fallen zusammen. Binnenkolonisation der Etrusker: etrusk. Dynasten in Rom, Halbetruskisierung der Falisker und Praenestiner, Ineinanderfließen der ital. und etrusk. Namensysteme, Vorstösse in die Ämilia, das Poland und nach Kampanien (*RE* unter Etrusker 739—744 Körte; Ath. Mitt. 45 [1920] S. 106ff. Karo).

Weitere Literatur zu den etruskisch-kleinas. Beziehungen vom Standpunkt des Epigraphikers und Sprachforschers s. am Schluß von § 6.

§ 3. Die Zahl der etrusk. und etruskisierenden (d. h. der stark etrusk. gefärbten lat., faliskischen und pränestinischen) Inschriften wird mit 8500 nicht zu hoch gegriffen sein. Davon sind rund 80% Grabschriften, deren bei weitem größter Teil wieder rein aus Namen besteht, dazu kommt, daß auch die übrigen 20%, die sog. Instrumentuminschriften, Personen-, Heroen- und Götternamen in der Regel wenigstens mit enthalten; ihr sprachlicher Wert sinkt auch noch dadurch, daß einige Hunderte von ihnen nur Buchstaben und Ziffern als Eigentums- und Urhebermarken tragen. Die Inschriften, die mehr als Personennamen bieten, werden die Zahl 1500 kaum überschreiten. Dafür enthalten freilich die drei größten Texte, die wir besitzen, der Cippus Perusinus, die Tontafel von Capua und der Rest einer etrusk. Leinwandrolle, die Agramer Mumienbinden, allein schon rund 120 + 300 + 1500 Wörter und Wortformen, wobei aber die vielen formelhaften Wiederholungen als eigene Nummern mitgezählt sind.

Die ältesten etrusk. Inschriften, wie die Stele des *autele feluske* aus Vetulonia und die *larϑia* und *mi larϑia*-Silberschalen aus dem Regolini-Galassigrab aus Caere werden von O. Montelius und L. A. Milani bis in das 9. Jh. hinaufdatiert. Wenn die griech. Besiedelung von Cumae wirklich schon um 1050 beginnt, wie Montelius will, und das den Griechen etwa seit dem Jahr 1000 bekannt werdende phön. Alphabet von Cumae (oder von andern chalkidischen Griechen) aus bald zu den Etruskern kam, und wenn diese etwa um das Jahr 1000 (967 Beginn der etrusk. Säkularära?) mit ihrer Kolonisierung Mittelitaliens einsetzten, kann jene hohe Datierung einmal mehr werden als eine Hypothese. Im ganzen werden die etrusk. Inschriften, wie die griech., erst von 600 an etwas zahlreicher. Von den großen Texten stammt die Tontafel von Capua vielleicht aus dem 5. Jh.; erheblich jünger ist schon der Cippus von Perusia; die Agramer Leinwandrolle geht nicht über das letzte Jh. v. C. zurück; Bilinguen, etrusk. Inschriften in latein. Schrift und latein. Inschriften etrusk. Formulierung, reichen schon in die beginnende Kaiserzeit hinein; ob die Haruspices beim Heere Julians ihre Ritualbücher noch etrusk. gelesen haben, wissen wir nicht. Kennzeichen hohen Alters sind: gewisse Buchstabenformen (das gekreuzte Theta, das Nebeneinander der Gutturale *k*, *q*, *c*, *vh* neben *f*, das fünfstrichige *m* usw.), drei und vier Punkte als Wort- und Satzteiltrenner, das schlangenförmige Bustrophedon und die öfters auch rechtsläufige Spirale in der Schriftrichtung. Kennzeichen späterer Entstehung sind z. B. die regellos gewordene Orthographie neben der technisch gleichmäßigen Kalligraphie der Mumienbinden, dann die Latinismen aller Art in Schrift und Sprache der mit den Bilinguen etwa gleichzeitigen Inschriftengruppen.

Zur Datierung der ältesten Inschriften Montelius *Vorklass. Chronol.* S. 154, 170f (dazu B. ph. W. 1914 S. 1455ff. G. Herbig); L. A. Milani *Italici ed Etruschi* 1909 S. 19. Zu den Bilinguen W. Deecke *Etr. Forsch. u. Stud.* 5 (1883) [viel Unhaltbares]; zu den etruskisierenden altlatein. Inschriften E. Lattes *Le iscrizioni paleolatine dei fittili e dei bronzi di provenienza etrusca* 1892.

Der Inhalt der etrusk. Inschriften, soweit wir ihn bei unserer noch sehr mangelhaften Kenntnis der Sprache übersehen können, unterscheidet sich im ganzen durch seine

Einförmigkeit sehr wesentlich von der reichen Mannigfaltigkeit z. B. der griech. Inschriften. Es scheinen vor allem zu fehlen: die res gestae von Königen und Beamten, Staatsverträge mit Eidesformeln, öffentliche Gesetze und Vorschriften (auch die sepulkral-rituellen Vorschriften oder die sepulkralrechtlichen Abmachungen der Tontafel von Capua und des Cippus Perusinus sind, wie die Abschnitte aus den libri Acherontici der Agramer Leinwandrolle, an einzelne Tote oder Gräber gebunden), Rats- und Volksbeschlüsse, Ehrendekrete (Ausnahme: die Inschrift auf der Bronzestatue des Arringatore von Perusia?), Edikte, Briefe, Rechnungsablagen, Bauinschriften (die *tular*-Steine vielleicht Terminationscippen), Kataloge, literarische Inschriften. Reichlich vertreten sind Grabinschriften (mit genauen genealogischen Bezeichnungen, die auch die Abstammung von mütterlicher Seite heranziehen, aber nie diese allein; öfters auch mit dem Alter, den Ämtern, dem sozialen Stand des Verstorbenen); gut kennen wir auch die Besitzinschriften, spärlicher sind die Weihinschriften, vereinzelt Künstler- oder Handwerkerinschriften. Häufig werden Göttern und Heroen ihre etrusk. Namen beigeschrieben; ein paar wichtige Sakralinschriften, dazu Verwünschungen auf Bleitäfelchen und Rachepuppen, vielleicht auch das eine oder andere der ABC-Denkmäler führen uns in und meist unter die Sphäre der offiziellen Religion. Der unoffizielle Charakter der etrusk. Inschriften ist es überhaupt, der sie gegenüber den griech.-latein. vor allem kennzeichnet.

§ 4. Die Typen der etrusk. Inschriften lassen sich am besten überblicken in der Reihenfolge, wie ihre Ausgabe im CIE teils erfolgt, teils geplant ist. CIE I enthält in der Hauptsache die Grabinschriften von Nord- und Ostetrurien. CIE II 1 wird die Grab- und Wandinschriften von West- und Südetrurien, II 2 die außerhalb Etruriens gefundenen Inschriften und die instrumentum-Inschriften bringen. Im folgenden soll eine archäologisch-epigraphische Topographie etrusk. Inschriftenfunde im Abriß gegeben werden, zunächst der Grabinschriften (im engeren Sinn) nebst den Wandinschriften in der geographischen Reihenfolge des CIE, sodann der instrumentum-Inschriften (im weitesten Sinn des Worts) nach typol. Gesichtspunkten. Dabei werden die an Zahl, Alter und Art der Funde sehr charakteristischen Unterschiede etrusk. Inschriften je nach ihren Fundorten von selbst hervortreten. Bei den Grabinschriften werden, um den geographischen Zusammenhang etrusk. Fundstätten nicht zu unterbrechen, auch solche Orte mit aufgezählt, wo Grabinschriften nicht oder noch nicht zum Vorschein gekommen sind.

1. Grabinschriften von Nord- und Ostetrurien (CIE I). Faesulae (Fiesole): altertümliche Sandstein-Stele des *larϑi aniieś;* wenige Cippen, Grabsteine, Sandstein- und Marmor-Aschenkisten (ossuaria).

Volaterrae (Volterra): über 100 beschriebene Alabaster-Aschenkisten, wenige aus Tuff, ganz vereinzelte aus Ton und Travertin; wenige Tuff-Grabsteine, Tuff- und Alabaster-Cippen, darunter die altertümliche Tuff-Stele des *avile titeś;* 1 Tuff-Sarkophag; 1 Aschengefäß (olla) aus Ton.

Pomarance: altertümliche Travertin-Stele des *larϑi aϑarnieś.*

Saena (Siena): etwa 100 Aschenkisten, die Mehrzahl aus Tuff, Travertin, Kalkstein und Ton, ganz vereinzelte aus Sandstein, Alabaster und Marmor; über 20 Aschengefäße aus Ton; wenige Cippen und lapides; 1 Grabeingang-Inschrift.

Zwischen Saena und Clusium (Montalcino, S. Quirico d'Orcia, Camulliano, Castel nuovo dell'Abbate, Monte Salario, Poggio alle Mura): gegen 60 Aschenkisten, meist aus Kalkstein und Tuff, seltener aus Travertin, Sandstein und Ton; 2 Aschengefäße aus Ton; 1 großer Sandstein.

Arretium (Arezzo): gegen 30 Aschenkisten aus Marmor, Alabaster, Travertin, Kalkstein, Tuff, seltener Sandstein und Ton; etwa 15 Aschengefäße aus Ton, darunter dreimal ossuarium et olla mit gleichen Namen; ebensoviel Cippen und Grabsteine, meist aus Tuff und Travertin.

Cortona: ein viertel Hundert Aschenkisten meist aus Travertin und Ton, vereinzelte aus Marmor, Kalkstein, Sandstein, Tuff; 1 Aschengefäß aus Ton; etwa 5 Grabsteine aus Travertin und Sandstein; 1 Architravinschrift in einem Kammergrab.

Ager Clusinus (NO: Castiglione del Lago, Vaiano, Bruscalupo, Badia di S. Cristoforo):

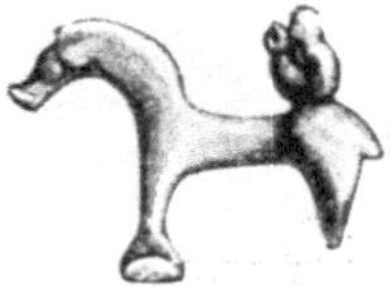

a

b

c

d

e

Etrusker A. Archäologie

Grabfund von Corneto mit „Bokenranfvase“ (Tf. 27f). (734—728 n. C.). Nach O. Montelius.

über 60 Aschenkisten, mehr als die Hälfte aus Ton, 20 aus Travertin, ganz vereinzelte aus Kalkstein, Alabaster und Marmor; mehr als 160 Grabziegel (tegulae sepulcrales); 10 tegulae et ossuaria mit gleichen Namen, ein paar Aschengefäße aus Ton.

Ager Clusinus (NW: Montepulciano, Chianciano, Pienza, Castelluccio): fast 300 Aschenkisten, die Hälfte aus Travertin, 50 aus Ton, je 30 aus Kalkstein und Marmor (Alabaster), nur vereinzelte aus Tuff oder Sandstein; über 130 Grabziegel; 20 Aschengefäße; über 30 ossuaria et tegulae, ossuaria et lapides, tegulae et ollae mit den gleichen Namen; nicht 20 Cippen, meist aus Travertin; 2 Sarkophage aus Travertin.

Clusium urbs (Chiusi): neben 120 Aschenkisten aus Travertin etwa 50 aus Alabaster und Marmor, 30 aus Ton, 20 ohne Angabe des Materials, also über 200 Aschenkisten im ganzen gegen keine 10 Sarkophage aus Alabaster, Travertin, Kalkstein und Ton; mehr als 50 Grabziegel; fast 30 tegulae et ossuaria oder tegulae et ollae mit den gleichen Namen; weniger als 10 Aschengefäße und kaum mehr als 5 Cippen; 2 Architrav-Inschriften.

Ager Clusinus (SW: Sarteano, Cetona, Trevinano): unter 70 Aschenkisten sind die Hälfte aus Travertin, 25 aus Ton, der Rest meist aus Alabaster; über 80 Grabziegel; 10 tegulae et ossuaria oder tegulae et ollae derselben Person; keine 10 Aschengefäße aus Ton und keine 5 Grabsteine.

Ager Clusinus (SO: Città della Pieve, Carnaiola): einige 30 Aschenkisten, die Hälfte aus Travertin, 10 aus Ton; 30 Grabziegel; keine 10 Aschengefäße; ganz wenig tegulae et ossuaria oder tegulae et ollae; 3 Travertin-Cippen.

Ager Clusinus (loca incerta): fast 800 Aschenkisten, 300 aus Travertin, 250 aus Ton, 120 ohne Angabe des Materiales (das dann in der Regel das ortsübliche, hier also Travertin oder Ton, sein wird), 50 aus Alabaster, nicht 20 aus Kalkstein; 400 Grabziegel, 150 Aschengefäße aus Ton; über 100 tegulae et ossuaria, tegulae et ollae, ossuaria et cippi mit gleichen Namen; über 60 Cippen meist aus Travertin; 10 Sarkophage aus Marmor, Kalkstein, Peperin.

Im ganzen zählt das Chiusiner Gebiet an Grabinschriften: 1450 Aschenkisten, 850 Grabziegel, 250 doppelte (s. o.) Inschriften, 200 Aschengefäße, 100 Cippen und Grabsteine, 20 Sarkophage.

Perusia (Perugia): über 500 Aschenkisten aus Travertin und fast gleich viele, deren Material nicht näher bezeichnet ist, die aber gerade deswegen in ihrer großen Mehrheit in dem landesüblichen Stein ausgeführt sein werden; ihnen gegenüber keine 25 aus Ton, 20 aus Marmor und nur ganz vereinzelte aus Tuff, Nenfro, Sand- oder Kalkstein; gegen 80 Cippen und Grabsteine wieder meist aus Travertin, darunter der drittgrößte etrusk. Text, der Cippus perusinus, ein anderthalb Meter hoher viereckiger Travertinpfeiler, der auf der vorderen und auf der linken Seitenfläche mit 24 und 22 Zeilen beschrieben ist und vielleicht einen Grabbenutzungsvertrag zwischen den zwei Familien *afuna* und *velϑina* darstellt; 40 Aschengefäße aus Ton; kein einziger Grabziegel; über 20 Doppelinschriften: ossuaria et cippi, ossuaria et ollae, ossuaria et lamellae; dazu als besondere Perusiner Gattung 30 weitere solcher lamellae, Blei- und Bronzetäfelchen mit den Namen der Toten, die an Aschenkisten und Graburnen angehängt waren; vereinzelte Bleizisten; ein paar Wandinschriften, darunter die etwa 30 Worte auf der Wand eines Grabes der Familie *precu* bei Torre di San Manno.

II. Grab- und Wandinschriften aus West- und Südetrurien (CIE II 1). Volsinii veteres (Orvieto): gegen 120 Felsinschriften; auf Architravstücken in fronte sepulcri; etwa 50 Wandinschriften: neben Beischriften zu Götter-, Sklaven-, Tiergestalten auch einige mehrzeilige Grabinschriften; 50 Cippen (pineae oder Steinkugeln auf quadratischer Unterlage), zur Hälfte aus Basalt, 10 aus Tuff, einige aus silex, ganz vereinzelte aus Nenfro, Trachyt und Travertin; 1 merkwürdiger Grabstein in Skarabäenform aus lapis Lydius; 2 Aschenkisten aus Tuff und Ton; 1 Aschengefäß; kein beschriebener Sarkophag; keine tegula sepulcralis.

Volsinii novi (Bolsena und Umgebung): nicht ganz 50 Cippen, meist aus Basalt; ein paar Steinfragmente: 2 Aschenkisten aus Trachyt und Nenfro; 1 Sandsteinsarkophag.

Populonia (mit Monte Pitti, Campiglia Marittima): 1 Aschenkiste.

Vetulonia (Poggio di Colonna): Sandsteinstele des *autele feluske* (älteste etr. Inschrift?). Inschriften auf einem Architrav und einem Cippus aus sassofortino und auf Steinfragmenten.

Rusellae (bei Grosseto). Saturnia.

Suana (Sovana): 13 Grabfrontinschriften, 1 Aschenkiste aus Tuff, 1 rechteckiger Sandstein (gef. zwischen Bolsena und Sorano).

Statonia (Poggio Buco). Heba (Magliano).

Telamon (Talamone). Cosa (Orbetello). Pitilianum.

Volcii (Vulci): 40 Wandinschriften des Françoisgrabes beim Ponte dell'Abbadia, meist mythologische Namen und Namen der etr. Heroenzeit; gegen 15 Sarkophage aus Nenfro, darunter die wichtigen aus Castel Musignano, über 20 Cippen, Cippenbasen und Grabsteine, 1 Grabtempelchen, 1 Grablectus, meist aus Nenfro (neben Tausenden von griech. und etr. Vasen).

Tarquinii (Corneto-Tarquinia): gegen 100 Wandinschriften, vorwiegend sepulkraler Natur, darunter die 9zeilige Pfeilerinschrift der Grotta del Tifone und eine 7zeilige der Tomba degli Scudi; 36 Sarkophage und 4 Aschenkisten aus Nenfro, Peperin, Tuff, Alabaster und Marmor, darunter die 9zeilige Inschrift der Buchrolle, die *laris pulena* als Sarkophagdeckelfigur in den Händen hält; etwa 50 Cippen, Basen und Steinfragmente verschiedenster Form, meist aus Nenfro und Peperin.

Centumcellae (Civitavecchia): 1 Nenfrosarkophag, 3 Cippen, 1 Aschenkiste.

Tuscania (Toscanella): gegen 25 Sarkophage aus Tuff, Peperin, Nenfro und Travertin, oft längere Inschriften mit Ämterbezeichnungen und Zahlwörtern, 10 Aschenkisten, 13 Cippen, 10 weitere Stein- und Inschriftenfragmente, 1 Aschengefäß.

Viterbo und Umgegend (SW: Castel d'Asso, Norchia, Vetralla, Bieda; W: Musarna zwischen Viterbo und Toscanella; NW: Collina d'Arcione zwischen Toscanella und Montefiascone): 65 Sarkophage aus Nenfro, Peperin, Tuff mit Ämter- und Altersangaben; 4 Aschenkisten, 6 Cippen, etwa 10 Frontinschriften.

Polimartium (Bomarzo): 3 Sarkophage, 7 Aschenkisten aus Kalkstein und Peperin, 1 Aschengefäß, 1 Architravinschrift, 25 tituli sepulcrales ohne nähere Angaben über den Gegenstand.

Hortanum (Orte): 17 Aschenkisten, meist aus Peperin und Ton, 1 Aschengefäß.

Caere (Cervetri): in den ältesten Gräbertypen (Regolini-Galassi) finden sich nur vereinzelte Instrumentum-Inschriften; in den jungen Typen werden die Grabinschriften häufig: über 40 etrusk. und latinisierte Wandinschriften des *tarχna-* d. h. Tarquinier-Grabes: 1 Frontinschrift; etwa 15 Cippen und Grabsteine, darunter die 7zeilige Inschrift von S. Marinella; diese bisher bekannten Cippeninschriften sind neuerdings durch eine ganze Anzahl neugefundener (Notizie 1915 S. 347—387; 1919 S. 94—99) vermehrt worden.

Veji (bei Isola Farnese): die ersten Grabinschriften werden von den 1913 begonnenen systematischen Ausgrabungen erhofft.

III. Außerhalb Etruriens gefundene Grabinschriften (CIE II 2). Ager faliscus (Falerii veteres und novi, Caprarola, Fabbrica di Roma, Corchiano, Gallese, Narce, Mazzano Romano, Rignano Flaminio, Capena): neben vielen Tongefäßen 140 Grabziegel, 30 loculi- und 15 Architravaufschriften in faliskischer Sprache, die, namentlich in Corchiano, Narce und Mazzano Romano, manchmal nur ein mit faliskischen Buchstaben geschriebenes Etrusk. und häufig ein mehr oder minder stark etruskisiertes Faliskisch ist.

Kampanien (Capua, Saticula, Suessula, Nola): neben über 100 kampanisch-etrusk. Gefäßinschriften nur eine wahrscheinlich sepulkralen Charakters, die Tontafel von S. Maria di Capua, zugleich die größte etr. Inschrift überhaupt (etwa 300 Worte).

Umbrien (Tuder, Vettona): etwa 10 Cippen meist aus Travertin und 7 Aschenkisten aus Ton und Kalkstein.

Emilia (Felsina-Bononia, Marzabotto): neben Tongefäßen und Metallinstrumentum nur etwa ein Dutzend altertümliche Sandsteinstelen.

Ostküste (Pisaurum, Ariminum, Ravenna, Adria): neben ganz vereinzelten Instrumentumaufschriften aus Pisaurum, Ariminum, Ravenna und zahlreichen graffiti aus Adria nur 1 Aschenkiste und der berühmte lat.-etr. Grabstein des *haruspex fulguriator Cafatius* aus Pisaurum.

Poland (Busca, Placentia, Mantua, Padua, Verona, Vicetia): von Grabinschriften nur die des Cippus von Busca bei Saluzzo in Piemont als westlichster Vorposten der etr. Sprachdenkmäler.

IV. Instrumentuminschriften (CIE II 2). Widmungen und Eigentumsvermerke, oft bloß Buchstaben, Zeichen, Ziffern finden sich auf etr. Tongefäßen aller Art: auf Krügen und Töpfen (amphora, urceus, oenochoe, hydria, crater, dolium), auf Salben-, Öl-, und Parfümfläschchen (guttus, lecythus), auf Trinkgefäßen (calix, poculum, patera, patella), auf Platten und Tellern (catinus, catillus), auf Scherben von Vasen nicht mehr zu bestimmender Form. Zu den 500 in Etrurien selbst gefundenen Stücken kommen über 100 (meist paterae und culichnae) aus Kampanien, fast 200 aus Oberitalien (meist Scherben aus Adria) und 350 Nummern aus dem ager faliscus (wobei aber faliskisches und etrusk. Gut nicht geschieden ist, und zwei Drittel der Inschriften nur aus Buchstaben und Ziffern bestehen). Von Einzelheiten seien etwa erwähnt: die Band I S. 124 aufgezählten Alphabet- und Syllabarinschriften, ein knappes Dutzend Vasen mit mythologischen Beischriften (darunter der *atmite-alcsti*-Krater aus Volcii), gegen 20 längere oder sehr altertümliche Inschriften (Henkelschale von Betolle-Foiano, Becher von Clusium, Önochoe und Schale aus Volsinii veteres, Becher und Krüge aus Narce, Lecythus aus Grotte S. Stefano, Krug von Tragliatella, Becher aus der tomba del Duce zu Vetulonia, urceus aus Centumcellae, Hydria und Buccherovase aus Volcii, Becher, Phallosväschen und 2 Vogelvasen aus Tarquinii, Becher und Buccherovase aus Caere, 3 südetrusk. dem *fufluns*-Bacchus gewidmete Trinkgefäße und anderes mehr).

Von anderem Tongerät kommen noch etwa 15 Tonlampen, 25 Tongewichte, 20 Ziegelstempel, Stempelwerkzeuge, Tonröhren in Betracht.

Von etr. Inschriften auf Metall überwiegen weitaus die der Bronzespiegel: die fast 300 Spiegelbeischriften sind unsere reichste Quelle etruskischer und etruskisierter Götternamen. 70 Bronzegefäße (Kannen, Kessel, situlae, Becken, Schalen, Cisten, Büchsen, Handgriffe) zeigen die meist ganz kurzen *śuϑina*-Inschriften (*śuϑina* Adjektiv zu *śuϑi* „Grab"?); wichtiger sind ein paar Weihinschriften (der dem Sonnengott *cauϑa* gewidmete patera-Henkel aus San Feliciano del Lago, die dem Kriegsgott *maris* geweihte Bronzevase aus Clusium, der Bronzehenkel der *uni* von Cortona?, die 5zeilige nordetrusk. Inschrift des Bronzeeimers vom Berge Caslyr bei Trient). Weihinschriften, und zwar sprachlich und sachlich in der Regel sehr wertvolle, sind auch die Aufschriften auf etwa 45 Bronzestatuen, Bronze- und Bleifigürchen (*fler-* mit verschiedenen Suffixen, „imago, statua"?), die Götter und Göttinnen, Würdenträger, Krieger und Athleten, Knaben, Rachepuppen (aus Suana) oder Tiere wie Chimära, Greif, Pferd, Hund, Taube darstellen (beachte von künstlerischen Statuen namentlich den Arringatore aus Perusia und die Chimära aus Arretium, dazu die Götter- und Tierstatuetten von Cortona). Neben den schon erwähnten lamellae aheneae et plumbeae mit Grabschriften, die in Perusia an Aschenkisten und Graburnen gehängt werden, besitzen wir weitere 50 (z. T. gefälschte) Bronzeplättchen und Bleitäfelcheln, von denen die devotiones von Campiglia Marittima und Volaterrae und das religionsgeschichtlich hochwichtige Blei von Magliano genannt seien. Übertroffen an Bedeutung wird dieses noch durch die Bronzeleber von Placentia (Tf. 6), die jetzt in Kleinasien ihre Gegenstücke gefunden hat. Aufgezählt seien noch: etwa 15 Bronzewaffen (bes. Helme) und 5 schmiedeiserne Tüllenäxte, diese aus Tirol. 20 glandes missiles aus Blei und Stein, ferner 15 Bronzestrigiles, 10 Kandelaber, Kottabosständer und Räuchergefäße, ein paar Schöpflöffel, Siebe, Bronzeplatten, der Heroldstab von Tuder, schließlich Bronze- und Bleigewichte und Bronzestempel.

Auch Inschriften auf Edelmetall sind auf uns gekommen: hocharchaische Silberbecher aus Caere, eine Silberplatte aus Volsinii veteres, das 9zeilige Goldplättchen aus Tarquinii, die aus vergoldetem Silber getriebene situla von Clusium und ein paar *śuϑina*-Gefäße: künstlerische und sprachliche Kleinodien sind auch die 3 Goldspangen aus Clusium und Volcii; (s. Fibel B) von 10 beschriebenen Ringen ist etwa die Hälfte aus Gold.

Münzen und Schwergeld (s. Geld § 16) besitzen wir aus Faesulae?, Volaterrae, Arretium, Clusium, Volsinii, Populonia, Vetulonia, Telamon nebst solchen unbekannter Herkunft; sie bringen uns vor allem ein paar Städtenamen, doch sind die etr. Münztypen und Münzlegenden an Zahl noch auffallend gering. Dagegen sind die an Kunstwert nahe verwandten Gemmen sehr zahlreich zum Vorschein gekommen: über 90 tragen Legenden, die sich am ehesten den Spiegelbeischriften vergleichen lassen.

Von den wenigen nicht oder nicht unmittelbar sepulkralen Steininschriften sind hervorzuheben einige Basen mit Weihinschriften, (tönerne) Antefixe mit Götternamen aus Volsinii novi, Büsten und Statuen (*mi cana* . . .) aus Faesulae, Volaterrae, Saena, Volsinii veteres.

Auf Knochen und Elfenbein kennen wir wenige, aber bedeutsame Inschriften: neben etwa 25 Messer- und Dolchgriffen (oder Hirschhornjagdtrophäen?) mit nordetrusk. Legenden, Amulette aus Perusia und Ariminum, ein Elfenbeintäfelchen an Melkarth aus Karthago und die zwei berühmten Würfel aus Tuscania, die statt der Augen die etr. Zahlwörter von 1—6 tragen.

Die Typen der nordetruskischen Inschriften von Sondrio, Bozen-Trient und Magrè-Vicenza s. besonders unter Räter § 2.

Eine arch. Topographie Etruriens versucht A. Solari *Topografia storica dell' Etruria* I (1912) II[1] (1918) II[2] (1920) mit Append.: Bibliogr. archeol. stor. Pisa 1915; älter und sehr anschaulich ist das Werk von G. Dennis *The Cities and Cemeteries of Etruria* 1883[3]; dazu die entsprechenden Abschnitte bei H. Nissen *Ital. Landesk.* I (1883) S. 493—502, II (1902) S. 278—373.

Die Inschriften wurden in den letzten 50 Jahren zweimal gesammelt: A. Fabretti *Corpus inscriptionum italicarum* 1867 mit 3 Supplementen 1872, 1874, 1878 und der Appendice von G. F. Gamurrini, Firenze 1880 (für die im CIE noch nicht erschienenen Teile noch unentbehrlich); C. Pauli †, O. A. Danielsson, G. Herbig, B. Nogara *Corpus inscriptionum etruscarum* I (1893—1902) II 1, 1 (1907) 2 (1923) II 2, 1 (1912), Suppl. fasc. 1 (1919—1921; enthält bis jetzt die Nr. 1 bis 5326 d. h. die Grabinschriften von Nord-, Ost-, Westetrurien und zwar von Fäsulä-Volcii und 8001—8600 d. h. die Inschriften des Ager Faliscus, über die Einteilung s. o.; alle noch erreichbaren Inschriften sind in Faksimile gegeben). Die Agramer Leinwandrolle oder die Mumienbinden sind von J. Krall Denkschr. Wien. Ak. Philos. histor. Cl. 41 (1892) 3. Abh. S. 1 ff. und G. Herbig CIE Suppl. fasc. 1 (1919—21) S. 1 ff. mit guten Lichtdrucktafeln, die Lemnos-Inschrift ist am besten von G. Karo und E. Nachmanson (Athen. Mitt. 33 [1908] S. 47 ff. mit Lichtdrucktafel) herausgegeben. Die neuen Einzelfunde aus Italien werden in der Regel in den Notizie degli Scavi (Atti Acc. Lincei, Roma) veröffentlicht.

Laufende Berichte über die Neufunde u. die Fortschritte in der Etruskologie von W. Deecke † u. G. Herbig im Jahresber. Fortschr. Altertwiss. Bd. 11. 19. 28. 32. 44. 87. 140 f. d. Jahre 1876—1907, von F. Skutsch † im Jahresber. Fortschr. Roman. Philol. Bd. 2. 4. 5. 6. 8. 11 f. d. Jahre 1890—1906, von da ab in der Glotta von F. Skutsch †, F. Hartmann u. G. Herbig.

§ 5. Da die etrusk. Alphabete als Zwischenglieder zwischen griech. und ital. mit diesen unlösbar verknüpft sind, werden alle zusammen unter Altitalische Alphabete (s. d.) behandelt.

§ 6. Eine etrusk. Grammatik oder richtiger eine Zusammenstellung dessen, was wir von der etrusk. Sprache wissen oder zu wissen glauben, läßt sich vor Vollendung des CIE und seiner Indices kaum schreiben. Wichtige Bausteine zur Laut- und Wortbildungslehre und Ansätze zur Flexionslehre liegen schon vor; die Satzlehre und besonders die Wortbedeutungslehre stecken noch in den Anfängen.

Von den zahlreichen Verwandtschaftshypothesen, für die bis in die jüngste Zeit eine Fülle von Fleiß, Scharfsinn und naivem Optimismus verschwendet, aber wenig methodisch einwandfreie Arbeit geleistet wurde, hat augenblicklich nur eine Aussicht mehr zu werden als eine Hypothese: die Idee von der kleinas.-vorgriech.-etrusk. Sprachverwandtschaft. Da aber die (weder idg. noch sem.) kleinas.-vorgriech. Sprachen trotz des täglich wachsenden Stoffes uns auch noch zu wenig bekannt sind, muß die vorbereitende Sammel-, Sicht- und Kombinierungsarbeit an beiden Enden immer wieder einsetzen und geduldig weiterarbeiten, ehe wir das beiderseitige Material mit der an den idg. Sprachen geschulten etymologischen Methode fruchtbringend vergleichen können.

Für alle sprachlichen und sonstigen Einzelaufsätze muß auf die zu § 3—4 zitierten laufenden Berichte von W. Deecke, G. Herbig, F. Skutsch, F. Hartmann verwiesen werden. Zur Einführung in die sprachlichen Fragen ist immer noch verwendbar: Müller-Deecke *Die Etrusker*[2] II (1877) S. 328 ff. [Sprache und Schrift der Etrusker von W. Deecke vor seinem Abfall zum Indogermanismus neu bearbeitet]. Am besten orientiert der kurze Abriß von F. Skutsch *Etruskische Sprache* in *RE* VI (1907) S. 770 ff., italien. Neubearbeitung in *Gli Etruschi e la loro Lingua*, übers. v. G. Pontrandolfi (Firenze 1909) 72 S. und jetzt P. Kretschmer bei Gercke-Norden *Einleitung*[3] 1 (1923) S. 556 ff. E. Lattes veröffentlicht seine Privatsammlungen des Rohmateriales nach der phonetischen, lexikographischen und morphologischen Seite hin in einzelnen Akademieabhandlungen: *Vicende fonetiche dell' alfabeto etrusco* Memorie d. R. Ist. Lomb. di Sc. e Lett., Cl. di Lett., Sc. mor. e stor., Milano 21 (1908) S. 303 ff.; *Saggio di un indice fonetico delle iscrizioni etrusche* Rendic. Instit. Lombardo, Ser. II 41 (1908) S. 364 ff., 508 ff., 827 ff.; 42 (1909) S. 787 ff.; 44 (1911) S. 450 ff.; 46 (1913) S. 355 ff.; 50 (1917) S. 345 ff.; *Saggio di un indice lessicale etrusco* Mem. Accad. Napoli 1 (1908) S. 1—78, 109—209; 2 (1911) S. 1—116 und Rendiconti w. ob. 45 (1912) S. 303—317, 351—365, 412—429; Mem. d. R. Ist. Lomb. d. Sc. e Lett., Cl. di Lett. 23 (1914) S. 1 ff.; Rendic. d. R. Ist. Lomb. 53 (1920) S. 379 ff., 54 (1921) S. 130 ff., 55 (1922) S. 167 ff. [wodurch das schwerfällige Glossarium italicum in A. Fabrettis CII überholt wird]; *Saggio dell' indice lessicale etrusco per finali* Rendiconti d. R. Ist. Lomb. 45 (1912) S. 846 ff., 46 (1913) S. 137 ff., 222 ff. [ein a tergo-Index der etr. Wortformen].

Für die Lautlehre auch heute noch wichtig W. Deecke *Etr. Lautlehre aus griech. Lehnwörtern* Bezz. Beitr. 2 (1878) S. 161 ff. Die Konsonanten behandelt S. P. Cortsen *Lyd og Skrift i Etruskisk* I (1908). Für die Wortbildungslehre (zunächst der etr. und etr.-latin. Gentilnamen) bahnbrechend W. Schulze *Zur Geschichte der latein. Eigennamen* Abh. Gött. Ges. Philol.-Hist. Kl. NFV 5 (Berlin 1904) S. 62—421 und für das Verhältnis der Gentil- zu den Ortsnamen S. 522 ff. [mit sorgfältigen und bis zur Vollendung des CIE unentbehrlichen Indices]; die Vornamen sind ausführlich bearbeitet von W. Deecke Etr. Forsch. 3 (1879); alle Eigennamen vom Gesichtspunkt der Motion von E. Fiesel *Das grammatische Geschlecht im Etruskischen* 1922; die Götternamen von W. Deecke und C. Pauli in Roschers *Lex.*, von C. Thulin und E. Fiesel in *RE*, vgl. auch G. Herbig *Etruscan Religion* in der *Encyclopaedia of Religion and Ethics*, ed. by J. Hastings Bd. V 532 ff. (Edinburgh 1913), Neubearbeitung in: *Religion und Kultus der Etrusker* Mitteil. d. Schles. Ges. f. Volksk. Bd. 23 (1922) S. 1 ff. Die noch bedenklich wenigen Wörter sicherer Bedeutung sind gesammelt von S. P. Cortsen *Vocabulorum Etruscorum interpretatio* Nord. Tidsskrift f. Filol. 1918 S. 165 ff. Zu den sprachlichen Formeln und einzelnen Typen der etr. Inschriften: L. Lattes *Le formole onomastiche dell' epigrafia etrusca* Memorie d. R. Ist. Lomb. di Sc. e Lett., Cl. di Lett., Sc. mor. e stor., Milano 22 (1909) S. 63 ff.; C. Pauli *Die Besitz-, Widmungs- und Grabformeln des Etruskischen* Etr. Stud. 3 (1880); W. Deecke *Die etr. Bilinguen* Etr. Forsch. u. Stud. 5 (1883); ders. *Die etr. Beamten- und Priestertitel* ebd. 6 (1884), dazu jetzt A. Rosenberg *Der Staat der alten Italiker* (1913) S. 51 ff. u. E. Lattes Rend. d. R. Ist. Lomb. d. Sc. e Lett., Pavia 47 (1914) S. 945 ff. Für nordetrusk. und kampano-etrusk. Dialektfragen das ältere Material bei C. Pauli *Die Inschriften nordetruskischen Alphabets* Altital. Forsch. 1 (1885) (auch 3 [1891] passim) und bei F. Weege *Vasculorum campanorum inscriptiones italicae* 1906 (wo naturgemäß die Tontafel von Capua, Rhein. Museum 55 [1900] S. 1 ff. F. Bücheler, noch fehlt).

Kleinasiatisch - vorgriechisch-etruskische Beziehungen. Über die „vorgriechische" („kleinasiatische", „anatolische") Sprach- und Bevölkerungsschicht zuerst H. Kiepert *Lehrb. d. alten Geogr.* 1878 S. 73 ff.; dann mit vielen übereilten Einzelheiten und vorzeitigen Zusammenfassungen zu „pelasgischen" od. „alarodischen" Völkerfamilien (mit Hereinziehung der Iberer, Ligurer, Etrusker, Hettiter und anderer „Kaukasier"): C. Pauli Altital. Forsch. II 1, 2 (1886, 1894); ders. *Die Pelasgerfrage* Beilage zur Münchner Allgem. Zeitung 1901 Nr. 94; Archiv f. Anthr. 19 (1891) S. 251—260 F. Hommel; ders. *Grundr. d. Geogr. u. Gesch. d. alten Orients*[2] 1904 S. 63 ff.; The Babylonian and Oriental Record 6 (1892—3) S. 85 ff.; L'Anthrop. 4 (1893) S. 699 ff. S. Reinach. Wissenschaftlich bewiesen auf Grund gemeinsamer Eigennamen-Suffixe wurde die sprachliche Zusammengehörigkeit des engeren Kreises der „kleinasiatischen" Sprachen von P. Kretschmer *Einl. in d. Gesch. d. griech. Sprache* 1896 S. 289 ff.

In diesen kleinas.-vorgriech. Völkerkreis scheinen nun tatsächlich auch die Etrusker hineinzugehören, zum mindestens sind die etrusk.-latin. und die kleinas.-vorgriech. Eigennamen-Massen nach Stämmen, Suffixen und Lautsystem enge verwandt. Den Nachweis im einzelnen hat zuerst C. Pauli auf Grund eines umfangreichen Namenmateriales in den obengenannten Schriften versucht. A. Kannengiesser ist mit zwei Schriften gefolgt: *Ist das Etruskische eine hettitische Sprache?* I. *Das vϑ-Suffix im Etr. u. Griech.* Gelsenkirchen Progr. 1908, und *Ägäische, bes. kretische Namen bei den Etruskern* Klio 11 (1910—1) S. 26 ff. (dazu die Einschränkungen von P. Kretschmer Glotta 4 [1913] S. 311 f.). Die methodischen Fehler dieser sprachwissenschaftlich nicht exakt genug arbeitenden Pfadfinder sucht G. Herbig *Kleinasiatisch-etruskische Namengleichungen* SB. Bayer. Ak., Philos.-philol. u. histor. Kl. 1914, 2. Abh. S. 1 ff. nach Kräften zu vermeiden; er konnte sich dabei auf neues Material stützen, das J. Sundwall *Die einheimischen Namen der Lykier nebst einem Verzeichnis klein-asiatischer Namenstämme* Klio Beiheft 11 (1913) aus dem Scheden-Archiv der kleinas. Kommisson d. Akad. d. Wiss. in Wien veröffentlicht hat (vgl. dazu Gött. gel. Anz. 1916 S. 490 ff. O. A. Danielsson). Solange der II. Bd. des CIE, die entsprechenden Supplemente des CIL, der Kreta- und Kyprosband der IG und die weiteren Bände der TAM nicht vollendet sind, ist an eine wirkliche Aufarbeitung des reichen, aber philologisch noch nicht genügend gesichteten Materiales nicht zu denken. Auch für die Ortsnamen bedeuten A. Ficks *Vorgriechische Ortsnamen als Quelle für die Vorgeschichte Griechenlands* 1905 und *Hattiden und Danubier* 1909 erst den Anfang der Erkenntnis. Durch die überraschende Entdeckung vom idg. Charakter der hettitischen Flexion ist der Begriff der Hettiter, der in vielen dieser Pfadfinder-Schriften eine geheimnisvolle Rolle spielte, dieses Schleiers beraubt worden. F. Ribezzo sucht in zwei Aufsätzen mit bezeichnenden Titeln *La originaria unità tirrena dell' Italia nella toponomastica* und *Carattere mediterraneo della più antica toponomastica italiana* Rivista indo-greco-italica 4 (1920) S. 83 ff., 221 ff. den tyrsenischen Charakter der vor- oder nicht-idg. Ortsnamen Italiens als allg. mittelmeerländisch zu erweisen.

Ob sich die kleinas.-etrusk. Wahrscheinlichkeiten noch aus weiteren vorderas. Sprachen, die nicht idg. und nicht sem. sind, wie Chaldisch (Urartäisch, Alarodisch, Biainitisch), Ḫurrisch (Horithisch), Mitannisch, Elamitisch (Susianisch, Hapirtisch), Kossäisch (Kassitisch), Protto-Ḫattisch, Sumerisch (s. Altkleinasiatische Sprachen, Elam B, Mitanni B, Sumerer B) oder aus modernen kaukas. (s. Kaukasische Völker B) und baskischen (s. Basken, Iberer B) Dialekten vermehren und erhöhen lassen, bleibt so lange unsicher, als bei den letzten beiden Gruppen der zeitliche Abstand nicht durch neue Erkenntnisse oder neue Funde überbrückt und bei den erstgenannten Sprachen das zur Vergleichung notwendige Einzelmaterial nicht philologisch einwandfrei vorgelegt wird. Auch um aus sem.-hamitischen und idg. Mittelmeerkultursprachen wie Italisch, Griechisch, Illyrisch, Thrakisch, Phrygisch, Armenisch, Hettitisch die vorsem. und voridg. Substrate einwandfrei bloszulegen, muß unser kritisches Werkzeug noch sehr verfeinert werden. Vorgriech. im Griech. (s. Griechen B) und Etrusk. im Latein. suchen beispielsweise: A. Meillet, A. Cuny, Ed. Hermann, K. Meister, K. Oštir, J. Huber; Lit. zuletzt bei P. Kretschmer in Gercke-Norden *Einleitung*[3] 1 (1923) S. 527; weiter M. Hammarström *Griechisch-etruskische Wortgleichungen* Glotta 11 (1921) S. 211 ff.; P. Kretschmer *Pelasger u. Etrusker* Glotta 11 (1921) S. 276 ff.; G. Herbig *Etruskisches Latein* IF 37 (1917) S. 163 ff.; *Roma* I. II in B. phil. W. 1916 S. 1440 ff., 1472 ff. u. a. im Anschluß an das schon genannte bahnbrechende Namenbuch von W. Schulze. Ein Überblick über das vorgriech.-vorderas. Sprachengewirr mit Hoffnungen und Warnungen für die Zukunft bei G. Herbig Gött. Gel. Anz. 1921 S. 213 ff., Indogerm. Jahrb. 8 (1923) S. 16 ff. Etrusk.-kaukas. Möglichkeiten: tastende, aber geniale Versuche bei V. Thomsen *Remarques sur la parenté de la langue étrusque* Bull. de l'Acad. R. des Sciences et des Lettres de Danemark 1899 No. 4 S. 373 ff. (mit einer zur Vorsicht mahnenden Besprechung von H. Schuchardt Wien. Z. Kunde Morg. 13 [1899] S. 388 ff.); unmethodische und unphilologische Nebeneinanderstellungen von A. Trombetti *Sulla parentela della lingua Etrusca* Mem. d. R. Acc. d. Sc. dell' Ist. di Bologna, Cl.

di Sc. Mor. Ser. I T. 2, Sez. di Sc. Stor.-Filol. 1909 S. 167 ff. (dazu G. Herbig IF 26 [1909] S. 361 ff., 376 ff.); ders. *Ancora sulla parentela della lingua etrusca* ebd. Ser. I T. 6, Sez. di Sc. Stor.-Filol. 1912 S. 125 ff.; magere Resultate bei Th. Kluge *Über d. Etrusk. u. seine Stellung zu d. kaukas. Sprachen* Memnon 3 (1910) S. 167 ff. Günstiger steht es schon mit den etrusk.-lemnischen und den etrusk.-lydischen Möglichkeiten, zu jenen vgl. die Lit. in der § 4 angegebenen Ausgabe der Lemnosstele, zu diesen O. A. Danielsson *Zu den lydischen Inschriften* Skrifter utgifna af K. Human. Vetenskaps-Samfundet i Uppsala 20, 2 (1918) und Indogerm. Jahrb. 8 (1923) S. 11 ff. G. Herbig. Die entscheidenden Punkte sind kurz zusammengefaßt von G. Herbig in der OLZ 1921 S. 319: „Wenn in der lemnischen Grabschrift das Alter der Verstorbenen angegeben wird mit den Worten

zivai : aviz : sialχviz : maraz-m : aviz,

so folgen unmittelbar im Satze aufeinander nicht weniger als fünf etr.-lemn. Gleichungen: 1. Die lemn. Wortfolge *zivai : aviz : sialχviz* zu etr. *zivas avils XXXVI* (Fabretti 2100), 2. lemn. *aviz* zu etr. *avils* „annorum“, 3. u. 4. lemn. *sia-* zum etr. Einerzahlwort *sa (śea-)*, lemn. *-alχ-* zum etr. Zehnersuffix *-alχ-*, 5. lemn. *maraz-m : aviz* zu den etr. mittels der Konjunktion *-m* weiter angefügten Einzelzahlwörtern... Solche Schlag auf Schlag in glatter syntaktischer Folge sich drängenden Ähnlichkeiten mit dem Etrusk. sind in lydischen Texten noch nicht aufgetaucht. Die wichtigsten Übereinstimmungen sind (von lautlichen Dingen abgesehen) nach Littmann-Danielsson die enklitische Kopulativ-Partikel lyd. *-k* = etr. *-c* und vor allem die Typen des Cas. obliquus. Das höchst merkwürdige Nebeneinander von etr. 1. *-l*, 2. *-s*, *-ś*, 3. *-ls*, *-lś* und lyd. 1. -l, *-λ*, 2. eines Sibilanten [?], 3. *-λś* schiebt die Beweislast denen zu, die hier an Zufall glauben. Die lyd. Cas. obl. pers. Herrschernamen wie *Artakśassaλś* und *Mitridastaλś* und die kombinierten Genitive etr. Vor- und Gentilnamen wie *Larϑalś* und *Xaireals* lassen sich kaum mehr auseinanderreißen.“

Wildes, naiv gläubiges, nur angedeutetes, nicht philologisch durchgeführtes Nebeneinanderreihen von allen möglichen Gleichklängen zu alarodischen, japhetitischen oder gar allsprachlichen Spracheinheiten bei K. Oštir *Beiträge zur alarodischen Sprachwissenschaft* 1921; F. Braun und N. Marr *Japhetitische Studien zur Sprache und Kultur Eurasiens:* I (1922) *Die Urbevölkerung Europas und die Herkunft der Germanen;* II (1923) *Der japhetitische Kaukasus und das dritte ethnische Element im Bildungsprozeß der mittelländischen Kultur;* A. Trombetti *Elementi di Glottologia* 1922—3. C. Schuchhardt *Alteuropa in seiner Kultur- und Stilentwicklung* 1919 schwankt S. 192 ff., 317, 339, ob er die Etrusker als ital. Autochthonen oder bei dem Kulturzusammenhang der voridg. Mittelmeersprachen als Einwanderer aus dem W ansehen soll; N. Marr scheint *Stud.* II 14 nicht übel Lust zu haben ihm zu folgen, auch italien. Forscher suchen den Ursitz der Mittelmeer-Vorindogermanen aus dem Orient zu verlegen und die Etrusker wenigstens zu relativen Autochthonen in Italien zu machen. Ist dieser Kampf um die Urheimat der „Japhetiden“ oder „Mediterraneer“ vor dem philologischen Erweis ihrer Sprachverwandtschaft nicht reichlich verfrüht? Erfreulich an dieser ganzen, allzu tumultuarischen Bewegung ist nur die sich durchsetzende Überzeugung, daß die Etrusker wie die Vorgriechen und die Kleinasiaten sui generis zu einer besonderen nicht idg., nicht hamito-sem. und nicht ugro-finn. Völkerschicht gehören. Freilich werden die kaum gezogenen Grenzen von Mischsprachen- und Kreuzungssprachen-Fanatikern oder von unitarischen Linguisten und andern Ur-Ur-Enthusiasten schon wieder verwischt. Auch die Wiedererweckung J. J. Bachofens, der mit J. Burckhardt und Fr. Nietzsche kühn zu einem Baseler Dreigestirn vereinigt wird, und seiner intuitiv-enthusiastischen Anschauungen über Gräbersymbolik und Mutterrecht bei den etrusk.-kleinas. Völkerschaften kann auf unsere Studien ebenso befruchtend wie verheerend wirken; zur Einführung jetzt: J. J. Bachofen *Das lykische Volk*, hg. u. eingeleitet von Manfred Schröter Leipzig 1924 = *Die Schweiz im deutschen Geistesleben* hg. v. H. Maync, 30. Bdch. G. Herbig

C. Anthropologie. Die Anthropologie der E. ist außerordentlich umstritten; teils hält man sie für aus Kleinasien gekommene

Asiaten, teils für Angehörige der Mittelmeerrasse *(Homo mediterraneus;* s. d.), und andere (bes. L. Wilser) erklären sie für Nordiker *(Homo europaeus;* s. d.). Vielfach werden sie als ein Stamm der Pelasger (s. d.) angesprochen, und je nachdem, wie sich die Autoren zur Frage der Rasse der Pelasger stellen, bald der, bald jener Rasse zugerechnet. Sieht man von der für Beurteilung der Rasse unsicheren Sprache ab, so stehen als Material Skelette und alte Bildwerke zur Verfügung. Die Untersuchung der Schädel ergab für das klassische Etrurien eine Mischung von Lang- und Kurzköpfen. Die Langköpfe zeigen aber nicht die Form des *Homo mediterraneus*, sondern erinnern an *Homo priscus* und *Homo europaeus* (s. d.); die Kurzköpfe sind typische Vertreter des *Homo brachycephalus, var. europaea* (s. d.); dazu paßt, daß die E. von den Römern gern als „fett" bezeichnet wurden. *Homo brachycephalus, var. europ.* neigt ja zu runden Formen. Was das ikonographische Material anlangt, so kam L. Woltmann nach eingehenden Studien zu der Überzeugung, daß die E. zur nord. Rasse gehört haben müßten *(H. europaeus);* zweifellos ist oft deutlich blonde Haarfarbe zu erkennen. Es ergäbe sich also folgendes Bild: die E. waren ein Mischvolk aus einem lang- und einem kurzköpfigen Element: *Homo europaeus* und *Homo brachycephalus, var. europaea.* Die nord. Rasse dürfte auch bei den Etruskern, wie immer in solchen Fällen, die durch Eroberung ins Land gekommene Herren- und Adelsschicht gewesen sein.

Volkstum u. Sprache d. Etrusker Pol. Anthr. Rev. 4 (1905/6) S. 699 Wilser; *Arier-Germanen-Rassen-psychologie* Pol. Anthrop. Rev. 4 (1905/6) S. 381 Woltmann; Präh. Z. 4 (1912) S. 52ff. Schliz; H. Guenther *Rassenkunde des deutschen Volkes* 1922. Reche

Etruskische Medizin. § 1. Wir wissen von der Heilkunde der Tusker fast nichts. Einiges dazu gehörige und daran grenzende läßt sich auf Umwegen erschließen. Schriftliche Literaturreste in der noch unenträtselten Tuskersprache sind äußerst spärlich. Der umfänglichste auf uns gekommene Text auf den Agramer Mumienbinden scheint ein Ritualtext zu sein. Auch unter den Inschriften ist keine, soweit wir bis heute zu sehen vermögen, von speziell med. Inhalt. Ein Rückschluß aus der gleichfalls recht spärlichen altröm. Medizin ist nur mit allergrößter Vorsicht möglich. Was der alte Cato in seinem Buche „De agricultura" gibt, ist nur zum allerkleinsten Teile altital., das meiste med. ist, trotz seiner scharfen Ablehnung derselben, aus der Griechenmedizin entnommen, sogar der berühmte, so echt klingende Kohlexkurs (157). Nur die „Cantiones", die Besprechungsformeln für Verrenkungen usw. sind wohl wurzelechtes altital. Heilgut.

§ 2. Ärztlich beachtenswert sind die Donarien aus etrusk. Heiltempeln und das Zahnersatzwerk aus etrusk. Gräbern. Von den Donarien aus Veji befremden und fesseln den med. Archäologen besonders die halben Köpfe, welche einseitige Kopfneuralgien, vielleicht auch halbseitige Lähmungsformen (Migräne und Fazialisparesen) wahrscheinlich machen, und die eigentümlichen menschlichen Rümpfe mit geöffneter Brust- und Bauchhöhle. Am Thorax sind die durchschnittenen Rippenknorpelstümpfe deutlich dargestellt; die gesamten Eingeweide zeigen eine konventionelle Auffassung der Formen. Auf die äußere Rumpfgestalt ist häufig gänzlich verzichtet und nur der halbschematische Brust- und Bauchinhalt in der Umrahmung der klaffenden Schnittränder in Rückenlage des Kadavers auf flacher Scheibe oder in gewölbter Hohlkehle geboten. Das Material des Erhaltenen ist fast ausschließlich gebrannter Ton, und diese an den Heiltempeln offenbar käufliche Massenware ist denn auch z. B. in Veji in fast unerschöpflicher Menge gefunden worden. Mag sein, daß manches Reminiszenz ist aus den Zeiten des bei den Tuskern weit herunterreichenden Menschenopfers. Im wesentl. aber handelt es sich um Erinnerungsbilder aus der Kultöffnung der Opfertiere bei der Extipiszin, die der Künstler in erstarrten Schemen plastisch wiedergibt. Interessanter noch als das Morphologische dieser plastisch fixierten Opferanatomie ist die Psychologie dieser Donarien geöffneter Menschenrümpfe, wie viel auch aus der Opferschau des Tieres mit hinübergetragen sein mag. Daß etwa, wie man hat glauben machen wollen, diese in Masse vorhandenen Eingeweideplastiken Unterrichtsmodelle im situs viscerum für angehende Ärzte gewesen seien, ist eine, gegenüber ihrem Massenvorkommen in Heiltempeln zusammen mit anderen Gliederdonarien aller Art, unhaltbare Vermutung. Offenbar hat der Etrusker, wenn es ihm „innen" fehlte, Wert darauf gelegt, die bittend angeflehte Heilgottheit recht eindringlich darauf hinzuweisen, daß er ein Leiden in Bauch- oder Brusthöhle habe, wo, werde ja der oder die Himmlische schon selbst herausfinden, wenn er sein Augenmerk auf die dargewiesenen Organe richte. Freilich ein etwas komplizierter Gedankengang, aber angesichts dieses reichen etrusk. Donarienmaterials immerhin voller Wahrscheinlichkeit.

§ 3. Sind diese Donarienmengen als ein integrierender Bestandteil altetrusk. Volksmedizin anzusehen, so läßt sich dies von dem Goldbinde-, Brücken-, Kronen- und Prothesenwerk an Zähnen und Kiefern altetrusk. Nekropolen seit dem 9. Jh. v. C. nicht sagen, wenn auch blinkende Zahnreihen-Donarien vom Lippenrot umsäumt in altetrusk. Heiltempeln gefunden wurden, woraus die Sorge um schönes blankes Zahnwerk bei der etrusk. Frauenwelt sich ohne weiteres ergibt. In anderen Frühkulturen sind solche Zahnreihendonarien noch nicht aufgetaucht, dennoch war diese bei den alten Tuskern höher als sonst irgendwo ausgebildete Zahntechnik gewiß nicht Sache der Tuskerärzte, sondern des Metallhandwerks, das gerade im Goldschmuck sich einer besonderen Blüte erfreute und namentlich in Tarquinii einen besonderen technischen Hochstand in solchem kosmetischen Goldbrückenwerk erreicht hatte. Der Gesichtspunkt des bequemen Sitzes dieser Brücken und Prothesen spielte dabei offenbar eine ebenso große Rolle wie der prunkende Mundschmuck als Zeichen für den Reichtum des Trägers. Stützwerk in schwerem Edelmetall für gelockerte Zähne ist ebenso reich vertreten wie Ersatzwerk für gänzlich verlorene Zähne, teils durch Anbringung anderer Menschenzähne (wenn nicht direkt der ausgefallenen eigenen), teils durch kunstgerechte Zurechtschnitzung von Kalbszähnen.

§ 4. Über chirurgische Technik der Etrusker ist nichts bekannt. In Heilkräuterkunde scheinen tuskische Ärzte im Altertum einen gewissen Namen gehabt zu haben. So treffen wir bei Dioskurides auf einige etrusk. Pflanzennamen in den Handschriften, von denen mehr als die Hälfte lat. Form haben. Tuskisches Wachs galt als besonders heilsam, und Alexandros aus Tralleis spricht außer von diesem Wachs auch von einer Rautenart von glänzender Heilwirkung bei Fallsucht, die er durch einen etrusk. Bauern kennen gelernt habe.

§ 5. Ob nicht ein großer Teil der altröm. med.-hygienischen Sondergötter und -göttinnen, die das Volks- und Familienleben, namentlich auch dessen geschlechtliche Sphäre, förmlich durchwuchern und von der „Carna" und „Carmenta" zur Vesta und Juturna, zur „Dea Febris" und Mefitis usw. usw. aus Etrusk. sich herleiten, kann mit Bestimmtheit nicht entschieden werden. Allzu wahrscheinlich ist es nicht.

Denkschr. Wien. Ak. Phil.-hist. Kl. 1892 13,3 Krall; Neue Jahrbb. 19 (1907) S. 379ff. Ilberg; Sudhoff *Altital. Darstellungen menschl. Eingeweide als Weihegaben* Skizzen 1921 S. 76ff.; Zeitschr. f. Balneologie 5 (1912) S. 461ff.; L. Stieda *Anatom. archäol. Studien* 1901; Pinto *Storia della Medicina in Roma al tempo dei Re e della Republ. Roma* 1879; Bloch *Altröm. Medizin* in Puschmann *Handb. d. Gesch. d. Med.* I (1902) S. 403ff.; Deneffe *La prothèse dentaire dans l'Antiquité* 1899; Guerini *A history of dentistry* 1909; Sudhoff *Gesch. d. Zahnheilkunde* 1921; Ed. Thrämer *Cato censoris u. d. Griechenmedizin* Mitt. z. Gesch. d. Med. 14 (1895) S. 404ff.

Sudhoff

Eudämonismus s. Gebet.

Eufrat s. Euphrat.

Euganeer s. Räter.

Euganeisch-venetische Kultur s. Este.

Euhemerismus s. Dämon A § 6.

Eujük s. Öjük.

Eule. Für die E., über deren Bedeutung als Unglücks- und Todesvogel sich die Neuzeit einig ist, gibt es in der Vorgeschichte merkwürdig wenig Belege dieser Rolle. Nur vom Anfang des pers. Volkes (Mirchond *History of the early kings* 1852 S. 72) und vom Ausgang des Judentums zur Römerzeit (Josephus Ant. jud. XVIII 6, 7) kenne ich Zeugnisse. Doch gibt es Fäden, die die E. der Athene — mythologisch die wichtigste Rolle des Vogels — über Kreta (Doppelaxtkult) mit dem Spanien der Frühzeit verbinden (L'Anthrop. 20 [1909] S. 151 Siret; Hall *Aegean archeology* 1915). Ed. Hahn

Eunuch. Der E. wird im Akkad. mit den Worten *girsequ, ša* oder *šutrêši, šarišen* und *assinnu* bezeichnet. Den letzteren Namen findet man bei Leuten, die offenbar kultische Kastraten sind. Die ersten beiden werden bei Beamten des königlichen Hofes gebraucht, die z. T. recht hohen Rang haben. Der Kodex Hammurabi enthält die Bestimmung, daß das Adoptivkind eines solchen Mannes den Adoptivvater nicht verlassen dürfe, offenbar, weil dieser nicht in der Lage war, sich einen Nachkommen zu verschaffen, der als „Wasserspender" nach seinem Tode dienen konnte. Die sittliche Qualität dieser E. war oft recht gering; sie ließen sich zu widernatürlicher Unzucht mißbrauchen, beim *assinnu* geschah das im Dienste der Gottheit Ištar (s.d.). Im altassyr. Gesetze wird die Kastration als Strafe verordnet, und zwar für geschlechtliche Delikte.

Meissner *Babylonien und Assyrien* I (1920) S. 120; MVAG 1907 S. 152ff. Abb. assyr. Offiziere *(ša rêši)* s. u. Götterbild E I. Ebeling

Euphrat. Sumer. *bura* („Strom") od. *buranunu* („großer Strom"), daraus akkad. *Purattu*, hebr. *P*ᵉ*rât*, altpers. *Ufrâtu*, griech. *Euprates*, arab. *Furat*.

Der größte Strom Vorderasiens, etwa 2770 km l., entsteht aus dem Zusammenfluß zweier vom armen. Hochlande (assyr. „Naïriländer") kommenden Quellflüssen, 1. Kara-su (westl. E.), der nö. von Erzerum entspringt, und 2. Murâd-su (östl. E.), dessen Quellen auf dem Ala-dagh, n. vom Wan-See (assyr. „oberes Naïrimeer"), liegen; den Assyrern scheint nur der ö. E. — unter dem Namen *Arṣania* — bekannt gewesen zu sein.

Nach der Vereinigung durchbricht der E. in vielen Engpässen und Stromschnellen den Taurus, durchfließt die bei den Assyrern *ḫinkê ša Puratti* genannten Engen und tritt bei Biredschik in das nordmesopotamische Oberland, fließt s., bis er bei Kalʿat Balis ö. umbiegt. Am Bischri *(Bisuru)*-Gebirge ö. von Rakka durchbricht er eine zweite Enge (ḫinki) und die Engen des Kreidehorstes von Ana. An Nebenflüssen nimmt er l. bei Rakka den Baliḫ, bei el-Buseira den Ḫabûr auf; etwa von Rakka ab nimmt der E. sö. Lauf; die Höhenzüge treten immer weiter zurück und enden im 100 m h. Steilabfall von Hît *(It)* bis Beled.

Während der Euphratlauf bis dahin heute noch derselbe ist wie im Altertum, hat er in der Alluvialebene je und je Änderungen erfahren; vielfach ist festzustellen, daß der Strom sein Bett mehr und mehr nach W verlegt hat. Bei *Pallukat* (j. Fellûdja) zweigt r. der Pallukatu-Kanal ab, der bis Eridu (j. Abu Šahrein) neben dem E. herläuft. Nahe Abu Habba, der Ruinenstätte des alten *Sippar* (s. d.), nähern sich E. und Tigris am meisten; im Altertum lag Sippar unmittelbar am E., der darum direkt als „Sipparfluß" *(nâr Sippar)* bezeichnet wurde. Zahlreiche Kanäle zweigten schon im babyl. Altertum vom E. ab bzw. verbanden die beiden Ströme, so der „Ellilskanal" *(patti Ellil)* und der „Königsfluß" *(nâr šarri)*, die Sippar mit Upî am Tigris verbanden. Kûta (j. Tell Ibrahîm) war durch den Kûta-Kanal erreichbar. Babel (s. Babylon) und Borsippa (s. d.) verband der zwischen Pallukatu-Kanal und E. gegrabene *nâr Barsip;* Babel selbst durchzog der vielerwähnte *Araḫtu* (Tf. 29).

Von den zahlreichen Ruinenhügeln, die den Euphratlauf begleiten, sind erst wenige erforscht oder auch nur identifiziert; einige der wichtigsten Städte am E. waren: Nippur (s. d.), die Stadt des Gottes Ellil (j. Nuffar), nahe dem Afedsch-Sumpfgebiet, wo einst der Kabâru-Kanal abging; Šuruppak (s. d.), aus der Sintflutsage bekannte uralte Stadt (j. Fâra); Uruk (s. d.), Kultort der Göttin Ištar (j. Warka); Larsa (s. d.), Stätte der Sonnenverehrung (j. Senkereh); Ur (s. d.), Hauptkultort des Mondgottes Sin (j. Muḳajjar). Bei Bâb-salimêti, etwa dem heutigen Sûḳ-eš-šejûḫ, mündete einst der E. in den nâr marratu genannten Meeresarm (s. Persischer Meerbusen). Heutzutage dehnt sich von Sûḳ-eš-šejûḫ ab zwischen E. und Tigris (s. d.) das Gebiet der Ḥamâr- und Abu-Kelâm-Sümpfe, in dem ein Euphratarm bei Korna, ein zweiter oberhalb Basra in den Tigris mündet. Bis zum jetzigen Einfluß in den Persischen Golf heißt der Gesamtstrom Šaṭṭ-el-ʿArab.

F. Delitzsch *Wo lag das Paradies?* 1881 S. 169f., 173; F. Hommel *Grundriß der Geographie und Geschichte des alten Orients*² 1904 S. 264ff.; B. Meissner *Babylonien und Assyrien* I (1920) S. 2ff.; *RE* s. v. Euphrates.

O. Schroeder

a

b

Euphrat

a. Ein „Dschird" gegenüber von Kweiresch. — b. Der Euphrat bei Babylon im Jahre 1907.
Nach Koldewey.

Eurasische Bronzezeit. § 1. Diese geogr. Benennung entspricht der früheren Benennung „ural-altaische Bronzezeit", die einen ethnographischen Beigeschmack hat. Die euras. BZ steht den europ. Bronzezeitkulturen gegenüber einheitlich da, jedoch zerfällt sie ihrerseits wenigstens in zwei große Kulturprovinzen, die osteurop. und die zentralsibir. oder minusinskische, welche beide von einander unabhängig sind. In dem Zwischengebiet gibt es eine gemischte Kultur von w. und ö. Elementen.

§ 2. Die arch. Probleme der betr. Kultur wurden zuerst von J. Wocel und J. J. A. Worsaae besprochen. Der eigentl. erste Systematiker war aber der finn. Professor J. R. Aspelin, welcher in seiner Arbeit vom J. 1875 („*Alkeita*" = Anfangsgründe der finn.-ugr. Altertumsforschung) die Kultur analysiert und in seinen *Antiquités du Nord finno-ougrien* eine Menge von Altertümern abgebildet hat. Aspelin nahm an, daß das Zentrum und Ursprungsland dieser Kultur die Gegend von Minusinsk war, daß die Träger dieser Kultur am Ende der BZ westwärts gewandert seien und das Kama-Wolga-Gebiet besiedelt haben. Im Anschluß an die Castrénsche Theorie (s. Finno-Ugrier B) von der Einwanderung der finn.-ugr. Völker aus dem Altaigebiet, sah er in diesen Völkern die Finno-Ugrier. Die Theorie von der ost-westlichen Kulturbewegung wurde noch im J. 1882, obwohl in anderem Sinne, von Sophus Müller aufgenommen: er glaubte den Ursprung der europ. BZ in der Minusinsker Kultur suchen zu können. — Tallgren behandelte die diesbezüglichen Erscheinungen in der Arbeit: *Die Kupfer- und Bronzezeit in Ost- und Nordrußland* Helsingfors 1911 (= Z. d. Finn. Alt. Ges. 25: 1), und konnte klarlegen, daß auch die ostruss. BZ selbständig sei, daß in Ostrußland eine reiche kupferzeitliche Kultur und eine Kultur der älteren — nicht nur der jüngsten — BZ geblüht habe, und daß die Minusinsker BZ nicht in genetischer Verbindung mit ihr gestanden hat. Beide sind von einander unabhängig und haben als Randkulturen vieles von den s. Steppenkulturen entliehen.

§ 3. Die wichtigsten Materialpublikationen für die betr. Kulturen sind: I. Für Sibirien: V. Radlov *Sibirskija drevnosti* Materialien Arch. Rußl. 3, 5, 15, 27; ders. *Aus Sibirien* 1884; D. Klementz *Drevnosti Minusinskavo muzeja* Tomsk 1886; F. R. Martin *L'âge du bronze au musée de Minoussinsk* 1893; A. M. Tallgren *Collection Tovostine* 1917. Die letztgenannte Arbeit ist mit einer ausführlichen Bibliographie versehen. S. a. Z. d. Finn. Att. Ges. 29: 2, 3 (1922).

II. Das westsibir. Material ist in A. O. Heikel *Antiquités de la Sibérie occidentale* Mémoires de la Soc. Finno-Ougr. 6 (1894) gesammelt. Weiter in V. Tolmačovs hervorragenden Fundverzeichnissen *Drevnosti vostočnavo Urala* I, II Zapiski der Jekaterinburger Naturforsch. Ges. 32 (1913), 34 (1915).

III. Das ostruss. Material ist zum erstenmal von N. Stuckenberg in den Izvestija der Kazaner arch. Gesellschaft (Bd. 17, 1901) abgebildet; später ausführlicher in der (v. § 2) genannten Schrift von Tallgren und besonders in Tallgren *Collection Zaoussaïlov* I (1916). Die jüngste Stufe dieser Kultur behandelt er in *L'époque dite d'Ananino* (Z. d. Finn. Alt. Ges. 31 [1919], wo vollständige Bibliographie. Für Zentralrußland s. Fatjanovo-Kultur, für Finnland s. Finnland B.

§ 4. Die wichtigsten Sammlungen befinden sich im Städtischen Museum in Minusinsk, im Kazaner Universitätsmuseum, im Historischen Museum zu Moskau und im Nationalmuseum zu Helsingfors (Slg. Zausailov und Tovostin). Kleinere Kollektionen sind auch in verschiedene russ. und ausländ. Museen gelangt.

§ 5. Die wichtigsten Probleme der jetzigen euras. Bronzezeitforschung sind: 1. Das Verhältnis zu der chines. und der turkest. Kultur und die Einflüsse aus diesen Gegenden. 2. Der Ursprung der Minusinsker BZ und ihr Verhältnis zu der lokalen StZ. 3. Die Besiedelung Westsibiriens in derselben Zeit. 4. Die ostruss. Gorodiščen und die Stellung der zentralruss. Jägerkultur zu der ostruss. Anan'ino-Kultur. — In erster Linie fehlt es aber an wissenschaftlichen Ausgrabungen, deren Zahl auf dem enormen euras. Gebiet bisher zu gering ist. Neues Material wird ohne Zweifel auch neue Probleme bringen und unsere Kenntnisse vertiefen. Über die bisherigen Resultate dieser Forschung s. Ostrussische Bronzezeit und Sibirien C. A. M. Tallgren

Europa (Übersicht).

Inhalt: I. Paläolithikum: § 1—8. — II. Übergangszeit und Neolithikum: § 9—32. — III. Bronzezeit: § 33—41. — IV. Hallstattzeit: § 42—45. — V. La Tènezeit: § 46.

§ 1. Als monumentale Tatsache, alle früheren Merkpunkte und Wegezeichen überragend, steht heute am Anfang der europ. Kulturentwicklung das Paläolithikum im SW, in Spanien und Frankreich. Es geht weit in die Eiszeiten zurück und läßt sich durch eine klar gegliederte Typenfolge in 6 Per.: Chelléen, Acheuléen, Moustérien (ä. Paläol.) und Aurignacien, Solutréen, Magdalénien (j. Paläol.) scheiden. Das Paläol. ist auch in Italien bis in seine frühen Per. zurück bezeugt, es fehlt aber in Griechenland und auf den Inseln. Dagegen gehen an der Nordküste von Afrika seine Spuren entlang und finden sich bis nach Syrien und der Sinaihalbinsel, hier aber überall nicht so alt wie in Spanien und Frankreich. Es spricht sich schon in diesem Auftreten eine älteste Kulturentwicklung vom W nach dem O aus.

§ 2. In Mitteleuropa ist das Paläol. zwischen den Alpengletschern einerseits und den schwed. bis gegen Leipzig und zum Harz reichenden anderseits, besonders aus seinen jüngeren Per., vom Moustérien an, bezeugt in Thüringen (Taubach, Ehringsdorf), bei Lichtenfels, in Böhmen und Mähren (Předmost, Brünn), in Galizien und Ungarn. Es zeigen sich hier aber vielfach eigenartige Formen, so daß die Gleichsetzung der Per. mit den frz. nicht ohne weiteres möglich ist.

§ 3. Zwei Menschenrassen — besser würde man nur Arten sagen — treten nacheinander im Paläol. auf, im Acheuléen und Moustérien die Neandertalrasse (Le Moustier bei Les Eyzies, Spy in Belgien, Neandertal bei Düsseldorf, Krapina in Kroatien) mit fliehender Stirn und fliehendem Kinn, Augenbrauenwülsten, aber schon langem Kopf, und die Aurignac- oder Cromagnon-Rasse mit ziemlich steiler Stirn und Kinn und feinem Langkopf.

§ 4. Die Skelettreste, die von diesen beiden Rassen erhalten sind, stammen von Bestattungen, eingebettet in Höhlen, die z. T. früher bewohnt gewesen waren. Die Leichen lagen mit etwas angezogenen Beinen in Schlafstellung und hatten Schmuck (Muscheln als Besatz von Mützen) und Werkzeuge (Axt, Schaber, Messer) mitbekommen. Vom Aurignacien an sind sie auch reichlich mit roter Ockerfarbe eingepudert (Mentone, Oberkassel). Es muß also schon ein entschiedener Glaube an das Jenseits geherrscht haben und das Bestreben, den Verstorbenen dort möglichst lebensfrisch auftreten zu lassen (s. Lebender Leichnam). In der Ofnet-Höhle bei Nördlingen fanden sich zwei Reste von bloßen Menschenschädeln in Ocker gelegt; sie waren gewaltsam vom Rumpfe getrennt, also Teilbestattungen (s. d.) an besonderer Stelle, vielleicht in der Wohnung.

§ 5. Die Neandertaler haben nur große, grobe Werkzeuge gehabt, mit den Cromagnon-Leuten ist die Kultur und die Kunst in die Welt gekommen. Die Äxte des ä. Paläol., in deren Mittelpunkt die ovalen (von der Form und Größe der menschlichen Hand) des Acheuléen stehen, deuten auf ein feuchtes Waldklima, in dem es Bäume zu fällen galt. An ihre Stelle treten im j. Paläol. derbe Messerklingen, fein gedengelte Lorbeerblatt-Spitzen, Pfriemen und Nadeln. Zu ihrer Herstellung wird jetzt auch Knochen verwendet und dabei an passenden Stellen mit Wickel- und Flechtmustern verziert.

§ 6. Die Wiedergabe dieser technischen Ornamente — schon aus dem Aurignacien (Předmost) sind Haken- und Mäandermotive vorhanden — ist ebenso alt wie die der natürlichen Welt, der Tier- und Menschenfiguren, sie tritt nur weit bescheidener auf. Das volle künstlerische Anschauen und Können zeigt sich in den farbigen Wisenten und Hirschen, den Mammut und Ebern der Höhlenwände und in den bisher spärlichen, aber darum um so wertvolleren menschlichen Reliefs und kleinen Rundfiguren. Der hier sich offenbarende Trieb, die lebendige Natur nachzubilden, charakterisiert die ganze nachfolgende Entwicklung im Mittelmeere.

§ 7. Die Menschenfiguren bieten noch besonderes Interesse. Die Männer sind ganz schlank und haben als einziges Trachtstück einen breiten Leibgürtel, wie auch altägyptische Figuren (L. Curtius *Die antike Kunst* Tf. 1). Die Weiber, völlig nackt, sind alle sehr fettleibig, ihre Haare, bald in konzentrischen Kreisen geordnet, bald frei herabhängend, erinnern ebenfalls an Altägypten. Die Darstellungen sind als ganz realistisch, nicht etwa nach einem Schönheitsideal stilisiert, zu betrachten. Um so mehr fällt es auf, daß sie alle, sowohl die Rundfiguren von Willendorf und Mentone, wie die Reliefs von Laussel, in demütiger Haltung dastehen, mit gesenktem Haupte, die Hände auf die Brust gelegt oder die eine Hand vors Gesicht erhoben, in der andern ein Trinkhorn. So treten im späteren Mittelmeere die Leute vor den Altar und gießen eine Spende. Die Reliefs von Laussel stellen augenscheinlich Verstorbene dar, die an der Stelle bestattet waren. Der nach Berlin gekommene Stein von Laussel ist ganz von Ockerfarbe überzogen; er wird beim Abbruch von der Wand in die Grabstelle gefallen sein, denn außer als Grabbeigabe kommt Ocker dort nicht vor. Eine der kleinen Rundfiguren ist in Brünn in einem Grabe gefunden worden. Das alles ergibt folgendes Bild: die Verstorbenen wurden dargestellt wie sie zu den Göttern beten, sie werden ihrerseits von den Hinterbliebenen verehrt, und man rechnet auf ihre Fürsprache bei der Gottheit, wie die Etrusker und Römer bei ihren Laren — die auch noch das Trinkhorn halten — und die Katholiken bei ihren Heiligen.

§ 8. Nach Zahlen datieren können wir das Paläol. bisher nicht. Die Ansätze der Geologen weichen außerordentlich von einander ab. Dem historisch Geschulten wird es schwer, es durch weiten Abstand von der jüngeren Stein- und der Bronzezeit im Mittelmeere getrennt zu denken, denn es ist durch zu viele feste Fäden mit diesen Kulturen verbunden. Die Schlafstellung der Bestatteten, die Teilbestattung (Ofnet), die Ockerbeigabe, die Höhle als Vorbild des Rundhauses und Gewölbes, die Freude an der lebendigen Natur, die Fettleibigkeit der Frauen und ihre Haartracht, der bloße Gürtel der Männer, der Ahnenkult mit der betenden Haltung der Vorfahren sind lauter Eigentümlichkeiten, die sich noch für eine Weile, zum Teil sogar recht lange in die Folgezeit des Mittelmeeres hinein erhalten haben.

§ 9. Keramik hat das Paläol. noch nicht besessen. Die Kunst, Gefäße aus Ton herzustellen, tritt erst im Übergange zum Neol. auf; die ersten Beispiele bieten die Kjökkenmöddinger des N. Von da an wird aber die Keramik das wichtigste kulturgeschichtliche Leitfossil. Denn seine Töpfe für den Hausgebrauch hat jedes Volk sich selbst gemacht, es ist Hausfrauenarbeit, hält folglich zäh an der Tradition, und die unzerstörbaren, praktisch wertlosen Scherben sind überall im Boden erhalten. So ist die Keramik geradezu die Sprache der vorgesch. Zeiten.

§ 10. Die ältesten Töpfe lassen erkennen, daß ihnen letzten Endes die Kürbisform zugrunde liegt. Der hartschalige Flaschenkürbis wächst überall in Südeuropa bis zur Donau und bietet sich von selbst als Gefäß an, wie noch heute in Afrika. Der Übergang von ihm zum Tongefäß hat sich aber nicht überall gleichartig vollzogen. Es lassen sich je nachdem drei große Kulturkreise im neol. Europa unterscheiden: im Donaukreise ist das Tongefäß die unmittelbare Nachahmung des Kürbistopfes; in Westeuropa ist der Kürbis zuerst in Leder nachgeahmt worden und das Ledergefäß dann in Ton; in Nordeuropa ist das Zwischenglied die Korbflechterei.

§ 11. Der westeurop. Lederstil ist offenbar erwachsen aus der reichlichen Verwendung dieses Materials schon im dortigen Paläol. Die Fellkratzer sind zahlreich seit dem Acheuléen, die Pfriemen und Nadeln folgen bald. Die älteste Kleidung muß aus Fellen gewesen sein. Es lassen sich auch Gefäße unschwer aus einem Stück Leder herstellen; eine solche Kanne aus Ägypten ist im Berliner Museum. Noch in den äg.-griech. Holzsarkophagen sind Spuren von Lederlekythen gefunden, und von einer schweren griech. Belagerung wird berichtet, daß die Bedrängten ihre Sandalen und Lederkannen gefressen hätten (Plutarch Sulla 13). Die Formenreihe dieser westeurop. Keramik zeigen am vollständigsten die Gefäße vom Michelsberge b. Bruchsal (Schuchhardt *Alteuropa* S. 51 Abb. 8a—i). Vom einfachen Kürbissegment (a und b) schreitet hier die Bildung fort zu dem Napf mit eingespanntem Reifen (c, d), dem tiefen „geschweiften Becher" (e, f), dem am Halse eingeschnürten „Tulpenbecher" (g) und der starkschultrigen Amphora (h, i), der man nur einen Fuß und zwei große Henkel anzusetzen braucht, um die klassisch-griech. Form zu haben. In anderen Gebieten des W ist diese oder jene Form der Michelsberger Reihe besonders bevorzugt worden: in der Dolmen-Keramik von Frankreich der Reifennapf d, der dann in Spanien zu dem tieferen „Bootnapf" wird. Sehr beliebt ist von Spanien bis England einer- und bis Sizilien anderseits der geschweifte oder Glocken-Becher(e) gewesen, der auch in Mitteleuropa einen Streifzug bis Böhmen, Mähren und Ungarn macht. Der Tulpenbecher (g) findet sich früh in Spanien (Ciempozuelos), noch spät in Unteritalien (Canosa) und in Troja II aus Silber im Großen Schatze.

§ 12. Im Mittelmeere zeigt sich die Abhängigkeit von Spanien auf Schritt und Tritt, und eine gewisse Fortentwicklung der Formen sorgt dafür, daß der alte einfache Westursprung um so klarer hervortritt. Die span. Gefäße haben noch keine Standfläche, sondern werden auf besondere zylindrische oder etwas geschweifte Füße gesetzt. Schon in El Argar (zeitlich = Troja II) wächst ein solcher Fuß mit dem einfachen Ledernapf (a) zusammen, und es entsteht so die Urform des Pokals, der nur noch einen Henkel braucht um in seiner bekannten trojanisch-kret.-myk. Form dazustehen. Mit demselben Fuße tritt auf den Kykladen der kuglige Napf, der Bootnapf und der Glockenbecher auf. Der große Pithos von El Argar liegt dem kret. Pithos zugrunde, der in langen Reihen in den Kellern von Knossos stand, die kleine zylindrische Tasse von El Argar der etwas geschweifteren von Kreta und Mykene und einem Silberbecher von Troja II (Gr. Schatz). Auch die kleinen Silbervasen von Troja II mit rundlicher Schulter und Standfuß gehen wie ihre vielen kret.-myk. Schwestern auf die Michelsberger Amphora (i) zurück.

So sehen wir in der Keramik den westeurop. Einfluß durch das ganze Mittelmeer bis an die kleinas. Küste wirken; freilich nur einen Einfluß. Wohin er kam, war doch schon anderes vorhanden und ließ sich keineswegs ganz unterdrücken. In Troja zeigt sich der Einfluß fast ausschließlich in den Silbergefäßen des großen Schatzes, daneben z. B. in dem Ledernapf: *Katal. Schliemann Slg.* Nr. 396 (Schuchhardt *Alteuropa* S. 203 e). Vielleicht sind sie aus dem alten Silberlande Spanien importiert, vielleicht auch nur älter als die keramische Masse der II. Stadt.

§ 13. Wohn- und Grabbauten. Die Rundhütte liegt zwar nicht der allgemeineurop. Bauentwicklung zugrunde, wie vielfach behauptet ist (Montelius), wohl aber der des W und S. In verschiedenen Höhlen finden sich zeltartige Darstellungen mit einer Mittelstange, die auf einen Rundbau deuten; die Höhlen selbst mit ihren gewölbten Decken konnten einen künstlichen, oben zugewölbten Rundbau veranlassen. Ein solcher ist immer das Gegebene in Gegenden, wo Langholz fehlt und man auf Schilf oder Stein als Baumaterial angewiesen ist.

§ 14. In Spanien und Frankreich sind aus alter Zeit bisher nicht viele Rundbauten nachweisbar — Sabroso in Portugal ist nach Bosch-Gimpera nicht stein- sondern erst hallstattzeitl. —; in Oberitalien gibt es als Ältestes viele runde Hüttenböden, die offenbar nur von Schilf oder Lehm überbaut waren; am reichhaltigsten und besten steht uns der alte Rundbau in den Nuragen von Sardinien vor Augen. Sie sind nicht Tempel oder Gräber, sondern Wohntürme (Nissardi) und sind bis in die Tausende über das Land verbreitet, die einzelnen nur 5 oder 10 km voneinander entfernt. Jedes größere Gut muß in jener Zeit einen solchen Schutzturm gehabt haben, wie es ähnlich in unsicheren Zeiten des Mittelalters in italien. Städten (S. Gimignano, Certaldo) und in Westfalen auf dem Lande der Fall gewesen ist. Es gibt auch Nuragen-Burgen, von einer in Bogenlinien verlaufenden Mauer umzogen, mit kleinen Rundtürmen am Rande und einem großen auf der Innenfläche (Memnon 2 S. 199 D. Mackenzie). Solche Anlagen erklären uns die älteste Form von Tiryns, wo 2 m unter dem Schliemannschen Palaste auf der Mitte der Burg sich der große runde Nurago gefunden hat und der Mauerbogen im S mit dem gewölbten Nebeneingang der zugehörige Rest der alten Befestigung ist (Schuchhardt *Alteuropa*

S. 216). Auch Athens älteste Burgmauer hat mit ihren geschwungenen Linien, der großen Schleife in der SO-Ecke und ihrem unförmlichen Steingefüge den alten westmittelländischen Charakter (A. Köster *Das Pelargikon* 1909 S. 11 ff.). Auf den Balearen haben die Wohnbauten, Talayots genannt, gewöhnlich ovale Form und sind nicht so spitz wie die Nuragen, sondern flacher zugewölbt. Damit wurde ein Mittelpfeiler erforderlich, der gewöhnlich aus Blöcken, nach oben immer größer werdend, um breit auszuladen, aufgeführt wird und damit die Form der aufwärts sich verstärkenden kret.-myk. Säule ergeben hat (Schuchhardt a. a. O. S. 150).

§ 15. Zu den sardischen Nuragen gehören zwei Arten von Gräbern: Die oberirdischen „Gigantengräber", eine Abart der frz.-span. Dolmen, und die unterirdischen Kammergräber, gewöhnlich wie Anghelu Ruju, aus einem größeren Mittelraume und einer Anzahl von kleineren darum herum bestehend. Die in Anghelu Ruju erhaltene Keramik zeigt, daß wir uns auf der Stufe der Glockenbecher befinden. Vom W her (Algarve in Spanien, New Grange in Irland) kommt aber auch die Form der Ganggräber, die zu den Tholos-Bauten von Kreta und Mykene geführt hat. Sie sind unterirdisch. Der lange Gang führt in den Berghang hinein zu einem runden Raume, der in „falschem Gewölbe" nach oben geschlossen ist und seitwärts eine oder zwei Kammern hat. Es kann keine Rede davon sein, daß diese Gräber im W rohe Nachahmungen der myk. wären, sie sind vielmehr deren Vorstufen.

§ 16. Der Rundraum läßt sich aus Rücksicht auf die Überwölbung nicht allzu sehr ausdehnen. Wo einer als Wohnung nicht reicht, muß folglich ein zweiter oder mehrere hinzukommen. Dabei ist bald ein bestimmtes Schema sehr beliebt geworden, das sich am klarsten in dem kleinen Hausmodell von Melos ausspricht: um einen Binnenhof werden in Hufeisenform die Rundhütten herumgelegt, so daß rechts drei, links drei und hinten in der Mitte noch eine, im ganzen 7 erscheinen. Demselben Schema, nur daß statt 7 Räumen 5 angelegt sind, entsprechen die „Apsidenbauten von Malta und Gozo": die Gigantia, Mnaidra, Hagiar Kim u. a. Sie sind nicht offene phön. Heiligtümer aus dem 7. Jh. oder Gräber, sondern Paläste. Die rundlichen Räume sind zugewölbt und ihre Keramik entspricht der aus den Gräbern der Anghelu Ruju-Stufe; ein sehr großer, Hal Saflieni, wurde 1910—12 dicht bei La Valetta ausgeräumt.

§ 17. Freilich haben aber diese Paläste auch Bestattungen aufgenommen, und ein Kult hat in ihnen bestanden. Die vielfachen Wandnischen sind kaum anders als für Teilbestattungen zu denken; diesen Bestatteten galt der Kult, der zugleich im Hause bestand. Dem Eingang gegenüber, neben der Tür, die in den zweiten Raum führt, sind jedesmal zwischen vortretenden Platten Nischen angelegt. In ihnen hat auf niedrigem Sockel eine Säule gestanden; einmal sind an solcher Stelle neben einem Altar auch mehrere feiste, sitzende Figuren aus Kalkstein gefunden. Diese Verhältnisse ergeben ein einheitliches Bild. Wie schon im Paläol. in der Wohnhöhle bestattet wurde (in Mentone an und auf dem Herde) und die Bilder der Verstorbenen daneben angebracht und verehrt wurden, so geschah es auch in den immer noch höhlenartigen Maltapalästen (Schuchhardt a. a. O. S. 153 ff.).

§ 18. Der Grundriß des Melos-Hauses mit dem Binnenhof in der Mitte ist typisch geworden für das Mittelmeer. Er liegt den großen kret. Palästen zugrunde (Knossos, Phaistos), nur daß hier schon alles Runde rechteckig geworden ist; er ist auch nach Kleinasien hineingegangen zu den Hettitern nach Bogasköj und hat bis in späte Zeit sich erhalten bei den Etruskern (Marzabotto) und in Pompeji. Denn das Atrium (nicht von *ater* schwarz) ist der Nachfolger des alten offenen Hofes, um dieses liegen die Wohnräume wie im Melosmodell und die Ahnennische befindet sich dem Eingang gegenüber wie in Malta.

§ 19. Das Bestatten im Hause begegnet uns im w. und s. Kreise oft: auf dem Michelsberge, in Mundolsheim, bei Frankfurt a. M., auf span. Burgen in den Kellern. In der nordsyr. Hettiterstadt Sendschirli hat ein König ein neues Haus gebaut „für sich und alle seine Väter", und 2. Chron. 33. 20 heißt es: „Manasse verschied zu seinen Vätern und ward begraben in seinem Hause".

§ 20. Menhir-Kult. Die Säule aber, die in den Malta-Nischen das Kultobjekt war, steht inmitten einer eigenartigen Entwicklung. In der Bretagne und auch in Südfrankreich gibt es noch viele einzelne hochragende Steine, kelt. Menhirs genannt. Wo die Verhältnisse gut erhalten sind, finden wir solch einen Menhir am Kopfende eines Hünenbettes, neben dem Hünenbett liegt noch der ovale, von Steinplatten eingehegte Festplatz (Cromlech), und zu ihm hin führt eine lange aus mehreren Steinreihen bestehende Allee als Pracht- und Feststraße. Wie ragende Berge und Bäume der Ruhesitz sind für die unsichtbar erscheinende Gottheit, so kann es auch der einzelne Menhir sein; der Menhir am Grabe aber ist der Ruhesitz für die Seele, wenn sie das Grab verläßt und unter der Sonne weilen will. In Süditalien stehen ebenfalls heute noch Menhirs, in Ägypten sind die Obelisken aus ihnen geworden, nach Plinius' solis numini dicati, die Form des ältesten Tempels in Ägypten ist nichts als ein mächtiger Menhir. Auf dem bemalten Sarkophage von Hagia Triada (Kreta) wird ein Totenopfer vollzogen, indem vor Obelisken, auf deren Spitze Vögel, die Seelen der Verstorbenen sitzen, der Wein in einen großen Kübel gegossen wird.

§ 21. Diese Menhir-Obelisk-Säule schrumpft nun zuweilen zu ganz kleinem Format zusammen. Auf einem kret. Siegel (Idäische Grotte) opfert eine Frau vor einem Altar, neben dem ein Sockel mit einem Kegelstift darauf steht. Der Gegenstand findet seine Erklärung in thessal. Funden: kleinen Tonsockeln mit eingesteckten Steinstiften. Dieselbe Form in einem Stück bieten viele troische und kret. kleine Steine, seit Schliemann immer schon „Idole" genannt, aber nun erst zu verstehen, wo man sieht, daß sie nicht eine Menschenfigur darzustellen streben, sondern nur der geistigen Erscheinung den Sitz anbieten wollen. Mit der Zeit freilich haben auch die Menhirs, die großen wie die kleinen, menschliche Attribute bekommen, zuerst ein Gesicht, dann Arme usw. Alle Etappen dieses Entwicklungsweges sind in den Kykladen- und Troja-Idolen vertreten. In der Kultnische des Knossospalastes standen neben den heiligen Doppelaxt-Zeichen kleine Tonidole, bei denen ein menschlicher Oberkörper mit gefalteten oder erhobenen Händen auf einen runden Sockel gesteckt war. Es sind Fortbildungen der thessal. Sockelstifte und gewiß Repräsentanten der Verstorbenen, also Ahnenbilder, die für das Heil ihres Hauses zu den Unsterblichen beten, so wie es die Laren des etrusk. und röm. Hauses noch anderthalb Jahrtausende später tun (a. a. O. S. 163 ff.).

§ 22. Nordeuropa, d. h. Skandinavien und Norddeutschland bis zum Harz und bis Leipzig, hat während der Eiszeiten unter den schwed. Gletschern verborgen gelegen. Die spärlichen Feuersteinwerkzeuge von Acheuléen-, Aurignacien- oder Solutréen-Charakter, die man hier gefunden hat, stammen nicht wirklich aus diesen Per., sondern erst aus der Nacheiszeit und haben nur zufällig jene altertümlichen Formen. Das Eis scheint sich in den Interglazialper. nie weit genug zurückgezogen zu haben, als daß eine menschliche Besiedelung hätte erfolgen können. Für die Zeit, die der letzte Rückzug von Schonen bis Nordschweden erforderte, hat der Geologe de Geer wertvolle Anhaltspunkte gefunden in den Moränenspuren, die der Gletscherfuß in den Etappen seines Abmarsches gegen N, also gewissermaßen seinen Jahresringen hinterlassen hat. Er zählt für diese Strecke 5000 Jahre heraus und nimmt an, daß die erste Hälfte des Weges von der Linie Harz—Leipzig bis Schonen etwa eben so lang anzusetzen, die ganze Abschmelzperiode also auf 10000 Jahre zu schätzen wäre. Das ist erheblich weniger, als die Geologen bisher gewöhnlich annahmen, aber für die arch.-histor. Auffassung immer noch unfaßbar viel.

§ 23. Nimmt man — nach Penck — auf der Höhe der letzten Eiszeit das Magdalénien an, so wäre der größte Teil der Abschmelzperiode vom Mesol. ausgefüllt gewesen. Zu dieser Zeit haben die Land- und Seeverhältnisse im N stark geschwankt. Die Ostsee ist bald ein gegen W und N weit offenes Meer gewesen (Yoldia-Zeit), bald ein Binnensee (Ancylus-Zeit) und erst im dritten Stadium, der Litorina-Zeit, das heutige Meer mit wenigen schmalen Zugängen geworden. In dieser Zeit hat sich gemäß dem Zurückweichen des Eises die allmähliche Besiedelung des Landes vollzogen, und woher sie gekommen ist, läßt sich aus den natürlichen Verhältnissen der Nachbarschaft wie aus den Kulturformen, die uns zunächst entgegentreten, deutlich entnehmen.

§ 24. Nach Westeuropa führen die verschiedensten Beziehungen, und da das untere Rheingebiet nie vereist gewesen ist, hat sich gewiß von dorther der Haupteinwandererstrom ergossen. Die Muschelhaufen (Kjökkenmöddinger) als Siedlungsreste haben ihre Analogien in Portugal und an verschiedenen Punkten der frz. Küste, und gleichermaßen finden sich auch Bestattungen auf diesen Siedlungsplätzen. In Dänemark hat sich die erste Keramik in den Muschelhaufen gefunden, durchaus in dem Michelsberger Lederstile gehalten. Die Feuerstein-Werkzeuge des frz. Campignien kehren in ihren Hauptformen im N wieder und ebenso die Tardenoisien-Pfeilspitzen (Maglemose). Die ältesten Häuser, die im N auftreten, ein paar kleine hufeisenförmige Grundrisse aus dicken Stein- und Lehm-Mauern bei Meinsdorf (Plön), erinnern an die w. Rundbauten, die ein schweres Gewölbe zu tragen hatten. Auch Menhirs an Gräbern finden sich ein paar in der Nähe der Ostseeküste (Odri, Westpreußen), und die Freude am bildlichen Gestalten offenbart sich in Bernsteinfiguren von Tieren und Menschen.

§ 25. All dies sind Dinge, die im späteren Neol. und der BZ nicht mehr vorkommen. Der N besinnt sich sehr rasch auf sich selbst und schafft aus den eigenen Verhältnissen neue Formen. Die Steingräber knüpfen zwar auch noch an westeurop. Übung an, gestalten aber aus den mächtigen schwed. Findlingen, die die Eiszeit hinterlassen hat, weit riesenhaftere Bauten, als es sonst sie gibt. In den Kammern dieser Grabanlagen sind die Leichen immer lang ausgestreckt bestattet, weil auch die Lebenden so in ihren Betten schliefen. Die Kammern waren regelmäßig von einem Hügel überdeckt, der gewöhnlich eine langgestreckte Form hat und von einer Wand aus hochgestellten Findlingen abgestützt war. In diesem Hügel fanden einfache Grubenbestattungen auf einem Pflaster statt, während die Steinkammer als Mausoleum einer vornehmen Familie vorbehalten war.

§ 26. Die **Keramik** gibt zwar die Rund-Schalenform des Kürbis und die geschnürte des Lederbechers nicht ganz auf, aber überall führt sie doch in der Verzierung die Nachahmung des Korbgeflechtes durcht Kaum je ist eine Technik im Ornamen. so klar zum Ausdruck gebracht als in dieser nord. Frühzeit, wo beide, Technik und Ornament einander noch ganz nahe stehen. Bei den Schalen, die eine straffe Wandung angenommen haben, wird der Rand in festerer, dichterer Struktur behandelt als der Körper. Oft ist angegeben, wie die kleinen dicken Henkel durch auseinanderstrebende Linien am Gefäßbauche festgenäht sind, ebenso sind für die Fußplatte, die die kugligen Näpfe erhalten haben, mehrfach die Befestigungsstiche markiert, und die Henkel selbst sind als Strohflechten behandelt. Die Verzierungen sind mit kleinen Hölzchen in einem Tiefstich ausgeführt, der ganz auf den Eindruck übereinander geflochtener Fäden berechnet ist. Es ist nützlich, sich diese Ornamentik ganz klar zu machen, da ihre Ausläufer in bestimmter Bahn weithin gegangen sind. Die Werkzeuge und Waffen sind zunächst Feuersteinäxte und Pfeilspitzen, nachher treten ebensolche Dolche und Speerspitzen sowie Schaftlochäxte aus verschiedenem Gestein hinzu.

§ 27. S. von dieser Megalithkeramik, wie sie nach den Megalithgräbern gewöhnlich genannt wird, herrscht in Thüringen die im Ziersystem ihr nahestehende **Schnurkeramik**. Auch sie ahmt Flechterei nach, aber wie schon die Technik der Schnurabdrücke einen weicheren Eindruck macht als der energische Tiefstich im N, so geben auch die Gefäßformen und die Ziermotive nicht jene Straffheit und Eckigkeit. Es ist, möchte man sagen, Mattengeflecht gegenüber dem Korbgeflecht. Unter den Gefäßformen herrschen vor die rundbauchige Amphora und der geschweifte Becher, Erscheinungen, die dem w. Kreise näher stehen als dem nord. Da auch die Mattenflechterei an die Verzierungen der span. Keramik erinnert, hat vielleicht die Schnurkeramik ihre Wurzel ebenso in dem thüringischen Paläol. wie die w. sie in dem ihrigen hat. Zur Schnurkeramik gehört als typisches Werkzeug eine facettierte Hammeraxt. Häuser mit Schnurkeramik sind erst in jüngster Zeit gefunden, es scheint, daß sie sehr leicht gebaut gewesen sind, so daß sie meist keine Spuren hinterlassen haben. Die Gräber der Schnurkeramik sind meist Hockergräber in Steinkisten unter Hügel, vielfach aber auch schon Brandgräber in Urne.

§ 28. Das ö. Süddeutschland wie Niederösterreich, Böhmen, Mähren, Schlesien haben als ältestes die Bandkeramik. In ihr ist die Kürbisform rein erhalten geblieben, und die Verzierung ahmt entweder eine Umschnürung nach, die das Gefäß tragbar gemacht hatte, oder sie trägt spielend Spiral- und Mäandermotive auf. Das bezeichnende Werkzeug der Bandkeramik ist der Schuhleistenkeil, der für eine Feldhacke gehalten wird, wie denn die Bandkeramik überhaupt die Kultur eines Ackerbauvolkes gewesen ist, das den fruchtbaren und waldlosen Lößflächen nachgehend sich weithin ausgebreitet hat. Sein erster derartiger Eroberungszug hat sich nach Mitteldeutschland durch Thüringen bis gegen Braunschweig hin erstreckt. Die Häuser der Bandkeramiker sind rechteckig oder oval, von merkwürdigen wannenförmigen Gruben unterwühlt; Pfosten- oder Blockhäuser. Ihre Gräber sind in der Regel Hocker, in der letzten StZ kommen auch Brandgräber ohne Urne auf, anscheinend unter schnurkeramischem Einfluß (Frankfurt a. M.).

§ 29. Große Kultur- und damit auch Völkerbewegungen lassen sich erkennen in dem Durcheinanderschieben, Sichvermischen und Abwandern der verschiedenen Steinzeitkulturen gerade in Deutschland. Der Hauptmischkessel ist die Gegend, wo Saale und Elbe zusammenkommen, geworden. Hier hat die Berührung der Megalith- mit der Schnurkeramik mehrere Mischstile hervorgerufen (Rössen, Bernburg, Molkenberg - Burg, Walternienburg), von denen der von Molkenberg-Burg die Mark Brandenburg, der von Rössen Süddeutschland und im Verein mit dem Walternienburger auch Böhmen, Mähren, Ungarn erobert hat und bis nach Slawonien (Vučedol und Szarvas) und Rumänien (Craiova-Salkutza) zu erkennen ist.

§ 30. Auch die thüringische Schnurkeramik hat eine weite Ausbreitung gewonnen. Eine Abart von ihr fand sich 1920 in der I. Per. von Schussenried. In württembergischen Hügelgräbern war sie immer schon beobachtet und ebenso in schweizer Pfahlbauten. Nach O hin ist sie von Thüringen aus durch Polen, Galizien, Siebenbürgen bis nach Südrußland (Kijev, Cherson) gegangen.

§ 31. Den größten Erfolg hat aber die Bandkeramik gehabt. Schon auf der ersten Station ihrer Südostwanderung, in Butmir bei Serajevo, haben die einfach kugligen Kürbisnäpfe Füße bekommen — ganz wie die primitiven span. Näpfe sie auf den Kykladen erhielten —, und die einlinig gewundene Spirale von Böhmen und Süddeutschland ist zu den verwickeltsten Doppel-, Drei- und Viergebilden ausgewachsen, wie wir sie in solcher Vollendung nachher nur in Mykene wiederfinden. Im östlichsten Europa, an der unteren Donau und in Südrußland hat dann die vielfältig entartete Bandkeramik sich noch einmal in einem großen Staubecken gesammelt, um von da einerseits nach S über Thessalien und Böotien nach Griechenland abzufließen und die Grundlage für die myk. Vasenmalerei zu bilden; anderseits den Kaukasus zu übersteigen und Vorderasien zu gewinnen, wo Anau in Transkaspien, Susa in Persien, Samarra in Mesopotamien ihre nachweisbaren Etappen sind.

§ 32. In diesen großen Bewegungen haben wir mehr als bloße Kulturströmungen, wir haben in ihnen Völkerwanderungen zu sehen. Die Rössener wie die bandkeramische Kultur bezeichnen ihren Weg mit Burgen, die sich in Slawonien, Rumänien, Thessalien finden; ihre Völker sind also erobernd vorgedrungen, sie haben als Herren ihre Hand hart auf das neue Land gelegt. Und diese Ausbreitung von mitteleurop., ja speziell von mitteldeutschen Elementen nach dem S und O hin, in Gebiete hinein, deren Sprachreste (Iberisch, Etruskisch, Kretisch, Pelasgisch) uns bis heute ein Buch mit sieben Siegeln sind, ist nicht wohl anders aufzufassen als das erste Inkrafttreten des Indogermanentums, das man besser

Germanoindertum nennen sollte, und dessen weitere Betätigung wir in den folgenden Per. kennenlernen werden. Denn in der StZ ist es bei dem ersten großen Zuge gen SO verblieben. Nur über die Enge von Valona am Adriatischen Meere hat ein Zweig vom Balkan nach Apulien und Sizilien hinübergegriffen und die bemalte Keramik in Korbflechtmotiven gebracht. Das übrige Italien ist von den Alpen aus erst Jahrhunderte später und Frankreich und Spanien gar erst in der HZ und LTZ unter den Einfluß der Nordvölker gelangt.

§ 33. Die BZ, die Per. von ca. 2000—1000 oder 800 v. C. ist für Mittel- und Westeuropa eine Zeit ruhiger Fortentwicklung, daher sie sich in der Typenfolge der 5 Perioden Montelius wie ein Bild organischen Wachstums darstellt. Die Äxte und Dolche sind Nachahmungen der voraufgegangenen Steinformen. Die Flachäxte der ersten Per. entsprechen genau denen aus dem großen Schatze von Troja II 3, so daß sich damit die Datierung auf die Zeit um 2000 v. C. ergibt, denn die drei Bauperioden von Troja II füllen nach Funden, die zu Ägypten Beziehungen haben, die Zeit von 2500—2000. Aber auch manchem bronzenen Schmuckgerät sieht man an, daß es nach Stücken aus anderem Material der voraufgegangenen metallosen Zeit kopiert ist. Die Halskragen und Manschetten imitieren grobes Gewebe, die große Gürtelplatte zum Bauchschutz ein dicht mit Spiralschnüren benähtes Stoffstück; die nord. Fibel ist sichtlich entstanden aus einer geraden Nadel, in deren Öse man einen Faden knüpfte, um ihn dann um die Spitze der durch das Gewand gesteckten Nadel zu schlingen.

§ 34. Die Entwicklung der Axt- und Fibeltypen, das Auftreten und Sichwandeln der Schwerter, die Formen der Schmucksachen geben mannigfachen Anhalt sowohl für die zeitliche Stellung wie für die auswärtigen Beziehungen. Denn Metallsachen sind immer viel aus der Fremde bezogen. Deutschland ist arm an Kupfer und an Gold. Schon in der I. Per. hat es Axtdolche (Dolchstäbe) aus Spanien, dem nächstgelegenen großen Metallande, trianguläre Dolche aus Italien erhalten, nachher Schwerter von der Rhone, Ringe aus Ungarn, Kessel und Eimer aus Italien, goldene Becher aus dem Hallstattkreise oder Etrurien. Im Tauschhandel gegen den Bernstein strömten diese Waren von den verschiedensten Seiten her ins Land. Man darf daher nicht nach den Metallsachen die Völker in Deutschland bestimmen wollen, sonst kommt man zu exzentrischen Folgerungen. Vielmehr bleibt für solche Bestimmung immer die Keramik maßgebend, die jedes Volk in häuslicher Tradition sich selbst anfertigt.

§ 35. Auch nach der Keramik zeigt sich nun in Nord- und Mitteleuropa im allgem. ein ruhiger Fortbestand mit Ausnahme von ein paar neuen Invasionen. Vom W her erfolgt im Übergang von der StZ zur BZ der Einbruch eines Jägervolkes mit Zonenbechern und Armschutzplatten (gegen den Schlag der Bogensehne); er dringt durch Thüringen und Süddeutschland bis nach Budapest. Die Bandkeramik hat in Thüringen und weiter ö. keine Hinterlassenschaft. An ihrer Stelle tritt dort zu Beginn der BZ plötzlich die ebenso landfremde Aunjetitzer Keramik auf mit lederartigen Gefäßen in Schlauch- und „Boot"-form, durchweg ohne Verzierung. Sie von der Schnurkeramik oder Bernburger oder den Kugelamphoren oder gar von allen dreien zugleich ableiten zu wollen, scheint mir stilistisch fehlgesehen. Sie ist nur verwandt mit der Pfahlbaukeramik und wird einen neuen Vorstoß aus dem Donautale darstellen nach Thüringen, Schlesien und Böhmen-Mähren.

§ 36. Ein ähnliches, neues Ereignis erlebt der Balkan. Der ersten Einwanderung in das griech. Gebiet hinein, die die myk. Kultur zeitigte, und die von Thrakien aus am Ostrande der Halbinsel entlangging, folgt eine zweite, die die Dipylonkultur hervorruft, und sie vollzieht sich offenbar am Westrande, von Albanien und Epirus aus, dafür spricht das völlige Fehlen der Spirale in der neuen Ornamentik — sie fehlte ebenso schon in der bemalten Steinzeitkeramik von Apulien und Sizilien — und die Lage des alten Dorerheiligtums Dodona. Mit dieser neuen Einwanderung ist die Formung des griech. Volkes vollendet worden.

§ 37. Auch nach Italien hinein ist in

der Mitte der BZ die das dortige Volkstum entscheidende Einwanderung erfolgt. Bis dahin war nur die Südspitze der Halbinsel, Apulien und Sizilien, von jenseits der Adria aus durch die mitteleurop. Bewegungen berührt worden. Jetzt kam über die Alpen der Zustrom, der die Volks- und Sprachverwandtschaft mit Mitteleuropa herstellte. In den Terramaren der Poebene findet sich sein erster Niederschlag. Die Keramik ist die von Rössen beeinflußte vom Nordfuße der Alpen. Nachher wird die große Villanova-Urne mit Kropfhals weithin herrschend, die ihre Vorgängerin in der Pannonischen Keramik hat. Der nachweislichen Beziehungen sind noch nicht viele, und die bestimmten Stellen, von denen aus der Übergang über die Alpen erfolgt ist, lassen sich nicht aufzeigen; aber es spricht stark mit die allg. Wahrscheinlichkeit, daß von dieser Seite her das Neue, das von nun an Italien charakterisiert, gekommen ist.

§ 38. Es hat am Ostrande von Italien seinen Siegeslauf ohne Hindernis vollzogen bis nach Tarent. Im mittl. Westen dagegen stellte das etrusk. Gebiet einen rocher de bronze dar, den der neue Strom nicht umreißen oder überfluten konnte. Hier ist die altmittelländische Sprache erhalten geblieben und in den Volksgebräuchen des Gottesdienstes, Ahnenkultes, der Bestattung, des Haus- und Grabbaues so viel des Alten, daß noch die röm. Kultur, die Tochter der etrusk., ganz damit durchtränkt ist. Überall, wo das Röm. vom Griech. abweicht, darf man fragen, ob nicht im Röm. das Altmittelländische zu erkennen sei, während das Griech. das Idg. darstelle.

§ 39. Als Kolonialland der nordwestd. Steinzeitkultur, das in der BZ eine hohe und eigenartige Kultur entwickelte, sind die durch die „Lausitzer Keramik" charakterisierten Gebiete Ostdeutschlands zu betrachten. Daß die Uckermark mit ihren Steingräbern von Nordwestdeutschland (Tiefstichkeramik) und von Thüringen (Schnurkeramik) her besiedelt worden sei, wußten wir immer schon, auch daß der Molkenberg-Burger Stil, der bei Brandenburg (Butzow) reich vertreten ist, von dem Bernburger abstamme; aber mehr und mehr hat sich kürzlich erst gezeigt, daß auch weiter in die Mark hinein und in der Niederlausitz alles, was sich von der ersten Besiedlung in der StZ erkennen läßt, vom NW und W gekommen ist (Grabung Schneider bei Schmergow [Ketzin], Grabung Schuchhardt bei Vettersfelde und auf dem Palzhebbel bei Starzeddel Kr. Guben). So ist denn auch die mit ihrer Buckelverzierung einzig dastehende bronzezeitl. Lausitzer Keramik in ihren Gefäßformen völlig und in ihrer Ornamentik zumeist vom W und NW abzuleiten. Die spitzbauchige Amphora stammt von Walternienburg bei Magdeburg, die Kanne und der Schoppen aus Thüringen, der Bandhenkel von Bernburg und das charakteristischste und längstdauernde Ziermotiv, der horizontale Kehlstreifen, ist auch in Walternienburg und in Schmergow schon völlig vorgebildet. Nur die Buckel müssen der Lausitzer Keramik von anderswoher angeweht sein, wahrscheinlich von Süddeutschland, wo sie auf württembergischen Pfahlbau-Amphoren schon in der II. Per. Montelius vorkommen (Behrens *Bronzezeit* Tf. 13, 1. 7; 15, 2. 8). Die Lausitzer Keramik vom O aus Thrakien oder vom S aus Illyrien abzuleiten liegt gar kein Grund vor; was dort an verwandtem besonders in bezug auf Buckel und Kehlstreifen existiert, entstammt denselben alten w. Quellen, aus denen die Lausitz geschöpft hat oder aus der Lausitz selbst (s. Lausitzische Kultur).

§. 40. Nach ihrer Blüte in der III. und IV. Per. hat die Lausitzer Kultur noch ein langes Fortleben gehabt und zu Zeiten auch eine weite Ausdehnung genommen. Nach N bis an die Ostsee, das Tacitus noch das Mare Suebicum nennt, und nach O bis über die Weichsel hinaus geht der Stil der mittleren Per. ziemlich rein und so auch gegen W durch Thüringen bis an den Harz. Weiter nach Dänemark und Schleswig-Holstein hin wird er schon mehr verwaschen, ebenso gegen S in Österreich (Stillfried, Wies). Deutlich erkennbar zieht er auch — anscheinend von Nordböhmen aus — durch das Maintal (Bamberg, Würzburg) bis nach Fulda und Darmstadt, hier stilistisch sowohl wie materiell stark mit Hallstättischem gemischt (*AuhV* 5 Tf. 44). Diese Lausitzisch-Hallstättische Mischkultur, deren Lausitzischer Einschlag noch kaum erkannt und gewürdigt ist (nur von v. Forster und Hörmann gelegentlich), tritt nach einer langen Hügelgräberzeit plötzlich mit Urnenflachgräbern auf und verschwindet mit diesen auch wieder; es ist, als ob auch hierin ein Einfluß von der Lausitz sich zeige, wo ja am frühesten in Deutschland die Urnenfelder auftreten.

§ 41. Auch in seiner alten Heimat wandelt sich der Stil einigermaßen. Die Aurither, Göritzer und Billendorfer Art erfüllen weithin die HZ; aber es bricht die Lausitzer Gattung nirgends in der Weise ab, daß man einen Bevölkerungswechsel annehmen müßte. Auch in der LTZ, ja in der RKZ und Völkerwanderungszeit (in der Altmark wie in Ostpreußen) schimmert sie immer noch durch und zeigt, daß die Stile der neuen Zeiten nur wie ein Firniß von außen her gekommen sind, der den Kern nicht verändert hat.

§ 42. Was man Hallstattstil nennt — nach einem Hauptfundort im Salzkammergute — ist nach dem übereinstimmenden Urteil der Wissenschaft ein sprechender Beweis dafür, daß ein neuer Stil, auch ein sehr ausgesprochener, nicht die Einwanderung eines neuen Volkes zu bedeuten braucht. Der Hallstattstil (s. d.) bezeichnet zwar nicht, wie man vielfach gemeint hat, den ersten großen Einfluß des Mittelmeeres auf Mitteleuropa, er ist vielmehr aus altem Donauerbgute erwachsen, das sich in den Gebirgsgegenden Illyriens (Hoernes *Urgesch.*[2] S. 465, 473, Istrien) verkrochen hatte und von da erobernd wieder in die bewohnten Ebenen der Menschen vorbrach. Aber es ist entschieden nur eine Kultur- und nicht eine Menschenwelle gewesen; sie schmiegt sich überall dem vorher Bestehenden an und gewinnt so in den verschiedenen Gegenden ein recht verschiedenes Gesicht. Am entschiedensten tritt der Stil in Süddeutschland, Österreich und Westungarn auf, aber auch hier unterscheiden sich das ö. und w. Gebiet voneinander. Man glaubt noch den alten Dualismus der Bandkeramik vor sich zu sehen mit der spielenden Spirale einer- und dem ernsten zweckdienlichen Umschnürungsmotiv (Hinkelstein) anderseits, wenn man das ungar. Hallstatt mit dem württembergischen vergleicht.

§ 43. In der HZ, die man von 1000—500 v. C. rechnet, tritt das Eisen immer mehr beherrschend in den Vordergrund. Die Nekropole von Hallstatt selbst hat die ersten großen Eisenschwerter geliefert, breite, zweischneidige Klingen von fast 1 m L. Die Vertreibung dieser neuen Metallarbeiten von den Alpen aus hat wesentl. zu der weiten Verbreitung des Stiles mitgeholfen.

§ 44. Nach Norddeutschland ist sein Einfluß nur in geringem Maße gedrungen. Die Jastorfkeramik (bei Ülzen) zeigt ihn ähnlich wie die Billendorfer in der Lausitz; auch in Metallsachen wie den Eberswalder Goldschalen ist er stark zu spüren. Das sind aber nur Anleihen, die selbständige Kulturen im Hallstattkreise gemacht haben. Im ganzen und trotz aller landschaftlichen Verschiedenheiten bedeckt die Hallstattkultur noch dasselbe geschlossene Gebiet von Süddeutschland und Österreich, das schon in der BZ und StZ als einheitlich zu erkennen war.

§ 45. Nur ist nach W hin während der HZ eine starke Ausdehnung erfolgt, indem vom späteren Hallstattstile Frankreich und von da aus auch Spanien erobert wird. Man wird hierin, wie auch die Sprachforscher es tun (Müllenhoff), die Gewinnung dieser Länder für das Indogermanentum zu erkennen haben und zwar durch Vermittlung der Kelten. Bis dahin waren Frankreich und Spanien ungestört iber.-ligur. gewesen.

§ 46. Auf den hallstättischen Stil folgt, wiederum für ein halbes Jahrtausend, von etwa 500 v. C. bis um C. Geb., der von La Tène. Auch ihn hat man direkt aus dem S ableiten und lange Zeit Massilia, den Hauptimporthafen der klassischen Länder in Südfrankreich, als sein Einfallstor betrachten wollen. Die Franzosen selbst (Déchelette) haben sich schon dagegen gewehrt, daß das dürftige Hinterland von Massilia den reichen Latène-Stil entwickelt haben sollte, der doch keineswegs fertig aus dem S gekommen sein kann, sondern eine eigenartige Mischung von s. und n. Elementen, von einem sehr bestimmten Geschmack geleitet, darstellt. Da es aber eine alte Lehrmeinung ist, daß Gallien die Heimat der Kelten sei, so hat man bei dem Verzicht auf Massilia wenigstens das ö. Frankreich und die Gegend des oberen und mittleren Rheins als den Ursprungsherd des Latene-Stiles ansehen wollen (Schumacher Präh. Z. 6 [1914] S. 230). Auch das entschieden mit Unrecht. Der Latène-Stil stützt sich für seine Herrschaft auf dieselbe Hausmacht wie der Hallstattstil, er ist ein Donaukind, und die Zutaten, die er den klassischen Ländern verdankt, sind ihm nicht von Rom und Griechenland direkt zugekommen, sondern durch die Vermittlung von Südrußland. Die Schwellbänder seiner Voluten und seine amüsante Tierornamentik sind vorgebildet in den skyth. Metallarbeiten von Südrußland und dem Balkan (Rumänien, Bulgarien). Von da sind ja auch die Anregungen ausgegangen zu der kelt. Münzprägung, die die Stücke Philipps und Alexanders von Makedonien nachgeahmt hat, und gewiß auch zu der griech. Sprache, die in Graffitti auf gall. Gefäßen von Bibracte verwendet ist, und in der Cäsar die Aufgebotslisten in einem helvetischen Lager geschrieben fand (B. G. I 29). Die Gefäßformen des La Tène wachsen aus den hallstättischen des Donaulandes organisch heraus, z. B. die bauchigen Flaschen aus der Vase mit abgesetzter Schulter, und die Verzierungen bewegen sich noch in dem uralten Dualismus von Spirale und Zickzack des Donaulandes. In Frankreich fehlen für all dergleichen die Vorschichten. Die Voluten und Fischblasen der Marnekultur und des engl. Late Celtic sind nur aus einer Wurzel der Donaukultur zu erklären.

Literatur s. bei den Artikeln über die einzelnen europäischen Teilgebiete. C. Schuchhardt

Exkretion. § 1. Das Blut, das ausströmend aus Körperwunden die Seele mit fortträgt (oder im Blutsturz bei und nach dem Geburtsvorgange), fesselte frühzeitig die Aufmerksamkeit des Frühmenschen. Es wurde ihm mit Selbstverständlichkeit zum Lebens- und Seelenträger. Blut (s. d. C) wurde aber auch sonst wohl aus dem Körper ausgeschieden, ohne daß damit gleich der Verblutungstod eingetreten wäre. Erschien es doch ganz regelmäßig beim geschlechtsreifen Weibe im Monatsfluß oder als Hämorrhoidalblutung bei beiden Geschlechtern oder als Nasenbluten bei jüngeren Individuen auch ohne Verletzung, ohne Stoß oder Fall. Aus den gleichen Körperöffnungen, Mund, Nase, Geschlechtsspalte, After, kamen (außer dem Kote) auch wohl andere Ausscheidungen allgemeinerer Art, wie Wasser, Schleim, Eiter, Jauche. Aus dem Bindehautsacke des Auges stürzten Tränen, sickerte aber auch Schleim und Eiter, desgleichen aus dem Gehörgang neben dem normalen Ohrenschmalze, aus der Harnröhre regelmäßig in gemessenen Zwischenräumen der Harn, aber auch hier wurden schleimige, blutige, eitrige Ausflüsse beobachtet. Alles dies blieb schon frühe nicht völlig unbeachtet, ja man stellte wohl ohne viel Zaudern auch die Blut- und Eiterausscheidungen aus Wunden, aus geschwürigen Stellen, aus Eiterbeulen auf die gleiche Linie. Auch was erst das Ergebnis besonderer Betätigungsakte des Menschen war, wie der Schweißausbruch nach Körperanstrengungen oder der Samenerguß und gewisse weibliche Ausscheidungen beim Geschlechtsakte, wurde in die gleichen, auf Beobachtung beruhenden Gedankengänge verschmolzen, zumal der Schweiß auch unwillkürlich im Schlaf und bei Hitzeeinwirkungen auftrat und Samenergießungen mit Wollustträumen unfreiwillig eintraten. Erfolgte doch auch das Erbrechen explosionsartig ungewollt, und bald lernte man es bei Bedarf hervorrufen.

§ 2. All dies diente humoralen Anschauungen der Lebensvorgänge in gesunden und kranken Tagen als Gedankensubstrat (s. Humoralpathologie). Daß man aber auch die gasförmigen Ausscheidungen von Ruktus und Flatus aus Mund, Nase und After den flüssigen ohne weiteres gleichgesetzt hätte, darf man nicht annehmen. Sie dienten anderen Anschauungen ebenso zweifellos als ergänzender Erwägungsstoff, die an die Atmungsvorgänge anknüpften, den pneumatischen (s. Pneumalehre), die man zu den flüssigen, humoralen, sogar in einem gewissen Gegensatze glaubte sehen zu müssen.

§ 3. Doch nicht nur als Ausgangspunkt anderer grübelnder Vorstellungsreihen über die Lebens- und Krankheitsvorgänge am Menschenkörper und ähnliches wurden die Ausscheidungen aus seinem Körper für den Frühmenschen bedeutungsvoll und sind deshalb für seine psychologische Enträtselung beachtenswert. Sie wurden auch an

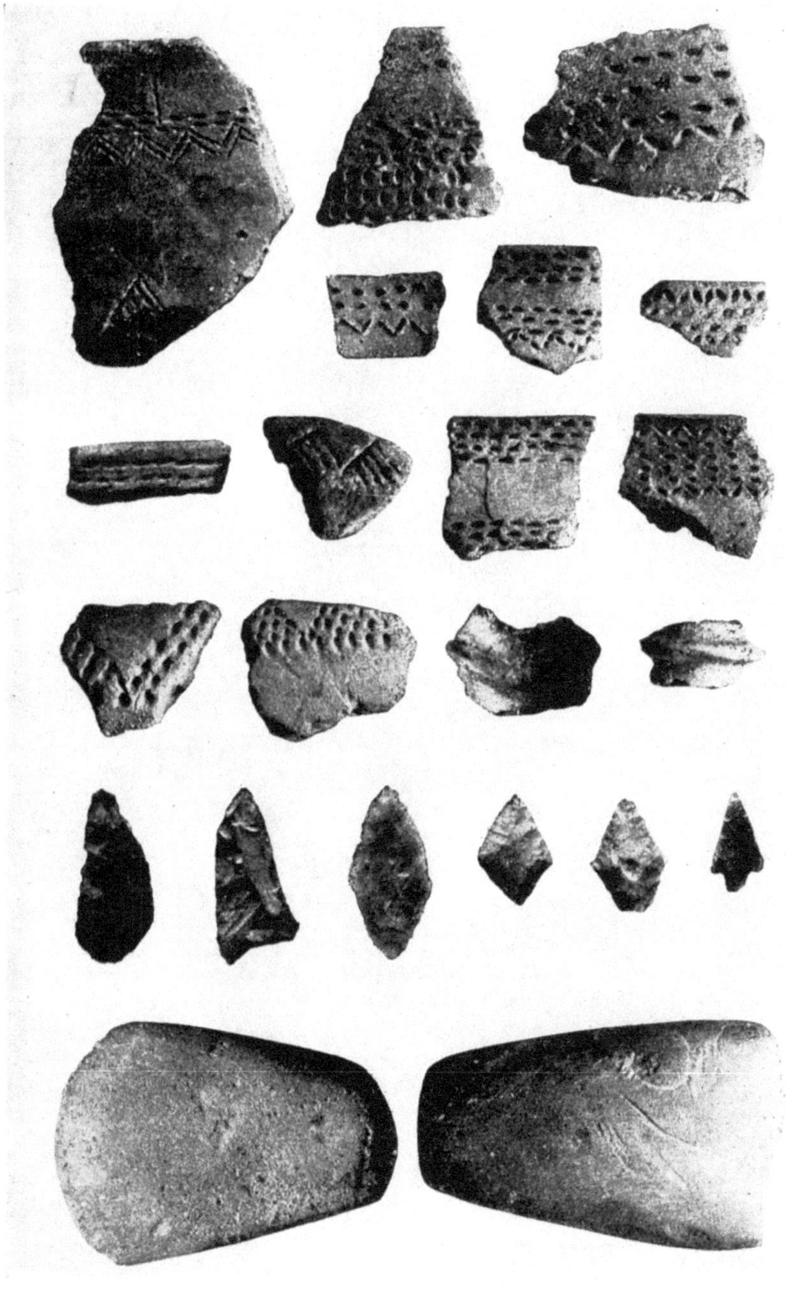

Eyersheimer Typus

Verzierte Gefäßscheiben und Steingeräte. Eyersheimer Mühle, Rheinbayern, ca. 1/2 n. Gr.
Nach Sprater.

sich selbst für ihn von Wichtigkeit. Alles, was aus dem Menschen irgendwie ausgeschieden wird, ist doch ein Stück von ihm selbst und nimmt einen Teil von ihm mit weg, nicht nur das ausströmende Blut — so schloß man. In allem steckt ein Teil seiner Seele für primitive Auffassung. Wenn schon dem Hauch ein Teil der Seele anhaftet (deren letzter Rest mit dem letzten Hauche den Körper verläßt), wie viel mehr noch dem Körperlicheren, Wesenhafteren des gleichfalls aus dem Munde kommenden Speichels. Alle Exkrete, auch die widerlichsten, gewinnen für den Frühmenschen eigene, magische Kraft, die zu anderweitiger Verwendung, Nutzbarmachung gleichsam drängt. Weniger unmittelbar ergibt sich für primitives Denken die Vorstellung, daß durch die Ausscheidungen eine Reinigung der Körperflüssigkeiten, der Körpersäfte (und luftförmigen Bestandteile) vor sich gehen könne, was in die humorale Lehre hinüberklingt und schließlich zu aktiven Maßnahmen wie Aderlaß, Abführ- und Schwitzkuren die Anregung gibt.

§ 4. Mit der Vorstellung von einer möglichen Ausscheidung von Lebens- und Seelenstoffteilchen wie von schädigenden Substanzen gleicherweise sind dann auch die Möglichkeiten für eine geglaubte Übertragung von Krankheitszuständen gegeben durch die direkte Übertragung oder doch durch die Berührung mit Ausscheidungen, die uns in etwas anderer Form als infektiöse Übertragung wieder aufzuleben scheinen, ohne sich im tiefsten Grunde mit solchen Vorstellungen zu berühren. Weit direkter ergibt sich aus den primitiven Anschauungen über die Ausscheidungsvorgänge die ungeheure Bedeutung, welche in weiterer Ausbildung der angedeuteten Vorstellungen die Ausscheidungsstoffe selbst für den Zauber gewinnen, vermöge der ihnen innewohnenden magischen Kraft.

Wundt *Völkerpsychologie* II 2 S. 17ff.

Sudhoff

Exogamie s. Totemismus A.

Eyersheimer Typus. (Tf. 30) Der E. T. ist von Sprater nach den Funden an der Eyersheimer Mühle bei Weisenheim a. S., B. A. Neustadt a. d. H., Rheinpfalz (Mus. Speyer), als besondere Gruppe aufgestellt worden. Spr. zählt den Typus zur Bandkeramik, betont aber doch den durch mehrere Fragmente von Kragenflaschen gesicherten Zusammenhang mit der nordwestd. Tiefstichkeramik. Außer diesen Kragenflaschen begegnen bei E. Scherben mit Ornamenten der Schnurzonenkeramik, d. h. des rheinischen Zuges der Schnurkeramik, der ja auch bei Züschen (s. d.) mit Kragenflaschen vereint vorkommt. Auch die Gefäßformen scheinen dem zu entsprechen. Etwas abweicht nur ein kleiner grober Becher mit plumpem Henkel (*AuhV* 5 Tf. 61 Nr. 1094), wie er sonst bisweilen im Gefolge der Zonenkeramik auftritt, z. B. bei Wies-Oppenheim (Koehl *Neue Prähistor. Funde aus Worms und Umgebung* [o. J.] S. 51f.), und ein doppelkonischer Topf mit schwach ausladendem Rand; aber beide widersprechen nicht der Einreihung der ganzen Gruppe in den rheinischen Zweig der Schnurkeramik, die Gruppe der schlanken Becher. Damit hat der „Eyersheimer Typus" als solcher seine Sonderberechtigung verloren. Ähnlich beurteilt auch Schumacher die Funde von der E. Mühle. Neuerdings hat Reinerth den E. T. mit seinem Aichbühler Typus zusammengeworfen. Aber lediglich der doppelkonische Topf zeigt gewisse Anklänge an Aichbühler Formen. Für die Ornamentik muß auch er die Möglichkeit eines Zusammenhanges mit der Schnurkeramik (d. h. der Schnurzonenkeramik) offen lassen.

Pfälz. Museum 24 (1907) S. 98 f., 25 (1908) S. 17f. Sprater; F. Sprater *Rasse und Kultur der jüngeren Steinzeit in der Rheinpfalz* 1910 S. 32f.; ders. *Urgeschichte der Pfalz* 1915 S. 21f.; 8. Ber. röm.-germ. Kom. (1913/4) S. 44, 10. (1917) S. 14f. Schumacher; Reinerth *Chronologie der jüngeren StZ* o. J. (1923) S. 28f.

W. Bremer

Eygenbilsen (bei Maastricht). Hier fand sich eine Rippenziste als Knochenbehälter in einem Brandgrabe, dabei eine schöne Weinkanne mit Kleeblattausguß und eine durchbrochene Goldlamelle, die angeblich die Oinochoë schmückte. Letzteres soll auch in den reichen Gräbern der Saargegend vorkommen, ist mir aber trotzdem zweifelhaft. Der Fund ist in mehrfacher Hinsicht wichtig. Er beweist für seine Zeit, daß die Weinkannen mit Kleeblattausguß der Späthallstattzeit angehören, allenfalls dem Übergang zur LTZ (südd. Früh-

Latènestufe mit Masken- und Tierkopffibeln), also dem 6. Jh., und daß in dieser belg. Gegend damals der Leichenbrand herrschte, was durchaus mit anderen Funden stimmt, da sie zu dem niederrhein. Brandhügelgebiet gehört, das sich bis zur Marne sw. erstreckt. Überhaupt sind diese frühen Weinkannen selten (Kappel, Vilsingen, Perthuis [Provence]); von derartigen Stücken ist vollends nach Belgien, Holland, dem Niederrhein nur sehr wenig gedrungen. Mir ist nur noch eine Bronzekanne von Mook (Holland) bekannt (Tröltsch *Fundstatistik* S. 60 ff.; Bull. Soc. Anthr. Bruxelles 1894/5 S. 56 ff. Comhaire).

Schuermanns *Objets étrusques trouvés en Belgique* Bull. des Comm. royales d'art et d'archéol. de Belgique 11 S. 239, 435; 12 S. 212; 13 S. 383; 17 S. 5; 23 S. 88. E. Rademacher

F

Fabeltier. A. Agäischer Kreis. Im kret.-myk. Kulturkreise sind die gebräuchlichsten F. Sphinx und Greif (s. d. A). Hybride Mischformen erscheinen auf Siegeln als Abwandlungen dieser Typen zum Zweck, persönliche Insiegel zu schaffen (vor allem in Zakro); auch Zwitter von Fabeltieren und Dämonen (s. d. B) kommen hier vor. Selten ist ein Meerungeheuer. — In der geometrischen Kunst fehlen diese F., sie kehren erst ganz zum Schlusse und in der darauf folgenden orientalisierenden Per. aus der vorderas. in die griech. zurück.

Zakro: JHS 22 (1902) S. 79 ff. Meerungeheuer: BSA 9 S. 58; Ath. Mitt. 35 (1910) S. 343, 31 (1906) S. 50 Studniczka; *RE* 11 (1922) S. 1792 Karo; F. Winter *Kunstg. in Bild.* I Tf. 90, 6. 7. G. Karo

B. Ägypten. Die mit Reliefs verzierten Schiefer„paletten" (s. Schminke) der äg. Vorzeit und Frühzeit — die übrigens zum großen Teil im Handel erworben und also ohne genauere Herkunftsangaben sind — zeigen unter den Wüstentieren, die der Äg. zu jagen pflegte, wie Löwen, Strauße, Giraffen, Gazellen usw., gelegentlich auch eigenartige Fabelwesen, die der Einbildungskraft der äg. Jäger ihre seltsame Gestalt verdanken. So begegnet eine Art Greif, d. h. ein Löwe mit Vogelkopf und großen Flügeln, die ihm aus der Mitte des Rückens aufwachsen, oder ein anderes löwen- oder pantherartiges Tier, das seinen Löwen- oder Pantherkopf auf schlangenartigem Halse trägt. Das letztere — mit phantastisch verlängertem und ornamental ausgenutzten Halse — findet sich noch zweimal wieder, einmal (Tf. 31 b; Caparts *Débuts* S. 224) ebenfalls in Verbindung mit Jagdtieren, das andere Mal auf der berühmten „Narmer-Palette" aus Hierakonpolis (Band I Tf. 16 b), die um den Anfang der 1. Dyn. zu datieren ist, allein, in zwei gegenständig gestellten Exemplaren, die von zwei Äg. je mit einem Stricke gehalten werden. (Ob in dem aufrechtgehenden und die Flöte [?] blasenden Wesen [Tf. 31 a l. u.] ein F. oder ein verkleideter Mensch zu erkennen ist, ist nicht sicher.)

Ganz ähnliche Fabelwesen finden sich unter den Jagdtieren in der Wüste noch in den Grabmalereien des MR bei Beni Hasan (Erman-Ranke *Äg.* S. 272), und die als „Sphinx" und „Greif" bekannten symbolischen Darstellungen des äg. Königs, die bekanntlich bis in die klassische Kunst hinein fortgelebt haben, gehören auch in diesen Zusammenhang. Ranke

C. Vorderasien s. Apotropaion, Mischwesen.

Facettierte Absatzaxt. § 1. Mit diesem Namen wird ein westpoln.-ostd. Lokaltypus der A. bezeichnet, bei dem die Schmalseiten des Schneidenteils mit Facetten versehen sind. Diese A. sind meist schlank, haben einen rechteckigen, geradlinigen Absatz und einen ziemlich langen, nach oben zu etwas verschmälerten Schneidenteil. Sie schließen sich am nächsten an den böhm. Typus der A. an, aus dem sie allem Anschein nach entstanden sind. Die Facetten kommen schon bei den böhm. A. häufig vor und sind wohl als Überbleibsel der Randleisten anzusehen, durch deren Zusammenrücken der spitze Absatz des böhm. Typus enstanden ist.

Diese A. kommen am häufigsten in Westpolen vor (allein in Posen sind etwa 20 Ex. dieses Typus bekannt), seltener sind sie im w. Brandenburg, in Schlesien und in Südpolen, vereinzelt auch in Hinterpommern zu finden (Woltersdorf, Kr. Dramburg). Die süd-

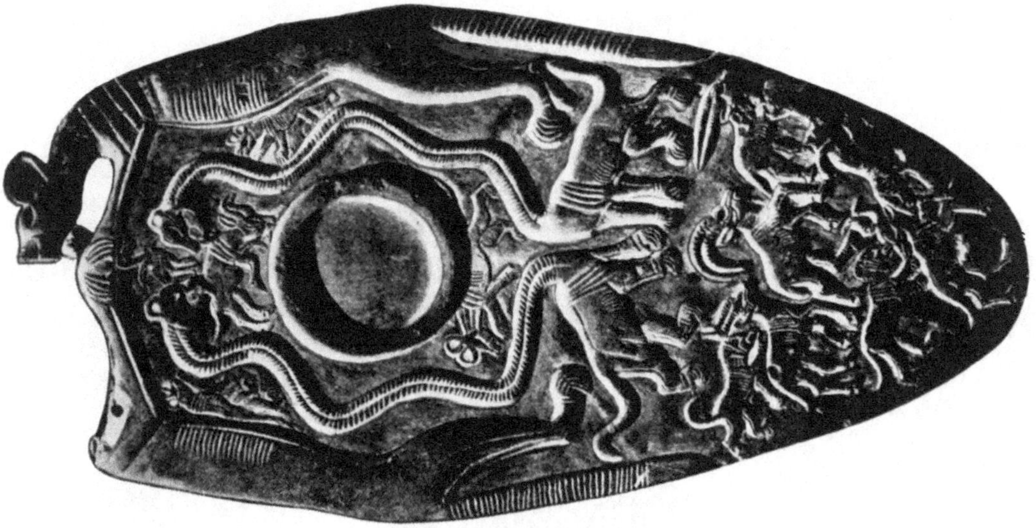

a

lichsten mir bekannten Exemplare stammen aus Ratibor (Oberschlesien) und Miedzianka (Kr. Checiny, Wojewodschaft Kielce), die westlichsten aus Scheunow, Kr. Sorau, und Gerlachsthal (Neumark). In denselben Gebieten kommen auch die böhm. A. häufig vor, die besonders aus Schlesien zahlreich vorliegen und aus Posen sowie den angrenzenden Teilen des ehem. Kongreßpolens in 10 Ex. bekannt sind. Diese Tatsache kann die Richtigkeit unserer Ableitung nur bestätigen.

§ 2. In Lissauers II. Bericht der Kommission für präh. Typenkarten sind diese A. noch nicht als besonderer Typus anerkannt worden und meist fälschlich dem nord. Typus zugezählt worden (vgl. die Exemplare von Ratibor, Gr. Tinz, Mariendorf, Radzim, Gonsiorowo usw.). J. Kostrzewski

Facettierte Streitaxt. § 1. Die facettierten, d. h. nicht rund, sondern in geraden Flächen prismatisch geschliffenen Streitäxte mit Schaftloch gehören einem einheitlichen Typus an, der sich an jütländische Vorbilder anlehnt, sich aber selbständig entwickelt. Ihre Oberseite ist meist leicht konvex, die Unterseite gewöhnlich gerade, selten leicht konvex oder konkav ausbiegend. Am Schaftloch springen die Außenseiten vor, oft zu einer scharfen Querkante. Weder Ober- noch Unterseite sind am Schaftloch eingedellt. Der walzenförmige Nackenteil schließt meist gerade oder leicht gerundet ab, während die Schneidenseite gerne halbkreisförmig oder eckig nach unten ausbiegt.

§ 2. Die Entwicklung geht deutlich von scharfen, eleganten zu verwascheneren, gröberen Formen über, ist aber im Verhältnis zu der Variabilität der jütländischen Streitäxte eine sehr starre.

§ 3. Auf die Formgebung haben deutlich die von Mähren aus über ganz Süd- und Mitteldeutschland verbreiteten Äxte aus Kupfer oder zinnarmer Bronze der Art der Äxte von Lutschitz und Bebra (Hoernes *Urgesch.*[2] S. 321) eingewirkt. Danach ergibt sich die Zeitstellung am Ende des Neol. Zu demselben Schluß kommt auch Åberg durch den Befund des Grabes im Hebenkies (s. d.) bei Wiesbaden (*AuhV* 5 Tf. 49, 852 ff. Schumacher), in dem ein Schnurzonenbecher auf jungneol. Einfluß der Glockenbecherstufe hinweist. Andererseits schließt er aus der scharfen Nordgrenze, etwa in der Linie Bernburg-Halberstadt, die die Verbreitung der facettierten Streitäxte gegenüber dem germ. Gebiet aufweist, daß die Hauptentwicklung derselben der jüngeren Ganggräberzeit parallel geht. Eine höhere Datierung der facettierten Streitäxte, resp. die Annahme einer längeren Entwicklung in noch früherer Zeit ist jedenfalls bei der typol. Unempfindlichkeit derselben ausgeschlossen.

§ 4. Über die Verbreitung der facettierten Streitäxte s. Åberg a. a. O. Karte 4. Das Zentrum der durch sie verkörperten Kultur liegt, wie die Häufigkeit der Funde beweist, im Saalegebiet zwischen dem Nordrande des Thüringer Waldes und der Bernburger Gegend. Am schärfsten schneidet dieses Verbreitungsgebiet nach N am Harz und an der Bode ab. Nur in vereinzelten Exemplaren sind die facettierten Streitäxte darüber hinaus bis Oldenburg und vielleicht Schleswig-Holstein gekommen. Ähnlich sporadisch ist ihr Vorkommen nach NO bis nach Ostpreußen. Weit stärker ist die Ausstrahlung Elbe-aufwärts bis Böhmen (16 Ex.) und Mähren (12 Ex.) und nach Südwestdeutschland, wo allein in Unterfranken 11 Ex. von Åberg aufgezählt werden.

§ 5. Die facettierten Streitäxte sind eine typische Begleiterscheinung der sächsisch-thüringischen Schnurkeramik (s. d. A). Daher deckt sich auch ihre Entstehung und Verbreitung mit dieser. Entsprechend sind auch die undurchbohrten Steinäxte der Schnurkeramik gerne in Facetten geschliffen (*AuhV* 5 Tf. 67, Nr. 1238 Schumacher).

Åberg *Das nordische Kulturgebiet in Mitteleuropa während der jüngeren Steinzeit* 1918 S. 97 ff. mit Tabelle und Karte 4; Sächs. Jahresschrift 4 (1905) S. 101 ff. Bärthold. W. Bremer

Fachwerkbau s. Haus A 1.

Fackel s. Beleuchtung.

Fadensammler s. Textiltechnik A § 11.

Fagnien (Fagnes-Stufe) s. Eolithenproblem § 6.

Falaiser Typus s. Bernières-d'Ailly, Helm A.

Falcata. § 1. Die F., das kurze, krumme Hiebschwert, entwickelt sich auf der iber. Halbinsel zur LTZ und ist in der sog. nachhallstättischen Kultur Zentral- und Westspaniens häufig, freilich in den ältesten Nekropolen des 5. und 4. Jh. (Aguilar de Anguita u. a.) nur in Miniaturstücken. In den jüngeren Nekropolen erscheint sie aber in normaler Größe (Arcobriga, Osma ,Gormaz usw.). In der portug. nachhallstättischen Kultur ist sie aus den Gräbern von Alcacer do Sal (4. Jh.; s. Alcacer do Sal) bekannt.

§ 2. Im iber. Gebiet ist die F. ebenfalls häufig und hat hier einen Griff in Pferdkopfform, auch ist sie öfters mit Silbereinlage verziert (Almedinilla). In Andalusien findet sie sich in den Nekropolen von Illora, Almedinilla, Galera und Villaricos, aus dem 5.—4. Jh. In Valencia gibt es falcataartige Haumesser aus dem Grabe Salzadella (Castellón; 5. Jh.) und in der iber. Kultur des 3. Jh. von Aragonien und Katalonien (S. Antonio bei Calaceite, Cabrera de Mataró, Prov. Barcelona). In Südostspanien F. vom Llano de la Consolación (Pr. Albacete; LTZ).

§ 3. Die F. findet sich ferner häufig bei den Bronzestatuetten mit Kriegerdarstellungen des S und SO (Castellar de Santisteban, Despeñaperros, S. Antonio el Pobre bei Murcia) und in der Steinplastik (Reliefs von Osuna, Prov. Sevilla; Statue aus Elche, Alicante) sowie auf der Vase mit Kriegerdarstellungen von Archena (s. Band I Tf. 43). Aus späterer (röm.) Zeit wird von F. in der Schlacht bei Munda (1. Jh. v. C.) berichtet und auf Münzen des Jahres 23 v. C. sind sie dargestellt. Dies scheint die Identifikation der F. mit dem *gladius hispaniensis*, den die Römer von den Iberern entlehnt haben sollen, zu bestätigen.

§ 4. Man hat den Ursprung der F. im O, und zwar in Griechenland, gesucht (Sandars, Déchelette u. a.), weil auf sf. Vasen schon vereinzelt Falcatadarstellungen erscheinen. Auch sonst gibt es in Griechenland in späterer Zeit neben den üblichen Schwerttypen krumme Hiebmesser.

Nach Bosch ist die F. aus dem Hiebmesser der HZ entstanden, dessen Entwicklung in den verschiedenen Ländern parallel läuft. Die geographische Verbreitung der F. in der Späthallstatt- und Frühlatènezeit einerseits und die Verschiedenheit der Typen andererseits stützt diese Annahme. Krumme Hiebschwerter sind aus Sankt Michael in Krain, aus Bihač, Sanskimost, Glasinac und Strbi (Visegrad) im dinarischen Gebiet, die die Brücke zu den griech. F. bilden, bekannt. Weiter erscheinen sie am Ende der Blütezeit der etrusk. Kultur Norditaliens im 6.—5. Jh. (Falcatadarstellungen auf den Reliefs von Volterra, F. in den Museen von Perugia und Präneste, und aus Tolentino bei Chiento). Unvereinbar mit dem griech. Ursprung der F. ist es, daß in Süditalien keine F. bekannt sind, während sie in Norditalien und im dinarischen Gebiet so häufig sind.

§ 5. Die Vorstufe der F. ist also in dem Haumesser der HZ zu sehen. Sie hat sich selbständig an der Peripherie der Hallstattkultur entwickelt, einerseits durch die Kelten des span. Hochlandes, andererseits in Norditalien und im dinarischen Gebiete. Von hier aus ist die F. zu den Griechen gekommen, während die span. Kelten sie den Iberern der Mittelmeerküsten vermittelten, durch die die F. berühmt wurde. Solche Entlehnung kelt. Waffen durch die Iberer hat ihr Gegenstück in der Übernahme des Langschildes u. a.

S. a. Hiebmesser, Pyrenäenhalbinsel D II.

Das span. Material zusammengestellt bei Sandars, der ebenfalls griech. Ursprung behauptet, in Archaeologia 1913 *(The weapons of the iberians)*. Sonstiges Material bei Bosch *Los celtas y la civilizacion céltica en la peninsula ibérica* Boletín de la Sociedad española de excursiones 1921, wo auch das ausländische Material herangezogen wird.

J. de C. Serra-Ràfols

Falisker s. Italiker B.

Faliskerland. § 1. Lage. S. vom Ciminer Wald beginnend, umfaßt das Ländchen die Abdachungen zwischen der Seenplatte und dem Tiber. Im weiteren Sinne würde man den ethnisch und sprachlich eng verwandten Ager Capenas (s. Capena) hinzunehmen und den inmitten dieses ganzen Komplexes sich in kühnen, charakteristischen Formen erhebenden Soracte als Mittelpfeiler ansehen können. Obschon wohl seit dem 7. Jh. bis zur letzten Katastrophe der Zerstörung und Verlegung der Landeshauptstadt Falerii (Cività Castellana) im J. 241 v. C. wesentl. unter etrusk. Hoheit, hat das Land seinen ital. Charakter auch sprachlich bewahrt, unterstützt durch die Nachbarschaft Sabinas und Latiums. Fruchtbar, und als Durchgangsland viel umstritten, spiegelt es seine ältere Geschichte in seinen Gräbern treu wieder. Der mit vielversprechenden Anfängen durch Barnabei, Pasqui und den Grafen Cozza eingeleitete, leider bald steckengebliebene, große Plan einer arch. Karte Italiens setzte mit dieser Rom nahen Landschaft ein und führte zu gründlichen Untersuchungen, deren Fundergebnisse im Museo Villa Giulia in Rom niedergelegt und (Mon. Lincei 4) teilweise veröffentlicht sind.

§ 2. Ethnologie der Siedeler. Siedelungen schon aus sehr alter vorital. Zeit sind durch Höhlenfunde in der Nähe von Corchiano durch Rellini neuerdings festgestellt (Bull. Paletn. Ital. 42 [1918] S. 74 ff. und Mon. Lincei 26 S. 1 ff.; Arch. Anz. 1921 S. 93). „Italiker" sind in das Ländchen eingedrungen: verbrennende, denen von Allumiere-Tolfa ähnlich, von W, da ihre ältesten Gräber am Monte Sant' Angelo unmittelbar ö. des Sees von Martignano — vielleicht als Totenstadt (s. Pfahlbau E, Terramarefriedhof), und dann sukzessive jüngere je weiter ö. — gefunden sind, bestattende von O, Sabiner oder ihnen verwandte. Bald mag ein Schwarm von W, bald einer der Vettern von O über den Tiber gekommen sein. Die Brenner scheinen jedoch im allg. die früheren gewesen zu sein, da ihre Brandgräber oft überschnitten sind von jüngeren Bestattungsgräbern. Aber die Brenner sind auf einen Teil des Ländchens beschränkt und treten je näher dem Tiber, um so mehr zurück, sind eigentl. nur in Narce und Falerii. Im ganzen w. und n. des Treja, des Hauptflusses, gelegenen Teil der Landschaft sind bis jetzt kaum alte Brandgräber gefunden. Also war Bestattung der vorwiegende Ritus, d. h. Sabiner die stärksten ital. Siedler, die denn auch ihre alte Sitte, die Toten in ausgehöhlten Baumstämmen beizusetzen, den Vorläufern der später bei ihnen sehr üblichen Holzsärge, ebenso in diese Landschaft mitgenommen haben, wie nach Gabii und Rom (s. Forumgräber). Von W oder SW her, wahrscheinlich im frühen 7. Jh., nach Besetzung Vejis, sei es von dort, sei es über Sutri, schoben sich die Etrusker vor, um auch im O den Tiber zu erreichen, ihren bisherigen Besitz gegen die jenseits des Tiber frei gebliebenen Sabeller und Latiner zu sichern und zu erweitern. Die nach Cato von Veji aus erfolgte Besetzung des Ager Capenas (s. Capena) hatte diejenige des zunächst n. Landes bis hinauf nach Volsinii-Orvieto naturgemäß im Gefolge.

So ist denn das Faliskerländchen ethnisch, linguistisch und kulturell ein Mischland. Kein Nacheinander, sondern ein Nebeneinander der beiden ital., der verbrennenden und der bestattenden Gruppe sowie der Etrusker spiegelt sich in den Eigentümlichkeiten wieder, welche die Heiligtümer und Gräber uns vor Augen stellen.

§ 3. Die Gräber. Also ganz im W reine Brennersiedlungen ö. vom See von Bracciano; als Aschengefäß stets die Villanova-Urne, einmal vielleicht Rest einer Hausurne, langsamer Beginn der Beivasen, Bogenfibeln jüngerer Form, meist jedoch noch ohne verlängerten Kanal, eine vereinzelte Goldfibel einfachster Form (Montelius *Civ. prim.* Tf. 331, 4; Studi e mat. 3 Tf. 1, 16), erstes Importstück, mit genauer Wiederholung in Bronze, ein halbrundes „Rasiermesser" mit noch angenietetem Griff: das sind die für Datierung dieser ersten in das Faliskerland einrückenden verbrennenden „Italiker" wesentlichsten Anhaltspunkte. Da sich dort kein Bestattungsgrab gefunden hat, muß Weiterrücken nach O in die Abdachungszone vor Einzug der Etrusker, und zwar geraume Zeit vorher, angenommen werden. Sie zogen das Tal des Treja hinab und siedelten sich zunächst auf einem vom Treja und andern Bächen umschlossenen und dadurch gesicherten Hügel an (heute unbewohnt), dessen Name Narce alten Klang hat, etwa 2/3 des Weges von den Höhen der Seenplatte bis zum Tiber, dem Einmündungsplatz des Treja, nahe der späteren Stadt Falerii. Narce, besonders sorgsam durch die Regierungsgrabungen untersucht, ist von einem Kranz von Grabgruppen, teils auf den umgebenden Höhen, teils an deren Abhang umschlossen, die in lehrreicher Weise bereits das Zurücktreten der Brenner vor den kurz nach ihnen einrückenden Bestattern (oftmals zweifelhaft, ob noch Sabiner oder schon Etrusker) aufweisen. Daß diese Brennergräber jünger sind als diejenigen nahe den Höhen der Seenplatte, ergibt sich aus dem starken Zurücktreten der Villanova-Urne als Aschengefäß und der sorgsameren Bergung der

Aschenurnen, meist in Tuffbehältern, wie in Corneto, deren Gruben oft schon loculusartige Erweiterungen zeigen, um die sich mehrenden Beigaben aufzunehmen, die mitunter auch oben auf der deckenden Tuffplatte Platz finden müssen. Neben dem Tuffbehälter erscheint auch in jüngeren Gräbern das Tonfaß, Dolio, als Urnenschutz. Auch metallische Aschenbehälter beginnen. Der früher übliche schmutziggraue Überzug der Tongefäße weicht rotem oder rot und weiß gemustertem Auftrag, gleichzeitig mit dem ersten Auftreten des Eisens neben der bis dahin allein vorkommenden Bronze, auch für Fibeln, Arm- und Fingerringe, Broschen u. dgl. Das häufiger erscheinende halbrunde „Rasiermesser" zeigt schon meist den Griff mitgegossen. Eine eigenartige rituelle Zutat, hier wie auch in Falerii, ist eine mitunter auf dem Schalendeckel der Urne liegende Bronzeaxt mit aufgemalten weißen Zickzackstreifen. Andere Waffen, meist schon aus Eisen, lagen, soweit der Raum es zuließ, z. B. im Dolio, auch wohl Pferdegeschirr, und je jünger, um so mehr häuft sich das mitgegebene Küchen- und Eßgerät. Trotz der sich durch diese Beigaben offenbarenden Angleichung an Geistesrichtung und Lebensgewohnheiten der Bestatter, in der jüngeren Zeit hier wohl schon meist Etrusker — allein 8 Gefäße oder Scherben mit etrusk. Aufschriften oder Buchstaben sind in oder bei Narce gefunden (Montelius *Civ. prim.* II Tf. 328; CIE II 8411—8428) — und augenscheinlichem Wohlstand auch der verbrennenden Volksgruppe sind die Brandgräber, die sich bis in das 4. Jh. hinab verfolgen lassen, arm an Schmucksachen aus Edelmetall, überhaupt solchen von auswärts; nur einige Elfenbeingriffe und Ringe sind zu beachten. Umgekehrt zeigen die Bestattungsgräber, namentlich die sicher etrusk., Gold- und Silberschmuck (Studi e mat. 3 [1905] Karo), auch als apotropäische Anhänger an Halsketten kleine Affen, weibliche Idole und anderes aus Bernstein, Silber, Fayence, Glas- und Smaltperlen, besonders die Frauen bedeckt mit vielfachen Ketten, Fibeln, leuchtenden „Corsagen" (s. d.) aus Bronze usw. Der starke Einfluß des reichlich angewandten Metallgeschirrs aus getriebenem und gepunztem Bronzeblech äußert sich auffällig in den keramischen Formen, die auch in ihrer Färbung augenscheinlich Metallnachahmung lieben, hier wie ähnlich in Südetrurien überhaupt. Glänzende, bald mehr rot, bald mehr schwarz gehaltene Behandlung der Oberfläche läßt die gravierte Verzierung sich hell und wirkungsvoll abheben, deren Musterung mit Schalenpalmetten u. a. den Blick nach dem orientalisierenden O der griech. Welt lenkt.

Wie die einrückenden Etrusker Narce aus seiner einheimisch-ital. Isolierung befreien und bedeutender Wohlstand namentlich durch metallische und andere Zeugen des Orienthandels vom 8.—6. Jh. sich offenbart und manche Stücke uns unmittelbar in die vejenter und caeretaner Sphäre führen, so dringt auch griech. Tongeschirr, erst subgeometrisches hellgrundiges von Kyme (s. d.) und Corneto (s. d.), dann protokorinthisches verschiedener Art, später korinthisches von der Küste aus ein und ruft wieder einheimische Nachahmung hervor. Und noch später folgt sf. und einige wenige strengrf., rf. des schönen Stils, dann lax-rf. Keramik, diese (die letzte), schon spärlich, — ein Zeichen des Niedergangs von Narce, mit dem ein Aufstieg Faleriis parallel zu gehen scheint. Vielleicht hängen diese Erscheinungen, ähnlich wie der merkwürdige Stillstand im Ager Capenas (s. Capena), zusammen mit der gewaltsamen Unterjochung dieser südlichsten Teile Etruriens durch Rom, eingeleitet durch die Einnahme Vejis 396, während der n. Teil des Faliskerländchens bis 241 im wesentl. unter etrusk. Hoheit blieb und sich daher selbständig weiterentwickeln konnte, was sich in der Physiognomie Faleriis und weiter n. liegender Orte deutlich ausspricht. Denn es ist wohl keine Frage, daß die größere Kulturhöhe sich damals noch durchaus auf Seite Etruriens befand und Trennung von Etrurien Rückgang bedeuten mußte.

Auch Falerii hatte zuerst auf der Höhe von Montarano, nö. von der spätern Stadt, seine Niederlassung der verbrennenden „Italiker" mit einem rings von einem Walle eingeschlossenen Begräbnisplatz, also ähnlich wie auf dem Monte Sant' Angelo (s. o.) voller Pozzogräber. Zu ihnen siedelten später Bestatter, vermutlich Sabiner, deren Holzsärge, in einzelnen Beispielen noch bezeugt, ethnisches Kennzeichen sind. Dann erst wurde die mehr isolierte Höhe von Vignale, noch später der erst durch kunstvollen Abstich des Isthmus verteidigungsfähig gemachte Rücken der späteren Stadt, des heutigen Cività Castellana, bebaut. Die Brandgräber von Montarano wenden als Aschengefäß die Villanova-Urne überhaupt nicht mehr an, sondern meist eiförmige oder breite Töpfe, die Deckelschale aus Ton oder Bronze mitunter ersetzt, wie in Corneto, durch einen in Ton nachgebildeten Cristahelm, mit eingeritzten oder durch eingeschlagene Bronzenägel hergestellten Ornamenten verziert, wie auch oft in Corneto; halbrunde „Rasiermesser", auch aus Eisen, einmal mit noch erhaltenen Spuren eines Holzfutterals; die übrige Ausstattung ärmlich, die Fibeln, meist schon jüngere Formen, fast durchweg bereits aus Eisen. Sonderbare Holzarmbänder und tropfenförmige Halskettenbommel aus Ton, also nur für sepulcralen Zweck hergestellt. Steinpfeilspitzen als Amulett, auch vereinzelt noch keilförmige, wohl auf die Deckelschale gelegte Äxte, wie in Narce. Auch hier wie in Narce ist wohl Einwicklung der Urnen in Linnen anzunehmen. Sonstiges Geschirr sehr wenig und äußerst bescheiden, metallischdunkel mit gravierten, typisch werdenden Ornamenten, unter denen der Fächer, die Spirale, die Schalenpalmette u. a. Motive besonders faliskisch sind; dazu dann Gefäße entweder weiß mit roten Linienverzierungen oder auch rot mit weißen, die weit herabreichen und ebenso wie auch in benachbarten südetrurischen Strichen heimisch sind. Auch Verzierung von Tongefäßen mit eingeschlagenen Bronzenägeln, hier wie schon in Narce, wie in Corneto und besonders im ö. Polande, Holzverzierung nachahmend, zeigt sich oft. Für jüngere Zeit, nach dem Aufhören des griech. Imports und noch hinabreichend in die Zeit der Herrschaft des etrusk.-campanischen Geschirrs, wird dann die südetrusk.-faliskische Weiterbildung rf. griech. Gefäße mit Überfüllung durch Blattornamente und oft barbarisierte griech., mitunter aber auch graziöse und originelle, besonders gern bacchische Szenen üblich, Erscheinungen, die auch ins benachbarte Latium übergreifen (die falisk. Vasen des Museo Villa Giulia: Boll. d'Arte 10 [1916] S. 351 ff. Savignoni; Notizie 1916 S. 55—62; 1924 Tf. 5—9 und Textabb. Giglioli). — Seit Aufhören der Etruskerherrschaft wagt sich die ital. Sprache wieder mehr hervor und bedecken sich die Gefäße mit faliskischen, meist aufgemalten Inschriften, wie sie es mit gravierten schon im 6. Jh. begannen, ebenso die Verschlußziegel der Loculi in den Kammergräbern, die z. T. aus alter Zeit, dem 6.—5. Jh. stammend, später, gewiß auch von Unberufenen, gern wieder benutzt werden. — Neben das auch durch zahlreiche Tempel hellenistischen Gepräges als Vorderstadt des Ländchens stark hervorgehobene Falerii treten, namentlich im n. und mehr inneren Teil, andere FO mit bald mehr ital., bald mehr etrusk. Färbung, so Corchiano, Rignano, Vignanello u. a., deren alte Namen verschollen sind, obschon es an solchen nicht fehlt.

Deecke *Die Falisker* 1888; Mon. Lincei 4 (1894); Montelius *Civ. prim.* II Tf. 307—331; Nissen *Ital. LK.* II 361 ff.; CIE II (1912) S. 5 ff. (Nekropolenplan) Herbig; Buonamici *De dialecto falisca* 1913; Della Seta *Museo di Villa Giulia* I (1918) S. 37 ff; Arch. Anz. 1921 S. 93 ff.; v. Duhn *Ital. Gräberk.* I (1924) S. 367 ff., 458; Notizie 1924 S. 179—263 Tf. 3—11 Giglioli. S. a. Altitalische Alphabete § 1, 5 und Etrusker B. v. Duhn

Falle s. Jagd.

Fällen der Bäume s. Holz A § 3.

Fallgrubenjagd s. Jagd A.

Falling-Moor (Amt Aarhus, Jütland). Moorfund von 250 Ösenringen der I. Per. der vorröm. EZ (I. Per. Mont.). S. Nordischer Kreis C 1 § 6.

Aarb. 1892 S. 224 Neergaard. Hanna Rydh

Familie. A. Allgemein.

§ 1. Die die Gestaltung der F. bestimmenden Faktoren. — § 2. Das Verhältnis der F. zum politischen Verband. — § 3. Die mutterrechtliche F. unter Herrschaft des Mutterbruders. — § 4. Die mutterrechtl. F. mit Matriarchat. — § 5. Die mutterrechtl.-patriarchalische F. — § 6. Die vaterrechtl.-patriarchalische F. — § 7. Das Verhältnis zwischen Eltern und Kindern. — § 8. Bevorrechtete F.

§ 1. Während bei der Erörterung der Ehe (s. d. A) das Verhältnis der Sexualpartner im Vordergrund stand, handelt es sich bei der F. um die aus dem Zusammenleben der Eltern mit ihren Kindern oder auch noch mit ihren Kindeskindern entstehenden Beziehungen und Lebensgestaltungen. Drei Faktoren spielen richtunggebend hier herein: 1. Das

Verhältnis der Technik des Nahrungserwerbs zur geographischen Umwelt. Jäger und Sammler müssen auf demselben Landgebiet in kleineren Einheiten siedeln als Hirten daselbst. Auch der Unterhalt der F. gestaltet sich anders bei Jägern und Fischern als bei Hirten: man vergleiche etwa Buschmänner und Bergdama mit den Herero in Südafrika. Noch weittragender ist der Unterschied zwischen einerseits Hackbauern, die nur den Grabstock gebrauchen, und bei denen der Feldbau vorwiegend durch die Frauen geschieht, und andererseits Ackerbauern, die sich des Pflugs und des Ochsen bedienen, wobei dem Mann der überwiegende Teil der Arbeit zufällt. 2. Höhe und Art der Technik bedingen zu einem erheblichen Teil die Größe, Zusammensetzung und Herrschaftsart des politischen Gemeinwesens: der Horde, des Klans, der Klanbünde, des geschichteten, auf Überlegenheit und Beherrschung von Gruppen gestellten Verbandes, des dynastisch-despotisch regierten, autoritätsbewußten Staates. Die Loslösung der F. aus dem Klanverbande (s. Klan) hängt wesentl. mit der Erweiterung und der wachsenden selbständigen Bedeutung des Herrschaftsverbandes zusammen. 3. Von nicht geringer Tragweite für die Gestaltung der F. sind schließlich die Ansichten über den physiologischen Anteil der beiden Geschlechter an ihrer Nachkommenschaft. Den Arandastämmen des mittl. Australiens gilt das Kind als Folge von einem Geist, der in die Mutter eingegangen ist (Spencer und Gillen S. 265), bei anderen australischen Stämmen herrscht die Auffassung, das Kind kommt vom Manne, das Weib bewahrt es bloß auf, sorgt für es (Howitt S. 255). Die Awunas in Westafrika gehen bei ihrer Meinung in die Einzelheiten: nur der Unterkiefer kommt von der Mutter, das übrige vom Ahnen *Luwoo*, der Vater trägt nichts dazu bei (Ellis S. 131). Bei nordamerik. Stämmen nimmt man häufig an, daß die Seele vom Vater, der Leib von der Mutter kommt, usw. Aus dem Ineinanderwirken der angedeuteten drei Faktoren ergeben sich die vielgestaltigen Formen der Familien.

§ 2. Zunächst ist das Verhältnis der F. zum politischen Verband zu klären. Verbreitet ist die Ansicht, der Staat sei aus der F. hervorgegangen. Diese Formulierung ist jedenfalls unglücklich und führt zu Mißverständnissen. Machen wir uns klar, um was es sich handelt. Richtig ist, daß die primitiven politischen Verbände ausschließlich oder doch vorwiegend auf Blutsbanden beruhen, ähnlich wie die tierischen Schwärme und Rudel, Herden und Horden. Diese durch gemeinschaftliche Abstammung verbundenen Gruppen waren zweifellos ursprünglich sehr klein, wie teilweise aus paläol. Resten erschlossen wird (Soergel S. 147), und wie man sie heute bei niedrig stehenden Naturvölkern in der Tat noch beobachten kann, z. B. bei den Feuerländern (Bridges S. 184) oder bei den Veddas usw. Von den Veddas berichtet Seligmann (S. 625ff.), daß jede Gruppe aus Gatte, Gattin, Töchtern und Töchtermännern besteht, die als Besitzer einer Höhle oder eines Felsenplatzes gelten. Innerhalb der Höhle hat jede der Kleinfamilien ihr eigenes Feuer, um das nachts ihre Mitglieder sitzen. Eine Familie ergreift nie Besitz vom Platz einer anderen. Der selbständige Feuerplatz charakterisiert die Sonderstellung der Kleinfamilie innerhalb des Sippenverbandes. Ähnliches berichtet Vedder von den Bergdama (S. 17, 28, 179). Das Sippenhaupt wird als „Großvater" angeredet. Das Haus gilt als Eigentum des Weibes, sie errichtet es mit nur geringer Unterstützung des Mannes und bewohnt es allein mit ihren Kindern. Dem Mann kommt darin nur eine Schlafstelle zu (S. 15). Die Familie wird im wesentl. dargestellt durch die Frau mit ihren Kindern. Der Gatte tritt als Beschützer der Frau und Freund ihrer Kinder hinzu, ist aber hauptsächlich Mitglied der Männergesellschaft, die den Frauen gegenüber ihr eigenes Leben führt (Thurnwald S. 98, 133, 147, 247). Dieser um ein Feuer gescharten Kleinfamilie steht die Sippe gegenüber, die am gleichen Ort oder in nächster Nachbarschaft siedelnde Verwandtschaft (der Ausdruck „Großfamilie" wird besser für gewisse Familienformen [s. d.] von Hirten und Ackerbauvölkern vorbehalten).

Eine Komplikation erleidet die F. und Sippe durch die sowohl bei niedrigen wie bei höheren Stämmen übliche Adoption (s. d. A) Fremder, wodurch die enge Zusammengehörigkeit durch das Blut eine leichte

Störung erleidet. Vor allem im Falle der Kinderlosigkeit findet Adoption, allerdings oft aus naher Verwandtschaft stammender, Kinder statt, z. B. bei den Bogadjim (Hoffmann S. 72) an der Küste Nord-Neu-Guineas oder bei den Neukaledoniern (Lambert S. 116 f.), wo auch Freunde oder Verwandte ehrenhalber in die F. aufgenommen werden, oder bei den Gala Nordostafrikas, wo bei der Gefahr des Aussterbens einer F. nach dem Tode eines kinderlosen einzigen Sohnes die überlebenden Verwandten verpflichtet waren, irgendwo einen Sklaven zu kaufen und ihn zu adoptieren, um Namen und Vermögensrechte des Verstorbenen auf ihn zu übertragen, damit die F. erhalten bleibe (Paulitschke S. 209).

Der F. steht nun die nach außen zusammengeschlossene und innerlich durch gemeinsame Tradition und Schicksal verbundene, in Kampf und Verteidigung zusammenstehende, politisch orientierte Männergesellschaft gegenüber. Unter Umständen ist sie nicht größer als die Sippe, wie z. B. bei den Feuerländern, Buschmännern, Veddas usw., und wird durch die Ältesten der Gruppe geleitet (s. Altersstufen, Klan).

In Bezug auf das Wirtschaften gehen die Jagd- und Fangunternehmungen der Männer häufiger gesellig vor sich, als das Sammeln von Wurzeln, Früchten oder Feuerholz durch die Frauen. Vor allem aber bildet der kleine Feuer- und Wirtschaftsplatz der Frau stets eine persönliche Angelegenheit, um die sich das Wirtschaften der Kleinfamilie trotz aller gemeinsamen Ansprüche der Sippe und des Klans auf Jagdgebiet und Land, ja auch auf Wirtschaftsgeräte, (vgl. Vedder S. 30) konzentriert.

Die Spaltung zwischen Familie und politischem Verband tritt bei Wander- und Räuberstämmen in Erscheinung, da einerseits ein stärkerer Zusammenschluß des Männerverbandes erforderlich ist, andererseits die Möglichkeit besteht, durch Beute persönliche Auszeichnung und Vorteile zu erlangen, die mit der Kleinfamilie geteilt werden können. Insbesondere aber trägt die Ausbildung des Häuptlingtums und später die Überlagerung einer ethnischen Gruppe durch eine andere und die Entstehung adliger Familien mit dienenden Frauen und Sklaven zur Verselbständigung der F. gegenüber dem politischen Verband bei.

§ 3. Die F. unter der Herrschaft des Mutterbruders. Logisch genommen, ist diese Form der Familiengestaltung an den Anfang zu setzen. Sie findet sich in der Tat auch bei vielen niedrigen Stämmen, wie z. B. bei den Veddas. Diese rechnen (nach Seligmann S. 625 ff.) die Abkunft nach der Mutter, und der Gatte verbindet sich durch die Heirat mit der Sippe der Frau, deren Haupt sein Mutterbruder ist; seine Kusine wird somit seine Frau (s. Heiratsordnung). Stellenweise scheint sich diese vielleicht als ursprünglichste Form der Familienbildung zu bezeichnende „mutterrechtliche Oheimherrschaft" auch noch bei mittl. und höheren Naturvölkern erhalten und einseitig ausgebildet zu haben. Als besonderes Beispiel können in dieser Beziehung die Bewohner der Trobriandsinseln im O von Neu-Guinea angeführt werden (Malinowski 1923, 1924). Der charakteristische Zug besteht hier darin, daß der Zusammenhang zwischen Kohabitation und Konzeption unbekannt ist oder vielleicht nur dogmatisch geleugnet wird (Read). Daß eine ursprüngliche Unbekanntheit dieses Zusammenhangs angenommen werden muß, wird am schlagendsten durch die zahlreichen „Abstammungssagen" totemistischer Art (s. Totemismus B) und solche über die Herkunft der Kinder bestätigt. Vielleicht kann man die gerade in mutterrechtlichen Gesellschaften sehr verbreitete „Kuvade" (s. Männerkindbett) als die erste offizielle Anerkennung dieses Zusammenhanges und der Bedeutung der Paternität betrachten. Möglicherweise hat die Tierhaltung, insbesonders die Viehzucht, zur Einsicht in diese Zusammenhänge wesentl. beigetragen. — Jedenfalls ist bei den Trobriandern durch eingehende Erörterungen die Tatsache festgestellt worden, daß sie den erwähnten Zusammenhang, und zwar auch für ihre Haustiere, die Schweine, leugnen. Der Mann gilt nur als Gatte der Frau, er ist ihr Beschützer, den Kindern gegenüber aber ein Fremder, der nur freundschaftliche Beziehungen mit ihnen hat. Merkwürdig erscheint dabei, daß trotzdem eine körperliche Ähnlichkeit zwischen Vater und Kindern angenommen wird, die man aber auf zauberisch geistigem Wege erklärt, während es geradezu als Beleidigung gilt von jemandem zu sagen, daß er seiner Mutter oder seinen mütterlichen Verwandten ähnlich sieht. Man nimmt an, daß Geister verstorbener weiblicher Verwandter den Frauen nachts die Kinder bringen und die Mütter auf diese Weise empfangen. Trotz dieser festgefügten Ansichten folgt auf eine allerdings ziemlich promiske Zeit der jugendlichen Reifeperiode ein durchaus dauerhaftes Familienleben. Nur nimmt dieses eine besondere Gestalt dadurch an, daß in fast allen Dingen der Mutterbruder der Kinder, nicht der Gatte ihrer Mutter, ihr Vater, entscheidend hervortritt. Der Bruder der Frau übt die Autorität über seine Schwester und deren Kinder aus. Sie verhält sich ihm gegenüber untertänig wie ein Mann zu seinem Häuptling, während sie in keiner Weise ihrem Gatten gegenüber Unterordnung an den Tag legt. Die Beziehungen zwischen der Frau und ihrem Bruder werden indes durch das strenge Tabu, das Verbot miteinander allein zu sprechen, ohne sich voneinander abzukehren, und durch ein beständiges Sichausweichen derart beeinträchtigt, daß ein Austausch über die naheliegenden täglichen Haushaltsorgen behindert wird, zumal ja auch die verheiratete Schwester an einem anderen Ort wohnt als der Bruder. Die Intimitäten des täglichen Lebens teilt sie mit dem Gatten, der auch der gute Freund der Kinder ist. Ihre Kinder beerben aber den Mutterbruder, sie übernehmen seine wirtschaftlichen Güter, lernen seine Fertigkeiten, seine Tänze, Gesänge, Mythen und Zaubereien und folgen ihm in seinem Rang und seiner Würde nach. Der Mutterbruder ist es auch, der über die Kinder die „potestas" ausübt; er, nicht der Vater, versorgt den Haushalt seiner Schwester und deren Kinder mit Nahrung: der größte Teil des Ertrags seiner Felder geht zu seinen Schwestern. Der Gatte dagegen arbeitet wieder seinerseits für seiner Schwestern Haushalt. Es werden somit alle Konsequenzen aus der Annahme gezogen, daß die Blutsverwandtschaft nur durch die Mutter besteht und der Gatte nicht als Vater der Kinder betrachtet wird. Indessen folgt die Frau nach dem Wohnort des Gatten, und die Kinder wachsen an einem ihnen verwandtschaftlich fremden Orte auf. Schon von frühester Jugend an werden Brüder und Schwestern getrennt gehalten, und der Bruder betätigt seine Autorität gegenüber der Schwester. Doch verbietet ihm das Tabu, seine Autorität zu gebrauchen, wenn die Verheiratung in Frage steht. In diesem Fall ist es gerade der fremde Vater, der Freund der Mutter, der mit größter Autorität zu sprechen hat. Eine Jünglings- oder Mädchenweihe zur Zeit der Reife findet in dieser mutterrechtlichen Gesellschaft nicht statt (s. a. Malinowski 1922 S. 58, 180).

Bei den Pueblo-Indianern (Zuñi) verbindet sich mit dem Mutterrecht auch die Gattinnenfolge: der Mann zieht nach dem Platz seiner Frau. Man schätzt deshalb die Töchter höher als die Söhne, weil durch sie Männer herangezogen werden, die als Arbeitskraft in der Sippe Verwendung finden (Kroeber). Auch bei den Hidatsa-Indianern wurden die Gärten gemeinsam durch eine Frau, ihre Töchter und Enkeltöchter bestellt. Die Rangauszeichnungen vererbte man in derselben Weise. Die weiblichen Abkömmlinge von Schwestern waren auf diese Weise durch gemeinsame Eigentumsrechte und wirtschaftliche Betätigungen verbunden (Lowie S. 160). Ähnliche Zustände finden wir bei den südafrik. Ovambo und bei den Khasi von Assam (Lowie S. 72). Häufig wird im Gegensatz zu den oben geschilderten Verhältnissen der Trobriandsinseln der Gatte als Arbeitskraft und Helfer in der F. der Frau genützt. Im übrigen fällt die Gattinnenfolge (daß der Mann nach dem Heimatsort seiner Gattin übersiedelt) keineswegs mit mutterrechtlicher Berechnung zusammen. Auch herrschen in dieser Beziehung nicht immer ganz gleichmäßige Gewohnheiten. Unter den Kaileuten von Neu-Guinea geht zwar die Frau nach dem Platz ihres Gattens, wird aber beständig durch ihre Angehörigen kontrolliert, und der Gatte wird nicht nur für schlechte Behandlung der Frau, sondern auch für Beschädigungen an ihrem Besitz von ihren Verwandten zur Verantwortung gezogen (Keysser).

§ 4. Daß die Berechnung nach der Verwandtschaft in weiblicher Linie keineswegs auch mit einer Frauenherrschaft verbunden ist, wie früher vielfach in verwirrender Weise angenommen wurde, kann als feststehendes Ergebnis der ethnologischen Forschung gebucht werden. Ob die Verwandtschaft in männlicher oder weiblicher Richtung, ausschließlich oder vorwiegend, berechnet wird, hat nichts oder doch nur sehr wenig mit der Stellung der Frau in der F. und im politischen Gemeinwesen zu tun. Wir haben an dem Beispiel der Trobrianders gesehen, daß die Abstammung wohl durch die Mütter berechnet werden und der Vater autoritätslos sein kann, daß aber dann, wie z. B. auch bei den Tlingit-Indianern, der Mutterbruder die Autorität über die Familie seiner Schwester ausübt. Etwas anderes ist die Frauenherrschaft, die sich vereinzelt gelegentlich bei diesem oder jenem Stamm finden soll. Allerlei sagenhafte Übertreibungen treffen hier oft zusammen. Namentlich müssen wir auch verschiedenen Berichten alter Schriftsteller in dieser Beziehung mit Skepsis begegnen. Am schärfsten war der Einfluß der Frauen vielleicht bei den nordamerik. Irokesen ausgebildet. Die Frauen besaßen die Häuser und das Land und veranstalteten die Heiraten. Auch die bedeutendsten zeremoniellen Gesellschaften waren aus Frauen zusammengesetzt und wurden durch weibliche Funktionäre der einzelnen Sippen ergänzt. Die Frauen ernannten einen Kandidaten für den Häuptlingsrat, hatten aber selbst keinen Platz in diesem Rat. Auch bei den Zuñi-Indianern besitzen die Frauen wohl die Häuser, die Verwandtschaft wird dort in weiblicher Linie gerechnet und der Mann heiratet nach dem Platze der Frau; in den politischen Angelegenheiten der Gemeinschaft jedoch haben sie keine Stimme. Ähnlich ist es auch bei den Irokesen (Lowie S. 190). Wir müssen also die Berechnung der Verwandtschaft, die Vererbung von Titeln, Rang und Würden, den Besitz von Eigentum an Häusern und Land, die Teilnahme oder Leitung von religiösen und zauberischen Zeremonien und Riten unterscheiden von der Entfaltung der Autorität in Familie und Staat.

Auch bei den Kopfjägern von Formosa kann man nicht von einem mutterrechtlichen Matriarchat reden, sondern nur von einer einseitigen und weitgehenden Betonung der Mutterfolge und starker Selbstständigkeit der Frau. Ähnlich wie bei gewissen amerik. Indianern ist die Vererbung der Häuptlingsschaft, von beweglicher Habe, von Gesängen, Namen, zeremoniellen Verrichtungen und Ämtern an die weibliche Linie gebunden und gruppiert sich um die Muttersippe. Daneben macht sich aber das Bestreben des Vaters geltend, die Häuptlingsschaft an seine Söhne zu vererben (Mac Govern S. 500).

In bezeichnender Weise schildert Senfft (bei Steinmetz S. 431) die F. unter den Marshalinsulanern: er bezeichnet den Mann nur als das Haupt seiner aus Frauen und Kindern bestehenden Gemeinschaft, dem weiter keinerlei Macht zusteht. Dagegen mischt sich der Klanhäuptling auch in alle Familienangelegenheiten hinein und kann dem Mann die Frau wegnehmen. Bedingt werden diese Zustände zweifellos durch die ausgebildete Rangstaffelung.

§ 5. Die mutterrechtlich-patriarchalische F. unterscheidet sich im Prinzip von der durch den Mutterbruder beherrschten mutterrechtlichen F. (s. o. § 3) dadurch, daß die Autorität in der Hand des Gatten der Frau liegt, der als Vater der Kinder anerkannt wird. Doch macht sich daneben oft ein nicht unbedeutender Einfluß des Mutterbruders auch fernerhin geltend, der insbesondere bei gewissen Gelegenheiten, wie z. B. bei den Reifeweihen oder bei der Blutrache in Erscheinung tritt. Man kann sagen, daß diese Form vielleicht die unter den heute lebenden Naturvölkern am meisten verbreitete Gestalt der Familienbildung darstellt. Vielfach zeigt sich eine Art Rivalität zwischen dem Einfluß der mütterlichen Verwandten und dem Vater mit seiner Sippe, wie schon an dem Beispiel von den Kaileuten oben geschildert. In Melanesien und in Afrika, besonders unter den Bantuvölkern, herrscht vielfach Mutterfolge, aber die Autorität des Gatten und Vaters stellt sich als überragend dar. Doch dringt der Einfluß der mütterlichen Verwandten derartig vor, daß von ihnen im Falle des Ehebruchs der Gatte dafür verantwortlich gemacht und ihm Vernachlässigung der Frau zur Schuld gelegt wird. Curr (S. 250) erzählt von den Bangerangleuten von Australien, daß eine Frau niemals allein in einer Hütte saß, außer ihr Mann war anwesend, und daß sie niemals in der Abwesenheit ihres Gatten mit einem anderen Mann sprach oder mehr als die notwendigste Antwort gab.

Bei vielen australischen Stämmen kommt trotz der Berechnung der Verwandtschaft in mütterlicher Linie die volle väterliche Gewalt des Familienhauptes zum Ausbruch (Malinowski 1913 S. 187ff., 254; Dargun S. 2ff.).

Auch unter größeren Völkergruppen ist nicht bei allen Stämmen in einheitlicher Weise das patriarchale Prinzip oder das der Onkelherrschaft oder die Berechnung der Verwandtschaft in der einen oder anderen Richtung durchgeführt; während z. B. die Siouxstämme vorwiegend die Verwandtschaft in der väterlichen Linie beobachten, gibt es unter ihnen eine Reihe von Stämmen, wie Crow, Hidatsa und Mandan, welche die Verwandtschaft nach der weiblichen Seite hin rechnen (s. Mutterfolge). Auch bei den Winnebago folgte der Schwestersohn, und die Autorität fiel dem Mutterbruder zu, ja eine Frau konnte Häuptling sein (Radin S. 214).

Die Melanesier wurden früher als vorwiegend mutterrechtlich betrachtet, aber bei genauerer Untersuchung hat sich herausgestellt, daß diese Mutterfolge häufig mit Vaterfolge kombiniert auftritt, indem vor allem die Würde der Häuptlingschaft fast immer von dem Vater auf den Sohn vererbt wird, während das Eigentum manchmal den Kindern der Schwester zufällt, wie z. B. auf Neukaledonien, auf den Neu-Hebriden und auf Santa Cruz (Rivers II 90). In Vanua Levu auf den Fijiinseln wird die Abstammung in mütterlicher Linie gerechnet, aber ein Mann zeigt besonderen Respekt vor dem Totem seines Vaters, obgleich er zu seiner Mutter Klan gehört und ihr heiliges Land erbt (Hocart). Auch auf den mikronesischen Inseln gehen Verwandtschaftberechnung, Vererbung von beweglicher Habe, von Landstücken, von Titeln und Würden und die Ausübung der Autorität in verschiedener Weise auseinander, zweifellos eine Folge wiederholter ethnischer Schichtung und Beeinflussung. Auf der Karolineninsel Yap z. B. gehört ein Mann außer zu seiner F. auch einem durchaus nach mutterrechtlichen Gesichtspunkten vererbten Totem an. Die F. wird vom Vater beherrscht, und die Würde des Familienoberhaupts auf den Sohn vererbt. Die Ehefolge ist matrilokal, d. h. in der Regel siedelt sich der Schwiegersohn neben den Eltern der Frau an und ist gehalten, dem Schwiegervater Arbeitsdienste zu leisten. Bei der Übertragung der Häuptlingswürde, die an den Besitz eines bestimmten Grundstücks geknüpft ist, treten wieder mutterrechtliche Gesichtspunkte hervor, obgleich bei den Genealogien nur die Namen der männlichen Inhaber der Grundstücke aufbewahrt werden. Hier kommt der Fall vor, daß ein Oberhäuptling die Würde nur als Mann seiner Frau, der Tochter eines höheren Häuptlings, bekleidet, während beider Sohn erst der richtige neue Häuptling wird. Als Nachfolger eines Kriegshäuptlings kommt der Schwestersohn in Betracht. Während sich die Würde des Familienoberhauptes in der männlichen Linie vererbt, ist bei anderen Ämtern die mütterliche Verwandtschaft maßgebend. Selbst die Grundstücke werden nicht in gleicher Weise vererbt: während im allg. die Männerfolge gilt, bleiben einige immer in dem gleichen Totem, also in der weiblichen Verwandtschaft (Müller S. 223, 245ff.).

Eine Vermischung von Patriarchat und mutterrechtlichen Gesichtspunkten findet sich auch bei den Uitoto im mittl. Amerika (Preuss S. 162ff.). Die Frauen fühlen sich als zu ihrer Geburtsgruppe gehörig, das Patriarchat ist aber streng durchgeführt. Beim Tod fällt das Erbe dem Bruder zu, der Sohn erhält nur wenig, was wohl darauf hindeutet, daß der Sohn zur Sippe der Gattin gerechnet wird. Der Freier wendet sich an den Vater der Braut und muß oft für den Schwiegervater arbeiten.

Die Frage muß sich uns aufdrängen, welche Gründe ausschlaggebend waren für den Übergang der Onkelherrschaft zur Vaterherrschaft. Es scheint, daß die Versorgungsfrage entscheidend war. Wird es üblich, daß der Gatte die Versorgung der Frau und ihrer Nachkommenschaft übernimmt, so liegt es nahe, daß ihm, aber nicht mehr dem Mutterbruder, das autoritäre Recht in der F. zugestanden wird. Dabei braucht die Frage der Vaterschaft gar nicht angeschnitten zu werden, wie z. B. im Falle der Bànaro von Neu-Guinea (Thurnwald S. 99ff.). Daß aber neben dem Vater immer noch dem mütterlichen Onkel fast allenthalben bei Naturvölkern eine besondere Bedeutung zufällt, ist wohl als historische Nachwirkung zu erklären und darauf zurückzuführen, daß der Bruder einst als entscheidender Versorger und Beschützer seiner Schwester und deren F. galt. Die zwischen Bruder und Schwester gewöhnlich aufgerichteten Meidungsschranken sind offenbar die spätere Folge einer scharfen Trennung zwischen dem geschwisterlichen Verhältnis und den Gattenbeziehungen. Man kann sich vorstellen, daß bei einer größeren Zahl von Mädchen als von männlicher Nachkommenschaft die Frauen entweder anderen Gruppen gegeben wurden oder deren Bewerber veranlaßt wurden, in die Gruppe der umworbenen Frau einzutreten und da tätig zu sein, worauf das häufige Abarbeiten des Frauenpreises beim Schwiegervater hindeutet. Daher ein Zusammentreffen von Frauenfolge, Patriarchat und Abarbeiten zur Erringung der Frau.

Kann man sagen, daß die vaterrechtliche F. bei vorgeschritteneren Völkern vorkommt als die mutterrechtliche-patriarchalische oder die mutterrechtliche-avunkularchische oder umgekehrt? Tatsächlich liegen die Dinge so, daß viele zweifellos hochstehende Völker, z. B. die Polynesier und nord- und südamerik. Stämme, wie die Irokesen, Huronen und Tewa-Indianer oder die brasilianischen Aruaken, im wesentl. Mutterfolge beobachten. Dagegen finden wir bei manchen niedrigen Stämmen Australiens oder Melanesiens Vaterfolge vorherrschend (Journ. anthr. inst. 45 [1915] Rivers). Der erste Schluß, den wir aus diesem Sachverhalt zu ziehen haben, ist der, daß die Berechnung der Verwandtschaft und die Nachfolge im Erbe oder Rang unmittelbar nichts mit der Kulturentwicklung zu tun hat. Wir haben es einerseits, worüber noch im nächsten Paragraphen zu handeln sein wird, mit zweierlei Anlässen für die Entstehung des Patriarchats zu tun, andererseits treten bei vielen fortgeschrittenen Völkern weder die mutterrechtlichen noch die vaterrechtlichen Beziehungen mit restloser Konsequenz durchgeführt in Erscheinung. Zweifellos hatten im Laufe des Stammesschicksals vielerlei Beeinflussungen stattgefunden, die ihre Spuren in dem sich uns darbietenden Bild hinterlassen haben, wie etwa im Falle der nordwestamerik. Kwakiutl, bei denen im allg. Vaterfolge herrscht, die aber das Totemabzeichen *(Crest)* vom Vater der Frau übernehmen. Diese Gewohnheit wird dem Einfluß ihrer n. mutterrechtlichen Nachbarn, der Tsimshian und Haida, zugeschrieben (Boas S. 334; Rivers II 90, 319). Namentlich dürfte der Eigentumsanspruch (s. Eigentum A), der sich besonders bei beutegierigen Räuberstämmen und Hirten auf fremde Frauen, auf Vieh und Sklaven herausgebildet hatte, die patriarchalischen Ansprüche gestärkt haben. Besonders tritt auch hier der Gedanke hervor, daß der Mann in der Frau die Möglichkeit von Nachkommenschaft, von Kindern als Hilfskräften und Bluträchern, sich erkauft (s. Ehe A, Ehescheidung § 4, 5). Solche Gesichtspunkte können sich natürlich weiter verbreitet haben, ohne daß notwendigerweise von solchen Ausstrahlungen auf bestimmte, wirklich zurückgelegte Wanderwege der Stämme selbst zurückgeschlossen werden müßte.

Wie sehr in einem sonst streng patriarchalischen Gemeinwesen, wie das altchinesische, mutterrechtliche Vorstellungen eingewoben sind, zeigen die alten Stammessagen. Diese kennen nur immer die Mutter der ältesten Kaiser, der Vater wird nicht genannt. Der Taoismus scheint in systematischer Weise die alten mutterrechtlichen Vorstellungen ausgebildet zu haben. So wie die Kaiser der Urzeit nur eine Mutter hatten, so hat auch der göttliche Kaiser und das Weltall nur eine Mutter, nämlich *Tao*. Und das *Tao* bezeichnet Lao-tze als die „Mutter aller Dinge" (Quistorp S. 54 ff.). Hier wird eine förmliche Philosophie des Mutterrechts entwickelt, die bei den späteren patriarchalen Chinesen unmöglich gewesen wäre.

Dabei werden wir aufmerksam gemacht, daß durch veränderte Lebensbedingungen auch neue Gesellschaftsformen und Auffassungen von der F. Eingang finden können. Aus der eigenen Vergangenheit des Volkes her können sich Nachwirkungen geltend machen. Es ist nicht nötig, alle ein System störenden Züge auf Einflüsse von außen zurückzuführen.

§ 6. Wir werden gut tun, die Formen des Patriarchats zu scheiden in: a) eine niedrigere Form, die im wesentl. auf Versorgung und Führung durch den Vater zugeschnitten ist, und bei der mutterrechtlicher Einschlag auf dem Wege des bei festlichen Gelegenheiten in Erscheinung tretenden Mutterbruders nicht fehlt, und: b) in eine höhere patriarchalische Form, die durch aristokratisches Herrentum, durch Aufnahme fremder Frauen und fremder Knechte in den Wirtschaftsverband der F., eine besondere Prägung erhalten hat und auf Befehl und Unterordnung eingestellt ist.

Die Tschuktschen Ost-Sibiriens, Rentierzüchter, Jäger und Fischer, besitzen kein Wort für F. Der Ausdruck *varat* bezeichnet „die Zusammengehörigen in der Blutrache", davon werden aber nur die Verwandten in väterlicher Linie betroffen. Doch treten in Ermanglung dieser auch mütterliche Verwandte ein. Alle sog. „paläo-sibirischen" Stämme, mit Ausnahme der Ainus sind patriarchalisch. Die Frau wird beim Schwiegervater abverdient (Czaplicka S. 494).

Williamson schildert das typische Leben eines Papuastammes im Innern von Neu-Guinea, der Mafulu (S. 63ff., 119), das auch gleichzeitig die völlige Getrenntheit des Lebens beider Geschlechter innerhalb der F. beleuchtet. Der frühe Morgen findet die Frau, die kleinen Kinder und die unverheirateten Töchter im Familienhaus. Der Gatte hat entweder da geschlafen oder viel wahrscheinlicher im Männerhaus. Die unverheirateten Söhne haben gleichfalls dort die Nacht verbracht, mit Ausnahme vielleicht einiger ganz junger Knaben, die in das Männerhaus noch nicht zugelassen werden. Die Frauen kochen bei Sonnenaufgang das Frühstück und gehen dann in die Gärten arbeiten, wo sie Tarso, Süßkartoffel und ähnliches pflanzen oder die Anlage reinigen, und des Abends bringen sie Vorrat an Knollenfrüchten und Feuerholz aus dem Wald nach dem Dorf. Die Arbeit der Männer dreht sich hauptsächlich um Yams, Bananen und Zuckerrohr und um die Anlage von Zäunen oder das Fällen von großen Bäumen für die Anlage neuer Rodungen zum Pflanzen. Manchmal gehen sie auf Jagdausflüge in den Wald oder auf Fischerei zum Fluß. Zu Mittag essen die Frauen eine Kleinigkeit, und des Nachmittags nach ihrer Rückkehr, vor Sonnenuntergang, wird die Hauptmahlzeit zubereitet. Bei jedem Essen werden auch die Schweine gefüttert. Im allg. spielt sich das Leben harmonisch ab, und auch die Kinder werden von den Eltern freundlich behandelt. Streitigkeiten sind verhältnismäßig selten. Schwierig gestaltet sich oft die Verteilung der Erbschaft: die Witwe bekommt nichts außer einem Schwein und etwas Feldfrüchten gelegentlich der Totenfeier; der Besitz geht auf die Söhne des Verstorbenen über, und zwar an alle gemeinschaftlich. Bezüglich der beweglichen Dinge aber kommt es gewöhnlich zu endlosen Streitereien und Auseinandersetzungen unter den nächsten Verwandten. Frauen besitzen kein Land sondern nur bewegliches Eigentum. Dagegen fällt die Verantwortung für die Kinder auf die Witwe, und sie nimmt die Kleinen auch mit zu ihren Leuten. Erst wenn die Kinder herangewachsen sind, kehren sie nach dem Ort ihres Vaters zurück. Fehlt die Mutter, so nimmt sich ihrer ein Verwandter väterlicher- oder mütterlicherseits an. Ein durchgeführtes System der Berechnung nach väterlicher oder mütterlicher Linie scheint bei den Mafulu zu fehlen, und die jungen Leute haben keine Verpflichtung gegenüber dem Mutterbruder, wie etwa bei den Koita oder bei den mutterrechtlichen Roro- und Mekeostämmen.

Einen anderen Typ lernen wir in dem südafrik. Stamm von Rinderhirten, in den Herero, kennen. Die Frau wird durch Kauf erworben; je reicher der Mann ist, desto mehr Frauen hat er. Jede Frau hat ihr eigenes Haus. Die Kinder werden zur F. des Vaters gehörig betrachtet, besonders den Großvätern steht hohe Autorität zu. Der älteste Mann in einer F., einer „Großfamilie", gilt als deren Haupt (Steinmetz S. 305ff.). Im allg. spielt hier die Sklaverei eine noch geringe Rolle, dagegen sind die Besitzansprüche im Zusammenhang mit den Herden stark ausgebildet.

Die Bedeutung des Besitzes und die Beeinflussung der F. dadurch tritt noch stärker bei den Banjangis Nordwestkameruns hervor. Der Kaufpreis der Frau beträgt hier zwei Sklaven. Der Mann nimmt nach seiner Verheiratung einen anderen Namen an. Die Frau tritt in die F. des Mannes ein und bewohnt mit ihm ein eigenes Haus; von mehreren Frauen hat jede ihre besondere kleine Wohnung, deren Eingänge abwechselnd nach der Straße und nach dem Garten zu liegen, um Zänkereien zu vermeiden. Der Familienvater kauft, wenn er Geld hat, immer wieder neue Frauen, die Töchter werden verkauft, und die Söhne müssen, wenn sie Geld verdienen, dies ihrem Vater abliefern, der seinerseits wieder davon einen Teil den Häuptlingen zu entrichten hat. Jedes Dorf bildet für sich eine Sippe, und die männlichen Mitglieder des Dorfes bezeichnen sich gegenseitig als Brüder, die Frauen werden nach außerhalb verheiratet (Staschewski S. 18). Hier wird die F. ganz nach Analogie der Tierzucht betrachtet und ist auf Versilberung des Zuchtertrags eingestellt: eine Auswirkung des Geldes als Wertträger.

Im frz. Sudan, im Kreis Kita, wohnen alle nicht verheirateten Familienmitglieder mit dem Familienoberhaupt zusammen („Großfamilie"), auch seine verheirateten Brüder und Söhne, solange die Wohnung groß genug ist und es keine Uneinigkeiten gibt. Die Sklaven sind zur Hälfte bei der F. untergebracht, zur Hälfte auf den angebauten Feldern, wo sie Dörfer bilden. Jede F. hat ein Fetischtier, von welchem zu essen verboten ist, und sie betrachtet sich als von einem Ahnen abstammend, zu dem eine genaue Genealogie hinführt, die sich auf einen Zeitraum von etwa 300 Jahren erstreckt. Die Güter der F. sind Gemeineigentum, aber es gibt Grundstücke, die einzelnen Frauen persönlich gehören, die sie mit in die Ehe gebracht haben, oder die ihnen als Geschenk oder Erbschaft zugefallen sind. Diese gehen von ihnen auf ihre Kinder über (Mutterfolge). Zu dem Gemeinschaftsbesitz der F. gehören Häuser, Felder, Herden und Sklaven. Die Unverheirateten leben bis zu einem gewissen Alter bei ihren Müttern. Familienhaupt ist der älteste der Söhne. Dieses Familienoberhaupt muß alle Familienmitglieder ernähren, ihnen Wohnungen geben und sie kleiden und fordert dafür von jedem, daß er für ihn arbeitet. Wenn sich ein jüngerer Bruder weigert zu arbeiten, geht er der Erbfolge verlustig. Das Familienhaupt hat Gewalt über die ganze F.: der ältere Bruder darf den jüngeren Bruder schlagen, und dieser wird sich nicht dagegen wehren. Einen Sklaven verkauft man lieber, als daß man ihn tötet, eine schwere Strafe für den Sklaven. Der Vater kann seine Sklaven und seine Kinder für die Bezahlung einer Schuld haftbar machen. Das Familienhaupt hat kein Recht an den Gütern, die den Mitgliedern seiner F. persönlich gehören. Die Würde des Hauptes erlischt gewöhnlich erst mit seinem Tode. Die Frau wird als Eigentum des Mannes betrachtet, und ihre Kinder gehören dem Mann und zwar ebenso die aus Ehebruch geborenen, wie die aus der Ehe stammenden. Man darf sagen, daß die Frau ein Wirtschaftsobjekt bildet, welches nach ihrer Arbeit und der Zahl ihrer Kinder geschätzt wird. Sie muß ihrem Manne oder in seiner Abwesenheit dem, welcher an seiner Statt herrscht, Gehorsam leisten. Zwischen den Frauen eines und desselben Mannes besteht eine Art Hierarchie. Trotz dieser ausgesprochen patriarchalischen, offenbar durch die Sklavenwirtschaft bedingten Organisation ist die vaterrechtliche Folge doch nicht einseitig durchgeführt. Ein Mann kann seinen Bruder nur nach dem Tode aller seiner Oheime beerben (Steinmetz S. 144 ff.).

Bei den nordostafrik. Somâl und ʿAfars wohnen die Nachkommen jeder Ehefrau zusammen mit Vater und Mutter. Die Kinder einer Frau führen gemeinschaftlich den Namen des ältesten Sohnes. Während bei diesen der Einfluß der islamischen Auffassung Platz gegriffen hat, hielten die heidnischen Gala am Mutterrecht fest. Doch ist bei beiden der Familienvater Besitzer des gesamten Eigentums der F. und Herr über Leben und Tod sämtlicher Familienangehörigen (Paulitschke I 188 ff.).

Auch bei den ostafrik. Waschamba besteht Patriarchat, und zwar über eine „Großfamilie", welche die Pflanzungen gemeinsam zu eigen hat. Die Frau wird gekauft; kann der Mann den Brautpreis in Rindern, Ziegen und Honig nicht bezahlen, so kommen die Eltern der Frau, wenn ein Kind geboren ist, und nehmen ihm Frau und Kind weg, bis er gezahlt hat. Wenn er nicht in der Lage ist zu zahlen, so borgt er von seinem Häuptling, dem er den Preis durch Arbeit abverdienen muß. Hier tritt also durch das Dazwischentreten des Häuptlings eine kleine Verschiebung in dem Abarbeiten des Preises ein. Jede Frau besitzt eine eigene Hütte und eine selbständige Haushaltung. Die erste Frau, vom Zeitpunkt der Verlobung an gerechnet, gilt als die Hauptfrau, wenn sie auch noch ein Kind ist und die anderen schon erwachsen sind. Während der Ertrag der Pflanzung, die die Frauen bestellen, der Hausgemeinschaft zugute kommt, gehört doch das, was eine Frau durch Verkauf oder Lohnarbeit verdient, ihr besonders. Als Bürgen werden nur Kinder oder Weiber gestellt, während die Männer durch Arbeit die Schuld des Familienhaupts aufzubringen suchen, um die Bürgen auszulösen. Darüber, ob ein Kind frei oder Sklave ist, entscheidet die Vaterschaft. Ebenso wird die Häuptlingswürde von väterlicher Seite ererbt. Doch erwirbt der Mutterbruder die vererbbare Habe und genießt sie lebenslänglich. Bleibt die Ehe unfruchtbar, so kehrt die Frau wieder zu ihren Eltern zurück (Steinmetz S. 223ff.).

Bei den Bambara und Fulbe macht sich in der Familienorganisation bereits der Einfluß des Islam geltend. Auch hier haben wir es mit „Großfamilien" zu tun, in denen die Brüder mit ihren Frauen, oft auch noch verheiratete Vettern und Neffen, sowie die Sklaven untergebracht sind. Ein sehr kompliziertes Erbrecht eröffnet auch den weiblichen Anverwandten, insbesondere Tochter, Mutter und Großmutter, eine Anteilnahme an den Gütern des Verstorbenen. Dagegen werden Gattinnen und Mütter fremden Bluts bei den heidnischen Bambara als Teile des Vermögens betrachtet, sie erben nicht sondern werden vererbt (Steinmetz S. 65).

In ähnlicher Weise wurde die F., der Haushalt, bei den meisten arischen Völkern geleitet, als sie in das Licht der Geschichte traten. Kompliziert werden die Auffassungen durch zauberisch-religiöse Ideen, die sich einerseits um den Kult des Herdfeuers, andererseits um die Ahnenverehrung bewegen. Das Herdfeuer symbolisierte das Weiterleben der F. die Generationen ihrer Mitglieder hindurch. Deshalb trugen griech. Kolonisten das Feuer ihrer Mutterstadt nach den neuen Kolonien, und der Platz am Feuer ist nur den männlichen Verwandten der Familie reserviert (s. Feuer A § 9). Auch die Ahnenverehrung ist durchaus patrilineal, die angeheiratete Frau verehrte ihre Ahnen im Hause, in dem sie geboren war. Das Familienhaupt repräsentiert die Traditionen, und ihm liegt der Kult der Ahnen ob. Dabei handelte es sich zunächst um Hilfe im Diesseits, erst später, wie bei den alten Persern oder Hindus, darum, daß die Kinder durch Opfer dem Ahnen im Jenseits helfen, damit auch er von seiner Welt her seine Nachfahren unterstütze. Der Ahnenkult ist zunächst als eine Erweiterung der Familienbeziehungen zu betrachten, in die eben die Verstorbenen einbezogen werden. Die Gestaltung dieser streng patriarchalischen F. ist auf die Überschichtung der Ackerbauer durch Hirten zurückzuführen. Wenn auch die F. verschieden groß sind und die *patria potestas*, die *„Munt"*, nicht bei allen Stämmen vermöge ihres verschiedenen Schicksals gleich streng zur Ausbildung gelangt ist, so finden wir doch allenthalben, bei Griechen, Römern und Germanen, die gleichen Grundzüge vor (Vinogradoff S. 227, 232ff.; Hübner S. 516ff.).

§ 7. Werfen wir noch einen Blick auf die Beziehungen zwischen Eltern und Kindern innerhalb der F. Im allg. wird man sagen können, daß die Kinder ziemlich sich selbst überlassen werden und in allen primitiven Gesellschaften, oft schon als elf- oder zwölfjährige Knaben, vielmehr aus diesem Grunde, als etwa wegen früh eintretender physiologischer Reife, sehr selbständig auftreten. Allg. hört man, daß Züchtigungen nur selten sind. Weder die Autorität des Mutterbruders, noch die des Vaters wird in der primitiven Gesellschaft hoch gespannt, denn auch die politischen Autoritäten sind gewöhnlich sehr schattenhaft. Etwas ganz anderes kommt erst mit der Ausbildung der Sklaverei, der aristokratischen Überschichtung und der politischen Herrschaft durch despotische Familien in den von Hirten überlagerten Ackerbaustaaten zustande. Hier wächst sich hier und da die Macht des Vaters zu der schroffen Gewalt über Leben und Tod seiner Kinder aus.

Die australischen Quellen schildern die gute Behandlung der Kinder durch ihre

Eltern. Kaum je kommen Züchtigungen vor (Howitt S. 189). Im Falle der Krankheit werden sie nach Möglichkeit gepflegt, auf ihre gute Ernährung wird geachtet, und Puppen werden für sie gemacht. Wenn ein Kind stirbt, zeigen die Eltern große Trauer. Dies bezieht sich sowohl auf die Mutter wie auf den Vater. Praktisch macht dieser nicht Gebrauch von seiner ihm zustehenden Autorität. Vor allem fühlt sich der Vater zum Schutz des Kindes berufen. Anders wird es erst, nachdem die Jünglinge die Reife erlangt haben. Die verschiedenen Reifezeremonien enthalten praktisch die Erziehung der jungen Leute, bei der sie gemeinschaftlich einer Reihe von Schwierigkeiten und Prüfungen unterworfen werden (Malinowski 1913 S. 234ff.).

Abgesehen von der Namengebung (s. Name A) werden die Kinder häufig früh mit Amuletten ausgestattet, die z. B. bei den Bergdama die Bedeutung haben, daß die Knaben und Mädchen von dem Tier, aus dessen Hautstück das Amulett gefertigt ist, nichts essen dürfen. Dieses Verbot dauert bis zur Jünglingsweihe (Vedder S. 43).

Bei strengem Mutterrecht mit Herrschaft des Mutterbruders, wie auf den Trobriandsinseln, ist das Verhältnis zwischen dem Gatten der Mutter und deren Kindern durchaus freundschaftlich: er spielt mit den Kindern und lehrt sie allerlei Fertigkeiten (Malinowski 1923, 1924). Auch auf den Admiralitätsinseln nimmt sich der Mann der Kinder seiner Frau an, die diese ihm als Witwe in die Ehe gebracht hat. Stirbt der Mann, so nimmt die Frau gewöhnlich die kleinen Kinder mit, die erst, wenn sie herangewachsen, dort, wo Vaterfolge herrscht, nach dem Heimatsort ihres Geschlechts zurückkehren. Von besonderer Bedeutung, auch für die Kinder, ist die Stellung der Frau bei höheren Naturvölkern als Eigentumsbestandteil des Mannes. Vor allem gelten auch außereheliche Kinder als solche des Familienhaupts, wie z. B. im frz. Sudan, Kreis Kita (Steinmetz S. 159). Manchmal erben die Kinder noch das Sondereigentum ihrer Mutter (Steinmetz S. 146). Besondere Bedeutung wird bei den stärker durch Tasten nach glückbringenden Kausalverbindungen auf mannigfache Zusammenstellungen verfallenden höheren Völkern oft den erstgeborenen Kindern beigelegt, von denen man bei ausgebildetem Patriarchat in besonderer Weise die Fortsetzung der Persönlichkeit des Vaters erwartet, und denen auch oft ein ausgezeichnetes Erbe zuteil wird, wie bei den ostafrik. Oromó (Paulitschke S. 192). Die volle Konsequenz aus der väterlichen Gewalt wird nicht überall in gleicher Weise gezogen. Während im alten Babylonien der Sohn nur im Falle eines großen Verbrechens enterbt werden kann, war bekanntlich nach röm. Recht keinerlei Begründung erforderlich, um das Recht über Leben und Tod des Kindes auszuüben. Auch den german. Rechten fehlt diese strenge Auffassung der Römer. Über die Behandlung der Kinder durch Feinde oder im Krieg s. Kind.

§ 8. Zur Verselbständigung der F. gegenüber dem politischen Verband hat die Heraushebung gewisser führender Persönlichkeiten mit ihren Frauen und Kindern wesentl. beigetragen. Als solche kommen in Betracht 1. die Häuptlingsfamilien, und zwar die der Klein- und der Großhäuptlinge (s. Häuptling, König A), und 2. die Familien der überlagernden ethnischen Schichten, die, wie schon wiederholt hingewiesen, durch Erwerb von fremden Frauen und Sklaven die Haushalte erweitern und in einer ganz bestimmten Richtung die patriarchalische Familie ausbilden (s. Adel, Kaste A).

S. a. Ehe A, Ehescheidung, Familienformen, Geburt, Kind, Klan, Name A, Sippe, Verwandtschaft.

U. S. Nat. Mus. 1895 Boas; Bridges *Moeurs et Cout. d. Fuégiens* Bull. Anthropol. 3,7 (1884); Curr *Recoll. Squatt. Victoria* 1883; Czaplicka in Hastings *Encyclop. R. E.* XI (1916); Dargun *Mutterrecht und Vaterrecht* 1892; Ellis *The Yoruba speaking Peoples* 1894; Man 14 (1914) Hocart; Hoffmann *Nachr. a. Kais.-Wilh.-Ld.* 1898; Howitt und Fison *Kamilaroi und Kurnai* 1880; Hübner *Deutsches Privatrecht* 1913; Kroeber *Zuñi Kin and Clan* Anthr. Pap. Am. Mus. Nat. Hist. 18 (1919); Lambert *Néo-Calédoniens* 1900; Lowie *Primitive Society* 1920; Malinowski *Fam. am. Austral. Aborig.* 1913; ders. *Argon. Western Pacific* 1922; ders. *Psyche* 1923—24; Mc Govern *Am. Head Hunters of Formosa* 1923; Müller-Wismar *Yap* 1917; Paulitschke *Ethnogr. Nordostafrika* 1893; Preuß *Religion und Mythus der Uitoto* 1921; Quistorp *Männergesellschaft und Alterklassen in China* Mitteil. Sem. orient. Sprachen 18 (1915); Amer. Anthr. 12 (1910) Radin; Journ. anthr. inst. 48 (1908) Read; Rivers *History of the Me-*

lanesian Society 1914; Seligmann *The Veddas* 1911; Soergel *Die Jagd der Vorzeit* 1922; Spencer und Gillen *Nat. Trib. Centr. Australia* 1899; Staschewski *Die Banjangi* Baessler Archiv 1917; Steinmetz *Rechtsverh. eingeborener Völker Afrikas u. Ozeaniens* 1903; Thurnwald *Die Gemeinde der Banaro* 1921; Vedder *Die Bergdama* 1923; Vinogradoff *Outlines of Historical Jurisprudence* 1920; Williamson *Mafulu* 1912.

Thurnwald

B. Ägypten. § 1. Die Alter. Der Wert eines guten Verhältnisses zwischen den zwei oder drei Altern in der äg. Familie wird in den moralischen Texten und Belehrungen gern in den Vordergrund gerückt. Die Kinder werden ermahnt, ihre Eltern zu ehren und ihrem Beispiel nachzueifern; der Sohn möge „den Namen seines Vaters fortleben lassen", und wenn er sich gut führt, wird er ihm im Amte nachfolgen. Die Götter gaben ein Beispiel für das ideale Familienleben durch Osiris und seinen Kreis, in dem Isis die liebevolle Gattin und fürsorgende Mutter, Horos der treue Sohn und glückliche Erbe seines Vaters ist. Die Eltern blicken nach äg. Vorstellung mit besonderer Liebe auf ihre Kinder, denen sie helfen, Erfolge zu erreichen; wie es ihr ständiger Wunsch ist, einst in der heimatlichen Erde bestattet zu werden, so mögen ihre Kinder ihren Totendienst versehen, ihnen Opfergaben darbringen und ihre Seele vor den Gefahren im Jenseits bewahren. Wo Großeltern vorhanden sind, sollen sie ein besonderer Gegenstand der Achtung sein; das äg. Kind wird stets angewiesen, ihnen mit Ehrfurcht zu begegnen.

§ 2. Die Geschlechter. Die äg. Kinder gingen unbekleidet und wurden nicht voneinander getrennt gehalten. Der Eintritt der Reife wird mit einem Zeremoniell verbunden gewesen sein. Die Eheschließung (s. Ehe B § 3) war eine Förmlichkeit, die auf Bedingungen beruhte und rechtliche Folgen hatte. Der Ägypter scheint nur eine einzige legitime Frau gehabt zu haben, aber neben der rechtmäßigen Gattin treten bei den Vornehmen, denen ihr Reichtum es gestattet, Nebenfrauen verschiedener Form auf. Sie erscheinen auch bei Arbeitern, hier vielleicht aus wirtschaftlichen Gründen, weil der Mann nicht die aus einer Eheschließung sich ergebenden Verpflichtungen übernehmen konnte, oder weil die weibliche Arbeitskraft ausgenutzt werden sollte. Daß einem erfolgreichen Beamten oder Offizier Sklavinnen zugewiesen werden, vor allem aus der Beute in feindlichen Ländern, wird oft erwähnt. Der Pharao hat einen regelrechten Harem, wie er bei orientalischen Fürsten bis heute üblich ist. In ihn wurden sowohl Ägypterinnen wie fremde Mädchen aufgenommen. Prinzessinnen aus fremden Fürstenfamilien sind mehrfach als rechtmäßige „Königsgattin" nachweisbar, und um ihnen diese Stellung anweisen zu können, haben Pharaonen gelegentlich mehrere Frauen im Range einer „Königsgattin" gehabt (s. Ehe B § 4).

§ 3. Familienrecht. Die Denkmäler lassen Sitten und Vorstellungen des Familienlebens erkennen, die in die Urzeit zurückgehen müssen. In dem ältesten der mit den berühmten Pyramidentexten ausgestatteten Königsgräber steht ein Text, der dem Pharao das Recht zuschreibt, „die Frauen ihren Gatten wegzunehmen nach seinem Wunsche" (Sethe *Pyramidentexte* § 510 nach W.). Hier ist zweifellos auf ein Königsrecht der Urzeit hingewiesen. Die Gräber der Könige der 1. Dyn. sind umgeben von Gruben mit Grabsteinen, die besagen, daß dort die Frauen, Zwerge und Hunde des Pharao bestattet sind. Die großen Pyramiden des AR werden durch ein ausgedehntes Gräberfeld mit Straßen umschlossen, das die Mastabas der Angehörigen des Hofstaates und der hohen Beamten bilden. In der Grabanlage des Königs Sahurê (Dyn. 5) liegt unmittelbar neben der Pyramide des Pharao eine kleinere als Grab seiner Gattin. Alle diese Züge sind in geschichtlicher Zeit nur der Ausdruck einer engen Zusammengehörigkeit, aber wir dürfen in ihnen einen vielsagenden Überrest der vorgesch. Sitte sehen, daß dem Pharao seine Frauen und sein Hofstaat ins Grab gefolgt sind. Es liegt nahe, auch für die Familie des Privatmannes den Schluß zu ziehen, daß in der Urzeit die Witwe den Gatten nicht überleben durfte; aus geschichtlicher Zeit sind aber keine Anhaltspunkte dafür bekannt. Die Stellung der Gattin und Mutter in den überlieferten Urkunden läßt in mancher Hinsicht auf ein uraltes Mutterrecht (s. d. B) schließen.

Erman-Ranke *Äg.* S. 175 ff.

Roeder

C. Palästina-Syrien. Das AT, unsere einzige Quelle, zeigt uns zwar unmittelbar nur die isr. Verhältnisse; doch dürfen diese gewiß auch für einen weiteren Kreis als typisch gelten.

§ 1. Daß die isr. F. in hist. Zeit vaterrechtlich organisiert war, zeigt schon ihr Name: hebr. *bēt 'âb* „Vaterhaus", und dazu stimmt ja auch die ganze Auffassung der Ehe (s. Ehe C) sowie das Erbrecht, in dem durchaus die Vaterfolge herrscht. Besonders bezeichnend ist vielleicht die Institution der Leviratsehe (Deut. 25,5 ff.; Gen. 38, 8 ff.; Ruth 4, 3 ff.): wenn der Mann kinderlos stirbt, so wird durch Heirat seines Bruders oder sonstigen Nächstverwandten mit der Witwe dafür gesorgt, daß der Verstorbene doch noch einen Sohn bekommt, und daß sich durch diesen die F. in der Manneslinie fortsetzt. Auf die Erhaltung der F. fällt im altisr. Denken überhaupt ein großes Gewicht, sowohl vom Standpunkt des Individuums, das nur in der Nachkommenschaft der F. fortzuleben hoffen kann, da ihm jenseits des Todes kein höheres Dasein bekannt ist, wie auch im Interesse der größeren Stammes- und Volksverbände, für die das Aussterben einer F. einen Verlust an Macht nach außen hin bedeuten würde (daher auch die gesetzlichen Maßregeln gegen das dauernde Versinken einer F. in Schuldsklaverei: Ex. 21, 2 ff.; Deut. 15, 12 ff.; Lev. 25, 39 ff.). Der vaterrechtlichen F.-Ordnung entspricht die Rolle der *patria potestas* gegenüber den Kindern, die freilich in Israel nicht so extrem durchgeführt erscheint wie bei den Römern. Über Leben und Tod hat der Vater kaum freies Verfügungsrecht (vgl. Deut. 21, 18 ff.; doch ist das vielleicht eine Abänderung älteren Rechts); er kann aber z. B. das bevorzugte Erbrecht des Erstgeborenen einem andern als dem ältesten Sohn zusprechen (Gen. 48, 17 ff.; 49, 4; abrogiert Deut. 21, 15 ff.) und darf Söhne und Töchter als Schuldsklaven abgeben (Ex. 12, 7; Neh. 5, 2. 5). Das besondere Eintreten der isr. Gesetze für die Autoritätsstellung des Vaters und der Mutter innerhalb der F. (z. B. Ex. 20, 12; 21, 15. 17) hat vielleicht nicht nur religiöse Gründe, sondern kann auch dadurch veranlaßt sein, daß Autoritäts- und selbst Körperverletzungen den Eltern gegenüber von der F. im Interesse ihres Fortbestandes leicht ungesühnt gelassen wurden (A. Marx *Die Bücher Mose und Josua* 1907 S. 38 f.). — Wie groß der in der isr. F. zusammenlebende Menschenkreis zu denken ist, läßt sich kaum generell ausmachen; „Großfamilien" scheinen vorgekommen zu sein (Deut. 25, 5; Psalm 133, 1) und galten wohl auch als Ideal, bildeten aber in den wirtschaftlichen Verhältnissen Palästinas schwerlich die Regel. Die Sklaven wurden selbstverständlich zur F. gerechnet, auch in kultischer Beziehung (vgl. z. B. Gen. 17, 12 f.).

§ 2. Inmitten der vaterrechtlichen F.-Ordnung Israels finden sich einzelne Züge, die auf mutterrechtliche Anschauungen hinzudeuten scheinen. Dazu gehört vor allem die häufige Namengebung (s. Name C) durch die Mutter (z. B. Gen. 29 f.; I. Sam. 4, 21), ferner die Zulässigkeit von Ehen zwischen Stiefgeschwistern, d. h. Kindern des gleichen Vaters, aber verschiedener Mütter (Gen. 20, 12; II. Sam. 13, 13; abrogiert Deut. 27, 22; Lev. 18, 9; 20, 17). Doch sind diese Dinge in Israels hist. Zeit offenbar im Absterben begriffen; um so eher dürfen wir in ihnen Überreste einer F.-Ordnung sehen, die bei Israels Ahnen in präh. Zeit, d. h. auf der Stufe nomadischen Lebens, geherrscht hatte.

W. Robertson Smith *Kinship and Marriage in Early Arabia* 1885; W. Nowack *Lehrbuch der hebr. Archäol.* I (1894) S. 152 ff.; J. Benzinger *Hebr. Archäol.*[2] 1907 S. 102 ff.; S. Rauh *Hebr. Familienrecht in vorprophet. Zeit* 1907; P. Volz *Die bibl. Altertümer* 1914 S. 332 ff.; A. Bertholet *Kulturgesch. Israels* 1919 S. 83 ff., 107 ff.

A. Alt

Familienformen.

§ 1. F., Sippe und Klan. — § 2. F. von niedrigen Jägern, Sammlern und Hackbauerstämmen. — § 3. F. ostsibirischer Stämme: Familie und Klan. — § 4. F. amerikan. Indianer: Familie und Sippe. — § 5. Familie, Gilde und Zunft. — § 6. Absplitterungen von der Familie. — § 7. Die Großfamilie bei Hirten und Ackerbauern *(Zadruga, Mir)*.

§ 1. Wenn (in dem Artikel „Familie") von „Familie" die Rede war, wurde, sofern nicht ausdrücklich bemerkt, die Kleinfamilie darunter verstanden, also das Zusammensein der Eltern mit ihrer Kindergeneration oder von Gatte und Frau mit ihren Kindern. Oft wird aber eine ganze Menschengruppe von Verwandten mit ihren Dienern, die alle unter Leitung eines Oberhauptes stehen, als „Familie" bezeichnet. In den Berichten der Reisenden fehlt leider nicht selten eine genügend scharfe Kennzeichnung, ob sie eine Klein- oder Großfamilie meinen. Auch in der Fachliteratur führte diese Unklarheit zu mancherlei Verwirrung, namentlich verschwimmt auch gelegentlich die Abgrenzung gegenüber Sippe (s. d.) und Klan (s. d.).

Unter Großfamilie soll hier eine Verwandtengruppe verstanden werden, die an einem Ort zusammen siedelt und von einem gemeinschaftlichen Oberhaupt geleitet wird. Dadurch, daß sie mehrere Generationsschichten, somit verheiratete Kinder mit ihren Nachkommen umschließt, unterscheidet sie sich von der Kleinfamilie. Von der Sippe wird sie durch ein gemeinsames Zusammenleben und Wirtschaften abgegrenzt dadurch, daß das Gebiet, von dem die Großfamilie ihren Unterhalt gewinnt, der Jagdbezirk, die Herden, das Gartenland oder die Äcker, von der Großfamilie gemeinschaftlich als Eigentum beansprucht werden. Die als Sippe bezeichnete Verwandtengruppe kann sich über verschiedene Wohnplätze verteilen und braucht nicht durch gemeinschaftliches Wirtschaften oder einheitliche Leitung zusammengefaßt zu werden. Der Klan als politischer Verband knüpft an die Gesellung der Männer zu gemeinsamem Schutz und Trutz an.

§ 2. In der Praxis sind natürlich die Grenzen nicht immer leicht zu ziehen. Von den Weddas auf Ceylon bewohnt eine Gruppe von Eltern, Kindern und Kindeskindern einen Lagerplatz, aber in der Weise, daß jede Frau mit ihren Kindern zusammen eine eigene Feuerstelle für sich abgeteilt hat (Sarasin S. 380, nach Gillings 1849). Diese Gruppe, der oft auch noch gebrechliche Verwandte angehören, steht unter Führung eines Alten und besitzt ihr anerkanntes Jagdgebiet (Sarasin S. 477 ff.). Die Werft der Bergdama-Jäger und -Sammler setzt sich gleichfalls aus einem Alten mit seinen Frauen und deren kleinen oder erwachsenen und verheirateten Kindern mit ihren Sprößlingen zusammen. Manchmal findet sich noch ein jüngerer Bruder des Alten, eine Witwe, ein Bruder- oder Schwestersohn des Haupts (Vedder S. 11, 16 ff., 39). Die australischen Trupps bestehen aus Kleinfamilien, die in einer Hütte, unter einem Windschirm oder um eine kleine Feuerstelle herum lagern. Auch die untereinander nahe verwandten Familien halten einen gewissen Abstand von ihren Wohnplätzen. Die Eltern des Mannes können bei den Kamilaroi und Kurnai gelegentlich mit ihm und seiner Frau in derselben Hütte schlafen, aber seine Schwägerin und sein Bruder vermeiden das. In der Hütte ist die Lagerstätte jedes Einzelnen gewohnheitsmäßig geregelt. Der Mann und die Frau schlafen an der linken Seite des Feuers und zwar die Frau hinter ihm bei ihren Kindern, ihnen zunächst der kleine Junge oder ein kleines Mädchen, größere Kinder lagern für sich. Ähnliche Sitten herrschen bei den Maneroo von Murring (NS-Wales) und bei den Wurunjerri von Ost-Viktoria (Howitt 1880 S. 209 f., 1904 S. 774 f.). Das Jagdgebiet dieser Horden ist sehr verschieden groß. Es schwankt zwischen ein paar Quadratmeilen und ein paar hundert Quadratmeilen (Spencer u. Gillen S. 198). Dabei muß hervorgehoben werden, daß Streitigkeiten über die Ausdehnung des Jagdgebietes nicht vorkommen, und zwar deshalb — wie behauptet wird —, weil ein fester Glaube daran besteht, von solchen Ahnen abzustammen, deren Geister an bestimmten Plätzen dieses Gebiets hausend gedacht werden (Spencer u. Gillen S. 198). Zweifellos ist die Vermehrung dieser Familien dank mangelnder Hygiene so gering, daß sich daraus keine wesentliche Beengung des Lebensraumes ergibt. Ganz ähnliche Verhältnisse finden wir auch in den melanesischen Gebieten der Südsee, z. B. auf den Salomoinseln oder in Neu-Guinea (Thurnwald 1912 III 29, 1916 S. 87 ff.). Auch bei den Feuerländern gibt es solche unter der Autorität eines Mannes stehenden Großfamilien, die ihren Anspruch auf ein bestimmtes Landgebiet für ihren Lebensunterhalt erheben (Cooper S. 167, 178).

§ 3. In den Lagern der Rentiertschuktschen Ostsibiriens bildet die Familie die dauernde Einheit. Obwohl das Lager die wirtschaftliche Einheit bildet, nach dem Grundsatz „ein Lager eine Herde", so gibt es hier doch nicht immer nur ganz nahe Verwandte im Lager. Gewöhnlich besteht ein Lager aus wenigen Familien von 10—15 Personen. Das Lager wird durch einen Häuptling oder Meister geleitet, der in einem „Vorderzelt" wohnt und „der Mächtige" genannt wird. Ein eigentliches Wort für „Familie" gibt es nicht; die als Familie zusammenlebenden Personen werden als „Hausgenossen" bezeichnet und hören auf der Familie anzugehören, wenn sie sie verlassen (Czaplicka S. 23, 29). — Die Tschuktschen der Küste leben in Dörfern, die nicht mehr auf Familienverwandtschaft beruhen. Hier bewohnt die am längsten ansässige Familie das „vordere Haus", das Haupt dieser Familie gilt als der Dorfvorsteher, der mitunter auch noch auf eine gewisse bevorrechtete Verwandtschaft mit dem Ortsgeist Anspruch macht und sogar Abgaben von den anderen bezieht. Bezeichnender Weise gibt es bei diesen Fischern auch schon andere Zusammenschlüsse neben der Familie, nämlich ein sog. „Boot-voll", das aus 8 Ruderern und einem Steuermann, dem Bootsmeister, zusammengesetzt ist, dem auch das Boot gehört, und der früher der Erbauer des damaligen Fellbootes war. Die Besatzung dieses Boots besteht allerdings aus den nächsten Verwandten des Eigentümers, knüpft also an die Blutsbeziehungen an —, ähnlich wie bei den asiat. und amerik. Eskimos. Die Jagdbeute des Bootes wird verteilt, und zwar nach Grundsätzen, durch die der Eigentümer des Bootes wesentlich bevorzugt wird. Eine Gruppe von Verwandtenfamilien nennt man ein *varat;* ihre Angehörigen stehen wechselseitig für einander mit der Blutrache ein. Allerdings liegt die Verpflichtung zur Blutrache in erster Linie auf den Verwandten väterlicherseits. Man kann den *varat*-Verband als eine politische Einheit bezeichnen, während das Lager und die geschlossene Bootsbesatzung vorwiegend durch wirtschaftliche Momente zusammengehalten wird. — Auch bei den Koryaken bildet die Kleinfamilie die feste soziale Einheit, obgleich Anzeichen für eine Tendenz der durch Heirat verbundenen Gruppen vorhanden ist, zu größeren Gemeinwesen sich zusammenzuschließen. Die Familie beruht auf einer strengen Anerkennung der Autorität der Älteren, die sich sogar darauf erstreckt, daß unter diesen wieder dem Ältesten der ganzen Siedlung der Vorrang eingeräumt wird (s. Altenherrschaft). Nach dem Tod des Familienhaupts geht die Leitung an den Bruder oder ältesten Sohn oder auch an den mit der ältesten Tochter verheirateten Schwiegersohn über. Das Prinzip des Seniorats herrscht auch unter den Frauen. Die Mutter ist in dieser Beziehung die Oberste in den Angelegenheiten des Haushalts, oder an ihrer Statt: die Frau eines adoptierten Schwiegersohns oder die Gattin des ältesten Sohnes (Czaplicka S. 32, 34). — Bei den Gilyaken ist die Männergesellschaft des Klans von der Familie scharf geschieden. Der Schwiegervater eines Klanangehörigen gilt auch als Schwiegervater des ganzen Klans und umgekehrt ebenso der Schwiegersohn eines Klanangehörigen als Schwiegersohn des ganzen Klans. Die Männer bilden den dauernden Bestand des Klans. Die Frauen verlassen bei der Heirat den Klan, in dem sie geboren sind, oder treten von einem anderen Klan her ein. So stellt sich der Klan als eine Gesellschaft von Männern dar, die durch die gemeinsamen Rechte und Familienpflichten der durch ihre Väter verwandten Männer verbunden ist. Zu diesem patriarchischen Prinzip tritt noch die Verwandtschaftsbeziehung durch ihre Mütter, mit denen sie ebenfalls einen gemeinsamen Schwiegervaterklan besitzen, weil ein Mann seine Frau von dem Klan seiner Mutter nehmen muß (s. Heiratsordnung). Das Symbol der Einheit des Klans besteht in dem Feuer: der „Obereigentümer des Feuers" wird als alte Frau gedacht, die als guter Geist und Mittlerin zwischen den Ahnen des Klans den Lebenden das Feuer zuteilt. Durch die Verbrennung der Toten werden die Menschen des Klans der Obereigentümerin des Feuers zurückgegeben (Czaplicka S. 43f.). — Der Zusammenhang der Einzelnen mit Familie und Klan ist verhältnismäßig stark unter den Tungusen ausgebildet: ein einzelner verläßt niemals seine Familie, und eine vom Klan losgelöste Familie bewahrt das Andenken ihrer Zusammengehörigkeit. Der Klan bestand ursprünglich aus Blutsverwandten, deren Mitglieder einander nicht heiraten durften, und wurde durch einen Ältesten geleitet, dessen Amt erblich war (Czaplicka S. 52).

§ 4. Während wir versuchten, an der Hand der Beispiele von einigen ostsibirischen Völkern die verschiedenartigen Beziehungen zwischen Familiengestaltung und politischer Organisation anzudeuten, soll an konkreten Fällen bei nordamerik. Indianern das Verhältnis zwischen Familienform und den Verwandtschaftsverbänden der Sippe beleuchtet werden. Die Sippen sind keineswegs bei niedrigen Indianern stärker ausgebildet, wie man vielfach früher fälschlich annahm. Im Gegenteil, die Erinnerung an die Sippenzusammenhänge hat sich zweifellos bei höheren Stämmen aus dem Grunde lebendiger bewahrt, weil dort gewöhnlich verschiedene ethnische Gruppen miteinander in Berührung traten und die Erinnerung und das Selbstgefühl der einzelnen Gruppen besonders dort stärker zu Tage trat, wo eine aristokratische Schichtung und Herrschaft sich geltend machte. Die nordkalifornischen, niedrig stehenden Indianer, ferner die von Oregon, Washington, Idaho, Nevada und Utah, sowie die von Nordwestcanada ermangeln der Sippenorganisation, doch besitzen sie die hochstehenden Irokesen, Hopi und Tlingit. Sippen finden sich auch unter den Bantu und den sudanesischen Stämmen, und zwar, wie Lowie (S. 151) bezeichnender Weise andeutet, im Zusammenhang mit komplizierter politischer Organisation. Gleichzeitig werden sie auch von den Massai-Stämmen Ostafrikas gemeldet, und sie sind typisch für die asiat. Turkstämme.

Immer besteht die Tendenz des Anwachsens der Familien, wodurch die Übergänge zu dem Klan- und Sippenverband bedingt werden (Hocart S. 737).

§ 6. Eine besondere Art von Familienform finden wir bei den Patwin-Indianern, einem Stamm der Wintun-Leute Nord-Kaliforniens. Diese im wesentl. auf vaterrechtlicher Basis aufgebauten Familien, bei denen sich aber der Gatte nach dem Wohnort seiner Frau begibt und bei seinem Schwiegervater, der das Haupt der Familie seiner Frau ist, dienen muß, unterhalten sowohl nach der väterlichen, wie nach der mütterlichen Seite hin Verbindungen. Die Dorfhäuptlingschaft wurde von dem Vater an den Sohn vererbt und bestand hauptsächlich in der Beaufsichtigung der Wirtschaft, des Einsammelns wildwachsender Früchte und der Ernte der Gärten, aber auch in der Veranstaltung des jährlichen, religiösen Festtanzes, an dem nur erwachsene Männer teilnehmen durften, und der in einer sog. „Schwitzversammlung", nämlich bei mit Matten und Fellen verrammelter Tür und Rauchloch, beschlossen wurde.

Einer Zahl ausgezeichneter Familien fielen nun im geselligen Zusammenleben besondere Funktionen zu. Diese bestanden darin, daß es z. B. eine Familie gab, deren männliche Mitglieder durch entsprechenden Gebrauch von Zaubermitteln in übernatürlicher Weise geeignet befunden wurden, den religiösen Festtanz alljährlich darzustellen. Es war nicht die Einzeltechnik der zeremoniellen Handlungen, die das Familiengeheimnis ausmachte, sondern vielmehr die Zaubermittel, die das Gesamte betrafen. Ein jeder andere konnte wohl Tanzschritte nachahmen, aber niemand hätte gewagt, den Tanz als Ganzes darzustellen. Eine andere Familie war vermöge ihrer vererbten Zaubermittel in der Lage, kleine und mittelgroße Fische zu fangen. Hier kam die Tätigkeit der gesamten Familie in Betracht, die mit einem besonders gearbeiteten Netz ans Werk ging. Die Fische wurden nicht verkauft oder ausgetauscht, sondern unter die anderen Familien in traditioneller Weise durch den Häuptling verteilt. Dabei wird man an die austral. Art der zauberischen Nahrungsversorgung der einen Gruppe durch die andere erinnert. Eine weitere Familie widmete sich in besonderer Art durch Zaubermittel dem Forellenfang, und zwar durch Anlage eines Dammes quer über den Wasserlauf, so daß man die Fische auf das Trockene lockte. Ferner verfertigte eine Familie Pfeilspitzen aus eingeführtem Obsidian. Eine Familie fing wilde Gänse mit Fallen einer bestimmten Konstruktion. Eine andere Familie legte Netze zum Fang von Wasserenten. Zeremonialtrommeln wurden aus 6—8 Fuß langen Sykomorenstämmen in bestimmter Weise von einer Familie ausgehöhlt und von ihnen dann mit den Füßen geschlagen. Salz gewann eine Familie aus einem Gras, das in einer trockenen Gegend wuchs und in bestimmter Weise behandelt wurde. Eine weitere Familie beschäftigte sich damit, zeremoniellen Kopfputz und Federgürtel zu machen. Eine andere flocht Körbe bestimmten Musters mit Federn, eine fernere stellte schifförmige Körbe her. Überdies gab es Schamanenfamilien, unter denen durch Vererbung vom Vater her die Fähigkeit zum Schamanen erworben wurde. Doch mußten die Kenntnisse selbst erst durch ein langes Lehrlingstum unter väterlicher Anweisung erworben werden. In einem Dorf konnten verschiedene Schamanenfamilien unabhängig voneinander ihre eigenen rituellen Geheimnisse und Zaubermittel besitzen. Jede Schamanenfamilie hielt ihre eigenen geheimen Zusammenkünfte. Außerdem gab es Familien mit besonderen Ämtern. Diese Ämter wurden allerdings nur von einem einzigen Familienmitglied ausgeübt und die Geheimnisse und Zaubermittel unter den Männern durch Abstammung vom Vater vererbt, doch kam das entsprechende Ansehen allen übrigen Familienangehörigen zugute. Ein solches Amt war z. B. das des Hüters des Tanzfeuers des religiösen Festtanzes, oder des Tanztrommlers, oder der Tanzsänger usw. (Mc. Kern). In diesen Ansätzen von Berufsbildung zeigt sich die gedankliche Überleitung von den Familiengruppen zur Gilde (s. d.) und Zunft (s. d.).

§ 6. Bei einigen Völkern kommen Absplitterungen von den Familien gelegentlich der Reifezeit vor, wie z. B. auf den Trobriandsinseln das Wegziehen der jungen Leute männlichen und weiblichen Geschlechts, die Pupertät erlangt haben, und die nach einer besonderen Insel *(Sim)* sich begeben (Murray). In etwas anderer Form finden wir diese Loslösung von der Familie zum Zwecke eines zeitweise promisken Lebens auf verschiedenen polynesischen und mikronesischen Inseln, wo sich die jungen Leute in den Kaldebekels, wie z. B. auf den Palauinseln (Kubary S. 52ff.), oder in den Uritanhäusern der Marianeninseln (Fritz S. 84ff.) oder auf der Insel Yap (Müller S. 232) finden.

§ 7. Eine scharfe Abgrenzung wird bei Hirten und Ackerbauern zwischen Familie und politischem Verband durch die Eigentumsansprüche auf die Herden und das Land gegeben. Fast bei allen diesen Stämmen finden wir eine Großfamilie, welche außer den Frauen und ihren Kindern auch noch die verheirateten Kinder und Kindeskinder sowie die Sklaven mitumschließt, so in West- und Ostafrika (Steinmetz S. 65, 286), oder bei nordostafrik. Stämmen, wie z. B. bei den Somâl und ʿAfar (Paulitschke S. 189).

An sich besteht, wie in Indien, keine notwendige Grenze, bei der infolge des Anwachsens die Familie auseinanderbrechen muß, obgleich natürlich diese Neigung mit ihrem Wachstum zunimmt (Mayne S. 223ff.). Die Größe der Familie wird vielfach durch die Gunst der örtlichen Umstände bedingt. Das zeigt sich z. B. bei den Großfamilien in Georgien: in den Gebirgen, wo der anbaufähige Grund und Boden in kleine Stücke zerschnitten wird, wo auch die Weiden ungünstig liegen, können sich die Großfamilien nicht so üppig entfalten, wie z. B. bei den Swanen und Pschawen. Allerdings brachten in diese großen, geschlossenen, sich selbst genügenden Wirtschaftskörper die durch die fortschreitende Technik eröffnete Möglichkeit des Austauschs und der Reiz fremder Güter heute eine Erschütterung des alten patriarchalischen Familienverbandes (Gogitschayschwili S. 22). Doch auch in der Großfamilie, die auf gemeinsamem Eigentum an Grund und Boden beruht, gibt es schon Sondereigentum von erworbenen Gütern unter den Mitgliedern (Vinogradoff S. 266).

Die Großfamilie, die sich in der Regel streng patriarchisch darstellt, kann trotzdem nach Verwandtschaft in der Mutterlinie rechnen, wie z. B. unter den ind. Nairs der Malabarküste, unter den amerik. Puebloindianern oder unter den Irokesen (Hobhouse S. 49).

Allerdings ist die unter den Südslaven weitverbreitete *Zadruga* patriarchal und vaterrechtlich organisiert. Auch hier tritt die Rolle des Oberhauptes als Leiter der gemeinsamen Wirtschaft in den Vordergrund (Iwantschoff). Wie sehr die Gebundenheit des Einzelnen an die Gesamtheit noch lebendig ist, zeigt das kroatische Sprichwort, daß ein einzelner Mann weder Nahrung noch Arbeit sich schaffen kann (Krauß S. 66ff.). Diese Hausgemeinschaften erstreckten sich früher auch auf das Gebiet der Slowenen und nach Istrien (Dopsch). Erhalten haben sich die Großfamilien auch unter den Russen und zwar als *derevnja*, die gewöhnlich noch die Vettern zweiten Grades und auch oft noch deren Kinder umfaßte. Jede *derevnja* bestand aus 6 oder 7 Höfen, auf denen ein Wohnhaus mit Garten sich befand. Mehrere *derevnjas* zusammen bildeten ein Dorf, *selo*, unter gemeinschaftlicher Wirtschaftsleitung in Bezug auf Acker, Waldland und Fischerei. Jeder Haushalt besaß ursprünglich gleichgroße Streifen Felder zur Bewirtschaftung, so daß der Anteil aller Brüder und Genossen gleich war. Als nun im Laufe der Generationen die Verteilung sich änderte, vor allem weil man nach *stirpes* vererbte, war doch das Streben nach Gleichheit der Anteile so stark, daß wiederholt Neuverteilungen stattfanden. Später entwickelte sich daraus im Zusammenhang mit der Landbesteuerung das *Mir*-System (Vinogradoff S. 271).

Der Gedanke, daß die Familienorganisation etwas Beständiges und Ununterbrochenes darstellt, beherrscht die Großfamilie und macht den Erbgang auch unter fortgeschrittenen wirtschaftlichen Verhältnissen, soweit das Familiengut in Betracht kommt, überflüssig. Diese Familienform war ursprünglich zweifellos auch unter den germ. Stämmen sehr verbreitet, worauf die Einrichtung der „Miterben" deutet *(Ganerbschaft)*. Gegenüber der herrschaftlich organisierten Hausgemeinschaft, etwa der röm. *gentes*, war die Sippe bei den Germanen vermutlich von Anfang an ein Verband gleichberechtigter Genossen, als welche die erwachsenen männlichen Mitglieder, insbesondere also die Vorsteher der einzelnen Haushaltungen, galten. Der germ. Sippe war eine patriarchalische Spitze fremd. Die Großfamilie hatte sich allerdings bei den meisten germ. Völkern schon früh zur Sippe, der ein gemeinsames Haus fehlte, aufgelockert, und bald scheint die Zersplitterung zur Kleinfamilie eingetreten zu sein: der Sohn entzündete, wenn er heiratete, ein eigenes Herdfeuer (Hübner S. 105, 518).

Zweifellos hat die individualistische Lösung im Anschluß an die Weide- und Ackerbauwirtschaft im W, vielleicht unter der Einwirkung eines kargeren Bodens, viel früher eingesetzt und auch die Entwicklung der Familiengestaltung in bestimmter Weise beeinflußt.

Fassen wir zusammen, so erscheint uns für die Familienformen in erster Linie wichtig: 1. das Verhältnis der Technik der Nahrungsgewinnung zu dem für die Nutzung zur Verfügung stehenden Raum, 2. die Frage der politischen Organisation, die Zusammenfassung größerer Menschenkomplexe unter einer Leitung, 3. die Aufnahme fremder Personen als Arbeitskräfte in die Familie und hinzutretender Einfluß zauberischer Ansichten und Überlieferungen.

S. a. Feuer A, Häuptling, Klan, Lehen, Sippe, Verwandtschaft.

Cooper *Anal. a. Crit. Bibliogr. Tierra del Fuego* Smithson. Inst. Bur. Am. Ethnol. Bull. 63 (1917); Czaplicka *Aborig. Siberia* 1914; Dopsch *Sozial- u. Wirtschaftsverf. d. Alpenslaven* 1909; Ethnolog. Notizblatt 3 (1904) Fritz; Gogitschayschwili *Gewerbe in Georgien* Z. f. d. ges. Staatsw. 1901; Hobhouse *Morals in Evolution* 1923; Anthropos 9 (1914) Hocart; Howitt und Fison *Kamilaroi a. Kurnai* 1880; Howitt *Nat. Tribes S. E. Australia* 1904; Hübner *Deutsch. Privatrecht* 1913; Iwantschoff *Gewerbebetrieb in Bulgarien* 1896; Krauß *Sitte u. Brauch bei d. Südslaven* 1885; Kubary *Sozial. Einrichtungen d. Palauer* 1885; Lowie *Primitive Society* 1920; Mayne *Treatise on Hindu Law;* Mc. Kern *Functional Families of the Patwin* Un. Calif. Public. Am. Arch. a. Ethnol. 13 (1922); Müller-Wismar *Yap* 1917; Murray *Papua* 1912; Paulitschke *Ethnographie Nordostafrikas* I (1893); Sarasin *Die Weddas* 1892; Spencer und Gillen *Across Australia* 1912; Steinmetz *Rechtsverh. v. eingeb. Völkern i. Afr. u. Ozean.* 1903; Thurnwald *Forsch. a. d. Salomoinseln* 1912; ders. *Mitt. a. d. dtsch. Schutzgeb.* 1916; Vedder *Die Bergdama* 1923; Vinogradoff *Outlin. Histor. Jurisprud.* 1920.

Thurnwald

Familienhaus. S. a. Haus.

§ 1. Das F. älteste Wohnstätte. — § 2. Das Wohnen der Buschmänner. — § 3. Die Wohnstätte der Weddas. — § 4. Die Wohnstätte der Australier. — § 5. Die Wohnstätte der Feuerländer. — § 6. F. bei höheren Völkern. — § 7. F. und andere Bauten.

§ 1. Alle primitivsten Wohnstätten, die wir kennen, sind zunächst solche von Familien. In diesem Sinne kann man sagen, daß F. am ältesten sind. Alle anderen Stätten für Zusammenkunft und Nächtigung finden sich erst bei reicherer Kultur. Das Leben von Jäger- und Sammlerstämmen der Steppen und Wüsten ist für die Formen primitivsten Wohnens schon aus dem Grunde lehrreich, weil die Lebensbedingungen primitiver Jäger in den regenarmen Steppen und Wüsten keine hohen Anforderungen an die Baukunst stellen.

§ 2. Als typische Form des Wohnhauses wird bei den Kalahari-Buschleuten der *Auin*, einem mit den Bantu vermischten und mit den Hottentotten verwandten Stamm, der Windschirm bezeichnet (Kaufmann S. 138ff.). Einige Zweige werden mit dem dicken Ende locker im Halbkreis in die Erde gesteckt und mit den Verästelungen gegeneinander gelegt. Eine feste Verbindung der Streben untereinander hat Kaufmann nie gesehen, obwohl er einige 100 Hütten daraufhin untersucht hat. Das Ganze wird mit Gras beworfen, und der Bau ist fertig. In der Trockenzeit werden die Bauten meist noch viel flüchtiger ausgeführt und bestehen manchmal nur aus einigen Grasbüscheln, welche zwischen Zweige eines lebenden Busches lose hingeworfen sind. Der ganze Bau hat oft kaum die Höhe von 1 m und keine Bedachung. Es ist dieses dann ein wirklicher „Windschirm", welcher seine Bewohner im Liegen vor Zugluft schützen soll. Hält sich die „Werft" (= Sippenlager) nur einige Tage auf einer Stelle auf, so genügt der Schatten von einigen Büschen, und auf Bauten wird überhaupt verzichtet. Beachtenswert ist auch hier, wie in Australien oder bei den Weddas, daß jede Frau ihren eigenen Feuerplatz hat, entweder unter einem eigenen Windschirm oder in Ermangelung dessen unter einem besonderen Busch. Doch zeigt sich hier schon eine Sonderung der Lagerstellen der verheirateten Paare mit ihren kleinen Kindern von denen der halbwüchsigen Mädchen und von denen der unverheirateten jungen Burschen. Diese unverheirateten jungen Leute haben, nach Geschlechtern getrennt, besondere Lagerstätten, die man als „Mädchen-" bzw. „Junggesellenhäuser" *in nuce* bezeichnen kann, wie sie nämlich in der Südsee oder im malayischen Archipel wirklich erbaut werden. Für die Versammlungen der Männer errichtet man bei diesen mangelhaften Wohnungsverhältnissen nicht besondere Bauten. Auch Vorratsräume kennen natürlich diese nomadisierenden Stämme nicht. Die Reinlichkeit in der Nähe der Hütten ist ziemlich gering. Das von den Herero geübte Eingraben der Exkremente wird von diesen Buschleuten nicht vorgenommen. Der Windschirm gilt nicht als Wertobjekt und wird nach dem Tode des Besitzers nicht vererbt. Im Falle des Todes bricht die ganze Horde auf und verläßt den unheilbringenden Ort. Als Lagerstätte unter dem Windschirm dient das Gras, welches mit einigen gegerbten Fellen bedeckt ist. Einrichtungsgegenstände der Wohnung sind nicht vorhanden. — Nicht viel reicher ist die Hütte der Bergdama, wie sie Vedder (S. 11ff.) beschreibt (s. a. Siedlung A).

§ 3. Trotz der ganz anderen Umgebung sieht Schutz- und Lagerstätte der in den Urwäldern Ceylons lebenden Weddas ähnlich aus. Den weitaus größten Teil ihres Lebens verbringen sie im Freien, häufig wählen sie ihre Lagerstätte unter offenem Himmel ohne künstliches Schutzdach irgend welcher Art, am liebsten am Fuße eines gegen den Wind etwas schützenden großen Baumstammes. Sind in der Gegend gerade Elefanten häufig, deren Herden nomadisieren, so klettern sie auch einmal auf einen sicheren Baum hinauf und machen oben Nachtquartier. Hin und wieder stellen sie dann ein Gerüst auf den Baum, um schlafen zu können. Bei diesen Baumlagern handelt es sich jedoch nur um einen ausnahmsweisen Zufluchtsort. Ähnlich ist es, nebenbei gesagt, auch mit den sog. Baumhäusern von Neu-Guinea bestellt, die vorwiegend als Beobachtungsposten, Jagdhütten oder als eine Art von Festungstürmen dienen. Hohle Bäume, Säulenhallen der Luftwurzeln von alten Riesenfikus werden auf Ceylon gerade so gut wie von den Papuanern in den Gebirgen von Neu-Guinea zum vorübergehenden Aufenthalt der Jagdexpeditionen benutzt. Die Weddas legen Schutzdächer gegen Wind und Regen gern unter überhängenden Felsen an, während sie zur trockenen Jahreszeit im Freien kampieren. Jeder dieser Felsen oder „Höhlenwohnungen" gehört einer Familiengruppe und ist in Abteilungen angeordnet, so daß jeder Kleinfamilie eine Feuerstelle zufällt. Um den Lagerplatz legt man gern einen Kranz von Reisern an, damit herannahende wilde Tiere sich nachts durch Rascheln in den Reisern verraten (Sarasin S. 379f.).

§ 4. Ganz ähnlich liegen die Dinge in den Steppen Australiens. Jede Hütte wird von einem Mann, seiner Frau und den kleinen

Kindern bewohnt. Die Eltern des Mannes können gelegentl. mit ihm und seiner Frau in derselben Hütte schlafen, aber seine Schwägerin oder sein Bruder dürfen nicht in der gleichen Hütte nächtigen, und den einzelnen Familienmitgliedern ist ihr Platz in der Hütte angewiesen (s. Familienformen; Howitt S. 774). Wenn mehrere Familien zusammenleben, baut bei manchen Stämmen eine jede dieser Familien ihre Hütte um das Feuer als Mittelpunkt (Dawson S. 10f., 17ff.).

§ 5. Die Feuerländer wenden zum Teil Windschirme aus Häuten an, aber auch kleinere und größere Zelte. Höhlenartige Unterkünfte werden von den Yahgans und Onas berichtet. Sie nehmen ihre Zuflucht auch unter Windschirme von ein paar zusammengesteckten und miteinander verflochtenen Zweigen. Die Onas benutzten zuzeiten Gräben oder Löcher, die sie im Boden ausschaufelten. Die Yahgans errichteten besondere kleine Wigwams für das Liebesleben und für Kinder. Die Chonos bauten dagegen kreisrunde oder elliptische Bienenkorbhütten (Cooper S. 192f.).

§ 6. Nur von den primitivsten uns bekannten Arten des Wohnens und Lagerns der Familien sind hier einige Beispiele aufgeführt worden. Alle mittl. und höheren Naturvölker sind teils zum Bau großer Zelte, wie z. B. die Hirtenvölker des zentralen und nö. Asiens oder Arabiens, übergegangen, während die seßhafteren Hackbauer Dörfer mit verschiedenen traditionellen Bauweisen ihrer Familienhäuser anzulegen pflegen, die um die beiden überhaupt nur möglichen Grundrißformen, die Rundhütte und die Viereckshütte, hin und her schwanken. Die zur Tradition gewordenen Baustile sind natürlich von Bedeutung für Ermittlung möglicher Berührungen und Beeinflussungen unter den Völkern.

§ 7. Mit der Ausbildung der Bautechnik und der Heranziehung dienender Arbeitskräfte dehnt sich die Errichtung von anderen Zwecken gewidmeten Häusern aus, namentlich von im Dienste der politischen und religiösen Gemeinschaft stehenden Festhallen, der Männerhäuser, Tempel, Paläste, Befestigungen, ferner von Häusern, die entweder der Isolierung der Geschlechter dienen, wie die Jünglingshäuser oder die Häuser für unverheiratete Mädchen und Witwen, oder solcher, die in besonderer Weise dem Liebesleben gewidmet sind. Außerdem finden sich gelegentl. an verschiedenen Orten große Bauten, in denen die ganze Siedlung untergebracht ist, die aus einer großen Zahl von Familien sich zusammensetzt.

S. a. Familie A, Feuer A, Festung E, Männerhaus, Gemeinschaftshaus, Palast A, Pubertätshaus, Siedlung A, Tempel A.

Cooper *Bibliogr. Tierra del Fuego* Smithson. Instit. Bur. Am. Ethn. Bull. 63 (1917); Dawson *Austral. Aborig.* 1881; Howitt *Nat. Tribes S. E. Australia* 1904; Kaufmann *Die Auin* Mitt. a. d. dtsch. Schutzgeb. 23 (1910); Sarasin *Die Weddas* 1892; Vedder *Die Bergdama* 1921.

Thurnwald

Fang s. Jagd.

Fara s. Schuruppak.

Farbe. A. Europa. § 1. Der primitive Mensch bevorzugt lebendige F., am liebsten in den Grundtönen, und verwendet sie in denjenigen Nuancen, wie sie der natürliche Farbstoff liefert. Künstliche und komplizierte Farbenmischungen kommen erst mit fortschreitender Kultur mehr und mehr in Aufnahme.

§ 2. In der europ. StZ stand eine Reihe mineralischer und pflanzlicher F. zur Verfügung. Von ersteren sind Ocker (rot, gelb, braun), Rötel (rot) und Manganerze (schwarz) seit dem Aurignacien, im Neol. außerdem Zinnober nachgewiesen (s. Ocker, Rötel, Zinnober). Kalk, Gips und Kreide lieferten Weiß. Pflanzliche F. sind nicht haltbar, ihre Verwendung läßt sich aber aus dem Vorkommen der betreffenden Pflanzenreste in Ansiedlungen wahrscheinlich machen. So fand man im Pfahlbau von Robenhausen (s. d.) Samenmengen von *Chenopodium album* L. (für rote F.) und *Galium palustre* L., Labkraut, (für gelbe F.). Nach Heierli gewann man Gelb aus *Reseda luteola*, dem Wau, und Blau aus *Sambucus ebulus*, dem Attich. Für Schwarz eignete sich pulverisierte Holzkohle.

§ 3. Im Mittelmeergebiet spielte eine animalische F., der aus der Ausscheidung gewisser Schnecken gewonnene Purpur (s. d.), eine große Rolle. Von den Mittelmeerländern scheint auch das Blau gekommen zu sein. Man findet es in Ägypten als

„Chesbet" aus pulverisiertem Lapislazuli, später wird es künstlich hergestellt. Mit dem künstlichen „Chesbet" dürften blaue Farbpasten in Gestalt kleiner Säckchen oder Brote identisch sein, die durch Kupferoxyd blau gefärbte Silikate sind. Äg. blaue Glasflüsse sind meist mit Kupferoxyd, selten mit Kobaltoxyd gefärbt. Von Ägypten wanderte das Blau nach dem N, zunächst in importierten Glas- und Emailperlen der HZ.

§ 4. Die F. kann auf zweierlei Art angewandt werden. Entweder durchdringt der Farbstoff die Substanz (s. Färberei) oder er wird auf die Oberfläche aufgetragen (s. Malerei A 2).

v. Tröltsch *Die Pfahlbauten des Bodenseegebietes* 1902 S. 111; Heierli *Urgeschichte der Schweiz* 1901 S. 126f.; Anthrop. Korr. Bl. 41 (1910) S. 47f. Verworn; M. Rosenberg *Geschichte der Goldschmiedekunst auf technischer Grundlage* 4. Abt. 1921—22 S. 9; Museumskunde 9 (1913) S. 224ff.; 10 (1914) S. 34ff. E. Raehlmann.

Alfred Götze

B. Ägypten. § 1. An Farbstoffen haben sich in vorgesch. Gräbern Äg. und Nubiens vor allem Malachit und Bleiglanz gefunden, aus denen unter Zusatz von Fett die grüne bzw. schwarze Schminke (s. d.) hergestellt wurde. Seltener (z. B. MDOG 30 S. 21 Möller; Junker *Kubanieh-Süd* S. 91; Mace *Nâga ed Dêr* II 48; Peet *Cem. Ab.* II 4) sind Reste von Ocker und Rötelerde sowie von „Hämatit" beobachtet worden. Zu welchem Zwecke die gelbe und rote F. als Grabbeigabe gedacht war, wissen wir nicht, vielleicht zum Bemalen des Körpers, (vgl. die rot [Petrie-Quibell *Naqada* S. 43, 63; Petrie *Prehist. Eg.* S. 37, 43; Reisner *Survey* 1907—08 S. 236, 15, 3] und grün bemalten Frauenfiguren [z. B. Petrie-Quibell *Naqada* S. 34, 46; Ayrton-Loat *Mahasna* S. 13, H. 97 u. Tf. 15, 1]), — das sich freilich an den Leichen selbst nirgends hat nachweisen lassen. Reste von rot, blau und gelb gefärbtem Leder haben sich gelegentlich gefunden (Petrie-Quibell *Naqada* S. 29, 1586. 1611. 1821. 48 links u. Tf. 64, 103. 104. 67, 18; Petrie *Prehist. Eg.* S. 43). Auch die Leinenstoffe der ältesten Zeit müssen vielfach bunt gefärbt gewesen sein; vgl. Erman-Ranke *Äg.* S. 244.

§ 2. Die weiße F., mit der die Nilschlamm- oder Ziegelwände der Grabkammern vielfach überstrichen sind, wurde aus dem überall anstehenden Kalk gewonnen. Rote und weiße F. spielt auch in der Bemalung der vorgesch. Tongefäße (s. Vase C) eine große Rolle. Das älteste erhaltene Wandgemälde in einem vorgesch. Grabe bei Hierakonpolis (Quibell-Green II 20f. u. Tf. 76—79) scheint außer schwarz und weiß nur die F. rot, gelb und grün (letzteres fast ganz vergangen) verwendet zu haben; dieselben F. finden sich in den ältesten Wandmalereien der 3. Dyn. (Quibell *Tomb of Hesy* S. 2 u. Tf. 8—13). In den entsprechenden Malereien der 5. Dyn. ist zu den genannten F. das Blau hinzugetreten (Davies *Ptahhetep* I Tf. 20, 20 A).

§ 3. Verschiedene F. haben im alten Äg. eine symbolische Rolle gespielt. So gilt weiß als die F. des oberäg., rot (in älterer Zeit grün) als die des unteräg. Reiches. Rot ist andrerseits die F. der Wüste und der fremden Länder — im Gegensatz zu dem schwarzen, fruchtbaren Schlammboden des Niltals — und gilt im späteren NR als F. des bösen Gottes Seth, während das Schwarz gelegentlich auch als Totenfarbe erscheint (Wiedemann *Äg.* S. 27f. Anm. 8). Über die Verwendung von Schwarz und Rot in der Schrift s. Ägypten B § 20 und Schrift D, über Glasuren aus blauer und grüner F. s. Fayence B. Über die Analysen äg. F. s. Wiedemann *Äg.* S. 347. Ranke

C. Vorderasien. F. wurden in Mesopotamien bei der Malerei, der Emailziegelfabrikation und Kleiderfärberei gebraucht. Die gewöhnlichen F. waren weiß, schwarz, rot, blau, gelb und grün. In der Sprache wurden die verschiedenen Farbtöne nicht immer genau auseinandergehalten, speziell wird blau und grau, rot und braun, gelb und grün häufig miteinander verwechselt. Die Natur der pflanzlichen und mineralischen Produkte, aus denen diese F. hergestellt worden sind, ebenso wie ihre Bindemittel sind noch nicht genau untersucht. Manches spricht dafür, daß neben Wasser- auch schon Ölfarben bestanden haben (VAB 1 [1907] S. 113, 22, 5). Von den Emailfarben soll das Gelb ein Antimoniat von Blei, aus dem man das Zinn ausgezogen, das Weiß eine Glasur von oxydiertem Zinn, das Blau ein Kupfer mit etwas

Blei, das Rot ein Suboxyd von Kupfer sein (Layard *Niniveh und Babylon*, dtsch. von Zenker [ohne J.] S. 126). Nach andern Untersuchungen von Wasserfarben soll das Rot aus Eisenoxyd, das Grün aus Kupfersulphat und das Schwarz aus Lampenruß bestehen (Revue d'Assyr. 19 [1922] S. 158f.). S. a. Emaillierte Tonware, Fayence D.

B. Meissner

Farbengewinnung s. Farbe, Ocker, Purpur.

Färberei. Über die benutzten Farben s. Farbe, Ocker, Purpur, Rötel, Zinnober.

§ 1. An den in den neol. Pfahlbauten gefundenen Textilarbeiten läßt sich Färbung nicht mehr direkt nachweisen; sie wird aber dadurch wahrscheinlich, daß Farbstoffe, namentlich Rötel, häufig in der Nähe von Textilsachen gefunden wurden. Daß die Kleiderstoffe aus den bronzezeitl. Eichensärgen Dänemarks gefärbt waren, läßt sich erkennen, aber über die Farben selbst ist nichts zu ermitteln. Von den Galliern berichtet Plinius (Nat. Hist. XVI 18), daß sie die Kleider der Sklaven rot färbten.

§ 2. Das Färben von Glas (blau, schwarz) als einheimische Industrie läßt sich außerhalb der klassischen Industrie zuerst in der LTZ bei den Kelten nachweisen, wohin die Technik aus den Mittelmeerländern kam.

§ 3. Die Färbung (nicht Bemalung) des Töpfertons erfolgte auf verschiedene Weise. In der LTZ setzte man der Masse gepulverten Graphit zu, wodurch sie metallischen Glanz erhielt. Dunkle Färbung wurde dadurch erzielt, daß man das Gefäß beim Brennen einem schwelenden, durch feuchtes Brennmaterial erzeugten Rauch aussetzte, ein Verfahren, das vielfach und zu verschiedenen Zeiten angewandt wurde. Hierbei durfte die Hitze 960° C nicht übersteigen. Geschah das, wie es bei der bronze- und früheisenzeitl. Lausitzer Keramik der Fall ist, so verbrannten die kohligen Einschlüsse und der Ton erhielt eine helle ledergelbe bis rötliche Farbe.

§ 4. Farbenwirkung an Metallen erzielten die Etrusker besonders in der Gegend von Vetulonia durch verschiedene Legierung des Goldes. Dabei ist der Silbergehalt immer verhältnismäßig groß, etwa 30%, was eine helle Farbe bewirkt; Rötung wird durch Kupferzusatz von 3—5% erreicht. Diese Legierungen sind beabsichtigt und künstlich, die natürliche Elektronmischung von Gold und Silber wurde nicht benutzt. S. auch Legierung.

J. Heierli *Urgeschichte der Schweiz* S. 126f.; Müller *NAK.* I 274, 407; M. Rosenberg *Geschichte der Goldschmiedekunst auf technischer Grundlage* Abt. Granulation 1918 S. 14; L. Pfeiffer *Die Werkzeuge des Steinzeit-Menschen* 1920 S. 341ff.

Alfred Götze

Farbstoff s. Farbe, Kunst A II, III, Ocker, Purpur, Rötel, Zinnober.

Farm s. Gehöft.

Fass. § 1. Das aus Holzdauben zusammengesetzte F., wie überhaupt die Böttcherarbeit, war dem S fremd; seine Stelle als großer Behälter vertrat der Schlauch und das große Vorratsgefäß aus Ton (Pithos), das in die Erde bis zum Rand eingegraben wurde. Die plastischen Horizontalbänder mancher trojanischen Pithoi sind keine Nachahmungen von Faßreifen, sondern verdecken nachweislich die Stoßfugen der horizontalen Wandzonen, aus denen das Gefäß zusammengesetzt ist (s. Töpferei A § 4). Im Gebiete der antiken Kultur treten hölzerne Weinfässer erst spät und zwar in der germ. Provinz auf (Reliefs von Neumagen im Provinzialmuseum zu Trier) und sind wahrscheinlich dort von den Germanen übernommen worden.

§ 2. Im N ist die Böttcherarbeit heimisch (s. Eimer). Überreste von F. liegen (mit Ausnahme zweier angeblich röm. aus Straßburg) zwar nicht vor, aber die Neumagener Reliefs beweisen ihre Existenz in der RKZ. Der Ursprung wird vermutlich ebenso wie bei den Eimern in großen, aus dem Vollen gearbeiteten Holzgefäßen zu suchen sein.

§ 3. Wasserbehälter größten Ausmaßes sind die Brunnen (s. Bewässerung A), die manchmal in Anlehnung an die Faßtechnik konstruiert wurden. Auch hierbei verhält sich der S zum N wie bei den Gefäßen: In Troja VI bestand der Oberteil eines Brunnenschachtes aus zwei übereinander gesetzten Tonpithoi, die man durch Abschlagen des unteren Teils zu bauchigen Röhren umgestaltet hatte. Auf der Saalburg dagegen waren die Brunnen durch faßartig konstruierte Holzringe versteift, und im Kastell Rheingönnheim hatte man geradezu ein Faß benutzt.

Dörpfeld *Troja* S. 176, 315ff.; L. Jacobi *Das Römerkastell Saalburg* 1897 S. 152ff. Tf. 14,9; Forrer *Reall.* S. 215; F. M. Feldhaus *Die Technik der Vorzeit* 1914 S. 285; Hoops *Reall.* II 13f. H. Falk.

Alfred Götze

Fasten.

§ 1. Die völlige Enthaltung vom Essen. — § 2. Anlässe des F. — § 3. F. bei der Jünglingsweihe. — § 4. F. bei Totenfeiern. — § 5. F. als Vorbereitung für die Aufnahme bedeutungsvoller Speisen oder Getränke. — § 6. F. als Vorbereitung zur Vornahme bedeutungsvoller Tätigkeit. — § 7. F. als Zwang.

§ 1. Bei vielen Naturvölkern wird F. vor Festen oder religiösen Zeremonien geübt. Das F. sowohl im Sinne eines völligen Versagens alles Essens, wie auch das bloße Verbot bestimmter Speisen, hängt mit der zauberischen Bedeutung zusammen, die der Nahrungsaufnahme (s. Nahrung A 1) überhaupt zugeschrieben wird. Nur im ersteren Sinne soll hier von „Fasten" die Rede sein; die Beschränkung des Essens oder die Enthaltung von bestimmten Speisen wird unter „Meidung" (s. d.) behandelt. Das F. steht auch mit einem asketischen Zug der Menschen in Verbindung (s. Askese), der zweifellos der unbewußten Erfahrung entspringt, daß durch Mühe und Anstrengung ein Erfolg erzielt werden kann, während Unmäßigkeit in Genüssen die Widerstandsfähigkeit und die Kräfte herabsetzt. Übrigens ist das bei verschiedenen Gelegenheiten geübte F. der Naturvölker ein Beweis dafür, daß die noch immer verbreitete und stellenweise propagierte Auffassung, als führten Naturmenschen ein Leben ohne jede Selbstdisziplin, durchaus falsch ist.

§ 2. Im allg. wird das F. weniger bei Jägern und Sammlern geübt, bei denen die Ernährung überhaupt unregelmäßig ist, sondern mehr bei Völkern, bei denen eine regelmäßige Ernährung Platz gegriffen hat, nämlich bei mittl. und höheren Naturvölkern, bei Hackbauern und Ackerbauern.

Das F. wird gewöhnlich an die einschneidenden Zeremonien des Lebensablaufs geknüpft, vor allem an die Jünglingsweihe und an die Totenfeier, oder auch vor der sorgfältigen Herstellung von bedeutungsvollen Geräten beobachtet. Durch die Qual des F. soll eine um so größere Tüchtigkeit des Jünglings erzielt, bei der Totenfeier die jenseitige Existenz der Verstorbenen gefördert, ihm die Speise, auf die man verzichtete, in mystischer Weise zugeführt werden.

§ 3. Bei Feuerlandstämmen, den Onas und Yaghans, wird der Junge vor der Weihe von seiner Mutter genommen, muß fasten und wird gewissen physischen und psychischen Proben ausgesetzt (s. Jünglingsweihe; Cooper S. 156f.). Bei den Bainig-Stämmen der Gazelle-Halbinsel findet ein F. vor ihren großen Maskentänzen statt, die mit ihren Jünglingsweihen zusammenhängen. In Amerika kann ebenfalls das F. als ein Bestandteil der Zeremonien bei der Jünglingsweihe aufgefaßt werden (Kroeber S. 365). Insbesondere unter den Bisonjägern des nw. Amerika ist das F. eng verknüpft mit dem Erwerb des Totems oder Schutzgeistes durch das Mittel des Traumes. Zum Zwecke, sich einen übernatürlichen Traum oder eine Vision zu verschaffen, muß sich der Jüngling an einen einsamen Platz begeben und Tag und Nacht fasten und beten, bis ihm der Geist in Gestalt eines Tieres erscheint (Wissler S. 197).

§ 4. In eigentümlicher Weise verbindet sich das F. gelegentlich der Totenfeier mit gewissen Verwandtschaftsbeziehungen z. B. auf Mota (Banks-Insel). Dort kann der Schwestersohn des Verstorbenen auf gewisse Speisen ein „Verbot" legen, sodaß dann die Witwe des Verstorbenen die betreffenden Speisen weder essen noch kochen darf (Rivers I 38). Auf der Insel Merlav gibt der Schwager des Verstorbenen Geld und Schweine an dessen Angehörige und an die Witwe. Er enthält sich gewisser Speisen (Rivers I 43). Während es sich in den erwähnten Fällen nur um eine teilweise Enthaltung vom Essen handelt, ist das F. auf Tikopia länger und gründlicher. Alle Verwandten trinken nur Wasser, essen 4 oder 5 Monate lang nur Papaja und enthalten sich oft auch noch von Kokosnuß, Taro, Yams und Fisch, entweder einzelner dieser Speisen oder von mehreren zusammen auf die Dauer von mehr als einem Jahr. Außerdem scheeren sie ihr Haar. Der Vater des Verstorbenen muß besonders lange trauern und ißt länger als ein Jahr nur Papaja, er darf auch nicht fischen gehen oder bei Tag sein Haus verlassen. Er darf ferner nicht trinken, wo sein verstorbener Sohn getrunken hat, sondern muß das Wasser anderen Orts suchen. Nach längerer Zeit erbarmt sich dann einer des Alten, kocht Speise für ihn und bringt es ihm mit dem Worten: „Nun hast du genug gefastet, jetzt sollst du wieder essen". Der Vater sträubt sich dann noch etwas, klagt noch zum letzten Mal um den Verstorbenen, ißt hierauf und beschenkt den Mann, der ihm das Essen gebracht hat. Die anderen Verwandten fasten nur 8 Monate lang und beginnen sodann wieder ihre gewöhnlichen Speisen zu essen. Nach eben so langer Zeit beginnt auch der Bruder des Verstorbenen wieder zu fischen. Doch enthalten sich die Verwandten nur ungefähr zwei Monate des Betelnußkauens. Die Witwe bleibt im Hause über ein Jahr und darf es nur nachts verlassen. Die ersten 10 Tage nach dem Tod werden Opfer an Speise und Kava am Grabe täglich dargebracht und auch Betelnuß dem Toten angeboten. Die Speiseopfer und auch gelegentlich die an Betelnuß werden dauernd gebracht. Die Kava, die anfangs täglich geopfert wird, gießt man später nur in längeren Zwischenräumen von 6 Monaten auf das Grab (Rivers I 314). Dieses Totenfasten hat wohl die Bedeutung, dadurch dem Verstorbenen auf zauberischem Wege Ernährung zuzuführen, ähnlich wie in Buin auf Bougainville (Thurnwald I 3—6 ff., III 22 ff.).

§ 5. Von dieser Art des F. muß wieder ein anderes unterschieden werden, das auf der Pentecost-Insel (Neu-Hebriden) vor dem feierlichen Kavatrinken geübt wird. Hier handelt es sich darum, daß der Mann den Kavatrunk im nüchternen Zustand zu sich nimmt (Rivers I 212).

§ 6. Vor der Verfertigung heiliger Gegenstände, wie z. B. bestimmter Gürtel für Frauen auf den Banks-Inseln, ist mit einem Herstellungsritus das F. verbunden (Rivers I 133).

§ 7. Der Gedanke, daß durch Anwendung strengen F. die transzendenten Mächte gezwungen werden, zu Willen zu sein, kommt bei dem großen F. der Tsimshian-Indianer zum Ausdruck, die sich dann hinlegen und 7 Tage ohne Nahrung bleiben.

Das F. als Sühne im ethischen Sinn oder als asketische Übung fehlt den Naturvölkern.

S. a. Askese, Meidung, Nahrung A 1, Omen A, Zauber A.

Cooper *Bibliogr. Tierra del Fuego* Smithson. Inst. Bur. Am. Ethn. Bull. 63 (1917); Kroeber *Anthropology* 1923; Reuterskiöld *Die Entstehung der Speisesakramente* 1912; Rivers *Hist. Mel. Society* 1914; Thurnwald *Forschungen auf den Salomo-Inseln* 1912; Westermarck *The Principles of Fasting* Folk-Lore 18 (1907); Wissler *Amer. Indian* 1922.

Thurnwald

Fatjanovo. Berühmter FO im Gouv. Jaroslav, an der Eisenbahnlinie zwischen Vologda und Jaroslav, unweit der Station Utkina. Hier ist in den 70er Jahren eine Siedelung und ein kupferzeitliches Gräberfeld gefunden worden. Die Stelle ist eine Sandinsel in der Mitte sumpfiger Wiesen, ehemaliger Seen (?). Die Kulturschicht ist 70—80 cm t. Bei Ausgrabungen und beim Sandgraben sind dort vielfache Funde gemacht worden: Keramik, Steinsachen und als Anhängsel verwendete Tierzähne, von welchen einer an einem kupfernen Ring hing. Die Steingeräte sind Feuersteinmeißel, hübsche bootförmige Hammeräxte usw. Die Gefäße sind meist bombenförmig. Über die Kultur und Kulturstellung s. Fatjanovokultur. — Im Ganzen sind hier wenigstens 9 Skelettflachgräber gefunden worden. Die anthropol. Untersuchungen haben gezeigt, daß die Schädel ausgeprägt dolichocephal sind.

A. Uvarov *Archeologija Rossii* I 395 ff.

A. M. Tallgren

Fatjanovo-Kultur. § 1. F. K. wird die Kultur der zentralruss. Kupferzeit nach dem Gräberfelde von Fatjanovo genannt. Geographisch umfaßt diese Kultur das Gebiet längs der Oka und um die mittl. Volga, etwa die Gouv. Orel, N.-Novgorod, Vladimir, Moskau, Kostroma, Jaroslav und Tver. Chronol. entspricht sie Troja II—V, der Kubanschen Kupferzeit (s. Kuban) und der Kultur der nord. Ganggräber. Die Funde entstammen Gräbern, Siedelungen und Depots und bestehen aus Stein, Kupfer, Silber, Ton, Knochen oder Bernstein.

§ 2. Die Gräber sind flache Schächte, gewöhnlich ohne jegliche äußeren Merkmale. Einige Gräber sind mit Steinen umgeben oder gepflastert und enthalten ausschließlich Skelette in Hockerlage (Tf. 32 a). In einigen Gräbern hat man wahrscheinlich von Opfermahlzeiten stammende Kohlen gefunden. Spuren von Ocker sind zweimal konstatiert worden. Gewöhnlich schließen sich die Gräber zu Feldern zusammen. Die wichtigsten von ihnen sind Fatjanovo (s. d.), Velikojeselo im Gouv. Jaroslav (drei Gräber), Čurkina, Šiška, Sergač, Čukaly im Gouv.

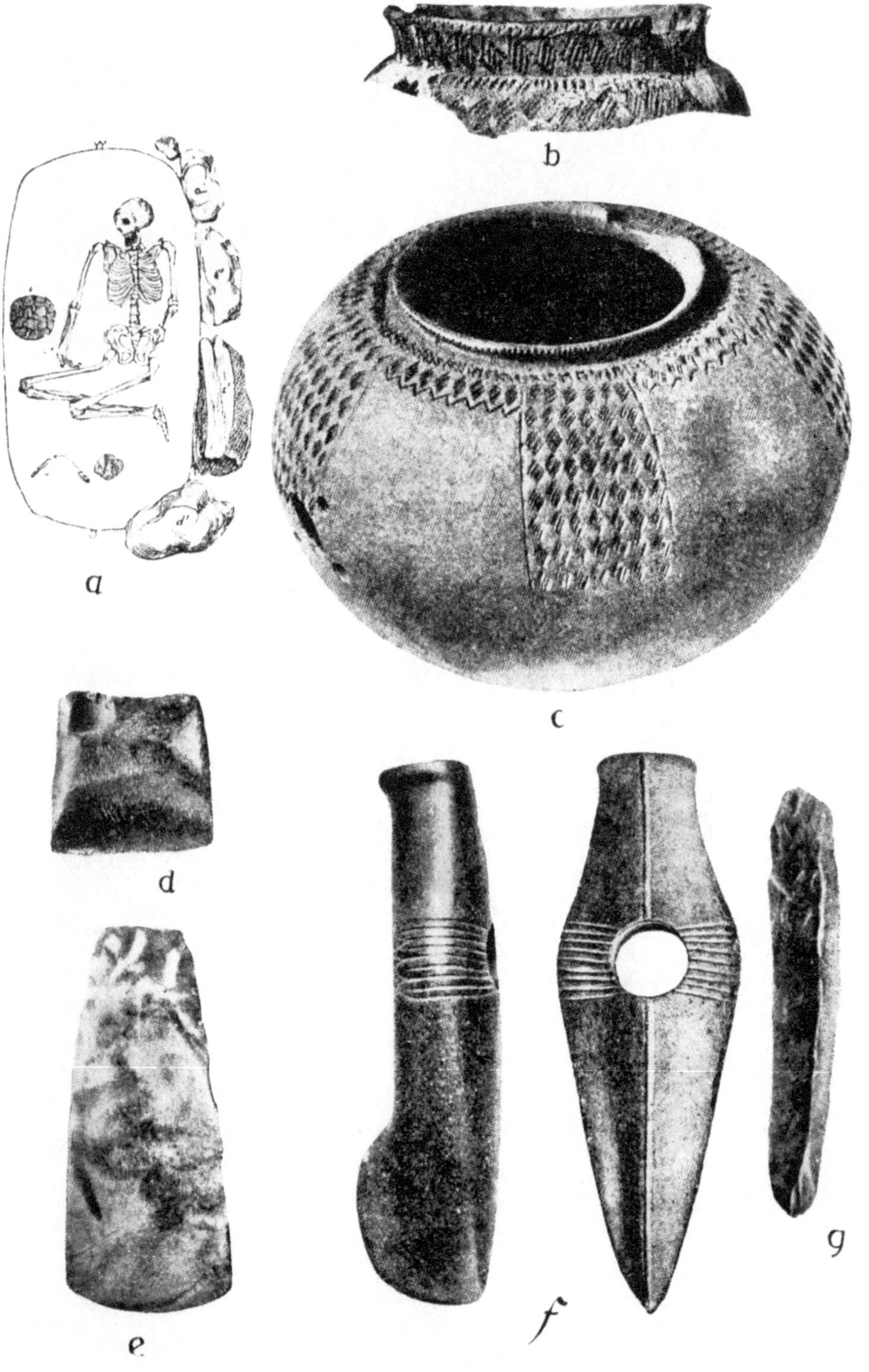

Fatjanovo-Kultur

Grab (a) und typisches Gerät aus der Nekropole von Velikojeselo (c–g) und Curkino (b).
Nach A. M. Tallgren.

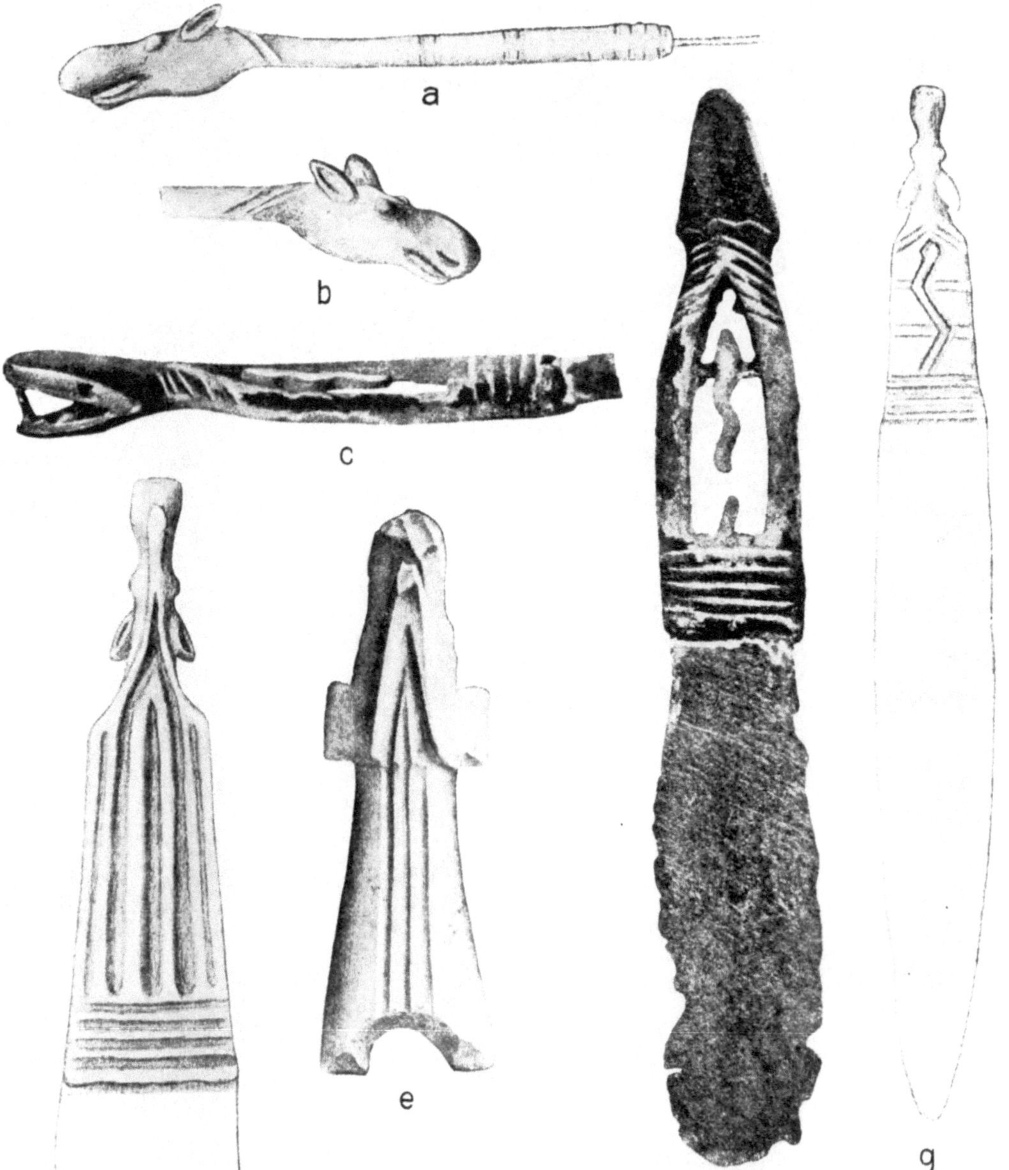

Fatjanovo-Kultur

a, b, d, g. Kupferdolch. Seima. — c, f. Kupferdolch. Galič. — e. Steinaxtfragment. Säkkijärvi, Finnland. (Von unten gesehen).

Faustkampfspiel

Der Trichter von Hagia Triada. Nach abgerolltem Gipsabguß. Die Ergänzungen dunkler getönt. Nach K. Müller.

N.-Novgorod, Volosovo im Gouv. Vladimir, Troickoje im Gouv. Tver, Borki (Gouv. Tver), Brasovo (Gouv. Orel).

§ 3. Das Inventar ist einheitlich: bootförmige Schaftlochäxte aus Stein mit breiter, geschweifter Schneide, bisweilen am Schaftloch verziert, Feuersteinmeißel, entweder vierseitig und dicknackig oder spahnförmig, Feuersteinspähne, Tierzähne und Tongefäße (Tf. 32 b—g). Diese sind meist bombenförmig mit besonderer Halspartie, aus feinem Ton dünnwandig verfertigt, mit abgerundetem Boden. Die Ornamente sind gewöhnlich in Kammtechnik hergestellt, bedecken den Hals und den oberen Teil des Gefäßes, bilden gefüllte Rhomben und Dreiecke oder Linien, bisweilen wellenförmiger Gestalt. Schnurornament kommt an einem Gefäße im Moskauschen und in einem Burgwallfunde (Siedelung) im Kostromaschen Gouv. vor. Bisweilen ist die Außenseite des Bodens mit einem Strahlenkranze versehen. Diese Gefäße stehen in Verbindung mit den mittel- und nordd. Amphoren, mit der Schnur- und Bernburger Keramik. Parallelen findet man auch in den Kurganfunden des Kubangebietes (s. Kuban). — W. Einfluß beweisen auch Hammeräxte, Silexäxte (auch Äxte aus podolischem Bänderfeuerstein sind bekannt; s. Gebänderte Feuersteingeräte) und der Bernstein.

§ 4. Metall kommt in den Gräbern äußerst selten vor: ein Kupfer-Ringchen und eine Axt von F., eine Kupferplatte aus Velikojeselo und Silberspiralchen aus Čurkina und Petraicha. Dagegen sind reiche Metallfunde in den Seimaschen und Galitscher Funden (s. Galič) gemacht worden. Der Formenschatz der F. K. wird durch sie um plastische Tier- und Menschenfiguren, Äxte, Dolche, Hänge-Spiralen, Armringe, Messer u.s.w. aus Kupfer vermehrt. Daß Galič und Seima gleichzeitig sind, wird durch die Dolche mit Tierdarstellungen (Tf. 33 a–d, f, g) und durch die analogen Kupferäxte bewiesen. Daß sie auch gleichzeitig mit den F.-Gräbern sind, zeigen teils die Übereinstimmung der keramischen Formen, teils die vollständigen Analogien zu diesen beiden Gruppen in den geschlossenen Funden der Kubaner Kupferzeit. Die Metalle sind wohl s. Ursprungs. Einige Gegenstände — z. B. der Dolch aus Galič — dürften auch importiert sein, die meisten sind aber lokales Fabrikat und beweisen eine relative Selbständigkeit dieser Kultur.

§ 5. Es ist noch nicht klargelegt worden, welche Formen und Typen den „steinzeitlichen" Ansiedelungen der F. K. zuzurechnen sind. Jedenfalls enthält der Galitscher Fund beträchtliche Mengen typisch kammkeramischer Scherben, und die Rundplastik ist in Zentralrußland in Stein verbreitet. Im kammkeramischen Gebiete des N hat man mehrere Beispiele des Einflusses dieser Kultur. Ein vollkommenes Gegenstück zum Seimaschen Kupferdolche mit Elchkopf ist eine Steinaxt aus Säkkijärvi (Tf. 33 e), Finnland (IV. nord. Steinzeitper.?; s. Finnland A, Tierkopfförmige Steinwaffe.

§ 6. Die F. K. Zentralrußlands verschwindet im Anfange der BZ, vielleicht durch Abwanderung ihrer Träger. Die absolute Zeitstellung hängt von der Datierung der skand. Megalithgräber und der Kubaner Kupferkultur ab.

A. Tallgren *L'âge du cuivre dans la Russie centrale* Z. d. Finn. Alt. Ges. 32,2 (1920); ders. *Fatjanovokulturen i Centralryssland* Finskt Mus. 1924:1. A. M. Tallgren

Fauerbach (bei Friedberg, Oberhessen). Einige Gefäße, die 1891 mit der Slg. Dieffenbach in das Landesmus. Darmstadt gelangten, und die aus Wohngruben (und Brandgräbern?) in der Gemarkung F. stammen, zeigen bes. deutlich die Eigentümlichkeiten des Wetterauer Typus (s. Wetterau), d. h. die Auflösung der Spiralornamente in einfachere geometrische Gebilde unter stärkerer Verwendung der Stichornamente. Hervorzuheben ist vor allem eine Schale mit 4 Füßen, wie sie auch im Eberstadter Typus (s. d.; doch ähnlich ebenfalls in der nord. Megalithkeramik und in der Zonenkeramik) begegnet.

Präh. Z. 2 (1910) S. 51ff. Anthes. W. Bremer

Fauna A. Europa: 1. Paläolithikum s. Diluvialfauna. — 2. Jüngere Stufen s. die Einzelstichwörter.

B. Ägypten s. Ägypten B § 69, 70.

C. Palästina-Syrien s. d. B.

D. Vorderasien s. Mesopotamien C.

Faustkampfspiel. In der kret. Kultur offenbar beliebt. Hauptdenkmäler ein großer steinerner Trichter mit Reliefdarstellungen aus Hagia Triada (Tf. 34), ferner ein Siegelabdruck und ein Reliefgefäß aus Knossos (16./15. Jh. v. C.). Auch auf geom. Vasen kommen F. vor.

BSA 7 S. 95, 9 S. 56; Arch. Jahrb. 30 (1915) S. 247ff., 260 K. Müller; F. Winter *Kunstg. in Bild.* I Tf. 89, 4; BCH 25 (1901) S. 143ff.
G. Karo

Faustkeil (Fäustel) s. die verschiedenen altpaläolithischen Kulturen, Aurignacien, Jagd A § 4.

Fayence. A. Kretisch-mykenischer Kreis. Schon in frühmin. Gräbern, z. B. von Mochlos, erscheinen aus Ägypten importierte Perlen von F. und vereinzelte einheimische Nachbildungen; dann in mittel- und vor allem in spätmin. Zeit zahlreiche kleine Schmucksachen, auch Siegel, sowie Gefäße, z. T. mit reichem Schmuck in Malerei und Relief, endlich auch rundplastische oder in hohem Relief ausgeführte Blumen, Pflanzen, Muscheln, Seetiere, Statuetten von Göttinnen und Nachbildungen kostbarer Gewänder und Gürtel (Tf. 35 37). Besonders reich ist die Ausbeute aus den sog. Temple Repositories von Knossos (s. d.) aus dem Ende von MM III (16. Jh. v. C.). Ältestetes festländ. Fundstück aus F. ist wohl ein Schieber aus einem vormyk. Steinplattengrab von Tiryns. Die Schachtgräber von Mykenai enthielten wertvolle Väschen u. a. aus F., die Kuppel- und Kammergräber der mittel- und spätmyk. Per. vor allem eine Menge von Schmucksachen. — In nachmyk. Zeit finden sich zwar Fayenceskarabäen u. ä. in Griechenland, doch sind es äg. oder ägyptisierende phön. Produkte; die Technik hat sich in Hellas vor dem 8—7. Jh. nicht wieder eingebürgert.

RE 11 (1922) S. 1761 Karo; R. Seager *Explor. in Mochlos* 1912 S. 54; BSA 9 S. 65 (Formsteine), 63ff.; Ath. Mitt. 40 (1915) S. 163 Karo; Arch. Jahrb 30 (1915) S. 266ff. K. Müller; F. W. v. Bissing *Anteil d. äg. Kunst* 1912 S. 40ff., 59ff.
G. Karo

B. Ägypten. § 1. Unter „ägyptischer Fayence" (früher äg. Porzellan genannt) versteht man eine vor allem aus Kieselsand mit geringem Zusatz von Ton bestehende weiße Masse, die mit einer — gewöhnlich blau oder grün gefärbten — undurchsichtigen Glasur rings überzogen wurde. Diese Technik ist — als eine weniger kostbare Nachahmung vom Lapislazuli und Malachit (s. Edelstein B) — schon in vorgesch. Zeit in Äg. erfunden worden, und zwar wurden sowohl kleinere Gefäße (eins in Berlin, mit Schnürösen, also Form eines Steingefäßes) wie vor allem Kettenglieder aus F. hergestellt. Auch Figürchen von Affen aus F. haben sich gefunden.

§ 2. Später wurde die Fayencetechnik dann weiter ausgebildet, und aus allen Zeiten der äg. Geschichte sind zahlreiche Schmucksachen, Gefäße, Einlagestücke und vieles andere (aus dem NR z. B. ganze Statuetten) aus F. erhalten (Tf. 38). Blau und grün bleiben die beliebtesten Farben, daneben werden aber auch — vor allem für bunte Einlagestücke — Rot, Braun, Gelb, Weiß, Violett u. a. hergestellt. Auch in der Architektur — so in dem Tempel Ramses III. beim sog. Tell el Jehudîje im s. Delta — sind im NR Darstellungen aus mosaikartig angeordneten Fayencekacheln zur Verzierung ganzer Fassaden verwendet worden. Die Reste einer Fayencefabrik aus dem Ende der 18. Dyn., mit zahlreichen Tonformen für Fayenceamulette u. ä., fand Petrie in der Stadtruine von El Amarna (s. Amarna, El).

§ 3. Von Äg. aus hat sich die Fayencetechnik zunächst nach Babylonien und zu den Mittelmeerinseln und von da weiter zu allen Kulturvölkern der Erde verbreitet.

Schäfer *Ägyptische Fayencen* Amtl. Ber. Pr. S. 34 (1913) S. 49ff.; H Wallis *Egyptian Ceramic Art* The Mac Gregor Collection 1898; Petrie *Tell el Amarna* S. 25ff.; Wiedemann *Äg.* S. 329f.; Erman-Ranke *Äg.* S. 546f.
Ranke

C. Palästina-Syrien s. Vase E.

D. Vorderasien. § 1. Das nachweisbar älteste Vorkommen von F. in Mesopotamien bilden einige Vasenscherben mit plastisch aufgesetzten Rosetten mit Inschrift des assyr. Königs Adadnirari I. (1300) aus Assur (Andrae *Farbige Keramik aus Assur* S. 5). Einige eimerartige Gefäße mit bunter Darstellung von betenden Personen (Tf. 39c), Tieren und Ornamenten (Andrae Tf. 15, 22, 26, 27) und die Malerei eines betenden assyr. Königs vor der Statue des Gottes Assur (s. Ausar; a. a. O. Tf. 10) dürften der Folgezeit, von der Regierung des Tukulti-Ninurta I. (1250) ab, angehören. Fest datiert sind zwei Malereien eines Gespannes mit

Fayence A. Kretisch-mykenischer Kreis

Reliefs aus Fayence, zu einer Meerlandschaft gehörend.
Der Fisch mißt von Flügelspitze zu Flügelspitze 12 cm.
Nach H. Th. Bossert.

Fayence A. Kretisch-mykenischer Kreis

Knossos. Frau mit Schlangen in den Händen. Höhe 29 cm.

Nach H. Th. Bossert.

Wagenlenker, die schwebende geflügelte Sonne mit göttlicher Halbfigur darüber, mit Inschrift des Tukulti-Ninurta II. (890), vgl. Andrae Tf. 7—8 aus dem Anu-Adad-tempel in Assur (s. Baukunst D).

§ 2. Layard (*Monuments* I Tf. 86—87) grub in Kalhu ornamentale Wandmalereien (Tf. 40 b) aus dem Palaste Assurnassirpals II. (880) aus (Meissner *Babyl. und Assyr.* I [1920] Tf.-Abb. 106), ferner eine Reihe von Fliesen mit Tonknäufen (sog. *zigâti*; Tf. 39 b), die in der Wand befestigt waren, entweder als Schmuck oder zum Aufhängen von Teppichen, wie M. Meurer vermutet hat (Arch. Jahrb. 29 [1914] S. 15 f.). Ähnliche F. (Tf. 40 a) fanden sich auch in Assur (Andrae S. 28 ff.,. Tf. 31 ff.).

§ 3. Schon vorher begann man die emaillierten Gemälde aus einzelnen Ziegeln zusammenzusetzen. Ein in späterer Zeit umgesetztes Bild (Tf. 41) eines Kriegszuges im Gebirge *Upâ* vom Assurtempel in Assur gehört drei Per. an, gemäß der dreimal verschiedenen Stilisierung des Gebirges, das sich auf dieser Malerei findet, die danach aus dem 12—8. Jh. stammt (Andrae Tf. 6, S. 11 f.); denn viele dieser Ziegel tragen Stempel Tiglatpilesers I. vom „*Kigallu* [Unterbau] der Stiere des Adadtempels". Ein Wandfries aus Dur-Sargon (s. d.) zeigt symbolische Tiere (710). Die Tore der Stadt waren von Bogen überwölbt (Tf. 39 a), mit Rosetten und Genien geschmückt (Meissner a. a. O. Abb. 58). Zu den letzten und bedeutenden Schöpfungen dieser Art zählt das Ischtartor in Babylon, das von Nebukadnezar II. (580) mit 13 Reihen von Drachen und Stieren übereinander — Koldewey berechnet ihre Anzahl auf 575 Stück — geschmückt wurde, die aber nicht alle gleichzeitig sichtbar waren, sondern in zwei Bauperioden durch Erhöhung des Terrains entstanden sind. Die von diesem Tore abgehende Feststraße *Ai-îbur-šâbûm* zum Tempel Esagila begleitete beiderseits ein emaillierter Löwenfries, ebenfalls ein Werk Nebukadnezars. Erwähnt sei noch die bunte Ornamentfassade des Thronsaals in der Südburg Babylons (Meissner a. a. O. Tf.-Abb. 107—109). Die Farben sind meist einfach, blau, weiß, ocker, schwarz und grün. Über die andere Keramik s. Emaillierte Tonware.

B. Meissner *Babylonien und Assyrien* I (1920) S. 236 f. — Behandlung der F.-Technik: W. Andrae *Farbige Keramik aus Assur* 1924; R. Koldewey *Das wieder erstehende Babylon* 1913 S. 40 ff., 103 ff.; ders. *Das Ischtar-Tor in Babylon* WVDOG 32 (1918); E. Cohn-Wiener *Das Kunstgewerbe des Ostens* 1923 S 58 ff.

Eckhard Unger

Federkiel. Mit einzelnen oder mehreren zusammengebundenen F. sind manche neol. Gefäßornamente des Rössener Typus eingedrückt worden; sie zeigen den Abdruck des unbeschnittenen Endes. In der Barbotine-Technik der hellenist. und röm. Töpfer wurde vielleicht der hohle Federkiel zum Aufbringen des Tonschlickers etwa in der Weise des heutigen Füllfederhalters benutzt. Über die Verwendung als Schreibgerät liegen keine Funde vor, aber die Form der röm. Schreibfedern aus Metall läßt auf ein Vorbild aus Vogelfedern schließen.

ZfEthn. Verh. 32 (1900) S. 247 Götze.

Alfred Götze

Federung. Die Federkraft mancher Stoffe war im Altertum bekannt. Benutzt wurde sie bei dem schon im Neol. nachweisbaren Bogen (s. d. A), dessen Wirkung auf der Elastizität des Holzes und Horns (Hornbogen des Odysseus; Od. XXI) beruht. Aus dem Bogen entwickelte sich das antike Geschütz, das außerordentliche Ansprüche an die F. stellte und die Herstellung der Spannsehnen zu einer Spezialtechnik mit fabrikmäßigem Betrieb gestaltete. Die νεῦρα wurden in Griechenland aus den Nacken- und Sprunggelenksehnen der Stiere, Hirsche und anderer Tiere mit Ausnahme der Schweine, ferner aus Weiberhaaren und Seidengarn angefertigt. Beim Erzspanner waren die Sehnenbündel durch bronzene Blattfedern ersetzt. Beim Luftgeschütz (Aërotonon) benutzte man sogar die Elastizität zusammengepreßter Luft.

Ferner wurde die Federkraft bei der Fibel (s. d.) allg. benutzt, um die Nadelspitze im Nadelhalter festzuhalten. Bei den zweiteiligen nord. Bronzefibeln wirkte der zwischen Bügel und Nadel eingeklemmte Gewandbausch federnd. Sämtliche einteiligen und Armbrustfibeln schieben zwischen Bügel und Nadel Schraubenfedern mit ein- und mehrfachen Umläufen ein. Manche Hals- und Armringe aus Bronze wurden unter Inanspruchnahme ihrer Federkraft angelegt und am Körper festgehalten.

Philon (Mechanik IV 46) berichtet, daß man die Güte der gall. und span. Eisenschwerter an ihrer Elastizität erprobte.

Um Bronze und Eisen elastisch zu machen, müssen sie gehämmert werden.

F. M. Feldhaus *Die Technik der Vorzeit* 1914 S. 287f.; E. Schramm *Die antiken Geschütze der Saalburg* 1918.

Alfred Götze

Fehde.

§ 1. F. und Blutrache. — § 2. Charakter einfacher F. — § 3. F. mit vereinbartem Kampfplatz, Zauber u. Plünderungen. — § 4. F. mit Menschenraub. — § 5. F. um den Ersatz der wirtschaftlichen Arbeitskraft. — § 6. Geringfügigkeit von F. — § 7. Sportlicher Charakter von F. — § 8. Räuberische F. und Übergang zum Krieg.

§ 1. Die Feindseligkeiten der winzigen Gemeinden, der Klans und Sippen niedriger Primitiver, spielen sich fast ausschließlich in der Form von kleineren oder größeren, manchmal über Monate und Jahre sich hinspinnenden F. ab. Sie knüpfen fast immer an die Blutrache (s. d.) an. Fast mit allen Nachbarn hängen solche F., ohne daß deswegen notwendigerweise der friedliche Verkehr des Alltags stark beeinträchtigt wird. Vielmehr beschränken sie sich auf die in Feindschaft mit einanderlebenden Familien oder Blutracheverbände und auf eine mißtrauenerfüllte Vorsicht.

So lange sich die Blutrache in der durch die Tradition vorgeschriebenen Form hält, greift sie nicht mit über. So hat bei den Bergdama der nächste männliche Blutsverwandte die Pflicht der Rache. Tötet aber der Racheberechtigte zwei Personen statt einer, so hat sein Verband in diesem Fall zu gewärtigen, daß sich die gekränkte Sippe mit anderen verbündet und die Verletzer der Tradition ausrottet (Vedder S. 150ff.).

§ 2. Eine solche Verbündung zweier Gemeinden gegen eine dritte ist überhaupt häufig die Voraussetzung größerer Kämpfe. Den Anlaß bieten, so wie bei der Blutrache, persönliche Gewalttätigkeit, Frauenangelegenheiten oder wirklicher oder vermeintlicher Zauber. Im allg. tragen diese Kämpfe den Charakter von Vergeltungen, bei denen Leben für Leben genommen werden soll, in der Weise, daß die gleiche Zahl von Opfern, wie man sie selbst erlitten hat, mehr oder weniger zufällig, gleichsam wie durch ein „Gottesgericht", von der Gegenpartei herausgeholt werden soll. Sind z. B. zwei Leben zu rächen, so sucht man zwei der Gegner zu töten. Ist dieses Ziel erreicht, so gilt in der Regel der Kampf für beendet; werden dagegen mehr getötet, so besteht die Gefahr, daß die Gegenseite wieder ihrerseits Rache sucht. Eine Verfolgung der Gegner findet selten statt, wenn das Kampfziel erreicht ist; denn die Eroberung oder Besetzung des feindlichen Gebiets liegt gewöhnlich ganz außerhalb des Gedankenkreises der kämpfenden Parteien, in Australien schon aus dem Grunde, weil die einzelnen Gruppen die Geister ihrer Ahnen in dem Jagdgebiet hausend vermuten (Spencer und Gillen 1899 S. 16ff., 1904 S. 27ff.). Dasselbe gilt auch für die papuanischen und melanesischen Gebiete der Südseeinseln. Die Vorbereitungen für den Kampf sind nicht immer groß. Bei einem Bergstamm Neu-Guineas, bei den Mafulu, gibt es keine eigentlichen Führer im Kampfe oder irgend eine kriegerische Organisation, sondern sie greifen zu der ihnen günstig scheinenden Zeit an, senden aber Spione und Vorhut aus. Bestimmte Rufe gelten als Triumpfgeschrei für glückliche Tötung oder Gefangennahme. Die Gefangenen werden gewöhnlich nach der Rückkehr getötet. Die Frauen folgen den kämpfenden Männern und ermutigen sie durch Singen. Kämpfe können sich, natürlich mit großen Unterbrechungen, Jahre hindurch fortsetzen (Williamson S. 180ff.).

§ 3. Bei F. auf den Salomoinseln (Buin) wird, wie auch bei anderen Völkern häufig, ein besonderer Platz für den Kampf bestimmt, der in diesen Waldgegenden erst gerodet werden muß, indem jede Partei auf ihrer Seite kleinere Bäume und das Unterholz bricht. Am Tage vor dem Kampf veranstaltet man einen Schädelzauber dadurch, daß man eine Kokosnuß vor dem Hauptpfeiler der Männnerhalle mit den Worten zerschlägt: „ich töte dich", die Milch auf den Boden rinnen läßt und die Schale mit dem Fleisch für die Ahnengeister verbrennt, damit diese beim Kampfe helfen. Überrumplungen beim Morgengrauen sind beliebt. Vermöge der Häuptlingsorganisation kommen hier auch Ver-

Fayence A. Kretisch-mykenischer Kreis

Rückseite der Figur Tafel 36.
Nach H. Th. Bossert.

a

b

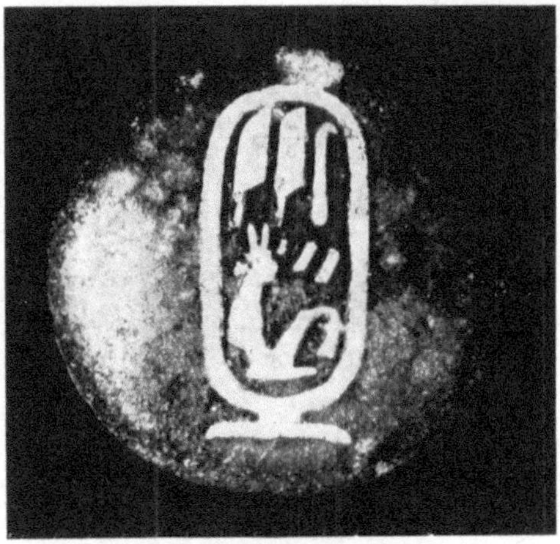

c

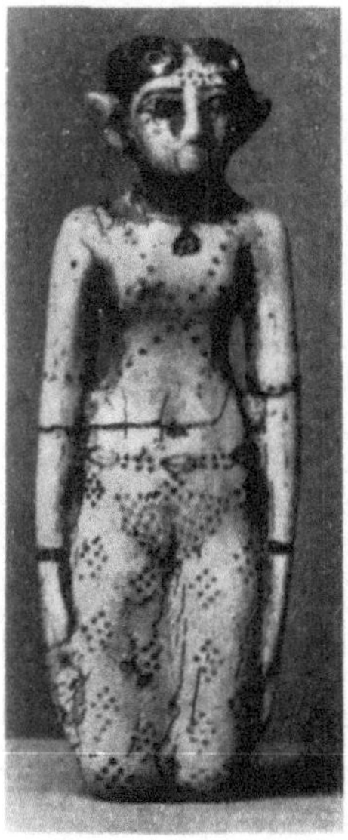

d

f

e

Fayence B. Ägypten

Vorgeschichtliches Gefäß. — b. Gefäß, Dyn. 18. — c. Knopf von einem Kasten, mit Namen der Königin eje. — d. Figur einer Dienerin als Grabbeigabe, MR. — e. Becher Dyn. 18. — f. Gefesselter Neger (Fliese von einer Palastfassade, Dyn. 20). Alles nach Schäfer.

bindungen verschiedener Sippen und Klans zustande, so daß manchmal bis zu 100 Kämpfer auf beiden Seiten einander gegenüberstehen. Nicht selten knüpfen sich hier noch Plünderungszüge nach dem feindlichen Dorf an, um dort die Kronen der Kokospalmen zu knicken, die Rinde der Mandel und Brotfruchtbäume abzuschälen oder diese Nutzbäume unten anzubrennen, die Keime der Bananenstauden abzukappen, die Taro- und Yamspflanzungen zu verwüsten und die Schweine mit Pfeilen abzuschießen (Thurnwald 1910 S. 323 ff., 1912 III 56 ff.).

§ 4. Auch bei den Feuerländern bewegen sich die blutigen Streitigkeiten gewöhnlich innerhalb der Grenzen der Blutrache. Die Freunde, die zunächst durch Überredung oder durch Gewalt Frieden wiederherzustellen suchen, werden allerdings manchmal in die Kämpfe verwickelt. Aber auch blutige und langdauernde F. unter verschiedenen Stämmen, wie z. B. unter den Ona's, kommen vor. Die Besiegten werden gewöhnlich getötet, die Frauen und Kinder gefangen genommen, sonst aber niemand geschont. Die Körper der toten Feinde verstümmelt man oft. Blutrache und F. spielen eine derartige Rolle, daß z. B. Bridges von den Ona's behauptet, daß es wenig Leute über 30 Jahre gibt, die nicht einen der ihrigen bei den Vergeltungskämpfen getötet haben. (Dasselbe kann nach meinen Erfahrungen von den Buinleuten auf Bougainville, Salomoinseln, Südsee, gesagt werden.) Daß einzelne Stämme unter den Feuerländern, z. B. die Chonos, Leute anderer Stämme, wie die Huillis, als Sklaven zu rauben pflegen, teils um sie selbst zu behalten, teils um sie wieder an die Chilotans zu verkaufen, deutet wohl auf das Eindringen von Erobererstämmen hin, ähnlich wie z. B. in der Südsee die Kämpfe der Gazelle-Küsten-Bevölkerung sich gegen die Bainingleute der Berge richteten, um von diesen Sklaven zu rauben. Die Überlegenheit der Bewaffnung spielte sicher auch immer eine große Rolle, gerade so wie bei den Kämpfen zwischen einzelnen Feuerlandstämmen, bei denen die einen früher als die anderen in den Besitz von Eisen und europ. Waffen gelangten (Cooper S. 45, 46, 56, 174 f.). Eine derartige Überlegenheit der Bewaffnung förderte auch die großen Kämpfe, die Schädel- und Sklavenjagden auf den Salomoinseln nach der ersten Berührung mit den Europäern (Thurnwald 1909 S. 527 f.).

§ 5. In eigentümlicher Weise wird die Blutfehde bei den Tschuktschen erledigt: hier kommt deutlich zum Ausdruck, daß es der Familie, die einen Angehörigen durch Mord verloren hat, vor allem darum zu tun ist, den Verlust der Arbeitskraft zu ersetzen. Sie tut es nicht dadurch, daß sie, wie sonst üblich, die anderen entsprechend zu schädigen sucht, sondern in der Weise, daß sie sich eine Arbeitskraft aus der Sippe der Mörder holt, der nun in die Arbeiten und in alle Pflichten des Getöteten treten muß. So nahmen die Tschuktschen z. B. im Jahre 1895 einen Kosaken auf, weil ein anderer Kosak einen der ihrigen getötet hatte. Der Aufgenommene lebte in der Familie des Getöteten, wurde Gatte seiner Witwe und Vater von deren kleinen Kindern. Auf diese Weise wurde die F. erledigt (Czaplicka S. 27). Bei den Gilyaken erstreckt sich die F. gelegentlich sogar auf die Tiere: wenn ein Mann durch einen Bären getötet wurde, gilt er erst als gerächt, wenn ein anderer Bär getötet und festlich verzehrt worden ist (Czaplicka S. 47).

§ 6. Indessen ist die Kampffreudigkeit nicht überall gleich. Verhältnismäßig friedlich geht es bei vielen primitiven Stämmen zu, wie bei den Australiern (Wheeler) und den Eskimos. Unter den Eskimos konnte Murdoch während zweier Jahre Aufenthalt keinerlei Streit beobachten, und unter den westlichen Eskimos werden, nach Bancrofts Beobachtungen, Mißhelligkeiten häufig durch einen Boxkampf erledigt. Bekannt sind auch die Schimpf- und Hohnduelle unter den Grönland-Eskimos (Nansen S. 155). Aber auch das Jägervolk der Berge von Borneo, die Punans, die in kleinen Gemeinden von 20—30 erwachsenen Verwandten leben, rächen wohl den Mord eines der ihrigen, lassen sich aber selten auf Kämpfe ein (s. Friede), wenn sie nicht durch ihre höher stehenden Nachbarn angegriffen werden (Hose und McDougall II 180 ff.).

§ 7. Eigenartig ist die Einrichtung von zwei ständigen Kriegsparteien auf Yap.

Die Dorfschaften sind unabhängig von ihrer geographischen Lage in zwei große feindliche Heerlager gegliedert, die über sämtliche Landschaften verteilt sind. Diese Kriegsparteien sind unabhängig von örtlichen F. zwischen einzelnen Dörfern. Wenn es sich um Kämpfe unter diesen Kriegsparteien handelte, die durch die Großhäuptlinge beschlossen wurden, dann mußten die lokalen F. zurücktreten, und erbitterte Feinde, die sich vielleicht eben noch wütend bekämpft hatten, waren nun gezwungen in derselben Partei Schulter an Schulter anzutreten (Müller S. 234, 243). Man bekommt den Eindruck, daß es sich hierbei um eine Art sportlicher F. handelte, die aber unabhängig von den anderen Kämpfen durchgeführt wurden.

§ 8. Größere Dimensionen gewinnen die F. erst, wenn der Raub von Menschen oder Herden einen größeren Platz im Leben einzunehmen beginnt. Ursprünglich sind es wohl nicht immer wirtschaftliche Momente, sondern teils der Kannibalismus, teils die Kopfjägerei, welche zu Beutezügen die Veranlassung bietet. Die Kopfjägerei erscheint zuerst auch als eine private Angelegenheit persönlicher Auszeichnung, führt aber dann zu ununterbrochenen F. (bez. Seran s. Stresemann S. 325 ff.), ähnlich wie der Menschenraub (s. Kannibalismus, Kopfjagd).

Die Kämpfe der Hirtenstämme und anfänglichen Ackerbauer vollzogen sich ursprünglich auch durchaus im Rahmen der F., wie etwa im frühen Griechenland (Hobhouse S. 256) oder im Island der Sagazeit (Heusler S. 57).

S. a. Blutrache, Kannibalismus, Kopfjagd, Krieg, Zweikampf.

Bancroft *Native Races of the Pac. St.;* Cooper *Bibliogr. Tierra del Fuego* Smithson. Inst. Bur. Am. Ethn. Bull. 63 (1917); Czaplicka *Aborigin. Siberia* 1914; Heusler *Strafr. d. Isländ.* 1911; Hobhouse *Morals in Evolution* 1923; Hose und McDougall *The Pagan Tribes of Borneo* 1901; Murdoch *Point Barrow* Exped. Smithson. Inst. 1887; Müller-Wismar *Yap* 1917; Nansen *Eskimoleben* 1891; Spencer und Gillen *Nat. Tribes C. Australia* 1899; dies. *North Tribes C. Austr.* 1904; Stresemann *Religiöse Gebräuche auf Seran* Tijdschr. Bat. Gen. Kunst. en Wetensch. 62 (1923); ZfEthn. 1909 Thurnwald; ders. *Eingebr. d. Südsee* Zfvgl.RW. 23 (1910); ders. *Forsch. a. d. Salomoinseln* 1912; Vedder *Die Bergdama* 1923; Wheeler *Tribe a. Intertribal Relations Australia* 1910; Williamson *Mafulu* 1912.

Thurnwald

Feige. Als Ursprungsland der F. hat Schweinfurth (ZfEthn. Verh. 23 [1891] S. 657) das Gebiet um den Ausgang des Roten Meeres, Ostafrika und Südarabien festgestellt. Von hier verbreitete sie sich mit der naheverwandten Sykomore (s. d.) schon in früher Zeit nach Ägypten (Loret *Flore pharaonique* 1892 S. 47). Hier wird auch schon frühzeitig ein aus F. hergestelltes Getränk, eine Art von Feigenwein, erwähnt, dessen später Nachkömmling ein bei den Kopten beliebter Schnaps ist (Klebs *Reliefs AR* 1915 S. 12). Daß der Feigenbaum in dem Schwemmlande Mesopotamiens nicht gut gedeiht, die F. also keine eigentl. babyl. Frucht ist, hebt Sellin (Bibl. Zeit- und Streitfragen 11 [1913] S. 22) hervor. Doch werden F. in Babylonien schon zur Gudeazeit erwähnt. Auffallend ist die Verwendung der F. bei den Persern, wo der König bei seiner Weihe im Tempel einer jungfräulichen Göttin F. mit saurer Milch und Terebinthen essen mußte (Plutarch Artax. 3). S. a. Garten D.

Ed. Hahn

Feile. § 1. Die F. ist mit dem Hobel und der Säge verwandt, mit letzterer durch die vielen kleinen Zähne, mit denen geringe Teilchen abgestoßen werden, mit ersterem durch Flächenwirkung, mit beiden durch die Handhabung: Vorwärtsstoßen unter Druck.

§ 2. Die Metallfeile kommt in der HZ auf. Scheinbare Feilspuren an bronzezeitl. Bronzen sind, soweit ich sie nachprüfen konnte, durch Schleifen, nicht Feilen entstanden. Die hallstätt. F. bestehen aus Bronze, die man genügend zu härten verstand (s. Bronzetechnik A § 1); ihre übliche Form ist die einhiebige Flachfeile. Ob die in Velem St. Vid vorkommenden bronzenen Rundfeilen hallstätt. oder jünger sind, geht aus den FU nicht hervor. Ein sicher junghallstätt. Exemplar aus Bronze, bei dem eine Flachfeile sich in eine Rundfeile fortsetzt, stammt aus dem Gräberfeld von Hallstatt. In der LTZ sind die nicht selten vorkommenden Flach-, Rund- und Halbrundfeilen aus gehärtetem Stahl gearbeitet.

§ 3. Hinsichtlich der Verwendung erwähnt Xenophon (Instit. Cyri VI 2, 33), daß

a

b

c

Fayence D. Vorderasien

a. Stadttorbogen. Dur-Sargon. Nach B. Meissner. — b. Tonknauf *(zigatu)* vom Asurtempel in Assur. Nach B. Meissner. — c. Fayenceeimer aus Assur. Assyr. betendes Ehepaar. Nach Andrae.

a

b

Fayence D. Vorderasien

a. Tonfliesen aus Assur. Nach Meurer. — b. Farbige Ornamente auf glasierten Ziegeln vom Palaste Assurnasirpals II. in Kalḫu. Nach Hunger-Lamer.

die Soldaten des Cyrus sie zum Schärfen der eisernen Lanzenspitzen benutzten.

Archiv f. Anthr. 10 (1878) S. 58 Hostmann; Forrer *Reall.* S. 218; F. M. Feldhaus *Die Technik der Vorzeit* 1914 S. 290; Hoops *Reall.* II 18 Fuhse; Präh. Z. 13—14 (1920—21) S. 94 ff. Hanemann; Miske *Velem St. Vid* S. 24; Sacken *Hallstatt* Tf. 19, 12; Zannoni *La fonderia di Bologna* 1888 Tf. 28 g—m; M. Hoernes *Das Gräberfeld von Hallstatt* (SA. Mitteil. d. Staatsdenkmalamtes) o. J. S. 23 Abb. 3 Nr. 9; L'Anthrop. 14 (1903) S. 393 ff. Pagès-Allary, Déchelette, Lauby; Chantre *Age du br.* I 87 Tf. 56 Nr. 7, 8. Alfred Götze

Feind.

Der persönliche F. muß von dem der Sippe und des Blutracheverbandes unterschieden werden. Da die Blutracheverbände bei den meisten Naturvölkern als die souveränen politischen Einheiten anzusehen sind (s. Gemeinde, Klan), so erledigen sich Streitigkeiten unter ihnen auf dem Wege der Blutrache und der Fehde, bei höheren und komplizierter organisierten Gemeinwesen durch Krieg. S. Blutrache, Fehde, Feindschaft, Fremder, Krieg. Thurnwald

Feindestötung.

§ 1. Die Beziehung der F. zu religiösen und zauberischen Gedankengängen. — § 2. F. bei verschiedenen Anlässen. — § 3. F. bei alten Erobervölkern.

§ 1. Bei niedrigen Primitiven, bei Jäger- und Sammlerstämmen, ist die Beziehung zum Toten (s. d.) viel oberflächlicher als bei Völkern, unter denen in Verbindung mit dem Anbau von Pflanzen oder mit dem Halten von Tieren ein Nachdenken über Zusammenhänge der Kräfte des Lebens Platz gegriffen hat. Ohne den Beeinflussungen und Übertragungen von Gedanken hier nachgehen zu können, vermögen wir doch festzustellen, daß ein besonderes Verfahren gegenüber den getöteten Feinden überwiegend erst bei mittl. und höheren Naturvölkern Platz greift. Zwei Vorgänge lenken die Aufmerksamkeit auf sich: der Kannibalismus (s. d.) und die Kopfjagd (s. d.). Letztere ist oft noch mit dem Verzehren bestimmter Teile des Getöteten verbunden (s. Nahrung A 1). Diese Zeremonien entspringen Gedankenreihen über die Gewinnung von Kräften der Getöteten, insbesondere der getöteten Feinde. Erst in Verbindung mit anderen Ideen dürfte die Deutung des Verzehrens der Feinde als den Ahnen dargebrachte Opfer Platz gegriffen haben. Das eigentl. Menschenopfer, das Göttern dargebracht wird, und mit dem nicht notwendigerweise ein Verzehren des Getöteten verbunden ist, setzt eine weitere Komplikation von Gedanken voraus. Denn hier wird die besondere Kraft nicht mehr unmittelbar durch die von dem Getöteten ausgehende Kraft erworben, sondern erst durch die Vermittlung der Gottheit, der man durch Darbringung des Menschen eine besondere Ehre erweisen oder Kraft zuzuführen meint (s. Mana B).

Wie allen Gedanken, die sich einmal festgesetzt haben, ein Eigenleben beschieden ist, so ist es auch mit den Vorstellungen von der Krafterwerbung durch Verzehren des Toten oder durch den Erwerb des Schädels, Gedanken, deren Spuren wir im alten Ägypten schon feststellen können. In der Lebensführung von Wander-, Räuber- und Plündererstämmen fanden diese Vorstellungen einen günstigen Boden und erwuchsen zu eigenartiger Gestalt.

§ 2. Sowohl unter den n. Kannibalen wie unter den s. Koprjägerstämmen von Bougainville werden die Körper erschlagener Feinde im Triumph nach dem Dorf gebracht, bei den Ersteren verzehrt, bei den Anderen ausgestellt und dann bis auf den Schädel in der Häuptlingshalle verscharrt (Parkinson S. 487). Bei vielen malayischen Stämmen, bei denen die Vorstellungen von Tod, Seele und Seelenkraft sich mit der Feindestötung verknüpft haben, sind fast alle wichtigen Gelegenheiten des Lebens mit dem Erschlagen von Menschen zu Zauberzwecken verknüpft. Auf der Sunda-Insel Seran besteht vielerorts die Sitte, daß das Dach einer Festhalle nicht eher eingedeckt werden darf, bevor der Kopf eines Feindes zur Stelle ist (Stresemann S. 366). Wahrscheinlich liegen dem alte ind. Einflüsse zu Grunde. Ein Menschenopfer wurde z. B. in Amahei dargebracht, wenn das Pubertätsfest der Jünglinge gefeiert werden sollte. Die Knaben müssen den Saft, welcher aus dem über dem Feuer röstenden Menschenhaupt herabtropft, trinken, um dadurch mutig zu werden. Unterdessen wird ihnen, wie den Mädchen, für die das Pubertätsfest ebenfalls bereitet wird, eine Lendenbinde umgelegt, und zwar für die Knaben aus Baumbast, für die Mädchen aus Nipahblättern. Hierdurch erlangen sie das Recht der Erwachsenen und die Erlaubnis, in Zukunft am Schädeltanz teilzunehmen. In Nuaulu vertritt die Stelle des Menschenopfers ein Hahn, dem der Priester den Kopf abreißt, um sein Blut über die Füße der Jünglinge fließen zu lassen. In diesen Fällen muß der Vater den Schädel erbeuten, doch nimmt er nach dem Fest einen anderen Namen, den des Getöteten, an, den er dem seinen hinzusetzt (Stresemann S. 368f.). Auch bei der Hochzeit ist die Erbeutung eines Kopfes erforderlich. In früherer Zeit konnte ein Alfur, der noch keinen Kopf erbeutet hatte, nicht ans Heiraten denken, ja zu Zeiten setzte man an einigen Orten auf eine Frau den Preis von 5 oder 6 oder mehr Feindesköpfen. Galt doch, wer noch nicht einen Feindeskopf erbeutet hatte, als Feigling und wurde von den Frauen verachtet. Gleichzeitig gelten diese Feindesschädel als Opfer für die Ahnen. Man suchte die Geister der Ahnen so an die gewünschte Stelle zu locken. Bei den Patalima tutet man auf einer Muscheltrompete, um die Seele der Verstorbenen herbeizurufen und sie zu veranlassen, den neu aufgerichteten Opferstein zum künftigen Aufenthalt zu wählen. Neben den Stein legt man als Gaben: Pinang, Tabak und Früchte nieder. Die heilige Stätte empfängt ihre abschließende Weihe jedoch erst dann, wenn ein Menschenkopf geschnellt und vor den Stein niedergelegt wurde (Stresemann S. 367ff.).

§ 3. Bekannt ist die F. unter den Maya- und Nahua-Völkern Amerikas. Das Opfer wurde an einen Pfahl gebunden und von zahlreichen Speeren durchbohrt. Auch in Columbia sowie unter den Inkavölkern herrschte diese Sitte. Man darf annehmen, daß die Menschenopfer allen diesen Staaten gemeinsam waren, die sich auf militärische Macht gründeten. Diese Menschenopfer erscheinen hier neben solchen von Tieren, Vögeln, Früchten und unbelebten Gegenständen. Möglicherweise hängt die F. bei den Pawnee-Indianern mit den erwähnten Opferriten von Mittel- und Südamerika zusammen (Wissler S. 192ff., 195).

S. a. Kannibalismus, Kopfjagd, Menschenopfer.

Parkinson *Dreißig Jahre i. d. Südsee* 1907; Stresemann *Relig. Gebr. a. Seran* Tidschr. v. h. Bataav. Genootsch. v. Kunst. en Wetensch. 62 (1923); Wissler *Americ. Indian* 1922.

Thurnwald

Feindschaft.

§ 1. Austragung von F. innerhalb des Blutracheverbandes. — § 2. Friedfertige Jäger und Sammler. — § 3. Beilegung von F. durch die Autorität des Alten. — § 4. F. unter Eheleuten und Schwägern. — § 5. Bluttaten unter nahe Verwandten. — § 6. Anlaß zu F. — § 7. Traditionelle F.

§ 1. F. innerhalb des Verbandes ist bei den Naturvölkern im allg. nicht häufig, doch fehlt es nicht an Fällen, in denen sich dank dem engen Zusammenleben der Haß manchmal tief einfrißt. Auf den Andamanen-Inseln gibt es, wie gewöhnlich bei Jäger- und Sammlerstämmen, keine Autorität, welche Streitigkeiten beilegen könnte. Die Abreagierung oder Beilegung der F. bleibt den beteiligten Parteien überlassen: gelegentlich schießt einer einen Pfeil auf seinen Feind ab, nur um ihn zu verwunden, oder er wirft ein brennendes Scheit nach ihm. Die Nachbarn pflegen sich in einem solchen Falle zurückzuziehen und nicht einzugreifen, bis der Streit vorbei ist. Kommt es zu einem Totschlag, so meidet man den Übeltäter eine Zeit lang. Oft zerstört der erzürnte Mann das Eigentum seines Feindes, manchmal überdies noch sein eigenes in einem Wutanfall, den man mit dem Amoklaufen der Malayen vergleichen kann. Die Frauen eines getöteten Feindes werden aber geschont und nicht absichtlich getötet, die Kinder nicht selten adoptiert (Man S. 108f.).

§ 2. Sowohl von den Punans von Borneo (Hose und Mc Dougall II 180ff.) als auch von den grönländischen Eskimos hören wir, daß sie, wie die meisten Jäger- und Sammlervölker, verhältnismäßig friedliebend sind. Falls zwei in F. geraten sind, wird bei den grönländischen Eskimos eine öffentliche Veranstaltung gemacht, in der sie mit Spottgesängen einander verhöhnen und einer dem andern seine Übeltaten vorhält. Solche Schimpffeste werden nicht nur im Fall eines Diebstahls oder Mordes, sondern auch bei geringeren Beschwerden eines gegen den anderen veranstaltet (Thalbitzer).

§ 3. Bei den Bergdama ist die Autorität der Alten immerhin derartig, daß Streitig-

Fayence D. Vorderasien

Fries von der Fassade des Asurtempels in Assur. Meist aus der Zeit Tiglatpilesers I. — Nach W. Andrae.

keiten zwischen Angehörigen desselben Sippenlagers vor sie gebracht werden. Es findet dann eine Art Verhandlung statt, bei der gewöhnlich nach dem Grundsatz „Aug' um Auge, Zahn um Zahn" entschieden wird (s. Gericht A). Doch greift der Familienvater auch zur Prügelstrafe, namentlich bei Mißhelligkeiten unter Kindern, z. B. im Falle gegenseitiger Verfluchung, von Nachlässigkeiten oder von sexuellen Übertretungen (Vedder S. 149). Auch von den Feuerländern hören wir, daß im allg. der Verkehr innerhalb der Angehörigen einer Sippe freundschaftlich ist, doch kommen auch Antipathie und Mißtrauen, Haß und Übelwollen vor (Cooper S. 176). Bei den Gilyaken Ostsibiriens sind Verbrechen innerhalb des Klans selten, weil, wie Sternberg (S. 93) meint, vielerlei Verbote des Redens (s. Meidung) die Streitigkeiten vermindern und weitherzige Eherechte unter den Klanangehörigen (s. Nebenehe) die Eifersucht verringern und Gewalttätigkeiten gegen Frauen überflüssig machen. Bei den Händeln unter verschiedenen Klans bilden gerade die gedachten Umstände aber die Veranlassung zu den Feindseligkeiten.

§ 4. F. unter den Eheleuten nehmen gewöhnlich deshalb keine größeren Dimensionen an, weil der Mann in der Regel die Rache der Sippe seiner Frau zu fürchten hat. In lebendiger und drastischer Weise tritt in einem Spottlied aus Buin (auf Bougainville, Salomoinsel) die F. unter Eheleuten zutage. Der Mann hat der Frau verschiedene Gegenstände, mit denen sie sich herumgeschlagen haben: Wurfspeer, Glasperlen, Axt, Lendentuch, Bogen usw., aus der Hand gerissen und erklärt weiter, sich vor den Drohungen der Frau, daß sie ihre Verwandten gegen den Mann heranrufen werde, nicht zu fürchten (Thurnwald I 187). Wie es bei Streitigkeiten z. B. unter Schwägern zugeht, mag aus einer Sage der Bainingleute von der Gazellehalbinsel entnommen werden, worin der eine den andern mit der Lanze zu verwunden sucht (Bley S. 204).

§ 5. In der Tat handelt es sich bei solchen F. unter nahen Verwandten oder Sippenangehörigen oft nur um ein Drohen mit der Waffe oder um leichtere Verletzungen, wie oben angedeutet (§ 1 u. 4). Doch kommen auch ernstliche Bluttaten gegen Vater, Mutter, Bruder, Kinder oder andere nahe Verwandte vor. In der Regel bleiben aber diese Taten unvergolten, nicht etwa deshalb, weil sie von der Gemeinde gebilligt werden, sondern weil es an den Mitteln der juristischen Technik fehlt, mit derartigen Problemen fertig zu werden. Solange die Gerechtigkeitsübung auf der Blutrache der Parteien aufgebaut ist, ist kein Rächer innerhalb der nahen Verwandtschaft da. Denn häufig hört man den Einwand: wenn wir innerhalb unserer Verwandtengruppe die Mordtat rächen, so verlieren wir einen weiteren Menschen und die Gruppe wird noch mehr geschwächt (s. Blutrache). Dort dagegen, wo es zu einer Ausbildung des Rats der Alten oder einer kräftigen Häuptlingschaft gekommen ist, auch dort, wo innerhalb der Großfamilien ein starkes patriarchalisches Haupt auftritt, werden die F. innerhalb der Gruppe von diesen Autoritäten geschlichtet oder Missetaten bestraft (s. Strafe).

§ 6. Den Anlaß zu den F. finden wir häufig in Frauenangelegenheiten und bei ungeregeltem Erbgang in Streitigkeiten darüber, wie die Erbschaft zu teilen ist, letzteres z. B. bei den ostsibir. Yakuten (Czaplicka S. 57).

§ 7. Eigenartig sind traditionelle F., von denen wir z. B. aus Neu-Mecklenburg hören. Im Zusammenhang mit der dortigen Doppelteilung der Stämme besteht eine mythisch und legendär umschriebene, aber vielleicht historisch begründete F. zwischen den beiden Gruppen (Man 13 (1913) S. 106 Cox), ähnlich wie auch auf der Karolineninsel Yap, auf welcher die ganze Bevölkerung in zwei feindliche Heerlager geteilt ist (Müller S. 234ff.).

S. a. Blutrache, Fehde, Fremder, Gericht A, Krieg, Moral.

Anthropos 9 (1914) Bley; Cooper *Bibliogr. Tierra del Fuego* Smithson. Inst. Bur. Am. Ethn. Bull. 63 (1917); Czaplicka *Aborig. Siberia* 1914; Hose und Mc Dougall *Pag. Trib. Borneo* 1912; Journ. anthr. inst. 12 Man; Müller-Wismar *Yap* 1917; Sternberg *The Gilyak* 1905; Thalbitzer *The Ammassalik Eskimo* 1 (1914); Thurnwald *Forsch. Salomo-Inseln* 1 (1912); Vedder *Die Bergdama* 1923.

Thurnwald

Feingehalt A Europa. Heute bezeichnet man den F. des Goldes nach Karat, den des Silbers nach Lot. 1 kölnische Mark Feingold = 24 Karat = 288 Gran; 1 kölnische Mark Feinsilber = 16 Lot = 288 Gran. 24karätiges Gold ist also solches, bei dem alle 24 Karat aus Feingold bestehen, 23karätiges solches, zu dem 1 Karat Legierung zugekommen ist. Gold wird mit Silber, Kupfer oder einem Gemenge beider legiert, Silber meist nur mit Kupfer. Zur Prüfung des F. gibt es zwei Mittel, die Kupellenprobe und die Strichprobe. Bei ersterer wird das Edelmetall durch Zusammenschmelzen mit Blei von seinen Beimengungen befreit und deren Quantum bestimmt. Da die Griechen und Römer dieses Reinigungsverfahren kannten (Diodori Bibliotheca historica III 14; Plinius Nat. Hist. XXXIII 31), hatten sie auch die Möglichkeit, auf diesem Wege den F. zu bestimmen.

Die Strichprobe auf dem Probierstein (*βάσανος*, coticula) war Griechen und Römern bekannt. Nach Theophrast beurteilten die Griechen den F. des Goldes nach den Färbungen, die es beim Schmelzen annimmt. Die Römer verlangten, daß es durch Glühen rot wird (Plinius Nat. Hist. XXXIII 19). Ob in vorgesch. Gräbern gefundene angebliche Probiersteine solche auch sind, erscheint zweifelhaft. S. a. Legierung § 9.

M. Rosenberg *Geschichte der Goldschmiedekunst auf technischer Grundlage* 1. Abt. 1910 S. 25ff.

Alfred Götze

B. Ägypten. Für die Edelmetalle ist die Sachlache im alten Äg. insofern anders als in anderen Ländern, als man nicht nur reines Gold und reines Silber als Metall kannte und schätzte, sondern daß daneben eine Mischung von beiden, das Elektron (s. d. B), verarbeitet wird. Die erhaltenen Gegenstände aus Edelmetall zeigen als Material außer dem Silber mehrere Arten von Gold, die z. T. einen rötlichen Ton haben, z. T. mehr in das Gelbe spielen, z. T. auch ganz hellgelb sind. Hiermit geht Hand in Hand, daß die äg. Sprache verschiedene Bezeichnungen für Goldarten hat, von denen einige sicher eine Legierung bezeichnen; sie sind aber bisher noch nicht sämtlich nach ihrer Bedeutung bestimmt worden. Analysen sind leider noch nicht in genügendem Umfange gemacht worden. Immerhin hat sich aus ihnen doch schon ergeben, daß die verarbeitete Legierung in der älteren Zeit meist natürlich entstanden ist. Erst später lernte man das Gold vom Silber scheiden, sodaß man eine absichtliche Beimischung von Silber annehmen kann, wenn dann eine Legierung benutzt worden ist. Sobald das Gold weißlich ist, enthält es gewöhnlich mindestens einige Prozent Silber. So ist im Gold des AR und MR 3,8 bzw. 4,5 v. H. Silber gefunden worden. Das im Schatz von Dahschur (Dyn. 12) verwendete „Gold" ist im Verhältnis von 1 Teil Silber auf 5 Teile Gold gemischt. Bei welchem Grade der Beimischung von Silber die Ägypter das Metall noch „Gold" und von wo ab sie es „Elektron" nannten, entzieht sich unserer Kenntnis. Anderweitige Analysen sowohl von rötlichem wie von gelbem Golde ergaben etwa 77—80 v. H. Gold und 20 oder mehr v. H. Silber. Ein Goldblatt aus der 12. Dynastie enthielt noch nicht 5 v. H. Silber. Auf der anderen Seite hat man in einem Silberblatt der gleichen Zeit nur 74,52 v. H. Silber, daneben fast 15 v. H. Gold und 10 v. H. andere Stoffe gefunden.

Berthelot *Archéologie et histoire des sciences* 1906 S. 19ff.

Roeder

Feldgemeinschaft. Diesen auch für die heutige Volkswirtschaft und die Geschichte der Kulturnationen wichtigen Gegenstand möchte ich vom Standpunkt der Vorgeschichte noch in eine besondere Beleuchtung rücken. So schwierig die Behandlung dieser rätselhaften und doch so weit verbreiteten Erscheinung ist, so müssen wir doch, wenn wir von der Behandlung des Hackbaus (s. d.) ausgehen, darauf hinweisen, daß hier selbst bei scheinbar sehr zurückgebliebenen Völkerschaften die Entstehung und Herausbildung des Einzelbesitztums mit der Leistung eng zusammenhängt. So wird z. B. aus der Fläche des allg. Stammbesitzes der Einzelbesitz an den gefundenen oder angepflanzten Obstbäumen sowie an dem in einem Baum gefundenen und dadurch erworbenen Bienenschwarm häufig durch eine Eigentumsmarke bezeichnet und dann unbestritten ausgeschaltet und anerkannt.

Die Entstehung des Einzeleigentums und

a

b

Feldlager

a. Darstellung eines assyrischen Lagers. — b. Lagerleben. Nach B. Meissner.

a

b

Feldlager Vorderasien

a—b. Reliefs Sanherībs aus Ninive. Britisches Museum, London. Nach Layard.

die Ausbildung und Vertiefung der Rechte und Pflichten des Stammes oder des Staates, der Gemeinde oder der Klasse (Kaste), der Familie und dem gegenüber des Einzelwesens in Recht und in Pflicht, sind bisher noch recht ungenügend bearbeitet.

Ed. Hahn

Feldgraswirtschaft. Während bei der Dreifelderwirtschaft (s. d.) ein dreijähriger Turnus innegehalten wird, soweit es sich nicht um Außenschläge handelt, die nicht nur ein Jahr, sondern längere Zeit in der Brache liegen, ist bei der F. das Verhältnis zwischen der Ackerfläche und der Dauer der als Weide benutzten Fläche, die auf den Acker folgt, durchaus zu Gunsten der Weide verschoben. Bei der Dreifelderwirtschaft liegt das Hauptgewicht der Wirtschaft auf dem Getreidebau, bei der F. durchaus beim Viehbesitz. In dieser Wirtschaft wird man aber zunächst doch wohl die älteste eigenartige Ausgestaltung der Pflugkultur in Mitteleuropa sehen müssen, wie sie der steigende Viehstand und so die Freude am Schatzwert, also dem Besitz an Rindern, Pferden und Kleinvieh, bald mit sich brachte.

Ed. Hahn

Feldlager. A. Ägypten s. Heer A § 6. B. Vorderasien (Tf. 42, 43). § 1. Die sumer. und babyl. Denkmäler bringen mehr Darstellungen aus dem Kultus als aus dem Kriegsleben, während die assyr. Denkmäler mit Vorliebe die Kriegstaten ihrer Fürsten verherrlichen. Aus diesem Grunde sind wir vorläufig für die Darstellung der F. auf die assyr. Darstellungen angewiesen, deren reiche Mannigfaltigkeit es gestattet, sich von den F. ein vortreffliches Bild zu machen, das sie vom 9.—7. Jh. gehabt haben.

§ 2. Die assyr. F., *ušmanu* genannt, sind sozusagen fliegende Festungen. Sie werden errichtet, wenn das assyr. Heer längeren Halt macht und zwar bei Belagerungen und in Erwartung einer Feldschlacht, wenn also ein feindlicher Angriff zu gewärtigen ist. Das F. ist, wie die Festung, von Mauern umgeben, die aus Lehmziegeln, wohl auch aus Pallisaden hergestellt, mit Türmen und Toren versehen werden. Die Regel ist eine Mauerreihe. Im allg. hat das Lager zwei sich gegenüberliegende Tore, die durch die Lagerstraße, die das F. quer durchschneidet, miteinander verbunden sind. Die Tore werden durch zwei Flankentürme verteidigt. Mitunter aber sind auch 4 Tore vorhanden und die Straßen kreuzen sich in der Mitte. Gelegentlich ist eine Seite des F. ohne Mauerbefestigung geblieben, indem hier Felsabhang und ein Gewässer eine natürliche Sicherheit bot, z. B. auf der Platte P 7 oben (Tf. 42 a) des Bronzetors von Balawat (s. Imgur-Enlil; Ath. Mitt. 45 Tf. 3 E. Unger). Ein Mauergraben ist zwar nirgends angegeben, wohl aber als vorhanden anzunehmen, da schon die Ausschachtung des Lehms von selbst zur Grabenbildung führen mußte. Die Darstellung gibt Mauern und Türme in der Vorderansicht, vom Zentrum des Lagers aus gesehen, so daß die seitlichen Türme seitlichhin, die oberen und unteren nach oben und nach untenhin gerichtet sind.

§ 3. Die älteste Gestalt des F. ist kreisförmig. Wir finden sie auf einem Relief des Assurnassirpal II. (880; Layard *Monuments* I Tf. 30 = Bezold *Ninive u. Babylon*[3] Abb. 10). Mauern und Türme haben kreisrunde Schießscharten. Das Lager hat anscheinend 4 Tore, da die Straßen des F. in Kreuzform das Lager durchziehen. Ähnliche Lager gibt es nur noch auf den Bronzereliefs von Balawat (Billerbeck-Delitzsch *Die Palasttore Salmanassars* BA VI). Auf diesen Reliefs erscheint auch eine andere Form des F. ohne erkennen zu lassen, ob diese aus bestimmten Gründen so gestaltet wäre, nämlich:

§ 4 die viereckige Gestalt. Diese oblongen F. haben meist zwei Tore, selten deren 4. Dieselbe Form gibt es anscheinend noch bei Sanherib auf dem Bruchstück Layard *Nineveh and Babylon* 231 = Paterson *Palace of Senacherib* 1914 Tf. 49. Dieses F., wenn es ein solches darstellt, hat zwei Mauern. Ein weiteres F. dieser Art ist in dem Bruchstück VA 965 zu vermuten, das von Assurbanipal stammt, Paterson a. a. O. Tf. 101, 2 = Bezold a. a. O. Abb. 11.

§ 5. Seit dem 8. Jh. ist das gewöhnliche F. oval. Das erste Beispiel gibt das Relief Tiglatpilesars III. (Layard *Monuments* I 63 = Katalog 20 PKOM V 12f. E. Unger). Ein ähnliches F. bietet das Relief von Sargon II. aus Dur-Sargon (Botta-Flandin *Ninive* II Tf. 146). Allein 5 solcher F. sind auf den Reliefs Sanheribs aus Ninive abgebildet (Tf. 43 a, b; Layard *Monu-*

ments I 77 = Paterson a. a. O. Tf. 8; Layard II 24 = Paterson Tf. 74—76; Layard II 36 = Paterson 85; Layard II 50 = Paterson Tf. 38; Layard *Nineveh and its Remains* II 469 = Paterson Tf. 94—95).

§ 6. Der Inhalt der F., das Lagerleben, ist außerordentlich reichhaltig. Im 9. Jh. werden die verschiedenen Obliegenheiten unter freiem Himmel verrichtet. Nur der Pavillon des Königs ist dargestellt, manchmal auf einer steinigen, künstlichen Erhöhung mitten im Lager stehend (Balawat Relief C [I] 7 unten, P 7 oben). Die Typen der im Lager arbeitenden Soldaten wiederholen sich: der kniende Müller, Mehl reibend, der stehende Mann, der aus einem Fasse Futter holt; das Relief Assurnassirpals zeigt einen Priester, erkennbar daran, daß er wie ein Sumerer völlig rasiert ist und den Kegelhut trägt; er schlachtet einen Hammel. Ein andrer Knecht bedient einen Kessel am Feuer. Ein Page treibt die Fliegen mit einem Wedel von einem mit Krügen und Flaschen besetzten Tisch. Man sieht in den F. ferner Pferde und Getreidehaufen, ein Ruhebett.

§ 7. Das Zelt, *zarâtu* genannt, kommt, wie es scheint, erst unter Tiglatpileser III. auf. Es wird in Außenansicht gezeigt oder auch im Querschnitt. Dieser ist bei Tiglatpileser III. der Länge nach gegeben, bei Sanherib aber der Breite nach, so daß die Zelte hier im Spitzbogen geschlossen erscheinen. Nunmehr ist ein noch reicheres Lagerleben innerhalb der Zelte dargestellt, besonders interessant das Berliner Relief VA 965. Es ist ein gutes Beispiel für die freiere Illustrationsweise des Künstlers, die einen Blick in das Volksleben, frei vom steifen Zeremoniell, tun läßt (Tf. 42b). Nach den Kamelen im Lager dürfte dies Relief ein Ausschnitt aus der Illustration zum arab. Feldzug Assurbanipals sein; das F. liegt also in der Steppe. Ein neues Element der Darstellung sind seit Sargon die zwei Standartenwagen, die ihrer göttlichen Embleme wegen religiöse Verehrung genießen, was unter Standarte C noch ausführlicher behandelt ist (Layard *Monuments* II 24).

Billerbeck-Delitzsch *Palasttore Salmanassars II. von Balawat* BA VI 104 ff.; E. Herzfeld *Archäologische Parerga* III OLZ 1919 S. 249 f.; Hunger u. Lamer *Altor. Kultur i. Bilde* Wiss. u. Bildg. 103² Abb. 139 (Text); B. Meissner *Babylonien und Assyrien* I (1920) S. 99 f. Tf.-Abb. 62—63; M. Ringelmann *Les Constructions rurales de la Chaldée et de l'Assyrie* Rec. de Trav. 29 S. 187 f.; 30 S. 45 f.

Eckhard Unger

Feldzeichen s. Standarte.

Feliden s. Diluvialfauna § 5—7.

Fell A. Europa. S. a. Leder A. § 1. In der Benutzung des Tierkörpers wird das Verzehren des Fleisches allem Übrigen vorausgegangen sein; es ist eine instinktive Tätigkeit. Dagegen setzt die Verwendung der Haut schon eine gewisse geistige Tätigkeit voraus. Die Beobachtung, daß das F. das Tier gegen Kälte und feindliche Angriffe schützt, muß zum Bewußtsein gekommen und daraus die Nutzanwendung auf den eigenen Körper gezogen worden sein. In welcher Kulturper. das geschah, weiß man nicht; jedenfalls war dem Paläolithiker, dessen Existenz ganz auf die Jagd (s. d. A) gestellt war, auch die Benutzung der Haut bekannt. In einigen paläol. Höhlenzeichnungen will man Zelte sehen, als deren Bespannung Tierhäute angenommen werden. Die Deutung als Zelte ist mir unwahrscheinlich, weil die Zeichnungen nicht die naturalistische Ansicht geben würden, sondern einen Bau-Aufriß mit Darstellung des von außen nicht sichtbaren Mittelpfeilers, eine Darstellungsweise, die der Kunst des Paläol. fremd ist; damit entfällt auch die Tierhautbespannung (s. a. Haus A § 3).

§ 2. Das Abhäuten besorgt heute der Jäger mit der Hand und einem Messer; der Fleischer benutzt außerdem noch den Stoßknochen, zuckerhutförmige Holzpflöcke, einen runden Schlagstein oder auch Fellhämmer und Keulen. L. Pfeiffer glaubt solche Geräte in vorgesch. Fundstücken zu erkennen. Die Möglichkeit besteht gewiß, läßt sich aber im Einzelfall kaum beweisen. Über die weitere Verarbeitung s. Leder A.

L. Pfeiffer *Die steinzeitl. Technik* 1912 S. 266 ff., 288 ff.

Alfred Götze

B. Ägypten. Obwohl Tierfelle gewiß von den vorgesch. Äg. zur Bekleidung verwendet worden sind, lassen sich Spuren von diesem Gebrauch nur äußerst selten nachweisen. So etwa bei den anscheinend mit einem Tierfell bekleideten Kriegern auf dem vorgesch. Wandgemälde Quibell-Green *Hierakonp.* II Tf. 76 (die

Felsdenkmal Vorderasien

a. Relief am Felsen von Scheich-ehan, Zagros. Nach B. Meissner. — b. Relief bei Kul-i-Ferâ im Mal-Amir, sw. Zagros. Nach Hüsing.

beiden Stehenden rechts unten) oder in dem durch die ganze geschichtliche Zeit beibehaltenen Leopardenfell als Teil einer bestimmten Priestertracht (vgl. auch die aus Leopardenfellen gemachten Gewänder Klebs *Reliefs AR* S. 96). Über die vorgesch. Sitte, die Leichen mit einem Ziegen- oder Schaffell zuzudecken, s. u. Ziege B (s. a. Kleidung C). Auch die Verarbeitung von Tierfellen zu verschiedenen Gegenständen ist alt. So erscheint schon auf der erwähnten Wandmalerei (a. a. O. bei dem knieenden Mann) der mit einem Tierfell bespannte Schild (s. d. B), und auch Futterale für Spiegel, Fächer und andere Geräte werden schon seit alters aus Fellen hergestellt worden sein (Klebs *Reliefs MR* S. 122). Ranke

C. Vorderasien. F. wurden in Babylonien und Assyrien auch in ungegerbtem Zustande benutzt. In ältester Zeit trug man F. anstelle der Kleider. So hat auf der Geierstele der König Eannadu sich ein Tiervließ über dem Zottenrock um die Schultern geschlungen. Auch in späterer Zeit noch bilden bei Fremdvölkern (s. d. C) Leopardenfelle einen Teil der Kleidung (Layard *Mon. of Niniveh* II [1859] Tf. 19). Indem man die Innenseite der F. nach außen kehrte und die Öffnungen verschloß, erhielt man Schläuche, die zur Aufnahme von Wasser, Milch und Bier dienten. Aufgeblasen, wurden sie einzeln oder in größerer Anzahl zum Schwimmen von Personen und Keleks (s. Schiff D) benutzt. Herodot (I 194) hält für die „größte Merkwürdigkeit im Lande" ein rundes Schiff aus Weiden, über das Tierfelle als Decke gespannt sind. Auch zur Bespannung der Trommeln und Pauken brauchte man F. Schließlich spielten sie auch im Ritual eine Rolle (Zimmern *Beitr. zur Kenntn. der babyl. Religion* 1896 S. 31, 103ff.; ZfAssyr. 32 [1918] S. 67; Rev. d'Assyr. 16 [1919] S. 156). B. Meissner

Felsbild s. Felsdenkmal, Felsenzeichnung, Indien, Kunst A, Nördliches Afrika, Südliches Afrika.

Felsburg s. Festung D.

Felsdenkmal. (Vorderasien; Tf. 44—48).

§ 1. Allgemeines. — § 2. Sumerer. — § 3. Babylonier. — § 4. Assyrer. — § 5. Urarthäer-Armenier. — § 6. Elamer. — § 7. Westmeder — § 8. Perser. — § 9. Hettiter. — § 10. Andere kleinas. F.

§ 1. Die F. wurden an verschiedenen Örtlichkeiten in gebirgigen Gegenden eingemeißelt. Zunächst waren ein besonderer Anziehungspunkt die Landmarken, die den Schlüssel zur Beherrschung der Gegend bedeuteten, die Landpässe z. B. bei Seripul, Bisutun, oder Meerpässe wie der am Nahr el-Kelb (s. d.) bei Beirut. Ferner errichtete man F. an naturschönen Orten, die Bewunderung und Ehrfurcht einflößten, namentlich an merkwürdigen Quellen, z. B. an der Tigrisquelle (s. d.), der bei Iwris. Weiterhin wurden eigentümliche Felsschluchten in der Nähe der Residenzen zur Anbringung von umfangreichen religiösen F. benutzt, wie Maltaja (s. d.) und Bawian bei Ninua, Jasilikaja bei Hatti (Boghasköj). An den Felsbergen der Hauptstädte brachten die Könige ebenfalls ihre F. an, gelegentlich auch an fremden Orten, wodurch sie ihre Oberherrschaft beurkunden wollten, z. B. Egil, Nipur.

§ 2. Aus sumer. Zeit ist mit Sicherheit bisher nur ein F. nachweisbar, das eines gewissen Schil- . . . -dun-ni am Felsen von Scheich-chan, n. von Zohab im Zagrosgebirge (Tf. 44a). Es zeigt einen echten Sumerer, völlig rasiert, mit Kopfbinde, Medaillonhalskette und im kurzen Schurz, einen Feind niedertretend. Der Bogen in seiner Hand, sowie der Schmuck zeigen, daß der Fürst in die Zeit nach Gudea gehört, vielleicht in die Per. der 3. Dynastie von Ur (2500; de Morgan *Miss. scientif. en Perse* II Tf. 48 = AO 15 S. 29 Abb. 43 = AO 9, 3—4 S. 17 Abb. 13). Die von O. Weber (*Hethitische Kunst* Orbis pictus 9 S. 18 zu Tf. 28) ausgesprochene Vermutung, daß es sich hier um ein hett. Denkmal handle, ist vollkommen aus der Luft gegriffen. Daß von den F. von Seripul (s. d. Nr. 3 und 5) einige als sumer. anzusprechen sind, ist nicht unmöglich.

§ 3. Von den älteren babyl. Königen ist bisher kein F. ausfindig gemacht. In Betracht kämen das Denkmal 4 von Seripul (s. d.), eventuell aber auch noch die Reliefs 3 und 5 daselbst. Möglicherweise ist der von Wiegand am Nahr el-Kelb (s. d. § 4 Nr. 10) entdeckte Sockel, der vielleicht eine liegende Tierfigur getragen hat, ein altbabyl. F. (vgl. ZfAssyr. 34 S. 99 E. Unger). An diesem denkmälerreichen Meerpasse (s. Nahr el-Kelb § 4 Nr. 11) hat Nebukadnezar II. (580) eine lange Inschrift in neubabyl. und archaistischer Schrift eingemeißelt, desgleichen im Tale Wadi Brisa nicht weit davon entfernt, wo er noch ein Relief Seiner Majestät, bei einem Zedernbaume stehend, hinzufügte (WVDOG 5 [1906] F. H. Weissbach).

§ 4. Die Assyrer haben zahlreiche F. hinterlassen. Schon der alte König Schamschi-Adad I. (um 2000) erzählt, daß er im Lande Laban am Meere ein Denkmal errichtet habe (WVDOG 16, Nr. 2, Kol. IV 12 f). Ob damit etwa der Nahr el-Kelb (s. d. § 3 Nr. 4—5) gemeint ist, wo sich mehrere assyr. F. unbestimmter Zuweisung befinden, ist ungewiß. Tiglatpileser I. (1100) meißelte sein Bild als betenden König und eine Inschrift an der Tigrisquelle (s. d.) ein, desgleichen auch Salmanassar III. zweimal, 852 und 844. Die Meißelung des älteren Reliefs ist auf dem Bronzefries D (J) des Tors in Balawat (Imgur-Enlil; s. d.) anschaulich abgebildet. Dieser Herrscher brachte sein Denkmal gemäß Obeliskinschrift 92—93 u. a. auch an der Euphratquelle an, das aber noch nicht aufgefunden wurde. Ein ähnliches von Taylor bei Egil im ö. Taurus gesehenes Königsrelief wird von ihm als F. Salmanassars angesprochen (Journ. R. Geogr. Soc. 35 S. 36). Ein anderes Relief sah Huntington (ZfEthn. Verh. 1900 S. 141 f.) bei Hilar an der Quelle des Arganaßu (s. Argana Maden). Von Sanherib (700) stammen die Darstellungen der Götter und die Königsstelen von Bawian (s. Maltaja); ferner die 6 Stelen am Berge Nipur (s. d.; Dschudi Dagh), n. von Ninua (s. Proc. Soc. Bibl. Arch. 1913 S. 66 f. L. W. King). Asarhaddon (670) hat sein Relief am Nahr el-Kelb (s. d. § 3 Nr. 9) eingemeißelt; vermutungsweise sind ihm auch die Götterprozessionen am Felsen von Maltaja (s. d.) zuzuschreiben. In den assyr. Inschriften wird die Errichtung von Denkmälern zum Zeichen der assyr. Herrschaft so zahlreich erwähnt, daß gewiß noch manches assyr. F. ans Tageslicht kommen wird, zumal eine gründliche Erforschung des vorderas. Gebietes noch nicht vorgenommen worden ist.

§ 5. In der Umgegend vom Wansee (s. Tuschpa) haben die Könige von Urarthu-Armenien (ca. 880—585) zahlreiche F. hinterlassen, meist Inschriften in einer eigentümlichen Keilschrift, die von dem benachbarten Assyrien im 9. Jh. entlehnt worden ist. Im allg. handelt es sich um Bauinschriften für eine Burg, einen Kanal usw. Um ihre Erforschung haben sich Fr. Schulz (Journ. Asiatic 1828 S. 161 f. und 1840 S. 257 ff. Saint-Martin), W. Belck und C. F. Lehmann-Haupt (SB. Preuß. Ak. 1900 S. 619 ff.) besondere Verdienste erworben. Letzterer gibt demnächst ein *Corpus Inscriptionum Chaldicarum* heraus.

§ 6. Im s. Zagrosgebirge, im Mal-Amir, dem religiösen Felsheiligtum Elams, haben spätelamische Herrscher umfangreiche Felsreliefs mit und ohne Inschriften angebracht, von denen sich die wichtigsten bei Kul-i-Ferâ und bei Schikafte-i-Salmân befinden. Erwähnenswert sind in Kul-i-Ferâ: 1. Relief des Hanne, Sohn des Tahhihi, das den betenden König, gefolgt von zwei Begleitern, darstellt, der dem Schlachtopfer zusieht, dem noch drei Musikanten assistieren; mit Keilschrift: AO 9, 3—4 Abb. 30 S. 49 G. Hüsing (Tf. 44 b). 2. Flachrelief von 4 Leuten und geschlachteten Opfertieren, in das anscheinend das spätere Relief eines betenden Mannes mitten hinein gemeißelt ist; ohne Inschrift, a. a. O. Abb. 31. 3. Relief eines stehenden Königs, hinter ihm 4 Reihen von Personen; ohne Inschrift, a. a. O. Abb. 32 S. 51. 4. 5 Friese mit stehenden Personen, im oberen der sitzende König; ohne Inschrift, a. a. O. Abb. 33 S. 52 (Tf. 46). Ferner in Schikafte-i-Salmân: 5. Relief des betenden Hanne, neben ihm wohl seine Schwester Ammatena und zwischen beiden ein junger kleiner Prinz, vielleicht der Thronfolger, der nach elam. Sitte der Schwestersohn war; mit Keilschrift, a. a. O. Abb. 34 S. 54 (Tf. 45 a). Endlich 6. der betende Hanne mit Gefolge, ebenfalls mit Inschrift; vgl. auch de Morgan *Miss. scientif. en Perse* II.

§ 7. Im n. Zagrosgebirge des w. Mediens ist ein großes, wohlerhaltenes Relief des Königs Anubanini von Lullubi beim Engpaß von Seripul (s. d.) eingemeißelt worden. Seine Zeit dürfte in die der 1. Dynastie von Isin (2300) fallen (Tf. 45 b). Das Relief zeigt den König mit dem Bogen in der Hand, seinen Fuß auf einen zu Boden gestreckten Feind setzend. Die Göttin Innina, durch das Sternsymbol vor ihr genauer gekenn-

a

Felsdenkmal Vorderasien

a. Relief von Schikafte-i-Salmân. Nach Hüsing. — b. Relief des Anubanini von Lullubi. Beim Engpaß von Seripul. · Nach Hüsing.

Felsdenkmal Vorderasien

Relief bei Kul-i-Ferâ. Nach Hüsing.

zeichnet, führt dem Könige zwei gefesselte Gefangene zu. In einem unteren, schmalen Friese sind noch 6 Gefangene links neben der Inschrift sichtbar, s. a. Fremdvölker C (Lullubi).

§ 8. Die pers. Könige haben im Zagros und in Armenien mehrere F. einhauen lassen, sei es als Siegesdenkmäler, so das berühmte Relief des Darius I. am Berge Bisutun (s. d.), oder als Zeichen der pers. Oberherrschaft, die Keilinschriften des Xerxes am Wansee (s. Tuschpa) und am Elwendberge, oder als Grabdenkmäler in den 4 großen Reliefs von Naqsch-i-Rustem (s. d.; vgl. auch VAB 3 F. H. Weissbach).

§ 9. Bei den F. der Hettiter sind genau zu beachten solche der echten Hettiter (Hatti), deren Rasse- oder Nationalabzeichen die Bartlosigkeit war, und die ihre Inschriften in sog. hett. Hieroglyphenschrift abfaßten, welche in Relief eingemeißelt wurde. Dem stehen andere streng gesondert gegenüber (s. § 10); vgl. E. Unger *Hettitische und Aramäische Kunst* Arch. f. Keilschriftforschung I 78 ff. Die bedeutendsten F. finden sich in ihrer Hauptstadt Hatti (s. d.), dem heutigen Boghasköj, ö. von Angora. Am Felsen Nischantasch ist hier eine zehnzeilige Reliefinschrift eingehauen, vor allem aber ist das Felsheiligtum Jasilikaja mit großartigen Skulpturen und hieroglyphischen Beischriften geschmückt. Sie stellen vornehmlich den Aufzug der Götter und Göttinnen dar, die einander zur Begrüßung entgegenziehen (E. Meyer *Reich und Kultur der Chetiter* 1914 Abb. 66—68). Die Skulpturen gehören dem 14.—13. Jh. an (Tf. 48). In dieselbe Zeit fällt das Relief eines Gottes mit Bogen im Passe von Karabel (s. d.), das Relief eines zweifachen Opfers, zum Teil unvollendet, in Fraktin, sö. des Argäusberges (Meyer a. a. O. Abb 81 S. 105 = MVAG 5 [1900, 4] S. 25 Tf. 30 L. Messerschmidt). Derselben Periode dürften auch das Relief (Tf. 47) zweier stehender Männer, eines bartlosen und eines bärtigen, in Giaurkalessi, ssw. von Angora (Meyer a. a. O. Abb. 60 S. 75), sowie zwei reliefierte Inschriften in Gürün, nnw. von Melidia (Malatia), zuzuweisen sein (MVAG a. a. O. S. 15 Tf. 18). In Melidia (s. d.) haben die echten Hettiter auch in späterer Zeit noch gesessen.

§ 10. Von den wahrhaft hett. Denkmälern sind die Denkmäler scharf zu trennen, die in ihren Reliefs einen bärtigen Rassetypus, meist den aramäischen (s. Kunst E § 11), zeigen. Die Hieroglypheninschriften sind teilweise reliefiert, im allg. aber eingeritzt und bis ins 6. Jh. hinab zu datieren (s. Palanga). Zu den früheren F. (7. Jh.) zählt das große Relief an der Quelle von Iwris (s. d.), das einen König (mit Vollbart, Schnurrbart und Fliege) darstellt, der einen Gott der Fruchtbarkeit mit Ähren und Weinstock in den Händen anbetet. Der Stamm des Weinstocks ist zwischen den Füßen sichtbar. Der Gott hat denselben Rassetypus wie sein Verehrer (E. Meyer a. a. O. Tf. 15). Die Hieroglypheninschrift ist reliefiert. Eine genaue Wiederholung des Bildwerkes befindet sich nahebei, gegenüber einer höhergelegenen Höhle. In spätere Zeit aber fallen die F. mit Ritzinschriften, die von Karaburna am Halys bei Arabisson, wo man (in A.) auch noch zwei reliefierte Steine aus dem 5. Jh. mit aramäischer Schrift und Sprache gefunden hat (MVAG 7 [1902, 3] S. 17 Tf. 46 L. Messerschmidt; Eph. sem. Ep. I S. 59 f. M. Lidzbarski); ferner die von Bulgar Maden (s. d.), sö. von Eregli (MVAG 5 [1900, 4] S. 27 f. Tf. 32), die eingeritzten Bilder und Inschriften am Mahalitsch und am Kara Dagh, nw. von Iwris, wo ein thronender König dargestellt ist (Meyer a. a. O. Abb. 19, 20, 22; Proc. Soc. Bibl. Arch. 31 [1909] S. 83 f. A. H. Sayce; Olmstead, Charles und Wrench *Travels and Studies in the Near East* Cornell Expedition to Asia Minor S. 4 ff.).

Eckhard Unger

Felsenzeichnung. A. Skandinavien (Tf. 49—56).

S. hierzu auch Nordischer Kreis A, B.

Einleitung. I. § 1. Die eingeritzten naturalistischen Tierzeichnungen und die damit verwandten Felsenmalereien. — II. § 2-6. Die stilisierten Felsenzeichnungen der Bronzezeit (nebst den Grabzeichnungen): § 2. Geographische Verbreitung. Erforschung. — § 3. Anbringungsart. — § 4. Bilderbestand. § 5. Zeitbestimmungen. — § 6. Deutungsversuche: a. die ästhetische Deutung, b. die historische Deutung, c. die religiöse Deutung.

(Felsenzeichnungen = schwed. *hällristningar*, dän.-norw. *helleristninger*).

Abgesehen von den zuweilen auch auf festem Felsen angebrachten Runeninschriften, die in diesem Zusammenhange nicht in Betracht kommen, gibt es in Skandinavien zwei Hauptarten von F.: A) naturalistische Tierbilder, eingeritzt oder gemalt, wahrscheinl. aus neol. Zeit; B) stilisierte Bilder wechselnden Inhalts, immer eingeritzt, bronzezeitl. Mit der letzteren Gruppe eng verknüpft sind auch die sog. Schalensteine, die z. T. schon neol. sind. Sowohl Schalen als gewisse andere Elemente der B-Gruppe sind zuweilen auch an losen Steinblöcken in Grabbauten zu finden.

I. § 1. Die eingeritzten naturalistischen Tierzeichnungen und die damit verwandten Felsenmalereien sind größtenteils erst in den letzten Jahrzehnten (etwa seit 1890) entdeckt und beschrieben worden. Anfangs bezeichnete man sie als nordskand., weil man sie nur aus ziemlich n. Gebieten Schwedens und Norwegens kannte; seit 1915 sind aber derartige Felsenbilder auch im s. Norwegen an mehreren Stellen angetroffen worden. Diese s. FO sind: Egeberg bei Kristiania, Aaskollen bei Drammen, Gjeithus in Modum, Forberget (Malerei), in Spinherred, unweit Farsund an der Südküste, Sporanes, Landsmarken (Malerei) und Trontveit in Telemarken (die 4 letzteren sind noch nicht näher beschrieben). In Westnorwegen fand man 1910 umfangreiche Bilderreihen dieser Art bei Vingen in Nordfjord. Die nordnorw. Gruppe beginnt dann mit Bogge in Romsdal und Hindhammeren (Malerei) in Nordmøre, weiter folgen Hell (Tf. 50b), Bardal, Hammer und Evenhus am Trondhjemsfjord und etwas n. Bøla (Tf. 50a) und die Malerei in der Solsemhöhle auf der Insel Leka. Bedeutend n. treffen wir u. a. die FO Fykanvatn am Gletscher Svartisen, Sagelven und Sletjord unweit Narvik. In Nordschweden kennt man eingeritzte Zeichnungen dieser Art bei Landverk und Glösa in Jämtland und Nämnforsen in Ångermanland (s. d.), Malereien an den Seen Hästskotjärn und Skärvangen in Jämtland und am Berge Flatruet in Härjedalen (vgl. die Karte Tf. 49).

Es handelt sich zumeist um Konturzeichnungen, besonders von Elchen. In den n. Gegenden, von Flatruet und Hell an, sind auch Renntiere häufig (Tf. 50a, b; 51a, b), in den s. sind wahrscheinlich auch Hirsche vertreten (z. B. Wingen). Selten sind Bären (Flatruet Tf. 51b, Fykanvatn), Vögel (Hammer), Fische (Fykanvatn, Nämnforsen) und andere Tiere (Flatruet, vielleicht Fuchs, Hase, Biber u. a.). Die am besten ausgeführten Tierbilder sind oft ganz groß, von etwa 1 bis gegen 4 m l.; dazu gehören Hell, Bøla, Bardal, Fykanvatn (viele Bilder), Sagelven, Landverk, Aaskollen, Hindhammeren und z. T. Bogge und Vingen. Sonst sind die Tiere viel kleiner und schlechter ausgeführt, zuweilen mit völlig ausgehöhlter Körperfläche. Shetelig will im ganzen drei Entwicklungsstufen erkennen. In einigen Fällen sind die Körperflächen zwischen den Konturlinien mit Ornamenten ausgefüllt (z. B. Aaskollen, Gjeithus, Glösa); in Hell sind geometrische Ornamente neben den Tierbildern dargestellt (Tf. 50b). Abgesehen von Bardal und Nämnforsen, wo zahlreiche Bilder der bronzezeitl. Art hinzugekommen sind, finden sich Menschengestalten nur im Verein mit den gemalten Tierbildern der naturalistischen Gruppe, und zwar wahrscheinlich in allen bisher bekannten Fällen mit Ausnahme von Hindhammeren und Forberget. Diese Menschengestalten sind viel stärker schematisiert als die Tierbilder. In der Solsemhöhle waren keine Tiere, sondern 20 sehr einfache Menschenfiguren, z. T. phallisch, nebst einem großen Kreuze an den Wänden des inneren, ganz dunklen Grottenraumes gemalt (Tf. 51c).

Die eingeritzten Zeichnungen sind wohl im allg. durch Klopfen mit spitzen Steinen hergestellt worden. In Hell (Tf. 50b) sind die meisten Linien deutlich im Schiefer eingeschnitten; die Furchen sind nämlich scharf dreikantig. Die Malereien sind immer in roter Farbe, die sich in ein paar Fällen als Eisenoxyd bestimmen ließ.

Angebracht sind diese Tierzeichnungen auffallend oft dicht am Wasser. So befinden sich bei Wasserfällen oder Stromschnellen diejenigen von Bøla (Tf. 50a), Sagelven, Fykanvatn, Glösa, Nämnforsen, Gjeithus und z. T. Vingen; an Strandklippen von Binnenseen die von Landverk, Skärvången und Hästskotjärn. Viele norweg. Zeichnungen liegen nahe an Meeresbuchten in einer Höhe, die ungefähr der Hebung

Felsdenkmal Vorderasien

Burgmauer und Felsrelief von Giaurkalessi. Nach E. Meyer.

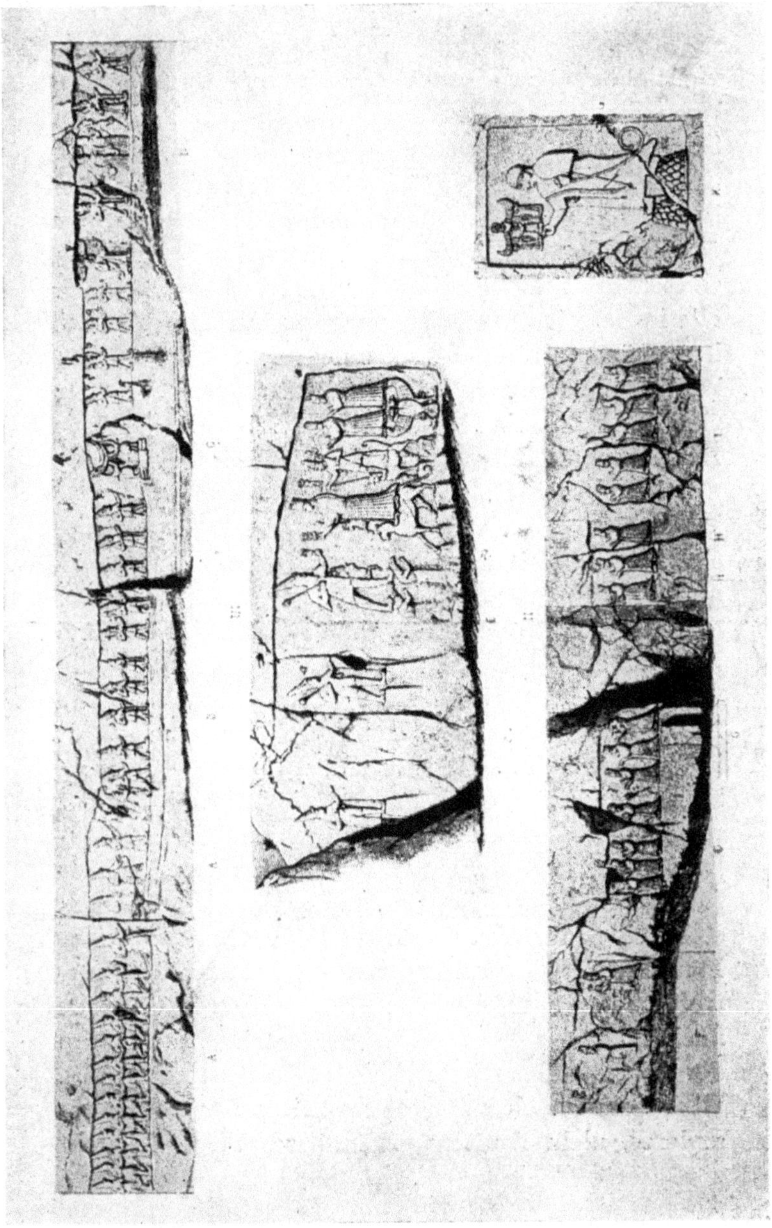

Felsdenkmal Vorderasien

Hatti. Götterprozession auf dem Relief von Jasilikaja. Nach E. Meyer.

REALLEXIKON DER VORGESCHICHTE

UNTER MITWIRKUNG
ZAHLREICHER FACHGELEHRTER

HERAUSGEGEBEN VON

MAX EBERT
ORD. PROFESSOR AN DER UNIVERSITÄT KÖNIGSBERG

DRITTER BAND

DRITTE LIEFERUNG
FELSENZEICHNUNG — FIBEL

MIT 60 TAFELN

BERLIN 1925
WALTER DE GRUYTER & CO.

Das Werk erscheint in Lieferungen mit zahlreichen Tafeln und Textabbildungen. — Der Subskriptionspreis beträgt GM. 6.— für jede Lieferung von etwa 8 Bogen nebst Texttafeln und Abbildungen. Ca. 6—8 Einschalttafeln auf Kunstdruckpapier werden als ein Bogen gerechnet. Verstärkte Lieferungen werden entsprechend höher berechnet. Der Subskriptionspreis erlischt am 1. April 1925. Er gilt dann nur noch für Abonnenten, die bis zu jenem Termin subskribiert haben. Das ganze Werk ist auf ca. 250 Bogen Lexikon 8° berechnet und wird in mehrere Bände geteilt.

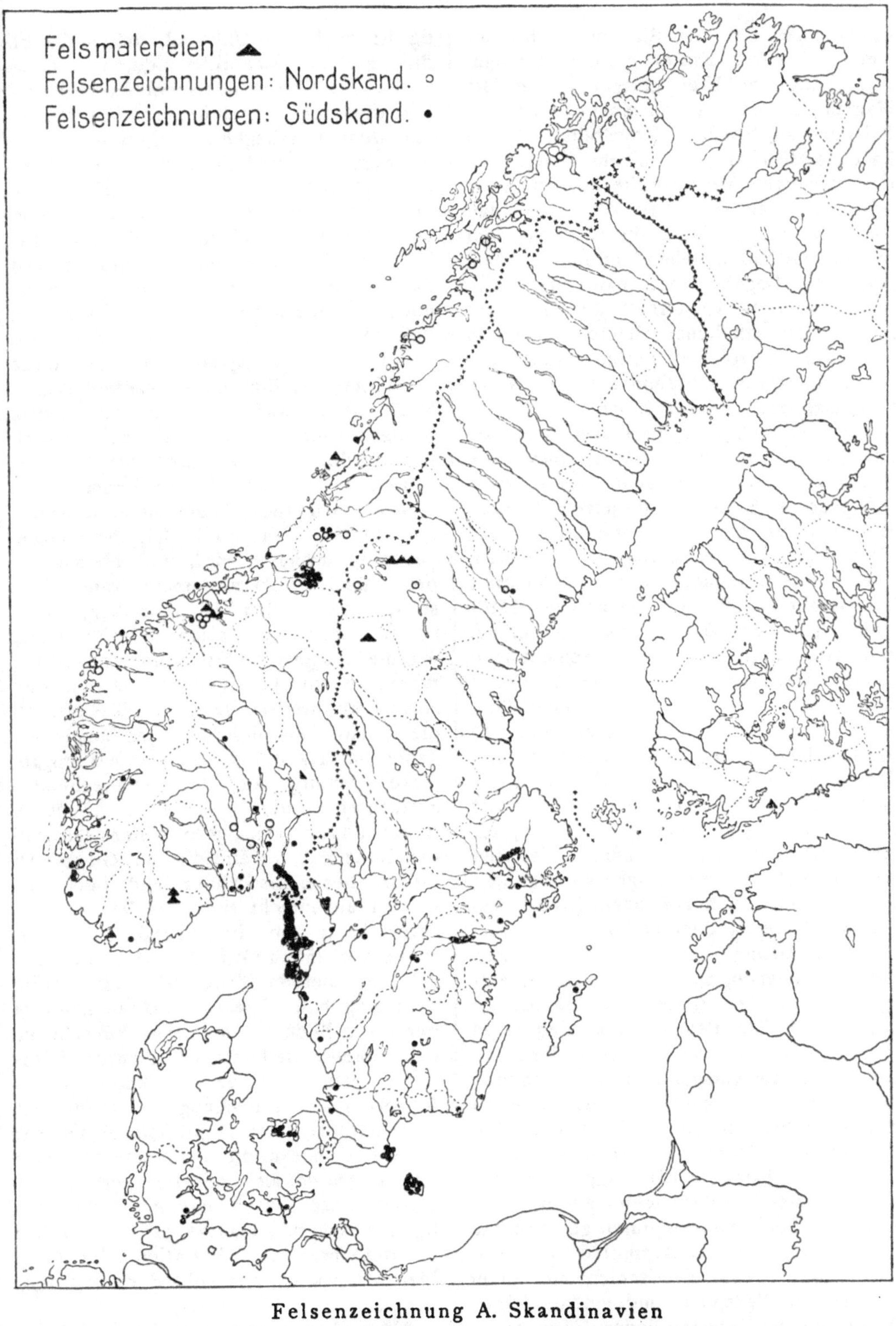

Felsenzeichnung A. Skandinavien

Verbreitungskarte der skandinavischen Felsmalereien und Felsenzeichnungen. Nach O. Almgren und G. Hallström.

des Landes seit der StZ entspricht; ursprünglich waren also auch sie wahrscheinlich dicht am Ufer gelegen. Die bei Hammeren hoch oben an einer senkrechten Felswand angebrachten Vogelbilder können kaum anders als von einem Boote von der damaligen Meeresfläche aus eingeritzt sein; tiefer an derselben Wand befinden sich bronzezeitl. Bilder, die man auf dem jetzigen Erdboden stehend erreichen kann. Auch bei Bogge findet man bronzezeitl. Schiffsbilder etwas unterhalb der Tierzeichnungen. Die erhaltenen Malereien befinden sich alle an solchen Felsenwänden, die durch überragende Steinmassen vor Nässe geschützt sind. Dieser Umstand läßt vermuten, daß zahlreiche von diesen Malereien an ungeschützten Felsenflächen durch die Witterung spurlos verwischt worden sind. Infolgedessen kann man die jetzt bekannten Malereien nur als versprengte Splitter des einmal vorhandenen Befundes betrachten.

Eine solche Betrachtungsweise erleichtert die Annehmbarkeit der von Brøgger, Hallström u. a. ausgesprochenen Vermutung, daß die naturalistischen Tierzeichnungen Skandinaviens von der in Darstellungsart und Inhalt sehr verwandten spätpaläol. Kunst Westeuropas direkt abstammen. Ob irgendwelche von ihnen schon der frühneol. Zeit zuzusprechen sind, wie Hallström annahm, ist wohl sehr fraglich; in erster Linie denkt man dabei an Forberget, zugleich die südlichste von allen. J. Petersen bemerkt, daß die Zeichnungen von Egeberg und Aaskollen sich auf einem Niveau befinden, das etwa dem Stand des Meeresufers im Anfang der jungneol. Zeit (Per. der geschliffenen, spitznackigen Äxte) entspricht. Von den F. am Trondhjemsfjord liegen nach Th. Petersen die niedrigsten in einem Niveau, das höchstens ihre Ansetzung in die Ganggräberzeit zuläßt, und derselben Per. gehören die ältesten Steinzeitfunde und Wohnplätze der Umgegend an. Dazu paßt auch vorzüglich die chronol. Parallele, die Brøgger zwischen den betreffenden Tierzeichnungen und den spätneol., nord. Tierskulpturen gezogen hat. Die Malerei in der Solsemhöhle wird sogar direkt durch eine Fundschicht mit einer schiefernen Pfeilspitze und einem kleinen Vogelbild aus Knochen datiert. Sehr wichtig ist auch der Umstand, daß in Bardal die großen Elchbilder durch bronzezeitl. Schiffsfiguren überschnitten sind, womit die oben geschilderten Verhältnisse bei dem naheliegenden Hammeren und bei Bogge gut übereinstimmen. Bei Evenhus und Sporanes sind bronzezeitl. Bilder neben den älteren ohne Überschneidung oder Niveauunterschied angebracht. Die kleineren Tierbilder am Nämnforsen sind dagegen eher mit den dortigen Schiffzeichnungen gleichzeitig. Ekholms Annahme, daß die nordskand. Tierzeichnungen eine von den dortigen Jägerstämmen geschaffene Umbildung der südskand. bronzezeitl. Felsenkunst seien, war schon Bardals wegen weniger wahrscheinlich und ist wohl nach der Entdeckung der südnorweg. naturalistischen Tierbilder ausgeschlossen.

Wie auch die nähere Zeitbestimmung der betreffenden nord. Tierzeichnungen endgültig ausfallen wird, und ob sie von den paläol. direkt abstammen oder nicht, so sind sie in allen Fällen gewiß von demselben kunstpsychologischen Gesichtspunkt wie die letztgenannten zu betrachten. Sicher rühren sie von Jägerstämmen her und sind Ausdrücke ihrer Wünsche. Wie S. Reinach die paläol. Tierbilder als Jagdmagie gedeutet hat (L'Anthrop. 1903), so hat Brøgger diese Deutung auf die entsprechenden nord. angewendet. Vielleicht ist es in diesem Zusammenhange beachtenswert, daß die Bilder so regelmäßig an Gewässern, oft in besonders wilder und öder Umgebung angebracht sind. Es handelt sich dabei kaum um die eigentl. Jagdplätze, sondern eher um Orte, die man als Aufenthalt der über das Wild waltenden Mächte betrachtet hat. Diesen Mächten hat man durch die Bildersprache seine Wünsche anheimgestellt; vielleicht vertreten die Bilder auch Opfer ('do ut des'). Ekholm will in Verfolg seiner Auffassung der bronzezeitl. Felsenbilder die nordskand. Tierzeichnungen als Speiseopfer an die Toten deuten. Diese Ansicht würde sich mit der vorigen vereinigen lassen, wenn man mit einigen Religionsforschern annähme, daß jene Mächte mit den unter der Erde fortlebenden Toten identisch wären, was wohl doch sehr fraglich ist.

Mit mehreren Forschern ist endlich dar-

a

b

Felsenzeichnung A. Skandinavien

a. Rentierfigur. Mündung des Bølabaches, Ksp. For, Norwegen (L. 1,80 m). — b. Rentierfiguren. Schieferfelsen bei Hell, Ksp. Lunke, Norwegen (L. d. größeren 1,74 m).
Nach M. Hoernes Urgeschichte der bildenden Kunst.

Felsenzeichnung A. Skandinavien

a. Bøta. — b. Flatruet. — c. Solsemhulen. — d. Flyhof. — e, f. Simris. — g, h. Tanum. — i. Ekenberg.

auf hinzuweisen, daß ähnliche eingeritzte oder gemalte Tierzeichnungen auch in Rußland und Sibirien vorkommen (s. Felsenzeichnung B). In Südfinnland hat man neulich in einer an spätneol. Funden reichen Gegend (Kyrkslätt; s. d.) eine Felsenmalerei entdeckt, die geometrische Ornamente ähnlich denen von Hell darstellt. Gewiß steht man erst am Anfang der Erforschung dieser spätgefundenen Gruppe von F. (s. Finnland A § 10).

Jämtl. Fornm. Tidskr. 1 (1887—95), 2 (1896—1901) P. Olsson; A. M. Hansen *Landnåm i Norge* 1904 S. 322ff.; Naturen 30 (1906) A. W. Brøgger; ders. *Den arktiske stenalder i Norge* 1909 S. 105ff.; Ymer 27 (1907), Fornvännen 2—4 (1907—09) G. Hallström, eine eingehende Behandlung der ganzen nordskand. Gruppe (mit Anführung der älteren Literatur); Oldtiden 2 (1912) K. Bing: Vingen; Oldtiden 4 (1914): Solsemhulem; Aarb. 1920 S. 32ff.; Naturen 1922 (Niveaubestimmungen) Th. Petersen; Naturen 1917, Aarb. 1920 S. 11 J. Petersen: Die südnorweg. Gruppe; Ymer 36 (1916) S. 299ff. Ekholm (vgl. Fornvännen 1922); H. Shetelig *Primitive Tider i Norge* 1922 S. 126ff. mit Literaturnachweisen; Z. d. Finn. Altert. Ges. 33 nr. 1 (1922) S. 61ff. Europaeus: Kyrkslätt.

Ein großes Tafelwerk über die nordskand. F. von G. Hallström ist im Druck.

II. § 2—6. Die stilisierten F. der Bronzezeit (nebst den Grabzeichnungen).

§ 2. Geographische Verbreitung (vgl. die Karte Tf. 49). Erforschung. Die eingeritzten, stilisierten Bilderzeichnungen der hier in Frage stehenden Art sind in allen drei skand. Ländern und zwar in sehr verschiedenen Teilen derselben, obwohl in sehr ungleicher Zahl vertreten. (Die überaus zahlreichen Vorkommnisse von lauter „Schalen" werden hier nicht berücksichtigt.)

Im eigentl. Dänemark kennt man solche Bilderzeichnungen nur auf einigen losen Steinblöcken, die meisten aus Nordseeland (Odds Herred); auf Bornholm kommen sie auch auf festen Felsenflächen vor.

Im ö. Schonen gibt es sowohl eigentl. F. (Simris, Järrestad, Frännarp) als ähnliche Bilder auf Steinplatten in Grabkisten (vor allem das berühmte Kivikdenkmal, 1748 entdeckt; s. Kivik). In Blekinge, Småland, Öland, Gotland, Halland, Västergötland, Dalsland und Värmland kommen die F. nur sehr spärlich vor, ebenso im s. Bohuslän. Das n. Bohuslän ist dagegen das klassische Fundgebiet der F., besonders die Kirchspiele von Brastad, Tossene, Kville und vor allem Tanum, wo 267 Bildergruppen verzeichnet sind.

Ein anderes sehr reiches Fundgebiet liegt in Östergötland, in der Umgegend von Norrköping. Södermanland ist wiederum arm; dagegen hat man in der letzten Zeit viele F. in Uppland entdeckt. In Nordschweden kennt man bisher nur die schon erwähnten F. dieser Art am Nämnforsen in Ångermanland.

In Norwegen liegt das reichste Fundgebiet dieser Art von F. im s. Teile der an Bohuslän n. anstoßenden Landschaft Smaalenene (od. Östfold); besonders reich ist das Kirchspiel Skjeberg. Sonst trifft man sie zerstreut in verschiedenen Teilen Südnorwegens, besonders in den Küstengegenden. Eine ziemlich reiche Gruppe befindet sich am Trondhjemsfjord. Die nördlichste bisher gefundene F. dieser Art liegt bei Tjøtta in Helgeland.

In Finnland ist nichts hierhergehöriges bekannt.

Dänemark: Aarb. 1875 H. Petersen; E. Vedel *Bornholm* S. 51ff., 300ff.; *Efterskrift* S. 20f., 122f.; S. Müller *NAK.* I 465ff.; Aarb. 1917, 1920.

Schweden im allg.: Congr. intern. préh. Stockholm 1874 S. 433ff. Montelius.

Schonen: S. Lagerbring *De monumento Kiwikensi* Diss. Lund 1780; S. Nilsson *Die Ureinwohner des skandinavischen Nordens* I (1863) S. 42ff.; Sv. Fornm. tidskr. 3 (1875—77) ders.; ebd. 10 (1900) S. 193ff. Montelius; ders. *Chron. ält. BZ* S. 68; ATS 3 (1870—73) S. 12ff. H. Hildebrand; A. Nordén *Bildgåtan i bronsålders-graven vid Kivik* 1917; Ymer 37 (1917) S. 73ff. ders.; Mannus 7 (1914) Bing; Fornvännen 1921 S. 207 Salin; dies alles über Kivik und andere Grabsteine. — Über Simris und Järrestad: ATS 6: 5 (1880—82) Bruzelius; über Frännarp: Ymer 28 (1908) Schnittger.

Blekinge: J. J. A. Worsaae *Blekingsche Denkmäler* 1847 Tf. 14, 15; Månadsblad 1880 S. 158 C. M. Fürst. — Småland: Fornvännen 4 (1909) Kjellmark. — Öland: Fornvännen 12 (1917) Arne. — Gotland: Fornvännen 6 (1911) F. Nordin. — Halland: Congr. intern. préh. Stockholm 1874 S. 470 Montelius; Fornvännen 16 (1921) Salin. — Västergötland: Sv. Fornm. tidskr. 8 (1891—93) E. Ekhoff; Fornvännen 3 (1908) M. Leijonhufvud; ebd. 6 (1911) Schnittger. — Dalsland und Värmland: Holmberg (s. u.) Tf. 41.

Bohuslän: A. E. Holmberg *Skandinaviens hällristningar* 1848; C. G. Brunius *Försök till förklaringar öfver hällristningar* 1868; L. Baltzer *Hällristningar från Bohuslän* 1, 2 (1881—1908, großes Tafelwerk; kleinere Ausgabe 1911: *Några av de viktigaste hällristningarna* etc.); Bidrag

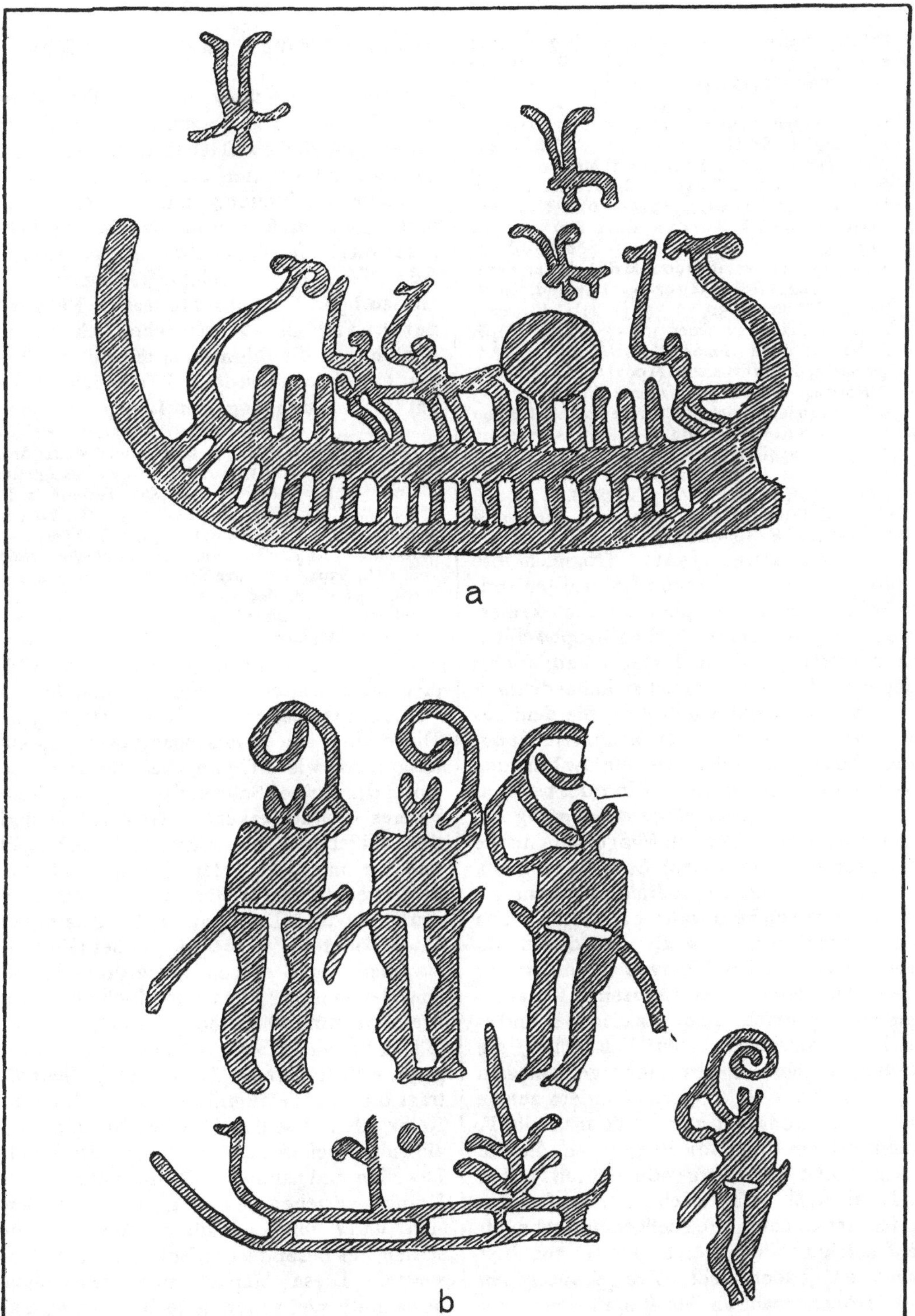

Felsenzeichnung A. Skandinavien

a. Ksp. Tose, Bohuslän. Nach L. Baltzer. — b. Kalleby, Ksp. Tanum, Bohuslän. Nach O. Almgren.

Bohusl. fornm. 1 (1874—79) O. Montelius; ebd. 2, 3, 5 (1879—88) E. Ekhoff u. G. Gustafson; ebd. 8 (1913: Tanum) Almgren. — Südl. Bohuslän: Fornvännen 12 (1917) G. Hallström; Göteb. Fornm. Tidskr. 1916; 1920 J. Alin.

Östergötland: Holmberg a. a. O. Tf. 42, 43; ATS 2 (1869) B. E. Hildebrand; Meddel. Österg. fornm. 1904 Prins Gustaf Adolf; Norrköpingsbygdens fornminnen 1, 2 (1915—16) A. Nordén; Ymer 37 (1917) A. Nordén; ders. *Felsbilder von Ostgotland in Auswahl* 1923. — Södermanland: Sv. Fornm. Tidskr. 10 (1900) Montelius; Fornvännen 1922 Schnittger. — Uppland: Uppl. Fornm. Tidskr. nr. 30, 36 (1915—21) G. Ekholm u. O. v. Friesen; Ymer 36, 37 (1916—17) G. Ekholm; ders. *Studier* II (UUÅ. 1921). — Ångermanland: Fornvännen 2 (1907) G. Hallström.

Norwegen: Kristiania Vidensk. Forhandl. 1873 O. Rygh (mit Verzeichnis); Norske Vidensk. Skrifter 1878, 1908 K. Rygh; ebd. 1896—97, Aarsberetn. 1896 K. Lossius; Aarsberetn. 1901, 1902, 1905 A. L. Coll; G. A. Gustafson *Norges Oldtid* 1906 S. 49 ff.; Fornvännen 3 (1908) S. 49 f., 62 ff. G. Hallström; Bergens Mus. Aarb. 1912 nr. 4 (Grabsteine) E. de Lange.

§ 3. Anbringungsart. Obgleich die stilisierten F. vorwiegend in Küstenlandschaften vorkommen, sind sie doch keineswegs wie die naturalistischen hauptsächlich an die Ufer gebunden. Im Gegenteil; höchst selten wird eine F. der jetzt zu behandelnden Art in einer Lage angetroffen, die dem damaligen Ufer entsprechen kann. Auch nur ausnahmsweise finden wir die Anbringung von Zeichnungen dieser Art in oder bei Gräbern (Nordéns gegenteilige Behauptung beruht zum großen Teil auf Mißverständnissen oder voreiligen Schlüssen). So ist in Bohuslän, wo die F. so überaus zahlreich vorkommen, noch keine solche in oder bei einem Grabe angetroffen worden, wenn man davon absieht, daß Schalen hier wie anderswo auf den Decksteinen der steinzeitl. Megalithgräber angebracht sind. Fast immer finden sich die stilisierten F. auf Felsflächen, die mitten in den für den Anbau geeignetsten Landstrichen oder an deren Rändern zutage treten. In Bohuslän z. B. trifft man die F. meistens am Fuße von Bergrücken, die die Lehmebene umgeben, gewöhnlich auf flachen oder schwach abfallenden, selten auf steilen oder senkrechten Felsenflächen, sehr oft auf solchen, die gegen S oder O gerichtet sind, was jedoch nicht als Regel anzusehen ist. Höher hinauf an den Bergrücken findet man sie sehr selten, nie auf den Gipfeln, wo hingegen die Steinhügelgräber der BZ errichtet sind. Letztere halten sich auch weit mehr als die F. an die eigentl. Küstenstriche.

Über die Technik der Ausführung ist noch besonders zu sagen, daß man da, wo die ursprünglichen Flächen nicht verwittert, sondern gut erhalten sind, oft eine eigentümliche Punktierung wahrnehmen kann, indem die Vertiefungen aus einer Menge dicht zusammenstoßender Grübchen bestehen (vgl. B § 2). Diese Eigentümlichkeit, die man auch an den ligur. F. beobachtet hat (s. Felsenzeichnung C), ist wahrscheinlich so zu deuten, daß die Bildflächen mit spitzen Steinen eingehauen wurden. In anderen Fällen hat man Einreibung der Linien vermutet.

Zur Lage vgl. besonders die Karten und Beschreibungen in Bidrag Bohusl. fornm., weiter Ant. Tidskr. 6 : 5 Bruzelius; Ekholm *Studier* II; Ymer 1917 Nordén. — Zur Technik z. B. ATS 2 S. 431 B. E. Hildebrand; Sv. Fornm. Tidskr. 8 S. 124 Ekhoff; vgl. J. Y. Simpson *Archaic sculpturings of cups, circles* 1867 S. 12 f., 139 f. Von den Schalen nehmen Müller und Vedel an, daß sie wenigstens zuweilen eingebohrt sind; als ausgemacht darf jedoch dies noch nicht gelten.

§ 4. Bilderbestand. Von den Bildelementen dieser F. sind die Schiffe bei weitem die häufigsten (s. Schiff A § 4). Diese sind nur ganz ausnahmsweise so gut ausgeführt wie Tf. 54a, bei der man die Form der antiken Schnabelschiffe des Mittelmeeres deutlich erkennt. Gewöhnlich sind die Schiffsbilder sehr stilisiert; der Schnabel und die mit Tierköpfen, Spiralen od. dgl. verzierten Steven treten indessen im allg. stark hervor. Dagegen sind Steuerruder, Ruder oder Segel nie mit Sicherheit festzustellen. Statt dessen tragen diese Schiffe zuweilen in ihrer Mitte sinnbildliche Aufsätze wie eine runde Scheibe (Tf. 52a), ein Rad (Tf. 54b), einen Baum (Tf. 52b, 53a), zwei große Äxte (Baltzer Tf. 47—48 : 9). Sehr oft trägt die obere Konturlinie des Schiffes eine Reihe kleiner senkrechter Striche, die man allg. als Bezeichnung der Bemannung deutet. Zuweilen sind nämlich die Striche mit runden Köpfen versehen, und manchmal erheben sich unter ihnen deutliche Menschengestalten, so besonders in Bohuslän und Norwegen. Diese Männer sind gewöhnlich bewaffnet; nur selten jedoch kämpfen sie miteinander wie in Tf. 53f. Ein Kampf zwischen zwei Schiffen ist nirgends mit Sicherheit dargestellt (ein Fall von Häst-

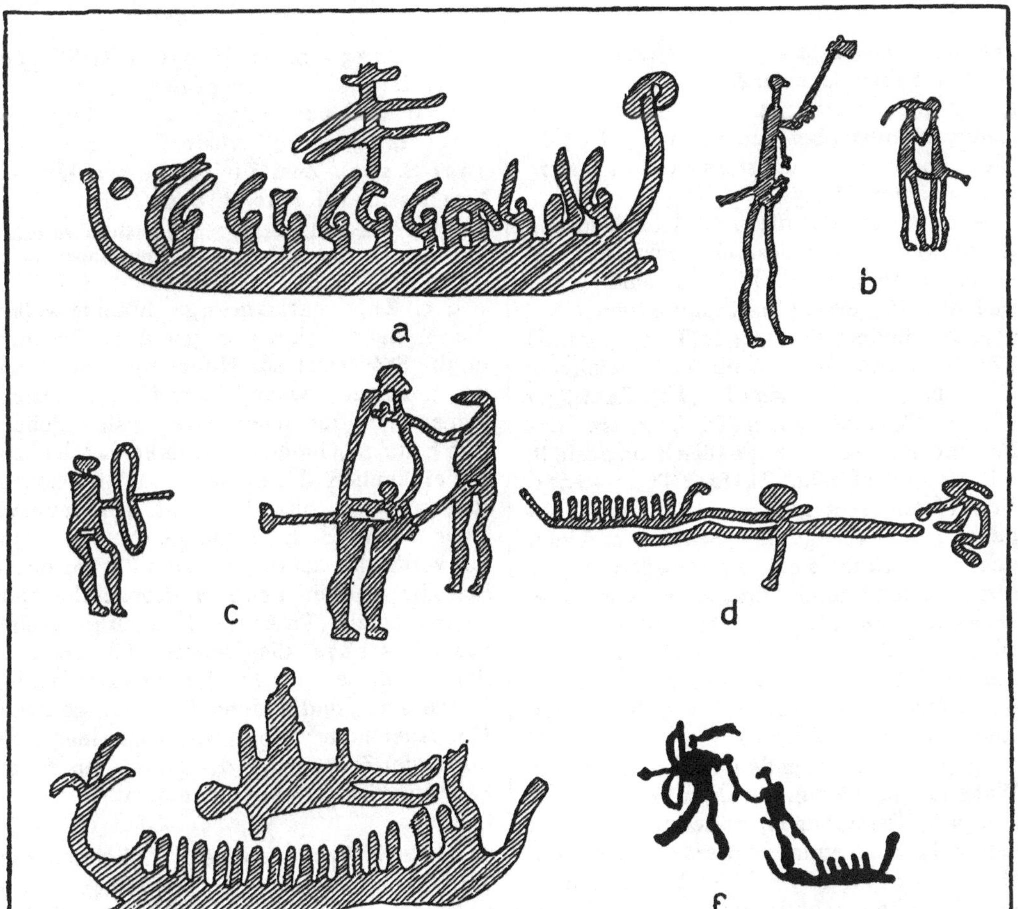

Felsenzeichnung A. Skandinavien

a—f., h—j. Bohuslän. Nach Baltzer, Ekhoff, Almgren. — g. Ekenberg, Östergötland. Nach Nordén.

holmen in Östergötland ist zweideutig). In anderen Fällen dagegen sieht man tanzende, springende oder sogar voltigierende Gestalten auf oder über den Schiffen (Tf. 54 d); auch Lurenbläser, meistens stark stilisiert, kommen vor (Tf. 52b).

Auch sonst sind die bohuslänischen und die norwegischen F. besonders reich an figürlichen Darstellungen. Meistens sind es bewaffnete Männer; oft im Kampf miteinander; aber man findet auch Pflüger (Tf. 53 g, Band I Tf. 3 a), Mann und Weib in Vereinigung (Tf. 53 b, c), Lurenbläser (Tf. 52 b), Radträger (Tf. 54 h, j), Prozessionen (Tf. 54 f, g) usw. Die Männer sind sehr oft phallisch dargestellt, z. B. die große Gestalt Baltzer Tf. 27—29: 1. Von Tieren sieht man am häufigsten Vierfüßler, seltener Vögel und Schlangen. Unter den Vierfüßlern sind die gewöhnlichsten Pferde, Rinder und Hirsche; seltener sind Schweine und Hunde. Ob andere Arten wie Bock, Fuchs und Wolf vorkommen, ist fraglich. Häufig sind Wagenbilder mit Pferden oder Ochsen bespannt (Tf. 53h). Auch Reiter kommen vor.

In gewissen Gegenden sind freistehende Waffenbilder häufig, so Äxte in Schonen (Tf. 51 f), Östergötland, Södermanland und Gotland, Schwerter in der Gegend von Norrköping (Tf. 51 i). Diese Bilder nähern sich den rein symbolischen Zeichen. Unter diesen sind Räder und andere Kreisfiguren, Fußsohlen (Tf. 51 g, 54 i, j) und Schalen die gewöhnlichsten; sie treten in den verschiedensten Gegenden auf. Einige seltenere Zeichen können hier nicht in Betracht kommen, nur soll die ankerähnliche Figur Tf. 51 h erwähnt werden, die ihre Gegenstücke in den ligur. F. hat und vielleicht einen Feuerbohrer (s. Feuer B § 3) darstellt (die Szene oben links am Kiviksteine Tf. 56 b hat J. Bing wohl mit Recht als Feuerbohrung gedeutet).

Auf den Steinplatten der Grabkisten und sonstigen Grabsteinen findet man meistens nur die einfachen Zeichen wie Schalen, Kreise, Räder, Fußsohlen und einfachere Schiffe. Nur das Grab von Kivik zeigt figurenreiche Darstellungen, die sich auch durch ihre Anordnung in regelmäßigen Reihen und ihre Umrahmung von anderen F. stark abheben. Von den Steinplatten dieses Grabes waren 7 mit Zeichnungen versehen (Tf. 55 a, b, c, 56); davon ist Tf. 55 c leider längst verloren gegangen, und von Tf. 55 b sind nur einige 1915 wiedergefundene Bruchstücke erhalten (Fornvännen 1921 S. 207). Zum Kivikgrabe s. a. Kivik, Nordischer Kreis B § 4 c 1.

Über den Stil dieser F. im Verhältnis zu demjenigen der naturalistischen s. Fornvännen 1912 G. Bolinder (im Anschluß an Verworn).

§ 5. Zeitbestimmung. Brunius wollte die F. hauptsächlich wegen ihrer Technik in die StZ versetzen, Holmberg schrieb sie der j. EZ zu, besonders weil er in ihnen Denkmäler der Wikingerzeit sah. Schon früh hatte man indessen bemerkt, daß Schiffsbilder ähnlich denen der F. auf bronzenen Rasiermessern aus Dänemark vorkommen. Dann zeigte B. E. Hildebrand 1869, daß Schwertbilder der östgötischen F. ganz deutlich die Formen gewisser Bronzeschwerter wiedergeben (Tf. 51 i). Endgültig stellte Montelius 1874 die Beweise für die Datierung dieser F. in die BZ zusammen. Durch seine und anderer Forscher weiteren Untersuchungen sind wir jetzt imstande über die Zeitstellung der stilisierten F. in Skandinavien etwa folgendermaßen zu urteilen.

Als eine Vorstufe dieser F. können die Vorkommnisse von schalenförmigen Vertiefungen betrachtet werden. Diese finden sich zahlreich an den megal. Grabbauten der j. StZ, und zwar nicht nur auf den Decksteinen, sondern zuweilen auch auf den Tragsteinen, wo sie nicht später angebracht sein können. Es ist sehr wahrscheinlich, daß auch die noch zahlreicheren schalenförmigen Vertiefungen auf Felsen oder freiliegenden Steinblöcken z. T. in die neol. Zeit zurückgehen. Zu diesen Schalen gesellen sich nun hier und da in Skandinavien wie in Westeuropa Kreise und Fußsohlen; auch diese beginnen wahrscheinlich schon in der StZ. Sogar Radfiguren sind an der Unterseite eines Decksteines in einem Ganggrabe bei Vester Saaby auf Seeland beobachtet worden; dagegen sind wohl die Schiffsbilder auf dem Decksteine eines Dolmens bei Herrestrup, Seeland, erst in der BZ hinzugefügt.

Axtbilder sowie Figuren, die an die skand. Schiffsbilder erinnern, obwohl sie einfacher sind, erscheinen an den Steinplatten einiger

Felsenzeichnung A. Skandinavien

a—f., h—j. Bohuslän. Nach Baltzer, Eckhoff, Almgren. — g. Ekenberg, Östergötland. Nach Nordén.

spätneol. Grabkisten in der Bretagne, Axtbilder auch an den Eingängen neol. Grabgrotten in der Champagne sowie in einer Grabkiste der schnurkeramischen Periode in Thüringen (Göhlitzsch; s. d. und Band II Tf. 16). Die zahlreichen F. der ligur. Hochalpen enthalten u. a. Bilder von Äxten, Dolchen und Axtdolchen (Dolchstäben). Die letztere, am häufigsten vertretene Waffe datiert diese F. in die I. Per. der BZ. Dem Ende derselben Per. gehören, wie Montelius nachgewiesen hat, die freistehenden oder von männlichen Gestalten getragenen Axtbilder auf den F. von Simris in Schonen an (Tf. 51 e, f); hier sind auch Schiffe, Räder, Fußsohlen und Schalen vertreten. Unter den ausgebildeten skandin. F. der stilisierten Art sind also diejenigen von Simris die ältesten datierbaren. Die Axtbilder der nicht weit davon gelegenen Grabkiste von Kivik sind frühestens in das Ende der Per. II zu setzen. Eine Grabkiste von Anderlingen bei Bremen, an deren Giebelplatte drei Menschengestalten ähnlich denen der skand. F. eingeritzt sind, läßt sich durch das Grabinventar bestimmt in die Per. II datieren (s. Nordischer Kreis B § 4 c 1, 6 c 2). Dies gilt auch, wenigstens z. T., von den Schwertformen der F. in Östergötland, wo auch für dieselbe Zeit bezeichnende Spiralornamente vorkommen.

Für die Schiffsformen der F. hat Ekholm eine Entwicklungsreihe festzustellen versucht, indem er als Stützpunkte die Schiffsbilder des Kivikgrabes (Per. II), des Wismarhornes (Per. III; s. Musik A § 3) und der Rasiermesser (Per. IV u. V), sowie auch eine F. dicht bei einer Hausstätte der IV. Per. bei Boda (s. d.) in Uppland heranzieht. Nordman hat besonders Ähnlichkeiten zwischen den Schiffsbildern der Rasiermesser und denen der bohuslänischen F. hervorgehoben. Überhaupt dürften nach ihm die reich entwickelten F. in Bohuslän zum großen Teil in die j. BZ fallen. Wenn Andr. M. Hansen allg. die skand. F. als Ausflüsse des geometrischen Stiles in Griechenland betrachtet, geht er offenbar viel zu weit.

Im allg. ist es, wie mehrere Forscher angenommen haben, wahrscheinlieh, daß wenigstens die größeren F. successiv entstanden sind; eine größere Felsentafel kann also einen ziemlichen Zeitraum umspannen.

In die früheste EZ setzt Sarauw wohl mit Recht eine F. in Tanum mit Reitern, die länglich viereckige Schilde tragen. Diese und einige stilistisch verwandte F. sind die letzten Ausläufer dieser Felsenkunst. Bei der Auflösung der bronzezeitl. Kultur Skandinaviens, die vielleicht mit einer Verschlechterung des Klimas zusammenhängt, scheint auch die Sitte der F. in Vergessenheit geraten zu sein. Nur die schalenförmigen Vertiefungen sind noch weiter bis in die Wikingerzeit ausgeführt worden, wie die Vorkommnisse auf Björkö lehren.

Brunius und Holmberg in den zu § 2 unter Bohuslän angeführten Arbeiten; ATS 2 (1869) B.E. Hildebrand; Congr. intern. préh. Stockholm 1874 Montelius; ders. *Chron. ält. BZ.* S. 76, 205 ff.; Aarb. 1875 S. 421 f. H. Petersen (Vester Saaby; die ebd. erwähnten Zeichnungen im Ganggrab bei Lunde sind nach Aarb. 1917 S. 233 zu streichen); Sv. Fornm. Tidskr. 8 S. 109 ff. E. Ekhoff: Ymer 1916—17 G. Ekholm; Fornvännen 1922 (Diskussion mit Schnittger über die Datierung der Axt- und Schiffsbilder. E. setzt Kivik wegen der Schiffsformen früher als Simris an). Oldtiden 7 (1918) S. 200 f. C. A. Nordman; Aarsberetn. 1908 Andr. M. Hansen; G. Sarauw u. J. Alin *Götaälvsom rädets Fornminnen* 1923 S. 278, 286. — Über Anderlingen: Jahrb. Hannover 1908 H. Hahne; Kossinna *Deutsche Vorgeschichte*[3] S. 88 f. Tf. 21.

§ 6. Deutungsversuche. Die zahlreichen, sehr verschiedenartigen Versuche, für die seltsame Erscheinung dieser F. eine Erklärung zu finden, verteilen sich auf drei Hauptrichtungen, die man die ästhetische, die historische und die religiöse benennen kann.

a) Die ästhetische Deutung. Gewisse ältere Ethnologen, z. B. Rich. Andree, sehen in den F. der außereurop. Naturvölker nichts als Zeitvertreib, Ausflüsse eines natürlichen, künstlerischen Dranges ohne eigentl. Zweck. Dieser Ansicht sich anschließend, sucht Sophus Müller den Ursprung der skand. F. ausschließlich in dem Wunsche, die Felsenflächen zu verzieren; allerdings gibt er zu, daß mit der Zeit auch Bilder von bestimmter Bedeutung, besonders religiösen Inhalts, hinzugekommen sind. Gegen diese Auffassung der skand. F., die auch früher zuweilen ausgesprochen worden ist, hat man oft mit Recht betont, wie unwahrscheinlich es ist, daß alle diese in so verschiedenen Gegenden vorkommenden, in ihren Hauptzügen überall

a

b

c

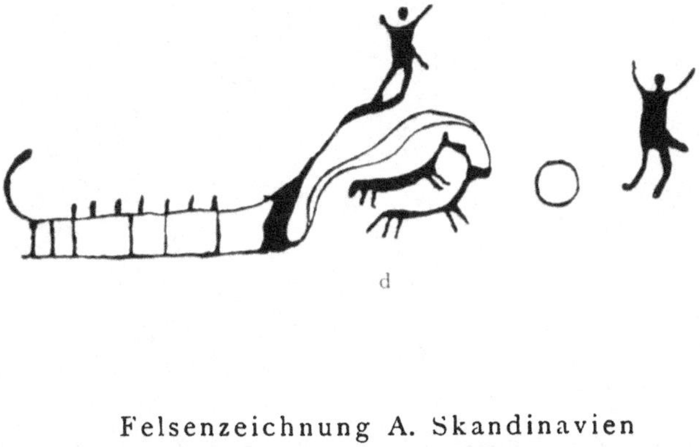

d

Felsenzeichnung A. Skandinavien

a—c. Verzierte Platten des Kivikgrabes. — d. Felsenzeichnung von Ekenberg bei Norrköpping.

so gleichartigen und mit solcher Mühe hergestellten Bildertafeln auf nackten Felsenflächen nur als Zeitvertreib zustande gekommen wären. Moderne Ethnologen sind auch der Ansicht, daß die Zeichnungen der Naturvölker in erster Linie einen praktischen Zweck haben (wozu der religiös-magische zu rechnen ist).

b) Die historische Deutung, die in den F. Denktafeln geschichtlicher Ereignisse, wie Kämpfe u. dgl., sehen will, ist besonders von schwed. Forschern lange Zeit hindurch vertreten worden, so von N. H. Sjöborg, L. Åberg, Brunius, Holmberg, Montelius und Ekhoff. Brunius und Holmberg haben ihre Deutungsversuche sehr weit bis in Einzelheiten hinein getrieben, natürlich mit äußerst hypothetischen Ergebnissen. Brunius glaubte in manchen Figuren bildschriftliche Bezeichnungen gewisser Begriffe zu finden; die Fußsohlen sollen Landung (Betreten des Landes) bedeuten, ein Ochs Stärke, ein Vogel Unglück, die Schalen Tod usw. Montelius und Ekhoff halten sich von Einzeldeutungen fern und betonen zugleich das zahlreiche Vorkommen religiöser Symbole. Ekhoff zieht zum Vergleich die Bilderschrift der Indianer heran.

Gegen die hist. Auffassung spricht vor allem, daß die Bilder allzu ungeordnet hingeworfen sind, so daß man höchst selten versuchen kann, einen Zusammenhang aus einer Bildergruppe herauszulesen. Eine einigermaßen wahrscheinliche Deutung hat man nur von der oberen Gruppe der großen Tf. Baltzer 23—24:1 vorbringen können. Holmberg erklärt sie als einen von Wikingern ausgeführten Überfall, wobei das Vieh geraubt und der friedliche Pflüger erschossen wird. Die unzähligen Schiffsbilder in den an F. besonders reichen Gegenden kann man jedoch schwerlich alle als Gedenktafeln an Seekämpfe auffassen. Auch ist ja ein deutlicher Kampf zwischen zwei Schiffen nur in einem einzigen, zumal unsicheren Falle dargestellt (s. § 4). Die hist. Betrachtungsweise führt zu einem Dualismus: „die F. stellen teils hist. Ereignisse, teils religiöse Vorstellungen dar" (Ekhoff).

c) Die religiöse Richtung nimmt an, daß die F. ganz und gar im Dienste der Religion, des Kultus oder der Magie gestanden haben. Innerhalb dieser Richtung gibt es indessen mehrere recht verschiedene Meinungen.

Mit dem Totenkultus hat zuerst Holmboe die F. verbunden. An das Vorkommen solcher Bilder in oder auf Gräbern (Kivik, Herrestrup) anknüpfend, deutete er die Schiffe als Totenschiffe und sah auch in den Rädern, Wagen, Pferden und Fußsohlen Bezeichnungen der Hinüberfahrt ins Jenseits. In den letzten Jahren haben Ekholm und Nordén eine ähnliche Betrachtungsweise wieder aufgenommen. Außer den Schiffen berücksichtigt Ekholm besonders die Schalen. Weil diese zahlreich auf den Grabbauten vorkommen, und weil man noch jetzt in Mittelschweden in solchen Schalen den in der Erde wohnenden Elfen opfert, betrachtet sie E. nach dem Vorgange anderer Forscher, wie Hammarstedt, als Opferschalen für die Toten. Er sucht weiter nachzuweisen, daß diese Zeichnungen am frühesten in Grabkisten angebracht wurden, und daß man später, als die Steinkisten durch Baumsärge ersetzt wurden und dann die Leichenverbrennung in Gebrauch kam, die das Wohl der Toten bezweckenden Bilder auf festen Felsenflächen angebracht habe. Nordén sucht im einzelnen eine enge Beziehung zwischen F. und bronzezeitl. Grabhügeln nachzuweisen, was indessen tatsächlich nur in ganz wenigen Fällen zutrifft, in Bohuslän jedenfalls gar nicht (s. § 3).

Daß die Zeichnungen in den Gräbern zum Schutz der Toten dienen sollten, daß weiter die reichen Bilder des Kivikgrabes, wie Nordén ausführt, die Begräbniszeremonien und die dabei verwendeten Kultgeräte wiedergeben, um ihre magische Kraft zum Segen des Bestatteten zu erhalten, ist natürlich unbestreitbar. Da aber der Totenkultus sich offenbar in großem Umfange derselben Symbole (z. B. Sonnenräder, Äxte) und derselben magischen Ceremonien wie der allg. Fruchtbarkeitskultus bediente, so ist es schwer zu entscheiden, ob die im Freien auf festem Felsen eingeritzten Zeichnungen für diesen oder jenen Kultus bestimmt waren.

Als magische Förderung des menschlichen Lebens im allg. hat Worsaae schon 1882 die F. deuten wollen. In den zahlreichen, heiligen Zeichen (u. a. Sonnenschiffen) und in den Götterbildern sieht er die segenbringenden Elemente, in den Bildern von Kämpfen, Jagd, Pflügen und Liebespaaren die zu segnenden menschlichen Angelegenheiten. In ähnlicher Weise hat J. Bing neulich die Felsentafel Baltzer 23—24:1 gedeutet.

H. Schneider sieht in den Grabzeichnungen eine Art „Totenbuch", in den eigentlichen F. Erinnerungen an die jährlichen Kultfeste für den Sonnengott, den er sowohl durch Räder und Kreise als durch Schiffe, durch phallische Menschenfiguren usw. symbolisiert findet. Die Bilder wären an den Kultplätzen Jahr für Jahr eingeritzt worden. In einigen Fällen nimmt er auch eine Wiedergabe der eigentlichen Kultaufzüge an. Als solche sind schon früher gewisse Bilder wie z. B. der Radträger Tf. 54h von J. Helander und Andr. M. Hansen, von dem letzteren auch die Pflüger, gedeutet worden.

Dieser letzte Gesichtspunkt scheint dem Unterzeichneten für die Deutung der F. ganz besonders förderlich zu sein, nicht am mindesten was die Schiffsbilder mit ausführlichen, figürlichen Darstellungen betrifft. Schiffe sind nämlich im Kultus nicht nur als Totenschiffe gebraucht worden; diese dürften eher sekundär im Verhältnis zu den Götterschiffen sein, die ihrerseits offenbar auf der alten Vorstellung beruhen, daß die Himmelskörper in Schiffen über den himmlischen Ozean und dann über unterirdische Gewässer fahren. Kultschiffe der Sonnen- und Fruchtbarkeitsgötter waren in Babylonien und Ägypten wenigstens seit dem 3. Jht. v. C. äußerst gewöhnlich; sie wurden in den Tempeln aufbewahrt und in den Prozessionen getragen oder auf Rädern oder Schlitten herumgefahren. Sie lebten weiter in den Schiffskarren des griech. Dionysos und in den Schiffswagen oder Schiffsschlitten der späteren Karnevale. Als solche Kultschiffe (freilich nicht auf Rädern, aber vielleicht auf Schlitten!) lassen sich die Schiffsbilder der F. wie Tf. 52—55 mit ihren Sonnensymbolen, heiligen Bäumen und Äxten, Tänzern, Adoranten, Lurenbläsern usw. vortrefflich deuten. Zuweilen sieht man sogar, wie ein Schiff von einem Manne geschleppt wird (Tf. 54f). Weiter sieht man Wagen mit Sonnenrad (Tf. 54i; vgl. das Sonnenbild von Trundholm; s. d.) und Männer, die Räder oder große Äxte tragen (Tf. 51d, e; 54h, j). Sogar Szenen aus dem rituellen Jahreszeitdrama dürfte man erkennen können, wie das Maibrautpaar, das Erschießen des Bräutigams, seine Beweinung durch die Braut, seine Auferstehung und Rache (Tf. 53a—f sowie das von W. Schulz im Mannus 6 behandelte Bild). Daß die Pflugszene Tf. 53g rituellen Charakter hat, zeigt der Maizweig in der Hand des Mannes. Auch Prozessionen kommen vor, z. B. Tf. 54g, die wohl das Herumtragen eines großen Götterbildes vorstellt; man denke an die riesigen Menschenfiguren aus Korbgeflecht, die in den flandrischen Karnevalen herumgeführt und schon von Cäsar (BG VI 16) genannt werden. Selbst die Kämpfe der F. können rituell sein (Kampf zwischen Sommer und Winter); darauf deutet, daß die Kämpfer oft phallisch sind und ihre Körper die Form eines Sonnenrades haben. Die Jagdszenen können ebensogut Opfer vorstellen. So ist bald die eine, bald die andere Szene eines Kultfestes als Erinnerung des Ganzen eingeritzt worden, um die Kraft der Zeremonien zu erhalten und wohl auch um dieselbe nach verschiedenen Teilen eines Gaues zu verpflanzen. Anstatt der deutlichen Kultszenen sind indessen öfters nur symbolische Zeichen wie einfache Schiffe, Räder und Bäume dargestellt worden. In den F. von Simris sind die axttragenden Männer wie Tf. 51e meistens durch freistehende Äxte wie Tf. 51f ersetzt.

Wenn alles dies richtig ist, sind vielleicht die Schalen am ehesten, wie Rivett-Carnac nach ind. Analogien getan hat, als Symbole der Befruchtung zu deuten und die Fußsohlen mit Baudouin als die Fußtapfen des menschlich gedachten Sonnengottes aufzufassen. Gewisse größere Menschengestalten der F. sind wahrscheinlich, wie man oft angenommen hat, als Götter zu erklären. Vielleicht stellen sie am ehesten die in den Kultaufzügen auftretenden menschlichen Götterrepräsentanten (Priester) dar; man bemerke die segnende Gebärde mit der einen Hand (Tf. 51d).

Wenn J. Bing und G. Kossinna besonders dem nachstreben, in den F. verschiedene

a

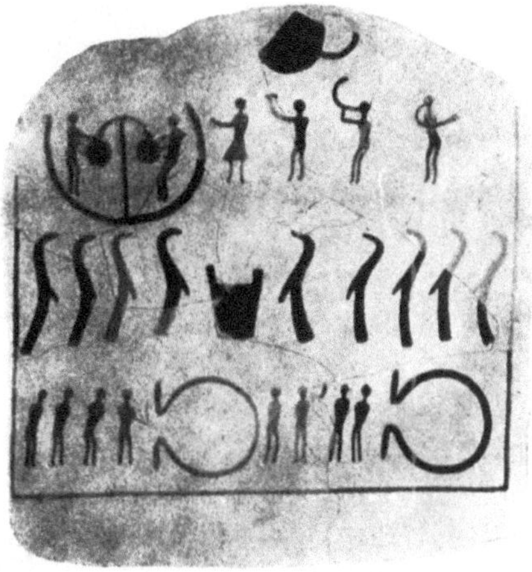

b

c

d

Felsenzeichnung A. Skandinavien

a – d. Verzierte Platten des Kivikgrabes. a und d nach Gipsabgüssen, b und c nach älteren Zeichnungen.

differenzierte Götter und allerlei Mythen zu erkennen, so reimt sich dies methodologisch mit der hier vorgebrachten Deutung insofern, als Göttermythen bekanntlich in großer Ausdehnung zur Erklärung kultischer Aufzüge entstanden sind. Daß es sich aber in den F. mehr um Kultus als um Mythus handelt, beweisen die Lurenbläser, Adoranten (Tf. 54 f), Tänzer, Prozessionen.

Die hier bevorzugte Betrachtungsweise stellt die naturalistischen F. der steinzeitl. Jägerstämme und die stilisierten F. der bronzezeitl. Bauernvölker in ein und dieselbe Entwicklungsreihe. In beiden Fällen handelt es sich um eine Bildersprache, wodurch die Menschen den über ihre Lebensbedürfnisse in dieser Welt wie im Jenseits waltenden Mächten ihre Wünsche ausdrücken. Die Jägerzeichnungen rufen: „Gebet uns Wild". Die Bauernzeichnungen ebenso wie die in ihnen abgebildeten Aufzüge bitten: „Ihr göttlichen Mächte, besuchet uns (und unsere Toten in den Gräbern) mit eurem lebenspendenden Segen in der Weise, wie wir es hier darstellen. Gewähret uns eure Gaben, so wie wir euch geopfert haben!"

Nachtrag zu § 6 (Dezember 1924). Nachdem die obige Darstellung geschrieben und eingeliefert war, haben Bing, B. Schnittger, Ekholm und Nordén weitere Beiträge zur Diskussion über die Bedeutung der F. gegeben.

Bing sucht nachzuweisen, dass man auf den F. den Übergang von Magie zu Götterglauben beobachten kann. Im übrigen hält er an seiner oben erwähnten Auffassung, die mit der von Worsaae am nächsten übereinstimmt, fest; selbst die Schiffe betrachtet er als wirkliche Schiffe, für die man Segen erbittet.

Schnittger teilte mit, daß er schon 1912—13 in Vorlesungen die von Reinach für die paläol. Bilder vorgebrachte Erklärung auf die bronzezeitl. F. angewendet hat; sie hätten den Zweck gehabt, Sonnenschein, Fruchtbarkeit und Jagdglück zu bewirken. Sowohl er als Ekholm und Nordén sind darüber einig, daß Kultszenen in großer Fülle auf den F. vorkommen; Nordén bringt in seinem großen Tafelwerk über die Felsbilder Östergötlands viele von ihm neuentdeckte Belege dafür, wie Sonnenschiffe, Baumschiffe und sogar ein mit zwei Pferden bespanntes Schiff, vor dem ein Sonnenbild und ein Adorant zu sehen sind (Tf. 55 d). Alle drei Forscher stimmen auch darin überein, daß sie die F. in ihren Anfängen dem Totenkultus zuschreiben. Während aber Ekholm diesen Gesichtspunkt für die sämtlichen F. streng durchführt, nehmen Schnittger und jetzt auch Nordén an, daß dieselben in ihrer Entwicklung auch in den Dienst des Fruchtbarkeitskultus übergegangen sind. Besonders Nordén will auch, wenigstens für die F. von Bohuslän, eine dritte Stufe annehmen, in der sie zu einer rein profanen Genrekunst geworden wären, genau so wie das Theater ursprünglich der Religion, dann der Profankunst gedient hat.

Die letzte Annahme ist wohl denkbar, aber m. E. gar nicht notwendig. Bei der Erörterung des Hauptproblems: „Totenkultus oder Fruchtbarkeitskultus?" muß man genau festhalten, daß, wie oben bemerkt, der Totenkultus im größten Umfange die Riten des Fruchtbarkeitskultus angewendet hat. Bei einer genaueren Untersuchung findet man, daß so gut wie alle auf den F. zu erkennenden kultischen Aufzüge auch bei antiken Beerdigungszeremonien vorgekommen sind; dies gilt nicht nur von den Schiffen, sondern sogar auch von den rituellen Kämpfen und der rituellen Pflügung (ob auch von dem vollständigen Jahreszeitdrama, Tf. 53 a—f, bleibt wohl doch fraglich, ist aber nicht ganz unwahrscheinlich).

Es ist also gewiß vollkommen zulässig, mit Ekholm die sämtlichen F. dem Totenkultus zuzuteilen. Die Erklärung wäre dann die (wie auch E. in etwas anderen Worten hervorhebt), daß man kein Bedürfnis empfunden hätte, die jährlich wiederholten Fruchtbarkeitsriten auf den Felsen zu verewigen, was dagegen betreffs der ein für allemal vorgenommenen Begräbnisriten sehr begreiflich wäre. Man vergleiche die mittelalterlichen, einmaligen Stiftungen für Seelenmessen. E. betont besonders, daß die nord. Bild- und Runensteine der EZ fast ausschließlich den Toten gewidmet sind. Man könnte auch an den Gegensatz zwischen den megal. Ewigkeitshäusern der Toten und den gebrechlichen Hütten der Lebenden in der StZ erinnern.

Das Hauptargument für Ekholm ist indessen, daß die F. am frühesten in Grabkisten auftreten. Dies kann nun für den N nicht sicher bewiesen werden. Mir ist wenigstens so viel unzweifelhaft, daß die Axtbilder auf festen Felsen bei Simris (Tf. 51 e, f) einen älteren Typus als diejenigen des benachbarten Kivikgrabes (Tf. 56 c) wiedergeben; beide Typen sind tatsächlich in übergroßen Kult- oder Votivexemplaren gefunden worden (Montelius *Minnen* 795 [793] und 883). Dagegen ist es ganz richtig, daß in West- und Mitteleuropa eingeritzte Schiffs- und Axtbilder ähnlich den nord. bisher nur in Gräbern entdeckt worden sind (Irland, Frankreich, Norddeutschland), und das ist unbedingt die stärkste Stütze für die Auffassung Ekholms.

Etwas weiter s. treffen wir aber die merkwürdigen F. der ligur. Hochalpen, die der Per. I der BZ angehören und sehr viele Analogien zu den unsrigen darbieten (s. C); sie haben gar nichts mit Gräbern zu tun, aller Wahrscheinlichkeit nach sind sie an die himmlischen Mächte gerichtet. In Ägypten wiederum treffen wir genau dasselbe Problem wie im N: einerseits primitive eingeritzte Bilder von Tieren, Menschen und Schiffen auf festen Felsen, andererseits ganz ähnliche Bilder (hier in Stuckmalerei) auf den Wänden einer prädyn. Grabkammer, sowie auch auf tönernen Grabgefäßen derselben Zeit (vgl. z. B. Capart *Débuts* S. 194 ff.). Auch hier stellt sich dieselbe, schwer zu beantwortende Frage: waren auch die F. den Toten gewidmet, oder bezeichnen sie heilige Stätten, die Vorstufen der späteren Tempel des allg. lebensfördernden Kultus? Denn auch an den späteren äg. Tempelwänden sind ja ähnliche Kultszenen (mit Götterschiffen usw.) wie auf den gleichzeitigen Grabwänden in reicher Fülle dargestellt, nur haben die besser geschützten Grabbilder sich bis in unsere Zeit in größerer Ausdehnung erhalten als die Tempelbilder.

Für den N spitzt sich das Problem folgendermaßen zu: sollen wir eher aus den berührten Verhältnissen in West- und Mitteleuropa schließen, daß die nord. Felsenbilder vom Anfang an (und am folgerichtigsten dann auch in der Folgezeit, wie Ekholm meint) nur den Toten gewidmet waren, oder sollen wir aus der weitaus allgemeinsten Art ihrer Anbringung folgern, daß sie in erster Linie das Gedeihen des Lebens, nur beiläufig auch das Wohl der Toten bezweckten? In beiden Fällen sind sie offenbar, wo sie nicht in Gräbern vorkommen, an Stellen angebracht worden, die einer Familie oder den Einwohnern eines Hofes, Dorfes oder Gaues heilig waren, und in denen diese ihre Wünsche den waltenden Mächten durch die eingeritzten Bilder nachdrücklich anheimgestellt haben.

Eine Möglichkeit, der Lösung dieses Problems näher zu kommen, wird sich wohl nur auf einem Wege darbieten: durch eine eingehende Untersuchung über die ursprüngliche Bedeutung der Schalen und der Fußsohlen. Denn von allen Elementen dieser F. sind sie, wie wir sahen, die ältesten, zu denen sich die übrigen Bilder allmählich gesellen, und zugleich die am weitesten verbreiteten. Überall, wo sie vorkommen, finden sie sich nicht nur an Gräbern, sondern auch, und wohl in den meisten Gegenden, noch öfter an festen Felsen und natürlichen Steinblöcken, im bebauten Lande, bei Quellen usw. Waren sie wirklich auch in den letzteren Fällen den Toten gewidmet? Eine gewisse Aussicht, die ursprünglichsten Überlieferungen betreffs dieser Zeichen aufzuspüren, dürfte man, nach den bisherigen Andeutungen zu schließen, in Indien haben. Hier scheinen die Fußsohlen ursprünglich dem Gotte Wischnu zugeschrieben worden zu sein und mit dem Mythus von seinen drei Schritten von der Erde in den Himmel in Verbindung gestanden zu haben. Die Schalen wiederum stehen, wie Rivett-Carnac nachwies, in Zusammenhang mit dem Kultus des durch Zeugungssymbole veranschaulichten Gottes Mahadeo oder Schiva. Freilich werden auch bei den Mahadeo-Heiligtümern Gräber angelegt, aber dies scheint, wie bei unseren Kirchen, sekundär im Verhältnis zum allgem. Kultus zu sein. In diesem scheint hier die Förderung der weiblichen Fruchtbarkeit stark hervorzutreten. Spuren eines ähnlichen Glaubens findet man tatsächlich auch bei Schalensteinen in Frankreich. Nun könnte man einwenden, daß auch diese Vorstellung im Totenkultus, nämlich im Glauben an die Wiedergeburt, wurzeln kann. Andererseits sind die Religionsforscher gar nicht darüber einig, ob die Elfen, denen man in den schwed. Schalensteinen opfert, ursprünglich als Tote oder als Naturdämonen aufzufassen sind. So scheint am Ende das Problem der F. in das allg. große religionsgeschichtliche Problem von dem ursprünglichen Verhältnis zwischen Totenkultus und Naturkultus auszulaufen (vgl. § 1).

Endlich soll kurz erwähnt werden, daß Nordén dicht bei (und z. T. über) einigen der von ihm untersuchten Felsentafeln Überreste von gewaltigen Opferfeuern gefunden hat (in einem Falle durch einen Bronzeknopf in die BZ datiert), und weiter, daß andere nord. F. in enger Verbindung mit Ortsnamen von kultischer Bedeutung (wie Solberg, Disåsen, Dansarberget) oder mit anderen Überlieferungen kultischen Inhalts auftreten.

Übersicht über die älteren Deutungen: Bidr. bohusl. fornm. 1 Montelius; Scandinavian Studies and notes 7:1 (1922) G. T. Flom.

Zu a: Müller *NAK*. I; Aarb. 1920.

Zu b: Brunius u. Holmberg a. a. O.; Congr. Stockholm 1874 S. 474 Montelius; ders. *Kulturgeschichte Schwedens* 1906 S. 128f.; ders. *Vår forntid* 1919 S. 140f.; Sv. Fornm. Tidskr. 8 Ekhoff; Mannus 15 (1923) W. Gaerte, der die Schuhsohlen und Räder als Zeichen für Besitznahme von Land und Schiffen deuten will.

Zu c: Kristiania Vidensk. Forhandl. 1860, 1865 C. Holmboe; Uppl. Fornm. Tidskr. 30 (1915), Ymer 1916 G. Ekholm; ders. *Studier* II; Fornvännen 1922 Ekholm; Ymer 1917, Felsbilder von Ostgotland A. Nordén; J. J. A. Worsaae *The industrial arts of Denmark* 1882 S. 112ff.; Oldtiden 3 (1913), Mannus 6, 7, 10, 14, Ord och Bild 1920, Fornvännen 1922 J. Bing; Veröffentl. Halle 1918 H. Schneider; Ord och Bild 1906 J. Helander; Aarsberetn. 1908 A. M. Hansen; Bidr. Bohusl. Fornm. 8 (1913), Oldtiden 7 S. 192ff., Bezzenberger-Festschrift 1921 O. Almgren; ders. *Sveriges fasta fornlämningar* 2. Aufl. (1923); ders. *Hällristningar och kultbruk* (in Vorbereitung); G. Kossinna *Deutsche Vorgeschichte*[3]; Mannus 6 S. 324 W. Schultz; ebd. 11 - 12 S. 155 G. Wilke (die beiden letzten behandeln einzelne Bilder); Fornvännen 1922 B. Schnittger; Göteb. Fornm. Tidskr. 1923 J. Lindequist, der für die Deutung der Fruchtbarkeitsmagie eintritt.

Über die Schalen: J. Y. Simpson (s. zu § 3); Journal of the Asiatic Society of Bengal, Part I Vol. 46. Calcutta 1877 H Rivett-Carnac; ATS 13 S. 35ff. Montelius; Müller *Ordning* I S. 24 u. Aarb. 1917 (mit vielen Literaturhinweisen); Aarsberetn. 1905 S. 8 A. Coll; *Beiträge zur Religionswissenschaft* 2:1 (1915); *Svensk forntro och folksed* 1 (1920) N. E. Hammarstedt.

Über die Fußsohlen: Schles. Vorz. NF 5 H. Seger; Comptes rendus de l'Association française pour l'Avancement des Sciences. Congrès de Tunis 1913 (Paris 1914) Baudouin; Ostasiatische Zeitschrift 7 J. Charpentier. — Zur technischen Erklärung der Schuhsohlen mit Querstrichen, wie Tf. 51g, vgl. den berühmten tönernen Sandalenpokal aus Staßfurt: Sächs. Jahresschr. 6 Tf. 16; es geht daraus hervor, daß die Querstriche Befestigungsriemen darstellen.

Oscar Almgren

B. Sibirien und die nw. Mongolei. S. a. Sibirien C, wo die zu diesem Artikel gehörigen Abbildungen. § 1. Eine ausführliche wissenschaftliche Behandlung der sibir.-mongol. F. ist vorläufig nicht möglich, weil die Vorarbeiten fehlen. Einiges kann jedenfalls hervorgehoben werden. Zeichnungen kennt man: a. an glatten und steilen Bergwänden, b. auf Grabdenkmälern und Steinpfeilern der Steppen. Das Verbreitungsgebiet der a-Gruppe umfaßt den Kreis Minusinsk in Sibirien und Uranchai in der Mongolei. Vereinzelte Bilder kommen auch auf der russ. Seite des Altaigebirges vor. Bilder der b-Gruppe kennt man außer den oben angeführten Gebieten auch aus Changchai in der Mongolei bis zum Orchonflusse. Das Hauptverbreitungsgebiet der F. ist ohne Zweifel das obere Jeniseigebiet auf beiden Seiten des Sajanischen Gebirges.

§ 2. Die eig. F. der a-Gruppe sind meist an leicht zugänglichen Sandsteinfelsen ausgeführt, doch finden sich z. B. am Tubaflusse, Kr. Minusinsk, sowie im Elegesgebirge in Uranchai, F. auch auf schwererreichbaren Bergspitzen und -kuppen. Gewöhnlich ist nur die Kontur der Bilder, seltener die ganze Bildfläche eingehauen. Dies geschah mit einer spitzen Metall-(?) hacke so, daß die linearen Vertiefungen, bzw. Flächen, wie punktiert aussehen. Am häufigsten, in Uranchai und im Altai fast ausschließlich, sind verschiedenartige Tiere dargestellt: Steinböcke, Edelhirsche, Kamele, Pferde, auch Pferde mit Reitern. Dazu kommen Tamgazeichen (Hausmarken, z. B. auf dem Elenrücken) und vereinzelt auch Inschriften. Im Kr Minusinsk sieht man auf den F. auch Jagd- und Kultdarstellungen. Gewöhnlich sind die Bilder ohne Ordnung und gegenseitigen Zusammenhang, wie es der Raum gestattet, neben oder unter einander aufgereiht. In einzelnen Fällen werden ältere Zeichnungen durch jüngere überdeckt. Die einzelnen Bilder sind klein, die Steinböcke etwa 10 cm l., die anderen Tiere verhältnismäßig größer.

§ 3. Die berühmtesten unter den sibir.-mongol. F. sind die auf den Suljekfelsen am Boẑesee, die bei Kizilkaje am Uibatflusse und die bei Oglachta am Jenisei, Kr. Minusinsk, sowie die auf dem Kajabaŝifelsen in Uranchai. Auf den Suljekzeichnungen sehen wir neben roh eingehauenen Tier- und Menschenbildern auch besser gezeichnete Bogenschützen zu Pferde im gestreckten Galopp und Kamele. Hier finden sich auch einige Zeilen alttürkischer Inschriften mit eingeritzten Jeniseibuchstaben. Man erinnere sich, daß das Kamel, obwohl in der Zentralmongolei allg. benutzt, auf diesen n. Steppen heute ganz unbekannt ist. Auch beachte man unter den Kizilkajezeichnungen die Opferszene mit Menschen um die typischen hohen sog. Skythenkessel (s. Bronzekessel, Skythischer) und die zu Pferd oder in Schlitten herbeieilenden Männer mit merkwürdiger Kopfbedeckung, welche auch auf Grabzeichnungen vorkommen.

§ 4. Die Grabsteine und Steinpfeiler sind mit ähnlichen Darstellungen wie die Felsen geschmückt. Auch die Technik ist dieselbe: auch hier sind die Konturzeichnungen allgemeiner, die vertieften Bildflächen seltener. Am häufigsten erscheinen die Tamgazeichen oder auch vereinzelte roh eingehauene Menschen- und Tierbilder, von welchen einige als Hausmarken oder Totems aufgefaßt werden dürften. Ein großer Teil von diesen Zeichnungen soll demnächst in der Zeitschr. d. Finn. Alt. Ges. Bd. 35:4 veröffentlicht werden.

§ 5. Eine Gruppe für sich bilden die besonders geformten Steinpfeiler mit eingehauenen Bildern. Ich sehe hier ganz von menschen- oder tierähnlichen, plastisch skulptierten Pfeilern oder Babas ab und halte mich nur an die Steinpfeiler mit Flächenzeichnungen. Es lassen sich unter ihnen 3 Gruppen unterscheiden: 1. Pfeiler, die nur mit Tamgas versehen sind, 2. Pfeiler, die unterhalb der Spitze eine schräge Kreislinie sowie ebendort und an der Mitte oder etwas tiefer eine eingehauene Furche tragen, 3. Pfeiler mit Tierbildern; sie sind oft auch mit Tamgas und Inschriften versehen. Die bisweilen realistische, oft aber stark stilisierte Tierfigur ist mehrfach wiederholt und übereinander gestellt, wobei die Stilisierung z. B. des Geweihs ein hochentwickeltes Kunstgefühl beweist. Unter den Tierbildern sieht man Steinböcke, Antilopen, Edelhirsche, Wildschweine und Pferde. Auch Menschen sind, obwohl seltener, abgebildet. Ohne Zweifel haben diese Bilder nicht nur einen ornamentalen Charakter gehabt. Man hat an astrale Darstellungen gedacht, da die Seiten der Steinpfeiler und die Gürtelfurchen oft nach den Haupthimmelsrichtungen orientiert sind, wobei die Tiere Himmelskörper vorstellen könnten (Journ. Soc. Finno-ougr. 38:2 S. 40 Granö). Wahrscheinlich spielen auch phallische Motive hier herein. Auch unter den eigentl. Felsenbildern kommen Darstellungen nackter Männer bisweilen vor, obwohl m. W. nicht direkt phallisch.

§ 6. Was das Alter der sibir.-mongol. F. betrifft, stammen sie ohne Zweifel aus verschiedenen Zeiten. Ich bin jedoch überzeugt, daß sie zu allergrößtem Teil dem 1. nachchristl. Jht. angehören und mit den sassanidischen Felsenzeichnungen genetisch zusammengehören, obwohl sie türkisch-kirgisische Arbeit sind. Die Beweise dafür sind folgende: Auf den Steinpfeilern mit Hirschbildern kommen oft Inschriften aus dem 7.—8. Jh. vor, und die Inschriftsteine ohne Bilder haben oft ganz dieselbe Form wie die Bildsteine ohne Inschriften. — Der Charakter der F. erinnert stark an die sassanidischen, wie z. B. einige Jagddarstellungen, so auch besonders der gestreckte Galopp, der der sassanid. Kunst eigen ist. In Uranchai, wo die F. sehr allg. sind, hat man in den Brandgräbern keine Funde aus den vorchristl. Jahrtausenden angetroffen. Dagegen sind die türk. Inschriften der Völkerwanderungszeit dort sehr allg. Die datierbaren Kulturspuren aus Uranchai stammen also überhaupt aus dem 1. Jht. n. C., und damals war dies Gebiet nach Persien hin orientiert. Auch die sog. Skythenkessel sind eine durchaus nicht nur bronzezeitl. Form, sondern treten in der EZ, z. B. im Teskurgane im 1. Jht. n. C. auf (Zeitschr. der Finn. Alt. Ges. 29:2).

Ob es überhaupt ältere F. in Zentralasien gibt, ist schwer zu sagen. Wohl sind roh gehauene Bilder auch auf den Steinplattenwänden der sog. Ecksteinkurgane bekannt, welche meist bronzezeitl. sind und aus den letzten Jh. v. C. stammen, aber diese Bilder sind den späteren F. ähnlich und unterscheiden sich vollständig von den Ornamenten, welche auf den Bronzen auftreten. Sie können wohl von der indogenen Bevölkerung der Steppen viel später auf den Steinen der bronzezeitl. Gräber ausgeführt worden sein. — Nur eine einzige Bilddarstellung könnte vielleicht aus der BZ stammen, obwohl sie sich nicht viel von den eisenzeitl. unterscheidet; sie ist aus dem Altai. Die Form des Dolches erinnert stark an die Dolche Tallgren *Coll. Zaouss.* I. Abb. 13; diese Form ist m. W. später unbekannt gewesen. Obwohl solche Dolche eig. osteurop., nicht sibir. sind, kennt man einzelne Exemplare auch im Kr. Minusinsk.

§ 7. Außer eingehauenen Bildern kommen auch bemalte vor. Sie sind schwarz oder (dunkel) rot gemalt und stellen Menschen, Tiere und Tamgas dar. Felsenmalereien sind z. T. aus derselben Gegend bekannt wie die F., z. T. finden sie sich noch n. des Jenisei und längs seiner Nebenflüsse. Die nördlichsten bekannten stammen von den Felsen am Wassersystem des Manaflusses, etwa 25 Werst n. von Krasnojarsk, wo ihrer 8 untersucht worden sind. Alle diese Malereien sind figural. Sie, wie übrigens mehrere der Bilder auf den Grabsteinen im Kr. Minusinsk, erinnern an Bilder auf den Schamanentrommeln und sind wohl mit dem Schamanismus in Verbindung zu bringen. Ihr Alter ist ganz unbestimmbar. Sie können sehr alt sein, aber nichts spricht gegen eine viel spätere Datierung. Auch alttürk. Inschriften der mittl. EZ sind bisweilen in schwarzer oder roter Farbe gemalt.

Auch im Ural sind Felsenmalereien unweit Nižni-Tagil'sk, n. von Jekaterinburg, entdeckt worden. Ausgezeichnete, von V. Tolmačev ausgeführte Kopien besitzt die Archäologische Kommission in Petrograd. Die Bilder sind in roter Farbe gemalt und scheinen verschiedene Zeichen und Ornamente abzubilden. Felsenzeichnungen sind m. W. im Ural unbekannt. Über das Alter der ural. Felsenmalereien wage ich mich nicht zu äußern.

Wahrscheinlich besteht kein direkter Zusammenhang zwischen den europ.-asiat. und den nord. Felsenzeichnungen.

J. T. Savenkov *O drevnich pam'atnikach izobrazitelnavo iskustva na Jeniseje* Trudy XIV Černigov I (1910); Aspelin *Inscriptions de l'Iénissei recueillies et publiées par la société finlandaise d'archéologie* Helsingfors 1889; A. V. Adrianov *Pisanicy po rekje Man'e* Zapiski Russk. otd. Russk. arch. obščestva 9; *Predvaritelnyja svedenija o sobiranij pisanic v Minusinskom kraje letom 1907* Russk. Komitet dl'a izuč. Srcdn. i Vostočn. Azii 8 (1908) S. 37 ff. ders.; Granö *Archäologische Beobachtungen in den nördlichen Grenzgegenden Chinas* Journ. Soc. Finno-Ougrienne 36, 38. A. M. Tallgren

C. Italien (Tf. 57—59). § 1. In einigen entlegenen Tälern der Seealpen im Gebiet des Col di Tenda zwischen Cuneo und Ventimiglia, hart an der italien.-frz. Grenze, um den dominierenden Monte Bego, auch Monte di S. Maria genannt, in nächster Nachbarschaft der Laghi delle Meraviglie heißenden Gletscherseen, in einer H. von zwischen 1890 und 2600 m (Valle d'Inferno, Valle di Valauretta, Valle di Fontanalba, Valmasca), sind wagrechte, schräg liegende oder auch senkrechte glatte oder durch Gletscherarbeit geglättete Felsflächen (Tf. 57) bedeckt mit Zeichnungen, deren Umrisse meist hergestellt sind durch Reihen nebeneinander eingehauener Löcher von 2— 3 mm Dm, Löcher, die mitunter auch das ganze Innere der Zeichnungen ausfüllen (vgl. A § 3, B § 2). Einen großen Teil des Jahres sind diese Zeichnungen mit Schnee bedeckt. Zuerst um die Mitte des 17. Jh. entdeckt, sind sie namentlich seit 1868 Gegenstand des Interesses für engl., frz. und italien. Forscher gewesen. Besonders hat sich der 1918 verstorbene Engländer Clarence Bicknell um ihre Sammlung und Aufnahme verdient gemacht; durch seine letztwillige Verfügung ist das geol. Cabinett der Univ. Genua in den Besitz von Originalproben und einer reichen Fülle von Photographien, Durchzeichnungen und Durchreibungen gekommen. Andere Originalprobestücke sind im Britischen Museum und im Lokalmuseum von Bordighera. In weitaus geringerer Zahl sind ähnliche Zeichnungen auch auf Felswänden des Finalese (Appennin) bei Orco Feglino und Acquasanta aufgefunden.

§ 2. Die Zeichnungen (Tf. 58, 59) in der unwirtlichen Höhe der Meraviglietäler stammen von einer Bevölkerung, die in den Talebenen Ackerbau trieb. Kindliche Zeichnungen von in Obersicht gesehenen Rindern, deren Hörner als das Augenfälligste oft den Körper fast ganz ersetzen, und von je zwei Rindern gezogenen Pflügen, die Männer dazu in Vorder- oder Profilsicht, Sicheln und Eggen, zweirädrige Karren, Hacken für Hackbau, deren Formen, noch neol. anmutend, wohl aus der kuprol. in die frühere BZ hinüberleiten, der die Zeichnungen sämtlich anzugehören scheinen; an Waffen Äxte verschiedener, aber durchweg noch fast steinzeitl. Form, Pfeilspitzen, auch einmal ein Bogenschütz, kurze und lange Dolche und Axtdolche (Dolchstäbe); die endlos langen Axtstiele (hierüber s. Hoernes *Urgesch.*[2] S. 618) oftmals geschwungen von dazu ganz und gar verhältnislosen Männern; vereinzelt auch menschliche Gestalten von spindeldürrem, linearen Körper mit spinnenbeinigen Armen und Beinen, auch wohl zu mehreren gruppiert, sich an den Händen fassend; eigenartige Versuche, Grundrißzeichnungen zu geben, jedoch ohne eine klare Anschauung von etwas anderem zu vermitteln, als höchstens vielleicht von Felderteilung und einem durchlaufenden Bach. Der mehrfach in den Besprechungen auftauchende Gedanke an Buchstaben ist natürlich weit abzuweisen, wenn auch manche Strichsysteme eine gewisse äußerliche Ähnlichkeit mit irgend welchen Schriftzeichen haben mögen. Alle besonders von Issel erwogenen Bedeutungsmöglichkeiten stehen bis jetzt in der Luft; namentlich läge bei diesen höchst realistischen Darstellungen nicht der geringste Anlaß vor, etwa religiöse Gedankengänge heranzuziehen, wie es mit bedeutend größerer Wahrscheinlichkeit bei den Hällristningar (s. Felsenzeichnung A) möglich gewesen ist, wenn nicht die allerdings dem Himmel so nahe, aller menschlichen Tätigkeitssphäre so entrückte Anbringung der Meraviglienzeichnungen nachdenklich machen könnte (s. A § 6 Nachtrag).

Literatur bis 1910 bei Déchelette *Manuel* II 1 S. 493, 2 und bei Montelius *Civ. prim* II 609 ff. wozu Tf. 127; daraus besonders wichtig die Veröffentlichungen Bicknells: Atti della Soc. ligust. di sc. natur. 8, 10, 17, 19; ferner Bull. Paletn. Ital. 17 (1901) S. 217 ff., 18 (1902) S. 234 ff. Issel; ders. *Liguria preistorica* 1908 S. 489 ff. und Tf. 6 ff.; Peet *Stone- and Bronzeages* 1909 S. 392 ff.; Atti della Soc. ital. p. il progr. d. scienze 6 (1912) S. 703 ff. Bicknell; ders. *A Guide to the prehistoric rockengravings in the Italian Maritime Alps* 1913; vollständige Bibliographie der einschlägigen Arbeiten Bicknells Bull. Paletn. Ital. 42 S. 140 — Für Orco Feglino und Acquasanta: Issel *Ligur. preist.* S. 460—484 und Bull. Paletn. Ital. 24 S. 264 ff. und Tf. 23, sowie Montelius *Civ. prim.* II 612, *Vorklass. Chronol.* S. 17 und Boll. d'Arte del Ministero di P. I. 1924 S. 741 ff. Barocelli. v. Duhn

D. Spanien s. Pyrenäenhalbinsel B § 1.

Felsgrab s. Grab.

Felsina s. Bologna.

Fenchel s. Dill.

Fenster. A. Europa. § 1. Wenn selbst in der hochgesteigerten Baukultur des alten Orients F. keineswegs allg. sind, wenn sie im 16. Jh. n. C. in großen Teilen Skandinaviens noch unbekannt waren (Troels Lund *Tägl. Leben in Skandinavien* 1882) und in einigen Gegenden Südfrankreichs, also im Kreise südeurop.-klassischer Kultur noch im vorigen Jh. als Kennzeichen besonderer Vornehmheit galten, so dürfen wir nicht erwarten, dem F. als wesentlichem Bestandteil vorgesch. Häuser zu begegnen. Dieser Bauteil ist in der Tat selten, und in den allermeisten Fällen hat die Türöffnung zugleich den Bedarf des Innenraumes an Licht- und Luftzufuhr zu decken.

§ 2. Trotzdem begegnet das F. als selbständiger Bauteil bereits überraschend früh: im neol. Pfahlbau von Schaffis (s. d.) fand sich ein hölzerner Fensterladen von noch 40 zu 35 cm Größe mit deutlichen Resten eines Riegelverschlusses (8. Pfahlbauber. S. 48 Abb. B). Mehrere neol. Wohngruben haben außer den breiten Türeinschnitten noch Wandschlitze in größerer Zahl und von solcher Schmalheit, daß sie nur als Fensteröffnungen erklärt werden können (Worms: Anthrop. Korr.-Bl. 304 [1899] S. 115; Stützheim i/E.: R. Forrer *Bauernfarmen der Steinzeit* 1903 Tf. 4). Die neol. Hausurne von Kodža Dermen (s. d.) in Bulgarien (Arch. Anz. 1915 S. 218 Abb. 1) hat an den Langseiten Öffnungen kreisrunder Form in Andeutung der F.

§ 3. In der BZ und HZ fehlen alle Anhaltspunkte für den Gebrauch von F. an mitteleurop. Bauten, im S sind sie um so häufiger. Für die kret. Bauten ist die

Felsenzeichnung C. Italien

Italien C. Felsenzeichnung

Eingeritzte Figuren. Nach Bicknell.

regelmäßige Verwendung von F. in ganzen Reihen und in mehreren Stockwerken vor allem durch den Palast von Knossos (BSA 8 63 ff.) und Fayenceplättchen aus Knossos in Gestalt von Hausfassaden belegt (s. Haus A 2 § 3). In Italien erscheint das F., das den älteren Bauten noch fehlt, um die Wende der BZ zur ä. EZ an den Hausurnen (s. d. B), von denen rund ein halbes Dutzend diesen Bauteil hat. Das F. liegt hier vorwiegend, also jedenfalls dem wirklichen Gebrauch entsprechend, in der linken Wand und erscheint immer nur in der Einzahl, bald offen, bald geschlossen oder nur angedeutet. Auch in der einfachsten Form eines viereckigen Loches (Montelius *Civ. prim.* Tf. 275,12) hat das F. eine plastische Umrahmung. Die wegen ihrer Farbspuren bedeutungsvolle Hausurne (s. d. B) von Corneto (Montelius Tf. 275,11) hat ein F. mit Kreuz, das in dieser Art erst dann Sinn hat, wenn man die Fensteröffnung verglast oder mit einem anderen durchsichtigen Stoff füllt. Eine Urne von Castel Gandolfo (Mon. Lincei 15 [1905] Tf. 18,7) gibt die eingehende Darstellung einer andern Vorrichtung. Das im ganzen fast quadratische Fensterfeld ist durch einen senkrechten Mittelpfosten in zwei schmale Teile zerlegt; von jedem ist oben und unten durch Querleisten je ein schmaler Streifen abgetrennt. Wir haben hier also das Bild eines zweiteiligen Ladenverschlusses.

§ 4. Den germ. Hausurnen (s. d. A) fehlt die Wiedergabe des F. durchweg. Die vielen dichtgestellten, viereckigen Felder der oft behandelten bemalten Hausurne von Stora Hammar in Schweden (Montelius *Minnen* Nr. 1415; ders. *Kulturgesch. Schwedens* S. 133 Abb. 228) können unmöglich, wie man gemeint hat, F. darstellen, da ein solcher Pavillon im nord. Klima undenkbar wäre, sondern bedeuten nur die Fächer zwischen den senkrechten Wandpfosten.

§ 5. An mitteleurop. Bauten begegnen wir dem F. erst wieder am Ausgange der LTZ, zweifellos unter dem stärker gewordenen Einfluß des S. In der Siedelung von Karlstein (s. d.) bei Reichenhall (Altbayr. Monatsschr. 5 [1905] S. 163 ff., 6 [1906] S. 132 ff., 8 [1908] S. 57 ff.) fand sich ein Eisengitter von 23 × 26 cm Größe, das wohl von einem F. herstammen mag. Die bereits der Kaiserzeit angehörenden Hausurnen aus Krain (A. Müllner *Typische Formen aus dem krain. Landesmus.* 1900 Tf. 47) haben mehrfach lange, schmale Fensterschlitze in voller Höhe der Wand, an einem Exemplar die schematisierte Darstellung von F. in Gestalt eines eingeschnittenen Kreuzes und je einer stehenden Raute beiderseits. Die Hütte des „Barbaren" auf dem bekannten Relief des Louvre (Germania 3 [1919] Beil. zu Heft 2 Abb. 4) hat ein kleines F. aus schmalen Brettern. Den germ. Hütten der Marcussäule fehlt dagegen das F. ganz.

F. Behn *Hausurnen* Vorgeschichtliche Forschungen 1 (1924). F. Behn

B. Ägypten und Palästina-Syrien s. Baukunst B § 2, C § 9.

C. Vorderasien. Richtige F. hatten die Häuser in Babylonien und Assyrien nicht; ihre Stelle vertraten, wenn ein Rückschluß nach einigen assyr. Reliefs erlaubt ist, offene Zwischenräume zwischen den das Dach tragenden Pfeilern, die Luft und Licht hinzuließen. Bei den Ausgrabungen in Tulûl-ʿAqir hat sich auch solch ein fensterartiger Durchbruch in der Außenwand gefunden (MDOG 53 S. 57). B. Meissner

Fensterurne s. Fenster, Hausurne.

Ferrassie, La. S. a. Aurignacien § 1, Grab A I, Moustérien § 4. Im J. 1909 wurde in der Höhlenstation La Ferrassie bei Le Bugue (Dordogne) von J. Peyrony 1 Skelett mit sehr schlecht erhaltenem Schädel, im Jahre 1910 in der gleichen altpaläol. Kulturschicht (Moustérien) ein ebenfalls sehr unvollständiges Skelett entdeckt; beide gehören Erwachsenen an; eins ist wahrscheinlich männlich, daß andere weiblich. Im Jahre 1912 folgten schließlich auf derselben Fundstätte zwei Kinderskelette. Alle 4 scheinen zur Neandertalrasse zu gehören (*Homo primigenius;* s. d.). Die Körpergröße betrug bei dem männlichen erwachsenen Individuum (nach Boule) 164 cm, bei dem weiblichen 149 cm.

Rev. anthr. 22 (1912) S. 29 L. Capitan und Peyrony. Reche

Fère-en-Tardenois s. Tardenoisien.

Italien C. Felsenzeichnung

Eingeritzte Figuren. Nach Bicknell.

Fest. A. Allgemein.

§ 1. Bedeutung und Ablauf der F. — § 2. Die religiöse und zauberische Bedeutung der F. — § 3. Die F. als („internationale") Bindung unter den nachbarlich gesellten, selbständigen Gruppen. — § 4. Rituelle F. — § 5. F. mit Kleidungswechsel unter den Geschlechtern. — § 6. Jünglingsweihe und andere Anlässe für F. — § 7. F. zur Entlohnung von Arbeit. — § 8. Spiele bei F. — § 9. F. bei höheren Naturvölkern.

§ 1. Als höchsten Lustausbrüchen des Lebens fällt bei allen Naturvölkern ohne Ausnahme den F. eine große Bedeutung zu. Der Anlässe gibt es viele: in erster Linie die Stationen des Lebensalters, Reife und Tod, Jagdglück und Ernte. Gewöhnlich erst bei höheren Völkern wird Heirat und Geburt oder Namengebung u. dgl. m. gefeiert, sowie die Wiederbelebung von Jahreszeiten im Zusammenhang mit Fruchtbarkeitswünschen (s. Zauber A). Die Vorbereitungen erstrecken sich oft über lange Zeiträume. In den F. äußert sich einerseits das Lebensgefühl der Gruppe in politischer Beziehung, die Zusammengehörigkeit und die Kraft des Verbandes, andererseits rankt sich die ganze Lebensverfeinerung und Kunst der kleinen Gruppe um die F., welche die Menschen aus der oft kargen Lebensführung herausreißt und über die Nöte des Alltags erhebt. Es wird nicht nur reichlich gegessen, sondern man schafft auch Rauschmittel heran, wie sie das Land gerade kennt: Betelnuß, Ingwer, Zimtrinde, Kolanuß oder Koka zum Kauen, Kava oder Alkoholika zum Trinken, Tabak oder Opiate zum Rauchen. Traditionelle Tänze, die bald nur der Anregung durch Muskelbewegungen dienen, bald aber eine mimische Vorführung, oft Nachahmung von Tieren oder mehr oder minder dramatische Inhalte bergen und oft bis zur Ekstase oder bis zur Erschöpfung gesteigert werden (s. Rausch), treten hinzu. Der Gesang von Liedern durch die ganze Gemeinde erhöht weiter die Stimmung der F. und fördert das Gefühl der Einheit und der Kraft (Thurnwald 1922 S. 211 ff.).

§ 2. Diese Emotionen gesteigerter Kraft sind geeignet, die Gefühle der Angst und Unzulänglichkeit den unbekannten übermenschlichen Gewalten gegenüber zu kompensieren. In der Tat enthalten alle diese F. eine mehr oder minder ausgesprochene religiöse oder zauberische Bedeutung. Sie bergen den Keim zum „Kult". Bei den F. niedriger Primitiver tritt vermöge der armen Technik und Sachbeherrschung das Mittel des Körperlichen in den Vordergrund; vor allem, wie schon angedeutet, das motorische Mittel des Tanzes, der Gesang, die Betonung der Persönlichkeit und das Schmücken des Körpers mit Blättern, Blumen, Früchten, Rindestücken, Federn, Fellen u. dgl. Dabei werden bestimmte traditionell feststehende Formen oder Muster für die einzelnen F. innegehalten, denen häufig auch noch eine zauberische Bedeutung zugeschrieben wird, wie z. B. auf den Andamanen-Inseln (Brown S. 124 ff.). Malerei und Skulptur stehen gewöhnlich zurück oder ergehen sich, wie etwa in Australien, in Sand- oder Lehmzeichnungen oder primitiven Plastiken, in Geflechten oder in einfachen Holzschnitzereien.

Die doppelte Bedeutung der Tänze sowohl als Belustigungsmittel, wie als religiöse Veranstaltung tritt z. B. bei den Bergdama zutage. Die Abhaltung des Festtanzes, an dem beide Geschlechter in besonderen Reihen geordnet teilnehmen, erfolgt nur bei einer guten Vorbedeutung des heiligen Feuers. Im Tanz kommt 1. eine Nachahmung vielerlei Tiere zum Ausdruck mit dem Zweck, das betreffende Jagdwild zu bewegen oder gewissermaßen zu beschwören, sich in die Hände des Jägers zu begeben. Andere Tänze gelten 2. dem Regen, dem Gewitter oder den sich ballenden Wolken. Eine 3. Art von Tanzfesten besteht in der Erinnerung an die Ahnen und Helden, deren große Taten vor Augen geführt werden. Die Naturerscheinungen werden mimisch dargestellt oder im Liede verherrlicht. Diese drei Tanzarten, der Tiertanz, der Regentanz und der Heldentanz sind nach Aussage der Bergdama aufzufassen als ein Gebet, damit der Jäger, wohl auch der Krieger und Räuber, und die Sammlerin von Glück begünstigt werden. Die spielende Nachahmung und Wiederholung oder Einübung des Festtanzes gilt aber als profane Angelegenheit ohne zauberische Tragweite (Vedder S. 92 ff.). Die Yaghans und Onas der Feuerlandinseln verfertigen, wie viele Jägerstämme, Masken und auch rohe Holzschnitzereien für ihre F., um damit gewisse

Geister in Erscheinung treten zu lassen (Cooper S. 181).

Auch z. B. bei den Polynesiern oder bei den columbischen Indianern werden die Taten der Vorfahren in Gesängen und Kampfspielen bei F. gefeiert. Bei den Azteken sind die F. oft mit blutigen Tier- und Menschenopfern verknüpft und werden sowohl mit dem Bestellen der Felder, als auch mit dem Wechsel der Jahreszeit in zauberisch-religiösen Zusammenhang gesetzt (Krickeberg S. 346).

§ 3. Vielfach spielen sich die F. in einer gewissen Vergesellschaftung mit den Nachbarn ab. So werden z. B. bei den Mafulu von Neu-Guinea die Hausschweine niemals im eigenen Dorfe verzehrt, sondern immer nur dazu verwendet, um sie geschlachtet an Nachbarn für ihre F., natürlich in Erwartung entsprechender Gegenleistung, zu verschenken (Williamson S. 78). In ähnlicher Weise waren auch auf der Insel Nissan die kannibalistischen F. unter verschiedenen Dorfschaften gesellschaftlich verwoben (Thurnwald 1908 S. 107ff.). Sehr verbreitet sind die von den einzelnen Gruppen wechselseitig für einander veranstalteten Jünglingsweihen und Fruchtbarkeitszauber (für Jagdwild und Nutzgewächse) in Australien (Wheeler). Möglich, daß die Vergesellschaftung mit F. durch verwandtschaftliche Beziehungen herbeigeführt wurde, wie das auf den Trobriandsinseln in mancherlei Richtung in Erscheinung tritt. Denn hier kommt der Arbeitsertrag eines Mannes immer der Familie seiner Schwester zugute. Die F. dienen gleichzeitig einer protzigen Entfaltung des Reichtums an Hackbaufrüchten. Ein jeder sucht sich bei der Nachbarschaft dadurch Geltung zu verschaffen, daß er auf eine zeremonielle Weise die Nahrungsmittel ausstellt und herrichtet. Vor allem kommt es dabei auf die Menge an. „Wir essen und essen solange, bis wir es wiedergeben", ist eine bei Festen stets gehörte Rede. Man freut sich vor allem der schönen und reichlichen Speisen (Malinowski S. 171f.).

§ 4. Anderwärts, wie in Australien oder bei den Ainus, bestehen die F. in einem rituellen Verzehren heiliger Tiere. Bei den Gilyaken ist es die gemeinsame Pflicht aller Klanangehörigen, den Bären zu füttern und an dem Bärenfest teilzunehmen, wenn der Bär getötet wurde. Der erschlagene Bär muß verehrt werden, weil er vielleicht zur Sippe der „Bergbesitzer" gehört oder die Inkarnation irgend eines entfernten verstorbenen Genossen oder Klanangehörigen sein kann. Der Bär wird auch als Vermittler zwischen den Sterblichen und den „Bergbesitzern" gedacht, so daß Opfer durch den Bären an diesen Geist gelangen. Der „Bergbesitzer" hat Macht über alles Lebendige. Das Bärenfest ist eine geschlossene Klanangelegenheit, an dessen Rituell nur noch die Schwiegersöhne teilnehmen dürfen. In gesellschaftlicher Beziehung bietet es eine Gelegenheit für die oft verstreuten Klanangehörigen, zusammen zu kommen. Dem Festessen folgen in der Regel noch Spiele. Aber durch Besuch (nicht Teilnahme) von Fremden ergibt sich auch Gelegenheit, dabei mit anderen Klans in Beziehungen zu treten (Sternberg S. 90ff.). Mit besonderer Feierlichkeit ist das große Bärenfest der Ainu ausgestattet (Czaplicka S. 296). Manchmal sind die F. mit Vorführungen von Zauberern verbunden, wie z. B. bei den Tschuktschen (Czaplicka S. 230).

§ 5. Aufmerksamkeit erheischt der Wechsel der Kleidung zwischen Männern und Frauen (Transvestieren) bei F., eine Erscheinung, die sehr verbreitet ist: sowohl auf den Palau-Inseln (Kubary) als auch bei den Tschuktschen, Koryaken, Kamtschadalen und asiatischen Eskimos (Czaplicka S. 248ff.), ebenso bei den Zuñi-Indianern Nordamerikas (Parsons S. 521). Solche Verkleidungsfeste, denen eine zauberische Bedeutung zukommt, sind sehr verbreitet und begegnen uns auch in den sog. Saturnalien (s. d.).

§ 6. Den wichtigsten und verbreitetsten Anlaß für die Tänze bildet die Jünglingsweihe, die manchmal, wie auf Motlav, schon in früher Kindheit abgehalten wird, manchmal später (s. Jünglingsweihe; vgl. z. B. Rivers I 80, 105, 312). Mitunter sind diese F. auch mit Scheinkämpfen verbunden, wie z. B. bei den Bánaro (Thurnwald 1921 S. 19, 24ff.). Auch bei der Geburt eines Kindes oder bei der Weihe von Kanus, von Geisterstöcken, zum Kavatrinken werden F. veranstaltet (z. B. Rivers I 170, 212, 231, 316, 326). Die Indianerstämme des nw.

Amerika und des s. Alaska veranstalten zu Ehren der Ahnen ihres Klans große F., bei denen ungeheure, tiergleiche Masken, manchmal mit beweglichen Augen, Ohren oder Kinnbacken, verwendet werden (Wissler S. 196).

§ 7. Man muß auch die Festessen berücksichtigen, denen ein wirtschaftlicher Charakter zukommt, insofern nämlich, als sie zur Entlohnung von geleisteter Arbeit dienen. So helfen z. B. auf den Banks-Inseln Mota und Motlav beim Kanubau Leute von verschiedenen Teilen der Insel, den Baum fällen und heranschaffen, aus dem das Kanu verfertigt werden soll. Nach den verschiedenen Arbeitsabschnitten, nach dem Heranschaffen, nach Fertigstellung der Aushöhlung und schließlich nach Befestigung der Ausleger und der Plattform, werden die Leute, welche an der Arbeit geholfen haben, mit Festessen entlohnt (Rivers I 170). Ähnliches wird auch aus Tikopia berichtet (Rivers I 326), und ich habe selbst wiederholte Male dasselbe an verschiedenen Orten der melanesischen Südseeinseln beobachtet.

§ 8. Bei den F. werden häufig auch allerlei Spiele veranstaltet, denen neben ihrem sportlichen Charakter noch eine zauberische Bedeutung beigelegt wird, wie z. B. dem Tauziehen ein Regenzauber, dem Zweikampf oder einem Kampf der Frauen gegen die Männer eine Förderung des Wachstums in der Natur u. dgl. mehr. Manchmal sind auch die zeremoniellen Darstellungen und Handlungen, wie etwa bei den Pubertätsfesten, schwer von eigentlichen Spielen zu trennen (Damm S. 117ff.). Mitunter sind auch nur gewisse Spiele mit einem zauberisch-religiösen Sinn umkleidet, während andere durchaus profanen Charakter tragen, wie z. B. auf Yap (Müller S. 195ff.).

§ 9. Bei höheren Naturvölkern nehmen die F. einen nicht minder wichtigen Platz im Leben ein, obgleich gemäß einer anderen Geistesverfassung die Ansichten über die Zusammenhänge und Symbole, namentlich auf Grund des Götterglaubens, oft verschieden sind. Doch stehen sie auch hier im Dienste von Zauber und Religion. Die F. sind hier oft außerordentlich verwickelt und erstrecken sich über weite Zeiträume (bezüglich Madagaskar vgl. z. B. Anthropos 1913 S. 779). Tief in das soziale Leben der Galla-Stämme Nordafrikas z. B. greift das Buttá-F. ein, das alle acht Jahre gefeiert wird, und an dem die „republikanischen Funktionäre" der freien Galla gewählt werden. Es erinnert dadurch an das Jubeljahr der alten Juden. Eine Kette von Festlichkeiten, darunter: das Ansammeln und Verbrennen von Kuhdünger, Aufzüge, bei denen die Mitglieder eines Hausstandes mit dem Familienschmuck angetan auftreten, Opfer an Milch und Kaffee sowie Butter, das Töten eines Stiers mit der Lanze und Verteilen des Fleisches, mit dessen Blut sie sich das Gesicht färben, sowie schließlich das Sammeln gewisser geheimnisvoller Kräuter, verknüpft sich mit prunkvollen Mahlzeiten (Paulitschke I 252). Aber noch verschiedene andere F. minderen Grades bewegen das Leben der Galla, F., die einerseits den Frieden fördern, andererseits Segen für die Herden sichern sollen, darunter auch eines, das mit ekstatischen Gesten und Aufschreien erfüllt ist. Was bei den Somâl und Danâkil indessen besonders auffällt, sind die Ruhetage, Rasttage von der Arbeit, zweifellos eine Einrichtung, die auf dem Wege des Islam erworben ist. Viele Galla und deren Mischlinge unterlassen schwere Arbeit (nämlich Feldarbeit) am Donnerstag, Samstag und Sonntag. Außerdem kann die Regenzeit mit ihren von der Natur diktierten Ruhepausen in den meisten Verrichtungen des bürgerlichen Lebens auch als Ruhezeit von der Arbeit aufgefaßt werden, weil dann nämlich in den Oromó-Gebieten aller Verkehr stockt, von dem die Arbeit der Eingeborenen abhängt (Paulitschke II 37ff.). Die Einrichtung besonderer Ruhetage hängt mit der Woche und ähnlichen Einrichtungen kurzer Zeitabschnitte zusammen, die aber erst bei Völkern mit Arbeit von Abhängigen, also in höheren Staatsgebilden, Sinn bekamen und zweifellos von da aus verbreitet wurden (Kroeber S. 252ff.).

S. a. Geheime Gesellschaft, Jünglingsweihe, Männerhaus, Totenfest, Zauber A.

Brown *The Andaman Islanders* 1922; Cooper *Bibliogr. Tierra del Fuego* Smithson. Inst. Bur. Am. Ethn. Bull. 63 (1917); Czaplicka *Aborig. Siberia* 1914; Damm *Die gymnast. Spiele der Indonesier u. Südseevölker* 1922; Krickeberg in

Buschan *Völkerkunde* 1922; Kroeber *Anthropology* 1923; Kubary *Die sozial. Einrichtungen d. Palauer* 1895; Malinowski *Argonauts Western Pacific* 1922; McDougall und Hose *Pagan Tribes Borneo* 1912; Müller-Wismar *Yap* 1917; Parkinson *30 Jahre i. d. Südsee* 1907; Parsons *Zuni La'ama* Amer. Anthr. 18 (1916); Paulitschke *Ethn. N.-O. Afrika* 1893; Sternberg *The Gilyaks* 1905; ZfEthn. 1908 Thurnwald; ders. *Bánaro* 1921; ders. *Psychologie des Primitiven Menschen* 1922; Vedder *Die Bergdama* 1923; Williamson *Mafulu* 1912; Wheeler *Tribe and Intertribal Relations in Australia* 1910; Wissler *Americ. Indian* 1922.

Thurnwald

B. Ägäischer Kreis. F. im kret.-myk. Kulturkreise sind aus den Darstellungen schwer nachweisbar. Wir kennen verschiedene Kultszenen, Reigentänze, Prozessionen, darunter einen Erntezug auf einem Relieftrichter von Hagia Triada, Stierspiele (s. Spiel A), ohne aber ihre Beziehung auf bestimmte F. oder gar Zusammenhänge mit hellenischen F. feststellen zu können. S. Kreta B.

G. Karo

C. Ägypten s. Kultus B.

D. Vorderasien. § 1. Über die F. in sumer. und altbabyl. Zeit sind wir sehr schlecht unterrichtet; es läßt sich daher nur im allg. über sie berichten. Jede wichtige Kultstadt hatte einen eigenen Festkalender; da der Cyklus der F. meist durch Monatsnamen bezeichnet wird, so kennen wir wenigstens die Namen der Hauptfeste. Der Jahresanfang ist zumeist der Zeitpunkt für ein großes F. Die landwirtschaftlich wichtigen Zeitpunkte des Jahres, wie das Säen, das Instandsetzen der Bewässerungsmaschinen, das Pflügen, Ernten usw., bieten ebenfalls Gelegenheiten zu F. Doch ist das kultische Jahr durchaus nicht durchweg landwirtschaftlich orientiert. Die großen Gottheiten der Stadt hatten ihre Stellung im Mythos, und dieser kam natürlich auch in ihren F. zum Ausdruck. Nach den akkadischen Worten für F. *melultu*, *tašiltu*, *akîtu*, *kirêtu*, *ûm ili* usw. darf man schließen, daß der Charakter im allg. ein fröhlicher gewesen ist, und daß der Gott durch Schmäuse und Gelage gefeiert wurde. Sehr zahlreich waren die Opfer, die dem Gotte dargebracht wurden. Wir besitzen für die sumer. Zeit Listen, die mit minutiöser Genauigkeit die dargebrachten Gaben verzeichnen. Oft wird auch von Prozessionen berichtet, die man mit dem Bilde des gefeierten Gottes anstellte, Einzelheiten fehlen jedoch. Namen der Hauptfeste: In Nippur: Gusisu-Fest Enlils; Kin-Inanna-Fest der Ištar; Dul-kug-Fest; Še. Kin. Kud-Fest des Enlil. In Girsu: Še. Kú-Fest (Getreideessen) der Nina; Bulug-Kú-Fest (Bulug-Essen) der Nina; das Bau-Fest; die Ningirsu-Feste. In Ur: Akîtu-Fest. In Babylon: Akîtu-Fest.

§ 2. Über das zuletzt genannte F. geben assyr. und neubabyl. Quellen ausführlicher Auskunft. Es ist das Neujahrsfest der Stadt Babylon und dem Hauptgotte Marduk geweiht. Man feiert es an den ersten Tagen des Nisan. Marduk hielt um diese Zeit seinen feierlichen Auszug aus dem Tempel Êsagil. Sein Standbild wurde dabei auf der Prozessionsstraße Ai-ibur-šabum entlanggefahren. Andre Götter, insbesondere Nabu, kamen bei Marduk zu Besuch. Politisch wichtig war die Zeremonie „des Händeergreifens" durch den König. Den Höhepunkt bildeten die Festlichkeiten am 8—11 Nisan; Marduk hielt an diesen eine Versammlung der Götter ab und bestimmte das Schicksal für das neue Jahr. Ob die durch Assurtexte bekannt gewordenen Zeremonien, bei denen das Sterben und Auferstehen Bêl-Marduks gefeiert wurde, schon für die altbabyl. Zeit in Frage kommen, muß die Zukunft entscheiden.

Landsberger *Der kultische Kalender der Babylonier und Assyrier* 1915; Zimmern in KAT[3] S. 514 ff.

Ebeling

Festhalle s. Altersstufen, Männerhaus.

Festung. A. Europa (Tf. 60—83). S. a. Ägäische und Mykenische Kultur, Troja.

I. Steinzeit § 1—8. — II. Bronzezeit § 9—17. — III. Vorrömische Eisenzeit § 18—32.

I. Steinzeit. § 1. Die Jägerbevölkerung der ä. StZ scheint sich mit den von der Natur gebotenen Verteidigungsanlagen begnügt zu haben, ohne den Versuch zu machen, diese auszubauen und zu verstärken. Dagegen kennt das Neol. bereits planmäßige und wohldurchdachte Wehranlagen. Die neol. Festungsbauten gehören verschiedenen Kulturkreisen an, die bedeutendsten und stärksten der Michelsberger Stufe (Präh. Z. 2 [1910] S. 1 ff. Lehner). Das vollständigste Bild eines Erdwerkes dieser Zeit gibt Mayen (s. d.) in der Eifel (Tf. 60); Michelsberg (s. d.) selbst

(Tf. 64), Urmitz (s. d.) a. Rh. (Tf. 62), Goldberg (s. d.) bei Nördlingen und zwei kleine Schanzen bei Heilbronn treten für Einzelheiten ergänzend hinzu. Die Grundform ist (wie auch bei Verteidigungsanlagen neuester Zeit) stets das Rund oder Oval; bei der Urmitzer F. bildet der Rhein die eine Seite, falls nicht auf dem Hochufer des Flusses ursprünglich ebenfalls eine durchgehende Umwallungslinie bestanden hat. Die Werke liegen stets auf flachen Erhebungen mit offener Sicht nach allen Seiten. Die Umfassung wird gebildet durch einen trockenen Sohlgraben verschiedener Breite, dessen Erdaushub an beiden Seiten angehäuft wurde; Urmitz hat einen Doppelgraben in nahem Abstande. Hinter dem Graben stand eine Palisade, in Urmitz unmittelbar hinter dem inneren Graben, in Mayen in größerem Abstande davon; auf dem Michelsberg (Tf. 64) wurde das Palisadengräbchen nicht gefunden, doch liegt zwischen dem Wall und dem Komplex der Gruben eine breite freie Zone, die irgendwie fortifikatorische Bedeutung haben wird.

§ 2. Ein wichtiges Kriterium für die Befestigungskunst jeder Zeit ist die Lösung der Torfrage (Präh. Z. 11/12 [1919/20] S. 102 ff. Behn). In den neol. Erdwerken ist die Zahl der Tore verschieden: auf dem Michelsberg ist nur ein einziges festgestellt, doch ist die Umwallung nur zu einem Drittel untersucht; in Mayen hatte der Wall 17 Tore (Tf. 60, 61), in Urmitz sind deren sehr viele gefunden, die sich auf die beiden Grabenlinien ungleich verteilen. An der Stelle eines Tores setzt der Sohlgraben aus, und es bleibt eine Erdbrücke stehen, auf der sich senkrechte und wagerechte Spuren von gelegentlicher Verrammelung, vielleicht auch von permanenten Torbauten, fanden; auch die Durchlässe durch die Palisaden haben Reihen von Pfostenlöchern. In der F. von Urmitz bilden die Durchlässe durch die drei Einfassungen ein wohldurchdachtes System: die Palisade hat nur wenige Toröffnungen, denen dann auch in den beiden Grabenlinien jeweils ein Tor entspricht, die Hauptdurchlässe, die stets ein regelrechtes Sperrsystem aufweisen (Tf. 63). Sehr viel zahlreicher sind die Übergänge über den inneren Graben, da nach Lehners überzeugenden Ausführungen die Hauptverteidigungsstellung auf dem Walle zwischen den beiden Gräben lag. In Urmitz liegt an einer Stelle eine große Sperre dreieckiger Form zwischen den beiden Gräben. Der Balkenunterbau der großen Torsperren ist halbkreisförmig nach innen offen, wie Tortürme mittelalterlicher Stadtbefestigungen. Die F. waren teils dauernd dicht besiedelt, wie Michelsberg, teils nur Refugien in Zeiten der Gefahr mit geringen Siedelungsspuren, wie Urmitz und Mayen.

§ 3. Auf einem ganz anderen fortifikatorischen Grundgedanken als die geschlossenen Werke der Michelsberger Stufe beruht die zonenkeramische Höhenfeste von Oltingen im Elsaß (Präh. Z. 5 [1913] S. 158 ff. Gutmann; a. a. O. S. 103 ff. Behn). Das Befestigungssystem ist aufgelöst in eine Anzahl einzelner Annäherungshindernisse, längere Linien auf der Kammhöhe des Berges, kürzere Wallriegel in großer Zahl, rechtwinklig die beiderseitigen Hänge hinabreichend. Dadurch wird der Angreifer gezwungen, sich zu teilen, und wird immer von neuem vor eine Quersperre gestellt. Die einzige Stelle, die man als Tor ansprechen darf, hat die Gestalt eines Trichters mit mehrfacher Traversierung und ausgiebiger Flankierung. Eine ganz ähnliche Anlage trägt der Rhündaer Berg in Niederhessen (Präh. Z. 5 [1913] S. 460 ff. W. Lange). Weitere Wehrbauten der Zonenkeramik s. Schumacher *Rheinlande* I (1921) S. 50 Nr. 25.

§ 4. Auch im SO Europas sind größere F. der StZ bekannt geworden. Das Schanzwerk bei Lengyel in Ungarn (Lehner a. a. O. S. 14 ff.) bildet wie die westeurop. ein unregelmäßiges Oval mit Sohlgraben, der an den beiden am meisten gefährdeten Stellen im N und W verdoppelt ist und an den Rändern einer Steilschlucht auf etwa 200 m aussetzt (Tf. 65). Die Anlage war auch noch in der BZ besiedelt, doch steht der Annahme neol. Entstehung der Wehrbauten nach den westd. Analogien nichts im Wege. Die neol. F. Frankreichs (s. d. B) sind noch sämtlich unveröffentlicht. Es sind z. T. geschlossene Anlagen, z. T. Abschnittswälle (wie auch bei den Siedlungen mit neol. Gefäßmalerei von Erösd, Bückszad und Etfalva in Ungarn) auf vorspringenden Höhenzügen mit einem oder zwei Gräben.

§ 5. Die Herrenburgen und befestigten Meierhöfe dieser Zeit verwenden die gleichen fortifikatorischen Mittel wie die großen

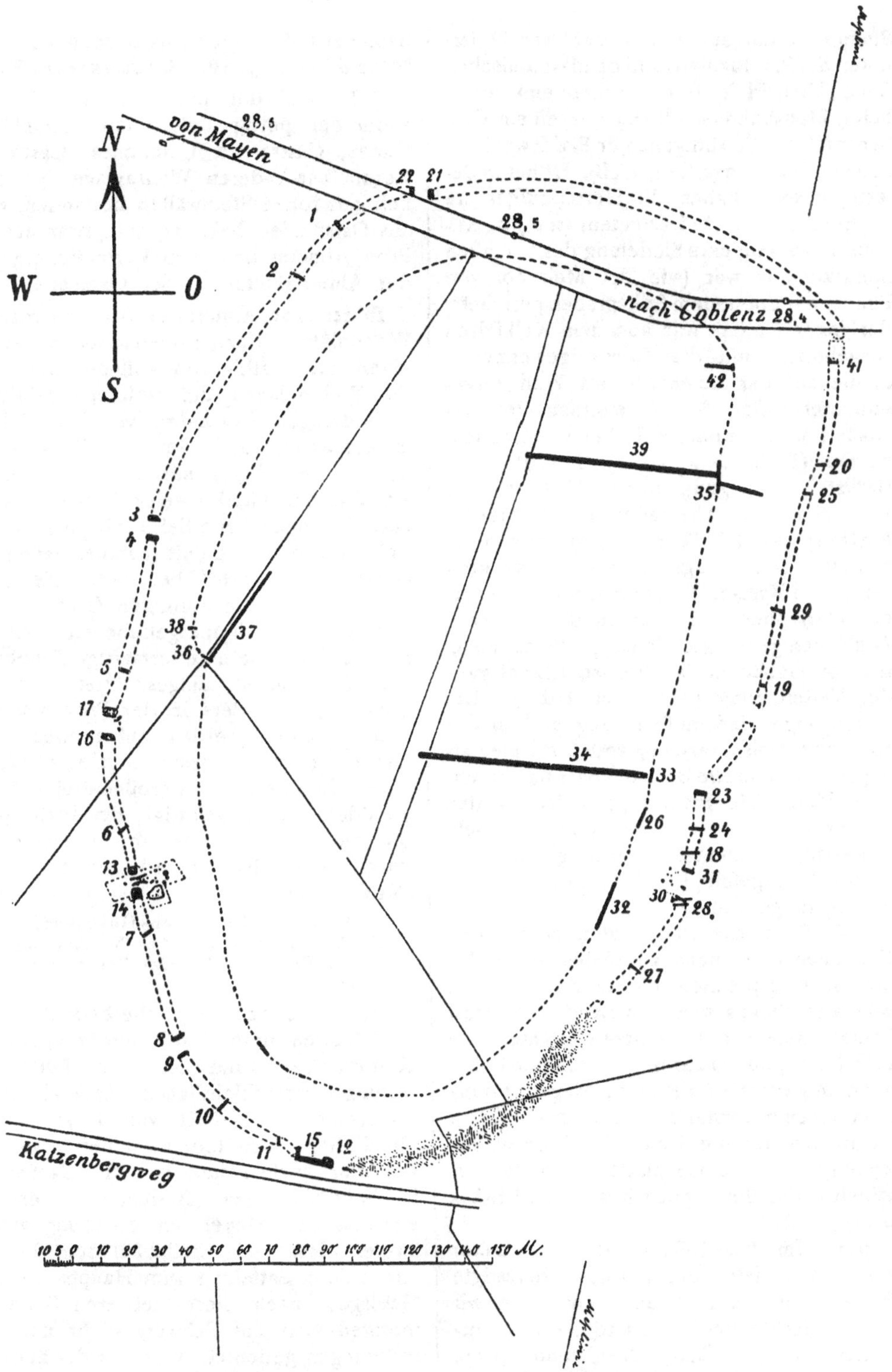

Festung A. Europa

Grundriß des Erdwerkes von Mayen. Nach Lehner.

Stammesfestungen. Eine Anzahl von Meierhöfen der Pfahlbauten- und bandkeramischen Stufe (Miel, Plaidt [s. d.], Achenheim, Stützheim, Monsheim [s. d.]) war von einem Graben mit Palisaden umgeben, in Plaidt wechselt Zaun und Graben (s. Gehöft B). Höheren Befestigungswert haben die Herrenburgen im sö. Europa. Die bei Cucuteni (s. d.) in Rumänien aufgedeckte Siedelung der bemalten Spiralkeramik war (wie der Meierhof von Plaidt) mit doppeltem Spitzgraben gesichert; der innere, ältere war aus dem Kalkfelsen ausgehoben und die daraus gewonnenen Steine auf der Innenseite als Wall aufgeschichtet. Bei der Erweiterung des Bezirkes wurde der innere Graben wieder zugeworfen (Präh. Z. 2 [1910] S. 417). Die stärkste Befestigung dieser Zeit ist die von Dimini in Thessalien (s. Ägäische Kultur; Band I Tf. 7a; Lehner a. a. O. S. 16ff.). Die Anlage zerfällt in drei konzentrische Kreise: in der Mitte des Hügels das Herrenhaus mit Hof, in der mittleren Zone dichtgedrängte Häuser; die äußerste, die von Gebäuden fast frei ist, scheint ganz der Verteidigung gedient zu haben. Die Durchgänge sind äußerst eng und in der Richtung meist versetzt, sodaß sie niemals in gerader Linie alle Befestigungsringe durchschneiden. Die Mauerzüge zwischen den einzelnen Zonen sind mehrfach doppelt, der enge Zwischenraum war möglicherweise einstmals ausgefüllt, um eine besonders dicke Mauer zu gewinnen.

§ 6. Auch die Pfahlbauten sind ihrem Grundgedanken nach zweifellos als Wehrbauten anzusprechen, da der Abbruch des schmalen Steges zwischen Land und Pfahlbauten diese allseits isolieren konnte. Die Pfahlbauten im Prasias-See in Thrakien konnten dem persischen Feldherrn Megabazos erfolgreichen Widerstand leisten (Herodot V 16). Damit beginnt die Rolle des Wassers als wichtiges Annäherungshindernis in der Geschichte des Befestigungswesens (s. Pfahlbau).

§ 7. Im frz. Gebiete der Silexkultur kennt man viele sog. „Camps", befestigte Wohnplätze, über deren Wehranlage wir noch schlecht unterrichtet sind. Als nennenswerteste mögen Camp de Catenoy (Dép. Oise), Camp de Peu-Richard (Dép. Charente Inférieure) und Camp de Chassey (Dép. Saône et-Loire) angeführt werden (Déchelette *Manuel* I 368ff.). S. Frankreich B § 10.

§ 8. Auf der pyren. Halbinsel sind, außer den portug. befestigten Wohnplätzen (Licea, Castro de Chibannes, Castro de Rotura usw.), deren Wehranlagen gewöhnlich aus rohen Steinwällen bestanden, viele aus Ostspanien bekannt, und zwar aus der Prov. Almeria und dem Verbreitungsgebiet der Almeriakultur an der Ostküste.

In der Prov. Almeria besitzen die meisten Wohnplätze der frühen Stufen schon einen Steinwall. Am vollendetsten sind die Wehranlagen der vollkupferzeitlichen Ansiedlungen, besonders von Los Millares (s. Millares, Los). Für Los Millares wurde ein felsiger Hügel mit steilen Abhängen am Zusammenfluß zweier Flüsse gewählt und die zugängliche Seite mit einem Steinwall und einem damit parallel laufenden Gürtel von „Forts" befestigt. Die Forts bestehen aus kreisförmigen Gräben. Mit der aus ihnen herausgehobenen Erde hat man in der Mitte eine turmartige Erhöhung, eine Art Kastell, aufgeschüttet. An der Ostküste, besonders in der Prov. Valencia und Castellón, werden auf runden Bergkuppen (sog. „moles") angelegte Wohnplätze durch einen aus großen Steinblöcken gebildeten Wall befestigt; der Wall sperrt die zugängliche Seite ab, während die durch steile Felsen verteidigten Seiten ohne Wall bleiben.

Literatur s. Pyrenäen-Halbinsel B. — Die Wehranlagen von Los Millares abg. bei Siret *L'Espagne préhistorique* Revue des questions scientifiques 1893.

II. Bronzezeit. § 9. Die bedeutendsten Wehrbauten dieser Zeit liegen im ägäischen Kulturkreise. Eine ungeheure Fülle von festungsbaugeschichtlichem Material bieten die Schichten I—VII von Troja (s. d.). Die F. liegt auch hier auf einem ursprünglich nur flachen und erst im Laufe der jahrhundertelangen Besiedelung emporgewachsenen Hügel im Mündungswinkel zweier Flüsse mit Steilabfall zum Flußtal und sanfter Sattelung zum Hauptstock des Gebirges; nach dieser letzteren Seite ist infolgedessen das Schwergewicht der Befestigungen gerichtet. Was von der ältesten Anlage auf dem Hügel festgestellt werden konnte, läßt eine ähnliche Grundrißbildung

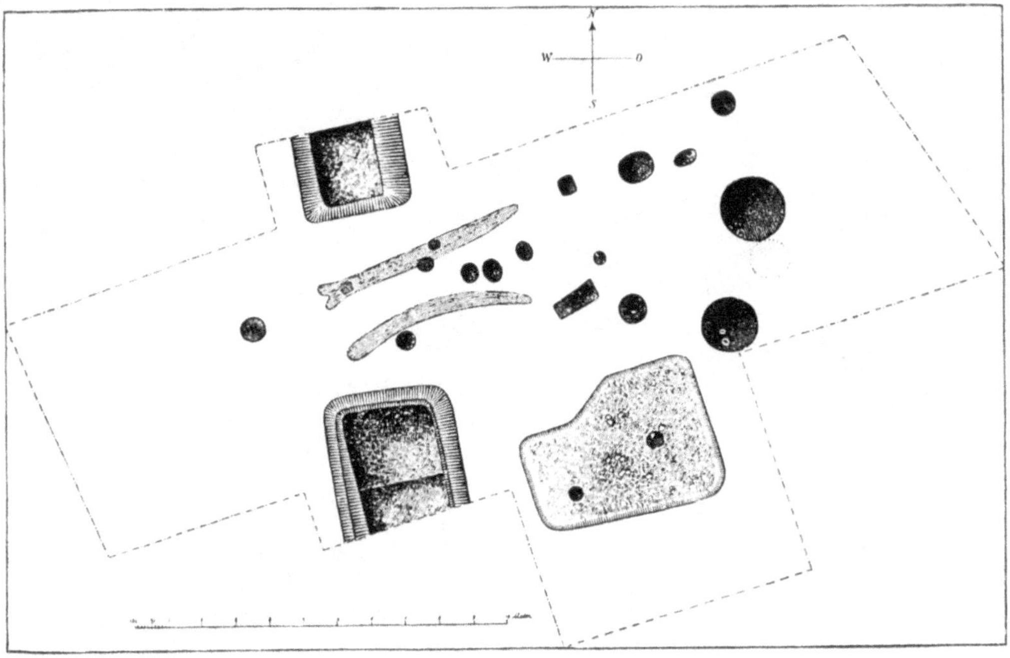

a

b

Festung A. Europa

Mayen: a. Grundriß des Tores auf der Westseite zwischen Schnitt 13 und 14. — b. Ansicht des Tores auf der Westseite zwischen Schnitt 13 und 14, von S gesehen. Nach Lehner.

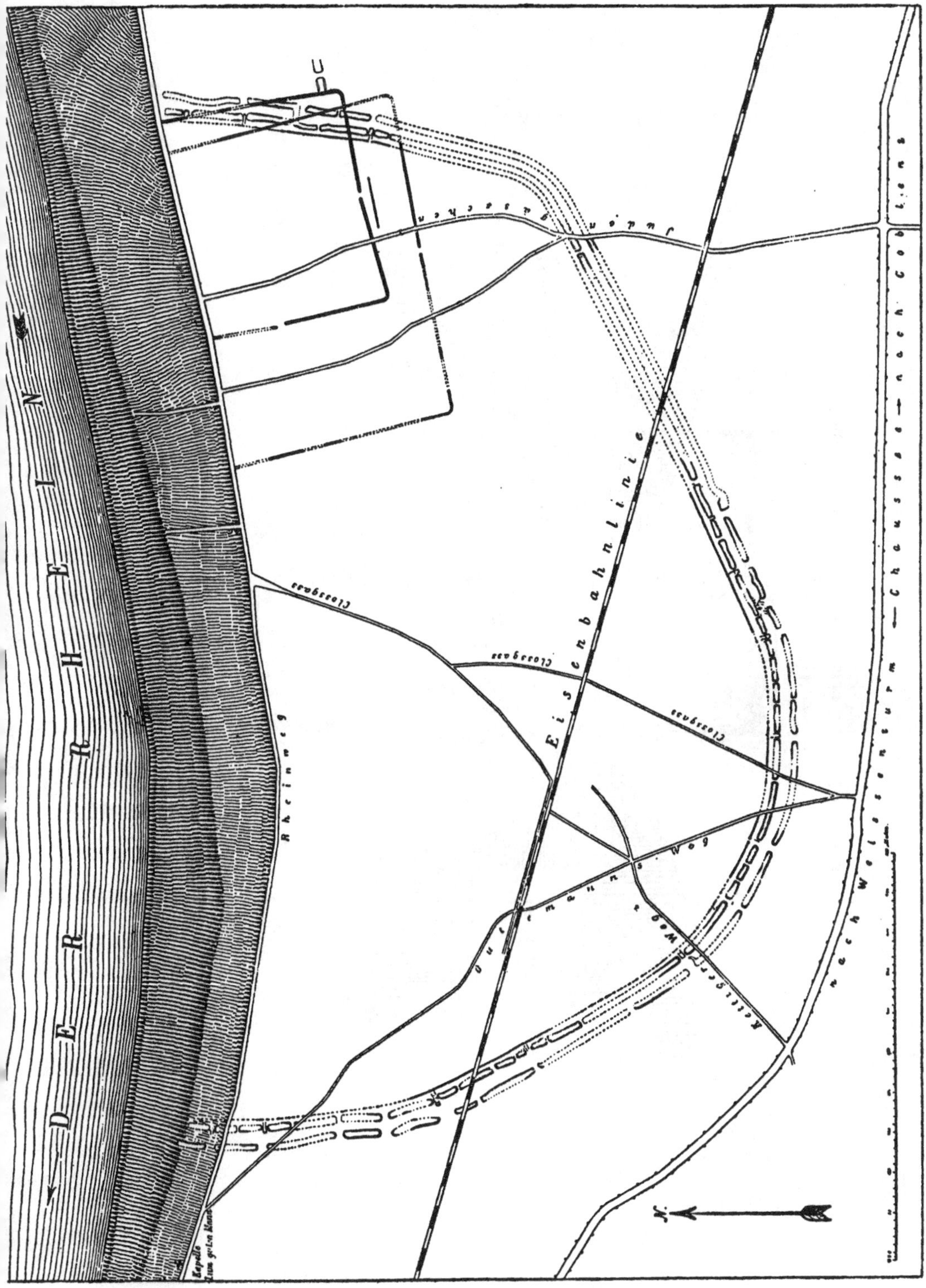

Festung A. Europa

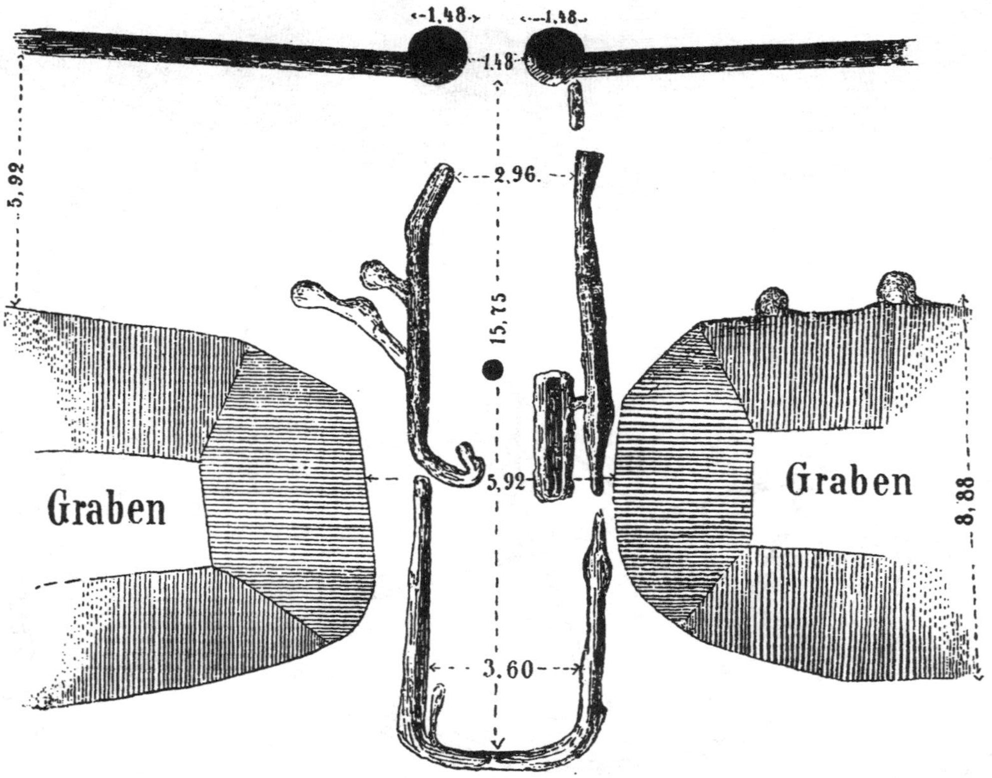

Festung A. Europa

Grundriß einer Urmitzer sog. Turmschanze. Nach Lehner.

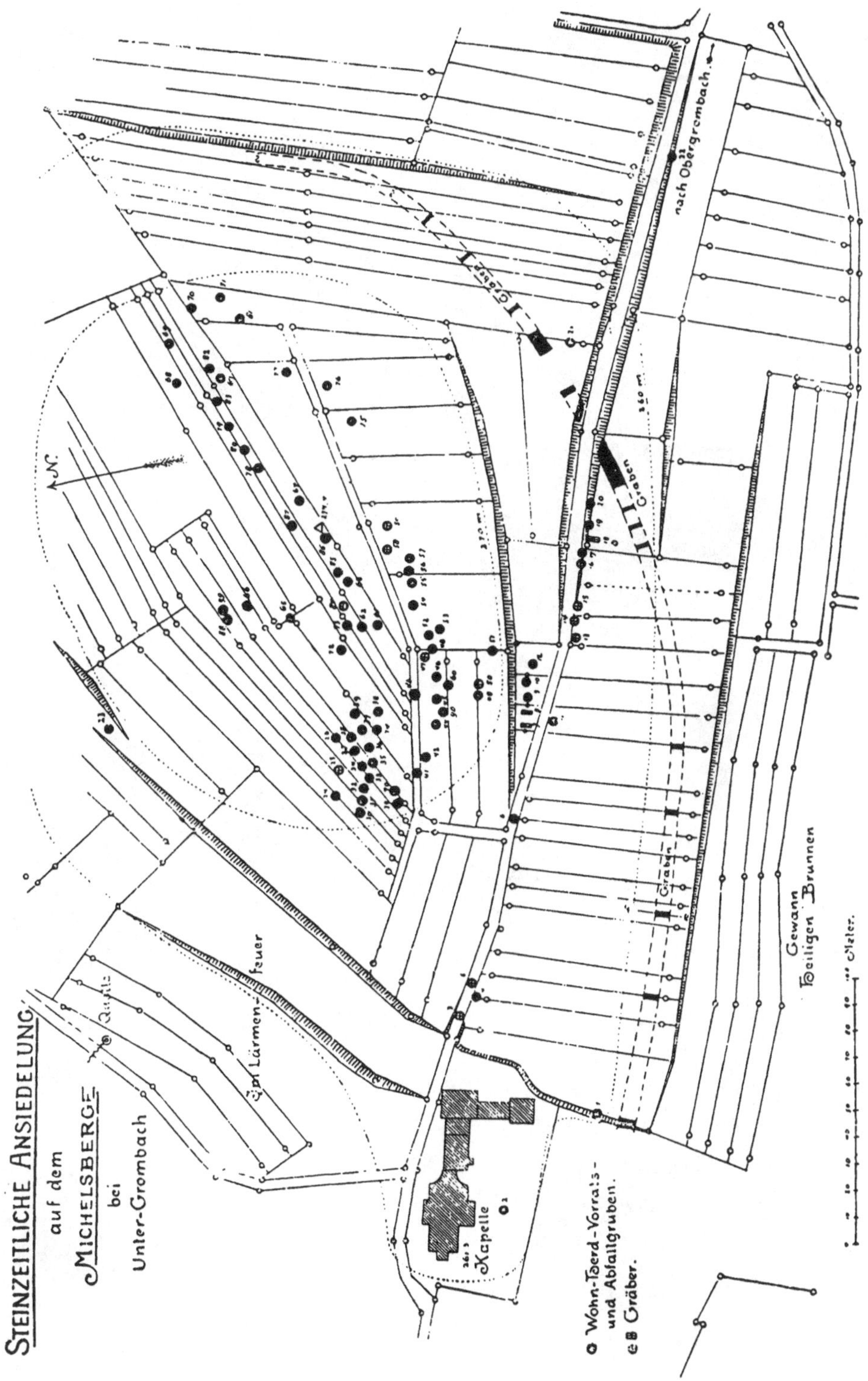

Festung A. Europa

Nach K. Schumacher und A. Bonnet.

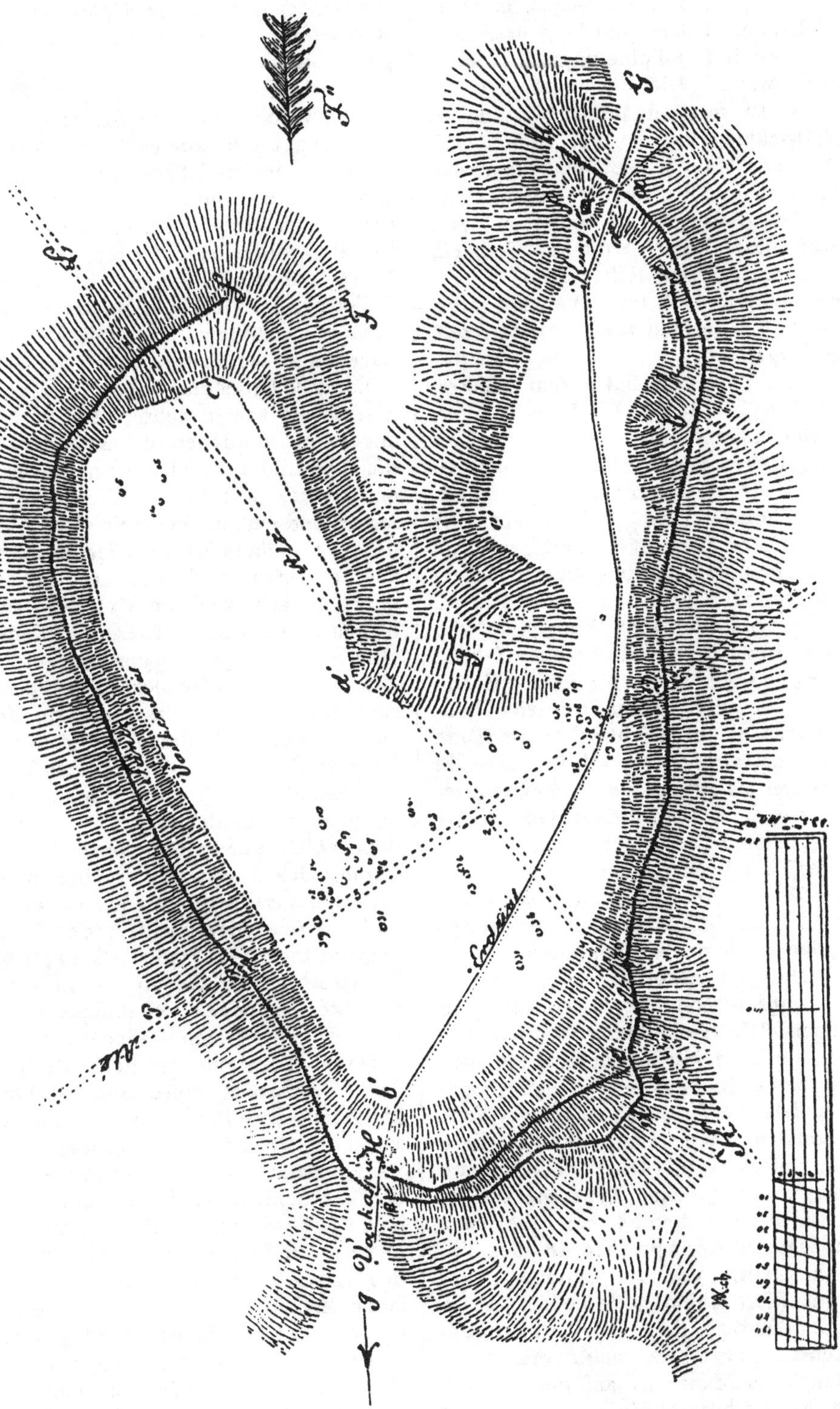

Festung A. Europa
Plan der Befestigung von Leugyel.

wie bei den spätneol. Herrensitzen in Thessalien erkennen: Häuser mit im ganzen viereckigem Grundriß und eine doppelte, starke, gebogene Mauer. Die Festungsanlage der II. Schicht ist mit all ihren Einzelheiten der Entwicklung durch drei Stufen aufgedeckt. Die Mauern bestehen aus einem stark geböschten Sockel mit einem senkrechten Oberbau aus Lehmziegeln. Der Mauerzug bildet keinen Kreis, sondern ein Polygon; an einigen Ecken und an gefährdeten Stellen auch im Mauerzuge selbst sind starke, über die Mauerlinie vorspringende Türme vorgebaut.

§ 10. Das Torsystem hat in den drei Per. gewechselt (Tf. 66—68). Die Tore der I. Per. bilden eine lange, schmale Poterne, der Torweg steigt langsam an und knickt am inneren Ende um. An den Seiten sind die Standspuren von hölzernen Tragpfeilern der Decke erhalten. Die Torwangen springen weit über die Mauerlinie vor und trugen sicherlich Torgebäude, jedenfalls in der II. Per., in der die vorspringenden Wangen auf die doppelte Breite verstärkt wurden (Dörpfeld *Troja* S. 57 Abb. 12); in die Ecken zwischen Tor und Mauer wurden Halbtürme eingebaut. Vielleicht schon am Ende der II., sicher aber in der III. Per. herrscht ein anderer Tortypus mit gepflasterter Zufahrtsrampe, breitem Durchlaß, wenig vorspringenden Torwangen und großer, doppelter Türhalle an der Innenseite (Dörpfeld S. 68ff.). An mehreren Stellen der Mauer, z. T. in Verbindung mit den großen Toren, lagen kleine Ausfallpforten.

§ 11. Die großen Festungsanlagen dieser Schicht wurden von den Bewohnern der dorfartigen III. Ansiedelung wieder verwendet, die Tore wurden durch Einbauten auf die halbe Breite der Durchgänge gebracht und kleine Tortürme vorgelegt. Neue fortifikatorische Gedanken bringt diese Siedelung nicht hinzu. Die V. Schicht hatte eine Burgmauer gleichen Typs wie die II., doch finden sich bereits hier die ganz kurzen Mauervorsprünge wie in der VI., der myk. Stadt. Von der Burgmauer der VI. Schicht (Tf. 69) sind große Teile schon im Altertum zerstört, doch sind die fortifikatorischen Grundsätze noch erkennbar. Die Länge der Mauer ist auf rund 540 m zu schätzen; sie besteht wie in der II. Schicht aus einem geböschten Unter- und einem senkrechten Oberbau, der, ursprünglich gleichfalls aus Lehmziegeln erbaut, noch im Verlaufe der myk. Zeit in Stein erneuert wurde. Auch die Mauer der VI. Ansiedelung bildet keinen Kreis sondern ein Polygon, dessen Ecken durch kleine Vorsprünge bezeichnet sind, die auch an äg. und griech. Mauern verschiedener Zeit verwendet worden sind (Dörpfeld S. 119ff.). Diese Vorsprünge haben in den meisten Fällen genügende Breite, um zur Flankierung dienen zu können, in Troja VI sind sie dagegen so verkümmert, daß sie nur noch dekorative Bedeutung haben können. An die Mauer sind später mehrere mächtige Türme angebaut, von denen drei aufgedeckt sind; der eine bildet die Flankierung eines Tores, ein zweiter sitzt an der Nordostecke der Mauer und enthält eine kleine Pforte (Tf. 70), der dritte steht im Zuge der Mauer selbst. Die Türme treten rund 8 m aus der Mauerflucht heraus, sind im Unterbau steil geböscht und hatten im älteren Stadium einen Oberbau aus Ziegeln, im jüngeren aus Steinen. Von den drei aufgedeckten Toren hat das südliche, scheinbar das Haupttor, den geraden Durchbruch durch die Mauer wie in früheren Per.; die eine Seite des Torweges ist verstärkt durch einen Turm. Dagegen beruhen die beiden Tore im O und W auf dem völlig neuen Grundsatz der Traversierung des Einganges: die beiden Maueräste sind aus der geraden Flucht verschoben und greifen übereinander; der Verschluß liegt im Innern (Dörpfeld S. 127 Abb. 40; S. 136 Abb. 46). Der Aufbau in Terrassen, die unter einander durch Rampen und Treppen verbunden waren — eine Vorstellung des äußeren Bildes gibt die belagerte Stadt auf dem Bruchstück eines Silberbechers aus Mykenai —, machte die Stadt zu einer äußerst starken F. Trotzdem ist sie erobert und durch Feindeshand gewaltsam zerstört worden. In der VII. Schicht wurde die Festungsmauer der VI. notdürftig wiederhergestellt.

§ 12. Die Baugeschichte der myk. Burgen des griech. Festlandes umspannt nicht so lange Zeitläufe wie die von Troja, bietet dafür aber ein um so klareres Bild. Am vollständigsten ist die Burg von Tiryns (Tf. 71). Ein schmaler länglicher Hügelrücken ist umgeben von einer sehr starken

Festung A. Europa

Troja. Südwestliche Burgmauer und Tor FK der II. Schicht. Nach Dörpfeld

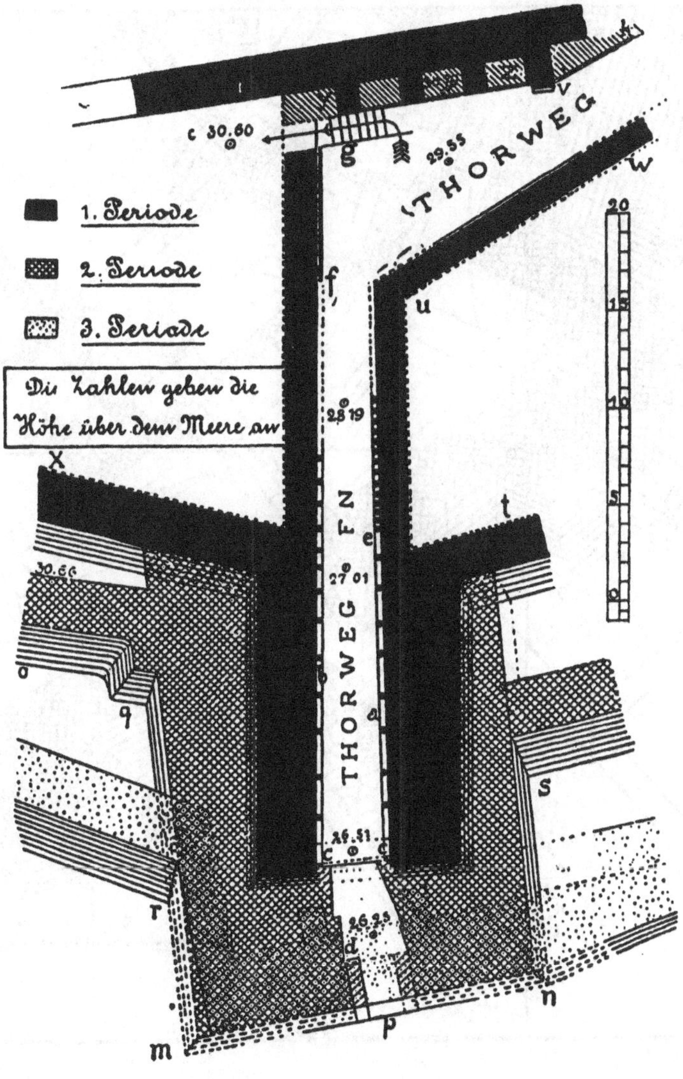

Festung A. Europa

Troja. Grundriß des Tores FN in der I. Periode der II. Schicht. Nach Dörpfeld.

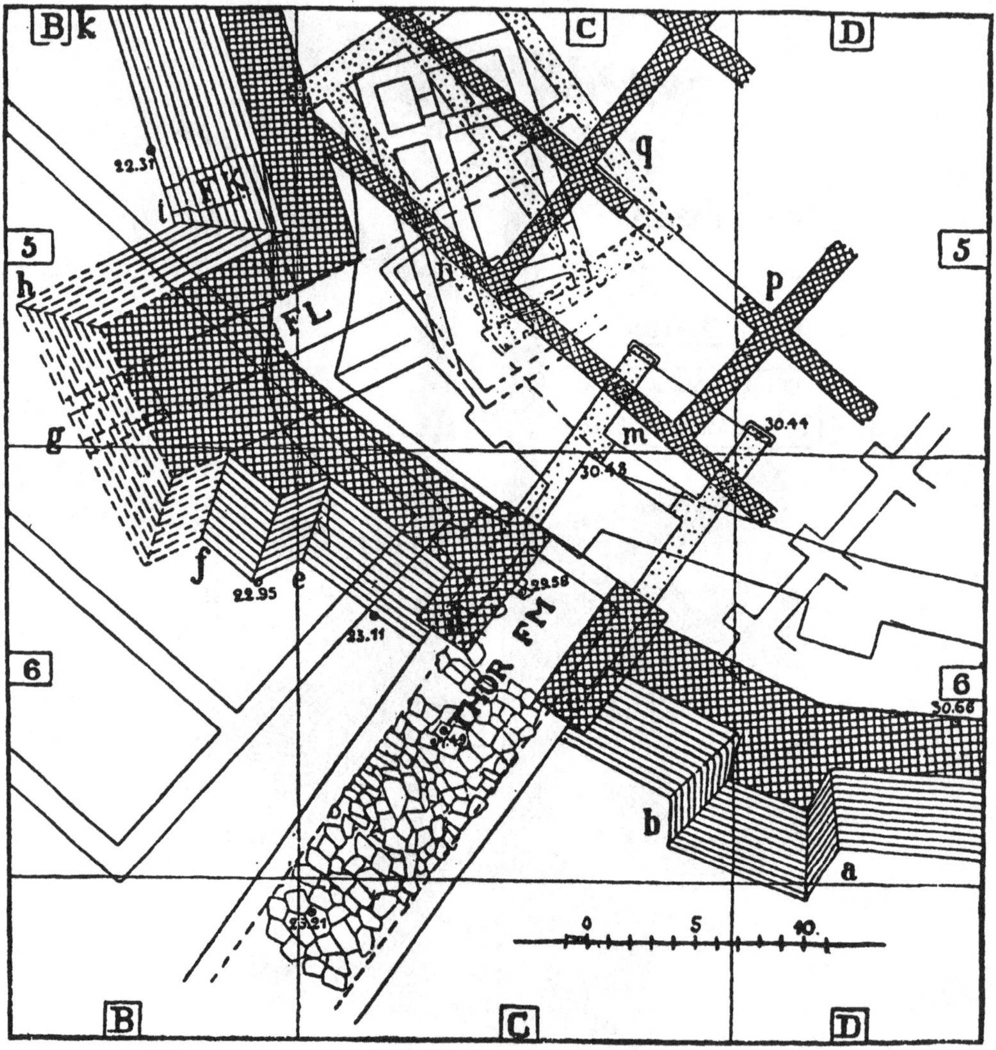

Festung A. Europa

Troja. Das Tor FM in der II. Periode der II. Schicht.

Nach Dörpfeld.

Festung A. Europa

Der große Turm der VI. Schicht und seine Umgebung nach der Ausgrabung von 1893. a. Turm der VI. Schicht. — b, c. Mauer und Treppe der VIII. Schicht. — d. Stützmauer des Athenabezirkes der IX. Schicht. Nach Dörpfeld.

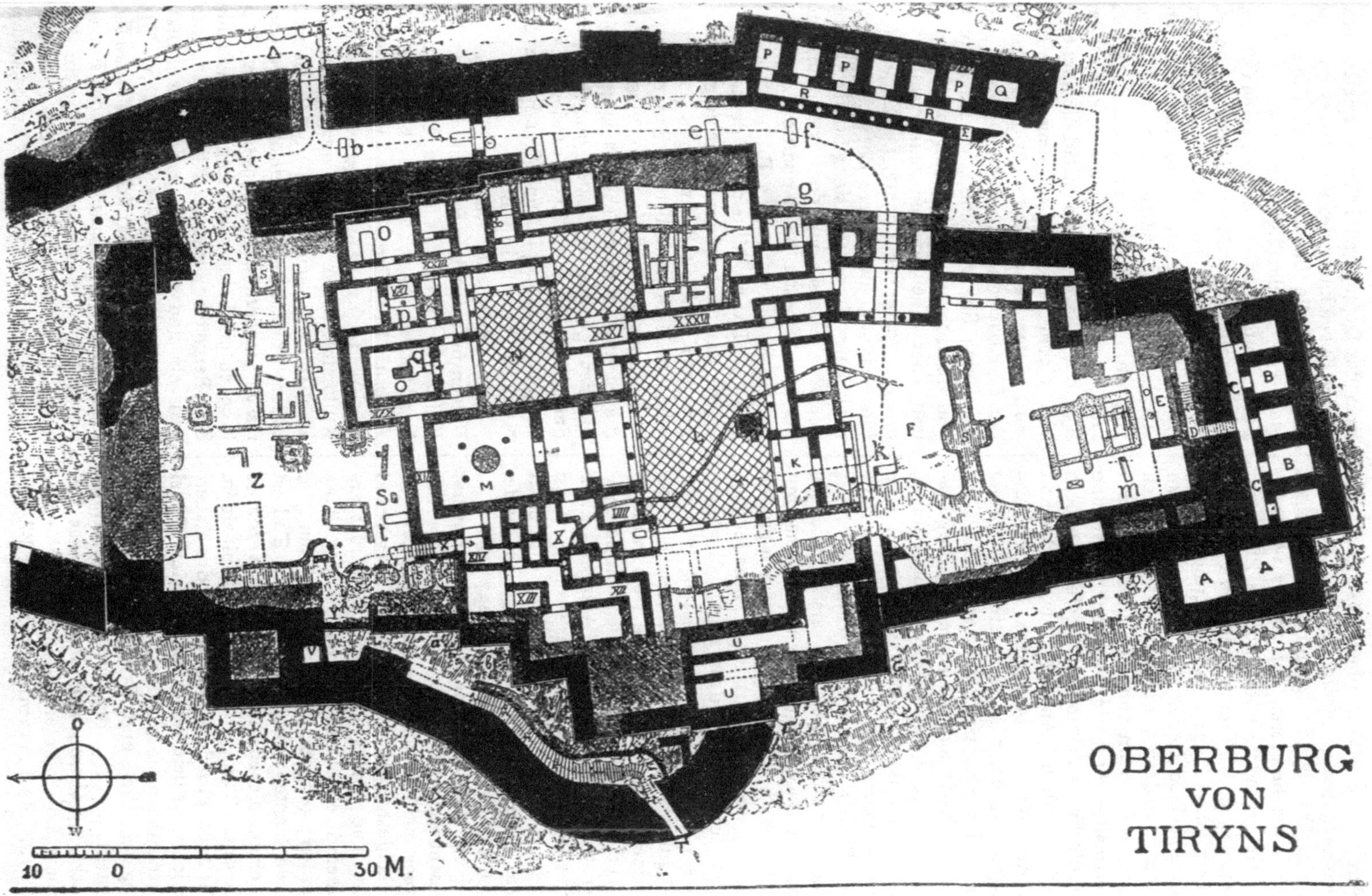

Festung A. Europa

Oberburg von Tiryns. Nach D. Fimmen.

kyklopischen Mauer ohne Böschung. Besonders befestigt ist die Oberburg mit dem Palast. Die Mauer folgt mit rechtwinckligen Ecken der Bergform, nur an der Westseite hat sie gerundete Form, wo eine Pforte mit schmaler, steiler Treppe zwischen Felsen ins Innere führt (Tf. 72). Die Mauerdicke ist an den einzelnen Stellen ganz verschieden, am stärksten an der Südostecke und der schmalen Seite, wo sie im Innern eine Galerie mit Kasematten birgt, die als Bereitschaftsräume für die Burgwache oder als Schatzkammern gedient haben. An der Südwestecke und in den Winkeln beiderseits der w. Ausbiegung springen starke viereckige Türme vor. Der Hauptzugang lag im O. Eine Rampe führte auf die Höhe der Burg hinauf durch die unverschlossene Maueröffnung. Hinter der Burgmauer steht parallel eine zweite Mauer; zwischen diesen beiden führt der Torweg im rechten Winkel südwärts durch das zweite Tor, das verschließbar ist, und mit nochmaligem rechtwinkligen Umbruch durch einen Torbau auf den großen Südhof, von dem aus eine Torhalle nach N in den Innenhof des Palastes überleitet. Dieses sorgfältige und differenzierte Befestigungssystem gehört indessen erst der jüngeren Burg an, die ältere (Ath. Mitt. 38 [1913] S. 81 ff.) begnügte sich mit bescheideneren fortifikatorischen Anlagen, einer schwächeren Mauer ohne Gallerien und einer einfachen Tordurchfahrt, die unter dem äußeren Propylon festgestellt wurde. S. Mykenische Kultur, Tiryns.

§ 13. Als eine Anlage von weit geringerer Geschlossenheit des fortifikatorischen Aufbaues stellt sich infolge der andersartigen Geländestruktur die Burg von Mykenai dar. Die umhegte Hochfläche bildet annähernd ein Dreieck. Die beiden Tore werden gebildet durch Übergreifen der Mauerfluchten; der vorspringende Teil ist zu einem dicken Flankierungsturm verstärkt. Ein dritter Turm ohne Verbindung mit einem Tor befindet sich an der Südseite des Mauerdreiecks seitlich einer tief in den Hügel einschneidenden Mulde. Auch hier ist ein jüngerer Um- und Erweiterungsbau festgestellt worden, der auf das Gräberrund Rücksicht nimmt, und dem u. a. das bekannte Löwentor angehört. S. Mykenai.

§ 14. Die Terramaren, die der BZ Italiens das Gepräge aufdrücken, spielen auch in der Entwicklung des Wehrbaues eine bedeutsame Rolle (Band II Tf. 137). Die Siedelung von regelmäßiger, meist rhomboider Form ist umgeben von einem nassen Graben, der hier zum ersten Male Verwendung findet, um dann wieder auf Jahrhunderte aus der Geschichte des Festungsbauwesens zu verschwinden; der Graben steht, wo irgend möglich, in Verbindung mit einem lebenden Gewässer. Im Innern ist ein kleiner zentraler Teil der Anlage wie eine Zitadelle nochmals von einem Wassergraben umgeben. Man wird in den Terramaren nicht die Ausläufer der Pfahlbauweise zu erkennen haben, sondern eine Siedelungsform, die im Sumpf- und Überschwemmungsgebiet entstanden ist und eher eine Vorstufe zum Pfahlbau im offenen Wasser sein könnte. Die Siedelungsform hat auf die weitere Entwicklung sehr nachhaltig eingewirkt, sie gibt die Urform des röm. Kastells mit dem Prätorium, und der röm. Priester heißt pontifex, Brückenbauer. S. a. Terramare B.

§ 15. Im w. Mittelmeer dürften wohl einige Bautenkomplexe der Nuragen- und Talayot-Kultur als Wehranlagen anzusehen sein. In Mallorca haben die Ausgrabungen von Capocorp Vell (s. d.) erwiesen, daß die Stadt von einer aus mächtigen Steinblöcken gebildeten Mauer umgeben war, deren Türme eine Anzahl von runden und viereckigen Talayots bildeten. S. a. Balearen, Nurage, Sardinien B.

§ 16. Stattliche Reste frühbronzezeitl. Burgen finden sich in Spanien im Kreis der Kultur von El Argar (s. Argar, El; Schuchhardt *Alteuropa* 1919 S. 64 Abb. 15; Siret *Prem. ag.* Tf. 9, Campos; 15, Lugarico viejo; 17, Ifre; 19, Zapata). Die Siedelungen dieser Kulturstufe liegen gern auf den Höhen steil abfallender Felsen, einige von ihnen sind zudem noch künstlich befestigt. Die Umfassungsmauern aus roh zugerichteten Felsbrocken mit Lehmmörtel folgen dem Rande der Bergfläche, ziehen Klippenbildungen gern ein und setzen aus, wo der Steilabfall allein hinreichenden Schutz gewährt. Die Befestigung beschränkt sich unter Umständen sogar auf ein ganz kurzes Stück des Berges wie in Lugarico. Ein gewisses System läßt allein die Höhenfeste von Campos erkennen, die annähernd ein Viereck mit Eckbastionen

Festung A. Europa

Tiryns. Nebentreppe. Nach D. Fimmen.

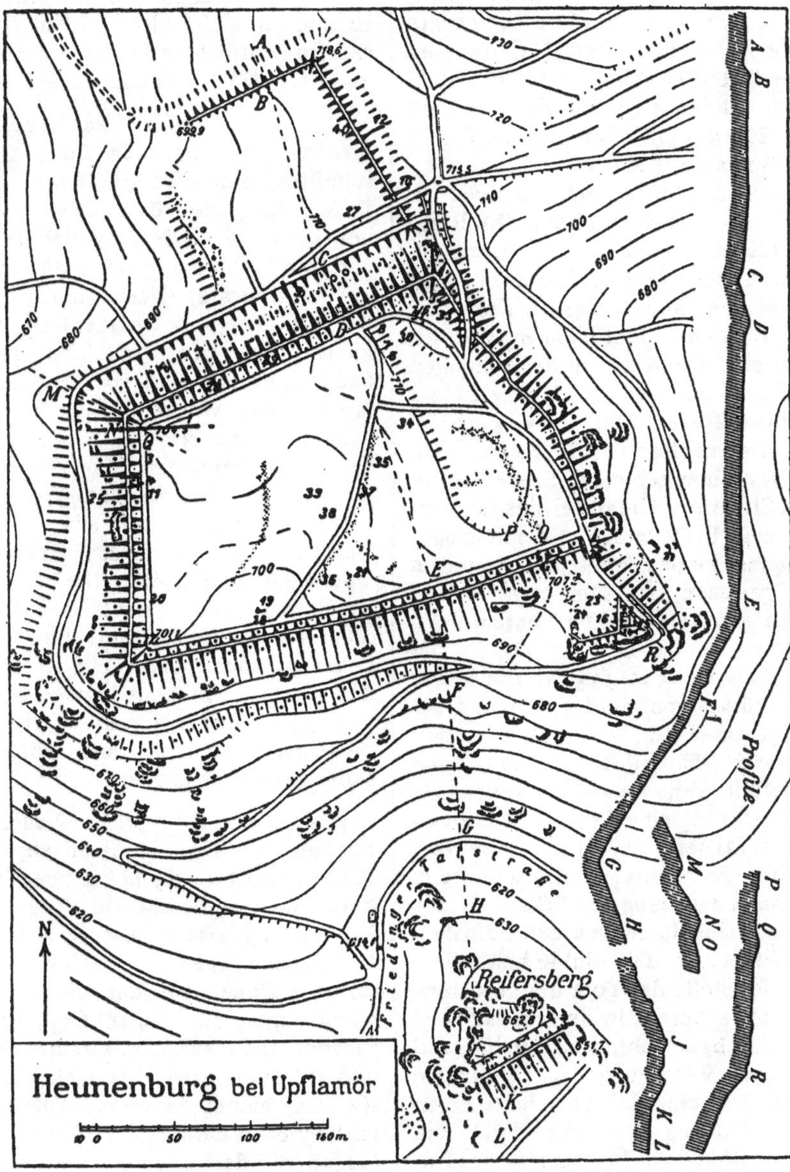

Festung A. Europa
Nach P. Goessler.

und einem zweiten inneren Mauerring bildet. Der Umfang dieser Burgen ist gering (Campos mißt etwa 15 zu 20, Zapata gegen 36 zu 42, Ifre 20 zu 30 m), sie sind also keine Volks- oder Stammesburgen, sondern befestigte Dörfer, wie sie auch später in Ostspanien bis in die hist. Zeit hinein üblich waren. Die Häuser lehnen sich mit dem Rücken meist an die Burgwand oder einzelne Felsen an. S. a. Pyrenäenhalbinsel C.

§ 17. Bronzezeitliche Befestigungen in Deutschland sind sehr selten. Die Ringwälle Schlesiens scheinen z. T. bereits in dieser Per. angelegt (Hellmich *Besiedelung Schlesiens in vor- und frühgesch. Zeit* 1923 S. 14), wenn es auch nicht mehr möglich ist, den bronzezeitl. Anteil dieser Befestigungen mit Sicherheit auszusondern. Klarer ist das Bild, das die „Römerschanze" bei Potsdam gibt (s. Römerschanze; Tf. 76a). Auf einer nur von einer schmalen Stelle aus zugänglichen Stelle der Halbinsel des Lehnitzsees liegt eine Befestigung, die mit langer Unterbrechung mehr als ein Jahrtausend in Gebrauch gewesen ist. Die erste Anlage gehört nach den keramischen Funden noch der ausgehenden BZ an; die Größe der Burg beträgt etwa 125 zu 175 m. Die Mauer hatte eine Stärke von rund 3,5 m und bestand aus je einer Verplankung an Vorder- und Rückwand, während das Innere mit der Erde ausgefüllt war, die auf der Innenseite ausgehoben wurde; eingelegte Stämme verstärkten die Mauer. Die Burg hatte drei Tore in Form rechtwinkliger Einschnitte in den Wall ohne Versetzung und Traversierung; die Torwangen sind durch senkrechte Pfostenstellungen abgesteift. Die Mulde hinter dem Wall ist an der Stelle der Tore unterbrochen. Die Tore haben bereits in der vorslav. Zeit Umbauten durchgemacht, die, durch Brand veranlaßt, eine Verengung der Durchlässe bezweckten. Das eine der Tore hatte einen gepflasterten Torweg und war durch ein Torgebäude überbaut. Beiderseits des Zuganges zu den beiden Haupttoren ist die Anlage verstärkt durch 2—3 parallele Grabenstücke. In slavischer Zeit wurde die Burg durch mehrfache Um- und Einbauten wieder instandgesetzt, während aus den dazwischen liegenden Jahrhunderten die Funde vollkommen fehlen. In die gleiche Per. der ausgehenden BZ mit Keramik der letzten Ausläufer des Lausitzer Stils gehören noch mehrere andere Wehrbauten Norddeutschlands, in denen Schuchhardt (*Alteuropa* S. 294ff.) Anlagen zur Abwehr der kelt. Expansion sieht. In Süddeutschland sind sichere Wehrbauten der BZ bisher nicht nachgewiesen (Schumacher *Rheinlande* I 77).

III. Vorrömische Eisenzeit. § 18. Die HZ ist, wenigstens in ihren älteren Abschnitten, eine Per. friedlicher, agrarischer Entwicklung, die größere Festungsbauten unnötig machte. Die ausgedehnte Siedelung auf dem Fichtenkopf bei Neuhäusel (s. d.) im Westerwald (Nass. Annal. 32 [1901] S. 145ff. Tf. 3—6 Soldan) ist da, wo sie nicht durch den Steilabfall des Platzerbaches gesichert ist, von Wall und Graben mit Palisade umgeben. Ein kleiner Durchgang hat eine schmale Erdbrücke mit versetzten Grabenenden; das 18 m breite Tor am ö. Ende der Siedelung war nach den Pfostenstellungen von einem dreiteiligen Torturm mit massivem Mittelbau und Torwegen beiderseits überbaut (Präh. Z. 11/12 [1919/20] S. 105ff. Behn). Umwallte Siedelungen der HZ sind auch sonst noch bekannt, doch noch nicht untersucht. Die frühhallstätt. Moorsiedelung bei Buchau (Tf. 74) im Federseegebiet des s. Württembergs war rings von einer doppelten Palisadenstellung umzogen.

§ 19. Haben wir in Neuhäusel und Buchau befestigte Siedelungen, so ist die Koberstadt (s. d.) bei Langen in Starkenburg von vornherein als F. mit schwacher Besiedelung erbaut (Archiv f. hess. Gesch. NF 3 [1902] S. 215ff. Kofler). Die nierenförmige Düne, auf der die Anlage steht, ist umzogen von einem Doppelgraben mit Pfostenreihen auf dem Grunde der Gräben und auf dem dazwischen stehengebliebenen Kamme, einem Astverhau auf der Außen- und einer Wehrmauer auf der Innenseite. Gegen die flacher gesenkte Ost- und Nordseite ist innen ein zweites Doppelgrabensystem vorgelegt. Das Ganze wird umfaßt von einem fortlaufenden Astverhau mit alternierend gestellten Pfählen, der nur an der Stelle der 5 Tore aussetzt und die Toreinfahrten eine Strecke nach innen begleitet. Je zwei Tore liegen im n. und s. Zipfel, das fünfte in der Mitte der Ostseite,

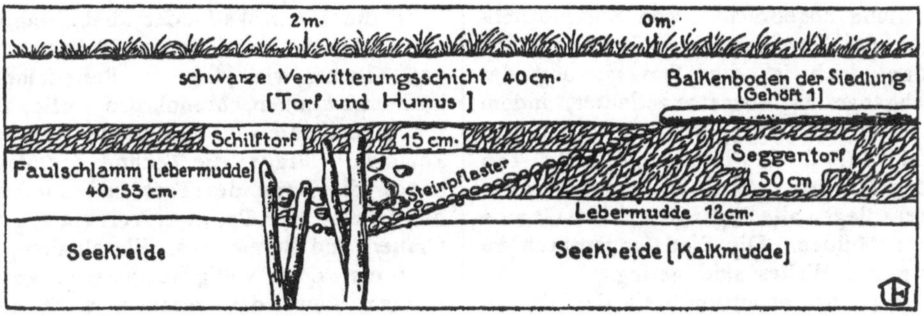

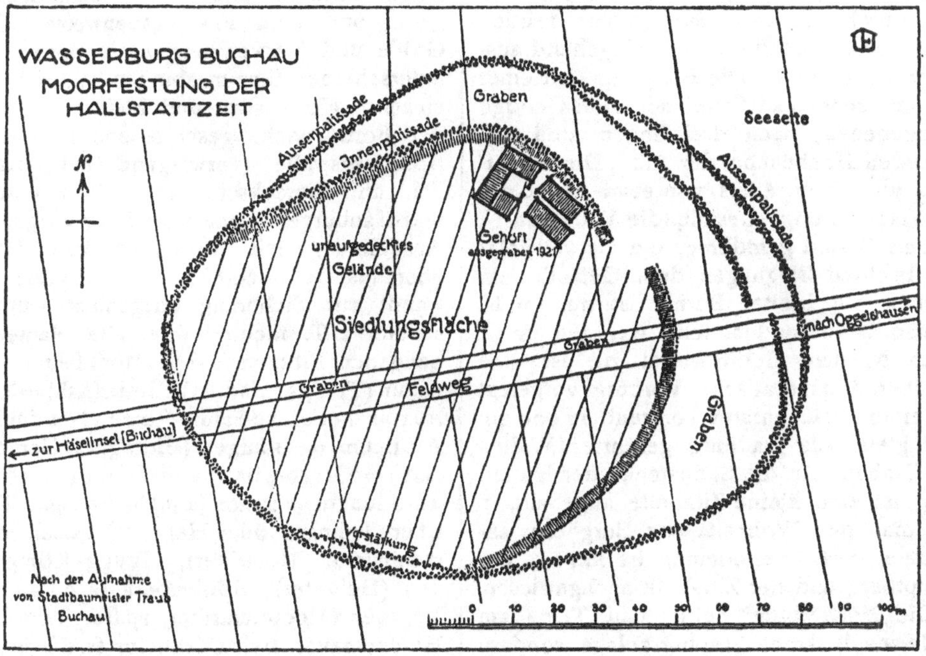

Festung A. Europa

Buchau. Befestigte frühhallstättische Moorsiedlung. Nach Reinerth.

während die Wehrlinie der Westseite nicht unterbrochen wird. Mit Ausnahme des Südwesttores sind alle im Verlaufe der Doppelstellung angebracht. Von Sperrvorrichtungen der Tore ist keine Spur gefunden worden, doch ist die Traversierung der Durchgänge in etwas angedeutet, indem die Linie des Torweges in der Mitte leicht einknickt (Präh. Z. 11/12 [1919/20] S. 106 Abb. 3 Behn). Mit Ausnahme des Nordosttores liegen alle Zugänge auf dem Grunde flacher Mulden. Die Siedelungsspuren im Innern des Walles sind gering.

§ 20. Aus der letzten Stufe der HZ sind in Württemberg mehrere Wehranlagen untersucht, die „Heuneburgen" bei Hundersingen (s. d.) und bei Upflamör (Tf. 73), beide im O.-A. Riedlingen (Fundber. Schwaben NF I [1922] S. 45ff.; P. Goessler *Oberamtsbeschr. Riedlingen* 1923 S. 223ff.). Während die erstere nur durch mehrere Suchgräben zeitlich fixiert wurde, ist die zweite eingehend ausgegraben worden. Die Burg liegt auf einer nur mit schmalem Sattel mit dem Gebirge verbundenen, nach drei Seiten steil abfallenden Hochfläche der Alb. Die Hauptburg mit einem Areal von etwa 45000 qm hat trapezförmige Gestalt, die Wälle im N, W und S sind geradlinig, der Ostwall folgt mit leichten Biegungen dem Gelände; ein Graben mit breiter Berme ist nur im N, W und S vorhanden, fehlt dagegen im O. Nach N, dem Gebirgssattel zu, ist eine annähernd quadratische Vorburg vorgelegt mit einem Flächenraum von rund 11000 qm und gleichfalls gradlinig geführten Wällen mit Graben. An die Südostecke der Hauptburg ist eine kleine Zitadelle angebaut, in der man den Wohnsitz des Burgherrn annehmen darf. Besiedelung ist nur in der Hauptburg und der Zitadelle nachgewiesen.

Die „Wasserburg" bei Buchau (Tf. 74) am Federsee ist keine Festungsanlage, sondern eine agrarische Siedelung mit Palisadenzaun (Fundber. Schwaben NF I [1922] S. 36ff. Reinerth; Germania 6 [1923] S. 103ff. Paret; Goessler *Riedlingen* S. 235ff.).

§ 21. Gehören die sog. „Ringwälle" in ihrer Hauptmasse auch in die späteren Abschnitte der LTZ, so gehen doch mehrere von ihnen bereits in die ä. HZ hinauf. Da die Bauten sich ohne starres Schema stets dem Gelände anpassen, ist die Datierung eines Ringwalles nur dann möglich, wenn Funde in unmittelbarer Beziehung zum Walle selbst stehen (Walleinschlüsse, Überschneidung durch den Wall oder ähnl.), während andere Funde innerhalb des Walles sowohl von älteren wie jüngeren Besiedelungen herrühren können, chronol. also wertlos sind. Für eine innere Chronologie der Ringwälle kommen in Frage: die Technik des Mauerbaues, die Form der Tore und überhaupt die Lösung der Torfrage, Verwendung von Graben und Berme u. a. Einzelheiten, die aber erst dann völlig ausgewertet werden können, wenn das gesamte, z. Zt. noch sehr zerstreute Material an Ringwällen und verwandten Wehrbauten übersichtlich zusammengestellt ist. Auch stammliche Unterschiede im Festungsbau werden sich dann herausschälen lassen, die heute noch nicht faßbar sind, vor allem die Verschiedenheit germ. und kelt. Festungsbauweise. Der Größe und Verwendung nach lassen sich unterscheiden: Stammesburgen (oppida; s. d.), einzelne Herrensitze und kleine Refugien; der Form nach: geschlossene Ringwälle, Abschnittswälle (vorwiegend hallstattzeitlich) und Viereckschanzen. Die Stammes- und Gauburgen lagen trotz ihrer oft großen Ausdehnung mit Ausnahme von Zarten ebenfalls auf Bergen, deren Abfälle gewandt zur Sicherung ausgenutzt wurden, sie sind z. T. noch mit ihren alten Namen zu benennen: Bibracte (s. d.) = Mont Beuvray bei Autun (Tf. 77a; Häduer), Alesia (s. d.) = Mont Auxois bei Alise-Sainte-Reine (Mandubier), Avaricum = Bourges (Bituriger), Gergovia (s. d.) = Gergoie im Puy-de-Dôme (Arverner), Tarodunum = Zarten (s. d.) im Breisgau (Rauriker, Tulinger oder Helveter), Basel, Münsterplateau (Rauriker), Brugg-Königsfelden (Helveter), Odilienberg (s. d.) in den Vogesen (Mediomatriker, später Triboker), Heidenmauer bei Dürkheim (s. d.) in der Pfalz (Nemeter), Donnersberg (s. d.) bei Kirchheim-Bolanden (Vangionen), Artaunon = Heidetränksperre bei Oberursel im Taunus (Taunus-Sweben), Mattium = Altenburg (s. d.; Tf. 76b, 79, 80) bei Fritzlar (Chatten), Locoritum = Finsterlohr (s. d.) an der Tauber, Mons Piri? = Heiligenberg (s. d.) bei Heidelberg (Neckar-Sweben), Kl. Gleichberg (s. Steinsburg) bei Römhild i. Th. (Taurisker?), Hradischt bei Stradonitz (Bojer; s. Böhmen-

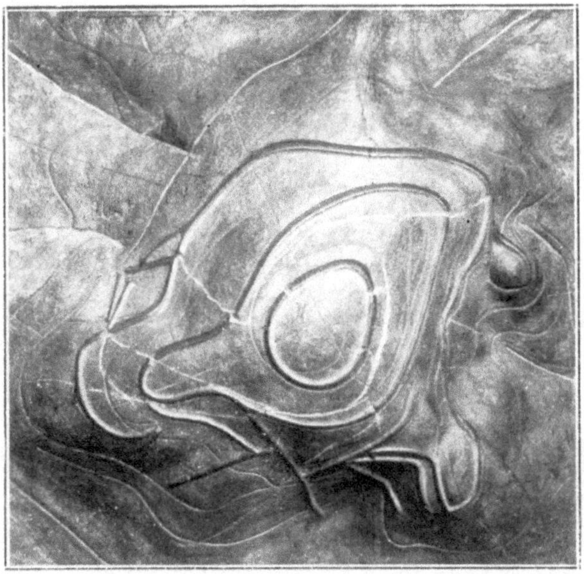

a

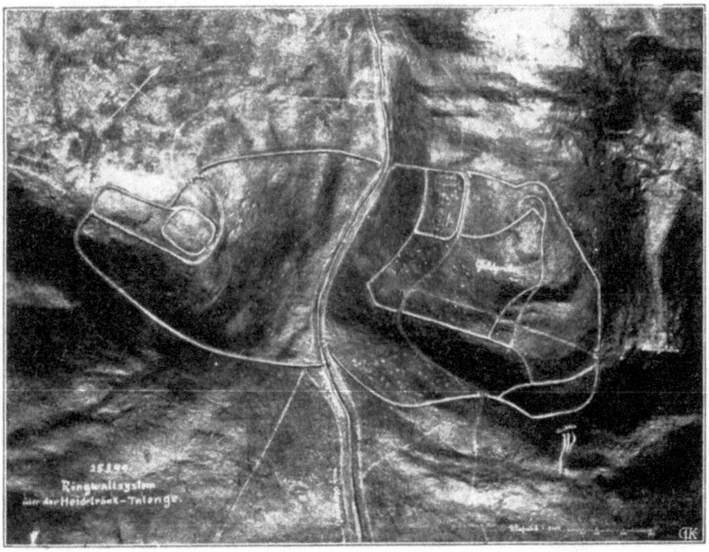

b

Festung A. Europa

Modelle von a. dem Ringwall auf dem Dünsberg, b. dem Ringwallsystem der Heidetränksperre bei Oberursel. Nach K. Schumacher.

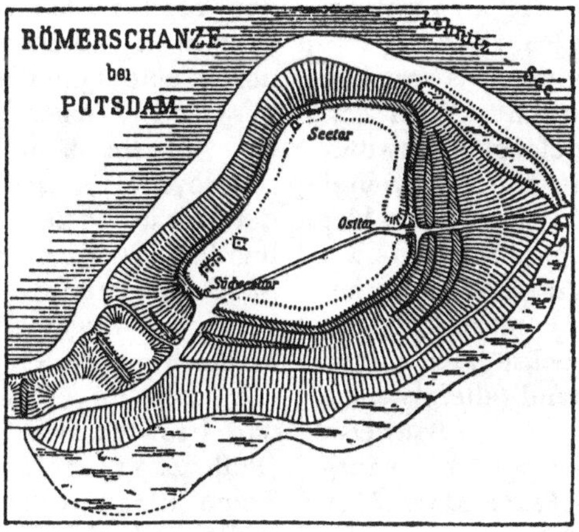

a

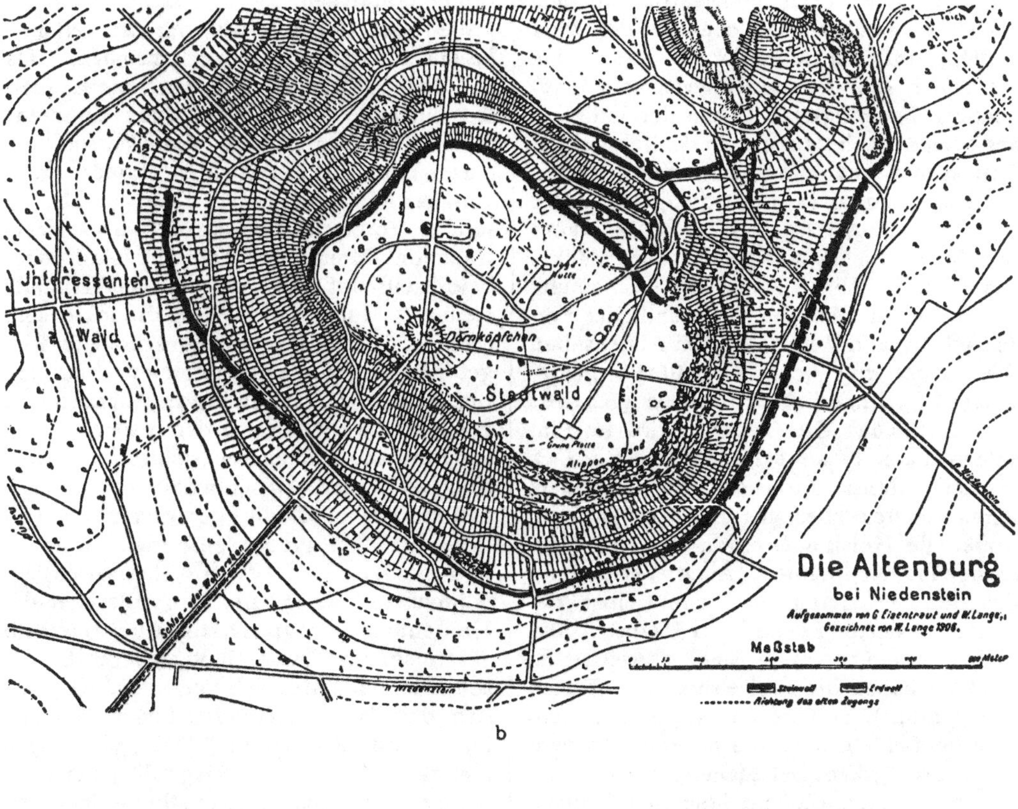

b

Festung A. Europa

Nach C. Schuchhardt. — b. Nach Zeitschrift des Vereines für hessische Geschichte und Altertumskunde.

Mähren E § 74; Band II Tf. 47) usw. (Germania 3 [1919] S. 78ff. Schumacher; ders. *Rheinlande* I [1921] S. 149).

§ 22. Die Geröllhalden, als welche die Ringwälle heute erscheinen, sind erst das Ergebnis jahrhundertelanger Verwitterung bzw. Zerstörung. Die einfachsten und ältesten Mauern bestanden aus lose, ohne Bindemittel auf einander geschichteten Steinen. Bei den Kelten erwähnt Cäsar eine besondere Mauertechnik, den murus gallicus (s. d.; Tf. 77 b), der aus wechselnden Lagen von Holz und Stein bestand (alternis saxis ac trabibus; B. G. VII 23). Die Bauweise ist an frz. wie an südd. Ringwällen nachgewiesen (Tf. 78 b; Déchelette *Manuel* II 3 S. 985ff., bes. S. 991 Abb. 413), wo die Mauern aus einer Vorder- und Rückwand senkrechter Stämme mit Längs- und Querverankerung und Steinausfüllung der Zwischenräume erstellt waren. Die Mauerstärke ist stets verschieden und richtet sich nach der natürlichen Sicherung der betr. Stelle. Auf der Mauerkrone stand eine Brustwehr, die an dem Ringwall vom Wannenberg bei Bürgstadt a. M., der lediglich aus einer nach außen stark geböschten Terrasse besteht, allein die eigentliche Befestigung bildete (2. Ber. röm.-germ. Kom. 1905 S. 35ff. Anthes). Wo das Holzwerk der Mauer in Brand geriet, verschlackte das Gestein. Diese sekundäre Erscheinung hat früher zur Annahme absichtlicher Verschlackung und Verglasung der Außenseiten der Mauer zu „Schlackenwällen", „Glasburgen", „vitrified forts" geführt (Anthes a. a. O. S. 36). Die Technik wird im Einzelnen variiert, so schildert Cäsar a. a. O. Mauern, deren Außenseite aus Steinen, deren Inneres aber aus Erde erbaut war, wobei die Holzkonstruktion das Ganze zusammenhalten mußte. Auch Verstärkung des Beringes durch eine unmittelbar dahinter gesetzte zweite und selbst dritte Mauer kommt vor. Eine abweichende Technik haben die zwei elsässischen Festen vom Odilienberg (s. d.) und vom Frankenberg bei Schlettstadt; sie sind ohne Holzeinlagen aus vierkant behauenen Rotsandsteinquadern erbaut, die mit hölzernen Schwalbenschwänzen zusammengehalten werden. Auch hier sind Felsblöcke in den Mauerbering einbezogen. Die „Heidenmauer" des Odilienberges, die im ganzen Umfang von rund 10 km und teilweise noch bis zu 3 m H. erhalten ist, besteht aus zwei durch eine Quermauer abgeriegelten Vorburgen und einer Mittelburg mit Zitadelle. Ein einzeln 8 m aufragender Fels (der „Wachtstein") ist als Beobachtungspunkt durch eine kurze Mauer mit dem Ring verbunden (R. Forrer *Die Heidenmauer von St. Odilien* 1899). Man wird diese ausgesprochene Steintechnik wohl durch mittelländische Kultureinflüsse erklären müssen, die auch im Grabbau der Mediomatriker und benachbarter Stämme zu spüren sind (Präh. Z. 11/12 [1919/20] S. 99ff. Behn). Einen Ringwall der ältesten HZ mit Kalkguß fand Eidam bei Gunzenhausen (Anthr. Korr.-Bl. 1912 S. 140ff.).

§ 23. Wo die sanftere Neigung des Berges den Angriff auf die Burg begünstigte, ist der Ring in vielen Fällen verdoppelt und selbst verdreifacht, auch mit Hilfe von Gräben, die nur in seltenen Fällen die ganze Anlage umziehen. Da auf dem Rücken der Bergzüge meist auch die Eingänge und die auf diese zuführenden Wege liegen, war eine Verstärkung dieser Punkte doppelt nötig. Wieder ganz von der Geländebildung hängt es ab, ob solche Vorbauten („Zwinger") als einzeln stehende Maueräste gebildet sind oder beiderseits mit der Ringmauer im Verbande stehen. Mulden u. a. Angriffspunkte sind oftmals durch einzeln vorgeschobene Riegel flankiert, die nur mit einem Ende mit der Mauer verbunden sind; Anbauten an das Kernwerk werden in den meisten Fällen aus fortifikatorischen Rücksichten zu erklären sein, z. T. sind es auch wohl Erweiterungsbauten, die im Laufe der Zeit nötig wurden, um den größer gewordenen Stamm und den Herdenbesitz in Gefahrzeiten aufnehmen zu können. Am Ringwallsystem der Heidetränksperre (s. Goldgrube) oberhalb Oberursel im Taunus läßt sich die Baugeschichte noch deutlich verfolgen. Die beiden das Tal flankierenden Bergzüge „Altehöfe" und „Goldgrube" (Tf. 75 b) trugen ursprünglich je einen Ringwall, jener langovaler, dieser annähernd quadratischer Form. Diese Einzelburgen wurden später (wahrscheinlich von den Germanen nach der Besitznahme des Landes) durch gewaltige

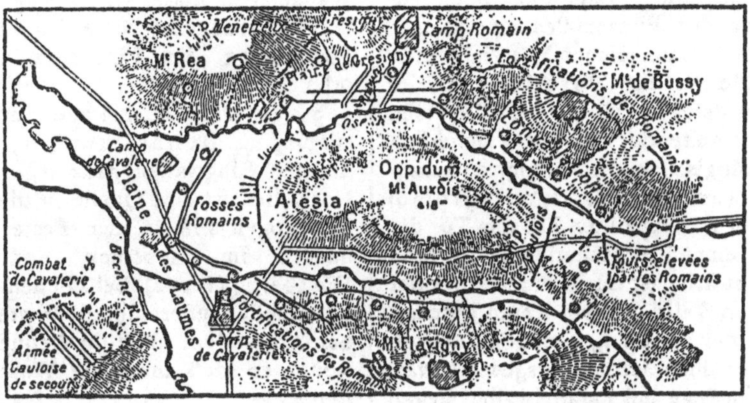

a

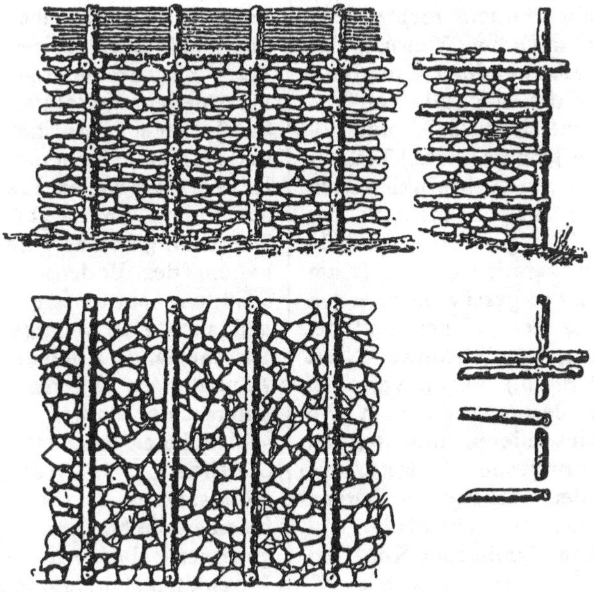

b

Festung A. Europa

a. Plan von Alesia, nach den Grabungen Napoleons III. — b. Mauer aus Holz und Stein. Altkönig, Hessen-Nassau. Nach J. Déchelette.

Flankenmauern über das Tal hinweg zu einer großen Sperranlage verbunden, die nach S hin mit Gebück und Abschnittswall („Heidengraben") außerdem noch ein großes Stück des Wiesentales einfaßte.

§ 24. Ein überaus reiches Material bieten die Ringwälle für die Torbildung; hier erkennt man gelegentlich ein festes System, das bei fortschreitender Forschung sicherlich auch chronologisch und ethnologisch auszuwerten sein wird (Präh. Z. 11/12 [1919/20] S. 107ff. Behn). Nur selten hat das Tor die Form einer einfachen Mauerlücke; wo aber diese Form auftritt, ist durch einen vor- oder hintergelegten Wallriegel ein Raum geschaffen, in dem der etwa eingedrungene Angreifer allseitiger Flankierung ausgesetzt war, oder die Eingänge bei Parallelwällen liegen nicht in einer Geraden, sondern sind gegeneinander versetzt. Häufig wird erfolgreiche Traversierung erzielt, indem die zwei Wallästе übereinander greifen, und zwar durchweg so, daß der Angreifer gezwungen war, der Mauer die unbeschildete rechte Seite zuzuwenden — ein noch im Wehrbau des Mittelalters häufig angewendeter Grundsatz. Andere Bauten wie die Ringwälle von Finsterlohr (s. d.), Donnersberg (s. d.) und Bibracte (s. d.) und der jüngere (germ.) Teil der Heideтränksperre haben rechtwinklig nach innen einspringende Schenkelmauern; der Torverschluß lag dann ganz wie bei sächsischen Wehrbauten karolingischer Zeit am inneren Abschluß der so geschaffenen engen Torgasse. Das Tor der „Hünerburg" bei Kronberg i. Taunus, die Thomas (Nass. Annal. 41 [1910] S. 1ff.) wegen verschiedener technischer Besonderheiten in die merowingische Zeit datieren möchte, hat zangenförmig einspringende Walläste, wie sie ebenfalls an den sächsischen Burgen wiederkehren, ebenso der frühhallstätt. Abschnittswall auf dem Rambacher Kopf bei Wiesbaden (Nass. Annal 42 [1913] S. 138ff. Thomas). Die Ringwälle des schottischen Hochlandes, das dank seiner geol. Formation reicher an Wehrbauten aller Zeiten ist als irgend ein anderes Land, bieten eine Fülle interessantester Torbildungen (D. Christison *Early fortifications in Scotland* 1898 S. 215ff.): außer dem einfachen Mittel der übereinander greifenden Wallarme, der zangenförmigen Einziehung der Torwangen mit und ohne Verlängerung der Schenkelmauern, dem kleinen Vorhof, der Torgasse, der Versetzung der Eingänge bei konzentrischen Wallanlagen findet sich häufig eine längere Schenkelmauer zur Seite des Torweges und Flankierung des Einganges durch einen oder zwei Tortürme.

§ 25. Die Lebensfrage der Wasserversorgung (s. Bewässerung A) ist bei den meisten Ringwällen ganz eigenartig gelöst. Nur selten ist eine Quelle in die Umwallung einbezogen wie in der Feste von Otzenhausen im Hunsrück und auf dem Dünsberg (Tf. 75a) bei Gießen, meist liegt die Quelle außerhalb, doch stets unmittelbar unter dem Wall in bequemer Schußweite, so daß man die Wasserstelle beherrschte.

§ 26. Wo die Ringwälle eine größere Siedelung umschließen, sind die Häuser über den ganzen Bezirk verteilt, und ein angemessener Teil bleibt frei zur Aufnahme von Flüchtlingen und Vieh. Bibracte hat unter starkem Einfluß der Mittelmeerkulturen auf diese Weise das Aussehen einer Stadt mit besonderen Quartieren für die verschiedenen Berufe, einem Marktplatz, Straßenzügen usw. bekommen, und auch in den „Heidenlöchern" bei Deidesheim (s.d.) in der Pfalz liegen die Häuser an Straßen aufgereiht. An Berghängen wurden kleine Terrassen („Podien") hergestellt durch Wegnahme des Bodens am oberen und Anschüttung am unteren Ende, das manchmal auch eine richtige Stützmauer bekam. Da ehemalige Kohlenmeiler ganz ähnliche Abplattungen hinterlassen, können nur arch. untersuchte Podien als Zeugnisse urgeschichtlicher Besiedelung verwertet werden (Anthes a. a. O. S. 38ff.). Im Ringwall von Rittershausen (s. d.) im Westerwald sind innen an die Mauer angelehnte Hütten nachgewiesen, ebenso in einigen schottischen Ringwällen (Christison S. 131, 231, 232ff.).

§ 27. Nur die ganz großen Ringwälle, die oppida und Gauburgen, stehen für sich da, die mittleren und kleineren Anlagen sind meist Glieder einer Kette. Im Spessart liegen die Wälle gruppenweise zusammen entsprechend der Gestalt des Gebirges; im Westerwald, Taunus und Hunsrück dagegen liegen sie in langgestreckter Sperrkette auf den Kämmen der Gebirgszüge

a

b

Festung A. Europa

a. Gallisches Mauerwerk auf dem Mont Beuvray. — b. Mauerwall von Vertillum.
Nach J. Déchelette.

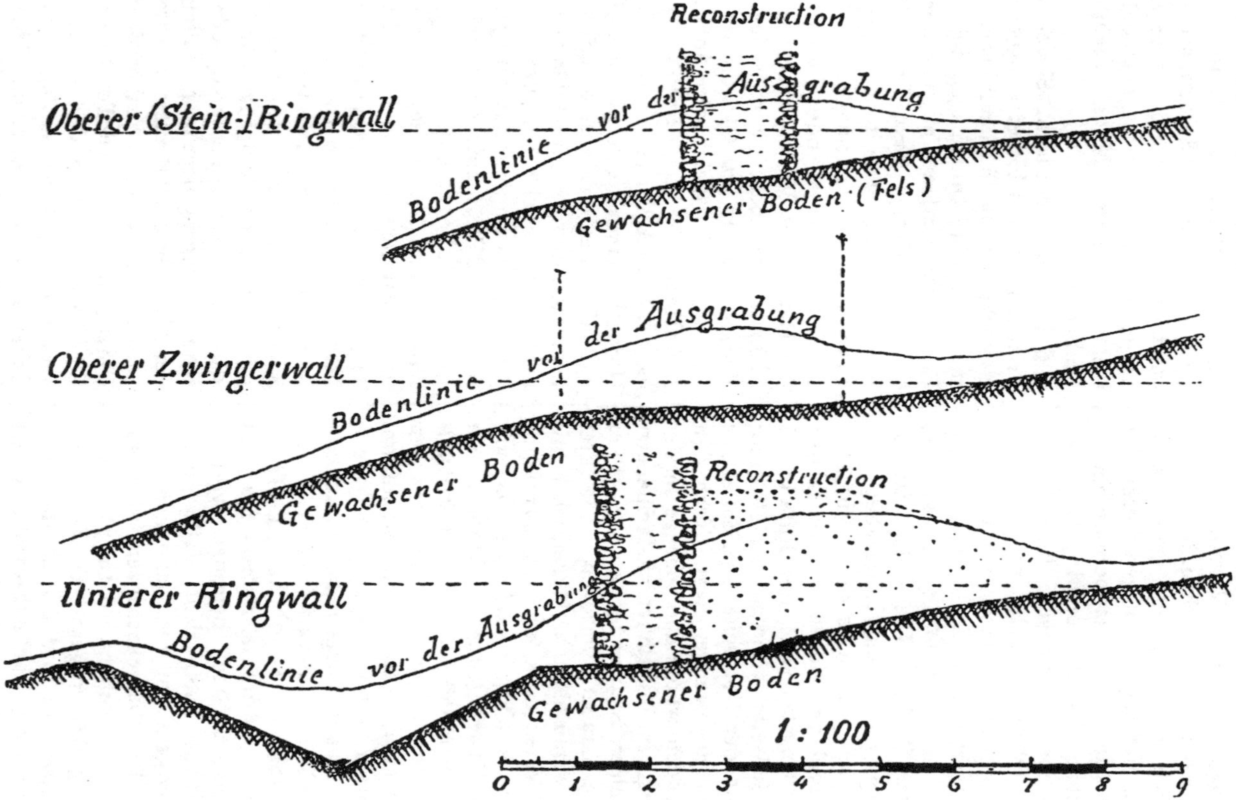

Festung A. Europa

Altenburg bei Niederstein. Schnitte durch Mauer und Graben.
Nach Zeitschrift des Vereins für hessische Geschichte und Altertumskunde.

und bezeichnen in dieser Anordnung ohne jeden Zweifel alte Volks-, mindestens aber Stammesgrenzen. Zum größeren Teil scheinen die Ringwälle angelegt im Zusammenhange mit dem Vordringen der Germanen nach Süddeutschland.

§ 28. Wie die Ringwälle, gehen auch die kleinen befestigten Anlagen dieser Zeit zuweilen bis in die Hallstattperiode hinauf. Eine Vorstufe der latènezeitl. „Viereckschanzen" ist die Schanze bei Lipporn im Taunus (Nass. Heimatbl. 17 [1913/14] S. 33ff. Brenner), annähernd trapezoider Form mit gerundeten Ecken und Seitenlängen von 110 bzw. 66 m, gemessen an den längsten Stellen. Die Anlage ist auf allen Seiten von einem Spitzgraben umgeben, der an der Stelle der 4 Eingänge aussetzt. Zwei der Eingänge liegen an den Ecken der längsten Seite, der dritte in der Mitte der Südseite, während das Haupttor in der Mitte der Nordseite dem Sattel des Bergrückens zugewendet liegt. Nach den Scherbenfunden wurde die Schanze in der HZ angelegt, im Mittelalter wieder benutzt und mit einer Steinmauer etwa 1—1/2 m hinter dem Graben umzogen. Die drei Nebentore waren einfache Mauerlücken mit je einem Pfosten an jeder Seite, das Nordtor hatte stark einspringende Schenkel mit einem von Pfosten getragenen Torbau. Am Übergang der Mittel- zur Spätlatènezeit bildet sich ein fester Typ der Viereckschanzen heraus mit mehr quadratischer Grundform. Die Schanzen waren ursprünglich offene landwirtschaftliche Anlagen; die von Gerichtstetten (s. d.) im Odenwald (Veröffentl. der Karlsruher Slg. 2 [1899] S. 75ff. Tf. 12 Schumacher; ders. *Rheinlande* I 139ff.) ist erst nachträglich befestigt worden, da die Funde unter dem Walle durchgehen. Der gemischt agrarisch-militärische Charakter der Viereckschanzen wird am klarsten in Württemberg, wo sie planmäßig zur Deckung der vorgesch. Straßen angelegt scheinen. Sie sind danach ebenso zu beurteilen wie die fränkisch-karolingischen *Curtes.* Festungsbaugeschichtlich bringen sie als neues Moment die regelmäßige Verwendung des ringsum laufenden Grabens, der indessen immer noch trocken ist; auch an der Stelle der Eingänge, an denen mehrfach ein Torbau mit Wachtstube nachweisbar ist, wird der Graben nicht unterbrochen. Die befestigten Meierhöfe dieser Gattung häufen sich im Main- und Neckargebiet; neuerdings ist eine völlig gleiche Anlage in Nordfrankreich im Walde von La Londe im unteren Seinetal nachgewiesen, quadratisch im Grundriß mit 90 m Seitenlänge, je einem Tor in jeder Seite, doch niemals in deren Mitte, scheinbar ohne Graben.

§ 29. Die nordkelt. Siedelungen der brit. Inseln sind bisher weniger eingehend erforscht als die festländischen. Es versteht sich, daß Dorfanlagen auch dort mit einem schützenden Wall umgeben wurden (v. Lichtenberg *Haus, Dorf, Stadt* 1909 S. 127 Abb. 129). Die ir. „Crannoghs" (s. d.), terramarenartige Siedelungen auf künstlichen Inseln mit Steinwall oder Palisade, sind in der Hauptsache Militärposten wie La Tène (s. d.) selbst; auch die palisadenumwehrte Wassersiedelung von Glastonbury (s. d.) in Somerset ist eine gleichartige Anlage (Tf. 81; A. Bulleid u. H. St. George Gray *Glastonbury lake village* 1911). Eine Sonderform Nordschottlands wie der Shetland-, Orkaden- und Hebriden-Inseln sind mächtige steinerne Rundtürme mit Hohlräumen im Innern, dort „Broch" (s. d.; Band II Tf. 68 c, d) genannt, den sardinischen Nuragen (s. d.) in Aufbau und Verwendung aufs nächste verwandt (Déchelette *Manuel* II 3 S. 979ff.). Zuweilen sind diese Türme einbezogen in ein Ringwallsystem (Christison S. 292 Abb. 115). Eine eigenartige Festungsanlage von besonderem Interesse ist Cahernamatirech in Irland (Tf. 82, 83; Lichtenberg a. a. O. S. 129ff.); eine hufeisenförmige, ungeheuer starke Mauer mit Hohlgängen im Innern umschließt mehrere steinerne Kuppelhütten. Der schmale Eingang liegt im geradlinigen Teile der Mauer und führt zuerst in einen mauerumschlossenen kleinen Vorhof; der jenseitige Durchgang ist von zwei Tortürmen flankiert. Eine Wachtstube in der Mauer hat einen ganz engen, geknickten Zugang von außen. Cahernamatirech liegt unmittelbar am Meere und macht den Eindruck einer festen Piratenburg.

§ 30. Der vorröm. EZ gehören auch die kleinen Ringwälle des nordadriatischen Küstenlandes an, die sog. „Castellieri" (s. d.; 2. Ber. röm.-germ. Kom. 1905 S. 33ff.

Festung A. Europa

Altenburg bei Niedenstein. Doppelbassin. Vorn Kammer II mit Laufbrecher.
Nach Zeitschrift des Vereines für hessische Geschichte und Altertumskunde.

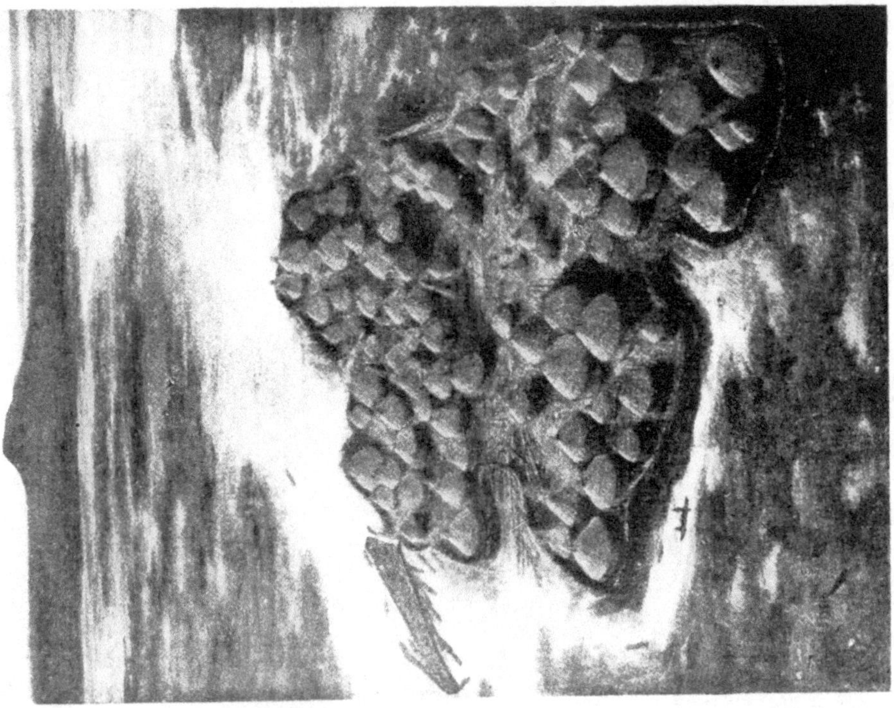

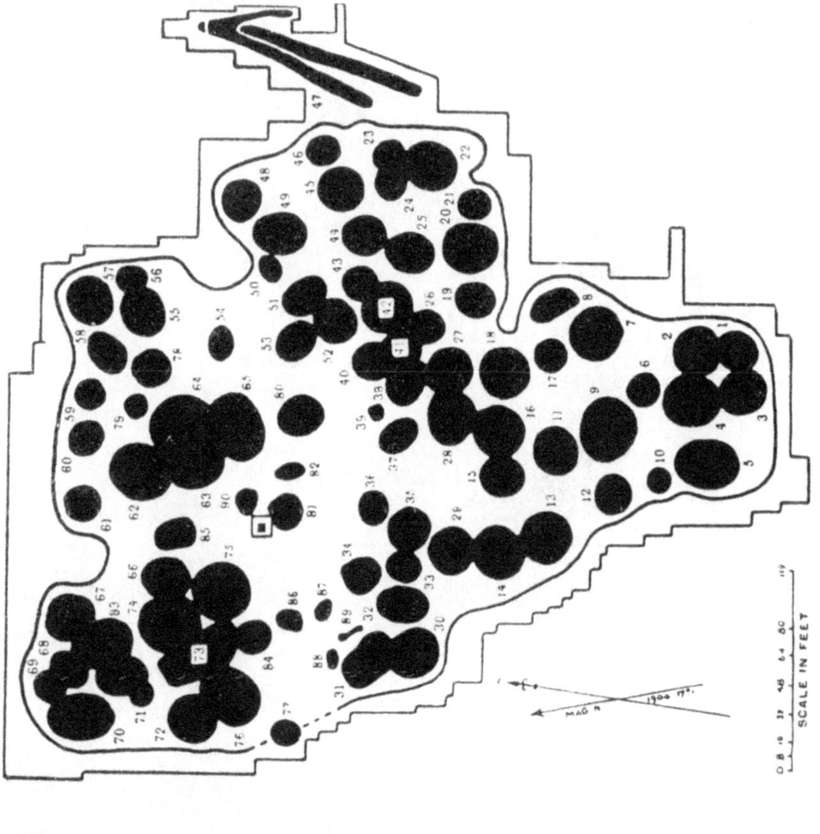
SCALE IN FEET

Festung A. Europa

Cabernamatirech, Irland. Nach v. Lichtenberg. — Das weiße Kreuz × rechts neben dem Eingang c markiert die Blickrichtung für die Abb. Tf. 83 a. Oben Querschnitt auf der Linie a—b, unten auf der Linie o—o. — c. Eingang. — d. Vorhof. — e. Schmaler Eingang ins Innere. — f. Wachthäuser. — g. Cloghaun. — h. Hauptcloghaun. — i. Eingang dazu. — k. Cloghaun. — l. Eingang in die gedeckten Räume la. — m. Gedeckter Gang. — n. Wachtstube. — q. Eingang dazu.

Anthes). Auf steilen Gipfeln ist mittels Stützmauern eine ebene Fläche geschaffen; der innere Festungskern wird bei einigen Anlagen von einer zweiten konzentrischen Mauer umzogen. Der Zugang ist sehr sorgfältig durch Flankenmauern und Windungen gesichert (Band II Tf. 139). Die Castellieri hören teils auf mit der röm. Okkupation des Landes (178—77 v. C.), teils werden sie von den Römern als militärische Stationen übernommen.

§ 31. Von der Pyrenäenhalbinsel sind aus der II. EZ zahlreiche Wehranlagen bekannt. Aus der Nachhallstattkultur der Kelten in Portugal und Galicien, bzw. der von dieser beeinflußten Kultur der Stämme Asturiens stammen Ringwälle (sog. Castros; s. d.), die in Nordportugal und Galicien häufig vorkommen und öfters (Briteiros, Sabroso in Portugal, Sta. Tecla, Prov. Pontevedra in Spanien) eine ganze Stadt mit steinernen Häusern umschließen (Band II Tf. 142). Recht zahlreich sind die befestigten Wohnplätze (Dörfer und Städte) in der iber. Kultur.

In Andalusien kennt man rohe (sog. zyklopische) Mauern von Castel de Ibros (Prov. Malaga) und aus kleinen Steinen erbaute Mauern mit vorspringenden runden Türmen (wohl aus ziemlich später Zeit) von Osuna (Prov. Sevilla). In Südostspanien ist die bestbekannte Anlage die Burg von Meca (Prov. Albacete), wenn auch eine zulängliche Studie darüber noch nicht vorliegt. In der Prov. Castellón finden sich merkwürdige Turmanbauten, die bei Los Foyos nächst Lucena del Cid in der Mitte der Stadt liegen. Als ebenfalls in die II. EZ gehörig müssen, nach Bosch, die sog. „zyklopischen" Mauern von Tarragona angesehen werden; sie sind aus großen Quadern errichtet und haben mehrere von viereckigen Türmen verteidigte Tore, zeigen also mif der Maueranlage der griech. Kolonie Emporion (s. d.) nahe Verwandtschaft. Abgesehen von anderen weniger bekannten Wehranlagen in Katalonien verdienen die von Olèrdola (3. Jh. v. C.) Beachtung. Sie bestehen aus (von gut bearbeiteten Steinen errichteten) Mauern mit Türmen. In Aragonien ist fast jeder Wohnplatz befestigt; die älteren Ansiedlungen durch rohes Mauerwerk aus unbearbeiteten Steinblöcken. Die aus dem 3. Jh. v. C. besitzen in sorgfältiger Technik hergestellte Mauern und Türme. So bildet in San Antonio bei Calaceite (Prov. Teruel) die Mauer neben dem Eingang eine runde Turmanlage, und die zugängliche Seite des Berges wird durch mehrere Steinwälle (sogar mit Wachthäuschen) verteidigt. Die Ansiedlung La Torre Cremada bei Valdeltormo (Prov. Teruel) hat einen in der Mitte des Dorfes gelegenen Turm. Aus Keltiberien sind die 6 m br. Mauern von Numantia (s. d.) bekannt.

Vollständige Literatur s. Pyrenäenhalbinsel D.

§ 32. Germ. Wehrbauten röm. Zeit sind in der antiken Literatur öfter erwähnt als im Gelände nachgewiesen. Das „Römerlager" bei Kneblinghausen in Westfalen (Katal. Mainz 5 [1913] S. 191 Nr. 310 Schumacher; Präh. Z. a. a. O. S. 111 Behn) ist nach Ausweis der Scherbenfunde eine germ. Anlage, in der Form allerdings die Nachbildung eines röm. Kastells. Die clavicula an den Toren kommt ähnli.h auch schon an den Ringwällen vor. Wenigstens der letzte Ausbau der Befestigung auf dem Hülserberg bei Krefeld wird als germ. zu bezeichnen sein, genauere Untersuchungen stehen noch aus (Schumacher *Rheinlande* I 148 Nr. 90; Ber. der Prov.-Komm. der Rheinprov. 1908/9 S. 77ff.; 1910/11 S. 65 Lehner). Die Befestigung liegt am Hange und hat annähernd Rechteckform; sie besteht aus einem Erdwall mit Kasematten in und unter dem Walle und doppeltem Spitzgraben.

Für Ostdeutschland und Osteuropa s. besonders Finnland, Gorodišče, Ostpreußen, Schlesien, Südostbaltikum, Südrußland.

K. Schumacher *Materialien zur Besiedelungsgesch. Deutschlands* Katal. Mainz 5 (1913); ders. *Rheinlande* I; Ber. röm.-germ. Kom. 1 (1904), 2 (1905), 3 (1909), 6 (1913) Anthes; Präh. Z. 2 (1910) Lehner; Korr. Gesamtv. 1906, Nass. Mitt. 36 (1907) Thomas; Präh. Z. 11/12 (1919/20) Behn; D. Christison *Early fortif. in Scotland* 1898; Nass. Annal. 32 (1901) Wolff; F. Koepp u. G. Wolff *Röm.-germ. Forschung* 1922.

F. Behn

B. Ägypten (Tf. 84—86).

§ 1. Zeitliche Folge. — § 2. Bestimmung. — § 3. Lage und Bauweise. — § 4. Erstürmung und Verteidigung.

Aus der vorgesch. Zeit kennen wir eine Reihe von festungsartigen Bauten, die aus einem ummauerten Innenhof mit befestigtem Eingang bestehen. Sie liegen in Abydos

a

Festung A. Europa

Cahernamatirech, Irland: a. Zeichnung des Ganzen. — b. Inneres eines Cloghaun.
Nach v. Lichtenberg.

(Petrie *Abydos* III 3; s. Schunet ez-Zebib Tf. 85 b), in Hierakonpolis bei Kom el-Ahmar (s. d.; Quibell *Hierakonpolis* II 25) und haben etwa die Form der Hieroglyphe 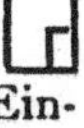 h.t „Schloß, Haus" gehabt: der durch Einbauten geschützte Zugang liegt in der Ecke. Dieselbe Form wird auch die „Weiße Mauer" bei Memphis (s. d.) gehabt haben, d. h. die F. bei der von Menes. (Dyn. I) gegründeten Landeshauptstadt. Die Festungsanlage von Kuri (Tf. 85a) bei Koschtamne in Nubien (zwischen dem 1. und 2. Katarakt) stammt vielleicht auch aus vorgesch. Zeit, ist aber bis zum MR zweimal umgebaut worden, sodaß die einzelnen Bauteile verschiedenen Epochen zuzuweisen sind (Archaeol. Survey of Nubia 1908—09 S. 23 Firth).

In den eingangs erwähnten vorgesch. F. sind bisher noch keine Brunnen nachgewiesen. Ferner sind sie von zwei Mauern umschlossen, zwischen denen nur einige m Abstand liegen, so daß die Anlage für die Verteidigung im Kampfe unzweckmäßig gebaut ist; bei wirklichen F. erwartet und findet man als Abstand mehr als Schußweite. Deshalb sind diese Bauten als Königsgräber mit Festungscharakter gedeutet worden. Von anderer Seite als königliche Schlösser mit Nachahmung einer Befestigung. Die endgültige Entscheidung steht noch aus. Einstweilen möchte man die Deutung als Gräber für wahrscheinlicher halten, weil auch bei Schlössern ein Brunnen vorhanden sein müßte. Jedenfalls ist man berechtigt, zunächst von „Scheinfestungen" zu sprechen.

Wichtig für vorgesch. Befestigung ist das kleine elfenbeinerne Modell eines Turmes (als Brettspielstein?) aus Abydos. Auf einem runden, massiven Bau, wohl aus Ziegeln, sitzt eine allseitig ausladende Krönung mit Zinnen. Der Zugang geschieht vermittelst einer angelegten Leiter durch eine Tür hoch oben unterhalb der Auskragung (Hölscher *Hohes Tor von Medinet Habu* S. 56 Abb. 52; Borchardt *Altäg. Fest. 2. Nilschn.* S. 34 Abb. 9). Befestigte Städte sind auf Schieferpaletten dargestellt (Tf. 84), auf denen der König oder eines der heiligen Tiere (Stammestotem), mit der Hacke in der Hand, die feindlichen F. zerstört (z. B. Quibell *Hierakonpolis* I 29; Palette Kairo, Catal. Génér. 14238 in Quibell *Archaic Objects* 1904). Auch Siegelabdrücke und Elfenbeintäfelchen aus den Königsgräbern von Abydos tragen Bilder, die man als F. gedeutet hat (Petrie *Roy. Tombs* I 18,5. 24,45. 27,84; II 10,2. 20,159).

Aus dem AR besitzen wir außer den erwähnten Umbauten in Kuri vielleicht noch eine F. auf dem Westufer von Wadi Halfa (2. Katarakt). Bei dieser Kärglichkeit des Materials ist ein Bild wertvoll, das die Eroberung einer syr. F. zeigt (Petrie *Deshasheh* Tf. 4, S. 5; Rec. de Trav. 32 S. 46 v. Bissing). In den Inschriften des AR ist häufig von F. die Rede, z. B. einem „Tor des Imhotep" (*Urk. des AR* ed. Sethe I 102,17).

Aus dem MR liegt ein reicheres Material vor. Auf äg. Boden mögen Stadtmauern wie die von El-Kab in diese Zeit zurückgehen, wenn sie nicht bedeutend älter sind; das Urteil ist hier schwer zu fällen, weil nachträgliche Umbauten der dauernd bewohnten Städte das Bild verändert haben. Das trifft zu einem Teile auch auf die von den äg. Eroberern in Nubien angelegten F. zu. Aber im allg. haben gerade diese abgelegenen Plätze die alten Anlagen ziemlich treu bewahrt. Zwischen dem 1. und 2. Katarakt liegt die F. von Kuban, im 2. Katarakt die von Wadi Halfa, Mirgisse, Schalfak, Uronarti, Kumme und Semne (Tf. 86). Auf Elephantine im 1. Katarakt oder bei Assuan muß das „Südliche Tor" gelegen haben, dessen Kommandanten in den Inschriften vorkommen. Siegeslieder, Bautexte und Weihungen berichten vielfach über die Anlage der nub. F. durch die Pharaonen der 12. Dyn., von denen z. B. Sesostris III. in Semne einen Tempel mit einem Kultus für den äg. Gott Chnum von Elephantine, für den nub. Gott Dedwen und für sich selbst als Gott anlegte. Damals hat die „Fürstenmauer" auf dem Isthmus von Suez sicher schon bestanden, vielleicht auf älterer Grundlage, mit Türmen und regelmäßiger Bewachung ausgestattet, die den Grenzübergang sperrten. In den Grabbildern von Beni Hassan ist die Erstürmung einer F. mit Mauerbrechern unter Schutzdach dargestellt (Newberry *Beni Hasan* I Tf. 14, II Tf. 15, IV Tf. 23).

Aus dem NR haben wir einige Tempelreliefs, in denen die siegreichen Pharaonen ihre Einnahme syr. F. abbilden (Tf. 90—92). Dabei sind viele Einzelheiten von großem Interesse, aber in den Bauten sind syr. Anlagen wiedergegeben, die für die Ergänzung gleichzeitiger äg. nicht ohne weiteres verwendet werden dürfen. An diese Vorbilder lehnt sich die Zeichnung in dem satirischen Papyrus an, in der die Burg der Katzen von dem Mäusekönig erobert wird, der wie ein Pharao in einem von zwei Hunden gezogenen Streitwagen heranfährt, um seine Pfeile in die F. zu schießen. In den Bilderfolgen der syr. Kriege handelt es sich bei der F. Zel (Zaru) noch um einen in Ä. belegenen Bau, während die befestigten Brunnenstationen schon zu Palästina gehören und vielleicht von Syrern oder nach syr. Muster errichtet sind. So bleibt auf äg. Boden nur der Palast Ramses III. in Medinet Habu auf dem Westufer von Theben übrig, dessen Torbau den Eingang einer F. nachahmt, wenn auch wohl nicht ganz ohne Einfluß von den syr. Burgen her, die den Ägyptern in den vorangegangenen Jahrhunderten gut bekannt geworden waren.

§ 2. In Ä. selbst sind Befestigungen nicht unmittelbar notwendig gewesen in den Zeiten, in denen Ruhe im Lande herrschte und die Stoßkraft einer starken Zentralregierung sich gegen das Ausland wandte. Das ist in den Blütezeiten des Reiches der Fall gewesen, wenn auch schon in ihnen unter der für uns allein meist sichtbaren Oberfläche Schwierigkeiten im Inneren vorhanden gewesen sein werden. Zwischen ihnen liegen aber Epochen des Zerfalls des Reiches in seine Teile, aus denen es einst in der Urzeit hervorgegangen war. Für diese Zwischenzeiten haben wir mit selbständigen Gauen oder Gruppen von solchen zu rechnen, die sich feindlich gegenüberstehen. Wenn sonst schon der Fürst in einer befestigten Burg gewohnt haben wird, muß dann diese der Mittelpunkt einer geordneten Landesverteidigung gewesen sein, neben dem es ständige Garnisonen an der Grenze gegen den n. und den s. Nachbarn gegeben hat. Wir haben also auch in Ä. nach Herrenburgen und befestigten Garnisonen zu suchen. Außerdem hat es Städte von beträchtlicher Ausdehnung gegeben, die durch eine hohe und dicke Umfassungsmauer geschützt waren (z. B. El-Kab [s. Necheb], Tanis).

Nun die äußeren Feinde. Zunächst sind die Äg. im O und W durch die Bewohner der Wüste bedroht worden, und zwar zu allen Zeiten. Stets sind diese, die als Nomaden in einem wenig ertragreichen Lande lebten, in das Niltal eingefallen, um sich das Getreide zu holen, das sie nicht bauen konnten. Bedingt der Verlauf der Nilüberschwemmung schon eine geschlossene Anlage der Dörfer an erhöhter Stelle, so ist der Schritt nicht mehr weit zu einer Verstärkung der Umfassungsmauer für die Verteidigung. So ergeben sich Dorfanlagen, in denen die Bewohner wie in den germ. Zufluchtsburgen längere Zeit mit ihrem Vieh hausen konnten.

An den beiden am meisten gefährdeten Landesgrenzen haben die Äg. schon früh Sperrmauern angelegt. Verhältnismäßig leicht war im S der Schutz gegen die Nubier, die nur über eine primitive Bewaffnung und einfachste Angriffsarten verfügten. Hier genügte eine kurze Mauer in der Nähe des Nils am Südende des 1. Katarakts. Schwieriger war die Errichtung an der syr. Grenze, wo der Durchgang zwischen der Sinai-Halbinsel (s. d. B.) und dem Mittelmeer landschaftlich offen, wirtschaftlich aber von größter Bedeutung war. Dort lagen ö. vom Deltarande die Bitterseen (n. von Suez), die man durch Wassergräben gut verbinden konnte, um einen schwer zu überschreitenden Grenzabschluß herbeizuführen. Im NR, vielleicht auch schon früher, floß hier ein Nilarm, der bei Memphis abzweigte und durch das Wadi Tumilat lief, dann durch die Bitterseen, und bei dem heutigen Suez in das Rote Meer mündete. Der n. Teil der Landenge ist sicher vom MR ab durch eine „Mauer des Fürsten“ abgeriegelt gewesen, die inschriftlich häufig erwähnt wird.

§ 3. Aus der Verschiedenheit der Lage ergibt sich der Unterschied zwischen befestigten Anlagen in der Ebene und auf dem Berge. In der Ebene liegen meist die Städte mit Ummauerung, also Wohnorte mit einem Schutz gegen Angriffe. Hier ist wohl auch eine Garnison vorhanden gewesen, aber die Bürger werden neben ihnen zur Verteidigung herangezogen worden sein. Diesen Anlagen ist auch ein Teil der Tempel zuzuzählen, die durch eine Umwallung mit wenigen Eingangstoren umgeben und leicht gegen Überraschungen abgeschlossen werden konnten. In Zeiten innerer Kriege werden

Festung B. Ägypten

a. Bruchstück einer Schieferpalette. König als Tier die Festungen der Feinde zerbrechend. Museum Kairo. — b. Bruchstück einer Schieferpalette. Louvre, Paris. Nach Capart Les débuts de l'art.

die Tempel in Ä. eine ähnliche Rolle gespielt haben wie die Kirchenburgen in Siebenbürgen, in denen die Dorfbewohner mit ihrem Vieh Zuflucht fanden und längere Zeit leben konnten, bis die Feinde abgezogen waren.

Auch kleinere Festungen oder Forts, zuweilen nur in Gestalt eines Wachtturmes, hat es in der Ebene gegeben, und zwar nur zur Aufnahme von Soldaten bestimmt. Man denke an die militärischen Stützpunkte in der „Mauer des Fürsten" auf dem Isthmus von Suez. Im allg. haben allerdings diese Burgen mit rein strategischen Aufgaben auf Anhöhen gelegen. Solche Bergfestungen sind uns mehrfach in Nubien erhalten.

Eine Lebensfrage in Bezug auf die Lage der F. war die Beschaffung des Wassers. Wo es möglich war, legte man den Bau nahe an den Nil heran und sicherte den Zugang zum Fluße in besonderer Weise durch gedeckte Treppen o. ä. Größere F. haben eigene Wasserpforten, in deren Nähe Türme oder Ausbauten den Weg zum Nil schützen. Schon eine geringe Entfernung vom Flusse macht für den Fall der Belagerung die Anlage eines Brunnens ratsam, der bei Garnisonen in der Wüste die einzige Wasserquelle war. Der Brunnen pflegt deshalb im Inneren der Befestigung zu liegen oder bei Truppenlagern neben Bergwerken und Steinbrüchen wenigstens durch eine Mauer umgeben zu sein.

In der Bauweise der F. ist wegen der Knappheit und Ungleichartigkeit des Materials die Entwicklung noch nicht recht festzustellen. Wir sehen für die Frühzeit und das AR, daß neben eckigen auch runde Türme und halbrunde Ausbauten an F. auftreten, während die runden vom MR ab nicht mehr vorkommen. Rundbauten kennen wir auch sonst in der Frühzeit, so daß man annehmen möchte, daß bei ihnen ein anderes Material verwendet ist als Ziegel, bei denen sich die rechteckige Bauweise von selbst ergibt. Dann sind die Rundtürme vielleicht ein Fortwirken der urzeitlichen Holzkonstruktionen, die später aufgegeben worden sind.

Der Grundriß der F. ist verschieden nach dem Gelände. Die in der Ebene liegenden Anlagen der ältesten Zeit umschließen einen weiten Hof, auf dem leichte Gebäude zu denken, aber niemals gefunden worden sind, mit einer oder zwei Mauern. In der einen Ecke liegt das Tor, durch das man zunächst in einen kleinen Torhof kommt oder in einen durch Mauern eingeengten Raum, jedenfalls auf einen Platz, der von den Verteidigern beschossen werden kann. F. auf hügeligem Gelände folgen mit ihren Mauern dem Untergrunde. Wo sich ein schmaler Rücken von der F. aus erstreckt, errichtet man auf ihm eine Mauer, die selbständig verteidigt werden kann. In einzelnen F. laufen mehrere solcher Mauern wie Polypenarme von dem Kern der Anlage aus.

Die Darstellungen aus vorgesch. Zeit zeigen meist einen rechteckigen Grundriß der Anlage, so das kleine Bild auf der „Vorderseite" der Schieferpalette des Narmer (Band I Tf. 16a unten) und die F. auf der Palette mit der Zerstörung der 7 Städte durch die Wappentiere der Gaue (Quibell *Hierakonpolis* I Tf. 29; Cat. Génér. 14238). An den Mauern sitzen Ausbauten von ebenfalls rechteckiger Form; der Bau ist wohl aus Ziegeln zu denken. Daneben stehen gleichzeitig ovale F., die scheinbar eine größere Fläche bedecken und vielleicht nur Ummauerungen offener Höfe sind; z. B. auf der „Rückseite" (Napfseite) der Narmer-Tafel die vom Königsstier umgeworfene Mauer (Band I Tf. 16b) mit rechteckigen Ansätzen in kurzen Abständen. Auch die syrische F. in dem Fürstengrabe von Deschasche, die von Ägyptern erobert wird, hat ovale Form, an der aber außen halbrunde Turmausbauten sitzen (Petrie *Deshasheh* Tf. 4).

Außerhalb der Mauer läuft bei äg. F. ein Graben. Er war fast immer trocken, und nur in Ausnahmefällen erlaubten die natürlichen Verhältnisse es, ihn mit Wasser zu füllen. Die Böschungen des Grabens sind gemauert, die Sohle mit Pflaster belegt. Vor dem Tor führt eine Holzbrücke, wohl ganz oder teilweise zum Hinein- oder Hochziehen nach innen eingerichtet, über den Graben. Dort hat der Graben in der Mitte einen gemauerten Pfeiler als Auflager, der die Möglichkeit einer Anfertigung der Brücke in zwei Teilen nahelegt. Durch die ganze Länge des Grabens zieht sich in seiner Mitte zuweilen eine niedrige Mauer; sie hat vielleicht den Zweck gehabt, das Heranfahren von Angriffstürmen zu verhindern. Aus dem gleichen Grunde mag bei einigen F. eine niedrige Mauer im Abstande von 2,5—8 m vor der Hauptmauer aufgeführt worden sein.

Die Festungsmauer selbst hat an ihrem Fuß eine geböschte Verdickung, die gern in Haustein ausgeführt wird, auch wenn der Bau im Übrigen in Ziegeln errichtet ist. Außen steigt die Mauer glatt auf bis zu den aufgesetzten Ausbauten, die auf Holzbalken vorkragen. Aus Holz waren wohl auch die Zinnen und Deckungen für die Verteidiger gearbeitet, von denen allerdings nirgends etwas erhalten ist, sodaß wir für die Ergänzung auf Bilder zurückgreifen müssen. Innen liegen Rampen, Treppen und Leitern als Aufgänge der Besatzung, für deren Bewegungsfreiheit ein Streifen an der Mauer entlang unbebaut bleiben mußte.

§ 4. Wenn man vom Aushungern, gegen das Vorräte aufgehäuft waren, und vom Abschneiden des Wassers absieht, so waren die wesentlichsten Arten der Bezwingung einer F. das Ersteigen oder Einreißen der Mauern. Das letztere ist auf Schieferpaletten der vordyn. Zeit dargestellt in den Bildern des Königs als Stier, der mit den Hörnern, oder als anderes Tier (Falke, Skorpion usw.), das mit einer Hacke die Mauer der feindlichen Stadt zerstört (Tf. 84). Später benützte man Brechstangen oder Rammböcke, die man unter dem Schutz großer Schilde vorgehen ließ. Auch fahrbare Türme scheinen schon bei Angreifern im AR vorzukommen. Gegen die hölzernen Aufbauten auf den Mauerkronen konnte man Feuer verwenden. Das wichtigste Hilfsmittel für die Erstürmung sind zu allen Zeiten Leitern gewesen; zwischen der Länge der Leitern und der Höhe der Mauern muß es einen dauernden Wettstreit gegeben haben, um nicht eins durch das andere unwirksam werden zu lassen.

Die Verteidiger auf der Mauer hatten zu ihrem Schutze zunächst die Zinnen in Form von Schilden, zwischen denen schmale Zwischenräume für das Schießen blieben. Massive Türme haben im Oberteil einen Innenraum, von dem aus man schießen konnte (vgl. den vorgesch. elfenbeinernen Turm aus Abydos). Waren die Angreifer schon bis an den Fuß der Mauer vorgedrungen, so konnten die Verteidiger Öffnungen in der Vorkragung der Ausbauten benutzen, um von oben senkrecht herunter die Feinde zu beschießen und mit heißem Wasser oder Pech zu begießen, auch mit Steinen zu bewerfen. Zogen die Aufbauten sich nicht über die ganze Ausdehnung der Mauer hin, sondern waren sie nur hin und wieder angebracht, so durfte der Abstand nicht zu groß sein, damit die Angreifer nicht in der Mitte zwischen zwei Aufsätzen unbeschossen vorgehen konnten.

In den Tempelreliefs der 19. Dyn. ist die Erstürmung syr. F. durch äg. Heere dargestellt (Tf. 90—92). Wenn es sich auch um F. im Auslande handelt, so sind zum mindesten die Angreifer Ägypter, und für deren Vorgehen dürfen wir die Bilder als ungetrübte Quellen ansehen. Als Ramses II. die auf einem Hügel liegende Burg von Askalon (s. d. B; Band I Tf. 44) erstürmte, schlugen seine Soldaten die Tore mit Äxten ein. Auf langen Leitern, die bis zur Mauerkrone reichten, stiegen sie hinauf und drängten die Besatzung zurück. — Schwieriger ist der Angriff auf Dapur (Tf. 91) in Palästina gewesen. Die Ägypter rücken heran in der Deckung durch über mannshohe Schutzschilde, die durch Stangen vorgeschoben werden. Hinter jedem von 4 Schilden steht ein Prinz, der von dort aus das Vorgehen leitet. Einzelne mutige Leute sind in das offene Gelände ohne Deckung vorgedrungen und schießen Pfeile auf die Mauer hinauf. Die kühnsten sind jedoch zwei Prinzen, die schon halb auf eine Leiter hinaufgestiegen sind, die sie gegen die Festungsmauer gelehnt haben. Inzwischen tobt draußen vor der Stadt die Feldschlacht, bei der Fußtruppen und Wagenkämpfer beteiligt sind, die Syrer (Hettiter) als Verteidiger der Festung. — In der Inschrift des nub. Königs Pianchi (vor Dyn. 25) ist sein Angriff auf eine äg. Festung geschildert: Schützen schossen Pfeile, Wurfmaschinen schleuderten Steine und töteten Menschen mit ihnen täglich (Breasted *Ancient Records of Egypt.* 4 [1906] § 842 nimmt sogar einen hölzernen Turm als Standort der Bogenschützen an).

Erman-Ranke *Äg.* Index; Wiedemann *Äg.* S. 158; L. Borchardt *Altäg. Festungen an der 2. Nilschnelle* mit älterer Literatur auf S. 26 Anm. 2.

Roeder

a

Festung B. Ägypten

a. Festung des AR in Nubien: Kuri bei Koschtamne. Umfassungsmauer der ältesten Festung mit gerundeten Bastionen. Zur Sicherung des Goldtransportes angelegt. — b. Umfassungsmauer der frühzeitlichen Festung Schunet es-Zebib bei Abydos. Unten die charakteristischen pfeilerartigen Vorsprünge (vgl. Band I Tf. 1). — Beide nach Photographie.

C. Palästina-Syrien (Tf. 87—93).

§ 1. Beginn im Neol. — § 2. Lage. — § 3—6. Megalithische Bauten (§ 3 Galiläa; § 4 Phönizien, *nuqra;* § 5 *belqâ;* § 6 Zeitbestimmung). — § 7—9. Babyl. Befestigungskunst (§ 7 Allgemeines; § 8 Gezer; § 9 Jericho). — § 10. Zion. — § 11—13. Nordsyr. Befestigungskunst (§ 11 Jericho; § 12 Karkamisch; § 13 Sichem). — § 14. Schephelahügel, Thaanach, Megiddo. — § 15. Gezer. — § 16—18. Spätere Befestigungen (§ 16 Jericho; § 17 Schephelahügel; § 18 Jerusalem). — § 19. Lager von *el-mišrîfe.* — § 20—21. Äg. Abbildungen. — § 22. Äg. Festungen in Pal.-Syrien. — § 23. Babyl.-assyr. Abbildungen. — § 24. Amarnabriefe, Größe der F. — § 25. Angaben im AT. — § 26. Belagerung.

§ 1. Die Notwendigkeit, sich für gefährliche Zeiten eine Stelle zu schaffen, an der man bei feindlichen Einfällen sich und seine Habe in Sicherheit bringen konnte, ist wohl erst im Neol. mit dem Übergang von der Lebensweise des umherschweifenden Jägers zu der seßhaften des Ackerbauers und Viehzüchters entstanden. In der ältesten Zeit hat man sich diese Sicherheit in einfachster Weise beschafft, indem man sich (wie dies noch viel später gelegentlich geschah; vgl. Richt. 6, 2) in die natürlichen Höhlen des Gebirges (z. B. im *wâdi ʿamûd* und *wâdi ḥamâm;* P. Karge *Rephaim* 1917 S. 293ff.) oder auf schwer zugängliche Höhen zurückzog. Anfänglich wird man sich mit dem Schutz, den die Lage und Beschaffenheit des Ortes bot, begnügt haben. Begreiflicherweise wurden vor allem solche Höhen bevorzugt, in deren unmittelbarer Nähe Wasser zu finden war, da man zunächst noch keine wasserdichten Gefäße herzustellen vermochte. Bald aber bemühte man sich, den von der Natur gebotenen Schutz durch menschliche Kunst zu verbessern, indem man Befestigungen anlegte, von denen sich innerhalb des hier behandelten Zeitraumes verschiedene Arten unterscheiden lassen: Die megal. Bauten des Neol. und der beginnenden BZ, der babyl. Ziegelbau, die nordsyr. (hettitische) Art und der phön. Quaderbau.

§ 2. Noch im Neol. sind ausgewählte Punkte in einfachster Weise als Fluchtburgen befestigt worden. Man wählte dazu im Gebirgslande gern solche Höhen, die entweder sich ganz frei über der Umgebung erhoben, z. B. *en-nebi samwîl, tell el-fūl* (s. Gibea), die Berge der *nuqra* (s. § 4), oder auf drei Seiten nach dem Tale steile, felsige Abhänge haben und nur auf einer Seite leichter zugänglich sind (Spornlagen), wie sie die Natur des Landes, vor allem in Palästina, überall bietet (V. Schwöbel *Die Landesnatur Palästinas* II [1914] S. 26f.), in der Ebene hingegen die flachen Hügel (arab. *tulûl,* sing. *tell)* inmitten des fruchtbaren Ackergebietes, die durch die Reste zerstörter Siedelungen im Laufe der Jahrhunderte immer weiter emporwuchsen. Der Sattel, der den Bergvorsprung mit den benachbarten Höhen verband, wurde durch einen Graben unwegsam gemacht. Dahinter und am Rande der Oberfläche errichtete man einen Wall aus Steinen oder Erde. Die Abhänge wurden durch Abschürfungen steiler oder durch Steinbelag unersteigbar gemacht. In dieser Weise sind im Gebiete der Ebene Jesreel, die heute noch wie in alter Zeit für den Ackerbau benutzt wird, Punkte wie *tell taʿannek* (s. Thaanach), *tell el-mutesellim* (s. Megiddo), *bēsân* (s. Bethsean), am Nordende des Sees von Genezareth *chirbet ʿorême,* weiter landeinwärts *ṣafed, mārûn er-rās, dibl,* in der Schephela *tell el-ḥesî* (s. Lachis), *tell zakarîa* (s. d.), *tell eṣ-ṣâfi* (s. d.), *tell dschezer* (s. Gezer), im N des Landes *tell nebi mand* (s. Qades), *tell et-tīn* und Karkamisch (s. d.) befestigt worden, wenn auch die Reste dieser ältesten Anlagen zum Teil nur schwer erkennbar sind.

§ 3. Gegen Ende des Neol. und im Anfange der BZ haben die Bewohner von Palästina-Syrien begonnen, ihre Befestigungen ebenso wie die Gräber aus großen unbehauenen Blöcken zu errichten (s. Megalithgrab F, Zyklopischer Bau), wie sie die Natur an vielen Stellen infolge der starken Verwitterung des Gesteins liefert. Das beste Beispiel hierfür ist die gewaltige Burg auf *qarn* (oder *qurûn*) *ḥaṭṭîn* wnw. von Tiberias, wo 1187 n. C. das Heer der Kreuzfahrer von Saladin vernichtet wurde. Der Berg liegt mit seinen beiden Erhebungen im W und im O etwa 525 m über dem Spiegel des Sees von Genezareth und fällt fast nach allen Seiten ziemlich steil ab. Der Basalt, der die Kuppe deckt, stammt von einem erloschenen Vulkan. Auf der einen Höhe ist entlang der Kante im S und O eine Mauer aus großen, unbehauenen Basaltblöcken errichtet, von der stellenweise noch 4 Lagen in einer H. von 2,50 m erhalten sind. Im W ist ein natürlicher Felswall von 20 m H. als Befestigungsteil verwendet. Der steile Abhang davor ist mit flachen Basaltsteinen belegt, um das Hinaufklettern zu verhindern. Auch an der n. Seite sind einzelne Basaltfelsen als feste Punkte für die künstliche Mauer benutzt. Die Blöcke sind so gelagert, daß ihre Schmalseite nach außen liegt und eine ziemlich glatte Wand entsteht. Anscheinend waren hinter diesen Blöcken kleinere Steine aufgehäuft und darüber Erde geschüttet. Am Hange ziehen sich mehrere kleinere Steindämme hin, die den herannahenden Feind aufhalten sollten. Auch die andere Kuppe ist in gleicher Weise geschützt. Die Ringmauer ist hier und da noch in einer H. von 5 m und einer Stärke von 3,50 m erhalten. Die Lücken zwischen den größeren Blöcken sind durch kleinere Steine sorgfältig ausgefüllt. Im N und S erheben sich starke Türme (ein viereckiger hat 15 m Seitenlänge). Später hat sich an diese stattliche Burg eine Siedelung angeschlossen, wahrscheinlich die kanaanitische Königsstadt *mādôn* (Jos. 12,19; 11,1). Ein kleinerer Ringwall von 60—70 m Dm liegt in der Nähe bei *el-meskene.*

P. Karge *Rephaim* 1918 S. 352ff.; Pal. Jahrb. 10 (1914) S. 41; 18—19 (1923) S. 50 G. Dalman.

§ 4. Ganz dieselbe Art der Befestigung zeigt sich auch an anderen Stellen des Landes. Ein spärlicher Rest hat sich in dem phön. *ruâd* erhalten (s. Baukunst C § 8). Nw. von der *baḥret el-chēt* (gewöhnlich falsch Hulesee genannt) liegt die schon von Natur feste Burg *chirbet harra* (s. Hazor). Der Hügel, hoch über der Quelle gelegen, ist mit einer breiten Mauer aus Bruchsteinen umgürtet, die genau der Kante der Oberfläche folgt (MDOG 23 [1904] S. 21 Abb. 7 H. Thiersch und G. Hölscher). Noch deutlicher ist die Übereinstimmung mit *qarn ḥaṭṭîn* bei einer Reihe von Burgen, die sich von N nach S durch die fruchtbare Ebene *en-nuqra* ziehen: *chirbet el-ǧâbie, tell ʿaštarâ* (s. u. § 23), *tell el-ʿašʿarî, el-muzērîb,* der alte Burghügel von *derʿa.* Ihnen schließen sich im Jarmuktale an *tell el-ǧamîd* (ZdPV 36 [1913] S. 118ff. G. Schumacher) und *tell eš-šihâb,* im *ʿaǧlûn* weiter s. noch *irbid.* In der Nähe finden sich fast bei allen größere Dolmenfelder oder andere Zeichen der Megalithkultur. Die Wasserversorgung ist durch Quellen, Bäche oder Teiche gesichert. Die Ringmauern, die aus unbehauenen oder roh bearbeiteten Blöcken (bis zu einer Größe von 2×1,85×0,75 m) mit sorgfältiger Verzwickung der Lücken durch kleinere Steine bestehen, sind auf der *chirbet el-ǧâbie* an der ö. Seite noch in einer L. von 90,60 m, in *irbid* in einer L. von 100 m in 7 Schichten erhalten. Die Abhänge sind mit unbehauenen, aber gut gefügten Felsblöcken so dicht belegt, daß eine steile, schwer erklimmbare Böschung entsteht. *El-muzērîb*, wohl das alte Aschtarot, die zweite Hauptstadt des Königs ʿOg von Basan (Jos. 9,10 u. ö.), liegt als Wasserfestung in einem See. In *šēch saʿd* bei *tell ʿaštarâ* wurde der sog. Hiobstein (s. d.), ein Denkmal Ramses II., und ein an die Bildwerke von Sendschirli (s. Samʿal) erinnernder Löwe aus Basalt, bei *tell eš-šihâb* der obere Teil einer Stele des Pharao Sethos II. entdeckt. Diese Zeichen äg. Eroberung in der 2. Hälfte des 2. Jht. bestätigen, daß diese Burgen bereits vorher, nach den Scherbenfunden zu urteilen, etwa um 2000 v. C. angelegt worden sind. Die Verbindung zwischen den einzelnen befestigten Plätzen und die Straßen sicherten starke Wachttürme, die an vielen Stellen nachgewiesen wurden (ZdPV 37 [1914] S. 124ff., 266, Tf. 36ff. G. Schumacher; ders. *Northern Ajlūn* 1890 S. 179; Pal. Jahrb. 8 [1912] S. 57 G. Dalman).

MDOG 23 (1904) S. 21ff., 30ff. H. Thiersch und G. Hölscher; P. Karge *Rephaim* 1917 S. 362ff.

§ 5. Etwas älter scheinen die Befestigungen in der *belqâ*, also im Gebiete der Ammoniter (s. d.), zu sein. Auch hier liegen große Dolmenfelder in der Nähe. Auf der flachen Hochebene, die von tiefen Flußtälern zerschnitten wird, sind viereckige Blockhäuser aus großen Steinen errichtet, zum Teil in unmittelbarer Verbindung mit einer Grabanlage. Bei einem ansehnlichen megal. Grabe wurde eine Burg von 6 Räumen nachgewiesen, die eine Mauer ungefähr im Viereck umzieht. In ihrem w. Teile springen Bastionen und Türme vor. Der Zu-

a

b

Festung B. Ägypten

Semne: a. Heutiger Zustand, von NW gesehen. — b. Die Festung etwa von der gleichen Stelle gesehen. Zeichnerische Wiederherstellung. Nach L. Borchardt.

tritt war anscheinend nur durch einen engen Gang zwischen zwei Mauern möglich. Weiter ö. steht der *rug̃m el-melfûf* genannte runde Turm, der die uralte Straße nach *ʿammân* beherrscht. Sein Dm beträgt 12,80 m; von den Wänden sind noch 6—7 Lagen erhalten. Möglicherweise hatte er zwei Stockwerke, doch fehlen Spuren von Treppen oder Fenstern. Noch größer war eine Anlage, die unmittelbar am Rande eines Tales erbaut war und aus einem mächtigen Rundturme (Dm 20,15 m, Mauerstärke 2,30 m) und mehreren angeschlossenen viereckigen Räumen besteht. Auch hier war der Zugang ein Weg zwischen Doppelmauern. Kleinere hier und da verstreute Türme ermöglichten es, das ganze Gebiet zu beobachten. Viereckige Türme waren mit zwei weiteren Burgen verbunden (die s. heißt *chirbet el-ḥamrawîje)*, die mit ihrem wohlgegliederten Grundriß einen etwas späteren Eindruck machen. Wahrscheinlich war Dibon, die Hauptstadt der Moabiter (s. d.), wo der Stein mit der Inschrift des Königs Meschaʿ gefunden wurde (heute *dībân)*, in ähnlicher Weise und noch großartiger befestigt, aber die bisher nur oberflächlich ohne Ausgrabung untersuchten Mauerreste scheinen erst aus späterer Zeit zu stammen (Quarterly stat. 45 [1913] S. 57ff. D. Mackenzie; ZdPV 37 [1914] S. 63ff. H. Thiersch). Runde Beobachtungstürme mit Dolmen verbunden liegen auch in Galiläa zwischen *chirbet kerâzie* und dem Jordan.

D. Mackenzie *The Megalithic Monuments of Rabbath Ammon at Ammân* PEF Annual 1 (1911) S. 1ff.; P. Karge *Rephaim* 1917 S. 306ff., 328ff., 344ff., 368f., 659ff.

§ 6. Diese megal. Befestigungen, die sich in verschiedener Gestaltung über ganz Palästina, besonders über das Ostjordanland, ausdehnen, während sie im n. Teile des Landes bisher nicht nachgewiesen wurden, sind offenbar später als die Dolmen. In ihrer ganzen Art zeigen sie Bräuche und Sitten der jüngeren StZ; doch mögen sie zum Teil erst in der BZ entstanden sein, die ja vielfach das Erbe der vorhergehenden StZ bewahrt hat. Doch darf andererseits ihr Alter nicht überschätzt werden. Da sie zumeist in der Mitte oder in der Nähe von besonders fruchtbaren Gebieten errichtet wurden, müssen ihre Erbauer bereits zum vollen Betriebe der Landwirtschaft übergegangen sein. Wahrscheinlich ist die ältere Form die der Rundbauten, der erst später die Sitte, mit viereckigem Grundrisse zu bauen, folgte.

§ 7. In der BZ ist dann allmählich Syrien-Palästina die in Mesopotamien zur Vollendung gebrachte Befestigungskunst bekannt geworden. Dort baute man hauptsächlich mit dem von der Natur gebotenen Stoffe, den luftgetrockneten (oder auch gebrannten) Lehmziegeln, was freilich dazu zwang, der Mauer eine beträchtliche Stärke (etwa $^1/_3$ der H.) zu geben, wenn sie Angriffen standhalten sollte. Dieser Lehmziegelbau saß auf einem Bruchsteinsockel. Meist begnügte man sich nicht mit einer Mauer, sondern legte vor die mit Türmen verstärkte Hauptmauer einen Niederwall, in dem die erste Verteidigung geleistet werden konnte. Ein Graben findet sich nicht immer; auch fehlte ja an vielen Stellen das Wasser, um ihn zu füllen. Hatte der Angreifer Niederwall und Hauptmauer überwunden, so mußte noch die Burg, die Zitadelle, erobert werden, die mit besonderen Mauern umgeben war. Sie bildete die Keimzelle der ganzen F., insofern als mit dem Wachstum der in ihrem Schutze liegenden Ansiedlung die Befestigung immer weiter hinausgeschoben werden mußte, wie z. B. in Karkamisch, Askalon, Megiddo, Thaanach, Lachis deutlich erkennbar ist. Doch ist diese Erweiterung nicht überall eingetreten, wie die äg. Nachrichten und Denkmäler (s. § 20 f.) beweisen, die von einfachen Burgen sprechen oder solche wiedergeben.

A. Billerbeck *Der Festungsbau im alten Orient* AO I 4² (1910); H. Vincent *Canaan* 1907 S. 23ff.

§ 8. Das älteste, wenn auch noch recht unvollkommene und steinzeitl. anmutende Beispiel der mesopotamischen Befestigungskunst bietet Gezer. Hier ist im 3. Jht. die w. Kuppe des Hügels (Dm etwa 200 m) mit einer Mauer aus geschichteten Bruchsteinen (0,66 m dick) umgeben worden, die auf dem natürlichen Felsen aufsaß. Außen wurde ein Erdwall vorgelegt, dessen Böschung mit Steinen gepflastert war. Da dieser Wall nur eine H. von 0,66 m erreicht, muß darauf eine Mauer aus Lehmziegeln gestanden haben, von der allerdings keine Reste gefunden wurden. Das Gleiche wird von der bescheidenen Feldsteinmauer gelten, mit der sich die ältesten Siedler auf dem Hügel von Megiddo geschützt hatten.

Macalister *Gezer* I 236ff., 252f.; Arch. Anz. 1909 S. 347ff. H. Thiersch.

§ 9. In Jericho (s. d.) konnte wenigstens ein Stück der ältesten Befestigung nachgewiesen werden, da nur an einer Stelle eine Tiefgrabung erfolgte. An der nw. Ecke des Hügels lief eine 5,60 m dicke Mauer nach N zu. Ihr Sockel war eine Schicht unregelmäßig gesetzter Feldsteine, die keine Spur von Bearbeitung zeigten. Darauf stand eine Mauer aus Lehmziegeln von ziemlich großen Maßen (bis 0,70 × 0,40 × 0,10 — 0,19 m). Diese Anlage ist noch im 3. Jht. gründlich zerstört worden.

Sellin-Watzinger *Jericho* S. 17f., 179.

§ 10. Auch der Zion, die Burg von Jerusalem, scheint schon im 3. Jht. oder noch früher von den Jebusitern (s. d.) befestigt worden zu sein. Während die bisherigen Ausgrabungen zumeist nur Reste aus der Zeit Davids und seiner Nachfolger aufgedeckt hatten (s. § 18), fand Parker bei seiner vielbesprochenen Unternehmung am Ostrande des Hügels zwei in ns. Richtung laufende, hintereinander liegende Mauerstücke, die auf dem Fels aufsitzen. Oberhalb des 3. tieferen Absatzes zog sich von O nach W ein gewaltiger zyklopischer Mauerblock hin, der offenbar mit dem Tunnelgang zur Quelle (s. Bewässerung D § 3) irgendwie im Zusammenhang steht. Hinter der Doppelmauer fanden sich in einer unterirdischen Höhle drei Bestattungen (s. Grab F), die Tonwaren der allerältesten Art (außerdem äg. Gefäße aus der Zeit von 3000—2500 v. C.) enthielten. Anscheinend hat R. A. St. Macalister bei seiner neuesten Untersuchung des Ophelhügels dieselbe Doppelmauer im N, nach dem Tempelplatze zu, gefunden. Die innere Mauer, aus roh mit dem Hammer bearbeiteten Blöcken mit kleinen Steinen in den Lücken errichtet, wird für älter erklärt. In der späteren äußeren Mauer (etwa 4,60 m dick) sind ungewöhnlich große, fast gar nicht bearbeitete Steine von unregelmäßiger Gestalt verwendet. Der Raum zwischen den Mauern war frei von Fundstücken, aber hinter der inneren Mauer lagen im Schutt Scherben von frühkanaanitischen, zum Teil mit der Hand hergestellten Gefäßen.

Rev. bibl. 9 (1912) S. 546f. H. Vincent; Quarterly stat. 56 (1924) S. 9ff., 57ff. R. A. S. Macalister; S. 124ff., 163ff. J. D. Garrow.

§ 11. Eine etwas andere Art der Befestigung, die aber auch Bruchsteinsockel mit Lehmziegeloberbau verbindet, hat sich von Nordsyrien her über das Land verbreitet. Die älteste bisher aufgedeckte Anlage findet sich in Jericho. Die hier wohnenden Kanaaniter umgaben den Hügel mit einer starken Doppelmauer, deren Umfang etwa 590 m betragen haben mag (im O, wo das Tor gelegen hat, konnte sie nicht nachgewiesen werden). Die innere Mauer war 3,30—3,70 m, die äußere 1,50—1,60 m dick. Der Abstand zwischen beiden ziemlich parallel laufenden Mauern betrug 2,60—3,50 m. Beide hatten einen Sockel aus Bruchsteinen (2—3 Schichten in einer Stärke von 4 m; H. 0,50—0,80 m), auf dem eine dünnere Mauer aus ungebrannten Lehmziegeln stand. Ihre Wangen waren in primitivem Läufer- und Binderverband aus längeren und kürzeren Ziegeln erbaut, die Mitte war durch Lehmpatzen ausgefüllt. Da die Mauer nicht auf dem Felsen ruhte, war zur besseren Sicherung außen noch eine 1,60 m br. Böschungsmauer aus Feldsteinen vorgelegt. Aus der wechselnden Lagerung des Steinsockels, den verschiedenen Ziegelschichten und den senkrechten Fugen erkennt man, daß die Umwallung in einzelnen Abschnitten gebaut worden ist. Auch die vorspringenden Türme, von denen einer an der nw. Ecke freigelegt wurde, sitzen nicht im Verbande der Mauer, sondern sind nach einer bis in viel spätere Zeit geltenden Vorschrift für sich gebaut, damit nicht bei dem Fall des Turmes die Mauer weithin zerstört wurde. An einzelnen Stellen sind durch Querwände zwischen der äußeren und der inneren Mauer kleine Räume (Kasematten) geschaffen, die oben mit Holzplanken, vielleicht in mehreren Stockwerken, abgedeckt waren, so daß die Verteidiger beträchtlichen Raum zur Verfügung hatten.

Sellin-Watzinger *Jericho* S. 20ff., 179ff.

a

b

Festung C. Palästina-Syrien

Megiddo: a. Ziegelmauer der 2. Schicht mit Steinsockel. — b. Ziegelmauer der 2. Schicht am Ostfuß des Hügels.
Nach Arch. Anzeiger.

§ 12. Ein überraschend ähnliches Bild bietet sich in Karkamisch (s. d.). Hier ist zunächst (Early Hittite Period) die höchste Erhebung am Flusse mit einer auf Bruchsteinsockel ruhenden Ziegelmauer befestigt worden. Nur im W hatte man sich an einer Stelle mit einem Erdwalle begnügt. In der darauf folgenden Zeit (Middle Hittite Period, bis 1200 v. C.) wurde ein größerer Raum in die Befestigung einbezogen, indem man ihn zum größten Teile mit einer Doppelmauer aus Lehmziegeln auf Bruchsteinsockel, im W wie vorher mit einem stattlichen Erdwalle umgab. An einzelnen Punkten wurden Türme, im N sogar eine Art von Fort errichtet. Der Raum zwischen den Mauern war auch hier zu Kasematten verwendet und oben mit Holz gedeckt. Da auf dem *tell nebi mand* (s. Qades; hier ist stellenweise sogar eine dritte Mauer entdeckt worden) und in Boghasköj (s. Hatti) entsprechende Funde gemacht wurden, kann kein Zweifel darüber bestehen, daß diese Art der Befestigung durch eine Doppelmauer von den Hettitern stammt.

C. L. Woolley *Carchemish II. The Town Defences* 1921 S. 38 ff.; Syria 3 (1922) S. 91 ff. M. Pézard; O. Puchstein *Boghasköi* WVDOG 19 (1912) S. 39 ff.; Arch. Anz. 1913 S. 71 ff. E. Meyer.

§ 13. Auch das alte Sichem (s. d.), das wohl erst nach 2000 v. C. befestigt worden ist, hatte eine Doppelmauer, von der freilich nur ein kleines Stück bei dem Dorfe *balâṭa* ausgegraben wurde. Den leicht geböschten, 6,50 m h. Sockel der äußeren Mauer bildeten 9 Lagen unbehauener Blöcke (bis 2,20 m l.), die auf einer Lehmpackung ruhten und außen mit Lehm beworfen waren. Die innere Mauer war 7,50 m davon entfernt und nur 1,45 m dick. Zwei aus der äußeren Mauer vorspringende Türme fassen das Tor ein, das sich innen zu einem rechteckigen Hofe erweitert. Von da kam man in einen zweiten Hof und aus diesem zwischen zwei Türmen der inneren Mauer hindurch in die Stadt. Der Durchgang war mit großen Steinen gepflastert. Die hier gemachten Einzelfunde stammen freilich erst aus frühisrael. Zeit; aber die ganze Anlage, die den Torbauten in Karkamisch sehr ähnelt, ist sicher älter. Ebenso hat angeblich den *tell et-tīn* eine Doppelmauer (je 2 m dick, Zwischenraum 2 m) geschützt. Doch liegt sie heute zum Teil unter dem Spiegel des Sees von *ḥomṣ*, ist auch nicht zur Genüge untersucht worden.

Anzeiger Akad. Wiss. Wien 51 (1914) S. 35 ff., 204 ff. E. Sellin; CR acad. inscr. 23 (1895) S. 444 ff. J. E. Gautier.

§ 14. An anderen Stellen scheint nur eine einfache Mauer mit Bruchsteinsockel und Lehmziegelmauer vorhanden gewesen zu sein. Allerdings ist es möglich, daß bei einzelnen Grabungen die zweite Mauer nicht beachtet oder nicht gefunden worden ist. So wurde bei der ziemlich flüchtigen Untersuchung des *tell el-ḥesî* (s. Lachis) die Befestigung der 1. Stadt nur im NO nachgewiesen. Ihr weiterer Verlauf läßt sich aber an der Kante der Oberfläche des Hügels und den Erdwällen im S erkennen. Recht wohl könnte hier wie in Karkamisch auf einzelnen Strecken statt einer Mauer eine hohe Erdaufschüttung, mit einer niedrigen Ziegelmauer gekrönt, gestanden haben. Auf den übrigen Schephelahügeln sind die ältesten Anlagen überhaupt nicht festgestellt worden, da sie entweder völlig zerstört oder infolge neuerer Bauten und arab. Friedhöfe unerreichbar waren. In Thaanach wurde zwar der Bruchsteinunterbau an einer Stelle gefunden, die darauf stehende Ziegelmauer aber nicht erkannt (Sellin *Tell Ta'annek* S. 12 ff., 96). Dagegen konnte die gewaltige Ringmauer von Megiddo (Tf. 87) in ihrem Laufe rund um den Hügel (866 m l.) ziemlich vollständig verfolgt werden. Sie besteht aus dem üblichen Bruchsteinsockel, der tief am Fuße des Hügels liegt, und einer Ziegelmauer, die an einer Stelle eine Stärke von 8,60 m erreicht. Die Gesamthöhe betrug 17 m. Nach außen springen rechteckige Strebepfeiler (etwa 1,70 m br.) vor. Offenbar war nur ein Tor im S vorhanden. Der Sockel war außen durch eine Anschüttung aus festgestampftem Lehm mit kleinen Steinen bedeckt, sodaß eine Art Glacis entstand, das die Annäherung an die Ziegelmauer sehr erschwerte.

Schumacher *Mutesellim* S. 23 ff., Tf. 7 ff.; Arch. Anz. 1907 S. 284 ff. H. Thiersch.

§ 15. In Gezer ist um 2000 v. C. ebenfalls eine Ringmauer um die ganze Hügeloberfläche herumgelegt worden. Der Unterbau (3,96 m dick) besteht aus rohzugeschlagenen Steinen, deren Zwischenräume sorgfältig mit kleinen Steinen und mit Lehm ausgefüllt sind. In regelmäßigen Abständen von etwa 27,50 m sind Türme oder Bastionen (12,50 m l.; 7,30 m t.) vorgelagert. Im N und S fanden sich Tore, von denen das n. durch seine weite Öffnung merkwürdig ist. Bei dem s. ist die Mauer im Durchgange mit Steinplatten verschalt. Die Decke war wohl aus Holz hergestellt. Ebenso alt ist die Ringmauer von Bethsemes (s. d.), die bei der Eroberung durch die Philister zerstört wurde. Auch in Gezer fiel die alte Mauer, als die Ägypter um 1500 v. C. die Stadt einnahmen. An ihre Stelle trat noch vor dem Ende des 2. Jht. (unter Amenhotep III.?) eine neue Mauer, die in ihrer Anlage sehr der früheren glich, aber einen größeren Bezirk als bisher einschloß. Sie war über 4 m br., so daß zwei Wagen darauf nebeneinander fahren konnten. Ob die Türme, die in sie hineingesetzt wurden, Überbleibsel der vorhergehenden Befestigung oder Zutaten einer späteren Zeit sind, in der überhaupt viel geändert und gebessert wurde, ist nicht sicher zu erkennen. Vielleicht sind sie ein Werk Salomos, der Gezer neu befestigte (1. Kön. 9,15). Dazu paßt, daß diese Türme aus wirklichen Quadern gebaut sind, die an den Ecken Bossen und Randschlag aufweisen (Tf. 89a). Da sie nicht im Verbande der Mauer stehen, hat man sie teilweise später mit einer steinernen Böschung umkleidet und damit die Fugen verdeckt.

Macalister *Gezer* I 238ff.; Arch. Anz. 1909 S. 347ff. H. Thiersch.

§ 16. In frühisrael. Zeit (d. h. also in der beginnenden EZ) ist man dann in Palästina mehr und mehr auch für die F. zu dem aus Phönizien übernommenen Quaderbau übergegangen. Aber noch einmal ist die nordsyr. Befestigungskunst in wunderbarer Vollkommenheit angewendet worden. Nachdem Jericho eine Zeit lang als offene Landstadt eine unbedeutende Rolle gespielt hatte, wurde es (in der 1. Hälfte des 9. Jh. v. C. durch Chiel unter der Regierung des Königs Ahab 1. Kön. 16,34? nach W. F. Albright Annual of the Amer. Schools of Oriental Research 4 [1924] S. 11, 147 schon im 16. Jh. v. C.) neu erbaut und durch eine mächtige Mauer geschützt. Sie bestand aus einer Unterfüllungsschicht, die nicht auf dem splittrigen Felsen, sondern auf einer 1,30 m starken Lehmpackung ruhte, einer geböschten, etwa 2,15—2,65 m vom Fuße zurücktretenden Steinmauer (4,50—5,40 m h.), zusammengesetzt aus einem Bankett von 4—5 Lagen mittelgroßer Blöcke mit einer Schicht Deckplatten und der eigentlichen Böschungsmauer aus 6—12 Bruchsteinlagen, und einer senkrechten Lehmziegelmauer (2 m br., ursprüngliche H. etwa 6—8 m). Diese Mauer läuft in Eiform um den ganzen Hügel herum, ziemlich genau am Fuße des steilen Abfalles und hatte eine Gesamtlänge von 778 m. Das einzige Tor lag wohl im SO. Die Mauer hat weder Türme noch Bastionen. Der gewaltige Eindruck, den dieses prachtvolle Werk erfahrener und erprobter Baukünstler mit seiner mächtigen Höhe erweckt, wird noch durch die Tatsache verstärkt, daß weder menschliche Kunst noch Naturgewalt einen Riß hineinbringen konnten. Das Gegenstück hierzu ist die alte Ringmauer der hettitischen Königsstadt *šamʿal* in Sendschirli (s. Samʿal), die ebenfalls in einem Zuge, aber hier in Kreisform, das ganze Gebiet umzieht. Sie ist im 8. Jh. durch eine weiter außen geführte Mauer verstärkt worden (Tf. 88, 89b).

Sellin-Watzinger *Jericho* S. 48ff., 182ff.; ZdPV 36 (1913) S. 42ff. H. Thiersch.

§ 17. Kleiner und unbedeutender sind demgegenüber die Befestigungen, die auf den Schephelahügeln am Ende des 2. und zu Beginn des 1. Jht. angelegt wurden. Die Mauer des *tell zakarîa* (s. d.) besteht aus einem Bruchsteinsockel und einem Oberbau von Quadern. In regelmäßigen Zwischenräumen springen 6 m br. Türme vor, verbunden durch eine Böschungsmauer aus Bruchsteinen und ebenso wie die Mauer gesichert durch ein vorgelegtes Steinglacis. Auf dem *tell-eṣ-ṣâfi* trug der Bruchsteinsockel eine 4 m starke Lehmziegelmauer. Türme waren nicht vorhanden, sondern nur ganz schwach (60 cm) hervorstehende Bastionen (10—11 m l.), sodaß also auch bei diesem Werke des 9. Jh. v. C. der nordsyr. Einfluß erkennbar ist. Ein wenig älter ist das kleine Kastell bei *ʿain el-qadērât* an der syrisch-äg. Grenze in der Sinaiwüste (73,10×45,70 m), das an jeder Ecke und in der Mitte jeder Seite einen Turm hatte. Die Mauern waren im unteren Teile besonders stark und nach außen mit dünnen, gut gelegten Steinen verkleidet.

Festung C. Palästina-Syrien

Jericho. Die isr. Böschungsmauer im ö. Nordgraben. Nach Sellin-Watzinger.

Bliss-Macalister *Excavations* S. 13 ff., 30 ff.; Arch. Anz. 1908 S. 348 ff., 366 ff. H. Thiersch; C. L. Woolley and T. E. Lawrence *The Wilderness of Zin* 1914 S. 64 ff.

§ 18. In Jerusalem (s. d.) hat sich David zunächst mit der Zionsburg begnügt, die von den Jebusitern geräumt werden mußte. Hier ließ er von tyrischen Handwerkern einen Palast erbauen (2. Sam. 5, 11) und zugleich die Befestigung erweitern (2. Sam. 5, 9). Aber erst Salomo, der die Burg nach N auf den Tempelberg ausdehnte, hat die auf dem SW-Hügel liegende Stadt Jerusalem mit einer Ringmauer umgeben (1. Kön. 3, 1; 9, 15). Wie bei der Burg bestand dieser Schutz stellenweise nur aus einer von Natur oder durch Kunst steil abgeschrägten Felswand. Wo Mauern und Türme nötig waren, wurden diese aus Quadersteinen errichtet. Reste von ihnen und von einigen Toren sind bei den Grabungen von H. Guthe 1882 und F. J. Bliss 1894—1897 (s. Fundstätten B) im S und SO nachgewiesen worden. Fraglich ist noch der Mauerlauf im N geblieben, wo der öfter erwähnte *millô* (wohl ein Turm) gelegen haben muß. Es scheint so, als ob R. A. St. Macalister bei seiner neuesten Grabung die Stelle dieses wichtigen Werkes gefunden habe. Vielleicht war die zunächst für sich befestigte Stadt mit der Burg durch eine Brücke, den Vorläufer des 1864—65 von Ch. W. Wilson gefundenen Bogens, verbunden. Auch die Sperrung des Tyropöon-Tales durch eine gewaltige, mit Strebepfeilern versehene Mauer, die den späteren Siloahteich in das Gebiet der Stadt einbezog, kann schon von Salomo ausgeführt worden sein. Die folgenden Könige haben an dieser Befestigung viel geändert und ausgebessert, so daß es ziemlich schwierig ist, die einzelnen Fundstücke einer bestimmten Zeit zuzuweisen.

H. Guthe *Kurzes Bibelwörterbuch* 1903 S. 302 ff.; G. Dalman *Zion, die Burg Jerusalems* Pal. Jahrb. 11 (1915) S. 39 ff.; A. Kuemmel *Materialien zur Topographie des alten Jerusalem* 1906 S. 51 ff.

§ 19. Ganz abweichend von allen bisher besprochenen Anlagen ist das gewaltige verschanzte Lager bei *el-mišrîfe*, 3½ Stunden nö. von *ḥomṣ*. Vier mächtige, geradlinige Erdwälle von 1 km L. umschließen es. Sie sind 15 m h. und am Fuße 65—80 m stark. Da die Erdmassen hierzu von außen genommen wurden, entstand davor ein breiter Graben, der jetzt zum Teil verschüttet ist. An drei Punkten deuteten große Kalksteinblöcke darauf, daß hier Tore die Umwallung unterbrochen hatten. Ungefähr in der Mitte des ansteigenden Innenraumes wurde ein Bruchstück von einem großen Basaltstandbilde gefunden, das stark an die Hadadstatue von Sendschirli erinnert. Da ähnliche Verschanzungen bei *tell el-jahudîje* und bei Heliopolis in Ägypten auf die Hyksos (s. d.) zurückgeführt werden können, liegt es nahe, auch diese Anlage ihnen zuzuweisen oder darin das große Lager im n. Amoriterlande zu erkennen, das die von Ramses III. geschlagenen Seevölker (s. d.) errichtet hatten (J. H. Breasted *Ancient Records of Egypt* IV 59, 64; Müller *Asien und Eur.* S. 177, 219, 224). Eine ähnliche, aber nicht vollendete Verschanzung findet sich bei *sefînet nebi nûh*.

C. F. T. Drake and R. F. Burton *Unexplored Syria* II (1872) S. 162 f.; Mélanges de la faculté orient. Beyrouth 7 (1914—21) S. 109 ff. S. Ronzevalle.

§ 20. Eine genauere Vorstellung der zahlreichen syr.-paläst. F. ergeben die äg. Denkmäler und Berichte. In der ältesten Abbildung (Grab des Inti zu *Dešâše;* W. M. Flinders Petrie *Deshasheh* 1897 S. 5 f. Tf. 4, etwa 2750 v. C.) erkennt man eine eiförmige Mauer mit vorgelegten Bastionen. An einer Stelle ist es den belagernden Ägyptern gelungen, bis an die Mauer heranzukommen und sie mit Brechstangen zu unterwühlen, was einer der Belagerten innen angstvoll belauscht (vgl. Erman *Äg.* S. 624 f.; MVAG 17 [1912] 3 S. 64 W. M. Müller). Aus späterer Zeit wären zu nennen: unter Thutmosis III. (1501—1447 v. C.): Eroberung syr. F. (W. M. Müller *Egyptological Researches* I [1906] S. 39 f. Tf. 44 ff.; MVAG 12 [1907] 1 ders.) und einer in bewaldeter Gegend liegenden F. (Grab des Amenmose; Wreszinski *Atlas* Tf. 168); Sethos I. (1313—1292 v. C.): Reliefs in Karnak (J. H. Breasted *Ancient Records of Egypt* III 83 ff. und Abb. auf S. 44) mit der Einnahme von *Pe Kanaʿan* (Tf. 90; s. Gaza) und Jenoʿam (J. Rosellini *I Monumenti dell' Egitto e della Nubia* I [1834] Tf. 46; Müller *Asien und Eur.* S. 200, 204); Ramses II. (1292—1225 v. C.): Eroberung von Askalon (s. d. und Band I Tf. 44), Qades

(s. d.; 4 verschiedene Darstellungen); mehrere syr. Städte (Lepsius *Denkmäler* III 156; Breasted III 356), die F. Dapur in der Nähe von Qades (Tf. 91; Rosellini I 108; Lepsius *Denkmäler* III 166; Erman *Äg.* S. 639 Abb. 268; Müller *Asien und Eur.* S. 221; Breasted III 356), eine namenlose F. (Rosellini I 80; Breasted III 473), eine weitere (aus *bēt el-wâli* Rosellini I 68; U. Hölscher *Das Hohe Tor von Medinet Habu* [WVDOG 12] 1910 S. 61 Abb. 58), mehrere paläst. F. (W. M. Müller *Egyptological Researches* I [1906] S. 46f. Tf. 60ff.; II [1910] S. 99ff. Tf. 36ff.); Ramses III. (1198—1167 v. C.): zwei syr. Städte (Champollion S. 227f.; Müller *Asien u. Eur.* S. 225f.; Breasted IV 118f.; Hölscher S. 62 Abb. 60), zwei hettitische F., deren eine *ʾ-r-ṯ* genannt wird (Breasted IV 120).

§ 21. Obwohl diese äg. Abb. (Tf 90—92) meistens nur die Umrisse der F. wiedergeben und (mit Ausnahme von Qades) nach demselben Muster gezeichnet sind, läßt sich doch manche wertvolle Einzelheit daraus gewinnen. Gewöhnlich ist eine Doppelmauer dargestellt. Die Innenmauer erscheint höher, nicht weil sie in Wirklichkeit über die äußere emporragte, sondern weil sie der äg. Künstler sonst nicht im Bilde unterbringen konnte. Ganz im Innern liegt die wiederum höher gemalte Zitadelle. Die Mauern sind durch Türme verstärkt und mit Zinnen gekrönt, die bei den Türmen nach Art der späteren Pechnasen weit vorspringen. Das Tor (meist ist nur eins dargestellt) ist ganz einfach mit zwei Seitenpfosten und einem mächtigen Sturzstein angedeutet. Die Belagerer greifen es mit Äxten an; es ist also mit hölzernem Verschluß gedacht. Die F. Dapur scheint ein Vorwerk und eine besonders feste Zitadelle zu haben. Eigenartig sind die Abbildungen von Qades, das rings von Wasser umgeben ist. S. B § 4.

U. Hölscher *Das Hohe Tor von Medinet Habu* (WVDOG 12) 1910 S. 60ff.; Arch. Anz. 1913 S. 71ff. E. Meyer.

§ 22. Zur Sicherung des von ihnen eroberten Gebietes haben die Ägypter in Palästina-Syrien mehrfach F. und kleine Burgen errichtet. So baute Thutmosis III. in *rṯnw* nach dem Siege über die Fürsten vom Libanon eine F., der er den Namen „Th. ist der Bezwinger der Barbaren“ gab (Breasted II 548; Müller *Asien und Eur.* S. 199, 269), Ramses III. eine größere befestigte Stadt mit einem Tempel des Amon, wohin die Bewohner von *rṯnw* ihren Tribut bringen mußten (Pap. Harris I 9,1; Breasted IV 219), und einem Turm *(migdol)* an der äg.-phön. Grenze (Rosellini I 133; Breasted IV 77), Menephtaḥ eine F. im Amoriterlande (Breasted III 634, 638). Eine Liste der zur Sicherung der großen Straße Ägypten-Syrien dienenden Befestigungen findet sich im Papyrus Anastasi I. (A. H. Gardiner *Egyptian Hieratic Texts* Series I Part 1 [1911] S. 28*f.).

Müller *Asien u. Eur.* S. 199ff., 221ff., 269ff.; ders. *Die alten Ägypter als Krieger und Eroberer in Asien* (AO V 1) 1903.

§ 23. Babyl.-assyr. Abbildungen von syr. F. haben wir leider erst aus späterer Zeit. Auf einer Platte Tiglatpilesers IV. (745—727) ist die Stadt *âl as-ṭar-tu* (wohl der oben § 4 erwähnte *tell ʿaštarâ*) dargestellt (s. Fremdvölker C). Sie liegt auf einem Hügel, hat eine niedrige Vormauer, sodann eine mit Türmen verstärkte Hauptmauer, hinter der sich die Zitadelle erhebt. Zinnen krönen die Mauern. Anscheinend ist sie schon erobert; denn Assyrer führen Gefangene und Vieh fort. Eine weitere Platte bietet das Bild der Belagerung von *âl ga-az-ru* (Gezer) mit der gleichen Befestigung. Eine Belagerungsmaschine bricht eben Steine aus der Hauptmauer, ein Angreifer springt von ihr in die Stadt hinein, und aus größerer Entfernung schießt ein Bogenschütze hinter einer großen Setztartsche hervor. Einen Angriff mit Sturmleitern und das grausame Abschlachten der Gefangenen stellt die dritte Platte bei einer im Gebirge (in Kommagene?) liegenden F. dar. Älter sind die Abbildungen von Tyrus (? Arwad?) und Karkamisch auf den Bronzetoren von Balawat aus der Zeit Salmanassars III. (859—823 v. C.). Bekannt und oft wiederholt ist die Belagerung von Lachis (s. d.) durch Sanherib (Tf. 93).

ZdPV 39 (1916) S. 251ff. B. Meissner; Beiträge zur Assyriologie 6 (1909) S. 124ff. A. Billerbeck u. F. Delitzsch.

§ 24. Aus den Briefen der Amarnazeit erfährt man wenig mehr, als daß damals jede wichtigere Ortschaft sich durch eine Mauer *(dûru)* gegen die Angriffe der Feinde

a

b

Festung C. Palästina-Syrien

a. Gezer. Detail der Stadtmauer. Salomonischer Quaderturm. Verstärkt durch eine Steinböschung hellenistischer Zeit. — b. Jericho. Wiederherstellung der kanaanäischen Festung. Nach Arch. Anzeiger.

Festung C. Palästina-Syrien

Eroberung der „Stadt Kanaan's" durch Sethos I. Nach Aufnahme der Eduard Meyer'schen Fremdvölkerexpedition. (Tempelrelief in Karnak).

Festung C. Palästina-Syrien

Erstürmung der Festung Dapur durch Ramses II. Nach Aufnahme der Eduard Meyer'schen Fremdvölkerexpedition. (Relief vom Ramesseum in Theben.)

Festung C. Palästina-Syrien

Syrische Festungen, deren Einwohner von Söhnen Ramses II. gefangen weggeführt werden. Nach Aufnahmen der Eduard Meyer'schen Fremdvölkerexpedition. (Relief vom Ramesseum in Theben.)

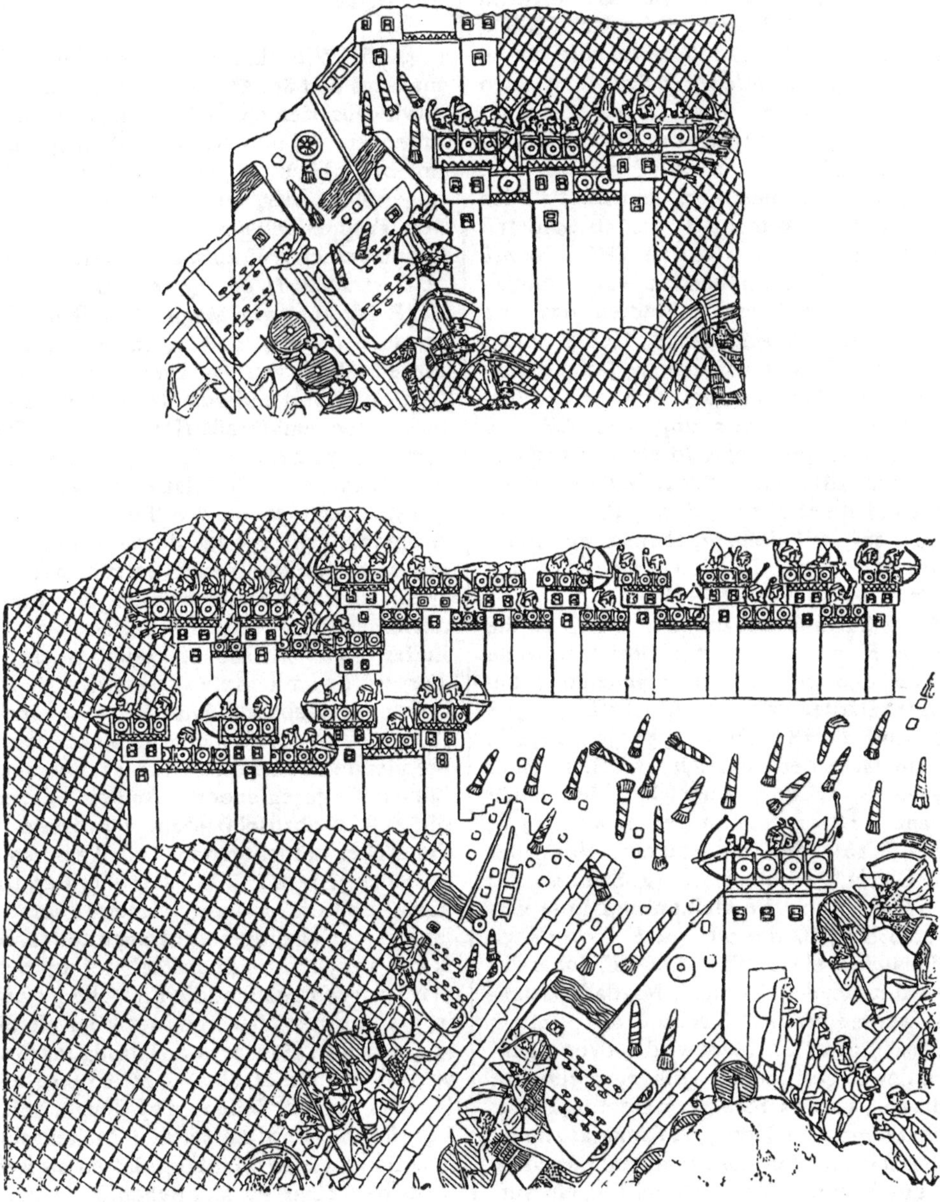

Festung C. Palästina-Syrien

Sanheribs Bestürmung von Lachis. Relief aus Kuyundschik. Nach Arch. Anzeiger.

gesichert hatte. Allerdings darf man sich die Kämpfe und Verteidigungsmittel nicht überall großartig vorstellen. So wird in dem auf dem *tell el-ḥesî* gefundenen Briefe erwähnt, daß der Stadtälteste von Jarami um 6 Bogen, 3 Dolche, 3 Schwerter, also wohl um die Bewaffnung für 12 Mann gebeten habe (H. Greßmann *Altorientalische Texte und Bilder* I [1909] S. 127f.). Ein Brief von Thaanach zählt einmal 10, das andre Mal 20 Mann auf, die als Soldaten gestellt worden sind (Sellin *Tell Taʿannek* S. 118). Immerhin haben die Ausgrabungen gezeigt, daß bei vielen Städten das von den Mauern umschlossene Gebiet nicht klein war. Das kanaanitische Jericho umfaßte einen Flächenraum von 23500 qm, die isr. Stadt 40000 qm, der *tell* von Gezer 90000 qm, Megiddo etwa 50200 qm, Thaanach 48000 qm, *tell el-ḥesî* 12000 qm (die Zitadelle aber nur 5000 qm), *tell es-ṣâfi* 55000 qm, *tell zakarîa* ebenso wie Bethsemes 35000 qm, der Zion etwa 45000 qm.

H. Vincent *Canaan* 1907 S. 27f.

§ 25. Das AT hat die Erinnerung an die starken F. der Kanaaniter bewahrt, wenn es von den großen und himmelhoch befestigten Städten im Lande spricht (Deut. 1,28 vgl. Num. 13,28; Deut. 3,5; Jos. 14,12). Es unterscheidet deutlich zwischen einer offenen Stadt und einer F. (*ʿîr mibṣâr* 1. Sam. 6,18; 2. Sam. 24,7; 2. Kön. 17,9; Jerem. 8,14), die mit Mauern, Vormauer und Glacis geschützt ist (2. Sam. 20,16; Jes. 26,1). Auch die kleinen im Lande verstreuten Burgen, die oft, wie z. B. in Gibea (s. d.), nur aus einem Turm (*migdâl*, daher der öfter auftretende Ortsname Migdal) bestanden, werden erwähnt (Richt. 8,9. 17; 9,51; 2. Kön. 17,9; 18,8). Meist wird nur von einem Tore der F. gesprochen (Jos. 2,7: Jericho; Richt. 16,3: Gaza; 2. Sam. 3,27: Hebron; 11,23: Rabbat Ammon; 2. Kön. 7,1: Samaria; 2. Sam. 18,24 mit äußerem und innerem Ausgang), das durch eine Türe mit zwei Flügeln verschlossen war (Richt. 16,3; Ezech. 38,11). Mit Bronze oder Eisen beschlagene Querbalken hielten es verrammelt (Deut. 3,5; 1. Kön. 4,13). Über dem Tore befand sich ein Obergeschoß (2. Sam. 18,42; 19,1) oder ein Turm (2. Sam. 13,34; 2. Kön. 9,17), von dem aus ein Wächter die Gegend beobachtete. Salomo war der erste König, der in größerem Umfange F. bauen ließ (1. Kön. 9,17f.).

H. Guthe *Kurzes Bibelwörterbuch* 1903 S. 182, 677.

§ 26. Wie eine F. belagert wurde, kann man aus den äg. Abbildungen und Berichten sowie aus den spärlichen Angaben des AT erkennen. Wenn die Aufforderung, sich zu ergeben (Deut. 20,10f.; 2. Kön. 18,17ff.), abgewiesen war, wurde die Stadt ringsum von Truppen eingeschlossen, die zu ihrem Schutze einen Wall aufwarfen (J. H. Breasted *Ancient Records of Egypt* II 433, 430 bei der Belagerung von Megiddo; 2. Sam. 20,15; Jerem. 6,6; 52,4; 2. Kön. 19,32; 25,1). Auf diesem Wall wurden Sturmböcke, Türme (Jes. 29,7) und andere hölzerne Belagerungsmaschinen aufgestellt (Deut. 20,19; Ezech. 4,2; 17,17; 21,27; 26,8ff.). Damit suchte man Bresche in die Mauer zu legen (s. o. § 23), besonders an den Türmen. Bei den Ausgrabungen wurde deshalb die Stadtmauer auf weite Strecken zerstört gefunden. Wenn möglich, schloß man die Bresche mit einer hastig errichteten Notmauer. Auf Leitern stiegen die Angreifer hoch; das Tor wurde mit Äxten zerstört. Einzelne befestigte Gebäude wurden ausgeräuchert (Richt. 9, 46ff.). In die F. hinein wurden brennende Fackeln, Pechkränze oder andere Zündstoffe geschleudert. Um den Belagerten die Zufuhr abzuschneiden, verwüstete man die Äcker, Fruchtgärten und Wasserstellen (2. Kön. 3, 19ff.). Da sich die Besatzung aber erbittert wehrte, dauerte eine Belagerung gelegentlich recht lange Zeit (2. Kön. 6,25; 17,5). Das Schicksal der eroberten Stadt war schrecklich: die Einwohner wurden in grausamster Weise getötet oder als Sklaven verkauft, Häuser und Befestigungswerke wurden verbrannt (Jos. 6,17. 21; 10,28ff.; Meschaʿinschrift Zeile 11,16). Zeugen solcher Verwüstung sind die starken Aschenschichten, die an vielen Grabungsplätzen als letzter Rest der einst so stattlichen F. gefunden wurden.

H. Guthe *Kurzes Bibelwörterbuch* 1903 S. 70, 77.

Peter Thomsen

D. Vorderasien (Tf. 94—98). Alte Festungsbauten sind in Babylonien und Assyrien bisher nur in geringem Maße, speziell durch die Grabungen in Assur (s. Aššûr), bekannt geworden; aber es ist anzunehmen, daß

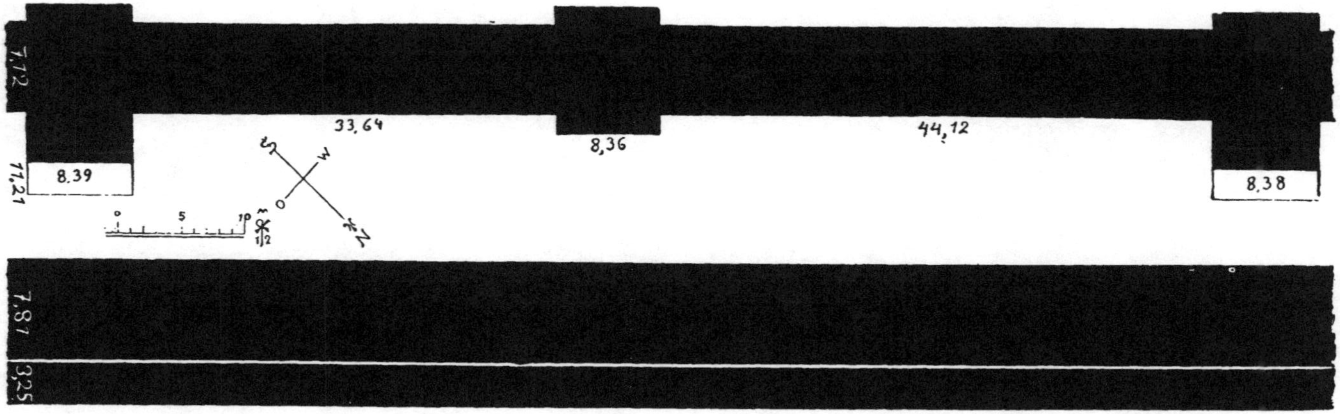

a

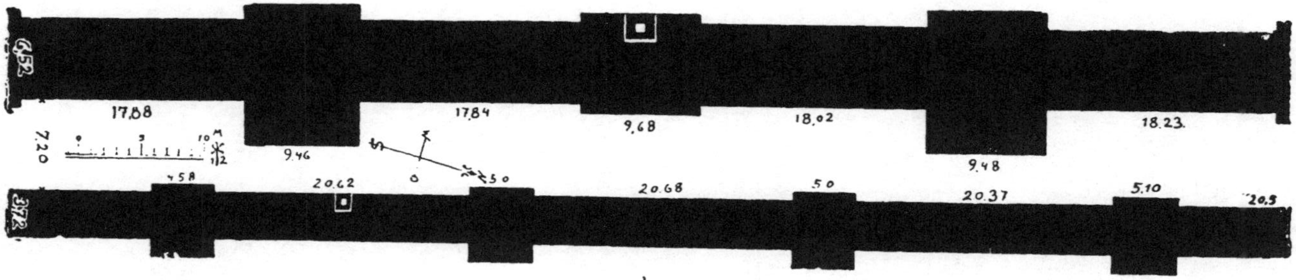

b

Festung D. Vorderasien

Babylon. a. System der äußeren Stadtmauer. -- b. System der inneren Stadtmauer. Nach Koldewey.

Festung D. Vorderasien

Assyr. Stadt (Ninive?) mit 6 Mauern, die obere mit Löwen- und Stierkolossen geschmückt. Relief Assurbanipals aus Ninive in London (British Museum Basement Room Nr. 89). Nach A. Paterson.

die hauptsächlichsten Bestandteile der späteren Fortifikationswerke sich auch bereits bei frühen Bauten vorgefunden haben. Jede größere Stadt war zugleich eine F., die durch eine starke Mauer geschützt war. Häufig vertraute man nicht auf die Festigkeit einer Mauer, sondern legte noch eine zweite, ja mehrere andere hintereinander an. In ihren unteren Teilen bestanden die Mauern meist aus widerstandsfähigem Material, Hausteinen oder gebrannten Ziegeln, oben dagegen gewöhnlich nur aus Lehmziegeln. Sie mußten mindestens 9 m hoch und entsprechend dick sein; andernfalls hielten sie nicht lange, sondern verfielen bald. An der Außenseite der Mauer befand sich immer ein Graben, der mit Wasser gefüllt war. Entweder reichte der Graben direkt an die Stadtmauer heran, oder es befand sich vor derselben die Anlage eines Niederwalles (Faussebraye), der eine neue Verteidigungslinie bildete. Die Mauerzüge wurden unterbrochen von den Stadttoren, die gewöhnlich größere Anlagen von mehreren Gebäuden umschlossen, da sich in ihnen ein großer Teil des Durchgangs- und Handelsverkehres abspielte. In gewissen Abständen waren die Mauern mit Flankierungstürmen befestigt, die wohl Kasematten und Aufgänge nach oben enthielten. Innerhalb der Stadt bildete der Palast noch eine F. im kleinen; aber alte Palastanlagen sind im Zweistromlande bis jetzt noch nicht ausgegraben worden. S. a. Baukunst D § 3.

A. Billerbeck *Der Festungsbau im alten Orient* 1903; W. Andrae *Die Festungswerke in Assur* 1911; B. Meissner *Babyl. und Assyrien* I (1920) S. 281 ff.

B. Meissner

E. Naturvölker.

§ 1. Befestigte Dörfer. — § 2. Geschützte Häuser. — § 3. Afrikanische F. — § 4. F. in Amerika.

§ 1. Vorkehrungen zur Sicherung des Lagers oder der Siedlung begegnen wir bei Jägern und Sammlern in Gestalt von herbeigeschleppten Reisern, die um das Lager ringförmig gehäuft werden, oder in der Anlage von Schlafplätzen auf Bäumen (s. Familienhaus). Auch die Siedlungen der Hackbauer sind in der Regel offen; befestigte Dörfer trifft man in gewissen Gegenden indessen ausnahmsweise an; so fand ich z. B. an dem oberen Töpferfluß (Nord-Neu-Guinea, Augustaflußgebiet) in der Nähe des Ramu eine Gegend, in der die Dörfer durch Verhaue und Tore geschützt waren. Auch in einer ganz anderen Gegend, nämlich in der dichtbesiedelten Steppe zwischen Augustafluß und Küstengebirge stieß ich auf einen Bezirk, in dem die großen und starkbevölkerten Dörfer mit 20—30 m br. und 2—3 m h., aus gefällten und übereinandergeschichteten Bäumen hergestellten Verhauen geschützt waren. Nur ein schmaler und mit rankenden Yamspflanzen eingesäumter Weg führte zu dem engen Tor. Durch ein solches Verhau zu kriechen ist nicht leicht. Doch darf auch die Sicherung nicht überschätzt werden; gelang es mir doch einmal durchzuschlüpfen und unvermutet auf dem Dorfplatz aufzutauchen. Immerhin schützen solche Verhaue gegen Massenangriffe. Es ist wahrscheinlich, daß diese befestigten Dörfer vielleicht von vordringenden Erobererstämmen angelegt wurden.

§ 2. Die Baumhäuser, die man in Neu-Guinea und anderwärts findet, sind als primitive Wacht- und Sicherungstürme gegen Feinde zu betrachten. Einer ähnlichen Sicherung dienen auch die manchmal auf 10 m h. Pfählen errichteten Schlafhäuser der Buin-Leute auf Bougainville, Salomo-Inseln, oder die ebenso hohen Gemeinschaftshäuser am oberen Augustafluß und unteren Häuserfluß im n. Neu-Guinea. Daß die hohen Schlafhäuser in Buin als Befestigungen aufgefaßt werden, geht daraus hervor, daß in der Tat förmliche Belagerungen dieser Schlafburgen stattfinden: manchmal werden sie ausgehungert, oder wenn die Witterung günstig ist, suchen Feinde an die Pfähle Feuer zu legen, um die Insassen zu verbrennen (Thurnwald III 70).

§ 3. Auch aus Afrika sind F. bekannt, und zwar hauptsächlich bei den erobernden Bantu-Stämmen. Während wir bei den Massai und bei den nilotischen Völkern bis zum Seengebiet in Ostafrika mit Dornhecken, Palisaden und manchmal auch noch mit Gräben umgebenen und befestigten Dörfern begegnen, bei denen unter den ö. Bantu auch noch Lehmwälle hinzutreten (Haberlandt S. 560, 564, 575 f.), treffen wir bei anderen, wie bei den Ufiomi, auf eigentümliche festungsartige Siedlungskomplexe, sog. *Tembe*-bauten mit Fluchthöhlen, oder bei den Wadchagga und Wanyaturu auf labyrinthisch ausgebaute unterirdische Wohnanlagen (Haberlandt S. 576); bei den Owambo, s. Bantu, bewohnt eine Großfamilie ein labyrinthartiges Gehöft, das bis zu 60 Hütten zählen kann und nach außen durch Palisaden und Gräben abgeschlossen ist (Haberlandt S. 592). Auch bei den Erobererund Hirtenstämmen der Galla finden sich Gehöfte, die durch Dornhecken, Palisaden oder Mauern geschützt sind (Haberlandt S. 555). Im Hinterland von Togo dürften die Burgbauten wohl auf den Einfluß des Islam zurückzuführen sein, vielleicht auch in den Hausaländern, wo bei den Kanuri und Makari die Städte vielfach durch Mauer, Türme und Tore gesichert sind (Haberlandt S. 473, 477, 508). Dagegen erinnern die Höhlenwohnungen zwischen Sahara und Sudan an die ältesten Formen der Wohnsicherung. Daß auch in vorgesch. Zeit fremde Erobererstämme F. anlegten, darauf weisen die Ruinen von Simbabye im ö. Südafrika, und in der Südsee die von Metalanim auf Ponape und die von Lölö auf Kusae (Hambruch bei Sarfert I 261ff.).

§ 4. Unter den amerik. Völkern finden wir gleichfalls an vielen Stellen Befestigungen. Pfähle umgaben z. B. den Beratungs- und Festplatz der Dörfer in den Kolumbischen Anden und wurden bei einzelnen Stämmen durch Bambusverhaue in eine F. umgewandelt. Inmitten dieser Einfriedigung diente ein hohes Pfahlgerüst zugleich als Wartturm und als Plattform, auf der die Menschenopfer vollzogen wurden (Krickeberg S. 346). Die typische Chibchasiedlung bestand aus einer Reihe von Gehöften, die mit Palisaden, nämlich mit Pfählen, die durch Bambusflechtwerk verbunden wurden, umhegt war. Die Paläste der göttlichen Häuptlinge waren dreifach umzäunt. Das Einrammen der Pfähle war ein religiöser Akt. Auch in den Gebieten der nordamerik. sog. Maiskultur gab es befestigte Dorfanlagen. Mit den afrik. Labyrinthbefestigungen lassen sich die vorgesch. Erdwerke der Huronen vergleichen. Dagegen stellen die sog. „Cliff-dwellings" der Pueblo-Indianer höhlenartige Zufluchtsstätten an Felsenhängen dar (Krickeberg S. 51, 99, 103, 106, 146). Indessen waren die Cliffdwellings nur Zufluchtsstätten in Zeiten der Gefahr, also F., die hauptsächlich der Verteidigung dienten. Dieser Gesichtspunkt der Verteidigung ist auch der Hauptgrund für die oft terrassenförmige Anlage solcher Bauten aus einer vorgesch. Zeit (Krickeberg S. 146).

Selbstverständlich finden wir bei den sozial geschichteten und auf einer starken Herrschaft begründeten Staaten des s. Nordamerika und von Mittel- und Südamerika, bei den Mayavölkern, den Azteken und Tzapoteken, sowie auch im alten Peru allenthalben F. und befestigte Plätze (Krickeberg S. 178, 188, 214) ebenso wie unter gleichen gesellschaftlichen Bedingungen in der alten Welt. S. a. Familienhaus, Krieg, Männerhaus, Siedlung A.

Bushnell *Native Villages a. Vill. Sites E. Mississippi* Bull. Smithson. Inst. 69 (1919); ders. *Villages of the Siouan, Algonquian etc. Tribes W. Mississ.* Bull. Smithson. Inst. 77 (1922); Fewkes *Praehist. Vill., Castles a. Towers S. W. Colorado* Bull. Smithson. Inst. 70 (1919); Haberlandt in Buschan *Völkerkunde* III (1922); Krickeberg in Buschan *Völkerkunde* 1922; Landtmann *Papuan Magic in the Building of Houses* Acta Acad. Aboensis Humaniora I 5 (1920); Sarfert *Kusae* 1918; Thurnwald *Forschungen auf den Salomoinseln* 1912.

Thurnwald

Fetischismus. S. a. Idol. A. Allgemein.

§ 1. Das Wort Fetisch kommt vom portug. *feitiço* = *factitius* und bedeutet adj. unecht, künstlich, nachgemacht, subst. Zauberei, Hexerei. Ganz abgesehen davon, daß es neben künstlich hergestellten auch sehr viel natürliche Fetische gibt, bezeichnet der Ausdruck in der Religionsgeschichte einen Gegenstand, dem nach dem Glauben seines Besitzers bzw. seiner Besitzer eine übernatürliche, geheimnisvolle Macht innewohnt — in der zünftigen Religionsgeschichte heute gewöhnlich mit dem melanesischen Worte *mana* bezeichnet —, die bisweilen auch als Seele oder Geist gedacht wird, und die sich den Menschen zum Vorteil oder Nachteil äußern kann. Man hat zufällig an einem Gegenstand einen segensreichen Kraftbeweis erfahren, darum wird er geschätzt; er kann sich aber auch dem Menschen schädlich äußern oder seine vermeintliche Kraft einbüßen, dann hütet man sich vor ihm oder wirft ihn fort. Wird dem Fetisch mit fortschreitender Kultur und vor allem mit Weiterentwicklung des mythologischen Denkens eine menschen-

Festung D. Vorderasien

Dur-Sargon. Östliches Stadttorfestung (Nr. 3) der sö. Mauer mit Fayencebogenfries, fast unversehrt ausgegraben. Nach Place.

a

b

c

Festung D. Vorderasien

a. Stadttor mit Türmen und Standarten (seitlich). Goldschmuck aus einem Grabe im Nabopolassarpalast in Babylon. Nach Koldewey. — b. Phön. Inselfestung (Arwad?) vom Bronzetor Salmanassars III. von Imgur-Enlil (Balawat) Relief H (C). Nach Meissner. — c. Babylon. Quadermauer aus Kalkstein vom Libanon, erbaut von Nebukadnezar II. Nach Koldewey.

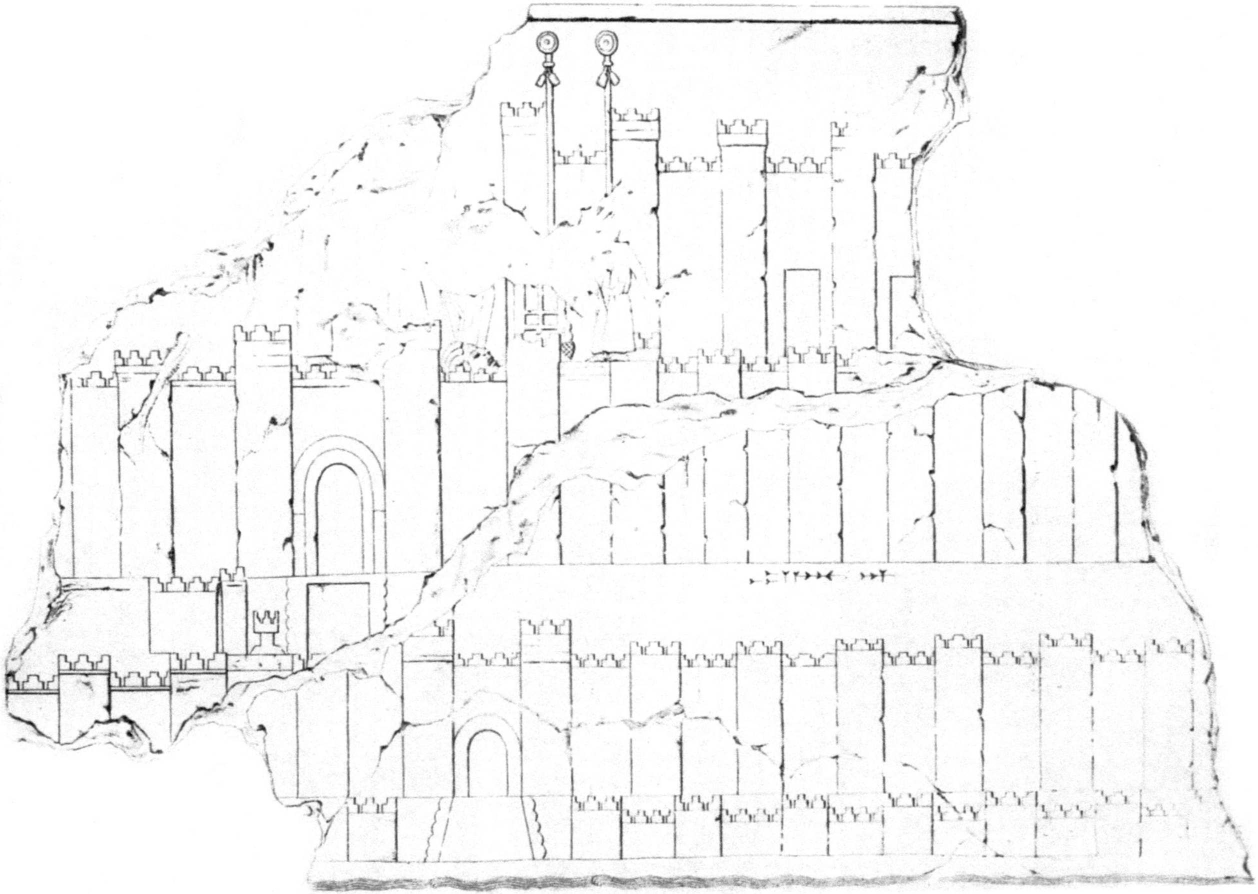

Festung D. Vorderasien

Ansicht der Stadt Erbil (Arbailu) auf dem Relief Assurbanipals aus Ninive. Paris (Pottier Nr. 73). Vor der oberen Mauer setzt der König den Bogen auf das abgeschlagene Haupt eines Feindes (Teumman von Elam?) und opfert vor dem Dreifuß im Beisein von Priestern. Nach Place.

ähnliche künstlerische Gestalt gegeben, so wird er zum Idol oder Götterbild. Das Material desselben verrät dann noch bisweilen den ursprünglichen naturhaften Charakter: die Hermen der Griechen waren stets aus Stein (Heiler *Das Gebet*[3] 1921 S. 110f.).

§ 2. Der typische F. begegnet heute bei den innerafrikanischen Negerstämmen, er ist aber eine Erscheinung, die überall auf der Erde vorhanden war, und deren Überlebsel in modifizierter Form noch gegenwärtig in den höheren Religionen vorhanden sind. Die hebr. Bezeichnung eines Steines, in dem eine übermenschliche Macht wohnhaft gedacht ist, ist *beth-el*. Dieser Ausdruck ist als baitylos oder baitylion ins Griech. übergegangen und zeugt für die große Verbreitung der im F. vertretenen Anschauung. Als Fetische spielen Steine, rohe und bearbeitete, gewöhnliche und Edelsteine, beschrieben und unbeschrieben, eine ganz besondere Rolle. Man denke an die nord. Lebenssteine, wie an die *Tjurungas* der Australier. Daneben gab und gibt es die verschiedensten künstlich hergestellten Fetische, z. B. Geräte wie Axt und Hammer, Stab und Szepter, oder Waffen wie Lanze und Schwert — man spricht von Hoplolatrie — u. a. m. Auch Körperteile wie Schädel, Knochen, Haare o. dgl. dienten als Fetische. Axt, Doppelaxt und Hammer finden sich in präh. Höhlen und Gräbern von Frankreich bis nach Schweden hinauf, auf Kreta und den griech. Inseln; neben dem „Szepter Agamemnons" oder dem „Speer Sauls" mag erwähnt werden, daß Sabiner und Römer in ältester Zeit sich den Kriegsgott in Gestalt einer Lanze vorstellten. In den Wunder wirkenden Gebeinen von Heiligen der Kirche hat sich der F. bis heute erhalten, woraus ersichtlich, daß auch bei fortschreitender religiöser Erkenntnis der F. fortzubestehen vermag. Die Fetische erhalten dann zuweilen den Charakter von Symbolen. Da man unter solchen symbolischen Darstellungen, wie z. B. dem Szepter, dem Schwert oder menschlichen Gliedern, wie dem Schädel, der Faust, auch Tieren oder tierischen Gliedern, wie z. B. Hörnern begegnet, so pflegt man zuweilen auch, von letzteren zurückschließend, von Tierfetischen zu sprechen. Diese aber scheinen eher dem Totemismus als dem F. zugewiesen werden zu müssen. Ein weiterer Beweis für das Fortbestehen des F. liegt in dem Gebrauch der Amulette und Talismane.

§ 3. Amulett (s. a. d.), wahrscheinlich von *amolimentum* oder *amoletum*, Abwehrmittel, hat eine apotropäische Wirkung nach dem Glauben seines Trägers, während unter Talisman (nach gewöhnlicher Annahme vom arab. *talsim* pl. *talâsim*, das vermutlich aus dem Griech. *τέλεσμα* entlehnt ist) ein aggressiv wirkendes Zaubermittel verstanden wird. Dem F. ist eine gewisse religionsgeschichtliche Bedeutung nicht abzusprechen; das gilt insofern, als man ihn, wie Mary Kingsley getan hat, als die Wiege des Pantheismus bezeichnet hat; und auch wo es Fetische für besondere Zwecke gibt, da befinden wir uns, so kann man es ansehen, „an der Schwelle einer wohlgeordneten Sondergötterreligion" (N. Söderblom *Das Werden des Gottesglaubens* 1916 S. 113, 79). Allein diese Vorzüge bestehen doch nur in der Theorie. Und, wie schon Martin P. Nilsson (*Primitive Religion* 1911 S. 14f.) mit Recht bestreitet, darf man ihn nicht als den Anfangspunkt der religiösen Entwicklung der Menschheit bezeichnen, vielmehr will Nilsson in ihm nur einen „geilen Schößling" am Baum der religiösen Erkenntnis sehn.

§ 4. Im F. ist die dunkel geahnte übermenschliche Macht, dem geistigen Niveau des Primitiven entsprechend, gebunden an ein greifbares Objekt. Dieses Objekt wird niemals als Gottheit angesehen, es kommt daher auch nicht zur Anbetung oder zum Kult eines Fetisches. Das Interesse des Menschen haftet an dem Objekt, mag es ein Stein, ein Knochen, ein Stück Holz oder sonst etwas sein, und er glaubt an die Zauberkraft des betreffenden Dinges. Der Fetisch ist ein Zaubermittel und das Wesen des F. Magie, nicht Religion. Das Naturhaft-Sinnliche im F. entspricht einem starken Bedürfnis im Menschen. So geschieht es, daß sich fetischistische Elemente in verfeinerter Form in höhere Religionen hinüberretten. Durch äußere Einflüsse wird eine Erweichung oder Verfeinerung der Ausgangsform erzielt, wie sie dem nie rastenden menschlichen Geiste entspricht. Darum erscheint es als eine Weiterentwicklung des F., wenn etwa, wie K. Beth anführt, das Gerät der aus dem groben Stein herausgearbeiteten Axt, mit dem zusammen der Mensch seinen kulturellen Aufstieg gemacht, eine symbolische Bedeutung erhielt und behielt.

Edward Lehmann Art. Fetischismus in *Religion in Geschichte u. Gegenwart* II (1910) S. 509 f.; M. P. Nilsson *Primitive Religion* 1911; K. Helm *Altgermanische Religionsgeschichte* 1913; K. Beth *Religion und Magie bei den Naturvölkern* 1914; N. Söderblom *Das Werden des Gottesglaubens* 1916. Max Löhr

B. Ägypten. § 1. Die urzeitlichen Ägypter haben ein Tier, eine Pflanze oder einen Baum, ein Symbol oder ein Amulett als Abzeichen ihres Stammes gehabt. Diese Abzeichen leben in den Standarten fort, die als Wappen (s. d. B) der Gaue geführt oder dem König bei Feierlichkeiten voran- bzw. nachgetragen werden. In einer späteren Entwicklungsstufe sind die Abzeichen mit den Gottheiten verbunden worden, die am gleichen Orte heimisch waren. Die Verbindung ist nur äußerlich, und in so gut wie keinem einzigen Falle besteht in dem Wesen oder Mythus der betreffenden Gottheit eine innere Verbindung zu dem heiligen Tier oder einem sonstigen Symbol, das in Begleitung der Gottheit auftritt. Wir können deshalb die Verbindung von Gottheit und Symbol nur als eine äußerliche ansehen, und welche Wesen dabei miteinander verbunden wurden, hing von dem Zufall ab, der sie am gleichem Ort heimisch gemacht hatte. Wir sind berechtigt, diese Symbole von den Gottheiten abzulösen, wenn wir zu dem urzeitlichen Zustande vordringen wollen, und in den Symbolen Fetische, Totems usw. zu sehen, die gewissen Stammesgruppen der Urzeit angehörten. Es ist für die äg. Urzeit durchaus begreiflich, daß der eine Stamm den Ibis, ein anderer den Falken, ein dritter die Katze und ein vierter das Krokodil sich ausersah, um an dieses Tier Vorstellungen von seiner übernatürlichen Macht und von seiner Verehrungswürdigkeit anzuknüpfen. Ebenso versteht man es aus dem heute zu beobachtenden Verhalten primitiver Völker gut, wenn Äg. an der einen Stelle den belaubten Baum in voller Vegetationskraft, an einer anderen den trockenen und auf das Wiedererwachen des Lebens wartenden Baumstamm mit dürren Ästen, an einer dritten Stelle eine steile und gefährliche Bergspitze mit göttlicher Kraft begabten und zu Symbolen höherer Wesen erhoben. Wir kennen noch eine Reihe von weiteren Symbolen der Urzeit, die später als Amulette (s. d. B) auftreten, meist in Verbindung mit einer bestimmten Gottheit; ihre Deutung auf einen Gegenstand, den sie darstellen, ist meist unsicher, weil die äußere Gestalt des Gegenstandes stark schematisiert, vielleicht auch aus theologischen Gründen umgebildet wurde und deshalb in Abbildungen aus der pharaonischen Zeit nicht mehr verständlich ist.

§ 2. Die Verfolgung der Bedeutung der Symbole der äg. Götter bis zu den Fetischen, Totems usw. der Urzeit zurück ist noch nicht gründlich durchgeführt worden. Pietschmann (ZfEthn. 10 [1878] S. 153) hat in einem bahnbrechenden Aufsatz auf die grundsätzliche Wichtigkeit der Fetische für das Verständnis der äg. Religion aufmerksam gemacht, aber seine Beobachtungen sind nicht beachtet und ausgebaut worden. Wer mit der heutigen Kenntnis der Ägyptologie daran ginge, die Fetische des Niltals zu ermitteln sowie nach ihrem Vorkommen und ihrer Bedeutung zu gruppieren, würde dadurch zweifellos eine der Wurzeln der äg. Religion freilegen, die aus echt afrik. Boden erwachsen ist. Fetischistische Anschauungsformen als Überreste einer urzeitlichen Empfindungswelt durchziehen die äg. Religion auch noch in geschichtlicher Zeit; sie sind aber verhältnismäßig leicht zu erkennen, und wir dürfen sie aus dem Zusammenhang herausnehmen, in dem sie uns mit den Götterpersönlichkeiten, Mythen und Dogmen überliefert sind. S. a. Kultus, Religion. Roeder

Fett. A. Europa. § 1. Bevor Haustiere, namentlich fettliefernde, gezüchtet wurden, also im Paläol., muß wie bei allen Jagdvölkern der Fetthunger bedeutend gewesen sein, denn das Jagdwild gibt im allgemeinen wenig F. Das Bedürfnis führte zu möglichster Ausnutzung der tierischen Fettsubstanz, die deshalb auch aus den Knochen extrahiert wurde. Die in den paläol. Siedlungen gefundenen Tierknochen — und zwar nicht nur die markführenden — sind meistens und offenbar zu dem Zweck zerkleinert, um das F. durch heißes Wasser herauszuziehen. Wie hoch das F. auch später geschätzt wurde, ersieht man aus Homer: dem Ehrengast werden die fetten Stücke vorgelegt, und die griech. Götter schätzen besonders die κνίση, den Fettdampf. Die Erzeugung von Butter (s. d.) aus dem F. der Milch war eine den n. Völkern bekannte Kunst im Gegensatz zu den ölbereitenden Völkern des S.

§ 2. Außer zu Speisezwecken bedurfte man des F. in der Technik. Unentbehrlich ist es für die Bearbeitung der Felle (s. d. A), wozu sich besonders das Gehirnfett und Knochenmark eignen. Ferner diente es im Paläol. vermutlich zur Füllung primitiver Lampen, die jedoch in der Folgezeit durch den Kienspan ersetzt werden. Daß die Germanen Seife herstellten, berichten röm. Autoren; man weiß aber nicht, wie weit die Seifensiederei bei ihnen zurückreicht. S. a. Öl A 2.

L. Pfeiffer *Die Werkzeuge des Steinzeit-Menschen* 1920 S. 63f., 304f.

Alfred Götze

B. Ägypten. § 1. Die äg. Sprache enthält eine Reihe von Worten, die F. und Öle bezeichnen, doch ist nur ein kleiner Teil von ihnen seiner Bedeutung nach im engeren Sinne festgelegt. Vermutlich sind in diesen Worten die Bezeichnungen für Rindertalg, Schweineschmalz (falls dieses von dem allgemein verabscheuten Tier gewonnen worden ist), Butter (wenn diese aus der Milch von Kühen, Ziegen und Schafen überhaupt hergestellt wurde), das F. von Schafen, Ziegen, Antilopen, Geflügel und anderen Haustieren enthalten. Von pflanzlichen F. ist das Öl aus den Früchten des Ölbaumes gewonnen worden (äg. *merḥet*), wohl auch von anderen Pflanzen.

§ 2. Die F. und Öle sind zunächst für die Bereitung der Speisen verwendet worden, wobei Schweineschmalz wahrscheinlich gemieden wurde. Ferner hat man sie zur Herstellung von Salben zur Körperpflege benutzt, meist wahrscheinlich mit einem Parfüm durchsetzt. Endlich sind die F. ein wichtiger Bestandteil der Heilmittel, und eine genaue Untersuchung der in den Rezepten der medizinischen Papyrus (s. Papyri, Medizinische) vorgeschriebenen Fettsorten ergibt, daß nur ganz bestimmte Arten in Verbindung mit einzelnen Drogen in Betracht kommen können; hierin liegt für die Zukunft eine Möglichkeit zur genaueren Bestimmung der Fettarten (Beobachtungen von Apotheker Felix Scholtz). Die beiden in Ä. besonders stark verwendeten Schminken werden als Hauptbestandteil vermutlich F. gehabt haben, dazu Bleiglanz (schwarz) oder Kupferoxyd (grün).

Alb. Neuburger *Technik des Altertums* 1919 S. 113, 118.

Roeder

Feuer. A. Allgemein.

§ 1. Feuerzeremonien und Sagen. — § 2. Die Beziehungen des F. im Denken eines Naturvolks. — § 3. Das F. als Ahne und Mittelpunktsymbol der Gesellung. — § 4. Die Hitzkraft des F. — § 5. Herdfeuer und Feuerbrett. — § 6. Das F. als Omen, Orakel und Gottesurteil. — § 7. Das F. als Zauber der Jahreszeit und als Symbol der Besitzergreifung. — § 8. Schwitzhaus und Rauch. — § 9. Das F. bei den idg. Völkern.

§ 1. Viele Naturvölker legen vor dem F. große Ehrfurcht an den Tag. Nicht nur bei niedrigen Stämmen beobachten wir eine zeremonielle Respektierung des Herdfeuers und ein rituelles Entzünden der Flamme, sondern diese Sitte lebt als das Andenken an die Herrschaftsgewinnung über das erste und wichtigste Kulturmittel vielfach noch bis in die Zeiten der Hirten- und Ackerbauvölker weiter. Eine große Zahl von Sagen und Geschichten über die erste Gewinnung des F., und zwar gewöhnlich in der Form des Stehlens oder Raubens eines Feuerbrands, finden wir bei den verschiedenen Völkern. Gerade dies deutet darauf hin, daß der Gebrauch des F. bei den einzelnen Völkern nicht immer und immer wieder neu entdeckt wurde, sondern, daß vielmehr Übertragungen in der Fertigkeit der Feuerbewahrung und -Bereitung vorliegen.

§ 2. Ein weit verzweigtes Gewebe von Gedankenbeziehungen zum F. enthüllen die Sagen und Zeremonien des südafrik. Jäger- und Sammlervolks der Bergdama (Vedder S. 21ff.). Das F. gilt als gestohlen von einer Löwenfamilie, die als ursprünglicher Besitzer betrachtet wird. Die „Werft," das Lager der Bergdama-Sippe, gruppiert sich um die Feuerstelle, das heilige F. der erwachsenen Männer. An diesem zu sitzen ist nur den Leuten erlaubt, welche die Jünglingsweihe hinter sich haben. Es ist ein besonderer Platz wie an anderen Orten das Männerhaus, das gewöhnlich auch als Lokalheiligtum betrachtet wird. Dieses F. steht in innigem Zusammenhang mit dem ganzen Leben der Leute. Man nährt und kräftigt das F. zum Dank, wenn ein Stück Großwild als Jagdergebnis oder ein reicher Ernteertrag der Sammlerinnen heimgebracht wird. Aber auch umgekehrt macht man das F. verantwortlich, wenn Jagd oder Sammeln erfolglos ausgefallen ist: man spricht dann davon, daß das F. „verdorben" ist, weil es keinen Segen mehr spendet. Bei wiederholtem Mißerfolg geht man dann an einen großen Feuerzauber; man läßt das alte „unheilbringende" F. absterben, schafft sogar auch noch die Asche weg, räumt völlig den Lagerplatz, und der Sippen-Häuptling entzündet nun mit Beihilfe des Speise- und Wirtschaftsmeisters unter allerlei Riten und Zeremonien einen neuen Feuerbrand als heiliges F. der Alten. Von diesem F. entnimmt die Großfrau ihren Brand und gibt an die anderen Hütten der Frauen das Feuer ab. Auf diese Weise stammen alle F. des Lagers von der Brandstätte des heiligen F. ab. Die Großfrau, die erste Frau des Häuptlings, ist zugleich die Hüterin des heiligen F., und zwar in der Weise, daß sie nach der Mahlzeit vom Platze der Alten einen Brand in ihre Hütte holt, wo er während der Nacht am Glimmen erhalten wird. Geht ihr Glimmholz aus, so hat sie an den anderen Feuerstellen des Lagers nach einer bestimmten Rangstaffelung nachzusehen, um die Feuerstelle der Alten neu zu entzünden. Sind alle Feuerstellen ausgegangen, so muß unter Beobachtung der nötigen Zeremonien ein neues F. entzündet werden. Falls sich eine Tochterwerft von der Stammsippe abzweigt, erhält diese einen guten Brand vom heiligen F., den der Häuptling der ersten Frau der Abreisenden übergibt. Es ist das Zeichen friedlicher Trennung, aber auch das Symbol fernerer Abhängigkeit von dem Mutterlager; die Tochterwerft muß nämlich aus ihrer neuen Wohnstätte von jedem Stück Großwild, das die Jäger erbeuten, den Kopf und das Bauchfleisch dem Häuptling und seinen Alten übersenden. Denn in einem solchen Fall hat man einen Teil des angestammten Jagdgebiets der Tochterwerft überlassen. Durch die Abgabe von der Beute wird die Zusammengehörigkeit anerkannt. Allerdings dauern solche Abgaben nicht immer sehr lange, und es hängt von der Gestaltung der persönlichen Beziehungen und sonstigen Umständen ab, wann sich solch eine Tochterwerft als unabhängig erklärt. Die besondere zauberische Bedeutung des heiligen F. kommt darin zum Ausdruck, daß es auch „entweiht" oder „beleidigt" werden kann. Man spricht nur mit Ehrfurcht von ihm, man sagt nicht schlechthin „Feuer", sondern muß mindestens „rotes Feuer" sagen; auch wagt man nicht ohne weiteres auszusprechen, daß das F. „schlecht brennt". Die mit Fleisch gefüllten Töpfe dürfen einander, während sie auf dem F. stehen, nicht berühren, denn das würde das Jagdglück beeinträchtigen. Ein Übersehen verlangt zeremonielle Sühnung. Das „heilige Feuer" ist das Symbol des Zusammenhalts der Lagersippe. Die Erstlinge des Sammelertrags in jedem Jahr werden ihm dargebracht. Dort, wo aber der alte Sippenverband durch Knechtung von seiten der Herero zerrissen wurde, ist auch das heilige F. erloschen. Es ist übrigens nicht wahrscheinlich, daß die Dama die Feuerzeremonien von den Herero, die auch Feuerriten beobachten, übernommen haben. Bei den Herero hat die Feuerverehrung gemäß der ganz anderen Geisteswelt einen besonderen Charakter angenommen. Der Bergdama verehrt in seinem F. die aufgehende Sonne und zugleich den Spender von Feldfrüchten und Wildbeute. Der Herero hält sein F. als Erbe der Ahnen hoch, deshalb wird der Quirlstock für die Feuerbereitung vom Vater auf den Sohn Generationen hindurch vererbt und wie ein leibhaftiger Ahne verehrt. An dem Besitz dieses Werkzeugs hängt die Häuptlings- und Priesterwürde. Bei den Bergdama ist der Quirlstock dagegen bedeutungslos. Die Beziehungen des F. zum Jagdertrag fehlen natürlich den Herero-Hirten. Den Bergdama gilt das heilige F. als beseeltes Wesen, das hören und sehen, empfinden und wollen kann und die Macht zur segnenden und strafenden Tat besitzt.

Für den Herero ist das F. ein Erbe der Ahnen, und er erwartet in dieser Verbindung Heil oder Unheil. Will er die Ahnen versöhnen, so wendet er sich nicht an sein Ahnenfeuer, sondern er wallfahrtet zu den Gräbern der Ahnen. Der Bergdama bringt seinem F. kleine Opfergaben dar, wenn sie auch nur in geschabten Wurzeln bestehen. Die Opfergaben des Herero-Hirten gelten den Ahnen, nicht dem F. (vgl. a. Brincker).

§ 3. Auch bei sibir. Völkern ist das F. häufig ein Symbol der Einheit des Klans, so bei den Gilyaken. Als Besitzer des F. gilt eine Urahnin, die als guter Geist und Vermittlerin zwischen den lebenden und abgeschiedenen Vorfahren funktioniert. Durch die Verbrennung wird der Tote der Besitzerin des F. zurückgegeben. Wer durch Blitz erschlagen wurde oder durch Verbrennung starb, gilt als aufgenommen in die Gesellschaft der Besitzerin des F. Nur Angehörige des Klans haben das Recht, das F. am Herd zu entzünden oder von dort F. nach ihrer Jurte (Zelt) zu nehmen. Wenn ein Mann eines anderen Klans seine Pfeife am F. der Jurte entzündet, so muß er sie im Zelt zu Ende rauchen. Der Klanälteste hütet das F., und nur von diesem kann das F. zum Kochen des Fleisches beim großen Bärenfest genommen werden. Wenn ein Klan sich spaltet, so bricht der Älteste des Mutterklans den Feuerbrand in zwei Teile und gibt die andere Hälfte dem Ältesten der abziehenden Tochtergruppe (Sternberg S. 84 ff.).

§ 4. Die Verehrung des F. nimmt verschiedene Gestalt an. Die Ainus besitzen eine Feuergöttin, die, ähnlich wie die Feuerahnin der Gilyaken, Krankheit heilt und das Kochen der Speisen ermöglicht (wahrscheinlich wird der chemische Prozeß, der durch die Erreichung des Siedepunktes herbeigeführt wird, der besonderen Kraft dieses Wesens zugeschrieben). Sie wird andererseits aber gefürchtet als Zeugin der Handlungen und Worte der Menschen. Nach ihrem Zeugnis werden sie bestraft oder belohnt. Es scheint also, daß es nicht eigentlich das F. selbst ist, sondern die Gottheit, die im F. wohnend gedacht wird (Czaplicka S. 274).

§ 5. Bei den Jakuten handelt es sich um das Herdfeuer. Die Braut nähert sich dem F. von N, wirft drei Scheite, die sie aus ihrer Heimatsjurte gebracht hat, und ein Stück Butter in das F. mit den Worten: „ich komme als Herrin, um den Herd zu beherrschen". Dann verneigt sie sich vor den Schwiegereltern, und das Fest nimmt seinen Fortgang (Czaplicka S. 110). Die Koryaken besitzen ein Feuerbrett aus trockenem Espenholz, ungefähr in Menschengestalt, mit Löchern, um in diesen den Feuerquirl zu drehen. Ein neues Feuerbrett wird als Schützer des Herdes und der Herden durch ein Renntieropfer und durch Salben des Feuerbrettes mit dem Blut und Fett des Opfertiers sowie durch Aussprechen von Zauberformeln eingeweiht (Czaplicka S. 265).

§ 6. Aus dem alten Arabien berichtet Wellhausen (S. 189), daß nach Abu Ubaida jedes Volk im Heidentum ein F. besaß, bei welchem Priester waren. Wenn ein Streit zwischen zwei Männern entstand, so kam der, dem der Eid zugeschoben war, an das F. und schwur bei demselben. Die Priester warfen unvermerkt Salz in das F., um den Schwörenden dadurch zu schrecken. Damit war der Gedanke eines Gottesurteils verknüpft. In Jemen gab es ein „rechtsprechendes" F., welches den verzehrte, der im Unrecht, und den unverletzt ließ, der im Recht war (s. a. oben § 4).

§ 7. In Amerika ist die Erneuerung des F., namentlich bei den Hackbauerstämmen, mit dem Anpflanzen und der Wiederkehr der Jahreszeiten in Verbindung gebracht worden und wird durch den Feuerbohrer, der von einem besonderen Priester oder Schamanen gebraucht wird, entzündet (Wissler S. 213). Das F. wird bei den Hopi-Indianern dem Leben und der Sonne gleich gesetzt und auch mit sexuellen Gedankengängen verknüpft (Fewkes S. 590 ff.). Es ist möglich, daß zu einzelnen Stämmen des ö. Amerikas das isländische Rechtssymbol des Feuerentzündens auf Neuland, vielleicht als Okkupationsrecht, gebracht wurde (Löwenthal S. 462). Das F. als Symbol des Generationen währenden Hausens an einem Ort machte es geeignet zum Zeichen der Besitzergreifung.

§ 8. Im religiösen Gebrauch spielt das F. auf dem Umwege des Schwitzhauses und des Rauches eine größere Rolle. Das Schwitzhaus scheint sowohl bei den alten Mexikanern und bei den Mayavölkern als auch bei den n. Stämmen bis hinauf zu den Eskimos in Übung gewesen zu sein. Das Verbrennen von Weihrauch, sowie insbesondere des bodenständigen Tabaks, war allg. im alten Amerika üblich (Wissler S. 213).

§ 9. Bei den idg. Hirten und Ackerbauern wird die Familie als Ganzes durch den Herd, das häusliche F., repräsentiert (Vinogradoff S. 226). In den vedischen Hymnen wird das Herdfeuer in diesem Sinne erwähnt. Bei der alten Bevölkerung von Wales mußte abends ein glühendes Scheit als „Feuersamen" ausgesondert werden, das sorgfältig mit Asche die Nacht über bedeckt wurde. Des Morgens wurde es sorgsam der schützenden Asche entnommen und durch Späne auf dem Herdplatz wieder zum Brennen gebracht. Es durfte das ganze Jahr hindurch nicht ausgehen (Seebohm S. 92).

Das Herdfeuer symbolisierte das Leben der Generationen und die Verehrung der Familienahnen des Haushalts. Wir finden auch hier den Zusammenhang zwischen dem Kult des Herdes und dem der Ahnen, die den religiösen Hintergrund der Familieneinheit bildeten. Die verwandtschaftliche Zusammengehörigkeit wird bei den griech. Kolonisten sinnlich dadurch betont, daß sie das F. ihrer Mutterstadt mit in die neue Kolonie nahmen. Hat doch der griech. vaterrechtliche *Oikos* die Traditionen der Ahnen aufrecht erhalten. Das von den Vestalinnen gehütete heilige F. der Römer war das Symbol ihres Staats. Bei den Germanen entzündete der Mann, wenn er heiratete und eine Familie gründete, sein eigenes Herdfeuer.

S. a. Familienformen, Familienhaus, Fraueneinfluß § 11, Gottesurteil, Männerhaus.

Brincker *Charakter, Sitten und Gebräuche der Bantu* Mitt. Sem. Orient. Spr. 3 (1900); Czaplicka *Aboriginal Siberia* 1914; Fewkes *Fire Worship of the Hopi Indians* Ann. Rep. Smithson. Inst. for 1920 (1922); Loewenthal *Isländ. Rechtssymbole in Amerika* Zfvgl.RW. 40 (1923); Seebohm *Tribal System in Wales* 1904; Sternberg *The Gilyak* 1905; Vedder *Die Bergdama* 1923; Vinogradoff *Outl. Hist. Jurisprud.* 1920; Wellhausen *Reste arab. Heidentums* 1897; Wissler *The Am. Indian* 1922. Thurnwald

B. Europa. § 1. Durch die Benutzung und Erzeugung des F. unterscheidet sich der Mensch vom Tier. Es ermöglicht seine Existenz in kalten Zonen und vergrößert so die Siedlungsfläche. Es macht manche Nahrungsmittel erst genießbar und verdaulich und verbreitert so die Ernährungsbasis. Ohne das F. ist die Metallurgie und damit die Grundlage einer höheren Kultur unmöglich. Seine Unentbehrlichkeit ist dem Menschen schon frühzeitig zum Bewußtsein gekommen, zugleich aber auch seine dämonische Kraft im Blitz, in der Feuersbrunst. So trägt es auch zur Erweckung göttlicher Ideen und zur Entwicklung der Religion bei (s. Kultus, Religion).

§ 2. Auf welche Weise der Mensch zuerst in den Besitz d. F. gelangte, wissen wir nicht. Die verschiedensten Ansichten sind darüber geäußert worden: Entstehung eines Brandes durch Blitzschlag; Selbstentzündung wie z. B. beim Heu; Funkenzündung beim Hantieren mit Feuerstein oder Reiben von Hölzern usw. Wie es tatsächlich geschehen ist, werden wir niemals sicher erfahren. Keinesfalls durch die Bohrtätigkeit, wie man auch vermutet hat, denn der schnellrotierende Bohrer ist nicht so alt wie der Gebrauch des F.

§ 3. Dieselbe Unsicherheit besteht hinsichtlich der Erzeugung des F. im älteren und mittleren Paläol. Die Deutung eines Holzstabes von Krapina als Feuerbohrer halte ich für zweifelhaft. Der erst in jungpaläol. Siedlungen Belgiens und Frankreichs vorkommende Schwefelkies scheint anzudeuten, daß man damals das Feuerschlagen kannte. Sicher ist das der Fall im Mesolithikum, denn in Maglemose lieferte ein und derselbe Wohnplatz sowohl Schwefelkies wie Feuerschwamm. Im Neol. und den folgenden Per. häufen sich die Funde von Schwefelkies und Feuerschwamm derart, daß man das Schlagfeuerzeug als das allg. übliche Gerät zur Feuererzeugung bezeichnen kann (vgl. die Fundnachweise bei Sarauw). Sichere Beweise für den Feuerbohrer (Feuerquirl) und die Feuersäge fehlen auch jetzt. Im Pfahlbau von Moosseedorf sind zwar Holzstücke gefunden worden, die nach Keller Spuren von Feuerbohrung aufweisen sollen. Aber da sonst Ähnliches nicht beobachtet worden ist, muß die Frage, ob in Europa der Feuerbohrer bekannt war, in der Schwebe bleiben; ich halte es für unwahrscheinlich, denn wenn ein solches Verfahren überhaupt angewandt wird, pflegt es allg. benutzt zu werden, und dann müßten Spuren häufiger vorkommen.

§ 4. Zum Schlagfeuerzeug gehören Feuerstein oder Quarzit, Schwefelkies oder Eisen und Zunder. Stein an Stein geschlagen gibt zwar Funken, aber diese zünden nicht. Besonders zugerichtete Schlagsteine in Form derber Feuersteinspäne kennt man aus der nord. j. StZ und der BZ, sie kommen öfter in Gesellschaft von (manchmal zersetztem) Schwefelkies vor. Mit Beginn unserer Zeitrechnung tritt insofern ein Wechsel ein, als der Feuerstein durch Quarzit und der Schwefelkies durch Eisen ersetzt wird.

§ 5. Da die Erzeugung des F. schwierig und umständlich ist, wird man darauf bedacht gewesen sein, es nicht ausgehen zu lassen und es über Nacht unter Asche und durch große Holzkloben oder Torf zu bewahren. Welche Wichtigkeit man dem beimaß, geht aus dem Vestakult hervor.

§ 6. Welche Hitzegrade man zu erzeugen verstand, ist aus den Temperaturen ersichtlich, die in der Töpferei und Metallurgie benötigt wurden. Die z. T. gut gebrannten neol. Tongefäße beanspruchten eine Hitze von 400—800° C.; hier und da mag sie etwas größer gewesen sein. Die Lausitzer Töpfer der BZ und ältesten EZ arbeiteten mit 960—1000°; Schlackenbildungen im Abfall von Töpfereien weisen auf Temperaturen von weit über 1150° hin, die allerdings gegen den Willen des Töpfers entstanden. In der BZ sind schon in deren Beginn beim Schmelzen des Kupfers 1100° erreicht worden. Damit scheint das Altertum an die Höchstgrenze der ihm möglichen Temperaturen gelangt zu sein; die zur Erzeugung flüssigen Eisens erforderliche Hitze von 1300° hat es nicht aufgebracht.

S. Brennmaterial A, Bronzeguß A § 3, Eisen A § 2, Kohle.

G. Sarauw *Le feu et son emploi dans le Nord de l'Europe* (Annales du XX. Congr. archéol. et histor. de Belgique, Gand 1907) I 196ff.; Keller *Pfahlbauten* 3. Bericht 1860 S. 98; ZfEthn. Verh. 18 (1886) S. 241 Olshausen; Antiqua 9 (1891) S. 15f. Messikomer; Archiv f. Anthr. 25 (1898) S. 165ff. Hedinger; v. Tröltsch *Die Pfahlbauten des Bodenseegebietes* 1902 S. 59; Bergens Museums Aarbog 1908 Nr. 9 Shetelig; Mannus 2 (1910) S. 135ff. Frödin; Präh. Z. 3 (1911) S. 96ff., 6 (1914) S. 22 Sarauw; L. Pfeiffer *Die steinzeitliche Technik* 1912 S. 6ff.

Alfred Götze

C. Ägypten s. Feuerbecken, Feuerbohrer B.

D. Vorderasien. Wie F. in Babylonien und Assyrien angezündet wurde, ist nirgends direkt beschrieben. Da man aber den Feuerstein kannte (Delitzsch *Assyr. Handwörterb.* 1896 S. 286), ist wohl anzunehmen, daß man es durch seine Vermittlung hervorrief. Wegen der damit verbundenen großen Mühe ließ man es im Kohlenbecken nicht ausgehen. Die hohe Wertschätzung des F. zeigt sich auch im Kultus (s. d.), wo es neben dem Wasser als großes Mittel der symbolischen Reinigung galt (Jastrow *Die Relig. Babyl. und Assyr.* I [1905] S. 296). Bei Opfern und Begräbnissen wurde gewöhnlich ein F. angezündet, das Räucherwerk durch dieses in Rauch verwandelt, aber auch die Bilder des Zauberers und der Hexe mit ihm verbrannt. Das F. wird darum auch vergöttlicht, und zwar erscheint der Feuergott in zweifacher Gestalt als Gira oder Gibil und als Nusku, die beide „Söhne des Himmelsgottes" heißen und als „Begründer der Städte", „Erheller der Finsternis", „Vermischer des Kupfers und Zinns" zu Bronze und „Läuterer des Silbers und Goldes" gefeiert werden (Jastrow a. a. O. S. 296ff.).

B. Meissner

E. Kultus. § 1. Alle Völker der Erde kennen das F., wenn auch nicht alle, wie z. B. von einigen Stämmen in Neu-Guinea und einigen Zwergvölkern in Afrika erwähnt wird (Frobenius), es zu erzeugen verstehen. Es scheint auch aus diesem Grunde annehmbar, daß es ursprünglich durch den Blitz verursachtes, ausnahmsweise vulkanisches, F. gewesen sein muß, das die ersten Menschen in ihren Dienst nahmen. Von einem Diebstahl des kosmischen oder himmlischen F. durch gewisse Tiere oder Heroen wissen Märchen und Mythen verschiedener Völker zu erzählen. Wahrscheinlich hat man wohl schon von alters die Methode verschiedener Naturvölker gekannt, das F. in einem morschen Baumstrunk oder etwas ähnlichem glimmend zu erhalten. Die Erfindung des Reibfeuers muß jedoch in präneol. Zeit zurückgehen. Wie die Erfindung des Schlagfeuers bei Verfertigung der Steingeräte, muß diejenige des Reibfeuers bei Herstellung der Holzgeräte schon in einem „Holzalter" gemacht sein (Wundt *Elemente* S. 31.) Aber auch der Brauch des Schlagfeuers hat sich als viel älter, als man früher vermutete, erwiesen. Funde von Schwefelkies an Wohnstätten in Belgien bezeugen, daß schon die Menschen der Renntierzeit die Kunst des Feuerschlagens kannten (Keyland). Bei verschiedenen amerik. und Eskimo-Stämmen kommt diese Technik seit alters vor. Aus noch in jüngerer Zeit fortlebenden abergläubischen Volkssitten dürfte bei den Germanen zu folgern sein, daß die Technik des Feuermachens durch einfache Reibung oder durch Bohrung mit Sehne oder Schnur dort uralt ist. Schon in neol. Zeit gebrauchte man aber selbst in Schweden (Pfahlbau von Alvastra) sowohl Schwefelkies als auch Feuerschwamm. Die klassischen Völker scheinen ebenfalls vorzugsweise die Schlagtechnik angewendet zu haben. Die Schlagfeuerzeuge waren Schwefelkies und Feuerstein (bisw. Quarz oder andere Steinarten), bis der Schwefelkies in der ä. EZ (Hough) gegen den Feuerstahl vertauscht wurde. Eine wichtige Rolle muß zu allen Zeiten ein guter Zunder gespielt haben, und der Ausweg, F. vom Nachbar zu leihen, ist wohl uralt.

§ 2. Einer primitiven (animatistischen) Weltanschauung muß es nahe gelegen haben, das F. als lebendes Wesen aufzufassen. Von den Ägyptern erzählt auch Herodot (III 16), daß sie das F. als Tier (θηρίον) betrachteten. Von hier ist der Schritt bis zur Vergöttlichung des F., wie sie bei den Assyrern, Iraniern, Hindus usw. begegnet, nicht so groß, wie es zuerst erscheint. Um nicht zu entarten, mußte nach gewissen Zwischenräumen das alte F. durch frischgeriebenes ersetzt (neugeboren) werden, was sich gewöhnlich am Eintritt eines neuen Jahres vollzog. Mit dem Beginn des Sommerjahres haben wohl auch wahrscheinlich die schon den Römern (Palilia, am 21. April) bekannten und noch heute, nicht nur bei den europ. Völkern und ihren asiat. Verwandten, ja selbst in Nordafrika vorkommenden Frühlings- oder Sommerfestfeuer (Walpurgis-, Oster-, Pfingst-, St. Johannis- u. a. Festfeuer) ursprünglich zusammengehangen. Bei den Römern wurde am alten Neujahrstage, 1. März, das heilige F. im Tempel der Vesta durch Reibung erneuert; am Osterabend wird in den katholischen Kirchen das mit Feuerstein und Stahl hervorgerufene neue F. unter den Rechtgläubigen herumgereicht. Schon im Aufbewahren eines für den ganzen Stamm bzw. die Horde gemeinsamen Zentralfeuers liegt offenbar der Keim eines Feuerkults mit feststehenden Riten. Der Feuerbewahrer wird Feuerpriester oder -priesterin. Ein entwickelter, sowohl staatlicher als auch häuslicher Feuerkult liegt nicht nur bei Griechen, Römern, Indern, Iraniern und anderen indoeurop. Völkern vor, sondern ist auch sonst in der alten wie in der neuen Welt verbreitet gewesen. Von den Germanen berichtet, wie bekannt, Cäsar (Bell. Gall. VI 21), daß sie das F. *(Vulcanus)* verehrten. Aus dem 8. Jh. n. C. ist die altniederdeutsche Benennung *niedfŷr* (nd. *nōdfūr*, mhd. *nôtviur*, engl. *needfire*, schwed. *nödeld*, *gnideld*, vgl. ahd. *nūan*, isl. *gnúa* schwed. *gnida*, *gno*, *nöta* = reiben) für das durch Friktion für abergläubische Zwecke hervorgerufene F. durch ein Verbot im Indiculus superstit. 15 bekannt. Eine Verehrung des Herdfeuers findet sich noch im 18. Jh. in Südwestschweden und in Norwegen vor, indem man am Jahresbeginn, einen Segen oder eine Bitte aussprechend, dem neuangezündeten F. des Hauses ein Trinkopfer *(Eldsborgsskål)* darbrachte.

§ 3. Als kräftigstes Apotropaion ist das F. überall geschätzt. Das F. leuchtet, brennt und reinigt. Es hält nicht nur die gefährlichen Tiere, sondern auch die gefährlichen übernatürlichen Gewalten fern. Oft ist hierfür eine glühende Kohle genug. Ebenso wird der Rauch als prophylaktisch betrachtet. Ob die Festfeuer am Sommer- oder Jahresbeginn ursprünglich einen apotropäischen oder durch Analogiezauber (als „Substitut der Sonne") einen suggerierenden Zweck, als Sommerwärme und Vegetation erweckend und befördernd, gehabt haben, ist eine viel umstrittene Frage. Beide Erklärungen dürften sich wohl vereinigen lassen. Daß die Frühlingsfestfeuer seit alters nicht nur als Übel abwehrend sondern auch als positiv segnend betrachtet sind, geht u. a. aus den mit ihnen — wie z. B. mit dem Holifest der Hindus — verbundenen sexuellen Riten deutlich hervor.

A. Kuhn *Die Herabkunft des Feuers und des Göttertranks* 1859; E. Tylor *The Early History of Mankind* 1870 S. 228 ff.; H. Pfannenschmid *Germanische Erntefeste* 1878 S. 490 ff. (Festfeuer); U. Jahn *Die deutschen Opfergebräuche* 1884 S. 25 ff.; J. Lippert *Kulturgeschichte der Menschheit* I (1886) S. 250 ff.; J. Lubbock *The Origin of Civilisation* 1889 S. 316 ff. (Fire-Worship); O. Peschel *Völkerkunde*[6] 1885 S. 136 ff.; W. Hough *Fire-making Apparatus* Ann. Rep. of the Smithson. Instit. 1888 S. 531 ff.; ders. *The Methods of Fire-making* ebd. 1890 S. 395 ff.; K. v. d. Steinen *Unter den Naturvölkern Zentral-Brasiliens* 1894 S. 219 ff.; L. Frobenius *Völkerkunde* I (1902) S. 311 ff.; K. Weule *Die Kultur der Kulturlosen* (o. J.); N. Keyland *Primitiva eldgörningsmetoder i Sverige* Fataburen 1912, 1913, 1916 u. 1918; O. Schrader *Reall.* s. v. Feuer und Feuerzeug; J. Hoops *Reall.* s. v. Feuer, Feuerkult, Feuerzeug Falk und Mogk. E. Hammarstedt

Feuerbecken. Ein tönernes Kohlenbecken, wie wir es aus Originalen sowohl (Borchardt *Wohnhaus*) wie aus Abbildungen (Erman-Ranke *Äg.* S. 217) der 18. Dyn. kennengelernt haben, wird schon seit ältester Zeit zu dem Hausrat eines vornehmen Ägypters gehört haben. Vielleicht ist die bei Petrie *Tarkhan* I 11, 89 erwähnte Tonschale aus einem Hockergrabe, die mit Stücken von Holzkohle gefüllt war, als ein solches Kohlenbecken anzusprechen. Ranke

Feuerbenutzung (Paläolithikum) s. Jagd A § 8.

Feuerbestattung s. Leichenverbrennung.

Feuerbewahrung s. Feuer.

Feuerbock (Feuerhund; Band II Tf. 66a, b). Gestell zum Auflegen der Fackel oder des Kienspans. Im Hallstätter Kulturkreis und den n. Randgebieten (Schlesien, Thüringen, Rheinland) kommen Tongebilde in Form von Planken mit hornartig heraufgezogenen Ecken vor, die manchmal eine gewisse Ähnlichkeit mit einer Mondsichel haben. Man hat sie als Nackenstützen beim Schlafen und als Mondidole (s. d.) angesehen, aber ihre Deutung als F. dürfte durch Beobachtungen von Schliz in württembergischen Hallstatt-Siedlungen gesichert sein. Nur ein Teil der aufgefundenen Stücke haben dem praktischen Zweck gedient, andere sind zum funerären Gebrauch in verkleinertem Maßstab hergestellt und mögen einer religiösen Idee Ausdruck gegeben haben. Zu den funerären Exemplaren gehört in der Regel eine runde Tonscheibe, auf welcher der F. lose steht oder exzentrisch festgeklebt ist. Die Scheibe oder vielmehr ihr Gebrauchsvorbild hatte offenbar den Zweck, die von der Fackel abfallenden Funken usw. aufzufangen.

In der älteren EZ Italiens waren aus schlanken Bronze- oder Eisenstäben konstruierte F. im Gebrauch.

S. a. Bratrost.

H. Seger *Kultsymbole aus schlesischen Gräbern der frühen Eisenzeit* Monteliusfestschr. 1913 S. 215 ff.; Mitt. präh. Kom. 2 (1915) S. 285 ff. W. Schmid; Forrer *Reall.* S. 223, 488; Württembergische Vierteljahreshefte für Landesgeschichte 17 (1908) S. 440 Schliz; Montelius *Civ. prim.* II B Tf. 308 Abb. 13. Alfred Götze

Feuerbohrer. A. Europa s. Feuer B § 3.

B. Ägypten. Die in Afrika weit verbreitete Sitte des Feuerbohrens ist im alten Ä., wie es scheint, zu allen Zeiten üblich gewesen, und wir wissen nichts davon, daß sie durch eine andere Art der Feuererzeugung abgelöst worden wäre (gegen Wiedemann). Für ihr Alter spricht der Umstand, daß eins der gebräuchlichsten Zeichen der Hieroglyphenschrift einen F. darstellt. Originale — von Bohrhölzern sowohl wie den dazugehörigen Brettchen — sind in Häuserruinen des MR gefunden worden.

Wiedemann *Äg.* S. 187; Erman-Ranke *Äg.* S. 217 f. Ranke

Feuererzeugung s. Feuer.

Feuerhund s. Feuerbock.

Feuerkultus s. Feuer, Kultus.

Feuerpatina s. Patina A § 2.

Feuerquirl, Feuersäge s. Feuer B § 3.

Feuerschale s. Beleuchtung, Feuerbecken, Gluttopf.

Feuerschlagen s. Feuer B § 3, 4.

Feuerschwamm s. Feuer B § 3.

Feuersetzen s. Bergbau A § 27, Sprengen.

Feuerstein A. Paläolithikum s. Gesteinsmaterial der paläolithischen Industrien.

B. Europa. Jüngere Perioden s. Bergbau A § 2—11, Handel, Patina A § 3, Steinbearbeitung § 3—9 und die Einzelgebiete.

C. Ägypten. § 1. Wie in anderen Ländern ist auch in Ä. F. einer der wichtigsten Stoffe zur Herstellung von Geräten in vorgesch. Zeit gewesen. Die Menge der Werkzeuge aus F., die in Ä. zu Tage gekommen ist, erscheint in äg. Museen viel geringer als in Wirklichkeit, weil diese mehr Wert auf Gegenstände von künstlerischer Bedeutung zu legen pflegen. Aber an einigen Stellen des Niltals sind gewaltige Lager von Flintgerät gefunden, und große Mengen von einzelnen Stücken hat man in Oberägypten am Wüstenrande aufgelesen (Petrie *Preh. Eg.* 1920 Tf. 48, 3—4). Die sorgfältige Untersuchung hat gezeigt, daß in Ä. ähnliche Formen auftreten wie in anderen Ländern, und daß sich auch im Niltal die allmähliche Entwicklung von groben Keilen zu sorgfältig zugehauenen Messern (Tf. 99b) abgespielt hat (Ancient Egypt 2 [1915] S. 59ff., 122ff. Petrie; dagegen Journ. Eg. Arch. 8 [1922] S. 5 Peet). Am Ende der äg. Frühzeit hat man Arbeiten aus F. eine künstlerische Form zu geben gewußt (schöne Axtklinge aus Elkab: Journ. Eg. Arch. 3 [1916] S. 193 Tf. 33,1); besonders schöne Exemplare von großen Messern haben einen Griff aus Elfenbein oder Knochen oder Holz, gelegentlich auch mit Goldbelag und Darstellungen in Relief geschmückt, erhalten (Monum. Mém. Acad. Inscr. 22 [1916] S. 1ff. Bénédite; F. H. Sterns *The palaeoliths of the Eastern Desert* Harvard African Studies I [1917]). Aus F. sind auch Armringe angefertigt worden, deren Oberfläche überraschend gut geglättet ist (Petrie *Preh. Egypt* 1920 S. 31, Tf. 31, 46). Aus wenigen Ländern sind uns Tierfiguren aus F. erhalten, aus keinem so gut gearbeitete wie aus Ä., darunter Antilopen mit frei herausragenden Hörnern, deren Herstellung äußerst schwierig gewesen sein muß (Tf. 99a).

§ 2. Der Höhepunkt der Bearbeitung von F. liegt in der vorgesch. Zeit. Gerät aus F. ist aber auch in geschichtl. Zeit noch benutzt worden; Bronze, obwohl das billigste Metall, ist immer noch so teuer gewesen, daß der einfache Mann auch während der sog. BZ Ägyptens, d. h. vom MR ab, im wesentlichen auf das Feuersteinmesser angewiesen gewesen ist. Im AR ist die Ausführung von Schneidewerkzeugen in F. verhältnismäßig schlecht gemacht gegenüber der sorgfältigen Behandlung von Stein an gleichzeitigen Stücken; offenbar haben die damaligen Kunsthandwerker die Technik verlernt, durch die sie in der vorgesch. Zeit eine zweckmäßige Form und eine saubere Glättung der Schneide und Oberfläche auch in dem spröden F. zu erreichen wußten (Petrie *Medum* 1892 Tf. 29 zu S. 18). Wie stark im MR die Benutzung von Feuersteingerät gewesen ist, lehrt die Freilegung der Stadtruine von Kahun (s. d.), in der nur wenig Metall, aber viel F. gefunden worden ist, dabei gute große Stücke, die mit scharfer Schneide sorgfältig hergerichtet sind (Petrie *Illahun, Kahun and Gurob* 1891 S. 51, Tf. 7; ders. *Kahun, Gurob and Hawara* 1890 Tf. 16 zu S. 26). In Kahun (s. d.) ist sogar ein stehendes Nilpferd aus F. zu Tage gekommen, das nach den Fundumständen aus der 12. Dyn. zu stammen scheint (ebd. Tf. 8, 22 zu S. 30,1). Feuersteinmesser werden in Grabbildern des MR angefertigt (Klebs *Reliefs* MR 1922 S. 107). Anders als in Kahun, wo F. für Holzbearbeitung und die gesamte Tischlerei benutzt worden ist, ist der Befund in Gurob, einer Stadtruine der 18. Dyn. Hier herrscht Metall vor; F. ist spärlich vorhanden und nur in schlechten Formen ausgeführt, die sich mit denen der 12. Dyn. nicht mehr messen können. Auch in der ungefähr gleichzeitigen Stadtruine von Amarna (s. d.) ist Feuersteingerät gefunden (Petrie *Amarna* 1894 S. 37). Roeder

D. Palästina-Syrien s. Handel D § 8.

Feuersteinbearbeitung s. Steinbearbeitung § 3—9.

Feuersteingeräte, Gebänderte s. Gebänderte Feuersteingeräte.

Feuersteingewinnung und **Feuersteingrube** s. Bergbau A § 2—11.

Feuersteinhandel s. Handel, Nordischer Kreis A § 7d.

Feuerung s. Brennmaterial.

Feuille de laurier (Lorbeerblattspitze) s. Solutréen.

Feuille de saule (Weidenblattspitze) s. Solutréen.

a

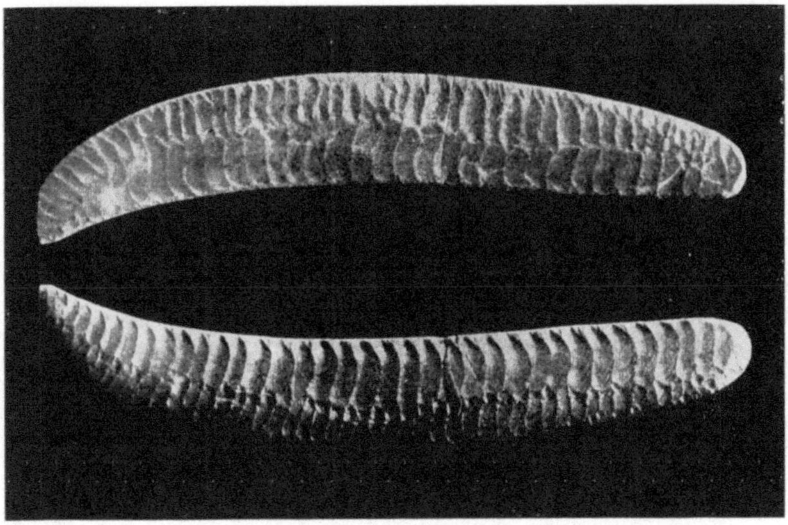

Feuerstein C. Ägypten

a. Antilope (?) aus Feuerstein. Originalgr. — b. Messer aus Feuerstein. Ca. 1/3 n. Gr. — Nach Capart.

Fibel (Bügelnadel). A. Europa (mit Ausschluß Italiens; Tf. 100—107).

§ 1. Allgemeines. — § 2. Form. — I. Die zweigliedrige nordische Fibel § 3—13: § 3. Entstehung („Urfibel"). — § 4. Die nordische Urfibel. — § 5. Weiterentwicklung. — § 6. Hannoversche F. — § 7. Spiralplattenfibel mit Kolbennadelkopf. — § 8. Spiralplattenfibel mit Kreuzbalkennadelkopf. — § 9. Spiralplattenfibel mit verbreitertem Bügel. — § 10. Nordische Bogenbügelfibel. — § 11. Flache Plattenfibel. — § 12. Gewölbte Plattenfibel. — § 13. Fibel mit gewelltem Bügel. — II. Spiralfibel, im allg. eingliedrig § 14—18: § 14. Eingliedrige Drahtfibel. — § 15. Ungarische Schleifenfibel. — § 16. Harfenfibel. — § 17. Ungarische Posamenteriefibel. — § 18. Brillenfibel. — III. Bogenfibel § 19—34: A. Bronzezeit und erste Eisenzeit § 19—26: § 19. Einfache Bogenfibel. — § 20. Bogenfibel mit Fußplatte. — § 21. Gehängefibel mit Platte. — § 22. Fibel mit geschwollenem oder hohlem Bügel. — § 23. Fibel mit Belag. — § 24. Certosafibel. — § 25. Schlangenfibel. — § 26. Tierfibel. — § 27. Verbreitung der bronzezeitlichen und ältereisenzeitlichen Fibeln. — B. Zweite Eisenzeit: § 28—34: § 28. Allgemeines. — § 29. Schema. — § 30. Maskenfibeln. — § 31. Vogelkopffibeln. — § 32. Frühlatènefibel. — § 33. Mittellatènefibel. — § 34. Spätlatènefibel.

§ 1. Allgemeines. Der Name vom lat. *fibula* (Stammwort *figo* = hefte), welches Klammern und Haften in jeder Form, im besonderen zum Zusammenhalten der Kleidung, bedeutet. In der Altertumskunde beschränkt sich der Name auf die mit einem Bügel versehene Gewandnadel. Das Stück hat für die vorgesch. Systematik eine außerordentliche Bedeutung erhalten, da es auf weiten Gebieten in den verschiedensten Per. erscheint und ungemein variabel ist, daher einen sehr empfindlichen Messer für chronol. und andere Scheidungen darstellt; O. Tischler nannte die Fibel das beste Leitfossil.

§ 2. Form. Nach dem Verhältnis von Bügel und Nadel bestehen zwei Grundformen: 1. Der Bügel wird als besonderes Glied gebildet und durch eine Öffnung in der (frei beweglichen) Nadel gehalten (zweigliedriges Schema). 2. Der Bügel wird durch Zurückbiegung der Nadel (meist mit spiraliger Biegung) gebildet, die Nadel federt (eingliedriges Schema); nur ausnahmsweise, besonders erst in junger Entwicklung, besteht das Stück aus zwei Teilen. Die erste Form ist die ältere und eignet der nord. BZ, die zweite entstammt dem europ. S und SO, beginnt in der BZ und hat sich in der EZ (HZ, LTZ) reich entwickelt und allg. verbreitet. Die beiden Grundformen sind voneinander unabhängig; die besonders von Montelius und den schwed. Archäologen vertretene Ableitung der zweigliedrigen Fibel aus der eingliedrigen Peschierafibel, der sich zuletzt auch S. Müller angeschlossen hat (Mém. des antiqu. du Nord 1916—17 S. 201, anders ebd. 1908—13 S. 49) ist nicht haltbar, ebensowenig aber der Versuch Kossinnas (*Deutsche Vorgeschichte*² S. 112), die eingliedrige Spiralfibel auf die nord. zurückzuführen.

I. Die zweigliedrige, nordische Fibel. § 3. Entstehung („Urfibel"). Die einfachste Art des Zusammenhaltens von Gewandstücken ist eine längliche Spitze, der natürliche Dorn, die *spina* des Tacitus (Germ. 17), oder seine Nachbildung in Holz (einige Stücke aus der dän. ä. BZ sind erhalten; Müller *Ordning* I 12), Horn, Knochen oder Metall. Die Gewandnadel erscheint schon in frühen Stufen der Metallzeit und ist auf weiten Gebieten die allg. Form der Heftung die ganze BZ hindurch geblieben, auch in Süddeutschland. Nur der nord. Kulturkreis hat eine reiche Entwicklung der bronzezeitl. F., außerdem erscheinen sie in Ungarn und Italien. Der erste Fortschritt der Gewandnadel war, daß die einfache Nadel am Kopf oder am Halse mit einem Loch versehen wurde, durch welches ein Faden zum Festhalten gezogen wurde. Der Hals wird dann meist verdickt (Tf. 100a). Diese Nadeln sind besonders in Süddeutschland bis Oberhessen recht häufig (Verzeichnis bei A. Lissauer ZfEthn. 39 [1907] S. 805 mit Beschränkung auf die „geschwollenen" Nadeln). Der Faden kann dann durch einen Bronzedraht ersetzt werden, der in dem Loche eingehakt wird und mit einem Haken am anderen Ende den Nadelkörper umfaßt. So entsteht die „Urfibel". Derartige Lochnadeln, an denen der Bronzedraht noch erhalten ist, sind gelegentlich gefunden, so in Südtirol und Oberitalien (Mannus 4 [1912] S. 175 Kossinna; ders. *Deutsche Vorgeschichte*² S. 114), in Oberhessen (Ältere Hügelgräberzeit, Dirlammen Kr. Lauterbach; Alsfelder Festschr. 1922 S. 163; Mitt. d. Oberh. Gesch. Ver. NF 25 [1923] S. 73 O. Kunkel) und selbst in Norwegen (Undset 1889 S. 211, 13). Eine Weiterentwicklung zu einem selbständigen

Gerät hat diese Urfibel nur im nord. Kreise gehabt, wohin durchlochte Nadeln vereinzelt gelangt sind und eine originale Weiterbildung, welche die allg. Gewandnadel durch die nord. Bügelnadel ersetzt hat, erfahren haben. Diese Ableitung ist zuerst von I. Undset (ZfEthn. 1889 S. 210) gegeben und von A. Voß (ebd. Verh. 1898 S. 221) und A. Lissauer (a. a. O. S. 805), auch G. Kossinna (a. a. O. S. 108) weiter begründet; entscheidend ist das von S. Müller (Mém. des ant. du Nord 1908—13 S. 44) angeführte Material.

§ 4. Die nordische Urfibel. Während die Nadel ihre Form behält, der Kopf also rundum gleichmäßig gebildet wird (Schwellung mit kolbenartiger Verdickung am Ende), geht der Bügel Veränderungen ein und wird in Nachahmung der ursprünglichen Befestigungsart durch gedrehte Bänder bzw. rund mit Querfurchen, sodann als längliches spitzovales Band oder als ein aus Kreisen zusammengesetztes Band gebildet (Tf. 100 b). Die Befestigung geschieht durch Einhaken im Loch und Haken am anderen Ende. Das Hauptverbreitungsgebiet und sicher die Heimat ist Dänemark, besonders Jütland, und Schleswig-Holstein; weiterhin gehen sie nach Schweden, Hannover, der Altmark und vereinzelt noch etwas weiter östlich. Die Zeit ist II. Per. Mont., speziell IIb, von S. Müller als dritte Periode bezeichnet.

Mém. des antiquaires du Nord 1908—13 S. 44 ff. S. Müller; ZfEthn. 1913 S. 666 ff. Beltz.

§ 5. Die Weiterentwickelung wird dadurch bedingt, daß die Enden der Haken spiralig einrollen, bewegt sich aber in verschiedener Richtung, indem diese Spiralscheiben entweder herabhängen oder zu flachen Platten und zum Lager für Nadel oder Nadelkopf werden.

§ 6. Hannoversche Fibel. Das typol. ältere Schema ist das mit hängenden Spiralplatten. Die Nadel hat noch den gleichmäßig rundlichen Kopf, der Bügel ist die flache, spitzovale Platte, die schon an der Urfibel erscheint, die Spiralen sind klein. Erhalten nur wenige Exemplare, das charakteristischste von Jürgenshagen bei Bützow (M.-Schw.; Tf. 100 c) II. Per. Mont. Das Schema hat später eine rein lokale Entwicklung genommen im nö. Hannover: der Bügel wird rhombisch, der Nadelkopf leierförmig, die Scheiben im Geschmack der w. und s. (keltischen) Kultur; es sind zum Teil recht große Formen, die bis in die IV. Per. Mont. hineinreichen (Tf. 100 d).

ZfEthn. 1913 S. 672 Beltz; Nachrichtenblatt für Niedersachsens Vorgeschichte 1 (1924) S. 79 Gummel.

§ 7. Spiralplattenfibel mit Kolbennadelkopf. Wesentlich fruchtbarer ist das zweite Schema, an dem die beiden Hakenenden zu spiraligen Platten werden, auf denen die Nadel lagert. An dem ältesten Typ, der in kleinen, feinen Exemplaren vertreten ist, ist der Gang deutlich verfolgbar: zunächst sind die Spiralen nur klein, der Kopf nimmt eine andere Gestalt an, indem die untere Seite flach gehalten wird, wie ja bei der Auflagerung natürlich ist. Der Bügel ist rundlich mit Querstreifen, ein flaches Band oder rhombische Stange, der Nadelkopf wird breit und gewölbt, fein profiliert und formenreich, im allg. mit ausgezogener oberer oder unterer Seite und Mittelstück (Tf. 100 e). Die Form fällt an den Schluß der II. Per. (= S. Müller IV). Die Verbreitung ist im allg. dieselbe wie bei der vorigen Form, aber nach allen Seiten etwas erweitert; Braunschweig bezeichnet die s., das w. Pommern die ö. Grenze in Deutschland.

Mém. des antiquaires du Nord 1908—13 S. 77 S. Müller; Kossinna *Deutsche Vorgeschichte*[2] S. 116; ZfEthn. 1913 S. 667 Beltz.

§ 8. Spiralplattenfibel mit Kreuzbalkennadelkopf (Tf. 100 f). Die wesentlichste Änderung betrifft den Nadelkopf; durch Ausziehung und Verschmälerung entsteht allmählich, so daß die Zuweisung zu diesem oder dem voraufgehenden Typ oft schwankend ist, der Kopf mit Doppelkreuz. Die älteren Formen bleiben noch klein und zierlich; dann ändert sich der ganze Habitus, indem die Geräte in das Wachsen kommen und die Formengebung magerer wird. Dahin gehört die mecklenburgische Form mit breitem, langem Bandbügel (Tf. 100 g) und eine besonders in Hannover verbreitete Abart mit kurzem Bandbügel und drei Sprossen (Tf. 100 h). Die Kreuzbalkenfibel greift über das nord. Gebiet hinaus, und die Neigung zur Vergrößerung führt dort zu extrem großen Formen (bis 40 cm L.; Tf. 101 a); sie geht

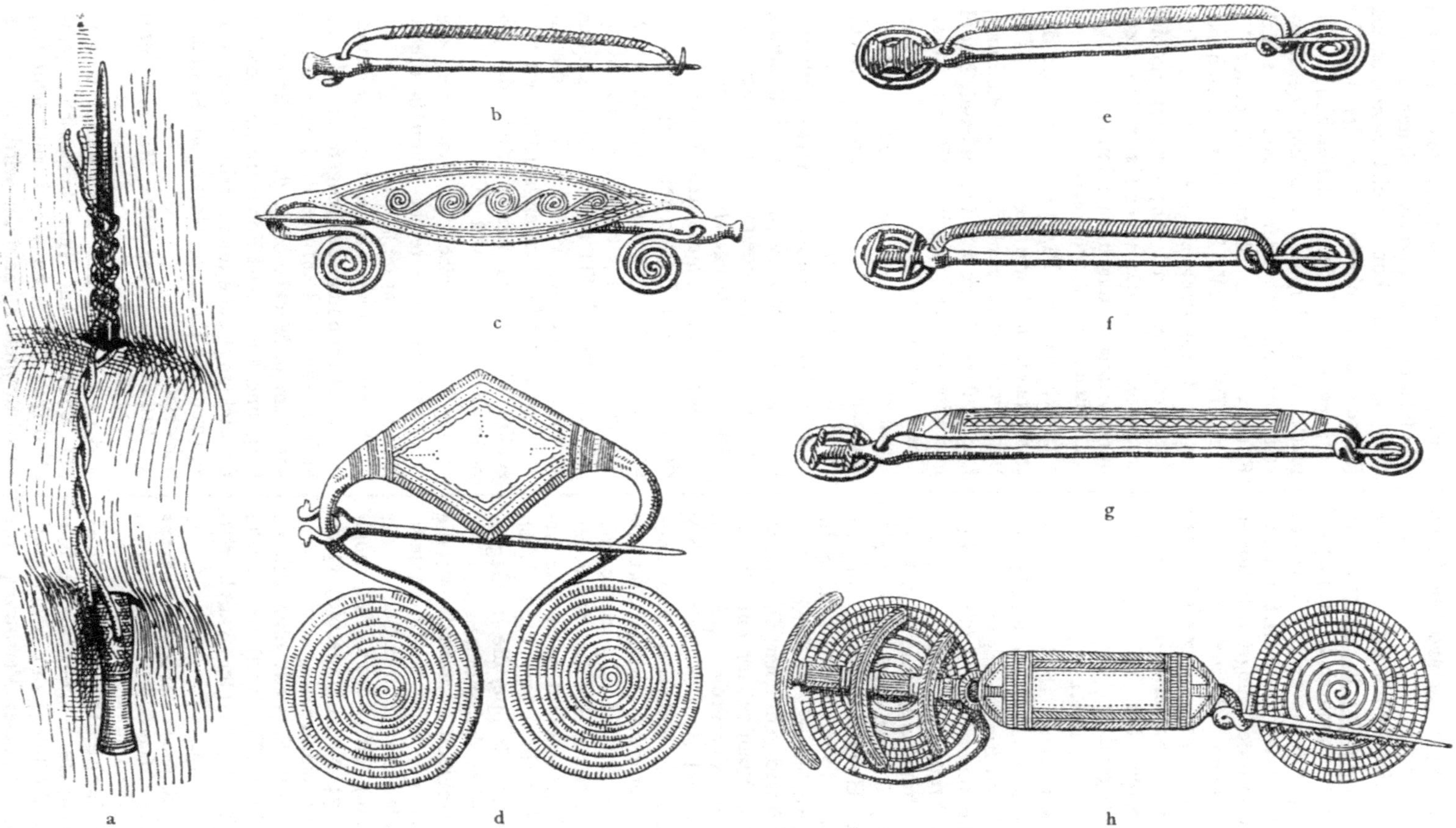

Fibel A. Europa

a. Nadel mit Faden und Gewandbausch. — b. Nordische Urfibel. — c—d. Fibel mit hängenden Patten: c. Jürgenshagen, Mecklenburg. — d. Hannoversche Fibel. Kl. Hesebeck, Hannover. — e. Spiralplattenfibel mit Kolbennadelkopf. — f—h. Spiralplattenfibel mit Kreuzbalkennadelkopf. g. Mecklenburger Variante. h. Dreisprossige Variante. Nach Zeitschrift für Ethnologie 1907 und 1913.

dort auch Kreuzungen mit anderen Fibeltypen ein.

Auf nord. Gebiet findet sie ihren Abschluß in verkümmerten Exemplaren, an denen das Kreuz nur noch als Einritzung auf einer Nadelkopfplatte erscheint (Tf. 101 b). Die Kreuzbalkenfibel ist typisch III. Per. Mont. und reicht nur mit den jüngsten hybriden Formen in IV hinein. Sie ist im wesentlichen eine dtsch. Form, in der einfachsten Form besonders in Schleswig-Holstein, in den entwickelteren bis Thüringen und Schlesien vordringend.

ZfEthn. 1913 S. 669 Beltz.

§ 9. Spiralplattenfibel mit verbreitertem Bügel. Eine im Randgebiet der nord. BZ durch Einfluß ungar. Formengebung entstandene Abart (Tf. 101 c). Der Bügel ist breit oval oder rhombisch, der Nadelkopf trapezoid, oblong u. ä. — Die Entstehung fällt an das Ende der ä. BZ (III c), die Hauptentwicklung in die IV. Per., einzelne Typen reichen bis in die V. — Den Kernländern der nord. BZ ist die Form fast fremd geblieben; ihr Hauptgebiet ist das n. Brandenburg und die angrenzenden Teile der Prov. Sachsen und Pommern, doch hat sie sich weit nach S bis Niederösterreich verbreitet und auch Süddeutschland erreicht; sie ist dort die überhaupt älteste F. und fällt in die späteste BZ bzw. früheste HZ. Zu den F. mit verbreitertem Bügel gehört auch eine besonders in Hinterpommern und Westpreußen verbreitete Gruppe, die im Gegensatz zu den bisher behandelten aus getriebenem Bronzeblech hergestellt ist; die Stücke erhalten oft sehr große Ausmessungen und fallen erst in den Schluß der BZ (V. Per. Mont.). Bügel breit oval, rhombisch, rechteckig; Nadel trapezoid, Querbalken, auch Kreuzbalken.

Eine andere Art F. stellt eine seltene westd. Sonderform (Tf. 101 d) dar: breite Bügelplatte mit eingehängter Nadel, also ganz anderes System.

ZfEthn. 1913 S. 674ff. Beltz; G. Behrens *Bronzezeit* S. 273; Mannus 8 (1917) S. 18, 21; 9 (1918) S. 127 Kossinna.

§ 10. Nordische Bogenbügelfibel. Stärkere Wölbung des Bügels; kleine Formen: 1. Flache Wölbung; der Bügel rundliche Stange mit linearer Verzierung; die Spiralplatten aus breitem, plattem Draht mit Neigung, zu massiven Platten zu werden; der Nadelkopf meist Scheibenring (Tf. 101 e). 2. Hohe Wölbung; der Bügel ist hohlgegossen, mit tiefen Querfurchen; Spiralplatten wie bei 1, der Nadelkopf geschlossene Scheibe mit spitzem Aufsatz (Tf. 101 f). Ende von III. Per. Mont. (= S. Müller VI), zum Teil in IV. Per. Mont. reichend. In der Verbreitung zeigt sich die ö. Verschiebung der nord. BZ; ihr Hauptgebiet ist Schonen, die dänischen Inseln, Mecklenburg, Altmark, das n. Brandenburg.

ZfEthn. 1913 S. 676 Beltz.

§ 11. Flache Plattenfibel. Aus der letztgenannten Form hervorgehend. Der Bügel wird klein, behält aber die Kerbung; Lager: flache Platte mit Kerbenband; Nadel mit Ringscheibe. Typisch IV. Per. Mont. Über das Gebiet der nord. BZ wenig hinausreichend, aber im N und W selten, am häufigsten im w. Pommern (Tf. 101 g).

ZfEthn. 1913 S. 677 Beltz.

§ 12. Gewölbte Plattenfibel. Weiterbildung der vorigen in der Stilrichtung der hallstättisch beeinflußten jungen BZ, stärker formenbewegt als ihre Vorgängerin. Der Bügel mit aufgesetzten Rippen, Bändern u. ä.; die Platten reich verziert, besonders mit aufgehöhten Kurvenbändern, Würfelaugen u. ä.; Nadelkopf ein Ring, später leierförmig (Tf. 101 h). Eine zeitliche Formenveränderung ist erkennbar: die ursprünglich runden Platten werden oval und schließlich auf der inneren Seite der geraden Linie angenähert (Tf. 102 a).

Die Zeit ist typische V. Per. Mont., die letztgenannte Form reicht schon in die ä. EZ (= VI. Per. Mont.).

Die Verbreitung entspricht der fortschreitenden Ostrichtung der jungen BZ. Häufig in Schweden und auf den dänischen Inseln, sonst im ö. Mecklenburg, dem n. Brandenburg und besonders Pommern (mit lokaler Entwicklung), außerdem vereinzelt, aber weit verstreut bis Holland, Norwegen, Finnland, Schweiz.

ZfEthn. 1913 S. 678 Beltz; Mannus 8 (1917) S. 121 Kossinna.

§ 13. Fibel mit gewelltem Bügel (Tf.. 102 b). Auf eine ungarische (eingliedrige) F., deren Bügel aus Schleifen, auch doppelten, gebildet wird, geht eine

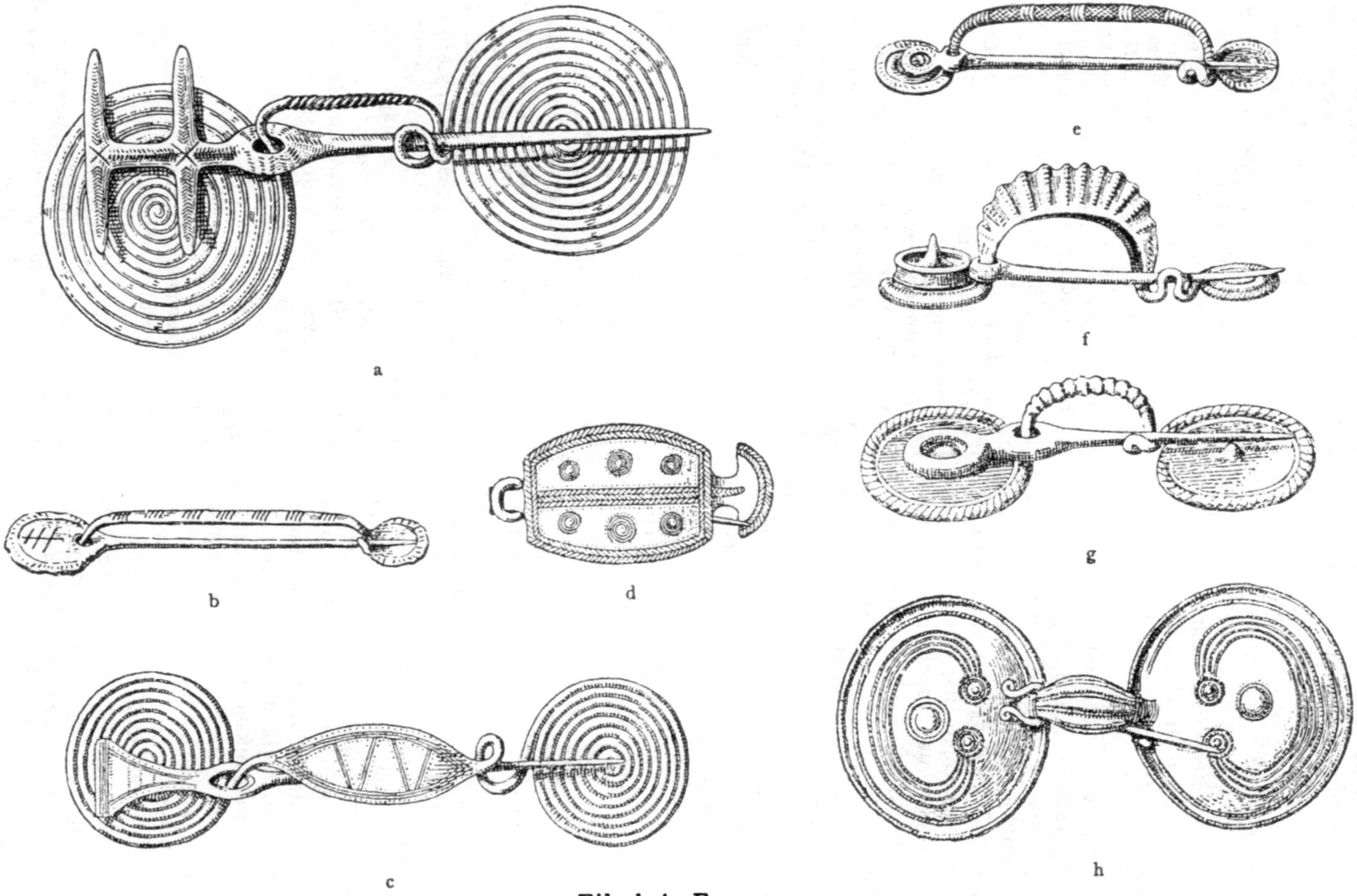

Fibel A. Europa

a—b. Varianten der Spiralplattenfibel mit Kreuzbalkennadelkopf. — c. Spiralplattenfibel mit verbreitertem Bügel. Berlin. — d. Nordwestdeutsche Sonderform. Porta, Westfalen. — e—f. Nordische Bogenbügelfibel. e. Dobbin, Mecklerburg, f. Dänemark. — g. Flache Plattenfibel. — h. Gewölbte Plattenfibel. — Nach Zeitschrift für Ethnologie 1913.

Form zurück, welche durch die symmetrischen Spiralplatten die Verbindung mit den bisher behandelten herstellt: der Bügel besteht aus einer einfachen oder doppelten Welle, die Nadel wird eingehakt und nur ausnahmsweise in der Art der nord. F. gebildet (einmal selbst noch Kreuzbalkenkopf). Die seltene Form fällt in die älteste HZ (bzw. jüngste BZ) und ist südd., aber in einigen Exemplaren nach Mitteldeutschland gelangt.

ZfEthn. 1913 S. 679 Beltz.

II. Spiralfibel, im allgemeinen eingliedrig. § 14. Eingliedrige Drahtfibel (Peschierafibel, fibula ad arco di violino). Rundliche Drahtstange, zu einer spiraligen Schleife umgebogen, das obere Ende nach unten gebogen und zu einem Nadelhalter umgehämmert, oft auch zu einer aufrecht stehenden oder liegenden Spirale gebogen. Der Bügel wird auch als gewundenes Band oder in späterer Entwicklung als spitzovales Band gebildet (s. B § 1). Die ältesten Fundplätze sind die Terramaren in Oberitalien und der Pfahlbau von Peschiera (nach Montelius Periode III 1500—1325, vielleicht zu hoch; s. Kossinna *Deutsche Vorgeschichte*[2] S. 118); sie finden sich ferner in Ungarn, auch mit Vergrößerung der Spiralscheibe und damit Übergang zur nächsten Form (Undset 1889 S. 207, 7; Arch. Ertesitö 31 [1911] S. 335, 1—3 Márton), ohne hinreichende zeitliche Bestimmung; auch in Sizilien, Gräbern der II. sikulischen Per., vereinzelte Stücke auch in Griechenland, in Mykenä z. B. in spätmykenischer Umgebung (1400—1250). Die einfache, unserer Sicherheitsnadel entsprechende Form kehrt in viel jüngerer Per. wieder und erscheint in jüngstbronzezeitl. Pfahlbauten der Schweiz und des Bodensees; auch in Thera und Bosnien in früher EZ. Als Herkunftsland wird meist (so Montelius, Hubert Schmidt) Oberitalien angesehen, wo nicht nur die meisten sondern auch typol. ältesten Stücke gefunden sind, doch spricht manches für das Donaubecken oder die n. Balkanhalbinsel (ähnlich Undset, Hoernes, Wilke), von wo die Form sich nach Italien und Griechenland verbreitet haben mag. Griechenland selbst (wie S. Müller, Patroni, Orsi u. a. wollen) ist nicht wahrscheinlich. Nach einem bisher alleinstehenden Funde (Gemeinlebarn, Niederösterreich, Aunjetitzer Gräber!) scheint die Peschierafibel aus einem älteren komplizierten Schema (mehrfache Spirale, Stangenbügel) entstanden zu sein, das seinerseits auf die Rollennadel zurückgeht (Wien. Präh. Z. 1924 S. 29 G. Ekholm).

ZfEthn. 21 (1889) S. 205 Undset; Montelius *Vorkl. Chron.* S. 192; ZfEthn. 23 (1891) S. 334 Hoernes; ZfEthn. 36 (1904) S. 42 Wilke; Bull. Paletn. Ital. 23 (1896) S. 47 Patroni; Montelius-festschr. 1913 S. 189 Orsi; Archäol. Anz. 1907 S. 490 H. Schmidt; Ath. Mitt. 28 (1903) S. 232 Pfuhl; Mon. ant. 10 (1900) S. 627 Mariani; ZfEthn. 1913 S. 680 Beltz.

Die einfache Drahtfibel ist die Grundlage einer sehr reichen Entwicklung geworden. Diese bewegt sich in drei Linien, je nach der Bildung des Bügels. Dieser bleibt entweder gerade oder wölbt sich zu einem Bogen oder knickt ein. Die erste Richtung beschränkt sich fast auf Ungarn und die anliegenden Länder, hat dort aber zu sehr formenreichen Bildungen geführt, die zweite ist die italische Bogenfibel mit ihrer zahlreichen Nachkommenschaft, die dritte die Grundform der ebenfalls ital. Schlangenfibel.

I. § 15. Ungarische Schleifenfibel. (Tf. 102c.) Die erste Neuerung ist, daß die federnde Schleife durch eine zweite Windung verstärkt wird, der bald mehr folgen; die Spiralplatte als Lager für die Nadel, die in kleiner Form schon an der einfachen Spiralfibel auftrat, wird jetzt zur Regel, und sie wird größer gebildet. Der Bügel besteht aus doppelten (Achter-) oder dreifachen Schleifen. Der Typ gehört an das Ende der IV. Per. der ungar. BZ, entsprechend der dtsch. jüngsten BZ (= Frühhallstatt). Er ist in einzelnen Exemplaren über Ungarn nach W gegangen (bis München) und hat die südd. Form mit gewelltem Bügel (s. o.) beeinflußt. Mit den Schleifen vereinigt sich auch eine ovale Platte, die, auch in der Verzierung, ebenfalls auf deutsche Formen gewirkt hat (s. oben Spiralplattenfibel mit verbreitertem Bügel). Umgekehrt erscheint gelegentlich die ungarische Plattenfibel mit der nord. zweigliedrigen Konstruktion, was seinerzeit Undset zur Ableitung der nord. F. von der ungarischen überhaupt veranlaßte.

Arch. Ertesitö 1911 S. 335, 351 Márton; Undset *Études* S. 65.

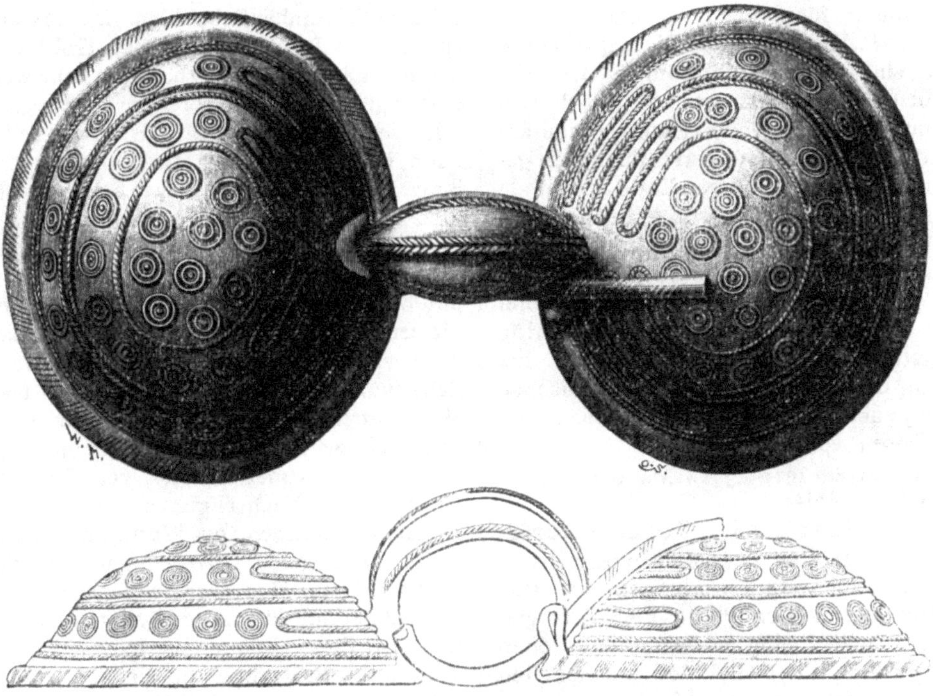

a

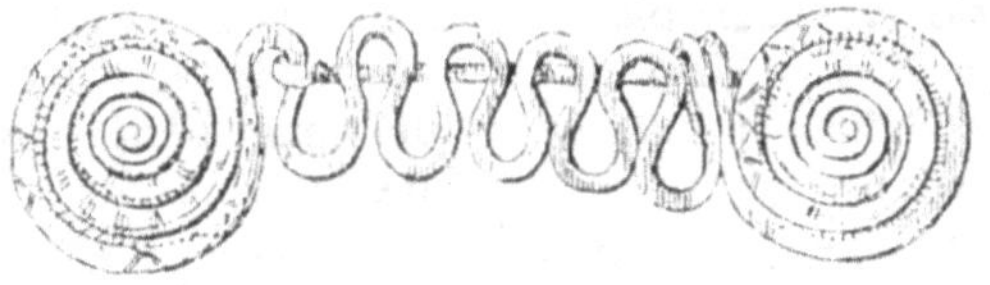

b

c

Fibel A. Europa

a. Gewölbte Plattenfibel. Junge Variante. Schweden. — b, c. Fibeln mit gewelltem Bügel: b. Burladingen, Hohenzollern. — c. Ungarische Form. — Nach Hoops, Reallexikon und Zeitschrift für Ethnologie 1913.

§ 16. Harfenfibel. Die ungarische Neigung zu Formenhäufung und Formenübertreibung führt auch zu der bizarren Form der Harfenfibel. Die Spiralachse erhält eine bedeutende Länge; der von ihr auf einer Seite ausgehende Bügel wird als einfache Stange oder Häufung von aneinander gereihten Drahtverschlingungen gebildet; die von dem anderen Ende der Spirale ausgehende Nadel lagert in einer Biegung vor der Spiralscheibe (Tf. 103 a). In Ungarn gehört der Typ in die dortige Per. IV (Ende), in seinem w. Verbreitungsgebiet reicht er weiter hinab bis in die dritte Hallstattstufe (z. B. Statzendorf); er hat sich in die benachbarten österreichischen Länder, auch nach Mähren, Böhmen, Schlesien, Posen verbreitet.

Arch. Ertesitö 1911 S. 341 v. Márton; ZfEthn. 1913 S. 680 Beltz.

§ 17. Ungarische Posamenteriefibel. Einen Übergang stellt eine Plattenfibel dar mit Drahtwindungen an den Rändern der ovalen Platte und divergierender Spiralendigung an den spitzen Seiten (Márton S. 341, 13). Bei den entwickelten Formen besteht der stets flache Bügel aus einer Häufung von Spiralen, oft in Verbindung mit Achterwindungen, Vogelbildern, Anhängseln in Form von Ketten oder kleinen Platten usw.; sie wachsen bis zu bedeutender Länge (40 cm). Über die Grenzen gehen nur einige Stücke in Mähren und Böhmen (Tf. 103 b).

Arch. Ertesitö 1911 S. 343 v. Márton; ZfEthn. 1913 S. 681 Beltz.

§ 18. Brillenfibel (s. d.). In den ungar. Kreis gehört wohl auch, als Vereinfachung der besprochenen Formen, die Doppelspiralfibel (Brillenfibel). Durch Hinzufügung einer zweiten Spirale wird der Typ symmetrisch gestaltet, die Spiralen gehen einfach ineinander über oder die Verbindung geschieht durch eine Achterschleife oder Spiralrolle (Tf. 103 c, e). Die Nadel geht aus der einen Spirale hervor und greift in die andere durch einen Haken, sie kann aber auch in eine Öse eingehakt werden; oft ist die Verschlußkonstruktion auf einer besonderen aufgelöteten Platte angebracht. An Stelle der zwei Spiralplatten können auch vier treten; sie kommen auch massiv (gegossen) vor. Auf den Scheiben oft konische oder gestielte Aufsätze. Die Länge wechselt von 3—18 cm. Es ist ein ziemlich einheitlicher Typ. Das Material ist fast stets Bronze, sehr selten Gold oder Eisen. Die Brillenfibel hat eine sehr weite und eigentümliche Verbreitung. Am zahlreichsten erscheint sie in Hallstatt selbst, dann in der Westhälfte Ungarns, Kroatien, Slawonien, der nw. Balkanhalbinsel bis Mazedonien, vereinzelt in Griechenland bis Olympia und Megara. Sehr häufig in den Julischen Alpen, fehlt sie im innern Ober- und Mittelitalien (auch in den großen Fundplätzen von Bologna und Este), kommt dann aber wieder in Menge an der adriatischen Seite von Picenum bis Sizilien vor. Nach W findet sich eine Gruppe in der Oberpfalz, einige in Oberbayern (ein als westlichster bezeichneter Fund von Konstanz ist unsicher). Nach N geht sie über Mähren, Böhmen, Schlesien bis Westpreußen, aber meist in abgeleiteten Formen. Danach deckt sich das Hauptverbreitungsgebiet der Brillenfibel mit dem der Illyrier (s. d.), und man darf diesen Stamm als den eigentlichen Träger der Brillenfibel bezeichnen (so Truhelka, mit weiterer Begründung Kossinna und Szombathy); griech. (Undset 1889 S. 224 und andere) ist die Brillenfibel sicher nicht.

Der Zeitstellung ist älteres bis mittleres Hallstatt, B und C, etwa 1000—700.

Bei der Nordwanderung hat die Brillenfibel mancherlei Abwandlungen erfahren. Eine ostdeutsche Sonderform hat kantigen Draht und Eisenunterlage (s. Brillenfibel B; über eine F. mit gegossenen Platten und Radverbindung s. Kölpin).

Als Abwandlung der Brillenfibel sei hier auch die nordische Scheibenfibel behandelt (Tf. 103 d, f): gegossene Scheibe mit konzentrischer Riefelung und Spitze, die Nadelbefestigung geschieht durch Einhaken und Lagerung in Ösen; die Herkunft äußert sich darin, daß sie meist paarweise auftreten. Vorstufen kommen im hallstättischen Kulturgebiet vor. Sonst in Schweden und Dänemark, mit Verstreuung in benachbarten Ländern.

Montelius *Spännen* S. 188; ZfEthn. 21 (1889) S. 224 Undset; C. Marchesetti *Scavi di S. Lucia* 1893 mehrfach; Mitt. Bosnien 8 (1902) S. 14 Truhelka; Mannus 4 (1912) S. 174 Kossinna; ZfEthn. 1913 S. 681 Beltz; MAGW 47 (1917) S. 131 Szombathy.

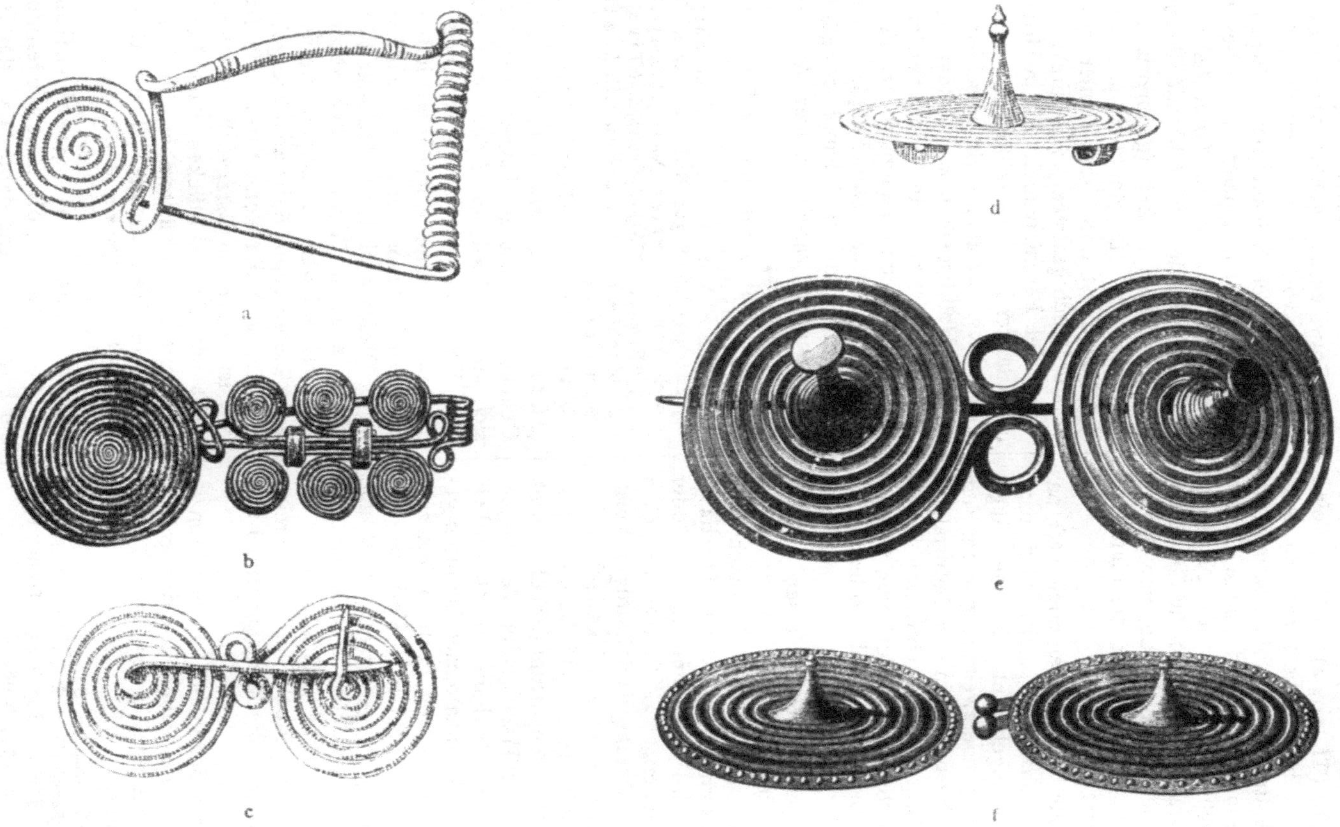

Fibel A. Europa

a. Harfenfibel. — b. Posamenteriefibel, ungarische. — c, e. Brillenfibel. — d, f. Nordische Scheibenfibeln. — Nach Zeitschrift für Ethnologie 1913, Archäologiai Ertesitö 1911, Hoops Reallexikon.

III. Bogenfibel. A. Bronzezeit und erste Eisenzeit (Hallstatt). § 19. Einfache Bogenfibel (Tf. 104a). Nach einer schwach gewölbten Übergangsform wird der Bügel kräftig und halbkreisförmig; am Kopfende einfache oder doppelte Spirale; Fußende schmale Platte als Nadelrast. Eine ital. Parallelbildung ist die Gestaltung des Lagers als Spiralscheibe, von Montelius als älter angesehen als die einfachere Form (s. Fibel B § 3).

Als Besonderheiten treten noch auf: das Fehlen der Spiralrolle; meist wird dann eine Scheibe angebracht oder der Bügel verdickt; ferner eine zweite Spirale am Fußende, dieses besonders in den Südostalpen. Der Bügel ist meist mit einfachen Strichverzierungen versehen, eingekerbt, seltener gewunden (Bismantovafibel) oder leicht gekerbt.

Das Material ist Bronze, Eisen häufiger nur in den Südostalpen.

Varianten: 1. Watscher F. (nach dem häufigen Vorkommen in Watsch; Tf. 104b). Der Bügel wird in kleine Knoten oder Wülste gegliedert. 2. Raupenfibel (f. a grande coste). Der Bügel mit kräftigen Wulstscheiben und Einkerbungen (Tf. 104c). 3. Der Bügel wird mit Steinkugeln besetzt, diese dann in Bronze nachgeahmt (griech. Form). (Tf. 116e). Das Hauptgebiet der Bogenfibeln ist das ö. Oberitalien, doch sind sie auch auf der Balkanhalbinsel heimisch geworden und gehen weit nach O (bis zum Kaukasus, „Kobanfibel"); n. sind sie über die Alpen wenig vorgedrungen; 2 ist eine Lokalform des mittleren Oberitalien und hat sich in einzelnen Stücken nach der Schweiz (Möriger Fibel) und Frankreich verbreitet, wie auch die Bismantovafibel und Watscher F.

Die einfache Bogenfibel ist noch bronzezeitlich, IV.—V. Per. Mont., in Griechenland spätmyk., reicht aber in den Außenländern in die EZ hinein.

Montelius *Spännen* S. 33; ders. *Methode* S. 45; ders. *Vorkl. Chronol.* S. 158; R. Virchow *Gräberfeld v. Koban* 1883 S. 23; ZfEthn. 1904 G. Wilke; ebd. 1913 S. 684 Beltz.

Über die Entwicklung der Bogenfibel in Italien s. Fibel B § 3ff.

§ 20. Bogenfibel mit Fußplatte (Tf. 104d). Der Bügelfuß wird durch eine Platte erhöht, die trapezoid oder mit leichter Ein- oder Ausbiegung gehalten wird. Die Entwickelung gehört der Balkanhalbinsel an, von wo sie weit nach O, aber nur in einigen Stücken nach Ungarn und in die Ostalpen gelangt ist. Besondere Bedeutung hat sie in Griechenland gewonnen, wo sie die führende Form der ältesten nachmyk. Zeit (geometrische Per.) geworden ist (Dipylonfibel; s. Fibel C). Der Bügel ist dort nicht immer gewölbt, sondern auch gestreckt, was direkt auf die Form der Peschierafibel, die in Griechenland länger lebendig geblieben ist, zurückgehen mag. Er kann recht verschieden, aus flachen Halbkugeln usw. gebildet werden. Der Bügel wird gern reich verziert mit Gravierungen im Geschmack der Zeit z. B. dem Hakenkreuz. Die Fußplatte ist oft recht groß und der Schauplatz figürlicher Darstellungen verschiedenster Art, selbst Szenen der Sage.

Montelius *Spännen* S. 12; ZfEthn. 21 (1889) S. 215 Undset; A. Furtwängler *Kl. Schriften* I 436; Ath. Mitt. 12 S. 14 Studniczka; Arch. Jahrb. 3 (1888) S. 362 Böhlau; Amer. Journ. Arch. 1911 S. 1 Bates; Neue Jahrb. 15 (1912) S. 530 Fimmen; MAGW 9 (1889) S. 36 Truhelka; M. Much *Atlas* 129, 10; Wien Präh. Z. 4 (1917) S. 40 Hoernes.

§ 21. Gehängefibel mit Platte (Tf. 104e). Die Verzierung der F. durch Gehänge (trapezoide Platten usw.) findet sich an verschiedenen Arten; eine besondere Vorkehrung zu deren Befestigung erhält die einfache Bogenfibel, indem sie durch ein halbmondförmiges Blech erweitert wird. Dieses wird durch Kreis- und Linienmuster z. T. in Tremolierstich verziert, in dem freien Raum des Bogens werden einfache Tiergestalten, Spiralen u. ä. angebracht. Auch diese Form kommt zuerst in Italien vor, ist stärker in Österreich vertreten und greift mit einigen Stücken nach Franken, Oberbayern und Württemberg hinüber. Sie gehört den Hallstattstufen B und C an.

Montelius *Spännen* S. 42; ZfEthn. 1913 S. 692 Beltz.

§ 22. Fibeln mit geschwollenem oder hohlem Bügel. Eine Weiterbildung der Bogenfibel geht dahin, daß der Bügel rundlich verdickt (Sanguisugafibel) oder hohl gegossen wird (Kahnfibel). Die Formen werden kleiner. Der Ursprung liegt in Italien, in der ersten eisenzeitl. Per.

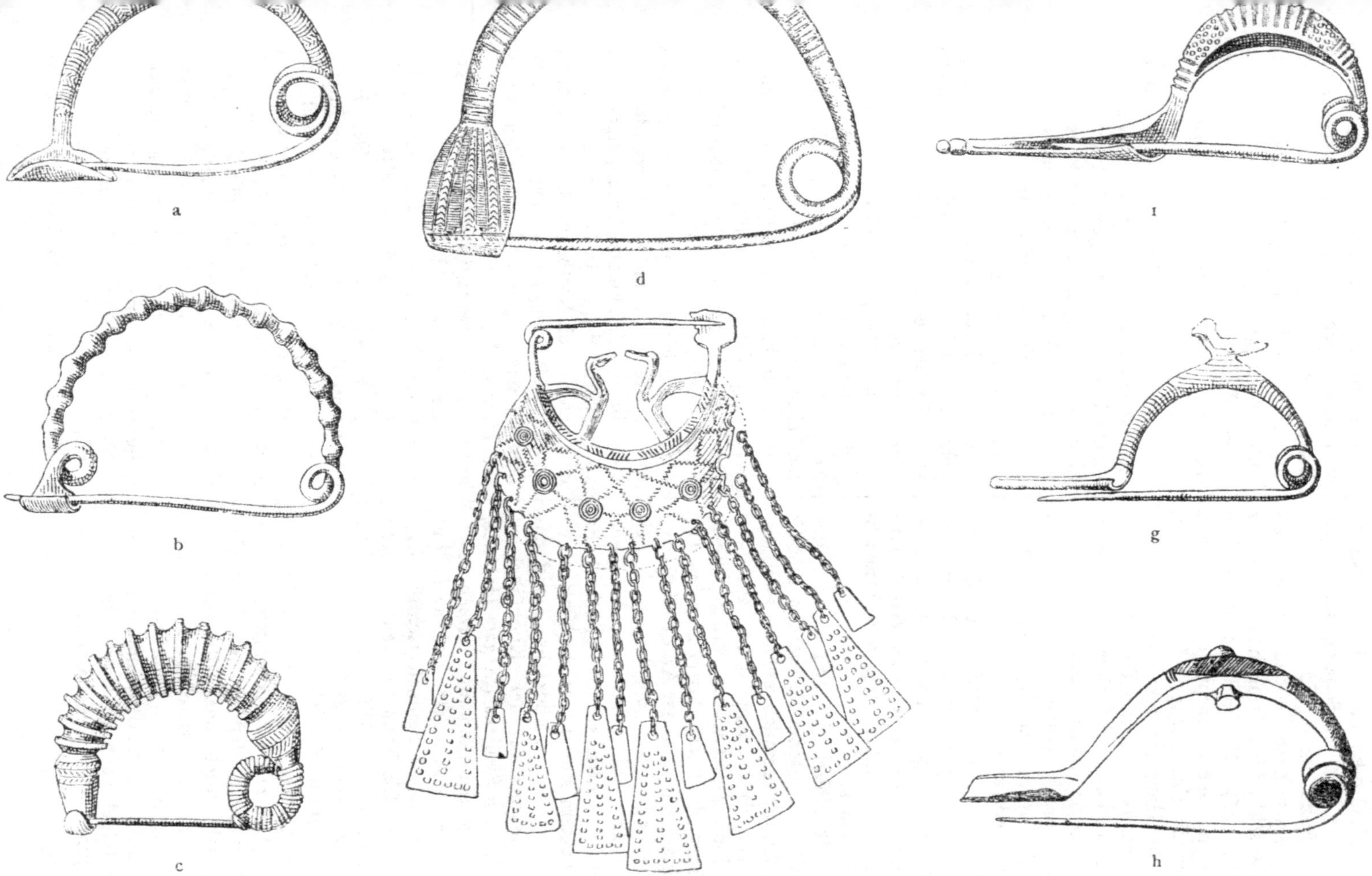

Fibel A. Europa. a. Bogenfibel. — b. Knotenfibel (Watscher Fibel). — c. Raupenfibel. — d. Bogenfibel, mit Fußplatte. — e. Gehängefibel mit Platte.

Mit der Neuerung des Hohlgusses vereinigt sich nun die fernere, daß die Nadelrast zu einer längeren Scheide ausgebildet wird; das Ende der Scheide ist spitz oder wird mit einem abschließenden Knopf versehen, der schließlich ziemliche Ausmessung erhält (Tf. 104f). Die Verzierung des Bügels ist reich und sehr verschiedenartig. Auch hier liegt die Entstehung in Italien (II. Per. Mont.), die Hauptentwickelung in der folgenden Per. (= Hallstatt D). Die Kahnfibel mit langem Nadelhalter hat auch in Deutschland in einem Gebiete, welches das Elsaß, das s. Baden, das s. Württemberg und Bayern umfaßt, eine ziemliche Bedeutung erhalten.

Als Varianten der Kahnfibel erscheinen:

1. Fibel mit einer Vogelgestalt auf dem Scheitel des Bügels (Tf. 104g); die italische Form (Montelius *Civ. prim.* VIII 86) ist auch, in junger Hallstattzeit, nach Deutschland gekommen.

2. Zweikopffibel (Tf. 104h). An den Seiten des Bügelscheitels werden Knöpfe angebracht, (gelegentlich mehr als zwei), der Bügel kann dabei ausgezogen, auch die Knöpfe durch Zipfel ersetzt werden; dieses scheint sogar die älteste Form zu sein. Die allgemeine Form ist in der Art der einfachen Bogenfibel oder der mit langem Nadelhalter. Rein typol. würde man die Zweikopffibel am besten auf die griech. Form mit verdicktem Bügelscheitel (Montelius *Methode* S. 52, 178) zurückführen, und das häufige Vorkommen der Knopffibel in griech. Gräbern Siziliens (Megara Hyblaea, Syracus) legt die Annahme griech. Entstehung nahe (Bull. Paletn. Ital. 22 [1896] S. 171 Patroni; Monteliusfestschrift 1913 S. 199 Orsi). Die Form hat weite Verbreitung und dringt bis Süddeutschland; Zeit III. Per. Mont. = Hallstatt D.

ZfEthn. 1913 S. 687 Beltz.

3. Armbrustfibel (Tf. 105a). Außerhalb Italiens, in Deutschland und Österreich tritt die Änderung ein, daß die bis dahin einseitige Spirale durch eine halbkreisförmige Spirale auf der Innenseite des Bügels auch auf die andere Seite übergeführt wird (Armbrustkonstruktion). An den einfachen Typen wird der Bügel flach gehalten oder auch kantig. Junge Form, die immer weitere Bedeutung erhält.

4. Kniefibel (Tf. 105b). Der Kahnbügel wird eingeknickt, gelegentlich mit gebuckelter Spitze versehen. Stets Armbrustkonstruktion; Bügel meist gekerbt, oft auch der Schlußknopf. Südd. Form jüngster HZ, schwerlich unter Beeinflussung der geknickten griech. Fibel (ZfEthn. 21 [1889] S. 218 Undset; Bull. Paletn. Ital. 22 [1896] S. 37 Patroni).

5. Pauken- (und Schalen-)Fibel (Tf. 105c). Entstanden aus der Kniefibel, deren Bügel regelmäßiger halbrund gestaltet wird. Meist kleine Exemplare mit Armbrustkonstruktion. Neu ist, daß der Federmechanismus gesondert gearbeitet, die F. also zweigliedrig wird. Die Pauke kann dann auch vertieft und so zur Schale gemacht werden. Doppelpauken oder Doppelschalen kommen vor. Es ist eine nordalpine, besonders südd. Form vom Schluß der HZ.

ZfEthn. 1913 S. 693 Beltz.

6. Fibeln mit Fußzier (Tf. 105d, e). Am Ende der Hallstattper. kommt ein eigentümliches Leben in den Fuß. Dieser wird verziert mit Aufsätzen in Form von Schalen, Scheiben, Kugeln, Vasen, Wülsten usw. Der Bügel wird meist einfach gehalten; doch macht auch die Paukenfibel die neue Richtung mit. Heimat und Zeit ist dieselbe wie die der Paukenfibel. Verwandte Formen, die zur LTZ hinüberführen, erscheinen als lokale Bildungen in Frankreich, Spanien und gelangen bis Karthago. Eine junge Abart ist eine kräftige gegossene F. mit starker Profilierung des Bügels und des Fußknaufes; die Heimat des in seiner deutschen Umgebung ganz fremdartig stilisierten Stückes liegt anscheinend in Frankreich.

Déchelette *Manuel* II 3 Abb. 266, 685, 853 S. 697; ZfEthn. 1913 S. 694 Beltz.

§ 23. Fibeln mit Belag. Der Drahtbügel von der Form der einfachen Bogenbügel (Bronze oder Eisen) wird mit verschiedenen, meist edleren Materialien besteckt oder umkleidet: a. Gold- und Silberperlen. Beispiel: Wien. Präh. Z. 4 (1917) S. 41 (Kis-Köszeg, Ungarn, wichtiger Fund: Hallstatt B). b. Glas: Perlen, Röhren, Wulst mit Stacheln in Form der Kahnfibeln (Tf. 105f); c. Bernstein in Scheiben oder als Wulst; d. Horn, Knochen, auch Elfenbein; auch in Kombination mit Bernstein (Tf. 105g). In Unteritalien wird der Bügel auch winklig ge-

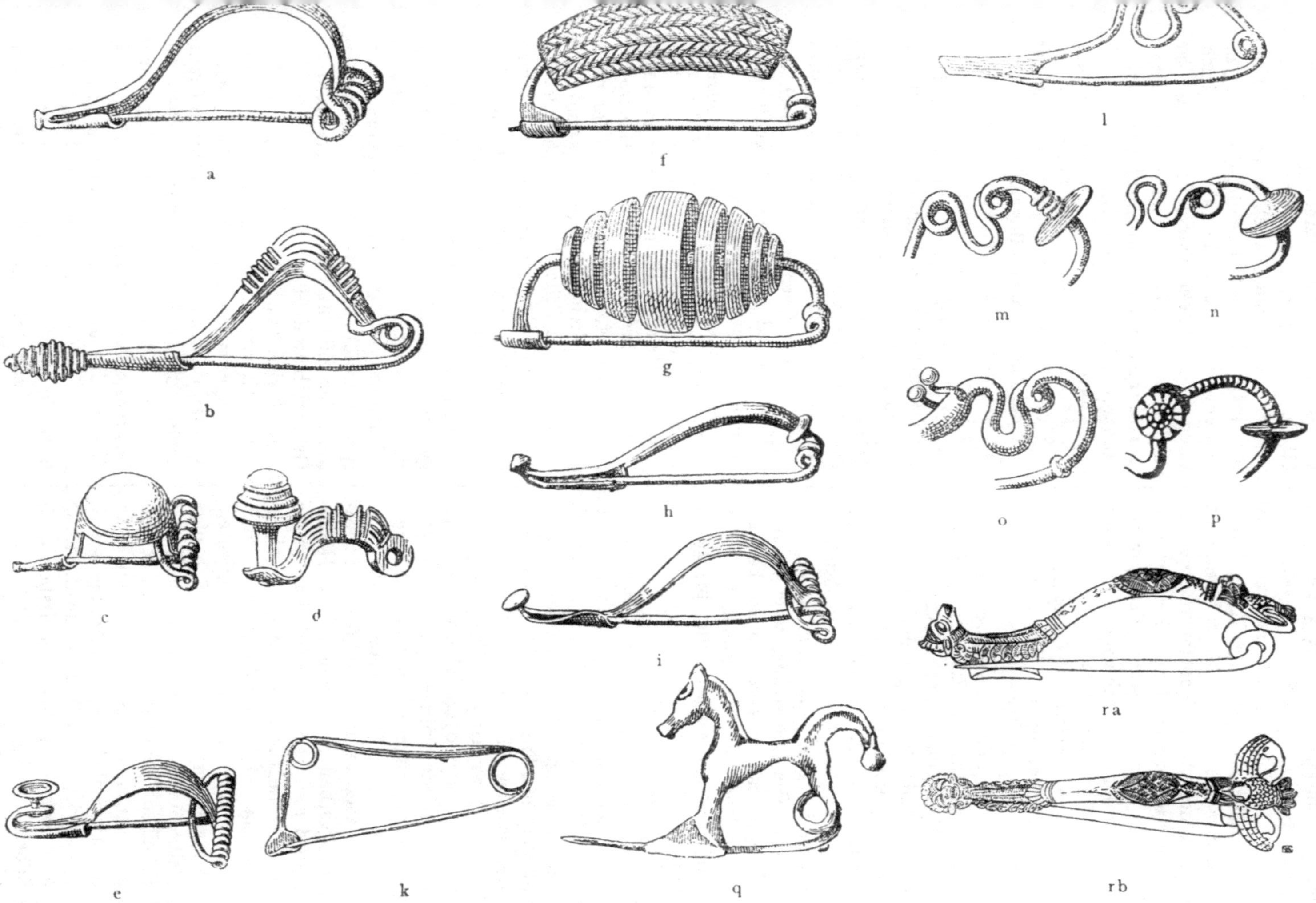

Fibel A. Europa

a. Armbrustfibel. — b. Kniefibel. — c. Paukenfibel. — d—e. Fibeln mit Fußzier. — f. Italische Bogenfibel mit Glaswulst auf dem Bügel. Marzabotto. — g. Italische Bogenfibel mit Bernsteinwulst. — h. Certosafibel. — i. Armbrust-Certosafibel. — k—p. Schlangenfibeln und Einzelheiten davon. — q. Tier-

bildet. (ZfEthn. 1913 S. 686, 33, 34; Beispiel: Monteliusfestschr. 1913 S. 194). Vereinzelt kommt die Verzierung früh auf, hat ihre Hauptentwickelung aber in der II. Per. Mont. und reicht in die III. Per. Mont. hinein; sie gelangt in der dritten Hallstattstufe vereinzelt auch nach Deutschland. Bei der Ausbildung der Form hat wohl griech., orientalisch beeinflußter Geschmack mitgewirkt.

ZfEthn. 1913 S. 686 Beltz.

§ 24. Certosafibel (Tf. 105 h). Die jüngste Entwickelung der ital. Bogenfibel, deren Bogen jetzt schlank und geschwungen wird; eine wichtige Charakterform der spätesten vorgallischen Eisenzeit (s. Fibel B § 8). Eine interessante Abart ist die Certosafibel mit Bandbügel und Armbrustkonstruktion, entstanden in den sö. Alpenländern und weit nach Norddeutschland verbreitet (Tf. 105 i). Eine andere ostalpine Lokalform ist groß, hat Zierknöpfe und Kopfwulst. Die Certosafibel trägt einen ö. Charakter, ist nur in einzelnen Stücken bis Süddeutschland (die Westgrenze in Württemberg) gelangt, ebenso wie in die s. Alpentäler.

ZfEthn. 1913 S. 695 Beltz.

Die F. mit eingebogenem Bügel geht ebenfalls auf die einfache Drahtfibel zurück. Die Urform hat noch geraden Bügel, aber dieser steigt schräg an und wird an der Biegung zum Fußende mit einer zweiten Spirale versehen (Tf. 105 k).

§ 25. Schlangenfibel (Tf. 105 l—p). Der Bügel wird eingebogen, ebenso das Fußstück, die zweite Spirale kann dann wegfallen und der Bügel mit seitlichen Knoten, Hörnern u. ä. besetzt werden. Früh wird die Form auch zweigliedrig (die Nadel besonders gearbeitet) gebildet, der Nadelhalter wird zur langen Scheide. Die älteste Entwicklung liegt in Italien; bei dem Übergang in die sö. Alpenländer und nach Deutschland unterliegt der Typ bedeutenden Änderungen: die Zahl der Schleifen und Halbschleifen wird vermehrt, der Bügel mit Scheiben, seitlichen Hörnern, Rosetten usw. versehen. In dieser Form geht die Schlangenfibel, deren Ursprung so alt ist wie der der Bogenfibel, bis an das Ende der HZ. Selten aus Eisen, in Italien auch aus Silber.

In Österreich ist die Schlangenfibel nicht so häufig wie die andern gleichzeitigen Fibeln; nur in S. Lucia massenweise (bis 18 Stück in einem Grabe), in Deutschland, wo sie in Hallstatt D gehören, ist die Verbreitung eine etwas andere als die der gleichzeitigen Kniefibeln, Paukenfibeln usw., sie reichen weiter nach N (Oberhessen; Mainz. Z. 16 [1921] S. 46 Schumacher); auch in Frankreich kommen sie vor.

Montelius *Methode* S. 46, Déchelette a. a. O. S. 851; ZfEthn. 1913 S. 690 Beltz.

§ 26. Tierfibeln (Tf. 105 q). Auf das Schema der einfachen Bogenfibel geht auch die Sonderform zurück, bei der der Bügel den Leib eines Tieres (nach dem Fußende blickend) darstellt. Es ist meist ein Pferd, doch kommen auch Hund und Vogel vor. Vielleicht ist der Typ ursprünglich griech., ist aber in Italien früh (Benacci II) heimisch geworden und hat sich in der folgenden Per. (= Hallstatt D) in nicht zahlreichen Stücken nach Österreich und Deutschland (mit zum Teil seltsamen Abwandlungen), auch nach Spanien verbreitet.

Déchelette a. a. O. S. 855; L'Anthropol. 16 (1905) S. 33 Déchelette; ZfEthn. 1913 S. 696 Beltz.

§ 27. Verbreitung der bronzezeitl. und ältereisenzeitl. Fibeln. Die bronzezeitl. F. ist eine Charakterform der nord. BZ in deren Verbreitungsgebiet (skand. Länder und große Teile Norddeutschlands); sie hat dort ihre eigene originale Entwickelung durchgemacht und mit der BZ beendet. Daneben steht eine in ihrem Ursprung zusammenhängende Formenreihe in der ungar. und ital. BZ, deren Typen über die BZ hinübergreifen und die vorklassische EZ Italiens, die der HZ Mitteleuropas entspricht, ausfüllen. Das Ausgangsland ist Italien; der Einfluß geht besonders nach N, Österreich und Süddeutschland.

In Griechenland ist die F. nur für kurze Zeit wirklich heimisch geworden. Vor der jüngeren Mykenäzeit sind keine nachweisbar, dann kommen die einfachen Drahtfibeln, die sich hier länger halten als in Italien, und die einfachen Bogenfibeln (Mykenä, Salamis, Kreta, Zypern). Die Bogenfibel erfährt auf griech. Boden mancherlei Abwandlungen und reicht mit ihren Varietäten in die geometrische Periode. Der Bogen kann aus Schlingen gebildet werden (Salamis: Ath. Mitt. 24 [1910] S. 30, 15

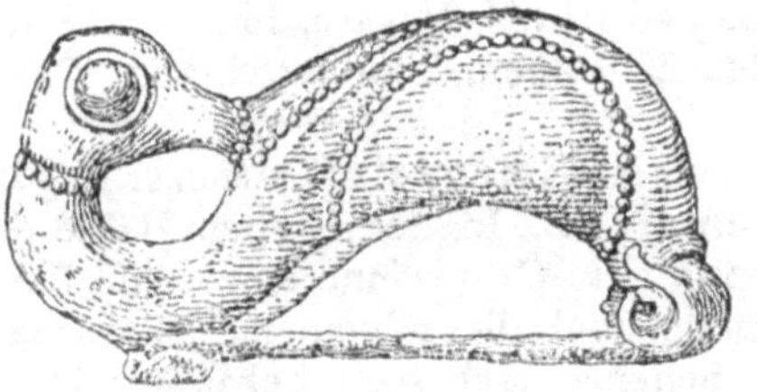

a

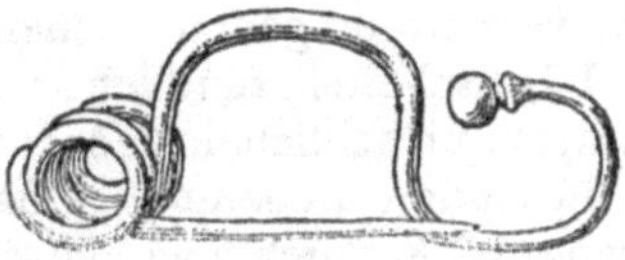

b

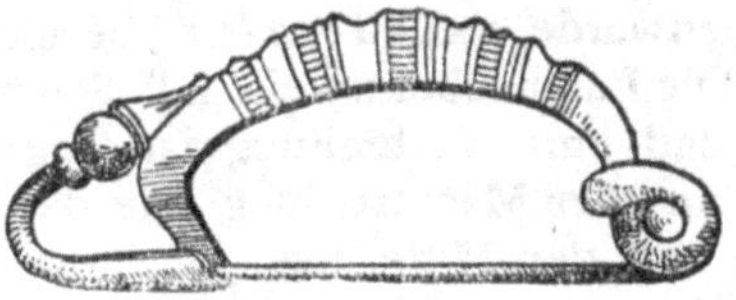

c

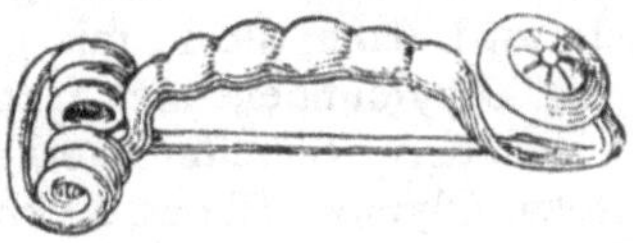

d

e

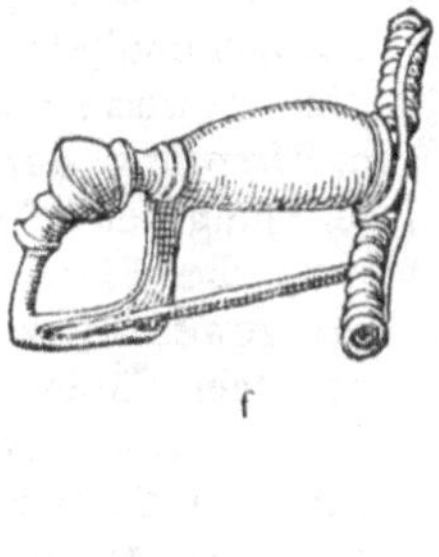

f

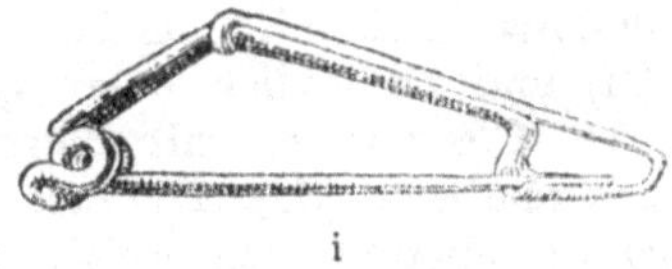

g

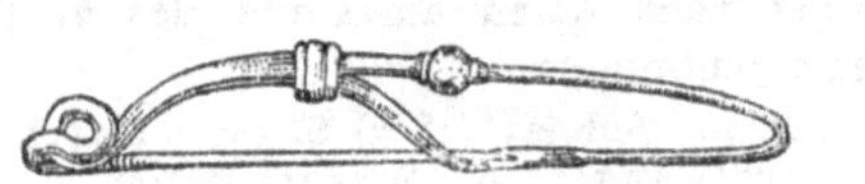

h

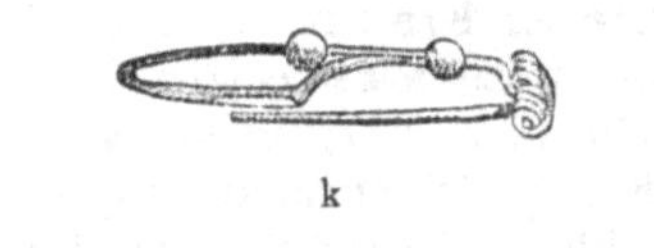

i

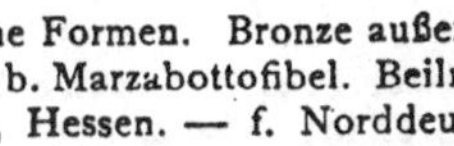

k

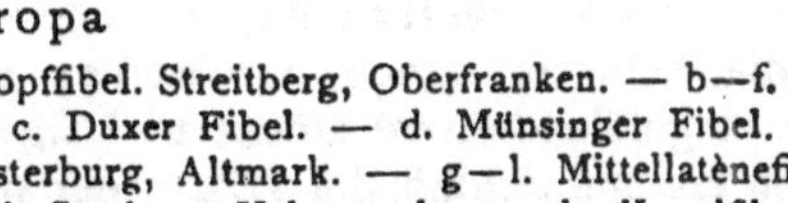

l

Fibel A. Europa

Latènezeitliche Formen. Bronze außer i (Eisen): a. Vogelkopffibel. Streitberg, Oberfranken. — b—f. Frühlatènefibeln: b. Marzabottofibel. Beilngries, Oberpfalz. — c. Duxer Fibel. — d. Münsinger Fibel. — e. Wachenheim, Hessen. — f. Norddeutsche Sonderform. Osterburg, Altmark. — g—l. Mittellatènefibeln: g. Münsingen bei Bern. — h. Normaltypus, häufig. — i. Storkow, Uckermark. — k. Kugelfibel. — l. Münsingen bei Bern. — Nach Zeitschrift für Ethnologie 1911.

S. Wide; frühgeometrisch, dieselbe Form in Prozor, St. Kanzian, Hallstatt), wird zur halbmondförmigen Platte (Montelius *Methode* S. 52, 176, verziert in geometrischem Stil) oder am Bügelscheitel rundlich verdickt (Vorläufer der F. mit seitlichen Knöpfen; ebd. S. 177f.). Besondere Bedeutung erhält die Vergrößerung der F. durch eine Platte (s. o.). Griechisch ist auch die Besetzung des Bügels mit Steingutperlen (ZfEthn. 21 [1889] S. 215, 16 Undset) und deren Nach- und Weiterbildungen in Bronze. Eine griech. Besonderheit wird dann die F. mit großer Fußplatte, die Dipylonfibel, die auch mit Vogelfigur auf dem Scheitel vorkommt (Böotien, Attika, Olympia, Troas, Kykladen, Rhodos, Zypern). Die Knopffibeln sind schwerlich einheimisch, wohl aber die Bogenfibeln und besonders die geknickten F. mit Belag von Elfenbein, Horn, Knochen, Bernstein. Brillenfibeln sind als Import anzusehen, ebenso die Schlangenfibeln (Olympia). Dagegen spricht eine gewisse Wahrscheinlichkeit für griech. Ursprung der Tierfibel, wenigstens in ihrer jüngeren Form. Allgemein verbreitet ist die F. in Griechenland zu keiner Zeit gewesen; weite Landstriche bleiben ganz leer; über das 7. Jh. gehen sie nicht hinaus; die Gewandnadel bekommt die Herrschaft wieder (s. a. Fibel C).

Montelius *Spännen* S. 12, *Methode* 1903 S. 52; ZfEthn. 21 (1889) S. 205 Undset; Monteliusfestschr. 1913 S. 189 Orsi.

Im ganzen Orient ist die F. nicht heimisch geworden, doch ist die Bogenfibel nicht nur bis Zypern, sondern darüber hinaus nach Syrien gekommen und hat zu lokalen Formen geführt (s. Fibel D). Furtwängler wollte dies Auftreten mit der europ. Wanderung nach Asien am Ende des 2. Jht. zusammenbringen.

ZfEthn. Verh. 25 (1893) S. 387 v. Luschan; A. Furtwängler *Kl. Schriften* II 309.

(Über Italien s. Fibel B.) Der pyren. Halbinsel ist die F. in ihren ältesten Serien fremd geblieben, erst die allerjüngsten Formen erscheinen in lokalen Neubildungen (Déchelette *Manuel* II 2 S. 853). Frankreich und die Schweiz haben nur wenige aus Italien eingeführte ältere Stücke und eigene Formen erst am Schluß der HZ. Leer sind die brit. Inseln und das alte Rußland. Die Länder der bronzezeitlichen F. sind der skand.-nwdtsch. N, Ungarn, Italien; die der ältesten EZ Italien, Süddeutschland, Österreich.

B. Zweite Eisenzeit (Latènezeit). § 28. Allgemeines. In der zweiten Hälfte des letzten Jht. v. C. gewinnt eine neue Form der Bogenfibel die allgemeine Herrschaft, deren Schema nach dem bekannten Fundplatz am Neuenburger See, seitdem die Kulturgruppe, der die F. angehört, durch Hans Hildebrand zum ersten Male umschrieben wurde, als La Tène (s. d.) bezeichnet wird. Die Latènefibel ist ein gall. Schmuckstück, und ihre Verbreitung ist eng verknüpft mit der Machtstellung, die der kelt. Stamm seit der Mitte des Jht. gewonnen hat. Die weitere Gliederung der Latèneperiode in drei Abschnitte geht auf Otto Tischler zurück, der die F. als leitende Form nahm; einige Verschiebungen hat dann Paul Reinecke vorgenommen, die allg. Geltung gewonnen haben, und die auch der folgenden Gliederung zugrunde gelegt wird; A 500—400 v. C., I 400—300, II 300—150, III 150 bis Beginn der Zeitrechnung.

§ 29. Schema. Der charakteristische Zug der Latènefibeln ist die Bildung des „Schlußstückes" nach Tischlers Terminologie, d. h. der dekorativen Verlängerung des Fußes (mit Nadelrast). Diese besteht zunächst in einem freistehenden, aufgebogenen Gliede (A und I); dann wird dieses durch ein Verbindungsstück mit dem Bügel verbunden (II) und schließlich unter Vereinfachung der Gesamtform mit diesem in einem Stück gearbeitet (III). Die erste Konstruktionsform gliedert sich weiter dahin, daß bei einer älteren Gruppe das Schlußstück als figürlicher Schmuck gebildet wird.

a. Stufe A. Fibeln mit figürlichem Schmuck. § 30. Maskenfibeln: Auf das Certosaschema zurückgehend, mit reichem phantastischen Schmuck an maskenartigen Menschenköpfen, Tierköpfen und klassischen Ornamenten (Tf. 105 r). Nur wenige Stücke, die typol. ältesten in Böhmen und der Oberpfalz, jüngere im Mittelrheingebiet und der Schweiz.

Mainz. Festschr. S. 54 Reinecke; Déchelette *Manuel* II 3 S. 1249; ZfEthn. 1911 S. 672 Beltz.

§ 31. Vogelkopffibeln. Aus der vorigen hervorgegangen; das Figürliche beschränkt

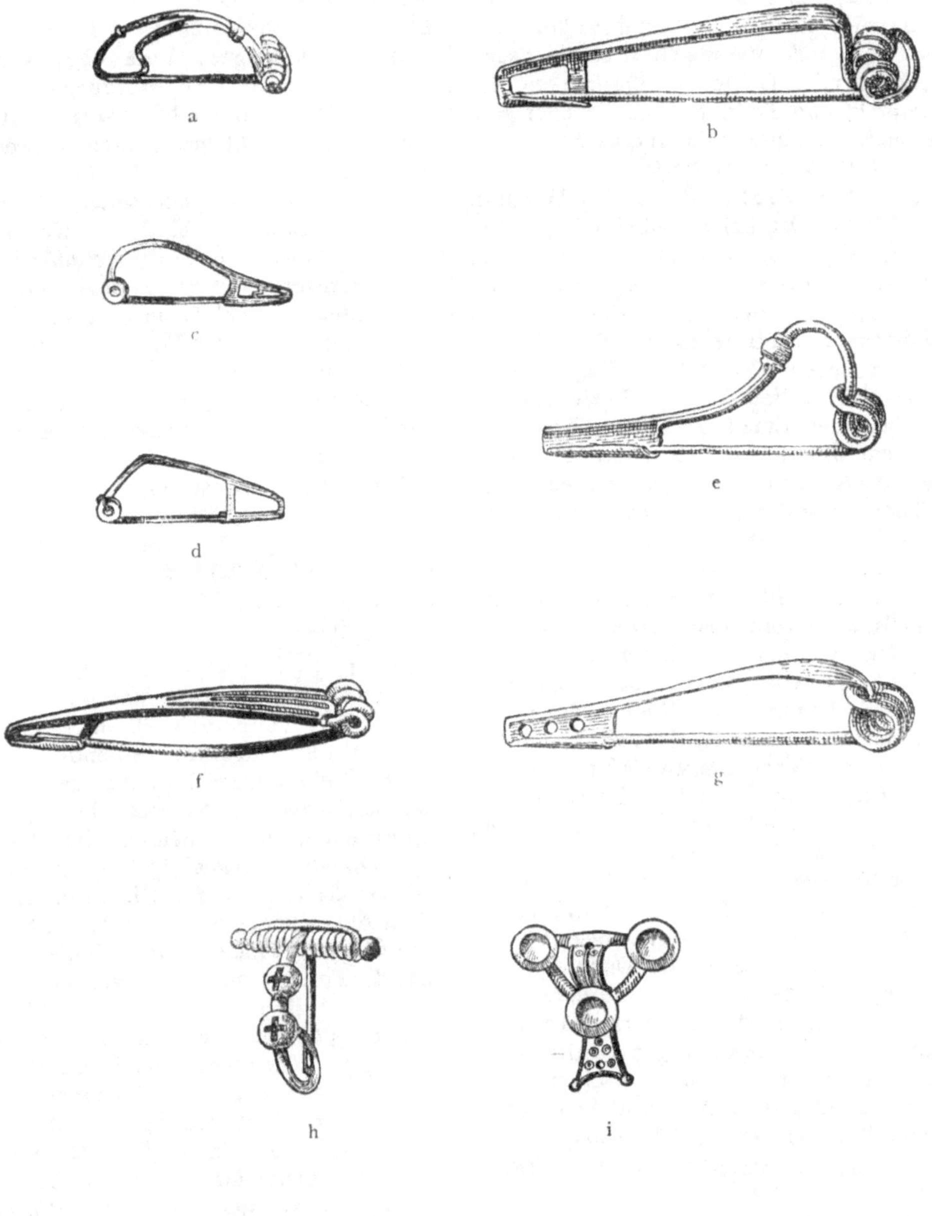

Fibel A. Europa

Latènezeitliche Formen: a. Windische Fibel. — b—i. Spätlatènefibeln: b. Perdöhl, Mecklenburg-Schwerin. — c—d. Verbreitete Varianten der Spätlatènefibel. — e. Rachow, Mecklenburg-Schwerin. — f, g. Sog. Nauheimer Fibel. — g. Körchow, Mecklenburg-Schwerin. — h. Variante mit emailverzierten Kugeln. — i. Pommersche Fibel. — Nach Zeitschrift für Ethnologie 1911.

sich auf den Fuß, der als zurückgebogener Vogelkopf (selten Tierkopf) gebildet wird (Tf. 106 a). Mehrmals symmetrisch (Kopf auch am Kopfende); meist Armbrustkonstruktion. Die große Masse gehört einem zusammenhängenden Gebiet in Oberfranken, der Oberpfalz und Thüringen an, häufiger sind sie auch an Mittelrhein und Nahe.

ZfEthn. 1911 S. 672 Beltz.

§ 32. b. I. (Frühlatène). Die Herkunft des Schemas ist keine einheitliche; sicher hat die Certosafibel dahin geführt, indem der aufgebogene Knopf verlängert wird, aber auch in gewissen Hallstattfibeln mit Schmuckstück und besonders in der Vogelkopffibel liegen Vorstufen. Das Material ist Bronze, selten Eisen; Verzierung mit Koralle oder Email ist häufig, besonders bei dem Münsinger Typ (s. u.). Die Armbrustkonstruktion hat aufgehört, einseitige Spiralen sind selten. Der Bügel ist meist flachgewölbt, selten hochgewölbt (Marzabottofibel; Tf. 106 b), oft reich gegliedert mit Kerben u. ä. Der Kopf des Schlußstückes wird sehr abwechslungsreich gebildet. Der einfache Knopf der Certosafibel, Anschwellungen mit schmalen oder stärkeren Spitzen als Weiterbildung des Vogelkopfes (Duxer F.; Tf. 106 c), erhöhte Scheibe mit Verzierungen (Münsinger F.; Tf. 106 d); eine besondere Form ist der vasenförmige Kolbenkopf mit Hohlkehle, auch chronologisch wichtig, da sie über die Frühlatènestufe in die mittlere hinübergreift (Tf. 106 e). Die Frühlatènefibel ist auf dem Gebiete der Frühlatènekultur allgemein, lokale Unterschiede (Duxer F. im O, Münsinger in der Schweiz) sind erkennbar. In Deutschland sind besonders das n. Süddeutschland und die n. angrenzenden Teile reich. In Norddeutschland erscheinen sie nur vereinzelt, haben aber zu einheimischen Weiterbildungen geführt (Tf. 106 f).

Déchelette *Manuel* II 2 S. 1248; ZfEthn. 1911 S. 675 Beltz.

§ 33. c. II. (Mittellatène). Das zum Bügel zurückgebogene Schlußstück wird mit diesem verbunden; die Form ist durchgängig gestreckt, die Formengebung magerer (Tf. 106 g, h). Die Entstehung geht anscheinend durch die F. mit Endknopf. Material nicht mehr ausschließlich Bronze, sondern auch Eisen, in Latène selbst und Alesia sogar überwiegend; auch silberne kommen vor (z. B. in Dühren; s. d.). Die Sehne liegt nur ausnahmsweise an der inneren Seite des Bügels, sie beschränkt sich meist auf wenige Windungen, kann aber exzessiv groß werden (bis 70 Windungen, Ornavasso); der Bügel bleibt unverziert und ist meist flachgewölbt mit leichter Schweifung, selten geknickt. Schmuck (Filigran, Koralle, Knochen) ist nur selten (Tf. 106 i). Wichtige Varianten sind die Kugelfibeln (s. d.; Tf. 106 k) und die Windische F., charakterisiert durch hohen Bügel und weites Vorgreifen des Schlußstückes, auch chronol. abweichend, da die Form erst der Spätlatèneperiode angehört (Tf. 107 a). — Die Heimat der Mittellatènefibel ist noch nicht bestimmbar; ihre Verbreitung ist eigentümlich: die Hauptverbreitungsgebiete der Frühlatènefibel werden fast leer, nur einige Striche bleiben gut vertreten (z. B. Rheinhessen). Dagegen dringt die Mittellatènefibel weit nach N und O (Südrußland), wo sie sich bis in die RKZ hält.

Déchelette *Manuel* II 2 S. 1252; ZfEthn. 1911 S. 682 Beltz; Mainz. Z. 1906 S. 43 Reinecke; Präh. Z. 5 (1913) S. 78 Ebert; Kostrzewski *Ostgerm. Kultur der Spätlatènezeit* 1915 S. 14.

§ 34. d. III. (Spätlatène). Das Schlußstück wird mit dem Bügel fest verbunden, es entsteht so ein offener Rahmen, der schließlich auch geschlossen wird (Tf. 107 b, c, f). Damit endet die Latènefibel. Der Bügel ist ein schmaler Stangenbügel, gestreckt, geknickt, flach gewölbt. Die Form ist (mit einer Ausnahme; s. u.) stets unverziert. Eisen überwiegt. Varianten sind einige nordd.-skand. Formen mit Emailverzierung (Tf. 107 h) und die pommersche Fibel (Tf. 107 i).

Die Spätlatènefibel mit Drahtbügel ist eine germ. Form und wichtig als Merkmal für das Vordringen der Germanen.

Daneben steht die Spätlatènefibel mit Bandbügel (Nauheimer Fibel; Tf. 107 f, g), die ihre Entstehung in Noricum zu haben scheint, aber sich weit über die germ. Kernländer verbreitet hat.

ZfEthn. 1911 S. 687 Beltz; Kostrzewski a. a. O. S. 31; Ergänzungsheft zum Mannus 3 (1923) S. 61 Frischbier.

Zu den Fibeln überhaupt: Ant. Tidskr. 4 (1872) S. 15 H. Hildebrand; ebd. 6 (1880—1882) S. 1 Montelius; ders. *Die Methode* 1903; Bayr. Beitr. 4 (1881) S. 47 Tischler; auch in A. B. Meyer *Gurina 1885*; I. Undset *Études sur l'âge de bronze de la Hongrie* I (1880); Anz. f. schweiz. AK. 9 (1907) S. 8 Viollier; ZfEthn. 1911 S. 664, 1913 S. 659 Beltz. R. Beltz

B. Italien.

§ 1. Erfindung der Fibel. — § 2. Entwicklung der Violinbogenfibel. — § 3. Die Bogenfibel (Fibula ad arco semplice). — § 4. Die Schlangenfibel. — § 5. Weiterbildung der Bogenfibel. — § 6. Andere Sonderformen der Etruria maritima. — § 7. Einige dem westlichen Süditalien und Sizilien eigene Formen. — § 8. Die Certosafibel. — § 9. Die gallische (La Tène-) Fibel.

§ 1. Erfindung der Fibel. In Italien tritt die Fibula zuerst auf während der III. Per. der BZ, nach Montelius Zählung (*Vorkl. Chronol.* S. 157, 174), wiederum nach seiner wohl etwas zu hoch greifenden absoluten Datierung im 15. und 14. Jh. Und zwar zunächst in Gestalt der sog. Peschiera- oder Violinbogenfibel (Tf. 108 Abb. 116—122), die aus der geraden metallischen Nadel durch Zusammenbiegung und einmalige spiralische Umdrehung um sich selbst, um die nötige Federkraft zu erreichen, gebildet ist: natürlich nicht aus einer Nadel, die selbst schon wieder eine selbständige Kunstform geworden war, und als solche das Recht auf Eigenexistenz erworben hatte — hier der Irrtum Patronis; Bull. Paletn. Ital. 32 S. 46 —, sondern dem einfachen Metalldorn, der den Naturdorn ersetzt haben mochte. Die folgenreiche Erfindung ist entweder an verschiedenen Orten unabhängig voneinander gemacht oder auf irgend eine uns nicht mehr erkennbare Weise übermittelt worden. Denn es ist bemerkenswert daß die Violinbogenfibel ungefähr zu gleicher Zeit am Fuß der Alpen und in Sikulergräbern der II. Per. Orsi's auftritt, und ebenso in Gräbern der Unterstadt Mykene und in der mittel- und späthelladischen Ortschaft Koraku (Blegon *Korakou* S. 108 Abb. 133), auf Kreta (E. H. Hall *Vrokastro* 1914 Tf. 19,1 S. 113, 179) und Zypern (Liverpool Annals 3 S. 138). Da nun Orsis II. Per. den ägäischen Per. Late Minoan III = Late Helladic = jungmyk. Zeit entspricht und zweifellos schon manche Handelsbeziehungen zwischen jener Welt und Sizilien im Gange waren, ist der Widerstand sehr begreiflich, welchen die italien. Forscher der Ansicht der nord. Kollegen (zuletzt Montelius *Vorkl. Chron.* 1912 S. 157, 236ff.) entgegensetzen, daß die Heimat der Fibel sowohl für die nord. Länder wie für das myk.-sizil. Fundgebiet gleichermaßen das Pogebiet gewesen sei. Die Tatsache, welche auch Orsi (Montelius-festschr. 1913 S. 190ff.) nach Undsets Vorgang gebührend hervorhob, daß auch im unteren Donaugebiet diese Fibelform in alten Schichten vorkomme, könnte ja vielleicht auf einen gemeinsamen Ausgangspunkt für die nordital. und die s. Gruppen hinweisen, wenn nicht die ö. Pfahlbauanlagen, wie namentlich Donja Dolina, wo diese F. sich finden, wesentlich jünger wären, als die ital. entsprechenden Siedelungen und demgemäß auch die Fibelformen jünger (Montelius *Vorkl. Chron.* S. 225). Da die „Italiker" noch ohne Kenntnis der F. über die Alpen nach S vordrangen und die n. der Alpen sich findenden F. dieses Typus vorgeschrittnere Gestaltung zeigen, also gedoppelte Spiralen statt der einfachen (z. B. Behrens *Bronzezeit* Tf. 24,5) oder zweigliederige F., deren Nadeln besonders gearbeitet und durch Scharnier mit dem Bügel verbunden wurden (Montelius *Vorkl. Chron.* S. 238), ist Priorität der Violinbogenfibel für den S anzunehmen. Ebenso aber auch untrennbare Verbindung der südital.-sizil. F. mit der myk., während die nordital., in einigem primitivere F. vorläufig eine isolierte Erscheinung bleibt, da man ebenso Bedenken tragen wird, Linien von der myk.-sizil. Welt nach dem damals so entfernten und von anderen Erzeugnissen der kret.-myk. Kultur noch unberührten Poland zu ziehen, wie man auch nicht mit Montelius wagen wird, den umgekehrten Weg zu gehen. Hoffentlich bringt der Balkan noch einmal die Lösung.

§ 2. Entwicklung der Violinbogenfibel. Die Notwendigkeit, die Nadel am Fußende festzuhalten und Körper wie Gewand vor Verletzung zu schützen, ergab zwei verschiedene Lösungen. Entweder wurde das untere Ende der zum Bügel gewordenen oberen Hälfte des ursprünglichen Dorns schleifenartig umgebogen und im weiteren Verlauf diese Schleife platt gehämmert, so daß eine Lagerfläche für die Nadelspitze entstand, die, zu Anfang noch ganz klein, die Windungen des Drahtes noch gut erkennen ließ, oder aber dieses selbe Bügelende wurde, nachdem es platt gehämmert war, hohl aufgebogen, so daß ein oben offener Kanal, ein Nadelhalter, gebildet wurde, in dem die Nadel sicher ruhte. Diese beiden Lösungen sind der Ausgangspunkt geworden für sämtliche Fibelgestaltungen der Folgezeit. Das natürliche Bestreben, Nadel und Bügel zu differenzieren, den Bügel von der funktionellen Bedeutung der Nadel loszulösen, zu verstärken oder zu verschönern, führte sehr früh zur Verdickung, zur flechtbandmäßigen Verzierung des Bügels, zur Abgrenzung seines tragenden Hauptteils durch Knopfbildungen u. dgl., gern auch zur Abplattung dieses Mittelteils zu ovaler Form, woraus sich dann elliptische und Blattflächen bildeten, die dem treibenden Punzen und gravierenden Grabstichel mannigfache Gelegenheit zu schmückender Betätigung gaben.

§ 3. Die Bogenfibel (Fibula ad arco semplice). Der begreifliche Wunsch, dickeren wollenen oder auch weichen flaumigen Stoffen mehr Raum zu schaffen, mag zu dem noch im 2. Jht. beginnenden Streben geführt haben, den Bügel zu heben, wodurch aus der Violinbogenfibel die einfache Bogenfibel entsteht (Tf. 108 Abb. 123—125). Die Fußlösungen, Nadelhalter oder zur runden oder elliptischen Scheibe platt gehämmertes Bügelende, beide zuerst kurz und klein, später zur Verlängerung und Vergrößerung neigend, bleiben dieselben. Die Neigung, den Bügel durch Verstärkung oder blattartige Verbreiterung augenfälliger, zugleich auch greifbarer zu machen, nahm mit Hebung des Bügels und Umgestaltung desselben zum mitunter fast halbkreisförmigen Bogen zu und äußerte sich in mannigfaltiger Weise. Die Verdickung erzeugte das Bestreben, das Glitzern der goldig glänzenden Flächen durch lichtbrechende Gestaltung und Verzierung zu erhöhen. Neben die einfachen flachen Flechtbandrillungen traten Unterbrechungen derselben durch mehr oder minder hohe Reliefierung, scheinbare Umwickelung oder verwandte textile Behandlung. Stärkere Verdickung lieferte aufschwellende Flächen, die der Verzierung durch eingravierte lineare und Kreisverzierungen Raum boten und Formen, die bei gestreckterem Bügel zur Blutegelfibel (F. a sanguisuga oder a mignatta) führten (Tf. 108 Abb. 131—133), bei hohlem Bügel zur Kahnfibel in verschiedener Gestalt, je nachdem sie groß oder klein, schlank oder ausgebaucht sind, sei es mit Gravierung, sei es mit seitlichen Knöpfen u. dgl. (F. a navicella), bald mehr, bald weniger verziert (Tf. 109 Abb. 146). Oftmals tragen derartig verdickte Bügel plastischen Schmuck. Nicht immer wurden diese Verdickungen bei den genannten und ähnlichen Varianten der Bogenfibel durch unmittelbare Verstärkung des metallischen Bügels herbeigeführt, sondern durch Überkleidung des einfach drahtförmigen Bügels mit meist lose, oft aber auch ganz eng gesetzten Rundscheiben aus Bronze oder durch Rundscheiben, Perlen und größere durchbohrte Stücke aus Knochen, Bernstein, Elfenbein, Glas oder Fayence, gern abwechselnd, oft eins ins andere eingelassen (Tf. 108 Abb. 126—128, 131—133, 136; Tf. 109 Abb. 137—141) in seltenen Fällen auch durch Umwickelung des — dann freilich dickeren — Bügels mit Draht aus Edelmetall, letzterer vorzüglich dargestellt bei Rosenberg *Gesch. d. Goldschmiedekunst* 1910 S. 125 Abb. 145—146. Die Picenter hängten aus Angst vor dem „bösen Blick" förmliche Bernsteinblöcke an den Bügel. S. z. B. das Exemplar von Numana bei Rosenberg *Eine Fibelfrage* 1915 S. 10, oder die Fibeln von Belmonte bei dall'Osso *Guida d. Mus. di Ancona* 1915 S. 127. Eine andere Form der Bügelverstärkung ist namentlich in der w. Lombardei in Frühschichten, z. B. Golasecca I (v. Duhn *Ital. Gräberk.* I 131: Formstein dazu im Museum Como) üblich geworden, die Rippenfibel (F. a grandi coste), deren gedrungener Bügel lose gestellte, aber mitgegossene kräftige, oft plump wirkende Rippenscheiben zeigt (Tf. 108 Abb. 129). Die Kahnfibel weitet den Bügel oft so elastisch aus, daß Segelformen entstehen (Segelfibel; F. a velo; Tf. 109 Abb. 147—148.

§ 4. Die Schlangenfibel (F. serpeggiante, a drago, auch, bei spirallosen Fibeln, ad arco rientrante). Die Fußlösungen der früheren Arten bleiben bestehen; dagegen wird in den dem Fuße zustrebenden Teil des Bügels noch eine Umdrehung zur Verstärkung der federnden Kraft eingeschoben und zwischen der häufig größeren Kopfspirale und der Fußspirale der Bügel mehr oder minder stark eingebogen, wodurch das Bild eines sich abrollenden elastischen

Fibel B. Italien

Übersicht über die Entwicklung der Form. Nach F. v. Duhn.

Bandes oder einer Schlange entsteht. Manche Formen führen alsdann die Nadel nicht mehr streng wagrecht von der Kopfspirale zur Fußscheibe oder zum Nadelhalter, sondern schwingen sie nach auswärts, um den durch die Einwärtsbiegung des Bügels für die Stoffbewegung innerhalb der F. verlorenen Raum wieder einzubringen, wodurch zugleich eine gefällige Übertragung der elastischen Bügelgestaltung auf die Gesamtfibel erzielt wurde (Tf. 109 Abb. 152, 156; Tf. 113 Abb. 157). Viele Varianten und Weiterbildungen der einfachen Grundformen. Nicht immer wurde die zweite Spirale am Fußende des Bügels ausgeführt, sondern durch starke Einknickung des Bügels allein die Federwirkung betont, wobei dann der Knickpunkt oft durch Knöpfe markiert wurde (Tf. 109 Abb. 155: Tf. 113 Abb. 158), bes. in Mittel- und Süditalien, wohl zu eichelförmiger Größe auswachsend. Solche Knöpfe, auch Dornen, Kugeln, Hörnchen, Scheiben, Rosetten u. a. setzen sich gern an Knickungs-, Verbreiterungs- oder Verdickungspunkte des Bügels (Tf. 113 Abb. 159—164; Tf. 114 Abb. 170), wie auch Scheiben oder Rippen, mehr oder minder groß, oftmals nur den eingezogenen Bügelteil, oft auch die Verbindungsglieder umgeben und optisch verstärkend hervorheben. Vervielfachungen der Spiralen, bald am Kopf-, bald am Fußende, mitunter auch über den ganzen Bügel hin erhöhen den Eindruck gegeneinander wirkender lebensvoller Kräfte und das funkelnde Glitzern (Tf. 113 Abb. 165—166; Tf. 114 Abb. 167). Der Mittelteil des Bügels wird oft in zwei oder mehrere Stäbe zerteilt (Tf. 114 Abb. 169), oder aber wie bei den Bogenfibeln mit Perlen aus Glas, Knochen, Bernstein, Elfenbein, Korallen umlegt; und ebenso mitunter das geschwungene Verbindungsglied zwischen dem Mittelbügel und dem Nadelansatz, das schon früh bei F. solcher Form gern durch einen besonderen Knopf von der eigentlichen Nadel getrennt wird. Solche F. aus Silber, Elektron oder Gold zeigen oft kostbare Ausgestaltung z. B. durch Überziehen mit Treibarbeit (Rosenberg *Gran.* II 58 Abb. 92) oder feinen Granulier- oder Pulviscoloschmuck: glänzend besonders die eigenartigen Stücke (Rosenberg *Granulation* II [1916] S. 58 ff. Abb. 91, 93, 94, 95) dieser Art mit figürlichen Darstellungen in dieser feinsten Technik aus Vetulonia, darauf ziemlich beschränkt und sicher dort gearbeitet; ebenso die F. aus Rusellae in New York: Rosenberg *Eine Fibelfrage* 1915 S. 7, andere Arbeiten aus Vulci und Corneto (Rosenberg *Gran.* II 63 ff. Abb. 98—105) sowie eine kleine auf dem Handelsweg nach Bologna verschlagene F. (Rosenberg *Gran.* II 62 Abb. 96—97); oder man schmückt durch Aufsetzen figürlichen Schmucks von aus Goldblech hohl gearbeiteten, oft mit Granulierarbeit überzogenen Tierreihen, Sphinxen usw.: so die F. dieser Art von Südetrurien, Praeneste, Marsiliana, Chiusi (Tf. 110). Die eben in erster Linie ins Auge gefaßte F. aus Chiusi im Louvre (Montelius *Civ. prim.* Tf. XX 270; Tf. 378, 2; beste Abb. bei Rosenberg *Eine Fibelfrage* 5, 6 = Tf. 110c, 111b) bietet auf der durch das eben geschilderte Verzierungsbedürfnis verbreiterten Seitenfläche des nadelhaltenden Kanals eine in Granuliertechnik aufgesetzte etrusk. Inschrift, wie an entsprechendem Platz die Maniosfibel aus Praeneste (s. d.) die bekannte altlatein. Dedikation (Tf. 110d, 111a, 113 Abb. 164). Auch Auflösung des Bindegliedes zwischen Bügel und Nadel in feines Filigrangewebe (lavoro trinato), z. B. bei der cornetaner Silberfibel (Tf. 113 Abb. 161) oder dem Caeretaner Stück Montelius' *Civ. prim.* Tf. 332, 9, erhöht die Schmuckwirkung. Ferner oft sehr fein durchgeführte Ziselierschmückung der Fußscheiben, die schon bei den Bogenfibeln, mehr noch bei den Schlangenfibeln, sich gern zu großen Schmuckscheiben auswachsen (Scheibenfibel; F. a disco), ihre Entstehung aus der platt gehämmerten Spirale vielfach nur noch in rudimentärer Form oder auch gar nicht mehr zeigen und ein selbständiges wirkungsvolles Glied der F. waren (Tf. 108 Abb. 134; Tf. 109 Abb. 153; Tf. 113 Abb. 165, 166; Tf. 114 Abb. 167—169). Zwecks Erhöhung der optischen Wirkung durch Vergrößerung oftmals starke Verdickung des Kopfendes der Nadel, dies namentlich da, wo die Nadel besonders gearbeitet ist und als Scharniernadel funktioniert (Tf. 114 Abb. 168; Montelius *Civ. prim.* Tf. XIV 204—206). — Besondere lokale Ausgestaltung ist es, wenn in Sizilien durch starke Hebung der Fußspirale

REALLEXIKON DER VORGESCHICHTE

UNTER MITWIRKUNG
ZAHLREICHER FACHGELEHRTER

HERAUSGEGEBEN VON

MAX EBERT
ORD. PROFESSOR AN DER UNIVERSITÄT KÖNIGSBERG

DRITTER BAND
VIERTE LIEFERUNG
FIBEL — FRANKEN

MIT 46 TAFELN, DARUNTER EINER FARBIGEN

BERLIN 1925
WALTER DE GRUYTER & CO.

Das Werk erscheint in Lieferungen mit zahlreichen Tafeln und Textabbildungen. — Der Subskriptionspreis beträgt GM. 6.— für jede Lieferung von etwa 8 Bogen nebst Texttafeln und Abbildungen. Ca. 6—8 Einschalttafeln auf Kunstdruckpapier werden als ein Bogen gerechnet. Verstärkte Lieferungen werden entsprechend höher berechnet. Der Subskriptionspreis erlischt am 1. April 1925. Er gilt dann nur noch für Abonnenten, die bis zu jenem Termin subskribiert haben. Das ganze Werk ist auf ca. 250 Bogen Lexikon 8° berechnet und wird in mehrere Bände geteilt.

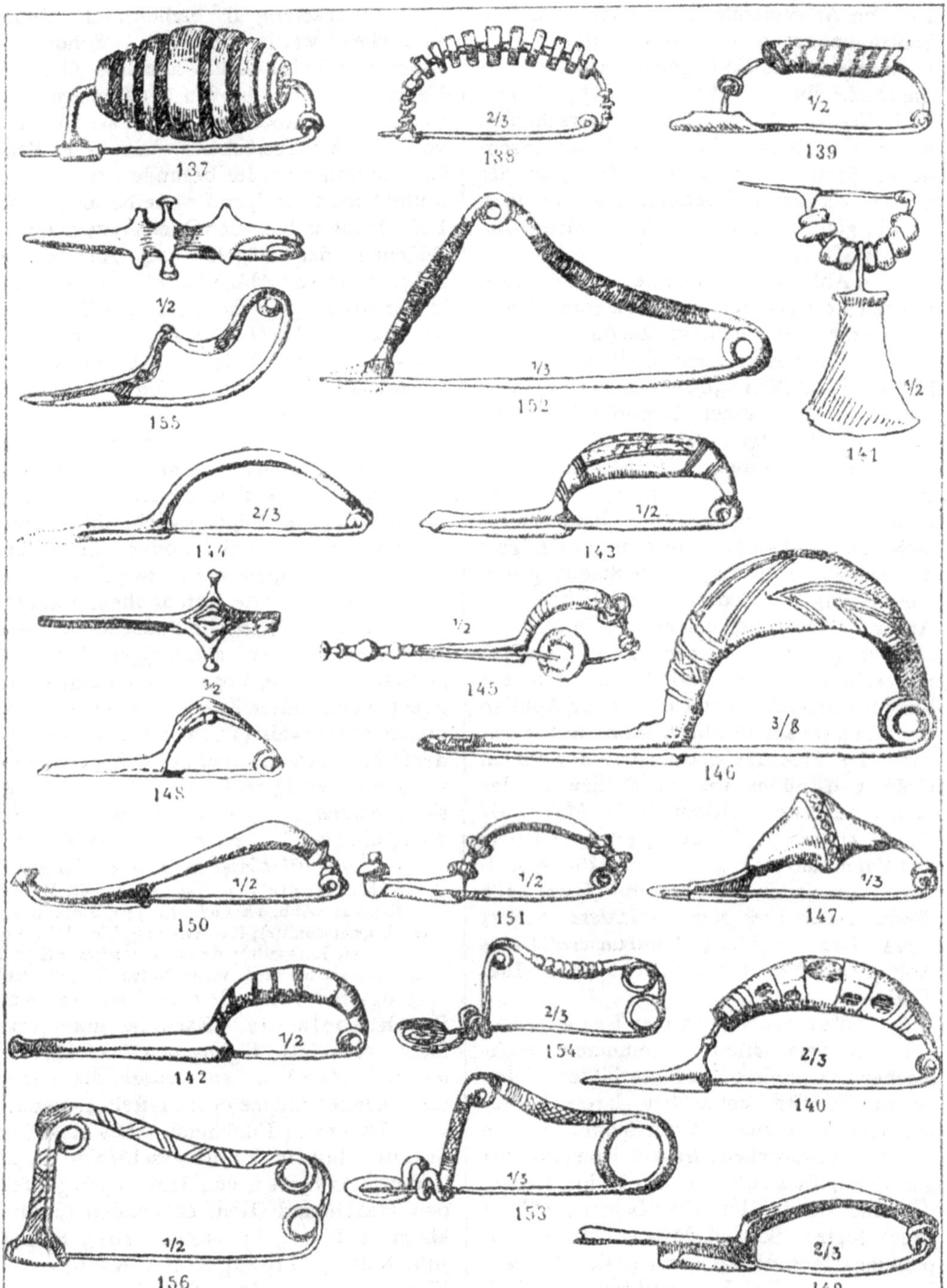

Fibel B. Italien

Übersicht über die Entwicklung der Form. Nach F. v. Duhn.

als eine Art Vorstufe der später typischen Schlangenfibel schon während der II. Per. Orsis, also im zu Ende gehenden 2. Jht. sich die Harfenfibel (F. ad arpa) bildet (v. Duhn *Ital. Gräberk.* I 80), deren Unterschenkel mitunter spielerisch die Form eines menschlichen Beines annimmt, eine Form, zu der allerlei verwandte Erscheinungen sich auch im übrigen Italien finden: Montelius *Civ. prim.* Tf. XIV, XVI; Mon. Lincei 9 Tf. 13, 6 (Tf. 109 Abb. 152). Wie eine Vorstufe dazu stellt sich die Ellbogenfibel (F. a gomito) dar, welche die fehlende Fußspirale durch scharfe Einknickung des an dieser Stelle gehobenen Bügels ersetzt (Tf. 115c), ebenfalls auf Sizilien beliebt: 9 Ex. in einem Depotfund von Tre Canali (Bull. Paletn. Ital. 14 Tf. 14, 2—6), Cassibile (Mon. Lincei 9 Tf. 13, 1—4), Cozzo d. Pantano (ebd. 2 Tf. 1, 7; 2, 11). Ebenfalls ohne Fußspirale, aber durch mehrfache scharfwinklige Knickung des Bügels ein verwandtes Streben nach Belebung und Verstärkung der Federkraft desselben zum Ausdruck bringend, zeigen sich in jüngerer Zeit vom Süden bis nach Este hinauf F. mit schon langem Nadelkanal, den ein Knopf abschließt; unter diesen für Apulien besonders charakteristisch, von dort nordwärts bis Picenum gedrungen, sowohl in Gold und Silber wie in Bronze F. des 5. Jh., auf zwei Stücken (z. B. Marshall *Catal. of jewell.* Tf. 20, 1347, 1398, 1401) aus Valenzano mit griech., auf die Kanalwand gravierten Inschriften (Gervasio *Bronzi arcaici e cer. primit. nel Museo di Bari* 1921 Tf. 12, 7; vgl. Tf. 7, 8 und unsere Tf. 114 Abb. 171). Vorstufe vielleicht E. H. Hall *Vrokastro* Tf. 19, 1.

§ 5. Weiterbildung der Bogenfibel. Die aus dem Orient gekommenen technischen Kenntnisse und Vorbilder riefen im sw. Etrurien, unterstützt durch die toreutische Begabung und die Schmuckfreude der reich gewordenen Etrusker, jene Arbeiten aus Gold, Elektron und Silber ins Leben, die uns bereits bei den Schlangenfibeln beschäftigten. So sind denn aus den Brennpunkten frühetrusk. Lebens, also dem Küstenlande einschließlich Vejis und aus dem sabellisch-latinischen Praeneste einige Formen von Prachtfibeln aus Silber, Elektron und Gold bekannt, deren Gleichen es sonst nicht gibt, und die schon wegen dieser ihrer Vereinzelung als einheimische Arbeit angesehen werden müssen. Schon die außerordentliche Größe hebt sie über die Verwendung als bloßen Gebrauchsgegenstand hoch empor und macht sie zu glanzvollen Schmuckstücken. Die eine Form ist Weiterbildung der besonders im Inneren Mittelitaliens häufigen Bogenfibel mit großer Fußscheibe und oft auch Querstange zwischen Fußende des Bügels und Ansatz der Scheibe (Tf. 108 Abb. 134, Tf. 114 Abb. 169; Montelius *Civ. prim.* Tf. II 14 = Tf. 250, 2; Tf. 130, 10; *Vorkl. Chronol.* S. 218 Abb. 694—99; Bull. Paletn. Ital. 42 [1917] S. 10ff. Tf. 1 Rellini). Die Querstangen werden verdoppelt und durch ein Scharnier verbunden, mit Zickzackgranulierwerk überzogen und mit teils angehängten, teils aufgelöteten (z. B. sitzende Affen) Zierraten geschmückt, der Bügel gleichartig verziert, so das Ex. aus Vulci, oder mit Reihen getriebener Flügellöwen, zwischen ihnen auf Leisten gesetzte Entenreihen, während die sehr große elliptische Fußscheibe, mehrfach umsäumt, im geräumigen Mittelfeld getriebene Löwen, Vögel, einmal einen stark griech. beeinflußten Zweikampf, auch Linearornamente aufweist (Tf. 112). Daß diese F. mit der Spitze nach oben auf der Achsel getragen wurden — wenigstens von der Toten; denn sie scheinen für praktischen Gebrauch zu dünn, die Nadel zu schwach — hat Rosenberg (*Eine Fibelfrage* S. 3f.) erwiesen.

Abb.: Montelius *Civ. prim.* Tf. II, 17; 3, 18; 261, Abb. 1a und 1b; 340, Abb. 5a—d (auch Querschnitte); Rosenberg *Eine Fibelfrage* S. 3f. (mit Rückseite); ders. *Granulation* II 52ff. (mit Rückseiten und vergrößerten Einzelheiten).

§ 6. Andere Sonderformen von Prachtfibeln der Etruria maritima. Sieht man als Eigenschaft der F. die federnde Nadel an, so würden die hier zu erwähnenden Stücke eher Hafteln zu nennen sein. Durchweg Edelmetall. Aus einfachen Schulterschließen ist die geschweifte Schulterfibel, ein System von ineinander greifenden Haken und Ösen, entstanden (Studi e Mater. 1 S. 269ff.; Notizie 1913 S. 432; Ath. Mitt. 45 [1920] S. 125 Karo) durch Einfügung von Nadeln, die in langen, hohlen Griffen, welche zur Anschmiegung an die Schultern die einen nach außen, die andern nach innen gebogen sind, laufen; einige dieser Stücke tragen reichen Schmuck durch

a

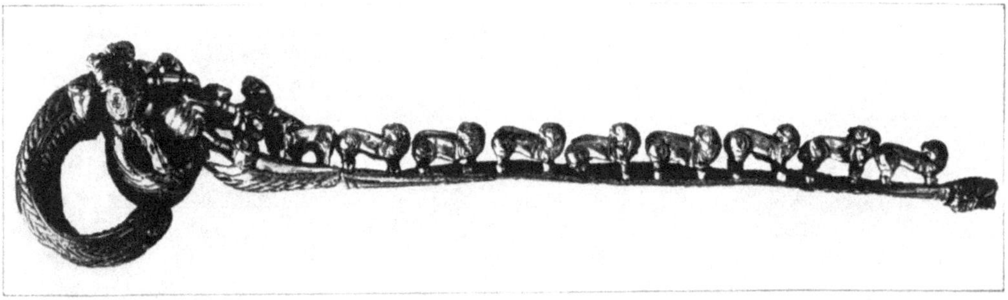

b

c

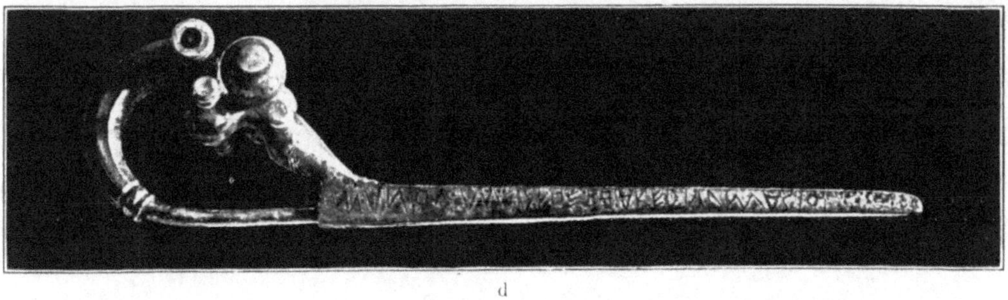

d

Fibel B. Italien

a. Corsinifibel. Von Marsiliana. Ca. $^{2}/_{3}$ n. Gr. Museo archeologico Florenz. — b. Vulcifibel. Ca. $^{2}/_{3}$ n. Gr. British Museum London. — c. Fibel mit etruskischer Inschrift. Chiusi. $^{1}/_{1}$ n. Gr. Louvre Paris. — d. Sog. Maniosfibel mit altlateinischer Inschrift. $^{1}/_{1}$ n. Gr. Nach M. Rosenberg.

a

Fibel B. Italien

a. Lateinische Inschrift der Maniosfibel (Tf. 110 d). $^{2}/_{1}$ n. Gr. – b. Etruskische Inschrift der Louvrefibel (Tf. 110 c). $^{2}/_{1}$ n. Gr. Nach M. Rosenberg.

Fibel B. Italien

Goldene Fibel. Regolini-Galassi-Grab. H. 27,5 cm. Etruskisches Museum, Vatikan. Nach M. Rosenberg.

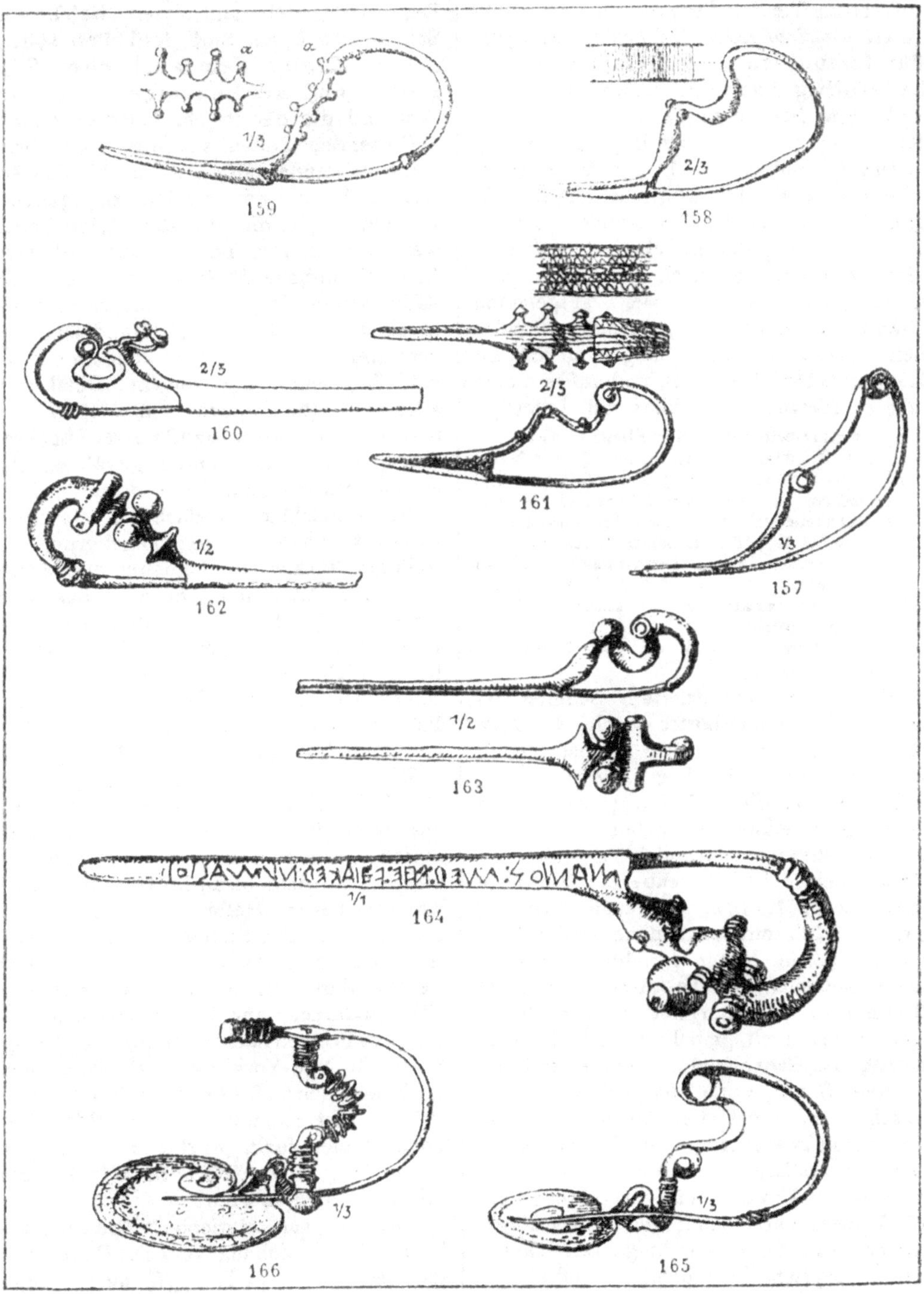

Fibel B. Italien

Übersicht über die Entwicklung der Form. Nach F. v. Duhn.

aufgesetzte Tiere und Granulation (z. B. Marshall *Catal. of jewell.* Tf. 17: 1370, 1371. Für Konstruktion und Gebrauch s. Reisch bei Helbig *Führer d. d. Samml. Roms* II 1582 und besonders die Abbildungen bei Rosenberg *Granulation* II [1916] S. 51).

Die Kammfibel besteht aus einem meist silbernen z. T. mit Gold plattiertem, fein granuliertem Zylinder von ungefähr 0,12 m L., an dessen Unterseite ein System von ineinander greifenden, nach dem Haken- und Ösensystem geteilten, weit ausgelegten Drähten befestigt ist, je einer auf jeder Seite, immer wieder umgebogen, so daß ein Kammzinkenbild entsteht, und auf je einem langen Metallstreifen kunstvoll befestigt.

Für Einzelheiten der Beschreibung s. Marshall a. a. O. S. 127f. zu einer solchen F. von Narce Abb. 7—8, Studi e Mat. 3 S. 147f. Karo, und namentlich, wegen der vorzüglichen Wiedergabe der Unterseite eines solchen Stücks, Rosenberg *Granulation* II 48f. An beiden Orten die Abb. einer sitzenden Frau, Terrakottastatuette aus Caere, auch Atti Acc. Pontif. 14 (1919) Tf. 1, 2 Albizzati, wo ein schwerer Mantel durch eine solche F. auf der r. Schulter festgehalten wird. S. auch die Abb. Marshall a. a. O. Tf. 15: 1372.

Eine noch kompliziertere Schulterfibel aus Gold von unerhörter Pracht der Ausführung stammt aus dem Bernardinigrab von Praeneste (Helbig *Führer* 1577; v. Duhn *Ital. Gräberk.* I 497, 499). Sie auch als F. erkannt zu haben, auf Grund der konstruktiven Ähnlichkeit mit den Kammfibeln, ist Rosenbergs Verdienst (*Granulation* II 45ff., wo auch Abb. 70, 71, 75, z. T. mit Anwendung starker Vergrößerung, die besten Abbildungen; wozu noch Memoirs of the Amer. Acad. at Rome 3 Tf. 1). Hier sind auch noch die Kurzseiten durch granulierte Zylinder eingefaßt, das Ganze bedeckt mit einer überreichen Schar von Tiergebilden, meist Mischwesen, auch zwei Menschenköpfen, als Spitzen zweier langer Durchstecknadeln, alle freiplastisch mit Anwendung weitgehendster Granulierung ausgeführt, ein Werk mehr unendlicher Geduld als künstlerisch gesunder Empfindung. Das Haken- und Ösensystem der Kammfibel mußte einer komplizierteren Art weichen, indem zwei lange Reihen zylindrischer Ösen auf der Rückseite, denen vermutlich gleiche auf dem zu befestigenden Stoff entsprachen, jene zwei Durchstecknadeln aufnahmen, welche das Schmuckstück am Stoff festhalten sollten.

§ 7. **Einige dem westlichen Süditalien und Sizilien eigene Formen.** Während die der griech. Kolonisation voraufliegenden Zeiten seit der sich ihrem Ende nähernden BZ, also auf Sizilien seit Orsi II. Ende und Orsi III., die gleichen Formen zeigen, die auch das übrige Italien, wenn auch in verschiedenartiger Verteilung, (s. o. Violinbogenfibel) bietet, bringt die Kolonisation einige neue, die z. T. schon etwas früher, durch den Handelsverkehr vermittelt, sich zu zeigen beginnen. So eine Bogenfibel mit langem Kanal, den ältesten Gräbergruppen von Megara und Syrakus eigen, deren stabförmiger Bügel von Eisen, mehr oder minder gehoben, eine ans Dreieck streifende Form darstellt, deren kurzes Mittelstück abgeflacht ist. Der Bügel ist stets umkleidet mit kegelförmig gestalteten Stücken von Knochen oder Elfenbein, das Mittelstück entweder aus Bernstein oder auch aus Knochen mit eingelassenen Bernsteinaugen; die Länge ist oft beträchtlich, bis zu 0,14 m Nadellänge, selbst an Kinderschultern: Bull. Paletn. Ital. 22 S. 36, Abb. 10—12 Patroni; Monteliusfestschr. 1913 S. 194, Abb. 3 Orsi.

Diese Form, ursprünglich wohl ganz auf Elfenbeinumkleidung gestellt, mutet durchaus orientalisch an, findet sich auch in Syrien aus Bronze in nah verwandter Gestalt, so im Ashmolean Museum in Oxford, worauf ich Strena Helbigiana S. 57, 1 hinwies, ein Ex. aus Tartûs. Furtwängler (SB. Bayer. Ak. 1899 S. 427) will dies Vorkommen freilich durch Import aus der kret.-myk. Welt erklären, ohne jedoch aus jener die gleichen Formen nachzuweisen. Gleichartige Stücke in New-York (Cesnola) aus Cypern. Ihr Erscheinen an Siziliens Ostküste, wo alles sicher direkt Phön. (trotz Thukydides VI 6) noch immer fehlt, wird durch ostgriech. Vermittlung, sei es nun Rhodos oder Korinth, erklärt werden müssen.

Ebenfalls auf ostgriech., vielleicht phön. beeinflußte Beziehung verweist Orsi (Monteliusfestschr. 1913 S. 193f.) eine in Silber in Sizilien, vielleicht auch Süditalien, vorkommende Form, Orsi besonders aus Megara bekannt, wo sie z. B. in einem Frauengrabe je eine auf jeder Schulter gefunden

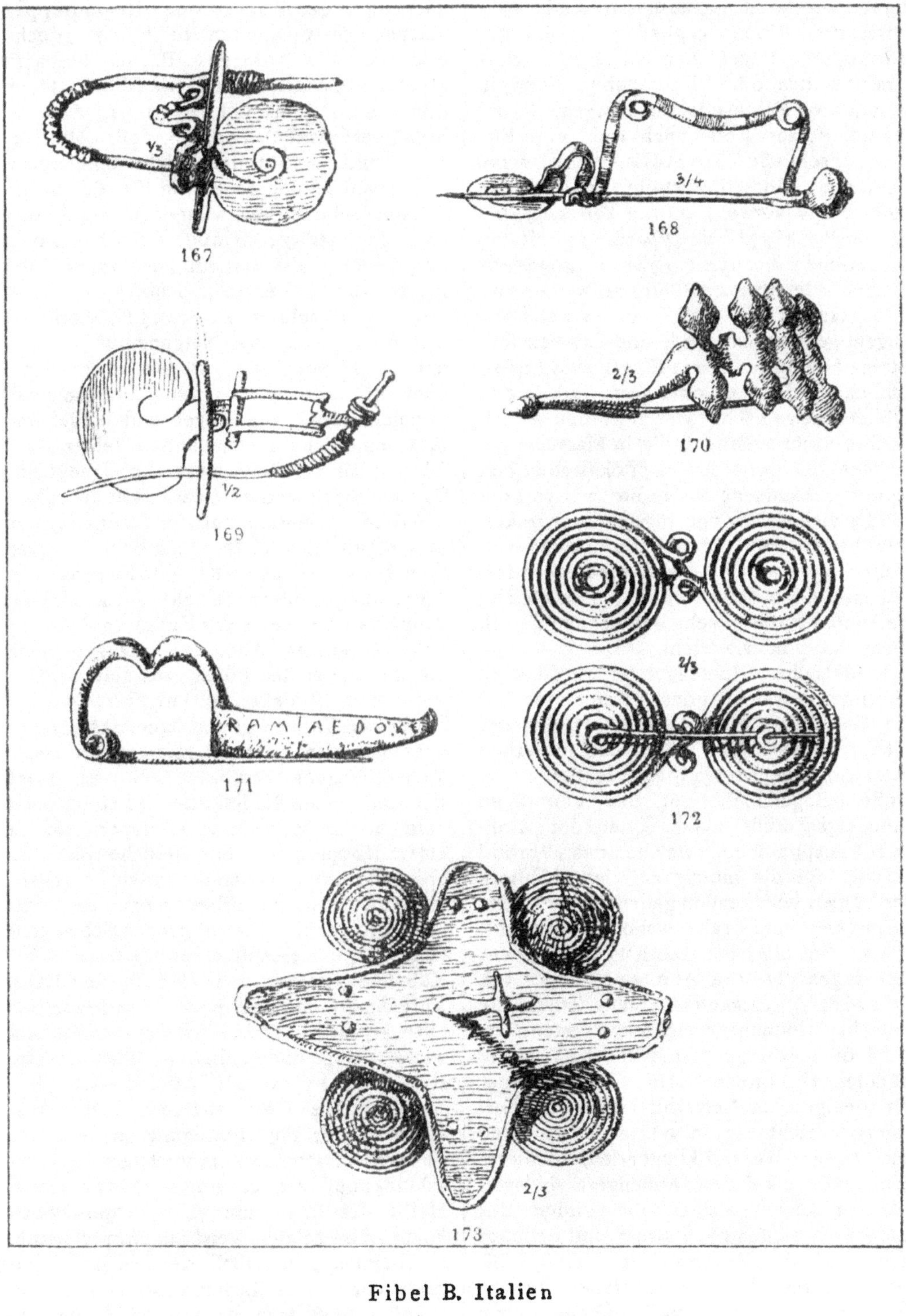

Fibel B. Italien

Übersicht über die Entwicklung der Form. Nach F. v. Duhn.

wurde: segelartig gebauschter, auch wohl durch drei Rippen gegliederter, flach geschwungener Bügel, den aufgesetzte zierliche Rosetten oder ringumgebene Knöpfe schmücken, die Nadel in langem Kanal ruhend, dessen Ende auch wohl eine Rosette abschließt (Montelius *Civ. prim.* Tf. X 119; Monteliusfestschr. 1913 S. 194, Abb. 2). Orsi verweist auf die Tatsache, daß die von Helbig (*Homer. Epos* S. 271) mit den homerischen ἕρματα τρίγληνα μορόεντα glücklich identifizierten Ohrringe, welche mit, besonders gern in drei Trauben geteilten, Kugeln geschmückt sind, und die von ihm (Strena Helbigiana S. 221 ff.) als eine Eigentümlichkeit des sem. oder sem. stark beeinflußten Orients nachgewiesen wurden — ich möchte nachtragen, daß die in Marseille gefundene, doch wohl in der phokäischen Zeit dorthin gekommene Aphrodite in Lyon die völlig gleichen Ohrringe trägt — ein charakteristischer Schmuck grade der Frauen von Megara gewesen sind, daher eine Besonderheit ihrer Grabausstattung, wodurch gleiche Herkunft für die F. sehr wahrscheinlich sei. Denn ital. sind sie nicht.

In derselben Richtung liegt die günstige Einwirkung, welche griech. Empfinden auf die Gestaltung der Bogenfibel überhaupt gehabt haben muß. Früher als in Italien traten in Griechenland an die Stelle der großen Bogenfibeln mit den gewaltigen viereckigen Fußscheiben oder der Zwei- und Vierspiralfibeln, welche das Vorbild abgaben für die massig auf den Schultern der Frauen leuchtenden gleichartigen F. des sikulischen und sabellischen Süditaliens, von wo sie bis nach den Küsten Etruriens vordrangen (Tf. 114 Abb. 172, 173; vgl. Tf. 116d, b), elegantere, mehr durch die einfache, rhythmisch schöne Gestalt, als durch die vordringliche metallische Wirkung auffallende Formen. Und zwar immer nur wenige, den tatsächlichen Zweck erfüllende, nicht wie so oft in Italien noch mit klappernden und klingenden, schillernden und funkelnden Anhängern belastet oder in langen Reihen die Linien des Körpers begleitend, an Brust und Schulter sich häufend. Kommen auch einige Bizarrerien, wie die in ganz Italien, besonders gern im Veneterland, aufgenommene Freude an Umwandlung des Bügels in ein Tier oder gar Wagen- oder Reitergruppe, gelegentlich auch noch auf F. der griech. Kolonialstädte vor (s. z. B. aus Megara; Monteliusfestschr. 1913 S. 195 Abb. 4a Orsi oder Bull. Paletn. Ital. 22 S. 34, Abb. 9; Monteliusfestschr. 1913 S. 198, Abb. 12 aus Syrakus), so treten solche Spielereien doch bald zurück gegen die Freude an der einfach schön geschwungenen Form der stets in mäßiger Größe sich haltenden Bogenfibel (s. die Syrakusaner Formen Bull. Paletn. Ital. 22 S. 32 f., Abb. 3—7 oder Monteliusfestschr. 1913 S. 195 ff., Abb. 4b, 5b, 6—9). Ja, die Neigung, selbst die leichte Hebung des Bügels diskret zu mäßigen, führt wieder fast atavistisch zur Parallelisierung von Bügel und Nadel zurück, natürlich in ganz anders feiner Ausführung als zur Zeit der Violinbogenfibeln. Solche Stücke sind z. B. im epizephyrischen Lokri im Heiligtum auf der Mannella und in Gräbern des 6. Jh. gefunden, in ihrer vornehmen Einfachheit und Eleganz der Ausführung unübertrefflich: Notizie 1911 Suppl. 14 Abb. 12; 1912 Suppl. 15 Abb. 19; 1914 Suppl. 21 Abb. 21. Einige dieser Stücke zeigen den Bügel ganz glatt, andere von feiner Reliefierung umgeben, die an die besten Formen griech. architektonischer Schmuckweise erinnert. Mit rechtwinkliger Vertikalbiegung verbindet sich der Bügel mit der kurzen Nadelhülse und steigt dann gern nochmals senkrecht empor, um in einen Knopf oder eine zierliche Blüte zu endigen: ein gewaltiger Fortschritt gegenüber den älteren Fibelformen, der einfachen Bogenfibel, der einfachen Schlangenfibel, der Scheibenfibel und der gefüllten Kahnfibel, welche den Weg zu den sikul. Vorgängern der Lokrer an ebendemselben Orte (v. Duhn *Ital. Gräberk.* I 53 ff.) und weiter n. gefunden hatten (Bull. Paletn. Ital. 36 [1911] S. 51 ff. Abb. E—H).

§ 8. Die Certosafibel. Das Ausflammen der Bügelbewegung in dem am Fußende nochmals emporsteigenden Abschlußknopf, wie es schon in der ersten Hälfte des 6. Jh. die eben besprochenen F. aus Lokri zeigten, weist auf entsprechende Erscheinungen innerhalb der rein ital. Fibelgestaltung. Das Zusammentreffen ist so auffällig, daß man es schwerlich für zufällig halten möchte. An Stelle des alten

a

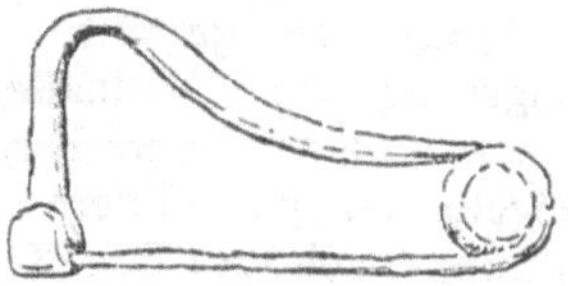

c

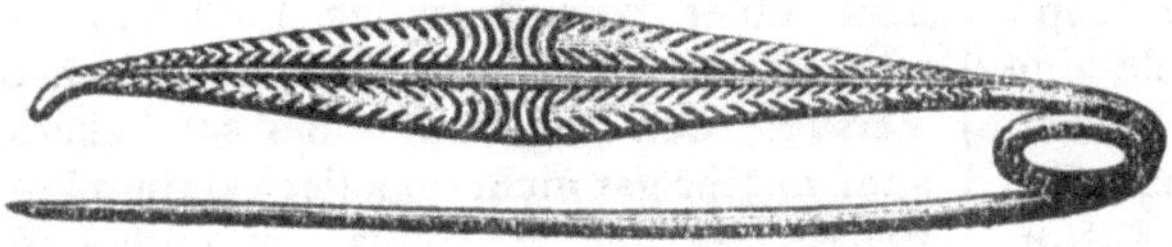

b

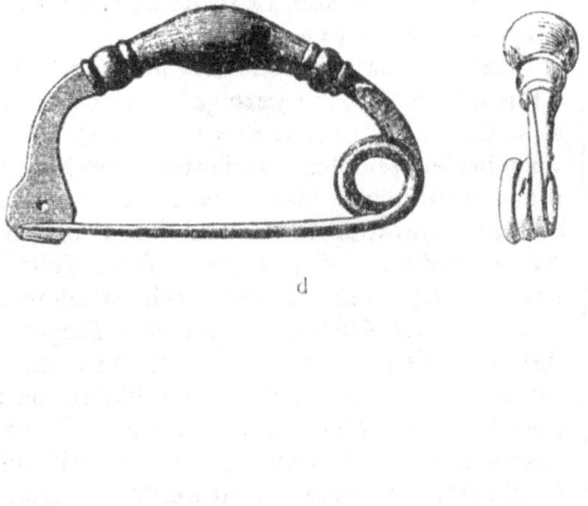

d

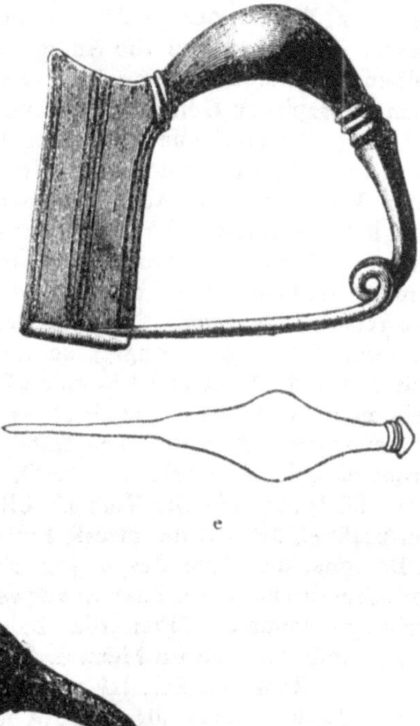

e

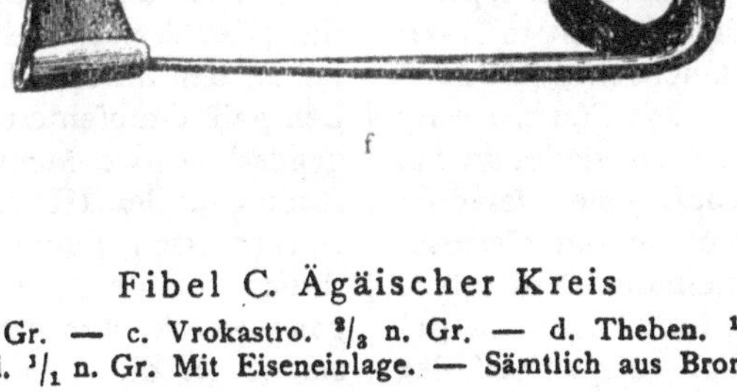

f

Fibel C. Ägäischer Kreis

a–b. Mykenai. b. $^1/_2$ n. Gr. — c. Vrokastro. $^2/_3$ n. Gr. — d. Theben. $^1/_2$ n. Gr. — e. Kameiros. $^2/_3$ n. Gr. — f. Thespiai. $^1/_1$ n. Gr. Mit Eiseneinlage. — Sämtlich aus Bronze. Nach O. Montelius.

oft einem Halbkreis sich nähernden, ja ihn wohl überschreitenden Bügels der einfachen Bogenfibel war immer mehr die Neigung getreten, den Bügel wieder zu verflachen, dadurch die Form lebendiger, fließender zu gestalten und durch Verlängerung des Nadelhalters zu einem gestreckten Kanal den harten Abstand des Bügelendes zu mildern und die Linienführung auch des Bügelfußes in den Kanal organisch überzuleiten, wie auf der Kopfseite durch das Mittelglied der Spirale eine solche Überleitung sich längst als selbstverständlich ergeben hatte. Auch diese Bewegung scheint ihren eigentlichen Anstoß von S empfangen zu haben, wenn wir s. Formen, wie Montelius *Civ. prim.* Tf. X 120 aus Ruvo oder Tf. XI 155 ins Auge fassen. Von dort wird die Anregung, demselben Zug folgend, der z. B. so viele apulisch-messapische Gefäße die Ostküste hinauf getragen und die tarentiner Münzen zum am meisten verbreiteten Kursgeld an dem Westufer der Adria gemacht hat, den ital. Barbarenländern übermittelt sein und wie durch die Abruzzen ins umbrisch-etrusk. Binnenland (s. die Beispiele bei Montelius *Civ. prim.* Tf. XI aus Terni und Orvieto, Trevi und Perugia), so längs der Küste nach der Romagna, besonders Bologna gekommen sein, wo die noch etwas eckige, in der angegebenen Richtung tastende sog. Arnoaldifibel (Montelius a. a. O. Tf. XI 141; Tf. 83, 17, 18) die Vorstufe bildet zur Certosafibel, die seit der etrusk. Festsetzung in Bologna, um Mitte des 6. Jh., eine vorherrschende und für die Zukunft wegweisende Stellung einnimmt (über die Zeit ihres ersten Auftretens: Atti e Mem. d. R. Dep. d. st. p. p. l. Romagna Ser. III vol. 8 [1890] S. 9 v. Duhn), auch für das Alpengebiet und Süddeutschland von Bedeutung geworden. Es mag erwähnt werden, daß gerade im Gräberfeld Arnoaldi so typisch südital.-griech. F., wie die kürzlich in Lokri gefundenen (s. o.), aufgetaucht sind (Gozzadini *Scavi Arnoaldi-Veli* 1877 Tf. 12, 7 oder Montelius a. a. O. Tf. 83, 2), wiederum ein Hinweis auf die Herkunft jenes feineren Formempfindens, das sich in der Certosafibel und ihren unmittelbaren Vorläufern äußert. Denn daß griech. Adriahandel daran wesentlich beteiligt sei, worauf der sieghafte Einzug att. Vasen über das Mündungsgebiet des Po (Adria, Valle Trebba, w. von Comacchio) nach Bologna führen könnte, wird unwahrscheinlich durch die bekannte Tatsache, daß um eben jene Zeit im eigentlichen Griechenland der Gebrauch der F. gegenüber der langen, häufig mit sehr kunstreichem Kopf geschmückten Nadel auffällig zurückzutreten begonnen hat. Gerade die F. der Arnoaldistufe zeigen das Suchen nach einer befriedigenden Fußlösung besonders deutlich; wenig glücklich war der Versuch, den Bügel mit einer schützenden, aber mit ihr gar nicht organisch verbundenen Bedeckung der Nadelhülse zu verknüpfen, deren offenes Ende unregelmäßig auslief, wie schon früher plumpe Kahnfibeln (Montelius a. a. O. Tf. 83, 1), absichtlich oder unabsichtlich spielend mit der Form eines Schwalbenschwanzes, daher F. a coda di rondine (Tf. 109 Abb. 149; Montelius *Civ. prim.* Tf. XI 143 = 102, 2).

Zwei charakteristische Formen sind auf Tf. 109 Abb. 150, 151 gezeigt (= Montelius a. a. O. Tf. XI 144, 147 = 102, 3, 4). Mit mancherlei leichten Varianten durchzieht diese F. zunächst das Poland, dann auch andere Teile Mittelitaliens und dringt über die Alpen nordost- und nordwärts. Eine Weiterentwicklung strebt wieder nach stärkerem Volumen auf Kosten der leichten Eleganz, die nur dem ausgehenden 6. und dem größeren Teil des 5. Jh. eigen bleibt, und bereitet so die Weiterbildung zur gall. F. vor, deren erste Stadien auf ital. Boden mit der Certosaform oft verwechselt werden. Findet sich doch die Certosafibel selbst noch in rein gall. Gräbern, wie z. B. in Montefortino (Mon. Lincei 9 Tf. 7, 10) in Gestalt einer im Picenum besonders üblichen Abart.

§ 9. Die gallische (Latène-)Fibel. Verfolgt man die Entwicklung der F. in Bologna, so wird man nicht zweifeln können, daß die Latènefibel eine Weiterbildung der Certosafibel ist. Bogen und Nadelhalter der ältesten Latènefibeln, wie sie in den gall. Grabfeldern um Bologna und Umgegend (Atti e Mem. d. Dep. d. st. p. p. l. Romagna Ser. III vol. 5 [1887] S. 457 ff. Brizio) sich gefunden haben, seitdem natürlich vermehrt, sind den Certosafibeln ganz gleich; der einzig wesentliche Unterschied ist die Verstärkung der Federkraft

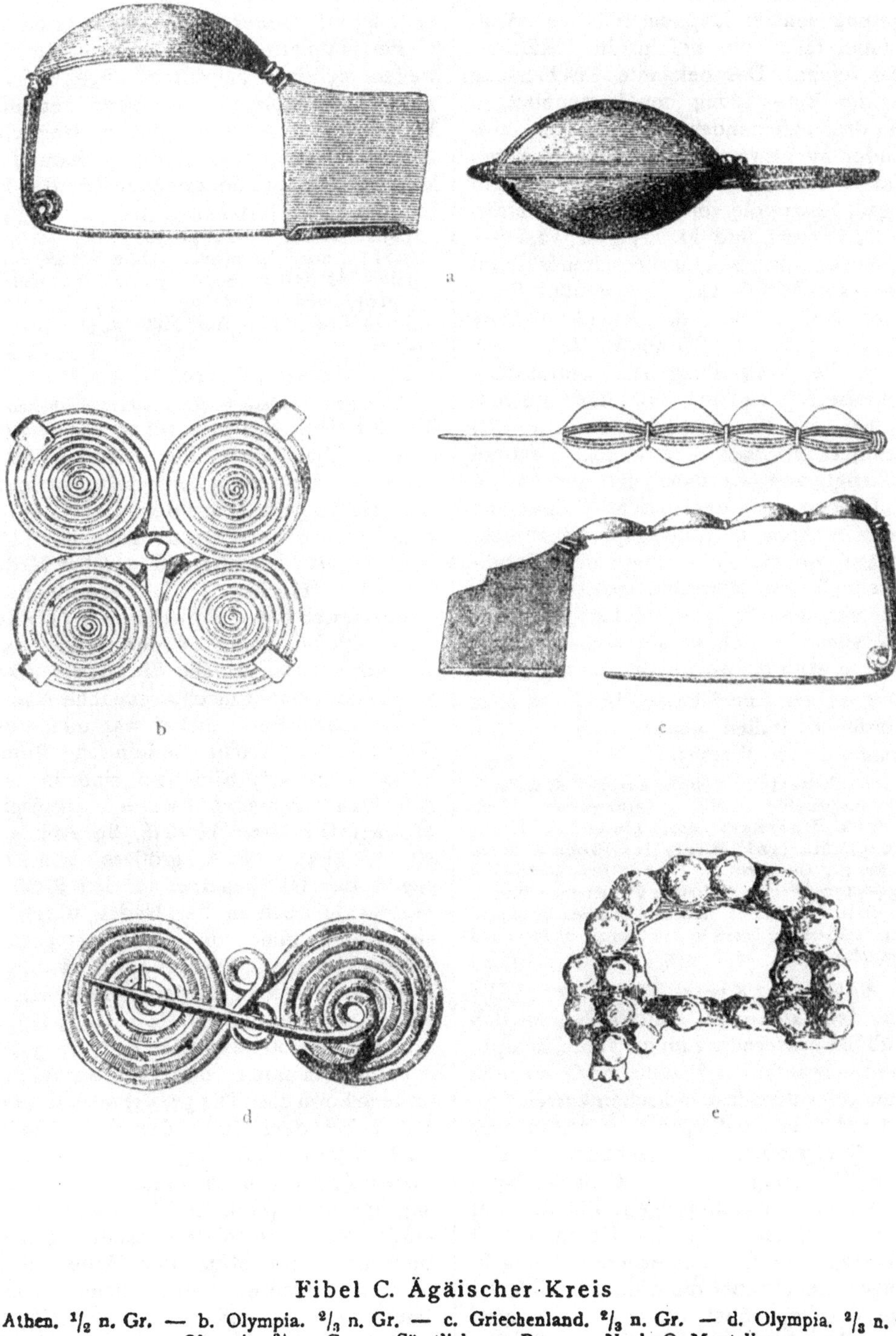

Fibel C. Ägäischer Kreis

a. Athen. 1/2 n. Gr. — b. Olympia. 2/3 n. Gr. — c. Griechenland. 2/3 n. Gr. — d. Olympia. 2/3 n. Gr. — e. Olympia. 3/5 n. Gr. — Sämtlich aus Bronze. Nach O. Montelius.

durch eine zweiseitige statt der früheren einseitigen Spirale: eine Änderung, die in späteren Zeiten durch beiderseitige Verlängerung solcher Doppelspirale zur Armbrustfibel führt, die tief in die RKZ und weiter reicht. Das bekannte Tischlersche Bild der Entwicklung der Latènefibel in ihren drei aufeinander folgenden und auseinander herauswachsenden Veränderungen bestätigt sich in Italien durchaus; z. B. in der gall. Nekropole von Marzabotto (Brizio a. a. O. S. 526f. und Tf. 7, 11, 12, 22, 26—31, 39, 40) oder dem großen Grabfeld von Ornavasso (Mittel- und beginnendes Spätlatène: Atti d. Soc. d. archeol. e belle Arti p. l. prov. d. Torino 6 Tf. 9—10). Die rasche Verbreitung der Certosafibel durch die Alpengebiete und über sie hinweg hat die Neugestaltung auch in den wesentlich auf Eisen angewiesenen Ländern begünstigt, von wo dann die um 400 in die Poebene einbrechenden Gallier sie wieder in ihren s. Ausgangspunkt zurückbrachten, wo sie sich infolge ihrer Solidität schnell ein Herrschaftsgebiet erwarb, nicht nur wo die gall. Hoheit bestehen blieb, sondern auch wo sie zurückgedrängt wurde, ja auch da, wo sie niemals erlebt war.

Die weitere Entwicklung der F. im röm. gewordenen Italien gehört nicht in den Rahmen dieses Werkes.

Marchesetti *Scavi nella necropoli di S. Lucia* 1893 S. 224ff.; Arch. f. Anthrop. 23 (1895) S. 621ff. Hoernes; Mon. Lincei 10 (1901) S. 625ff. Mariani; Montelius *Vorklass. Chron.* 1912 S. 208—240; v. Duhn *Ital. Gräberk.* I 475—479. Ferner zahlreiche Einzelbehandlungen im Bull. Paletn. Ital. und den Veröffentlichungen von Gräberkomplexen in den Notizie d. scavi und den Monumenti dei Lincei. v. Duhn

C. Ägäischer Kreis. (Tf. 115—117). Die F. ist dem kret.-myk. Kulturkreise an sich fremd. Sie paßt weder zum genähten, komplizierten Gewande der Frauen, noch zu dem Schurz oder dem festländischen kurzen Chiton der Männer. So dringen denn erst in jungmyk. Zeit vereinzelte Bronzefibeln von einfacher Violinbogenform, mit flachgehämmertem, lorbeerblattförmigem Bügel, wohl aus dem N, ein. In der Übergangszeit vom Myk. zum Geometrischen wird die F. häufiger, behält aber die durchaus einfache Form der Bogenfibel, oft mit zwei Knoten an den Bügelenden. In der geometrischen Kunst erscheinen reichere Formen mit Reifen und Kugeln am Bügel, ferner eine besonders in Böotien zahlreich vertretene Gattung mit breiter, rechteckiger, reich gravierter Fußplatte und noch gewölbtem, bisweilen mehrfach gewelltem Bügel, z. T. in riesigen Exemplaren. Daneben vereinzelt F. mit flach zu einer großen länglichen Platte gehämmertem Bügel. Spiralfibeln kennen wir erst in der orientalisierenden Per.

S. a. Geometrische Kultur. — 'Eφ. ἀρχ. 1891 S. 26 Tf. 3, 5; 1904 S. 30; *Fouilles de Delphes* V 7f.; Amer. Journ. Arch. 1901 S. 136; Arch. Jahrb. 27 (1912) S. 47 Oelmann; ebd. 31 (1916) S. 288ff. Reisinger; H. Dragendorff *Thera* II S. 302ff.; Ath. Mitt. 28 (1903) S. 232 Pfuhl. G. Karo

D. Palästina-Syrien.

§ 1. Gewandnadeln. — § 2. F. aus zwei Stücken. — § 3. Bogenfibel. — § 4. F. mit geknicktem Bügel.

§ 1. Die Tracht der Bewohner Pal.-Syriens in der älteren Zeit (einfacher Schurz oder Hemd) wurde nur durch einen Gürtel oder Schnuren zusammengehalten. Man bedurfte also kaum irgend welcher Nadeln oder F. Höchstens das eigentümliche Wickelgewand der Vornehmeren (s. Kleidung D) brauchte auf der Achsel oder am Körper eine solche Sicherung. Dazu verwendete man zunächst einfache Nadeln, deren oberes Ende dicker war oder einen Knopf hatte. Solche Nadeln aus Bronze, Silber, Knochen, Elfenbein sind in allen Schichten gefunden worden (Beispiele Macalister *Gezer* II 78ff., 89 Abb. 278; III Tf. 133). Noch größere Sicherheit gegen das Hineingleiten in den Stoff gewährte ein Loch in der Nadel, durch das ein Faden oder ein Kettchen gezogen werden konnte. Dieses Loch wurde in verschiedener Art gebildet: indem man das obere Ende umbog (ebd. III Tf. 133, 30), die Nadel an einer Stelle spaltete (ebd. Tf. 133, 50) oder flachhämmerte und hier durchbohrte (seltene Form ebd. Tf. 133, 53) oder von vornherein bei dem Guß oder Hämmern ein Loch vorsah (ebd. Tf. 133, 44f.). Ein Stück der letzten Art trug noch einen feinen Goldring im Öhr (ebd. II 86). Dieses Öhr wurde nicht am oberen Ende, sondern mehr nach der Mitte der Nadel zu angebracht, sodaß ein beträchtlicher Teil aus dem Stoffe heraussah und deshalb besonders verziert wurde. Die Art, in der

Fibel C. Ägäischer Kreis

Griechenland. Vorder- und Rückseite. Größte L. 21 cm. Nach Arch. Jahrb. 1916.

dies geschah, verrät deutlich die Herkunft aus dem ägäischen Gebiete (s. Ägäischer Einfluß auf Pal.-Syrien § 3; weitere Beispiele, fälschlich als Haarnadeln bezeichnet, Macalister *Gezer* I 126, 304 Abb. 160; III Tf. 31, 12ff. Silber; Tf. 31, 17; 36, 12 Bronze). — Abb. s. u. Nadel C.

§ 2. Eigentliche F. (in den Amarnabriefen vielleicht als *mišeru* bezeichnet 14 I 76; II 58) treten erst später gegen Ende der BZ auf, offenbar auch als aus dem W eingeführte Ware. Da sie verhältnismäßig selten sind, läßt sich eine fortlaufende Entwicklung nicht wie anderwärts verfolgen. An den älteren Stücken ist Bügel und Nadel getrennt. Beide Enden des viereckigen oder runden Bügels werden platt gehämmert, das eine nach aufwärts gebogen, so daß es als Lager für die Nadelspitze dient, das andere wird durchlocht, damit hier die mit einem Knopf versehene Nadel durchgesteckt werden kann (Macalister *Gezer* II 80; III Tf. 134, 2). Wie lange sich diese Form erhielt, zeigt die F. aus dem sogenannten Philistergrabe Nr. 3 (ebd. I 292; III Tf. 55, 9).

§ 3. Im 1. Jht. werden dann Bügel und Nadel aus einem Stück gefertigt. Der meist halbkreisförmig gebogene Bügel ist entweder gleichmäßig stark oder verdickt sich nach einem Ende (ebd. III Tf. 134, 14) oder nach beiden Enden (134, 3. 6. 24). Gelegentlich wird er zu einer Reihe perlenartiger Knöpfe geformt (134, 21. 23; I 335; III Tf. 89, 10). Die Nadel erhält ihre Spannung durch eine einfache, seltener mehrfache Feder (I 358; III Tf. 98, 29; 133, 27; 134, 5f. 16. 18. 22. 26. 30; PEF Annual 2 [1912/13] S. 59, 69, Tf. 27, 38 D. Mackenzie; Bliss-Macalister *Excavations* S. 149, Tf. 80, 7ff.; Schumacher *Mutesellim* S. 59, 124, 139).

§ 4. In vereinzelten Fällen ist der Bügel in der Mitte scharf geknickt, sodaß die F. Dreiecksform erhält (ZfEthn. 25 [1893] S. 387 F. v. Luschan [Sendschirli]; PEF Annual 2 [1912/13] S. 73, 77, 90; Tf. 40, 23; 43, 11; 59A, 18 D. Mackenzie [Bethsemes; s. d.]; Sellin-Watzinger *Jericho* S. 151; Bliss-Macalister *Excavations* Tf. 80, 6; Macalister *Gezer* III Tf. 134, 27 [schon hellenistisch]). Diese Art scheint auf den O beschränkt und hier entstanden zu sein, hat sich aber nicht gehalten, da später durchaus die w. Formen vorkommen. Spiralscheiben oder große Prunkstücke fehlen völlig. Eisen wird erst in hellenist. Zeit verwendet; eine F. hatte den Bügel aus Eisen, die Nadel aus Bronze (Macalister *Gezer* II 81; III Tf. 134, 17). Peter Thomsen

E. Vorderasien. Die F. zum Zusammenhalten der Kleider bestanden im Zweistromlande aus einem halbrunden oder eckigen Bügel und einer an einem Ende befestigten, durch mehrere Windungen federnd gemachten Nadel, die am anderen Ende in eine handförmige Hafte einschlägt. F. lassen sich im Zweistromlande sicher erst seit neubabyl. Zeit nachweisen, doch werden sie, wie man aus Abb. schließen kann, wohl mindestens schon seit der Kossäerzeit bekannt gewesen sein. S. a. Nadel D.

Koldewey *Das wieder erstehende Babylon* 1913 S. 259f. B. Meissner

Fieber. § 1. Der Fieberanfall mit seinem Schüttelfroste beim Beginn, der folgenden brennenden Hitze und seinem Schweißausbruch beim Nachlaß des Anfalls, die schwere Fieberkrankheit, die den Menschen tage- und wochenlang in tiefem Kräfteverfall daniederwirft, sein Bewußtsein in Delirien davonführt, ihn furchtbare Bilder sehen läßt und oft ihn gänzlich aus dem Leben tilgt, hat mit in allererster Linie der Vorstellung von dem Krankheitsdämon als ursächliches Veranlassungsmoment gedient, der den Menschen packt und schüttelt, sich quälend in ihm niederläßt und mit ihm sein böses Spiel treibt. Gerade diese immer wiederkehrenden, auffallenden, Entsetzen weckenden Begleiterscheinungen fieberhafter Erkrankungen haben die Krankheitsdämonen-Vorstellungen mit besonderem Nachdruck genährt und wach erhalten.

§ 2. Besondere Fieberdämonen sind in vielen Kulturen geläufig, so der *Ekimmu* in Babylonien, der im Kopfe seinen Sitz aufschlägt. Bei den Germanen war es der böse *Ritt*, *Ritten*, der „Rüttler", der den Menschen erzittern läßt, ihn im Frostschauer rüttelt und schüttelt, auch wohl mit sich dahin zu führen scheint, als ganz persönlicher Feind und Unhold gedacht, der den Menschen quält und martert.

§ 3. Die Fieberbehandlung in der Frühmedizin ist darum auch ganz vorwiegend eine antidämonische. Von Fieberbesprechungen, gegen das F. geübtem Zauberbann in den verschiedensten Formen sind aus der primitiven Volksmedizin allenthalben starke Reste erhalten. Daß aber auch schon frühe mit hitzewidrigen Mitteln gegen die hohen Fiebertemperaturen vorzugehen versucht wurde, mit äußerlichen wärmeentziehenden Agentien wie innerlich mit kühlenden Fiebertränken usw., braucht kaum besonders hervorgehoben zu werden.

Höfler *Deutsches Krankheitsnamenbuch* 1899 S. 138ff., 513f.; v. Hovorka u. Kronfeld *Vergl. Volksmedizin* I (1908) S. 135ff.

Sudhoff

Fiedelbohrer. Ein Bohrer, dessen Spindel dadurch bewegt wird, daß die Sehne eines Bogens herumgeschlungen und hin und her gezogen wird. Überreste sind noch nicht gefunden worden, man nimmt aber an, daß der F. zum Bohren der Schaftlöcher der Steinäxte benutzt wurde (Band II Tf. 49m). S. Steinbearbeitung § 13.

Alfred Götze

Figuier, Le (Höhle). Die „Grotte du Figuier" liegt annähernd gegenüber der Chabot-Höhle (s. d.), am linken Ufer der Ardèche, unweit Saint-Martin-d'Ardèche (frz. Dép. Ardèche). Sie enthält tiefe, rohe Wandgravierungen, ohne größeres Interesse. Entdeckt und veröffentlicht von L. Chiron. S. Kunst A II.

L. Chiron *Rapport sur les grottes Chabot et du Figuier* Acad. de Vaucluse 1890 S. 344.

H. Obermaier

Figurenstein s. Eolithenproblem § 8.

Figürliche Darstellung. Bei dem anikonischen Charakter der alteurop. Kunst (s. Ornamentik A) ist das Auftreten figürlicher Darstellungen immer nur ganz besonderen Umständen zuzuschreiben. Wir können hier, ihrer eigentümlichen Begründung nach, drei große Gruppen figuraler Darstellungen unterscheiden:

§ 1. Die Nachwirkung oder Fortsetzung des primären Jägernaturalismus im äußersten SW und NO bzw. O Europas. Die Zeitstellung der span. Felsmalereien unter freiem Himmel ist zum Teil strittig (s. Kunst A, Pyrenäenhalbinsel B § 1). Trotz der hervorragenden Stellung der menschlichen Figur, des Strebens nach szenischer Komposition (s. Gruppendarstellung), der Darstellung von Frauen mit glockenartigen Röcken, Bogenschützen und stark abgekürzten menschlichen Figuren, die an gewisse Alabasteridole des iber. Neol. erinnern, rechneten Breuil und Obermaier die Malereien von Cogul (Prov. Lérida) und Alpera (Albacete) zum Magdalénien, während Hoernes sie als nachdiluvial betrachtet. Sowohl im S als im N der iber. Halbinsel wurden aber Felsmalereien angetroffen, deren neol. oder äneol. Charakter auf Grund der Darstellungen kaum angezweifelt wird: neben Hirschen, Ringern, Männern mit Pferd und Bogen erscheinen Varianten neol. Idole in Malereien der Sierra Morena, Darstellungen eines neol. Idols und frühbronzezeitl. Dolches in Peña-Tu (Orviedo). Auch die Darstellungen in einer Höhle bei Cadiz mit nackten Frauen, Bogenschützen, Vögeln usw. hält Breuil für neol. Auf jeden Fall ist also wie in Nordafrika, Oberägypten, auch in Spanien mit einem Nachleben des urzeitlichen Naturalismus bis in das Spätneol. zu rechnen.

L'Anthrop. 23 (1912) S. 1ff.; 25 (1914) S. 237ff., 544ff.; Hoernes *Urgesch.*[2] S. 152, 615; H. Obermaier *Der Mensch der Vorzeit.* o. J. (1912) S. 435; Präh. Z. 13—14 (1921—22) S. 177ff.

§ 2. Noch reiner und länger hielt sich diese Jägerkunst an der n. und ö. Peripherie des europ. Kulturkreises, wo der Naturalismus der „arktisch-baltischen" Kunst sich nicht nur in der ornamentalen Verwendung gut charakterisierter Tierköpfe und in einer oft vorzüglichen Tierplastik betätigt (s. Plastik B, Tierornament), sondern auch in Felsenzeichnungen, die sich von Nordskandinavien (hier z. T. noch in der BZ) bis zum Onegasee verfolgen lassen (s. Felsenzeichnung A § 1). Von den Trägern der höher stehenden Megalithgräberkultur aus Schweden, dann aus Finnland zurückgedrängt, haben sich Überbleibsel dieser zeitlosen naturalistischen Jägerkunst im N Europas (bei den arktischen Naturvölkern bis auf unsere Zeit) und in Zentralrußland noch lange in der Metallzeit gehalten, so daß ihr Auftreten keine Handhabe für die Datierung bietet. In dem Tiergewirr auf ostpontischen Bronzearbeiten der späten BZ oder skyth. Goldarbeiten mögen sich späte Ausläufer dieses primitiven Jägernaturalismus mit orientalisch-griech. Einflüssen gekreuzt haben (s. auch Gruppendarstellung, Tierornament).

Figürliche Darstellung

Felsenzeichnung, Tegneby, Bohuslän. Nach O. Montelius.

Congr. intern préh. 1893 S. 27f. Anutschin (Ableitung aus der westeurop. Jägerkunst); Präh. Z. 3 (1911) S. 358ff. Almgren (Zusammenhang mit der Maglemosekultur); A. W. Brøgger *Den Arktiske Stenaldern i Norge* 1909 S. 108f. (Ableitung aus dem O); Fornvännen 1907 S. 160; 1908 S. 49; 1909 S. 126; Ymer 1907 S. 211; Präh. Z. 3 (1911) S. 358 G. Hallström (Zurückweichen der arkt.-balt. Kultur nach O); Hoernes *Urgesch.*[2] S. 232ff., 427ff.

§ 3. Im Kerngebiet der alteurop. Kunst selber führte das Bedürfnis nach bilderschriftlicher Mitteilung profaner Ereignisse oder sinnbildlich-religiöser Auszeichnung geheiligter Gegenstände zu kunstlosen Darstellungen, die zum Teil der degenerierten Jägerkunst und der Kinderzeichnung (s. d.) verwandt erscheinen. Sie können plötzlich auftreten um wieder zu verschwinden, weisen nur ausnahmsweise eine lose Beziehung zu der streng disziplinierten Ornamentik auf und geben in ihrer charakteristischen Entwicklungslosigkeit nie Anlaß zum Entstehen einer freien Bildkunst. In den Steinplatten des schnurkeramischen Grabes von Göhlitzch (s. d.) sind in auffallend sorgfältiger Ausführung Waffen (Bogen, Axt, Pfeilköcher) graviert (Band II Tf. 16). Es kann aber auch eine so starke Abkürzung durchgeführt werden, daß die gegenständliche Bedeutung des Dargestellten nur noch zu vermuten ist: Gabelförmige Zeichen auf den neol. Grabplatten von Züschen (s. d.; Rinder mit Wagen?), rohe Zeichen in Sandstein im Becher von Paris (Bull. Anthrop. 1911 S. 379, 385). Darstellungen von Waffen als Zeugen einer ganz allgemein vom Mittelmeer bis Skandinavien verbreiteten und noch in hist. Zeit bezeugten Hoplolatrie sind häufig, so auf den skulptierten französischen Dolmen namentlich in Bretagne (Morbihan) und Grabplatten der früheren BZ Portugals.

Rev. d'Anthropol. 4 (1894) S. 273ff. A. de Mortillet; Arch. Port. 1906 Tf. 1, 2, 1908 S. 300 Abb. 1.

§ 4. Kultcharakter besitzen zweifellos auch die Axtdolche (Dolchstäbe) der ligur. Felsenzeichnungen; sie können von einem in viel kleinerem Maßstab gezeichneten Manne gehalten werden, oder auch es steht dieser mit gehobenen Händen (in Anbetung?) vor der Waffe. Daneben finden sich Lanzen, Kurzschwerter, Sicheln und Zeichen wie Kreise, Räder, Fußsohlen, deren sinnbildliche Bedeutung wahrscheinlich ist. Inwiefern das auch für die zahlreichen Darstellungen von Rindern und Pflügen mit begleitenden Männergestalten zutrifft, ist schwer zu entscheiden (s. Felsenzeichnung C). — Wie diese ligur. Darstellungen der frühen BZ lassen auch die bis in die II. Per. Mont. zurückgehenden Felsbilder der südschwed. Küstenlandschaften von Bohuslän bis Östergötland und die Insel Gotland die letzte Spur des Jägernaturalismus, aber auch jede Absicht auf künstlerische Gestaltung vermissen. Dargestellt sind in regellosem Neben- und Übereinander bemannte Schiffe, kämpfende Krieger, Reiter, Wagen mit Pferden, Pflüge, einzelne Pferde, Rinder, Hirsche, durch das lange Haar kenntlich gemachte Frauen und ithyphallische Männer, Räder und Radkreuze, Fußsohlen u. a. m. (Tf. 51—54, 118). Für die Kulturforschung bieten diese, offenbar dem täglichen Leben entnommenen Darstellungen eine unerschöpfliche Quelle, dagegen stößt die in letzter Zeit wieder aufkommende Neigung, hier eine Art mythologischer Kolossalgemälde zu erkennen und die Männergestalten als Götterdarstellungen zu deuten, auf schwere Bedenken. Daß sich unter diesen Schilderungen wichtiger Begebenheiten auch solche befinden, die sich auf das religiöse Leben beziehen (Sonnen-, Tierkult), ist nur wahrscheinlich. Mit einiger Sicherheit sind symbolische Sonnenzeichen oder sogar Sonnenstelen (s. Radornament) zu unterscheiden; einige Zeichen sind vielleicht als heilige Haine zu denken (Scheiben mit Kranz aus dreizackigen Gabeln — in die Fläche projizierte Bäume? —; einmal ist eine Öffnung frei gelassen, vor der eine Frau mit ausgestreckten Armen). Aber schon das Fehlen einer allg. verbreiteten, traditionell begründeten Bildkunst zwingt zu der Annahme, daß die Naturreligion im germ. N vor der intensiveren Berührung mit den s. Kulturen die Vorstellung und Darstellung menschengestaltiger Gottheiten überhaupt nicht aufkommen ließ (s. Plastik B). — Auch bei den skulptierten Steinplatten des Kivikgrabes (s. Kivik) in Schonen lassen die wenig zuverlässigen, z. T. stark abweichenden Abbildungen mit einiger Sicherheit auf den Stein-, Waffen-, Tier- oder Sonnenkult

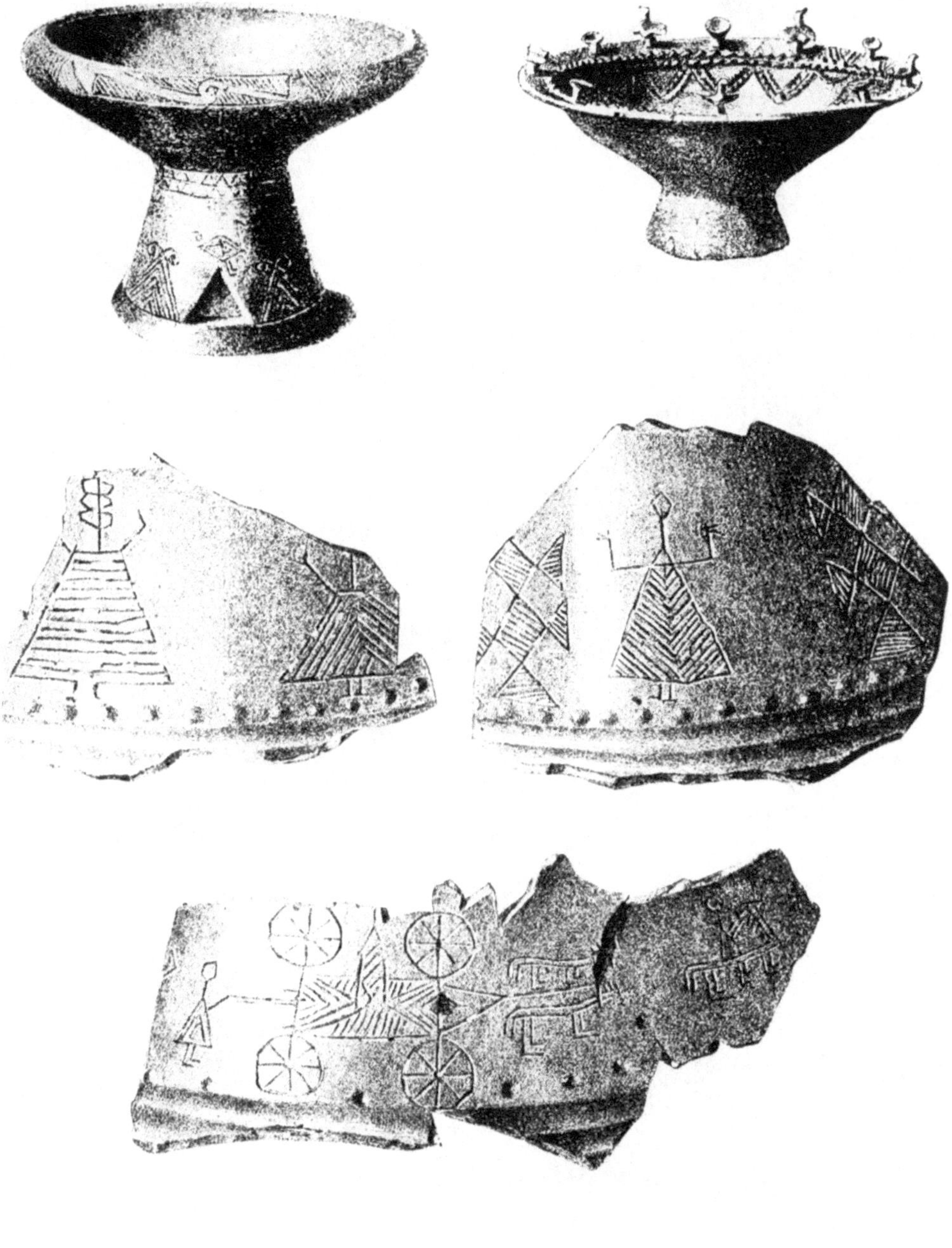

Figürliche Darstellung

Verzierte Tongefäße und Scherben. Grabhügel von Ödenburg. Nach M. Hoernes, Urgeschichte der bildenden Kunst[2].

b

a

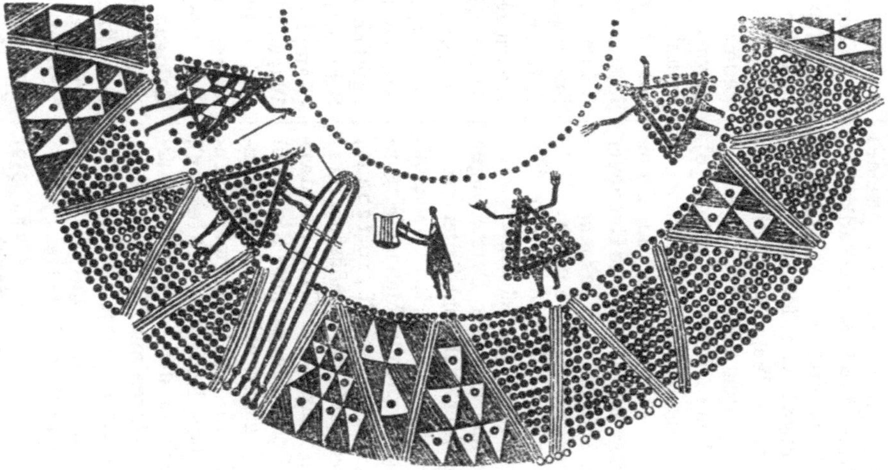

c

Figürliche Darstellung

a—b. Ödenburg. Urne und abgerollte Zeichnung davon. — c. Abgerollte Zeichnung eines anderen Tongefäßes von Ödenburg. Nach M. Hoernes, Urgeschichte der bildenden Kunst.

schließen (streng symmetrische Gruppe eines Steinkegels zwischen zwei Äxten, Radkreuze, antithetische Pferdegruppe), während die figürl. Darstellungen von Menschenzügen, Hornbläsern, eines Wagens mit Pferden und Lenker u. a. sich eher auf das Leben des Toten beziehen dürften (Tf. 55 a, b, c, 56). — Vereinzelte, den schwed. Darstellungen verwandte Steinzeichnungen sind aus Dänemark (Steinplatten auf Seeland) und Hannover (Grabstein von Anderlingen) bekannt.

Literatur s. bei Felsenzeichnung A.

§ 5. Auf ungar. Graburnen der HZ (Ödenburg; s. d.) findet man neben stark ornamental stilisierten figuralen Darstellungen (Frauen mit Spindel, Webstuhl, Saiteninstrument; Tf. 120 c) auch stillose Kritzeleien mit der Schilderung kämpfender Männer, Wagenfährte, Frauen, Pferde usw. (Tf. 119, 120 a, b), die aber zum Teil auf fremde Einflüsse zurückgeführt werden müssen (s. Gruppendarstellung). — Der gleiche zeitlose Kinderstil begegnet vereinzelt in schles. Gefäßzeichnungen (u. a. Gefäß von Lahse mit Bogenschützen, Hirschen, Reitern; s. Schlesien), dann namentlich in den eingeritzten Darstellungen von Wagen mit Pferden, Reitern usw. der nordd. Gesichtsurnen der späteren HZ (Posens, Pommerns, Westpreußens; s. a. Gesichtsurnenkultur, Plastik B).

Hoernes *Urgesch.*[2] S. 197, 529 ff.; 559; Globus 72 (1897) S. 293 ff. H. Seger.

§ 6. Unter der Einwirkung einer fremden bildenden Kunst drängen sich figürliche Darstellungen in das alteurop. Ornament in der jeweiligen Einflußzone der altoriental., später der südeurop. Kulturen. Schon in der südosteurop. Gefäßmalerei der j. StZ (Bessarabien, Podolien), an den ältesten bemalten oder eingeritzten Tongefäßen der Kykladen (s. d.; Melos, Syros) erscheinen stilisierte Tier- und Menschengestalten oder bemannte Barken, die an die präh. Kunsttradition Elams und Ägyptens erinnern; die geometrische Darstellung des menschlichen Oberkörpers aus drei senkrechten Strichen mit scharf winklich gebogenen Armen findet sich identisch auf Melos (Phylakopi) und in der bemalten Keramik Elams (Mussiân; s. d.). — Von einer unmittelbaren Einwirkung des kret.-myk. Naturalismus auf die einheimische Kunst ist in Mittel- und Westeuropa einschl. Italiens während der BZ überraschend wenig zu bemerken. Erst in der frühern EZ übermittelten Griechenland und Italien die figuralen Motive oriental.-myk. Kunst, die sie selber in weitgehendem Maße ornamental-geometrisch umgestaltet hatten, nach Mitteleuropa, wo der Hallstattstil sie zu einer figural-ornamentalen Mischkuns verarbeitet. Bis in die Werke der späten nord. BZ lassen sich figürliche Motive der Dipylon-Villanova-Hallstattkunst verfolgen, sowohl im Ornament als in den selteneren plastischen Arbeiten und in auf Messerklingen gravierten szenischen Darstellungen (Tf. 121 a—f). — Außerhalb des Hallstattkreises bildet die venetische Situlakunst eine eigenartige Gruppe, die, wohl unter Anlehnung an mittelital. Vorlagen, die aus dem Oüberlieferten figürlichen Formen und Kompositionen zur Schilderung des eigenen Lebens verwendet (Kampfspiele, Gelageszenen, Opferzüge, Wagenfährte, Reihen von Kriegern zu Fuß und zu Pferd, Streifen schreitender Pflanzenfresser und geflügelter Raubtiere usw. auf den Bronzeeimern von der Certosa bei Bologna, Watsch in Krain, Kuffarn in Niederösterreich, Moritzing und Matrei in Tirol, Gürtelblech aus Watsch [Tf. 121 g; Hoernes *Urgesch.*[2] S. 542 ff., *Urgesch.*[1] Tf. 32 ff.]). — Nordwärts der Alpen blieb der Einfluß dieser Kunst gering, degenerierte Spuren zeigen die Ödenburger Urnen (s. o.), der beliebte Reiterzug kehrt auf einer bekannten figurierten Schwertscheide aus Hallstatt wieder (Tf. 122), die Reihen schreitender Tiere auf einem Bronzedeckel aus Hallstatt, einer Tonflasche aus Matzhausen (Oberpfalz), einer Bronzeflasche aus Rodenbach (Pfalz), alles Werke der frühen LTZ (s. Mittel- und Süddeutschland D). Trotz der engen Berührung mit der klassischen Kunst verhielt sich aber die kelt. während der LTZ im allg. ablehnend zu der figuralen Darstellung. Zu welcher seltsamen Mischkunst das Zusammenströmen orientalischer, klassischer, galloröm. Einflüsse führte, zeigen die mythologischen Darstellungen auf dem Silberkessel von Gundestrup (s. d.), wo wir neben Brustbildern männlicher und weiblicher Gottheiten den kelt. Gott Cernunnos mit Hirschgeweih, Krieger mit gallischen Helmen (vgl. auch Tf. 123), aber auch Elefanten und Löwen, Greife und Panther, Herakles im

a

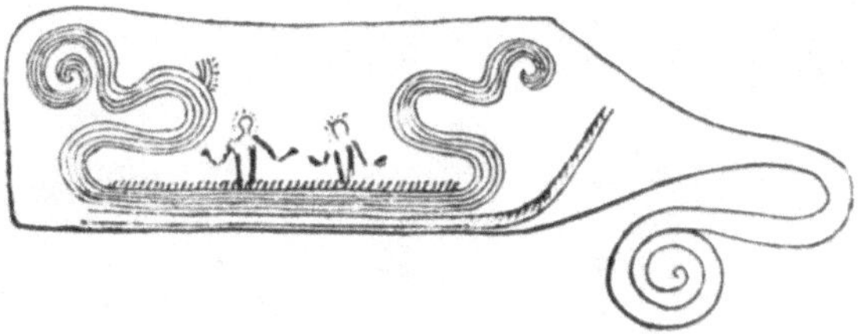

b

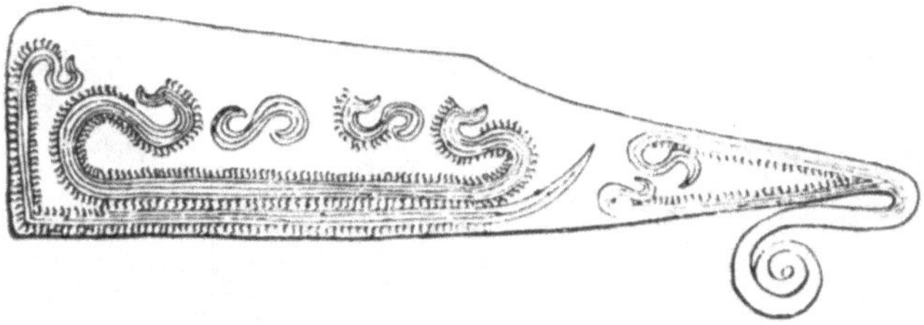

c

d

e

f

g

Figürliche Darstellung

a—f. Bronzene Rasiermesser der nord. BZ. — g. Gürtelblech. Watsch, Krain. — Nach M. Hoernes, Urgeschichte der bildenden Kunst.

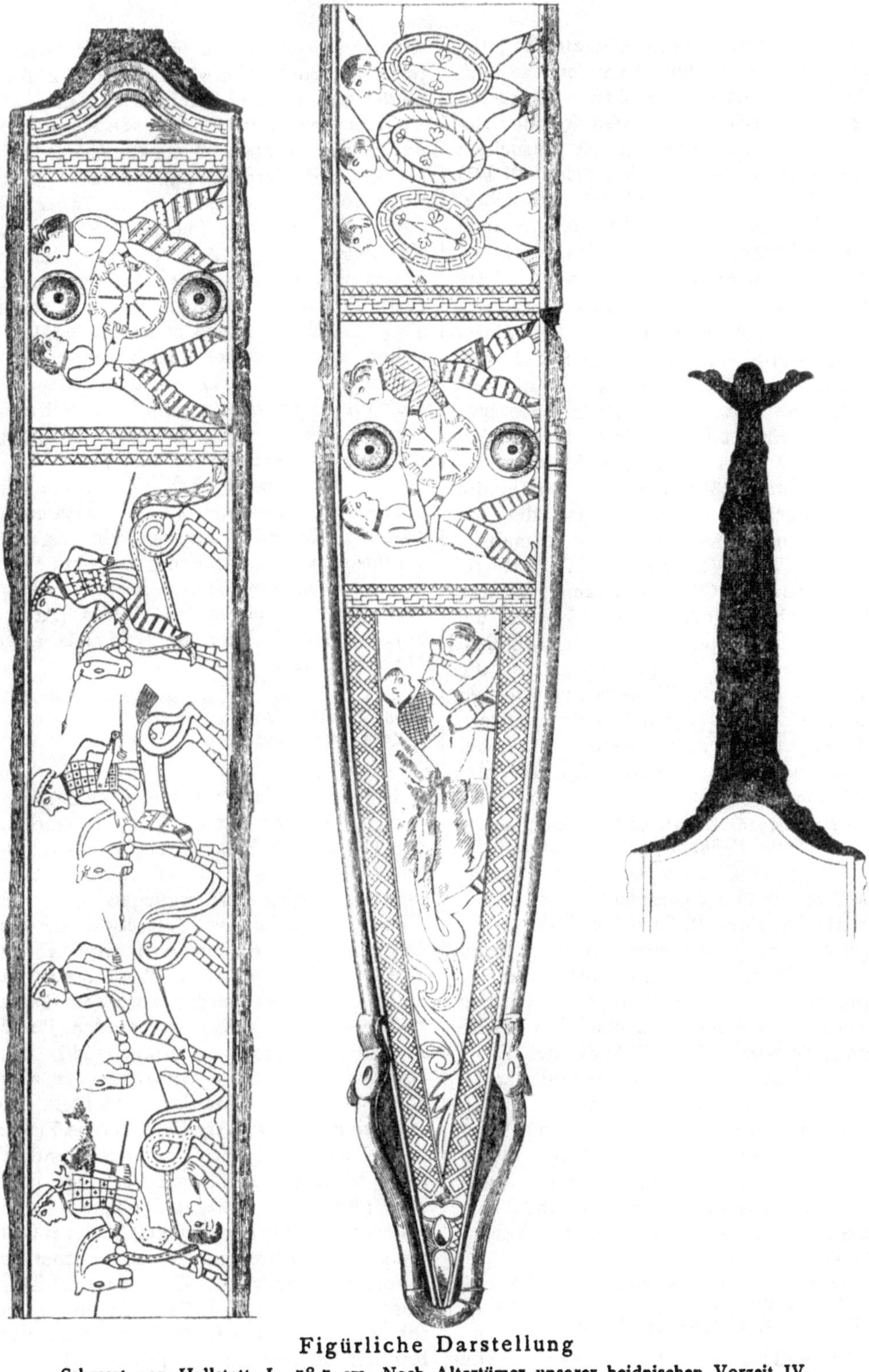

Figürliche Darstellung

Schwert von Hallstatt. L. 78,7 cm. Nach Altertümer unserer heidnischen Vorzeit IV.

Kampf mit dem Löwen, die altbekannten Züge von Reitern und Kämpfern zu Fuß erblicken. Schon diese Zusammenstückelung der verschiedenartigsten fremden Bestandteile scheint sich der oft versuchten tiefsinnigen Deutung aus einem einheitlichen Komplex religiöser Vorstellungen zu widersetzen (Müller *NAK.* II 160ff.). S. auch Gruppendarstellung, Hallstattstil, Idol A, Latènestil, Plastik B, Tierornament.

F. A. v. Scheltema

Filigran. A. Europa. § 1. Drahtverzierung wurde in Gold und Silber hergestellt, in ersterem Fall ist sie oft verbunden mit Granulation. Die Drähte sind glatt, gezwirnt oder gekörnt. Sie werden entweder à jour in einem Rahmenwerk oder auf eine Fläche gelötet, wobei die Schwierigkeit zu überwinden ist, daß die feinen Drähte beim Löten nicht schmelzen.

§ 2. Frühestes Vorkommen in Troja II—III (2500—2000 v. C.). In Mykenae in den Schachtgräbern, Italien 9. Jh., Spanien um 600 v. C. Als Import gelangt F. nach dem N teils aus dem SO (Vettersfelde [s. d.], Ende des 6. Jh. v. C.), teils aus Etrurien (Goldgehänge mit à jour-F. von Jegenstorf, Schweiz, jüngere HZ 700—500 v. C.; Fibel von Dühren [s. d.], mittlere LTZ). Als einheimische Arbeit im N erst 200 n. C.

BJ 123 (1916) S. 179ff. Mötefindt; Déchelette *Manuel* II 892ff. Alfred Götze

B. Ägypten. Das eigentliche F. ist eine Technik des Goldschmieds (s. Goldschmiedekunst B), bei der aus Draht, Blechstreifen, glatten oder gekörnten oder eingeschnittenen Stangen, aus Körnern, Plättchen usw. ein durchbrochener Aufbau durch Zusammenlöten der einzelnen Stücke hergestellt wird. Die Wirkung des F. ist also ähnlich der der Durchbruchsarbeit (s. d. B), die auch aus einzelnen Stücken aufgebaut ist. In dieser Technik ist die Halskette der Königin Tawosret (Dyn. 19) gearbeitet, bei der die Anhänger in durchbrochener Goldarbeit ausgeführt sind. Das echte F. haben erst die Griechen nach Ä. gebracht.

Vernier *Bijouterie et orfèvrerie* 1907 S. 126; Möller *Metallkunst* 1925. Roeder

Filottrano s. Kelten A 2 § 3.

Fimon-See. Dieser etwa 6 km s. von Vicenza befindliche flache See, jetzt kleiner wie einstmals, ergab an seinem Rande, jetzt auf einer Uferwiese, eine Pfahlbauniederlassung. Die Pfähle waren nach der Einrammung noch durch große Steinblöcke gesichert. In größerer Tiefe kamen nur Steinsachen und dazugehöriges heraus, weiter oben über einer 0,70 m starken Tonschicht auch eine bronzene Flachaxt (Montelius *Civ. prim.* I Tf. 10 Abb. 1). Die Keramik ist primitiver als diejenige der Terramaren, zeigt aber doch, weniger in der Technik als in manchen Formen, so auffällige Gleichheiten, daß in diesen Pfahlbauern, wie in denjenigen von Arquà Petrarca (s. d.) wohl ein früh nach O vorgestoßener Schwarm erkannt werden muß, der sich hier niederließ, wo er hernach vor den gegen Ende des 2. Jht. von O nach Oberitalien einbrechenden Venetern (s. d.) zusammenschmolz. Material: Museum Vicenza. Beachtenswert eine Siedelung auf dem Wege von Vicenza zum Fimon in der Valle di Fontega mit verwandten Resten (Atti d. Soc. Veneto-Trentina 11 [1887] S. 144ff. Meschinetti).

Paolo Lioy *Le abitazioni lacustri di Fimon* 1876; Bull. Paletn. Ital. 29 (1903) S. 64 Colini; Peet *Stone- and Bronzeages* S. 309f., 314ff.

v. Duhn

Finelz (Vinelz, Fénil; Bieler-See, Schweiz). Die Hauptstation der III. Per. von Groß und der IV. Per. Ischers ist ein Pfahlbau, der im Winter 1881—82 bei Arbeiten, die mit dem Tieferlegen des Seespiegels zusammenhingen, entdeckt wurde, etwas n. vom Dorfe F. Die Kulturschicht ist teilweise 1 m mächtig. Neben reichem Stein- und Knocheninventar wurden etwa 100 Gegenstände aus reinem Kupfer gefunden, Perlen, Pfriemen, Anhänger, unregelmäßig dreieckige Dolche ohne Griffzunge, teilweise aber schon mit Mittelrippe, Meißel. Aus Holz sind Gefäße, Axtgriffe und eine Flachshechel zu erwähnen. Ein Feuersteindolch zeigt noch seine Holzschäftung: er ist in eine gespaltene Holzgabel eingesetzt, die fest mit Binsenbast umwickelt ist. Am Griffende zeigt er einen runden, sauber geschnitzten Knopf. In der Keramik ist in Form, Ornament und Technik ein starker schnurkeramischer Einfluß zu verspüren. Endlich ist noch ein Knopf mit V-Bohrung zu erwähnen (abg. Heierli *Urgeschichte*

a

b

Figürliche Darstellung

a—b. Teile des Kessels von Rinkebye, Bjerge Harde, Amt Odense. Nach Undset.

der Schweiz S. 133 Abb. 35). Unter den Steinäxten sind solche aus edlerem Gestein seltener. Ein Einbaum (s. d. § 2) aus F. befindet sich im Mus. Schwab in Biel.

Anthr. Korr.-Bl. 13 (1882) S. 99f. V. Groß; Mitt. Zürich 22 (1886—90) 9. *Pfahlbautenbericht* S. 65f., 69f. Tf. 15—17 J. Heierli.

W. Bremer

Fingerring s. Ringschmuck.

Fingertupfenornament. § 1. In der neol. Gefäßverzierung ist das F. das ursprünglichste und natürlichste, weil es sich unmittelbar aus der Technik der Töpferei ergibt, ohne daß ein besonderes Gerät zu Hilfe genommen zu werden braucht. Wurde das Gefäß aus mehreren aufeinandergelegten Streifen aufgebaut, so ließen die Finger, die den obersten Streifen andrückten, Vertiefungen auf dem Rand zurück. Ähnliches geschah, als man zur leichteren Handhabung größerer Vorratsgefäße plastische Tonleisten auf die Gefäßwand auflegte und mit den Fingern andrückte. Zur Kunstform wurde das F. erst dadurch, daß man diese zufällig entstandenen Vertiefungen rhythmisch ordnete und sie als Randornament unter den Mundrand oder als Halskette an die Trennungslinien zwischen Hals und Schultern verlegte. Werden die Fingereindrücke auf den Tonleisten oben und unten alternierend angeordnet, so ähnelt das entstandene Ornament einem um das Gefäß gelegten Strick. Diese Ähnlichkeit kann dann nachträglich zu einer bewußten Nachahmung von tragenden Schnüren oder Stricken führen (s. Flechtmuster).

§ 2. An den verschiedensten Stellen Europas lassen sich diese durch Fingerspitzen oder Fingernägel, dann auch durch Stäbchen, Knochensplitter usw. eingedrückten Gruben und Kerben als die früheste Gefäßverzierung nachweisen. So im N: älteste Keramik der dän. Muschelhaufen; Süddeutschland: ältere Pfahlbautenkeramik, als Tupfenleisten sehr allgemein in den Schweizer Pfahlbauten; Italien: Keramik der ältesten Schichten von Coppa Nevigata (s. d.) bei Manfredonia, als Tupfenleisten allg. in den neol. Stationen Norditaliens und Toskanas. Mit der Entwicklung der geradlinigen neol. Ornamentik verlor das primitive, gewissermaßen amorphe F. seine Bedeutung. Neben der kunstvollen geradlinigen, später krummlinigen Form der höheren ornamentalen Kunst hält sich aber das F. als eine sekundäre Zierform, die sich besonders an dem gröberen Gebrauchsgeschirr durch die gesamte StZ, BZ und EZ, ja bis in die heutige Bauernkunst verfolgen läßt. Allerdings kommt bei der großen Verbreitung von Fingertupfenreihen und -leisten während der BZ und früheren EZ (Frankreich, Schweiz, Süddeutschland, Niederlausitz, Troja VII usw.) in Betracht, daß diese schattengefüllten Gruben und gekräuselten Reliefleisten, wie so viele andere gleichzeitige plastische Zierformen, dem neuen Bestreben nach optisch-malerischen Gegensätzen ganz besonders entgegenkamen. Seit der BZ bekam also das uralte, primitive F. eine ganz neue künstlerische Bedeutung.

S. a. Töpferei A § 11.

Klopfleisch *Vorgesch. Altert.* Heft 2 S. 88ff.; Madsen *Affaldsd.* S. 72; v. Scheltema *Altnord. Kunst* 1923 S. 48ff.; ZfEthn. Verh. 1891 S. 12ff. A. Voss. F. A. v. Scheltema

Finnland. A. Steinzeit (Tf. 124—132).

§ 1. Verbreitung der Funde und deren Verhältnis zur Landhebung. — § 2. Vermeintliche Funde der Ancyluszeit. — § 3. Die I. Periode Mont. — § 4. Die II. Periode. — § 5. Die III. Periode. — § 6. Die IV. Periode. — § 7. Kulturelles. — § 8. Das Bevölkerungsproblem. — § 9. Die Ålandsinseln. — § 10. Felsenmalereien u. a.

§ 1. Die Verbreitung der Funde und deren Verhältnis zur Landhebung. Das steinzeitl. Material aus F. umfaßt ca. 25000 Gegenstände aus Stein, eine große Menge Tongefäßscherben, sowie einige wenige Holz- und Knochengegenstände. Besonders bemerkenswert ist der Reichtum an neol. Wohnplätzen. Nach ihnen und den Einzelfunden zu urteilen, umfaßte das Ansiedlungsgebiet ganz F. bis zum n. Eismeer, hatte also einen weit größeren Umfang als in den späteren vorgesch. Per. Die von Jagd und Fischfang lebende Bevölkerung brauchte zu ihrem Lebensunterhalt ein viel größeres Gebiet als die späteren Ackerbauer und konnte sich auch in unfruchtbaren seereichen Gegenden halten. Mit seinen unzähligen Seen und bewaldeten Geröllrücken und Moränenheiden war F. ein besonders geeignetes Land für primitive Jäger- und Fischerstämme, zumal das Klima in der StZ wärmer als jetzt war, was u. a. aus dem Vorkommen fossiler Wassernüsse *(Trapa*

Finnland A. Steinzeit

a. Knochengerät. Kyrkslätt, Nyland. $^1/_5$ n. Gr. — b. Primitive Axt. Lohja, Nyland. $^1/_4$ n. Gr. — c. Primitiver Meißel. Kyrkslätt, Nyland. $^1/_4$ n. Gr. — d. Primitive Axt. Suomusjärwi, Eig. Finnland. $^1/_4$ n. Gr. — e. Querbeil. Ilomantsitypus. Ilomantsi, Karelien. $^1/_5$ n. Gr. — f. Südkarelischer Quermeißel. Schiefer. Kaukola, Karelien. $^1/_4$ n. Gr. — g. Krummrückiger Hohlmeißel. Pyhäjärwi, Karelien. $^1/_4$ n. Gr. h. Kufenförmige Hacke. Kaukola, Karelien. $^1/_8$ n. Gr. — i. Elchkopfwaffe. Topfstein. Huittinen, Satakunta. Ca. $^1/_4$ n. Gr. — k. Ostkarelischer Meißel. Schiefer. Kaukola. $^1/_4$ n. Gr. — l. Krummeißel. Uskela. Eig. Finnland. $^1/_3$ n. Gr.

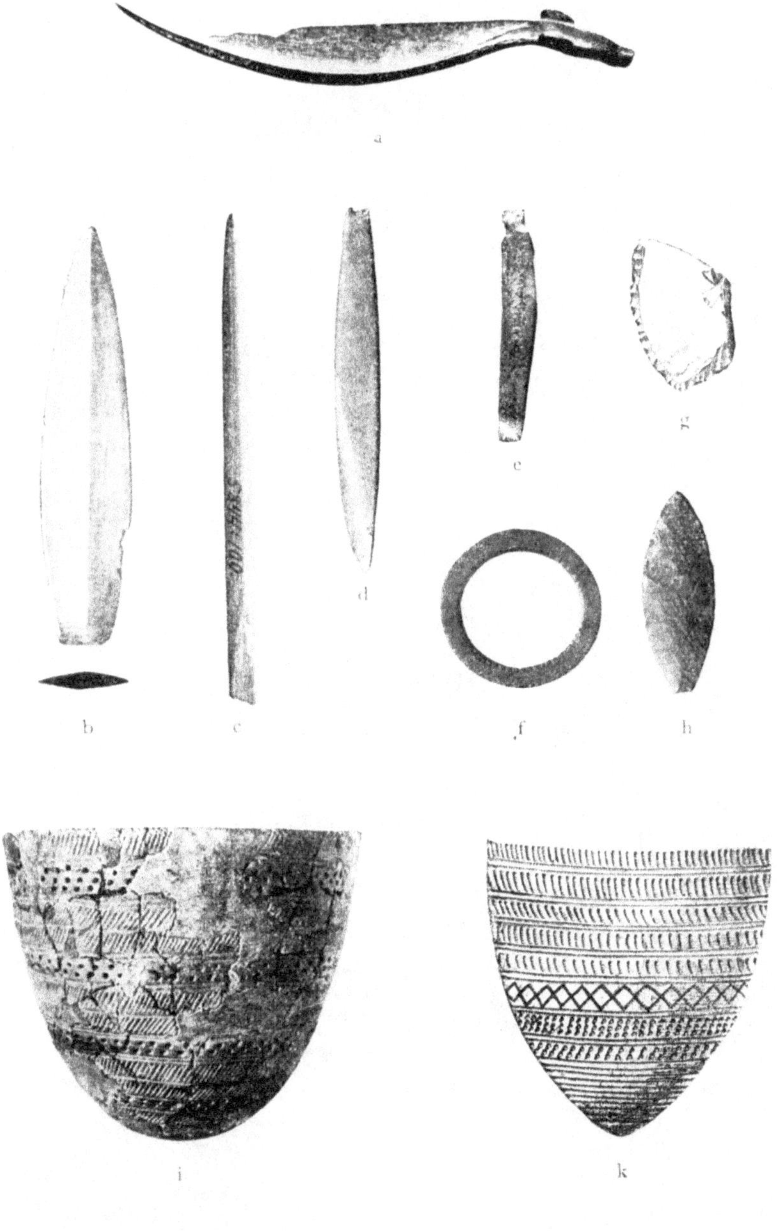

Finnland A. Steinzeit

a. Löffel. Holz (*Pinus Cembra*). Laukaa. Tawastland. $^1/_3$ n. Gr. — b. Speerspitze. Schiefer. Parikkala, Karelien. $^1/_3$ n. Gr. — c. Pfeilspitze. Schiefer. Kaukola, Karelien. $^2/_3$ n. Gr. — d. Messer. Schiefer. Metsäpirtti, Karelien. $^1/_3$ n. Gr. — e. Angelhakenstiel. Schiefer. Kaukola, Karelien. $^2/_3$ n. Gr. — f. Schiefering. Kittilä, Lappland. Ca. $^1/_4$ n. Gr. — g. Schaber. Quartz. Alawus, Österbotten. $^1/_2$ n. Gr. — h. Pfeilspitze. Russ. Flint. Sortawala, Karelien. $^2/_3$ n. Gr. — i. Tongefäß. Kammkeramik. Hankasalmi, Tawastland. Ca. $^1/_9$ n. Gr. — k. Tongefäß. Kammkeramik. Jäkärlä, S. Marie, Eig. Finnland. Ca. $^1/_9$ n. Gr.

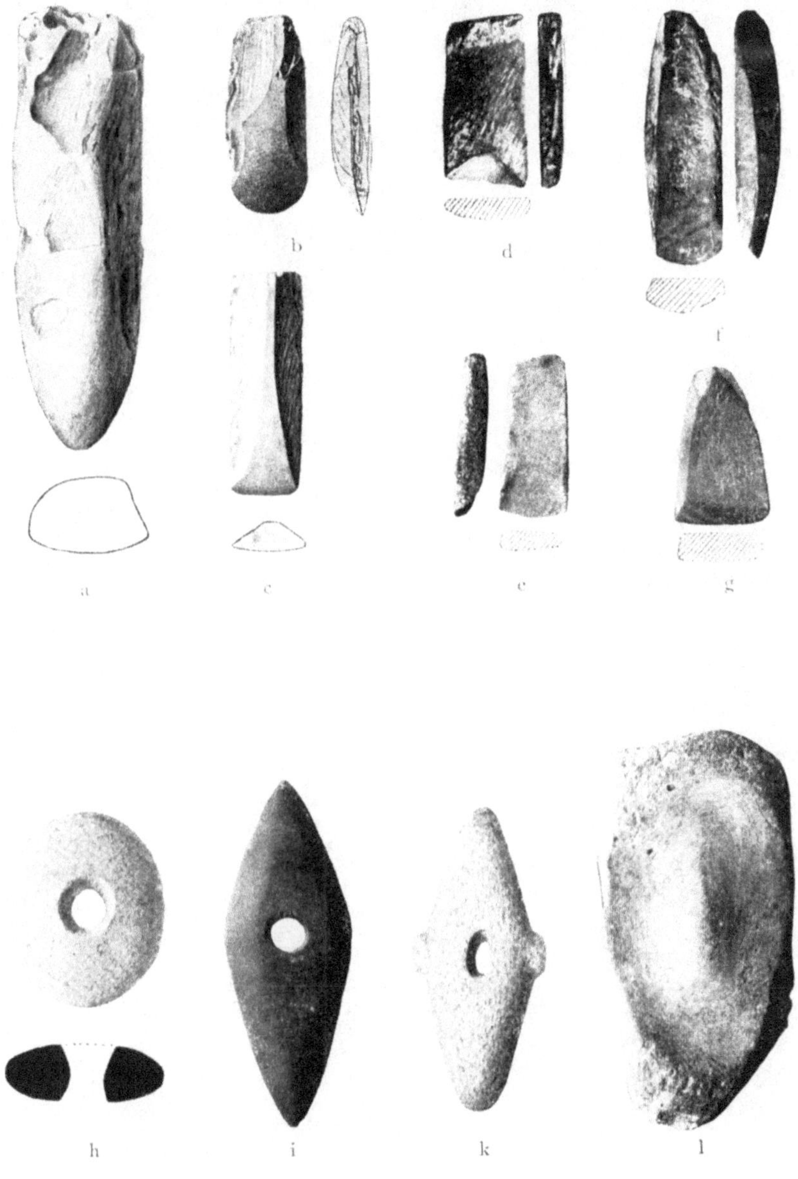

Finnland A. Steinzeit

a. Rowaniemi-Hacke. Schiefer. Rowaniemi, Österbotten. 1/4 n. Gr. — b. Österbottnisches Beil. Schiefer. Pulkkila, Österbotten. 1/6 n. Gr. — c. Österbottnischer Quermeißel. Simo, Österbotten. 1/4 n. Gr. — d. Österbottnischer Hohlmeißel. Schiefer. Esbo, Nyland. 1/6 n. Gr. — e. Hohlmeißel, vierseitig. Esbo, Nyland. 1/4 n. Gr. — f. Querbeil. Schiefer. Esbo, Nyland. 1/5 n. Gr. — g. Quermeißel, vierseitig. Kyrkslätt, Nyland. 1/4 n. Gr. — h. Keulenkopf. Muhos, Österbotten. 1/5 n. Gr. — i. Keulenkopf, spitzoval. Ingå, Nyland. Ca. 1/5 n. Gr. — k. Keulenkopf, kreuzförmig. Ikaalinen, Satakunta. 1/5 n. Gr. — l. Großer Schleifstein, kreisförmig abgenutzt. Ca. 1/9 n. Gr.

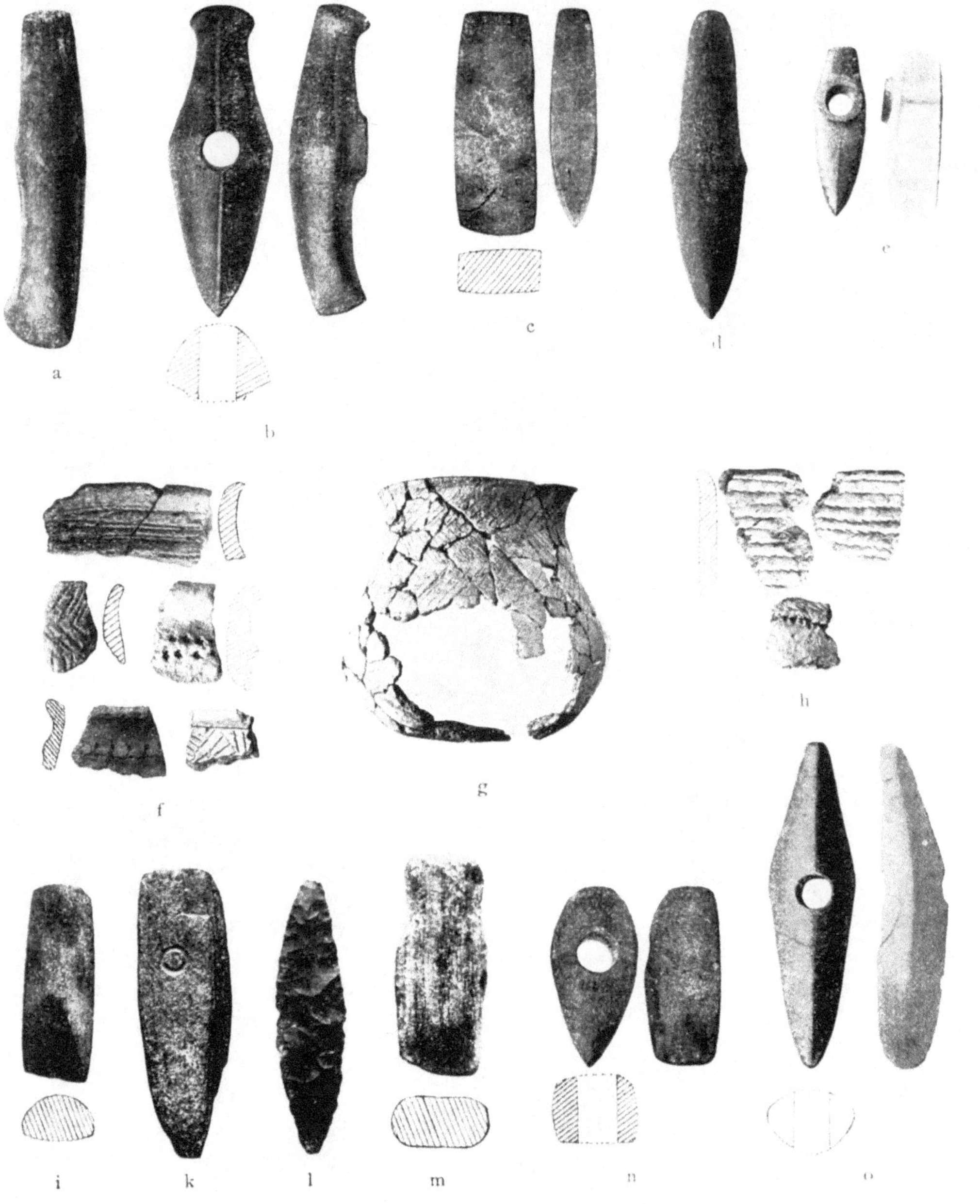

Finnland A. Steinzeit

a. Bootaxt. Urjala, Südtawastland. $^1/_4$ n. Gr. — b. Bootaxt. Esbo, Nyland. $^1/_5$ n. Gr. — c. Gradbeil. Kyrkslätt, Nyland. $^1/_4$ n. Gr. — d. Absatzbeil. Tarwasjoki, Eig. Finnland. $^1/_5$ n. Gr. — e. Flachrückige Streitaxt. Helsinge, Nyland. $^1/_5$ n. Gr. — f. Tongefäßscherben. Wohnplatzfunde, Kyrkslätt, Esbo, Teuwa, Nyland und Südösterbotten. Ca. $^1/_2$—$^1/_3$ n. Gr. — g. Tongefäß. Schnurkeramischer Typus. Kyrkslätt. Nyland. $^1/_5$ n. Gr. — h. Tongefäßscherben. Schnurverziert. Kyrkslätt, Nyland. $^1/_3$ n. Gr. — i. Hohlmeißel, Kiukainentypus. Esbo, Nyland. $^1/_5$ n. Gr. — k. Schaftlochaxt. Unvollendet. Esbo, Nyland. $^1/_5$ n. Gr. — l. Säge aus schwedischem Feuerstein. Perniö, Eig. Finnland. $^1/_4$ n. Gr. — m. Axt. Schiefer. $^1/_5$ n. Gr. Esbo, Nyland. — n. Schaftlochaxt. Esbo, Nyland. Ca. $^1/_5$ n. Gr. — o. „Spitznackige" Streitaxt. Helsinge, Nyland. $^1/_5$ n. Gr.

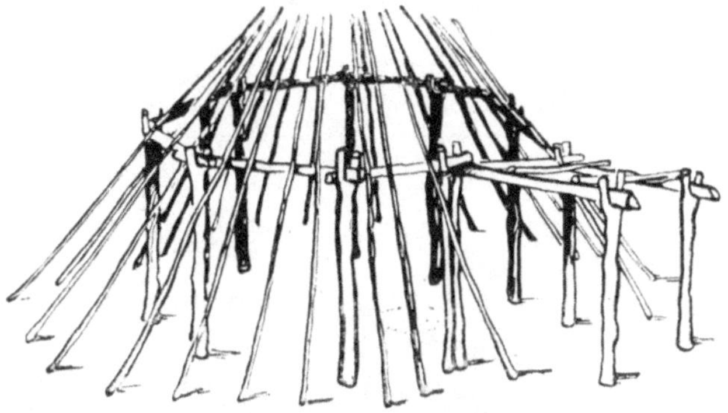

a

b

Finnland A. Steinzeit

a. Wiederherstellung einer steinzeitl. Hütte. Nach Grabungen auf einem Wohnplatz in Räisälä, Karelien. Nach S. Pälsi (Suomen Museo 25. S. 30). — b. Herdplatz. Jäkärlä, S. Marie, Eig. Finnland.

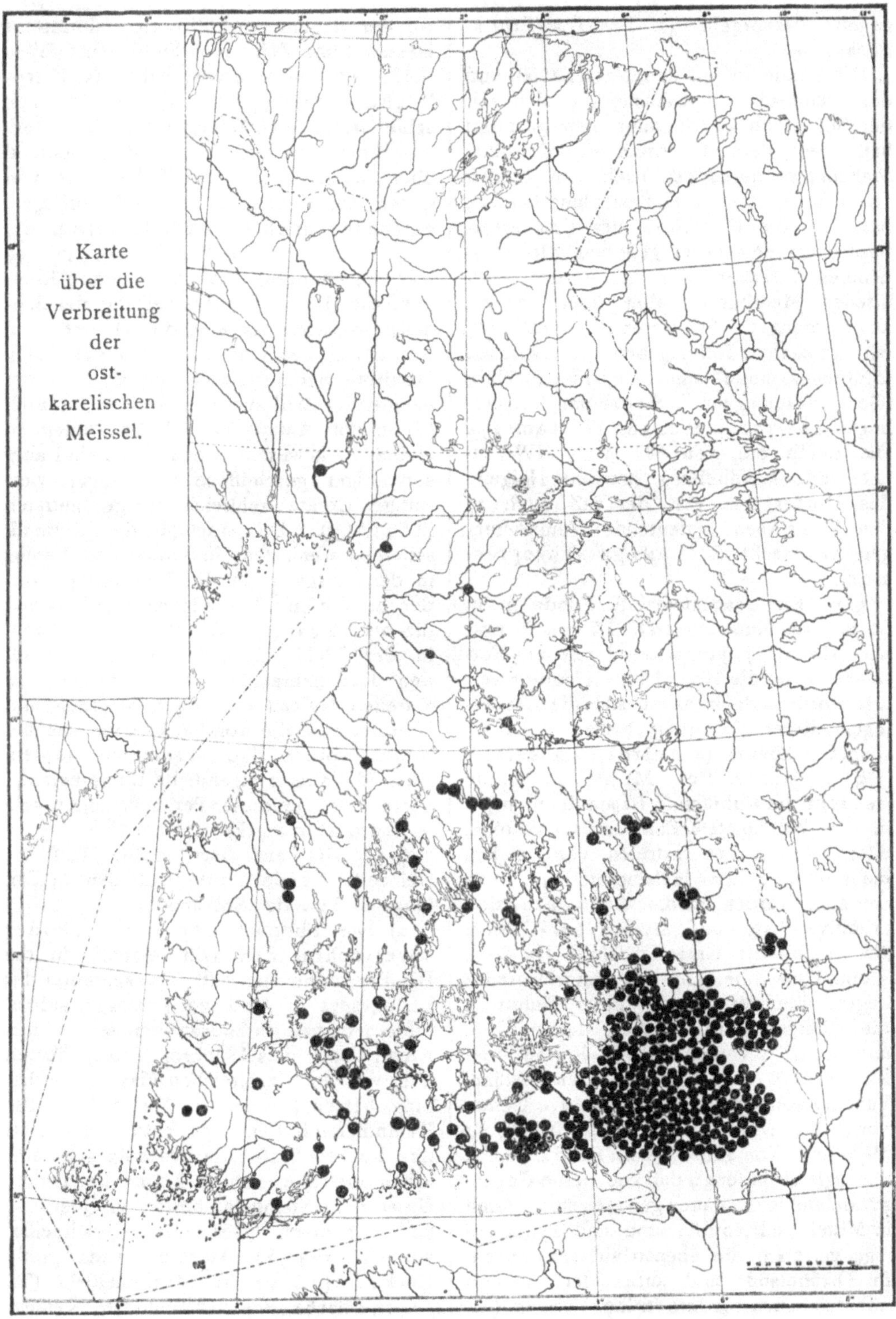

Finnland A. Steinzeit

natans) hervorgeht (s. Ladoga-Transgression).

Die Funde folgen den Wasserläufen und der steinzeitl. Meeresküste, die sich seit der StZ durch Landhebung sehr geändert hat. Seit dem Maximum der Litorinasenkung, zu deren Zeit nach dem jetzigen Stand der Forschung F. Besiedlung begann, hat sich die Nordküste des finn. Meerbusens ca. 20—50 m gehoben, die nördlicheren Strecken der Küste des Bottnischen Meerbusens aber über 100 m; am Ausgang der StZ waren noch ca. 40% des gesamten Hebungsbetrages zwischen Litorinamaximum und Gegenwart übrig (Geol. Föreningens i Stockholm förhandlingar 42 [1920] S. 243ff. W. Ramsay). Die durch die von SO nach NW zunehmende Landhebung bewirkte Neigung des Landes hat seit der StZ auch in den Binnenseen bedeutende Veränderungen verursacht (s. Ladoga-Transgression).

§ 2. Ein paar steinzeitl. Funde in F. (u. a. das Knochengerät Tf. 124a) sind auf Grund phytopaläontologischer Forschungen in die Ancyluszeit zurück verlegt worden, doch haben sich die Archäologen dieser Datierung bisher nicht anschließen können (s. Antrea, Kyrkslätt).

§ 3. Die I. Per. Mont. F. älteste steinzeitliche Kulturstufe ist am deutlichsten in den Wohnplatzfunden der südwestfinn. Suomusjärwi-Kultur vertreten, von welchen mehrere zwischen Helsingfors und Åbo entdeckt worden sind. Leitformen sind primitive Äxte und Meißel aus Gestein (Tf. 124 b—d); Keramik fehlt. Da diese Wohnplätze oberhalb der Litorinagrenze liegen, fällt der Beginn dieser Kultur in die Übergangszeit zwischen der nord. ä. und j. StZ (s. Suomusjärwi-Kultur und Kyrkslätt). Auch unter den ostfinn. Funden kommen ähnliche primitive Geräte vor (s. Karelische Gerättypen), u. a. im Moorfunde von Antrea (s. d.; Band I Tf. 37), der zugleich bezeugt, daß knöcherne Gegenstände viel in Gebrauch gewesen sind. Auch in Mittel- und Nordfinnland sind Typen zutage getreten, die ebenso alt sein können. In Ostfinnland sind außer den obenerwähnten auch andere frühe Formen (Tf. 124e) gefunden worden, die sich aus Olonec, wo der Beginn der StZ in eine mindestens ebenso frühe Zeit wie in Südfinnland fallen dürfte, dorthin verbreitet haben (s. Karelische Gerättypen). F. hat demnach seine älteste Bevölkerung aus O über Land, möglicherweise auch zum Teil aus Estland über See erhalten. Über Walzenbeile, von denen nur 6 St. aus Finnland vorliegen, s. Finnländisch-schwed. Beziehungen.

§ 4. II. Per. In Westfinnland gibt es mehrere steinzeitl. Wohnplätze ohne Keramik, die die nächste Fortsetzung der Suomusjärwi-Kultur vertreten dürften und zum Teil der II. Per. angehören (s. Kyrkslätt). Primitive Suomusjärwi-Typen sind in abnehmender Zahl diese ganze Per. hindurch bis in den Anfang der III. Per. hinein in Gebrauch gewesen, neben ihnen sind aber sorgfältiger geschliffene und sogar vierseitige Geräte zahlreich zutage getreten (Tf. 126f, g). Die Anfänge der Keramik scheinen wenigstens in Südfinnland bereits in den Ausgang der II. Per. verlegt werden zu dürfen. Die Wickelschnurkeramik, die als Vorgängerin der in Zentralrußland, in der Waldai-Gegend, sich entwickelnden Kammkeramik gilt, ist nämlich in Karelien, Nyland und sogar in Mittel- und Nordfinnland, die von Südkarelien aus besiedelt worden sind, angetroffen worden. Auch die älteste eigentliche Kammkeramik dürfte noch in dieser Per. entstanden sein (s. Kammkeramik).

§ 5. III. Per. Der größte Teil der steinzeitl. Funde dürfte erst den beiden jüngsten Per. der StZ angehören.

a) Die Blütezeit der ostfinn. oder karelischen StZ fällt eigentl. in die III. Per. Die steinzeitl. Transgression des Ladogasees (s. Ladoga-Transgression) bildete damals in Südkarelien den reichen Archipelagus des Wuoksen-Tales, dessen Ufer von einer zahlreichen Fischerbevölkerung bewohnt waren (s. Kaukola). Die Kammkeramik (Tf. 125 i) hatte hier damals ihre höchste Stufe, die des sog. geometrischen Stieles, erreicht (s. Kammkeramik). Unter dem Steingerät herrschen Querbeile und vor allem Quer- oder Geradmeißel vor (Tf. 124 f, k), daneben waren große Hacken (Tf. 124 h), Hohlmeißel (Tf. 124 g), flache Beile, durchlochte Keulensteine (Tf. 126 h) usw. in Gebrauch,

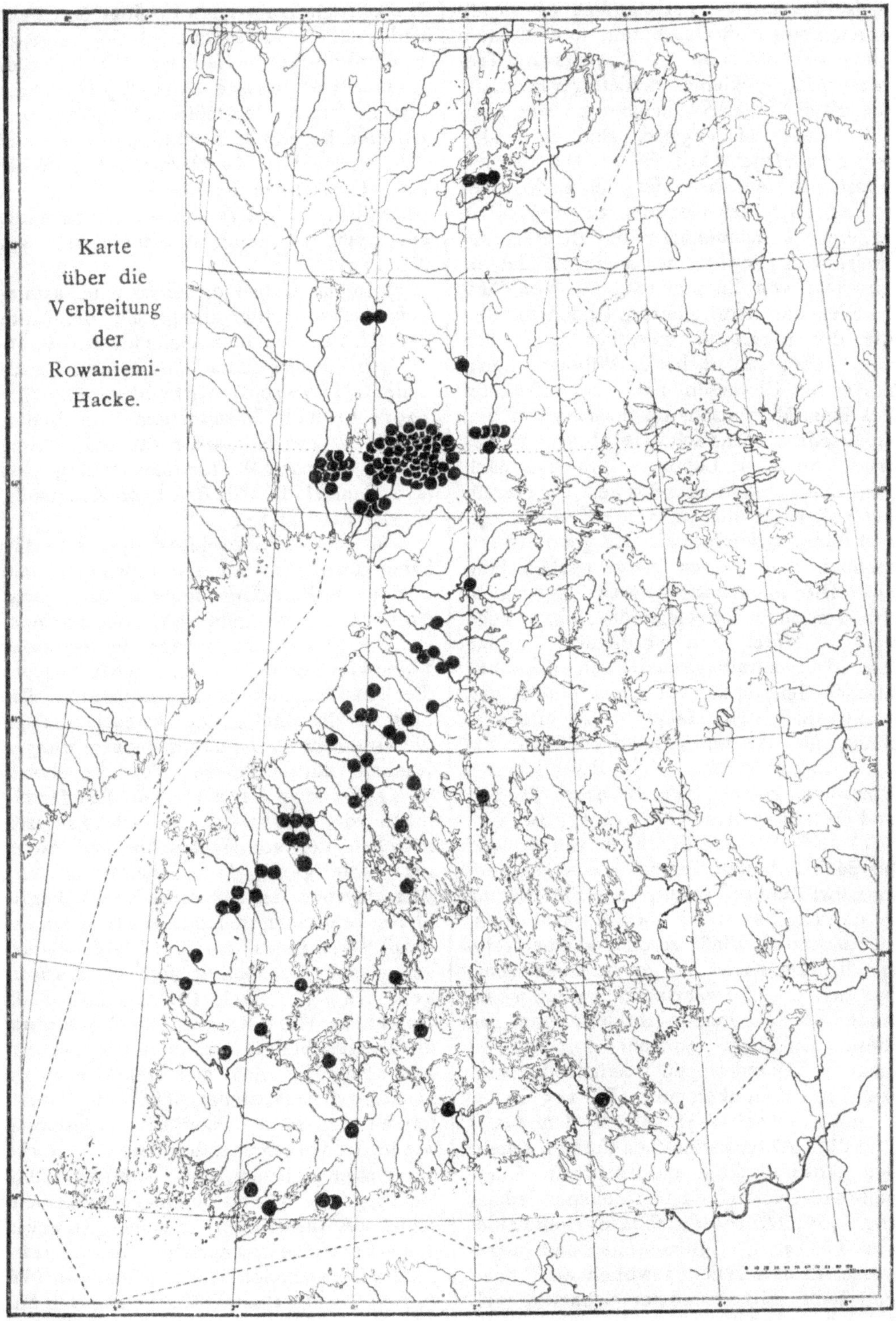

Finnland A. Steinzeit

meist karelische Spezialformen (Tf. 129), deren erstes Auftreten bereits in eine ältere Stufe der StZ fällt (s. Karelische Gerättypen). Kleine Schiefergegenstände, die Knochentypen nachahmen, vor allen solche wie Tf. 125 c, e, sind sehr allg. (s. Schiefergeräte B). Die Wohnplatzfunde vom Nordufer des Ladogasees stehen, nach der Keramik zu urteilen, in näherem Zusammenhang mit dem Kulturkreise von Olonec und Binnenrußland als mit dem von Südkarelien. — Von Südkarelien aus hatte sich die Besiedlung und die dortige Kultur, einerseits längs den vom Ladogasee nach der Wiborger Bucht fließenden Gewässern nach dem Nordufer des Finn. Meerbusens bis nach Nyland hin, anderseits wieder nach Mittel- und Nordfinnland sowie Lappland und sogar nach Nordskandinavien ausgebreitet. Die Kammkeramik ist in diesem ganzen großen Gebiet überaus gleichförmig und gehört hauptsächlich dem besten geometrischen Stile an. Die Steingeräte weisen dagegen in den verschiedenen Gegenden lokale Züge auf. In Mittel- und Nordfinnland bilden die sog. zentralfinnischen und österbottnischen Gerättypen, vor allem Meißel (Tf. 126 b—d, f) den Hauptteil des Inventariums, für das nördlichste Finnland charakteristisch ist die große Zahl der sog. Rowaniemi-Hacken (Tf. 126 a; s. Tf. 130 und Österbottnische Gerättypen).

b) In Südwestfinnland von Nyland bis Südösterbotten verläuft die in der Suomusjärwi-Kultur (§ 3) wurzelnde Entwicklung in der III. Per. trotz über Karelien kommender starker Einflüsse einigermaßen selbständig. Die Kunst, Tongefäße herzustellen, hat sich dorthin wahrscheinlich schon am Ende der II. Per. verbreitet, und auf dieser Grundlage entsteht dort die in mehrere Untergruppen zerfallende sog. westfinn. Kammkeramik (Tf. 125 k; s. Kammkeramik § 3). Unter dem Gerät sind die speziell karelischen Formen selten; den südkarelischen entsprechende Querbeil- und Quermeißeltypen kommen jedoch allg. vor (Tf. 126 f), ebenso Hohlmeißel wie Tf. 124 g. Geradbeile sind allgemeiner als in Karelien; gewöhnliche Formen sind Beile mit gerundeter Schneide (vgl. Tf. 126 b), welche öfters den Rowaniemi-Hacken nahe kommen, vierseitige Querbeile und -meißel und Hohlmeißel (Tf. 126 e, g), österbottnische Meißeltypen (Tf. 126 c, d; s. Österbottnische Gerättypen), sowie durchlochte Keulensteine (Tf. 126 h, i), die letzteren besonders in Südösterbotten; zum Teil treten diese Gerättypen schon früher auf. Die kleinen Schiefergegenstände sind bedeutend weniger zahlreich als in Karelien, am häufigsten kommen Schieferringe vor (Tf. 125 f).

c) In das Gebiet dieser westfinn. kammkeramischen Kultur dringt um die Mitte der III. Per. die höherstehende Bootaxt-Kultur mit Streitäxten (Tf. 127 a, b), Geradbeilen (Tf. 127 c, d), Schnurkeramik (Tf. 127 f—h) und Einzelgräbern und breitet sich längs der Nordküste des Finn. Meerbusens bis nach Westkarelien (Wiborg) aus (s. a. Band II Tf. 56; Bootaxt-Kultur B, Kyrkslätt; Tf. 131.)

§ 6. In der IV. Per. lebt der geometrische kammkeramische Stil wahrscheinlich eine Zeitlang in Karelien sowie in Mittel- und Nordfinnland fort, geht aber noch vor Ausgang der StZ in die degenerierte sog. späte Kammkeramik (s. d.) über, neben welcher die Textilkeramik (s. d.) aufkommt. Die Formen der Steingeräte verflachen allg.; die krummen Exemplare der kufenförmigen Hacken dürften dieser Zeit angehören (s. Karelische Gerättypen). Der Durchbruch der Newa in der Übergangszeit zwischen der vorhergehenden und dieser Per. hatte große Veränderungen in dem Wassersystem des südkarelischen Kulturgebietes verursacht (s. Ladoga-Transgression). — In Westfinnland lebt die kammkeramische Lokalkultur fort (s. Kammkeramik § 3). Auch Textilkeramik (s. d.) kommt vor. Wie in Karelien, so geht auch hier die Tongefäßindustrie stark zurück, eine Erscheinung, die sich gleichzeitig auch in Skandinavien feststellen läßt. Die Gerätformen sind in der Hauptsache dieselben, wie in der vorhergehenden Per., u. a. dürfte ein großer Teil der sog. Österbottnischen Gerättypen (s. d.) und durchlochten Keulensteine aus dieser Zeit stammen (Tf. 126 c, d, h—k); einige aus sprödem Gestein gearbeitete Degenerationsformen tauchen auf (Tf. 127 m). — Die Bootaxt-Kultur ist durch Mischung mit der kammkeramischen Lokalkultur

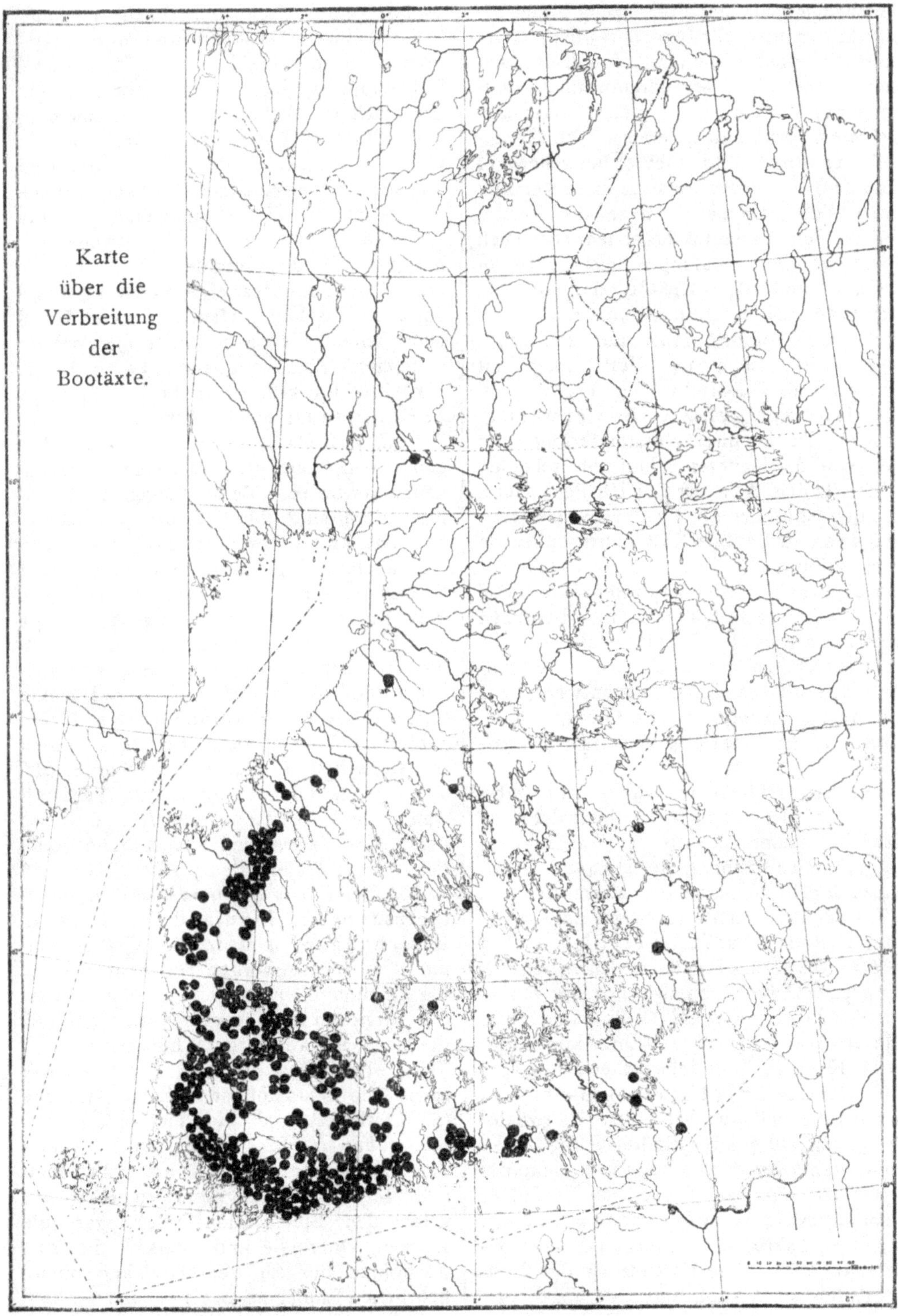

Finnland A. Steinzeit

zurückgegangen; ihre Fortsetzung bildet die sog. Kiukainen-Gruppe (s. d.), in deren Inventar nur noch wenige Schaftlochäxte und auch diese bloß in Degenerationsformen auftreten (Tf. 127 k, n); die Bootäxte sind außer Gebrauch gekommen, ebenso die Geradbeile; Querbeile und -meißel herrschen vor (Tf. 127 i). In der groben Kiukainen-Keramik lassen sich Reminiscenzen an die Kamm- und die Schnurkeramik erkennen, aber auch Spuren von Beeinflussung seitens der Textilkeramik und der Gefäße der schwed. Steinkistengräber. Diese Gruppe stand denn auch, nach Importgegenständen (Tf. 127 l) zu urteilen, in naher Verbindung mit der schwed. StZ-Kultur der IV. Per. (s. Finnländisch-schwed. Beziehungen), obschon sie in ihrer Gesammterscheinung sich von der letzteren scharf unterscheidet.

Bereits dem Ausgang der III. Per., hauptsächlich aber der IV. Per. zuzuweisen sind einige von der Bootaxt-Kultur abzusondernde Streitaxtformen (Tf. 127 e, n, o), welche — zum Teil auch wirklich importiert — aus O, S und W kommende Kultureinflüsse bezeugen (s. Finnländische Streitäxte). Dieselbe Zeitstellung haben auch die Tierkopfskulpturen (Tf. 124 i), von denen wenigstens die besten Exemplare aus Olonec eingeführt sind (s. Tierkopfförmige Steinwaffen).

Die StZ schließt in Südfinnland wahrscheinlich gleichzeitig oder höchstens ein paar Jh. später ab, als in Skandinavien. Die Höhenverhältnisse der steinzeitl. Fundplätze in Nordfinnland beweisen, daß die StZ auch dort nicht viel länger angedauert hat (Monteliusfestschr. [1913] S. 9 ff. Ailio).

§ 7. In kultureller Beziehung herrscht ein großer Unterschied zwischen der kammkeramischen Gruppe und der Bootaxt-Kultur. Die Bootaxt-Kultur mit ihrer konventionellen Keramik, ihren zahlreichen Streitäxten und Geradbeilen (Tf. 127 a—d, f—h) und ihrem Begräbnisritus hat einem in sozialer Beziehung auf einer verhältnismäßig hohen Stufe stehenden Volke angehört, dem der Ackerbau offenbar schon ein wichtiger Nahrungszweig war, wie er denn auch einen wichtigen Faktor der Kiukainen-Kultur bildete, obgleich diese Fortsetzung der Bootaxt-Kultur sonst stark zurückgegangen war.

Die kammkeramische Kultur (auch ostfinn. oder Ureinwohnerkultur genannt) hat mit ihren Vorstufen und ihren karelischen sowie mittel-, nord- und westfinn. Lokalgruppen einem sozial niedrig stehenden, seinen Wohnsitz oft wechselnden, halbseßhaften Volke angehört, das in kleinen Gruppen an den Ufern primitiven Fischfang begünstigender Gewässer wohnte. Als Behausung diente eine zeltartige Hütte (Tf. 128 a), die einen aus Steinen gebildeten Herd umschloß (Tf. 128 b). Die Hauptnahrungszweige waren Jagd und vor allem Fischerei. Haustiere waren Hund und vielleicht auch Renntier (Journal de la Société Finno-ougrienne 33, 2 U. T. Sirelius; Finskt Museum 25 [1918] S. 30 A. Europaeus; Finskt Museum 26 [1919] S. 30 ff. T. I. Itkonen). Anzeichen von beginnendem Ackerbau sind bisher kaum bekannt geworden. Verbindungen mit Nachbarländern sind durch Importgegenstände bezeugt: aus Ostpreußen nach Ost- und Nordfinnland eingeführter Bernsteinschmuck (Finskt Museum 27—28 [1920—21] S. 24 f. Europaeus); aus Rußland in großer Menge als Rohmaterial bis nach West- und Nordfinnland importierter Feuerstein, aus welchem Pfeilspitzen (Tf. 125 h) und kleine Schaber hergestellt wurden (Ailio *Wohnplatzfunde* I 67 ff.), und der u. a. durch einheimischen Quarz ersetzt wurde (Tf. 125 g); aus Olonec kommende Tierkopfwaffen und Grünschiefergeräte; der aus dem Ural stammende Cembraholzlöffel (Tf. 125 a; Z. d. Finn. Altert. Ges. 26 S. 262 ff. Ailio); die nordskand. Schiefergegenstände (s. Finnländisch-schwed. Beziehungen) u. a. m. — Gräber sind nicht bekannt geworden, offenbar wurden die Leichen nicht begraben. Winke über die religiösen Begriffe geben die Tonidole, die nach Südwestrußland hinweisen (Z. d. Finn. Altert. Ges. 29, 1 S. 106 ff. Ailio), sowie die mutmaßlichen Phallus-Amulette (s. Kaukola) und die Tierkopfförmigen Steinwaffen (s. d). — Das ganze Inventar der kammkeramischen Kultur gibt deutlich ihre Entwicklungsstufe zu erkennen: unter den Steingeräten überwiegen die Hacken, Querbeile und -meissel, die zum Aushöhlen der für den Fischfang unentbehrlichen Einbäume (s. d.) benutzt wurden; dasselbe Überwiegen der Querbeile, was

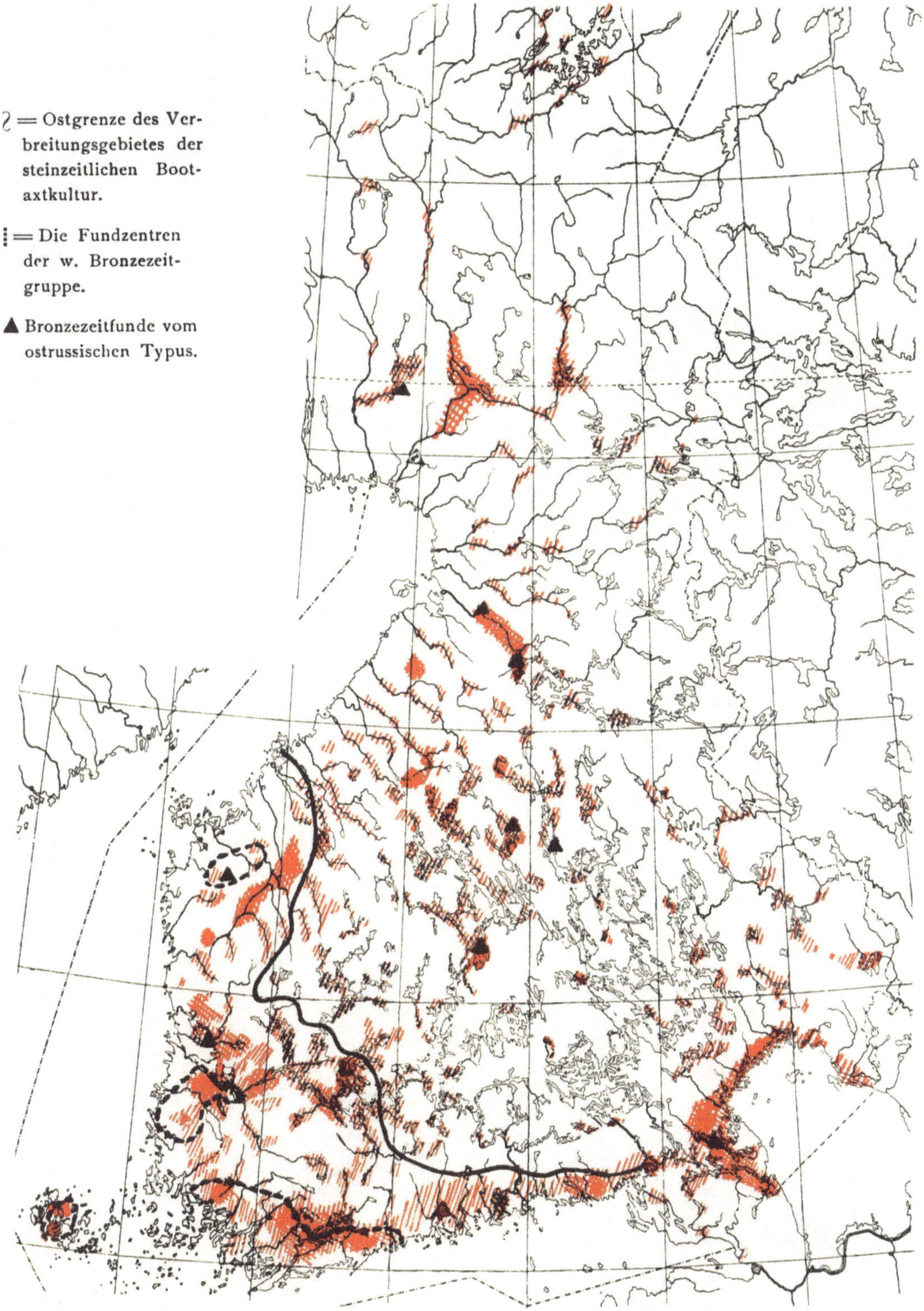

Finnland A und B. Steinzeit und Bronzezeit

Karte über die Verbreitung der steinzeitlichen und bronzezeitlichen Funde (1916).

Finnland B. Bronzezeit

Depotfunde der j. BZ: a—d. Sodankylä, Lappland. — e—f. Kokemäki, Bez. Åbo.
Nach Phothographie des Historischen Museums Helsingfors.

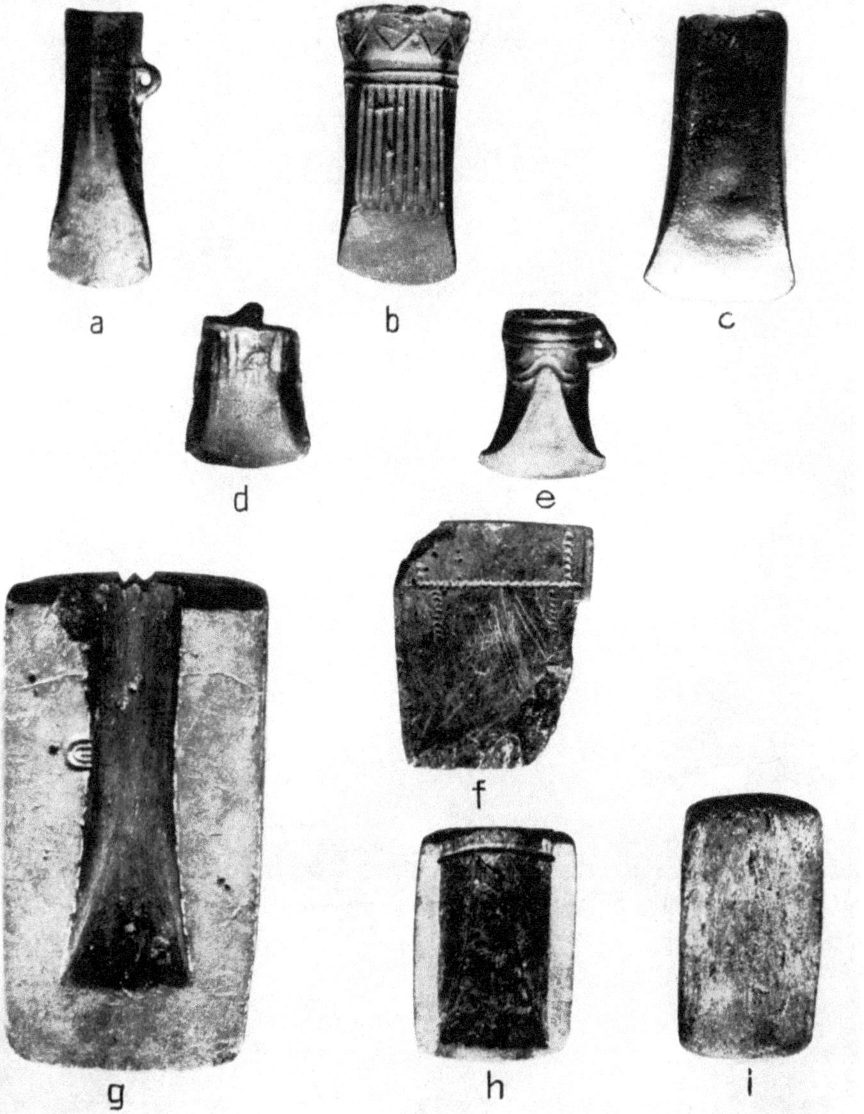

Finnland B. Bronzezeit

Äxte und Gußformen von solchen: a. Axt vom Mälartypus. — b. Maaninka. — c. Laukaa. — d. Borgå. — e. Painio. — f. Muhos. — g. Kemi. — h. Alkkula. — i. Kemijärvi. — a, c: Typen der j. skand. BZ, die übrigen: Typen der osteurop. BZ. — Nach Photographie des Historischen Museums in Helsingfors.

aber auch teilweise ein Erbteil aus der vorhergehenden Knochenkultur sein kann, charakterisiert auch einen großen Teil der steinzeitl. Funde in Norwegen und dem mitteleurop. bandkeramischen Kulturkreis. Streitäxte fehlen. Eine vorgeschrittene Steintechnik verraten jedoch die sehr schönen ostkarelischen Quermeißel (Tf. 124 k) und Hohlmeißel (Tf. 124 g) aus olonecischem Grünschiefer sowie vor allem die Tierkopfwaffen (Tf. 124 i), welche zugleich eine intensive Jägerkultur andeuten (s. Tierkopfförmige Steinwaffen). Die Tongefäßornamentik befindet sich im Vergleich zur Schnurkeramik der Bootaxt-Kultur auf einer weniger konventionellen Stufe; andererseits zeugen mehrere über große Gebiete verbreitete, genau mit einander übereinstimmende Einzelheiten der Ornamentik — wie auch Importgegenstände (s. o.) — von der großen Beweglichkeit der kammkeramischen Bevölkerung.

§ 8. Das Bevölkerungsproblem. In F. herrschten also zwei scharf voneinander zu scheidende Kulturen, deren Anfänge nach verschiedenen Richtungen hinweisen: die Wurzeln der Bootaxt-Kultur befinden sich in Mitteleuropa, und in ihrer unter dem Namen Kiukainen-Gruppe bekannten Fortsetzung beginnt sie sich immer lebhafter nach Schweden zu orientieren; die kammkeramische Kultur wieder ist untrennbar mit der in Rußland weitverbreiteten analogen Kultur verbunden und setzt diese ö. Beziehungen die ganze StZ hindurch fort. Dieser Gegensatz hat zu der Annahme geführt, daß die beiden so verschiedenen Kulturkreise auch zwei verschiedene Völkerschaften vertreten: die kammkeramische Kultur, auf deren Verbreitungsgebiet die finn.-ugr. Völker noch heute wohnen, das finnisch-ugrische Urvolk (s. Kammkeramik und Finno-Ugrier A § 15ff.), dessen kultureller Schwerpunkt sich nach dem Ende der StZ nach Rußland verlegte (s. Finno-Ugrier A), die Bootaxt-Kultur wieder ein in der III. Per. nach F. eingewandertes indogermanisches Volk (s. Bootaxt-Kultur B). — Als älteste Vorstufe der kammkeramischen Kulturgruppe dürfte die durch die Funde von Kunda (s. d.) und Pernau (s. d.) in Estland vertretene Knochenkultur betrachtet werden, die wieder mit der dän. Maglemosekultur und deren mitteleurop. Parallelen nahe verwandt ist. In dem Moorfund von Antrea (s. d.), den Ladogakanal-Funden und auch in den ostfinn. Schiefergeräten (s. Schiefergeräte B) sind die Spuren dieser Knochenkultur noch deutlich erkennbar; auch vom Ural kennt man verwandte Knochengeräte (Suomen Museo 23 [1916] S. 11ff. Tallgren). Diese frühe mesol. Knochenkultur bildet also die Unterlage der sowohl als idg. wie auch als finn.-ugr. bezeichneten späteren Kulturerscheinungen, einerseits in Mitteleuropa und Skandinavien, anderseits in den ostbalt. Ländern, Rußland und F. Die von der Sprachforschung angedeutete Urverwandtschaft zwischen idg. und finn.-ugr. Sprachen könnte möglicherweise in die Zeit dieser Gemeinkultur zurückgehen (Finskt Museum 31 [1924] S. 62f. Europaeus). Nach J. Ailio, der das hohe Alter der estn. Knochenkultur bezweifelt, bilden die in Litauen, auf dem Waldai-Plateau und in Olonec gefundenen, mit den Kernbeilen und den Scheibenspaltern verwandten Gerättypen die älteste bisher gekannte Vorstufe der nordosteurop. neol. Kultur (Z. d. Finn. Altert. Ges. 29: 1).

§ 9. Die neol. Funde der Ålandsinseln (s. d.) vertreten eine dritte neol. Kultur in F., nämlich die ostschwed. Wohnplatzkultur. Diese Kultur, die in nur geringer direkter Berührung mit der kammkeramischen Kultur gestanden zu haben scheint, obgleich zwischen beiden Kulturen eine gewisse Urverwandtschaft zu erkennen ist, wird von einigen Forschern als eine urfinn.-ugr. bezeichnet (G. Kossinna; O. Almgren [Ant. Tidskr. 20: 1]), während andere wieder sie als eine voridg. oder geradezu germ. betrachten (C. A. Nordman, S. Lindqvist, G. Ekholm; s. Nordischer Kreis A § 4).

§ 10. Als besondere Erscheinungen der finn. StZ seien noch die Felsenmalereien (s. Felsenzeichnung A § 1) in Kyrkslätt (s. d.) sowie die längs der österbottnischen Küste angetroffenen sog. Riesenkirchen erwähnt; die letzteren sind große, beinahe rechteckige Steineinfriedigungen, in denen Funde aus dem Ende der StZ gemacht worden sind (Suomen Museo 20 [1913] S. 80ff.; Finskt Museum 23 [1916] S. 47

Europaeus; Suomen Museo 29 [1922] S. 1ff. Ailio).

Über die wichtigsten steinzeitl. Fundplätze in F. siehe Karte Tf. 132 (rote Strichelung).

J. R. Aspelin *Antiquités du Nord Finno-Ougrien* 1877; J. Ailio *Wohnplatzfunde* I—II; J. Ailio und A. Hackman *Trouvailles préhistoriques* Z. d. Finn. Altert. Ges. 25,2; Z. d. Finn. Altert. Ges. 28,1 Pälsi; Z. d. Finn. Altert. Ges. 29,1 J. Ailio; Z. d. Finn. Altert. Ges. 32,1 Europaeus; Journ. anthr. inst. 52 (1922) S. 26ff. Nordman; Finskt Museum 29 (1922) S. 23ff. Nordman; Präh. Z. 6 (1914) S. 125ff. A. Hackman.

Bibliographie in Z. d. Finn. Altert. Ges. 27,4 und Suomen Museo 24 (1917) S. 75ff. Tallgren.

Aarne Europaeus

B. Bronzezeit (Tf. 132—134). § 1. Sie zerfällt in zwei Gruppen: eine skand. und eine ostruss. Die erste umfaßt die Küsten des Landes und ist hauptsächlich in drei Teilen des Landes konzentriert: im SW von F., an der Mündung des Kumoflusses und im Kyröflußtal im Südösterbotten (Tf. 132). Sporadische Funde kommen auch östlicher und im Binnenlande vor. Die ostruss. BZ ist mit spärlichen Funden über das übrige F. verbreitet. Zu ihr gehören 13 Funde mit 14 Gegenständen. Die skand. BZ zählt 58 resp. 50 Stücke und einen Teil von den etwa 2700, zum größten Teil ununtersuchten, Steinhügelgräbern.

§ 2. Die Steinhügelgräber befinden sich häufig auf hohen Bergen, auf Felsboden. Es sind kegelförmige, ohne Erde aufgeführte Steinhügel, 4—30 m im Dm, 1—4 m h. Die Steine haben gewöhnlich keine bestimmte Ordnung. Der Hügel bedeckt eine oder mehrere Steinkisten mit Knochen, oder hat einen größeren Zentralstein. Ähnliche Gräber sind noch in der ä. EZ im Gebrauch. Nahe verwandte Gräber erscheinen auch in der BZ Skandinaviens, selbst Einzelheiten der finnl. Hügelgrabarchitektur, z. B. zwei oder drei konzentrische Steinringe als Fundament, finden sich dort wieder. — Sowohl Skelett- wie Brandgräber sind bekannt. Die Ausbreitung der Steinhügelgräber F. geht aus der Karte (Tf. 132) hervor. Im großen vertreten sie eine sehr typische Küstenkultur.

§ 3. Die Zahl der skand. bronzezeitl. Gegenstände in F. ist, wie gesagt, gering. Aus der älteren BZ (Per. I—III) kennt man 17 Funde, unter ihnen 8 Grabfunde, aus der j. BZ resp. 33 und 6. Die ä. BZ ist nur im SW von F. durch Funde vertreten. In der j. BZ läßt sich eine bedeutende Expansion bemerken. — Am häufigsten finden sich Waffen, Schwerter (Tf. 133 e; mitteleurop. Typus) und Lanzenspitzen. Dazu kommen 8 Absatzäxte und 15 Tüllenäxte (Tf. 134 a, e). Schmucksachen sind selten (nur 2 Brillenfibeln [Tf. 133 f] und ein Knopf). Unter den Funden seien 3 (4?) Äxte vom Mälartypus (Tf. 134 a) hervorgehoben und ein interessanter Opferfund aus Lappmarken, Sodankylä, wo 4 skand. Schwerter unter einem großen Stein geborgen waren (Tf. 133 a—d). — Gußformen für skand. Bronzen sind nicht bekannt. Doch ist wenigstens eine Tüllenaxt aus Ingo nach dem Guß nicht überputzt worden und dürfte also einheimischer Herkunft sein. Die skand. bronzezeitl. Kultur in F. macht den Eindruck einer Kultur von Kolonisten und kriegerischen Händlern, die von den Bewohnern des inneren Landes Abgaben erhoben und aus Schweden als Tauschobjekt gegen Pelzwerk Metallgegenstände erhielten. Ihre Blüte- und Expansionszeit scheint in die V. Per. der BZ zu fallen, als das Mälargebiet eine recht starke Sonderstellung einnahm. Der Charakter dieser Kultur ließe sich z. B mit der der griech. Kolonien am Schwarzen Meere vergleichen.

§ 4. Die ostruss. Bronzekultur ist in F. vorläufig nur durch Tüllenäxte und Gußformen vertreten (Tf. 134 b—d, f—i), vielleicht auch durch Keramik. Unter ihnen gibt es sowohl Einzel- wie Siedelungsfunde; die letzten stammen z. T. aus Wohnplätzen, welche auch steinzeitl. Funde geliefert haben (Alkkula, Kemi, Muhos, Säräisniemi, alle im N von F., einige Einzelfunde). Die Tüllenäxte gehören drei verschiedenen Typen an: Mälar-, Pielavesi- und Ananino-Typen (s. Eurasische Bronzezeit). Wie die zahlreichen Gußformen beweisen, haben wir es mit einheimischen Produkten zu tun. Jedoch sind die Typen fremd, ostruss., und können nur als Ausstrahlungen aus dem Ural und Kama-Wolga-Gebiete aufgefaßt werden. Die Keramik, welche in den Ansiedelungen gefunden ist, ist teils kammkeramisch (steinzeitlich?), teils zeigt sie als Besonderheiten eine starke

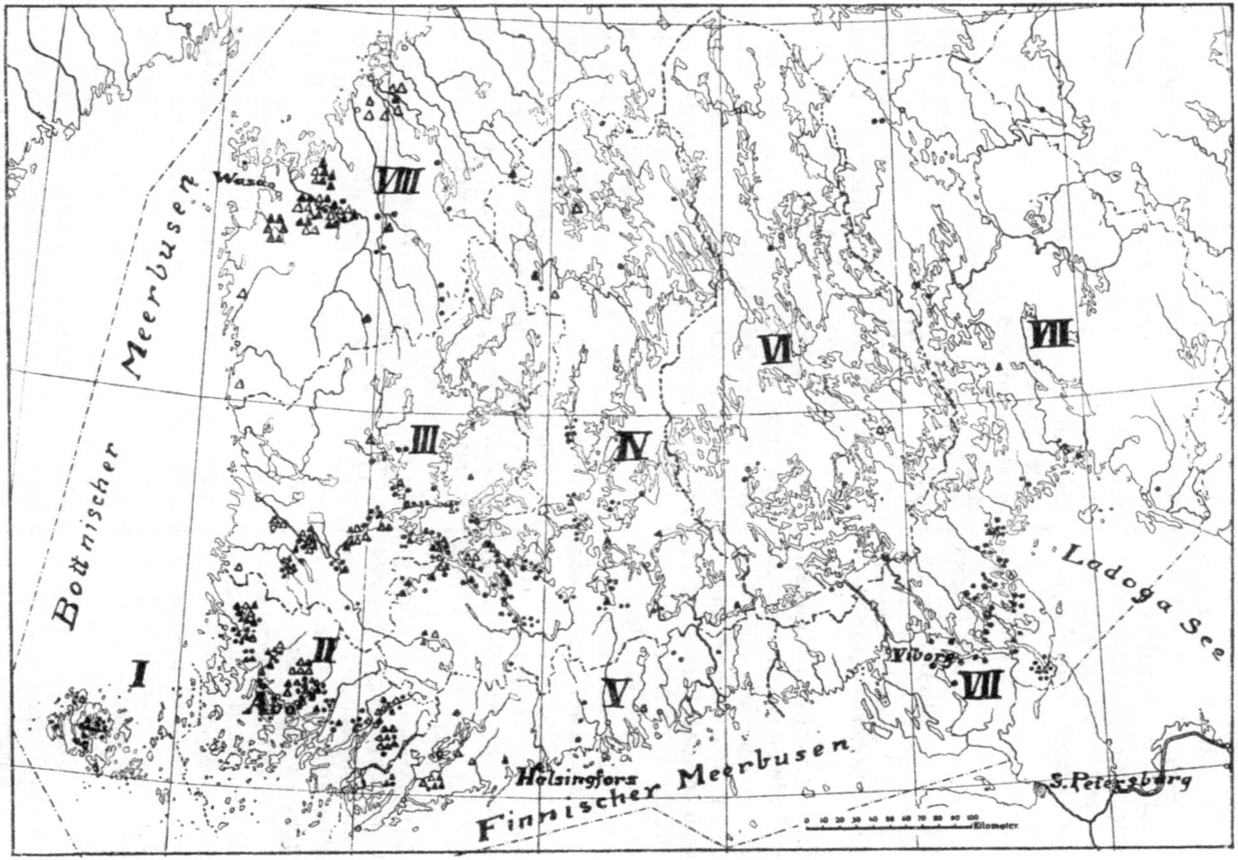

Funde der Eisenzeit in Südfinnland.

▽ Vorrömische Eisenzeit. △ Römische Eisenzeit. ▲ Völkerwanderungszeit.
○ Wikingerzeit und jüngste Eisenzeit.
I Åland. II Landschaft Finnland. III Satakunta. IV Tawastland. V Nyland. VI Sawolaks
VII Karelien. VIII Österbotten.

Asbestmischung, flachere Ornamente nach nicht kammkeramischen Mustern. Die Gefäße haben oft einen flachen Boden und häufig einen stark einwärts gebogenen Rand. Eine noch ungelöste Frage ist es, ob die Kultur im inneren F. während der BZ im wesentl. steinzeitl. blieb, oder ob die StZ im ganzen F. ungefähr um dieselbe Zeit wie in Skandinavien ihren Schluß genommen hat. Die letztere Ansicht wird von Ailio vertreten, die erstere von Tallgren. S. a. C § 1.

Z. d. Finn. Alt. Ges. 25, 2 S. 27 ff. Hackman; Finskt Museum 1914 Tallgren.

A. M. Tallgren

C. Eisenzeit (Tf. 135—143).

I. Vorrömische Eisenzeit: § 1. — II. Römische Eisenzeit: § 2—4. — III. Völkerwanderungszeit: § 5—11. — IV. Wikingerzeit und jüngste Heidenzeit: § 12—18.

§ 1. Die vorrömische Eisenzeit. Wie im übrigen Nordeuropa scheint diese Per. auch in F. eine Zeit kultureller Depression gewesen zu sein. Keine andere Per. der Vorgeschichte des Landes ist so arm an Funden wie diese. Aus dem langen Zeitraum zwischen der V.—VI. Per. der BZ und etwa dem Jahre 100 n. C. besitzen wir aus Westfinnland nur einen sicheren Fund — einen Opferfund —, der ganz an den Anfang der EZ gehört: Drei bronzene aus einem ausgetrockneten Moor gehobene Halsringe (Tf. 136a) von einer Form, die auch in Uppland (Upplands Fornm. f. Tidskr. 3 [1894—96] S. 226 Abb. 5) und Ostpreußen (Bezzenberger *Analysen* S. 55 Abb. 59) vertreten ist. Wahrscheinlich gehört hierher auch die Präh. Z. 6 (1914) S. 149 Abb. 47 abgebildete bronzene Ösennadel, die mit Scherben eines mit flachen Grübchen verzierten Tongefäßes in einem Grabe mit Steinpflasterung und ausgestreuten verbrannten weißen Knochen auf Åland gefunden wurde. Dazu kommen vielleicht noch ein paar andere, unscheinbare und schwer datierbare Gegenstände (Mannus 5 [1913] S. 280; Finskt Museum 27, 28 [1920—21] S. 35). Im O und N des Landes scheint eine kümmerliche Bronzekultur noch einige Jahrhunderte nach dem Ausgang der skand. BZ fortgelebt zu haben. Sie ist durch einige Gußformen für Tüllenäxte von Ananino-Typen sowie durch die sog. Asbestkeramik vertreten, und ihre Träger dürften finn.-ugr. Nomadenstämme gewesen sein, die mit dem Gebiet der mittl. Wolga und der Kama in Verbindung standen. S. Finnland B § 4.

Zur Erklärung der Fundarmut in Nordskandinavien und F. während der vorröm. EZ ist auch von Archäologen R. Sernanders Theorie einer nach der BZ eingetretenen Kälteperiode im N herangezogen worden. (Liter. s. Eichenzeit). Es läßt sich allerdings nicht leugnen, daß die § 4 behandelte Einwanderung der Ostseefinnen nach Westfinnland und die Ausbreitung der Besiedelung in den der vorröm. EZ folgenden Per. uns leichter verständlich wären, wenn wir auf Grund der Sernanderschen Theorie annehmen wollten, daß die an und für sich schwache german. Bevölkerung während der Kälteperiode aus F. ausgewandert wäre. Da aber der Mangel an Funden aus dieser Zeit auch auf andere Ursachen zurückgeführt werden könnte — eine solche wäre der damals (auch in Südskandinavien) herrschende dürftige Grabritus, eine andere die durch die kelt. Expansion über Mitteleuropa verursachte Hemmung des Verkehrs zwischen dem Norden und Südeuropa (Lindqvist *Den keltiska Hansan* Fornvännen 1920) —, so scheint es geraten, in der Frage nach dem Einfluß der Klimaverschlechterung auf die Bevölkerungsverhältnisse in F. eine abwartende Stellung einzunehmen.

A. Hackman *Fornfynden. Svenskbygdernas förhistoria* im Sammelwerk *Det svenska Finland* II (1922) S. 17 ff; Mannus 5 (1913) S. 279 ff., Histor. Tidskr. f. Finl. 1917 S. 242 ff. Hackman; Z. d. Finn. Altert. Ges. 32: I (1922) S. 192 Europaeus.

§ 2. Die römische Eisenzeit. (Chr. Geb.—400 n. C.). Die fundarme Zeit reicht in den Anfang dieser Per. hinein. Aus dem 1. Jh. liegt nur ein sicher datierbarer Fund vor — ein in Vähäkyrö (schwed. Lillkyro) ö. von Wasa geborgenes röm. Schöpfgefäß mit abgenutztem Stempel (Willers *Neue Untersuch.* Form 8). Dieser ital. Luxusgegenstand ist ohne Zweifel über Schweden, wo bereits mehrere Gefäße desselben Typus gefunden sind, nach dem fernen Österbotten gelangt. Sonstige Zeugen von Verbindungen mit Schweden, vor allem Altertümer von skand. Typen, sind merkwürdigerweise außerordentlich selten in den Funden aus der

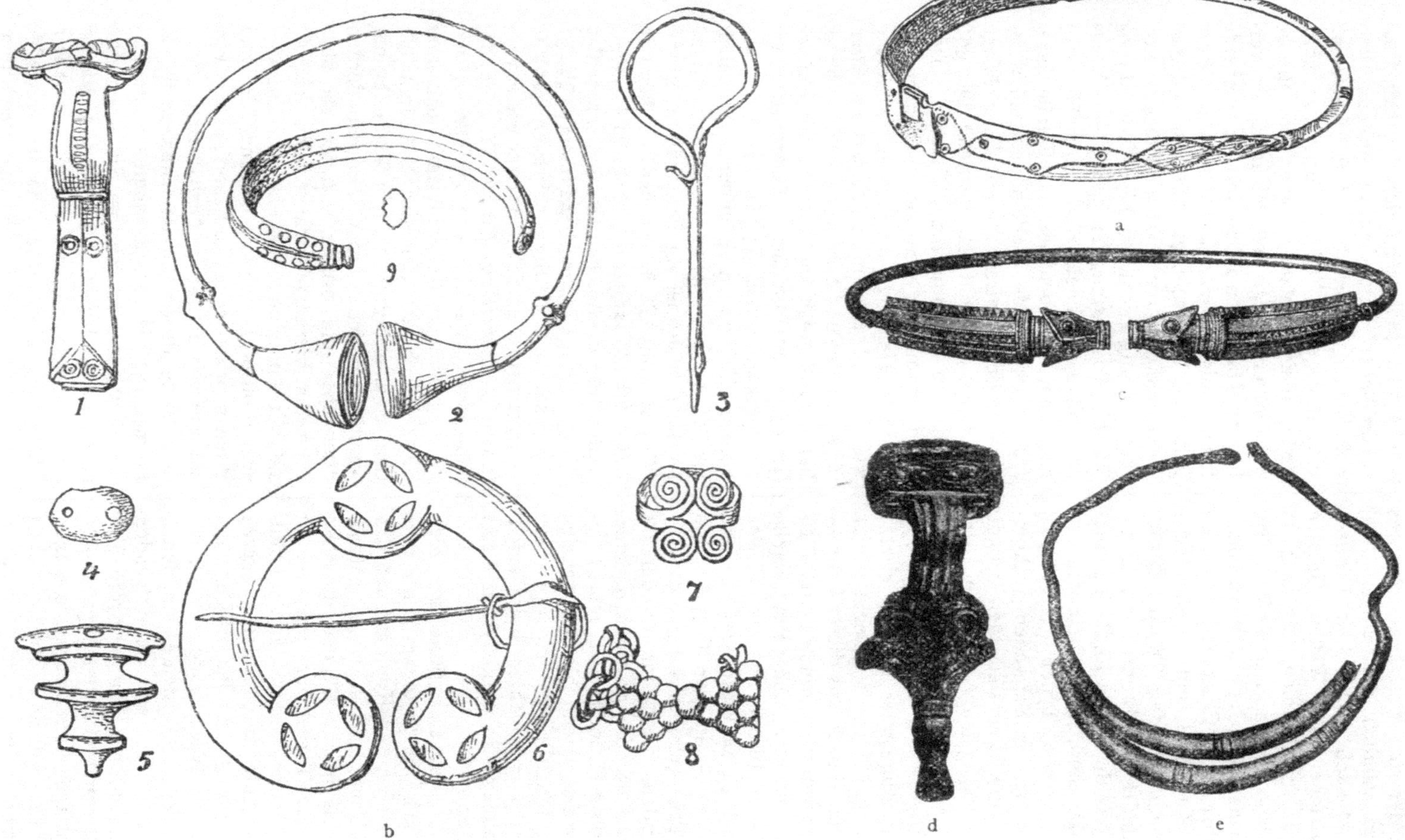

Finnland C. Eisenzeit

a. Halsring. Panelia. Satakunta. — b. 1. Augenfibel. $^{3}/_{4}$; 2. Halsring m. Trompetenenden. $^{1}/_{3}$; 3. Hirtenstabnadel. E. $^{3}/_{10}$. Penttilä, Kap. Nakkila, Satakunta; 4. Haubenbesatz. $^{2}/_{3}$; 5. Sprossenfibel. $^{2}/_{3}$; 6. Hufeisenfibel m. Emaileinlage. Tawastland. $^{1}/_{2}$; 7. Fingering. Br. $^{2}/_{3}$; 8. Kettenhalter. Br. $^{2}/_{3}$; 9. Armband. $^{2}/_{3}$. — c. Ursprünglich spiralförmiger Armring aus Gold. Eig. Finnland. ca. $^{3}/_{5}$. — d. Fibel m. viereckiger Kopfplatte. Br. $^{10}/_{11}$. — e. Halsring. Silber. $^{1}/_{4}$. Gulldynt, Kap. Vörå. Österbotten.

älteren Stufe der röm. EZ. Die Funde des 2. Jh. weisen nämlich mit einigen Ausnahmen direkt nach den ostbalt. Ländern hin. Sie bestehen aus Waffen, Geräten und Schmuck von Formen, die sich in Estland, Lettland und Litauen wiederfinden, wenn auch an manchen Gegenständen lokale Züge erkennbar sind. Charakteristisch sind Hals- oder Kopfringe mit hohlen oder massiven Trompetenenden (Tf. 136 b 2), einfache Armbänder aus Bronze und Eisen, Armspiralen aus Br., deren Enden zu einer Öse umgebogen sind, Augenfibeln von ost- und westpreußischen Typen (Tf. 136 b 1), die, obgleich auch in Schweden vorkommend, doch ohne Zweifel aus den ostbalt. Ländern nach F. gelangt sind, ein paar Augenfibeln von estländischem Typus, S-förmig gebogene Fibeln (1 mit Kopfkamm, 2 mit umgelegter Sehne), eiserne Hirtenstabnadeln (Tf. 136 b 3), eine eiserne Spiralkopfnadel. Funde aus dieser Stufe — ein Teil der genannten Formen dürfte allerdings in die jüngere röm. Per. hineinreichen — sind bisher nur im n. Teil der Landschaft F., in West-Satakunta und Süd-Österbotten — in der Gegend von Wasa — zu Tage getreten. Es sind das dieselben Gegenden, die schon in der BZ unsere wichtigsten Siedlungsgebiete bildeten. An der Südküste F., in Nyland, fehlen einwandfreie Funde. Doch bin ich geneigt, den dürftigen Inhalt einiger niedrigen, aus Erde und ein paar Schichten Steine aufgeworfenen Grabhügel in West-Nyland dieser Zeit zuzuweisen.

Während der jüngeren Stufe der röm. EZ breitete sich die Siedlung längs dem Kokemäkistrom (schwed. Kumoälv) und den Seen in Süd-Tavastland in wö. Richtung, landeinwärts bis in die Gegend zwischen Tammerfors und Tavastehus, aus; sichere Funde sind jetzt auch im s. Teil der Landschaft F., in West-Nyland und in weiteren Strichen von Süd-Österbotten zu Tage getreten. Über die Verbreitung der weberschiffförmigen Feuerschlagsteine, von denen die große Masse wohl erst der folgenden Per. angehört und nur der geringere Teil der röm. EZ, wird weiter unten gehandelt. Unter den sonstigen Altertümern überwiegen noch immer die ostbalt. Formen; neben ihnen beginnen aber skand. Typen in wachsender Zahl aufzutreten. Ostbalt. Charakter haben besonders die Fibeln. Verhältnismäßig zahlreich sind die Fibeln mit umgeschlagenem Fuß, von denen verschiedene, meist einfache Typen aus Bronze und Silber (einige mit Ringgarnitur) vorliegen. Unter den Fibeln mit Nadelscheide fallen einige Stücke aus Eisen auf. Echt balt. sind Sprossenfibeln (Tf. 136 b 5), darunter einige bizarre späte Stücke, eine große kräftig profilierte Fibel vom Typus Türsel (*Rig. Katalog* Tf. 5, 26), eine Kopfschildfibel mit Dreieckfuß (ebd. Tf. 4, 10) und eine Scheibenfibel mit Emaileinlage. Über Estland oder Lettland eingeführt ist eine große Hufeisenfibel mit Emaileinlage (Tf. 136 b 6), wohl ein Vertreter der got. Kultur in Westrußland — Ukraine. Den Fibeln schließen sich an: ein ostgerman. silberner Halsring mit Drahtumwickelung wie Tischler-Kemke *Ostpreuss. Altert.* Tf. 15; Finger- und Armringe wie Tf. 136 b 7, 9; halbmondförmige Anhänger wie *Rig. Katalog* Tf. 9, 5; durchbrochene Kettenhalter wie Sitzungsber. Prussia 17 Tf. 14 — der aus hohlen Halbperlen gebildete Kettenhalter Tf. 136 b 8 mahnt in diesem Detail an die Tutulusfibel von Ottenküll in Estland (*Rig. Katalog* Tf. 8, 24) und Dollkeim in Ostpreußen (Tischler-Kemke Tf. 8, 4, 5) —; weiter Bronzeknöpfchen als Haubenbeschlag (Tf. 136 b 4; vgl. Sitzungsber. Prussia 17 Tf. 13); Hirtenstabnadeln; Bernsteinperlen; solche charakteristischen Schnitzmesser wie Hausmann *Grabfunde aus Estland* Tf. 1, 41, 81; Tüllenäxte, die hier wie im Ostbaltikum im Gegensatz zu Skandinavien noch über diese Per. hinaus die einzige Axtform bilden, u. a. m. Auch die in F. bisher nur wenig zahlreichen röm. Münzen dürften öfter über die ostbalt. Länder als über Schweden hierhergebracht worden sein, da sie mit Ausnahme von ein paar Denaren aus Bronze bestehen. Bekanntlich sind Bronzemünzen selten in Skandinavien, verhältnismäßig häufig im Ostbaltikum gefunden. — In diesem Zusammenhange sei auf Formen wie die oben erwähnten S-förmigen Fibeln aus der älteren röm. Stufe und eine späte Form der „Tutulusfibel“ Almgren *Studien üb. nordeurop. Fibelformen* 1897 Tf. 10, 224 hingewiesen, da sie entweder eine direkte oder über Estland vermittelte

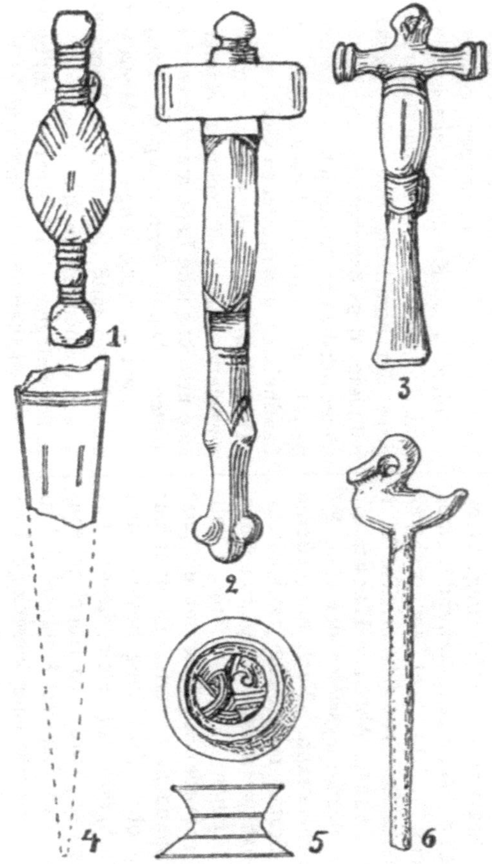

a

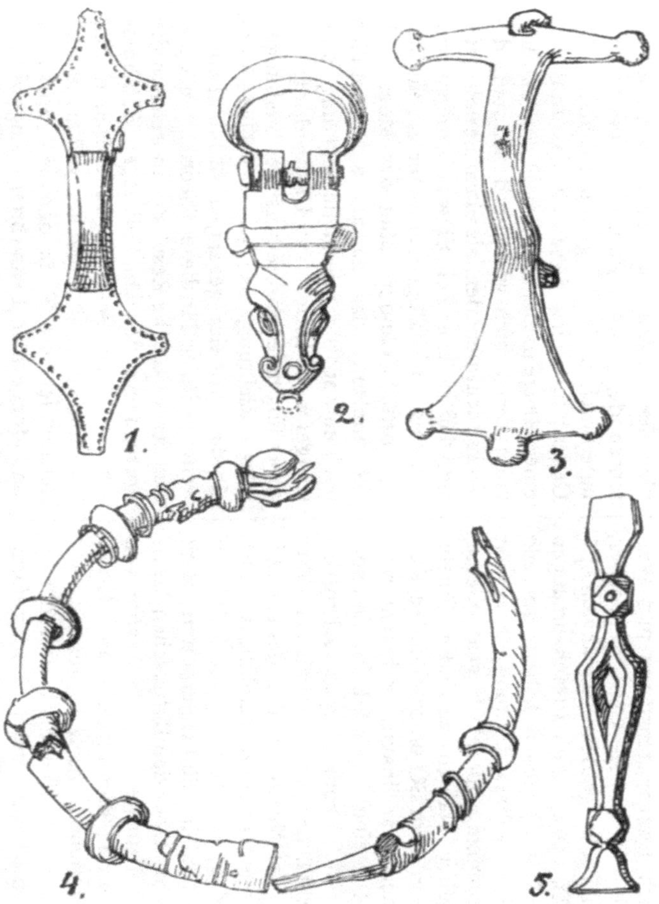

b

Finnland C. Eisenzeit

a. 1. Gleicharmige Fibel. Österbotten. $^3/_4$ n. Gr.; 2. Kreuzförmige Fibel. Österbotten. $^1/_1$; 3. Fibel mit Fußscheibe. Gulldynt, Österbotten. $^3/_4$; 4. Beinerne Haarnadel. Österbotten. $^1/_1$; 5. Knopf mit Tierornament. Österbotten. $^7/_8$; 6. Vogelnadel. Nyland. $^1/_1$. — b 1. Gleicharmige Fibel. Tawastland $^2/_3$; 2. Schnalle. Österbotten. $^1/_1$; 3. Fibel mit Fußscheibe. Österbotten. $^3/_4$; 4. Scharnierhalsring. Bronze. Österbotten. $^1/_3$; 5. Riemenzunge vom gotländischen Typus. Satakunta. $^2/_3$.

Verbindung mit Norddeutschland voraussetzen (Hausmann a. a. O. S. 26, 30).

Diesem starken ostbalt. Einschlag stehen hauptsächlich Luxusgegenstände und Waffen skandinavischer Herkunft gegenüber, nämlich ein paar goldene Schlangenkopfarmringe (Tf. 136c), die zu Nachahmungen in Bronze Anlaß gegeben haben, goldene Fingerringe derselben Gattung, ein paar jener aus dünnem Silberblech gearbeiteten, mit eingefaßten Steinen verzierten Fibeln, die mit einem vom SO einbrechenden Kulturstrom nach Skandinavien gebracht worden sind. Die eine dieser Fibeln, eine sog. Hakenkreuzfibel vom Typus Almgren *Fibelformen* Tf. 10, 234, dürfte als ein früher Zeuge eines von Norwegen über das schwed. Norrland kommenden Kultureinflusses aufgefaßt werden, der sich in der folgenden Per. besonders in Süd-Österbotten stark geltend macht. Über den Bottnischen Meerbusen ist wohl auch ein Teil der Waffen von Typen, wie sie in den älteren skand. Moorfunden vorkommen, nach F. gelangt.

Die Keramik der röm. EZ in F. ist dürftig. Neben schlecht gebrannten, roh geformten und unverzierten Tongefäßen hat sich hier merkwürdig zäh eine nur durch Scherben vertretene Keramik erhalten, die den Namen epineolithisch verdient, da sie Grübchen sowie kammartige und S förmige Stempeleindrücke zur Verzierung verwendet. Auch Textilkeramik (s. d.) liegt aus sicheren Funden dieser Zeit vor (Histor. Tidskr. f. Finl. 1917 S. 242ff., Abb. 1, 2 Hackman).

§ 3. Die Bestattungsweise der röm. EZ ist der Leichenbrand. Nach der äußeren Form der Gräber lassen sich zwei miteinander sehr nahe verwandte Hauptarten unterscheiden, nämlich 1. der niedrige Grabhügel, der entweder aus Erde und ein paar Schichten Steine aufgeworfen ist oder nur aus Steinen ohne Erdfüllung besteht, und 2. das Flachgrab mit Steinpflaster, das durch keinen aufgeworfenen Hügel gekennzeichnet ist. In Südwest-Finnland haben die Flachgräber oft eine viereckige Einfassung von großen Feldsteinen. Nirgends sind die Reste des Leichenbrandes in einer Urne oder einem anderen Gefäß beigesetzt worden, sie finden sich vielmehr über den Boden oder über höher liegende Steine zerstreut.

§ 4. Über die ethnographische Zugehörigkeit der Einwohner F. in der röm. EZ gehen die Ansichten der finnl. Archäologen auseinander. J. Ailio hält dafür, daß die Vorfahren der jetzigen Finnen seit der StZ ununterbrochen in F. gewohnt haben. Im Gegensatz hierzu fasse ich das Auftreten einer Menge ostbalt. Formen in der röm. EZ, unter denen sich wichtige Bestandteile der Volkstracht befinden, als einen Beweis dafür auf, daß in jener Zeit Einwanderungen finn. Stämme mit halbgermanischer Kultur aus den ostbalt. Ländern über das Meer nach Westfinnland, das damals wahrscheinlich noch eine spärliche germ. Bevölkerung hatte, stattgefunden haben. Der Umstand, daß die darauffolgende Ausbreitung der Siedlungen in wö. Richtung, also von der Küste landeinwärts, vor sich gegangen ist, bildet einen weiteren Beleg für diese Theorie. Sie stützt sich ferner auf die Resultate, zu welchen die Forschungen des dän. Philologen W. Thomsen über die Berührungen zwischen den finn. und den balt. Sprachen geführt haben. Bekanntlich hat T. in den finn. Sprachen eine Menge balt. Lehnwörter nachgewiesen, welche frühe und langandauernde Berührungen und eine nahe Nachbarschaft zwischen den finn. und den balt. Völkern bekunden.

Die ersten Berührungen zwischen den finnl. Finnen und Germanen verlegt der Philologe T. E. Karsten bereits in die vorröm. EZ, wobei er neuerdings die Ergebnisse der Forschung über die Niveauverhältnisse des österbottnischen Küstengebietes heranzieht. In den jetzt von Schweden bewohnten Strichen dieses einer steten Landhebung unterworfenen Gebietes finden sich weiter landeinwärts Orte, deren z. T. svezisierte finn., z. T. schwed. Namen auf eine ursprüngliche Lage am Meeresufer hindeuten. Durch Berechnung der Zeit, die seit dem Zurückweichen des Meeres verflossen sein muß, läßt sich die Entstehung dieser Namen bis in die letzten Jh. v. C. zurückverlegen. Nach Karsten müßte also die Einwanderung der Finnen in Gegenden mit schwacher germ. Bevölkerung bereits in der vorröm. EZ erfolgt sein, wofür sich allerdings keine arch. Belege anführen lassen.

Aspelin *Antiquités* IV; A Hackman s. § 1 und ders. *Ält. EZ;* ders. *Trouvailles préhistoriques. Âge du fer* Z. d. Finn. Altert.-Ges. 25, 2 (1911) u.

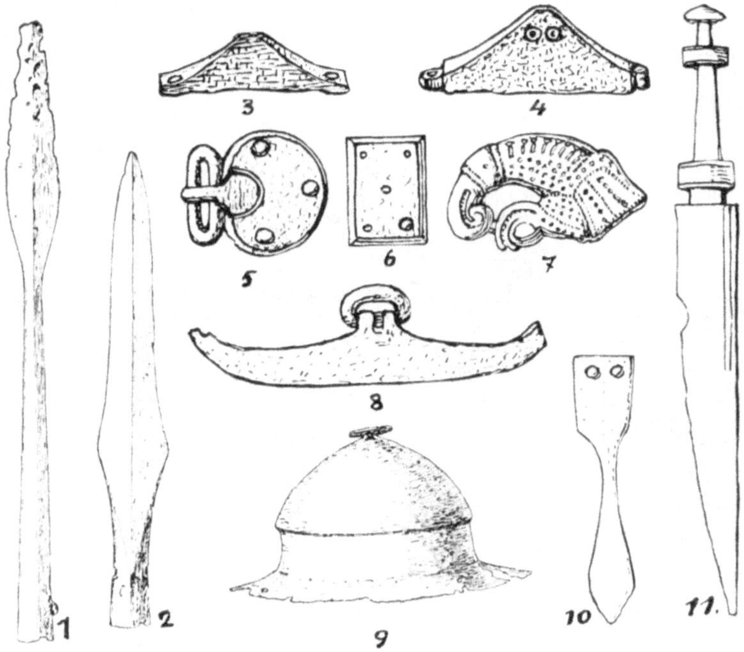

a

b

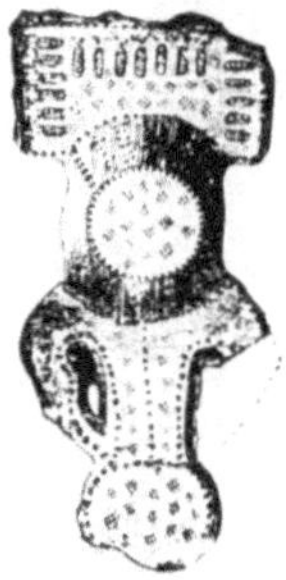

c

g

d

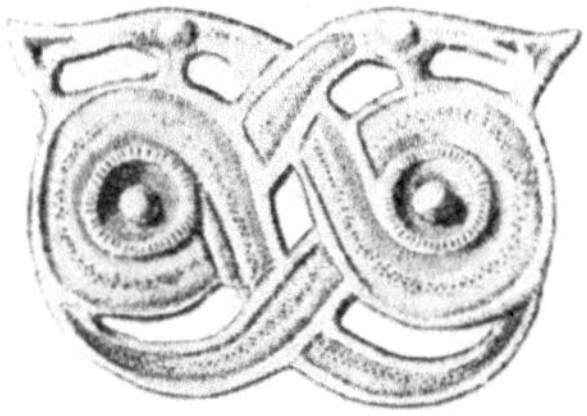

e

f

h

i

Finnland C. Eisenzeit

a. 1. u. 2. Lanzenspitzen. Nyland. 1/4 n. Gr.; 3. Schwertknauf. Österbotten. 3/5; 4. Schwertknauf, ursprünglich mit Ring u. Bügel. Österbotten. 3/5; 5. u. 6. Schnalle uud Riemenbeschlag. E. Eig. Finnland 3/10; 7. Vogelbeschlag. Br. 2/3; 8. Taschenbügel E. 1/2. Gulldynt, Österbotten; 9. Schildbuckel. Nyland. 1/4; 10. Riemenzunge. E. Tawastland. 1/3; 11. Hiebmesser. Eig. Finnland. 1/4. — b. Ringschnalle. 3/5. — c. „Rückenknopffibel". 2/3. Gulldynt, Österbotten. — d. Gleicharmige Fibel. 1/2. — e. Drachenfibel. Österbotten. 1/2. — f. Krebsfibel. Satakunta. 3/5. — g. Schwertknauf. Vergoldete Br. Satakunta. 1/1. — h. und i. Runde Buckelfibeln. Eig. Finnland. 1/2.

Atlas de Finlande 1910; ders. Berichte über d. Erwerbungen d Nationalmuseums von Finnl. aus d. EZ in Finskt Museum 17 28 (1910—1921); ders. *Die Emailfibel von Wärilä* Z. d Finn. Altert.-Ges. 26, 15 (1912); A Europaeus s. § 1 und ders. *Gravfynd från Uskela* Finskt Museum 21 (1914); A M. Tallgren *Grabfeld von Untamala* (finn.) Mém. d. l. Soc. Finno-ougrienne 35 (1913); ders. *Nya järnåldersfynd från Aura ådal* Finskt Museum 25 (1918); J. Ailio *Gesch. d. Stadt Tavastehus* (finn.) I. Tavastehus 1917; T. E. Karsten *German.-finn. Lehnwortstudien* Acta Soc. Sc. Fenn 45, 2 Helsingfors 1915; ders. *Zum Anfangsterminus d. germ.-finn. Berührungen* Soc. Sc Fennica. Commentationes humanarum litterarum I: 2 (1922).

§ 5. Völkerwanderungszeit (400—800 n. C.). Diese Per. ist bei weitem besser vertreten als die vorhergehende. Kulturgebiete oder Stammsitze sind nach wie vor die Landschaften Eigentliches F., Süd-Satakunta, Süd-Tawastland und Süd-Österbotten, aber innerhalb dieser Gebiete ist die Zahl der Gräberfelder größer, die Besiedlung also dichter geworden. In Süd-Tawastland dehnt sie sich jetzt weiter nach O bis etwa an den Kymmenestrom aus und zieht sich längs dem Päijännesee nordwärts bis etwa nach Kuhmois und Sysmä hinauf. Von tawastländischen Siedlern wird dem Anschein nach gegen Ende der Per. auch ein Teil der Karelischen Landenge besetzt, während das nördliche Tawastland vielleicht von Süd-Österbotten aus spärlich besiedelt worden ist. Eine viel größere Verbreitung als die Gräber haben die ovalen Feuerschlagsteine, welche teils der röm. Per., jedenfalls zum größeren Teil aber der älteren Stufe der Völkerwanderungszeit angehören. Sie finden sich außer in den Stammsitzen, wo sie am zahlreichsten sind, in einzelnen Exemplaren über das ganze Land zerstreut. In die entfernter liegenden Waldeinöden sind sie ohne Zweifel von herumstreifenden Jägern gebracht worden. Von diesen stammen wohl auch einzelne Waffen her, von denen ein Skramasax sogar am Enaresee in Lappland gefunden worden ist.

§ 6. Die ältere Stufe der Per. ist besonders gut in Süd-Österbotten vertreten. Hier tritt der skand. Einschlag in der materiellen Kultur stark hervor. Die Funde zeugen von lebhaften Verbindungen mit dem schwed. Norrland und mit Norwegen. Dorthin weisen die Fibeln mit viereckiger Kopfplatte des 6. Jh. (Tf. 136 d), eine große, gleicharmige Fibel mit Tierornamenten im Stil I (Aspelin *Antiquités* 1261), mehrere Rückenknopffibeln, sowie eine schlanke, mit profilierten Enden versehene Art der gleicharmigen Fibeln (Tf. 137 a 1). Andererseits ist die in Norwegen außerordentlich zahlreiche und dort nach Norrland eingewanderte kreuzförmige Fibel mit viereckiger Kopfplatte und Tierkopfabschluß hier nur durch ein Ex. (Tf. 137 a 2) vertreten, welches sich durch gewisse Abweichungen von den skand. Vorbildern — Fehlen der Seitenknöpfe, eingehängte Nadel — als eine österbottnische Lokalform erweist. Die übrigen österbottnischen Fibeln, die kreuzförmig genannt werden können, entbehren alle der Kopfscheibe und des Tierkopfes am Fußende, welches bei ihnen anstatt dessen entweder lang, schmal und gerade oder scheibenförmig gestaltet ist (Tf. 137 a 3). Mehrere von ihnen besitzen in typol. Hinsicht interessante Details, die von ostbalt. Fibeln m. u. F. und Ringgarnitur entliehen sind (Tf. 139, 4). Außerhalb Österbottens ist diese Form nicht bekannt geworden. Zu den nord- bzw. westskand. Formen gehören in Österbotten außer den oben genannten Fibeln auch Gürtel- und Gamaschenschließen, Spiralschließen, mit Tierornamenten im Stil I verzierte Knöpfe (Tf. 137 a 5), Schlüsselringe, platte, dreieckige und stabförmige beinerne Haarnadeln (Tf. 137 a 4), beinerne Löffel mit gefällig geschnitztem Stiel u. a. m.

In Südwestfinnland sind westskand. Formen der älteren Völkerwand.-Per. seltener als in Österbotten. Es fehlen hier vorläufig noch die Fibeln mit viereckiger Kopfplatte und mehrere der oben aufgezählten Kleingerättypen. Dagegen kommt hier zahlreicher als in Österb. eine Schmuckform vor, die auch in Norwegen (besonders in Nordland) verbreitet ist und dorthin wohl aus F. gelangt ist, nämlich die mit einer Vogelfigur gekrönte Schmucknadel (Tf. 137 a 6). Diese Vogelnadeln gehören dem Ende des 5. und der ersten Hälfte des 6. Jh. an und sind älter als die vogelförmigen Beschläge aus Gotland (Ant. Tidskr. 22, 4 [1919] Abb. 99—106), mit denen sie sonst eine gewisse Ähnlichkeit haben.

Auch an den verhältnismäßig wenigen Waffen aus dem Beginn der Per. dürfte westskand. Einfluß bemerkbar sein. Ein paar bajonettförmige Lanzenspitzen aus Österbotten und einige mit Widerhaken versehene Speere von jüngeren Moorfundtypen (Engelhardt *Kragehul Mosefund* 1867 Tf. 3, 21) aus südwestfinn. FO sind vielleicht norweg. Importstücke; beinerne Pfeilspitzen (Engelhardt a. a. O. S. 6), die öfters in F. gefunden sind, haben zahlreiche Parallelen in Norwegen und Nordschweden.

§ 7. Dieselben Speerformen treffen wir aber auch in Ostskandinavien (Südostschweden, Bornholm, Öland, Gotland) an, sodaß Ausfuhr nach F., bzw. Beeinflussung auch von dieser Seite, in Betracht kommen kann. In der Tat scheint F. mit diesen Gegenden Verbindungen unterhalten zu haben, die später, im Laufe des 6. Jh., an Bedeutung gewannen. Ein paar durchbrochene Riemenbeschläge von gotländischen Typen (Tf. 137b 5), eine gleicharmige Fibel mit rhombischen Enden (Tf. 137b 1), der hohle Scharnierhalsring Tf. 137b 4, welcher den goldenen Halskragen aus Öland und Westergötland (Montelius *Svenska fornsaker* 467; Åberg *Kalmar läns förhistoria* 1923 Abb. 244, 246) nahe steht, die Schnalle mit gerieftem Ring (Hackman *Ält. EZ* Tf. 6, 16), Schnallen mit tierkopfförmigem Beschlag (Tf. 137b 2) und solche wie Hackman a. a. O. Tf. 6, 17, 19, vielleicht auch x-förmige Beschläge, sind Zeugen dieses Verkehrs. Eine in Südwestfinnland und Österbotten vorkommende Fibelgruppe mit dreieckiger Fußscheibe, die öfters mit drei Knöpfen ausgestattet ist (Tf. 137b 3), kann teils auf gotländische Vorbilder (K. Vitterh. Historie o. Antikv. Akadem. Handlingar III. Folge 1, 4 [1923] Abb. 1—9 Nerman) zurückgeführt, teils von ostbalt. Formen wie *Rig. Katalog* Tf. 4, 8(—10), 21, Tf. 5, 2 hergeleitet werden.

§ 8. Von den Goldschätzen, die im 5. und 6. Jh. hauptsächlich nach den ö. Teilen der skand. Halbinsel strömten, sind allerdings nur wenige Brocken nach F. gelangt. In Südösterbotten sind goldene Fingerringe und kleine Stücke sog. Bezahlungsringe gefunden worden. Ebendort sind auch innerhalb eines kleinen Gebietes von wenigen Quadratmeilen einige west- und oström. Goldmünzen, die bis auf zwei Stück (1 Valentinianus III, 1 Leo I) verschollen sind, zum Vorschein gekommen. Unter den verschollenen sollen sich Solidi des Zeno und sogar des Phokas [† 610] befunden haben, welche letzteren bezeugen, daß einzelne Solidi auch nach 550 wahrscheinlich aus Italien oder aus Zentraleuropa nach dem N gelangt sind. Die wichtigste Etappe für diese Münzzufuhr nach Nordschweden — auch in Norrland sind späte Solidi, darunter ein Phokas, gefunden worden — und Österbotten bildete jedenfalls Gotland. Wie lebhaft der Verkehr zwischen dem N und dem germ. Festland zu jener Zeit gewesen, ist neuerdings mehrfach von schwed. Archäologen hervorgehoben worden. So ist mit Nachdruck darauf hingewiesen worden, daß Stil II sich nicht im N aus Stil I entwickelt hat, sondern auf dem germ. Kontinent (den Rheinlanden, Bayern, Norditalien) entstanden und von dort aus dem N zugeführt worden ist, und daß auch die meisten nord. Waffentypen und einige Schmuckformen der späteren eisenzeitl. Per. auf den Formenkreis zurückgehen, der gleichzeitig mit dem Goldstrom aus dem Kontinent nach den nord. Ländern gelangt ist (Fornvännen 1922 S. 166 f. Lindqvist; ebd. 1922 S. 1 f. Åberg.) Von diesen neuen kontinentalen Formen hat auch F. seinen Anteil erhalten. Es sind hier Waffen, wie Schwerter mit kleinen dreiseitigen Eisen- und Bronzeknäufen (Tf. 138a 3, 4) sowie — etwas später — Ringschwerter mit festem Ring, ferner Skramasaxe (Tf. 138a 11), Lanzenspitzen wie Tf. 138a 1, 2, Angonen mit langem Hals und schmaler Spitze (die finnl. Angonen sind allerdings nicht Nachbildungen der fränkischen Angonen, von denen sie sich scharf unterscheiden, sondern Entwicklungsformen der langhalsigen Wurfspeere aus den skand. Moorfunden), Schildbuckel wie Tf. 138a 9, Schnallen mit Schilddorn, viereckige Riemenbeschläge, ein vogelförmiger Beschlag, eine ebensolche silberne Scheibenfibel, Riemenzungen, ein Gürteltaschenbeschlag (Tf. 138a 5—8, 10) u. a. m. gefunden worden. Dazu kommen Importstücke wie ein Riemenbeschlag mit Greifen- und Rankenornamenten vom Keszthely-Typus (Hampel *Altert.* 1905 III Tf. 162, 5, 6), einige kleine schildförmige Beschläge aus demselben Kulturkreise, große Emailperlen wie Lindenschmit *Handbuch d. deutsch. Altertumsk.*

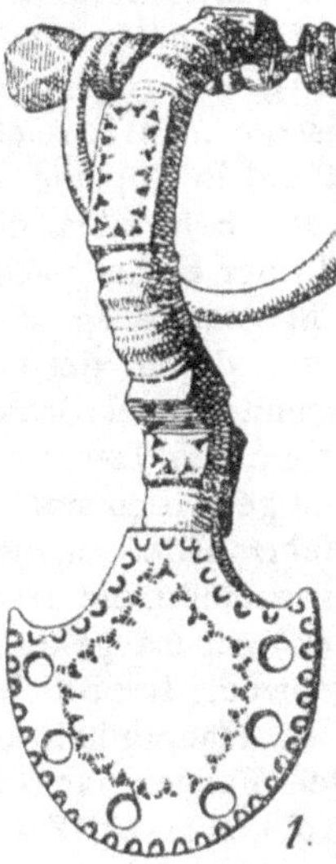

1.

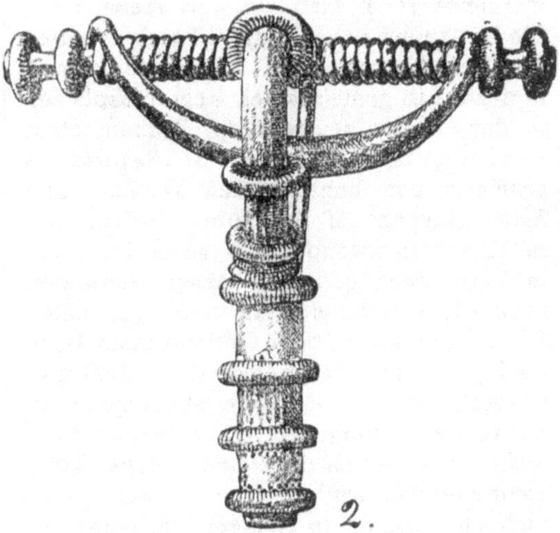

2.

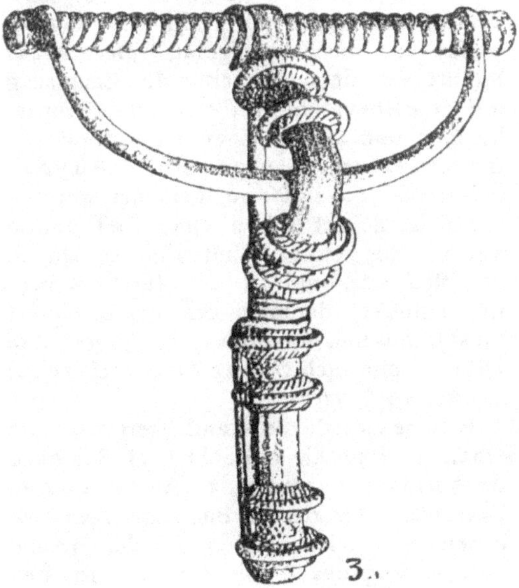

3.

4.

Finnland C. Eisenzeit

1. Fibel mit Fußscheibe. Tawastland. 2/3. — 2. Fibel mit umgeschlagenem Fuß. Silber. Åbo. 2/3 — 3. Dgl. Br. Satakunta. 2/3. — 4. Österbottnische Armbrustfibel. 3/4.

Tf. 11, Muscheln, die durchbrochene Schnalle Finskt Museum 1909 S. 62 u. a. m. Bemerkenswert ist, daß um 600 stellenweise die Bestattung unverbrannter Leichen neben der Feuerbestattung in Aufnahme kommt und zwar in gemeinsamen Begräbnisplätzen in der Art der zentraleurop. Reihengräber.

Lindqvist hat (a. a. O. S. 184) das Erscheinen der kontinentalen Waffen- und Schmucktypen auf Bornholm, Gotland und in F. mit rückwandernden germ. Stämmen in Verbindung gebracht, denen Schweden auch die Vendelkultur zu verdanken hätte. Diese wäre aus F. oder Gotland nach Uppland gebracht worden, jedenfalls nicht umgekehrt. M. E. kann dem abgelegenen F. mit seiner im Vergleich mit Schweden doch recht ärmlichen Kultur eine solche Rolle nicht zugeteilt werden. Unser Land scheint vielmehr damals in seinem Verhältnis zu Skandinavien hauptsächlich der empfangende Teil gewesen zu sein. Daß, wie Lindqvist will, der Prototypus der gotländischen Tierkopffibeln in F. zu suchen ist (Aspelin 1276, 1279), mag möglich sein. Die anderen gotländischen Schmuckformen, die Lindqvist aus F. herleitet, die Rückenknopffibeln und die Ringschnallen, sind dagegen hier nur in wenigen, z. T. etwas verkümmerten Exemplaren vorhanden (Tf. 138 c, b), die noch dazu alle einem und demselben Funde angehören. Diese Stücke können nur als Zeugen schwed. — sei es gotländischen, sei es norrländischen — Einflusses aufgefaßt werden, nicht aber als finnl. Formen, welche die Anregung zur Entstehung der reichen gotländischen Fibelserie gegeben hätten. Von den großen Ostseeinseln (Gotland, Öland, Bornholm) hat ja F. gleichzeitig auch zwei andere Fibelformen erhalten, nämlich die Drachen- oder Ösenfibel, die hier allgemeiner in Gebrauch gekommen ist (Tf. 138e), und die älteste, unverzierte, ganz kleine Form der Schildkrötenfibel (Aspelin 1234). Kontinentalschwed. Ursprungs oder aus der oben genannten einheimischen Form Aspelin 1276, 1279 hervorgegangen ist die gedrungene gleicharmige Fibel mit kurzen. sich verbreiternden Enden (Tf. 138 d), die besonders in Südwestfinnland rasch zu großer Beliebtheit gelangt und allmählich durch übermäßiges Wachsen degeneriert, bis sie im 9. Jh. verschwindet. Nahe verwandt mit ihr ist die sog. Krebsfibel (Tf. 138f), eine interessante finnl. Parallelform der schwed. Tierkopffibeln (*De kräftformiga spännena* Almgrenfestschr. 1919 S. 205 ff. Hackman). — Auch Stil II ist hier nicht so reich vertreten wie auf Gotland und in Uppland. Es haben hier vielleicht aus Schweden einberufene Künstler gewirkt oder einheimische Männer, die von skand. Meistern ausgebildet waren, einige Arbeiten wie die in der nord. Fachliteratur oft genannten drei Schwertknäufe in Form von kauernden Tieren, die bisher nur aus F. bekannt geworden sind (Tf. 138 g), verfertigt. Die Mehrzahl der sonstigen im Stil II verzierten Gegenstände, die hauptsächlich der Ausrüstung der Männer angehören, möchte ich aber als schwed. Import betrachten. So u. a. auch den Hauptinhalt eines neulich aufgedeckten Fürstengrabes in Österbotten, das — obgleich ein Brandgrab — viele Anklänge an die älteren Gräber in Vendel in Uppland aufweist: Bestattung — bez. Verbrennung — in einem Boot, Ausrüstung des Toten mit Helm und Prachtwaffen und mit Küchengerät, Opferung des Streitrosses, dessen prachtvolles Zaumzeug mit gepreßten, im Stil II verzierten Bronzeblechen und auch solchen ungewöhnlichen Beschlägen wie Stolpe-Arne *Gravfältet vid Vendel* 1912 Tf. 20, 1 belegt war.

Stil III gehört schon einer Zeit an, in welcher der schwed. Einfluß im Abnehmen begriffen war, und ist nur durch wenige Importstücke, darunter das Prachtschwert Finskt Museum 22 (1915) S. 57, 58 Abb. 16, 17 (siehe auch *Oseberg Fundet* III [1920] S. 262, 263) vertreten.

Welche Gestalt die skand. Tierornamente erhalten, wenn sie auf echt finnl. Schmuck zur Ausführung kommen, zeigen die ältesten Exemplare der runden Buckelspangen. Es lassen sich unter diesen Fibeln, welche vom Anfang des 8. bis zum 11. Jh. den vielleicht beliebtesten Schmuck der westfinn. Frauen bildeten, zwei Arten unterscheiden, von denen die eine zwei von der Seite gesehene Tiere mit aufgeschlitztem Rumpfe zeigt, während auf der anderen, jüngeren, 4 S-förmig gewundene, schlangenähnliche Tiere sichtbar sind, von denen ein jedes sich über zwei der durch das Mittelkreuz gebildeten Felder ausbreitet. Die Einzel-

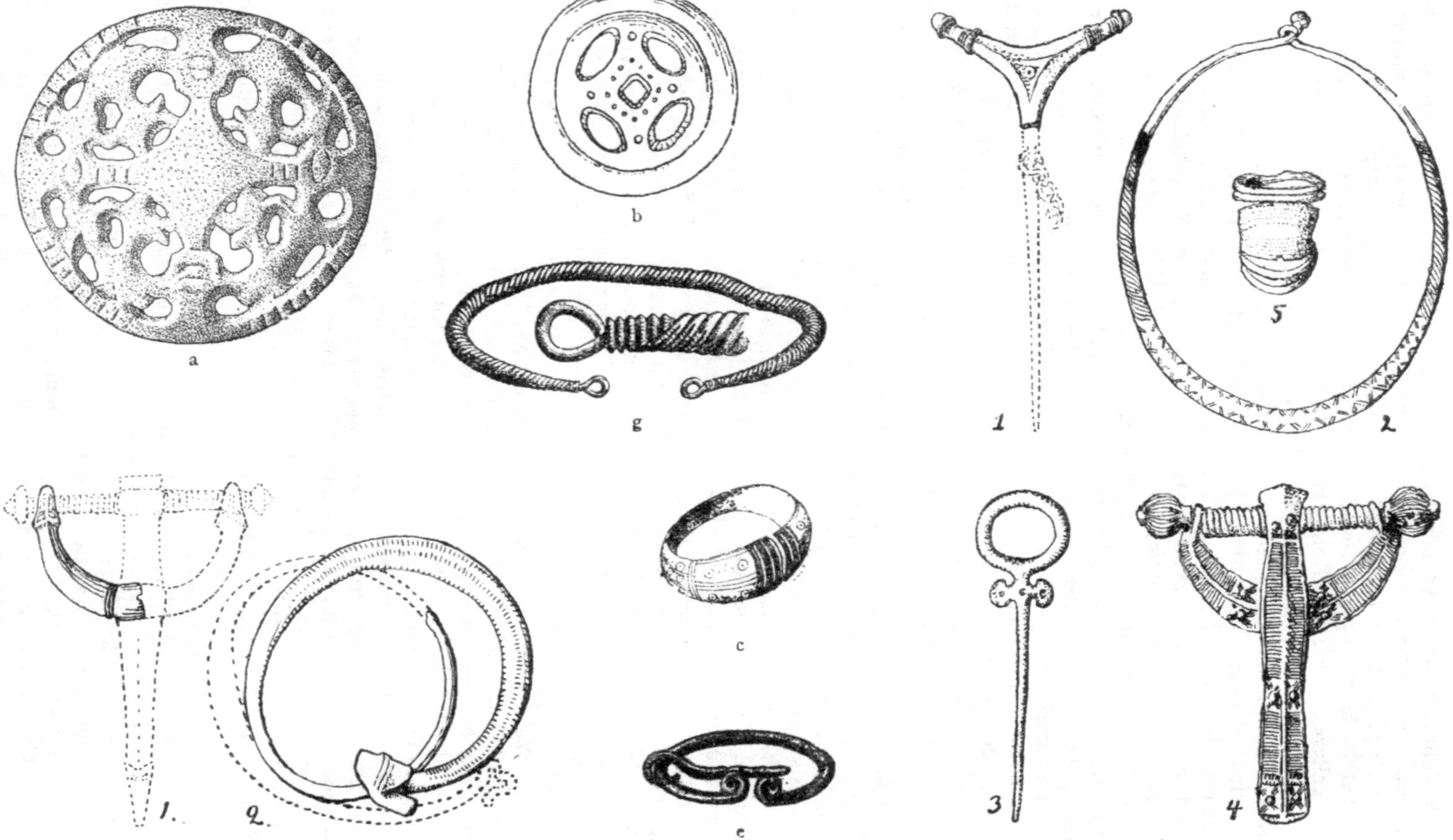

Finnland C. Eisenzeit

a. Scheibenfibel. Eig. Finnland. $^2/_3$. — b. Dgl. Österbotten. $^2/_3$. — c. Armband aus Bronzeblech. Österbotten. $^1/_3$. — d. 1. Armbrustfibel. Satakunta. ca. $^1/_3$; 2 Hals- oder Armring m. Sattel u. Haken. Eig. Finnland. $^1/_3$. — e. Hufeisenfibel mit aufgerollten Enden. E. Satakunta. $^1/_3$. — f. 1. Dreiecksnadel. $^1/_3$; 2. Kopfring (?). $^1/_3$; 3. Ringnadel. $^1/_4$. Mustamäki, Ksp. Halikko. Eig. Finnland; 4. Armbrustfibel. Österbotten. ca. $^1/_3$. 5. Fingerring mit Mittelschild.

heiten der Ausführung machen es offenbar, daß wir es nicht mit skand. Arbeiten zu tun haben (Tf. 138 h, i). Alles in allem genommen, hat F. in der Völkerwand.-Per. kaum eine kulturell führende Rolle gespielt, wohl aber hat es unter einem sehr starken skand. Kultureinfluß gestanden. Weder in den Funden der röm. EZ noch in denen der Wikingerzeit ist der skand. Einschlag so scharf ausgeprägt wie jetzt. Es liegt hier nahe zu vermuten, daß Österbotten und Südwestfinnl. damals auch in politische Abhängigkeit von Schweden geraten waren, und daß ein Teil der Bevölkerung, wahrscheinlich die führende Oberschicht, schwed. Stammes war.

§ 9. Neben den skand. Verbindungen wurden aber die Beziehungen zu den balt. Ländern, die in der vorhergehenden Per. dominierend gewesen waren, die ganze Völkerwanderungszeit hindurch aufrecht erhalten. In der älteren Stufe der Per. tauchen in F. ein paar neue Fibelformen auf, die aus dem damals germ. Ostpreußen stammen und offenbar über Lettland-Estland hierher gelangen. Es sind das die Sternfußfibel und eine aus dieser entwickelte Fibel mit schaufelförmiger Fußscheibe (Tf. 139, 1). Übermäßig große degenerierte Formen der Fibel m. u. F. und Ringgarnitur (Tf. 139, 3) setzen im 5. und 6. Jh. die ostbalt. Traditionen fort. Aus ihnen entwickelt sich der österbottnische Lokaltypus mit Nadelscheide und gegossenen Wülsten, die den geperlten Ringen der Garnitur entsprechen (Tf. 139, 4). Wir haben seiner bereits oben Erwähnung getan wie auch der Fibeln Tf. 137 b 3, die Kontaminationsformen zwischen gotländischen und balt. Fibeln darstellen.

Das Ende des 5. und der Anfang des 6. Jh. sind auch für die ostbalt. Länder eine Per. wachsenden Wohlstandes. Dieser Zeit gehören die Silberschätze, die mehrfach in Estland und Lettland angetroffen wurden, und die den skand. Goldfunden entsprechen, an. Eine große, bei Åbo gefundene Silberfibel m. u. F. (Tf. 139, 2) von demselben Typus wie die zum Dorpater Depotfund gehörenden Fibeln (Baltische Studien z. Arch. u. Gesch. 1914 Tf. 15 Hausmann), ein schwerer silberner Halsring mit verdickten, übereinander geschlagenen Enden aus Österbotten (Tf. 136 e), der ebenfalls im Dorpater Funde und in anderen ostbalt. Funden Analogien hat, sind solche ostbaltische Kostbarkeiten, die hierher gelangt sind. Bronzene Nachahmungen solcher Halsringe sind in F. nicht selten gefunden worden. In diese Zeit fallen auch die Anfänge der später in den ostbalt. Ländern so beliebten Kreuz- und Dreiecksnadeln, und bemerkenswert ist es, daß die Prototypen beider in F. entstanden zu sein scheinen: zierliche, kleine Exemplare beider Arten mit Öse zur Befestigung der Brustkette sind bereits auf mehreren südwestfinnl. Gräberfeldern zu Tage getreten. (Präh. Z. 6 [1914] S. 152 Abb. 55, c, e). Die Kreuznadel verschwindet allerdings bald aus den finnl. Funden; die Dreiecksnadel dagegen hält sich zäh in Gebrauch, nimmt allmählich an Größe zu und wird in der späteren Stufe der Per. und am Anfang der Wikingerzeit neben der sog. Ringnadel zu einer häufigen Erscheinung in den finnl. Gräbern. Nicht selten sind die späteren finnl. Dreiecksnadeln und die eisernen oder bronzenen Ringnadeln mit einem ähnlichen Gehänge ausgestattet wie die estländische Nadel aus Neu-Isenhof (Präh. Z. 5 [1913] S. 553). Alle diese Nadeln gehören, wie auch die eisernen Hirtenstabnadeln, die ganz besonders zahlreich in den Funden des 6. und 7. Jh. auftreten, zur Männertracht.

Auf ältere ostbalt. Vorbilder mit Mittelkreuz (*Rig. Kat.* 8, 22) gehen die kleinen durchbrochenen Scheibenfibeln (Tf. 140 b) zurück, die um 600 in F. nicht selten sind. Diese liegen ihrerseits einer ganzen Serie von Scheibenfibeln zugrunde, welche die jüngere Stufe der Völkerwanderungsper. und den Anfang der Wikingerzeit ausfüllen. Die meisten dieser Fibeln haben geometrische Ornamente; auf einer recht verbreiteten Fibel (Tf. 140 a) sind zwischen den Kreuzarmen paarweise einander gegenübergestellte stilisierte Tierfiguren zu sehen, die Appelgren von orientalischen Vorbildern herleiten will (Monteliusfestschr. 1913 S. 371 Appelgren-Kivalo). In den balt. Ländern haben diese Scheibenfibeln mit Ausnahme der erstgenannten keine Verbreitung gefunden. Gemeinsam für F. und besonders den s. Teil vom Ostbaltikum sind dagegen die Armbrustfibeln mit ge-

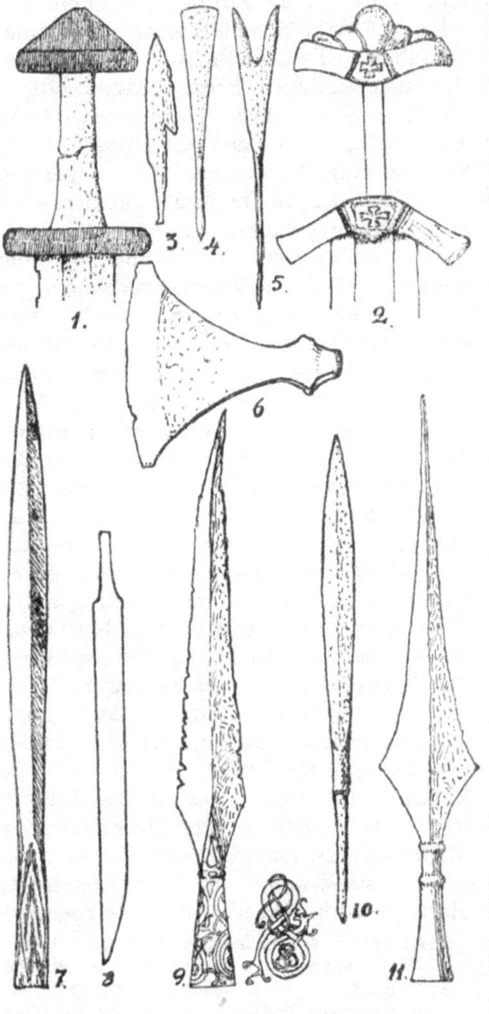

a

b

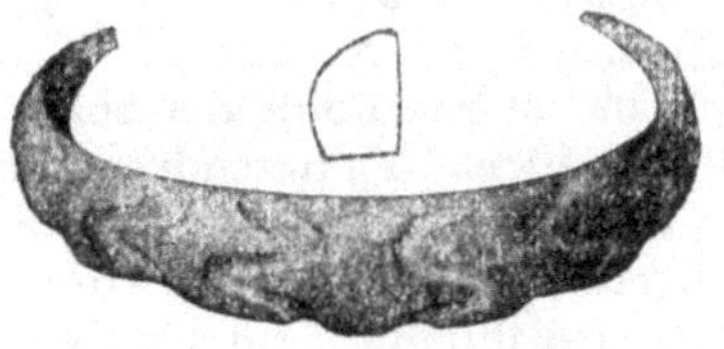

c

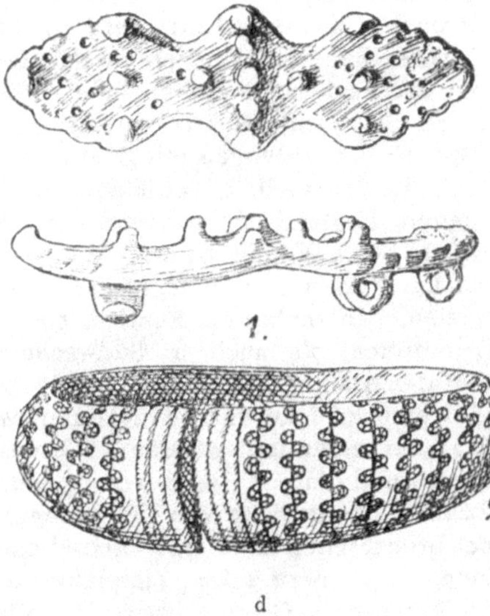

d

Finnland C. Eisenzeit

a. 1, Schwertgriff mit Silbereinlage. Eig. Finnland. ca. $^{1}/_{4}$; 2. Dito. Satakunta. $^{1}/_{4}$; 3—5. Pfeilspitzen. Satakunta u. Lappland. ca. $^{1}/_{5}$; 6. Streitaxt. Tawastland. $^{1}/_{5}$; 7. Lanzenspitze m. gefurchter Tülle. Karelien. ca. $^{1}/_{5}$; 8. Einschneidiges Schwert. Tawastland. $^{1}/_{10}$; 9 Lanzenspitze mit Silbereinlage. Satakunta. $^{1}/_{4}$; 10. Speerspitze. Satakunta. $^{1}/_{6}$; 11. Lanzenspitze. Tawastland. $^{1}/_{6}$. — b. Buckelfibel. Tawastland. $^{1}/_{2}$. — c. Armband. Karelien. $^{3}/_{5}$. — d. 1. Gleicharmige Fibel. Satakunta. $^{4}/_{7}$; 2. Armband. Satakunta. $^{7}/_{9}$.

gossener Sehne (Tf. 140d 1), deren letzte Formen sich bis in das 10. Jh. in Gebrauch erhalten. Eine ursprünglich lit.-lett. Form ist auch der Halsring mit Sattel und Haken (Tf. 140d 2), von welchen einige Exemplare aus Silber, andere aus Bronze hier gefunden sind. Die am Ende des 6., hauptsächlich aber im 7. Jh. sehr beliebten Armbänder aus Bronzeblech mit schmaler Mitte und breiten, hohlen Enden (Tf. 140c) möchte ich ebenfalls von älterem lit. Schmuck herleiten (Åberg *Ostpreußen in d. Völkerwanderungszeit* 1919 Abb. 190, vgl. auch *Rig. Katalog* S. 25 Nr. 341 u. Tf. 20, 16).

Auch die älteste Form der später in so vielen Varietäten auftretenden Hufeisenfibeln, nämlich die kleine eiserne Fibel mit aufgerollten Enden (Tf. 140e), dürfte aus dem Ostbaltikum hierher gelangt sein.

Ein ö., ungerm. Zug ist die Dürftigkeit der Keramik. Ein paar blumentopfähnliche, mit Schnurornament verzierte ganze Gefäße stammen aus dem Ende der Per. Die Brandgräber haben nur Scherben geliefert, die mit Zickzack- und Wellenlinien, Grübchen und Schnurornamentik verziert sind.

§ 10. F. Verbindungen mit Zentral und Ostrußland, die vielleicht niemals aufgehört hatten, obgleich sie während der röm. EZ durch keine Funde bezeugt sind, beginnen um 500 wieder eine gewisse Rolle zu spielen. In mehreren Funden, sowohl in Österbotten, als auch in Südwestfinnl. und auf den Ålandsinseln, sind verschiedenartige Schmuckstücke von zentral- und ostruss. Typen gefunden worden: Glockenanhängsel und andere Berlocken, gewisse Armbänder, Bruchstücke von Kettenträgern, kleine Bronzescheibchen mit getriebenen Buckeln, eine permische Zierplatte der Adler-Ganymedes-Gruppe u. a. m., alles Zeugen von Handelsverbindungen, die etwas später in der Wikingerzeit eine größere Bedeutung erlangen sollten.

§ 11. Die Bestattungsart und die Formen der Gräber sind in der Völkerwandrungsper. teilweise dieselben wie in der röm. EZ. Steinhügelgräber und aus Erde und Steinen aufgeworfene niedrigere Grabhügel sind nach wie vor in Gebrauch, die ersteren hauptsächlich in Österbotten, die letzteren in den s. Landschaften. Die Flachgräber mit Pflasterung oder Steinpackung, deren erstes Auftreten bereits in die röm. EZ fällt, werden jetzt allgemeiner. Sie sind gewöhnlich auf Moränenhügeln angelegt und enthalten verbrannte Knochen sowie teils ganze, teils zerbrochene, verbogene oder auf dem Scheiterhaufen beschädigte Beigaben. Die Reste sind entweder auf der ursprünglichen Erdoberfläche oder in kleinen, eigens dazu gegrabenen Gruben niedergelegt und dann mit etwas Erde und Steinen bedeckt worden. Auf einigen Gräberfeldern liegen mehrere Steinschichten mit Erdfüllung übereinander. Oft deuten Kohlensammlungen, Asche und zerbrannte Steine an, daß die Leichenverbrennung an Ort und Stelle vorgenommen wurde. Nicht selten scheinen die Leichen in Häusern verbrannt worden zu sein, von deren Lehmbewurf Stücke von Ton mit Abdrücken von Reisig und Rundhölzern herrühren, die in der Brandschicht gefunden werden. Die Beigaben beweisen, daß mehrere dieser Gräberfelder Jahrhunderte lang in Gebrauch gewesen sind. Sehr auffallend ist die Ähnlichkeit dieser Anlagen mit den großen balt. Gräberfeldern, deren bisher gangbare Bezeichnung als „Steinreihengräber" neuerdings von Tallgren angegriffen worden ist (Tallgren *Zur Archäologie Eestis* I [1922] S. 83). — Aus der Zeit um 600 stammt das älteste Bootsgrab F. (bei Yliskylä oder Överby im Kirchspiel Perniö) mit den Resten eines Fahrzeuges, in welchem der reich mit Waffen ausgestattete Tote verbrannt worden war. Um dieselbe Zeit wird, wie bereits erwähnt ist, in Westfinnl. auch die Beisetzung unverbrannter Leichen Sitte.

Aspelin *Antiquités* V; A. Europaeus s. § 1; A. Hackman s. § 1 u. 4 und Monteliusfestschr. 1913 S. 299ff.; Finskt Museum 4 (1897) S. 60ff. Appelgren-Kivalo; H. J. Heikel *Die Brandgräber von Päiväniemi, Säijoki und Kirmukarmu* 1899; Suomen Museo 21 (1914) S. 30ff., Finskt Museum 22 (1915) S. 46ff Tallgren; ebd. 10 (1903) S. 77ff. Rinne; Finskt Museum 14 (1907) S. 59ff. Rinne.

§ 12. Die Wikingerzeit (800—1050) und die jüngste Heidenzeit (1050—13. Jh.).

In dieser Zeit verändert sich das Bild, das uns die Funde von der Verbreitung der Siedlungen in F. geben, nicht unwesentlich im Vergleich mit dem der vorhergehenden Per. Die Landschaften Eigentliches F. und Satakunta sind jetzt mindestens

a

b

c

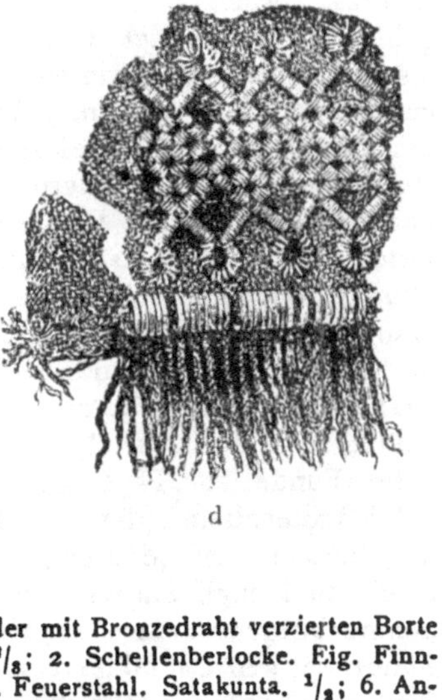

d

e

Finnland C. Eisenzeit

a—c. Schildkrötenfibeln. Tuukkala, Savolaks. ca. $^{1}/_{2}$. — d. Teil von der mit Bronzedraht verzierten Borte einer Schürze. Karelien. $^{1}/_{2}$. — e. 1. Schlüssel. Br. Eig. Finnland. $^{2}/_{3}$; 2. Schellenberlocke. Eig. Finnland; 3. Anhänger. Eig. Finnland. $^{2}/_{3}$; 4. Amulett. Satakunta. $^{1}/_{2}$; 5. Feuerstahl. Satakunta. $^{1}/_{2}$; 6. Anhänger. Tuukkala, Savolaks; 7. Anhänger. Karelien. $^{2}/_{3}$; 8. Ohrlöffel. Tuukkala, Savolaks. $^{2}/_{3}$; 9. Gürtelbeschlag. Satakunta. $^{2}/_{3}$; 10. Beschlag. Eig. Finnland. $^{1}/_{1}$; 11. Beschlag. Satakunta. $^{2}/_{3}$.

ebenso dicht bevölkert wie vorher, doch sind an manchen Stellen alte Gräberfelder verlassen, an anderen Orten wieder neue angelegt worden. Die Besiedlung des s. Tawastlands hat große Fortschritte gemacht, im n. Teil dieser Landschaft sind dagegen nur wenige Funde zu Tage getreten. Von Südtawastland zieht sich eine Reihe FO in ö. Richtung bis in die Gegend von Willmanstrand und den Ausfluß des Wuoksen aus dem Saimasee hin und bildet gewissermaßen eine Brücke zu der karelischen Landenge, die jetzt bedeutend dichter bevölkert ist als in der Völkerwanderungsperiode. Hier und am Nordufer des Ladogasees sind jetzt die Hauptsitze der Karelier, die sich von hier aus über die Einöden des ö. und n. Finnlands ausbreiten. Das s. von Tawastland gelegene Nyland scheint mit Ausnahme seines sw. Teiles keine oder eine nur sehr spärliche seßhafte Bevölkerung gehabt zu haben. Hier lagen allem Anschein nach die Jagdgebiete und die Fischereiplätze der Tawasten, und erst in der Zeit der schwedischen Kreuz- und Erobererzüge wurde der nyländische Küstenstrich von schwed. Kolonisten dauernd besiedelt. Südösterbotten oder das Gebiet ö. und s. von Wasa, das uns so viele Funde aus der Völkerwanderungszeit geliefert hat und so reich an Steinhügeln ist, gehört jetzt zu den an Funden ärmsten Gegenden des Landes. Auch hier wurde das Küstengebiet im Mittelalter von schwed. Kolonisten in Besitz genommen. In den weiter landeinwärts und den n. gelegenen Teilen der Landschaft deuten einzelne Funde das Vordringen von Ansiedlern aus Satakunta und Tawastland an. Die Einöden des n. Österbottens und Lapplands waren das Durchgangsgebiet eines recht lebhaften Handels zwischen dem N und den Völkern in Nord- und Ostrußland. An den Wasserstraßen, den großen Flüssen und Seen dieses Gebietes sind zahlreiche und ungewöhnliche Funde zu Tage getreten: schwed. Schildkrötenfibeln (die in Südfinnland zu den Seltenheiten gehören), Silberschmuck, dtsch. und engl. Silbermünzen, permische Schmuckgegenstände. Die Mehrzahl dieser Funde hat den Charakter von Depotfunden. Sichere Grabfunde fehlen. Doch ist es wahrscheinlich, daß diese Gegenden nicht ausschließlich von nomadisierenden Lappen bewohnt waren, und daß wenigstens der Küstenstrich eine seßhafte kvänische, d. h. finn. Bevölkerung gehabt hat.

§ 13. Es muß als eine auffallende Erscheinung bezeichnet werden, daß der in den Funden des 6. und 7. Jh. so stark ausgeprägte schwed. Einschlag in der Wikingerzeit merkbar in den Hintergrund tritt. Es ist dies um so bemerkenswerter, als gerade diese Per. für die skand. Völker die Zeit der größten Kraftentwicklung war und die Schweden damals ihre kulturelle Überlegenheit über große Teile von Rußland geltend machten. Welche Verhältnisse diese Abschwächung der schwed. Kultureinflüsse in F. bewirkt haben mögen, wird nicht leicht anzugeben sein. Vielleicht lag es z. T. daran, daß Rußland mit seinen Reichtümern und seinen Handelsverbindungen mit Byzanz und dem Orient eine größere Anziehungskraft auf die Schweden ausübte als das ärmere F. Wie dem auch sein mag, sicher ist, daß die finnl. Funde der Wikingerzeit von einer größeren kulturellen Selbständigkeit gegenüber Schweden Zeugnis ablegen, als dies in der vorhergehenden Per. der Fall gewesen war.

Aus Schweden eingeführt wurden in erster Linie Waffen. Allerdings ist es oft schwer zu entscheiden, was schwed. oder westeurop. Fabrikat und was im Lande selbst verfertigt worden ist. Denn da die einheimische Waffenindustrie bereits in der Völkerwanderungsper. und auch später in der Wikingerzeit auf einer hohen Stufe stand, ist es möglich, daß importierte Waffen von finn. Schmieden als Muster benutzt und nachgeahmt worden sind. Skand. Formen aus dem Anfang der Per. sind Schwerter mit silber- und goldinkrustierten Griffteilen (dreieckiger Knauf und kurze, gerade Parierstange) und Lanzenspitzen mit furchenverzierter Tülle (Tf. 141 a 1, 7), aus einer etwas späteren Zeit Schwerter mit drei- und fünfgeteiltem Knauf (Tf. 141 a 2), sowie aus dem Ende der Wikingerzeit Lanzenspitzen mit silbertauschierter und mit Tier- oder Bandornamenten des 11. Jh. verzierter Tülle (Tf. 141 a 9). Als finnl. Nachahmungen skand. Typen dürften vielleicht die besonders in Tawastland auftretenden Lanzen wie Tf. 141 a 11 betrachtet werden. Einheimische

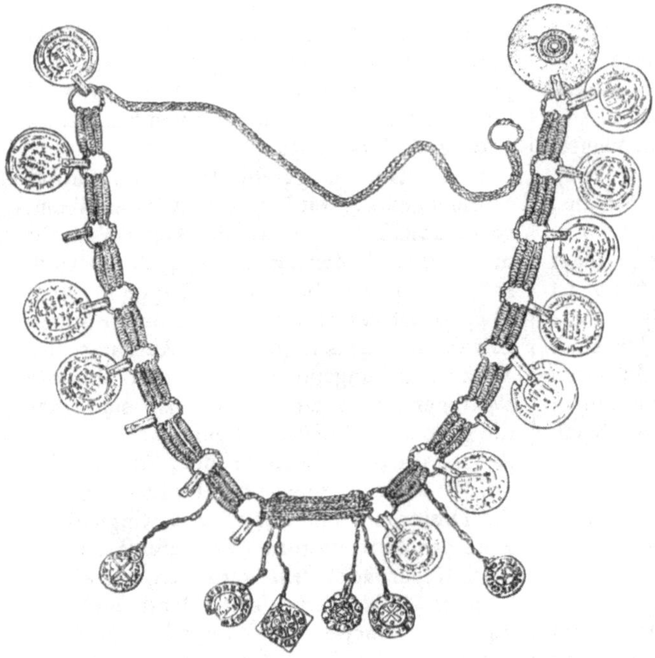

a

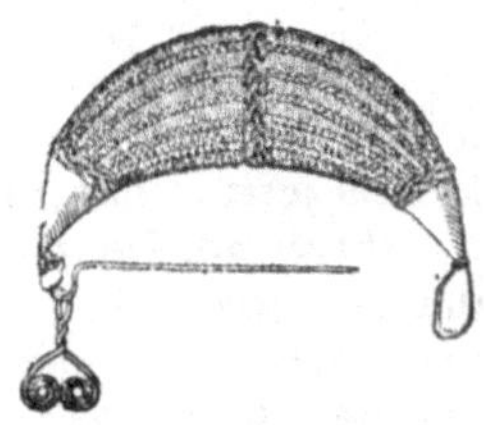

b

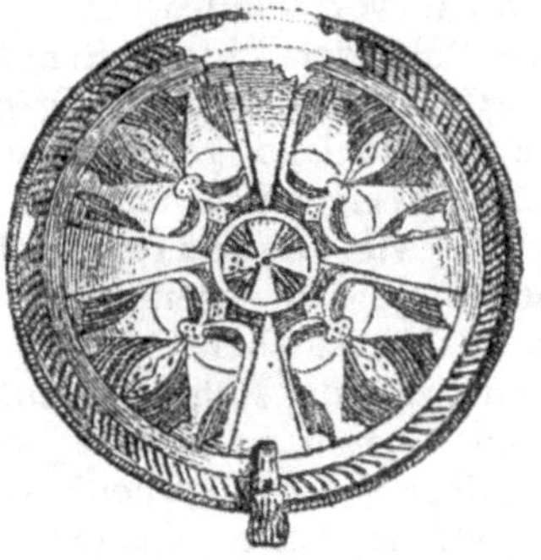

c

d

e

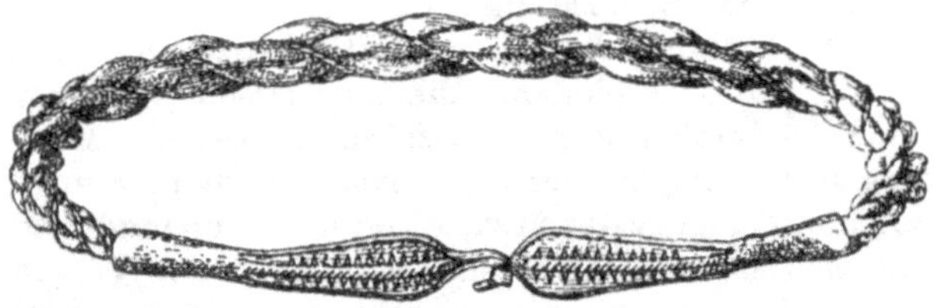

f

g

Finnland C. Eisenzeit

a. Silberne Halskette mit arabischen und westeuropäischen Münzen. Tawastland. Ca. $^{1}/_{5}$. — b. Silberner Kopfschmuck. Karelien. $^{1}/_{4}$. — c. Silberspange. $^{2}/_{3}$. — d. Silb. Hufeisenfibel. $^{5}/_{8}$. Tuukkala, Savolaks. — e. Silberarmring. Österbotten. $^{2}/_{3}$. — f. Silberhalsring. Lappland. $^{1}/_{2}$. — g. Silb. Hufeisenfibel. Karelien. $^{5}/_{9}$.

Formen sind wohl auch die auf ältere Typen zurückgehenden Wurfspeere mit Angel, die jetzt nicht mehr wie vielfach in der Völkerwand.-Per. mit Widerhaken ausgestattet sind, sowie einschneidige Schwerter mit kurzer, schmaler Klinge (Tf. 141 a 10, 8).

Unter den Schmuckgegenständen haben sich skand. Importstücke, abgesehen von Silberschmuck, in verhältnismäßig geringer Anzahl vorgefunden, und recht klein ist die Zahl der schwed. Schmucktypen, die hier wirklich bodenständig geworden sind. In Westfinnland gehören zu der letzteren Gruppe eigentlich nur die gleicharmigen Fibeln wie Tf. 141 d 1 und verwandte Typen sowie gewisse Armbänder wie Tf. 141 c, d 2. In Karelien, wo der schwed. Einfluß dank der Nähe der warägischen Kolonien s. vom Ladogasee am Beginn der Wikingerzeit anscheinend stärker gewesen ist als im Westen, haben sich außer denselben Armband- und Fibeltypen vor allem die Schildkrötenfibeln in verschiedenen Abarten eingebürgert. Die letzteren werden, nachdem sie dem einheimischen Geschmack gemäß umgeformt waren, noch über die Wikingerzeit hinaus zum Nationalschmuck der karelischen Frauen, finden aber auch weiter west- und nordwärts Verbreitung. Die Ornamentierung der ältesten Fibeln dieser Art geht von skand. Vorbildern karolingischen Stiles aus (Tf. 142 a); andere Gruppen entnehmen ihre Motive der skand. und einheimischen Band- und Flechtornamentik (Tf. 142 b), während die jüngeren Arten ö. Züge aufweisen (Tf. 142 c).

Den ostfinn. Schildkrötenfibeln entsprechen in Westfinnland die runden Buckelfibeln, die als ein spezifisch finnl. Schmuck bezeichnet werden müssen, obgleich die Ornamentierung der ältesten aus dem Ende der Völkerwand.-Per. stammenden Typen von Salins Stil (II und) III herzuleiten ist (Tf. 138 h, i). Der jüngste, stark degenerierte, mit hohen zylindrischen Knöpfen ausgestattete Typus gehört an das Ende der Wikingerzeit (Tf. 141 b). Die Aufgabe der Schildkrötenfibeln und der runden Buckelspangen als Heftnadeln für die Schulterstücke des Frauenkleides wird in Westfinnland auch von Hufeisenfibeln übernommen, die außerdem sowohl hier als in Karelien an anderen Teilen der Tracht reichlich verwendet werden. Unter den verschiedenen Typen dieser Gruppe finden sich, abgesehen von ein paar importierten schwed. Stücken, sowohl einheimische als ostbalt. Exemplare und andere ö. Ursprungs.

§ 14. Die Belege für die kulturelle Zusammengehörigkeit F. mit dem Ostbaltikum, sowie solche Funde, welche einen Verkehr mit Rußland bezeugen, sind denn auch zahlreicher als die skand. Typen. Oben (§ 9, 10) ist bereits mehrerer ostbalt. Formen Erwähnung getan, die am Ausgang der Völkerwandrungsper. aufkommen und in die Wikingerzeit hineinreichen. Es sind dies die großen lit. Armbrustfibeln mit gegossener Sehne, die sich noch in den Funden des 10. Jh. nachweisen lassen (Tf. 140 f 4), und die Dreiecks- (Tf. 140 f 1) und Ringnadeln. Eine Verquickungsform der letzteren mit der balt. Kreuznadel tritt zahlreich in einem kleinen Gebiet in Westfinnland auf (Tf. 140 f 3). Flache Halsringe oder Diademe (Tf. 140 f 2), mehrere Armbandtypen, Spiralarmringe und -fingerringe mit und ohne Mittelschild (Tf. 140 f 5), strickartig geflochtene Hals- oder Gürtelringe, Bronzeperlen, Kettenträger u. a. m. vervollständigen den ostbalt. gefärbten Charakter des Fundinventares. Glückliche Funde von Gewandteilen aus Gräbern des 10.—12. Jh. haben uns über die finn. Frauentracht der jüngsten Heidenzeit wichtige Aufschlüsse gegeben und ihren in gewisser Beziehung ö. Charakter dargelegt. Sie setzte sich aus Haube, Stirnband, Hemd, einem von den Schultern bis zu den Füßen reichenden Kleide, einer Schürze und einem Mantel, alles aus zwei- oder vierschäftigem Wollstoff verfertigt, zusammen. Der ö. Zug in dieser Tracht besteht nun in der Ausschmückung einzelner Teile, hauptsächlich der Schürze und des Mantels, mit eingenähten und eingewirkten röhrenförmigen Bronzespiralen, die zu langen Säumen, breiten Borten oder zu kreuz- und sternförmigen Zieraten zusammengestellt wurden (Tf. 142 d). Ansätze zu dieser Verzierungsart lassen sich schon in der späten Völkerwanderungszeit sowohl in F. und den ostbalt. Ländern als auch bei den finn. Stämmen in Rußland nachweisen. In der Wikingerzeit bildet sie sich weiter aus und erreicht in F. ihre höchste Vollendung in den Funden des 11. und 12. Jh. (Z. d. Finn. Altert.-Ges. 13 [1892] Abb. 349—365). Bei den Letten hat sie bis in das 19. Jh. fortgelebt. — Auch die jetzt noch mehr als früher ausgeübte Sitte, die Brust mit Kettengehängen zu schmücken, ist eine den finn. und lit. Stämmen gemeinsamer Zug. An den Ketten werden Anhänger mannigfacher Art befestigt, wie Schellen, Glöckchen, Kreuzchen und durchbrochene Zierscheiben, oder Berlocken in Tierform und Amulette wie natürliche oder in Bronze nachgeahmte Bärenzähne, ferner Toilettengeräte wie Ohrlöffel und Metallkämme, oder Werkzeuge wie Messer, Feuerstahl und Schlüssel. Manche dieser Formen waren einheimischen Ursprungs, andere wieder aus dem Ostbaltikum, Rußland und dem Orient eingeführt oder nach dortigen Vorbildern hier gearbeitet (Tf. 142 e 1—8).

§ 15. Diese Anhänger und eine nicht geringe Anzahl „permischer" und orientalischer Riemenbeschläge, sowie Silberschmuck (Tf. 142 e 9—11; Tf. 143 e), Gewichte, Wagen und arab. Silbermünzen und selbst solche Gegenstände wie Vorhängeschlösser, aus Rußland importierte Äxte u. a. m. zeugen davon, daß der in der Wikingerzeit blühende nord. Handel mit Süd- und Ostrußland und den arab. Kalifaten in Mesopotamien, Persien und Zentralasien auch F. berührt hat. Allerdings ist die Anzahl der in F. gefundenen und zu unserer Kenntnis gelangten arab. Münzen bisher verhältnismäßig klein. Sie beträgt nicht mehr als ungefähr 1400 Stück, von welchen über 1100 auf die Ålandsinseln (s. d.) und keine 300 auf das finnl. Festland kommen, eine im Vergleich mit den über 40000 in Schweden gefundenen Münzen und einigen großen Münzfunden in Ingermanland recht unbedeutende Zahl. Am Beginn des 11. Jh. versiegte die Zufuhr aus dem Orient, obgleich der Verkehr mit Rußland bestehen blieb und noch manche Schmuckformen hierher brachte.

§ 16. Gleichzeitig mit dem Aufhören des arab. Handels setzt eine w. Kulturströmung ein, die bis in das 12. Jh. hinein angelsächsische und vor allem dtsch. Silbermünzen ins Land brachte. Zu der großen Menge dieser dtsch. und ags. Münzen — es sind ihrer einschließlich der in der Literatur genannten verschollenen Stücke nach einer niedrigen Schätzung 7—8000 St. bekannt geworden — treten in geringer Anzahl Münzen aus Byzanz, Ungarn, Böhmen, Irland und Skandinavien hinzu. Oben ist bereits erwähnt worden, daß dtsch. und ags. Münzen bis nach Nordfinnl. und Lappland gelangt sind; die Mehrzahl ist jedoch in der Landschaft F. und in Tawastland angetroffen worden, auf den Ålandsinseln fehlen sie gänzlich. Außer Münzen enthalten die Schatz- und Grabfunde des 10.—13. Jh. silberne Schmucksachen verschiedenen, nicht immer mit Sicherheit bestimmbaren Ursprunges. Als einheimische Arbeiten sind die vielseitigen Halsketten mit netzartig geflochtenen Gliedern wie Tf. 143 a und in derselben Technik gearbeiteter Kopfschmuck aus karelischen Frauengräbern (Tf. 143 b = Abb. 151 in Z. d. Finn. Altert. Ges. 25: 2 S. 81) bezeichnet worden (Z. d. Finn. Altert. Ges. 23: 2 [1905] S. 6 ff. Appelgren). Sicher einheimisch sind große, platte, mit Akanthusranken verzierte Hufeisenfibeln (Tf. 143 d = ebd. Abb. 162), die sich aus kleineren, in F. und ö. der Ostsee auftretenden Fibeln mit stark erhöhtem Mittelgrat entwickelt haben. Die geflochtenen Arm- und Halsringe, wie Tf. 143 f = ebd. Abb. 152, gehören einer in Ost- und Nordeuropa weit verbreiteten und in viele lokal begrenzte Variationen zerfallenden Gruppe an, die sich zum Teil aus sicher nord. Arbeiten zusammensetzt.

Aus Schweden eingeführt sind Hufeisenfibeln mit Wulst (Tf. 143 g), die hier viel nachgeahmt wurden, und runde Scheibenfibeln wie Tf. 143 c, die den Karelierinnen als Hemdenspangen dienten. Andere Zierscheiben weisen nach Rußland hin (Z. d. Finn. Altert. Ges. 13 Abb. 234, 235, 238), von wo auch Ohrringe, Schläfenringe u. a. m. nach F. gelangt sind. Westeurop. (dtsch.?) Arbeit des 13. Jh. ist schließlich ein prächtiges Silberkruzifix, das mit geflochtenen Ketten skand. Herkunft, 2 Enkolpien und einer Anzahl Filigranperlen bei Halikko in der Landschaft F. gefunden ist (abgebildet in H. Hildebrand *Sveriges Medeltid* III [1898—1903] Abb. 564 a u. b). — Die lebhaften Verbindungen mit Abend- und Morgenland haben kulturelle Forschritte gezeitigt, die auch in dem Haus- und

Arbeitsgerät, den Kesseln, Schüsseln (darunter eine sog. Hansaschüssel), den Äxten, Scheren, Sicheln, Sensen, Feuerstählen, Messern mit ihren z. T. prächtigen Scheiden und der Keramik, die am Ende der vorgesch. Zeit die Anwendung der Töpferscheibe verrät, zu Tage tritt.

§ 17. Die in § 11 beschriebenen Flachgräber mit Pflasterung oder Steinpackung sind in der Wikingerzeit noch allg. in Gebrauch. Neben der Leichenverbrennung dringt aber die Sitte, die Toten zu beerdigen, immer mehr durch und erringt am Ende der Heidenzeit den Vorrang über den älteren Grabritus.

§ 18. Der letzten Heidenzeit im weiteren Sinne hat man die Mehrzahl der Burgwälle in F. zugewiesen. Diese Befestigungen sind auf schwerzugänglichen Höhen, oft an Seen oder Sümpfen, angelegt und bestehen aus 1—3 m hohen Steinwällen, die ursprünglich durch Verhaue verstärkt waren. Die wenigen Burgen, auf denen Grabungen vorgenommen wurden, haben Funde aus dem Ende des 8. Jh. bis zum Beginn der geschichtlichen Zeit enthalten. Doch ist anzunehmen, daß einige Burgwälle aus einer älteren Zeit herstammen. Sie liegen in denselben Gegenden, die in der EZ die Stammsitze gebildet haben, nur einige wenige außerhalb dieser Gebiete. — Eine Stufenwallburg befindet sich bei der Stadt Borga in Nyland.

Die von uns als jüngste Heidenzeit bezeichnete Per. ist in F. bereits eine halbgeschichtliche Zeit. Es ist die Per. der schwed. und nowgorodischen Eroberungszüge, die Westfinnland unter schwed. Herrschaft brachten, den größten Teil Kareliens aber der Botmäßigkeit Nowgorods unterwarfen. Noch in der Wikingerzeit hatte Karelien die nämliche Kultur besessen wie Westfinnland, war es doch zum Teil von Tawastland aus besiedelt worden. In der Folgezeit, im Mittelalter, bildete sich ein gewisser kultureller Gegensatz aus zwischen dem in mancher Beziehung sö. orientierten Karelien und dem skand. beeinflußten Westfinnland, das durch die schwed. Herrschaft, die Ausbreitung der katholischen Religion sowie durch Ansiedlung schwed. Kolonisten an den Küsten von Nyland und Österbotten in den Bereich der westeurop. Kultur gerückt wurde.

Aspelin *Antiquités* IV; Hj. Appelgren-Kivalo *De runda djurspännena* Finskt Museum 4 (1897); ders. *Die finn. Äxte in d. Heidenzeit* (finn.) Suomen Museo 4 (1897); ders. *Finnische Trachten aus der jüngeren EZ* (1907); ders. *Romansk Ornamentik* Finskt Museum 17 (1910); ders. *Finnlands vorgesch. Burgen* (finn. m. deutsch. Auszug) Z. d Finn. Altert. Ges. 12 (1891); Th. Schvindt *Kareliens EZ*. (finn. m. deutsch. Ausz u. Atlas) Z. d. Finn. Altert. Ges. 13 (1893); A. O. Heikel *Das Grabfeld von Tuukkala* (finn.-Atlas) Z. d. Finn. Altert. Ges. 10 (1889); A. Europaeus s § 1; J. Ailio *Die karelischen Schildkrötenfibeln* Z. d Finn. Altert. Ges. 32 (1922) (finn. m. deutsch. Ausz.); ders. *Der vorgesch. Burgwall Rapola* (finn. m. deutsch. Ausz.) Suomen Museo 27—28 (1920—1921); A. Hackman s. § 4 u. 11; ders. *Die vorgesch. Forsch. in Finnl. 1910—12* Präh. Z. 6 (1914); A. Hackman u. A. Hjelt *Ett silfverfynd från Hauho* Finskt Museum 1 (1894); A. Hjelt *Ett orientaliskt myntfynt från Åland* Histor. Tidskr. f. Finl. 1916; J. J. W. Lagus *Om mynt funna i finsk jord* Finsk Vetenskapssociet. Bidrag 40 (1900); O. Alcenius *Fyra anglosaxiska myntfind i Finl.* Z. d. Finn Altert. Ges. 21 (1901); Nordman *Anglo-saxon coins found in Finland* 1921; ders. *Karelska järnålders-studier* Z. d. Finn. Altert. Gesch. 34 (1924); Tallgren *Finnlands vorgesch. Bodenaltertümer* (finn.) Helsingfors 1918; ders. *Finnlands vorgeschichtl. Bibliographie bis 1914* Z. d. Finn. Altert. Ges. 27 (1916) und dasselbe von 1914—1917 Suomen Museo 24 (1917).

A. Hackman

Finnländische „Einzelgräber" s. Bootaxt-Kultur B.

Finnländische Streitäxte. § 1. Von neol. Streitäxten mit Schaftloch sind in Finnland ca. 900 Exemplare gefunden. Beinahe $^2/_3$ dieser Zahl sind Bootäxte (Tf. 127a, b), und der größte Teil dieser gehört finn. Lokaltypen an. Die Lebenszeit der finn. Bootäxte fällt hauptsächlich in die zweite Hälfte der III. Per. Mont. der StZ. Mit Ausnahme vereinzelter Exemplare sind sie in Südwestfinnland gefunden (s. Bootaxt-Kultur B, Finnland A).

§ 2. Weniger zahlreich, aber weiter verbreitet ist die sog. spitznackige Streitaxt (Tf. 127c), die nicht bloß ein anderes Verbreitungsgebiet hat, sondern sich auch durch ihr Material von den Bootäxten unterscheidet. Die besten Exemplare dieses Typus sind ebenso vorzüglich gearbeitet wie die schönsten finn. Bootäxte. Sie kommen außer in Finnland, von wo bisher ca. 80 St. vorliegen, auch in Estland vor. Ihrer Form nach schließt sich diese Axt den russ. Streitäxten an, und ohne Zweifel ist sie aus dem SO, dem Bereich der aus Mitteleuropa nach Russland und Kaukasien gewanderten Streitaxtkulturen (s. Fatjanovo-Kultur), nach Finnland gelangt, höchstwahrscheinlich über Estland. Sie ist jünger als die Bootäxte: die ältesten Stücke stammen noch aus der Bootaxtzeit, dem Ende der III. Per. Mont., die Mehrzahl gehört aber erst in die IV. Per. — Von den einfachen Arbeitsäxten (Tf. 127n), die in Schweden zu Tausenden gefunden sind, kennt man aus Finnland nur ca. 80 Exemplare, die Mehrzahl aus dem Küstengebiet von Süd- und West-Finnland; ein Teil von ihnen scheint, nach der Gesteinart zu urteilen, aus Schweden eingeführt zu sein; chronol. gehören sie in die IV. Per. der StZ, zum Teil offenbar erst in die BZ.

§ 3. Außer den genannten finden sich in Finnland mehrere andere, nur durch wenige Exemplare vertretene Typen: die flachrückigen Äxte (10 St.; Tf. 127e), ein Typ, der u. a. im Gouv. Kazan in Ostrußland und in den ostbalt. Ländern vorkommt; verwandte Formen treten auch in Otstpreußen auf; Äxte wie Z. d. Finn. Altert. Ges. 25, 2 Abb. 19 (8 St.), die hier und dort in Mitteleuropa Analogien haben; Doppelschneidige Streitäxte, nur 3 St., alle aus Skandinavien importiert; derselben Herkunft sind auch die nackengebogenen (3 St.) und größtenteils auch die rhombischen Äxte (ca. 25 St.), welche aus der IV. Per. stammen (s. Nackengebogene und Rhombische Äxte).

§ 4. In diesem Zusammenhang seien auch die in Finnland sehr häufigen, meist grobgearbeiteten, runden und ovalen, spitzovalen und kreuzförmigen durchlochten Keulensteine (Tf. 126h—k), deren Schaftloch durch Einhauen, mit dem Vollbohrer und durch Feilen hergestellt ist, genannt; die Gebrauchszeit der Keulensteine beginnt in Finnland schon vor der Bootaxtzeit (s. o.) und dauert bis zum Ende der StZ. Teils diesen Geräten, hauptsächlich aber den Schaftlochäxten zuzuteilen sind die Tierkopfförmigen Steinwaffen (s. d.)

Ailio *Wohnplatzfunde* I 28ff.; Z. d. Finn. Altert. Ges. 25, 2 S. 12f. und Karte 1:1 J. Ailio; Z. d. Finn Altert. Ges. 32,1 S. 103ff. Europaeus; Z. d. Finn. Altert. Ges. 26 S. 283ff. K. Soikkeli; Rig 3 (1920) S. 110ff. Europaeus. Aarne Europaeus

Finnländisch-schwedische Beziehungen im Neolithikum. § 1. Als älteste Zeugen für Berührungen zwischen Finnland und Skandinavien könnten die Walzenbeile betrachtet werden, von denen im ganzen 6 St. in Finnland gefunden sind, davon nur 2 im W, die übrigen im O des Landes. Die letzteren dürften allerdings der Gruppe der sporadisch in Rußland, u. a. im Gouv. Olonec, auftretenden Walzenbeile zugerechnet werden (Z. d. Finn. Altert. Ges. 29,1 S. 12ff. Ailio). — Die weitere Entwicklung der Beziehungen wird am deutlichsten durch in Finnland gefundene skand. Importgegenstände beleuchtet. Ein Teil von diesen ist nach Finnland gebracht worden über das Land n. vom Bottnischen Meerbusen, wo die Gebiete der kammkeramischen Kultur und der skand. Schieferkultur ineinander übergehen. Auf diesem Wege sind nach Österbotten und Lappland sowie in geringem Maße auch nach Mittel- und Ostfinnland in der III. und IV. Per. Mont. der StZ vor allem skand. Schiefergegenstände wie Lanzenspitzen mit Widerhaken, Krummesser, aus rotem Schiefer verfertigte Gegenstände usw. sowie auch einzelne südskand. Feuersteingeräte und Streitäxte gelangt. Vereinzelte skand. Schiefergegenstände sind auch in Südfinnland gefunden, wohin sie entweder von N und NW her oder möglicherweise über die Ålandsinseln (s. d.) gekommen sind. Diese durch die n. Importgruppe bezeugten Berührungen erklären es wohl auch, daß in Finnland solche auf skand. Vorbilder zurückgehenden Typen auftreten wie die Keulen mit Schaftrille (Finskt Museum 27—28 [1920—21] S. 33f.) und die kreuzförmigen Keulen (Tf. 126k).

§ 2. Die zweite, s. Gruppe der Importgegenstände wird durch skand. Feuersteingeräte und Streitäxte gebildet, die in Südwestfinnland gefunden sind. Nach ihnen zu urteilen begann der Verkehr zwischen Südfinnland und Schweden eigentlich erst in der III. Per. der StZ. Anfangs waren die Berührungen unbedeutend. Von zur III. Per. gehörenden skand. Importsachen liegen aus Südfinnland nur 3 doppelschneidige Streitäxte, 3 Feuersteinäxte und 5 schwed. Bootäxte vor, wozu noch einzelne schon oben erwähnte Schiefergegenstände kommen (s. Bootaxt-Kultur B, Finnland A). In der IV. Per. wurde der Verkehr bedeutend lebhafter: von schwed. Importsachen finden sich aus dieser Zeit ca. 30 Feuersteingegenstände (Dolche und Sägen; Tf. 127 l), ca. 20 rhombische und nackengebogene Äxte sowie mehrere einfache Schaftlochäxte. In Südfinnland war es hauptsächlich die eine Fortsetzung der Bootaxt-Kultur bildende Kiukainen-Gruppe (s. d.), welche den schwed. Import aufnahm. In Schweden, besonders in Uppland, sind auch einige finn. Importgegenstände (u. a. ein paar Tierkopfäxte) angetroffen worden, die größtenteils dem Ende der StZ angehören. In der BZ werden die finn.-schwed. Beziehungen immer reger und verleihen der westfinn. Fundgruppe einen durchweg skand. Charakter (s. Finnland B).

Ailio *Wohnplatzfunde* I 67ff., 69ff.; Almgren *Några svensk-finska stenåldersproblem* Ant. Tidskr. 20,1; Europaeus *Översikt av den skand. importen till Finland* Rig 3 (1920) S. 107ff.

Aarne Europaeus

Finnen s. Finno-Ugrier.

Finno-Ugrier (Tf. 144—147). A. Archäologie.

Inhalt: I. Geschichtliche Zeit § 1—4. — II. Jüngere Eisenzeit § 5—8. — III. Ältere Eisenzeit § 9—12. — IV. Bronzezeit § 13—14. — V. Steinzeit § 15—16.

§ 1. Die finno-ugr. Völker wohnen jetzt auf einem weiten Gebiet: vom n. Skandinavien über Finnland und Estland, zum Teil auch Kurland, Nord- und Ostrußland, bis auf die andere Seite des Urals am Ob, und schließlich noch in Ungarn. Aus geschichtlichen Quellen weiß man aber, daß sie früher auf einem viel beschränkteren Gebiet gewohnt haben. Die Magyaren in Ungarn sind erst vor 1000 Jahren aus dem O nach Ungarn gekommen, und die beiden anderen ugr. Völker, welche jetzt im Ob-Tale wohnen, die Ostjaken und Wogulen, haben erst um ca. 1300 n. C. ihre jetzigen Wohnplätze eingenommen. Früher wohnten sie w. vom Ural. Von wo die Magyaren ursprünglich gekommen sind, steht wohl noch nicht fest, aber es sprechen viele Gründe dafür, daß sie früher an der mittl. Wolga gewohnt haben und dann allmählich süd- und westwärts gezogen sind. Vor etwa 1500 Jahren, am Ende der vorgesch. Zeit, wohnten die finno-ugr. Völker also innerhalb eines Gebiets, dessen Grenzen im O der Ural, im N das Eismeer, im W der Bottnische Meerbusen und die Ostsee, im S die Linie von Libau—Novgorod—Tambov—Saratov—Jekaterinburg bildeten. Dieses Gebiet kommt also arch. in Betracht, wenn man die Vorgeschichte der finno-ugr. Völker mit Hilfe des arch. Materials beleuchten will. Wir haben zuerst zu betrachten, wie die Kultur auf dem Gebiet, auf welchem die finno-ugr. Völker am Anfang der geschichtlichen Zeit wohnten, aussieht, und dann mit Hilfe der Analyse dieser Kultur ihre älteren Stufen auf dem Gebiete, wo die Kultur entstanden ist, zu verfolgen. Die Siedelungsforschung verwendet die geographisch topographische Methode. Die Kulturgebiete decken sich aber keineswegs immer mit den ethnographischen Gebieten.

§ 2. Was wir bei der Beurteilung der Siedelungsgeschichte Nordrußlands nicht aus dem Auge lassen dürfen, ist vor allem die Bodenbildung sowie die geographischen Verhältnisse auf diesem Gebiete überhaupt. Im N, in den Tundren, ist nur ein Nomadenleben möglich, welches gemeinsame Formen auf einem weitgestreckten, auch ethnographisch nicht einheitlichen Gebiete vollständig selbstverständlich macht. Südlich davon gab es gewaltige Urwälder, durch die aber große Flüsse natürliche Wege bildeten, an denen entlang die Besiedelung gegangen ist. Der größte Teil dieses Gebietes wird von einem Flußsystem, dem der Wolga mit den Nebenflüssen Kama und Oka, beherrscht. Die Entfernungen werden dadurch reduziert. Die Wasserscheide zwischen den Systemen der Wolga und der Dwina im N, der Wolga und der Düna im W sind sehr niedrig und bilden keine Hindernisse. — Seen gibt es in Finnland, in Olonec, im Waldai und auf dem Ostabhange des Urals.

§ 3. Der jetzige Kulturzustand der finno-ugr. Völker in Rußland ist niedrig; besonders der der Ostjaken und Wogulen, nomadisierende Jäger- und Fischervölker, die ohne feste Wohnplätze sind. Es ist aber möglich, daß diese beiden Völker früher auf einer höheren Kulturstufe gestanden haben und jetzt durch ungünstige geographische und soziale Verhältnisse kulturell herabgedrückt sind. Jedenfalls ist es wahrscheinlich, daß die Kulturentwickelung auf dem

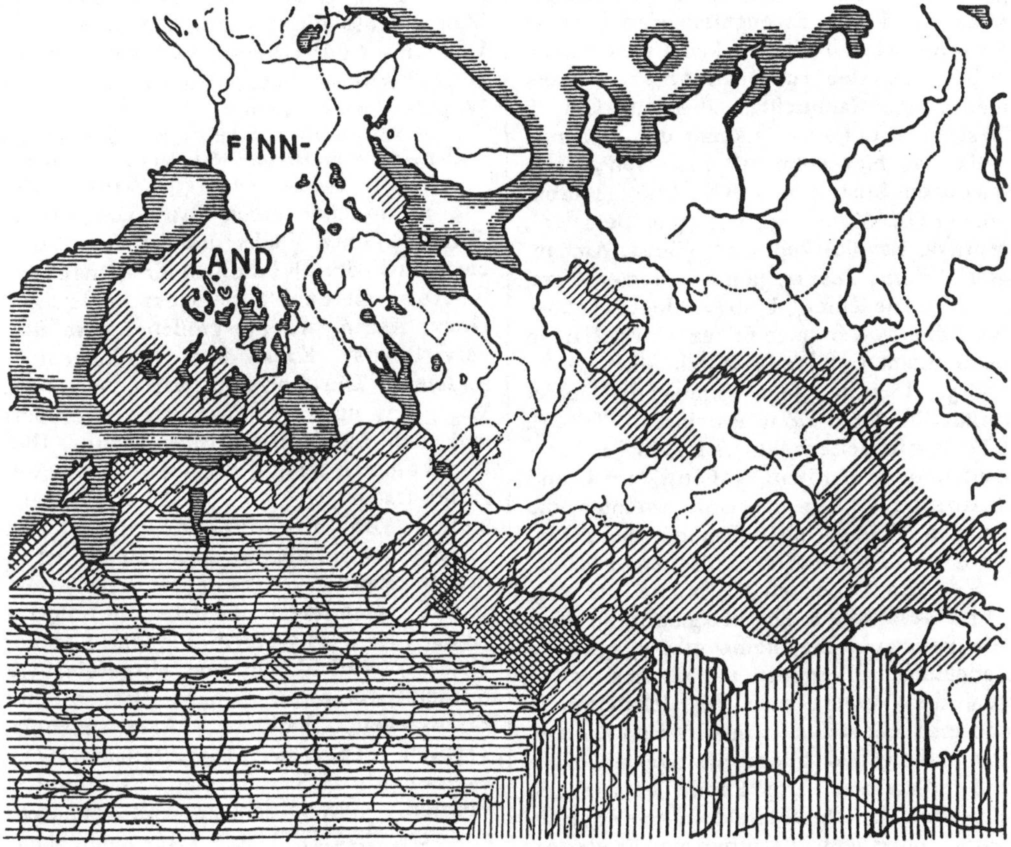

Die j. EZ im n. Osteuropa.

Slavische und baltische Kulturen

Turko-tatarische Kulturen

Finno Ugrier

Warägische Funde.

ganzen in Frage stehenden Gebiete nicht einheitlich war. Bei den durch die natürlichen Verhältnisse bedingten niedrigen sozialen und kulturellen Zuständen im N ist auch die materielle Kultur dort, im Vergleich zu Zentral-Rußland, viel stabiler gewesen, und ihre Erzeugnisse sind deshalb auch für chronol. Zwecke kaum verwendbar.

§ 4. Bei den russ. Chronisten findet man einige Nachrichten über dies Gebiet. Nestor (ca. 1110 n. C.) kennt u. a. folgende Völker als hier wohnend: Rus', Cud', Merja (zwischen Rostov und Kljaščino), Murom (an der Oka-Mündung), Ves' (am Belozero), Mordva, Zavolotskaja Čud' (Gouv. Archangelsk), Perm, Pečora, Jam (= Häme), Ugra, Kors (= die Kuren), Ljub (= die Liwen). — Bei Adam von Bremen finden wir die Namen Scuti, Lami (= Jami), Wizzi, Mirri.

§ 5. Das in Frage kommende Gebiet zerfällt in der j. EZ in Provinzen (Tf. 144). Über das jungeisenzeitliche Material in Finnland und im Baltikum s. Finnland C und Südostbaltikum C. Dort wohnten die westfinn. Völker, mit Ausnahme des s. Livlands und Kurlands, wo die Letten saßen.

§ 6. Im äußersten O blühte die sog. permische Kultur. Dieser Name hat hier eine rein geographische, keine ethnographische Bedeutung. „Permien" umfaßt das Gebiet von der Vetluga etwa bis Jekaterinburg und erstreckt sich südwärts bis zum Kungur. Das Hauptgebiet bilden die Kreise Čerdyn und Solikamsk. Die Funde entstammen entweder Skelettgräberfeldern (meist flach, selten mit Hügeln), Gorbun'ata, Brody (ca. 700—1000 n. C.), Anikova (ca. 800—1200 n. C.), Burdakovo, Pyštain (ca. 800—900 n. C.) usw., Gorodiščen dieser Zeit (s. Gorodišče § 2) oder Depots (Redikor), welche wahrscheinlich als Opferdepots anzusehen sind. Charakteristische Typen sind Anhängsel in Vogel- oder Vogelfußform, Nadelbüchsen und Gürtelbeschläge; Waffen erscheinen selten. Beinahe vollständig fehlen Fibeln und Nadeln. Arab. Münzen sind sehr selten gefunden, obwohl sonst an orientalischen Silberarbeiten kein Mangel ist. Verbindungen bestehen hauptsächlich mit dem SO, von wo die Pflanzenornamentik und auch gewisse phantastische Tiermotive gekommen sind. Wahrscheinlich stammen auch einige schamanistische Figuren (s. § 12) aus dieser Zeit. Die Träger der Kultur sind Jäger und Nomaden gewesen. Sie standen in Verbindung mit den Tundravölkern, und einzelne „permische" Stücke aus der j. EZ sind sogar bis zum Weißen Meer (Mus. in Archangelsk) und nach Nordfinnland gelangt. Man möchte diese Kultur den permischen Völkern — den Syrjänen und Wotjaken —, möglicherweise auch den Ostjaken und Wogulen zuschreiben.

CR Pétersb. 1898 S. 46 ff.; 1900 S. 87; Spicyn *Drevnosti Kamskoi čudi* Materialien Arch. Russl. 26 (1902); T. Arne *La Suède et L'Orient* 1914.

§ 7. Im südlicheren Ostrußland, im s. Teil des Gouv. Vjatka und im Gouv. Ufa, erscheint in der j. EZ die nicht-finn. Bolgary-Kultur, mit dem Mittelpunkt im jetzigen Gouv. Kazan, wo die großen Städte Bolgary, Biljarsk, Kazan ihre Handelszentren bildeten. Die Bolgaren waren ein türk. Volk, das um 600 dieses Gebiet erobert und sich hier niedergelassen hatte. Ihre Nachkommen sind die Čuvassen. In Bolgarien trafen sich arab. und skand. Handelsleute. Von hier aus verbreiteten sich Formen und Einflüsse verschiedener Art in das n. Randgebiet zwischen dem eisenzeitl. Permien und Bolgarien. Die Bolgary-Kultur (das meiste Material in den Kazaner Museen) wird durch eine ausgezeichnete Keramik, Münzen, Silber-, Bronze- und Eisensachen, Schlösser, Äxte, Sicheln, Trensen, Säbel usw. charakterisiert. Die angrenzende n. Kultur zeigt z. T. ähnliche Formen, Gürtelbeschläge mit Pflanzenmotiven, Säbel, Äxte, aber auch „permische" Tieranhängsel und silberne Halsringe mit Öse und Knopf, welche in ca. 100 Stücken im Kr. Glazov (Gouv. Vjatka) gefunden worden sind. Von den dortigen Gräberfeldern sind das in Polom (171 Gräber; ca. 700—1000 n. C.) und das in Čemšain (750—1100 n. C.) die bekanntesten. Unter den Gorodiščen (am reichsten Zjuzdino) sei Gort-Kušetski erwähnt.

Tallgren *Zaoussaïlov* 1918 S. 16 ff; dort Bibliographie. — A. Lichačov *Bytovyje pam'atniki Velikoi Bulgarii* Trudy Petersb. 1872 II und Atlas.

§ 8. — Das übrige finn.-ugr. Zentral- und Nordrußland kann zusammen behandelt werden. Die Gräber sind Skelettflachgräber (Maksimovski, Podbolot'e [267 Gräber], Urvanova, Murom: Gouv. Vladimir; Kuz'mino:

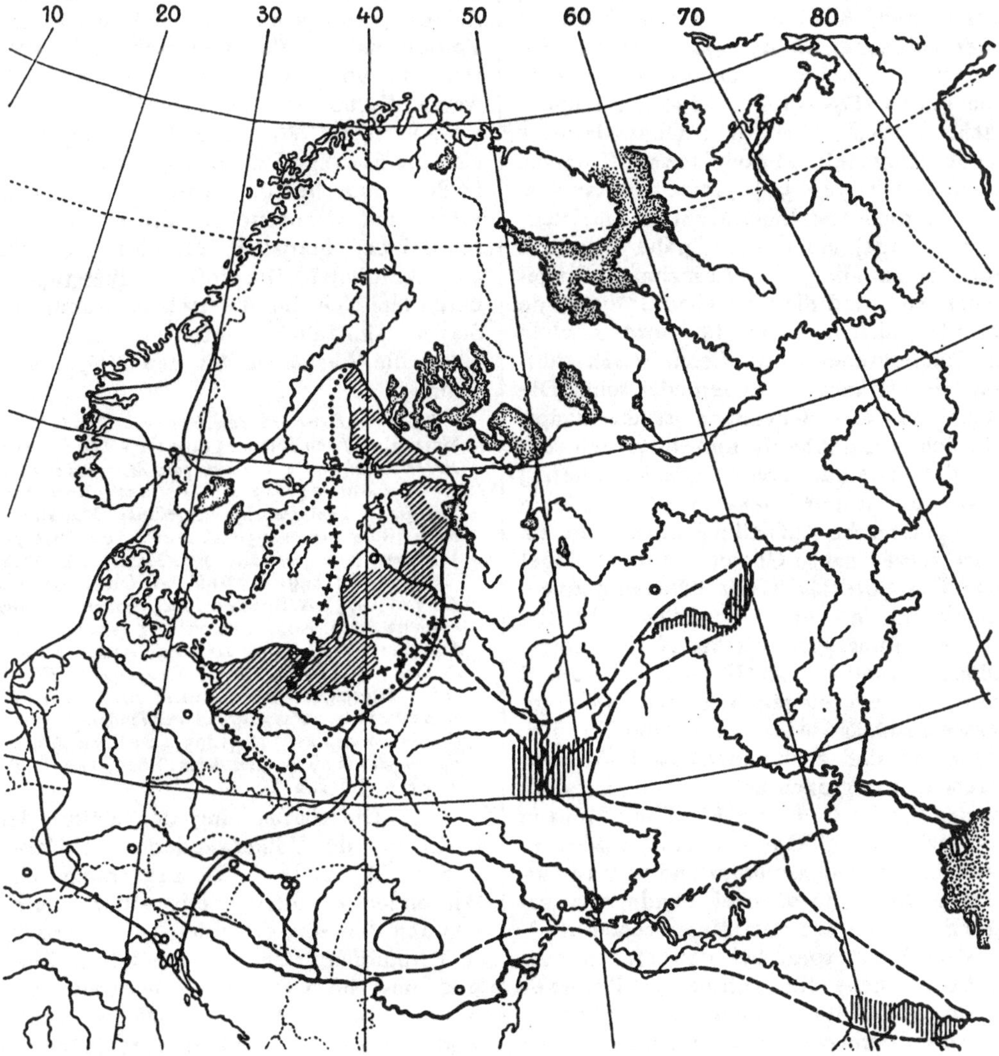

Die ä. EZ im Ostbaltikum

Sog. gotische Funde

+++++ Sprossenfibeln balt. Typus

Germ. Fibeln 1-200 n.C.

------ " " 200-400 n.C.

Gouv. Rjasan; Karmanovo, Borki, L'ada, Tomnikovo, Košibejevo: Gouv. Tambov) oder Hügelgräberfelder (Kr. Nerechta, Kr. Kinešma: Gouv. Kostroma [dort sind in den Jahren 1895—98 1128 Kurgane untersucht worden]; Timir'ovo: Gouv. Jaroslav [1000 Kurgane]; Murom [7729 Kurgane, untersucht 1851—52]; Gouv. Moskau [ca. 300 Gruppen]; w. Ingermannland [meistens späte Funde] usw.); Brandgräber kommen vor, bilden aber eine Ausnahme. Ungeheuer reich sind die merischen Gräberfunde im Vladimirschen und die mordvinischen im Tambovschen Gouv. Čeremissisch dürften die w. Oka-finn. Gräberfelder sein. Die ethnographische Benennung ist aber hauptsächlich geographisch und historisch begründet. Das betr. archäologische Material, soweit es bis jetzt bekannt ist, läßt eine ethnographische Aufstellung noch nicht zu. Über dieses ganze Gebiet verbreitet findet man Gürtelbeschläge mit Pflanzenmotiven, Hufeisenfibeln von speziellen breiten Formen, Anhängsel, die im N (Kostroma, Olonec, Karelien) im Unterschied vom S zum Klappern eingerichtet sind, verzierte Messerbeschläge, Äxte, Sensen und Trensen. Schwerter sind sehr selten. Arab. Münzen erscheinen in großen Schatzfunden auf dem ganzen Gebiet (z. B. ein Fund mit Münzen von ca. 100 kg Gewicht unweit Pleskau gehoben, ein anderer Münzfund von 115 kg vom S des Ladoga, zwei Funde von ca. 40 kg Münzen aus dem Muromschen usw.).

Man findet spez. bei den Frauen eine große Vorliebe für schweren Bronzeschmuck. Man sieht Haarschmuck, schwere Ohrringe, dreifache Halsringe aus Perlen oder aus Metall, oft aus Silber, entweder geflochten oder sog. Sattelringe, ein Brustgehänge, Armbänder, einen Gürtel mit Messer, Bronzebleche am Schürzenrande, Anhängsel an den Fußbekleidungen. Die Keramik der Gräber ist ärmlich. — Die Kulturträger dieses Gebietes waren zum großen Teil fremde warägische Handelsleute, welche in der Nähe von Murom (Gouv. Vladimir), Mihalkovo (Gouv. Jaroslav), Gnezdovo (Gouv. Smolensk), s. von Ladoga und in Olonec, in Izborsk usw. Kolonien gegründet hatten. Durch sie verbreitete sich die oriental. Ornamentik, die Münzen, das Gewichtsystem in diesem Gebiete. Aus dem SW waren die Slaven (s. d.) schon über Smolensk und Polock bis zum Ilmensee vorgerückt, während das übrige Gebiet finno-ugr. war. Die waräg. Kultur tritt hier scharf hervor, die slav. weniger. Wahrscheinlich gruppierten sich die finn.-ugr. Stämme so, daß die Woten im Petrogradschen, die Wepsen im Novgorodschen und Olonetzschen, die Čeremissen, Mordvinen, Merjanen, Meščera die Oka entlang wohnten. Die großen Völkergruppen berührten sich im Twerschen, wohin die Slaven allmählich vordrangen und endgültig die Westfinnen von den Wolgafinnen trennten.

Spicyn *Drevnosti basseinov rek Oki i Kamy* Materialien Arch. Russl. 25 (1901); V. Gorodcov *Archeol. izsledov. v okrestn. gor. Muroma v 1910 g.* Drevnosti 24 (1914); N. Jastrebov *L'adinskije i Tomnikovskije mogil'niki* Materialien Arch. Russl. 10 (1893); F. Nef'odov *Raskopki kurganov v Kostromskoj gub.* Materialien Arch. Ostrussl. III (1899) S. 161 ff.; A. Ouvarov *Les Mériens* 1875; A. Spicyn *Vladimirskije kurgany* Izvestija Arch. Komm. Petersb. 15 (1905); ders. *Gnezdovskije kurgany* Izvestija Arch. Komm. Petersb. 15 (1905); ders. *Kurgany S. Peterb. gub.* Materialien Arch. Russl. 20 (1896); N. Brandenburg *Kurgany južnavo Priladožja* Materialien Arch. Russl 18 (1895); Spicyn *Ljucinskij mogil'nik* Materialien Arch. Russl. 14 (1893); Arne s. § 6 a. a. O.

§ 9. Die Ausbreitung der Kultur der ä. EZ und der Völkerwanderungszeit (etwa 400 n. C.) ist auf Tf. 145 dargestellt. Wir finden 4 Kulturgebiete, welche durch schwach besiedelte Gebiete mit einander in Verbindung standen. Im W, in Finnland und im Ostbaltikum herrschte von ca. 50—450 n. C. eine reiche Kultur, welche stark got. gefärbt war; jedenfalls bildete das Ostbaltikum in kultureller Hinsicht ein Randgebiet Ostpreußens und Litauens. Die Westfinnen wohnten schon damals in Finnland und im n. Ostbaltikum (s. Südostbaltikum C), obwohl die materielle Kultur keine finno-ugr. Formen aufweist. Alle Prototypen sind germ., obwohl andererseits eine einheimische Entwickelung, die parallel mit der in Preußen läuft, nicht zu verkennen ist.

A. Tallgren *Zur Archäologie Eestis* Acta et Commentat. Univ. Dorpatensis 3. 6 (1923).

§ 10. Das zweite Kulturgebiet der ä. EZ liegt im Oka-Tale. Hier sind folgende wichtigere Gräberfelder aus dieser Zeit be-

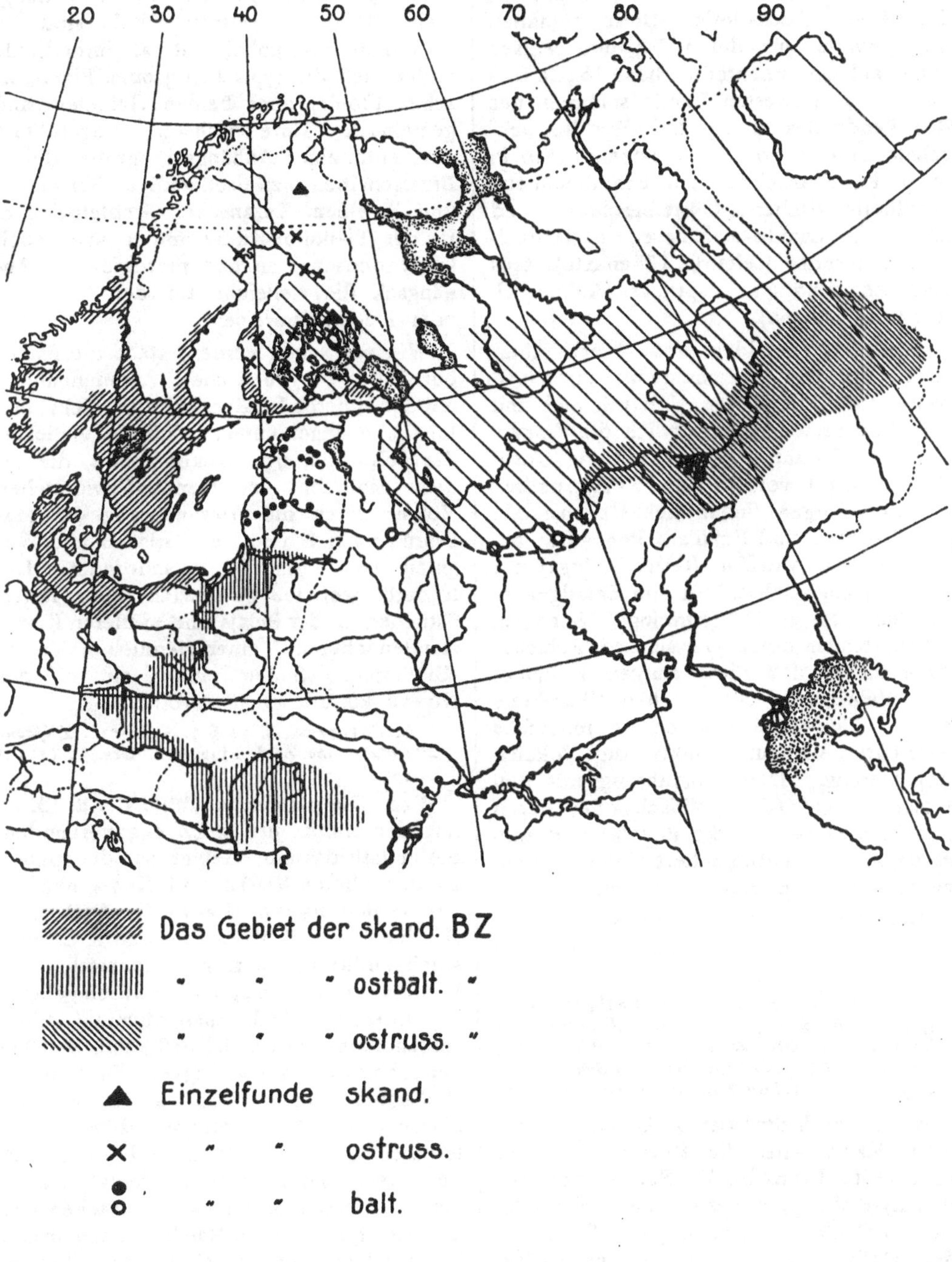
20
30
40
50
60
70
80
90
Das Gebiet der skand. BZ
" " " ostbalt. "
" " " ostruss. "
Einzelfunde skand.
" " ostruss.
" " balt.

kannt: Sergač (Gouv. N. Novgorod), Košibejevo, Borki (Gouv. Tambov), Dubroviči, Davydovka, Podbolot'e. Diese enthalten auch Funde aus der j. EZ und weisen somit auf eine ununterbrochene lokale Siedelung. Die ältesten Funde stammen aus der Wende des 2. u. 3. Jh. Der Formenschatz ist teils got., bzw. ostgerm. (Fibeln m. u. F., Kopfschildfibeln, Scheibenfibeln, emaillierte Sachen, Gürtelbeschläge und Schnallen, Lunula-Anhängsel, zweischneidige Schwerter [selten], Tüllenäxte), teils sind sie finno-ugr. Ursprungs (Anhängsel, Armringe, Ketten).

Die Gräber bilden große Flachgräberfelder; Brandgräber kommen nur ausnahmsweise vor. Die Toten sind reichlich mit Beigaben versehen, namentlich die Frauen. — Dieser Kultur gehören auch die Gorodiščen (s. d.) vom D'akova-Typus an. Auf den Burgen finden sich Gegenstände aus Knochen und Emailarbeiten. Die bekannteste ist Moščino (Gouv. Kaluga) mit einem reichen Schatzfund von Emailgegenständen des 3. Jh. (Armringe, Spangen, Fibeln, Ketten usw.). Der schwed. Forscher Arne meint, daß diese Burgen vielleicht got. Wehrburgen strategischen Charakters wären. Ursprünglich waren sie jedenfalls befestigte Siedelungspunkte der lokalen Bevölkerung. Durch Berührung mit den Goten — entweder politisch oder durch den Handel — hat die Bevölkerung zum erstenmal eine entwickeltere Kultur kennen gelernt und sich dieselbe angeeignet.

Die Träger dieser Gorodiščen-Kultur waren wohl die Vorfahren der čeremissisch-mordwinischen Völker.

A. Spicyn, s. zu § 8. — A. Tallgren, s. zu § 7. — A. Spicyn *Gorodišča D'akova tipa* Zapiski russk. Otd. Russk. Arch. Obšč. 5, 1; 7, 1 (1903, 1905); T. Arne *Det stora Svitjod* 1917 S. 31. — N. Buličov *Kourgans et gorodietz* 1906.

§ 11. Die Kultur der ä. EZ an der unteren Kama wird die Pianobor-Kultur genannt (s. Pianobor). Sie ist von der Bolgary-Kultur grundverschieden. Man setzt sie von C. Geb. bis zum 6. Jh. n. C. Unter den Gräberfeldern seien die von Aiša, Kazan, Pianobor unweit Sarapul, Ufa in der Nähe der gleichnamigen Stadt hervorgehoben. Nordwärts ist diese Kultur durch gemeinsame Typen auch in der sog. permischen Kultur der ä. EZ vertreten. Sie hängt mit der Oka-Kultur durch mannigfache Bezüge zusammen. Wohl sind die w. Fibeln hier unbekannt, an ihrer Stelle finden sich die typischen großen Pianoborschen Fibeln, aber beiden Gebieten sind gemeinsam Gürtelbeschläge, Vogel- und glockenförmige Anhängsel, große dünne Brustscheiben, zweischneidige Schwerter, (nur in einem Kazanschen Grabfelde) u. a. In der Pianobor-Kultur findet man auch Chalcedonscheiben und pferdeförmige Anhängsel, die vielleicht auf den Kaukasus oder Kuban hinweisen.

Wie wir sehen werden, steht die Pianobor-Kultur in genetischem Zusammenhang mit der früheren lokalen Kulturentwickelung. Ich habe angenommen, daß sie vielleicht die Kultur der ugr. Völker vertritt, die mit dem Einbruch der Hunno-Čuvassischen Völker durch die Abwanderung der Magyaren nach S und der Ostjaken und Wogulen nach dem NO verschwindet. Die letzteren wohnten wohl auch schon früher östlicher, an der Belaja und mittleren Kama, standen aber auf einer ziemlich niedrigen Kulturstufe. Später sanken sie auf das Niveau kulturloser Jägervölker.

A. Tallgren, s. zu § 7. — Ders. *L'époque dite d'Ananino* Z. d. Finn. Alt. Ges. 31 (1919) S. 182 ff.

§ 12. Die permische Kultur der ä. EZ ist mit der Kultur der j. EZ eng verbunden. Sie umfaßt dasselbe Gebiet, wie die spätere an der oberen Vjatka und Kama und erstreckt sich bis zum Ural im O. Grabfunde (Harino, Kača, B. Koča [um 500 n. C., und somit die ältesten bekannten Gräberfelder aus Permila]) sind selten, got.-sarmatisch gefärbt. Die Altertümer findet man öfter auf Opferstellen, Burgen und in Schatzfunden. Den Typen fehlt es an Mannigfaltigkeit. Eisensachen sind kaum bekannt. Man hat nur schamanistische u. andere Kulturgegenstände, Gürtelbeschläge u. ä. Für diese Epoche sind besonders charakteristisch orientalische — meistens sassanidische — Silbersachen von ausgezeichneter Arbeit. Solche kennt man hier hauptsächlich aus den Kr. Čerdyn, Kungur und Solikamsk (ca. 50 Stück). Es sind Importsachen, die über das s. Westsibirien an die obere Kama gelangten. Sie dienten als Zahlungsmittel für Pelzwerk. Eine praktische

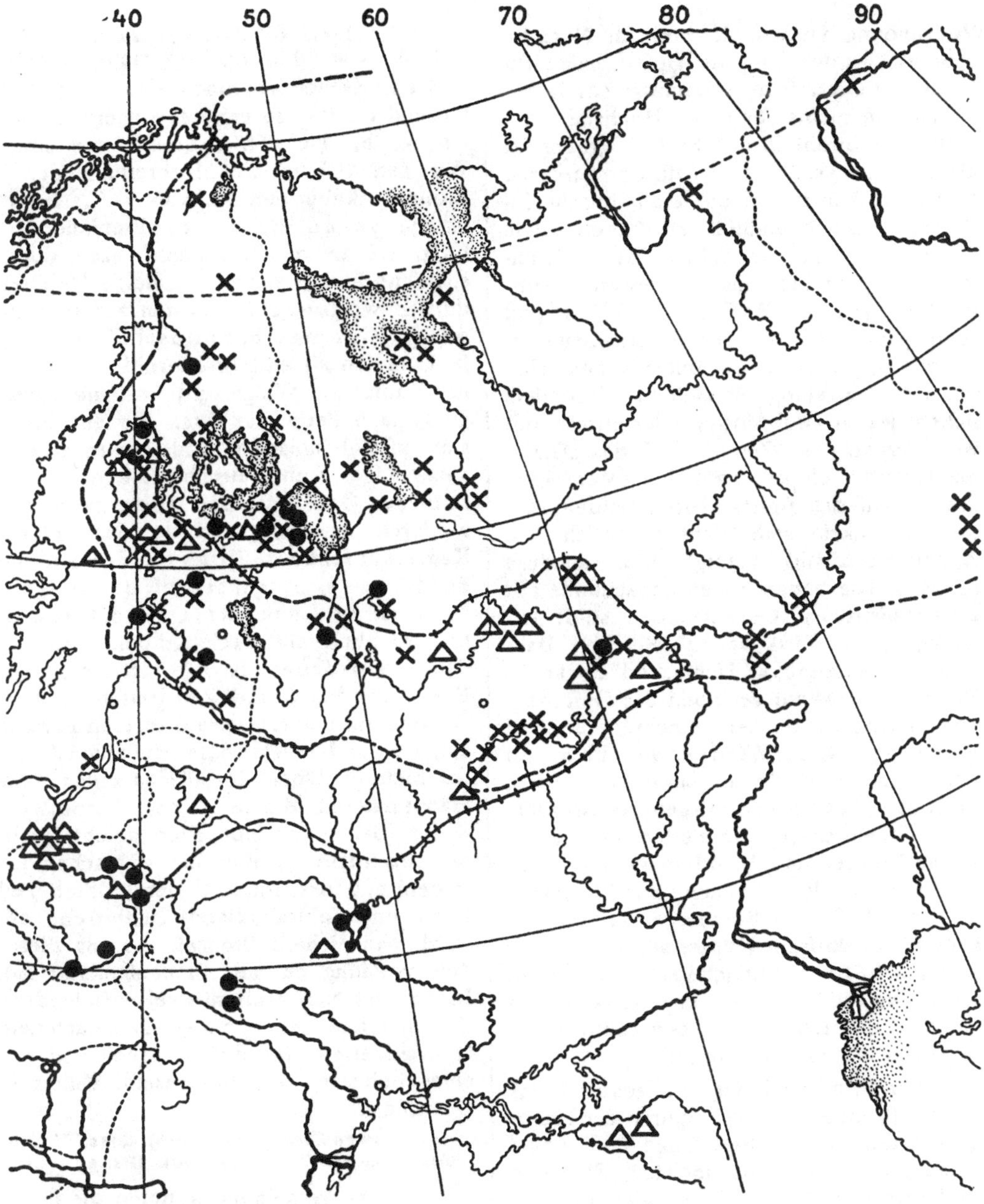

+++++++ Die Ostgrenze des westlichen Kulturgebietes

o Bernstein

△ Westliche Keramik

-·—·—·- Die West- und Südgrenze des Kammkeramischen Kulturgebietes

× Kammkeramischer Wohnplatz

Verwendung fanden sie hier im N nicht, sondern wurden nur als Opferschalen für Götter in Götterhainen benutzt; somit beweisen sie nichts für einen Hochstand der Kultur. Obwohl ihre Zahl hier größer ist als irgendwo sonst außerhalb des vorderen Orients, scheinen sie die einheimische Industrie nicht beeinflußt zu haben. Die Jäger sind Jäger geblieben. Ihre einheimischen Produkte sind interessante Tierdarstellungen in Relief: Beschläge und Anhängsel, vielleicht zur Schamanentracht gehörend. Man kann unter ihnen eine typol. Entwickelung beobachten. Besonders beliebt waren zwei Motive: der Hirsch mit weit verzweigtem Geweih und das „Ganymedesmotiv", ein Adler mit einem Menschengesicht auf der Brust. Diese beiden Motive entwickeln sich nicht inhaltlich, wie Appelgren-Kivalo gezeigt hat, sondern formell. Die bekanntesten Schatzfunde mit schamanistischen Gegenständen sind: Istjatzkija jurty, Peškovo (40 Stücke), Ust'-Kišerta, Jekaterinovka, Uchta, Podbobyka. — Besonders erwähnt sei noch der Opferberg von Gladenovo. Auf einem befestigten Burgberge, ca. 20 Werst s. von Perm, an der Kama, sind durch Ausgrabungen ca. 19000 Gegenstände zutage gefördert worden, unter ihnen ca. 15000 Perlen und 2000 kleine Bronze- und Bleiidole in Tier- und Menschengestalt, z. T. auch reine Phantasieformen. Auf dem Burgberge fanden sich auch zwei baktrische Kupfermünzen, aus der Zeit um C. Geb. Ähnliche schamanistische Idole sind durch Jahrhunderte im Gebrauch gewesen und leben z. T. noch heute in der religiösen Kultur der Ugrier.

In der Formenwelt der permischen Kultur der ä. EZ findet man auch Spuren der Pianobor-Kultur, so Gürtelbeschläge und einige Anhängsel. Aber die meisten Elemente sind orient.-asiatisch. Es ist vielleicht unrichtig, sie als einheitlich in ethnographischer Hinsicht anzusehen. Die Träger waren wohl z. T. ugr., z. T. permische und z. T. samojedische Völker.

J. Smirnov *L'argenterie orientale* 1909; K. Karjalainen *Die Religion der Jugra-Völker* FF Communications 44 (1922); Z. d. Finn. Alt. Ges. 26, 1 (1912) S. 18 ff. Appelgren-Kivalo. — A. Heikel *Antiquités de la Sibérie occid.* Mém. Soc. Fi.-Ougr. 6 (1894); A. Spicyn *Šamanskija izobraženija* Zapiski Russk. arch. obšč. 8 (1906); ders. *Gl'adenovskoje kostišče* Zapiski Russk. arch. obšč. 12, 1—2 (1901) S. 228 ff.

§ 13. Gehen wir noch ein halbes Jahrtausend zurück, so erhalten wir eine Siedelungskarte, wie Tf. 146 sie uns zeigt. Wir sehen hier die Ausbreitung der j. Bronzezeitkultur um ca. 500 v. C. Im W ist die skand. BZ im sw. Finnland, die balt. BZ in den Ostseeprovinzen durch spärliche Funde vertreten. Beide Kulturen dürften w., bzw. s. Kolonisten zuzurechnen sein (s. Finnland B, Südostbaltikum B). Im O finden wir eine bronzezeitl. Provinz an der Kama und Wolga, mit Ausläufern zum Ural, nach Perm, zur Oka. Sie entwickelt sich auf einheimischem Boden unter starkem s. bzw. ungar. Einfluß aus einer älteren kupferzeitlichen Grundlage und ist die ganze Zeit hindurch in Ostrußland an der unteren Kama konzentriert. Über die Formen und Fundstellen s. Ostrussische Bronzezeit. Diese ostruss. Kultur ist in Gräberfeldern, hauptsächlich mit Skelettgräbern, und in den Gorodiščen (s. d.) vertreten. Die Funde aus den Gorodiščen weisen dieselbe Ornamentik und teilweise dieselben Formen auf, wie die der Nekropole. Im allg. ist aber das Metall auf den Gorodiščen selten. Als Hauptmaterial diente dieser Gorodiščen-Kultur der Knochen. Eine solche „subbronzezeitliche" Kultur hat wahrscheinlich in dem 2. und 1. Jht. v. C. den größten Teil Nord und Zentralrußlands beherrscht, obwohl man sichere Bronzefunde aus dieser Zeit vorläufig nur aus Binnenfinnland hat. Es handelt sich also um zwei verschiedene Kulturgebiete, das einer niedrigen, nach dem O orientierten Gorodiščen-Kultur und das einer höheren, rein bronzezeitl. Kultur in Ostrußland.

Tallgren *Zaoussaïlov* I (1916); ders. *L'époque dite d'Ananino* Z. d. Finn. Alt. Ges. 31 (1919).

§ 14. Wahrscheinlich wohnten die finnougr. Völker damals als Fischer und Jäger über das ganze betreffende Gebiet verteilt, am dichtesten im O. Ihr Kulturzustand war niedrig. Sie konzentrierten sich an den Flüssen und Seen, waren aber vielleicht nicht bodenansässig. Die großen Entfernungen machten eine Differenzierung der Sprache natürlich, und in dieser Zeit dürften sich die Keime der späteren Sprachenunterschiede entwickelt haben. Vermutlich waren die am westlichsten, im Pleskauschen und Twerschen, wohnenden Jäger die Vorfahren der Westfinnen. In den letzten vorchristlichen Jahrhunderten zogen sie weiter westwärts, nach dem Baltikum, wo sie in den ersten Jahrhunderten n. C. unter starken got. Einfluß kamen, welcher in der materiellen Kultur dieser Per. und in den al germ. Lehnwörtern der westfinn. Sprachen sichtbar ist. Da die germ. Kultur damals ostwärts nicht über Narva und den Peipussee hinausdrang, muß die Berührung auf dem Gebiete w. vom Peipus stattgefunden haben. Die Lehnwörter setzen eine sehr schwache, unselbständige Kultur voraus. Eine solche haben wir in der Gorodiščen-Kultur, welche in großen Zügen Jahrhunderte hindurch unverändert geblieben war. — Die zentralrussischen Gorodiščen waren wohl die Siedlungen der Vorfahren der Čeremissen und Mordwinen. Wie oben gesagt, war der got., von der Kijever Gegend kommende Einfluß in der ä. EZ dort ebenso ausschlaggebend wie im Baltikum, obwohl er im Okatale schwächer und von kürzerer Dauer war. Ob die ostruss. Bronzekultur der Finno-Ugrier dann den Magyaren zuzuschreiben ist, ist unsicher, obwohl es keine anderen Kandidaten dafür gibt, und obwohl sie in der Pianobor-Kultur ihre direkte Fortsetzung hat. Die Vjatkaschen und Vetlugaschen „kostenosnija gorodišča" könnten den Anfang der permisch-syrjänischen Kultur bilden. Im äußersten N wohnten wohl in den Tundren die arktischen Völker, die Samojeden und Lappen, deren frühere Kultur unbekannt ist, sich aber durch Jahrhunderte ziemlich unverändert gehalten haben kann.

Tallgren *Zur Einwanderung der Esten* Sitz.-Ber. d. Gel. Estn. Ges. 20 (1912) S. 185ff.; A. Spicyn *Priural'skij kraj* Materialien Arch. Ostrußl. I (1893).

§ 15. Die Tf. 147 zeigt uns die Verbreitung der steinzeitl. Funde in Zentral- und Nordrußland. Im O geht sie direkt in die in § 13 erwähnte Kupfer- und später in die Bronze- und Pianobor-Zeit über. Man dürfte deshalb annehmen können, daß die spätere Bevölkerung, die finno-ugr. Völker, schon in der StZ auf diesem Gebiet wohnten, so daß auch die Urheimat dieser Völker in Nord- und Ostrußland zu suchen ist. — Die steinzeitl. Kultur Nord- und Zentralrußlands zerfällt in zwei geographische Gruppen. Chronol. Differenzierungen kann man noch nicht machen. Die w. Gruppe zeigt die Verbreitung der sogen. Fatjanovo-Kultur (s. d.), die östlichere die der Kammkeramik (s. d.). Die Fatjanovo-Kultur steht in engster Verbindung mit den kupferzeitlichen Kulturen in Zentraleuropa und im Kubangebiet. Sie kann vielleicht einem ostindoeurop. Volk zugeschrieben werden. Das Gebiet, welches dasselbe innehatte, wurde im Anfang der BZ durch Entvölkerung entleert und von einem aus dem N und O kommenden Volk allmählich in Besitz genommen.

Die kammkeramische Kultur zeigt als Leitmotiv eine mit Kammornamenten in Kammtechnik verzierte grobe Keramik, Quermeißel aus Stein und Knochensachen. Ursprünglich hat der Knochen eine größere Rolle gespielt, und er bewahrt seine Bedeutung in den Randgebieten am Ural und vielleicht auch in den Tundren sehr lange. In der kammkeramischen Kultur findet man als Leitform auch mehrfach die Vollplastik, Tier- oder Menschendarstellungen aus Stein (Olonec, Finnland), aus Knochen (Livland, Ladoga, Ural), aus Feuerstein (Zentralrußland, Archangelsk), aus Holz (Finnland, Ural). Dagegen sind die bootförmigen Schaftlochäxte selten, mit Ausnahme der südlichen Teile des betr. Gebietes.

Ailio *Fragen der russischen Steinzeit* Z. d. Finn. Alt. Ges. 29, 1 (1922); Tallgren *L'âge du cuivre dans la Russie centrale* Z. d. Finn. Alt. Ges 32, 2 (1920); Ailio *Zwei Tierskulpturen* Z. d. Finn. Alt. Ges. 26 (1912) S. 251ff.

§ 16. Auf dem ganzen eigentl. kammkeramischen Gebiete fehlen bis jetzt steinzeitl. Grabfunde. Die Funde stammen aus Siedelungen und beweisen, daß die Träger der Kultur Jäger und Fischer waren, welche am Wasser, gewöhnlich auf Sandboden wohnten. Besonders stark konzentrieren sich die Funde: im Olonecschen und auf dem Karelischen Isthmus, im Waldaigebiet (Bologoje, Ilmensee), die Oka entlang, z. B. im Vladimirschen (Volosovo), im Kazanschen und auf dem Ostabhange des Urals (die Gegend bei Jekaterinburg). Man kann lokale Verschiedenheiten beobachten, z. B. Grubenkeramik, Steinwaffen aus Schiefer im Olonecschen, Tuffgegenstände im Kazanschen, Feuerstein im Oka-Tal, Knochen im Ural. Aber die Verschiedenheiten beruhen teils auf dem lokalen Material, teils auf ausländischen Verbindungen (im Kazanschen mit dem Donaugebiet) usw., und man weiß noch nicht, ob sie ethnographische oder chronol. Unterschiede bezeichnen.

Selbstverständlich dauerte die StZ lange, und die Differenzierung der Völker vollzog sich innerhalb des betr. Gebietes in dieser Per. allmählich. Die Funde sind reichhaltig: etwa 100000 Gegenstände sind geborgen worden, aber, wie gesagt, können wir trotzdem das Material für genauere ethnographische Zwecke nicht verwenden. Die ersten Einwanderer sind wahrscheinlich aus dem S gekommen. Es fehlen jedenfalls Beweise für eine andere Richtung der Kolonisation.

Die Zahl der steinzeitl. Bewohner war klein. Nur die Ufer der Flüsse waren besiedelt. Die Verhältnisse lassen sich vielleicht mit den sozialen und wirtschaftlichen Zuständen bei den jetzigen nomadisierenden Samojeden und Wogulen vergleichen.

Ailio s. zu § 15; V. Tolmačov *Drevnosti vostočnavo Urala* Zapiski Jekaterinburg 35 1914).

§ 17. Wir finden also, daß die späteren finno-ugr. Völker wahrsch. schon in der StZ in Nord- und Ostrußland als Jäger und Fischer wohnten. Etwa im 2. Jht. v. C. wurde das Metall im ö. Teile dieses Gebietes vorherrschend, und dort geht die einheitliche Kulturentwickelung unter fremdem, hauptsächlich s. Kultureinfluß bis ca. 600 n. C. ununterbrochen weiter. Auf dem übrigen Gebiete dauerten die primitiven sozialen Verhältnisse bis zum ersten Jh. n. C. fort. Dann kamen einige Teile dieses Gebietes unter ostgerm. Einfluß, und die Bevölkerung konzentrierte sich in diesem Gebiet, im Ostbaltikum und im Oka-Tale. Allmählich verbreitete sich die bodenständige Kultur aus diesen Zentren über das übrige Nord- und Zentralrußland, besonders in der j. EZ, als das Gebiet durch die Waräger in lebhafter Verbindung mit der Außenwelt stand.

J. R. Aspelin *Antiquités du Nord finno-ougrien* I—V (1877-84); Tallgren *Das vorgeschichtliche Siedlungsgebiet der finno-ugrischen Völker* (finn.) Historiallinen Aikakauxkirja 1916; J. Tolstoi und N. Kondakov *Russkija drevnosti* IV—VI (1897).

A. M. Tallgren

B. Sprache und Anthropologie.

§ 1. Die sog. finno-ugr. Völker bilden eine der Hauptsache nach nur sprachlich, nicht aber in allen Fällen arch.-ethnographisch oder anthrop. zusammengehörende Gruppe von Völkern, welche in unseren Tagen folgende Glieder umfasst: 1. Lappen im n. Schweden, Norwegen und Finnland sowie auf der Kolahalbinsel; 2. balt. Finnen mit den Unterabteilungen a) Finnen in Finnland und den angrenzenden Teilen Ingermannlands, Schwedens und Norwegens, mit den ursprünglichen Stämmen α) „eigentliche Finnen" im sw. Finnland (Suomi, jetzt = ganz Finnland), β) Tawasten (in Häme = Tawastland), γ) Karelier (Karjala = Karelien); diese Stämme haben jetzt fast das ganze Land besetzt und sich vielfach vermischt; b) russ. Karelier, deren Dialekte eine unmittelbare, ö. Fortsetzung der in Finnland gesprochenen karelischen Dialekte darstellen; die Dialekte am Onega-See bilden einen Übergang zu den Dialekten der c) Wepsen am Onega-See und ssw. davon um 60° n. Br.; d) Woten im nw. Teile Ingermannlands; e) Esten in Estland und der n. Hälfte Livlands; f) Liven am n. Küstensaum Kurlands; 3. Mordwinen in vielen Sprachinseln in Zentral- und Ostrußland von den Gouv. Nižnij-Novgorod und Tambov an bis zu den Gouv. Ufa und Orenburg; ihre Dialekte zerfallen in zwei Hauptgruppen: Mokscha und Erzä; 4. Tscheremissen hauptsächlich zwischen den Flüssen Wolga und Wjatka, aber auch in vielen südlicheren und östlicheren Sprachinseln; ihre Dialekte werden in eine w. und eine ö. Gruppe geteilt; die Mordwinen und Tscheremissen werden bisweilen als „Wolgafinnen" zusammengefaßt, ohne jedoch irgendeine genetische Einheit zu bilden; 5. Permier: a) Wotjaken hauptsächlich im Gouv. Wjatka; b) Syrjänen an den Flüssen Wytschegda, Petschora und Kama; die südlichsten Syrjänen werden oft Permjaken genannt; 6. Wogulen ö. vom mittl. Ural; 7. Ostjaken am mittl. und unteren Ob; die recht nahe verwandten Sprachen der Wogulen und Ostjaken bilden zusammen die Ob-ugrische Sprachgruppe; 8. Ungarn hauptsächlich im Zentrum Ungarns sowie im sö. Teile Siebenbürgens, wo die Szekler eine bemerkenswerte Gruppe dieses Volkes sind; das Wogulische, das Ostjakische und das Ungarische bilden zusammen die ugrische Sprachgruppe. Über das Verhältnis der finno-ugr. Sprachen und Völker zu den samojedischen vgl. § 25.

§ 2. Anthrop. sind die finno-ugr. Völker in wenigstens drei scharf geschiedene Gruppen getrennt, deren westlichste nur die Lappen umfaßt. Schon seit alters haben sich die Lappen in großem Umfang mit Skandinaviern, Kareliern, Russen und besonders Finnen gemischt; am reinsten dürften sie sich in den schwedischen Lappmarken bewahrt haben. Die durchschnittliche Körpergröße (der Männer) beträgt nach den bisherigen Messungen in Pite und Lule, Lappmark in Schweden „150 cm oder etwas mehr", in verschiedenen Gegenden des nördlichsten Norwegens 152,4, 153 und 158,1, in Finnland 156,1, 161,1, 163,1, auf der Kola-Halbinsel 154,74, 155,8. Je höher die Zahlen sind, um so gemischter ist die Bevölkerung; die ursprüngliche Körperhöhe der Lappen dürfte also etwa 150 cm oder etwas mehr betragen haben. Sie sind demnach das kürzeste Volk Europas und trennen sich schon dadurch scharf von den übrigen finno-ugr. Völkern. Es liegt kein hinlänglicher Grund vor, diese Eigentümlichkeit neben anderen als eine pathologische Erscheinung aufzufassen (Virchow); abgesehen von gewissen norw. Meeresdistrikten sind die Lappen und besonders die Nomaden in der Regel ein rüstiges Volk. Der Kopfindex ist sehr hoch; vorhandene Durchschnittszahlen, je höher, um so charakteristischer, sind (für Männer) 83,9, 84,29, 84,7, 85,5, 87,63, 87,64; die reinen Lappen sind also hyperbrachykephal. Das Gesicht ist sehr breit und kurz; der morphologische Gesichtsindex beträgt nach bisherigen Messungen in verschiedenen Gegenden durchschnittlich 82,0, 82,34, 82,98 (bei Finnen im nördlichsten Schweden 85,6, bei Schweden 05,4). Die für die mongolischen Brachykephalen charakteristische starke alveolare Prognathie scheint bei den Lappen selten zu sein. Der Unterkiefer ist bei reinblütigen Individuen meistens schwach und das Kinn klein und häufig spitz, was ein speziell lappischer Zug sein dürfte; die starke Entwicklung des hinteren Teiles des Unterkiefers, die auf vielen Bildern von „typischen Lappen" zu sehen ist, deutet auf beigemischtes finn. Blut. Die Form der Nase variiert sehr; sie ist auch bei reinblütigen Lappen selten breit und niedrig. Mongolenfalte ist ungewöhnlich. Die Augenfarbe war ursprünglich wohl immer braun, wegen der starken Blutmischung findet man aber jetzt auch sehr viele lichte Augen, in Torne Lappmark z. B. 35,5 % braune, 53,5 % melierte, 11,0 % lichte (graue oder blaue), im nördlichsten Norwegen bzw. 30, 40 und 30 %, auf der Kola-Halbinsel meistens graue Augen, nach einem anderen Beobachter aber 1 % „schwarze", 50 % lichtbraune, 3 % graue, 37 % graublaue, 9 % blaue. Das Kopfhaar ist meistens dunkel und dürfte ursprünglich dunkelbraun, kaum schwarz gewesen sein; jetzt sieht man auch viel blondes Haar. Die Hautfarbe ist bei reinblütigen Individuen licht mit einem schwach bräunlichen Anstrich. Ein „Mongolenfleck" ist bei lappischen Kindern bisher nie beobachtet worden. Das lappische Gemüt ist lebhaft und leicht und kontrastiert stark gegen die Schwermut, die Verschlossenheit und den Fanatismus der Finnen.

P. Mantegazza und S. Sommier *Studii anthrop. sui Lapponi* 1880; Arch. per l'antrop. e la etnol. 10 (1880), 16 (1886) Mantegazza, Sommier; Izvěstija obščestva ljubitelej jestestvoznanija etc. (Moskau) 35 (1880—82) S. 491 ff., 49 (1886) S. 1 ff. A. Kelsiev; ebd. 68 (1890) S. 131 ff. N. Charuzin; Upsala läkareförenings förhandlingar 1896—97 S. 173 ff. E. Clason; Ježegodnik russkago antropologičeskago obščestva 3 (1909) N. Schmakov; G. v. Düben *Crania lapponica* 1910; Verh. d. Ges. Finn. Zahn-Ärzte 9 (1912) Y. Kajava; Zschr. f. Morph. u. Anthrop. 17 (1914) E.

Hisinger-Jägerskiöld; Kristiania Vid. Selsk. Skrifter 1920 1,5. 1921 1,20 H. Bryn; Acta Soc. Medic. Fenn. Duodecim 2—3 (1922—23) V. Lassila.

§ 3. Die völlige anthrop. Verschiedenheit von den übrigen finno-ugr. Völkern, verglichen mit dem unzweifelhaft finno-ugr. Charakter der lappischen Sprache, zeigt, daß die jetzige Sprache der Lappen nicht ihr ursprüngliches Idiom sein kann, sondern von außen her zu ihnen gekommen ist. Von ihrer ursprünglichen Sprache weiß man so gut wie nichts. Nach der (nicht näher begründeten) Theorie E. N. Setäläs soll das jetzige Lappische von den Lappen schon zur Zeit der finno-ugr. Ursprache aufgenommen worden sein; dem widerspricht aber bestimmt die große sowohl phonetische als morphologische und lexikalische Ähnlichkeit des Urlappischen (das man mit Hilfe der jetzigen, sehr stark differenzierten Dialekte und der alten germ. Lehnwörter erschließen kann) mit einer Stufe des Urfinn., die derjenigen vorausgegangen ist, aus welcher die jetzigen balt.-finn. Sprachen hervorgegangen sind. Es liegen zwar auch gewisse Unterschiede vor, die weder aus dem sonst bekannten Urfinn. noch durch lapp. Sonderentwicklung erklärt werden können, diese Unterschiede lassen aber eher auf einen nur in lapp. Form bewahrten Zweig des Urfinn. als auf einen selbständigen, nichtfinn. Zweig der finno-ugr. Ursprache schließen. Die eigentümlichste unter den bisher studierten Erscheinungen dieser Art ist der lapp. Sigmatismus, d. h. lapp. s statt urfinn. š (das im Finn. zu h wurde); aus lit. szirvis oder ? szirvas (nur im apreuß. sirwis 'Reh' belegt; sz = š) z. B. wurde urfinn. *širvas, finn. hirvas 'Renntierstier; Elchstier' und (wohl aus einem anderen lit. Kasus) urfinn. *širvi, finn. hirvi 'Elch', estn. hirw 'Reh', im Lapp. erscheint aber das finn. Wort in der Form sarves 'Renntierstier', sarvva 'Elch'. Neben dieser gewöhnlichen lapp. Repräsentation des urfinn. š findet man auch einige Beispiele von lapp. š = urfinn. š, die vielleicht einer etwas späteren Zeit angehören. Im phonetisch reich ausgerüsteten „Protolappischen", d. h. der vorfinno-ugr. Sprache der Lappen, hat der š-Laut kaum fehlen können, die Entwicklung von š zu s dürfte also auf finn. Boden stattgefunden haben. Im jetzigen Finn. findet man indessen nur wenige einigermaßen sichere Beispiele eines aus š entstandenen s. Man wird dadurch zur Annahme zweier verschiedener urfinn. Sprachwellen genötigt, die nacheinander gegen N gegangen sind. Die erste Welle, die den Lappen ihre finno-ugr. Sprache gab, war sigmatisierend, die zweite dagegen hatte das š bewahrt, d. h. stand in dieser Beziehung auf einer ursprünglicheren Stufe. Auf finnischem Sprachgebiet hat die zweite Welle bis auf geringfügige Spuren die erste Welle gänzlich weggefegt oder überdeckt, so daß sie jetzt nur im Lapp. fortlebt. Ob die zweite Sprachwelle immer und überall von einer besonderen Völkerwelle getragen wurde, ist unsicher und vielleicht unwahrscheinlich — sie ist wohl statt dessen als eine Reihe von aufeinander folgenden Laut- und Wortveränderungswellen herangezogen —, die erste Sprachwelle möchte man aber mit den in den lapp. Volksmärchen als verheerende, in das Land der Lappen einfallende Räuber lebhaft geschilderten Tschuden (lapp. čuđđe, tjute etc. aus urlapp. *čūđđē) in Verbindung setzen. Dieser Name ist offenbar mit dem altruss. Čudĭ identisch, das einen nö., jetzt russifizierten, balt.-finn. Volksstamm bezeichnet (§ 13) und ohne Zweifel finn. Ursprunges ist, obwohl im jetzigen Finn. unbelegt. (Der Name enthält übrigens zufälligerweise ein anderes Element jener ersten Sprachwelle, den č-Laut, der auf jetzigem balt.-finn. Boden nur im Russisch-Karelischen und Wepsischen, also im NO bekannt ist.) Solche Wörter wie sarves und sarvva, die einzigen lapp. Namen des Renntierstieres, bzw. des Elches, zeigen mit ziemlich großer Sicherheit, daß die von den Lappen übernommene finno-ugr. Sprachform schon mit der lit. Sprache in Berührung gestanden hatte, oder auch daß dieselbe, obgleich schon früher übernommen, einer an das lit. Sprachgebiet grenzenden Sprachform noch so nahe stand, daß, als lit. Wörter in diese letztere einzudringen begannen, sie leicht und rasch durch sie hindurch zu den Lappen dringen und schon in sehr alter Zeit die (tabuierten?) einheimischen Wörter verdrängen konnten. In beiden Fällen aber kann nur von Finnen als Vermittlern die Rede sein, denn nur in ihrer Sprache findet man Wörter, die direkt aus dem Lit. aufgenommen sind; die wenigen lit. Lehnwörter im Mordwinischen und Tscheremissischen sind wahrscheinlich alle durch finn. Vermittlung hereingekommen. (Lapp. jumiš, juomek 'Zwilling', das im Finn. fehlt, muß freilich auf ein balt. *jomia-, später *jumia-, lett. jumis 'Doppelfrucht, Doppelahre' zurückgehen, hier ist wohl aber das finn. Zwischenglied nur in späterer Zeit weggefallen.) Wenn das alles richtig ist, haben die Lappen ihre jetzige Sprache erst nach oder kurz vor dem Anfang der finn.-litauischen Berührungen aufgenommen, d. h. während der BZ, kaum wohl früher. Wenn das Eisen zu den Lappen kommt, stehen sie schon, offenbar im nördlichsten Norwegen, mit den Skandinaviern in Verbindung; ihr Wort für Eisen ruovdde, ruoute etc. ist germ. (vgl. anord. raudi 'Raseneisenerz') und wahrscheinlich schon vor dem Anfang der germ. Lautverschiebung aufgenommen.

K. B. Wiklund *Urlapp. Lautlehre* I (1896) Mém. Soc. Finno-Ougr. 10; IF 38 1917) S. 81ff.

§ 4. Wie lange die Vorposten der Lappen zu dieser Zeit schon am Eismeer gestanden hatten, ist noch unbekannt und kann wohl nur auf arch. Wege entschieden werden. Gegen W hatten sie ihr Gebiet wahrscheinlich noch nicht jenseits des Nordkaps ausgedehnt; die Kola-Halbinsel scheinen sie erst nach dem Anfang der urnord. Berührungen betreten zu haben (Journ. Soc. Finno-Ougr. 10 [1892] S. 146ff. Wiklund); in welchem Verhältnis sie zu den steinzeitl. Wohnplätzen am Weißen Meere stehen, ist unbekannt. Vom hohen N dringen sie dann allmählich auf die skand. Halbinsel hinunter, hauptsächlich wohl der Gebirgskette entlang. Etwa am 66° scheinen sie im Inneren des Landes schon in urnord. Zeit (vor ca. 700 n. Chr.) mit einer (später aus irgend einem Grunde weggezogenen) skand. Bevölkerung in Berührung gekommen zu sein, die ihnen gewisse Namen größerer Flüsse und Berge gegeben hat. Am Anfang der neuen Zeit stehen sie (im Gebirge) etwa am 64°; im 17. Jh erreichen sie (ebenda) ihren eigentlichen Südpunkt am 62° 30'. — In ihren ältesten Wohnsitzen waren die Lappen wahrscheinlich Fischer und Jäger und betrachteten das Renntier nur als Jagdobjekt. Ihr Renntiernomadismus scheint in keinem hist. Zusammenhang mit den in Sibirien und Nordostrußland vorkommenden Formen desselben zu stehen und dürfte demnach autochthon sein. Wegen der Naturverhältnisse mußten die Renntiernomaden mit ihren Tieren im Sommer auf dem Gebirge und am Meeresufer im N und W weilen, während sie für den Winter in die Wälder auf der ö. oder s. Seite der Gebirgskette zogen. Diese Wanderungen begünstigten die Niederlassung vieler Lappen am norw. Meeresufer, wo sie sich zuerst an den inneren Teilen der Fjorde ansiedelten, während die Norweger zuerst die äußersten Teile in Besitz nahmen. Daneben scheint auch ein Hervorrücken der lapp. Meeresfischer (die sich wohl meistens nicht mit Renntierzucht abgaben) der atlantischen Küste entlang nach W und S stattgefunden zu haben. Den Bottnischen Meerbusen dürften die Lappen in alter Zeit, den Ortsnamen nach zu urteilen, nur an seinem nördlichsten Teil, etwa zwischen den Flüssen Pite Elf und Ule Elf, erreicht haben.

Journ. Soc. Finno-Ougr. 33,₂ (1916) U. T. Sirelius; Memoirs Amer. Anthrop. Assoc. 4,₂ (1917) B. Laufer; ebd 6,₃ (1919) G. Hatt; Ymer 1918 S. 249ff Wiklund; Finskt Museum 1919 S. 30ff. T. I. Itkonen; Namn och Bygd 2 (1914) S. 105ff, Le Monde Oriental 5 (1911) S. 101ff., 175ff. Wiklund.

§ 5. Es ist noch unbekannt, aus welcher Richtung die Lappen in ihre oben angegebenen Ursitze gekommen sind, jedenfalls sind sie wohl aber die ersten Menschen, die sich hier nach dem Wegrücken des Eises niederließen. Ihre noch ältere Geschichte wäre zunächst auf anthrop. Wege zu verfolgen, hier versagen aber die Quellen noch fast vollständig. Man nimmt freilich an (V. Giuffrida-Ruggeri *Homo sapiens* 1913), daß die Lappen in anthrop. Hinsicht den Samojeden so nahe stehen, daß sie unter den gemeinsamen Namen „Homo palaeoarcticus" zusammengeführt werden können; die Samojeden sind indessen fast typische Mongolen (§ 25), während die Lappen wohl ursprünglich ein fast pygmäenartiger, primitiver Menschenschlag gewesen sind. Man möchte demgemäß annehmen, daß die Lappen der letzte Rest einer in irgendeinem mitteleurop. Isolationsgebiet entstandenen Rasse sind, die dem Rande des zurückweichenden Eises folgend gegen Norden gewandert ist (über die Differenzierung verschiedener Menschenrassen in geographischen Isolationsgebieten vgl. zuletzt Ymer 1922 S. 314ff. H. Bryn). Wenn dem so ist, muß man bei der Beurteilung der Frage auch diejenige lappenähnliche, kurz gewachsene, stark brachykephale, dunkle Rasse im Auge behalten, deren Spuren noch heute an der norw. Westküste zu finden sind, und die Bryn nordwärts sogar bis zum 70° verfolgen will (Kristiania Vid. Selsk. Skrifter 1920 $1_{,5}$, 1921 $1_{,20}$). Die Herkunft dieser Leute ist immer noch unbekannt, und man muß sich fragen, ob sie, sowie auch die in die Bevölkerung Schwedens in der Vorzeit aufgesogenen brachykephalen Elemente, notwendigerweise der „alpinen Rasse", jenem Mädchen für Alles der Anthropologen, zuzuschreiben sind und nicht eher aus einem der Urheimat der Protolappen benachbarten Isolationsgebiet stammen. In diesem Falle wären sie wohl w. von der Ostsee nach N gewandert, während die Protolappen einen ö. Weg einschlugen. Jedenfalls muß man bei der Beurteilung der Knochenkultur der ältesten skand. und balt. StZ (trotz den anders aussehenden anthrop. Funden aus der s. Ladogagegend, § 22) auch diese Möglichkeit im Auge behalten (Stockholm Vet. Ak. Handl. $49_{,1}$, Balt. Studien zur Archäol. u. Gesch. Berlin 1914 S. 33ff. C. M. Fürst; Journ. anthr. inst. 52 S. 26ff. C. A. Nordman).

§ 6. Die ersten Nachrichten von den Lappen brachte Tacitus in seiner Schilderung der Fenni (Germania 46), die aber von konventionellen literarischen Aussagen vom Leben der primitiven Völker überwuchert ist und die Wohnplätze der Lappen mit denjenigen der Finnen verwechselt (Aika 1921 S. 238ff. E. Flinck). Die erste eigentl. Beschreibung der Lappen (Σκριθίφινοι) gibt Prokopios (6. Jh. n. C). Diese ersten Nachrichten sowie die zunächst folgenden erwähnen also die Lappen unter ihrem alten nord. Namen (anord. finnr, Pl. finnar); ihre jetzige, ursprünglich aus dem Finn. stammende Benennung tritt erst bei Saxo (12. Jh. n. C.) auf (Le Monde Oriental 5 [1911] S. 183ff. Wiklund).

§ 7. Ein ganz anderes anthrop. Bild gewähren die Finnen (deren ursprüngliche Stämme oben § 1 angegeben wurden). Innerhalb der finnischsprechenden Bevölkerung Finnlands können wenigstens drei verschiedene Rassenelemente unterschieden werden, von denen das erste offenbar germ., das zweite lapp. und das dritte, der wesentl. Bestandteil des Volkes, das speziell finn. ist. Von einem eventuellen vierten Element vgl. unten. Das hochgewachsene, dolichokephale und blonde germ. Element, das zum Teil vielleicht schon im Baltikum aufgenommen wurde, dominiert im SW und W, das kurzgewachsene, brachykephale bis hyperbrachykephale, dunkle lapp. Element kommt mehr oder weniger ausgeprägt im N zum Vorschein, das finn. Element dominiert vor allem im Zentrum und O des Landes. In sowohl physischer als psychischer Hinsicht ist es am reinsten bei den Tawasten vertreten, die von G. Retzius der Hauptsache nach folgendermaßen beschrieben werden: kräftiger, breiter Körper; mittelhoher Wuchs; großer, brachykephaler, nicht sehr hoher, oft ziemlich eckiger Kopf; großes, langes, aber sowohl in der Stirngegend als noch mehr in den Jochbogen- und Kieferpartien verhältnismäßig breiteres Gesicht; kräftig entwickelter Unterkiefer mit großen, ausgeprägten hinteren Winkeln und großer Breite zwischen ihnen; kleine, ziemlich breite, stumpfe oder noch öfter mit einer kleinen, etwas nach oben gerichteten Spitze versehene Nase; kleine und schmale Augenschlitze, bisweilen mit Mongolenfalte; graublaue oder öfter blaugraue bis graue Iris; blondes, gerades Haar; schwacher Bartwuchs; lichte, etwas grauliche Hautfarbe; ernstes, schwermütiges, meditierendes Gemüt. Messungen an einer sehr großen Zahl von Wehrpflichtigen haben gezeigt, daß der Unterschied zwischen Schweden und Finnen in den Provinzen, wo sie nebeneinander wohnen, geringfügig ist; in einigen Gegenden ist die jetzt finnischsprechende Bevölkerung sogar etwas blonder und langköpfiger als die schwedischsprechende. Innerhalb der ersteren nimmt die Pigmentierung und Brachykephalie zu und die Körperhöhe ab, je weiter gegen O und besonders je weiter gegen N man kommt. Besonders charakteristisch sind die durchschnittlichen Zahlen für die Körperhöhe: Åland (Schweden) 170 cm;

Eig. Finnland (Schw.) 169,4, (Finnen) 168,50; Nyland (Schw.) 168,81, (F.) 168,00; Satakunda (F.) 168,56; Tawastland (F.) 167,78; südl. Österbotten (Schw.) 167,97, (F.) 167,86; nördl. Österbotten (F.) 164,89; Westerbotten (der schwed. Grenze entlang; die Bevölkerung ist notorisch mit Schweden, vielleicht auch mit Finnen aus Südwestfinnland gemischt; F.) 165,82; Sawolax (F.) 165,48; Karelien (F.) 165,28. Der durchschnittliche Kopfindex beträgt im Eig. Finnland (Schweden, inkl. Åland) 79,2, (Finnen) 79,4; Nyland (Schw.) 79,3, (F.) 80,5; Satakunta (F.) 80,4; Tawastland (F.) 80,9; südl. Österbotten (Schw.) 80,2, (F.) 80,0; nördl. Österbotten (F.) 82,6; Sawolax (F.) 81,3; Karelien (F.) 82,15. Karelien im O wird mit dem n. Österbotten im N durch kleinere Körperhöhe, stärkere Brachykephalie und dunklere Augen- und Haarfarbe verbunden. Man muß hierin einen Einfluß der einstigen lapp. Urbevölkerung sehen, die auch in den Ortsnamen deutliche Spuren hinterlassen hat; auch in Sawolax kann man eine solche vermuten, nicht aber in den übrigen Provinzen. Die Bevölkerung Kareliens zeigt indessen auch gewisse Sonderzüge, die aus der lapp. Blutmischung nicht hergeleitet werden können. Das Gesicht ist oft oval, die Nase schmal und hoch, der Bartwuchs üppig, und diese Züge sind weder finn. noch lapp. Ein russ. Einschlag ist freilich in diesen Gegenden nicht zu verkennen, kann aber nicht sehr alten Datums sein und vermag kaum diese physischen Sonderzüge und das leichtbewegliche Gemüt der Karelier vollständig zu erklären. Man hat also hier möglicherweise noch mit einem vierten Rassenelement zu rechnen (Balten?; der steinzeitl. Bevölkerung des s. Ladogaufers?; s. § 22). — Die russ. Karelier und die Wepsen dürften in anthrop. Hinsicht mit den Kareliern Finnlands übereinstimmen; im N sollen sie mehr brachykephal und von niedrigerem Wuchs sein als zwischen Ladoga und Onega. — In ältester hist. Zeit war ganz Ingermannland von Woten besetzt; vom 11. Jh. an dringen auch andere finn. Volksstämme herein, u. a. die karelischen Ingrier. Von der Anthropologie der Woten ist nichts bekannt. — Geographisch und sprachlich sind die Woten ein Zwischenglied zwischen den Finnen und den Esten. Anthropologisch stehen die Esten, soweit bekannt, den w. Finnen nahe; ihre durchschnittliche Körperhöhe soll mit derjenigen der Sawolaxier und der Kopfindex mit dem der Finnen im Eig. Finnland übereinstimmen. Die Dialekte der letztgenannten Finnen bilden auch in wichtigen Bezügen ein Zwischenglied zwischen der Sprache der Esten und den Dialekten der übrigen Finnen. — Am weitesten gegen SW drangen die Liven, deren Gebiet im Anfang des 13. Jh. sich der Meeresküste entlang von Salis bis Rutzau südlich von Libau erstreckte, und deren Hauptzentren die Düna- und die Windaumündung waren (Bielenstein *Grenzen*). Anthrop. scheinen sie jetzt ihr Finnentum vollständig eingebüßt zu haben. (— Die alten Kuren waren keine Finnen, sondern Balten, d. h. Indogermanen; Finn.-Ugr. Forsch. 12 (1912) S. 59ff. Endzelin; s. a. Baltische Völker B § 6.)

Von der eventuellen Verwandtschaft der Finnen, d. h. des speziell finn. Elementes, mit anderen Rassen weiß man bisher nichts sicheres. Nähere Verbindung mit den Mongolen oder Mongoloiden ist nicht zu beweisen, und die Kennzeichen der „ostischen" europ. Rasse, von der man öfters spricht, sind noch etwas fließend.

G. Retzius *Finska kranier* 1872; F. W. Westerlund *Studier i Finlands antropologi* Fennia 18, 20, 21, 32, 33 (1900—13); Archiv f. Anthr. 19 (1921) K. Hildén; Le Monde Oriental 5 (1911) S. 101ff., 175ff. Wiklund.

§ 8. Man hat im Finn. keine solchen iran. Lehnwörter gefunden, die nur für das Finn. charakteristisch wären und nicht zugleich in irgendeiner östlicheren finno-ugr. Sprache vorkämen. Man dürfte daraus schließen können, daß derjenige urfinno-ugr. Stamm, der sich zu den Finnen entwickelte, in keiner unmittelbaren Verbindung mit Iraniern stand, sondern von ihnen durch andere verwandte Stämme, wohl zunächst die Vorfahren der Mordwinen, getrennt war. — Die ältesten für das Finn. allein eigentümlichen Lehnwörter stammen aus dem Balt. Man weiß noch nicht, aus welcher balt. Sprachstufe die ältesten unter diesen Lehnwörtern aufgenommen worden sind (vgl. zuletzt H. Jacobsohn *Arier und Ugrofinnen* 1922 S. 70ff.); sie ist indessen jedenfalls urbalt., wenn nicht noch älter gewesen. Die finn.-balt. Beziehungen dauern noch heute fort, obwohl seit langem nur auf das Estn. und vor allem auf das Liv. beschränkt. Nur in ältester Zeit waren sie für die Finnen von etwas größerer kulturreller Bedeutung; ihre große Zahl sowie zum Teil ihre Beschaffenheit (auch Verwandtsnamen wurden entlehnt) zeigt indessen, daß die Beziehungen der beiden Völker sehr intim waren und wahrscheinlich durch finn. Einwanderung in balt. Gebiet verstärkt wurden. Die Lage dieser Einwanderungszone wird angedeutet durch ein paar finn. Tiernamen, welche darauf deuten, daß die Finnen vor der Berührung mit den Balten in einem Lande saßen, dessen Gewässer durch die Wolga, wo die betreffenden Tiere fehlen, nach dem Kaspischen Meere fließt. Erst als die Finnen auf balt. Sprachgebiet kamen, das nach der Ostsee hin entwässert wurde, und wo diese Tiere vorkommen, wurden sie ihnen durch Vermittlung der Balten bekannt (finn. lohi ‚Lachs' = lit. lászis; finn. ankerias ‚Aal' = apreuß. angurgis; vielleicht auch estn. wähi ‚Krebs' = lit. vėžýs). Das Meer (finn. meri aus unbekannter idg. Quelle, sarajas aus dem Iran.) blieb ihnen vorläufig nur von Hörensagen bekannt. Als sie endlich zur Meeresküste, d. h. der Ostsee, gelangten, saßen dort Germanen, die ihnen u. a. die Namen des Dorsches (finn. turska), des Herings (finn. Dimin. silakka aus -tka = urnord. *silađ--, anord. sild) und der nur an der Küste wachsenden Eibe (estn. juga-puu, juha, liv. jovgəs, das mit anord. ýr, ahd. îha, îwa zu verbinden ist) übermittelten. Interessant ist finn. luode, estn. looe, loode ‚aqua marina litoribus affluens tempestate admovente', aber auch ‚Nordwesten', was darauf deutet, daß das Meerwasser in der Gegend, wo das Wort aus dem Germ. (anord. flóđ, flǿđr ‚Flut' usw.) entlehnt wurde, eben durch nw. Sturm am Ufer aufgestaut wurde (Ebbe und Flut kommen in der Ostsee nicht vor). Das Wort kann also kaum anderswo als an der Nordwestküste Estlands entlehnt sein oder seine jetzige finn. Bedeutung erhalten haben. Charakteristisch ist dabei, daß die östlichsten Finnen, die nur am innersten Teil des finn. Meerbusens, wo der Westwind diese selbe Wirkung hat, mit diesem Worte den Westen, nicht den Nordwesten bezeichnen. — Die älteste Schicht der balt. Lehnwörter trägt ein entschieden altertümlicheres Gepräge als die ältesten germ. Lehnwörter und muß schon aus der BZ stammen. Das Eisen wurde den Finnen durch germ. Vermittlung bekannt: finn. rauta ‚Eisen', vgl. anord. rauđi ‚Raseneisenerz'. Die Form dieses Wortes gibt leider nicht wie die des lapp. ruovdde (§ 3) näheren Aufschluß über die Zeit der Entlehnung, es ist aber wohl zu merken, daß nicht nur im hohen N, sondern auch im O des germ. Sprachgebietes eben dieses Wort und nicht das später alleinherrschende kelt. Lehnwort anord. járn zu den Fremdvölkern überging, was wohl nur als ein Zeichen sehr früher Entlehnung auch des finn. Wortes aufgefaßt werden muß. Gewisse andere germ. Lehnwörter erweisen durch ihre Form recht deutlich, daß sie schon vor der Zeit der germ. Lautverschiebung von den Finnen aufgenommen wurden. Wenn die § 3 erwähnte Ansicht über die Zeit der Entlehnung des lapp. Wortes richtig ist, muß die Lautverschiebung in der Zeit nach dem Bekanntwerden des Eisens im hohen N ihren Anfang genommen haben. Sie kann wohl indessen kaum sehr viel später als im Anfang der EZ vor sich gegangen sein. Die Einwanderung der Finnen ins Baltikum und ihre erste Berührung mit den Germanen könnte man demgemäß, von den sprachlichen Erscheinungen ausgehend, etwa in die Mitte des 1. Jht. v. C. verlegen. Vor dieser Zeit gab es, wenigstens soweit die sprachlichen Tatsachen es uns bezeugen, im Baltikum keine Finno-Ugrier. Von den Nordgermanen fließt dann ein immer wachsender Strom von Lehnwörtern und Kulturbegriffen zu ihren ö. Nachbarn; die in entgegengesetzter Richtung gehenden sprachlichen Einflüsse gehören fast ausschließlich einer sehr späten Zeit an.

Der finn. Name des Düna-Flusses ist germ., nicht balt. Herkunft, trotz der balt. Bevölkerung, die seit undenklichen Zeiten den unteren Lauf des Flusses umgibt (s. aber Baltische Völker B § 7). Die Finnen können also kaum an der Düna entlang zur Küste gekommen sein, sondern sind auf einem nördlicheren Wege, wohl zwischen Peipus und dem finn. Meerbusen, nach Estland gekommen und haben dann die Dünamündung, die im Besitz von Germanen war, an der Küste entlang erreicht.

Die älteste Schicht ihrer germ. Lehnwörter leitete V. Thomsen zum Teil von im Baltikum wohnenden Goten her; die got. Kriterien haben sich aber nicht bewährt, und man muß jetzt die betreffenden Lehnwortgeber als Nordgermanen bezeichnen. T. E. Karsten hat freilich vor kurzem eine besondere nordostgerm. Sprachform und Nationalität annehmen wollen, die den von Tacitus erwähnten Sitones beigelegt wird und die Quelle dieser Lehnwörter sei; die sprachlichen Erscheinungen, auf die er sich beruft, zeigen aber höchstens, daß ein paar germ. Lautveränderungen auf ihrem Wege nach dem NO (Ostschweden, Gotland, Finnland, Baltikum) mit etwas geringerer Schnelligkeit als auf dem Wege nach dem NW und N gewandert sind. Die eine Veränderung ist sogar teilweise ins Stocken geraten, ohne daß das Endergebnis dadurch nennenswert beeinflußt wurde — die germ. Sprache Finnlands wurde trotz alledem schwedisch, nicht „nordostgermanisch". Die Ostsee war zu dieser Zeit größtenteils oder ganz ein germ. Binnenmeer (Ymer 1923 S. 51 ff. Ekholm), an dessen w., n. und ö. Küsten von vielen verschiedenen Germanenstämmen eine im wesentl. einheitl. Sprache gesprochen wurde. Nur im äußersten SO, bei den Vorfahren der Goten, war die Sprache etwas abweichender, die Finnen können aber schon aus geographischen Gründen kaum mit ihnen in Berührung gekommen sein, sondern nur mit den nördlicheren, im jetzigen Livland, Estland und Finnland sitzenden Germanen, die man wenigstens sprachlich nicht von den Skandinaviern trennen kann. Den größten Teil ihrer älteren germ. Lehnwörter nahmen die Finnen wahrscheinlich erst in Finnland auf, wo die germ. Bevölkerung zahlreich war und u. a. auch in den finn. Ortsnamen gewisse urnord. Elemente hinterlassen hat; in Estland hat man solche Ortsnamen bisher nicht gefunden. Karsten hat unter den älteren Lehnwörtern auch einige westgerm. Elemente spüren wollen, seine Beweise sind aber unzureichend; später gelangen indessen durch die Handelsverbindungen einige niederdeutsche Wörter nach Finnland; seit der Besetzung des Baltikums durch die Deutschen spielt dann der dtsch. Einfluß auch sprachlich eine große Rolle unter den Esten, während die Liven fast vollständig lettisiert werden.

V. Thomsen *Beröringer mellem de finske og de baltiske Sprog* Vidensk. Selsk. Skrifter 6 Hist.-Philos. 1, 1 (1890); ders. *Über den einfluß der germ. sprachen auf die finn.-lapp.* 1870 (dän. 1869) und *Samlede Afhandlinger* II (1920) S. 239 ff.; E. N. Setälä *Bibliogr. verzeichnis der in der literatur behandelten älteren germ. bestandteile in den ostseefinn. sprachen* Finn.-Ugr. Forsch. 13 (1913—13); Acta Soc. Sc. Fenn. 45, 2 (1915); Översikt av Finska Vet. Soc. Förhandl. 64, 3 (1921—22) T. E. Karsten: Le Monde Oriental 5 (1911) S. 217 ff., 10 (1916) S. 105 ff.; IF 38 (1917) S 48 ff. Wiklund; Tallgren *Zur Archäologie Eestis* I (1922) Acta et Comment. Univ. Dorpat 3, 6. Geschichte der Lehnwortforschung: Idg. Jahrb. 5 (1917) Wiklund.

§ 9. Durch das Hervorrücken der Slaven gegen N kommen die Finnen endlich auch mit ihnen in Verbindung. Ihre ältesten slav. Lehnwörter scheinen auf eine noch urslav. Sprachstufe zurückzugehen und dürften um etwa 600 n. C. aufgenommen sein. U. a. ist die erste Kenntnis des Christentums auf diesem Wege, nicht vom W her, zu den Finnen gelangt: finn. risti ‚Kreuz', pappi ‚Priester', raamattu ‚Bibel' = slav. kristŭ, popŭ, gramata etc. Die ö. balt.-finn. Sprachen werden dann allmählich vom russ. Einfluß ganz überflutet.

J. J Mikkola *Berührungen zwischen den westfinn. und slav. sprachen* I (1894) Mém. Soc. Finno-Ougr. 8; J. Kalima *Die ostseefinn. lehnwörter im russ.* (1915) ebd. 44.

§ 10. Nach Finnland kamen die Karelier offenbar vom SO zwischen Onega, Ladoga und dem inneren Teil des Finn. Meerbusens. Der westlichste Stamm, die sog. eigentl. Finnen, sowie vielleicht auch die Tawasten, sind vom S her über das Wasser aus Estland gekommen. Die Einwanderung dauerte gewiß lange Zeit, und noch länger dauerte es, bis das ganze Land von den Finnen okkupiert war. Im O und N wurde hierbei die lapp. Urbevölkerung aufgesogen oder vielleicht zum Teil verdrängt, im SW und W stießen die Finnen auf Germanen. Es ist viel darüber gestritten worden, ob diese Germanen, die immer mit Schweden in Verbindung standen und eine höhere Kultur vertraten als die Finnen, von diesen vollständig aufgesogen und entnationalisiert wurden oder weiterhin neben ihnen bestehen konnten. Wahrscheinlich ist in den betreffenden Teilen des Landes eine Mischbevölkerung entstanden, aus welcher sich allmählich in gewissen Gegenden eine finn.

sprechende Bevölkerung, in anderen, unter stetigem Hereinsickern neuer schwed. Elemente von jenseits des Meeres, eine schwed. Bevölkerung entwickelte. Man weiß noch nicht genau, wann die Einwanderung der Finnen in ihr jetziges Land ihren Anfang nahm, denn auch die Lehnwörter versagen, so lange man nicht entscheiden kann, ob die ältesten germ. Lehnwörter sämtlich nur in Estland und nicht ebenso gut oder sogar eher in Finnland aufgenommen sein können; jedenfalls muß aber die Einwanderung schon in einer frühen Per. der urnord. Zeit begonnen haben. Vor kurzem hat T. E. Karsten einen interessanten Versuch gemacht, auf geol. Wege eine Datierung sowohl der finn. als der schwed. Besiedelung des s. Österbottens zu gewinnen. Etwa 30 km ö. von der Stadt Wasa (63° n. Br.), also fern vom jetzigen Meeresufer, findet man eine Anzahl schwed. und finn. Ortsnamen, welche den betreffenden Lokalitäten schon zu einer Zeit gegeben worden sind, als das Land noch so tief lag, daß gewisse Meeresbuchten sich bis hierher erstreckten. Ein Teil des Dorfes Reippelt (in den Büchern Rekipeldo, aus finn. Reikäpelto ‚Hohlacker, Lochacker') heißt z. B. schwed. Havändan ‚Meeresende', während das tatsächliche Ende der nächsten Meeresbucht jetzt etwa 15 km entfernt ist. Eine von den Behörden veranstaltete Präzisionsnivellierung, verbunden mit der bisherigen Kenntnis von der Schnelligkeit der postglazialen Landeserhöhung, hat ergeben, daß die Küstenlinie sich bei Havändan zu einer Zeit befunden hat, die wenigstens ca. 75 Jahre und höchstens ca. 275 Jahre vor C. Geb. lag. Schon damals muß also der Ort seinen Namen erhalten haben, d. h. bewohnt worden sein. Die arch. und anthrop. Verhältnisse deuten zunächst darauf, daß die Gegend zuerst von Schweden besetzt wurde, Karsten will aber aus gewissen ähnlichen Ortsnamen den Schluß ziehen, daß auch Finnen sich zur gleichen Zeit hier niedergelassen haben. Diese finn. Ortsnamen dürften indessen sämtlich junge Übersetzungen aus den betreffenden schwed. sein; es ist auch sehr wenig wahrscheinlich, daß z. B. ein schon vor C. Geb. entlehntes finn. Reikäpelto in unseren Tagen in schwed. Gewand so unversehrt auftreten könnte wie das eben erwähnte Reippelt.

Geschichte der Lehnwortforschung: Idg. Jahrb. 5 (1917); Finsk Tidskrift 1922 Sept.; Soc. Scient. Fenn. Commentat. Human. Litter. 1, 2 (1922) T. E. Karsten.

§ 11. Das n. Österbotten ist ein verhältnismäßig spätes Kolonisationsgebiet, das von den Finnen sowohl vom S her, der Küste entlang, als auch und vielleicht wesentlich vom SO her besetzt worden ist. Von irgendeinem in alter Zeit hier ansässigen speziellen Stamm weiß man weder in finn., noch in schwed. Quellen etwas. In der Literatur spricht man freilich oft von dem berühmten Stamm der Quänen, der diese Gegenden bewohnt hat oder sogar noch heute bewohnen soll, das ist aber lediglich eine Fiktion. Die Finnen werden in Norwegen seit alters Kvæner, anord. Kvenir (Kvǽnir?) genannt; der Lautwert des anord. Vokales ist unsicher. Schon im 9. Jh. drang dieses Wort in der Form Cwenas ins Ags. hinein (König Alfred); anord. kv- muß also hier altes kv- sein und ist nicht aus hv- entwickelt. Das Wort ist gewiß ein altnorw. Beiname der in Nordnorwegen einfallenden finn. Waldläufer, die niemals einen besonderen Stamm gebildet haben, obwohl man ihnen in der anorw. Sage sogar einen König (mit dem nord. Namen Faraviđ) angedichtet hat und sie in „Kvenland" wohnen läßt. Seit alters wird nun dieser Name mit finn. Kainu(u) ‚das Küstenland Österbottens', kainulaiset ‚die Bewohner dieses Küstenlandes' zusammengestellt, was aber auf unüberwindliche sprachliche Schwierigkeiten stößt. Finn. Kainu(u) ist eben eine Ableitung des alten nord. Lehnwortes kaino ‚niedrig', vgl. schwed. Dial. hven ‚sumpfiger Boden' aus urnord. *hwainō, dessen hw- zeigt, daß es mit anord. Kvenir, ags. Cwenas nichts zu tun hat.

Arkiv f. nord. filol. 12 (1895) S. 103ff. Wiklund; Annal. Acad. Scient. Fenn. 1, 1 (1909) K. Grotenfelt; Historiallinen Arkisto 22, 2 (1911) J. Laurosela; V Voionmaa *Suomen karjalaisen heimon historia* (1915) S 17ff.; Hist. Tidskr. för Finland 1918 S. 21ff. C. M. Schybergson; H Pipping *Finländska ortnamn* 1918 S. 44ff.; Virittäjä 1918 S. 119ff. E. A. Tunkelo; Valvoja 1919 S. 180ff. H. Ojansuu.

§ 12. Am Weißen Meere erwähnt die ags. und altnord. Literatur unter dem Namen ags. Beormas, anord. Bjarmar ein finn.

Volk, das schon im 9. Jh. bei Kandalax, anord. Gandvík, wohnte und im 11. Jh. an der Dwina oberhalb Archangel eine „Stadt" hatte. Der Name dieser Bjarmen klingt dem Namen der Permier sehr ähnlich; wie schon der Name ihres Gottes anord. Jómali = finn. Jumala zeigt, können sie indessen keine Permier, sondern nur Finnen gewesen sein. Höchstens könnte ihr ags. und anord. Name davon zeugen, daß permische Kaufleute schon zu dieser Zeit hier und vielleicht noch westlicher verkehrten, und daß die Nordleute sie mit den eigentlichen Bewohnern des Landes verwechselten. Von den Verbindungen der Karelier mit den Permiern vgl. weiter § 16. Balt. Finnen sind also schon im 9. Jh. an das Weiße Meer gelangt. Zum Teil waren sie gewiß Karelier, zum Teil gehörten sie dem jetzt russifizierten Stamm der Tschuden an, der an der Dwina und der Suchona saß; die altrussischen Chroniken reden von einem in diesen Gegenden wohnenden Volke Zavoločĭskaja Čudĭ, dem Č. jenseits der Schleppstelle für Boote (zwischen den Wassersystemen der Wolga und der Suchona). Von den Tschuden vgl. auch § 3.

Norske Geogr. Selsk. Aarbog 5 (1894) S. 91 ff. G. Storm; M. A. Castrén *Nord. Reisen und Forschungen* V (1862) S. 86 ff.

§ 13. Die erste Erwähnung der Finnen geschieht gewissermaßen durch Tacitus (Fenni; vgl. § 6). Die gewöhnliche Annahme, daß Jordanes mit den von Hermanarich unterjochten Thiudas, Inaunxis, Vasinabroncas die Tschuden, olonetzischen Karelier und Wepsen meinen sollte, ist sehr unsicher (Finn.-Ugr. Forsch. 15 S. 56 ff. Mikkola). Die erste wichtigere geschichtliche Erwähnung der finn. Stämme findet sich in den altruss. Chroniken: Jamĭ (die Tawasten, finn. Häme), Čudĭ (die Tschuden), Livĭ, Libĭ usw. (die Liven), später auch Sumĭ (die eigentlichen Finnen, finn. Suomi), Korela (die Karelier), Ižera (die Ingrier), Vodĭ (die Woten).

§ 14. An die ältesten uns bekannten Wohnsitze der Finnen schlossen sich gewiß in alter Zeit, d. h. so weit das Land überhaupt bewohnt und nicht von Sümpfen und Wäldern erfüllt war, gegen O und SO Wohnsitze verwandter Stämme an. Im O saßen die Merier (§ 15), im SO die westlichsten Mordwinen oder auch irgendein jetzt verschwundenes Zwischenglied zwischen ihnen und den Finnen. Die altruss. Chroniken erwähnen neben den Mordva (s. u.) auch einen anderen, wahrscheinlich finno-ugr. Stamm Muroma, dessen wichtigste Stadt das jetzige Murom an der Oka war. Der Stamm war vielleicht ein Ausläufer der Mordwinen; wie weit nach W sein Gebiet reichte, ist unbekannt. Mit den Mordwinen in Verbindung stand wahrscheinlich auch der von den Chroniken erwähnte, jetzt russifizierte oder zum Teil tatarisierte Stamm Meščera (jetzt Meščerjaken) mit Zentrum nahe der Stadt Kasimov an der Oka; die von Jordanes erwähnten Imniscaris, früher Sremniscans gelesen, sind wahrscheinlich mit ihnen identisch (Finn.-Ugr. Forsch. 15 S. 56 ff. Mikkola). Die ältesten hist. Wohnsitze der Mordwinen können in den s. Teil des Gouv. Nižnij-Novgorod und die angrenzenden Teile der Gouv. Tambov, Penza und Simbirsk verlegt werden. Die Erzä-Mordwinen werden schon in arab. Quellen des 10. Jh. genannt (Arthani usw.); die Mokscha-Mordwinen wohnten anfangs südlicher als sie. Der Name Mordva der altruss. Chroniken (zuerst bei Jordanes: Mordens) ist dem Volke selbst unbekannt und scheint iran. Ursprungs zu sein; er bedeutet in diesem Falle ‚Menschenfresser' und wird mit den von Herodot an die Quellen des Borysthenes gesetzten Ἀνδροφάγοι zusammengestellt (s. Androphagen). Im S von den Mordwinen wohnten in ältester Zeit iran. Stämme, von denen sie einige spezielle Lehnwörter erhalten haben. Vom W her bekamen sie, wohl ausschließlich durch finn. Vermittlung, eine kleine Zahl balt. Lehnwörter. Von größerer kultureller Bedeutung wurden ihnen die Beziehungen zu den Wolga-Bulgaren und besonders zu den Tataren, vor allem während des 14. und 15. Jh., als ein Teil der Mordwinen unter tatarischer Oberherrschaft stand. Der erste Bericht von Kämpfen mit den Russen datiert aus dem J. 1103. — Über die Anthropologie der Mordwinen ist wenig bekannt. V. Mainov fand unter den Erzä eine durchschnittliche Körperhöhe von 164,8 cm, bzw. 154,6 cm und einen durchschnittlichen Kopfindex 83,21, bzw. 82,84 bei 162 Männern und 75 Frauen; in bezug auf Haar- und Augenfarbe war ein dunkler Typus bei den Männern mit 41 %, bei den Frauen mit 58 %, ein gemischter Typus mit 59, bzw. 41 % und ein blonder Typus nur bei den Frauen mit 1 % vertreten. Nach anderen Notizen (*Maailmanhistoria* III 357 K. F. Karjalainen) sollen die Erzä blond und grauäugig, die Moschka meistens dunkel sein. Man kann sie gewiß als mit dunkleren Elementen gemischte Finnen bezeichnen.

SB. Wien. Ak. Philos.-Hist. Kl. 116—117 (1888) Tomaschek; J. Smirnov *Les populations finnoises des bassins de la Volga et de la Kama* I (1898); *Tietosanakirja* VI (1914) s. v. Mordviinit und Journ. Soc. Finno-Ougr. 15 (1897) H Paasonen; Zapiski Russk. Geogr. Obšč. po otdel Etnogr. 11 (1883) V. Mainov.

§ 15. Im N und NO der Mordwinen saßen in alter Zeit wie noch jetzt die Tscheremissen. Ihre ältesten Wohnsitze sind indessen etwas westlicher und südlicher zu verlegen als ihre jetzigen und befanden sich hauptsächlich oder ausschließlich auf der s. Seite der Wolga von der Oka an gegen O; ihre alte Südgrenze ging durch die n. Teile der Gouv. Rjazan, Tambov und Penza. Die Merier, bei Jordanes Merens, in den altruss. Chroniken Merja, um Rostov im S des Gouv. Jaroslav, waren vielleicht ein w. Zweig desselben Volkes. Nach Ouvaroff reichte das Gebiet der Merier im N bis an die Suchona, im W und S bis Tver, Moskva und Tula. Ob die von ihm in diesen Gegenden massenhaft ausgegrabenen Altertümer wirklich von den Meriern stammen, dürfte indessen zweifelhaft sein; A. Spicyn schreibt sie den Slaven zu; die ebenda ausgegrabenen Schädel sind meistens dolichokephal und zeigen nach A. Bogdanov einen „skythischen" Typus; die brachykephalen Schädel will derselbe Forscher in eine spätere Zeit verlegen als die dolichokephalen. Nach W. Tomaschek (vgl. § 14) sollen die von Herodot im O der Ἀνδροφάγοι erwähnten Μελάγχλαινοι die Tscheremissen gewesen sein; auch die von Jordanes genannten Imniscaris (§ 14) wurden früher hierher gezogen. Mit größerer Sicherheit kann man die Tscheremissen mit den Zarmis in einem dem khazarischen Khan Joseph zugeschriebenen Briefe von ca. 960 n. C. identifizieren. Ob die Tscheremissen je in unmittelbarer Verbindung mit iran. Völkern gestanden haben, ist unsicher; ihre wenigen balt. Lehnwörter sind auf dem Wege über das Mordwinische und Finnische eingewandert. Mit den türk. Wolga-Bulgaren und ihren Nachkömmlingen, den Tschuwassen, standen sie aber in der intimsten und fruchtbarsten Berührung, was aus ihren zahlreichen alt- und neutschuwassischen Lehnwörtern hervorgeht. Ihre spätere Verbindung mit den Tataren wurde gleichfalls sehr eng. Mit den Russen kamen sie erst vom 14. Jh. an in Berührung. Anthrop. weiß man sehr wenig von den Tscheremissen. A. Ivanovskij gibt als durchschnittliche Körperhöhe für 111 Männer 162,8 cm, für 45 Frauen 151,7 cm und als durchschnittlichen Kopfindex 79,2 an. S. Sommier fand unter 36 Männern 10 mit blauen bis grauen, 12 mit melierten und 14 mit braunen Augen, unter 15 Frauen bzw. 5, 7, 3. Auch in bezug auf die Haarfarbe war ein blonder Typus, den man mit den Finnen in Verbindung setzen möchte, gut vertreten.

J Smirnov a. a O.; A. S. Ouvaroff *Études sur les peuples primitifs de la Russie. Les Mériens* (1875); A. Spicyn *K istorii zaselenija verchnago Povolžja russkimi* 1905; Izv. Obšč. Ljubit. Jestestvoznanija. Moskva 35 (1880—82) S. 404 ff. Bogdanov; Arch. per l'Antrop. e la Etnol. 18 (1889) S. 215 ff. S. Sommier; Izv. Obšč. Ljubit. etc. 105 (1904) A. Ivanovskij; *Tietosanakirja* IX (1917) s. v. Tšeremissit Y. Wichmann; Mém. Soc. Finno-Ougr. 48 (1920) M. Räsänen (vgl. Rez. von Y. Wichmann Finn.-Ugr. Forsch. 16. Anz. S. 32 ff.).

§ 16. Nö. von den Tscheremissen wohnen seit alters die Permier. Gegen SW reichen ihre ältesten, durch geschichtliche Daten und hinterbliebene Ortsnamen bekannten Wohnsitze bis in den n. Teil des Gouv. Kazan und den w. Teil des Gouv. Wjatka und greifen zum Teil auch in die Gouv. Kostroma und Wologda über. Hier im SW saßen die Wotjaken, die später von Tscheremissen und Russen in ihre jetzigen Gegenden zwischen der Wjatka und der Kama gedrängt wurden. An der Kama saßen zur selben Zeit die Syrjänen. Die Zeit der urpermischen Spracheinheit dauerte bis in das 8. Jh. n. C. Im 9. und 10. Jh. beginnt der Zug der Syrjänen nach dem N, wo sie schon um 1000 an der Wytschegda und der Petschora sitzen; der an dem letztgenannten Strom wohnende Stamm erscheint in den altruss. Chroniken unter dem

Namen Pečera; die südlicheren Permier und ihr Land werden Permĭ genannt. Die ältesten Lehnwörter der speziell permischen Sprachstufe sind iran. Herkunft und zeigen, daß die Permier einst im S, vielleicht noch südlicher als an der unteren Kama und am Wolga-Knie, mit Iraniern in Verbindung gestanden haben. Durch die Ankunft der türk. Wolga-Bulgaren wurde diese Verbindung unterbrochen und durch die bulgar. Beziehungen ersetzt, die für die Permier von großer kultureller Bedeutung wurden. Eine beträchtliche Zahl bulgar. (alttschuwassischer) Lehnwörter stammt schon aus der urpermischen Zeit; nach der Trennung der Syrjänen von den Wotjaken standen letztere noch lange mit den Tschuwassen in naher Verbindung. Die Beziehungen wurden erst durch das Eindringen der Tataren unterbrochen. Im N, vor allem an der Petschora und im sog. Alt-Perm oder Klein-Perm an der Wytschegda, aber auch in Groß-Perm an der Kama, fingen die Russen sehr früh an hervorzudringen; schon im Jahre 1092 wird der Pečera-Stamm als den Novgorodern steuerpflichtig erwähnt. Im 14. Jh. kam das Christentum zu den Syrjänen durch den heil. Stephan († 1396). Die Wytschegda und die Dvina entlang traten die unternehmungslustigen, handelstüchtigen Syrjänen im 11. und 12. Jh. oder vielleicht noch früher mit den Kareliern in Verbindung; auf diesem Wege gelangte dann ihr Name auch zu den Skandinaviern (§ 12). Im O werden die Syrjänen schon früh unter den Wogulen und Ostjaken Kulturbringer; im N lernen sie von den Samojeden die Renntierzucht. Die von Herodot erwähnten *Βουδῖνοι* sind nach Tomaschek (s. § 14) mit den Wotjaken zu identifizieren (s. Budinen). — Unter den Syrjänen ist ein blonder finn. Typus sehr verbreitet. Sommier fand z. B. unter 26 Männern 4 blauäugige und 13 grauäugige, unter 24 Frauen bzw. 6 und 12, Maliev unter 100 „permjakischen" Männern bzw. 44 und 42. Die Wotjaken sollen etwas dunkler sein. Die durchschnittl. Körperhöhe beträgt bei syrjänischen Männern 162,9 cm, bei permjakischen 161,8, bei wotjakischen 161,9, der durchschnittl. Kopfindex bzw. 82,44, 82,40, 81,94. Sommier sah unter den Syrjänen einen Typus mit ovalem Gesicht und hoher, langer, gerader Nase oder sogar Adlernase (vgl. § 18) sowie einen andern mit kräftigen Jochbogen und kleiner, aber wohlgebildeter Nase, der an die Tawasten erinnerte und wahrscheinlich das ursprüngliche finno-ugr. Element der Permier darstellt.

Izv. Obšč. Archeol. Istor. i Etnogr. Kazan 8 (1890), 9 (1891) I. Smirnov; *Tietosanakirja* IX (1917) s. v. Syrjäänit, X (1919) s. v. Votjaakit; Mém. Soc. Finno-Ougr. 21 (1903) Y. Wichmann; Valvoja 1920 S. 409ff. ders., 1922 S. 56ff. Tallgren; Arch. per l'antrop. e la etnol. 17 (1887) S. 57ff. Sommier; Trudy Obšč. Jestestv. Kazan 16, 4 (1887) N. Maliev.

§ 17. Mit dem Lande, wo die Ob.-ugr. Sprachen, das Wogulische und Ostjakische, gesprochen werden, betreten wir wieder ein neues anthrop. Gebiet. Die Wogulen wohnen jetzt auf der ö. Seite des mittleren Urals am Ob und den kleineren Flüssen (nördl.) Sosva, Losma, Pelymka, Tavda usw. Früher wohnten sie an der w. Seite des Urals bis Krasnoufimsk und Jekaterinburg im S; nach NW hin kann man ihre Spuren sogar bis zu den Flüssen Wjatka, Wytschegda und Mesen verfolgen, von wo sie durch die Russen und Syrjänen, also in verhältnismäßig später Zeit, verdrängt worden sind (Suomi 5,2 S. 441ff. mit Karte A. Kannisto). Die von Herodot erwähnten *Θυσσαγέται* will Tomaschek (§ 14) mit den Wogulen identifizieren. In den altruss. Chroniken bezeichnet Jugra den nördlichsten Teil des wogulisch-ostjakischen Landes; das Wort stammt ursprünglich aus dem Syrjänischen und ist von Ugra (§ 20) zu trennen. Über die Anthropologie der Wogulen ist wenig bekannt; man weiß überhaupt nur, daß sie mit ihren ö. Nachbarn, den Ostjaken, genau übereinstimmen, so genau, daß Sommier sie „eine Fraktion desselben Volkes" nennen kann. S. Rudenko fand bei ihnen (nach K. Hildén) eine durchschnittliche Körperhöhe von 156,7 cm und einen Kopfindex 78,32; die Haarfarbe war bei 81,8 % dunkel, bei 17,8 % braun, bei 1,3 % blond, die Augenfarbe bei 76,0 % dunkel, bei 22,7 % meliert, bei 1,8 % hell. K. Pápai gibt ähnliche Zahlen. An 25 männlichen und 21 weiblichen Schädeln fand I. Silinič einen durchschnittlichen Schädelindex 78,80, bzw. 78,89.

Tietosanakirja X (1919) s. v. Vogulit A. Kannisto; ebd. III (1911) s. v. Jugra K. F. Karjalainen; Ethnol. Mitteil. aus Ungarn 2—3

(1890—94) K. Pápai; Russk. Antrop. Žurnal 1901 I. Silinič; K. Hildén *Anthrop. Untersuch. über die Eingeborenen des russ. Altai* Diss. Helsingfors 1921 S. 86ff.

§ 18. Die den Wogulen in allen Beziehungen nahestehenden Ostjaken wohnen jetzt am mittl. und unteren Ob mit Nebenflüssen, sowie am unteren Irtysch. Sie sind wahrscheinlich in verhältnismäßig später Zeit in ihre jetzigen Wohnsitze, wenigstens die n. Teile derselben, gekommen, man weiß aber nicht genau, aus welchen südlicheren Gegenden; die häufige Annahme, daß auch sie in älterer Zeit auf der w. Seite des Urals wohnten, ist nicht näher begründet worden. Von ihrer Anthropologie gibt S. Sommier ein anschauliches Bild: magerer, schwächlicher Körper; durchschnittliche Körperhöhe der Männer 156,3 cm, der Frauen 144,1 cm; durchschnittlicher Kopfindex 79,28, bzw. 79,01 (gewiß sehr viel zu hoch, weil die ursprüngliche Dolichokephalie der Ostjaken von der Brachykephalie der umgebenden Stämme beeinflußt worden ist; bei 37 Kranien betrug der Schädelindex im Durchschnitt nur 74,08); die Stirn etwas fliehend; das Gesicht platt; die Jochbogen breit und hervorstehend; das Kinn schmal und mittellang, wodurch das Gesicht etwas dreieckig erscheint, doch nicht so sehr wie bei den Lappen; der Mund breit; die Nase, der charakteristischste Teil des ostjakischen Gesichtes, kurz, konkav, platt mit sehr niedriger Wurzel; die Augen für gewöhnlich etwas schief, doch nicht so viel wie bei den Samojeden; Augenfarbe dunkelbraun bis schwarz bei 15 Männern und 7 Frauen, lichtbraun bei 38, bzw. 17, meliert bei 24, bzw. 3, grau bei 16, bzw. 2, blaugrau bei 6, bzw. 1, blau bei 7, bzw. 1; Haarfarbe schwarz bei 12, bzw. 4, fast schwarz 12, bzw. 1, dunkelbraun 14, bzw. 5, kastanienbraun 41, bzw. 18, hellbraun oder cendré 12, bzw. 1, blond 13, bzw. 2; das blonde Haar deutet nach Sommier auf syrjänische Blutmischung; das Haar ist lang und meistens wellig; der Bartwuchs schwach; die Hautfarbe dunkelweiß, bisweilen gelblich oder noch etwas dunkler. Andere Autoren geben ähnliche Daten. Im allg. nähern sich die Ostjaken im N dem samojedischen, im O dem samojedischen oder dem tungusischen, im S dem tatarischen Typus, was offenbar auf Blutmischung beruht. Am unteren Ob sah Sommier auch einige Ostjaken mit ganz abweichendem, an den indianischen erinnernden Typus: langes, eckiges Gesicht, hohe, lange Adlernase, gerade Augen, etwas braune Hautfarbe (vgl. den § 16 erwähnten syrjänischen Nebentypus). Anthrop. stehen die Ostjaken und Wogulen, wie es scheint, ganz vereinzelt und können vor allem nicht mit den eigentl. Finno-Ugriern verwandt sein. Sie müssen also, ganz wie die Lappen (s. § 3), ihre jetzige Sprache von außen her empfangen haben. Da weiter die anthrop. Provenienz der ursprünglichen Ungarn noch unbekannt ist (§ 19), kann man nicht entscheiden, ob das in Ob-ugr. oder schon in ugr. Zeit (§ 1) geschehen ist. Wenn auch die Ungarn von den Finno-Ugriern anthrop. verschieden waren, möchte man die Annahme der neuen Sprache durch die Ugrier in eine sehr alte Zeit verlegen, weil die Abtrennung der ugr. Ursprache gewiß die erste Stufe auf dem Wege der Differenzierung der finno-ugr. Sprachen war (s. § 23). — Die Geschichte der Ob-ugr. Völker spiegelt sich dann wie gewöhnlich in den zahlreichen Lehnwörtern ihrer Sprachen ab. Die ältesten unter diesen sind die iran., nach deren Zeugnis die Wogulen und Ostjaken noch zur Zeit der Ob-ugr. Spracheinheit mit Iraniern in Verbindung standen. Jünger sind die Beziehungen zu den türk. Völkern, welche indessen sehr früh, vielleicht schon in der nämlichen Ob-ugr. Zeit, ihren Anfang nahmen und dann bis heute gedauert haben. Von großer Bedeutung für die Ostjaken scheinen insbesondere die Sabiren (die Σάβειροι der Byzantiner) gewesen zu sein, die wohl zu den ersten nach Westsibirien gekommenen Türken gehörten; ihr Zentrum war um Tobolsk am Irtysch, wo später das nach ihnen benannte tatarische Reich Sibir entstand. Vom W her haben die Syrjänen schon seit alters die Ob-Ugrier beeinflußt. Im N haben ihnen die Samojeden u. a. die Renntierzucht und ihre Terminologie beigebracht. Der russ. Einfluß begann schon im 11. Jh.

Tietosanakirja VI (1914) s. v. Ostjaakit, VIII (1916) s. v. Sabirit K. F. Karjalainen; Arch. per l'antrop. e la etnol. 17 (1887) S. 71ff. Sommier; K. Pápai a. a. O.; Izv. Tomsk. univ. 6 (1894) S. 133ff. S. Tschugunov; S. Rudenko bei Hildén a. a. O.; Keleti Szemle 1 (1900) S. 258ff. S. Patkanoff; *RE* s. v. Sabiroi Herrmann.

§ 19. Schon vor der Auflösung der wogulisch-ostjakischen oder Ob-ugr. Spracheinheit hatte sich die Sprache der Ungarn aus der für alle ugr. Sprachen gemeinsamen Ursprache losgelöst. Man weiß nicht, zu welcher Zeit dies geschah, noch in welchen Gegenden die Ungarn damals wohnten, und die Prämissen, welche zur Beantwortung der Frage von der Urheimat der Ungarn dienen sollen, sind leider so allg. Art oder auch so vieldeutig und dunkel, daß die Resultate der Forschung in keinem rechten Verhältnis zu der auf sie schon verwendeten, überaus großen Mühe stehen. Die ältesten Lehnwörter, deren man sich hierbei in erster Reihe bedienen möchte, sind leider schwierig oder gar nicht zu beurteilen. Aus gewissen dieser Wörter kann man freilich schließen, daß die Ungarn schon sehr früh mit Iraniern in Verbindung gestanden haben; es ist aber damit nicht viel gewonnen, solange man nicht weiß, wie weit gegen Nordosten die iran. Stämme drangen, noch in allen Fällen entscheiden kann, aus welcher oder welchen Sprachen die iran. Lehnwörter des Ungar. stammen. Sicher ist immerhin, daß viele solche Wörter aus der Sprache der Alanen, der Vorfahren der jetzigen Osseten, entlehnt sind, zum Teil wohl erst, als die Ungarn in die Nähe des Kaukasus gelangt waren (s. § 20); andere sind wohl viel früher aufgenommen worden, da ja auch die Sprachen der Wogulen und Ostjaken iran. Lehnwörter enthalten (s. § 18). Auch die türk. Lehnwörter (§ 20) haben sich bisher in dieser Beziehung als unergiebig erwiesen. Aus dem einheimischen Wortbestand kann man sehen, daß Schaf, Pferd und Sattel und also auch die Schafzucht und die Verwertung des Pferdes als Reittier schon in ugr. Zeit bekannt waren. Dasselbe gilt von der Fischerei, die anscheinend sehr wichtig und verhältnismäßig entwickelt gewesen ist. Wenn weiter die Ungarn im 9. Jh. n. C. in das Licht der Geschichte treten, schildern die gleichzeitigen Quellen sie als ein krieg- und raublustiges, nomadisierendes Reitervolk, das sich im Winter fleißig mit Fischerei abgibt, und sie hatten sich gewiß schon in ihrer n. Urheimat zu einem nomadisierenden Reitervolk entwickelt, denn sonst hätten sie, wenn schon unter fremder, türk. Führung, die lange Wanderung durch die Steppe nach dem Kaukasus überhaupt kaum unternehmen können. Eine solche Lebensweise wird jedenfalls nicht im Handumdrehen erlernt, sondern setzt unbedingt ein langes Leben in einer von fischreichen Gewässern unterbrochenen oder an solche grenzenden Steppe voraus. Solche Gegenden findet man in allen äußeren Teilen der jetzigen Kirgisensteppe, wo noch jetzt, besonders im Ural- oder Jaiktale und im N, die Fischerei, vor allem im Winter, eine der wichtigsten Erwerbsquellen der Bevölkerung ist (*Rossija* pod red. V. P. Semjonova V 270, XVI 307 ff., XVIII 248 ff. [1903—14]). Wenn man von den älteren Wohnsitzen der Ob-Ugrier als einem verhältnismäßig sicheren und bekannten Punkte ausgeht, möchte man also die Urheimat der Ungarn etwa in die wasserreichen Steppengegenden am Tobol, Ischim, Irtysch und Ob verlegen, nicht aber, wie oft geschieht, in den s. oder gar mittl. Ural, wo die Voraussetzungen für die Ausbildung eines nomadisierenden Reitervolks meistens fehlen. Die Frage dürfte nur auf arch., bzw. arch.-anthrop. Wege gelöst werden können. Zur Zeit weiß man sogar nicht, ob die alten Ungarn anthrop. mit den Ob-Ugriern oder mit den eigentl. Finno-Ugriern verwandt waren, und da die Ungarn auf ihrem langen Wanderwege und in ihrem neuen Vaterlande in ausgedehntestem Maße mit türk., iran., slav., germ. und anderen Elementen gemischt worden sind, verlohnt es sich auch kaum, unter den jetzigen Ungarn auf die Suche nach altungar. Typen zu gehen. J. Jankó schildert das Typenmosaik des jetzigen ungar. Volkes in folgender Weise: „Der Magyar der Tiefebene ist niedrig und brünett, das Székelytum Siebenbürgens groß und blond; der Kumane (kún) von niederer Statur und braunen Augen, der Jazyge (jász) mittelhoch und blauäugig; anders sieht der Palócz, anders der Matyó aus, und auch die ungarischen Volksgruppen des rechten Donau-Ufers (Dunántúl) weichen voneinander ab" (*Ethnogr. Sammlungen des Ung. Nationalmuseums II. Magyarische Typen. 1: Die Umgebung des Balaton* 1900 S. 7), und die von ihm ausgewählten und abgebildeten 48 Ungarn aus der Plattenseegegend zeigen fast durchweg einen echt „dinarischen", d. h. südosteuropäischen Typus mit schmalem Gesicht und sind gar keine Finnen. Ihre durchschnittliche Körpergröße ist 167,6 cm (Max. 182,4, Min. 153,0); durchschnittl. Kopfindex 84,8 (Max. 93,2, Min. 75,8); Nase wohlentwickelt und lang und bei 31 gerade, 7 Habichtsnase, 7 Adlernase, 3 stumpf; Haarfarbe bei 4 dunkelbraun, 40 kastanienbraun, 4 blond; Augenfarbe bei 17 braun, 1 hellbraun, 8 meliert, 2 grau, 19 blau. Daß die blonde Beimischung hier von Finnen herstamme, ist mehr als unwahrscheinlich, vielmehr ist sie indogermanisch (vgl. auch K. Schünemann *Die Deutschen in Ungarn bis zum 12. Jh.* 1923 S. 28f.). Unter den Baschkiren, dem türkischsprechenden Mischvolke im s. Ural, glaubte S. Sommier (Arch. per l'antrop. e la etnol. 11 S. 255ff.) einige finn. und ostjakische Typen zu sehen; wenn seine Beobachtung richtig ist und die betreffenden Leute nicht vom N her gekommen sind, könnten sie vielleicht Nachkommen derjenigen Ungarn sein, die der ungar. Mönch Julianus und seine Gefährten in den Jahren 1236 und 1237 besuchte, und welche gewiß aus der früheren Heimat der Ungarn im N des Kaukasus in das jetzige Land der Baschkiren versprengt waren. Wichtiger ist, daß man bei den n. Altai-Stämmen, den türkischsprechenden Lebedinen (Lebed-Tataren), Tubalaren („Schwarzwald-Tataren") und Kumandinen in beträchtlicher Ausdehnung ein nicht-brachykephales und verhältnismäßig lichtes Element findet, das K. Hildén mit den Ob-Ugriern zusammenstellt. Ein nicht-brachykephales Element kommt auch unter den Sojoten im Sajanischen Gebirge, unter den Jenissei-Ostjaken sowie in geringerem Maße unter den Burjäten vor, also im allg. in einem Halbkreis vom Altai bis zum Baikalsee, rund um die ausgeprägt brachykephalen türk. und mongolischen Stämme des Inlandes. In fast denselben Gegenden hat man auch in Gräbern zahlreiche dolichokephale Schädel gefunden (Hildén S. 102f.). Die Provenienz dieses Elementes ist indessen noch sehr unsicher, und man muß u. a. erwägen, ob es nicht etwa mit den idg. Tocharen Zentralasiens in Verbindung stehen kann. In den betreffenden Gegenden zwischen Ural und dem Sajanischen Gebirge möchte man immerhin für die sprachliche Brücke, die hier einst zwischen den Finno-Ugriern und den Samojeden bestanden haben muß (§§ 25, 26), ein anthrop. Substrat suchen.

J. Szinnyei *Die Herkunft der Ungarn, ihre Sprache und Urkultur*[2] 1921; I. Zichy *A magyarság őstörténete és műveltsége a honfoglalásig* (A magyar nyelvtudomány kézikönyve I, 5 [1923]) mit reichhaltigem Literaturverzeichnis; *Maailmanhistoria* II (1916) S. 476ff. E. N. Setälä; K. Hildén a. a. O.; Nyelvtudományi Közlemények 46 (1923) S. 1ff. Z. Gombocz.

§ 20. Aus welchem Grunde und zu welcher Zeit die Ungarn aus der Nähe ihrer im Walde wohnenden Ob-ugr. Sprachverwandten gegen S zogen, ist unbekannt; ihr Abzug dürfte wohl aber mit dem Hervorbrechen türk. Stämme, d. h. der Vorläufer der Hunnen, aus Zentralasien in Verbindung gestanden haben. Sicher ist immerhin, daß sie schon sehr früh mit türk. Elementen durchsetzt worden waren, aus denen sich vor allem die herrschenden Klassen rekrutierten. Die allerältesten, einstweilen dunklen Lehnwörter ö. Ursprungs werden wohl dereinst auf diese Verhältnisse etwas Licht werfen können. Wenn die Ungarn im 9. Jh. zum erstenmal in pers., arab. und byzantinischen Quellen auftreten (Gardēzī, Ibn Rustah, Konstantinos Porphyrogennetos), haben sie schon längst ihre n. Wohnsitze verlassen und sitzen in Lebedia im N des Kaukasus bis gegen den Don hin. Möglicherweise waren schon die im 5. Jh. über den Kaukasus ziehenden *Ἀκάτζιροι* ungar. Streifscharen (J. Marquart *Osteuropäische und ostasiatische Streifzüge* 1903 S. 36ff.). Die zur selben Zeit im N des Kaukasus sitzenden Ὀνόγουροι, die den Ungarn durch slav. Vermittlung ihren jetzigen Namen gaben, waren keine Ungarn, sondern türk. Bulgaren (Arch. f. slav. Philol. 38 [1923] S. 244ff. J. Melich); eine altruss. Form desselben türk. Völkernamens war Ugra, das oft mit Jugra (§ 17) verwechselt wurde und u. a. in dem gelehrten Namen der Finno-Ugrier vorliegt. In Lebedia nehmen die Ungarn von ihren alanisch-ossetischen, d. h. iran. Nachbarn eine Reihe von Lehnwörtern auf, deren Lautform vielleicht in das 4.—6. Jh. fällt. Von noch größerer Bedeutung werden die etwa in dieselbe Zeit fallenden Beziehungen zu den an der Maiotis und am Kuban sitzenden

Bulgaren, denen sie sehr viele wichtige Kulturbegriffe und Wörter verdanken. Die Bulgaren ziehen dann zum Teil nach W, zum Teil nach dem N, wo sie etwa 600—800 das Wolgabulgarische Reich gründen und mit den Mordwinen, Tscheremissen und Permiern in Verbindung kommen (s. §§ 14—16). Von den anrückenden Petschenegen werden inzwischen die Ungarn nach W in das zwischen Dnjepr und Seret liegende Land Atelkuzu (nach jetziger ung. Aussprache Etelköz) gedrängt. Sie sind jetzt mit dem aus dem chazarischen Reich geschiedenen türk. Stamm der Kabaren vereint und wählen Árpád zu ihrem ersten Fürsten. Schon in Etelköz dürften sie mit Slaven in Verbindung gekommen sein und ihre ersten slav. Lehnwörter aufgenommen haben. Sie treten jetzt immer mehr mit dem Abendland in Berührung und kommen endlich mit ihrem durch petschenegische und westbulgar. Angriffe veranlaßten Eintritt in das jetzige Ungarn definitiv in das Bereich der abendländischen Kultur. Der Zug geschieht im Jahr 896, wahrscheinlich auf zwei Wegen, über den Wereczkepaß in das Theißtal und über die südlicheren Pässe aus dem Bistritztal in die Täler des Marosflusses. Ihre späteren Schicksale gehören ganz der Geschichte an. Hier mag nur daran erinnert werden, daß sie bei ihrem Einzug in ihr jetziges Land eine slav. Bevölkerung vorfanden, die dann allmählich in die Ungarn aufging. (Über die ältere Bevölkerung Ungarns s. Ungarn.) Während der nächsten Jahrhunderte kamen dann auch mehrere türk. Stämme oder Splitter von solchen nach Ungarn, wo sie früher oder später magyarisiert wurden: „Jazygen", Kumanen, Polovtsen, Petschenegen. Die dtsch. Kolonisation gewisser Landesteile begann um die Mitte des 12. Jh., aber schon früher, vom 9. Jh. an, sind sehr viele Deutsche ins Land gekommen. Nach der Vertreibung der Türken begann endlich die zielbewußte Kolonisation der fast volksleer gewordenen zentralen Teile des Landes durch Ungarn, Deutsche, Slaven und Rumänen; viele von diesen Fremden sind dann im Laufe der Zeiten Ungarn geworden.

Ungar. Jahrbücher 1 (1921) S. 194 ff. Z. Gombocz; Keleti Szemle 6 (1905) S. 185 ff B. Munkácsi; I. Zichy a. a. O.; B. Hóman *A magyarok honfoglalása és elhelyezkedése* (A magyar nyelvtudomány kézikönyve I 7 [1923]).

§ 21. Sowohl im äußersten NW als im äußersten O des finno-ugr. Sprachgebietes findet man also Völkerschaften, die in anthrop. Hinsicht von den mehr zentral wohnenden Völkern scharf getrennt sind, und deren jetzige finno-ugr. Sprache offenbar eine späte, sekundäre Errungenschaft ist. Die finno-ugr. Sprachen sind also in alter Zeit wie zum Teil noch heute sehr expansionsfähig gewesen, und dasselbe gilt oder hat wenigstens in vielen Fällen von den finno-ugr. Völkern gegolten, auch wenn sie ihrerseits manchmal von den zahlreicheren Türken oder Russen verdrängt und entnationalisiert worden sind. Wenn man dann an der Hand der sprachlichen und hist. Tatsachen die verschiedenen Richtungslinien ihrer Expansion rückwärts verfolgt, gelangt man zu einer hauptsächlich um die obere Wolga und die Oka und ihre Nebenflüsse gelegenen Urheimat, deren w. Grenze etwa der Wasserscheide zwischen der Ostsee und dem Kaspischen Meere entspricht, während die Südgrenze stellenweise (sekundär?) vielleicht bis zum 52° hinunterreicht und die ö. Grenze irgendwo im O des Wolgaknies zu suchen ist. Wenn die anthrop. Zugehörigkeit der alten Ungarn uns bekannt wäre, könnte diese letztere Grenze genauer bestimmt werden und würde dann vielleicht sehr viel östlicher zu verlegen sein. Die n. Grenze der finno-ugr. Urheimat kann wohl in die Gegenden zwischen der oberen Wolga, Wjatka und Kama einerseits und den Quellflüssen der Dwina und der Petschora andererseits verlegt werden. Innerhalb dieser weiten Grenzen hat die Urbevölkerung, wo sie einigermaßen ungemischt war, einen anthrop. Typus gezeigt, der im großen und ganzen demjenigen der jetzigen balt. Finnen gleichkam. Viele von diesen letzteren haben indessen in neueren Zeiten sehr viel germ. oder auch slav. Blut in sich aufgenommen.

Annal. Univ. Fenn. Aboens. I, 5 (1923) H. Paasonen.

§ 22. Im NW grenzten die Finno-Ugrier an die Protolappen (§ 4—5). Es gab indessen hier in gewissen Gegenden auch eine ganz anders aussehende Urbevölkerung, die von einigen beim Graben des Sjaßkanales im S vom Ladoga zu Tage gekommenen steinzeitl. Schädeln usw. vertreten wird. Nach A. Bogdanov (bei Inostrancev) hatten diese Leute, deren Typus übrigens nicht einheitlich ist, sehr kleine, mesorrhine, dolichokephale Schädel (durchschnittl. Index $73{,}_{84}$, Max. $77{,}_{84}$, Min. $67{,}_{70}$) mit dicken Wänden und schwach entwickelter, fliehender Stirn. Die Schenkelknochen sind klein, was auf niedrigen Körperwuchs deutet; die Muskulatur, besonders am Oberkörper, ist wohlentwickelt gewesen. Dieser Menschenschlag, der also viele primitive Züge zeigt, ist wohl jetzt ganz verschwunden. In jüngeren Gräbern findet man freilich in diesen Gegenden gleichfalls dolichokephale Schädel, die aber zu einem anderen, höher entwickelten Typus gehören und wahrscheinlich idg. (balt.?) Herkunft sind. In den Kurganen Südrußlands findet man dolichokephale Schädel des von Bogdanov sog. skythischen Typus, die wohl gleichfalls einem idg. Volke angehört haben. Gegen N sind dolichokephale Schädel in den alten Gräbern, z. B. im Land der Merier (§ 15), auch in solchen Gegenden zu finden, wo die Bevölkerung jetzt brachykephal ist. Dies könnte auf späteres Einrücken der Finno-Ugrier deuten, wenn nicht diese Langschädel eher den verhältnismäßig späten slav. Ankömmlingen angehört haben, die vielleicht dolichokephal waren; jetzt sind sie in die Masse der brachykephalen Urbevölkerung aufgegangen.

A. Inostrancev *Doistoričeskij čelovjek kamennago vjeka poberežija Ladožskago ozera* 1882, ref. in Revue d'Anthropol. 6 (1883) S 540 ff.; J. Abercromby *The Pre- and Proto-historic Finns* I (1898) S. 58 ff.

§ 23. Oben wurde schon gesagt, daß die ugr. Ursprache sich schon sehr früh von der finno-ugr. Ursprache losgelöst hat. Da dieser Prozess wenigstens bei den Ob-Ugriern mit einer Verpflanzung auf fremden anthrop. Boden verbunden war, möchte man gern annehmen, daß auch ein Teil des finno-ugr. Urvolkes nach O ausgewandert ist. Der zurückgebliebene w. Flügel der Ursprache hat sich dann nach der Meinung vieler Forscher in einen permischen und einen Wolgafinn.-balt.-finn. Teil geteilt, wonach diese letztere Spracheinheit sich in drei Tochtersprachen, das Urtscheremissische, das Urmordwinische und das Urfinnische, auflöste. In welcher Ausdehnung dieser Auflösungsprozeß des w. finno-ugr. Sprachflügels mit Völkerverschiebungen verbunden gewesen ist, ist noch unbekannt, sie können aber jedenfalls nicht sehr bedeutend gewesen sein.

Maailmanhistoria II (1916) E. N. Setälä.

§ 24. Anthrop. stehen die blonden Finno-Ugrier den Nordeuropäern näher als den Asiaten. Man hat auch seit alters viele, zum Teil bemerkenswerte Versuche gemacht, eine Verwandtschaft zwischen den finno-ugr. Sprachen und den idg. zu konstatieren. Gewisse Fälle morphologischer und lexikalischer Übereinstimmung scheinen tatsächlich leichter durch Annahme einer Urverwandtschaft als durch Annahme uralter Entlehnung erklärt werden zu können, es muß aber ausdrücklich bemerkt werden, daß die Frage noch keineswegs gelöst ist. Neben den eventuellen Spuren von Urverwandtschaft findet man auch gewisse Fälle von sehr alter Entlehnung aus dem Idg. in das Finno-ugr. Aus welcher Gegend und welchem uridg. Dialekt diese ältesten Entlehnungen stammen, ist noch unbekannt; sie können auch nicht leicht von den ältesten iran. und voriran. (oder, wie Jacobsohn meint, uriran.) Lehnwörtern unterschieden werden, und trotz aller darauf verwendeten Mühe steht die Forschung in diesen Dingen noch in ihren Anfängen.

Le Monde Oriental 1 (1906) S. 43 ff. Wiklund; Finn.-Ugr. Forsch. 7 (1907) S. 13 ff. Paasonen; H. Jacobsohn *Arier und Ugrofinnen* 1922 (vgl. Rez. von Junker in Lit. Zbl. 1923 und Wichmann in Finn.-Ugr. Forsch. 1923 Anz.); Journ. Soc. Finno-Ougr. 17, 4 (1900) Setälä.

§ 25. Eigentümlicher und für die Vorgeschichte der Finno-Ugrier vorläufig wichtiger ist ihr Verhältnis zu den Samojeden. Es hat sich neuerdings herausgestellt, daß die samojedische Ursprache mit der finno-ugr. Ursprache nicht nur verwandt, sondern sogar so nahe verwandt gewesen ist, daß man sie als eine ältere Schwester derselben auffassen muß. Anthrop. dagegen sind die Samojeden, wo sie noch reinblütig bewahrt sind, ebensowenig mit den eigentl. Finno-Ugriern verwandt, als es die Lappen oder die Wogulen-Ostjaken sind, sondern man muß sie statt dessen, den ausführlichen Angaben der Anthropologen S. Sommier und

N. Zograf gemäß, als typische oder wenigstens fast typische Mongolen bezeichnen: kräftiger Körper; durchschnittliche Körperhöhe bei den Männern 154,0 cm, bei den Frauen 141,4; durchschnittlicher Kopfindex 84,44, bzw. 83,90 (Schädelindex bei 15 männl. und weibl. Kranien im Durchschnitt 82,45); große Jochbogen; sehr niedrige und kurze, aber wohlgeformte und von der ostjakischen wesentl. abweichende Nase; breiter Mund; Neigung zu alveolarer Prognathie; dicke Lippen; ziemlich kleines, rundes, etwas fliehendes Kinn; oft rundes Gesicht; Augen von der klassisch mongol. Form (mit Mongolenfalte), tief zwischen dicken Lidern liegend; gelbliche Hautfarbe; gerades, steifes Haar; schwacher Bartwuchs; Haarfarbe schwarz bei 27 Männern und 14 Frauen, fast schwarz bei 12, bzw. 6, dunkelkastanienbraun 9, bzw. 7, kastanienbraun 14, bzw. 11, noch lichter 6, bzw. 2; Augenfarbe schwarz 1, bzw. 1, fast schwarz 0, bzw. 3, dunkelkastanienbraun 24, bzw. 16, kastanienbraun 18, bzw. 11, licht kastanienbraun 5, bzw. 5, meliert 16, bzw. 5, blaugrau 4, bzw. 0 (Sommier nach Messungen an 109 Juraken; die Messungen Zografs an 26 Juraken gaben recht ähnliche Zahlen, seine Objekte dürften aber etwas mehr gemischt gewesen sein). Bei dieser gänzlichen Verschiedenheit des samojedischen Typus von dem finn. (§ 7) muß offenbar in alter Zeit eine in der einen oder anderen Richtung gehende Sprachübertragung stattgefunden haben. Es wird freilich oft behauptet, daß die finno-ugrischen und samojedischen Sprachen oder, wie sie nach dem geographischen Mittelpunkt der betreffenden Völker genannt werden, die uralischen Sprachen mit den altaischen Sprachen, d. h. den Sprachen der Türken, Mongolen und Tungusen, urverwandt seien und zusammen mit ihnen die große „ural-altaische" Sprachfamilie bilden; diese Verwandtschaft steht aber noch im weiten Felde, weil die morphologischen Übereinstimmungen, die für ihre Zusammengehörigkeit sprechen sollen, größtenteils recht allgemeiner Art und wenig beweiskräftig sind. — Die Frage, ob die eben genannte Sprachübertragung in ö. oder w. Richtung gegangen ist, muß gewiß schon a priori zu Gunsten der ersten beantwortet werden. Die große Expansionskraft der Finno-Ugrier ist bekannt, und noch größer ist oder war sie bei den Altaiern überhaupt. Derjenige altaische Stamm, der jetzt den samojedischen Namen trägt, hat sich aber, wie es scheint, nur in den Einöden behaupten können, wo er ein völlig primitives Leben zu führen hatte. Sein überaus weites Territorium, das sich von den Sajanischen Gebirgen im SO bis zum Eismeer im N und die Tundren entlang von der Taimyr-Halbinsel im O zum Weißen Meer im W ausdehnt, scheint vor der Ankunft der Samojeden größtenteils unbewohnt gewesen zu sein. Man weiß nur, daß die ö. Ostjaksamojeden in ein Gebiet eingewandert sind, das den Ortsnamen nach zu urteilen früher von Jenisseiostjaken besetzt war (Journ. Soc. Finno-Ougr. 37, 1 S. 4 ff. Donner). Das § 18 erwähnte indianerähnliche Element im nördlichsten Ural ist vielleicht gleichfalls der Rest einer früheren arktischen Urbevölkerung. Trotz der gewaltigen Ausdehnung ihres Gebietes beträgt die Anzahl der Samojeden nur etwa 16000 Individuen. Ihre Urheimat dürfte in die Wälder zwischen dem oberen Ob und dem Jenissei sowie in die angrenzenden Gebirgsgegenden, auf deren anderer Seite ihre altaischen Blutsverwandten hausen, verlegt werden können. Der altaische Stamm, der in ferner Urzeit die uralische Sprache annahm und zu Samojeden wurde, ist wohl aus Hochasien den oberen Jenissei entlang nach Sibirien gekommen. Von ihrer Urheimat aus haben sich die Samojeden wahrscheinlich erst in verhältnismäßig später Zeit nach N und dann über die Tundren sowohl nach dem W hin als nach O verbreitet. In den Sajanischen Gebirgen gab es früher viele Samojedenstämme, die jetzt entweder türkisiert oder russifiziert oder auch ausgestorben sind: Koibalen, Motoren, Tubintsen, Taigintsen, Karagassen; in diesen Gegenden sprechen heute nur noch einige wenige Kamassen samojedisch; zwischen dem oberen Ob und dem oberen Jenissei wohnen die Stämme der Ostjaksamojeden, am unteren Jenissei die Jenisseisamojeden; auf den Tundren zwischen Jenissei und Chatanga nomadisieren die Tawgy- oder Awamsamojeden, auf den westlicheren Tundren die Juraken.

Die Samojeden werden zum erstenmal in der Nestorchronik unter dem Jahr 1096 als die n. Nachbarn der Jugrier erwähnt; gleich nachher spricht die Chronik von dem „stummen" Eisenhandel der Ugrier mit einem fremden Volke, womit wohl gleichfalls die Samojeden gemeint werden.

Tietosanakirja VIII (1916) s. v. Samojedit K. Donner; Arch. per l'antrop. e la etnol. 17 (1887) S. 71 ff. Sommier; Izv. Obšč. Ljubit. Jestestvozn. Moskva 31 (1878) Prilož. S. 61 ff. N. Zograf; M. Reicher *Untersuch. über die Schädelform der alpenländischen und mongolischen Brachycephalen* Zschr. für Morphol. und Anthrop. 15, 16 (1913—14); H. Paasonen *Beitr. zur finn.-ugr.-samoj. Lautgeschichte* 1917 Keleti Szemle 13—17; E. N. Setälä *Zur Frage nach der Verwandtschaft der finno-ugr. und samoj. Sprachen* 1915 Journ. Soc. Finno.-Ougr. 30, 5.

§ 26. Die altertümliche Gestalt der samojedischen Sprachen, verglichen mit derjenigen der finno-ugr., zeigt schon an sich, daß die Übernahme der neuen Sprache seitens der mongol. „Protosamojeden" viele 1000 Jahre vor dem Beginn unserer Zeitrechnung, in einer fernen Per. der StZ, stattgefunden hat. Schon zu dieser Zeit müssen also in den betreffenden Gegenden zwischen dem Altai und den Sajanischen Gebirgen einerseits und dem Ural andererseits Vertreter einer ural. Sprachform gelebt haben, die ihnen durch die Übermacht ihrer Kultur oder ihrer Zahl ihre Sprache aufnötigten. Der oben angedeuteten Auffassung gemäß waren diese Uralier aus dem W gekommen. — Von der zunächst folgenden Geschichte der Samojeden und ihren Berührungen mit anderen Volksstämmen weiß man zur Zeit nur sehr wenig. Die idg. Anklänge, die man in ihrer Sprache entdecken kann, dürften, insofern sie nicht zufällig sind, eher als Zeichen der sprachlichen Urverwandschaft gedeutet werden können als auf Entlehnung beruhen. Iranische oder voriranische Lehnwörter, welche in den finno-ugr. Sprachen sonst die ältesten zu sein pflegen, sind im Samojedischen nicht nachgewiesen worden. Die ältesten Verbindungen der Samojeden, diejenigen ausgenommen, die ihnen ihre neue Sprache gab, scheinen statt dessen, wie ja auch zu erwarten ist, nach dem SO hin gerichtet gewesen zu sein. Die aus diesen Verbindungen hervorgegangenen Lehnwörter kommen in allen samojedischen Sprachen vor und wurden wohl also, wenigstens teilweise, schon in ursamojedischer Zeit aufgenommen; aus welcher altaischen Sprachform sie stammen, dürfte zur Zeit kaum entschieden werden können. Ein solches Wort ist der samojedische Name des Pferdes: jur. juna, junna, tawgy junta usw. = alttürk. usw. jont; vielleicht auch der Metallname jur. hūbt' ‚Blei, Zinn', ostj.-samoj. komde ‚Geld; Silber' usw., vgl. türk. kümüš ‚Silber'; jur. jahā' usw. ‚Zwilling' vgl. türk. igiz idem; jur. pādāu usw. ‚bunt machen, schreiben' = alttürk. bitig, mong. bicig ‚Schrift'; jur. jur usw. ‚100' dürfte gleichfalls aus derselben Quelle stammen (Paasonen S. 90, 263; Mém. Soc. Finno-Ougr. 49 [1920] S. 63, 118, 119 Donner). In Anbetracht dieser Beziehungen ist es eine auffallende und für die Vorgeschichte Westsibiriens wichtige Tatsache, daß der samoj. Name des Eisens nicht altaischen, sondern finno-ugrischen Ursprungs ist: jur. jesea, wese, tawgy basa, jen. bese, ostj.-samoj. kues (‚Metall'), kam. baza, taigi beiše usw. = ung. vas ‚Eisen', -üst in ezüst ‚Silber'; ostj. u̯aχ usw. ‚Eisen; Metall (in verschiedenen Metallnamen); Geld'; wogul. -βəs in ātβəs ‚Zinn, Blei', wotjak. -veś in azveś ‚Silber', uzveś ‚Zinn, Blei'; tscherem. βaž ‚Erz'; mordw. v'iśk'ä usw. ‚Draht'; finn. vaski ‚Kupfer'; lapp. vieške, væikke usw. ‚Kupfer', in anderen Dialekten ‚Messing' (Paasonen S. 244; Donner S. 132 f.). Auf finno-ugr. Boden hat das Wort gewiß ursprünglich ‚Kupfer' oder ‚Bronze' bezeichnet. Die sekundäre Bedeutung ‚Eisen', die in den samojedischen Sprachen fast alleinherrschend ist, tritt in den finno ugr. Sprachen ausschließlich in ihrem östlichsten Gliede, dem Ostjakischen, sowie im Ungar. auf, und von hier aus, d. h. aus irgendeiner alten ö. ugr. Sprachform, müssen wohl die Samojeden das Wort erhalten haben. Zu welcher Zeit dies geschah, kann noch nicht entschieden werden; der Wegfall des finno-ugr. *k* sowie das Vorkommen des Wortes in allen samojedischen Sprachen dürfte indessen dafür sprechen, daß es schon ursamojedisch ist.

H. Paasonen a. a. O.; K. Donner *Zu den ältesten Berührungen zwischen Samojeden und Türken* 1924 Journ. Soc. Finno-Ougr. 40, 1.

K. B Wiklund

Finsevand s. Hardangervidda.

Finsterlohr („Burgstall") a. d. Tauber. Ringwall (oppidum). Auf halbinselartigem, ebenen Vorsprung 120—145 m über dem mittl. Taubertal, etwa 10 km unterhalb Rotenburg, breitet sich eine einheitliche Ringwallanlage aus von einer Ausdehnung (111 ha Flächeninhalt) und Mächtigkeit der Wälle und Gräben (10 m br. Trockenmauer mit Balkeneinlage), die außer in Tarodunum (s. Zarten), Manching (s. d.) und dem Heidengraben beim Hohen Neuffen ihres gleichen sucht. Leider sind die Funde bis jetzt sehr spärlich, doch lassen sie, verglichen mit den genannten Parallelen, wohl auf die gall. Mittellatènezeit schließen, wo die Gallier bei den Einbrüchen der Germanen große Sammelplätze auch inmitten der dichtbevölkerten Ebenen schufen. Der Name *lohr* in Finsterlohr, in einer Urkunde des 13. Jh. Vinsterloch (= Finsterloh, finsterer Wald, wie Schwarzenloh, Hohenloh usw.) hat schwerlich mit *lar* (wie in Wetzlar) etwas zu tun, doch ist auch eine Gleichstellung mit den von Ptolemäus in dieser Gegend genannten Orten Locoriton oder gar Devona nicht sicher.

Fundb. Schwaben 11 (1903) S. 7f., 14 (1906) S 91f. F Hertlein; 3 Ber. röm.-germ. Komm. (1909) S. 37 E. Anthes; Germania 4 (1920) S. 19f. F. Cramer; Schumacher *Rheinlande* I 138f. Abb. 65. K. Schumacher

Firstdach, Firstkamm s. Dach.

Fischangel s. Angel.

Fischblasenmuster. Spitzausgezogenes, geschweiftes Muster, das sich leicht als Abbau- oder Kümmerform aus einem fremden Blatt- oder auch Spiralbandornament ergibt. Bezeichnenderweise sind wirbelförmig gepaarte oder isolierte Fischblasen schon ganz deutlich in der halbgeometrisch, halbvegetabilisch gearteten Verzierung der neol. bemalten Gefäße Südrußlands und Ostgaliziens zu erkennen (Tripolje, Petreny, Bilcze Złote, Horodnica). — Unter Anlehnung an das griech. Blattornament bildet die Fischblase durch alle Stufen der Latèneornamentik ein sehr beliebtes Muster. Aus der griech. Palmette ergaben sich durch übermäßige Verbreiterung der Blattränder isolierte Binnenformen in Gestalt von Fischblasen, die als solche durch Musterung hervorgehoben oder auch, bei Metallarbeiten, durchbrochen werden konnten. Auch durch das Anschwellen von Spiralendungen, z. B. des griech. Volutenkelches, entstanden stark geschweifte Fischblasen, die, zum Kreis ergänzt, eine entsprechende komplementäre, aber gegengerichtete Form bestimmten (z. B. am Helm von Berru; Déchelette *Manuel* II 3 Abb. 656). Es ist möglich, daß solche Formen die Grundlage für die bis in der Spätlatènekunst so beliebten Fischblasenwirbel bilden.

F. A. v. Scheltema

Fischerei. A. Paläolithikum s. Jagd A § 7.

B Europa und Allgemein. § 1. Neben der Jagd hat sich die F. als ein alter Betrieb der Menschheit schon früh Reisenden und Forschern aufgedrängt, nach der neueren An- und Einsicht mit einer gewissen Übertreibung; denn hier noch mehr wie bei der Jagd drängen sich die unter Umständen an günstigen Stellen liegenden alten Siedelungen und ihre für die Forschung wichtigen Reste an Muschel- und Schneckenschalen, Gräten und Knochen der Beutetiere, namentlich an öden Seeküsten, dem Forscher deutlicher wie irgend eine andere Wirtschaftsform auf.

§ 2. So treten neben die Abfallhaufen der nordeurop. und nordafrik. Küsten die Hinterlassenschaften der Ichthyophagen des roten Meeres und indischen Ozeans und neben die nordamerik. die Sambakis des s. Brasiliens und die Muschelhaufen der Feuerländer. Sie dürfen in ihrer Bedeutung nicht überschätzt werden. Denn so ergebnisreich sie unter Umständen für die Geschichte der Kultur und die Geschichte der Wirtschaft sein können, so müssen wir doch daran festhalten, daß in vielen Fällen ihre Bedeutung geringer ist, als es scheinen könnte, weil gerade durch die Seeküste und die Beschäftigung mit der F. und die Ernährung durch sie, sicher recht oft, wie noch heute bei den von Schweinfurth beobachteten Fischern am Roten Meere, eine Bevölkerung in zurückgebliebenen und isolierten Verhältnissen festgehalten werden konnte, aus deren Resten man nur mit Unrecht auf die Zustände im reicheren Hinterlande, wo uns vorgesch. Reste nicht so bequem erhalten sind, schließen würde. So hat schon Sophus Müller darauf hingewiesen, daß gerade Fischersiedelungen sich lange halten können. Wenn sich z. B. Roggenkörner in einem Abfallhaufen finden, kann er trotz aller sonstigen Anzeichen nicht in die StZ gehören.

§ 3. Wie J. G. Kohl zeigte, hat die Seeküste oft ihre besondere, schweifende Bevölkerung und so gut wie die Wüste ihre ganz eigene Koloniebildung. Auch liegt es in der Natur der Verhältnisse, daß, wie sonst bei den Nomaden, sich hier leicht besondere Beziehungen zum Handel ausbilden können, der eine wünschenswerte Nahrungszufuhr zu der einseitigen Fischnahrung vermittelt. Neben den der Vorgeschichte ja besonders vertrauten Geräten der F. wären auch noch die Stein-, Pfahl- und anderen Wehre zu nennen, die für die Anfänge der Menschheit überaus wichtige Fangmethoden darstellen. Ed. Hahn

C. Ägypten. Fische sind zu allen Zeiten ein Hauptnahrungsmittel des äg. Volkes gewesen. Freilich scheinen sie nicht als ein besonderer Leckerbissen gegolten zu haben, denn in der großen — oft bis zu 100 und mehr Gerichte enthaltenden — „Speiseliste" der Vornehmen des AR fehlen sie, und im späten Ä. gelten sie sogar als eine unreine Speise, deren die Priester sich zu enthalten haben. Schon in den Resten einer vorgesch. Siedelung (Peet *Cem. Ab.* II 7) fanden sich Fischgräten, und die verschiedenen Arten des Fischfangs, die die Darstellungen seit dem AR aufweisen, reichen gewiß alle bis in vorgesch. Zeit zurück. Am ältesten ist vielleicht die primitive Sitte des Fischstechens mit Hilfe eines langen Speeres oder einer Harpune (s. d. C) eine Sitte, die in gesch. Zeit nur noch als Sport der Vornehmen weiterlebt. Die Sitte des Angelns wird durch Originale von Angelhaken (s. Angel B), die sich vereinzelt in Gräbern gefunden haben, für die vorgesch. Zeit bezeugt. Aber auch die einträglicheren Arten des Fischfangs, mit der ins Wasser gelegten Reuse, mit dem kurzen, an einem Holzstiel befestigten Handnetz und mit einem großen Schleppnetz, das, mit Gewichten und Schwimmern versehen, senkrecht im Flusse aufgestellt und von zwei Booten aus wieder eingeholt wurde, gehen gewiß schon in die vorgesch. Zeit zurück. Sie sind uns alle aus zahlreichen Darstellungen seit dem AR bekannt.

Wiedemann *Äg.* S. 262ff.; Erman-Ranke *Äg.* S. 268ff. Ranke

D. Vorderasien. Da die Flüsse Babyloniens und Assyriens sehr fischreich waren, war die F. im Zweistromlande ein sehr altes Gewerbe (Tf. 148a). Nach der Sage begab sich schon der erste Mensch, Adapa, auf die See, um das Heiligtum Eas in Eridu mit Fischen zu versorgen. — Man fischte Fische, von denen viele Arten bekannt waren, Schildkröten und Krebse. Schon in vorsargonischer Zeit (vor 2800 v. C.) wurden Teiche zur Fischzucht angelegt (Tf. 148b). Die primitivste Art des Fischfangs war, das Wasser zu trüben und die Fische mit der Hand zu greifen. Später fing man die Fische auch mit Fäden und Angelhaken, mit dem Speer und dem Schleppnetz (Tf. 148c). Die Flüsse und Teiche waren alle in festem Besitz; daher durfte in ihnen nur mit Erlaubnis der Besitzer gefischt werden.

B. Meissner *Babyl. und Assyr.* I (1920) S. 225ff. B. Meissner

Fischermühle (bei Schleedorf, Salzburg). Auf der Höhe eines Bergrückens wurden hier von Petters und Klose zwei Hügelgräber geöffnet, das eine ein Brandgrab, das andere ein Skelettgrab, beide sehr reich an Beigaben. Es handelt sich insbesondere um Brillenspiralen, Doppelspiralfibeln, eiserne Gürtelschließen mit Kettengliedern und Lederstücke mit Bronzeknöpfen besetzt, sowie eiserne Lanzenspitzen und zahlreiche sorgfältig gearbeitete, verzierte Gefäße. Die Gräber gehören in die Hallstattstufe C.

G. Kyrle *Urgeschichte des Kronlandes Salzburg* Oesterreichische Kunsttopographie 17 S. 39, 40, 114—121. G. Kyrle

Fischnahrung. F. gehört sicher zu den Mitteln, durch die sich schon der Urmensch am Leben erhielt. Es scheint fast, als ob sie eine größere Einseitigkeit der Kost gestattete als Fleisch und nicht so leicht zum Scharbock (Skorbut) führt. Trotzdem wird auch die Fischerei zum Austausch anderer Lebensmittel anlocken. So haben wir, namentlich von der See aus, wohl schon in ältester Zeit eine Art Handel mit rohen, getrockneten Seefischen oder Muscheln anzunehmen. Als dann das Salz dazu kam und eine noch größere Menge F. für den Handel freiließ, hat sich ein Verkehr entwickelt, der schon in frühgeschichtlicher Zeit für unser engeres Gebiet zum Vorläufer des Großfischhandels wurde.

Ob die großen Abfallhaufen, die durch die F., besonders aber auch die Muschelnahrung entstanden, einer mehr seßhaften Bevölkerung zuzuschreiben sind, oder ob diese Stellen nur in regelmäßigem Wechsel zu gewissen Jahreszeiten von einer binnenländischen Bevölkerung aufgesucht wurden, läßt sich nach dem heutigen Stand der Dinge wohl noch nicht entscheiden. Ed. Hahn

S. a. Nahrung.

Fischotter s. Otter.

Flachs. A. Europa. § 1. Der F. gelangte vermutlich aus dem ö. Mittelmeergebiet (Mesopotamien oder Ägypten) nach Europa und wurde dort in der jüngeren StZ in der Alpenzone als mehrstenglige, perennierende Pflanze angebaut, die mit keiner der heutigen Arten identisch, aber dem *Linum austriacum* ähnlich ist. Er wurde durch Schneiden, nicht Rupfen geerntet. Die Funde von Schussenried (s. d.) und Latdorf (s. d.) deuten an, daß sein Anbau nicht auf das Alpengebiet beschränkt war. Daß seine Spuren in der BZ in Deutschland und dem N sehr selten sind, liegt wohl an der leichten Vergänglichkeit der Flachserzeugnisse. Aus der älteren EZ sind Leinsamen als Zusatz zum Brot aus der Karhof-Höhle im Hönnetal bekannt.

Wann der perennierende Pfahlbau-Lein durch den einjährigen *Linum usitatissimum* abgelöst wurde, ist noch unbekannt. Letzterer fehlt jedenfalls bis jetzt in vorgesch. Funden, ist aber in Italien z. Zt. des Plinius (Nat. Hist. XIX 7) und im N in einem Funde der späten Kaiserzeit von Frehne (Kr. Ostprignitz; A. Götze *Ostprignitz* 1907 S. 44) vorhanden.

§ 2. Der Ölgehalt des Leinsamens wurde zu Speisezwecken benutzt, nachweislich als Beimengung zu brotartigen Pfahlbaugebäcken, aber auch zusammen mit Flachs kapseln als Hauptbestandteil eines Kuchens von Robenhausen (s. d.).

§ 3. Die Stengelfaser diente als Grundstoff für Gespinste. Um sie gebrauchsfertig zu machen, wird die Pflanze, nachdem die Samenkapseln abgerissen sind, im Wasser gerottet, getrocknet und mit der Flachsbreche „gebrochen“, als welche man ein Holzbrett mit schrägstehenden Leisten von Robenhausen ansieht. Dann werden die Fasern mit der „Hechel“ zerteilt, die aus mehreren zugespitzten Rippen oder gespaltenen Knochen zusammengebunden ist; vielleicht ist auch eine regelmäßig durchlöcherte Holzplatte mit Griff von Lüscherz (s. d.), in deren Löchern man ehemals aufstehende Holznägel voraussetzen darf, eine Hechel gewesen.

Über die weitere Verarbeitung s. Textiltechnik A.

ZfEthn. Verh. 21 (1889) S. 240ff. Olshausen; J. Heierli *Urgeschichte der Schweiz* 1901 S. 173; Hoops *Reall.* II 58 mit weiterer Literatur. Alfred Götze

B. Ägypten. § 1. Anbau. Der F. (*Linum humile* oder *usitatissimum* L.) ist seit der Urzeit in Ä. angebaut worden, wenn die Pflanze vielleicht auch aus Asien eingeführt worden ist. Der F. wird feldmäßig angebaut und muß neben dem Getreide die größte Ackerfläche eingenommen haben, da Leinen der Rohstoff für alle Kleidungsstücke und für viele kunstgewerbliche Zwecke war. Wir hören nicht wie bei dem Getreide, Wein und anderen Erzeugnissen von besonderen Verwaltungen des Staates oder der Tempel, die für F. und Leinen zu sorgen hatten: vielleicht ist das ein Anzeichen dafür, daß der Anbau des F. den Bauern überlassen werden konnte.

§ 2. Verarbeitung. Die Halme des F. wurden nicht abgeschnitten, sondern ausgezogen, dann in Bündeln hingelegt und getrocknet. Man kochte die Stengel und klopfte sie dann mit Keulen auf Steinen, um die Rinde und die weichen Teile zu beseitigen, bis nur die bastartigen Fäden übrigblieben. Bündel von Fäden werden dann „gehechelt“, um die einzelnen Fäden zu reinigen und zu glätten. Hechelkämme sind erhalten, z. T. mit Flachsfäden zwischen den Zähnen.

Die gewonnenen Fäden kann man zu Seilen zusammendrehen und aus ihnen Geflechte herstellen. Über das Herstellen dünnerer, gedrehter Fäden s. Spindel B; über das Herstellen von Stoffen aus ihnen s. Weberei B.

Fr. Woenig *Die Pflanzen im alten Ägypten* 1887 S. 181; Erman-Ranke *Äg.* 1923 S. 35; Wiedemann *Äg.* 1920 S. 323; Klebs *Reliefs*

AR 1915 S. 53, *MR* 1922 S. 75; Wreszinski *Atlas* Tf. 193. Roeder

C. Vorderasien. Der F. wurde in Babylonien bereits in vorsargonischer Zeit (ca. 2800 v. C.) angebaut (H. de Genouillac *Tabl. sumériennes archaïques* 1809 S. LI; s. Ackerbau D § 1). Ebenso alt wird demnach auch wohl die Herstellung der Leinwand sein. Eine besonders feine Art nannte man Byssus (H. Zimmern *Akkad. Fremdwörter* 1925 S. 37). Noch Strabo (XVI 1, 7) erwähnt eine große Leinwandfabrik in der babyl. Stadt Borsippa (s. d.). Über die Technik des Webens s. Weberei D. B. Meissner

Flechtarbeit s. Textiltechnik, Weberei.

Flechtband (Vorderasien; Tf. 149). § 1. In sumer. Landen ist das F. seit alter Zeit ein bekanntes Ziermotiv, als Trennungsleiste verwendet. Es ist auf dem Asphaltrelief des Dudu von Lagasch, Stellvertreter des Königs Entemena (um 3000), dargestellt (*Découv. Chaldée* Tf. 5 = L. Heuzey *Catalogue des antiqu. chald.* Nr. 12), ferner auf einem Siegelabdruck einer Tonplombe, wenige Jahrzehnte später.

§ 2. Im assyr. Gebiete trifft man das F. als Umrahmung auf einem Siegelstempel aus Kanisch (Kültepe; s. Kappadokische Tontafeln), in Kleinasien aus der Zeit um 2200 (E. Meyer *Reich u. Kultur d. Chetiter* 1914 S. 53 Abb. 42) sowie auf Siegelabdrücken aus Kerkuk (AO 17—18 [1920] Abb. 267, 469 O. Weber), die aus dem 15.—14. Jh. stammen mögen (s. Kerkuk-Tafel). — Farbige emaillierte Wandfliesen des Palastes Assurnassirpals II. (880) aus Kalchu zeigen das F. als Umrahmung (B. Meissner *Babylonien und Assyrien* I [1920] Tf.-Abb. 199), ebenso eine ornamentale Wandmalerei als Trennungsglied von zwei Friesen (Layard *Monuments* I Tf. 86 = AO 15 [1914] Abb. 200 B. Meissner). Der Zeit Tiglatpilesers III. (740) gehört wohl die Malerei, König und Gefolge auf F. stehend, an, ebenfalls in Kalchu gefunden (Tf. 149a; Layard a. a. O. II Tf. 55,6 = AO 15 Abb. 201), sowie drei Elfenbeinschnitzereien ebendaher mit F. als Umrahmung (AO 15 Abb. 251). Auf einem Siegelabdruck aus Dur-Sargon (s. d.; um 710 v. C.) ist das Bild (König den stehenden Löwen erdolchend) von einem F. umgeben. Man vermutet in dem Siegel das des Königs Sargon II. (Botta-Flandin *Ninive* Tf. 57, 10, 14.

§ 3. Auf echt hettit. Reliefs ist das F. bisher noch nicht nachgewiesen, um so häufiger aber auf den sog. hettit. Siegelzylindern, deren nähere Bestimmung jedoch noch aussteht (AO 17—18 Abb. 255 O. Weber; M. Dimand *Ornamentik* Tf. 17 Abb. 64—67).

§ 4. Der aramäischen Kunst ist das F. wohlbekannt. Es ist für die älteren Reliefs aus Saktschegözü (s. d.) aus dem Ende des 9. Jh. als Umrahmung benutzt (vgl. E. Meyer a. a. O. Tf 8) und als Verzierung des mittl. Wulstes einer ornamentierten Säulenbasis aus Samʿal (s. d.) verwertet, die wohl derselben Zeit entstammen wird (O. Weber *Kunst der Hethiter* Orbis Pictus 9 Tf. 44). Ebenso findet sich das F. auf den aram. Skulpturen von Karkamisch (s. d.; Hogarth *Carchemish* A 1).

M. Dimand *Die Ornamentik der ägyptischen Wollwirkereien* 1924 S. 42 ff.; Wurz *Spirale und Volute* 1914. Eckhard Unger

Flechtmuster. § 1. Durch die regelmäßige Wiederholung der gleichen, einfachen, geradlinigen Motive nähern sich die mechanisch entstandenen Schnur-, Flecht-, Webe-, Knüpfmuster usw. dem tektonisch gebundenen Stil der geometrischen, namentlich der neol. Ornamentik (s. Ornamentik A). Diese Verwandtschaft der textiltechnischen und künstlerisch-ornamentalen Form kann auf verschiedene Weise ausgenutzt werden: Bei dem Abdruck von Knotenschnüren in der dän. Megalithkeramik handelt es sich bloß um die Verwendung eines zuvor eigens zu diesem Zweck hergerichteten „Stempels", der immer von neuem in den weichen Ton gepreßt wird. Werden dagegen gewöhnliche Schnurabdrücke verwendet (Schnurkeramik; s. d.), so wird die zufällig entstandene Regelmäßigkeit des geflochtenen Schnurmusters zur bequemeren und exakteren Herstellung der ursprünglich freihändig eingestochenen Punkt- oder Strichreihen ausgenutzt in der gleichen Weise, wie man z. B auch den gezackten Rand der Herzmuschelschale zu diesem Zweck verwendete (in der dän. Megalithkeramik auch umwundene Schnüre).

a

b

c

Fischerei. Vorderasien

a. Sumerischer Fischer mit seiner Beute. Um 3000 v. C. Relief in Paris. Nach B. Meissner. — b. Angler im Teich mit Fischkorb auf dem Rücken. Relief Assurbanipals in Ninive. Nach Layard. c. Angler auf einem Schlauch im Tigrisfluß. Relief Sanheribs in Ninive. Nach Hunger-Lamer.

a

b

c

d

Flechtband. Vorderasien

a. Emaillierter Ziegel, König mit Gefolge unter Baldachin aus Kalhu in London (Br. M. 90859, *Guide*[3] Tf. 43), vom Palast des Assurnassirpal II. (?). Nach Layard. — b. desgl. aus Assur. Nr. 13560 — c—d. Emaillierte Tonfliesen (Wandschmuck) aus Assur. (Nr. 6792 a, 6425 i.) Nach Andrae.

Endlich konnte man, unter Anlehnung an Trag- oder Hängeschnüre, so weit gehen, diese selber durch das Ornament nachzuahmen.

§ 2. Die Auswahl vorbildlicher textiler Muster richtet sich immer nach dem Stil der jeweiligen Entwicklungsstufe. In der früheren neol. Gefäßverzierung wird man nie dem typisch untektonischen, flächenbedeckenden Korbflechtmuster begegnen, dagegen mußte die Gefäßumschnürung Formen hervorrufen, die dem streng tektonischen Liniensystem der neol. Ornamentik entsprachen. Neben der roheren Verzierung durch Tupfenleisten (s Fingertupfenornament) bietet besonders die Bandkeramik (Plaidt [s. d], böhmische Stichbandkeramik; s. Böhmen-Mähren B § 6) gute Beispiele von dieser Konvergenz der künstlerischen und technischen Form. Schon die aus der Gefäßbemalung enstandenen Spiralmäander- und Bogenbandmuster benutzen die Schnurösen der Gefäße als Richt- und Stützpunkte; bei der geradlinigen Vereinfachung solcher Formen im Sinne des einheimischen tektonischen Stils kam ein die Schnurösen verbindendes Winkelbandmuster zustande, das dann zur bewußten Imitation von Tragschnüren führen konnte. Dagegen ist eine geflissentliche Anlehnung an Korbflechtmotive verhältnismäßig selten und nur am Ende der j. StZ bzw. in der Metallzeit zu erkennen. Greifen die gegenständigen, alternierenden Reihen schraffierter Dreiecke oder Wolfszähne ineinander, so ergibt sich scheinbar ein geschlossenes Geflecht, ein spätneol., für die Schnurkeramik charakteristisches Muster, das sich auf die Verzierung der Bronzen und Tongefäße der Metallzeit überträgt. Ebenso kann die Häufung von Strichreihen über die ganze Fläche der schnurkeramischen Becher an Korbgeflechte erinnern. Die völlig untektonisch wirkende Nachahmung bzw der direkte Abdruck roher Binsengeflechte ist erst für die Metallzeit, namentlich für die spätere EZ, bezeichnend („Kammstrich"-Verzierung auf Latènegefäßen). — Eine scheinbar dreidimensionale Verflechtung des Musters wird nur höchst selten angestrebt; das eigentliche Flechtband (Strickmuster) erscheint erst vereinzelt in der Latèneornamentik als Lehnform aus der klassischen Kunst (z. B. an Helmen; Déchelette *Manuel* II 3 Abb. 488).

§ 3. Die Bedeutung textiler Muster, besonders aus der Korbflechterei, für die Erklärung des Entstehens und der Entwicklung des geometrischen Ornaments ist seit G. Semper vielfach überschätzt worden. Wie das heutige kann auch das alte Europa, im Gegensatz z. B. zu Ostasien, Afrika, Brasilien, wegen des Fehlens geeigneter Pflanzenfasern kein Gebiet hochspezialisierter Flechttechnik gewesen sein. Das gewöhnlichste Flechtmuster war, wie die erhaltenen Geflechte der Pfahlbauten, Abdrücke von Flechtwerken in Ton oder auch die spätere Volkskunst zeigen, das Schachbrett aus Rechtecken oder Rauten, aber eben dieses Muster ist in der neol. Gefäßornamentik nur vereinzelt und auch dann immer nur spät vertreten (s. Schachbrettmuster).

J. H. Holwerda *Die Niederlande in der Vorgesch. Europas* 1915 S. 25 ff.; S. Müller *Stenalderens Kunst* 1918 S. 23 ff.; Al. Riegl *Stilfragen* 1893 S. 4 ff.; Scheltema *Altnord. Kunst* 1923 S. 54 ff., 71, 76; Präh Z. 1 (1909) S. 37 ff., 351 ff.; 2 (1910) S. 145 ff. C. Schuchhardt.

F. A. v. Scheltema

Fleisch s. Jagd, Nahrung.

Flénusien (Flénu-Stufe) s. Eolithenproblem § 7.

Fliegenwedel. Wegen der großen Fliegen- und Moskitoplage ist man im Zweistromlande gewiß schon früh dazu gekommen, die unliebsamen Gäste durch F. zu vertreiben. Vornehme Leute ließen diese Instrumente sogar mit Gold und Edelsteinen verzieren (Vorderas. Bibl. 2 [1915] S. 160, 58; 166, 43; 211, 52). Auch im hett. Kulturkreise war dieses Gerät bekannt (Ed. Meyer *Reich und Kultur der Chetiter* 1914 S. 38 f.). B. Meissner

Fliehburg s. Festung.

Fliehende Stirn. F. S. = schräg zurücktretende niedrige Stirn, wie sie sich besonders gut ausgeprägt beim *Homo primigenius* (s. d.) findet. S. a. Kraniometrie. Reche

„Flintplätze", Norwegische. § 1. Durch die Untersuchung einer Anzahl neuer Wohnplätze ist das Studium des norweg. StZ in den letzten 10 Jahren stark gefördert worden. Ältere Probleme sind der Lösung näher gebracht und neue erkannt worden. Besonders wichtig sind die Untersuchungen des Lektors A. Nummedal auf Wohnplätzen im norw. Vestland (Møre), die auf einem sehr hohen Niveau liegen. Bei Kristiansund liegt das Tapesniveau 21 m über dem Meer, während die Wohnplätze in einer H. von ca. 40 m, die dem Litorina-Niveau entspricht (Øyen, Nummedal), sich befinden. Sie liegen auf freiem Felde, wahrscheinlich in der Linie des damaligen Strandes. Alle organischen Reste sind vergangen, nur der Feuerstein ist geblieben Daher heißen sie F. (norw. *flintplasser*).

§ 2. Das meiste von dem Flint ist grober Abfall, aber es sind dazwischen auch wohl bearbeitete Stücke. Von größeren Geräten gibt es einzelne Scheibenspalter und Kernäxte (Tf. 150b), von kleineren Messer, Bohrer, Stichel, Schaber und verschiedene mikrolithische Formen, darunter einschneidige Pfeilspitzen (Tf. 150a). Die Flintformen tragen im ganzen ein sehr altertümliches Gepräge und einzelne Typen der Stichel (burin) und Schaber (grattoir caréné) glaubt Nummedal auf das jüngere Paläol. (Aurignacien bis Magdalénien) zurückführen zu können.

§ 3. Obwohl das Auftreten von Scheibenspaltern und Kernäxten das absolute Alter der F. herabsetzt, bilden sie doch einen wichtigen Beleg für den inneren Zusammenhang zwischen der Kultur der westeurop. Renntierzeit und der nord. StZ. Die Untersuchung dieser Wohnplätze zusammen mit einer weiteren Durcharbeitung des west- und nordnorw. steinzeitl. Materiales hat zu einer veränderten Auffassung der Arktischen StZ geführt und die Frage nach der ältesten Besiedelung Norwegens in den Vordergrund gerückt.

A. Nummedal *Om flintplassene* Norsk geologisk tidsskrift 1923; Shetelig *Primitive tider i Norge* 1922 S. 62ff.

† H. Gjessing

Flomborner Typus (Tf. 151). § 1. Das Gräberfeld von F., das Koehl 1901 untersuchte, enthielt 85 Gräber mit Hockern von wechselnder Orientierung, immer auf der l. Seite liegend, mit reichen Beigaben. Diese bestehen aus meist ziemlich flachen Schuhleistenkeilen und Hobelbeilen, seltener Flintgeräten und Mühlsteinen, ferner Schmuck aus rezenten Spondylusmuscheln, Elfenbein, Rötel und vor allem reicher Keramik. Letztere gehört der reinen Bandkeramik (s. d. § 6) an und zeigt keinerlei Beeinflussung durch die anderen keramischen Gruppen des deutschen Neol. Nach ihr wird, nach Koehls Vorgang, diese reine Bandkeramik der Rheinlande als F. T. bezeichnet.

§ 2. Unter den Gefäßformen wiegt die Halb- oder Dreiviertel-Kugel ohne Halseinschnürung vor, aber diese Bombengefäße haben fast immer eine, wenn auch nur ganz schwach angedeutete Standfläche. Dazu kommen flache Schalen und die Flasche. Nur bei den Flaschen ist bei der Ornamentierung die Gefäßform berücksichtigt, indem der Hals und bisweilen auch der weiteste Bauchumfang zwischen den Schnurösen durch eine horizontale Ritzlinie hervorgehoben ist. Im übrigen überwuchert die in glatten Ritzlinien eingeschnittene Ornamentik die ganze Gefäßoberfläche. Sie besteht aus einfachen und verschieden gekuppelten Spiralen, Mäandern, Wellen- und Winkelbändern u. ä., sowie aus Teilen dieser Ornamente, wie sie in ähnlicher rudimentärer Form bei der bemalten siebenbürgischen Keramik vorkommen. Die entstehenden Zwickelfelder sind durch Bogenstücke, Winkel u. ä. ausgefüllt. Charakteristisch ist das ebenfalls aus der bemalten Keramik bekannte willkürliche Abschneiden eines Ornamentes durch den Gefäßrand oder bei den Flaschen durch die Horizontalgliederung. Nur in Ausnahmefällen begegnen Bogen- und eckige Muster an demselben Gefäß. Die Ornamente sind in Umrißzeichnung ohne Innenfüllung ausgeführt. Stichverzierung gehört zu den Ausnahmen. Schnurösen und Knöpfe sind meist in der Dreizahl angebracht.

§ 3. Im Flomborner Gräberfeld tritt der F. T. als geschlossene Gruppe auf. Außerdem begegnet er aber auch, meist in ganz geringem Prozentsatz, als Beimengung auf den Fundplätzen der übrigen spiralkeramischen Gruppen, des Plaidter (s. d.), Wormser (s. d.), Wetterauer (s. Wetterau) usw. Typus. Von thüringischen Beispielen sei vor allem auf die von Bärthold veröffentlichten Gefäße hingewiesen (Präh. Z. 4 [1912] S. 374/5, 5 [1913] S. 276/7). So, teils rein, teils zusammen mit den verwandten Gruppen, findet sich der F. T. im ganzen von der Bandkeramik besiedelten Süd- und Mitteldeutschland, in Böhmen, Mähren, Öster-

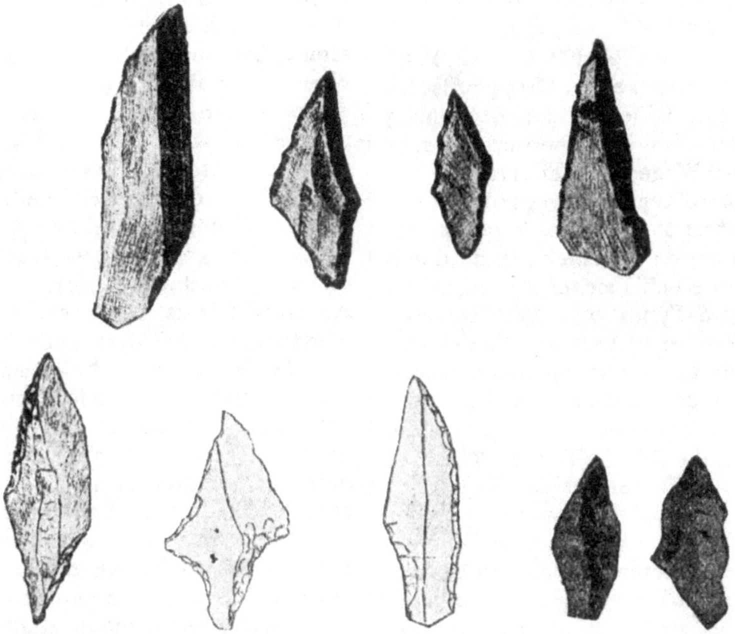

a

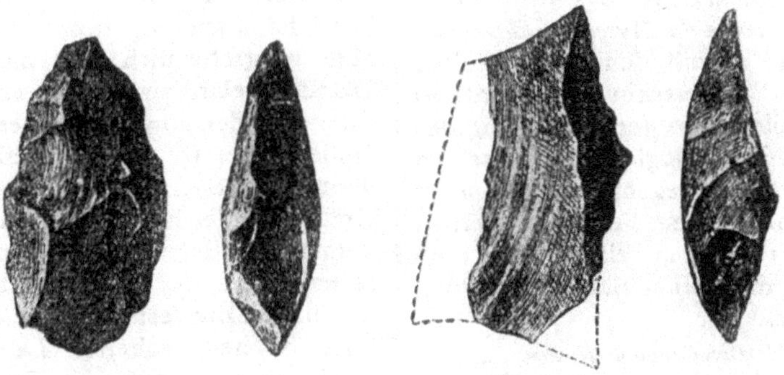

b

„Flintplätze", Norwegische

a. Bearbeitete Feuersteinspäne und einschneidige Pfeilspitzen aus Feuerstein. Møreküste. — b. Kernaxt und Scheibenspalter. Drynjesundet, Søndmør. Nach H. Shetelig.

reich und Ungarn. Die enge Verwandtschaft mit der bemalten Keramik Siebenbürgens beweist, daß in den mittleren Donauländern und dem Nordbalkan seine Heimat zu suchen ist.

§ 4. Das chronol. Verhältnis des F. T. zu den übrigen bandkeram. Gruppen ist infolge der geogr. Differenz der Entstehung und der verschiedenen, sicherlich oft sehr verschlungenen Wege der Wanderungen der Kulturen resp. Völker keineswegs überall das gleiche. Während die Spiralkeramik der Wormser Gattung in Monsheim (s. d.) durch die Grabungen Koehls sicher als jünger als der Hinkelstein-Typus und der Rössener Typus erwiesen ist, lagert am Frauenberg (s. d.) bei Marburg eine spiralkeramische Wohngrube unter einer mit stichverzierten Scherben. In Thüringen hat A. Götze die Spiralkeramik für älter als den Rössener Typus erklärt, für Schlesien Seger das höhere Alter der Spiralkeramik gegenüber der Stichreihenkeramik betont, in Böhmen begegnen die letzteren beiden Stufen bisweilen in ein und derselben Wohngrube. Im allg. ist aber auch hier das höhere Alter der Spiralkeramik gesichert. Auch im Elsaß, wo Bersu bei Hönheim das höhere Alter der Stichkeramik gegenüber der Bandkeramik glaubte feststellen zu können (Anz. f. elsäss. A. K. 1910 S. 85), ist die Frage noch nicht geklärt (Forrer a. a. O. S. 283; Schaeffer *Les Haches de Pierre du Musée de Haguenau* 1924 S. 28). Erst mit dem Fortschreiten der diesbezügl. Untersuchungen wird es möglich sein, die Wege der Wanderung des F. T. und seine Chronologie in den einzelnen geogr. Bezirken festzulegen. Vor allem ist auch in Rheinhessen sein Verhältnis zu dem Wormser Typus noch zu klären, von dem sich der F. T. mit seiner Skelettbestattung scharf scheidet.

C. Koehl *Die Bandkeramik in der Umgegend v. Worms* Festschrift 1903 S. 24ff; Mannus 4 (1912) S. 53f.; 6 (1914) S. 53ff. ders.; 8. Ber. röm.-germ. Kom. (1913—14) S. 68f. Schumacher. — Ferner zur Chronologie: Präh. Z. 5 (1913) S. 433f. W. Bremer; Zeitschr. d. Ver. f. hess. Geschichte und Landesk. 52 (1919) S. 72ff. G. Wolff; ZfEthn. Verh. 32 (1900) S. 259ff. A. Götze; Schles. Vorz. 7 (1916) S. 86; Buchtela und Niederle *Rukovět' české archaeologie* 1910 S. 18, 20; Mannus 3 (1911) S. 229ff. J. A. Jíra; Wien. Präh. Z. 1 (1914) S. 31ff. E. Šimek.

W. Bremer

Flora s. Diluvialflora, die Einzelartikel und die Einzelgebiete.

Florenz. Die Stadt ist röm., etwa im 2. Jh. v. C. entstanden. Die Talebene, in der sie sich jetzt ausbreitet, gehörte in etrusk. Zeit zum Gebiet Fiesoles, das hoch oben sicher thronte und uns wertvolle Beweise seiner Existenz schon im 6. Jh. namentlich durch alte, teils im florentiner teils im fiesolaner Museum aufbewahrte Grabstelen, denen sich andere aus der Umgegend und noch erhaltene Grabanlagen anschließen, gegeben hat. Ganz vereinzelte etrusk. Fundstücke, zwei Kleinbronzen, Apollo und Mars, sowie ein vierseitig skulpierter Cippus mit dem Bilde des Usil-Aplu auf der Vorderseite, beweisen höchstens, daß einzelne Häuser oder Gehöfte sich in der Ebene befanden. Ein etrusk. F. hat es nie gegeben. Dagegen sind bei den inneren Durchbrüchen 1892—1893 im Herzen der Stadt 6 Gräber voretrusk. Frauen und Kinder herausgekommen, und zahlreiche Einzelfunde von Scherben u. a. in derselben Gegend weisen auf einen größeren Begräbnisplatz der verbrennenden „Italiker". Diese gegen Ende des 2. Jht. v. C. wahrscheinlich aus der Südostecke der Romagna s. vorgestoßenen Stämme, welche, durch die umbr. Berge vordringend, zunächst das sw. spätere Etrurien, dann Latium besetzten, haben von dort aus allmählich das ganze toskanische Land in Besitz genommen, F. aber wahrscheinlich erst ziemlich zuletzt. Daraus erklärt sich denn auch der junge Charakter der dort gefundenen Brandgräber, Doliengräber (s. d.) mit ärmlichem Inhalt. Trotz allen Suchens haben bisher ähnliche Gräber auf der Höhe Fiesole's nicht herauskommen wollen, wo man sie zunächst voraussetzen würde, da es diese „Italiker" waren, die überall die festen Höhen zuerst für ihre Sitze im neu eroberten Lande besetzten, wohin ihnen später die Etrusker folgten.

Mon. Lincei 6 (1895) S. 5ff. Milani; Montelius *Civ. prim.* S. 183ff. Tf. 167; Milani *Museo topografico dell'Etruria* 1898 S. 123f., 163ff. (Entstehung der Stadt); ders. *Museo archeol. di Firenze* 1912 S. 276; v. Duhn *Ital. Gräberk.* I 296f.

v. Duhn

Flossbau s. Pfahlbau.

Flöte (Orient). Die F. — nicht mit Oboe und Klarinette zu verwechseln — kommt im alten Orient nur in der Form der sog.

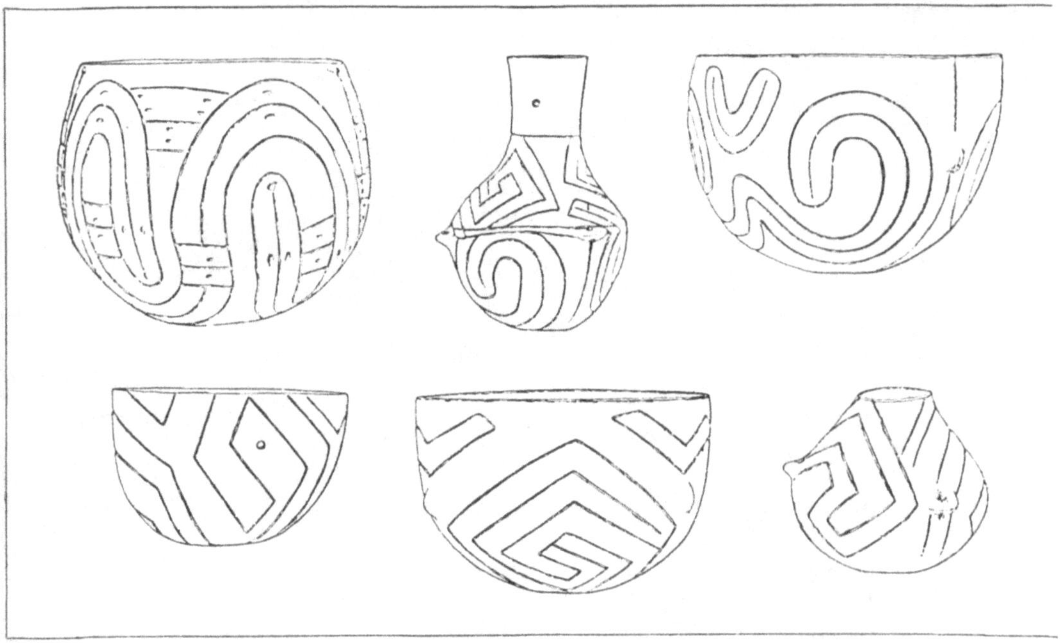

a

Flomborner Typus. a. Gefäße. b— b. Hockergrab. — Nach C. Koehl.

Längsflöte vor, d. h. eines einfachen Rohrstücks mit wenigen Grifflöchern nahe dem Unterende, das der Spieler vom Munde schräg abwärts nach der Körperflanke hin hält und dessen Oberöffnung er in geeignetem Winkel gegen die Unterlippe stützt, so daß der Wind die scharfe Schnittkante trifft. Das Instrument, das heute noch lebt, kann im Altertum nur auf äg. Denkmälern nachgewiesen werden. Sein einziger vorgesch. Beleg ist eine unmittelbar vordyn. Schieferplatte aus Hierakonpolis mit der Darstellung einer Jagd, wie es scheint, bei der ein Flötenbläser in Fuchsvermummung die wilden Tiere anlockt (Tf. 31 a). Altägypt. Name m*a*·t.

C. Sachs *Die Musikinstr. des alten Ägyptens* 1921 S. 74. Sachs

Fluch. A. Allgemein.

§ 1. Der Denkmechanismus des Fluchenden. — § 2. Der F. als Vorbildzauber. — § 3. F. und Betragen. — § 4. F. durch Kontaktwirkung. — § 5. Die „Fluchkraft". — § 6. F. und Gebärde. — § 7. F. und Geheimbünde. — § 8. Die sozialen Zusammenhänge des F. — § 9. F. unter Verwandten. — § 10. F. des Vaters. — § 11. Der bedingte F. als Gottesurteil. — § 12. Die bedingte Selbstverfluchung. — § 13. Lösung vom F. — § 14. Schimpfen, Necken, Spotten.

§ 1. Der F. knüpft an das Nachdenken über die Wirkung des gesprochenen und affektbeladenen Wortes an, das als Ausfluß einer besonderen übermenschlichen Macht betrachtet wird. Je nach dem Denksystem, das zur Deutung der übermenschlichen Mächte ersonnen ist, faßt man den F. als direkte Auswirkung der Worte auf, wie zweifellos ursprünglich; oder man glaubt, daß durch gewisse Worte die Ahnen oder andere Geister, oder endlich autoritäre Gottheiten zu einer besonderen Beeinflussung der menschlichen Schicksale veranlaßt werden. In diesen Fällen verbindet sich der Fluchende mit dem mächtigen Geistwesen je nach der Analogie der Gesellschaftsform, in der er lebt. Bei vorherrschend auf genossenschaftlicher Basis eingerichteter Sippen- oder Klan-Organisation gilt das betreffende Geistwesen als Angehöriger, Urahne, Vorfahr oder erlesener Beschützer des Verbandes, das von bestimmten festen, noch über den Geistern stehenden Beziehungen und Bedingungen abhängig ist, und auf das daher in zauberischer Weise ein Zwang ausgeübt werden kann. Wo hingegen eine autoritäre Herrschaft Platz gegriffen hat und das Verhältnis des Dieners oder Vasallen zu seinem Herrn, das auf Treue gegen Gefolgschaft errichtete Schutzverhältnis, in den Brennpunkt der Aufmerksamkeit und der Lebensführung gerückt ist, gestaltet man die Beziehungen des Menschen zu den übernatürlichen Wesen auf derselben Grundlage, nämlich entsprechend diesem für die Beziehungen unter den Menschen entscheidenden Vorbild. Der Herr muß die Beleidigung des Dieners rächen. — Älter vielleicht als die Benützung des Wortfluchs ist die vorbildlicher Handlungen, durch die man unter der Herrschaft der Affekte den gewünschten Erfolg herbeizuführen hofft.

§ 2. In primitivster Form kann man den F. oft schwer vom Vorbildzauber unterscheiden. Es stecken in ihm manchmal mehr Bildhandlungen als Wortbilder. Unter den Kemantan-Stämmen (Sebops) von Borneo (Hose und McDougall S. 118ff.) begibt sich der, welcher einen F. gegen einen anderen anzetteln will, auf einen verborgenen Platz, eine Rodung oder ein Feld, von wo aus man einen großen Ausschnitt des Himmels übersieht, jedoch völlig unbeobachtet bleiben kann. Hier errichtet er ein Pfahlgerüst etwas über 2 m über dem Boden und stellt zwischen die Pfeiler ein eigens zu diesem Zweck aus Holz geschnitztes Figürchen seines ausersehenen Opfers in die Erde. Daneben macht er Feuer an und gräbt eine kleine Grube, die er mit Wasser und eisenhaltiger Erde füllt, um den kleinen Tümpel rot zu färben; er wird „Blutsee" benannt. Nach diesen Vorbereitungen blickt der Anrichter des F. nach einem Habicht aus. Erscheint ein solcher, so ruft er ihm zu: „gib Fett in den Mund des NN.!" Gleichzeitig streicht er ein Stück Schweinefett auf die Holzpuppe. Darauf ruft er dem Vogel zu: „wirf ihn in den Blutsee!"; er wirft nun die Puppe in das rote Wasser. Dann nimmt er sie wieder heraus und durchbohrt sie mit einem kleinen Speer. Er vergräbt sie hiernach und ruft wieder den Habicht an. Biegt dieser im Flug nach rechts ab, so hat der Fluchzauber keinen Erfolg, fliegt er dagegen nach links, so rechnet der Fluchende auf

Erfolg seines Zaubers. Man sieht: ein Omen wird sofort an die Zauberhandlung des F. geknüpft.

Der Wortfluch tritt in Verbindung mit der Fluchhandlung des Vorbildzaubers, wenn z. B. der Maori zu einem Stein sagt: „wenn dies das Gehirn des NN. wäre, möchte ich es essen", oder wenn er einen Gegenstand mit dem Namen seines Feindes benennt und ihn dann schlägt (s. Name A, Zauber A).

§ 3. Derartige Fluchwirkungen sind überall dort festzustellen, wo irgend welche Zeremonien, Riten, vorgeschriebene Verhaltungsweisen, Meidungen, Wort- oder Satzformeln u. dgl. m., wie ausnahmslos bei allen Naturvölkern, mehr oder minder stark das Leben durchziehen. Jede Nichtbeachtung oder Übertretung solcher Vorschriften bedingt eine fluchbeladene Folge für den, der die Formen vorsichtigen Verhaltens und Handelns und abgewogener Rede nicht einhält (z. B. s. Feuer A). So gibt es eine große Zahl von Dingen, die ein Feuerländer sorgfältig aus Angst vor den üblen Folgen vermeidet. In den meisten Fällen meint man, daß automatisch die gefährlichen Konsequenzen eintreten. So vermeiden die Yahgans die bösen Geister der Waldhöhlen, die Krankheit und Tod verbreiten; auch darf man den Namen eines gewissen Geistes nicht nennen hören; ebenso ist es gefährlich, wie bei vielen anderen Völkern, den Namen eines Verstorbenen zu erwähnen. Die Onas fürchten Berge, Sonne, Mond und Sterne, Seen und Wälder, und sprechen nicht schlecht von ihnen, blicken auch nicht zu lange hin auf sie, um sie nicht zu beleidigen und ihrem F. zu unterliegen (Cooper S. 154).

§ 4. Durch nahen oder auch nur entfernten Kontakt mit einem Fluchträger „infiziert" man sich, z. B. dadurch, daß man von einem Dämon berührt wird, oder daß man in die Nähe einer verfluchten Person oder eines verfluchten Ortes kommt (s. Meidung, Tabu B). Man muß daher Gegenmaßregeln treffen. Eine Frau verfluchte bei den Arabern auf einer Reise ihr Kamel, darauf sagte ihr Mann: „haltet Euch vom Kamel fern, denn es ist verflucht". Das Aussprechen eines Wortes gegen jemanden, gerade so wie die auf jemanden gerichtete Gebärde, wird auch im Sinne eines „Kontakts" aufgefaßt (Pedersen S. 76, 77f.).

Bei den westafrik. Ewe-Stämmen herrscht unter den Bauern, welche die Arbeit an den Yamspflanzen besorgen, Angst und Scheu, ob nicht durch das Anfassen gewisser Buschbäume, Blätter, Kräuter u. dgl. ein F. an ihren Händen haften geblieben ist. Ein Beweis dafür, daß der F. materiell wie ein „Fluidum" vorgestellt wird. Würde einer mit diesem F. an den Händen an den Yams arbeiten, so würde er deren Wachstum und Gedeihen dadurch aufhalten, weil sich der F. ohne weiteres auf die Pflanzen überträgt. Deswegen wäscht er sich in den Gärten von Zeit zu Zeit die Hände, bevor er an die Arbeit geht, und zwar aus einer Kallebasse, in der geweihte Kräuter liegen. Erst nachdem die Hände von etwaigen F. gereinigt sind, kann er die Arbeit wieder aufnehmen (Spieth S. 304). Hier wird also eine Art gefährlicher Kontakt mit wildwachsenden Buschpflanzen, deren Gedeihen nicht durch den Menschen beeinflußt wird, und die auch gelegentlich wider Wunsch in den Gärten und Feldern sprießen, auf dem Weg der Berührung mit der Hand auf das wichtigste Hausgewächs, die Yams, angenommen. Außer dieser Art „Infektion" durch die eigene Hand fürchten die Ewe-Leute auch den „bösen Mund", den Neid. Wenn nämlich ein Vorübergehender eine schöne Yamspflanzung seines Nachbarn in neidischem Tone lobt, so hofft er dadurch das Wachstum der Feldfrüchte zu schädigen, so daß sie ebenso schlecht werden wie seine eigenen. Um der Gefahr eines solchen „Lob-Fluches" zu begegnen, pflanzt der Bauer am Saum des Ackers ein unserm „Zwiebelrohr" ähnliches Kraut, das er „Mundgras" nennt. Die Zahl der seine Felder bedrohenden fluchartigen Einflüsse ist groß. Durch verschiedene Vorkehrungen sucht der Ewe-Mann diesen zu begegnen. Zu ihrer Abwehr pflanzt er schwarze Schlinggewächse, welche die Vögel verscheuchen und bösen Menschen den Zutritt verwehren sollen, oder er gräbt Maiskolben in die Erde, daß nur ein kurzes Ende davon zu sehen ist, oder er errichtet am Saum des Feldes eine kleine, mit einem

Grasdach geschützte Hütte, in der er auf einem tischähnlichen Gerüste aus Holzstäben einen geflochtenen Strick vom Aussehen einer Schlange gelegt hat, um mit dieser Hilfe die bösen Einflüsse fern zu halten und das Gedeihen seiner Gartengewächse zu fördern.

Allg. herrscht die Auffassung, daß durch Haare, Nägel, Speichel, Ausscheidungen, durch Dinge, die irgendwie mit dem Körper in Beziehung gestanden haben, wie auch Speisereste, Fußspuren u. dgl. m., eine gefährliche Gewalt über den betreffenden Körper erlangt werden kann.

§ 5. Eine Änderung des Gewohnten birgt immer Gefahr, wie schon die Änderung der gewöhnlichen Kleidung F. bringen kann; das gleiche gilt für die Frisur. Ein arab. Dichter nennt in einer hypothetischen Selbstverfluchung neben seinem eigenen und seines Sohnes Tod, daß seine Locken in Unordnung geraten sollen, nachdem sie gesalbt sind. Ein besonders wirksames Mittel, jemandem zu fluchen, liegt darin, Staub oder Kies gegen den Betreffenden, besonders gegen sein Haupt zu werfen. Als das Handgemenge bei Badr anfing, warf der Prophet Kies gegen den Feind und sprach dazu eine Verfluchung; darauf flohen sie, ohne sich umzusehen. Es hieß: nicht du warfst, als du warfst, sondern Allah warf es (Pedersen S. 97 f.). Die Vergesellschaftung Mohammeds mit Allah bewirkt, daß Mohammed über die Kräfte Allahs mit verfügen kann.

Der Gedanke, daß von Gegenständen fluchbeladene Kräfte ausströmen können, ist in ethischer Richtung verwertet worden, ganz im Sinne unseres Wortes „Unrecht Gut gedeihet nicht". Diejenigen, die sich bei den alten Arabern etwas von der Beute aneignen, was ihnen nicht zukommt, sei es mit Absicht oder ohne solche, denen bringen diese Gegenstände F. Mohammed sagte von einem, der ein Kleid unterschlagen hatte, daß er deshalb gefallen und direkt in die Hölle gegangen war. Damit hängt auch die Vorstellung von den Unglücksmännern, die eine traurige Botschaft bringen, zusammen. Sie gelten vielfach als gefährliche, selbst fluchbeladene Personen; sie zu töten gilt daher manchmal nicht nur als rechtlich begründet, sondern sogar als geboten.

Oft liegt auch der F. im Namen (s. d. A), sei es daß das Aussprechen des Namens einem andern F. bringt, sei es daß er für den Sprecher einen F. birgt. Daher die große Zahl von heiligen Namen, die nicht oder nur bei besonderen Gelegenheiten oder Festen ausgesprochen werden dürfen.

Der Grad und die Intensität des F. hängt mit der Kraft des Wesens zusammen, von dem die „Fluchkraft" ausströmt (s. Mana B): wenn der Prophet euch flucht, flucht euch Allah mit seinem F." Mohammed wird eine ganz besondere Fähigkeit der raschen Verwirklichung seiner Fluchworte zugeschrieben: als er, vom Zorne hingerissen, dem Freigelassenen der *ʿA'iša* zurief: „Allah haue dir die Hand ab!" hing sie ihm sofort leblos herab. Oft schickte der Prophet seine Feinde in den Tod durch einen F. Aber er bat dann Allah, seine Fähigkeit so zu regulieren, daß der F. in Segen verwandelt wurde, wenn er ihn gegen einen Gläubigen richtete.

Es gibt auch gewisse Zeitpunkte, zu denen der F. besonders wirksam ist. Mohammed verfluchte seine Feinde im Anschluß an den Gottesdienst im Monat Ramadan, der ihm dafür besonders geeignet schien. Aber auch gewöhnliche Menschen haben unter Umständen eine besondere Fähigkeit, wirkungsvolle Worte zu sprechen, so in der Todesstunde. Die Worte, die ein Weib in der Geburtsstunde sagt, gelten als Omen und das Kind wird danach benannt (Pedersen S. 93 ff.).

§ 6. Von besonderer Bedeutung sind auch gewisse Gebärden, die wir in Form der erhobenen, abwehrenden Hand oder des ausgestreckten, gegen die beiden Augen gerichteten Zeige- und Mittelfingers (z. B. Griechenland, Etrurien, Rom) fast in der ganzen Antike bis nach Indien und China finden. Stellenweise lebt in diesen Ländern die Angst vor diesen Gebärden bis auf den heutigen Tag weiter. Das Erheben der Schwurfinger mag als solche Gebärde bei uns sich erhalten haben.

Bei den Bergdama dart man mit ausgestrecktem Zeigefinger, der „scharfer Finger" genannt wird, weder auf Personen, noch auf Dinge hinweisen. Respekt heischende

Wesen empfinden das als eine Beleidigung und können sich dafür rächen: erwachsene Personen, Gräber, Himmel, Blitz, Regenbogen, sowie alle reißenden Tiere: Löwen, Leoparden usw. Um ein solches Hinweisen mit dem Finger zu vermeiden, ersetzt man es durch ein Vorstrecken der Lippen. Geht das nicht an, so zeigt man ganz kurz mit der Faust oder gekrümmtem Zeigefinger. Den in der Gebärde liegenden F. rächt der Blitz, indem er den Pietätlosen erschlägt; das Grab, indem es ihm den Zeigefinger abfaulen läßt; der Himmel, indem der Himmelsherr allerlei Übel schickt; das reißende Tier dadurch, daß es den Übermütigen verschlingt. Zeigt ein kleines Kind nach dem Regenbogen, so verliert es seine Eltern. Im allg. zeigt sich in der Art der Vergeltung (s. d.) der Gedanke der Spiegelstrafe (s. d), die hier durch die Eigenart des transzendenten Rächers selbst gegeben ist (Vedder S. 122). Zugrunde liegt diesem Gebärdenfluch offenbar die Annahme, daß durch das Hinweisen eine ganz besondere Verbindung zwischen dem handelnden Menschen und dem Gegenstand eintritt, auf den er sich bezieht, daß dadurch ferner auch eine Rückwirkung von seiten des Objekts auf den Handelnden zu gewärtigen steht. Zu den Gebärden ist auch der „böse Blick" zu rechnen (Seligmann).

§ 7. In welcher Weise die soziale Organisation in Beziehung zum F. gebracht wird, zeigt das Verfahren bei den Tamate-Bünden der Banks-Inseln. Beginnen zwei Leute einen Streit darüber, ob ein bestimmter Mann in den Bund aufgenommen werden soll oder nicht, und können sie sich nicht einigen, so belegt der eine den anderen mit dem F. folgender Rede: „du stehst unter dem Fluch des *Mantelel*-Bundes!" Falls der andere Mann darüber erschrickt, bricht er sofort den Streit ab; wird er aber ärgerlich und trotzig, so gebraucht er einen Gegenfluch, indem er einen anderen Bund nennt, dem er, nicht aber sein Gegner, angehört. Letzterer kann nun mit einem dritten F. erwidern, indem er einen dritten Geheimbund beschwört. Durch die Fortsetzung des Streits kann die ganze Insel in ihn verwickelt werden. Die Streitenden müssen Strafe in Gestalt von Schweinen an jene Bünde zahlen, deren Namen zu Unrecht erwähnt wurde. Auch Mitglieder desselben Bundes können einander durch Erwähnung anderer Bünde, denen sie angehören, fluchen. Der durch den F. eines bestimmten Bundes Betroffene kann dem dadurch begegnen, daß er dem im F. erwähnten Bund beitritt. Auf diese Weise wird durch Streitigkeiten die Mitgliedschaft der Geheimbünde vermehrt. Diese F. sind nur in Streitigkeiten wegen Nahrungsmittel, nicht in Frauenangelegenheiten erlaubt. Der F. kann auch in der Weise geregelt werden, daß z. B., wie in einem Fall, da ein Mann beschuldigt worden war, die Brotfrucht eines anderen genommen zu haben, der Beschädigte sagt: „die Brotfrucht gehört dem *Viov*-Bund", d. h. ist Eigentum der Mitglieder dieses Bundes, vermutlich in dem Sinn, daß der betreffende Bund hinter dem über den Brotfruchtbaum verhängten Bann steht, ihn rächt (s. Tabu B). Aber auch ein F. gegen den Abwesenden ist möglich, indem sich der Gekränkte an einen Anwesenden wendet und sagt: „geh zu dem und dem Mann und sage ihm, daß er ein Mann der *Viov* ist". Das gilt als eine Beleidigung, die dazu führt, daß der Angeschuldigte wünscht, dem *Viov*-Bund in der Tat beizutreten, um auf gleichem Fuß mit seinem Gegner zu stehen. Ist der Gegner anwesend, so schleudert ihm der Fluchende die Bemerkung ins Gesicht: „du bist ein Mann der *Viov*". Darauf greifen sie oft beide nach dem Bogen, um zu kämpfen. Die Anwesenden versuchen vor allem zu hindern, daß die Streitenden einander töten. Kommt es dazu, daß einer wirklich getötet wird, so sieht sich die ganze Insel in den Streit verwickelt. Dieser Art F. sind rein gesellschaftlich gedacht und appellieren an den Schutz, der von den einzelnen Bünden unmittelbar ausgeht (Rivers I 133f.).

§ 8. Die sozialen Zusammenhänge des F. kommen bei den Arabern deutlich zum Ausdruck. Die allg. arab. Bezeichnung für den F. *al-la'n* bedeutet die Entfernung aus der menschlichen Gesellschaft, d. h. im Sinne der primitiven vorislamischen Verhältnisse: die Ausstoßung aus dem Stamm, die Friedlosigkeit (s. d.). Der verfluchte Mann, sagt man, hält sich von den Menschen fern, er wird mit dem Wolf verglichen, denn „er lebt dort, wo der Wolf haust". Tod und Ausstoßung aus dem Stamm bezeichnet bei den Arabern den F. in besonderem Sinne. Aber auch jede Milieu- oder Standesveränderung, jede Veränderung in der hergebrachten Lebensweise erhält den Charakter eines F. Für den Mann ist es ein F., wie eine Frau behandelt zu werden, für den Beduinen: Bauer zu werden, und für den Bauer: Beduine. Alle Arten von Krankheiten und Körperfehlern gelten als Ergebnis eines F. Als einer ein Geschwür am Finger bekommen hat und den andern fragt, ob er den Finger abschneiden soll, rät dieser ihm ab mit den Worten: „ich fürchte, daß du deine Hand verletzest; solltest du dann sterben, so begegnest du deinem Herrn in verstümmeltem Zustand; wenn nicht, lebst du als ein Verstümmelter und bringst Schmach über deine Kinder." Noch heute sagt der Beduine als eventuelle Selbstverfluchung: „ich lasse mir den Arm abschneiden, wenn . . . ." — gerade so wie sich bei uns ähnliche Redensarten in abgeblaßter Bedeutung erhalten haben (Pedersen S. 65 ff.).

§ 9. Eigenartig sind die besonderen Verbote des F. unter den Verwandten, während in gewissen anderen Fällen gerade das Gegenteil unter bestimmten Verwandten in Erscheinung tritt, nämlich mehr oder minder beleidigende Neckereien und Beschimpfungen (vgl. Hocart). Unter den Geschwisterkindern ist auf Tikopia (Banks-Insel) verboten, einander zu schlagen, zu beleidigen oder zu fluchen. Stirbt ein Kind, so folgt ein Streit zwischen dem Vater des verstorbenen Kindes und seiner Schwester. Dabei flucht der Vater seiner Schwester und verbietet ihr, zu seinem Haus oder Gartenstück zu kommen. Wenn der Streit bis zum Tode von des Vaters Schwester fortgesetzt wird, so steht zu befürchten, daß ihr Geist alle übrigen Kinder ihres Bruders tötet, oder sie schont nur eines, damit die Familie fortgesetzt wird. Stirbt dagegen das Kind der Schwester des Vaters des zuerst gestorbenen Kindes, so wünscht der Geist dieses Kindes der Schwester, ein übrig gebliebenes Kind des Vaters zu töten, sofern der Geist nicht im Jenseits die Geister der gemeinsamen Vorfahren antrifft und diese ihn bitten, von der Rache abzustehen (Rivers I 343).

§ 10. Zu den bevorzugten Personen des F. gehören außer gewissen Verwandten, wie schon angeführt, unter patriarchalischen Völkern vor allem der Vater. Sowohl im alten Griechenland und in Rom wie auch in der Bibel tritt diese Auszeichnung des Vaters zutage. Die Hervorhebung des väterlichen F. als eines solchen von besonders starker Wirkung entspricht der Ausbildung der Vaterherrschaft und der Höhe des väterlichen Ansehens im allg. Die Fluchwirkung stellt sich hier ebenso automatisch ein wie in anderen Fällen. Ihr Gegenstück ist der väterliche Segen (s. d.), der nur einmal wie irgendein materielles Ding, gleichsam wie die besondere einzigartige Lebenskraft eines Menschen, übertragen wird. Dabei kommt es durchaus nur auf den konkreten Übertragungsvorgang an, wie z. B. in der Bibel der Fall von Esau und Jakob zeigt (Deut. 27, 15 ff.; Gen. 27, 36 ff.).

Während dem F. als solchen nichts Ethisches oder Moralisches anhaftet, kann er doch auf dem Wege über die Geistervorstellungen den Charakter eines Urteils über Gut und Böse erhalten, namentlich dort, wo er mit gewissen Auffassungen gesellschaftlichen Verhaltens in Einklang gebracht wird, wie etwa im Falle des Ödipus (Hobhouse S. 427).

§ 11. Der Eid (s. d. A), der als bedingter F. gedacht ist, erhält namentlich bei höheren Naturvölkern den Charakter des Gottesurteils (s. d.). Durch das Mißlingen des Gottesurteils wird automatisch die Fluchwirkung frei, die vorher durch entsprechende Vorbildhandlungen, Kontakte, Worte und dgl. m. vorbereitet worden ist.

Als eine solche Vorbereitung ist auch das „Medizinessen" aufzufassen, das z. B. in Afrika verbreitet ist. Bei den westafrik. Kpelle (Westermann S. 215) wird eine Brühe oder ein Brei bereitet, in dem ein leichtes Gift in mehr oder minder starker Verdünnung enthalten ist. Davon wird durch Trinken, Essen oder Einreiben dem Körper des Schwörenden etwas zugeführt, z. B. ein übelriechender, senfartiger Brei (vielleicht aus einem Gemisch von Salz, Pfeffer und

Asche mit Wasser angerührt) auf die rechte Handfläche gestrichen. Nach der Versicherung, nur die Wahrheit zu sagen und zu tun, mußte der Schwörende die Schmiere ablecken. Ist die Unwahrheit gesagt worden, so wendet sich der in dem von dem Schwörenden genossenen Zauber wirksame Wille des „Zauberbesitzers" gegen den Schwörenden und läßt ihn die schädigende Wirkung des Zaubers erfahren. Dem Schwur wird noch dadurch Nachdruck gegeben, daß bei den Kpelle und Mende eine Selbstverfluchung hinzutritt: „Wenn ich nicht die Wahrheit sage, so möge die Schlange auf dem Weg mich beißen, möge ich im Wasser ertrinken, möge mein Leib schwellen," oder: „Ich schwöre bei meiner Leber, meiner Lunge, meinen Nieren und meinem Herzen, daß, wenn ich lüge, ich nie gerettet werden möge, sondern eines plötzlichen Todes sterben möge."

In ähnlicher Weise, nur nicht durch Essen, sondern durch Trinken finden wir eine Verbindung von Gottesurteil, Eid und eventuellen F. im Konde-Land, Ostafrika (Fülleborn S. 319). Es handelt sich um das Trinken eines Saftes von dem giftigen Muavi-Baum. Für die Zwecke des Gottesurteils wird in der Regel aber keine starke giftige Abkochung der Rinde, sondern ein verhältnismäßig schwaches Gebräu bereitet. Wenn klagende Parteien vom Gericht Erlaubnis erhalten haben, ihre Sache durch den Muavitrank zu entscheiden, so bereiten sie sich darauf zunächst durch Fasten vor. Am Morgen des Entscheidungstages genießen sie erst einen Brei aus Bananenmehl. Die Streitenden legen allen Schmuck und Kleidung ab, trinken dann nackt das Muavigebräu und hinterher so viel Wasser als ihnen möglich ist. Darauf werden sie einander Angesicht gegen Angesicht gegenüber gestellt, ohne sich bewegen zu dürfen, bis endlich einer einen Brechreiz fühlt. Er kauert nieder und gibt den Trank von sich, worauf seine Freunde mit Jubelgeschrei seinen Sieg verkünden und den Gegner mit Schimpf und Schande davon treiben. Der Andere, der das Gift bei sich behält, gibt es nach einiger Zeit auch von sich. Dem Sieger bereiten die Seinen ein gutes Mahl, den Besiegten verpflegen seine Freunde auch. Allerdings scheint das Muavitrinken nicht immer ganz harmlos abzulaufen. Der Besiegte zahlt dem Sieger ein Rind.

Die Fluchwirkungen des Medizinessens stellt man sich z. B. bei dem *Tillah* genannten Mittel so vor, daß man glaubt: der, welcher einen Eid auf diese Medizin auch unwissentlich bricht, würde von der Medizin gepackt und von einer Krankheit befallen werden, die zuerst seine Lippen und Nase angreift und wegfrißt und ihn dann schließlich tötet. Aussätzige in diesem Bezirk gelten als solche, die einen Schwur auf den Zauberfluch *Tillah* gebrochen haben (Westermann S. 216). Aus dieser Kombination der Dinge geht drastisch die Rolle hervor, die mangelnde Kenntnis der Bedingungen und Zusammenhänge bei der Aufstellung solcher Hypothesen und Glaubenssätze spielt.

§ 12. Die bedingte Selbstverfluchung gelegentlich von Aussagen vor Gericht ist als Reinigungseid im Konde-Land üblich. Sie gilt als besonders heiliger Schwur, denn der Mann schwört bei einem (verstorbenen) Häuptling N. N. im Totenreich, oder: „auf die Gefahr hin, daß wir sofort in das Totenreich wandern müssen". Durch das „wir" ist die Familie des Schwörenden mit eingeschlossen. Ist dieser Schwur geleistet, so wird die Schuld nicht weiter untersucht (s. Gericht A). Die Leute haben eine gewisse heilige Scheu, diesen Schwur zu leisten (Fülleborn S. 319).

Eine fluchähnliche Besiegelung des gegebenen Wortes oder des vor Gericht abgelegten Zeugnisses besteht im Konde-Land darin, daß z. B. zwei Leute, die einen Kauf abschließen, sich die Hände reichen und ein dritter durchschlägt; oder sie nehmen ein Hölzchen, jeder von ihnen ergreift ein Ende davon, sie zerbrechen es in der Mitte, und ein dritter schneidet es in der Mitte mit dem Blatt seines Speeres durch. Jeder wirft dann sein Stückchen über den Kopf nach hinten. Dadurch wird der geschlossene Vertrag fest und unverbrüchlich (Fülleborn S. 319).

Eine symbolische Selbstverfluchung gelegentlich des Schwurs kennt das alte samoanische Recht. Der Schwörende mußte sich zwischen die beiden Hälften eines der Länge nach durchschnittenen Kanus legen, wie in einen Sarg. (Die Toten wurden nämlich im Kanu auf das Meer geschickt; Schultz-Ewerth VII.)

Derselbe Gedanke findet sich in den verschiedensten Varianten im Zusammenhang mit Gegenständen, die mit dem Sterben oder mit dem Töten in eine „wesentliche“ Verbindung gebracht werden. Bei den Kalmüken war es üblich (Pallas I 218 f.), daß der Schwörende den entblößten Säbel an seinen Nacken hielt, die Mündung eines Flintenlaufs küßte, einen Pfeil mit der Spitze auf die Zunge und auf die Stirn setzte, oder nur die Schneide eines Messers auf die Zunge legte, oder den Nagel des rechten Daumens beleckte, wenn nichts anderes da war (denn der Daumen gilt als tötliches Werkzeug, womit sich die Menschen an den Läusen, die sie plagen, zu rächen pflegen; gemäß dem Gesetz der Seelenwanderung kann den Schwörenden auch in einem anderen Leben die Strafe treffen). Bei diesen Handlungen mußte der Schwörende sich gleichzeitig mit Worten verfluchen, so oder anders zu sterben, wenn er die Unwahrheit beteuert habe. Vor Gericht wurde auf freiem Felde in einer Art Zelt mit einem Götzenbildnis auf einem Tische und einer Butterlampe ein feierlicher Eid geleistet, dessen Zeremoniell darin bestand, daß der Schwörende unter Versicherungen dreimal zu Boden fiel und dann das Licht auslöschte (als eventuellen Vorbildzauber und Selbstverfluchung im Sinne eines Auslöschens des Lebens) und noch einige andere Zeremonien ausführte.

In ähnlicher Weise bedienen sich die Galla der Lanze beim Schwur. Der Richter läßt den Beschuldigten vortreten und setzt ihm eine scharfe Lanzenspitze knapp an die Brust, worauf der Schwörende sagt: „Die Lanze möge mich durchbohren!“ Nicht selten bedient man sich aber eines anderen vorbildlichen Verfahrens, um einen bedingten F. herbeizuführen, nämlich des Schlachtens eines Huhns mit einem rostigen Messer. Der Schwörende schlachtet das Tier, indem er ein Glied nach dem andern von dem Tier abtrennt und den Kadaver bis auf das letzte Stückchen und die letzte Feder zerstückelt und alles mit den Worten wegwirft: „Wenn ich der Schuldige bin, möge es mir so ergehen, wie ich jetzt dem Vogel getan habe“. Auch das Essen von giftigen Pillen im Sinne eines Gottesgerichts (vgl. § 11) ist hier üblich. Die Selbstverfluchung des Alltags als Beteuerung lautet: meine Knochen sind deine Knochen und deine Knochen sind meine Knochen, — ein Ausspruch, der gemeinsame Sippenzugehörigkeit unterstellen will, auch wenn er gegen Fremde gebraucht wird (Paulitschke II 52).

Bei den Südslaven galt es als Folge des Zornes Gottes, wenn die männlichen Mitglieder einer Familie ausstarben. Darum war es der schlimmste F., der in mannigfache Bilder gekleidet wurde, wenn man sagte: du sollst keine Nachkommenschaft haben! oder: dein Heim werde entwurzelt! oder: deine Weihekerze soll verlöschen (Krauß S. 593)!

§ 13. Dem F. wird mit ähnlichen Mitteln begegnet, wie die sind, mit denen er ausgeübt wird. Wer z. B. unter den Bergdama absichtlich oder unabsichtlich die traditionellen Verhaltungsmaßregeln verachtet hat und aus diesem Grunde ein Unglück befürchtet, oder wer sich vom Unglück bereits verfolgt sieht, ohne ihm entrinnen zu können, der hat an sich die Reinigungszeremonie mit dem Herzblut eines Tieres, das nicht selten vom Loswerfer oder vom Zauberer bestimmt wird, zu vollziehen. Das Tier wird geschlachtet und in der Regel von den Alten am heiligen Feuer gegessen. Derjenige, der die Reinigung an sich vollziehen will, erhält nichts vom Fleisch. Er muß sich mit dem im Herzen zurückgebliebenen Blute den Oberkörper und die Arme tüchtig salben und zwar so lange, bis sämtliche Schmutzkrusten des vielleicht seit vielen Jahren nicht mehr gereinigten Körpers sich gelöst und mit dem Blut verbunden haben. Diese Produkte hat er alsdann als Amulett in einem Läppchen zu tragen. Während der Reinigung ruft er nicht selten den Segen der Ahnen an. Er hat dann noch ein oder zwei Tage in seiner Hütte zu bleiben und sich von den am heiligen Feuer gekochten und gebratenen Genüssen sowie vom geschlechtlichen Umgang zu enthalten. Frau und Kinder dürfen nicht in seine Hütte kommen. Wasser und

Feldkost wird ihm nur von Männern dargereicht (Vedder S. 122).

Auch gegenüber dem Medizinessen gibt es Mittel zur Abwendung des F. Will bei den Kpelle einer über den Eid, den er einem Privatmann oder einem unbedeutenden Unterhäuptling geleistet hat, hinweggehen, so findet er leicht einen Medizinmann, der gegen entsprechende Gebühr die Wirkung eines stärkeren Zaubers zur Verfügung stellt. Gegenüber den Zaubern der Oberhäuptlinge oder Geheimbünde ist aber dieser Ausweg kaum möglich, denn sie sind die stärksten im Lande (Westermann S. 216).

Bei den Arabern kann ein mit Selbstverfluchung beladenes Versprechen durch den Vertragspartner zurückgegeben werden, häufig unter gewissen Zeremonien, sei es durch bildliche Handlungen, wie das Ablegen eines Kleidungsstückes, z. B. des Turbans oder der Sandalen, oder durch feierliche Rede, oder auch durch Gegenbeschwörung. Ist ein leichtsinniger Schwur gebrochen worden, so kann nach dem Koran Sühne (s. d.) durch Freilassung eines Sklavens oder eine gleichwertige Leistung erfolgen (Pedersen S. 174ff.).

Der Fluchende selbst kann als „böser Zauberer" Strafen ausgesetzt werden, wie das in den röm. zwölf Tafeln vorgesehen ist: *qui malum carmen incantassit . . . . . qui fruges excantassit . . . . . neve alienam segetem pellexeris* (Bruns *Fontes*[5] S. 27ff.).

§ 14. Vom F. ist außer dem Schimpfen noch das Necken unter Verwandten und das Spotten zu unterscheiden (Werner S. 201).

Mehr im Sinne eines Schimpfes ist wohl der F. aufzufassen, den Parkinson aus dem kannibalistischen Teil von Bougainville berichtet: „Ich habe deinen Vater, Mutter, Bruder, Schwester gegessen". Ebenso sind die Behauptungen von einem Geschlechtsverkehr des Fluchenden mit verschiedenen nächsten Verwandten des Beleidigten, z. B. bei den Südslaven, heute wenigstens, im Sinne von Beschimpfungen zu deuten.

S. a. Bürgschaft A, Eid A, Gottesurteil, Magie, Meidung, Name A, Omen A, Schwur, Segen, Tabu B, Wette, Zauber A.

Cooper *Bibliogr. Tierra del Fuego* Smiths. Inst., Bur. Am. Ethn., Bull. 63 (1917); Fülleborn *D. dtsch. Nyassa- und Ruwuma-Gebiete* 1906; Hobhouse *Morals in Evolution* 1923; Hocart *Fijian Tauvu* J. R. Anthr. Inst. 43 (1913); Hose und McDougall *Pagan Trib. Borneo* 1912; Klemm *Ordal und Eid in Hinterindien* Zfvgl.RW. 13 (1899); Krauß *Sitte und Brauch der Südslaven* 1885; Künßberg *Schwurfingerdeutung und Schwurgebärde* Z. f. Schweiz. R. NF 39 (1920); Lasch *Der Eid* 1908; Pallas *Sammlg. hist. Nachr. mongol. Völker* 1776—1801; Paulitschke *Ethnogr. Nordostafrikas* 1896; Pedersen *Der Eid bei den Semiten* 1914; Rivers *Hist. Melan. Society* 1914; Schultz-Ewerth *Samoan. R.* in *Eingeb.-R. d. ehem. dtsch. Kolon.* 1925; Seligmann *Der böse Blick* 1910; Siegel *Handschlag und Eid* SB. Wiener Akad. 1894; Spieth *Ewestämme* 1906; Vedder *Die Bergdama* 1923; Werner *Die Ursprünge der Metapher* 1919; Westermann *Die Kpelle* 1921.

Thurnwald

B. Vorderasien. Der F. ist eine Herabwünschung eines Übels auf eine Person; er steht in Babylonien in engster Verbindung mit dem Eide (s. d. B). Dieser stellt gewissermaßen das Siegel dar auf eine eingegangene Verpflichtung, und wie auf die Übertretung des Gesetzes Strafe folgt, so ist der F. die Folge des nicht gehaltenen Eides oder Versprechens. Die nahen Beziehungen zwischen Eid und F. zeigt auch die Tatsache, daß das Wort für Eid *mamîtu* auch für F. gebraucht wird, daneben existiert noch ein besonderes Wort für F. nämlich *arratu*. Der F. findet sich in der altbabyl. Literatur, außer auf Kontrakten, hauptsächlich in Inschriften der Könige auf Bau- oder Bildwerken. Die Könige hatten ein Interesse daran, die Fortdauer ihrer Werke zu sichern, und glaubten das nicht anders als durch fürchterliche F. zu erreichen. Die äußere Form eines solchen ist gewöhnlich die: „Wer dieses Werk vernichtet oder verschlechtert, den möge der Gott X mitsamt seinen Nachkommen vernichten". Je nach der besonderen Stellung, die der Fluchende zu einer Gottheit hatte, wird diese oder jene, oft auch eine größere Anzahl nebeneinander, angerufen. Am häufigsten kommen vor Šamaš, Enlil, Êa, Sin und Ištar (Innina). S. a. Eid B.

S. A. B. Mercer *The Malediction in Cuneiform Inscriptions* Journ. of the Americ. Orient. soc. 34 (1914—15) S. 2ff.

Ebeling

Flügelnadel. Nadel mit seitlicher Fortsetzung an der Stelle der stärksten Erweiterung des Kopfes. Weiterentwicklungen der ältereisenzeitl., hallstättisch beeinflußten Scheibennadeln aus Bronzeblech (Knorr a. a. O. 87—90) in tüchtigem Bronzeguß, mit Neigung zu starker Profilierung durch Sprossen, Rippen usw. Im einzelnen recht verschieden; auch durch Mittelformen mit der „Holsteinischen Nadel" (s. d.; Schumann a. a. O. Tf. 1, II) verbunden. Charakterform der dritten (Ripdorf-)Stufe der westgerm. EZ, s. bis zur Altmark; in den Küstenländern in entarteter Form bis Hinterpommern gedrungen, auch in Posen (Kostrzewski *Spätlatènekultur* 1915 S. 8); jüngere Formen auch in Dänemark. In Jütland nur in Mooren und Erdfunden (Aarb. 1916 S. 243 Neergaard). S. a. Flügelnadelfibel.

Lemckefestschrift 1898 S. 6 Schumann; Knorr *Friedhöfe d. ä. Eisenzeit* 1910 S. 33; C. Schuchhardt *Die Urnenfriedhöfe Niedersachsens* I (1911) 1—2 S. 8ff. Schwantes; Mecklenb. Jahrbb. 1906 S. 24 Beltz; ders. *VAM* S. 292. Dazu noch Stücke von Lankow bei Schwerin, Mühleneichsen bei Gadebusch, Mölln bei Penzlin, Grischow bei Stavenhagen. R. Beltz

Flügelnadelfibel. Die Flügelnadel kann durch Umbiegung der Nadel oder dadurch, daß am Kopfteile Öse und Nadelhalter mit einhakender Nadel angebracht wird, zur Fibel gestaltet werden, eine Weiterbildung der Tindsdahler Fibel (s. d.). Einige Exemplare in Schleswig-Holstein, mehrere, auch von Eisen, von Mühleneichsen bei Gadebusch.

Knorr *Friedhöfe der ä. Eisenzeit* 1910 S. 33; ZfEthn. 1913 S. 698 Beltz. R. Beltz

Flügelwall s. Festung A.

Flur s. Mark.

Flüsse. A. Ägypten s. d. B § 2—5.

B. Palästina-Syrien s. d. B.

C. Vorderasien. Das Flußsystem des Euphrat (s. d.), Tigris (s. d.) und ihrer Nebenflüsse wurde wenigstens in Babylonien durch viele Kanäle noch erweitert. Der Wasserreichtum war wegen der klimatischen Verhältnisse zu den verschiedenen Jahreszeiten recht verschieden. Im Frühling, wenn in Armenien der Schnee geschmolzen war, sind sie sehr reißend und überschwemmen das ganze Land. Dann richten sie viel Verwüstungen an und unterwühlen Grund und Boden, so daß ganze Gebäude einfallen. Ein Überschreiten des Euphrat, Tigris und der beiden Zab ist in dieser Zeit immer ein gefährliches Unternehmen, und man versteht darum den Stolz der assyr. Könige, mit dem sie in ihren Inschriften immer erzählen, wenn sie im Frühjahr die großen F. „in ihrer Hochflut" überschritten haben (vgl. z. B. KB I [1889] S. 130, 27; S. 130, 34 u. ö.). In Herbst tritt das Gegenteil ein; dann haben F. und Kanäle oft so wenig Wasser, daß Menschen, Tiere und Gewächse vor Durst fast umkommen. Eine andere Gefahr für Ansiedlungen ist der Umstand, daß die F. im Alluvialland häufig ihren Lauf verändern. So hatte sich z. B. zu Nabopolassars Zeit der Euphrat von Sippar so weit entfernt, daß man im alten Bette kein Wasser schöpfen konnte (Vorderas. Bibl. 4 [1912] S. 64 Nr. 2, I, 10ff.). Um diesen Unannehmlichkeiten zu entgehen, wurden in späterer Zeit die Flußufer innerhalb der großen Städte mit Quaimauern aus Backsteinen eingefaßt (a. a. O. II 14). Andererseits wurden besonders aus baulichen und militärischen Rücksichten F. zuweilen auch abgeleitet (B. Meissner und P. Rost *Die Bauinschrift. Sanher.* 1893 S. 9). — Der F. als Bringer des segenspendenden Wassers galt selbst als heilig und unverletzlich. Es was darum verboten, in die F. zu speien und zu urinieren (Zimmern *Beiträge zur Kenntn. der babyl. Relig.* 1896 S. 15, 59), um ihn nicht zu verunreinigen, und kultische Handlungen wurden gern am Flußufer vorgenommen (Leipz. semit. Stud. 2, 1 [1906] S. 99f.). Der F. wird sogar vergöttlicht (Schrader *Die Keilinschr. und das AT* S. 637), und bestimmte Rechtsentscheidungen, die durch die gewöhnlichen Mittel nicht geklärt werden konnten, wurden durch Hinabsteigen der betreffenden Personen in den F. herbeigeführt, wo dann der Flußgott selbst gewissermaßen Recht sprach (s. Ordal). B. Meissner

Flußpfahlbau s. Pfahlbau.

Flußpferd (diluv.) s. Diluvialfauna § 6.

Focunates s. Räter.

Fokoru s. Michałkow.

Foltern. Das F. der gefangenen Feinde galt den alten Babyloniern und Assyrern ebensowenig als etwas Verabscheuungswürdiges als den alten Israeliten. Näher unterrichtet sind wir über Folterstrafen besonders durch die assyr. Könige, die mit großer Vorliebe von den entsetzlichen Strafen berichten, die sie an gefangenen Empörern vornehmen ließen. Verhältnismäßig milde erschien es, wenn gefangenen Fürsten ein Ring durch Nase und Lippen gezogen, oder sie am Haupttor der Stadt in einen Hundekäfig zum Gespött der Menschen gesetzt wurden. Schlimmer waren die Körperverstümmelungen: man schnitt ihnen Hände und Füße, Nasen und Ohren ab, stach ihnen die Augen aus und riß ihnen die Zunge aus. Die gewöhnliche Todesstrafe war das Kopfabschneiden und das Pfählen, wobei die Delinquenten entweder mit den Weichen oder mit der Gurgel auf einen spitzen Pfahl gespießt wurden. Knaben und Mädchen werden in der eroberten Stadt verbrannt. Schlimme Verbrecher wurden lebendig geschunden, und mit ihrer Haut bespannte man die Stadtmauer. Die Köpfe der Getöteten wurden abgeschnitten und zu Pyramiden aufgeschichtet oder an die Fruchtbäume aufgehängt.

B. Meissner *Babyl. und Assyr.* I (1920) S. 112.

B. Meissner

Fondo Baratela s. Este § 4.

Fondi di capanne. § 1. Durch Chierici, der zuerst (Bull. Paletn. Ital. 1 und 3) derartige Hüttenböden in der Provinz Reggio Emilia genau untersuchte und behandelte, in die Wissenschaft eingeführte Bezeichnung für die nicht mehr in Höhlen, sondern im Freien errichteten Wohnstätten der neol., kupferzeitl. und bronzezeitl. Siedeler, die sich gleichartig jedoch vielfach in die EZ fortsetzten (wofür Nachweise: Bull. Paletn. Ital. 33 S. 148). Flecken, meist rund oder elliptisch, dunkel, weil mit Kohlen und Abfallresten durchsetzt, von mitunter merkwürdig kleinem Durchmesser — solche von nur 1½ m sind beobachtet worden —, zeigten bei näherem Zusehen in der Mitte meist eine muldenartige Vertiefung, die als Herd erkannt wurde, überhaupt auch im Ganzen eine beabsichtigte Tieflage, wie sie auch bei nord. Völkern typisch ist. Erst jüngere Zeit hebt die Anlage auf den Oberflächenhorizont des Erdbodens, auch wird der Herd, namentlich im s. Teil der Halbinsel und auf Sizilien, gern nach außen verlegt. Ferner wurden ringsum Löcher oder sonstige Spuren von Pfählen festgestellt, die man bald als Träger der Wandungen erkannte, zwischen denen Flechtwerk und Lehm den Verschluß bildeten, worüber dann aus ähnlich vergänglichem Stoff sich das Dach erhob, wenn dasselbe nicht einfach konisch zulaufende Fortsetzung der Wände war.

§ 2. Mehr oder minder gleichartig sind solche Hütten nach und nach auf der ganzen Halbinsel und den großen Inseln beachtet worden, bald vereinzelt, bald zu kleineren oder größeren Ortschaften vereinigt. In ihnen wohnte überall die Urbevölkerung, hinterließ auf, unter und ringsum die Spuren ihres Daseins und in der Nähe ihre Gräber, in der älteren Zeit meistens liegende Hocker. Die Aufdeckung eines solchen Gräberplatzes bei Remedello Sotto (s. d.) s. von Brescia gab Colini Anlaß zu seiner umfassenden, auf die Typologie der Fundstücke aufgebauten Bearbeitung dieser Schichten: Bull. Paletn. Ital. 24 (1899), 25 (1900), 27 (1901), 28 (1902), auch in drei Bänden zusammengedruckt *(Il sepolcreto di Remedello Sotto e il periodo eneolitico in Italia.* Parma 1899—1902). Dazu die Überblicke in seiner Behandlung der BZ: Atti del congr. stor. Roma 5 (1904) S. 3—96 und Bull. Paletn. Ital. 29 und 30. S. a. Italien B). Vereinzelt, soweit wir bis jetzt sehen können, scheinen jene Hütten auch, wie heute noch bei Naturvölkern, als Wohnstätten für die Toten verwendet zu sein: so im Vibrata-Tal (s. d.), im Hüttendorf am Pulo di Molfetto (s. d.) und anderswo.

v. Duhn *Ital. Gräberk.* I 33, 631; ebd. Tf. 1, 5 Abb. eines Grabes innerhalb einer allerdings schon rechteckigen Hütte mit runder Apsis aus dem Innern Samniums, wozu S. 36.

§ 3. Die Wohnweise in solchen offnen Hüttendörfern und der ihnen eigne Grabritus, sowie vieles, was ihre Bewohner typol. unterschied von den Besiedlern der Pfahldörfer in den Seen, Flußläufen und Mooren, sowie auf dem festen Lande (s. Pfahlbau E, Terramare B), machte es in der Poebene leicht, im Gegensatz zu den Zuwanderern von N in diesen Hüttenbewohnern die Vorgänger zu erkennen und sie ethnisch zu scheiden. Schwieriger wurde solche Scheidung weiter ö., als die Zuwanderer ihre charakteristische Wohnweise aufgaben, die offnen Hütten ebenfalls annahmen und den früheren Hüttenbewohnern ihre Kenntnisse der Metallbearbeitung, keramische Formen u. a. übermittelten, dafür auch von jenen manches erhielten, während wiederum die Hüttenbewohner da, wo sie mit den verbrennenden „Italikern" zusammenwohnten, deren Brandritus allmählich übernahmen. Das Ergebnis solchen bereits vollzogenen oder im Vollziehen begriffenen Austausches zeigt uns die ganze Romagna, wo besonders viele und gut beobachtete Hüttendörfer gefunden und untersucht worden sind, von denen ich nur außer Bologna (s. d.) selbst, Castellaccio d'Imola (s. d.), Toscanella Imolese, La Prevosta (s. d.), La Bertarina (s. d.), die Grotta del Farneto nenne. In Castellaccio (Scarabelli *Stazione preistorica sul Monte di C. presso Imola* 1887; Montelius *Civ. prim.* I 125ff. Tf. 20) ist die Übereinanderschichtung solcher Hütten gut zu beobachten gewesen, auch die Anlage von Abfallgruben meist neben dem Herd. In zwei Fällen, wo sie fehlen, ist ihr Inhalt außerhalb der Hütten hingeschüttet gefunden. Die Siedelung hat noch in der neol. — oder für Italien überhaupt wohl richtiger kuprolith. — Zeit begonnen, geht durch die BZ und EZ durch bis zur röm. Herrschaft: ein wertvolles Beweisstück für die Einheitlichkeit und Zähigkeit der Lebensformen im Innern des ital. Landes.

§ 4. Und dieselbe Erfahrung macht man zunächst auf der mit festgestellten Hüttendörfern ziemlich dicht besetzten Ostseite bis herunter nach Apulien, wo im Vibrata-Tal (s. d.), auf Coppa nevigata (s. d.) und in einer Siedelung am Pulo di Molfetta (s. d.) näher untersuchte Hüttendörfer viel genannt sind. Aber auch in den Gebirgsgegenden des Inneren sowie in Etrurien, Latium, Lucanien und den großen Inseln sind von der StZ bis tief in die EZ hinabreichende Hüttendörfer gefunden, die vielerorts als die Vorgänger der Städte angesehen werden müssen, wie sich denn auch aus der Hütte meist runder oder elliptischer Form bei größerer Vervollkommnung der Werkzeuge und dadurch ermöglichter Verwendung regelrecht zugehauener Langhölzer erst der rechteckige Bau, wie ihn schon die Schweizer Pfahlbauten kennen, hernach der Steinbau entwickelt. Wie noch den Römern der Kaiserzeit die Casa Romuli eine Vorstellung solch alter Hütten und der Vestatempel auf dem Forum von der Verwendung der Form für älteste Götterwohnung gewährt haben mag, so wird uns eine solche übermittelt durch die Hausurnen (s. d. B) des späteren Etruriens und Latiums.

Montelius *Civ. prim.* I (1895) Tf. 11, 20—21, 87; II (1910) Tf. 114, 115 und Text; Peet *Stone-and Bronzeages* 1909 S. 88ff., 188, 198, 372ff., 400, 421ff., 450ff.; Montelius *Vorklass. Chronol.* 1912 S. 27. Ferner die von M. und P. verzeichnete, sowie die oben bereits angeführte Lit. v. Duhn

Fontaine-le-Puits (Savoyen). § 1. Im J. 1908 wurden bei F. zwei Skelette — beides liegende Hocker (Tf. 152a) mit wenig angezogenen Knien — entdeckt, von denen das eine noch rein neol. Beigaben hatte, das andere aber außerdem auch eine Reihe von Kupferarbeiten (Tf. 152b). Die Bestattung war folgende: Der Tote lag auf der linken Seite, die Füße nach O, die rechte Hand über den Kopf erhoben, die linke an der Seite abwärts gestreckt. Hinter dem Schädel lag eine Speerspitze aus Feuerstein, in Höhe des l. Ellenbogens drei Äxte: Zwei aus Jadeit und eine Flachaxt mit fast rechteckigem Umriß aus Kupfer. Bei der l. Hand 4 Klingen und Ziehmesser aus Feuerstein. Daneben, vom Körper ab 6 Feuersteinpfeilspitzen. Am r. Handgelenk ein großer, kupferner, schmaldreieckiger Anhänger, an der kurzen Dreieckseite parallel durchbohrt. Bei der Brust eine Muschel. Etwas fußwärts ein kleiner, triangulärer Kupferdolch mit zwei Nieten, daneben ein Kupferpfriemen, Feuersteinklingen und eine große Feuersteinpfeilspitze. Am Knie 22 Feuersteinpfeilspitzen, die Spitzen nach O, auf dem rechten Unterschenkel zwei große Hauer vom Wildschwein.

§ 2. Die Pfeilspitzen scheinen ihrer Anordnung nach in einem Köcher gelegen zu haben, von dem nur die gleichgerichtet liegenden Spitzen sich erhalten konnten. Déchelette (*Manuel* II 1 S. 136) nennt eine dritte Steinaxt aus Chloromelanit. Die Pfeilspitzen sind ohne Widerhaken. Die ganze Bestattung mit ihren Beigaben entspricht völlig den kupferzeitlichen Gräbern Oberitaliens. Die dreieckigen Anhänger aus Kupfer, aber von etwas anderer Art, finden sich auch in den Schweizer Pfahlbauten (Munro *Lake dwellings of Europe* 1890

Tf. 35 Abb. 7, 23). Das reiche Grab ist von großer Bedeutung. Es beweist das Eindringen des Kupfers in den SO Frankreichs von Italien her und ferner einen Zusammenhang der Bevölkerung in Norditalien und Südostfrankreich. Beide Gegenden waren von Völkern ligur. Stammes bewohnt, wie sich auch aus den, allerdings viel späteren, klassischen Schriftstellern erweisen läßt.

Association française pour l'avancement des sciences. Compte rendu 1909 Lille M. H. Müller; Déchelette *Manuel* II 1 S. 134ff.

E. Rademacher

Fontanella di Casalromano. Gräberfeld unweit Mantua, n. des Po, nahe dem Zusammenfluß von Oglio und Chiese, 37 km s. von Brescia und ebensoviel w. von Mantua; oft genannt, weil hier sowohl eine Gruppe z. T. sehr gut erhaltener Gräber der in Form liegender Hocker bestattenden Urbevölkerung, denjenigen des benachbarten Remedello nahverwandt, gefunden ist, als auch eine solche der bereits ihrem Ende sich nähernden Terramarekultur. Deren Brandgräber zeigen schon vielfache Ausstattungsstücke, welche der sog. Villanovakultur eigen sind, wie die halbrunden „Rasiermesser", Rippencisten, Schlangenfibeln mit einer Spirale und spiralisch zusammengedrehter Fußscheibe. Dazu Tongefäße, welche in Form und Verzierung ganz denen einer ähnlichen Übergangsnekropole, Bismantova (s. d.), entsprechen. Wichtige Anzeichen für den — oft bestrittenen — ununterbrochenen Übergang der Kultur des 2. Jht. in diejenige des 1. Jht. auch im mittl. Pogebiet.

v. Duhn *Ital. Gräberk.* I (1924) S. 17, 149f., wo anderes Verwandte.

v. Duhn

Font-de-Gaume (Höhle). Diese außerordentlich wichtige Fundstätte für diluv. Wandmalerei liegt im Beune-Tale, Gemeinde Tayac, unweit von Les Eyzies (Dép. Dordogne). Die zahlreichen Darstellungen umfassen so ziemlich alle Phasen paläol. Wandkunst, angefangen von primitiven Linearzeichnungen bis zu sorgsam gravierten und gemalten polychromen Bildern (s. Kunst A II). Die wiedergegebenen Tierspezies sind das Mammut, wollhaarige Nashorn, Rentier, Wildpferd, Bison, Urstier, Wolf usw., zu denen sich tektiforme und verwandte Zeichen gesellen. Entdeckt im J. 1901 von D. Peyrony; studiert und veröffentlicht von L. Capitan, H. Breuil und D. Peyrony in dem Prachtwerke *La Caverne de Font-de-Gaume aux Eyzies (Dordogne)*. Monaco 1910.

H. Obermaier

Font-Robert-Spitze s. Aurignacien § 2.

Food-vessel s. Großbritannien B § 27b.

Forbes' Quarry s. Pyrenäenhalbinsel A § 5.

Forest-Bed von Cromer (England) s. Eolithenproblem § 14.

Formen. A. Europa s. Bronzeguß A § 6—12, Töpferei A § 4—10.

B. Ägypten. Das äg. Kunsthandwerk benötigte Formen zur Herstellung von Gegenständen aus Metall oder aus Ton und Fayence. Für Metallguß, bes. Bronzeguß (s. d. B), waren Formen meist aus Ton in Gebrauch, daneben für Massenfabrikation auch steinerne Formen, beides sowohl als Halbformen wie als vollständige Formen.

Für einen rundplastischen Gegenstand aus Ton oder Fayence ist eine den herzustellenden Gegenstand voll umschließende Form erforderlich. So sind auch in älterer Zeit die Figuren aus Fayence (s. d. B) hergestellt, die in großer Zahl erhalten sind. Ebenso liegt es für die aus griech.-röm. Zeit stammenden Figuren und Lampen aus gebranntem Ton. Wo allerdings eine Figur eine unbearbeitete Rückseite haben kann, hat man nur eine Halbform hergestellt und diese mit Ton ausgestrichen, was naturgemäß eine viel schnellere Herstellung des einzelnen Gegenstandes ermöglichte. Für die Anfertigung von Amuletten, Anhängern an Halsketten, Einlagen in Bauteile usw. hat man sich zu allen Zeiten unbedenklich der Halbformen bedienen können, da ja die Rückseite des Gegenstandes für den Beschauer unsichtbar wurde. Führte man das Stück in Fayence aus, d. h. überzog es mit einer undurchsichtigen farbigen Glasur, so gewann der Gegenstand ohnehin ein gleichmäßiges Aussehen. S. a. Bronzeguß B.

Roeder

Fortschritt.

§ 1. Die Einstellung zur Frage des F. — § 2. Der F. in objektiver Betrachtung. — § 3. Technik und Wissen als F. — § 4. Die Bedeutung der fortschreitenden Technik für die Gestaltung der Ge-

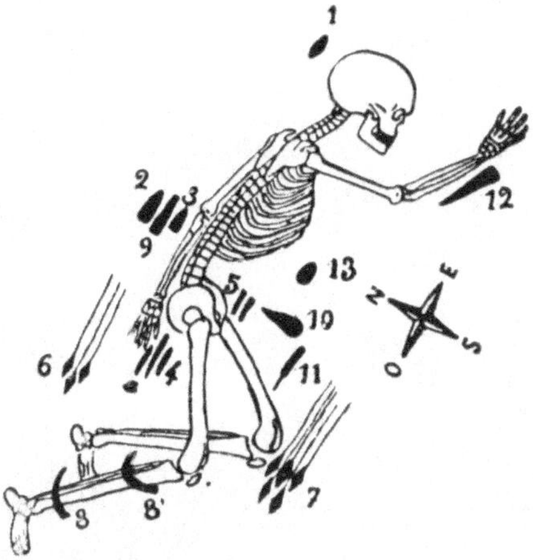

a

b

Fontaine-le-Puits

Grabfund von Fontaine-le-Puits, Dép. Savoie: a. Schematische Skizze des Skelettes mit den Beigaben. — b. Die wichtigsten Kupfergegenstände des Grabes. Nach J. Déchelette.

meinwesen. — § 5. Die Kulturgesellschaften als Träger des F.

§ 1. Die Erörterung primitiven Lebens legt die Frage nach dem F. nahe. Zwei Ansichten, die wesentl. aus der Gefühlseinstellung zur eigenen Zeit entspringen, ringen hier um die Vorherrschaft: die eine, egozentrisch und selbstgefällig, sieht in naiver Weise den Weg der Menschheit zur eigenen Person und ihrem Beziehungskreis als den Höhe- und Vollendungspunkt des Seins heraufführen, die andere kritisch romantische Richtung rückt aus Mißbehagen an den Lebensumständen, in die der Betreffende gestellt ist, eine schönere und bessere Zeit als die Gegenwart in eine ferne Vergangenheit. Als Vertreter der ersteren Einstellung kann etwa Hobbes gelten und die älteren Entwicklungstheoretiker, wie Spencer und Morgan, während z. B. Tacitus oder Rousseau mit der großen Menge seiner Nachfolger von ihrem Volk und ihrer Zeit den Blick in die Fremde und Ferne als einer besseren Welt schweifen lassen.

§ 2. Der Frage des F. kann jedoch nur nach objektiven Kriterien nahe getreten werden. Vielleicht läßt sie sich auch gar nicht einheitlich und in verallgemeinernder Weise entscheiden.

Auf dem Gebiete der Technik und des Wissens sind immerhin unzweifelhafte Tatsachen festzustellen, während im Bereich des moralischen Verhaltens unter den Menschen vieles umstritten bleibt, in bezug auf das subjektive Glücksgefühl jedoch alles den Stimmungen der Persönlichkeiten anheimgestellt werden muß.

§ 3. Hier sollen nur einige feste Tatsachen in Betracht gezogen werden, die sich um so eindeutiger aufdrängen, einen je weiteren Zeitraum und je größere Abstände der Kultur wir umspannen. Eine Zunahme der Technik der Hand und des Kopfes kann als unerschütterliche Richtung festgestellt werden. Sie gilt sowohl bei dem Vergleich mit der Frühgeschichte der Menschen, als auch mit den uns heute noch zugänglichen Naturvölkern. Die nach diesen Beziehungen hin gemeinsamen Voraussetzungen enthalten die Berechtigung, innerhalb gewisser Schranken Rückschlüsse vom Leben der zeitgenössischen Naturvölker auf vorgesch. Leben zu ziehen.

Der Weg der Menschheit besteht in einer Anhäufung von Fertigkeiten und Kenntnissen, von denen jede einzelne wieder die Voraussetzung für die anderen bildet. Die Aufspeicherung von Wissen hat aber nicht nur die Bedeutung einer Summierung, sondern sie führt auf dem Wege der Vergleiche zur Analyse und damit zu einer reicheren, tieferen, und zweifellos auch richtigeren Verknüpfung der Bedingtheiten, der Kausalzusammenhänge. Die Folge ist eine wachsende Meisterung der Umwelt und eine bessere Orientierung in ihr.

§ 4. Die Technik hat weittragende, bisher vielfach übersehene Wirkungen für das gesellige Zusammenleben. Die älteren sozialen Einheiten sind deshalb so klein, weil die Ernährungsmöglichkeiten der Jäger und Sammler das bedingen (s. Familienformen). Erst die Technik des Hackbaues (s. d.) und der Viehhaltung mit ihrem reicheren Ertrag ermöglicht das Zusammenleben größerer Gruppen. Von besonderer Bedeutung wurde die Verbindung der Viehhaltung mit dem Feldbau durch die technische Vervollkommnung des Pflugs, vor den der Ochse gespannt wird. Dadurch wird weiterhin ein größerer Zusammenschluß von Menschen, eine Ausdehnung des Friedensgebiets, ermöglicht und die Erweiterung der sozialen Organisation gefördert. Die Technik der Bewässerungsanlagen (s. Bewässerung), wie wir sie an den großen Strömen Asiens und Nordafrikas finden, steht am Anfang der Kulturreiche des Orients. Die Verbindung der einzelnen Teile wird durch den stellenweise schon hochentwickelten Bootsbau gefördert. Aber noch etwas anderes tritt hinzu. Wir sehen eine große Menge von dienenden Händen, zumeist von Kriegsgefangenen, die Tempel und Paläste, Herrenhöfe und Gräber erbauen. Überlegene Bewaffnung und bessere Organisation ermöglichte es den Herren, andere dienstbar zu machen.

Die Technik war es gewesen, die zur wirtschaftlichen Bewertung der Sachen und zur Schätzung der Arbeitskraft der Menschen führte. Alles, was die Menschheit sich im Laufe der Zeit mit Hand und

Kopf geschaffen hat, war ursprünglich Luxus. Begegnen wir doch auch bei den niedrigsten der heute lebenden Naturvölker innerhalb ihres Lebensrahmens dem Streben nach Luxus, der sich in Schmuck, Veranstaltungen von Festen, Gesängen und Tänzen äußert und in den primitiven Kunstbetätigungen ein erhöhtes Lebensgefühl auslöst.

Während die Technik auf der einen Seite zu einer Ausdehnung der Vergesellschaftung führte, war sie auf der anderen Veranlassung zu einer Häufung und größerer Grausamkeit der Kämpfe, sowohl nach Außen als im Innern der Gemeinschaften. Der Wert der Sachen und Arbeit lockte zu Plünderungen und Raub, die Möglichkeit wirtschaftlicher Nützung zur Unterjochung und Herrschaft.

Der von ihm geschaffenen Technik steht der Mensch wie einem Faktor der Außenwelt gegenüber, mit dem er sich wie mit irgend einer anderen Lebensbedingung auseinander setzen muß. Darin liegt das durch den Fortschritt der Technik und des Wissens geschaffene Problem.

§ 5. Dabei dürfen wir nicht außer acht lassen, daß die Häufungen der Erfindungen und die Mehrung des Wissens innerhalb bestimmter Gruppen, Stämme, Nationen und Rassen vor sich geht. Diese erscheinen als selbständige soziale Organisationen in dem Lebensprozeß der Menschheit, sie sind die Träger der Technik. Es sind die einzelnen Gemeinschaften, innerhalb deren eine Fertigkeit geschaffen wird und die Erfindungen und Entdeckungen sich auch wirklich durchsetzen und zum Gemeingut der betreffenden Gesellschaft werden. Hier baut sowohl historisch, wie auch in räumlicher Beziehung, nämlich in bezug auf die Beeinflussung der nachbarlichen Verbände, eine Gesellschaft auf der anderen. Darum kann auch der Fortschritt nicht als gerade Linie innerhalb der Menschheit als Ganzes aufgefaßt werden, sondern man muß ihn im Zusammenhang der Kulturgesellschaften verstehen, deren Träger einander ablösen. So wie diese Träger einerseits an die von ihren Vorläufern ihnen bestimmten Gegebenheiten geknüpft sind, so können sie auch auf der anderen Seite das Rad der Zeit nicht rückwärts drehen und müssen weiterhin Technik, Wissen und Einsicht zu mehren suchen und mit der aufgespeicherten Erfahrung als Umgebungsfaktor sich auseinandersetzen.

Die mangelhafte Anpassung der Gruppen an die durch die fortschreitende Technik und das angehäufte Wissen veränderten Umgebungsfaktoren führt zu den Krisen, die alle Zeiten und alle Völker heimgesucht haben.

S. a. Adel, Demokratie, Despotie, Kulturkreis, Moral, Politische Entwicklung, Soziale Entwicklung.

Thurnwald *Die Gestalt. d. Wirtschaftsentwicklung aus ihren Anfängen heraus* Erinnerungsgabe f. M. Weber 1923; ders. *Zur Kritik d. Gesellschaftsbiologie* Arch. f. Sozialwiss. 52 (1924).

Thurnwald

Forumgräber. § 1. Die ältesten Gräber Roms, welche uns einen Einblick in die Werdezeit der ewigen Stadt gewähren, 15 Brand- und 27 Bestattungsgräber, dort gelegen, wo Siedelungen auf Palatin und Quirinal sowie den mit letzterem verbundenen Hügelzungen ihren nächsten Totenplatz voraussetzen ließen, d. h. am Südrand der Velia und am Fuß ihres Übergangs zu den gegenüber dem Palatin sich erhebenden Höhen, welche das Forumtal von der anderen Seite einschlossen. Zäher Kultus hielt in dieser Gegend noch spät und unbewußt die Erinnerung fest, daß hier einmal die Palatinbewohner ihre Toten dem Feuer übergaben und die Urnen in den Boden senkten: Vesta, Volcanus, Stata Mater. Hier bezeichnete noch zu Varros Zeit der Name *Doliola* eine Stelle, wo man nicht ausspucken dürfe, wegen der Dolia unter der Erde und den dort geborgenen Resten der Toten. Tiefgrabungen, wie sie in diesem Mittelpunkt städtischen Lebens zu allen Zeiten der Republik wie der Monarchie sich immer wiederholen mußten, haben gewiß immer wieder durch Funde diese Tatsache späten Geschlechtern neu vor Augen geführt. Können wir doch noch beobachten, wie z. B. die Fundamentierung des Tempels des Antoninus und der Faustina in das Gräberfeld, dessen kleinen Ausschnitt Boni von 1902—1909 aufdeckte, zerstörend eingriff, ähnlich inmitten des Forums die Aushebung des Grundes für die Reiterstatue Domitians, und nach Abspülung des Erdreichs starren

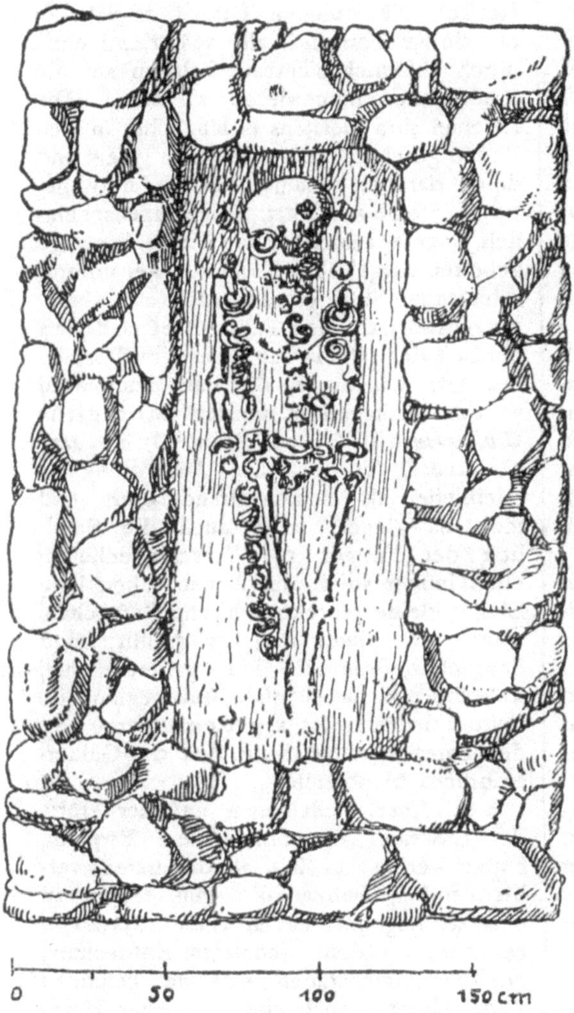

a

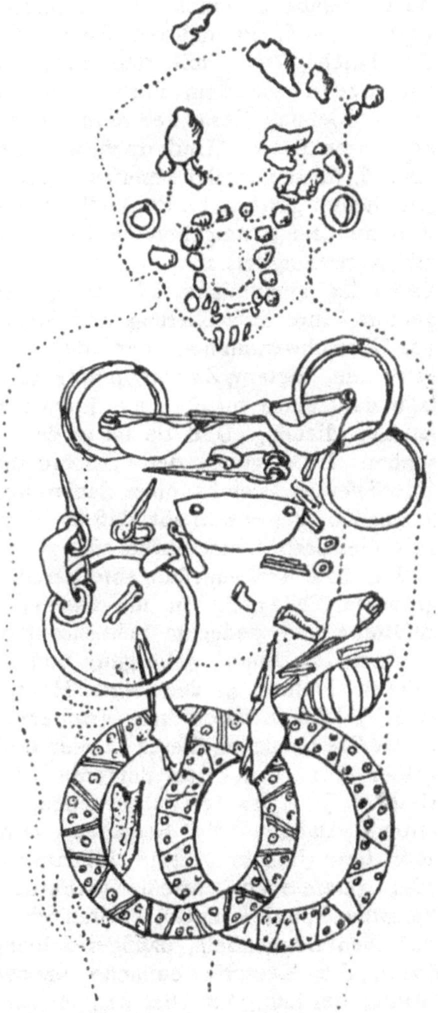

b

Forumgräber

a. Terni. Bestattungsgrab. Nach Notizie 1907. — b. Rom. Bestattungsgrab. Forum M. Nach Notizie 1905.

uns heute wieder die in den Fels oberhalb des Septimiusbogens im Gebiet des Volcanal eingehauenen runden Löcher für einstige Aufnahme längst verschwundener Aschengefäße unterhalb des Kapitols entgegen. Noch in hellsten Zeiten fanden die Leichenfeiern mit den Prozessionen und Reden auf dem Forum statt, noch seinen Liebling Cäsar verbrannte das Volk an dieser Stätte. Und doch war sie seit dem 6. Jh. sepulcraler Benutzung entzogen. Die dichter gewordene Besiedelung der das Forumtal rings umgebenden Höhen hatte mit Notwendigkeit die profane Benutzung auch der geräumigen Niederung herbeigeführt. Ihre Entwässerung und Sicherung vor Überschwemmungen war unumgänglich geworden, diesem Zwecke mußte die Anlage der Cloaca maxima mit ihren Nebenkanälen dienen. Und da ist es denn eine schöne Bestätigung der geschichtlichen Überlieferung, welche diese Sanierung den letzten Königen zuschreibt, daß um dieselbe Zeit die Gräber hier aufhören.

§ 2. Die Aschengefäße sind bereits zum größeren Teil nicht in mit Steinen ausgefütterte und gedeckte Schächte gesetzt, sondern in Dolien geborgen, und in 4 solchen Dolien fanden sich Hausurnen (s. d. B). Schon durch diese Erscheinungen ist die Gleichsetzung dieser ältesten Italikergräber Roms mit den jüngeren Albaner Gräbern (s. Alba longa) gegeben. Dasselbe bestätigen die Beigaben, ärmlich, aber bezeichnend. Keine Miniaturwaffen oder -geräte mehr, vereinzelte Perlen aus Bernstein, Spiralen aus Gold, selten schon die einfachen Bogenfibeln, häufiger Schlangenfibeln, die Keramik einfache praktische Formen der latin. Art, aber weniger variiert, wie in den Albaner Gruppen; so ist z. B. nur noch ein Exemplar eines jener Miniaturherdchen gefunden. Bonis Sorgsamkeit hat sowohl für diese Brandgruppe wie für die Bestattungsgräber die Mitgabe von Speisen und alles, was auch noch am offenen Grabe sowie später bei Erinnerungsgängen den Toten gespendet wurde, vorzüglich untersucht und damit auch für die literarische Überlieferung über das *Silicernium* u. a. wertvolle Belege gebracht. Scheiterhaufenasche ist rituell mitgegeben, meist um oder über dem Aschengefäß.

§ 3. Über die Brandgräber haben sich dann, wenigstens am Gräberfeld unter der Velia, die Bestattungsgräber (Tf. 153b) der einwandernden Sabiner vom Quirinal geschoben, vielfach die früheren Gräber angrabend, nie sie unterfangend: also später und ohne durch äußerlich sichtbare Zeichen auf die Brandgräber hingewiesen zu sein. Die Leichen sind meistens in längliche, in den Boden geschnittene Vertiefungen gelegt und durch darüber gehäufte oder primitiv gewölbte Steine geschützt, einige augenscheinlich jüngere, zumeist Kinder, in Eichensärge gebettet, ausgehöhlte Stämme, guter umbrosabinischer Sitte gemäß, auch aus Gabii, Praeneste (s. d.), dem Faliskerland (s. d.) aus der Zeit des sabinischen Zuzugs in dasselbe bezeugt, jene Särge, die dann auch wohl in Ton nachgebildet werden (Montelius *Civ. prim.* II Tf. 360,8; v. Duhn *Ital. Gräberk.* I Tf. 31). Die Ausstattung ist reichlicher als in den Brandgräbern und meistens jünger, wenn auch die Stabilität der Formen die Verschiedenheiten nicht immer so in die Augen fallen läßt. Einige kleine protokorinthische Gefäßchen, wohl mit orient. Parfüms gefüllt, sind das letzte, was sich hier gefunden hat, während z. B. die ebenfalls früh beginnende Fundschicht um das sog. Romulusgrab und den Lapis niger bis in die Zeit des Gallierеinbruchs hinabreicht.

§ 4. Lose Siedelungen auf der Höhe der „Monti", namentlich dem Esquilin, hatten bereits zur Zeit, als die ersten, verbrennenden, Italiker die röm. Hügel zu besetzen begonnen hatten, Anlaß zu Gräbern gegeben, von denen schon vor Entdeckung der Forumgrabstätten einzelne gefunden sind, darunter auch eins mit einer Hausurne; später folgten auch hier sabinische Bestattungsgräber. Nachdem der Zusammenschluß des späteren Stadtkerns um das Forumtal erfolgt war und der Synoikismos Roms sich immer fester vollzog, wurden jene Außenflächen des Stadtgebiets die wirkliche Gräbergegend.

§ 5. Die sabinische Besetzung auch des röm. Stadtbodens und friedfertige Einordnung in das röm. Staatswesen wird durch die Fundtatsachen namentlich der Forumnekropole, von der bedauerlicherweise nur ein so bescheidener Teil hat wiederauf-

Fraktur

Kul-Oba-Vase. Schienungsszene. Nach Farmakovskij.

gefunden werden können, vollauf bestätigt, wenn auch die sagenhafte Umkleidung das poetische Recht der Nachkommen war, die den Frühnebel zu durchdringen und das geschichtliche Werden durch das Eingreifen von Persönlichkeiten lebendig zu machen und zu erklären das natürliche Verlangen hatten.

Notizie 1902 S. 96ff.; 1903 S. 123ff., 375ff.; 1905 S. 145ff.; 1906 S. 5ff., 253ff.; 1911 S. 157ff. Boni; Montelius *Civ. prim.* II Tf. 134, 134 A, 356—357; Röm. Mitt. 1905 S. 95ff. Hülsen; ders. *Das Forum Romanum* 1905 S. 199ff., *Nachtr.* 1910 S. 26; Mon. Lincei 15 S. 273ff. Pinza; v. Duhn *Ital. Gräberk.* I 413ff. Tf. 29—31, 33.

v. Duhn

Fossagrab. Im südetrusk. Küstenland zuerst aufgekommene Ausgräberbezeichnung für rechteckige Gruben zur Aufnahme bestatteter Leichen, im Gegensatz zu den Pozzogräbern oder Bucagräbern, in welchen vor und alsdann weiter während der Zeit, wo die Etrusker ihre Toten unverbrannt beisetzten (s. Etrusker A), die früheren Bewohner ital. Rasse die Asche ihrer Toten dem Boden anzuvertrauen pflegten.

Je nach der Beschaffenheit des Bodens waren die F. entweder in den weichen Grund eingetieft und mit Steinen ausgesetzt und abgedeckt oder in den felsigen Boden eingehauen. Bald wurde der Tote der Höhlung ohne weiteres anvertraut, bald, so namentlich bei den Umbro-Sabellern, später auch bei den ersten im ö. Oberitalien und Picenum eingerückten Galliern (s. Kelten A 2), mitunter auch den Griechen, in Holzsärgen.

In Südetrurien, namentlich bei Veji (s. d.), läßt sich beobachten, daß die Aushöhlung des F. in Anlehnung an diejenige des Pozzograbes (s. d.) erfolgte, ja dasselbe vielfach einfach durch Vergrößerung und rechteckige Ausgestaltung allmählich zur Fossa umwandelte, so daß also die ersten in dies Land des weichen Steins gekommenen Etrusker sich dem Beispiel der von ihnen vorgefundenen Italiker anschlossen (v. Duhn *Ital. Gräberk.* I 387). Je mehr sich bei steigendem Wohlstand und immer sichtbarer werdender Herausbildung materieller Vorstellungen vom Leben nach dem Tode bei den Etruskern das Bedürfnis nach Vergrößerung des Raumes nicht nur für den Toten, sondern auch für die immer zahlreicher und größer werdenden Beigaben herausstellte, um so mehr vergrößerte sich das F., sei es durch seitliche Erweiterungen — Loculi (s. Loculusgrab) —, sei es durch Ausweitung des ganzen Raumes zum Kammergrab, ein Vorgang, der dann sehr bald zum Anschluß von Nebenkammern, und damit, naturgemäß, zur Angleichung an das Wohnhaus der Lebenden führte, ein Weg, den auf weniger mechanischem, rein symbolischen Wege die vorangehenden und gleichzeitigen „Italiker" durch die Ausbildung der Hausurnen (s. d. B) bereits beschritten hatten.

v. Duhn *Ital. Gräberk.* I 387, 389, 470.

v. Duhn

Foxhall-Stufe s. Eolithenproblem § 14.

Fraktur. § 1. Über die Behandlung gebrochener Knochen in der Frühzeit hat man vielfach Untersuchungen angestellt. Das umfangreiche Material an gut und schlecht geheilten Knochen, das die Ausgrabungen aus der Frühgeschichte über die halbe Erde schon zutage gefördert haben, verlockte direkt dazu. Keiner der Erforscher präh. Chirurgie ist an diesem dankbaren Objekte völlig vorübergegangen, und immer wieder sind die Untersucher zu dem Ergebnis gelangt, daß der Prozentsatz gut geheilter Knochen zu groß sei, als daß man nicht eine durch zweckmäßige Lagerung und Schienenanwendung bewirkte künstliche und vorbedachte Beeinflussung des Heilungsverlaufes und seiner Ergebnisse annehmen müßte. K. Jäger kam zu dem Schlusse, daß bei dem von ihm geprüften Knochenmaterial die Zahl der gut geheilten Brüche die der schlecht geheilten in vorgesch. Zeit etwas übertreffe (53,8 : 46,2).

§ 2. Auf dem bekannten Elektronbecher von Kul Oba (s. d.; Tf. 154) mit Reliefdarstellungen finden wir denn auch eine Szene, wie ein Bogenschütze dem andern Bogenschützen den linken Unterschenkel mit einem Schienenverband versieht. Griechischer Griffel des 4. Jh. ist in dieser Szene aus altskythischer Kultur unverkennbar. Weit wichtiger sind die von den Engländern im südlichsten Ägypten und Nubien gemachten Funde. Sie betreffen Fälle aus allen Per., von der Prähistorie bis in die Byzantinerzeit, und werden durch die Auffindung von Schienenverbänden bei der Hearst-Expedition aus der Zeit der

5. Dyn. ergänzt, die Gr. Elliot Smith untersucht und eingehend beschrieben hat, an denen es auch unter den Funden der Nubia Research nicht gefehlt hat. Beide Berichte sind auch durch Abbildungen belegt. Die an Vorderarm und Oberschenkel getroffenen Schienen sind teils rohe Holzlatten, sorgfältig mit Leinen umwunden, teils Palmblattrippen, wie sie heute noch die Knochenflicker in Ägypten brauchen. Das Ganze ist mit Leinenstreifen zusammengehalten und teilweise durch Insektenfraß zerstört. Eine Oberschenkelfraktur war, wie durch die starke Blutdurchtränkung von Polsterung und Bandagen noch erweislich ist, eine komplizierte, d. h. mit Hautwunden verbundene, ein auch heute noch nicht unbedenklicher Zustand. Der Verband dieser Oberschenkelfraktur reichte zwar stark über das Kniegelenk herunter, genügte also zu dessen unentbehrlicher Ruhigstellung, ging aber nicht weit genug nach aufwärts, um eine wirkliche Fixierung der gebrochenen Schaftenden des Femurs zu bewirken. Die geheilten Oberschenkelfrakturen, die aus altägyptischer Zeit auf uns gekommen sind, weisen denn auch starke Verkürzungen auf.

K. Jäger *Beiträge zur frühzeitl. Chirurgie* 1907 S. 41 ff. (mit Atlas); Gr. Elliot Smith *The most ancient Splints* The Brit. Med. Journal No. 2465 March 28 (1908) S. 732—734 (m. Tafel); Smith-Jones *Survey* 1907—08 II 293 ff. Tf. 39 u. 40.

Sudhoff

Frænne Mark s. Bornholm A § 1, Nordischer Kreis A § 4b.

Franca, La. Höhle am Cabra-Bache, unweit Ribadedeba-Pendueles; manchmal auch als Mazaculos-Höhle zitiert (span. Provinz Asturias).

Völlig belanglose Malereireste; entdeckt 1908 von H. Alcalde del Rio (s. Kunst A).

H. Alcalde del Rio, H. Breuil et L. Sierra *Les cavernes de la Région Cantabrique (Espagne).* Monaco 1911 S. 81.

H. Obermaier

Franken s. Germanen B § 5.

FSC
www.fsc.org
MIX
Papier | Fördert
gute Waldnutzung
FSC® C083411

Kolibri 360 GmbH
Ferdinand-Jühlke-Straße 7
99095 Erfurt, Deutschland
produktsicherheit@kolibri360.de